C
HOW TO PROGRAM

EIGHTH EDITION

with an introduction to C++

Deitel Series Page

How to Program Series

Android How to Program, 2/E
C++ How to Program, 9/E
C How to Program, 7/E
Java How to Program, Early Objects Version, 10/E
Java How to Program, Late Objects Version, 10/E
Internet & World Wide Web How to Program, 5/E
Visual Basic 2012 How to Program, 6/E
Visual C# 2012 How to Program, 5/E

Deitel Developer Series

Android for Programmers: An App-Driven
    Approach, 2/E, Volume 1
C for Programmers with an Introduction to C11
C++11 for Programmers
C# 2012 for Programmers
iOS 8 for Programmers: An App-Driven
    Approach with Swift, Volume 1
Java for Programmers, 3/E
JavaScript for Programmers
Swift for Programmers

Simply Series

Simply C++: An App-Driven Tutorial Approach
Simply Java Programming: An App-Driven
    Tutorial Approach
(continued in next column)

(continued from previous column)
Simply C#: An App-Driven Tutorial Approach
Simply Visual Basic 2010: An App-Driven
    Approach, 4/E

CourseSmart Web Books

www.deitel.com/books/CourseSmart/

C++ How to Program, 8/E and 9/E
Simply C++: An App-Driven Tutorial Approach
Java How to Program, 9/E and 10/E
Simply Visual Basic 2010: An App-Driven
    Approach, 4/E
Visual Basic 2012 How to Program, 6/E
Visual Basic 2010 How to Program, 5/E
Visual C# 2012 How to Program, 5/E
Visual C# 2010 How to Program, 4/E

LiveLessons Video Learning Products

www.deitel.com/books/LiveLessons/

Android App Development Fundamentals, 2/e
C++ Fundamentals
Java Fundamentals, 2/e
C# 2012 Fundamentals
C# 2010 Fundamentals
iOS 8 App Development Fundamentals, 3/e
JavaScript Fundamentals
Swift Fundamentals

To receive updates on Deitel publications, Resource Centers, training courses, partner offers and more, please join the Deitel communities on

- Facebook—facebook.com/DeitelFan
- Twitter—@deitel
- Google+ —google.com/+DeitelFan
- YouTube—youtube.com/DeitelTV
- LinkedIn—linkedin.com/company/deitel-&-associates

and register for the free *Deitel Buzz Online* e-mail newsletter at:

www.deitel.com/newsletter/subscribe.html

To communicate with the authors, send e-mail to:

deitel@deitel.com

For information on *Dive-Into Series* on-site seminars offered by Deitel & Associates, Inc. worldwide, write to us at deitel@deitel.com or visit:

www.deitel.com/training/

For continuing updates on Pearson/Deitel publications visit:

www.deitel.com
www.pearsonhighered.com/deitel/

Visit the Deitel Resource Centers that will help you master programming languages, software development, Android and iOS app development, and Internet- and web-related topics:

www.deitel.com/ResourceCenters.html

C HOW TO PROGRAM

EIGHTH EDITION

with an introduction to C++

Paul Deitel
Deitel & Associates, Inc.

Harvey Deitel
Deitel & Associates, Inc.

DEITEL®

PEARSON

Boston Columbus Hoboken Indianapolis New York San Francisco
Amsterdam Cape Town Dubai London Madrid Milan Munich Paris Montreal
Toronto Delhi Mexico City São Paulo Sydney Hong Kong Seoul Singapore Taipei Tokyo

Vice President and Editorial Director, ECS: Marcia J. Horton
Executive Editor: Tracy Johnson (Dunkelberger)
Editorial Assistant: Kelsey Loanes
Program Manager: Carole Snyder
Project Manager: Robert Engelhardt
Media Team Lead: Steve Wright
R&P Manager: Rachel Youdelman
R&P Senior Project Manager: William Opaluch
Senior Operations Specialist: Maura Zaldivar-Garcia
Inventory Manager: Bruce Boundy
Marketing Manager: Demetrius Hall
Product Marketing Manager: Bram Van Kempen
Marketing Assistant: Jon Bryant
Cover Designer: Chuti Prasertsith / Michael Rutkowski / Marta Samsel
Cover Art: © Willyam Bradberry / Shutterstock

Pearson Education Ltd., London
Pearson Education Australia Ply. Ltd., Sydney
Pearson Education Singapore, Pte. Ltd.
Pearson Education North Asia Ltd., Hong Kong
Pearson Education Canada, Inc., Toronto
Pearson Education de Mexico, S.A. de C.V.
Pearson Education-Japan, Tokyo
Pearson Education Malaysia, Pte. Ltd.
Pearson Education, Inc., Hoboken, New Jersey

Library of Congress Cataloging-in-Publication Data
On file

10 9 8 7 6 5 4 3 2 1

www.pearsonhighered.com

ISBN-10: 0-13-397689-0
ISBN-13: 978-0-13-397689-2

In memory of Dennis Ritchie,
*   creator of the C programming language*
*   and co-creator of the UNIX operating system.*

Paul and Harvey Deitel

Trademarks

国外计算机科学教材系列

C 语言大学教程

（第八版）

C How to Program

Eighth Edition

〔美〕 Paul Deitel Harvey Deitel 著

苏小红 王甜甜 李佩琦 等译

电子工业出版社
Publishing House of Electronics Industry
北京·BEIJING

内 容 简 介

本书是全球优秀的 C 语言教程之一。全书系统地介绍了 4 种当今流行的程序设计方法——面向过程、基于对象、面向对象以及泛型编程，内容全面、生动、易懂，作者由浅入深地介绍了结构化编程及软件工程的基本概念，从简单概念到最终完整的语言描述，清晰、准确、透彻、详细地讲解了 C 语言，尤其注重程序设计思想和方法的介绍。相对于上一版，这一版在内容方面新增加了安全的 C 程序设计、提高练习题，更新了 C++ 和面向对象程序设计、基于 Allegro 的游戏编程、C99 标准介绍等内容。

本书不仅适合于初学者学习，作为高校计算机程序设计教学的教材，也同样适用于有经验的程序员，作为软件开发人员的专业参考书。

Authorized Translation from the English language edition, entitled C How to Program, Eighth Edition, 9780133976892 by Paul Deitel and Harvey Deitel, published by Pearson Education, Inc., Copyright ©2016 Pearson Education, Inc.

CHINESE SIMPLIFIED language edition published by PUBLISHING HOUSE OF ELECTRONICS INDUSTRY, Copyright ©2017.

版权贸易合同登记号 图字：01-2015-6378

图书在版编目(CIP)数据

C 语言大学教程：第八版 /(美)保罗·戴特尔(Paul Deitel)，(美)哈维·戴特尔(Harvey Deitel) 著；苏小红等译.
北京：电子工业出版社，2017.6
书名原文：C How to Program, Eighth Edition
国外计算机科学教材系列
ISBN 978-7-121-31681-4

I. ①C… II. ①保… ②哈… ③苏… III. ①C 语言—程序设计—高等学校—教材 IV. ①TP312

中国版本图书馆 CIP 数据核字 (2017) 第 120537 号

策划编辑：冯小贝
责任编辑：李秦华
印　　刷：三河市良远印务有限公司
装　　订：三河市良远印务有限公司
出版发行：电子工业出版社
　　　　　北京市海淀区万寿路 173 信箱　　邮编　100036
开　　本：787×1092　1/16　　印张：47.75　　字数：1547.1 千字
版　　次：2008 年 2 月第 1 版(原著第 5 版)
　　　　　2017 年 6 月第 3 版(原著第 8 版)
印　　次：2023 年 12 月第 9 次印刷
定　　价：128.00 元

凡所购买电子工业出版社图书有缺损问题，请向购买书店调换。若书店售缺，请与本社发行部联系，联系及邮购电话：(010)88254888，88258888。

质量投诉请发邮件至 zlts@phei.com.cn，盗版侵权举报请发邮件至 dbqq@phei.com.cn。

本书咨询联系方式：fengxiaobei@phei.com.cn。

前　　言

欢迎学习 C 程序设计语言，欢迎使用《C 语言大学教程(第八版)》。本书为大学生、教师和软件开发专业人员而编写，介绍了计算机领域的最新技术。

本书的灵魂是作者 Deitel 先生提出的"活代码方法"(live-code approach)，即概念是通过完整的可执行的程序而非代码片段来介绍的。在每个程序例子的后面都给出一个或多个运行的实例。在开始学习之前，请通过以下网址在线阅读相关材料，学习如何配置自己的计算机使其能够运行书中的几百个程序例子。

http://www.deitel.com/books/chtp8/chtp8_BYB.pdf
所有的程序源代码都可以从下面两个网站下载：

http://www.deitel.com/books/chtp8
或

http://www.pearsonhighered.com/deitel
请在学习每一个程序例子时都要运行一下看看。

我们相信本书及其辅助材料将为读者学习 C 语言提供一个内容丰富、快乐有趣而又极富挑战性的学习体验。在阅读本书时，若有问题，请发送电子邮件到：deitel@deitel.com，我们将及时答复。若想及时了解本书的更新，欢迎访问 http://www.deitel.com/books/chtp8/，并加入我们的社交网络社区：

- Facbook——http://www.facebook.com/ DeitelFan
- Twitter——@deitel
- LinkedIn——http://linkedin.com/company/deitel-&-associates
- YouTube—— http://www.youtube.com/DeitelTV
- Google+——http://google.com/ +DeitelFan

并在下面的网站注册，订阅电子邮件新闻快报 *Deitel Buzz Online*：

http://www.deitel.com/newsletter/subscribe.html

新内容和本书特色

下面是我们在《C 语言大学教程(第八版)》提供的新内容。

- **集成了更多的 C11 和 C99 标准的功能**。支持不同编译器下的 C11 和 C99 标准。C99 和 C11 标准针对 C 标准增加了很多功能，但微软的 Visual C++仅支持其中的一部分——主要是 C++标准需要的那些功能。我们则将 C11 和 C99 标准中被广泛支持的新功能都编入到本书的前半部分中，以满足入门课程的要求和掌握本书使用的编译器的要求。附录 E "多线程及其他 C11 和 C99 专题"介绍了更多的先进功能(例如针对当今不断增长的主流多核体系结构的多线程)和其他一些尚未被今天的 C 编译器广泛支持的功能。

- **所有的源代码都经过 Linux、Windows 和 OS X 的测试**。我们在 Linux 平台上用 GNU gcc、在 Windows 平台上用(Visual Studio 2013 社区版中的)Visual C++和在 OS X 平台上用 Xcode 中的 LLVM，将所有的程序例子和练习题中的代码都重新测试了一遍。

- **更新了第 1 章**。新编的第 1 章通过更新的有趣的事实与数据激发学生学习计算机和程序设计的兴趣。本章内容涉及当前技术发展趋势、硬件分析、数据层次结构、社交网络。为了帮助读者及时了解最新的技术新闻和发展趋势，本章还给出了一个介绍商业和专业技术出版物与网站的表格。为了显示如何在 Linux、微软的 Windows 或 OS X 平台上运行一个命令行 C 程序，本章还介绍了最新的测试驱动执行。关于互联网和万维网的讨论以及对象技术简介，本章也都做了更新。

- **更新了 C++ 和面向对象程序设计的内容**。用我们编写的体现最新 C++11 标准的《C++ 大学教程（第九版）》的一些材料，更新了本书第 15 章到第 23 章中基于 C++ 的面向对象程序设计的内容。
- **采用了新的编码风格**。去掉了圆括号和方括号内空格，将注释行的显示亮度调暗了一位。为了清晰，我们在某些复合条件中插入了圆括号。
- **变量声明**。借助改进后的编译器支持，我们可以以将变量声明放在更靠近它们被首次使用的地方，并将 for 循环计数控制变量的定义放在 for 循环的初始化部分。
- **摘要要点**。删除了每章末尾的术语表，更新了摘要中介绍各节的内容，并用"加粗"字体来突出其中的关键词。对大多数关键词，给出了它们定义所在页的页码。
- **采用标准术语**。为了帮助读者准备在世界各地的企业工作，我们对照 C 标准审核了全书的术语，将通俗的编程术语都更改为 C 标准术语。
- **在线 Debugger 附录**。更新了在线 "GNU gdb" 和 "Visual C++" 调试附录，并增加了 "Xcode" 调试附录。
- **增加了练习题**。更新了部分练习题，并增加了一些新练习题，例如第 10 章中的 Fisher-Yates 无偏洗牌算法。

其他特色

《C 语言大学教程（第八版）》的其他特色有：

- **安全的 C 程序设计**。本书 C 语言部分的大多数章的结尾都增加了一节"安全的 C 程序设计"。此外，在 www.deitel.com/SecureC/ 上建立了安全 C 程序设计资源中心。想了解更多细节，请阅读下面"关于安全 C 程序设计的注释"。
- **关注性能问题**。C（和 C++）主要是受到像操作系统、实时系统、嵌入式系统和通信系统这样的性能密集型系统的设计者的青睐。所以本书也重点关注性能问题。
- **"提高练习题"**（**Making a Difference**）。我们鼓励读者使用计算机和互联网来研究和解决现实中的热点问题。这些练习旨在增加读者对当今世界所面临重要问题的了解。我们希望读者用自己的价值观和信念来解决这些问题。
- **排序：一个深入的探究**。排序就是基于一个或几个关键值将一组数据按照某种顺序排列的。在第 6 章中，我们从一个简单的算法开始介绍排序。在附录 D 中，将对排序进行深入探究。我们将从消耗的存储空间和处理器时间两方面来对若干排序算法进行比较。为此，将引入用于表示一个算法为解决问题需要付出代价大小的大 O 记号。通过例题和课后练习，附录 D 将讨论选择排序、插入排序、递归归并排序、递归选择排序、桶式排序和递归快速排序。排序是一个很有趣的问题，因为不同的排序技术尽管得到的结果是相同的，但是它们在占用存储空间、耗费处理器时间和其他系统资源方面却存在巨大的差异。
- **给编程练习题增加标题**。我们给绝大多数编程练习题增加了标题，以帮助教师针对不同班级选择适合学生的作业。
- **表达式求值顺序**。增加了关于表达式求值顺序的建议。
- **C++ 风格的注释//**。放弃了陈旧的 C 风格 "/*...*/" 注释，改用新的更简洁的 C++ 风格注释//。

关于安全 C 程序设计的注释

在整本书中，关注于 C 程序设计的基础知识。在编写每一本程序设计教材时，都仔细地查阅相应语言的标准以确定一个初学者在第一门程序设计课程中应该掌握哪些内容，一个专业程序员在准备采用一门新语言来工作时应该掌握哪些内容。我们还针对初学者(核心读者)添加一些计算机科学和软件工程的基础知识。

对于任何程序设计语言，工业应用的编码技术都不会出现在其入门级的教材中。因此，书中的"安全的 C 程序设计"只介绍了一些关键的问题与技术，并为读者后继学习提供一些网络链接和参考文献。

实践表明，构建一个能够完全抵抗来自计算机病毒、计算机蠕虫等攻击的工业应用系统是很困难的。今天，借助互联网，这样的攻击可以瞬间在全球范围内发起。软件漏洞常常源于简单的编程问题。从软件开发周期的第一个阶段就加强软件的安全性可以大大减少开发成本和漏洞。

为了对攻击进行快速的分析与响应，成立了 CERT 协调中心(www.cert.org)。CERT(Computer Emergency Response Team，计算机应急响应团队)发布并推广了安全编码标准，来帮助 C 程序员和某些工业应用系统的实现者避免可能造成系统在抵抗攻击时出现漏洞的编程实践。CERT 标准正逐渐成为新的信息安全热点。

我们升级了书中的源代码(在适合一本入门教材的前提下)使其符合 CERT 的各种建议。若正在用 C 构建一个工业系统，请阅读《CERT C 安全编码标准(第 2 版)》(Robert Seacord，Addison-Wesley，2014)和《C 和 C++安全编码(第 2 版)》(Robert Seacord，Addison-Wesley，2013)。下面的网站免费提供 CERT 指南：

```
https://www.securecoding.cert.org/confluence/display/seccode/
    CERT+C+Coding+Standard
```

Seacord 先生，本书最新版中 C 部分的技术评审人，为本书中每个"安全的 C 程序设计"章节提供了专门的建议。Seacord 先生是位于卡内基·梅隆大学(CMU)软件工程研究所(SEI)中的 CERT 的安全编码经理以及 CMU 计算机科学学院的兼职教授。

第 2 章到第 13 章末尾的"安全的 C 程序设计"讨论了很多重要的议题，包括：

- 测试是否发生了算术溢出
- 采用无符号整数类型
- C 标准的 Annex K 库中安全性更高的函数
- 检查标准库函数返回的状态信息的重要性
- 值域检查
- 安全的随机数产生函数
- 数组边界检查
- 预防缓冲区溢出
- 输入的合法性验证
- 避免发生未定义的操作
- 选择带返回状态信息的函数而不是类似的不返回信息的函数
- 确保指针总是 NULL 或者包含一个有效地址
- 用 C 函数而不是预处理程序定义的宏，等等

网上的辅助材料[①]

本书的公开辅助学习网站(www.pearsonhigher.com/deitel)包含了所有程序样例的源代码以及下列附录的 PDF 格式文档：

- 附录 F，Visual Studio 的调试工具的使用
- 附录 G，GNU gdb 调试工具的使用
- 附录 H，Xcode 调试工具的使用

---

① 也可登陆华信教育资源网(www.hxedu.com.cn)注册下载。

章节依赖关系图

图 1 和图 2 给出了书中各章节的依赖关系以帮助教师安排教学计划。本书更适合于 CS1 或多数 CS2 课程以及中级的 C 和 C++程序设计课程。本书的 C++部分假设读者已经学习过第 1 到第 10 章的 C 部分。

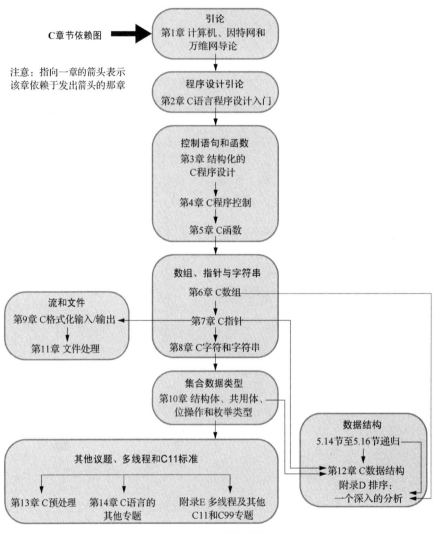

图 1 C 章节依赖图

教学方法

本书包含了丰富的程序实例。专注于介绍优秀软件工程的原则、程序的清晰性、如何预防常见的错误、程序的可移植性以及性能问题。

语法的阴影表示。为提高可读性，我们对源代码采用语法的阴影表示，这类似于大多数集成开发环境和代码编辑器用不同颜色表示不同的语法代码。我们约定的语法阴影表示如下：

```
comments appear like this in gray
keywords appear like this in dark blue
constants and literal values appear like this in light blue
all other code appears in black
```

代码的加亮突出显示。我们把程序中的关键代码放在一个灰色的矩形中。

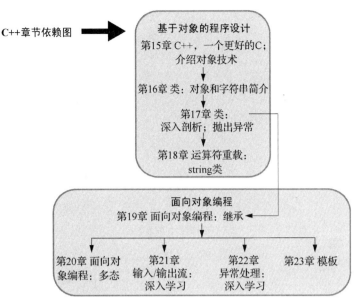

图 2　C++章节依赖图

用不同的字体来强调关键信息。 为了便于读者索引，我们用蓝色加粗（Bold blue）的文本来表示关键词和每一个定义所在的页号。我们用 Lucida 字体来突出显示 C 程序文本（如 int x = 5;）[1]

目标。 每一章的开头部分列出本章的学习目标。

图例/图形。 书中包含了大量的流程图、表格、图形、UML 图（在 C++部分）、程序和程序输出。

编程提示。 增加了编程提示，以帮助读者关注程序开发应注意的重要事项。这些提示及其应用都是我们从 80 多年的编程和教学的联合经历中精选出来的。

良好的编程习惯
良好的编程习惯会提醒读者注意那些能够使其编出的程序更清晰、更易于理解和更可维护的技术。

常见的编程错误
指出这些常见的编程错误，能够减少读者犯同样错误的可能性。

错误预防提示
这些提示包含发现并修正软件错误以及从一开始就避免出现错误的建议。

性能提示
性能提示突出了那些使读者的程序运行得更快或者占用存储空间最小的机会。

可移植性提示
可移植性提示能帮助读者编写出可以运行于多种平台上的代码。

软件工程视点
软件工程视点突出了影响软件系统（特别是大规模软件系统）开发的体系结构和设计方面的注意事项。

摘要。 每章中，都提供了逐节编排的要点摘要，其中的关键词用"加粗"字体表示。

---

① 此处所说的字体是指原英文版中所用的字体——编者注。

自测题及其答案。为了便于读者自学，本书包含了大量的自测题及其答案。

练习题。每章的最后都有内容充实的练习题。其中包括：

- 对重要术语和概念的简单回顾
- 在代码例子中找出错误
- 编写单一的 C 程序语句
- 编写函数(或 C++成员函数和类)的一个小部分
- 编写一个完整的程序
- 实现一个大的课程项目(大作业)

索引。我们已经增加了一个内容丰富的索引，这个索引对于将本书作为参考书的研发人员特别有用。在索引中的每个术语后面，都显示了其定义出现的章节。

《C 语言大学教程(第八版)》使用的软件

我们使用下列免费的编译器来测试《C 语言大学教程(第八版)》中的程序：

- GNU C 和 C++(http://gcc.gnu.org/install/binaries.thml)。这款编译器已经安装在绝大多数 Linux 系统上，并且可以在 OS X 和 Windows 系统上安装使用。
- 微软公司 Visual Studio 2013 社区版中的 Visual C++。这款编译器的下载网址是 http:// go.microsoft.com/ ?linkid=9863608。
- 苹果公司集成开发环境 Xcode 中的 LLVM。OS X 的用户可以从 Mac App 商店下载这款编译器。

若想获得其他免费的 C 和 C++编译器，请访问：

```
http://www.thefreecountry.com/compilers/cpp.shtml
http://www.compilers.net/Dir/Compilers/CCpp.htm
http://www.freebyte.com/programming/cpp/#cppcompilers
http://en.wikipedia.org/wiki/List_of_compilers#C.2B.2B_compilers
```

CourseSmart 网络书库

对于现在的学生和教师，需要花费时间与金钱的地方越来越多。Pearson 公司通过 CourseSmart 在线提供数字教材和课程辅导材料，来回应学生和教师需求。教师可以在线浏览课程辅导材料，节省金钱和时间。学生用大大少于复印本书的成本，就可以获得本书的高质量数字版本。这样，学生不仅获得了印刷版教材的全部内容，而且还拥有了搜索、记笔记和打印的工具。欲了解更多的信息，请访问 www.coursesmart.com。

教师资源①

下列资源只在 Pearson Education 受密码保护的教师资源中心(www.pearsonhighered.com/irc)上向经过授权的教师提供：

- 包含书中所有代码和图以及总结教材关键点的摘要的 **PowerPoint** 幻灯片。
- 多选题(几乎每节两个问题)的**试题文件**。
- 每章后面的绝大多数(但不是全部)练习题的**答案手册**。请访问教师资源中心确认哪些练习有答案。

请不要写信给我们要求访问教师资源中心。访问权限严格限制给采用本书进行教学的大学教师。教师只能够通过 Pearson Education 的工作人员获得访问权限。如果你还不是一个已注册的教师，请联系 Pearson Education 的工作人员或者访问 http://www.pearsonhighered.com/replocator/。

---

① 有关"教师资源"的获取方法，请参阅本书目录后所附的"教学支持说明"——编者注。

没有为课程项目(大作业)提供答案。若想获得更多的附加练习题和可选项目，请访问我们的编程项目资源中心(www.deitel.com/ProgrammingProjects/)。

致谢

我们对 Abbey Deitel 和 Barbara Deitel 为本书付出的大量时间表示感谢。Abbey 是第 1 章的合作撰稿人。我们荣幸地与能干敬业的 Pearson Education 的专业出版团队共同工作。感谢计算机科学分部的执行编辑 Tracy Johnson 的指导、经验和投入的大量精力。Kelsey Loanes 和 Bob Engelhardt 为管理本书的审稿和出版做出了精彩的工作。

《C 语言大学教程(第八版)》的审稿人

衷心地感谢审稿人付出的努力。在很紧张的截止时间内，他们仔细地审阅了所有的文字与程序，提出了大量的改进意见。他们是：Dr. Brandon Invergo(GNU/欧洲生物信息研究所)，Danny Kalev (有认证的系统分析员，C 专家以及 C++标准委员会的原委员)，Jim Hogg(微软公司 C/C++编译器团队的程序经理)，José Antonio González Seco(Andalusia 议会)，Sebnem Onsay(奥克兰大学工程与计算机科学学院特聘讲师)，Alan Bunning (普度大学)，Paul Clingan(俄亥俄州立大学)，Michael Geiger(马萨诸塞大学 Lowell 分校)，Jeonghwa Lee(Shippensburg 大学)，Susan Mengel(得克萨斯技术大学)，Judith O'Rourke(纽约州立大学 Albany 分校)，Chen-Chi Shin(Radford 大学)。

近几版的其他审稿人

William Albrecht(南佛罗里达大学)，Ian Barland(Radford 大学)，Ed James Beckham(Altera 公司)，John Benito(Blue Pilot 咨询公司和负责 C 程序设计语言标准的工作组 ISO WG14 召集人)，Dr. John F. Doyle(印第安纳大学东南分校)，Alireza Fazelpour(棕榈滩社区学院)，Mahesh Hariharan(微软公司)，Hemanth H.M.(SonicWALL 公司的软件工程师)，Kevin Mark Jones(惠普公司)，Lawrence Jones(UGS 公司)，Don Kostuch(独立咨询师)，Vytautus Leonavicius(微软公司)，Xiaolong Li(印第安那州立大学)，William Mike Miller(爱迪生设计集团有限公司)，Tom Rethard(得克萨斯大学 Arlington 分校)，Robert Seacord(SEI/CERT 的安全编码经理，《CERT C 安全编码指南》的作者，C 程序设计语言国际标准工作组的技术专家)，José Antonio González Seco(Andalusia 议会)，Benjamin Seyfarth(南密西西比大学)，Gary Sibbitts(St. Louis 社区学院 Meramec 分校)，William Smith(Tulsa 社区学院)，Douglas Walls(Sun 微系统公司——现在属于 Oracle 公司，C 编译器部门的资深工程师)。

特别感谢 Brandon Invergo 和 Jim Hogg

我们很荣幸地邀请到 Brandon Invergo 先生(GNU/欧洲生物信息研究所)和 Jim Hogg 先生(微软公司 C/C++编译器团队的程序经理)来担任全书的审稿人。他们仔细审查了本书的 C 语言部分，提出了大量的深刻而有建设性的意见。本书的大多数读者使用的编译器，要么是 GNU gcc，要么是微软的 Visual C++(它也能编译 C)。Brandon Invergo 先生和 Jim Hogg 先生帮助我们确认了本书的内容完全符合 GNU 编译器和微软编译器的要求。他们的评审意见表达了我们共同拥有的，对软件工程、计算机科学以及教育的爱！

好！现在你已经拿到了这本书了。C 语言是一个能够帮助你快速和有效地编写程序的功能强大的程序设计语言。C 语言已经很好地进入到企业系统开发的领域以帮助各类组织构建它们商业攸关和任务攸关的信息系统。当阅读了这本书，我们真诚地希望能得到你的旨在改进本书的意见、批评、更正和建议。请发送电子邮件至：

deitel@deitel.com

我们将会及时地回复，同时也会在如下我们的网站上发布更改和澄清信息：

www.deitel.com/books/chtp8/

希望你享受与本书一起工作的快乐时光，就像我们编写时那样快乐！

Paul Deitel

Harvey Deitel

作者简介

Paul Deitel，Deitel & Associates 有限公司的 CEO（首席执行官）与 CTO（首席技术官），是 MIT 信息技术专业的毕业生。在 Deitel & Associates 有限公司，他为包括 Cisco 公司、IBM 公司、西门子公司、Sun 微系统公司、Dell 公司、Lucent 技术公司、Fidelity 公司、肯尼迪航天中心、美国国家 Severe Storm 实验室、白沙导弹射击场、Hospital Sisters 健康系统公司、Rogue Wave 软件公司、Boeing 公司、SunGard 高等教育院、Stratus 公司、剑桥技术伙伴、One Wave 公司、Hyperion 软件公司、Adra Systems 公司、Entergy 公司、CableData Systems 公司、Nortel 网络公司、Puma 公司、iRobot 公司和 Invensys 公司在内的众多工业客户，讲授过数百门编程课程。他和他的合作者 Harvey M. Deitel 博士是世界上最畅销的程序设计语言教材/专业书籍/视频课程的作者。

Harvey M. Deitel 博士，Deitel & Associates 有限公司的主席与首席战略官（CSO），拥有 54 年的计算机领域工作经历。Deitel 博士在麻省理工学院（MIT）获得电子工程专业的学士和硕士学位并在波士顿大学（Boston University）获得数学专业的博士学位（这些学位都集中于计算）。他具有丰富的大学教学经历，包括在 1991 年与他的儿子 Paul Deitel 创立 Deitel & Associates 公司之前就获得波士顿学院（Boston College）的终生职位并担任该学院计算机科学系的主席。由于被翻译成中文、韩文、日文、德文、俄文、西班牙文、法文、波兰文、意大利文、葡萄牙文、希腊文、乌尔都文和土耳其文，他们的教材获得了国际的赞誉与认可。Deitel 博士已经为学术机构、大公司、政府组织和军方讲授过数百门编程课程。

关于 Deitel & Associates 公司

由 Paul Deitel 先生和 Harvey Deitel 博士创办的 Deitel & Associates 公司，是一家国际知名的写作和团队培训公司，特别是在计算机编程语言、对象技术、手机应用开发以及因特网和万维网软件技术等领域。公司的培训客户包括很多世界级的大公司、政府部门、军方单位和学术机构。面向世界各地的客户，该公司提供有教师指导的主流编程语言和开发平台的培训课程，包括 C、C++、Java、安卓（Android）手机应用开发、Swift 和 iOS 手机应用开发、Visual C#、Visual Basic、Visual C++、Python、对象技术、因特网与万维网程序设计以及不断增加的其他编程与软件开发的课程。

经过与 Pearson/Prentice Hall 出版社 40 年的出版合作，Deitel & Associates 公司，以印刷品和时尚的电子书两种形式，出版了先进的程序设计教材和专业书籍，以及视频课程 LiveLessons（可登录 Safari Books 在线平台及其他视频平台获取）。

与 Deitel & Associates 有限公司及其作者联系，可以通过如下的电子邮箱：

deitel@deitel.com

欲详细了解 Deitel 公司为世界各地客户提供的 Dive Into 系列软件工程师团队培训计划，请访问：

http://www.deitel.com/training

若想针对你的单位制定一个在线的有教师指导的培训计划，请发送电子邮件至 deitel@deitel.com。

个人欲购买 Deitel 书籍和 LiveLessons 视频训练课程，请访问 www.deitel.com。公司、政府、军方和学术机构的大批订购请与培生出版公司联系。欲了解更多信息，请访问：

http://www.informit.com/store/sales.aspx

目　　录

参与翻译工作的还有：李东，马建芬，马吉权，赵玲玲，张彦航，张羽，孙承杰，朱聪慧，袁永峰，叶麟，刘旭东，单丽莉，赵巍，车万翔，傅忠传，张卫，温东新，侯俊英，郭萍，李希然，秦兵，陈惠鹏，孙大烈，李秀坤，徐志明，唐好选，黄虎杰，王宇颖，郭茂祖。

Pearson

尊敬的老师：

您好！

为了确保您及时有效地申请培生整体教学资源，请您务必完整填写如下表格，加盖学院的公章后传真给我们，我们将会在 2-3 个工作日内为您处理。

请填写所需教辅的开课信息：

采用教材			□中文版 □英文版 □双语版
作　者		出版社	
版　次		**ISBN**	
课程时间	始于　　年　月　日	学生人数	
	止于　　年　月　日	学生年级	□专科　　　□本科 **1/2** 年级 □研究生　　□本科 **3/4** 年级

请填写您的个人信息：

学　　校			
院系/专业			
姓　　名		职　　称	□助教 □讲师 □副教授 □教授
通信地址/邮编			
手　　机		电　　话	
传　　真			
official email(必填) **(eg:XXX@ruc.edu.cn)**		**email** **(eg:XXX@163.com)**	
是否愿意接受我们定期的新书讯息通知：		□是　　　□否	

系 / 院主任：_____（签字）

（系 / 院办公室章）

_____年_____月_____日

资源介绍：

—教材、常规教辅（PPT、教师手册、题库等）资源：请访问www.pearsonhighered.com/educator；　　（免费）

—MyLabs/Mastering 系列在线平台：适合老师和学生共同使用；访问需要 Access Code；　　（付费）

100013　北京市东城区北三环东路 36 号环球贸易中心 D 座 1208 室
电话：（8610）57355003　　传真：（8610）58257961

Please send this form to:

第1章 计算机、因特网和万维网导论

学习目标：

在本章中，读者将学习以下内容：

- 计算机的基本概念。
- 不同类型的程序设计语言。
- C 语言的发展历史。
- 引入 C 标准库函数的目的。
- 对象技术的基础。
- 一个典型的 C 程序开发环境。
- 在 Windows、Linux 和 Mac OS X 上测试并运行一个 C 应用程序。
- 因特网和万维网(WWW)的一些基础知识。

提纲

1.1　引言

欢迎学习 C 和 C++! C 是一个简明但却功能强大的计算机程序设计语言,无论是几乎没有编程经验的技术人员,还是经验丰富的程序员,都喜欢用 C 语言来构建实际的软件系统。对于每一个想学习 C 语言的读者,本书都是一个有效的学习工具。

这本书的核心思想是通过已经证明是行之有效的方法,如 C 语言的结构化程序设计(Structured Programming)和 C++的面向对象程序设计(Object-Oriented Programming),来强调软件工程的理念,使读者从一开始就按照正确的方式进行程序设计,并按照清晰而直接的方式来编写程序,从而降低软件开发成本。

本书提供了几百个完整的、可执行的程序,并以插图的形式显示了这些程序在计算机上运行后所显示的输出结果。我们称这种教学方法为"活代码方法"(Live-code approach)。所有这些例子程序可以从 www.deitel.com/books/chtp8 网站下载。

绝大多数人都熟悉计算机提供的令人激动的功能。学习本书后,将学会如何命令计算机去实现这些功能,因为控制计算机(常称为**硬件**)的是**软件**(即编写的驱动计算机执行**操作**和做出**决策**的指令)。

1.2　计算机硬件和软件

计算机进行计算和逻辑判断的速度比人类要快很多。很多当今的微型计算机在 1 s 内能完成几十亿次运算——这是一个人一辈子不停地计算也完成不了的。**超级计算机**(Supercomputer)的速度已经达到每秒执行几千万亿条指令。中国国防科技大学研制的天河 2 号超级计算机的速度已经超过了每秒 33 千万亿次运算(每秒 33.86 千万亿次浮点数操作)! 这可以形象地比喻为,天河 2 号 1 s 完成的计算量平均分给地球上所有人的话,每个人能分到 300 万次运算。目前超级计算的"记录"还在快速地上升。

计算机在被称为**计算机程序**(Computer program)的机器指令序列的控制下对数据进行处理。程序指挥计算机完成由被称为计算机**程序员**(programmer)的人事先指定好的有序操作。

一台计算机由被称为硬件的各种物理装置组成(如键盘、显示器、鼠标、硬盘、内存、DVD 和处理器等)。得益于迅速发展的硬件和软件技术,计算成本急剧下降。几十年前,价值数百万美元、需要一个很大屋子来安放的计算机现在已经收缩到一个比指甲盖还要小的、售价仅几美元的硅片中。有趣的是,硅是地球上常见的材料之一,它是处处可见的沙子的主要成分。硅片技术的发展使得计算机便宜到已成为日常用品的程度。

1.2.1　摩尔定律

对于大多数商品或服务的价格,可能习惯于它们每年都会或多或少地上涨一些。但是在计算机和通信领域,特别是对于其中的硬件而言,事实却是相反。在过去的几十年间,硬件的价格一直在急剧下降。

每一到两年,在价格不变的情况下,计算机的性能几乎翻一番,这个重要的发展趋势被称为**摩尔定律**(Moore's Law)。该定律是由今天计算机和嵌入式系统中微处理器的最先进的制造商——英特尔(Intel)公司的创始人之一戈登·摩尔(Gordon Moore)在 20 世纪 60 年代发现的,故以他的名字命名。摩尔定律及相关观点主要针对计算机内存和辅存(如硬盘)的容量以及处理器的速度这三者的发展变化,其中内存用于存储程序,辅存用于长时间保存程序和数据,处理器的速度就是它执行程序(即干工作)的速度。

同样的增长趋势也出现在通信行业：对通信带宽(bandwidth，即传输信息的能力)不断增长的需求而引发的激烈竞争，导致通信设备价格直线下降。除此之外，我们还没有看到其他行业出现过类似"摩尔定律"的现象。如此迅速的发展催生了所谓的"信息革命"(Information Revolution)。

1.2.2　计算机组成

无论以何种外在形式出现，计算机都可以划分为 6 个**逻辑单元**(如图 1.1 所示)。

逻辑单元	描　　述
输入单元	这个"接收"单元通过**输入设备**(Input devices)获取信息(数据和计算机程序)然后将其交给计算机的其他单元处理。绝大多数的用户输入是通过键盘、触摸屏和鼠标进入计算机的，其他的输入方式有接收语音命令，扫描图像和条形码，从辅助存储器[如硬盘驱动器、DVD 驱动器、蓝光光盘(Blu-ray Disc，简称 BD)驱动器和 USB 闪存驱动器——也称为拇指盘或存储棒]读入，从网络摄像头获得视频，以及让你的计算机从因特网上接收信息(如从 YouTube 下载视频、从 Amazon 下载电子书，等等)。新的输入方式有从 GPS 设备获取位置数据，从智能手机或者游戏控制器(微软公司面向 Xbox 的 Kinect、Wii Remote 和索尼公司的 PlayStation Move)中的加速度仪(一个能够反映向上/向下、向左/向右和向前/向后加速度的仪器)获取运动和方位信息
输出单元	这个"送货"单元取出计算机处理好的信息，然后将其放到各种**输出设备**(Output devices)上供计算机外部的用户使用。今天，绝大多数从计算机输出的信息都是显示在屏幕(含触摸屏)上、打印在纸上("迈向绿色"组织反对这样做)、以音频或视频形式播放于微机和媒体播放器(如苹果公司的 iPod)以及体育场馆的大屏幕上，传播到因特网上或者用来控制其他机电设备，如机器人和智能家电。信息还常被输出到辅存中，如硬盘驱动器、DVD 驱动器和 USB 闪存驱动器。眼下最流行的输出手段是智能手机和游戏控制器的振动器，以及像 Oculus Rift 头盔式显示器那样的虚拟现实装置
内存单元	这个可以快速访问的、容量相对较小的"仓库"存储着经输入单元输入的、当需要处理时可迅速到位的信息。处理过的信息在被输出单元传送到输出设备之前，也保存在存储单元中。内存中的信息是**易失的**(Volatile)————一旦计算机断电，信息将会丢失。内存单元称为**存储器**(Memory)、"**主存**"(Primary memory)或者 **RAM**(Random Access Memory，随机访问存储器)。桌面计算机和笔记本电脑的主存最多包含 128 GB 的 RAM，其中 2 ~ 16 GB 最常见。GB 代表 gigabytes，1 gigabytes 约 10 亿字节，1 个字节(byte)有 8 个位，1 个位要么是 0 要么是 1
算术逻辑单元(ALU)	这个"加工车间"执行诸如加、减、乘、除这样的运算。它还具有决策机制，如让计算机比较两个取自内存单元的数据项以判断它们是否相等。在今天的计算机中，ALU 常被做成下一个逻辑单元 CPU 中的一部分
中央处理单元(CPU)	这个"管理员"协调和监督其他单元的工作。CPU 会告诉输入单元何时将信息读入内存单元，告诉 ALU 何时将来自内存单元中的信息用于计算，以及告诉输入单元何时将信息从内存单元传送到一个指定的输出设备。当前，很多计算机都拥有多个 CPU，可以同时执行多种操作。一个**多核处理器**(Multi-core processor)在一个集成电路芯片上实现了多个处理器————如一个双核处理器(dual-core processor)拥有两个 CPU，而一个四核处理器(quad-core processor)拥有四个 CPU。今天的桌面计算机拥有每秒执行几十亿条指令的处理器组
辅存单元	这是一个长期、大容量的"仓库"。当前没有被其他单元使用的程序和数据通常被保存在辅存设备(即硬盘驱动器)中，直到几小时、几天、几个月甚至几年后它们再一次被使用。辅存中的信息是**持久的**(Persistent)————即使计算机断电，信息依然存在。相比于主存中的信息，辅存中的信息需要更长的时间才能被访问到，但辅存的每个存储单元的价格要比主存的便宜得多。常见的辅存设备有硬盘驱动器、DVD 驱动器和 USB 闪存驱动器，有些设备的存储容量超过 2 TB(TB 代表 terabytes，1 terabytes 约 1 万亿字节)。典型的桌面计算机和笔记本电脑的硬盘容量都达到 2 TB，个别桌面计算机的硬盘容量更是高达 6 TB

图 1.1　计算机的逻辑单元

1.3　数据的层次结构

计算机处理的数据构成了一个数据层次结构(data hierarchy)，这个结构正在变得越来越大，越来越复杂。底层是最简单的数据项(所谓的"位")，高层有字符和域。图 1.2 描述了数据层次结构的一部分。

位(Bit)

计算机处理的最小数据项是数值 0 或 1。它称为 1 位(bit)，bit 是 binary digit 的缩写————一个二进制数字(binary digit)。显然，计算机最核心的功能就是对 0 和 1 进行最基本的操作————检测 1 个位的值、设置 1 个位的值和翻转 1 个位的值(将 1 改为 0 或将 0 改为 1)。

字符(Character)

与以"位"这样底层形式表示的数据打交道是很令人烦恼的。相反，人们更愿意处理十进制数(0~9)、字母(A ~ Z 和 a ~ z)和特殊符号(如$、@、%、&、*、(、)、−、+、"、:、? 和/)。数字、字母和特殊符号被称为**字符**(Character)。计算机的**字符集**(Character set)就是可以用来编写程序和表示数据项的全体字符的集合。由于计算机只能处理 1 或 0，所以一个计算机的字符集就是用 0 和 1 组成的码点(pattern)来表示一个字符，不同的码点表示不同的字符。C 语言支持多种字符集(包括 **Unicode**)，这些字符集由用 1 个、2 个或者 4 个字节(8 位、16 位或者 32 位)表示的字符组成。Unicode 包含世界上大多数语言的字符。ASCII(American Standard Code for Information Interchange)字符集是 Unicode 的最常见的子集，能够表示大/小写字母、数字和常用的特殊符号，想了解 ASCII 字符集的更多信息请参阅附录 B。

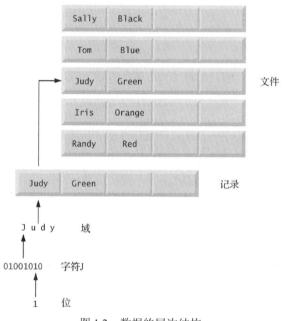

图 1.2　数据的层次结构

域(Field)

就像字符是由位组成一样，域由字符或字节组成。一个域表达某种含义的一组字符或字节。例如，一个由大/小写字母组成的域可以用来表示人名，一个由十进制数字组成的域可用来表示一个人的年龄。

记录(Record)

若干个相关联的域可以组成一个**记录**。例如在一个工资系统中，一个员工的记录可能由如下的域组成(每个域的数据类型标注在括号中)：

- 员工编号(一个整数)
- 姓名(一个字符串)
- 住址(一个字符串)
- 每小时工资(一个带小数点的数)
- 年初至今的收入(一个带小数点的数)
- 已缴税款(一个带小数点的数)

可见，一个记录就是一组相关联的域。在上面这个例子中，所有的域都属于同一个员工。一个公司可能有很多员工，每个员工有一个工资记录。

文件 (File)

一个**文件**是一组相关联的记录〔注：广义上说，一个文件可以包含任意格式的任意数据。在某些操作系统中，文件被看成是一个字节序列——文件中字节的组织结构，就像将数据组织成记录一样，是由应用程序员创建的视图来决定的〕。文件的组织结构一般要支持文件包含几十亿甚至几万亿个字符的信息。

数据库 (Database)

一个**数据库**是为了便于访问和操纵而组织在一起的数据集合。最流行的组织模型是关系数据库 (Relational database)，在该模型中数据是存储在简单的表(Table)里。一个表由记录和域组成。例如，一个学生表包含了姓、名、专业、年级、学生编号(ID)和年级平均成绩等域。每个学生的数据就是一个记录，每个记录中独立的信息片段就是域。可以针对数据在多个表或数据库中的关系，对数据进行查找、排序等操作。例如，一所大学就需要将学生数据库中的数据与课程、校内宿舍和配餐等数据库中的数据联合在一起使用。

大数据 (Big Data)

世界范围内产生的数据总量是庞大且快速增长的。根据 IBM 公司的报告，目前每天会有将近 2.5 百万万亿(2.5 EB)数据出现而且全球 90% 的数据是在近两年内产生的！IDC 公司的研究表明，到 2020 年全球每年的数据供给量将达到 40 ZB(相当于 40 万亿 GB)。图 1.3 展示了一些常用的字节单位。**大数据**应用就是处理海量数据，目前这个领域发展很快，为软件开发人员创造大量的机会。美国加特纳集团 (Garter group) 的研究表明，到 2015 年全球有超过 4 百万个 IT 工作岗位将投入到大数据领域。

单　位	字　节	近　似　值
1 kilobyte (KB)	1024 bytes	10^3 (准确地是 1024 字节)
1 megabyte (MB)	1024 kilobytes	10^6 (1 000 000 字节)
1 gigabyte (GB)	1024 megabytes	10^9 (1 000 000 000 字节)
1 terabyte (TB)	1024 gigabytes	10^{12} (1 000 000 000 000 字节)
1 petabyte (PB)	1024 terabytes	10^{15} (1 000 000 000 000 000 字节)
1 exabyte (EB)	1024 petabytes	10^{18} (1 000 000 000 000 000 000 字节)
1 zettabyte (ZB)	1024 exabytes	10^{21} (1 000 000 000 000 000 000 000 字节)

图 1.3　字节单位

1.4　机器语言、汇编语言和高级语言

程序员可以用多种程序设计语言编写计算机指令，这些语言有的能被计算机直接理解，有的需要经过**翻译**(Translation)这个中间步骤才能被计算机理解。如今还在使用的计算机语言有几百种。这些语言可以分成三类：

1. 机器语言
2. 汇编语言
3. 高级语言

机器语言 (Machine Language)

一台计算机能够直接理解的仅仅是它自己的**机器语言**，该语言是由计算机的硬件设计所定义的。机器语言是由数字(最终简化为 1 或 0)串组成的，它指挥计算机在一个时刻执行一个最基本的操作。机器语言是**机器相关的**(即一个特定的机器语言只能用于某一类计算机)。机器语言对人而言如同"天书"。例如，加班工资加上基本工资再计算总工资的早期机器语言程序段如下：

```
+1300042774
+1400593419
+1200274027
```

汇编语言和汇编程序(Assembly Language and Assembler)

对绝大多数程序员而言，编写机器语言程序既费时又费力。所以程序员尝试着用英语风格的缩写词来表示计算机的基本操作用以代替计算机能够直接理解的数字串。这些缩写词就构成了**汇编语言**的基础。同时，被称为**汇编程序**的能够将汇编语言源程序按照计算机的速度转化成机器语言程序的**翻译程序**(Translator program)也被开发出来。例如，下面这段汇编语言源程序就是将加班工资加上基本工资再计算总工资：

```
load    basepay
add     overpay
store   grosspay
```

虽然这样的程序对人来说清楚多了，但计算机还是无法理解，除非它们被翻译成机器语言。

高级语言和编译器(High-level Language and Compiler)

借助于汇编语言，计算机的应用得到了迅速的发展。但是完成一个即便是最简单的任务，程序员仍然需要编写很多条汇编指令。因此，为了加快程序开发的速度，**高级语言**就应运而生了。在高级语言计算机程序中，完成好几个任务，可能只需要编写一条语句。被称为**编译器**的翻译程序负责将高级语言源程序翻译成机器语言。使用高级语言时，程序员可以用看上去非常类似日常英语并包含有常用的数学记号的语句来表示指令。例如，采用高级语言编写的工资程序可能就只用下面这样一条语句：

```
grossPay = basePay + overTimePay
```

从程序员的观点看，高级语言要比机器语言和汇编语言更受欢迎。C 是目前应用最广泛的高级语言之一。

解释器(Interpreter)

将一个大型的高级语言源程序编译为机器语言需要花费相当长的计算机时间。为此，一种称为**解释器**的翻译程序被研发出来，它直接执行高级语言源程序，避免了编译的延迟。不过与执行编译好的程序相比，通过解释器来执行高级语言源程序要慢得多。

1.5　C 程序设计语言

C 语言是在 BCPL 语言和 B 语言的基础上发展起来的。BCPL 是 1967 年由 Martin Richards 为开发操作系统和编译器而设计的。参照 BCPL 中的很多功能，Ken Thompson 提出了功能更强的 B 语言，并于 1970 年在贝尔实验室用 B 语言开发出 UINX 操作系统的早期版本。

贝尔实验室的 Dennis Ritchie 在 B 语言的基础上提出了 C 语言并于 1972 年首次实现。C 语言最早是作为 UINX 操作系统的开发语言而闻名的。今天，很多先进的操作系统都采用 C 或 C++语言来开发。目前 C 语言已被应用于绝大多数计算机。C 语言几乎不与具体的计算机硬件相关——只要精心设计，就可以编写出在绝大多数计算机上**可移植的**(Portable) C 程序。

为高性能而生

C 语言广泛应用于开发对性能要求较高的系统，如操作系统、嵌入式系统、实时系统和通信系统(参见图 1.4)。

20 世纪 70 年代后期，C 已经发展为目前所谓的"传统 C"。随着 Kernighan 和 Ritchie 编写的《C 程序设计语言》于 1978 年的出版，使 C 语言得到了更多的关注。该书也成为迄今为止最成功的计算机科学丛书之一。

标准化

C 语言在各种类型的计算机［也称为各种**硬件平台**(Hardware platform)］上的迅速扩张。导致出现了相似但却常常相互不兼容的很多种 C 语言版本。这对想编写能够在多个平台上运行的代码的程序员来说是一个很严重的问题。因此，推出 C 语言标准版本的呼声日益强烈。1983 年，美国国家标准委员会(American National Standards Committee, ANSC)下属的计算机与信息处理部(X3)成立了"X3J11 技术委员会"，专门负责"提出一个无二义性的与机器无关的 C 语言定义"。1989 年，**美国国家标准学会**（American National Standards Institute, ANSI）推出了编号为 ANSI X3.159-1989 的"标准 C"，并通过**国际标准组织**（International Standards Organization, ISO）在世界范围内推广。1999 年，这个标准被更新为"INCITS/ISO/IEC9899-1999"，简称"C99"。该标准可以向美国国家标准委员会（www.ansi.org）订购，订购网址为：webstore.ansi.org/ansidocstore。

应用领域	描 述
操作系统	C 语言的可移植性和高性能使得它非常适合于开发操作系统，例如 Linux、微软的 Windows 的一部分以及谷歌公司的 Android。苹果公司的 OS X 是用由 C 衍生出来的 Objective-C 开发的。我们将在本书的 1.11 节介绍一些主流的台式计算机和笔记本电脑的操作系统以及若干移动终端操作系统
嵌入式系统	每年生产的微处理器绝大多数都嵌入到各种设备而不是通用计算机中。这些嵌入式系统包括导航系统、智能家电、家用安防系统、智能手机、平板电脑、机器人、智能交通信号系统。C 语言是嵌入式系统开发领域最流行的程序设计语言之一，这个领域要求程序运行越快越好，同时还要少占用内存。例如，当出现异常情况时，小汽车的防抱死刹车系统必须能够立即响应，在不打滑的情况下将汽车的速度降下来或者将汽车停下来。面向视频游戏的游戏控制器必须消除控制器与游戏中动作的时间延迟，同时确保动画画面的平滑切换
实时系统	实时系统常用于"任务攸关"的应用领域，这类应用要求可预测的几乎瞬间的响应时间。实时系统还要求能够持续地工作——例如一个飞行流量控制系统必须持续地监测飞机的位置和速度，并且不带任何延迟地向飞行流量控制人员报告这些信息。这样才能在可能发生碰撞时向飞机报警，使其改变航向
通信系统	通信系统需要快速地为海量数据确定通向它们目的地的路径，以确保能够平滑地无延迟地传输诸如音频和视频这样的信息

图 1.4　常见的面向性能的 C 语言应用领域

C11 标准

最新的 C 标准是在 2011 年推出的，故称为 C11。C11 对"标准 C"的功能进行精炼和扩展。在先进的 C 编译器中实现了很多新的功能，我们将在本书正文和附录 E（可关注也可忽略）中逐步介绍。

可移植性提示 1.1

因为 C 语言是与硬件无关的、被广泛配备的程序设计语言，所以用 C 语言编写的应用程序，无须修改或只需少许修改，就可以运行在很多不同的计算机系统上。

1.6　C 标准库

在本书的第 5 章将会了解到，C 程序是由被称为"**函数**"（Function）的程序模块组成。我们可以编写自己所需的所有函数来构成一个程序，但是大多数程序员更愿意借用"**C 标准库**"（C Standard Library）中提供的大量现成的库函数。因此，学习 C 语言编程可以分成两部分——学习 C 语言本身与学习使用 C 标准库。本书将介绍 C 标准库中的大多数函数。若想深入地了解这些库函数，读者一定要参阅 P. J. Plauger 编写的《标准 C 库》（The Standard C Library）。该书介绍这些函数是如何实现的、怎样用它们编写出可移植的代码。在本书中，我们将使用并解释大多数的 C 标准库函数。

本书鼓励采用"**搭积木方法**"（Building-block approach）来开发程序。利用现成程序模块，而不是"重新发明轮子（即重复劳动）"——这就是"**软件重用**"（Software reuse）。在用 C 编程时，通常可以使用下列"积木"：

- C 标准库函数
- 程序员自己开发好的函数
- 别人（信任的人）开发好且可以获得的函数

创建自己函数的优点是可以清楚地知道这些函数是如何工作的，可以检查 C 代码。缺点是新函数的设计、开发、排错及性能优化都是花费时间的工作。

性能提示 1.1

使用标准 C 函数库中的函数，而非自己编写函数，能够改进程序的性能，因为这些函数是为高效执行而精心编写的。

可移植性提示 1.2

使用标准 C 函数库中的函数，而非自己编写函数，能够改进程序的可移植性，因为这些函数可以用在几乎所有的标准 C 的实现中。

1.7　C++和其他基于 C 的程序设计语言

C++是由 Bjarne Stroustrup 在贝尔实验室研发的。基于 C 语言，它还提供了使 C 语言显得更加"整洁漂亮"的许多功能。更重要的是，它提供"**面向对象程序设计**"(Object-oriented programming)的能力。"**对象**"(Object)是自然界事物的模型，是基本的可重用的软件**构件**(Component)。通过使用模块，面向对象的设计与实现方法能够大幅度地提高软件开发小组的生产效率。

本书的第 15 章至第 23 章中介绍 C++语言，这部分内容从我们的另外一本教材《C++大学教程(第九版)》中提炼出来的。图 1.5 介绍了其他一些流行的基于 C 的程序设计语言。

程序设计语言	描　述
Objective-C	Objective-C 是一个基于 C 的程序设计语言。它是在 20 世纪 80 年代早期研发出来的，后来被 NeXT 公司收购，进而又被苹果公司收购。它已经成为 OS X 操作系统和所有 iOS 驱动的设备(如 iPod、iPhone 和 iPad)的主要的程序设计语言
Java	Sun 微系统公司在 1991 年资助了一个内部的公司研究项目，该项目的成果是产生了称为 Java 的基于 C++的面向对象程序设计语言。Java 的主要目标是使其编写的程序能够运行在一个很大范围的计算机系统和计算机控制的设备上。这有时称为"写一次，处处运行。" Java 被用于开发大规模的企业应用程序，加强 Web 服务器(提供我们在 Web 浏览器上所看到内容的计算机)的功能，为消费者的设备(如智能手机、电视机顶盒等)提供应用等目的。Java 还是开发 Android 系统上应用程序(app)的语言
C#	微软公司的三个核心的面向对象程序设计语言是 Visual Basic(基于原先的 BASIC 语言)、Visual C++(基于 C++语言)以及 Visual C#(基于 C++语言和 Java 语言，为将因特网和 Web 集成到计算机应用程序中而研发的)。还有一些非微软公司的 C#版本
PHP	作为面向对象的、开源的脚本语言，PHP 受到用户和开发者社区的支持，已经在几百万个网站上得到应用。PHP 是平台无关的——可以在所有主流的 UNIX、Linux、Mac 和 Windows 操作系统上实现。PHP 还支持包括流行的开源数据库 MySQL 在内的很多数据库
Python	作为又一个面向对象的脚本语言，Python 是在 1991 年公开发布的。Python 是由阿姆斯特丹的国家数学与计算机科学研究所(CWI)的 Guido van Rossum 研发的，主要借鉴了 Modula 3 语言——这是一个系统编程语言。Python 是可扩展的——它可以通过类和编程接口来扩展
JavaScript	JavaScript 是应用最广泛的脚本语言。它主要用于为网页增加动态的行为——例如，动画和改善与用户的互动性。所有主流的 Web 浏览器都提供该语言
Swift	Swift 是苹果公司为开发 iOS 和 Mac 上应用程序(app)而研发的新的程序设计语言，在 2014 年 6 月的世界开发者大会(World Wide Developer Conference, WWDC)上发布。尽管 app 仍然可以用 Objective-C 来开发和维护，Swift 已经是苹果公司未来 app 开发的语言。通过在某种程度上消除 Objective-C 的复杂性，它是一个现代化的语言，易于被初学者和从诸如 Java、C#、C++和 C 这样的高级语言转移过来的程序员掌握。Swift 强调性能和安全性，可以访问 iOS 和 Mac 提供的全部编程功能

图 1.5　流行的基于 C 的程序设计语言

1.8　对象技术

本节是专为有意学习本书后半部分内容 C++的读者提供的。在对新的功能更强的软件需求不断高涨的时代，快速、正确而且低成本地开发软件依然是一个难以实现的目标。

对象(Object)，更准确地说是产生对象的类(Classes)，本质上是可重用的软件模块。常见的有数据对象、时间对象、音频对象、视频对象、汽车对象、人员对象，等等。几乎任何一个名词都可以用属性(如姓名、颜色和大小)和行为(如计算、移动和通信)表示成一个软件对象。

软件开发人员发现，相比采用早期的软件开发技术，采用一个模块化的、面向对象的设计与实现方法可以大幅度地提高软件开发团队的工作效率——因为面向对象的程序更容易理解、更容易纠错和修改。

1.8.1　对象——以汽车为例

为了帮助读者更好地理解对象及其内涵，我们打一个简单的比方。假设你想驾驶一辆汽车并通过不断地踩油门踏板来使汽车越开越快。在实现愿望前会发生什么事情呢？首先，在你能够驾驶汽车前，必须有人去设计这辆汽车。一辆汽车通常是从一组工程图纸开始实现的，就像一个房子是从描绘它的蓝图开始实现的一样。这组工程图纸中包含有油门踏板的设计图。这个踏板向驾驶员隐藏了能够使汽车越开越快的复杂机理，就像刹车踏板隐藏了能够使汽车减速的机理，方向盘隐藏了能够使汽车转向的机理一样。这使得那些不知道发动机、刹车和转向机构是如何工作的人也可以轻松地驾驶汽车。

就像你不能在图纸上的厨房里做饭一样，你不可能驾驶一辆汽车的工程图样。在一辆汽车可以被你驾驶之前，必须根据它的工程图样把它建造出来。一辆完整的汽车必有一个用于加速的油门踏板，但这还是不够的——汽车不能自己加速（但愿将来能做到），所以驾驶员必须用力踩下油门踏板才能使汽车跑得更快。

1.8.2　方法与类

让我们继续用汽车的例子来介绍一些面向对象程序设计的关键概念。程序中执行一个任务需要一个**方法**（Method）。方法的内部是执行该任务的程序语句。但方法向用户隐藏了这些语句，就像汽车的油门踏板向驾驶员隐藏了使汽车越开越快的机理一样。在面向对象的程序语言中，要创建一个称为**类**（Class）的程序单元，其内部是执行该类所有任务的一组方法。例如，一个表示银行账号的类就包含有向这个账号存钱的方法，从这个账号取钱的方法，查询这个账号当前余额的方法。在概念上，一个类等同于一张包含有油门踏板、方向盘等汽车部件的工程图纸。

1.8.3　实例化

就像在实际驾驶汽车前必须有人将它从工程图纸中建造出来一样，在程序执行某个类的方法定义的任务前，必须构建出这个类的一个对象。这个工作过程被称为**实例化**（Instantiation）。对象也就称为相应类的一个**实例**（Instance）。

1.8.4　软件重用

就像一个汽车的工程图纸可以反复使用来建造很多辆汽车一样，也可以多次重用一个类来构建多个对象。在构造新的类或程序时重用现成的类可以节省时间和工作量。由于现成的类或程序模块常常经历过大量的测试、纠错和性能优化，所以重用还有助于构建更可靠和更高效的系统。就像"可互换的零件"这个概念对工业革命是至关重要的一样，可重用的类对软件革命也是至关重要的，而这场软件革命正是被对象技术所驱动的。

软件工程视点 1.1

用搭积木的方法来开发程序。避免重新发明轮子——只要有可能就采用现成的高质量的部件。面向对象程序设计的好处之一就是这样的软件重用。

1.8.5　消息与方法调用

驾驶汽车时，脚踩油门就是向汽车发出一个消息（Message），让它去执行一个任务——跑得更快些。同样，也需要向对象发出消息。每个消息被转换成所谓的**方法调用**（Method call），通知相应对象的方法去执行它的任务。例如，一个程序调用特定银行账号对象的存款方法来增加该账号的资金余额。

1.8.6　属性与实例变量

除了能够完成相应的任务外，一辆汽车还会具有一些属性，如它的颜色，有几个车门，油箱的油量，当前速度以及行驶里程记录（即里程表读数）等。与汽车的功能一样，汽车的属性也会作为设计方案的一部分表示在工程图纸中（如包括一个里程表和一个油量表）。在驾驶汽车的过程中，这些属性与汽车是如影随形的。每辆汽车都在维护它的属性。例如，一辆汽车总是知道它自己油箱中还有多少汽油，但对其他车辆油箱中的汽油存量一无所知。

类似地，一个对象在被某个程序使用时，它的属性也是与它随影同行的。这些属性也被定义为相应类的对象的一部分。例如，一个银行账号对象具有一个表示账号资金总额的余额属性。每个银行账号对象都知道它所表示账号的余额，但却对银行中其他账号的余额一无所知。属性被指定为类的**实例变量**(Instance variable)。

1.8.7　封装与信息隐藏

类(及其对象)封装(Encapsulate，也称为包装)它们的属性和方法。一个类(及其对象)的属性和方法是密切关联的。对象之间可以相互通信，但是它们通常不允许知道其他对象是如何实现的——也就是说，实现细节在对象之间是隐藏的。今后我们将看到，这种**信息隐藏**(Information hiding)对好的软件工程是至关重要的。

1.8.8　继承

通过**继承**(Inheritance)，可以很方便地创建一个新的对象的类——这个新类被称为**子类**(Subclass)，子类从一开始就具有一个现成类(被称为**父类**，Superclass)的特性，当然这些特性可能被定制或增加一些它自己独特的性质。在我们的汽车类别中，"敞篷车"类的对象肯定是更广义的"车辆"类的一个对象，只是较特殊的是，它的车顶是可以收起来或者降低的。

1.9　典型的 C 程序开发环境

C 系统通常包含三部分：程序开发环境、C 语言和 C 标准库。下面详细介绍如图 1.6 所示的典型的 C 程序开发环境。

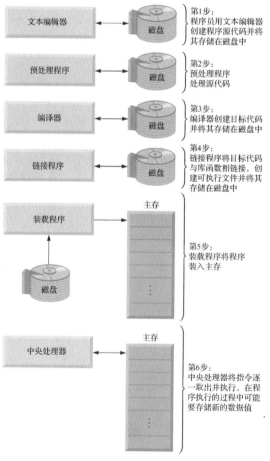

图 1.6　典型的 C 程序开发环境

C 程序通常要经过 6 个处理步骤才可以执行(参见图 1.6)。这些阶段依次是：**编辑**(Edit)、**预处理**(Preprocess)、**编译**(Compile)、**链接**(Link)、**加载**(Load)和**执行**(Execute)。尽管本书是一本通用的 C 语言教科书(其内容不依赖于任何一个具体的操作系统的细节)，但是在本节里我们将重点讲述典型的基于 Linux 操作系统的 C 语言系统(注意：本书的所有程序基本上不加修改就可以运行于绝大多数 C 语言系统，包括基于微软 Windows 操作系统的 C 语言系统)。如果目前使用的不是 Linux 系统，请查阅所使用系统的使用手册或向老师询问如何在你的系统上完成这些开发步骤，还可以在我们位于 www.deitel.com/C 的 C 资源中心中找到"入门指导"(getting started)去查阅常用 C 编译器及开发环境的辅导材料。

1.9.1　第 1 步：创建一个程序

第 1 步就是编辑一个文件，这要用一个**文本编辑器**(Editor program)来完成。Linux 系统中两个广泛使用的文本编辑器是 vi 和 emacs。诸如 Eclipse 和 Microsoft Visual Studio 这样的针对 C/C++集成开发环境的软件包，通常也有集成在开发环境中的文本编辑器。你的工作就是在文本编辑器中键入程序源代码，然后检查是否存在错误。若有错，则改正以确保程序正确。最后将程序源文件存入诸如硬盘这样的辅存中。C 源程序的文件名必须以扩展名 ".c" 结束。

1.9.2　第 2 步和第 3 步：预处理及编译一个 C 程序

在第 2 步，需要发出**编译**(Compile)程序的命令。编译器将 C 程序翻译成机器语言代码(也称为**目标代码**，Object code)。在 C 语言系统中，有一个**预处理程序**(Preprocessor)，它会在编译工作开始前自动执行。**C 预处理程序**(C preprocessor)执行所谓的**预处理命令**(Preprocessor directive)，这些命令指出在程序被编译之前应对程序进行某些特定的处理。这些处理通常有将其他文件包含进来一起编译以及进行各种文本替换。随后几章将会介绍最常用的预处理命令，而对预处理程序功能的详细讨论将会出现在第 13 章。

在第 3 步，编译器将 C 语言源程序翻译成机器语言代码。当编译器因某个程序语句违反了语言规则而无法识别该语句时，称发生了一个**语法错误**(Syntax error)。这时编译器会发出一个出错信息帮助定位并修改这个错误语句。C 标准并没有规定编译器发出的出错信息的用词，所以在系统上看到的出错信息可能会与其他人在其他系统上看到的不同。语法错误也称为**编译错误**(Compile error)或**编译时错误**(Compile-time error)。

1.9.3　第 4 步：链接

随后的步骤被称为**链接**(Linking)。C 程序通常包含有对在其他地方定义的函数的调用，例如在标准函数库或同一个软件项目组中其他成员编写的私人函数库中定义的函数。为此，C 编译器产生的目标代码中会为这些暂缺的部分留出"空隙"。**链接程序**(Linker)的任务就是要将目标代码与这些暂缺的部分链接成一个(无任何空隙的)**可执行映像**(Executable image)。在典型的 Linux 系统中，编译和链接一个程序的命令是 **gcc**(GNU C 编译器)。例如编译和链接一个名为 "welcome.c" 的程序，需要在 Linux 的提示符下键入：

```
gcc welcome.c
```

然后按"回车"键(或"返回"键)(注意：Linux 命令对字母的大/小写是敏感的，一定要确保 gcc 是小写字母以及文件名字母的大小写正确)。如果源程序编译和链接正确，系统将生成一个(默认的)名为 "a.out" 的文件，这就是 welcome.c 程序的可执行映像。

1.9.4　第 5 步：装载

下一步骤就是**装载**(Loading)。因为在一个程序能够被执行之前，该程序首先要被放置到内存中。

这项工作是由**装载程序**(Loader)完成的。装载程序将欲执行程序的可执行映像从硬盘中取出并传送到内存中。支持该程序执行的来自共享函数库的附加模块也要同时装入内存。

1.9.5   第 6 步：执行

最后，计算机在其 CPU 的控制下，逐条**执行**(Execute)程序中的机器指令。Linux 系统中欲装载并执行上述程序只需在 Linux 的提示符下键入 "./a.out" 然后按回车键。

1.9.6   程序运行时可能会出现的问题

在第一次操作时，程序并不是总能正确工作的。上面介绍的每个步骤都会因各种各样的错误而无法通过。下面我们就讨论一下可能会发生的错误。例如，一个正在运行的程序试图把零作为除数(就像在算术系统中一样，这在计算机上是一个非法操作)。这将引发计算机显示一条出错信息。只能再次回到编辑阶段，对程序做必要的修改，并再次重复余下的步骤，以判定所做的修改是否正确。

常见的编程错误 1.1

诸如"除数为零"这样的错误是在程序执行时出现的，所以它们被称为运行时错误(Runtime error)或执行时错误(Execution-time error)。"除数为零"属于一个严重的错误(Fatal error)，这样的错误将导致程序在尚未完成其工作的情况下被立即终止。与此相对，出现非严重的错误(Nonfatal error)时，程序仍然能继续运行直至结束，只是得到的结果往往是错误的。

1.9.7   标准输入、标准输出和标准错误流

绝大多数 C 程序都要输入和/或输出数据。特定的 C 函数从**标准输入流 stdin**(standard input stream)中获取输入信息。stdin 通常是键盘，不过也可以将 stdin 重定向到其他流上。数据一般是输出到**标准输出流 stdout**(standard output stream)上。stdout 通常是计算机屏幕，不过也可以将 stdout 重定向到其他流上。当我们说程序要打印一个结果时，实质上是指将结果显示在屏幕上。当然，数据也可以输出到诸如硬盘或打印机这样的设备上。还有一个就是被称为 **stderr** 的**标准错误流**(standard error stream)。流 stderr(通常与屏幕相连)用来显示错误信息。常规的数据输出，即 stdout，通常可被定向到除屏幕外的某个设备上，而让 stderr 始终与屏幕相连，这样用户就可以立即获悉错误信息。

1.10   在 Windows、Linux 和 Mac OS X 上测试并运行一个 C 应用程序

本节中，将运行第一个 C 应用程序并与该程序进行互动。将从运行一个猜数游戏开始，该游戏首先在 1 ~ 1000 之间随机地取一个数，然后邀请用户猜这个数。如果猜对了，游戏就结束了，如果猜错了，游戏就提示猜的数比正确结果高或者低，然后请你继续猜。游戏本身并不对你可以猜测的次数设置限制，但是肯定能够在不超过 10 次的猜测中猜对这个范围内的任何一个数。在这个游戏中蕴含有某些计算机科学的奥妙——在"6.10 节数组查找"中将学会"二分查找"(binary search)技术。

为了说明"测试驱动"(test-drive)，我们把本书第 5 章要求在练习中完成的这个游戏做一点修改。正常情况下，这个游戏是随机地选一个数作为正确答案。修改后的游戏是每次执行这个游戏时正确答案始终是同一个数(当然由于编译器不同，这个数也可能不同)。这样就可以玩我们在本节中使用的猜数游戏并看到同样的结果。

我们将依次在 Windows 命令提示符(Command Prompt)、Linux 的命令解释程序(Shell)和 Mac OS X 的"终端"(Terminal)窗口下演示这个 C 应用程序的运行。应用程序在这三个平台上的运行结果是一样的。在平台上执行完测试后，还可以尝试运行这个游戏程序的"随机版"，名为 randomizied_version 的"随机版"与该游戏的"测试运行版"存储在我们提供的同一个文件夹里。

可以用来编译、创建和运行一个 C 应用程序的开发环境是很多的，例如 GNU C、Dev C++、微软

的 Visual C++、CodeLite、NetBeans、Eclipse、Xcode 等。请向教师咨询你所使用的开发环境的信息。绝大多数 C++开发环境都可以同时编译 C 和 C++程序。

在后续学习步骤中，将会运行这个应用程序并输入不同的数来猜那个正确答案。在此过程中，你看到的元素和功能都是在本书中将要学习的典型内容。我们将通过字体来区分你在屏幕上看到的内容〔如 Command Prompt（命令提示符）〕和不直接与屏幕关联的元素。用"半黑体的 sans-serif Helvetica"字体来突出诸如标题和选单〔如"文件"（File）选单〕的屏幕内容，用"sans-serif Lucida"字体来突出文件名、程序显示的文本以及键入的数值（如 GuessNumber 或 500）。另外，你可能已经注意到了，每个关键词条的出现被设置成粗体。

本节中，对于 Windows 平台下的测试运行，将修改"Command Prompt"（命令提示符）窗口的背景颜色，使得该窗口看起来更舒服。要想修改系统中的"Command Prompt"窗口颜色，可以通过选择 Start > All Programs > Accessories > Command Prompt 来打开"Command Prompt"窗口，然后用鼠标右键点击标题栏，选择"Properties"（属性）。在随后出现的"Command Prompt"的"Properties"（属性）对话框中，点击"Color"（颜色）标签来选择你喜欢的文本和背景颜色。

1.10.1　在 Windows 命令提示符下运行一个 C 应用程序

1. **检查你的设置**。为了确保你已经将本书的例子正确地复制到你的硬盘驱动器中，请仔细阅读 www.deitel.com/books/chtp8/中的"开始之前"是很重要的。

2. **确定完整程序的位置**。打开一个"Command Prompt"（命令提示符）窗口。为了修改完整的猜数应用程序 GuessNumber 的目录，键入 cd C:\examples\ch01\GuessNumber\Windows，然后按"回车"键（参见图 1.7）。"cd"命令是用来改变文件目录的。

图 1.7　打开一个"Command Prompt"（命令提示符）窗口并修改文件目录

3. **运行 GuessNumber 应用程序**。现在就在包含 GuessNumber 应用程序的目录中，键入命令 GuessNumber（参见图 1.8）然后按"回车"键（注：这个应用程序的确切名字是 GuessNumber.exe。不过，窗口默认命令带有".exe"扩展名）。

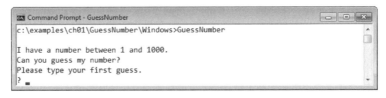

图 1.8　运行 GuessNumber 应用程序

4. **输入你的第一次猜测**。应用程序显示"Please type your first guess"（请输入你的第一次猜测），然后在下一行显示一个问号（?）作为提示。在提示下，输入 500（参见图 1.9）。

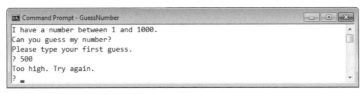

图 1.9　输入你的第一次猜测

5. **输入另一个猜测**。应用程序显示"Too high, Try again"(太大了，再猜一次)，这表示你输入的数比应用程序选择作为正确答案的那个数大。所以，下次猜测时应该输入一个较小的数。好的，在提示下，输入 250(参见图 1.10)。由于你输入的这个数还是比程序选择的那个数大，应用程序显示"Too high, Try again"(太大了，再猜一次)。

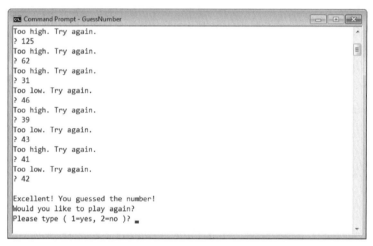

图 1.10　输入你的第二次猜测并获得反馈

6. **输入下一个猜测**。通过不断的输入整数继续玩这个游戏，直到你猜中了正确的数。应用程序将显示"Excellent! You guess the number"(太棒了！你猜中了这个数)(参见图 1.11)。

```
Command Prompt - GuessNumber
Too high. Try again.
? 125
Too high. Try again.
? 62
Too high. Try again.
? 31
Too low. Try again.
? 46
Too high. Try again.
? 39
Too low. Try again.
? 43
Too high. Try again.
? 41
Too low. Try again.
? 42

Excellent! You guessed the number!
Would you like to play again?
Please type ( 1=yes, 2=no )? 
```

图 1.11　输入你的下一个猜测并继续猜正确的数

7. **再玩一次这个游戏或者退出应用程序**。在猜对后，应用程序会问你是否想再玩一次(参见图 1.11)。在提示下，输入 1 将导致应用程序选择一个新的数并显示后面带有一个问号的提示信息"Please type your first guess"(请输入你的第一次猜测)(参见图 1.12)，这样就可以在新一轮游戏中输入你的第一次猜测了；输入 2 将结束应用程序并返回到"Command Prompt"(命令提示符)窗口中应用程序所在的目录下(参见图 1.13)。每次从头(即第 2 步)开始执行这个应用程序，它都选择同一个数让你猜测。

8. **关闭"Command Prompt"(命令提示符)窗口**。

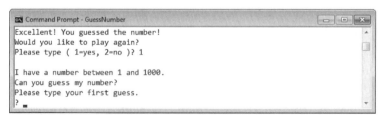

图 1.12　再玩一次这个游戏

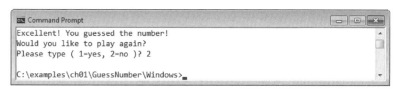

图 1.13   退出这个游戏

1.10.2   使用 Linux 中的 GNU C 来运行一个 C 应用程序

在本节的插图中，我们使用粗体字来显示每一步用户应邀输入的数字。在测试阶段，我们认为你是知道如何将这些例程复制到根目录下。如果在将这些文件复制到你的 Linux 系统时存在疑问，请联系你的教师。另外，在本节的插图中，使用粗体字来显示每一步用户应邀输入的数字。我们所用系统的命令解释程序(Shell)的提示符使用"波浪符"(~)来表示根目录，用一个"美元符"($)来表示提示符结束。不同的 Linux 系统的提示符的形式可能是不同的。

1. **检查你的设置**。为了确保你已经将本书的例子正确地复制到你的硬盘驱动器中，请仔细阅读 www.deitel.com/books/chtp8/中的"开始之前"是很重要的。

2. **确定完整程序的位置**。在 Linux 的 Shell 下，通过键入如下字符来修改完整的猜数应用程序 GuessNumber 的目录(参见图 1.14)：

    cd examples/ch01/GuessNumber/GNU

    然后按"回车"键 "cd"命令是用来改变文件目录的。

    ```
    ~$ cd examples/ch01/GuessNumber/GNU
    ~/examples/ch01/GuessNumber/GNU$
    ```

图 1.14   修改应用程序 GuessNumber 的文件目录

3. **编译 GuessNumber 应用程序**。要想在 GNU C++编译器上运行一个应用程序，必须先键入如下字符来编译它：

    gcc GuessNumber.c -o GuessNumber

    如图 1.15 所示。这个命令将编译应用程序。其中"-o"选项的后面是你为可执行文件起的名字——GuessNumber。

    ```
    ~/examples/ch01/GuessNumber/GNU$ gcc -std=c11 GuessNumber.c -o GuessNumber
    ~/examples/ch01/GuessNumber/GNU$
    ```

图 1.15   使用 gcc 命令来编译应用程序 GuessNumber

4. **运行 GuessNumber 应用程序**。要想运行可执行文件 GuessNumbe，只需在下一个提示符下键入命令"./GuessNumber"，然后按"回车"键(参见图 1.16)。

    ```
    ~/examples/ch01/GuessNumber/GNU $ ./GuessNumber

    I have a number between 1 and 1000.
    Can you guess my number?
    Please type your first guess.
    ?
    ```

图 1.16   运行 GuessNumber 应用程序

5. **输入你的第一次猜测**。应用程序显示"Please type your first guess"(请输入你的第一次猜测)，然后在下一行显示一个问号(?)作为提示。在提示下，输入 500(参见图 1.17)。

```
~/examples/ch01/GuessNumber/GNU$ ./GuessNumber

I have a number between 1 and 1000.
Can you guess my number?
Please type your first guess.
? 500
Too high. Try again.
?
```

图 1.17　输入你的首次猜测

6. **输入另一个猜测**。应用程序显示"Too high, Try again"(太大了，再猜一次)，这表示你输入的数比应用程序选择作为正确答案的那个数大(参见图 1.17)。在提示下，你又输入 250(参见图 1.18)。由于你输入的这个数比程序选择的那个数小，应用程序显示"Too low, Try again"(太小了，再猜一次)。

```
~/examples/ch01/GuessNumber/GNU$ ./GuessNumber

I have a number between 1 and 1000.
Can you guess my number?
Please type your first guess.
? 500
Too high. Try again.
? 250
Too low. Try again.
?
```

图 1.18　输入你的第二次猜测并获得反馈

7. **输入下一个猜测**。通过不断地输入整数继续玩这个游戏(参见图 1.19)直到你猜中了正确的数。当你猜中时，应用程序将显示"Excellent! You guess the number"(太棒了！你猜中了这个数)。

```
Too low. Try again.
? 375
Too low. Try again.
? 437
Too high. Try again.
? 406
Too high. Try again.
? 391
Too high. Try again.
? 383
Too low. Try again.
? 387
Too high. Try again.
? 385
Too high. Try again.
? 384

Excellent! You guessed the number!
Would you like to play again?
Please type ( 1=yes, 2=no )?
```

图 1.19　输入你的下一个猜测并继续猜正确的数

8. **再玩一次这个游戏或者退出应用程序**。在猜对后，应用程序会问你是否想再玩一次(参见图 1.11)。在提示下，输入 1 将导致应用程序选择一个新的数并显示后面带有一个问号的提示信息"Please type your first guess"(请输入你的第一次猜测)(参见图 1.20)，这样就可以在新一轮游戏中输入你的第一次猜测了；输入 2 将结束应用程序并返回到 shell 中应用程序所在的目录下(参见图 1.21)。每次从头(即第 4 步)开始执行这个应用程序，它都选择同一个数让你猜测。

```
Excellent! You guessed the number!
Would you like to play again?
Please type ( 1=yes, 2=no )? 1

I have a number between 1 and 1000.
Can you guess my number?
Please type your first guess.
?
```

图 1.20　再玩一次这个游戏

```
Excellent! You guessed the number!
Would you like to play again?
Please type ( 1=yes, 2=no )? 2

~/examples/ch01/GuessNumber/GNU$
```

图 1.21　退出这个游戏

1.10.3　使用 Mac OS X 终端来运行一个 C 应用程序

本节的插图中，我们使用粗体字来显示每一步用户应邀输入的数字。你将使用 Mac OS X 的 "Terminal"（终端）窗口来执行测试。欲打开一个 "Terminal"（终端）窗口，只需点击位于屏幕右上角的高亮度的 "Search"（查找）图标，然后输入 "Terminal" 即可找到 Terminal 应用程序。在高亮度的查找结果 Applications 的下方，选中 "Terminal" 即可打开一个 "Terminal"（终端）窗口。"Terminal"（终端）窗口中，表示用户目录的提示符格式是 hostName:~userFolder$。本节的插图中，我们将去掉 "hostName:" 部分并使用通用名 "userFolder" 来使用用户账号的文件夹。

1. **检查你的设置**。为了确保你已经将本书的例子正确地复制到你的硬盘驱动器中，请仔细阅读 www.deitel.com/books/chtp8/ 中的 "开始之前" 是很重要的。我们假设这些例程存放在用户账号的 Documents/examples 文件夹中。

2. **确定完整程序的位置**。在 "Terminal"（终端）窗口，键入如下命令即可改变完整的猜数应用程序 GuessNumber 的目录（参见图 1.22）：

    cd Documents/examples/ch01/GuessNumber/GNU

    然后按 "回车" 键。"cd" 命令是用来改变文件目录的。

```
hostName:~ userFolder$ cd Documents/examples/ch01/GuessNumber/GNU
hostName:GNU$
```

图 1.22　修改应用程序 GuessNumber 的文件目录

3. **编译 GuessNumber 应用程序**。要想运行一个应用程序，必须先键入如下字符来编译它：

    clang GuessNumber.c -o GuessNumber

    如图 1.23 所示。这个命令将编译应用程序并生成一个名为 GuessNumber 的可执行文件。

```
hostName:GNU~ userFolder$ clang GuessNumber.c -o GuessNumber
hostName:GNU~ userFolder$
```

图 1.23　使用 gcc 命令来编译应用程序 GuessNumber

4. **运行 GuessNumber 应用程序**。欲运行可执行文件 GuessNumber，只需在下一个提示符下键入命令 "./GuessNumber"，然后按 "回车" 键（参见图 1.24）。

```
hostName:GNU~ userFolder$ ./GuessNumber

I have a number between 1 and 1000.
Can you guess my number?
Please type your first guess.
?
```

图 1.24　运行 GuessNumber 应用程序

5. **输入你的第一次猜测**。应用程序显示 "Please type your first guess"（请输入你的第一次猜测），然后在下一行显示一个问号（? ）作为提示。在提示下，输入 500（参见图 1.25）。

```
hostName:GNU~ userFolder$ ./GuessNumber

I have a number between 1 and 1000.
Can you guess my number?
Please type your first guess.
? 500
Too low. Try again.
?
```

图 1.25　输入你的首次猜测

6. **输入另一个猜测**。应用程序显示 "Too low, Try again"（太小了，再猜一次）（参见图 1.25），这表示你输入的数比应用程序选择作为正确答案的那个数小。在提示下，输入 750（参见图 1.26）。由于你输入的这个数还是比程序选择的那个数小，应用程序显示 "Too low, Try again"（太小了，再猜一次）。

7. **输入下一个猜测**。通过不断的输入整数继续玩这个游戏（参见图 1.27）直到你猜中了正确的数。当你猜中时，应用程序将显示 "Excellent! You guess the number"（太棒了！你猜中了这个数！）

```
hostName:GNU~ userFolder$ ./GuessNumber

I have a number between 1 and 1000.
Can you guess my number?
Please type your first guess.
? 500
Too low. Try again.
? 750
Too low. Try again.
?
```

图 1.26　输入你的第二次猜测并获得反馈

```
? 825
Too high. Try again.
? 788
Too low. Try again.
? 806
Too low. Try again.
? 815
Too high. Try again.
? 811
Too high. Try again.
? 808

Excellent! You guessed the number!
Would you like to play again?
Please type ( 1=yes, 2=no )?
```

图 1.27　输入你的下一个猜测并继续猜正确的数

8. **再玩一次这个游戏或者退出应用程序**。在你猜对后，应用程序会问你是否想再玩一次（参见图 1.11）。在提示下，输入 1 将导致应用程序选择一个新的数并显示后面带有一个问号的提示信

息 "Please type your first guess"（请输入你的第一次猜测）（参见图 1.28），这样就可以在新一轮游戏中输入你的第一次猜测了；输入 2 将结束应用程序并返回到 "Terminal"（终端）窗口中应用程序所在的文件夹下（参见图 1.29）。每次从头（即第 4 步）开始执行这个应用程序，它都选择同一个数让你猜测。

```
Excellent! You guessed the number!
Would you like to play again?
Please type ( 1=yes, 2=no )? 1

I have a number between 1 and 1000.
Can you guess my number?
Please type your first guess.
?
```

图 1.28　再玩一次这个游戏

```
Excellent! You guessed the number!
Would you like to play again?
Please type ( 1=yes, 2=no )? 2

hostName:GNU~ userFolder$
```

图 1.29　退出这个游戏

1.11　操作系统

操作系统（Operating system）是能够让用户、应用程序开发者和系统管理员更方便地使用计算机的系统软件。这些软件提供的服务可以让每一个应用程序安全地、高效地以及并发地（即并行地）执行。包含了操作系统核心模块的软件称为**内核**（Kernel）。常见的桌面计算机操作系统有 Linux、Windows 和 Mac OS X。常见的智能手机操作系统有谷歌公司的 Android、苹果公司的 iOS、微软公司的 Windows Phone 和黑莓公司的 BlackBerry OS。

1.11.1　Windows——一个专有的操作系统

在 20 世纪 80 年代中期，微软公司开发了的带有图形用户界面的建立在 DOS 操作系统之上的 Windows 操作系统，而 DOS 系统是一个非常流行的个人计算机操作系统，用户与 DOS 系统的交互是通过键入命令来完成的。

Windows 操作系统借用了很多最初由施乐公司（Xerox）的 PARC 研发的、依靠早期苹果公司 Macintosh 操作系统而流行起来的概念（如图标、菜单、视窗）。

Windows 8.1 是微软公司最新的操作系统——其功能包括同时支持微机和平板电脑、基于卡片的用户界面、增强的安全性、触摸屏，并支持多点触摸等。

Windows 是一个专卖的操作系统——由微软公司独家控制。它是截至目前世界上应用最广泛的操作系统。

1.11.2　Linux——一个开源的操作系统

由于在服务器、个人计算机以及嵌入式系统中被广泛应用，Linux 操作系统成为开放源码（open-source，简称"开源"）运动最成功的案例。开源软件开发风格与专有软件开发风格（用于诸如微软公司的 Windows 和苹果公司的 Mac OS X）是背道而驰的。借助开源运动，个人或者公司——常常分散在世界各地——都能够为软件的开发、维护和发展做出自己的贡献。任何人都可以根据自己的愿望使用或者定制这样的软件，而且通常是免费的。

开源社区中的组织有 Eclipse Foundation(Eclipse 集成开发环境有助于开发者更方便地开发软件)、Mozilla Foundation(Firefox 网络浏览器的创建者)、Apache Software Foundation(能够根据网络浏览器的请求在因特网上传递网页的 Apache 网络服务器的创建者)以及 GitHub 和 SourceForge(它们都提供管理开源项目的工具)。

计算和通信的快速发展、成本降低以及开源软件使得创办基于软件的生意,相比十几年前,更容易且更经济。从大学寝室走出的"Facebook"就是利用开源软件搭建起来的。

尽管某些原因,如微软公司的市场影响、用户友好的 Linux 应用程序数量相对较少以及 Linux 发展的不同版本(Red Hat Linux 和 Ubuntu Linux 等),阻碍了 Linux 在桌面计算机上的广泛应用。但是 Linux 已经在服务器和嵌入式系统(如谷歌公司的基于 Android 的智能手机)领域变得非常流行了。

1.11.3　苹果公司的 Mac OS X；面向 iPhone、iPad 和 iPod Touch 的 iOS 操作系统

由乔布斯(Steve Jobs)和沃兹(Steve Wozniak)于 1976 年创办的苹果公司迅速成为个人计算领域的领头羊。1979 年,乔布斯带领几位员工访问了施乐公司的帕洛阿尔托研究中心(Palo Alto Research Center,PARC)去学习具有图形用户界面(Graphical User Interface,GUI)的施乐桌面计算机。根据 GUI 的启发而设计的苹果 Macintosh 计算机于 1984 年以令人难忘的"超级碗"(Super Bowl)广告高调发布[①]。

由 Brad Cox 和 Tom Love 在 20 世纪 80 年代早期于 Stepsrtone 公司提出的 Objective-C 程序设计语言,在 C 语言的基础上增加了许多"面向对象程序设计"(Object-Oriented Programming,OOP)的功能。1985 年,乔布斯离开了苹果公司,创办了 NeXT 公司。1988 年,NeXT 公司从 Stepsrtone 公司那里获得了使用 Objective-C 的授权并研发了 Objective-C 的编译器和函数库,这些函数库成为 NeXTSTEP 操作系统用户界面和用于构建图形用户界面的工具 Interface Builder 的开发平台。

1996 年,在苹果公司收购 NeXT 公司时,乔布斯又回到了苹果公司。苹果公司的 Mac OS X 操作系统是 NeXTSTEP 操作系统的后继者。苹果公司专卖操作系统 iOS 是从 Mac OS X 派生出来的,被用于 iPhone、iPad 和 iPod Touch 等产品上。

1.11.4　谷歌公司的 Android 操作系统

Android(安卓)——增长最快的平板电脑和智能手机操作系统——是基于 Linux 内核以及 Java 语言的,Java 语言是其最基本的编程语言。开发 Android 应用的好处之一就是平台的开放性。这个操作系统是开源的免费的。

Android 操作系统是由 Android 公司研发的,该公司于 2005 年被苹果公司收购。2007 年,旨在带动移动技术创新并在降低成本的同时改善用户体验的、由世界各地的 87 家公司组成的"开放手机联盟"(Open Handset Alliance)成立了,该联盟致力于开发、维护和发展 Android 操作系统。到 2013 年 4 月,每天都有超过 150 万的 Android 设备(智能手机、平板电脑等)在世界各地被启动。目前,Android 设备包括智能手机、平板电脑、电子阅读器(e-reader)、机器人、喷气发动机、美国航空航天局(NASA)的卫星、游戏控制台、电冰箱、电视机、照相机、保健设备、智能手表、汽车的车内娱乐系统(用于控制收音机、全球定位系统 GPS、电话、恒温器等),等等。Android 操作系统还可以运行在桌面计算机和笔记本电脑上。

1.12　因特网和万维网

20 世纪 60 年代后期,美国国防部的高级研究计划局(Advanced Research Project Agency,ARPA)实施了一项旨在将 12 个受 ARPA 资助的大学和研究机构的中心计算机系统互联成网的项目。这些计算机

---

① 超级碗是指美国国家橄榄球联盟的年度冠军赛——译者注。

借助工作速率为每秒 5 万位的通信线路连接在一起。相比(在当时能够访问网络的极少数人中的)绝大多数人还是通过速率为每秒 110 位的电话线路连接到计算机上,这个每秒 5 万位的工作速率是令人震惊的。学术研究实现了这个巨大的跨越式的进步。ARPA 的这个研究项目后来发展成所谓的 ARPANET,这就是今天因特网(Internet)的前身。今天,因特网的最高速度已经达到每秒十亿位的量阶,而每秒万亿位的传输速度已经指日可待。

事物的发展往往超出原先的计划。尽管 ARPANET 能够让研究者将他们的计算机互联成网,但是其主要好处还是通过后来发展形成的电子邮件(e-mail)来实现快速、方便的通信功能。时至今日,因特网也是这样,通过电子邮件、即时消息、文件传输和诸如"Facebook"和"Twitter"这样的社交媒体,使得世界各地的几十亿人能够快速、方便地通信。

ARPANET 上的通信协议(通信规则的集合)后来发展成著名的 TCP 协议(Transmission Control Protocol)。TCP 协议能够为消息[由被称为包(packets)的按序编号的片断组成]在发送者到接收者之间找到适当的传输路径,完好无损地到达目的地,并且在目的地被按照正确的顺序重新组装在一起。

1.12.1　因特网:计算机网络的网络

在因特网早期发展的同时,世界各地的各种组织机构也在为机构内(即一个机构内部)和机构间(即不同机构之间)的通信而发展它们自己的网络。出现了五花八门、种类繁多的网络硬件和软件。如何让这些不同的网络能够相互通信便成为了一个挑战。ARPA 通过研发 IP(Internet Protocol)协议解决了这个问题,创建了一个真正的"计算机网络的网络",即当前因特网的体系结构。这些协议的集合被称为 TCP/IP 协议。

企业家很快意识到通过利用因特网可以改善企业的经营管理,为顾客提供新的更好的服务。各个公司开始投入巨额经费来开发和强化它们的因特网设施。为了满足持续增长的基础设施的需求,通信运营商、硬件和软件提供商之间产生了激烈的竞争。而竞争的结果是,因特网的带宽(bandwidth)(衡量通信线路传输信息能力的指标)急剧提高,而硬件成本直线下降。

1.12.2　万维网:让因特网对用户更友好

万维网(World Wide Web,简称 Web)是与因特网有关联的硬件和软件的集合,它能够让计算机用户在因特网上查找和浏览各种主题的多媒体文档(即由文本、图形、动画、音频和视频组合而成的文档)。

万维网的引入还是一件相对较新的事情,欧洲核子研究中心(European Organization for Nuclear Research,CERN)的 Tim Berners-Lee 在 1989 年开始研发一项通过"超链接"文本文件来实现信息共享的技术。Berners-Lee 称他的发明为**"超文本标记语言"**(HyperText Markup Language,HTML)。他还设计了像**"超文本传输协议"**(HyperText Transfer Protocol,HTTP)这样的通信协议来构成他创造的新的超文本信息系统的基础。这个超文本信息系统被他称为"World Wide Web"。

1994 年,Berners-Lee 成立了一个名为"World Wide Web Consortium(W3C,http://www.w3.org)"的组织,致力于发展 Web 技术。W3C 的基本目标之一就是让人们能够自如地访问 Web,无论他是否残疾、用何种语言或具备何种文化背景。

1.12.3　万维网服务

万维网服务(Web services)是指存储在一台计算机中的软件模块,这些软件模块可以被其他计算机上的应用软件 App(或者其他软件模块)通过因特网来访问到。借助万维网服务,可以创建各种"混搭"(Mashup),这些混搭能够帮助用户组合不同的万维网服务,快速地开发各种应用软件 App。而这些万维网服务可能来源于不同的组织机构,甚至来源于不同形式的信息源。例如"100 Destinations (http://www.100destinations.co.uk)"就将"Twitter"上的照片和微博与谷歌地图(Google Maps)的地图定位功能组合在一起,让用户能够通过别人分享的照片游历世界各国。

　　"Programmableweb(http://www.programmableweb.com)"提供了超过 11150 个 API(应用程序接口)和 7300 个组合的目录,以及帮助你创建组合的"如何做"(How-to)指导书和例程源代码。图 1.30 列出了一些流行的万维网服务。根据"Programmableweb"的介绍,用来实现组合的 API 主要来源于谷歌地图、Twitter 和视频网站 YouTube。

万维网服务来源	用　　途
Google Maps	地图服务
Twitter	发布微博
YouTube	视频搜索
Facebook	社交网络
Instagram	照片共享
Foursquare	手机签到
LinkedIn	面向商业的社交网络
Groupon	社会交易
Netflix	影片租赁
eBay	网络拍卖
Wikipedia	协作的百科全书
PayPal	线上支付
Last.fm	网络广播
Amazon eCommerce	书籍及其他各种商品的网上商店
Salesforce.com	客户关系管理(CRM)
Skype	网络电话会议
Microsoft Bing	网络搜索
Flickr	照片共享
Zillow	房地产定价
Yahoo Search	网络搜索
WeatherBug	天气信息服务

图 1.30　流行的万维网服务(http://www.programmableweb.com/category/all/apis)

　　图 1.31 列出了可供查询绝大多数流行万维网服务信息的网站网址。图 1.32 列出了一些流行的万维网混搭。

网站	统一资源定位器(URL)
ProgrammableWeb	www.programmableweb.com
Google Code API Directory	code.google.com/apis/gdata/docs/directory.html

图 1.31　万维网服务的网站网址

统一资源定位器(URL)	描　　述
http://twikle.com/	Twikle 利用"Twitter"的万维网服务来汇聚网络上可共享的流行新闻故事
http://trendsmap.com/	TrendsMap 使用"Twitter"和谷歌地图。它支持用户根据地理定位信息来追踪微博,并实时地在地图上查看微博
http://www.coindesk.com/price/bitcoin-price-ticker-widget/	"Bitcoin Price Ticker Widget"(比特币交易价格行情自动收录器)使用"比特币新闻网站 CoinDesk"的应用程序接口 API 来实时地显示比特币的交易价格、当日的最高和最低价以及在过去的 60 分钟内价格的波动曲线
http://www.dutranslation.com/	"双向翻译"(Double Translation)混搭支持用户同时使用微软公司的"必应"(Bing)和谷歌公司的翻译服务来实现 50 种语言之间的文本互译,然后可以比较这两者给出的结果
http://musicupdated.com/	"Music Updated"网站使用网络广播网"Last.fm"和视频网站"YouTube"的万维网服务。可用它来跟踪你所喜爱的音乐家的最新音乐专辑、音乐会信息,等等

图 1.32　一些流行的万维网混搭

1.12.4　Ajax

Ajax 技术能够帮助基于因特网的应用程序工作起来像桌面计算机上的应用程序一样——这是一件很艰巨的任务，因为前者需要承受因数据在计算机和因特网的服务器之间传输而产生的通信延迟。借助 Ajax，诸如谷歌地图这样的应用程序就可以达到极好的性能，实现类似于桌面计算机上应用程序的外观和感觉。

1.12.5　物联网

因特网不再只是计算机的网络——它是一个**物联网**（Internet of Things）。这里所说的"物"（thing）是带有一个 IP 地址的具有自动地向因特网发送数据功能的任意事物——例如一辆带有支付道桥费应答器的小汽车，一个植入人体内部的心脏监视器，一个能够报告能源利用率的智能仪表，能够跟踪你的运动和位置的手机应用程序 App，能够根据天气预报和室内人员活动情况而调整房屋温度的智能恒温器。

1.13　一些重要的软件技术

图 1.33 列举了一些在软件开发社区里可能会听到的流行术语。

技　术	描　述
敏捷软件开发	敏捷软件开发是一组旨在使软件实现更快、使用资源更少的一套开发方法。请浏览"敏捷联盟"（www.agilealliance.org）和"敏捷宣言"（www.agilemanifesto.org）
重构	重构是指在保持程序的正确性和功能的前提下，对程序进行再处理，使其更清晰、更易于维护。它主要与敏捷软件开发方法配合使用。很多集成开发环境 IDE 都包含有内置的能够自动地完成绝大部分再处理工作的重构工具
设计模式	设计模式是指已被证明有效的可用于构建灵活的、可维护性好的面向对象软件的体系结构。设计模式的工作就是列举出那些反复出现的模式，鼓励软件设计者重用这些模式，在花费更少的时间、金钱和工作量的情况下，开发出质量更高的软件
LAMP	LAMP 是被很多开发者用来低成本开发万维网应用的一个开源技术的缩写——表示 Linux、Apache、MySQL 和 PHP（或者 Perl 和 Python——两种非常流行的脚本语言）。MySQL 是一个开源的数据库管理系统。PHP 是万维网应用开发领域最流行的开源的服务器端"脚本描述"语言。Apache 是最流行的万维网服务器软件。Windows 平台上的等价词是 WAMP——Windows、Apache、MySQL 和 PHP
软件即服务（SaaS）	软件通常被认为是一种产品；绝大多数软件依然是按照这种观点提供给用户。如果想运行一个应用，就必须从一个软件厂商那里购买一个软件包——通常是一个 CD 盘或 DVD 盘，还可能从网上下载。然后需要将它安装在自己的计算机上并按照需要运行它。当有一个新的版本出现时，需要升级软件，这常常需要在时间和金钱方面有所付出。对于一个拥有不同类型、数以万计算机系统的单位来说，这个过程是很烦琐的。引入"软件即服务"（SaaS）后，软件是运行在因特网上的某个服务器上。当服务器升级后，世界各地的所有客户都会看到新的功能——无须在本地安装。访问服务器是通过浏览器来完成的。而浏览器具有很好的可移植性，所以可以在世界上任何一个地方、使用各种类型的计算机来运行同样的应用程序。Salesforce.com、谷歌（Google）以及微软的 Office Live 和 Windows Live 都提供 SaaS
平台即服务（PaaS）	平台即服务（Platform as a Service，PaaS）为万维网上服务器应用程序的开发和运行提供了一个计算平台，而无须在计算机上安装这些工具。常见的 PaaS 提供商有谷歌的 App Engine、亚马逊的 EC2 和微软的 Windows Azure
云计算	SaaS 和 PaaS 都是云计算的例子。可以使用存储在"云端"的软件和数据——也就是说，通过因特网访问远端的计算机（或服务器）并按照你的需要获得相应的软件和数据——而不是将它们存储在本地的计算机、笔记本电脑或手机上。这样就允许你在任何一个给定的时刻，按照自己的需求增加或减少计算资源。相比原先为满足偶尔遇到的大容量存储和高性能处理的要求而必须购买相应的硬件，云计算显然要经济得多。另外，通过把管理应用程序 App 的负担（如安装和升级软件，信息安全，备份和灾难恢复）转移到服务的提供方，云计算还能进一步降低成本
软件开发包（SDK）	软件开发包（Software Development Kits，SDK）包含了开发者用于应用软件程序设计的工具和文档

图 1.33　软件技术

软件是复杂的。设计并实现大型的、真实世界的软件应用程序可能需要数月甚至数年。在开发大型软件产品的过程中，它们通常会以系列的发布版本出现在用户面前，每一个版本都比上一版本更复杂、更优美(参见图 1.34)。

版　本	描　述
α 版	α 版软件是软件开发过程中发布的第一个版本。α 版软件常常是带有软件错误的、不完整的、不稳定的，为了测试新功能、尽早获得反馈等发布给极少数开发者
β 版	β 版软件是在软件开发过程的后期，绝大多数重要的软件错误已经修复，并且新的功能已经基本实现时发布给大多数开发者的软件。β 版软件更加稳定，但是仍需要修改
即将发布版	即将发布版软件的功能在总体上已经完成，(基本上)没有软件错误且能够供用户使用。提交即将发布版软件的目的是让它运行在不同的测试环境下——软件通常是需要为了不同的目的、面对不同的约束条件，运行在不同的系统上
最终发布版	当存在于即将发布版中的所有软件错误都被修正，最终的软件产品将会向公众发布。之后，软件公司还会通过因特网发布一些升级更新文件
持续的 β 版	使用这种方法开发的软件［如谷歌搜索(Google search)和谷歌邮箱(Gmail)］通常没有版本编号。它驻留在云端(无须安装在计算机上)并持续地演化使得用户总是拥有它的最新版本

图 1.34　软件生产-发布的术语

1.14　跟上信息技术的发展

图 1.35 列举了帮助用户始终站在产业动态、发展趋势和技术进步最前沿的重要技术与产业出版物。当然，还可以在 www.deitel.com/ResourceCenters.html 上的连接因特网和连接万维网的资源中心查到一个不断增长的列表。

出　版　物	统一资源定位器(URL)
AllThingsD	allthingsd.com
Bloomberg BusinessWeek	www.businessweek.com
CNET	news.cnet.com
Communications of the ACM	cacm.acm.org
Computerworld	www.computerworld.com
Engadget	www.engadget.com
eWeek	www.eweek.com
Fast Company	www.fastcompany.com
Fortune	money.cnn.com/magazines/fortune
GigaOM	gigaom.com
Hacker News	news.ycombinator.com
IEEE Computer Magazine	www.computer.org/portal/web/computingnow/computer
InfoWorld	www.infoworld.com
Mashable	mashable.com
PCWorld	www.pcworld.com
SD Times	www.sdtimes.com
Slashdot	slashdot.org
Stack Overflow	stackoverflow.com
Technology Review	technologyreview.com
Techcrunch	techcrunch.com
The Next Web	thenextweb.com
The Verge	www.theverge.com
Wired	www.wired.com

图 1.35　技术与产业出版物

自测题

1.1 填空

(a) 计算机在被称为_____的指令序列的控制下处理数据。

(b) 计算机的主要逻辑单元是_____、_____、_____、_____、_____和_____。

(c) 本章介绍的三类计算机语言分别是_____、_____和_____。

(d) 将高级语言源程序翻译成机器语言的程序称为_____。

(e) 基于 Linux 内核以及 Java 语言的面向移动设备的操作系统是_____。

(f) _____版软件是功能总体上完成，(基本上)没有软件错误且能够供用户使用。

(g) 与很多智能手机一样，"Wii Remote"使用_____来支持设备对运动进行响应。

(h) C 语言是由于成功地用于开发_____操作系统而一举成名。

(i) 用于开发 iOS 和 Mac Apps 的新的程序设计语言是_____。

1.2 关于 C 语言开发环境的填空题。

(a) C 语言源程序通常是使用_____软件来编写、输入计算机的。

(b) 在 C 语言开发环境中，_____程序将在翻译阶段开始前被自动地执行。

(c) 两种最常用的预处理命令是_____和_____。

(d) 将编译结果与各种库函数联系在一起形成可执行映像的程序是_____。

(e) 将可执行映像从硬盘装入到内存的程序是_____。

1.3 根据"1.8"节的内容填空：

(a) 对象具有_____特性——尽管对象知道如何利用精心定义的接口来相互通信，但是它们通常并不知道其他对象是如何实现的。

(b) 利用面向对象的程序设计语言，我们创建_____来存储执行任务的一组方法。

(c) 通过_____，通过吸收现存类的特性，将派生出新类的对象，然后再增加它们自己独有的特性。

(d) 一个对象的大小、形状、颜色和质量被认为是该对象所属类的_____。

自测题答案

1.1 (a) 程序(programs)。(b) 输入单元、输出单元、存储单元、中央处理单元(CPU)、算术逻辑单元(ALU)、辅助存储单元。(c) 机器语言、汇编语言、高级语言。(d) 编译器。(e) 安卓(Android)。(f) 即将发布(Release candidates)。(g) 加速度测量仪(Accelerometer)。(h) UNIX。(i) Swift。

1.2 (a) 文本编辑器(Editor)。(b) 预处理程序。(c) 将其他文件包含到源文件里一起编译，执行各种文本替换。(d) 链接程序(Linker)。(e) 装载程序(Loader)。

1.3 (a) 信息隐藏(information hiding)。(b) 类(Classes)。(c) 继承(inheritance)。(d) 属性(attributes)。

练习题

1.4 指出下列事物是属于硬件还是属于软件。

(a) CPU

(b) C++编译器

(c) ALU

(d) C++预处理程序

(e) 输入单元

(f) 文本编辑器

1.5 填空题

(a) 负责从计算机外部接收计算机欲使用的信息的逻辑单元是_____。

(b) 指挥计算机解决特定问题的过程称为_____。

(c)使用类似英语缩写词来表示机器语言指令的那类计算机语言是_____。

(d)计算机中的负责将处理过的信息传送到各个外部设备上供在计算机之外使用的逻辑单元是_____。

(e)计算机中能够存储信息的逻辑单元是_____和_____。

(f)计算机中负责执行计算的逻辑单元是_____。

(g)计算机中负责做出逻辑判断的逻辑单元是_____。

(h)最便于程序员快速而轻松地编写程序的计算机语言是_____。

(i)能够被计算机直接理解的唯一语言是计算机的_____。

(j)计算机中负责协调其他逻辑单元的工作的逻辑单元是_____。

1.6 填空

(a)今天_____语言被用来开发大规模的企业应用,加强 Web 服务器的功能,为消费者的设备提供应用等目的。

(b)_____作为 UNIX 操作系统的开发语言而广为人知。

(c)_____程序设计语言是由 Bjarne Stroustrup 于 20 世纪 80 年代在贝尔实验室研发的。

1.7 解释下列名称的含义:

(a) stdin

(b) stdout

(c) stderr

1.8 为什么目前面向对象程序设计受到了更多的重视?

1.9 (因特网消极的一面)尽管有很多好处,但是因特网和万维网也有很多缺点,如隐私问题、个人身份盗用、垃圾邮件和恶意软件。请研究因特网的负面问题,列举出 5 个问题并说明可以做哪些工作来解决这些问题。

1.10 (手表作为一个对象)在你的手腕上最常佩戴的东西是一块手表。请说明下面这些术语或概念如何用于介绍一块手表:对象、属性、行为、类、继承(如请考虑一个闹钟)、消息、封装和信息隐藏。

提高练习题

贯穿全书,我们增加了"提高"练习。通过完成这些练习,将处理与个人、社会、国家乃至世界有关的问题。

1.11 (尝试:碳足迹计算器)有些科学家认为:二氧化碳排放,特别是来至化石燃料燃烧的二氧化碳排放,是造成全球变暖的主要原因。而如果每个人都采取措施减少碳基燃料的使用,这是可以防止的。越来越多的组织和个人开始关心他们的"碳足迹[①]"。诸如 TerraPass 和 Carbon Footprint 这样的网站

```
http://www.terrapass.com/carbon-footprint-calculator-2/

http://www.carbonfootprint.com/calculator.aspx
```

都提供了碳足迹计算器。尝试使用这些碳足迹计算器来估算我们的碳足迹。随后几章的练习题将开发自己的碳足迹计算器。请登录这些网站研究碳足迹计算公式,提前做好准备。

1.12 (尝试:身体质量指数 BMI 计算器)肥胖导致诸如糖尿病和心脏病的疾病的患病人数增加。确定一个人是否超重或肥胖,你可以采用身体质量指数(Body mass index, BMI)来衡量。美国健康与生活服务部(Department of Health and Human Services)在 www.nhlbi.nih.gov/guidelines/obesity/BMI/bmicalc.htm 上提供了 BMI 的计算器。请使用它来计算自己的 BMI。第 2 章的练习题 2.32 将要求你开发一个自己的 BMI 计算器。请上网研究 BMI 计算公式,提前做好准备。

---

① 一段时间内,一个人的所有活动引起的二氧化碳排放总量——译者注。

1.13 **(混合动力汽车的属性)** 在本章中，学习到了有关"类"的一些基本概念。现在请具体描述一下"混合动力汽车"这个类的相关概念。由于混合动力汽车的每英里能耗比纯汽油汽车的要低得多，所以混合动力汽车正在变得越来越流行。请上网搜索并研究当前主流的混合动力汽车的 4 个或 5 个特性，然后尽可能列举出与混合动力有关的属性。常见的属性有每加仑汽油在市区内行驶的英里数和每加仑①汽油在高速公路上行驶的英里数。另外，再请列举出一些蓄电池的属性(类型、质量等)。

1.14 **(中性词汇)** 有很多人希望在各类交流中消除性别歧视。请编写一个处理一段文本的程序，将其中带性别差异的词汇替换成中性词汇。假设我们已经具有一个带性别差异的词汇及其对应的中性词汇(如"wife"与"spouse"，"man"与"person"、"daughter"与"child"等)的列表。请说明通读一段文本并手工进行替换的处理过程。为什么这个处理过程会产生诸如"woperchild"这样的怪词？在第 4 章中，我们将学习关于"处理过程"的一个更正式的词汇"算法"。算法定义了要执行的步骤以及执行这些步骤的顺序。

1.15 **(隐私)** 有些在线的电子邮件服务器会将所有的电子邮件保存一段时间。假设有一个电子邮件服务提供公司的雇员，因对上司不满，将数以百万计用户(包括你)的电子邮件发布到了因特网上。请就此事谈谈你的看法。

1.16 **(程序员的责任与义务)** 作为 IT 产业的一名程序员，你开发的软件可能会影响到人们的健康甚至生活。假设所开发软件中的一个错误引起了一个癌症患者在放射治疗的过程中受到了超剂量的照射，进而导致严重的身体损伤或者死亡。请就此事谈谈你的看法。

1.17 **(2010 "闪电崩盘")** 人类过度依赖计算机是有严重后果的。一个例子就是发生在 2010 年 5 月 6 日的"闪电崩盘"(Flash crash)。当时，纽约证券交易所的道琼斯指数在数分钟内急剧暴跌，投资者数万亿美元的资金瞬间消失。在恐慌数分钟后，股市恢复正常。请通过互联网研究导致这次崩盘的原因，并就由此引起的问题谈谈你的看法。

---

① 1 英里(mile)≈1.609 km；1 (美)加仑(US gal)≈3.785 L——编者注。

第 2 章　C 语言程序设计入门

学习目标:

在本章中, 读者将学习以下内容:

● 用 C 语言编写简单的计算机程序。
● 使用简单的输入输出语句。
● 使用基本数据类型。
● 掌握计算机存储器的基本概念。
● 使用算术运算符。
● 掌握算术运算符的优先级。
● 编写简单的判断语句。
● 开始关注安全的 C 程序设计。

提纲

2.1　引言

　　C 语言为计算机程序设计提供了一个结构化的规范方法。本章将介绍 C 语言程序设计, 并给出一些程序实例来说明 C 语言的重要功能。每个程序实例都逐个语句地分析讲解。在随后的第 3 章至第 4 章, 再介绍 C 语言的**结构化程序设计**(Structured programming)方法。该方法贯穿了本书中有关 C 的剩余部分。另外, 我们首次提供了多个 "安全的 C 程序设计" 章节。

2.2　一个简单的 C 程序: 打印一行文字

　　从来没有编过程序的读者也许会对 C 语言中的某些符号感到陌生。所以我们先从最简单的 C 程序开始介绍。我们的第一个程序实例是要打印一行文字, 程序的源码及其运行后计算机屏幕显示效果如图 2.1 所示。

```
1    // Fig. 2.1: fig02_01.c
2    // A first program in C.
3    #include <stdio.h>
4
5    // function main begins program execution
6    int main( void )
7    {
8        printf( "Welcome to C!\n" );
9    } // end function main
```

```
Welcome to C!
```

图 2.1　第 1 个 C 程序

注释 (Comment)

尽管这个程序实例很简单, 但是它说明了 C 语言的多个重要特性。第 1 行和第 2 行

```
// Fig. 2.1: fig02_01.c
// A first program in C
```

的特征是以 "//" 开头, 这表示这两行是**注释** (Comment)。适当地加入注释能够**归档程序** (Document program) 并提高程序的可读性。在程序执行时, 注释不会引发计算机的任何操作——注释将被 C 编译器忽略掉, 不会引起任何机器语言目标代码的生成。上面这两行注释简单地描述了图号、文件名和程序的编写目的。注释还能够帮助别人阅读并理解你编写的程序。

还可以使用 "/*...*/" 来实现**多行注释** (Multi-line comment), 即从第一个以 "/*" 开头的行到最后一个以 "*/" 结尾的行是一个注释。我们推荐使用 "//注释", 因为它更简洁, 而且消除了由 "/*...*/" 而引起的常见的编程错误, 尤其是像在注释的最后忘记了结尾的 "*/" 这样的错误。

include 预处理命令

第 3 行

```
#include <stdio.h>
```

是向 **C 预处理程序** (C preprocesssor) 发出的一条预处理命令。凡是以#开头的行都会在程序被编译之前由预处理程序进行处理。第 3 行的功能是告诉预处理程序将**标准输入输出头文件** (standard input/output header, 即<stdio.h>) 包含到源程序中。这个头文件包含了编译器在编译诸如 printf (第 8 行) 这样的对标准输入输出库函数的调用时所需的信息。这个头文件的内容将在第 5 章中详细介绍。

空行 (Blank Line) 和空白 (White Space)

第 4 行简单地就是一个空行。可以使用空行、空格和制表符 (tabs) 来使程序更易读。总之, 这些字符统称为空白。编译器对空白字符一概忽略。

main 函数

第 6 行为

```
int main( void )
```

是任何一个 C 程序都必须有的一个组成部分。main 之后的一对圆括号表明 main 是一个被称为**函数** (Function) 的程序模块。C 程序是由一个或多个函数组成的, 其中那个不可或缺的函数就是 main 函数。每个用 C 编写的程序都是从 main 函数开始执行的。函数执行后通常会返回一些信息。在 main 左侧的那个关键字 int 表示 main 函数执行后将返回一个整数 (Integer)。在第 5 章学习如何创建一个函数时, 我们将解释对于一个函数而言 "返回一个值" 到底意味着什么。现在, 所要做的很简单, 就是在任何一个程序中, main 函数的左侧加上关键字 int。

函数在被调用执行时也需要接收一些信息。这个语句中圆括号里的 void 表明这个 main 函数无须接收任何信息。在第 14 章中, 将展示一个需要接收信息的 main 函数例子。

良好的编程习惯 2.1

在每一个函数前都要用一个注释来说明这个函数的用途。

一个左花括号 "{" 表示函数的**函数体** (Body) 的开始 (第 7 行), 而相应的一个右花括号 "}" (第 9 行) 用于结束一个函数。一对花括号及位于其内的那段程序被称为一个模块。模块是 C 语言中一种重要的程序单元。

一个输出语句

第 8 行

```
printf( "Welcome to C!\n" );
```

命令计算机执行一个**操作** (Action): 将双引号内的字符串 (String) 打印到屏幕上。串有时也称为**字符串**

(Character string)、**消息**(Message)或**文本**(Literal)。整个这一行，包括 printf[其中的 f 表示 "格式化"(fomatted)]、圆括号内的**实参**(argument)和分号(；)，统称为一条**语句**(statement)。每一条语句都必须以分号结尾[所以分号也称为**语句结束符**(Statement terminator)]。当上面的 printf 语句被执行时，它将消息 "Welcome to C!" 打印到屏幕上。打印出来的字符正是出现在 printf 语句中双引号内的字符。

转义序列(Escape sequence)

你也许已经注意到了：字符\n 并没有打印在屏幕上。这里出现的反斜线(\)被称为**转义字符**(Escape character)。它表示 printf 语句将要做些特别的事情。当编译器遇到字符串中的转义字符时，它将反斜线及其下一个字符组成一个**转义序列**。转义序列**\n** 表示**换行**(newline)。当 printf 语句输出的字符串中出现 "换行" 时，"换行" 将光标定位在下一行的起始位置。图 2.2 给出了一些常用的转义序列。

转义序列	描　述
\n	换行。将光标移到下一行的起始位置
\t	水平制表。将光标移到下一个制表位置
\a	响铃报警。在不改变光标位置的情况下发出一个声响或可视的警报
\\	反斜线。在字符串中插入一个反斜线
\"	双引号。在字符串中插入一个双引号

图 2.2　一些常用的转义序列

图中最下面的那两个转义序列\\和\"看上去有点奇怪，但是却非常有用。因为字符串中的反斜线\有着特殊的含义，即编译器会将其视为转义字符，所以我们使用双反斜线(\\)来将一个反斜线\放置在字符串中。同样，由于双引号表示字符串的边界——这样的双引号是不会被打印出来的，所以想打印出一个双引号也成为一个问题。通过在 printf 欲打印的字符串中使用转义序列\"，我们可以让 printf 打印出一个双引号。那个右花括号 "}"(第 9 行)表示这里是 main 函数的结尾[1]。

良好的编程习惯 2.2
在表示所有函数(包括 main 函数)结束的右花括号所在行的后部加上一个注释。

我们说 printf 引发计算机去执行一个操作。其实，任何一个计算机程序都是执行各种操作并做出各种**判断**(Decision)。在本章的 2.6 节，将专门讨论如何做出判断。在第 3 章，还将深入讨论程序设计中的 "**操作/决策模型**"(Action/decision model)。

链接程序(Linker)与可执行程序(Executable)

诸如 printf 和 scanf 这样的标准输入输出函数并不是 C 语言标准中的一部分。例如，C 编译器并不能识别 printf 或 scanf 中的拼写错误。当编译到 printf 语句时，编译器只是在目标程序中为库函数调用留出空间，但是编译器本身并不知道库函数在什么地方——这是**链接程序**的工作。

链接程序负责找到库函数并将其正确地插入到目标程序中为调用这些库函数而预留的空间中。这时，目标程序才是完整的、可执行的。因此，链接好的程序被称为一个**可执行程序**。如果在程序中发生了函数名拼写错误，那么这个错误只有在链接时才能被发现，因为这时链接程序无法在标准函数库中找到与程序中有拼写错误的函数名相匹配的库函数名。

常见的编程错误 2.1
在程序中，将输出函数 printf 误写成 print。

良好的编程习惯 2.3
每一个函数的函数体在定义它的一对花括号内要有统一的缩进量(我们推荐为 3 个空格)。这个缩进能够更加突出程序中函数的结构，增加程序的可读性。

---

[1] 新版书中的程序取消了 main 函数末尾的 return 0;——译者注。

良好的编程习惯 2.4

根据你的偏好，对缩进量做出统一的规定，并将其应用于你所编写的所有程序。Tab 键可以用来实现缩进，但是 Tab 键的跳跃距离是变化的。专业的编程风格指导常常推荐使用空格而不是 Tab。

使用多个 printf 语句

　　printf 函数可以用多种方式来输出 "Welcome to C!"。例如图 2.3 中的程序的输出结果与图 2.1 中的程序是完全相同的。能做到这一点，是因为每一个 printf 函数输出的起始位置都是上一个 printf 函数输出的结束位置。这样，图 2.3 中的程序的第一个 printf 函数(第 8 行)输出了 "Welcome" 和一个空格(没有 "换行")，然后第二个 printf 函数(第 9 行)就会在同一行紧接着这个空格位置开始输出。

```
 1   // Fig. 2.3: fig02_03.c
 2   // Printing on one line with two printf statements.
 3   #include <stdio.h>
 4
 5   // function main begins program execution
 6   int main( void )
 7   {
 8      printf( "Welcome " );
 9      printf( "to C!\n" );
10   } // end function main
```

```
Welcome to C!
```

图 2.3　使用两个 printf 语句输出一行字符

　　通过在 printf 语句输出的字符串中增加若干换行符，还可以用一个 printf 语句来输出多行文字，图 2.4 就是这样的例子。每次遇到转义序列 "\n"，printf 语句就会跳到下一行的起始位置继续输出。

```
 1   // Fig. 2.4: fig02_04.c
 2   // Printing multiple lines with a single printf.
 3   #include <stdio.h>
 4
 5   // function main begins program execution
 6   int main( void )
 7   {
 8      printf( "Welcome\nto\nC!\n" );
 9   } // end function main
```

```
Welcome
to
C!
```

图 2.4　用一个 printf 语句输出多行字符

2.3　另一个简单的 C 程序：两个整数求和

　　我们的下一个程序实例是用标准输入函数 scanf 来获取用户从键盘输入的两个整数，然后计算它们的和，并用 printf 函数将结果打印出来。这个程序及一个输出样例如图 2.5 所示(在图 2.5 的输入/输出对话中，我们用黑体来突出用户输入的数据)。

　　按照惯例，还是逐行分析这个程序。

　　第 1 行和第 2 行的注释说明了这个程序的编号和目的。

　　第 6 行 int main（void）是任何一个 C 程序所必有的一条语句。我们前面已经提到：任何一个程序都从 main 函数开始执行。左花括号{(第 7 行)表示 main 函数体的开始。相应地，右花括号}(第 21 行)表示 main 函数体的结束。

```
I   // Fig. 2.5: fig02_05.c
2   // Addition program.
3   #include <stdio.h>
4
5   // function main begins program execution
6   int main( void )
7   {
8      int integer1; // first number to be entered by user
9      int integer2; // second number to be entered by user
10
11     printf( "Enter first integer\n" ); // prompt
12     scanf( "%d", &integer1 ); // read an integer
13
14     printf( "Enter second integer\n" ); // prompt
15     scanf( "%d", &integer2 ); // read an integer
16
17     int sum; // variable in which sum will be stored
18     sum = integer1 + integer2; // assign total to sum
19
20     printf( "Sum is %d\n", sum ); // print sum
21  } // end function main
```

```
Enter first integer
45
Enter second integer
72
Sum is 117
```

图 2.5   加法程序

变量与变量定义

第 8 行至第 9 行

```
int integer1; // first number to be entered by user
int integer2; // second number to be entered by user
```

是对变量的**定义**(definition)。integer1 和 integer2 是**变量**(Variable)名——程序用来存储变量数值的存储空间的地址。这些定义语句规定了变量 integer1 和 integer2 是整数型数据(int,简称整型),即这些变量对应的存储空间中存储的是整数,例如 7、−11、0、31914 这类的整数。

变量在使用前必须先定义

在程序中被使用之前,所有变量必须先用变量名和数据类型进行定义。C 标准允许你在 main 函数中的任何位置放置一条变量定义语句,只要求在这个变量第一次被使用之前就行(但有些早期的编译器是不允许这样的)。下面将会找到为何将变量定义恰恰放在第一次使用它之前的答案。

用一个语句定义多个类型相同的变量

上述定义语句可以像下面这样合并成一条:

```
int integer1, integer2;
```

但是这样的话,就很难像第 8 行至第 9 行那样分别将变量及其注释联系在一起。

标识符和大小写敏感

C 程序中的变量名可以是任何合法的**标识符**(Identifier)。标识符是一个由字母、数字和下画线(_)组成的字符串,但是不能以数字开头。C 语言是**大小写敏感的**(Case sensitive)——即大写和小写字母在 C 语言中是不同的。所以,a1 和 A1 是两个不同的标识符。

常见的编程错误 2.2

在应该用小写字母的地方使用了大写字母(如将 main 误写成 Main)。

错误预防提示 2.1

不要使用下画线(_)开头的标识符,防止与编译器生成的标识符以及标准库的标识符相冲突。

良好的编程习惯 2.5

给变量起一个有意义的名字，可使程序能够自我文档化——即减少所需的注释。

良好的编程习惯 2.6

给一个简单变量起名时，标识符的第一个字母一定要小写。因为在本书的后续内容中，我们给大写字母开头或者全部是大写字母的标识符赋以特殊的含义。

良好的编程习惯 2.7

由多个单词组成的变量名能够增加程序的可读性。但要注意，应该像 total_commisions 这样用下画线来分隔这些单词。如果一定要连写在一起的话，可以像 totalCommisions 那样将第一个单词后面的每个单词都用大写字母开头。后一种风格更好——因为大写字母和小写字母组合在一起像是一头骆驼的轮廓，所以这种风格常被称为骆驼外形。

提示信息

第 11 行

```
printf( "Enter first integer\n" ); // prompt
```

会在屏幕上显示文字"Enter first integer"并将光标定位在下一行的起始位置。这段文字被称为**提示**（Prompt），因为它告诉用户下一步要做出一个特定的操作。

scanf 函数与格式化输入

第 12 行

```
scanf( "%d", &integer1 ); // read an integer
```

使用 **scanf** 函数（其中的 f 表示"格式化"）从用户那里获得一个数据。scanf 函数从标准输入流（Standard input）中读入数据，标准输入流通常是键盘。

本例中，scanf 函数有两个实参："%d"和&integer1。其中第 1 个实参是**格式控制字符串**（Format control string），用来指示用户将要输入数据的类型。例如**%d 转换说明符**（%d conversion specifier）表示将要输入的数据是整数（字母 d 代表十进制整数）。字符% 被 scanf 函数（printf 函数也一样）看成一个特殊的字符，表示一个转换说明符的开始。

第 2 个实参是以一个"与符号（Ampersand）&"开始的，后面跟着一个变量名。符号&在 C 语言中被称为**取地址运算符**（Address operator）。当与变量名组合在一起时，符号&将内存中变量 integer1 所在的存储位置（或地址）告知 scanf 函数，然后计算机将用户针对 integer1 而输入的数值存储到那个位置中。初学者或者学过其他不需要这个运算符的程序设计语言的读者，也许对这个"&"符号的使用感到有点迷惑。但是没关系，只需记住：在所有 scanf 函数中出现的每个变量名前面都加上&。当然，在第 6 章和第 7 章里会有一些例外。但是在学完第 7 章关于指针的内容后，对&的使用规则自然就完全清楚了。

良好的编程习惯 2.8

在每一个逗号（, ）后面留出一个空格，可以增加程序的可读性。

当执行上面的 scanf 语句时，计算机将等待用户为变量 integer1 键入一个数值。用户键入一个整数作为响应，然后按"回车"键（Enter key）（有时标为"Return"键）将这个整数发送给计算机。计算机将这个整数/数值赋给变量 integer1。这样后继程序语句中对 integer1 的引用就可以使用到这个数值了。

函数 printf 和 scanf 实现了计算机和用户的交互。这种交互形成了一个对话，所以它常常被称为**交互式计算**（Interactive computing）。

提示并输入第二个整数

第 14 行

```
printf( "Enter second integer\n" ); // prompt
```

会在屏幕上显示提示信息 "Enter second integer"，并将光标定位在下一行的起始位置。这个 printf 的作用也是提醒用户进行操作。第 15 行

```
scanf( "%d", &integer2 ); // read an integer
```

从用户那里获得变量 integer2 的数值。

定义变量 sum

第 17 行

```
int sum; // variable in which sum will be stored
```

在程序第 18 行第一次使用变量 sum 之前，定义了类型为 int 的变量 sum。

赋值语句

第 18 行的**赋值语句**(Assignment statement)

```
sum = integer1 + integer2; // assign total to sum
```

计算 integer1 和 integer2 的和，然后通过赋值运算符 "=" 将结果赋给 sum。这条语句读为 "sum 得到了表达式 integer1+integer2 的值。" 事实上，C 程序的大多数计算都是在赋值语句中完成的。因为需要两个**操作数**(operand)，所以运算符 + 和 = 被称为二元运算符。运算符 + 的两个操作数是 integer1 和 integer2，运算符 = 的两个操作数是 sum 和表达式 integer1 + integer2 的值。

良好的编程习惯 2.9

在二元运算符的两边各留出一个空格，这将更加突出二元运算符，并增加程序的可读性。

常见的编程错误 2.3

赋值语句中的计算必须位于赋值运算符 "=" 的右侧。将计算放在运算符 "=" 的左侧是一个编译错误(即语法错误)。

带有一个格式控制串的打印操作

第 20 行

```
printf( "Sum is %d\n", sum ); // print sum
```

调用函数 printf 将文字 "Sum is" 及其随后的变量 sum 的数值打印到屏幕上。这个 printf 函数有两个实参，"Sum is %d\n" 和 sum。其中，第 1 个实参是格式控制串，它包含需要显示的一些文本字符以及指明将要打印一个整数的转换说明符%d。第 2 个实参值规定了将要打印的数值。针对一个整数的转换说明符在 printf 函数和 scanf 函数中都是一样的——对于绝大多数 C 数据类型都是这样。

将变量定义和赋值语句组合在一起

可以在变量定义语句中对该变量赋值——这称为变量的**初始化**(Initializing)。例如，第 17 行和第 18 行语句可以合并为如下语句：

```
int sum = integer1 + integer2; // assign total to sum
```

这将 integer1 和 integer2 相加，结果存入变量 sum。

printf 语句中的计算

计算也可以在 printf 语句中进行。如第 17 行到第 20 行语句可以用如下语句来代替：

```
printf( "Sum is %d\n", integer1 + integer2 );
```

在这种情况下，就不需要引入变量 sum 了。

常见的编程错误 2.4

当 scanf 函数中的变量前面应该有 "取地址运算符&" 时，忘记在变量前面加上 "&"，这将引发一个运行时错误(Execution-time error)。在多数系统上，这将引起一个 "段故障"(Segmentation fault)或 "越权访问"(Access violation)。当用户程序试图访问计算机内存中的某个部分而又不具备相应的访问权限时，就会发生这样的错误。引发这种错误的具体原因将在第 7 章介绍。

常见的编程错误 2.5
当 printf 函数中的变量前面不应该有"取地址运算符&"时,却在变量前面加上了"&"。

2.4 存储单元的基本概念

像 integer1、integer2 和 sum 这样的变量名事实上对应着计算机存储空间的一个存储单元。每个变量都具有三个属性:变量名、数据类型和数值。

在图 2.5 所示的加法程序中,当语句(第 12 行)

```
scanf( "%d", &integer1 ); // read an integer
```

被执行时,用户输入的一个数值将被存入被命名为 integer1 的那个存储单元。假设用户为 integer1 而输入的值是 45,则计算机将 45 存入存储单元 integer1 中,如图 2.6 所示。无论一个值是何时存入到一个存储单元里去的,这个值都将替换掉该存储单元里原来存储的旧值,旧值就丢失了。这个过程是**破坏性的**(Destructive)。

再回到我们的加法程序,当语句(第 15 行)

```
scanf( "%d", &integer2 ); // read an integer
```

执行时,假设用户输入 72,则这个值被存入存储单元 integer2 中,存储结果如图 2.7 所示。应该指出的是,存储单元 integer1 与 integer2 并不一定是存储空间中相邻的两个单元。

一旦获得了 integer1 和 integer2 的值,程序将计算它们的和,并将结果存入变量 sum。执行加法并替换掉原先存储在 sum 里的那个值的语句(第 18 行)是

```
sum = integer1 + integer2; // assign total to sum
```

当 integer1 和 integer2 的和求出后,将存入 sum 存储单元中(破坏掉 sum 中原先的值)。当 sum 的值计算出来后,存储单元的状态如图 2.8 所示。注意:integer1 和 integer2 中的数值与它们被用来计算前一模一样。尽管被使用过,但是在计算机执行运算的过程中它们并没有被破坏。因此我们说,将一个值从存储单元里读出,这个过程是**非破坏性的**(Nondestructive)。

图 2.6 给出变量名及其数值的一个存储单元

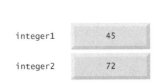

图 2.7 输入两个变量后的存储单元

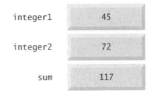

图 2.8 计算完成后的储存单元

2.5 C 语言中的算术运算

绝大多数 C 程序都会用 C **算术运算符**(Arithmetic operators)(参见图 2.9)进行算术运算。

C 运算	算术运算符	代数表达式	C 表达式
加法	+	$f+7$	f+7
减法	–	$p-c$	p-c
乘法	*	bm	b*m
除法	/	x/y 或者 $\frac{1}{2}$ 或者 $x \div y$	x/y
求余数	%	$r \bmod s$	r%s

图 2.9 算术运算符

注意：C 使用了一些在数学上的代数表达式中没有使用的特殊符号。例如，**星号**(Asterisk ，*)表示乘法，**百分号**(Percent sign, %)是下面还要介绍的求余运算的运算符。而在代数表达式中，若要表示变量 a 乘以 b，就直接将这两个单字母的变量名写在一起(如 ab)即可。而在 C 语言中，如果这么写，ab则被解释为由两个字母构成的一个变量名(或标识符)。因此，C 语言(和其他很多程序设计语言)要求用乘法运算符*来显式地表示乘法运算，例如 a*b。算术运算符都是二元运算符。例如，表达式 3+7 就是由一个二元运算符+以及两个操作数 3 和 7 组成的。

整数除法和求余运算符

整数除法(Integer division)的结果一定是一个整数。例如，表达式 7/4 的结果是 1，而 17/5 得到 3。C 语言提供了一个求余运算符，即%，它的结果是整数除法的余数。求余运算符是一个整数运算符，即它的操作数必须是整数。表达式 x % y 得到的运算结果是 x 除以 y 的余数。例如，7 % 4 得到 3，17 % 5得到 2。在以后的章节中，我们将会讨论求余运算符的很多有趣的应用。

常见的编程错误 2.6

计算机系统，通常对除数为零的情况没有定义，因此，试图用 0 去除一个数，将导致一个致命错误。致命错误是指在程序尚未成功完成之前就导致程序立即终止的错误。相反，非致命错误则允许程序运行到结束，当然这样得到的运行结果往往是错误的。

直线形式的算术表达式

为了能够将程序输入到计算机中，C 程序中的算术表达式必须写成**直线形式**(Straight-line form)。因此，诸如"a 除以 b"这样的表达式就只能写成 a / b 这样，使得操作数和运算符都出现在同一行上。尽管某些特殊用途的软件包允许用户用较自然的记号来表示复杂的数学表达式，但是形如

$$\frac{a}{b}$$

的代数表达式对编译器来说是无法接受的。

用圆括号来区分"子表达式"

在 C 语言中，圆括号的用法与其在代数表达式中的用法完全相同。例如，给 a 增加 b + c 这么多倍，我们写成：a * (b + c)。

运算符优先级规则

对于一个具有多个运算符的算术表达式， C 语言根据如下与代数理论完全相同的**运算符优先级规则**(Rules of operator precedence)确定具体的运算次序。

1. 包含在一对圆括号内的表达式中的运算符优先运算。也就是说，圆括号具有最高的优先级。对于形如

    ((a + b) + c)

    这样的**嵌套圆括号**(Nested or embedded parentheses)，总是先考虑**最内层**(innermost)的那对圆括号。

2. 然后进行乘法、除法和求余运算。如果一个表达式中包含多个乘法、除法和求余运算符，那么执行的顺序是从左向右。也就是说，乘法、除法和求余的优先级相同。

3. 其次进行加法和减法计算。如果一个表达式中包含多个加法和减法运算符，那么执行的顺序是从左向右。也就是说，加法和减法的优先级相同，但是低于乘法、除法和求余的优先级。

4. 最后进行的是赋值运算符(=)。

C 语言就是根据上面这些运算符优先级规则来计算一个表达式的值[①]。当我们说从左向右计算表达

[①] 这里，只是用了一些简单的例子来解释表达式的计算顺序。在处理本书后续章节中出现的较复杂的表达式时，还会遇到一些问题。等遇到这些问题时，我们再介绍其解决办法。

式的值时，指的是运算符的**结合性**（Associativity）。事实上，还有一些运算符的结合性是从右向左的。图 2.10 归纳了算术运算符优先级的规定。

运算符	操作	计算顺序（优先级）
( )	圆括号	最先计算。如果有嵌套的圆括号，则先计算最内层圆括号内的表达式。如果同一层内有多对并列（即非嵌套）的圆括号，则从左向右计算
*	乘法	第二计算。如果有多个，则从左向右计算
/	除法	
%	求余	
+	加法	第三计算。如果有多个，则从左向右计算
−	减法	
=	赋值	最后进行

图 2.10　算术运算符的优先级

代数表达式和 C 语言表达式的例子

现在让我们根据算术运算符优先级的规则看几个表达式例子。每个例子都给出一个代数表达式及其等价的 C 表达式。下面这个表达式是求 5 个数的算术平均值：

代数：$m = \dfrac{a+b+c+d+e}{5}$

C：　　m = (a + b + c + d + e) / 5;

因为除法的优先级要高于加法，所以 C 表达式中用圆括号将"加法"组合起来。这样才能保证：被 5 除的是整个(a + b + c + d + e)。如果错误地遗漏了这对圆括号，将得到 a + b + c + d + e / 5 的结果，因为计算机错误地按照如下表达式进行了计算：

$a+b+c+d+\dfrac{e}{5}$

第二个例子是一个直线方程：

代数：$y = mx + b$

C：　　y = m * x + b;

这里不需要圆括号，因为乘法的优先级高于加法，所以乘法运算自然先进行。

第三个例子是包含了求余(%)、乘法、除法、加法、减法和赋值运算：

代数：$z = pr \bmod q + w/x - y$

C：　　z = p * r % q + w / x - y;
　　　　　⑥　　①　　②　　④　　③　　⑤

圆圈内的数字表示 C 语言执行这些运算符的顺序。由于乘法、求余和除法的优先级比加法和减法的高，所以它们首先按照从左向右的顺序（即它们从左向右结合）执行。加法和减法随后执行，它们也是从左向右计算的。最后，运算结果被赋予变量 z。

并不是所有的表达式都存在几对相互嵌套的圆括号。例如，下面这个表达式包含的就是"处于同一水平"的圆括号，而不是嵌套的圆括号。

a * (b + c) + c * (d + e)

求二次多项式的值

为了更好地理解算术运算符的优先级，我们来看看 C 语言是如何计算一个二次多项式的值。

y = a * x * x + b * x + c;
　⑥　　①　　②　　④　　③　　⑤

运算符下面圆圈内的数字表示 C 语言执行这些运算的顺序。由于 C 语言中没有指数运算符，所以我们用 "x * x" 来表示"x^2"。尽管在 C 标准函数库中有一个实现指数运算的函数 pow（power，指数），但是由于 pow() 函数对输入的数据类型有特殊的要求，所以我们要等到第 4 章再介绍它。

设上面二次多项式中变量 a、b、c 和 x 按照 a=2、b=3、c=7 和 x=5 来初始化。图 2.11 描述了这些运算符的运算步骤。

使用圆括号获得清晰性

在代数中，使用没有必要的圆括号将一个表达式括起来使得表达式表达的含义更清晰，这是一种可以接受的做法。这样的圆括号称为多余的圆括号。例如，前面的语句可以用括号括起来写成如下的形式：

y = (a * x * x) + (b * x) + c;

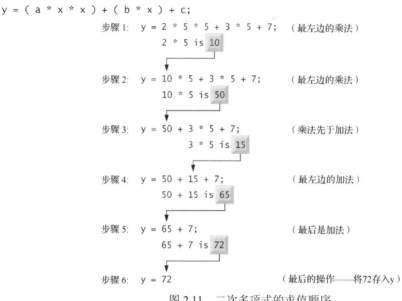

步骤 1:　y = 2 * 5 * 5 + 3 * 5 + 7;　　（最左边的乘法）
　　　　　2 * 5 is 10

步骤 2:　y = 10 * 5 + 3 * 5 + 7;　　（最左边的乘法）
　　　　　10 * 5 is 50

步骤 3:　y = 50 + 3 * 5 + 7;　　（乘法先于加法）
　　　　　　　3 * 5 is 15

步骤 4:　y = 50 + 15 + 7;　　（最左边的加法）
　　　　　50 + 15 is 65

步骤 5:　y = 65 + 7;　　（最后是加法）
　　　　　65 + 7 is 72

步骤 6:　y = 72　　（最后的操作——将72存入y）

图 2.11　二次多项式的求值顺序

2.6　做出决策：相等和关系运算符

可执行的 C 语言语句要么是执行操作（如对数据进行运算、输入或输出），要么是做出**决策** (Decisions)（很快就会看到这样的例子）。例如，我们在程序中可能要进行这样一个判断：确定一个人的考试成绩是否大于或等于 60 分以及是否需要打印信息 "Congratulations! You passed"。本节将介绍 C 语言 **if 语句**（if statement）的一种比较简单的形式，if 语句允许程序通过判断一个被称为**条件**（Condition）的事实语句是真话还是谎话来做出决策。若条件为**真**（True）（即条件满足），则执行 if 语句体中的语句；若条件为**假**（False）（即条件不满足），则不执行语句体中的语句。无论语句体中的语句是否被执行，当 if 语句执行结束后，计算机将执行紧随 if 语句之后的下一条语句。

if 语句中的条件通常是由**相等运算符**（Equality operator）和**关系运算符**（Relational operator）构成的表达式。图 2.12 给出了 C 语言所有的相等运算符和关系运算符。关系运算符的优先级都是相等的，它们都是从左向右结合的。相等运算符的优先级要低于关系运算符，也是从左向右结合的 [注意：在 C 语言中，条件可以是任何能够产生零（表示假）或非零（表示真）的表达式]。

常见的编程错误 2.7

如果运算符==、! =、>=和<=的双符号中间出现空格，将导致一个语法错误。

常见的编程错误 2.8

将相等运算符==和赋值运算符(=)混淆了。为了避免将相等运算符==和赋值运算符(=)混淆，应将相等运算符读为"双等号"而将赋值运算符读为"获得"或者"被赋值以"。在后续的内容里，将会看到，这种运算符的误用，并不一定会引起一个编译器可以轻易识别的错误，但是却可能导致一个相当隐蔽的逻辑错误。

代数相等运算符或比较运算符	C 相等或比较运算符	C 条件的例子	C 条件的含义
关系运算符			
>	>	x>y	x 大于 y
<	<	x<y	x 小于 y
≥	>=	x>=y	x 大于或等于 y
≤	<=	x<=y	x 小于或等于 y
相等运算符			
=	==	x==y	x 等于 y
≠	!=	x!=y	x 不等于 y

图 2.12　相等和关系运算符

图 2.13 中的程序使用了 6 个 if 语句来比较用户输入的两个数。如果 if 语句中的条件为真，则执行与其相连的 printf 语句。程序及其三次运行的输出结果如图 2.13 所示。

```c
1   // Fig. 2.13: fig02_13.c
2   // Using if statements, relational
3   // operators, and equality operators.
4   #include <stdio.h>
5
6   // function main begins program execution
7   int main( void )
8   {
9      printf( "Enter two integers, and I will tell you\n" );
10     printf( "the relationships they satisfy: " );
11
12     int num1; // first number to be read from user
13     int num2; // second number to be read from user
14
15     scanf( "%d %d", &num1, &num2 ); // read two integers
16
17     if ( num1 == num2 ) {
18        printf( "%d is equal to %d\n", num1, num2 );
19     } // end if
20
21     if ( num1 != num2 ) {
22        printf( "%d is not equal to %d\n", num1, num2 );
23     } // end if
24
25     if ( num1 < num2 ) {
26        printf( "%d is less than %d\n", num1, num2 );
27     } // end if
28
29     if ( num1 > num2 ) {
30        printf( "%d is greater than %d\n", num1, num2 );
31     } // end if
32
33     if ( num1 <= num2 ) {
34        printf( "%d is less than or equal to %d\n", num1, num2 );
35     } // end if
36
37     if ( num1 >= num2 ) {
38        printf( "%d is greater than or equal to %d\n", num1, num2 );
39     } // end if
40  } // end function main
```

```
Enter two integers, and I will tell you
the relationships they satisfy: 3 7
3 is not equal to 7
3 is less than 7
3 is less than or equal to 7
```

```
Enter two integers, and I will tell you
the relationships they satisfy: 22 12
22 is not equal to 12
22 is greater than 12
22 is greater than or equal to 12
```

图 2.13　if 语句、相等运算符和关系运算符的使用

```
Enter two integers, and I will tell you
the relationships they satisfy: 7 7
7 is equal to 7
7 is less than or equal to 7
7 is greater than or equal to 7
```

图 2.13(续)　if 语句、相等运算符和关系运算符的使用

注意：这个程序使用 scanf 函数(第 15 行)来读入了两个整数并将其存入整型变量 num1 和 num2。每一个转换说明符都对应一个存储数据的目标地址。本例中，第一个%d 处理将存入变量 num1 中的数据，第二个%d 处理将存入变量 num2 中的数据。

请注意程序中，所有的 if 语句都有相同的缩进，每个 if 语句的前后都有一个空行。这样增强了程序的可读性。

良好的编程习惯 2.10
尽管 C 语言允许在同一行内写多条语句，但程序中最好还是一行不要超过一条语句。

常见的编程错误 2.9
在 scanf 语句的格式控制字符串中的转换说明符之间加上了逗号(这是根本不需要的)。

数据的比较

第 17 行至第 19 行中的 if 语句

```
if ( num1 == num2 ) {
   printf( "%d is equal to %d\n", num1, num2 );
} // end if
```

比较了变量 num1 和 num2 的值，看看它们是否相等。若它们的值相等，第 18 行中的语句将显示一行说明这两个数据相等的文本。对于分别开始于第 21 行、第 25 行、第 29 行、第 33 行和第 37 行的那些 if 语句而言，只要其中的某个条件为"真"，则相应语句体中的语句就会显示一行相应的文本。在每个 if 语句的语句体内部都采用缩进并在每个 if 语句的前后都插入一个空白行，这样有助于增强程序的可读性。

常见的编程错误 2.10
在 if 语句中，括起条件的右圆括号的后面写上了一个分号。

每个 if 语句的语句体都是以左花括号{开始的(如第 17 行)，相应地以右花括号}结束(如第 19 行)。在 if 语句的语句体中可以写进任意条语句[①]。

良好的编程习惯 2.11
一条很长的语句可能需要占据好几行。如果一条语句必须跨行书写的话，那么应该在易于理解的断点处(如在一个以逗号为分隔符的列表中的某个逗号之后)进行分行，而且分出来的这些行应该具有相同的缩进量。把一个标识符分在不同行是错误的。

图 2.14 按照从高到低的顺序列出了本章介绍的所有运算符的优先级。这些运算符从上到下的顺序就是优先级递减的顺序。注意：等号也是一个运算符——赋值运算符"="。除赋值运算符是从右向左结合之外，其他所有的运算符都是从左向右结合。

---

① 当 if 语句的语句体中只有一条语句，可以用一对花括号来界定语句体，也可以不用。但很多程序员都认为总是写上一对花括号是一种好的编程习惯。在第 3 章，我们将解释这个问题。

良好的编程习惯 2.12

在编写一个含有多个运算符的语句时，请参考运算符优先级列表。确保表达式中的运算符按照正确的顺序执行。如果不能确定一个复杂表达式中的求值顺序，请用圆括号将表达式分组或者将该语句分解成若干个简单的语句。注意，C 语言的一些运算符，如赋值运算符(=)，是从右向左结合的，而不是从左向右结合的。

在本章程序中我们使用了一些特殊的单词(如 int、if 和 void)，它们是程序设计语言的**关键字**(keyword)或保留字。图 2.15 列出了 C 语言所有的关键字。对于 C 语言的编译器而言，这些关键字有着特殊的含义。所以，必须小心使用它们，不能将它们用做如变量名这样的标识符。

运算符	结合性
( )	从左向右
*　/　%	从左向右
+　-	从左向右
<　<=　>　>=	从左向右
==　!=	从左向右
=	从右向左

图 2.14　迄今介绍过的运算符的优先级和结合性

在本章中，我们介绍了 C 语言的很多重要功能，如在屏幕上显示数据、让用户输入数据、算术运算以及做出判断，等等。下一章我们在介绍"结构化程序设计"的过程中将这些技术组合起来使用。那时，将进一步熟悉缩进技术。此外，还将学习如何规定程序语句的执行顺序——这就是所谓的"**控制流**"(flow of control)。

关键字				
auto	do	goto	signed	unsigned
break	double	if	sizeof	void
case	else	int	static	volatile
char	enum	long	struct	while
const	extern	register	switch	
continue	float	return	typedef	
default	for	short	union	
C99 中增加的关键字				
_Bool	_Complex	_Imaginary	inline	restrict
C11 中增加的关键字				
_Alignas	_Alignof	_Atomic	_Generic	_Noreturn	_Static_assert	_Thread_local

图 2.15　C 语言的关键字

2.7　安全的 C 程序设计

在本书的前言中，介绍过 C 安全编码标准 CERT，并指出对于有助于避免在程序设计中漏出系统被攻击破绽的某些规则，我们是应该遵守的。

避免单参数的 printf 语句[①]

一个安全的 C 程序设计的规则是避免使用只带一个字符串参数的 printf 语句。若只需要显示一个以换行符结尾的字符串，请采用 puts 函数，该函数将在显示完字符串参数后，加上一个换行符。如图 2.1 的第 8 行

```
printf( "Welcome to C!\n" );
```
就应该写成

```
puts( "Welcome to C!" );
```
在上面这个字符串中，不需要加 "\n"，因为 puts 函数会自动地加上这个换行符。

---

① 欲了解更多的信息，请查阅 CERT C 安全编码规则 FIO30-C(www.securecoding.cert.org/confluence/display/seccode/FIO30-C.+Exclude+user+input+from+format+strings)。在第 6 章的"安全的 C 程序设计"节，将解释查阅 CERT 时用户提出的问题。

若需要显示一个不带结尾换行符的字符串，请在调用 printf 时使用两个参数——"%s"格式控制串和欲显示的字符串。转换说明符%s 表示要显示的是一个字符串。如图 2.3 的第 8 行

```
printf( "Welcome " );
```

就应该写成

```
printf( "%s", "Welcome " );
```

尽管本章中的 printf 语句并不是不安全，但是这些改动是负责任的编程实践，可以消除某些随着深入理解 C 后将会意识到的安全漏洞——在本书的后面将解释其基本原理。从此往后，将在例题中使用这些编程实践，你也应该在完成作业时使用它们。

scanf 与 printf, scanf_s 与 printf_s

本章中，介绍了 scanf 与 printf 语句。在以 3.13 节开头的后续"安全 C 编码规则"章节中，还将进一步介绍更多的内容。我们还将讨论 C11 引入 scanf_s 与 printf_s。

摘要

2.1　引言

● C 语言支持结构化和规范的程序设计方法。

2.2　一个简单的 C 程序：打印一行文字

● **注释**是以//开始的。注释是**对程序进行的文档说明**并提高程序的可读性。C 还支持以/*开头、以*/结尾的**多行注释**。

● 在程序执行时，注释不会引发计算机的任何操作。因为在编译程序时，所有的注释都会被编译器忽略掉，不会生成任何机器语言的目标代码。

● 凡是以"#"开头的行都是在程序被编译之前由**预处理程序**进行处理的。**#include 预编译命令**告诉预处理程序将另一个文件的内容包含到源程序中。

● **头文件<stdio.h>**包含了编译器在编译像 printf 这样的标准输入输出库函数调用语句时所需的信息。

● 任何一个 C 程序都必须有一个 **main** 函数。main 之后的一对圆括号表明 main 是一个被称为**函数**的程序模块。C 程序是由一个或多个函数组成的，其中一个肯定是 main。所有的 C 程序都是从 main 函数开始执行的。

● 函数执行后能返回一些信息。在 main 左侧的那个关键字 **int** 表示 main 函数执行后将"返回"一个整数(不带小数)值。

● 函数在被调用执行时，可能要接收一些信息。main 之后的圆括号中的 **void** 表明：main 函数无须接收任何信息。

● 函数的**函数体**以**左花括号{**开始，并以相对应的**右花括号}**结束。一对花括号及位于其内的那段程序被称为一个**模块**。

● **printf 函数**指示计算机在屏幕上显示信息。

● 一个串有时也称为一个**字符串**、一条**消息**或一行**文本**。

● 每条语句必须以一个**分号**结束(也称为语句结束符)。

● 在\n 中，反斜线\被称为**转义字符**。当编译器在字符串中遇到转义字符时，它将反斜线连同其后的一个字符组成一个**转义序列**。转义序列\n 表示**换行**。

● 当 printf 函数输出的字符串中出现"换行"时，"换行"将光标定位在屏幕中下一行的起始位置。

● **双斜杠\\转义序列**通常用于在字符串中放入一个反斜线\。

● 转义序列\"表示一个双引号字符。

2.3　另一个简单的 C 程序：两个整数求和

- 一个**变量**其实是存储器中的存放程序要用到的一个数据的一个存储空间。
- 类型为 **int** 的变量中存放的是整数，即如 7、–11、0、31914 这样**不带小数的数**。
- 所有变量都必须在其被程序使用之前，用一个名字和**数据类型**来定义。
- C 程序中的变量名可以是任何合法的**标识符**。标识符是一个由字母、数字和下画线（–）组成的字符串，但是不能以数字开头。
- C 语言是**大小写敏感的**——即大写和小写字母在 C 语言中是不同的。
- 标准库**函数 scanf** 用于从标准输入设备，通常是键盘，获得输入信息。
- **scanf** 的格式控制串用来指示将要输入数据的数据类型。
- **转换说明符%d** 说明将要输入的数据是整数（字母 d 表示十进制整数）。对于 scanf（和 printf）函数而言，%是表示一个转换说明符开始的特殊字符。
- 位于 scanf 格式控制串之后的其他实参都是以"与（**&**）"符号开始的，后面跟着一个变量名。符号&被称为**取地址运算符**。符号&放在变量名前组合使用，目的是告知 scanf 函数该变量的存储地址，然后计算机将对应该变量的数值存到那个存储地址对应的存储单元中。
- C 程序中的绝大多数计算都是在**赋值语句**中完成的。
- 赋值运算符=和加法运算符+是**二元运算符**——需要两个操作数的运算符。
- printf 也可以使用格式控制串作为它的第一个实参，这时其中的转换说明符用于为即将输出的数据预留位置。

2.4　存储单元的基本概念

- 变量名对应计算机存储空间的一个存储单元。每个**变量**都具有三个属性：**变量名**、**数据类型**和**数值**。
- 无论一个值是何时存入到一个存储单元里去的，这个值都将替换掉该存储单元中原来存储的旧值。因此，将一个新值存入一个存储单元是**破坏性的**。
- 将一个值从一个存储单元里读出，这个过程是**非破坏性的**。

2.5　C 语言中的算术运算

- 在代数表达式中，若要表示 a 乘以 b，就直接将这样的单字母的变量名写在一起即可，如 ab。然而在 C 语言中，如果真的这么做，ab 则被理解为一个由两个字母构成的变量名（或标识符）。因此，C 语言（通常像其他程序设计语言一样）要求用乘法运算符*来显式地表示乘法，如 a*b。
- 为了将程序输入到计算机中，C 程序的**算术表达式必须写成直线形式**。例如"a 除以 b"就必须写成 a / b，使得操作数和运算符出现在同一行上。
- 依据与代数表达式的相同规则，C 语言使用**圆括号**来将一个表达式分成若干子项。
- 根据**运算符优先级的规定**，C 语言精确地确定算术表达式的运算次序，这些规定与代数表达式中的运算符优先级的规定是一样的。
- 最先进行的运算是**乘法**、**除法**和**求余**。若一个表达式中包含多个乘法、除法和求余，那么按从左向右的顺序执行。也就是说，乘法、除法和求余的优先级相同。
- 随后进行**加法和减法**计算。若一个表达式中包含多个加法和减法运算符，也是按从左向右的顺序执行的，即加法和减法的优先级相同，但是低于乘法、除法和求余的优先级。
- 运算符优先级规则规定了 C 语言中表达式的求值顺序。运算符的**结合性**限定了计算顺序是从左向右还是从右向左。

2.6　做出决策：相等和关系运算符

- 可执行的 C 语言语句要么是执行一个**操作**，要么是做出一个**决策**。
- C 的 **if** 语句允许程序通过判断一个被称为**条件**的事实语句是真话还是为谎话来做出决策。若条件满足(即条件为**真**),则执行 if 语句体中的语句。若条件不满足(即条件为**假**),则不执行语句体中的语句。无论语句体中的语句是否被执行,当 if 语句执行结束后,计算机将执行紧随 if 语句之后的下一条语句。

- if 语句中的条件是由**相等运算符**和**关系运算符**构成的。
- 关系运算符的优先级都是相等的且都是从左向右结合。相等运算符的优先级低于关系运算符,但也是从左向右结合。
- 为了避免混淆赋值运算符(=)和相等运算符(==),应将赋值运算符读为"获得"而将相等运算符读为"双等号"。
- 在 C 程序中,诸如 tab、换行、空格这样的**空白字符**都会**被忽略掉**。所以,语句可以被分写在多行中。但是一个多字符的标识符分写于多行中,是错误的。
- 对于 C 编译器而言,**关键字**(或保留字)有着特殊的意义。所以,不能将它们作为像变量名这样的标识符使用。

2.7　安全的 C 程序设计

- 防止系统出现安全漏洞的一个原则是避免使用只带一个字符串参数的 printf 语句。
- 欲显示一个以换行符结尾的字符串,请采用 puts 函数,该函数将在显示完字符串参数后,加上一个换行符。
- 欲显示一个不带结尾换行符的字符串,请在调用 printf 时使用两个参数,第 1 个参数是转换说明符"%s",第 2 个参数是欲显示的字符串。

自测题

2.1 填空
　(a) 每个 C 语言程序都是从_____函数开始执行的。
　(b) 每个函数体都是以_____开始并以_____结束的。
　(c) 每条语句都以一个_____结束。
　(d) 标准库函数_____用来在屏幕上显示信息。
　(e) 转义序列\n 代表能使光标定位到屏幕中下一行开始处的_____字符。
　(f) 标准库函数_____用来从键盘获取数据。
　(g) 转换说明符_____在 scanf 语句的格式控制串中表示要读入一个整数,在 printf 语句的格式控制串中表示要输出一个整数。
　(h) 无论新值何时被存入内存单元,该值都会覆盖掉该内存单元的旧值。这个过程是_____。
　(i) 当从内存的某个单元读取一个值时,该单元的值保持不变。这个过程是_____。
　(j) _____语句是用来做条件判断的。

2.2 判断下列陈述正确还是错误。如果错误,请说明理由。
　(a) printf 函数总是另起一行来打印。
　(b) 在程序执行时,注释会让计算机将位于//之后的文本显示在屏幕上。
　(c) printf 语句格式控制串中的转义序列\n 将使光标定位到屏幕中下一行开始处。
　(d) 所有变量必须在使用前定义。
　(e) 所有变量必须在定义时指定类型。
　(f) C 语言认为变量 number 和 NuMbEr 相同。
　(g) 变量的定义可以出现在函数体中的任何位置。
　(h) 在 printf 语句中,格式控制串之后的所有实参必须以"与运算符(&)"开头。
　(i) 求余运算符(%)只能用在整数操作数上。
　(j) 算术运算符*、/、%、+ 和 - 具有相同的优先级。

(k) 一个打印三行输出的程序必须包含三个 printf 语句。

2.3 请分别写出实现下列功能的一条 C 语言语句。

(a) 定义整型变量 c、thisVariable、q76354 和 number。

(b) 提示用户输入一个整数。提示信息以冒号 (:) 结束，然后是一个空格，光标停留在空格后面。

(c) 从键盘读入一个整数，并将其存储到整型变量 a 中。

(d) 如果 number 不等于 7，打印"The variable number is not equal to 7"。

(e) 在一行上打印消息"This is a C program"。

(f) 分两行打印消息"This is a C program"，且第一行在字符 C 之后结束。

(g) 打印消息"This is a C program"，每个单词各占一行。

(h) 打印消息"This is a C program"，每个单词间以 tab（水平制表符）分隔。

2.4 请分别写出一条语句来实现下列要求：

(a) 声明一个程序会计算三个整数的乘积。

(b) 提示用户输入三个整数。

(c) 定义 int 类型的变量 x、y 和 z。

(d) 从键盘中读入三个整数并将其分别存入变量 x、y 和 z 中。

(e) 定义变量 result，计算整型变量 x、y 和 z 的乘积，并用这个乘积来初始化变量 result。

(f) 打印"The product is"，并紧跟着打印整型变量 result 的值。

2.5 使用在练习题 2.4 中编写的语句来编写一个完整的计算三个整数乘积的程序。

2.6 请指出并更正下列语句中的错误：

(a) `printf( "The value is %d\n", &number );`

(b) `scanf( "%d%d", &number1, number2 );`

(c) `if ( c < 7 );{`
        `printf( "C is less than 7\n" );`
    `}`

(d) `if ( c => 7 ) {`
        `printf( "C is greater than or equal to 7\n" );`
    `}`

自测题答案

2.1 (a) main。(b) 左花括号 ({)，右花括号 (})。(c) 分号 (;)。(d) printf。(e) 换行。(f) scanf。(g) %d。(h) 破化性的。(i) 非破化性的。(j) if。

2.2 (a) 错误。printf 总是从光标当前位置处开始打印，这可以是一行中的任何位置。

(b) 错误。在程序执行时注释不会引起任何操作。注释是说明程序、提高程序可读性的。

(c) 正确。

(d) 正确。

(e) 正确。

(f) 错误。C 语言是大小写敏感的，所以这些变量是不同的。

(g) 正确。

(h) 错误。printf 函数的实参前一般不需要&，而 scanf 函数中格式控制串之后的实参前一般需要&。当然也有例外，这些例外将在第 6 章和第 7 章中具体讨论。

(i) 正确。

(j) 错误。运算符*、/和%具有相同的优先级，而运算符+和-的优先级较低。

(k) 错误。在一条 printf 语句中可以通过多次使用\n 转义字符来打印多行信息。

2.3 (a) `int c, thisVariable, q76354, number;`

(b) `printf( "Enter an integer: " );`

(c) `scanf( "%d", &a );`

(d) `if ( number != 7 ) {`
      `printf( "The variable number is not equal to 7.\n" );`
   `}`
(e) `printf( "This is a C program.\n" );`
(f) `printf( "This is a C\nprogram.\n" );`
(g) `printf( "This\nis\na\nC\nprogram.\n" );`
(h) `printf( "This\tis\ta\tC\tprogram.\n" );`

2.4 (a) `// Calculate the product of three integers`
   (b) `printf( "Enter three integers: " );`
   (c) `int x, y, z;`
   (d) `scanf( "%d%d%d", &x, &y, &z );`
   (e) `int result = x * y * z;`
   (f) `printf( "The product is %d\n", result );`

2.5 程序如下：

```
1    // Calculate the product of three integers
2    #include <stdio.h>
3
4    int main( void )
5    {
6       printf( "Enter three integers: " ); // prompt
7
8       int x, y, z; // declare variables
9       scanf( "%d%d%d", &x, &y, &z ); // read three integers
10
11      int result = x * y * z; // multiply values
12      printf( "The product is %d\n", result ); // display result
13   } // end function main
```

2.6 (a) 错误：&number。更正：去除&，我们将在后继章节讨论这种例外。

(b) 错误：number2 没有&。更正：number2 应该改写成&number2。我们将在后继章节讨论这种例外。

(c) 错误：if 语句的条件表达式的右括号后面的分号。更正：去除右括号后面的分号(注意：该错误会导致 printf 语句无论 if 语句的条件表达式成立与否都会被执行。右括号后面的分号被认为是一个空语句——不执行任何操作的语句)。

(d) 错误：=>不是一个 C 运算符。更正：将=>改写成>=(大于等于)。

练习题

2.7 请指出并更正下列语句的错误(注意：每条语句的错误可能不止一个)。

(a) `scanf( "d", value );`
(b) `printf( "The product of %d and %d is %d"\n, x, y );`
(c) `firstNumber + secondNumber = sumOfNumbers`
(d) `if ( number => largest )`
      `largest == number;`
(e) `*/ Program to determine the largest of three integers /*`
(f) `Scanf( "%d", anInteger );`
(g) `printf( "Remainder of %d divided by %d is\n", x, y, x % y );`
(h) `if ( x = y );`
      `printf( "%d is equal to %d\n", x, y );`
(i) `print( "The sum is %d\n," x + y );`
(j) `Printf( "The value you entered is: %d\n", &value );`

2.8 填空

(a) _____用于说明程序(使程序文档化)并提高其可读性。

(b) 用于在屏幕上显示信息的函数是_____。

(c) 做出决策的 C 语句是_____。

(d) 计算通常是通过_____语句完成的。

(e)_____函数从键盘输入数值。

2.9　请分别写出实现下列功能的一条或一行 C 语句。

(a)打印提示信息"Enter two numbers"。

(b)将变量 b 和变量 c 的乘积赋值给变量 a。

(c)说明 "一个程序要完成简单薪金计算"（a program performs a sample payroll calculation），即使用文本来说明一个程序。

(d)从键盘输入的三个整数，将其分别存入到三个 int 型变量 a、b 和 c 中。

2.10　判断下列陈述的对错。如果错误，请说明理由。

(a)C 语言的运算符是从左到右执行的。

(b)以下变量名都是合法的：_under_bar_, m928134, t5, j7, her_sales, his_account_total, a, b, c, z, z2。

(c)语句 printf("a=5;");是一个典型的赋值语句。

(d)不包含括号的合法算术表达式是从左到右计算的。

(e)以下变量名都是不合法的：3g, 87, 67h2, h22, 2h。

2.11　填空

(a)哪些算术运算符与乘法运算具有相同的优先级？_____。

(b)在具有嵌套括号的算术表达式中，哪一对括号首先被计算？_____。

(c)在程序执行过程中，不同时间可以存储不同值的一个计算机存储单元被称为一个_____。

2.12　下列语句执行后打印出什么？如果没有打印输出，请回答 "无"。假设 x=2，y=3。

(a) printf("%d", x);

(b) printf("%d", x + x);

(c) printf("x=");

(d) printf("x=%d", x);

(e) printf("%d = %d", x + y, y + x);

(f) z = x + y;

(g) scanf("%d%d", &x, &y);

(h) // printf("x + y = %d", x + y);

(i) printf("\n");

2.13　下列 C 语句中，哪些语句所包含的变量的值被替换了？

(a) scanf("%d%d%d%d%d", &b, &c, &d, &e, &f);

(b) p = i + j + k + 7;

(c) printf("Values are replaced");

(d) printf("a = 5");

2.14　下列语句中，哪些正确地表达了等式 $y=ax^3+7$？

(a) y = a * x * x * x + 7;

(b) y = a * x * x * (x + 7);

(c) y = (a * x) * x * (x + 7);

(d) y = (a * x) * x * x + 7;

(e) y = a * (x * x * x) + 7;

(f) y = a * x * (x * x + 7);

2.15　说明下列 C 语句中运算符的运算顺序并给出该语句执行后变量 x 的值。

(a) x = 7 + 3 * 6 / 2 - 1;

(b) x = 2 % 2 + 2 * 2 - 2 / 2;

(c) x = (3 * 9 * (3 + (9 * 3 / (3))));

2.16　(**算术运算**)请编写一个程序：请用户输入两个数，读取用户给出的两个数后打印它们的和、乘积、差、商及余数。

2.17　(用 **printf** 打印数值)使用下列方法来编写一个在同一行中打印数值 1～4 的程序。

(a)使用一个无转换说明符的 printf 语句。

(b)使用一个包含 4 个转换说明符的 printf 语句。

(c)使用 4 个 printf 语句。

2.18 (比较整数)请编写一个程序:请用户输入两个整数,读取用户给出的两个整数后打印其中较大的那个,并紧跟着打印"is larger"。如果两个数相等,打印消息"These numbers are equal"。只使用本章中学到的 if 语句的单分支选择形式。

2.19 (算术运算、最大数和最小数)请编写一个程序:从键盘输入三个不同的整数,然后打印它们的和、平均值、乘积、最小数和最大数。只使用本章中学到的 if 语句的单分支选择形式。屏幕上的对话信息,示例如下:

```
Enter three different integers: 13 27 14
Sum is 54
Average is 18
Product is 4914
Smallest is 13
Largest is 27
```

2.20 (一个圆的直径、周长和面积)请编写一个程序:读入一个圆的半径,然后打印其直径、周长和面积。π 取常数 3.14159。每个运算都在 printf 语句内完成,并使用转换说明符%f(注意:本章中,我们只讨论整型常量和整型变量。在第 3 章中将讨论浮点数,即带小数点的数)。

2.21 (用*打印图形)请编写一个用星号(*)打印如下图形的程序:

```
*********         ***           *            *
*       *        *   *         * *          * *
*       *       *     *       *   *        *   *
*       *      *       *     *     *      *     *
*       *     *         *   * * * * *    *       *
*       *      *       *   *         *    *     *
*       *       *     *   *           *    *   *
*       *        *   *   *             *    * *
*********         ***   *               *    *
```

2.22 下列代码会打印出什么?

```
printf( "*\n**\n***\n****\n*****\n" );
```

2.23 (最大和最小整数)请编写一个程序:读入 5 个整数,然后确定其中的最大值和最小值并打印结果。要求仅使用本章中学到的编程技术。

2.24 (奇数和偶数)请编写一个程序:读入一个整数,然后判断其是偶数还是奇数并打印结果(提示:使用求余运算符。偶数是 2 的倍数,任何 2 的倍数除以 2 后得到的余数是 0)。

2.25 按照自上而下方式以印刷字体打印你名字的大写首字母。每一个印刷字体都像下面这样由它所代表的字母构成。

```
PPPPPPPPP
   P     P
   P     P
   P     P
    P P

    JJ
     J
 J   J
  JJJJJJJ

DDDDDDDD
D        D
D        D
 D      D
  DDDDD
```

2.26 (倍数)请编写一个这样的程序:读入两个整数,确认第一个数是否是第二个数的倍数并打印结果(提示:使用求余运算符)。

2.27 (用*号打印西洋跳棋棋盘图样)用 8 个 printf 语句显示如下西洋跳棋棋盘图样,然后尝试使用尽可能少的 printf 语句达到同样效果。

```
  * * * * * * *
   * * * * * * *
  * * * * * * *
   * * * * * * *
  * * * * * * *
   * * * * * * *
  * * * * * * *
   * * * * * * *
```

2.28 辨析致命错误和非致命错误的区别。为什么我们更喜欢遇到致命错误而非致命错误？

2.29 (**一个字符的整数值**)这是一个小小的提前学习。本章我们学习了整数及其类型 int。C 语言还可以表示大写字符、小写字符和各种各样的特殊符号。在机器内部，C 语言实际上是用一个小的整数来表达每一个不同的字符。计算机用到的所有字符及其对应的整数表示统称为计算机字符集。例如，可以通过执行如下语句来打印大写字母 A 对应的整数。

```
printf( "%d", 'A' );
```

请编写一个打印某些大写字母、小写字母、数字和特殊符号所对应整数的 C 语言程序。至少，确定如下符号的整数表示：Ａ Ｂ Ｃ ａ ｂ ｃ ０ １ ２ $ * + / 和空格。

2.30 (**分割一个整数的各个数字**)请编写一个这样的程序：读入一个 5 位数，分割该数各个数位上的数字并将分割的数字以间隔 3 个空格的形式依次打印输出(提示:组合使用整数除法和求余运算符)。例如，如果用户输入 42139，则程序应该输出

```
4   2   1   3   9
```

2.31 (**平方数和立方数表**)仅使用本章所学习的技术，请编写一个计算从 0 ~ 10 各个数的平方和立方的程序，并使用水平制表符(tab)打印如下数值表：

```
number    square    cube
0         0         0
1         1         1
2         4         8
3         9         27
4         16        64
5         25        125
6         36        216
7         49        343
8         64        512
9         81        729
10        100       1000
```

提高练习题

2.32 (**身体质量指数计算器**)在练习题 1.12 中，介绍了身体质量指数(BMI)计算器。计算 BMI 的公式如下：

$$BMI = \frac{weightInPounds \times 703}{heightInInches \times heightInInches}$$

或者

$$BMI = \frac{weightInKilograms}{heightInMeters \times heightInMeters}$$

请创建一个 BMI 计算器应用程序。该程序先读取以磅(pound)为单位的用户体重和以英尺(inch)为单位的身高(或者，如果你习惯的话，也可以用千克作为用户体重的单位、米作为用户身高的单位)，然后计算并显示用户的身体质量指数。此外，程序还应显示由健康与生活服务部/美国健康研究院提供的以下信息以便用户评估他/她的 BMI：

```
BMI VALUES
Underweight: less than 18.5
Normal:      between 18.5 and 24.9
Overweight:  between 25 and 29.9
Obese:       30 or greater
```

(注意：在本章中，学会了使用 int 类型来表示整数。当用 int 值来计算 BMI 时，将产生整数结果。在第 4 章，将会学会使用 double 类型来表示带小数点的数字。当使用 double 数来进行 BMI 时，将产生带小数点的数字——它们被称为浮点数)。

2.33 **(拼车节约计算器)** 请研究若干个拼车网站。然后创建一个应用程序计算每天的开车花费，这样便可以估计拼车能节省多少钱。拼车还有其他好处，比如减少碳排放，减少交通拥挤。程序应该输入以下信息，然后显示用户每天开车上班的花费：

(a) 每天行驶的总英里数。

(b) 每加仑汽油的费用。

(c) 每加仑汽油行驶的平均英里数。

(d) 每天的停车费。

(e) 每天的过路费。

第3章 结构化的C程序设计

学习目标：

在本章中，读者将学习以下内容：

- 使用基本的问题求解技术。
- 通过自顶向下、逐步求精的过程进行算法设计。
- 采用 if 条件语句和 if...else 条件语句来选择不同的操作。
- 采用 while 循环语句重复执行程序中的一段语句。
- 使用计数控制的循环和标记控制的循环。
- 学习结构化程序设计。
- 使用增1、减1和赋值运算符。

提纲

3.1 引言

在编写程序来求解一个特定的问题之前，透彻地理解问题以及仔细设计解决问题的办法是至关重要的。第 3 章及第 4 章将介绍实现结构化程序设计的技术。在 4.12 节，将对本章和第 4 章研发的结构化程序设计技术做一个总结。

3.2 算法

对任何可计算问题的求解都可以归结为按照一个特定的顺序执行一系列的操作。由以下两个概念构成的求解一个问题的**流程**（Procedure）称为**算法**（Algorithm）。

1. 将要执行的**操作**（Action）
2. 执行这些操作的**顺序**（Order）

下面的例子说明：正确地定义执行操作的顺序是至关重要的。

请看这个帮助年轻人早上起床准备去上班，实现"起床——容光焕发的算法"：(1)一骨碌下床，(2)脱下睡衣，(3)洗个淋浴，(4)穿着打扮，(5)享用早餐，(6)与伙伴拼车去上班。

按照这个精心设计的流程，这个年轻人每天早晨都能够以最佳的面貌出现在办公室。相反，如果上述操作的流程稍稍变动一下，效果又将如何呢？(1)一骨碌下床，(2)脱下睡衣，(3)穿着打扮，(4)洗个淋浴，(5)享用早餐，(6)与伙伴拼车去上班。

采用了这个流程，这个年轻人每天早晨都是以"湿人"的样子出现在办公室。

在一个计算机程序中，定义程序语句的执行顺序被称为**程序控制**(Program control)。本章及下一章将研究如何在 C 程序中实现程序控制。

3.3 伪代码

伪代码(Pseudocode)是一种人工的、非正式的辅助人们进行算法设计的语言。这里我们将要介绍的伪代码特别适合于设计可直接转换成结构化 C 程序的算法。伪代码与我们日常使用的英语极为类似；尽管伪代码不是一种真正的计算机程序设计语言，但是它书写方便、易学易懂。

伪代码并不是用来在计算机上执行的代码。伪代码只是帮助我们在用像 C 语言这样的程序设计语言编写程序前"思考"程序应该如何设计。

伪代码只包含字符，因此可以很方便地使用文本编辑器来编辑伪代码程序。精心设计的伪代码程序可以很容易地被转换成相应的 C 程序，因为一条伪代码语句往往会有一条 C 语句与其等价。在很多情况下，只需将伪代码语句替换为与其等价的 C 语句就可以轻松地将伪代码程序转换成 C 程序。

伪代码程序只包含"操作"和"决策"语句——它们在伪代码转换成 C 程序后都是可以以 C 语言的形式执行的。变量定义语句不是可执行语句，它们只是将某些信息传递给编译器。例如变量定义语句

```
int i;
```

通知编译器变量 i 的类型并要求编译器为它预留出相应的存储空间。在程序执行时，这个语句不会引发任何诸如输入、输出、计算或比较这样的操作。所以编写伪代码程序时，可以不进行变量定义。但是有些程序员喜欢在伪代码程序的开头，列出所有的变量，并简要说明引入它们的目的。

3.4 控制结构

通常情况下，计算机程序中的语句是按照它们被编写的顺序、逐条执行的。这就是所谓的**顺序执行**(Sequential execution)。不过，可以借助下面介绍的各种 C 语句来实现"下一条要执行的语句并不是当前语句的后继语句"，称为**控制转移**(Transfer of control)。

在 20 世纪 60 年代发生的软件危机中，人们意识到：滥用控制转移是导致程序开发困难重重的根源。当时指责的焦点集中在允许程序员在程序中任意定义控制转移目标的 **goto 语句**(goto statement)上。所以，"**取消 goto 语句**"(goto elimination)几乎成了结构化程序设计这个概念的同义词。

Bohm 和 Jacopini 的研究[①]表明：可以不使用 goto 语句来编写计算机程序。但是当时的问题是如何将程序员的编程风格转移到"无 goto 语句的程序设计"上来。这个问题直到进入 20 世纪 70 年代软件行业开始重视"结构化程序设计"后，才得到较好的解决。而解决的效果是令人欣慰的：越来越多的软件开发小组宣布它们的软件开发时间缩短了、系统按时交付了、开发费用没有超出预算。按照结构化程序设计技术开发出来的程序更清晰可读、易于查错排错、易于修改，甚至一次通过、没有错误[②]。

Bohm 和 Jacopini 的研究还证明：任何计算机程序都可以仅用三种**控制结构**(Control structure)来实现，即**顺序结构**(Sequence structure)、**选择结构**(Selection structure)、**循环结构**(Iteration structure)。顺序

---

① Bohm, C., and G. Jacopini, "Flow Diagrams, Turing Machines, and Languages with Only Two Formation Rules," *Communications of the ACM*, Vol. 9, No. 5, May 1966, pp.336-371.

② 将在 14.10 节看到，在某些特殊情况下 goto 语句还是有用的。

结构最简单——除非被强制改变，计算机总是自动地按照 C 语句在程序中被编写的顺序，逐条地执行这些语句。图 3.1 中的**流程图**（Flowchart）片断描述了 C 的顺序结构。

流程图

　　流程图是一个或一段算法的图形化表示，它由一些具有特定含义的符号，如矩形、菱形、半圆矩形或小圆圈组成。这些符号用被称为**流程线**（Flowline）的箭头连接。

　　与伪代码一样，流程图也是用来帮助程序员设计并描述算法的。尽管很多程序员喜欢用伪代码，但是流程图能够更加直观地展示控制结构的操作。所以本书主要使用流程图来描述算法。

　　现在仔细看看图 3.1 中顺序结构的流程图。图中的**矩形框**（Rectangle symbol），也称为**操作框**（Action symbol），表示算法中包括计算或者输入/输出在内的一种操作。而图中的流程线则表示这些操作执行的顺序：首先将成绩 grade 加到总分 total 中，然后再给计数器 counter 加 1。C 语言对一个顺序结构中所包含的操作数目并不加以限制。在后边的例子中，可以看到：在任何可以放置一个操作的地方，都可以顺序放置多个操作。

　　在用流程图表示一个完整的算法时，第一个框必须是包含单词"Begin"（开始）的**圆角矩形框**（Round rectangle symbol），最后一个框必须是包含单词"End"（结束）的圆角矩形框。当像图 3.1 这样仅表示算法的一部分时，可以忽略掉圆角矩形框，而用一个**小圆圈**（Small circle symbol）代替。这个小圆圈称为**连接符**（Connector symbol）。

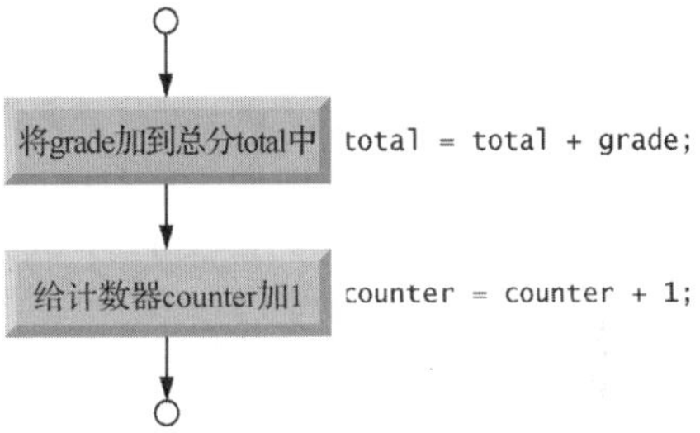

　　也许，流程图中最重要的符号就是**菱形框**（Diamond

图 3.1　C 语言顺序结构流程图

symbol），也称为**判断框**（Decision symbol），它表示算法中要做出的一次选择。我们将在下一节专门讨论菱形框的使用方法。

C 的条件语句

　　C 语言以语句的形式提供了三种选择结构。在 3.5 节，我们将了解到：当条件为真，if 语句执行（选择）一个操作，否则跳过这个操作。在 3.6 节，将学习到：当条件为真时，if…else 语句执行（选择）一个操作，否则执行另外一个不同的操作。第 4 章将介绍 switch 语句可实现"根据一个表达式的值，从多个不同的操作中选择一个来执行"。

　　因为 if 语句选择或忽略一个操作，故称为**单分支条件语句**（Single-selection statement）；因为 if…else 语句在两个不同的操作中选择一个操作来执行，故称为**双分支条件语句**（Double-selection statement）；因为 switch 语句在多个不同的操作中选择一个来执行，故称为**多分支条件语句**（Multiple-selection statement）。

C 的循环语句

　　C 语言以语句的形式提供了三种循环结构，即 while 循环、do…while 循环及 for 循环。while 循环将在 3.7 节中介绍，do…while 循环与 for 循环则留到第 4 章介绍。

　　至此，我们介绍了 C 语言全部的 7 种控制结构：顺序结构，3 种选择结构和 3 种循环结构。任何一个 C 程序，根据程序所实现算法的需要，都是由这 7 种控制结构组合而成的。

　　再看看图 3.1 表示的顺序结构，每个控制结构的流程图表示中都有一对小圆圈，一个在控制语句的入口，另一个则在出口。这种**单入口/单出口的控制语句**（Single-entry/single-exit Control statement）使构建结构清晰的程序变得非常容易。通过将一个控制结构的出口与另一个控制结构的入口相连，就可以轻松地将一个控制结构与另一个控制结构连接在一起，这种程序构建方式非常像儿童搭积木，因此称为**控制语句的堆叠**（Control-statements stacking）。后面我们还将学习剩余的一种连接控制语句的方法——控制语句的嵌套（Control-statement nesting）。因此，我们所需编写的任何一个 C 程序都可以由 7 种不同类型的控制结构、仅按堆叠和嵌套这两种不同的连接方法组装而成。这是 C 程序具有简单性的根本原因。

3.5 if 条件语句

选择结构用于从若干个可选操作中选择部分操作来执行。例如，设"考试成绩在 60 分以上为及格 (Passed)"，则如下伪代码

If student's grade is greater than or equal to 60
　　Print "Passed"

将检测条件"学生成绩大于或等于 60 分"(student's grade is greater than or equal to 60)是否为真。若条件为真，则打印"Passed"，然后"执行"(因为伪代码不是真正的计算机程序设计语言，所以以将执行用双引号引起来)下一条伪代码语句；如果条件为假，则略过这个打印操作，去"执行"下一条伪代码语句。

上面那条 if 语句伪代码写成 C 语言将是

```
if ( grade >= 60 ) {
   puts( "Passed" );
} // end if
```

可能会注意到，这个 C 代码与伪代码非常相似(当然还需要另外声明 int 型变量 grade)。这是使伪代码成为很有用的程序开发工具的优点之一。

上面这个条件语句的第二行语句有一个缩进。这样的缩进是可有可无的。但是我们强烈地推荐读者采用这样的缩进，因为它有利于突出结构化程序的内在结构特点，使程序易于理解。C 编译器在编译时将会将所有的"空白字符"(White-space character)，如空格、tab 和换行，统统忽略掉。这些"空白字符"在源程序中实现缩进(即横向留空)或分隔(即竖向留空)，以改善程序的可读性。

图 3.2 的流程图描述了这个单分支 if 语句。该流程图包含流程图中最重要的符号菱形框，也称为判断框，它表示算法要做一次选择。判断框里是一个取值要么为真、要么为假的表达式，例如一个条件表达式。从判断框流出两条流程线，一条指向"框内表达式为真"时选择的执行方向，另一条指向"表达式为假"时选择的执行方向。

尽管在第 2 章我们已经介绍过：选择是基于包含关系或相等运算符的条件而做出的。但事实上，选择可以基于任何一种表达式，只要表达式的值为零，就认为"表达式为假"；反之，只要表达式的值不为零，就认为"表达式为真"。

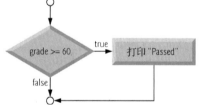

图 3.2　单分支 if 语句流程图

从图 3.2 可以看到，if 语句流程图也是一个单入口/单出口的控制结构。在后面还将陆续看到其他控制结构的流程图，这些流程图除了小圆圈和流程线之外，也都包含表示执行操作的矩形框和用于选择的菱形框。这就是我们强调过的"行为/决策编程模型"。

可以将 7 种控制结构的流程图想象成 7 只大盒子。起初流程图是空的，即矩形框和菱形框里什么都没写。程序员的任务就是按照算法的要求，取来相应数目的 7 种盒子并将它们按照两种可选的方式(堆叠和嵌套)组装在一起。组装完毕后，根据算法的内容，在空盒子里填写上相应的操作和判断条件。下面要学习的是如何用各种各样的语句来表示操作和判断条件了。

3.6 if...else 条件语句

相对于 if 条件语句在条件为真时执行一个指定的操作，否则跳过这个操作。if...else 条件语句则允许程序员针对条件为真或为假定义不同的操作。例如，下面这段伪代码：

If student's grade is greater than or equal to 60
　　Print "Passed"
else
　　Print "Failed"

在"学生成绩大于或等于 60 分"时,打印"Passed";在"学生成绩小于 60 分"时,打印"Failed"(不及格)。无论哪种情况,打印结束后,才"执行"下一条伪代码语句。请注意上面这段伪代码中的"else部分"也是缩进的。

良好的编程习惯 3.1
if...else 的两个语句体都要缩进(无论是伪代码还是 C 语言)。

良好的编程习惯 3.2
如果是多级缩进,那么每一级缩进的空格数目都应该是相同的。

上面那段 if...else 语句伪代码转换成 C 语言就是

```
if ( grade >= 60 ) {
   puts( "Passed" );
} // end if
else {
   puts( "Failed" );
} // end else
```

图 3.3 中的流程图展示了 if...else 语句的控制流。从图中可以再次发现,除了小圆圈和流程线之外,这个流程图仅包含矩形框(表示要执行操作)和菱形框(表示要进行一次选择)。

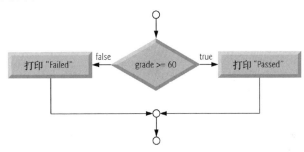

图 3.3 双分支选择 if...else 语句流程图

C 语言还提供了一个与 if...else 语句功能非常类似的**条件运算符**(Conditional operator)(即?:)。条件运算符是 C 语言中唯一的一个三元运算符——它需要三个操作数,这些操作数与条件运算符一起构成了一个**条件表达式**(Conditional expression)。条件运算符的第一个操作数是一个条件,第二个操作数是该条件为真时整个条件表达式的值,第三个操作数是该条件为假时整个条件表达式的值。例如下面这个 puts语句:

```
puts( grade >= 60 ? "Passed" : "Failed" );
```

中的参数就是一个条件表达式。当条件"grade >= 60"为真时,整个表达式的值是字符串"Passed";当条件为假时,整个表达式的值是字符串"Failed"。所以这个 puts 语句的执行效果与前面的 if...else 语句完全相同。

条件表达式的第二个和第三个操作数也可以是可执行的语句。例如下面这个条件表达式:

```
grade >= 60 ? puts( "Passed" ) : puts( "Failed" );
```

读为:如果成绩 grade 大于或等于 60,则 puts ("Passed"),否则 puts ("Failed")。它与前面的 if...else 语句在功能上也是完全相同的。事实上,条件运算符的功能比 if...else 语句更强,后面将会看到可以用条件运算符来处理一些 if...else 语句处理不了的情况,例如作为函数(如 printf)的表达式或参数。

错误预防提示 3.1
条件运算符的第二个和第三个操作数要使用类型相同的表达式,否则可能会出现微妙的错误。

嵌套的 if...else 语句

通过将一个 if...else 语句放在另一个 if...else 语句中形成的**嵌套的 if...else 语句**(Nested if...else statement)可以测试更多的条件。例如,下面这段伪代码可实现以下功能:在成绩 grade 大于或等于 90时打印 A;否则,大于或等于 80 时打印 B(但小于 90);否则,大于或等于 70 时打印 C(但小于 80);否则,大于或等于 60 时打印 D(但小于 70);其他成绩时打印 F。

If student's grade is greater than or equal to 90
    Print "A"
else

```
If student's grade is greater than or equal to 80
        Print "B"
else
        If student's grade is greater than or equal to 70
                Print "C"
        else
                If student's grade is greater than or equal to 60
                        Print "D"
                else
                        Print "F"
```

将这段伪代码转换成 C 语言就是

```
if ( grade >= 90 ) {
   puts( "A" );
} // end if
else {
   if ( grade >= 80 ) {
      puts( "B" );
   } // end if
   else {
      if ( grade >= 70 ) {
         puts( "C" );
      } // end if
      else {
         if ( grade >= 60 ) {
            puts( "D" );
         } // end if
         else {
            puts( "F" );
         } // end else
      } // end else
   } // end else
} // end else
```

在这段 C 程序中，如果变量 grade 大于或等于 90，则四个条件全部为真，但仅仅是第一个测试后面的 puts 语句被执行。这个 puts 语句执行结束后，if...else 语句中最外层的 else 部分全部被略过。

很多 C 程序员更愿意将上面那段 C 程序写成

```
if ( grade >= 90 ) {
   puts( "A" );
} // end if
else if ( grade >= 80 ) {
   puts( "B" );
} // end else if
else if ( grade >= 70 ) {
   puts( "C" );
} // end else if
else if ( grade >= 60 ) {
   puts( "D" );
} // end else if
else {
   puts( "F" );
} // end else
```

从 C 编译器的角度看，这两种形式是完全等价的。后者更流行的原因是它避免了因多级缩进而导致的代码向右偏移。而代码向右偏移使得在一行中能够编写代码的空间变少，这会导致不必要的语句拆分，降低程序的可读性。

if 语句的语句体中只能有一条语句——如果在 if 语句的语句体中仅有一条语句，那么就不必用一对花括号({、})来封装它。

当语句体包含多条语句时，就必须用一对花括号（{、}）将这些语句封装在一起。包含在一对花括号内的一组语句，被称为**复合语句**(Compound statement)或一个**语句块**(Block)。复合语句在语法上等同于一个语句。

软件工程视点 3.1

在程序中可以放置单个语句的任何地方，都可以放置复合语句。

下面这个 if...else 语句中的 else 部分就包含了一个复合语句。

```
if ( grade >= 60 ) {
    puts( "Passed." );
} // end if
else {
    puts( "Failed." );
    puts( "You must take this course again." );
} // end else
```

这时，若 grade 小于 60 分，计算机将执行 else 语句体中的两个打印语句，打印出

```
Failed.
You must take this course again.
```

位于这两个打印语句上下的花括号是非常关键的。若没有这一对花括号，则语句

```
puts( "You must take this course again." );
```

将被认为是在 if...else 语句的 else 语句体之外。这样的话，成绩 grade 是否小于 60 分，这条语句都将执行。这样，即便是合格的学生都不得不重修这门课。

错误预防提示 3.2

即便是语句体中仅包含单个语句，也总是用一对花括号（{、}）将控制语句的语句体封装起来。这可以解决"悬挂 else 问题"，该问题将在练习题 3.30 至练习题 3.31 中讨论。

语法错误是由编译器发现的，而逻辑错误只有在程序运行时才会产生影响。致命的逻辑错误会导致程序失效或者终止，而非致命的逻辑错误不会影响程序运行，但运行结果有误。

就像在放置单个语句的任何地方都可以放置一个复合语句一样。可以放置单个语句的任何地方也可以不放置任何语句，即一条空语句。空语句就是在可以放置单个语句的地方只写上一个分号（;）。

常见的编程错误 3.1

在 if 语句的条件表达式后面写上了一个分号，例如"if (grade >= 60);"，将引起单分支选择 if 语句出现一个逻辑错误，或者在双分支选择 if 语句出现一个语法错误。

错误预防提示 3.3

在编写复合语句中的单个语句时，先键入表示复合语句起止的一对花括号。这样可避免因遗漏一个或两个花括号而引起的语法错误或逻辑错误（因为这些地方要求有一对花括号）。

3.7　while 循环语句

循环语句(Iteration statement，也称为 Repetition statement 或 Loop)允许你定义一个在某个条件为真时需要反复执行的操作。例如下面这段伪代码：

While there are more items on my shopping list
Purchase next item and cross it off my list

表示在购物过程中的重复操作。其中的条件"there are more items on my shopping list"（在我的购物清单上还有需要购买的东西）可能为真也可能为假。若为真，则执行操作"Purchase next item and cross it off my list"（购买清单上的下一件东西并将它从清单上划掉）。在条件为真的情况下，这个操作将重复执行下去。

while 循环语句中的可执行语句构成了 while 语句的循环体。while 语句的循环体只能是一条语句或一个复合语句。

最终，条件将为假(在上面那个例子中，当买到了购物清单上的最后一个东西并将它从清单上划掉之后)。这时循环结束，计算机将执行紧随循环语句之后的那一条语句。

常见的编程错误3.2

如果在 while 语句的循环体中没有能够最终将条件改变为假的操作，那么循环将永远也不会终止——这就是所谓的无限循环(Infinite loop)错误。

常见的编程错误3.3

在拼写关键字(如 while 和 if)时，使用了大写字母(如 While 或 If)是一个编译错误。切记：C 语言是对大小写敏感的语言，它所有的关键字只包含小写字母。

下面是"寻找第一个大于 100 的 3 的幂"程序片段中的一个 while 语句例子。其中，整型变量 product 的初值是 3，当这段程序代码执行结束后，product 的值就是想要的答案。

```
product = 3;
while ( product <= 100 ) {
    product = 3 * product;
}
```

图 3.4 中的流程图展示了上面这条 while 循环语句的控制流。再一次注意：这个流程图还是只包含矩形框和菱形框(除了小圆圈和流程线之外)。流程图清晰地显示了循环的过程：从矩形框出来的流程线再绕回到菱形框进行选择。每次循环都要在菱形框里进行条件测试，直至测试结果为假。此时，while 循环语句结束。控制转移到程序中的下一条语句。

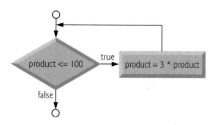

图 3.4　while 循环语句流程图

刚进入 while 循环语句时，product 的值是 3，显然是小于 100，然后它不断地乘以 3，依次取值 9、27 和 81。当 product 的值变为 243 时，while 语句中的条件"product <= 100"为假，结束循环，product 的最终值是 243。计算机执行 while 语句之后的下一条语句。

3.8　算法设计案例 1：计数控制的循环

为了描述算法的设计过程，我们将通过不同的方法来求解"求班级平均分"问题。首先看看我们面临的问题：

一个拥有 10 名学生的班级进行了一次测验。以整数表示的测验成绩已经出来了，成绩是 0 ~ 100 的整数。请计算这次测验的班级平均分。

班级平均分等于全班同学分数的总和除以学生人数。在计算机上求解这个问题的算法要求：首先输入每一名学生的成绩，然后计算平均分，最后打印结果。

让我们用伪代码来描述要执行的操作并定义这些操作执行的顺序。这里采用**计数控制的循环**(Counter-controlled iteration)来逐个输入学生的成绩。顾名思义，计数控制的循环必须设置一个名为**计数器**(Counter)的变量来规定一组语句将要执行的次数。在本例中，当 counter 的值超过 10 时，循环结束。基于伪代码描述的算法及其对应的 C 语言源程序分别参见图 3.5 和图 3.6。伪代码算法的设计细节将在下一节中详细介绍。

```
1   Set total to zero
2   Set grade counter to one
3
4   While grade counter is less than or equal to ten
5       Input the next grade
6       Add the grade into the total
7       Add one to the grade counter
8
9   Set the class average to the total divided by ten
10  Print the class average
```

图 3.5　使用计数控制的循环求解班级平均分问题的伪代码算法

由于在循环开始之前，循环的次数就是已知的，所以计数控制的循环又常常被称为**确定性循环**（Definite iteration）。

```c
1   // Fig. 3.6: fig03_06.c
2   // Class average program with counter-controlled iteration.
3   #include <stdio.h>
4
5   // function main begins program execution
6   int main( void )
7   {
8      unsigned int counter; // number of grade to be entered next
9      int grade; // grade value
10     int total; // sum of grades entered by user
11     int average; // average of grades
12
13     // initialization phase
14     total = 0; // initialize total
15     counter = 1; // initialize loop counter
16
17     // processing phase
18     while ( counter <= 10 ) { // loop 10 times
19        printf( "%s", "Enter grade: " ); // prompt for input
20        scanf( "%d", &grade ); // read grade from user
21        total = total + grade; // add grade to total
22        counter = counter + 1; // increment counter
23     } // end while
24
25     // termination phase
26     average = total / 10; // integer division
27
28     printf( "Class average is %d\n", average ); // display result
29  } // end function main
```

```
Enter grade: 98
Enter grade: 76
Enter grade: 71
Enter grade: 87
Enter grade: 83
Enter grade: 90
Enter grade: 57
Enter grade: 79
Enter grade: 82
Enter grade: 94
Class average is 81
```

图 3.6　使用计数控制的循环求解班级平均分问题

算法引入了变量 total 和 counter。变量 **Total**（总和）用将一组数据累加求和，counter 是用于计数的变量（第 8 行）——统计已经输入的成绩的个数。由于在程序中，变量 counter 的值由 1 增为 10（都是正数），所以我们用只保存非负数（即 0 或更大）的 unsigned int 类型来定义它。存储总和的变量必须在使用前先初始化为 "0"，否则这个总和就包含有存储其所在内存单元中的旧值。计数器变量也必须根据具体情况初始化为 "0" 或 "1"（我们将分别给出相应情况的例子）。一个没有初始化的变量包含有 "**垃圾**" 值（"Garbage" value）——分配给变量的内存单元中的旧值。

常见的编程错误 3.4

如果计数器变量和总和变量没有初始化，那么程序的运行结果很可能是错误的。这是一种逻辑错误。

错误预防提示 3.4

初始化所有的计数器变量和总和变量。

在图 3.6 中，程序计算出来的平均成绩是一个整数 81。事实上，成绩的总和是 817，其被 10 除的结果应该是 81.7，即一个带小数点的数。下一节我们将介绍如何处理这样的数据（即所谓的 "浮点数"）。

关于变量定义位置的重要注释

在第 2 章中提到，标准 C 允许在 main 函数中变量被首次使用前的任何位置进行变量定义。但是在本章中，还是将变量定义语句集中放在 main 函数中的开始部分，以强调一个简单程序是由初始化、处理和结束三个阶段组成。从第 4 章开始，将把每一个变量定义语句分别放置在它们被首次使用的之前位置。在第 5 章，当我们介绍变量的作用域(Scope)时，就会发现这种做法有助于消除错误。

3.9 自顶向下、逐步求精的算法设计案例 2：标记控制的循环

下面将这个"求班级平均分"问题一般化：

> 请设计一个每次运行时能够处理任意多个成绩的平均分的程序。

在上一节的例子中，成绩的个数(10)是事先已知的。在本节的例子中，用户将要输入的成绩个数是未知的。程序就必须处理任意多个成绩。那么，程序怎样知道什么时候应该停止输入学生成绩呢？什么时候应该开始计算并打印班级平均分呢？

其实解决这个问题的办法有很多。本小节介绍的办法是采用一个所谓的**"标记值"**(Sentinel value)来表示"数据输入结束"。"标记值"也称为**"信号值"**(Signal value)、**"哑元值"**(Dummy value)或**"标志值"**(Flag value)。在这种方法中，用户先将合理的成绩值逐个输入。输入完毕后，用户再输入一个标记值来表示"最后一个数据已经输入了"。程序判定接受到的数据是标记值后，即开始计算并打印结果。标记控制的循环常称为**非确定性循环**(Indefinite iteration)，因为在循环开始之前，循环的次数是未知的。

显然，实现标记控制的循环的关键是标记值的选择，标记值不应与合理的输入值相混淆，否则程序将无法判定数据输入是否结束。在我们的例子中，测验成绩应该是一个非负整数，所以"–1"是一个可以接受的标记值。这样，程序在运行时可能会接收到一连串的数据，如 95、96、75、74、89 和–1。一旦接受到–1，程序就开始计算成绩 95、96、75、74 和 89 的平均分并打印结果(–1 是标记值，故不参与求平均分的计算)。

自顶向下、逐步求精(Top-Down, Stepwise Refinement)

下面，我们采用一个被称为**自顶向下、逐步求精**的技术来设计我们的程序，这种技术是结构化程序设计的基本方法。首先，给出表示**"顶"**(Top)的伪代码：

Determine the class average for the quiz

这个"顶"是概括程序全部功能的一句话。或者说，这个"顶"就是一个程序的完整表示。遗憾的是，这个"顶"并不能为我们编写 C 程序提供足够的细节信息。所以，要逐步将其细化，即逐步求精。求精的过程就是将"顶"划分为一系列更小的任务，并将这些任务按照被处理的顺序排列成一个任务清单。下面就是我们进行**第一次求精**(First refinement)的结果：

Initialize variables
Input, sum, and count the quiz grades
Calculate and print the class average

这里只采用了顺序结构——罗列在这里的每一步操作将一个接一个地按顺序执行。

 软件工程视点 3.2

每一次求精的结果，包括"顶"本身，都是对算法的完整描述。它们的差别只是在于细化的程度不同。

第二次求精(Second Refinement)

接着要进行更高一级的求精，即**第二次求精**。在第二次求精中，要指定变量。我们需要一个不断增值的数据总和变量 total、一个统计已处理数据个数的计数器变量 counter、一个用来接收用户输入成绩

的变量 grade 和一个保存平均分的变量 average。对伪代码语句

Initialize variables

求精的结果是

Initialize total to zero
Initialize counter to zero

尽管定义了 4 个变量，但是只需对其中两个变量 total 和 counter 进行初始化。另外两个变量 average 和 grade（分别对应计算出来的平均分和用户输入）在程序运行过程中将会被重新计算和接收用户输入（即"破坏性的读写操作"），所以不需要进行初始化。

第二条伪代码语句

Input, sum, and count the quiz grades

需要一个循环结构来逐个输入成绩。由于事先并不知道需要处理多少个学生成绩，所以采用"标记控制的循环"。首先用户逐个地输入合理的成绩。在输入最后一个合理成绩后，用户将输入标记值。每次接收到一个用户输入，程序都要判断其是否为"标记值"。若不是标记值，则将输入累加到总和变量 total 中，并让计数器变量 counter 增 1；若是标记值，则终止循环。

对第二条伪代码语句求精的结果是

Input the first grade (possibly the sentinel)
While the user has not as yet entered the sentinel
　　Add this grade into the running total
　　Add one to the grade counter
　　Input the next grade (possibly the sentinel)

请注意：在上面这段伪代码中，并没有用一对花括号来界定构成 while 循环体的那组语句。我们只是简单地让这三条语句在 while 之下有所"缩进"来表示它们是属于 while 循环的。伪代码毕竟是一种非正式的程序设计工具。

同理，对最后一条伪代码语句

Calculate and print the class average

第二次求精的结果是

If the counter is not equal to zero
　　Set the average to the total divided by the counter
　　Print the average
else
　　Print "No grades were entered"

请注意：在本例中，必须高度提防可能出现的"除数为零"这样一个**致命错误**（Fatal error），若没有检查出来，它将会引起程序失效［俗称"**崩溃**"（Crashing）］。

完整的第二次求精的结果如图 3.7 所示。

常见的编程错误 3.5
试图执行一个除数为 0 的除法，将导致一个致命错误。

良好的编程习惯 3.3
当除数是一个可能取值为零的表达式时，每次进行除法运算之前，都要显式地测试它的值是否为零。当发现"除数为零"时，要在程序中进行适当地处理（如打印一条出错信息），以避免致命错误的发生。

在图 3.5 和图 3.7 的伪代码程序中，都加入了一些空白行以提高可读性。事实上，这些空白行还起到将程序划分为不同阶段的作用。

```
 1    Initialize total to zero
 2    Initialize counter to zero
 3
 4    Input the first grade (possibly the sentinel)
 5    While the user has not as yet entered the sentinel
 6        Add this grade into the running total
 7        Add one to the grade counter
 8        Input the next grade (possibly the sentinel)
 9
10    If the counter is not equal to zero
11        Set the average to the total divided by the counter
12        Print the average
13    else
14        Print "No grades were entered"
```

图 3.7　使用标记控制的循环求解班级平均分问题的伪代码算法

软件工程视点 3.3

绝大多数程序都可以从逻辑上划分为三个阶段：初始化阶段——对程序中的变量进行初始化；处理阶段——接收用户的数据输入并相应地改变程序中的变量值；结束阶段——计算并打印最终的结果。

　　至此，图 3.7 给出了一个求解一般化的班级平均分问题的算法。尽管有时还需要进行更多级别的求精，但是这个算法只要经过两级求精就可以了。

软件工程视点 3.4

只要求精得到的伪代码算法提供了足够多的细节信息使你能够轻松将其转化成 C 程序，那么"自顶向下、逐步求精"的过程就可以结束。这时，编写 C 程序的工作就轻而易举了。

　　图 3.8 给出了转换得到的 C 程序及其一次运行的结果。也许已经注意到：运行这个程序时，尽管输入的是整数，但是最终的平均值计算结果很可能是带小数点的实数。显然，用 int 数据类型就无法表示这样的数值。为此，程序引入了 **float** 数据类型来表示带有小数点的数值，这种带有小数点的数据称为**浮点数**(Floating-point number)，同时还引入了一种特殊的运算符——强制类型转换运算符，来解决这种平均值计算问题。在给出程序之后，再来详细解释上述概念。

```c
 1    // Fig. 3.8: fig03_08.c
 2    // Class-average program with sentinel-controlled iteration.
 3    #include <stdio.h>
 4
 5    // function main begins program execution
 6    int main( void )
 7    {
 8        unsigned int counter; // number of grades entered
 9        int grade; // grade value
10        int total; // sum of grades
11
12        float average; // number with decimal point for average
13
14        // initialization phase
15        total = 0; // initialize total
16        counter = 0; // initialize loop counter
17
18        // processing phase
19        // get first grade from user
20        printf( "%s", "Enter grade, -1 to end: " ); // prompt for input
21        scanf( "%d", &grade ); // read grade from user
22
23        // loop while sentinel value not yet read from user
24        while ( grade != -1 ) {
25            total = total + grade; // add grade to total
26            counter = counter + 1; // increment counter
```

图 3.8　使用标记控制的循环求解班级平均分问题

```
27
28        // get next grade from user
29        printf( "%s", "Enter grade, -1 to end: " ); // prompt for input
30        scanf("%d", &grade); // read next grade
31    } // end while
32
33    // termination phase
34    // if user entered at least one grade
35    if ( counter != 0 ) {
36
37        // calculate average of all grades entered
38        average = ( float ) total / counter; // avoid truncation
39
40        // display average with two digits of precision
41        printf( "Class average is %.2f\n", average );
42    } // end if
43    else { // if no grades were entered, output message
44        puts( "No grades were entered" );
45    } // end else
46 } // end function main
```

```
Enter grade, -1 to end: 75
Enter grade, -1 to end: 94
Enter grade, -1 to end: 97
Enter grade, -1 to end: 88
Enter grade, -1 to end: 70
Enter grade, -1 to end: 64
Enter grade, -1 to end: 83
Enter grade, -1 to end: 89
Enter grade, -1 to end: -1
Class average is 82.50
```

```
Enter grade, -1 to end: -1
No grades were entered
```

图 3.8(续) 使用标记控制的循环求解班级平均分问题

请注意图 3.8 中 while 循环(第 24 行)的复合语句。再次强调,界定复合语句的这对花括号是不可或缺的,它们确保了复合语句内的这四条语句在每次循环中都被一并执行。

如果没有这对花括号,那么后三条语句将会被排除在 while 循环体之外。计算机将错误地把程序理解为

```
while ( grade != -1 )
    total = total + grade; // add grade to total
counter = counter + 1; // increment counter
printf( "%s", "Enter grade, -1 to end: " ); // prompt for input
scanf( "%d", &grade ); // read next grade
```

这样的话,除非用户输入的第一个成绩是-1,否则程序将无穷循环下去。

错误预防提示 3.5

编写标记控制的循环时,在请求输入数据的提示中应该显式地提醒用户什么是标记值。

显式和隐式地转换数据类型

平均分并不一定总是整数。事实上,平均分常常是一个诸如 7.2 或-93.5 这样的带小数部分的数值。这样的数称为浮点数,要用数据类型 float(浮点型)来表示。图 3.8 中,变量 average 被定义为 float 类型(第 12 行)以保留运算结果的小数部分。然而,由于变量 total 和 counter 都是整数,所以 total/counter 的计算结果也是一个整数。也就是说,两个整数相除,计算机将进行**整数除法**(Integer division),运算结果的小数部分将被**截断**(Truncated)(即丢失)。由于先执行除法运算,所以在将除法的结果赋给浮点型变量 average 之前,结果中的小数部分已经丢失了。

为了让整型操作数引发浮点类型的运算,必须将整型操作数临时转换成浮点数。C 提供了一个“一元运算符”**Cast operator**(强制类型转换运算符)来完成上述转换。第 38 行

```
average = ( float ) total / counter;
```

就包含了一个强制类型转换运算符"(float)"。该运算符将为它的操作数 total 创建一个浮点数据类型的临时副本。注意：在这个转换过程中，变量 total 中保存的仍然是整数。这种使用强制类型转换运算符来实现类型转换的方式称为**显式的类型转换**(Explicit conversion)。

这样，上述除法运算就变成了一个浮点数(total 的浮点数据类型的临时副本)除以存储在变量 counter 中的一个 unsigned int 类型的整数。而事实上，C 语言要求参与算术运算的所有操作数的数据类型必须是一致的。为了保证这一点，编译器在对源程序进行编译时，将对算术表达式中的个别操作数进行所谓的**隐式的类型转换**(Implicit conversion)操作。例如，对于一个包含 unsigned int 和 float 类型数据的算术表达式，编译器将为所有的 unsigned int 类型数据生成副本，并将副本转换为 float 类型数据。这样，最终实施的运算就是浮点数除法，运算结果赋给浮点数据类型的变量 average。C 语言为了在不同数据类型之间进行转换制定了详细的规则。我们将在第 5 章中深入讨论这些规则。

强制类型转换运算符适用于绝大多数数据类型——将表示某个数据类型的关键字用圆括号括起来即可形成强制类型转换运算符。它是**一元运算符**(Unary operator)，即只有一个操作数。在第 2 章，学习过二元算术运算符，如加(+)和减(−)。C 语言还允许将加(+)和减(−)作为一元运算符来使用，分别表示：正和负，例如可以写像−7、+5 这样的表达式。强制类型转换运算符是从右向左结合的，它们具有与一元+、一元−等其他一元运算符相同的优先级，它们的优先级比*、/ 和 %等**乘法类运算符**(Multiplicative operator)的优先级高一级。

浮点数的格式

图 3.8 中的 printf 函数(第 41 行)用了一个转换说明符%.2f 来打印 average 的值。其中的"f"表示要打印的是一个浮点数，".2"表示显示这个浮点数的**精度**(Precision)——精确到小数点后面两位。若采用%f 作为转换说明符(不规定精度)，则默认精度(Default precision)为小数点后面 6 位——相当于使用转换说明符%.6f。当按照指定的精度打印浮点数时，打印的数值将是小数部分舍入(Rounded)到指定的小数点后位数的结果，而存储在内存中的浮点数值是不变的。例如下面两条语句执行后，显示的是 3.45 和 3.4：

```
printf( "%.2f\n", 3.446 ); // prints 3.45
printf( "%.1f\n", 3.446 ); // prints 3.4
```

常见的编程错误 3.6

在输入函数 scanf 的格式控制串的转换说明符中规定精度是错误的，只有在输出函数 printf 的格式转换说明符中才能够规定精度。

关于浮点数的注释

尽管浮点数并不总是"百分之百精确的"，但是它们还是被广泛地应用了。例如当我们说一个人正常的体温是华氏 98.6 度，我们并不要求它有更高的精度。当看一个测试后的体温计并说体温是华氏 98.6 度时，它真实的值可能是 98.5999473210643。从这点上看，舍入得到的 98.6 已经满足要求了。这一点后面还要讨论。

导致出现浮点数近似值的另一个原因就是除法。当 10 除以 3，得到的结果是 3.3333333...，这个结果的小数部分是无穷多个 3。而计算机为一个数据分配的存储空间是定长的，所以很显然，存储在计算机中的只是浮点数的一个近似值。

常见的编程错误 3.7

期望用浮点数来精确地表示一个数据，往往会得到一个错误的结果。在绝大多数计算机中，浮点数只是它们数学上表示数据的近似值。

错误预防提示 3.6

不要试图去比较两个浮点数是否相等。

3.10 自顶向下、逐步求精的算法设计案例 3：嵌套控制结构

本节我们要求解另外一个问题。设计算法的思路仍然是先用伪代码来描述问题，然后是自顶向下、逐步求精，最后给出相应的 C 源程序。在前面的例子中已经看到，程序的构建方法之一是将一个控制语句(按顺序)堆叠在另外一个控制语句之上，就好像儿童搭积木一样。在本节中，要学习 C 语言的两种控制语句组合方式的另外一种，即将一个控制语句嵌入(Nesting)到另外一个控制语句之中。下面就是要解决的问题：

> 一所大学为准备参加国家房地产中介人资格考试的学生提供一门考前辅导课程。去年有 10 名参加了这门课程学习的学生参加了国家考试。自然地，学校想知道这些学生考试的结果，请设计一个程序来对考试结果进行汇总。现在我们得到了一份学生名单。名单上，学生姓名旁边标有 "1" 表示通过考试，标有 "2" 表示未通过考试。
>
> 请设计一个程序来对考试结果做如下分析：
>
> 1. 输入每一名学生的考试结果(即 "1" 或 "2")。程序每次要求用户输入另一个考试结果时，都显示提示信息"Enter result"(请输入考试结果)。
> 2. 统计每种考试结果的个数。
> 3. 显示通过考试的学生总数和未通过考试的学生总数。
> 4. 如果超过 8 名学生通过考试，则显示 "Bonus to instructor!"(奖励教师！)。

仔细阅读上述问题，我们可以得到如下结论：

1. 这个程序要处理 10 个考试结果，可以采用计数控制的循环结构。
2. 考试结果是一个整数——要么是 1 要么是 2。每读入一个结果，程序必须判断它是 1 还是 2。在我们的算法中，只测试是否是 1。如果不是 1，则我们认为是 2(本章练习题 3.27 要求确认每个考试结果只能是 1 或者 2)。
3. 需要两个计数器变量：一个用来统计通过考试的学生总数，另一个用来统计未通过考试的学生总数。
4. 在处理完所有的考试结果后，程序必须判断通过考试的学生总数是否超过 8。

下面就是自顶向下、逐步求精的算法设计过程。首先从 "顶" 的伪代码表示开始

Analyze exam results and decide whether instructor should receive a bonus

这里我们再强调一次：这个 "顶" 就代表了一个完整的程序。但是，在将其很自然地转换成 C 程序之前，这个 "顶" 需要经过若干次细化、求精。"第一次求精" 的结果是

Initialize variables
Input the ten quiz grades and count passes and failures
Print a summary of the exam results and decide whether instructor should receive a bonus

上面这个 "求精后" 的结果尽管也代表了一个完整的程序，但还是不能够为我们编写 C 程序提供足够多的细节信息。所以还需要进一步求精。在第二次求精中，要指定变量了。这个程序需要两个计数器变量 passes 和 failures 来分别统计通过考试的学生人数和未通过考试的学生人数、一个用于控制循环次数的计数器变量 student 和一个用来存储用户输入的变量 result。这样，第一条伪代码语句

Initialize variables

就被细化为

Initialize passes to zero
Initialize failures to zero
Initialize student to one

注意，这里只对总和变量 passes、failures 和计数器变量 student 进行了初始化。

第二条伪代码语句

Input the ten quiz grades and count passes and failures

要求采用一个循环结构来逐个输入成绩结果。由于我们事先知道总共有 10 名学生的成绩结果，所以"计数控制的循环"是最适合的。在这个循环的内部，即嵌套(Nested)在循环中，我们设置了一个双分支条件语句来判断成绩结果是"通过"还是"未通过"，然后相应地对不同的计数器变量增 1。对第二条伪代码语句求精后的结果是

While student counter is less than or equal to ten
Input the next exam result

If the student passed
Add one to passes
else
Add one to failures

Add one to student counter

请读者注意，为了改善程序的可读性，我们在 if...else 结构前后增加了一个空白行。

同理，第三条伪代码语句

Print a summary of the exam results and decide whether instructor should receive a bonus

求精后的结果是

Print the number of passes
Print the number of failures
If more than eight students passed
Print "Bonus to instructor!"

第二次求精的完整结果如图 3.9 所示。图中，我们用空白行将 while 语句分隔出来以提高程序的可读性。

现在的伪代码算法已经足够精细化来转换成 C 程序了。相应的 C 语言源程序及其两个运行实例如图 3.10 所示。其中，我们利用了 C 语言的可以将变量初始化与变量定义结合在一起的特性。这样，初始化工作就可以在编译期间完成了。另外请注意，输出一个 unsigned int 类型的整数使用的转换说明符是%u(第 33 行至第 34 行)。

```
1   Initialize passes to zero
2   Initialize failures to zero
3   Initialize student to one
4
5   While student counter is less than or equal to ten
6       Input the next exam result
7
8       If the student passed
9           Add one to passes
10      else
11          Add one to failures
12
13      Add one to student counter
14
15  Print the number of passes
16  Print the number of failures
17  If more than eight students passed
18      Print "Bonus to instructor!"
```

图 3.9 考试结果问题的伪代码

软件工程视点 3.5

实践表明：用计算机来求解一个问题，最困难的事情就是设计出解决问题的算法。一旦定义好一个正确的算法，开发出一个可求解问题的 C 程序就是一马平川的了。

软件工程视点 3.6

很多程序员在编写程序时没有利用诸如伪代码这样的程序开发工具。他们觉得现实的目标是在计算机上解决问题，编写伪代码程序只会拖延他们得到最后结果的时间。

```c
1   // Fig. 3.10: fig03_10.c
2   // Analysis of examination results.
3   #include <stdio.h>
4
5   // function main begins program execution
6   int main( void )
7   {
8       // initialize variables in definitions
9       unsigned int passes = 0; // number of passes
```

图 3.10 考试结果问题的 C 程序及其执行示例

```
 5   // function main begins program execution
 6   int main( void )
 7   {
 8      // initialize variables in definitions
 9      unsigned int passes = 0; // number of passes
10      unsigned int failures = 0; // number of failures
11      unsigned int student = 1; // student counter
12      int result; // one exam result
13
14      // process 10 students using counter-controlled loop
15      while ( student <= 10 ) {
16
17         // prompt user for input and obtain value from user
18         printf( "%s", "Enter result ( 1=pass,2=fail ): " );
19         scanf( "%d", &result );
20
21         // if result 1, increment passes
22         if ( result == 1 ) {
23            passes = passes + 1;
24         } // end if
25         else { // otherwise, increment failures
26            failures = failures + 1;
27         } // end else
28
29         student = student + 1; // increment student counter
30      } // end while
31
32      // termination phase; display number of passes and failures
33      printf( "Passed %u\n", passes );
34      printf( "Failed %u\n", failures );
35
36      // if more than eight students passed, print "Bonus to instructor!"
37      if ( passes > 8 ) {
38         puts( "Bonus to instructor!" );
39      } // end if
40   } // end function main
```

```
Enter Result (1=pass,2=fail): 1
Enter Result (1=pass,2=fail): 2
Enter Result (1=pass,2=fail): 2
Enter Result (1=pass,2=fail): 1
Enter Result (1=pass,2=fail): 1
Enter Result (1=pass,2=fail): 1
Enter Result (1=pass,2=fail): 2
Enter Result (1=pass,2=fail): 1
Enter Result (1=pass,2=fail): 1
Enter Result (1=pass,2=fail): 2
Passed 6
Failed 4
```

```
Enter Result (1=pass,2=fail): 1
Enter Result (1=pass,2=fail): 1
Enter Result (1=pass,2=fail): 1
Enter Result (1=pass,2=fail): 2
Enter Result (1=pass,2=fail): 1
Enter Result (1=pass,2=fail): 1
Enter Result (1=pass,2=fail): 1
Enter Result (1=pass,2=fail): 1
Enter Result (1=pass,2=fail): 1
Passed 9
Failed 1
Bonus to instructor!
```

图 3.10(续)　考试结果问题的 C 程序及其执行示例

3.11　赋值运算符

C 语言提供了几种可简化赋值表达式的赋值运算符。例如下面这条语句:

```
c = c + 3;
```

就可以用"**加赋值运算符**+= "(Addition assignment operator)来简化为

    c += 3;

运算符+=的功能是：将运算符右边表达式的值与运算符左边变量的值相加，结果保存在运算符左边的变量中。任何一个形如

variable = variable operator expression;

的语句，只要其中的 operator 是二元运算符+、−、*、/ 或 %(还有其他将在第 10 章中介绍的二元运算符)中的一个，都可以写成如下形式：

variable operator= expression;

因此，表达式 c += 3 就是让 c 增加 3。图 3.11 显示了上述这些"算术赋值运算符"并给出了相应的例子及说明。

赋值运算符	样例表达式	解释	赋值
假定：int c = 3, d = 5, e = 4, f = 6, 9 = 12;			
+=	c += 7	c = c + 7	10 赋给 c
−=	d −= 4	d = d − 4	1 赋给 d
*=	e *= 5	e = e * 5	20 赋给 e
/=	f /= 3	f = f/3	2 赋给 f
%=	g %= 9	g = g % 9	3 赋给 g

图 3.11   算术赋值运算符

3.12   增 1 和减 1 运算符

C 语言还提供一元的**增 1 运算符**(Increment operator)++和一元的**减 1 运算符**(Decrement operator)−−，图 3.12 介绍了它们的用法。如果想要对变量 c 加 1，采用增 1 运算符比采用表达式 c = c + 1 或 c += 1 更好。

若增 1 或减 1 运算符位于一个变量的前面(即变量的前缀)，则它们被称为**先增 1/先减 1 运算符**(Preincrement or Predecrement operator)。相反，若增 1 或减 1 运算符位于变量的后面(即变量的后缀)，则它们被称为**后增 1/后减 1 运算符**(Postincrement or Postdecrement operator)。对一个变量先增 1(先减 1)意味着这个变量的值先被增 1(先被减 1)，然后这个变量以新的值用在它所在的表达式中。对一个变量后增 1(后减 1)意味着这个变量的当前值先被它所在的表达式中使用，然后再被增 1(减 1)。

运算符	样例表达式	解 释
++	++a	将 a 值增 1，然后在包含 a 的表达式中使用 a 的新值进行计算
++	a++	在包含 a 的表达式中，使用 a 的当前值进行计算，然后将 a 值增 1
−−	−−b	将 b 值减 1，然后在包含 b 的表达式中使用 b 的新值进行计算
−−	b−−	在包含 b 的表达式中，使用 b 的当前值进行计算，然后将 b 值减 1

图 3.12   增 1 和减 1 运算符

图 3.13 显示了运算符++的先增 1 与后增 1 两种不同用法的区别。其中，变量 c 后增 1 运算发生在 printf 函数将其值打印出来后，而 c 先增 1 运算发生在 printf 函数打印其值之前。

```
I   // Fig. 3.13: fig03_13.c
2   // Preincrementing and postincrementing.
3   #include <stdio.h>
4
5   // function main begins program execution
6   int main( void )
7   {
```

图 3.13   先增 1 运算和后增 1 运算的对比

```
 8      int c; // define variable
 9
10      // demonstrate postincrement
11      c = 5; // assign 5 to c
12      printf( "%d\n", c ); // print 5
13      printf( "%d\n", c++ ); // print 5 then postincrement
14      printf( "%d\n\n", c ); // print 6
15
16      // demonstrate preincrement
17      c = 5; // assign 5 to c
18      printf( "%d\n", c ); // print 5
19      printf( "%d\n", ++c ); // preincrement then print 6
20      printf( "%d\n", c ); // print 6
21   } // end function main
```

```
5
5
6

5
6
6
```

图 3.13(续)　先增 1 运算和后增 1 运算的对比

图 3.13 中的程序显示了运算符++位于变量 c 前后的不同效果。减 1 运算符(−−)的工作原理与++相同。

良好的编程习惯 3.4

一元运算符必须直接写在它们的操作数旁边，二者之间不允许插入空格。

图 3.10 中的三个赋值语句

```
passes = passes + 1;
failures = failures + 1;
student = student + 1;
```

可以用赋值运算符改写成更简洁的形式

```
passes += 1;
failures += 1;
student += 1;
```

还可以用先增 1 运算符改写成更简洁的形式

```
++passes;
++failures;
++student;
```

当然，也可以采用后增 1 运算符来改写

```
passes++;
failures++;
student++;
```

上面这个例子表明：在一个只包含有一个变量的语句中，对该变量增 1 或减 1，使用先增 1 或者后增 1 的结果是一样的。仅当变量出现在一个大的表达式中时，先增 1 与后增 1 才有不同的执行结果(先减 1 和后减 1 也是这样)。注意到这一点是非常重要的。

截至目前，在我们学习过的表达式中，增 1 运算符和减 1 运算符的操作数只能是一个简单变量名。

常见的编程错误 3.8

对一个表达式，而非一个简单的变量名，使用增 1 运算符或减 1 运算符，例如，++(x+1)是一个语法错误。

错误预防提示 3.7

C 语言通常不规定一个运算符对应的操作数的求值顺序(当然在第 4 章中将会看到有少数运算符例外)。因此，只能在只包含一个自己要求增 1 或减 1 的变量的表达式中使用增 1 运算符或减 1 运算符。

图 3.14 列出了迄今为止学习过的所有运算符的优先级和它们的结合律。图中运算符的优先级由高到低递减。图的第二列给出了优先级相同的运算符的结合律。请注意其中的条件运算符(? :)、一元运算符增 1(++)、减 1(−−)、正(+)、负(−)和强制类型转换符,以及赋值运算符=、+=、−=、*=、/=、%=,都是从右向左结合的。而图中其他的运算符则是从左向右结合的。图中的第三列说明了运算符分别属于哪些类型组。

运算符	结合律	类型
++(后级) −−(后级)	从右向左	后级类
+ − (数据类型) ++(前级) −−(前级)	从右向左	一元类
* / %	从左向右	乘法类
+ −	从左向右	加法类
< <= > >=	从左向右	关系类
== !=	从左向右	相等类
?:	从右向左	条件类
= += −= *= /= %=	从右向左	赋值类

图 3.14 目前所学运算符的优先级和结合律

3.13 安全的 C 程序设计

算术运算溢出

图 2.5 中的加法程序用如下语句计算了两个 int 型数据之和(第 18 行):

```
sum = integer1 + integer2; // assign total to sum
```

程序设计的挑战性就表现在这里。即便是这样一条简单的语句也具有潜在的问题——整数相加的结果可能会得到一个大到 int 型变量存储不下的数值。这就是**算术运算溢出**(Arithmetic overflow),它会导致预料不到的后果,例如打开了系统遭受攻击的大门。

int 型变量能够存储的最大值和最小值是由程序运行所在平台规定的两个常量,通常在头文件 <limits.h> 分别定义为 INT_MAX 和 INT_MIN。C 语言还定义了其他一些类似的整型常量,我们将在第 4 章中介绍。通过在一个文本编辑器中打开头文件 <limits.h>,可以看到所用平台上这些常量对应的具体数值。

在执行诸如图 2.5 的第 18 行这样的算术运算前,确认不会发生溢出,是程序员的一个良好习惯。实现确认的代码参见 CERT 的网站 www.securecoding.cert.org——请查阅编程指南 "INT32-C"。其中的代码使用了将要在第 4 章中介绍的"&&(逻辑与)"和"||(逻辑或)"运算符。在工业应用的代码中,对于这样的计算要处处设防。后续章节会展示处理这类错误的程序设计技术。

无符号整数

图 3.6 的第 8 行以 unsigned int 声明了一个仅用来统计非负数值的计数器变量 counter。通常,计数器变量存储的都是非负数值,所以可以通过在 int 型之前加上 unsigned 来声明。这样做的好处是,unsigned 型变量可以表示从 0 到接近普通 int 型变量最大值 2 倍的范围内的数据。可以查看 <limits.h> 中常量 UINT_MAX 的值,来明确所用平台上 unsigned int 所能表示的最大值。

图 3.6 中的计算班级平均分程序也可以用 unsigned int 来声明变量 grade、total 和 average。因为成绩 grade 的取值范围通常是 0 ~ 100,所以 total 和 average 都应该是大于或等于 0 的。之所以将这些变量声明为 int,是因为我们无法对用户的实际输入进行控制——用户可能会输入一个负数。更坏的情况是,用户输入的甚至不是一个数(本书的后面将介绍如何处理这样的奇葩输入)。

标记控制的循环有时会采用一个无效值来结束循环。例如图 3.6 计算班级平均分程序中,当用户输入标记 "−1"(一个无效成绩)时,循环结束。这种情况下,使用 unsigned int 来声明变量 grade 就错了。另外,在下一章将看到,常用于结束标记控制的循环的"文件结束标志"EOF(End of file)也是一个负数。欲了解更多的信息，请阅第 5 章的"整数安全"或 Robert Seacord 编写的 *Secure Coding in C and C++*, 2e。

scanf_s 和 printf_s

C11 标准的 Annex K 版本引入了被称为 printf_s 和 scanf_s 的 printf 和 scanf 的安全版本——我们将分别在 6.13 节和 7.13 节介绍这些函数及其安全问题。由于 Annex K 版本是可选的，所以并不是所有的 C 开发平台都支持它们。微软公司在 C11 标准发布之前就推出了自己的 printf_s 和 scanf_s，它的编译器会针对每一个 scanf 调用发出一个警告，告知用户：scanf 已经废弃——它不再被使用了——请考虑用 scanf_s 来代替。

很多组织在其编写的标准中都要求在编译代码时不要出现警告信息。欲消除 Visual C++中针对 scanf 的警告，有两种方法——使用 scanf_s 代替 scanf 或者关闭警告功能。针对迄今为止我们使用过的输入语句，Visual C++的用户可以简单地用 scanf_s 来代替 scanf。若想关闭 Visual C++中的警告功能，可以按如下步骤操作：

1. 按 Alt+F7，在项目中弹出"Property Pages"对话框。
2. 在左侧栏中，展开"Configuration Properties > C/C++"，然后选择"Preprocessor"。
3. 在右侧栏中"Preprocessor Definitions"可选址的底部，插入";_CRT_SECURE_NO_WARNINGS"
4. 点击 OK，保存设置。

这样，就不会再收到针对 scanf(以及其他因为同样的原因被微软公司废弃的函数)的警告了。但是对于工业应用的软件项目开发，不建议关闭警告功能。使用 scanf_s 和 printf_s 的更多细节请关注后续的"安全的 C 程序设计"章节。

摘要

3.1 引言
- 在编写程序来求解一个特定的问题之前，必须透彻地理解问题以及仔细地设计解决问题的办法。

3.2 算法
- 对任何可计算问题的求解都可归结为按照某个特定的顺序执行一系列操作。
- 由要执行的操作和执行这些操作的顺序构成的求解一个问题**流程**，称为**算法**。
- 执行操作的顺序是至关重要的。

3.3 伪代码
- **伪代码**是一种人工的、非正式的帮助人们进行算法设计的语言。
- 伪代码与我们日常使用的英语极为类似，它并不是一种真正的计算机程序设计语言。
- 伪代码帮助我们"思考"程序应该如何设计。
- 伪代码只包含字符，所以可以使用文本编辑器来编辑伪代码程序。
- 精心设计的伪代码程序可以很容易地被转换成相应的 C 程序。
- 伪代码程序只包含关于操作的语句。

3.4 控制结构
- 通常情况下，程序中的语句是按照它们被编写的顺序、逐条执行的，称为**顺序执行**。
- 若想使下一条要执行的语句不是当前语句的后继语句，有多种不同的 C 语句可实现这一目的。这称为**控制转移**。
- **结构化程序设计**几乎成了所谓"**取消 goto 语句**"的同义词。
- 结构化的程序更清晰可读、易于修改、易于查错排错，甚至没有错误。
- 任何计算机程序都可以使用**顺序**、**选择**和**循环**控制结构来实现。

- 除非特别指明,计算机总是自动地顺序执行 C 语句。
- **流程图**是算法的一种图形化表示,它由被称为**流程线**的箭头连接起来的**矩形**、**菱形**、**半圆矩形**或**小圆圈**组成。
- **矩形(操作)框**表示包括计算或者输入/输出在内的一种操作。
- **流程线**表示操作执行的顺序。
- 当表示一个完整的算法时,流程图必须以一个标有"Begin"(开始)字样的圆角矩形框作为流程图的开始,并以一个标有"End"(结束)字样的圆角矩形框作为流程图的结束。当只表示算法的一部分时,这两个圆角矩形框可以用一对小圆圈代替。这个小圆圈称为连接符。
- **菱形(判断)框**表示算法中要做一次选择。
- **if** 单分支条件语句选择或忽略某个操作。
- **if...else** 双分支条件语句在两个不同的操作中选择一个操作执行。
- **switch** 多分支条件语句根据某个表达式的值,在多个不同的操作中选择一个执行。
- C 语言提供了三种**循环语句**(也称为迭代语句),即 **while**、**do...while** 和 **for**。
- 每个控制结构的流程图表示中都有一对小圆圈,一个在控制语句的入口,另一个则在出口。
- 通过控制语句的**堆叠**——将一个控制语句的出口连接到另一个控制语句的入口——可以将一个控制语句的流程图片段与另一个控制语句的流程图片段连接在一起。
- 两种连接控制语句的方法的另外一种是控制语句的**嵌套**。

3.5 if 条件语句

- 选择结构用于从若干个可选的操作序列中选择一个执行。
- **判断框**里是一个取值要么为真、要么为假的表达式,例如一个条件。判断框有两条流程线流出,一条指向"表达式为真"时选择执行的方向,另一条指向"表达式为假"时选择执行的方向。
- 选择可以基于任何一种表达式——如果表达式的值为零,就认为"**假**";反之,只要表达式的值不为零,就认为"**真**"。
- if 语句是一个单入口/单出口的结构。

3.6 if...else 条件语句

- C 语言提供了一个与 if...else 语句功能非常类似的**条件运算符**(? :)。
- 条件运算符是 C 语言中唯一的一个**三元运算符**——它需要三个操作数。第一个操作数是一个条件,第二个操作数是该条件为真时整个条件表达式的值,第三个操作数是该条件为假时整个条件表达式的值。
- 通过将一个 if...else 语句放在另一个 if...else 语句里形成的**嵌套 if...else 语句**可以用于测试更多的条件。
- if 语句的每个可选分支中只能是一条语句。若想在一个可选分支中放入多条语句,就必须用一**对花括号**({、})将这些语句封装在一起。
- 包含在一对花括号内的一组语句,称为**复合语句**或者**语句块**。
- 编译器能发现的是**语法错误**。而**逻辑错误**只有在程序**运行**时才会发生。**致命的逻辑错误**会导致程序失效或者终止,而非**致命的逻辑错误**允许程序继续运行,但运行结果有误。

3.7 while 循环语句

- **while 循环语句**规定在某个条件为真的情况下,反复执行一个操作。最后,条件变为假。这时循环结束,计算机将执行紧随循环语句之后的那一条语句。

3.8 算法设计案例 1:计数控制的循环

- **计数控制的循环**使用一个称为计数器的变量来规定一组语句将要执行的次数。
- 计数控制的循环常被称为**确定性循环**,因为在循环开始执行之前,循环的次数就是已知的。

- **总和**是用来累加一组数据值的一个变量。对于程序中用来存储总和的变量，通常要在使用前将其初始化为 0，否则，这个总和就包含有其所在内存单元中的旧值。
- **计数器**是一个用于计数的变量。根据具体的应用情况，计数器应被初始化为 0 或 1。
- 未经初始化的变量中包含有"**垃圾值**"，即最近一次存入变量所在内存单元中的旧值。

3.9　自顶向下、逐步求精的算法设计案例 2：标记控制的循环

- **标记值**(也称为信号值、哑元值或标志值)用来在标记控制的循环中表示"**数据输入结束**"。
- **标记控制的循环**常被称为非确定性循环，因为在循环开始执行之前，循环的次数是未知的。
- 所选的标记值不应与合理的输入值相混淆。
- 在自顶向下、**逐步求精**的程序设计方法中，"顶"是概括整个程序功能的一句话，或者说，这个"顶"就是程序的一个完整表示。在**逐步求精的过程**中，我们要将"顶"划分为一系列更小的任务，并将这些任务按照它们的执行顺序列出一个任务清单。
- **float** 类型数据表示带有小数点的数据(称为**浮点数**)。
- 两个整数相除时，运算结果的小数部分将被**截掉**。
- 为了在整型数据的运算中得到一个浮点类型的计算结果，就必须将整型数据**强制转换**成浮点数。C 语言提供了一个**一元的强制类型转换运算符**(float)来完成这个任务。
- 强制类型转换运算符实现**显式的类型转换**。
- 绝大多数计算机要求参与算术运算的操作数的数据类型必须是一致的。为了保证这一点，编译器就会对算术表达式中的某些操作数进行**隐式的类型转换**。
- 将表示某种数据类型的关键字用圆括号括起来即形成了强制类型转换运算符。它是**一元运算符**——只有一个操作数。
- **强制类型转换运算符**是从右向左结合，与诸如一元+和一元–这样的一元运算符具有相同的优先级，它的优先级比运算符*、/ 和% 的优先级高一级。
- printf 函数中的转换说明符%.2f 表示要显示的浮点数的值精确到小数点后面 2 位。若采用%f(未规定精度)作为转换说明符，那么默认精度是 6 位。
- 当按照指定的精度打印浮点数时，打印的数值是将小数部分舍入到指定的小数点后位数的结果。

3.11　赋值运算符

C 语言提供了几种可**简化赋值表达式**的赋值运算符。

- 运算符+=的功能是：将运算符右边表达式的值与运算符左边变量的值相加，结果保存在运算符左边的变量中。
- 任何一个形如

    variable = variable operator expression;

    的语句，只要其中的 operator 是二元运算符+、–、*、/ 或 %(还有其他的二元运算符，将在第 10 章中讨论)中的一个，就都可以写成如下形式：

    variable operator= expression;

3.12　增 1 和减 1 运算符

- C 语言为整型数据提供了**一元的增 1 运算符++和一元的减 1 运算符--**。
- 如果增 1 运算符或减 1 运算符位于一个变量的前面，则它们分别被称为**先增 1 或先减 1 运算符**；如果增 1 运算符或减 1 运算符位于变量的后面，则它们分别被称为**后增 1 或后减 1 运算符**。
- 对一个变量先增 1(先减 1)意味着这个变量的值先被增 1(先被减 1)，然后这个变量以新的值出现在它所在的表达式中。
- 对一个变量后增 1(后减 1)意味着这个变量的当前值在它所在的表达式中被引用之后，再被增 1(减 1)。

- 在一个只包含有一个变量的语句中，对变量使用先增 1 运算符和后增 1 运算符的执行结果是相同的。当变量出现在一个大的表达式中时，先增 1 运算符与后增 1 运算符会有不同的执行结果(先减 1 运算符和后减 1 运算符也是这样的)。

3.13　安全的 C 程序设计

- 整数相加可能会得到一个大到 int 型变量存储不下的结果。这就是算术运算溢出(arithmetic overflow)，它会导致预料不到的后果，例如打开了系统遭受攻击的大门。
- int 型变量能够存储的最大值和最小值通常被相应表示为头文件<limit.h>中的 INT_MAX 和 INT_MIN。
- 在执行算术运算前，确认它不会发生溢出，是程序员的一个良好习惯。在工业应用的代码中，对于所有可能会导致溢出或下溢的计算都要检查。
- 通常，任何仅存储非负数值的变量都可以通过在 int 型之前加上 **unsigned** 来声明。unsigned 型变量可以表示从 0 到接近普通 int 型变量最大值 2 倍的范围内的数据。
- 可以查看<limit.h>中常量 UINT_MAX 的值，来明确所用平台上 unsigned int 所能表示的最大值。
- C11 标准的 **Annex K** 版本引入了被称为 printf_s 和 scanf_s 的 **printf 和 scanf 的更安全版本**。由于 Annex K 版本是可选的，所以并不是所有的 C 编译器都支持它们。
- 微软公司在 C11 标准发布之前就推出了自己的 printf_s 和 scanf_s，它的编译器会针对每一个 scanf 调用发出一个警告，告知用户：scanf 已经废弃(它不再被使用了)请考虑用 scanf_s 来代替。
- 很多组织在其编写的标准中都要求在编译代码时不要出现警告信息。欲消除 Visual C++中针对 scanf 的警告，有两种方法。立即开始使用 scanf_s 或者关闭警告功能。

自测题

3.1　填空
　(a)由要执行的操作和执行这些操作的顺序构成的求解一个问题的流程称为_____。
　(b)指定计算机执行语句的顺序被称为_____。
　(c)所有的程序可以通过三种控制语句来组成，分别是：_____，_____和_____。
　(d)_____条件语句当条件为真时执行一个操作，为假时执行另一个操作。
　(e)通过一对花括号({和})组合在一起的若干条语句称为_____。
　(f)_____循环语句规定当某个条件为真时反复执行一条或一组语句。
　(g)按照确定的次数循环执行一组语句叫做_____循环。
　(h)当循环执行一组语句的次数事先未知时，需要引入一个_____值来终止循环。

3.2　请写出 4 种不同的 C 语句来实现将整型变量 x 增 1。

3.3　请分别写出一条 C 语句来实现下列功能。
　(a)用*=运算符完成将变量 product 乘以 2 的运算。
　(b)用*和=运算符完成将变量 product 乘以 2 的运算。
　(c)测试变量 count 是否大于 10。若是，则打印"Count is greater than 10"。
　(d)计算变量 q 除以变量 divisor 后的余数，并将该余数赋值给 q。用两种不同方式实现。
　(e)以 2 位小数精度打印浮点数 123.4567。打印结果是什么？
　(f)保留小数点后 3 位来打印浮点数 3.14159。打印结果是什么？

3.4　请分别写出一条 C 语言语句来完成下列任务。
　(a)定义 int 型变量 sum 和 x。
　(b)将变量 x 置为 1。
　(c)将变量 sum 置为 0。
　(d)将变量 x 加入变量 sum，并将结果赋值给变量 sum。

(e)打印 "The sum is:"，后面紧跟着打印变量 sum 的值。

3.5 将在练习题 3.4 中所写的语句合编成一个计算从 1～10 的整数之和的程序。使用 while 循环语句来实现计算和增值。当变量 x 的值为 11 时循环结束。

3.6 请分别写出一条 C 语言语句来实现下列功能：

(a)用 scanf 读入无符号整型变量 x，转换说明符采用%u。

(b)用 scanf 读入无符号整型变量 y，转换说明符采用%u。

(c)将无符号整型变量 i 置为 1。

(d)将无符号整型变量 power 置为 1。

(e)将无符号整型变量 power 乘以 x，结果赋给 power。

(f)变量 i 增 1。

(g)在 while 循环语句的条件中，测试变量 i 是否小于等于变量 y。

(h)使用 prinf 语句输出无符号整型变量 power，转换说明符采用%u。

3.7 利用练习题 3.6 中的语句来实现一个计算变量 x 的 y 次幂的程序。请使用 while 循环控制语句来完成。

3.8 指出并更正下列程序中的错误：

(a)
```
while ( c <= 5 ) {
    product *= c;
    ++c;
```
(b) `scanf( "%.4f", &value );`

(c)
```
if ( gender == 1 )
    puts( "Woman" );
else;
    puts( "Man" );
```

3.9 指出下面计算从 100 到 1 累加和的 while 循环语句的错误(假设 z 的值是 100)。

```
while ( z >= 0 )
    sum += z;
```

自测题答案

3.1 (a)算法。(b)程序控制。(c)顺序结构，选择结构，循环结构。(d)if...else。(e)复合语句或语句块。(f)while。(g)计数器控制或确定性。(h)标记

3.2
```
x = x + 1;
x += 1;
++x;
x++;
```

3.3
(a) `product *= 2;`
(b) `product = product * 2;`
(c)
```
if ( count > 10 )
    puts( "Count is greater than 10." );
```
(d)
```
q %= divisor;
q = q % divisor;
```
(e) `printf( "%.2f", 123.4567 );` 显示结果为 123.46。
(f) `printf( "%.3f\n", 3.14159 );` 显示结果为 3.142。

3.4
(a) `int sum, x;`
(b) `x = 1;`
(c) `sum = 0;`
(d) `sum += x;` 或者 `sum = sum + x;`
(e) `printf( "The sum is: %d\n", sum );`

3.5
```
1    // Calculate the sum of the integers from 1 to 10
2    #include <stdio.h>
3
4    int main( void )
```

```
5   {
6       unsigned int x = 1; // set x
7       unsigned int sum = 0; // set sum
8
9       while ( x <= 10 ) { // loop while x is less than or equal to 10
10          sum += x; // add x to sum
11          ++x; // increment x
12      } // end while
13
14      printf( "The sum is: %u\n", sum ); // display sum
15  } // end main function
```

3.6　(a) scanf("%u", &x);
　　 (b) scanf("%u", &y);
　　 (c) i = 1;
　　 (d) power = 1;
　　 (e) power *= x;
　　 (f) ++i;
　　 (g) while (i <= y)
　　 (h) printf("%d", power);

3.7
```
1   // raise x to the y power
2   #include <stdio.h>
3
4   int main( void )
5   {
6       printf( "%s", "Enter first integer: " );
7       unsigned int x;
8       scanf( "%u", &x ); // read value for x from user
9       printf( "%s", "Enter second integer: " );
10      unsigned int y;
11      scanf( "%u", &y ); // read value for y from user
12
13      unsigned int i = 1;
14      unsigned int power = 1; // set power
15
16      while ( i <= y ) { // loop while i is less than or equal to y
17          power *= x; // multiply power by x
18          ++i; // increment i
19      } // end while
20
21      printf( "%u\n", power ); // display power
22  } // end main function
```

3.8　(a) 错误：漏掉了用来表示 while 循环体结束的右花括号。

　　　　更正：在语句++c 后增加右花括号。

　　 (b) 错误：在 scanf 转换说明符中使用精度表示。

　　　　更正：从转换说明符中删除.4。

　　 (c) 错误：if...else 语句中 else 部分的结尾有一个分号，这将引起一个逻辑错误。第二个 puts 语句总会被执行。

　　　　更正：删除 else 后的分号。

3.9　while 语句中变量 z 的值永远不会改变，因此该循环是无限循环。为防止无限循环，应该让 z 递减直至 0。

练习题

3.10　请指出并更正下列语句中的错误(注意：每段代码中可能不止一个错误)。

　　 (a) if (age >= 65);
　　　　　puts("Age is greater than or equal to 65");
　　　　else
　　　　　puts("Age is less than 65");

　　 (b) int x = 1, total;

　　　　while (x <= 10) {
　　　　　total += x;
　　　　　++x;
　　　　}

```
(c) While ( x <= 100 )
        total += x;
        ++x;
(d) while ( y > 0 ) {
        printf( "%d\n", y );
        ++y;
    }
```

3.11　填空

(a) 求解问题就是按照一个特定的_____执行一系列的操作。

(b) 流程(procedure)的同义词是_____。

(c) 累加若干个数之和的变量称为_____。

(d) 表示"数据输入结束"的值称为_____，_____，_____或_____。

(e) _____是算法的图形化表示。

(f) 在流程图中，各步骤执行的顺序是用_____来指示。

(g) 矩形框表示通过语句执行来实现的计算以及通过调用_____和_____标准库函数来执行的输入/输出操作。

(h) 写在判断框中的条目称为_____。

3.12　下面的程序打印结果是什么？

```
1    #include <stdio.h>
2
3    int main( void )
4    {
5        unsigned int x = 1;
6        unsigned int total = 0;
7        unsigned int y;
8
9        while ( x <= 10 ) {
10           y = x * x;
11           printf( "%d\n", y );
12           total += y;
13           ++x;
14       } // end while
15
16       printf( "Total is %d\n", total );
17   } // end main
```

3.13　分别写出一行伪代码语句来实现下列功能。

(a) 显示信息"Enter two numbers"。

(b) 将变量 x、y 和 z 的和赋值给变量 p。

(c) 在 if...else 条件语句中检测条件：变量 m 当前值大于二倍的变量 v 当前值。

(d) 从键盘输入获得变量 s、r 和 t 的值。

3.14　分别为下列问题设计伪代码算法。

(a) 通过键盘获得两个数，计算其和，并显示结果。

(b) 通过键盘获得两个数，确定并显示其中较大的那个数(如果相等，随便显示一个)。

(c) 通过键盘获得一系列正数,计算并显示它们的和。假设用户输入标记值–1 来表示"数据录入结束"。

3.15　判断下列陈述的对错。若是错误的，请解释原因。

(a) 经验说明：在计算机上解决一个问题，最困难的工作是编出一个可运行的 C 程序。

(b) 标记值必须是不能与正常数据产生混淆的值。

(c) 流程线表示要执行的动作。

(d) 写在判断框内的条件表达式总是包含算术运算符(如+、–、*、/ 和%)。

(e) 在自顶向下、逐步求精的过程中，每次求精都是算法的完整表示。

从练习题 3.16 到练习题 3.20，请依次完成如下步骤：

1. 阅读问题描述。
2. 通过自顶向下、逐步求精和伪代码方法设计出算法。
3. 编写相应的 C 程序。
4. 测试、调试并执行该 C 程序。

3.16 **(汽油里程)** 驾驶员都关心自己车辆行驶的里程数。一位驾驶员通过记录每次加油后行驶的里程数和使用的燃料数来了解几次加油的总体情况。请编写一个这样的程序：读入行驶的英里数和每次加油后使用的燃料数（单位：加仑），计算并显示每次加油后的每加仑平均行驶的里程数。在处理完输入信息后，程序将计算并显示这几次加油的平均每加仑行驶的里程数。输入/输出的对话样例如下：

```
Enter the gallons used (-1 to end): 12.8
Enter the miles driven: 287
The miles/gallon for this tank was 22.421875

Enter the gallons used (-1 to end): 10.3
Enter the miles driven: 200
The miles/gallon for this tank was 19.417475

Enter the gallons used (-1 to end): 5
Enter the miles driven: 120
The miles/gallon for this tank was 24.000000

Enter the gallons used (-1 to end): -1

The overall average miles/gallon was 21.601423
```

3.17 **(信贷限额计算器)** 开发一个 C 程序来检测百货公司的一位消费者的消费额度是否已经超过其信用卡账户的信贷限额的。对于每位消费者，有如下可用的信息：

(a) 账号（Account number）

(b) 月初余额（Beginning balance）

(c) 该消费者本月所有已支付的项目（Total charges）

(d) 该消费者账户本月所有已申请的贷款（Total credits）

(e) 允许的信贷限额（Credit limit）

该程序需要读入这些数据信息，计算新的余额（=月初余额+支付额−贷款），然后判断当前余额是否超过该消费者的信贷限额。对于超过者，该程序应该显示该消费者的账号、信贷限额、新余额和消息 "Credit Limit Exceeded"（超出信贷限额）。输入/输出的对话样例如下：

```
Enter account number (-1 to end): 100
Enter beginning balance: 5394.78
Enter total charges: 1000.00
Enter total credits: 500.00
Enter credit limit: 5500.00
Account:       100
Credit limit: 5500.00
Balance:       5894.78
Credit Limit Exceeded.

Enter account number (-1 to end): 200
Enter beginning balance: 1000.00
Enter total charges: 123.45
Enter total credits: 321.00
Enter credit limit: 1500.00

Enter account number (-1 to end): 300
Enter beginning balance: 500.00
Enter total charges: 274.73
Enter total credits: 100.00
Enter credit limit: 800.00

Enter account number (-1 to end): -1
```

3.18 (**销售佣金计算器**) 某大型化学药品公司以销售员的佣金为基础来支付其工资。销售员每周的工资是$200 的底薪，加上该周销售额的 9%。例如，某销售员本周卖出了价值$5000 的化学药品，则将收入$200 加$5000 的 9%，总计$650。请编写一个这样的程序：输入每位销售员上周的销售总额，计算并显示他们的收入。每次只处理一名销售员的数据。输入/输出的对话样例如下：

```
Enter sales in dollars (-1 to end): 5000.00
Salary is: $650.00

Enter sales in dollars (-1 to end): 1234.56
Salary is: $311.11

Enter sales in dollars (-1 to end): -1
```

3.19 (**利息计算器**) 贷款的简单利息计算公式如下：

$$利息(interest) = 本金(principal) * 利率(rate:) * 天数(days) / 365。$$

其中利率为年利率，因此要除以 365(天)。请开发一个程序：读入若干笔贷款的本金、利率和借贷天数，使用上面的公式计算并显示每笔贷款的利息。输入/输出的对话样例如下：

```
Enter loan principal (-1 to end): 1000.00
Enter interest rate: .1
Enter term of the loan in days: 365
The interest charge is $100.00

Enter loan principal (-1 to end): 1000.00
Enter interest rate: .08375
Enter term of the loan in days: 224
The interest charge is $51.40

Enter loan principal (-1 to end): -1
```

3.20 (**工资计算器**) 请为有若干员工的公司开发一个计算每位员工总工资的程序。该公司按照前 40 个工作小时作为"正规时间"支付员工工资，40 个小时之外的工作时间按照 1.5 倍支付。现有一份该公司员工的名单、每位员工上周工作的小时数及其每小时工资额。程序读入每位员工的这些信息，计算并显示每位员工的工资总额。输入/输出的对话样例如下：

```
Enter # of hours worked (-1 to end): 39
Enter hourly rate of the worker ($00.00): 10.00
Salary is $390.00

Enter # of hours worked (-1 to end): 40
Enter hourly rate of the worker ($00.00): 10.00
Salary is $400.00

Enter # of hours worked (-1 to end): 41
Enter hourly rate of the worker ($00.00): 10.00
Salary is $415.00

Enter # of hours worked (-1 to end): -1
```

3.21 (**先减 1 与后减 1 的比较**) 请编写一个程序展示：减 1 运算符--用于先减和后减时的不同效果。

3.22 (**用循环打印数字**) 请编写一个程序：利用循环在一行内打印从 1~10 的整数，每个数间隔 3 个空格。

3.23 (**查找最大数**) 查找最大数(一组数据中的最大值)在计算机应用中是很常见的。例如，一个确定销售竞赛冠军的程序就读入每个销售员的销售量，销售量最大的获胜。请编写一个伪代码程序，读入 10 个非负数，确定并显示其中的最大值(提示：该程序应使用如下三个变量)：

counter: 一个计数到 10 的计数器(即记录已经输入了多少个数，并确定何时所有 10 个数都处理完毕)

number: 当前输入数

largest: 迄今为止最大的数

3.24 (**表格输出**) 请编写一个利用循环打印下列数据表格的程序。请在 printf 函数中使用 tab 转义序列\t 来分隔每一列。

```
N       10*N     100*N    1000*N

1       10       100      1000
2       20       200      2000
3       30       300      3000
4       40       400      4000
5       50       500      5000
6       60       600      6000
7       70       700      7000
8       80       800      8000
9       90       900      9000
10      100      1000     10000
```

3.25 (表格输出)请编写一个利用循环产生下列数据表格的程序。

```
A       A+2      A+4      A+6

3       5        7        9
6       8        10       12
9       11       13       15
12      14       16       18
15      17       19       21
```

3.26 (查找最大的两个数)使用与练习题 3.23 类似的方法,找出 10 个数里最大的两个数(注意,每个数可以只输入一次)。

3.27 (验证用户输入)修改图 3.10 中的程序,使其能够验证输入值。如果输入的数据既不是 1 也不是 2,则反复请求输入,直到用户输入正确的值为止。

3.28 下面的程序输出的是什么?

```c
 1   #include <stdio.h>
 2
 3   int main( void )
 4   {
 5      unsigned int count = 1; // initialize count
 6
 7      while ( count <= 10 ) { // loop 10 times
 8
 9         // output line of text
10         puts( count % 2 ? "****" : "++++++++" );
11         ++count; // increment count
12      } // end while
13   } // end function main
```

3.29 下面的程序输出的是什么?

```c
 1   #include <stdio.h>
 2
 3   int main( void )
 4   {
 5      unsigned int row = 10; // initialize row
 6
 7      while ( row >= 1 ) { // loop until row < 1
 8         unsigned int column = 1; // set column to 1 as iteration begins
 9
10         while ( column <= 10 ) { // loop 10 times
11            printf( "%s", row % 2 ? "<": ">" ); // output
12            ++column; // increment column
13         } // end inner while
14
15         --row; // decrement row
16         puts( "" ); // begin new output line
17      } // end outer while
18   } // end function main
```

3.30 (悬挂 else 问题)请分别确定 x=9、y=1 和 x=11、y=9 时,下列程序的输出。注意,编译器会忽略掉 C 程序中的缩进。编译器通常将 else 与上一个 if 关联,除非通过花括号{}来指定关联关系。由于一眼很难确定哪个 if 与哪个 else 匹配,所以称之为"悬挂 else"问题。在下面的代码中,为了使问题更具挑战性,在此剔除缩进(提示:使用学习过的缩进惯例):

```
(a) if ( x < 10 )
    if ( y > 10 )
    puts( "*****" );
    else
    puts( "#####" );
    puts( "$$$$$" );
(b) if ( x < 10 ) {
    if ( y > 10 )
    puts( "*****" );
    }
    else {
    puts( "#####" );
    puts( "$$$$$" );
    }
```

3.31　(另外一个悬挂 else 问题)请修改下面的代码以产生所展示的输出。请使用适当的缩进技术。除了插入花括号外，不能进行其他更改。编译器会忽略程序中的缩进。在下面的代码中，为了使问题更具挑战性，在此剔除缩进(注意：可能不用更改)：

```
if ( y == 8 )
if ( x == 5 )
puts( "@@@@@" );
else
puts( "#####" );
puts( "$$$$$" );
puts( "&&&&&" );
```

(a)假设 x=5、y=8，请产生如下输出：

```
@@@@@
$$$$$
&&&&&
```

(b)假设 x=5、y=8，请产生如下输出：

```
@@@@@
```

(c)假设 x=5、y=8，请产生如下输出：

```
@@@@@
&&&&&
```

(d)假设 x=5、y=7，产生如下输出：

```
#####
$$$$$
&&&&&
```

3.32　(星号正方形)请编写一个程序：读入正方形的边长，以星号打印输出该正方形。该程序应该能处理边长在 1 ~ 20 的正方形。例如，输入边长为 4 时，输出图形如下：

```
****
****
****
****
```

3.33　(星号空心正方形)请修改练习题 3.32 的程序，使其打印一个空心的正方形。例如，输入边长为 5 时，输出图形如下：

```
*****
*   *
*   *
*   *
*****
```

3.34 (回文检测)回文(Palindrome)是一段数字或文本，无论顺读还是倒读都是一样的。例如，下面这些 5 位数的整数都是回文：12321、55555、4554 和 11611。请编写一个读入五位整数并判定其是否为回文的程序(提示：使用除法运算符和求余运算符来将整数按位分隔为单独的数字)。

3.35 (打印等效于二进制数的十进制数)请输入仅包含 0 或 1(即二进制数)的整数(不超过 5 位)并打印与之等价的十进制数(提示：使用求余运算符和除法运算符从右至左依次提取二进制数中各位的数字。正像十进制数系统中，最右边的数位对应的基数是 1，其左边的数位对应的基数是 10，然后依次是 100、1000、…；在二进制数系统中，最右边的数位对应的基数是 1，其左边的数位对应的基数是 2，然后依次是 4、8、…。因此，十进制数 234 可以理解成 4*1+3*10+2*100，等价于二进制数 1101 的十进制数是 1*1+0*2+1*4+1*8 即 1+0+4+8=13)。

3.36 (看看你的计算机有多快)如何知道你的计算机的运算速度到底有多快呢？请编写一个程序，用 while 循环从 1~1 000 000 000 的数，每次加 1。每当计数器到达 100 000 000 的倍数时，就在屏幕上打印该数字。用你自己的手表来测量循环 1 亿次消耗的时间。

3.37 (检测 10 的倍数)请编写一个打印 100 个星号的程序，每次打印一个。每打印 10 个星号，程序就打印一个换行符(提示：从 1~100 计数。使用求余运算符来识别出计数器已经达到 10 的倍数)。

3.38 (统计 7 的个数)请编写一个程序：读入一个整数(不超过 5 位)，然后确定并打印该整数中有多少位上的数字是 7。

3.39 (星号跳棋盘)请编写一个显示下面的跳棋盘图样的程序：

```
 * * * * * * * *
* * * * * * * *
 * * * * * * * *
* * * * * * * *
 * * * * * * * *
* * * * * * * *
 * * * * * * * *
* * * * * * * *
```

要求程序中只能使用如下三条输出语句，每条使用一次：

```
printf( "%s", "* " );
printf( "%s", " " );
puts( "" ); // outputs a newline
```

3.40 (无限连乘 2)请编写一个持续打印 2 的倍数，即 2、4、8、16、32、64…。该循环不会终止(即创建的是一个无限循环)。运行这个程序，看看会发生什么结果？

3.41 (圆的直径、周长和面积)请编写一个程序，先读入圆的半径(浮点数)，然后计算并打印其直径、周长和面积。这里，π 使用 3.14159。

3.42 下面的语句有何错误？重新编写该语句，以完成原先程序员的意图。

```
printf( "%d", ++( x + y ) );
```

3.43 (三角形的边)请编写一个程序，读入三个非零整数，然后判断并打印其是否代表一个三角形的边长。

3.44 (直角三角形的边)请编写一个程序，读入三个非零整数，然后，判断并打印其是否是一个直角三角形的边长。

3.45 (阶乘)非负整数 n 的阶乘记为 n!(读为：n 的阶乘)，其定义如下：

$$n! = n \cdot (n-1) \cdot (n-2) \cdot \ldots \cdot 1 \ (n \text{ 大于或等于 } 1) \text{ 且 } n! = 1 (\text{当 } n=0)。$$

例如，5! =5·4·3·2·1=120。

(a)请编写一个程序，读入一个非负整数，计算并打印其阶乘。

(b)请编写一个程序，利用下面的公式来估计数学常数 e 的值。

$$e = 1 + \frac{1}{1!} + \frac{1}{2!} + \frac{1}{3!} + \cdots$$

(c)请编写一个程序，利用下面的公式来计算 e^x 的值。

$$e^x = 1 + \frac{x}{1!} + \frac{x^2}{2!} + \frac{x^3}{3!} + \cdots$$

提高练习题

3.46 (**世界人口增长计算器**)从网络上查询当前世界总人口数以及每年的世界总人口增长率。写一个程序，先输入这些数据，然后显示估算出的 1 年、2 年、3 年、4 年、5 年后的世界人口。

3.47 (**期望心率计算器**)在锻炼时，建议使用一个心率监视器来检查你的心率是否处于你的教练和医生建议的安全范围内。按照美国心脏联合会(American Heart Association, AHA)，最高心率的计算公式是每分钟 220 次减去你的年龄，你的期望心率是在你最高心率的 50%～85%之间(注意：这些估算公式是由 AHA 提供的。对于具体某个人的最高心率和期望心率，会根据其健康状况、体质和性别而有所变化。在开始或者改变你的锻炼计划前，请务必咨询医生或者有资质的保健顾问)。请编写一个程序，读入用户的生日和当前日期(都详细到年、月、日)，然后计算和显示用户的年龄(单位：年)、最高心率和期望心率。

3.48 (**用密码来保护个人隐私**)在接入互联网的计算机上，互联网通信和数据存储的迅速增长，使得"保护个人隐私"问题越来越受到重视。密码加密就是对数据进行重新编码，使得未经授权的用户很难读懂这些数据(当然这只是期望——事实上，即使是最先进的加密策略，也可能被破译)。在本练习中，请设计一个简单的加密和解密数据的策略。

一个公司想通过互联网来传输数据，请编写一个数据加密程序以使其数据传输更安全。假设所有被传输的数据都是 4 位整数。

首先，程序请用户输入一个 4 位整数，然后按照如下策略进行加密：每位数字加上 7，结果除以 10，用所得余数来替换该位上的数字。交换第一位数字和第三位数字，交换第二位数字和第四位数字。最后，打印加密后的整数。

请再编写一个解密程序：读入一个加密过的 4 位整数，然后将其解密还原成原数(反过来执行上述加密策略)［可选阅读计划：在工业级应用中，需要使用比本练习中加密策略更强的策略。请研究通用的"公钥密码学"和特殊的公钥密码策略 PGP(Pretty Good Privacy)。也可以研究在工业级应用中广泛使用的 RSA 策略］。

第4章 C程序控制

学习目标：

在本章中，读者将学习以下内容：

● 计数控制的循环的基本原理。

● 使用 for 和 do...while 循环语句来重复执行某些语句。

● 使用 switch 语句实现多重选择。

● 使用 break 和 continue 语句来改变控制流。

● 在控制语句中，使用逻辑运算符构成复杂的条件表达式。

● 避免由于误用相等运算符和赋值运算符而导致的错误。

提纲

4.1 引言

现在，我们应该已经可以很轻松地编写简单但完整的 C 程序了。本章将更详细地介绍循环结构，并引出另外两个循环语句 for 和 do...while。本章还将介绍 switch 多重选择语句，以及 break 和 continue 语句。break 语句用于立即退出某个控制语句。continue 语句用于跳过循环体中的剩余语句，开始新一轮循环。本章还将介绍如何使用逻辑运算符来实现条件的组合。最后将总结一下在第 3 章和第 4 章中介绍过的结构化程序设计的原则。

4.2 循环的基本原理

大多数程序都包含循环或迭代。循环是指在**循环继续条件**(Loop-continuation condition)为真时，计算机重复执行一组计算机指令。我们已经介绍了实现循环的两种手段：

1. 计数控制的循环。

2. 标记控制的循环。

计数控制的循环有时也称为**确定性循环**(Definite repetition)，因为我们事先准确地知道循环将要被执行的次数。而标记控制的循环有时也称为**不确定性循环**(Indefinite repetition)，因为它循环的次数事先是未知的。

在计数控制的循环中，需要一个**控制变量**(Control variable)来记录当前已循环的次数。每当这组计算机指令被执行一遍，这个控制变量就要增大一次(通常是增 1)。当控制变量的值表示已经执行了正确的循环次数时，循环结束，计算机继续执行紧接着循环语句的下一条语句。

当满足下面两个条件时，应采用标记值来控制循环

1. 循环的准确次数事先是未知的。
2. 每次循环都包含输入数据的语句。

标记值表示"数据结束"。当正常的数据项都已经提供给程序后，就应输入标记值。所以，标记值要与正常的数据项有明显的区别。

4.3　计数控制的循环

实现计数控制的循环需要：

1. 定义控制变量(或者循环计数器)的**变量名**(Name)。
2. 给控制变量赋**初值**(Initial value)。
3. 定义每次循环后控制变量的**增量值**(Increment)/ **减量值**(Decrement)。
4. 确定测试控制变量是否满足**循环终值**(Final value)的条件(即判断循环是否还要继续)。

请看图 4.1 中"打印数字从 1 ~ 10"的程序。控制变量定义语句：

```
unsigned int counter = 1; // initialization
```

将控制变量命名为 counter，并将其定义为一个整型数，要求系统为它预留出存储空间，并将它的初值置为 1。

```
 1   // Fig. 4.1: fig04_01.c
 2   // Counter-controlled iteration.
 3   #include <stdio.h>
 4
 5   int main(void)
 6   {
 7      unsigned int counter = 1; // initialization
 8
 9      while (counter <= 10) { // iteration condition
10         printf ("%u\n", counter);
11         ++counter; // increment
12      }
13   }
```

```
1
2
3
4
5
6
7
8
9
10
```

图 4.1　计数控制的循环

上面定义并初始化控制变量 counter 的语句也可以写成：

```
unsigned int counter;
counter = 1;
```

这里，定义语句是不可执行的语句，但是赋值语句是可执行的语句。上面两种初始化变量的方法都是可行的。

语句

```
++counter; // increment
```

在每次循环时让循环计数器 counter 增 1。每次循环结束后，while 语句都要测试它的循环继续条件，即判断控制变量的值是否小于或等于 10(即最后一个使得条件为真的值)。所以即便是控制变量的值等于 10，while 循环的循环体也要被执行。只有当控制变量的值超出 10(即 counter 变成 11)，循环才会终止。

为了使程序更加简洁，也可将控制变量 counter 初始化为 0，并将图 4.1 中 while 语句改写成

```
while (++counter <= 10) {
    printf("%u\n", counter);
}
```

这样的写法比原先的程序省掉了一条语句，因为给控制变量增值的操作是在循环继续条件内部完成的，而且控制变量增值后才进行循环继续条件的测试。这样紧凑的编程风格是很实用的。但也有程序员认为这样会使得程序太隐晦，容易出错。

常见的编程错误 4.1

由于计算机中的浮点数只是一个近似值，因此，用浮点数来控制计数循环可能会得到一个不精确的计数值，从而导致循环终止条件测试错误。

错误预防提示 4.1

用整数值来控制计数循环。

良好的编程习惯 4.1

嵌套层次过多会使得程序难以理解。一般认为，嵌套层次不宜超过三层。

良好的编程习惯 4.2

在控制语句的上/下都留出空格的同时，还对控制语句头内部的控制语句进行缩进，能使得程序具有二维的层次感，这将极大地提高程序的可读性。

4.4　for 循环语句

for 循环语句能够处理计数控制的循环的所有细节。为了演示 for 循环语句的用途，我们将图 4.1 中的程序重新编写，结果如图 4.2 所示。程序的执行过程是这样的：当 for 循环语句开始执行时，控制变量 counter 被初始化成 1，然后，测试循环继续条件 counter <= 10。由于此时 counter = 1，所以条件满足。这样 printf 语句(第 10 条语句)就打印出 counter 的值 1。第一遍循环结束后，根据表达式 ++counter，控制变量 counter 增 1，然后开始第二遍循环。循环再次从测试循环继续条件开始。由于此时 counter = 2，没有超出循环终值，这样 printf 语句再一次被执行。如此反复，直到最后控制变量 counter 增至 11——使得对循环继续条件的测试为假，循环结束，计算机执行程序中紧随 for 语句之后的第 1 条语句(在本例中，程序就直接结束了)。

```
 1  // Fig. 4.2: fig04_02.c
 2  // Counter-controlled iteration with the for statement.
 3  #include <stdio.h>
 4
 5  int main(void)
 6  {
 7     // initialization, iteration condition, and increment
 8     //  are all included in the for statement header.
 9     for (unsigned int counter = 1; counter <= 10; ++counter) {
10        printf("%u\n", counter);
11     }
12  }
```

图 4.2　用 for 语句实现的计数控制的循环

for 语句头的组成模块

图 4.3 是将图 4.2 中的 for 语句放大。注意：for 语句是将带控制变量的计数控制的循环中需要的数

据项 "一网打尽"。同样, for 语句的循环体只能是一条语句, 所以当循环体中的语句超过 1 条时, 应该用一对花括号将这些语句封装成一条复合语句——我们在 3.6 节中强调过, 即便是控制语句的语句体中仅有一条语句, 也要把它放在一对花括号中。

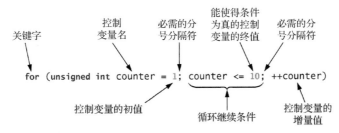

图 4.3　for 语句头的组成模块

定义在 for 语句头的控制变量仅在循环活动期间有效

若控制变量是在 for 语句头中第 1 个分号前定义的, 如图 4.2 中的第 9 行

```
for (unsigned int counter = 1; counter <= 10; ++counter) {
```

那么, 在循环结束后, 这个控制变量就不存在了, 即该变量仅在循环活动期间有效。

常见的编程错误 4.2

对于一个在 for 语句头内定义的控制变量, 若在 for 语句的右花括号(})之后访问它, 将是一个编译错误。

"差一错误" (Off-by-one error)

请注意图 4.2 中使用的循环继续条件 counter <= 10。若将其错写成 counter < 10, 那么循环将仅仅执行 9 遍。这是一个常见的逻辑错误, 称为 **"差一错误"**。

常见的编程错误 4.2

在表示 for/while 循环语句中的循环继续条件时, 使用了错误的关系运算符或者错误的循环计数变量初值/终值, 将会引起 "差一错误"。

错误预防提示 4.2

在 for/while 循环语句的循环继续条件中, 使用循环计数变量的终值和关系运算符<=, 有助于避免"差一错误"。例如, 想用循环语句来打印数字 1 到 10, 循环继续条件就应写为 counter <= 10, 而非 counter < 11 或 counter < 10。

for 语句的标准格式

for 语句的标准格式是

for (初始化; 条件; 增值) {
　　语句
}

其中, "初始化"表达式用于对循环控制变量初始化(也可能同时定义它, 就像图 4.2 中的程序那样), "条件"表达式是循环继续条件, "增值"表达式对循环控制变量进行增值。

用逗号(,)分隔的表达式组

在很多情况下, 初始化表达式和增值表达式是用逗号(,)分隔的表达式组。这里的逗号, 也称为**逗号运算符**(Comma operator), 用来确保表达式组中的各个表达式依次从左向右求值。整个用逗号分隔的表达式组的数据类型及其数值就等于表达式组中最右边那个表达式的数据类型及其数值。逗号运算符主要就是用在 for 循环语句中。它的基本用途就是支持在 for 语句中使用多个初始化表达式及/或者多个增量表达式。例如，在一个 for 循环语句中可能会用到两个循环控制变量，这就需要分别对它们进行初始化和增值。

软件工程视点 4.1

在 for 循环语句中的初始化部分和增量部分，只编写与循环控制变量有关的表达式。对其他变量的处理语句，要么放在循环的前面（当这些语句只被执行一次时，如初始化语句），要么放在循环体中（当这些语句每遍循环都要执行一次时，如增量/减量语句）。

for 语句中的表达式是可选的

for 语句中的三个表达式都是可选的。如果将条件表达式省略，则认为循环继续条件总是为真，这将导致一个无限循环。如果对循环控制变量的初始化工作已经在循环语句前面完成了，那么初始化表达式也可以省略。如果循环控制变量的增值工作是由 for 循环体中的语句完成的，或者根本就不需要增值，那么增值表达式也是可以省略的。

增值表达式可以写成一条单独的语句

for 语句中的增值表达式可以写成 for 循环体末尾一条单独的语句。因此，for 语句中的增值表达式等价于下面的任意一个表达式：

```
counter = counter + 1
counter += 1
++counter
counter++
```

很多 C 程序员更喜欢用 counter++，因为这样确保增值操作发生在每次循环结束之后，而且"后增格式"看上去更自然。这里，由于需要先增/后增的变量并不是出现在一个大的表达式中，所以，"先增"和"后增"的效果是一样的。

但是无论如何，for 语句中用于分隔表达式的两个分号是必需的，不能省略。

常见的编程错误 4.3

在 for 语句头中将分号误写成逗号，是一个语法错误。

错误预防提示 4.3

若循环语句中的循环继续条件总是为真，将导致一个无限循环。为了防止无限循环，在 while 语句头的后边不能直接写一个分号。在计数控制的循环中，必须确保控制变量在循环过程中是递增（或递减）的。在标记控制的循环中，必须确保最后一定会输入"标记值"。

4.5 for 语句：注意事项

1. 初始化、循环继续条件及增量操作可以包含算术表达式。例如，在 x = 2 和 y = 10 时，语句

    for (j = x; j <= **4** * x * y; j += y / x)

    等价于语句

    for (j = **2**; j <= **80**; j += 5)

2. "增量值"可以是负数（这种情况下它实际上是一个减量，循环实际上是向下计数的）。

3. 如果循环继续条件一开始就为假，那么循环体将得不到执行。计算机将执行紧随 for 语句之后的那条语句。

4. 循环控制变量可以经常打印输出或应用于循环体的计算中。但是这不是必需的。通常，循环控制变量就只用于控制循环，而不在循环体中出现。

5. for 语句的流程图看上去与 while 语句的流程图非常相似。例如，图 4.4 就是下面这条 for 循环语句的流程图：

```
for (unsigned int counter = 1; counter <= 10; ++counter) {
    printf("%u", counter);
}
```

图 4.4 非常清晰地显示出：初始化部分仅被执行一次，而增值操作总是发生在循环体被执行之后。

错误预防提示 4.4

虽然可以在 for 循环体中改变循环控制变量的值，但是这样做可能会引起一个隐蔽的错误。所以，最好不要在 for 循环体中改变循环控制变量的值。

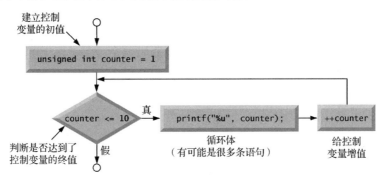

图 4.4　典型的 for 循环语句的程序流程图

4.6　使用 for 语句的例子

下面这些例子显示了几种改变 for 循环语句中循环控制变量的方法：

1. 循环控制变量从 1 变到 100，每次增加 1。

    `for (unsigned int i = 1; i <= 100; ++i)`

2. 循环控制变量从 100 变到 1，每次增加 −1（即减 1）。

    `for (unsigned int i = 100; i >= 1; --i)`

3. 循环控制变量从 7 变到 77，每次增加 7。

    `for (unsigned int i = 7; i <= 77; i += 7)`

4. 循环控制变量从 20 变到 2，每次增加−2。

    `for (unsigned int i = 20; i >= 2; i -= 2)`

5. 循环控制变量顺序取值：2，5，8，11，14，17。

    `for (unsigned int j = 2; j <= 17; j += 3)`

6. 循环控制变量顺序取值：44，33，22，11，0。

    `for (unsigned int j = 44; j >= 0; j -= 11)`

应用：求从 2～100 所有偶数之和

图 4.5 中的程序用 for 语句来是计算从 2 ~ 100 所有偶数之和。每次循环（第 9 行至第 11 行）都是将控制变量 number 的值加到变量 sum 中。

良好的编程习惯 4.3

在允许的情况下，尽可能将控制语句头的长度限制在一行之内。

应用：计算银行存款的复利

下一个例子是用 for 语句来计算银行存款的复利。请看下面的问题：

```
 1   // Fig. 4.5: fig04_05.c
 2   // Summation with for.
 3   #include <stdio.h>
 4
 5   int main(void)
 6   {
 7      unsigned int sum = 0; // initialize sum
 8
 9      for (unsigned int number = 2; number <= 100; number += 2) {
10         sum += number; // add number to sum
11      }
12
13      printf("Sum is %u\n", sum);
14   }
```

```
Sum is 2550
```

图 4.5　用 for 语句来计算数据的总和

　　某人向一个年利率为 5% 的储蓄账号内存入 1000.00 美元。设存款所产生的利息仍然存入同一个账号。请计算并打印显示 10 年内每年年底这个账号中的存款总额。请用下面这个公式来计算这些存款总额:

$$a = p(1 + r)^n$$

　　其中: p 是最初存款总额(即本金)

　　　　r 是存款的年利率(例如, .05 表示 5%)

　　　　n 是储蓄的年份

　　　　a 是第 n 年年底账号里的存款总额

这个问题的求解涉及重复计算 10 年内每年年底账号中的存款总额。解决这个问题的程序如图 4.6 所示。

```
 1   // Fig. 4.6: fig04_06.c
 2   // Calculating compound interest.
 3   #include <stdio.h>
 4   #include <math.h>
 5
 6   int main(void)
 7   {
 8      double principal = 1000.0; // starting principal
 9      double rate = .05; // annual interest rate
10
11      // output table column heads
12      printf("%4s%21s\n", "Year", "Amount on deposit");
13
14      // calculate amount on deposit for each of ten years
15      for (unsigned int year = 1; year <= 10; ++year) {
16
17         // calculate new amount for specified year
18         double amount = principal * pow(1.0 + rate, year);
19
20         // output one table row
21         printf("%4u%21.2f\n", year, amount);
22      }
23   }
```

```
Year    Amount on deposit
   1              1050.00
   2              1102.50
   3              1157.63
   4              1215.51
   5              1276.28
   6              1340.10
   7              1407.10
   8              1477.46
   9              1551.33
  10              1628.89
```

图 4.6　用 for 循环语句来计算存款的复利

通过循环控制变量 year 以 1 为增量从 1 变到 10，for 语句的循环体被执行了 10 遍。虽然 C 不提供一个求幂值的运算符，但是我们可以利用标准库中的 pow 函数(第 18 行)来求幂。函数 pow (x, y)能够计算 x 的 y 次幂的值。它接收两个 double(双精度)型的实参，返回一个 double 型的结果。

软件工程视点 4.2

与 float 类型一样，double 类型也是一种浮点数据类型，但 double 型的变量比 float 型的变量存储数值的数量级更大，精度也更高。double 型的变量比 float 型的变量要占用更多的存储空间。

除了存储密集型应用外，在通常的程序设计中，专业的程序员更喜欢使用 double 而不是 float。

请注意，当采用了诸如 pow 这样的数学函数，就应在源程序中包含头文件<math.h>(第 4 行)。如果不包含 math.h 头文件，程序将无法工作，因为链接程序 Linker 无法找到 pow 函数[①]。

程序中还有一个值得注意的地方就是：pow 函数要求输入的是两个 double 型实参，但是变量 year 却是一个整数。为此，math. h 头文件中包含了传递给编译器的相关信息，编译器根据这些信息将在调用函数前，为变量 year 临时生成一个双精度型的副本。这些信息包含在 pow 函数的**函数原型**(Function prototype)中。函数原型及其相关内容将在第 5 章中介绍。在第 5 章中，我们还要对 pow 函数及其他数学函数做一个总结。

在采用 float 或 double 型的变量来进行金融计算时需要小心

在图 4.6 的程序中，我们将变量 amount、principal 和 rate 都定义成双精度(double)型。这样做的目的只是为了简化程序，反正我们要处理的是带小数点的存款数据。

错误预防提示 4.5

不要采用 float 或 double 型的变量来进行金融计算。因为浮点数的不精确性将会引发计算错误，导致得到错误的金融数据(在练习 4.23 中，我们将讨论如何用整数来进行金融计算)。

下面是说明采用 float 或 double 型的变量来存储美元数据会引发错误的一个例子。假设存储在机器中以 float 型表示的两个账号余额分别是 14.234(按照%.2f 格式显示为 14.23)和 18.673(按照%.2f 格式显示为 18.67)。当这两个账号余额相加时，应该得到 32.907，按照%.2f 格式显示为 32.91。然而程序显示的计算过程却是

```
  14.23
+ 18.67
———————
  32.91
```

显然，上面的计算有问题，它的计算结果应该是 32.90。对于这一点，一定要注意！

确定输出数值的格式

在图 4.6 的程序中，打印变量 amount 的转换说明符是%21.2f。其中，%后面的 21 定义了打印这个变量所占用的域宽，域宽取 21 表示打印这个变量需要占用 21 个字符的位置；小数点后面的 2 定义了打印这个变量时所保留的精度(即小数点后面的有效数字个数)。如果最终显示出来的数值个数小于域宽，则数据将自动地在域宽内向右对齐，这使得具有相同精度的浮点数整齐地显示在屏幕上(即它们的小数点在垂直方向上是对齐的)。如果想让数据在域宽内向左对齐，可以在转换说明符中的%与域宽定义值之间加上一个减号(–)。注意：这个减号(–)还可以用于实现整数或字符串输出的左对齐(例如%–6d 和%–8s)。在第 9 章中，我们将深入学习 printf 函数和 scanf 函数中定义数据格式的强大功能。

4.7　switch 多重选择语句

在第 3 章中，我们学习了 if 单选择语句和 if...else 双选择语句。但是有时一个算法会包含一系列选

[①] 在许多 Linux/UNIX 环境中，编译图 4.6 的程序时，必须在编译命令行中加上"-lm"选项(如 gcc –lm fig04_06.c)。它的作用是将数学库与源程序链接在一起。

择，这些选择通过测试某个变量或表达式的值与事先指定的一组整型常量中的某一个是否相等，然后执行不同的操作，称为多重选择。C 提供了 switch 多重选择语句来处理这种情况。

switch 语句由一系列"情况"(case)标签、一个可选的"默认"(default)情况以及对应每一种情况需要执行的语句组成。图 4.7 就是一个使用 switch 语句来统计一次考试中不同成绩学生人数的程序例子，其中考试成绩(用整型变量 grade 表示)分为 5 级，分别用字符 A/a、B/b、C/c、D/d、F/f 表示。

```c
 1   // Fig. 4.7: fig04_07.c
 2   // Counting letter grades with switch.
 3   #include <stdio.h>
 4
 5   int main(void)
 6   {
 7      unsigned int aCount = 0;
 8      unsigned int bCount = 0;
 9      unsigned int cCount = 0;
10      unsigned int dCount = 0;
11      unsigned int fCount = 0;
12
13      puts("Enter the letter grades.");
14      puts("Enter the EOF character to end input.");
15      int grade; // one grade
16
17      // loop until user types end-of-file key sequence
18      while ((grade = getchar()) != EOF) {
19
20         // determine which grade was input
21         switch (grade) { // switch nested in while
22
23            case 'A': // grade was uppercase A
24            case 'a': // or lowercase a
25               ++aCount;
26               break; // necessary to exit switch
27
28            case 'B': // grade was uppercase B
29            case 'b': // or lowercase b
30               ++bCount;
31               break;
32
33            case 'C': // grade was uppercase C
34            case 'c': // or lowercase c
35               ++cCount;
36               break;
37
38            case 'D': // grade was uppercase D
39            case 'd': // or lowercase d
40               ++dCount;
41               break;
42
43            case 'F': // grade was uppercase F
44            case 'f': // or lowercase f
45               ++fCount;
46               break;
47
48            case '\n': // ignore newlines,
49            case '\t': // tabs,
50            case ' ': // and spaces in input
51               break;
52
53            default: // catch all other characters
54               printf("%s", "Incorrect letter grade entered.");
55               puts(" Enter a new grade.");
56               break; // optional; will exit switch anyway
57         }
58      } // end while
59
60      // output summary of results
61      puts("\nTotals for each letter grade are:");
62      printf("A: %u\n", aCount);
63      printf("B: %u\n", bCount);
64      printf("C: %u\n", cCount);
```

图 4.7　用 switch 语句统计不同等级成绩的学生人数

```
65        printf("D: %u\n", dCount);
66        printf("F: %u\n", fCount);
67  }
```

```
Enter the letter grades.
Enter the EOF character to end input.
a
b
c
C
A
d
f
C
E
Incorrect letter grade entered. Enter a new grade.
D
A
b
^Z ——————— Not all systems display a representation of the EOF character

Totals for each letter grade are:
A: 3
B: 2
C: 3
D: 2
F: 1
```

图 4.7(续)　用 switch 语句统计不同等级成绩的学生人数

读入字符

这个程序要求用户输入一个班的等级成绩。在 while 语句头(第 18 行)中

```
while ((grade = getchar()) != EOF)
```

首先执行的是用圆括号括起来的赋值语句。getchar 函数(来自<stdio.h>)从键盘读入一个字符，并将其存储在整型变量 grade 对应的存储单元中。

字符通常是存储在类型为 char 的变量中。但是，由于字符在计算机中通常是用一个字节的整数来表示，所以 C 语言允许将字符存储在任何整型变量中，这是 C 语言的一个重要特性。getchar 函数就是把用户输入的字符当成一个整数。我们既可以将字符当成字符，也可以将字符当成整数，这要根据具体的应用情况来确定。例如，下面这条语句：

```
printf("The character (%c) has the value %d.\n", 'a', 'a');
```

使用不同的转换说明符 "%c" 和 "%d" 来打印输出字符 'a' 及其对应的整数值。打印的结果是

```
The character (a) has the value 97.
```

ASCII

整数 97 就是字符在计算机中的数值表示。今天，许多计算机使用的是 **ASCII**(American Standard Code for Information Interchange，美国信息交换标准码)**字符集**。在这个字符集中，整数 97 就表示小写的字符'a'。附录 B 给出了所有的 ASCII 字符及其对应的十进制整数值。此外，还可以使用转换说明符%c，通过 scanf 函数来输入字符。

赋值操作是有值的

赋值操作，作为一个整体，也是有值的。这个值就是赋值运算符(=)左边那个变量被赋予的值。在我们的例子中，赋值表达式 "grade = getchar ()" 的值就是 getchar 函数返回的并赋给变量 grade 的字符。

赋值表达式有值这个事实，可以用来将若干个变量设置成同一个值，例如

```
a = b = c = 0;
```

首先执行的是 c = 0(因为=运算符是从右向左结合的)，然后赋值操作 c = 0 的值(0)赋给变量 b，最后赋值操作 b = (c = 0)的值(0)赋给变量 a。

在程序中，赋值操作 grade = getchar () 的值与符号常量 EOF(End Of File 的缩写词，表示文件结尾)的值做比较。我们将 EOF(通常它的值为–1)当成 while 循环的标记。用户可以通过键入一个系统指定的组合键来表示"文件结尾"——"我不再输入其他数据了"。EOF 是一个在头文件<stdio.h>中定义的整数型的符号常量(第 6 章将介绍如何定义符号常量)。如果赋给变量 grade 的值等于 EOF，则程序结束。由于 EOF 是一个整型数据(再强调一次，通常值为–1)，所以程序中的字符都被当成整数来处理。

可移植性提示 4.1

用于输入 EOF(表示文件结尾)的组合键是依赖于系统的。

可移植性提示 4.2

采用符号常量 EOF 而非–1 来进行测试，可以增强程序的可移植性。C 标准只是将 EOF 定义成一个负整数(并不一定是"–1")。因此在不同的系统中，EOF 可能取不同的值。

输入 EOF 标记

在 Linux/UNIX/Mac OS X 系统中，输入 EOF 标记的方法是：在同一行内，键入组合键

<Ctrl> d

组合键<Ctrl>d 意味着同时按下 Ctrl 键和 d 键。在其他系统中，如微软的 Windows 操作系统， EOF 标记的输入方法是键入

<Ctrl> z

注意：键入时，还需要按一下 Enter 键。

用户从键盘输入学生的成绩。用户每按一次 Enter 键，getchar 函数就读入一个字符。如果键入的字符不等于 EOF，则程序执行循环体内的 switch 语句(第 21 行至第 57 行)。

switch 语句的细节

关键字 switch 后面是用圆括号括起来的变量 grade，这就是所谓的**控制表达式**(Controlling expression)。控制表达式的值要逐个与每一个 **case 标签**(case label)相比较。

假设用户输入的学生成绩是字符'C'，那么这个将自动地与 switch 语句中的每一个 case 进行比较。一旦发生匹配(case 'C')，就执行该标签后的语句序列，即变量 cCount 的值增 1(第 35 行)，然后执行 break 语句，立即退出 switch 语句。

break 语句使得程序控制转到 switch 语句后面的第一条语句继续执行。break 语句是必需的，否则 switch 语句中的 case 标签都将被执行。如果没有在 switch 语句中某个地方使用 break 语句，一旦某个 case 标签与控制表达式的值发生匹配，那么从这个标签开始，所有剩余 case 标签对应的语句都将被执行[虽然这个功能(称为直落)恰好可以用于练习题 4.38——循环播放歌曲"圣诞节的十二天"，但它很少使用]。如果没有与控制表达式的值相匹配的 case 标签，那么计算机执行 default 标签后的语句，打印一行出错信息。

switch 语句的流程图

每个 case 标签下可以有一个或多个操作。switch 多重选择语句与其他控制语句的一个不同之处就是：一个 case 标签下的多个操作不需要用一对花括号括起来。一个典型的 switch 多重选择语句(每个 case 都带有一个 break 语句)的流程图如图 4.8 所示。从图中可以清楚地看出：每一个 case 标签下的最后一条 break 语句引导控制流立即退出 switch 语句。

常见的编程错误 4.4

在 switch 多重选择语句中，在需要 break 语句的地方忘记写 break 语句，是一个逻辑错误。

错误预防提示 4.6

在 switch 语句中总是给出 default 子句，否则没有被明确测试的值就被忽略掉了。通过设置 default 子句，使程序员关注异常情况的处理，就可避免这种情况发生。不过，有时 default 子句中可以不包含任何处理语句。

良好的编程习惯 4.4
尽管 case 子句和 default 子句可以以任意的顺序出现在 switch 多重选择语句中，但通常是将 default 子句放在最后。

良好的编程习惯 4.5
当 default 子句放在 switch 语句的最后时，default 子句中可以不用写 break 语句。但是有些程序员为了程序的清晰性和与其他 case 子句的对称性，还是将 break 语句写进 default 子句。

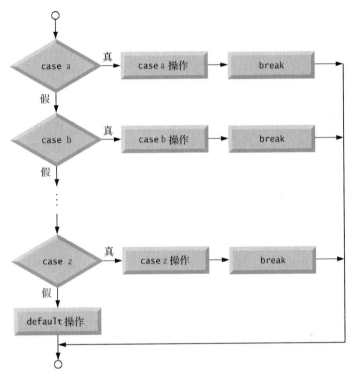

图 4.8　带 break 语句的 switch 多重选择语句

忽略掉输入中的"换行"、"tab"和"空格"字符。

在图 4.7 的 switch 语句中，下面四行：

```
case '\n': // ignore newlines,
case '\t': // tabs,
case ' ': // and spaces in input
    break;
```

使得程序跳过"换行"、"tab"和"空格"字符。这是为了解决逐个地读入字符时可能出现的问题。例如，为了让程序能够读到代表成绩的字符，每次键入字符后都要按下 Enter 键才能将其发送给计算机。所以在输入流中，每个要处理的字符后面都跟着一个"换行符"。为了保证程序的正确性，就必须将这个"换行符"忽落掉。通过在 switch 语句中加入上面的 case 处理，就可以避免每次在输入流中遇到"换行"、"tab"和"空格"字符时都打印 default 情况下的出错信息。所以，每次输入会引发两次循环——第一次是处理等级成绩而第二次处理'\n'。另外，将多个 case 标签罗列在一起(如图 4.7 中的 case 'D': case 'd':)表示：无论出现这些情况(case)中的哪一个，都执行相同的操作。

错误预防提示 4.7
当每次只需要一个字符时，记得对输入流中的"换行符"(或其他空白符)进行处理。

整型常量表达式

使用 switch 语句实现多重选择的关键是：每个 case 只能测试一个**整型常量表达式**(Constant integral expression)——即任何一个由字符常量和整数常量组成的值为整型常量的表达式。字符常量用单引号括起来的特定字符来表示，例如'A'。只有用单引号括起来的字符才被认为是字符常量——用双引号括起来的字符将被识别为字符串。整数常量就是一个整数值。在这个程序例子中，我们采用的是字符常量。切记：字符也可以用一个小的整数值来表示。

关于整型的注释

像 C 这样的可移植的程序设计语言，它的数据类型的长度必须是灵活的。对于不同的应用问题，需要使用不同长度的整数。C 提供了好几种数据类型来表示整数。除了类型 int 和 char 之外，C 还提供了短整型 short int(可缩写为 short)和长整型 long int(可缩写为 long)。所有的整数类型还有 unsigned (无符号)版本。在 5.14 节中，还将看到 C 还提供 long long int 类型。

C 标准规定了每种整数类型的最小取值范围，但是这些类型实际上的取值范围通常会大些，具体的取值范围取决于 C 语言不同的实现版本。例如，short int 型整数的最小取值范围是−32768 到+32767，long 型整数的最小取值范围是−2147483648 到+2147483647。对于绝大多数的整数计算，长整数类型是足够的。C 标准还规定：int 型整数的取值范围至少与 short int 型整数的取值范围相当，但是不能超出 long int 型整数的取值范围。当今大多数平台上，int 型和 long int 型整数的取值范围相同。数据类型 signed char 可以用来表示范围在−127 到+127 之间的整数或者计算机字符集中的任意字符。5.2.4.2 节给出了 C 语言中各类 signed 和 unsigned 的整数类型的取值范围。

4.8　do…while 循环语句

do…while 循环语句与 while 循环语句是非常相似的。在 while 循环语句中，首先进行的是循环继续条件的测试，然后再根据测试结果决定是否执行循环体。而在 do…while 循环语句中，先执行循环体，然后再进行循环继续条件的测试，根据测试结果决定是否继续下一轮循环。因此，do…while 语句中的循环体至少会被执行一次。当 do…while 循环结束后，计算机将执行紧随 while 语句的下一条语句。

do…while 循环语句也应写成

```
do {
    statements
} while (condition); // semicolon is required here
```

图 4.9 是一个采用 do…while 语句来打印数字 1 ~ 10 的程序。其中，在循环继续条件的测试中，对控制变量 counter 先增 1(第 11 行)。

```
1   // Fig. 4.9: fig04_09.c
2   // Using the do...while iteration statement.
3   #include <stdio.h>
4
5   int main(void)
6   {
7       unsigned int counter = 1; // initialize counter
8
9       do {
10          printf("%u  ", counter);
11      } while (++counter <= 10);
12  }
```

```
1 2 3 4 5 6 7 8 9 10
```

图 4.9　使用 do…while 语句的程序例子

do...while 语句的流程图

　　图 4.10 是 do...while 循环语句的流程图。从图中可以清楚地看出：只有在循环操作至少执行一次后，才对循环继续条件进行测试。

4.9　break 和 continue 语句

　　break 语句和 continue 语句的功能是改变程序的控制流。4.7 节介绍了如何使用 break 语句来结束 switch 语句。本节将讨论如何在一个循环语句中使用 break 语句。

图 4.10　do...while 循环语句的流程图

break 语句

　　在 while、for、do...while 或 switch 语句中，执行 break 语句将导致程序立即从这些语句中退出，转去执行紧跟这些语句之后的下一条语句。所以 break 语句一般用于提前退出循环或者跳过 switch 多重选择结构中的剩余语句（如图 4.7 中的程序）。图 4.11 给出了在 for 循环语句中应用 break 语句（第 14 行）的一个例子。当 if 语句检测到变量 x 的值变成 5 时，执行 break 语句，终止 for 循环，计算机转去执行 for 循环结构之后的 printf 语句。这样 for 循环体只循环了 4 遍。

　　本例中，变量 x 是在循环体前声明的，所以在循环结束后还可以用它的最终值。回想一下之前我们强调过的，若控制变量是在 for 循环的初始化表达式中声明的，则循环结束后该变量将不再存在。

```
 1   // Fig. 4.11: fig04_11.c
 2   // Using the break statement in a for statement.
 3   #include <stdio.h>
 4
 5   int main(void)
 6   {
 7      unsigned int x; // declared here so it can be used after loop
 8
 9      // loop 10 times
10      for (x = 1; x <= 10; ++x) {
11
12         // if x is 5, terminate loop
13         if (x == 5) {
14            break; // break loop only if x is 5
15         }
16
17         printf("%u ", x);
18      }
19
20      printf("\nBroke out of loop at x == %u\n", x);
21   }
```

```
1 2 3 4
Broke out of loop at x == 5
```

图 4.11　在 for 语句中使用 break 语句的例子

continue 语句

　　在 while、for 和 do...while 循环结构中，执行 continue 语句将会使控制流略过循环体中的剩余语句，开始新一轮循环。在 while 和 do...while 结构中，执行 continue 语句后，将立即对循环继续条件进行测试。在 for 结构中，执行 continue 语句后，先执行增量表达式，然后测试循环继续条件。

　　在图 4.12 所示程序中，位于 for 语句中的 continue 语句（第 12 行）使得计算机略过 printf 语句而开始下一轮循环。

软件工程视点 4.3

有些程序员认为 break 语句和 continue 语句违反了结构化程序设计的规范。由于采用我们随后将要介绍的结构化程序设计技术同样可以实现 break 语句和 continue 语句的功能，所以这些程序员拒绝使用 break 语句和 continue 语句。

```
 1    // Fig. 4.12: fig04_12.c
 2    // Using the continue statement in a for statement.
 3    #include <stdio.h>
 4
 5    int main(void)
 6    {
 7       // loop 10 times
 8       for (unsigned int x = 1; x <= 10; ++x) {
 9
10          // if x is 5, continue with next iteration of loop
11          if (x == 5) {
12             continue; // skip remaining code in loop body
13          }
14
15          printf("%u ", x);
16       }
17
18       puts("\nUsed continue to skip printing the value 5");
19    }
```

```
1 2 3 4 6 7 8 9 10
Used continue to skip printing the value 5
```

图 4.12　在 for 语句中使用 continue 语句的例子

性能提示 4.1

相对于随后将要介绍的结构化程序设计技术，适当而正确地使用 break 语句或 continue 语句，能够使程序运行速度更快。

软件工程视点 4.4

在保证软件工程质量和实现软件性能最优之间存在着一个折中，其中一个目标的达到常常是以牺牲另外一个目标为代价的。在进行程序设计，特别是对性能敏感的程序设计时，要贯彻如下指南：首先要保证代码的简单且正确，其次仅在需要的情况下才想办法让它运行更快、占用的空间更小。

4.10　逻辑运算符

至今，我们接触到的都是一些简单条件，如 counter <= 10，total > 1000 和 number != sentinelValue 等。在表示这些条件时，采用的是关系运算符 (>、<、>=和<=) 和相等运算符 (= =和!=)。每次判断仅测试一个条件。在需要测试多个条件才能做出决策时，只能采用多个不同的语句或者是嵌套的 if 或 if...else 语句来进行多次测试。

事实上，C 提供了用于将简单条件组合在一起形成复杂条件的逻辑运算符。这些逻辑运算符有：**&&**（**逻辑与**）、**||**（**逻辑或**）和**!**（**逻辑非**）。其中，逻辑非也称为**逻辑取反**(Logical negation)。下面将举例说明这些逻辑运算符的使用方法。

逻辑与运算符(&&)

假设选择某个执行路径的前提是两个条件同时为真。这时，我们就要按照如下方式使用逻辑与运算符&&：

```
if (gender == 1 && age >= 65) {
    ++seniorFemales;
}
```

这个 if 语句里包含了两个简单条件。第一个条件 gender = = 1 用来判断某人是否是女性；第二个条件 age >= 65 用来判断某人是否是一个老人。由于运算符= =和>=的优先级都高于运算符&&，所以程序首先求这两个简单条件的值，然后 if 语句再计算组合条件 gender = = 1 && age >= 65 的值。当且仅当其中的两个简单条件都为真时，这个组合条件才为真。最后，如果这个组合条件的确为真的话，变量 seniorFemales 的值将增加 1。只要这两个简单条件中有一个为假，计算机将略过这个增 1 语句，执行这个 if 语句后面的语句。

图 4.13 对&&运算符做了一个总结。图中的表格给出了表达式 1 和表达式 2 取 0(假)和非零(真)的全部 4 种可能的组合。这样的表常常被称为**真值表**(Truth table)。C 语言将所有包含关系运算符、相等运算符和/或者逻辑运算符的表达式的值都定值为 0 或 1。尽管 C 语言将"逻辑真"定值为 1，但也接收任何一个非零值作为"逻辑真"。

逻辑或运算符(||)

现在让我们看看||(逻辑或)运算符。假设选择某个执行路径的前提是在程序的当前点上，两个条件中有一个或者两个为真。这时，就要像下面这段程序那样，使用||运算符

```
if (semesterAverage >= 90 || finalExam >= 90) {
    puts("Student grade is A");
}
```

这个语句也包含了两个简单条件。条件 semesterAverage >= 90 用来判断是否因某个学生在整个学期中扎扎实实地学习一门课程而将其课程成绩定为"A"；条件 finalExam >= 90 用来判断是否因某个学生在期末考试中的突出表现而将其课程成绩定为"A"。如果这两个简单条件中有一个或者两个为真，if 语句就认为组合条件

```
semesterAverage >= 90 || finalExam >= 90
```

的值为真并奖励这名学生一个"A"。只有在这两个简单条件都为假(0)的情况下，才不会输出消息 Student grade is A。图 4.14 是逻辑或运算符(||)的真值表。

表达式 1	表达式 2	表达式 1&&表达式 2
0	0	0
0	非零	0
非零	0	0
非零	非零	1

图 4.13　逻辑与运算符(&&)的真值表

表达式 1	表达式 2	表达式 1 || 表达式 2
0	0	0
0	非零	1
非零	0	1
非零	非零	1

图 4.14　逻辑或运算符(||)的真值表

短路求值

运算符&&的优先级要高于运算符||。这两个运算符都是从左向右结合。在计算包含运算符&&或||的表达式的值时，一旦计算机能够确定整个表达式的值为真或为假，计算就会停止。例如，在计算表达式

```
gender == 1 && age >= 65
```

的值时，若 gender 的值不等于 1，则计算立即停止(因为这时已经可以判定整个表达式的值为假)。当 gender 等于 1 时，计算继续(若 age >= 65，则整个表达式的值仍可以为真)。针对包含逻辑与和逻辑或运算符的表达式求值的这个性能特点，称为**短路求值**(Short-circuit evaluation)。

性能提示 4.2

在编写包含运算符&&的表达式时，将最有可能为假的简单条件写在表达式的最左边。在编写包含运算符||的表达式时，将最有可能为真的简单条件写在表达式的最左边。这有助于减少程序的运行时间。

逻辑非运算符(!)

C 提供了!(逻辑非)运算符来"反转"一个条件的含义。与组合两个条件的运算符&&和||(也因此为二元运算符)不同，逻辑非运算符只需一个条件作为它的操作数(所以是一元运算符)。如果选择某个执行路径的前提是某个条件(不带逻辑非运算符)为假，则我们就要在这个条件前面加上逻辑非运算符!。例如下面这段程序：

```
if (!(grade == sentinelValue)) {
    printf("The next grade is %f\n", grade);
}
```

注意：将条件 grade == sentinelValue 括起来的圆括号是不可缺少的，因为逻辑非运算符的优先级要高于相等运算符。图 4.15 是逻辑非运算符的真值表。

在绝大多数情况下，可以用一个适当的关系运算符来将条件表示成另外一种不同的形式，以避免使用逻辑非运算符。例如，前面那个例子就可以改写成

```
if (grade != sentinelValue) {
    printf("The next grade is %f\n", grade);
}
```

表达式 1	!表达式
0	1
非零	0

运算符的优先级与结合性小结

图 4.16 给出了迄今为止我们介绍过的运算符的优先级与结合性。图中，运算符的优先级，自顶向下，逐行下降。

图 4.15   运算符!(逻辑非)的真值表

运算符	结合律	类型
++(后缀) ――(后缀)	从右向左	后缀类
+ – ! ++(前缀) ――(前缀) (数据类型)	从右向左	一元运算符
* / %	从左向右	乘法类
+ –	从左向右	加法类
< <= > >=	从左向右	关系类
== !=	从左向右	相等类
&&	从左向右	逻辑与
||	从左向右	逻辑或
?:	从右向左	条件运算符
= += -= *= /= %=	从右向左	赋值类
,	从左向右	逗号运算符

图 4.16   目前所学运算符的优先级和结合律

_Bool(布尔)数据类型

C 标准包含有**布尔数据类型**(boolean type)——用关键字 _Bool 表示——只能取值 0 或 1。我们知道，C 的惯例是用零和非零来表示假和真——条件为零则是假，非零则是真。将一个非零值赋给一个布尔变量将会置该变量值为 1。C 标准包含了头文件**<stdbool.h>**，该头文件将 **bool** 定义为类型 "_Bool" 的简写，将 **true** 和 **false** 定义为 1 和 0 的文字表述。在预处理阶段，bool、true 和 false 将分别被替换成_Bool、1 和 0。附录 E.4 展示了一个使用 bool、true 和 false 的例子。该例子使用了一个程序员定义的函数以及一个将要在第 5 章介绍的概念。可以现在研究这个例子，但是最好在学习完第 5 章后再重新将其研读一遍。

4.11   区分相等运算符(==)和赋值运算符(=)

无论多么有经验的 C 程序员也可能会经常犯的一种错误就是：将==(相等运算符)和=(赋值运算符)用混了。为此有必要拿出一节来专门讨论这个错误。这个错误的危害是很大的，因为它并不会引起语法错误。相反，带有这样错误的语句一般都能够被正常编译，允许程序运行至结束，只不过由于运行时的逻辑错误很可能产生一个不正确的结果。

C 存在这些问题的原因有两个。一是任何一个可产生数值的表达式都可以用在任何一个控制语句的选择判断部分。若值是 0，则它被视为假；若值不是 0，则它被视为真。二是 C 的赋值操作也会产生一个数值。这个值就等于赋给赋值运算符左边那个变量的值。

例如，我们期望的语句是

```
if (payCode == 4) {
    printf("%s", "You get a bonus!");
}
```

无意间被写成了：

```
if (payCode = 4) {
    printf("%s", "You get a bonus!");
}
```

第一条 if 语句是想给一个付款编号等于 4 的顾客打印一段获奖信息。而第二条 if 语句——有错——将赋值表达式的值当成 if 的条件。这是一个值等于常量 4 的简单赋值表达式。由于任何非零的数值都被解释为"真"。所以 if 语句的条件总为"真"。程序的运行结果不仅是变量 payCode 被无意地赋成了 4，而且每名顾客都会获得一份意外的奖励，无论他/她的付款编号是什么。

常见的编程错误 4.5
在赋值表达式中使用==，而在判断相等的逻辑表达式中使用=。这都是逻辑错误。

左值和右值

在书写像 x == 7 这样的条件时，可能习惯于将变量名写在左边，而将常量写在右边。请改变习惯，将变量和常量的位置交换一下，让常量在左边而变量在右边，例如 7 == x。这样，一旦将运算符 = 误写成 =，还会有编译器为你保驾护航，即编译器会提示一个语法错误，因为 C 规定：赋值表达式的左边只能是一个变量名。这可防止运行时逻辑错误的发生。

由于变量名只能出现在赋值运算符的左边，所以它也被称为**左值 lvalue**（left value）；由于常量只能出现在赋值运算符的右边，所以它也被称为**右值 rvalue**（right value）。左值可以用做右值，但是右值不能用做左值。

错误预防提示 4.8
当相等表达式中有一个常量和一个变量时，如 x == 1，可能更愿意将常量写在左边，变量写在右边（即 1 == x），这样可防止因将==运算符误写成=而导致的逻辑错误。

在一个单独的语句中将==和=用混了

"硬币的另一面也不见得是令人高兴的。"假设要通过一个简单语句

```
x = 1;
```

给一个变量赋值。但是无意中将语句写成了

```
x == 1;
```

这不是一个语法错误。相反，编译器会直接计算这个条件表达式的值。若 x 等于 1，则这个条件为"真"，表达式返回值 1；若 x 不等于 1，则这个条件为"假"，表达式返回值 0。无论返回值是什么，计算机都没有执行赋值操作，这个值也就丢失了。变量 x 的值仍然没有改变，这很可能会引起一个运行时逻辑错误。遗憾的是，目前还没有一个简明的方法来处理这个问题。不过，很多编译器在遇到这种语句时，会给出一条警告信息。

错误预防提示 4.9
程序编写结束后，用文本搜索器来搜索程序中的每一个=，检查其是否被正确使用。这可帮助你预防细微的程序错误。

4.12　结构化程序设计小结

建筑师在设计楼房时需要具有建筑专业的综合智慧，程序员在设计程序时又何尝不是如此呢。尽管我们的专业领域比建筑业要年轻很多，尽管我们的综合智慧还不够丰富，但是在过去的近 100 年的时间里，还是学会了很多。在这其中，最重要的也许是我们掌握了可以使开发出来的程序更易于理解（相对于非结构化程序）的结构化程序设计技术。只有易于理解的程序才易于测试、排错、修改、甚至用数学手段来进行正确性证明。

　　第 3 章和第 4 章的内容是关于 C 语言控制语句的。在介绍每一个控制语句时，还给出了它们对应的流程图，并通过实例来讲解它们的技术细节。现在，要对它们做一个总结，并给出构建结构化程序的一组简单的规则。

　　图 4.17 总结了第 3 章和第 4 章中介绍过的全部控制语句。图中的小圆圈表示的是每一个控制语句的单入口和单出口。随意连接流程图的基本单元是得不到结构化程序的。只有根据程序设计的专业知识来连接流程图的基本单元才能形成有限的几种控制语句，然后采用堆叠和嵌套两种简单方式来组合这些控制语句，才能得到正确的结构化程序。

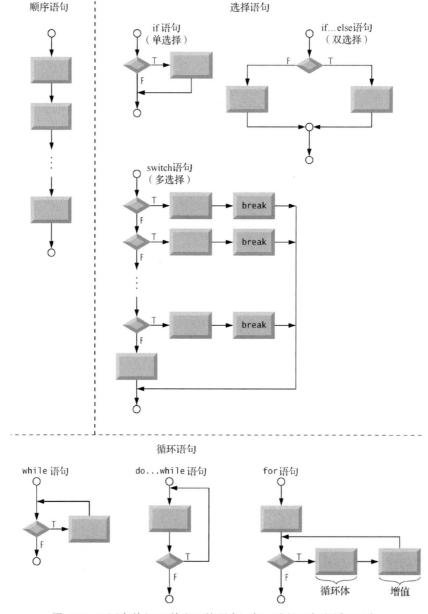

图 4.17　C 语言单入口/单出口的顺序语句、选择语句和循环语句

　　为了保证程序的简明性，我们只能采用单入口/单出口的控制语句——只有一条路径能够进入/只有一条路径能够退出的控制语句。通过顺序连接控制语句来生成结构化程序是最简单的——即将一个控制

语句的出口与另外一个控制语句的入口相连接——也就是在程序中控制语句是一个接着一个的。我们称这种规则为"控制语句的堆叠"。还有一种构建结构化程序的规则是嵌套使用控制语句。

图 4.18 给出了构建结构化程序的规则。这些规则都假定作为流程图基本单元的矩形框可以用来表示含有输入/输出的任何操作。图 4.19 是最简单的流程图。

运用图 4.18 中的规则总能够得到层次分明的积木形式的结构化程序流程图。例如对最简单的流程图(如图 4.19 所示)反复运用规则 2，将会得到一个包含了许多顺序连接的矩形框的结构化程序流程图(如图 4.20 所示)。由于规则 2 能够产生堆叠的控制语句，所以规则 2 被称为**堆叠规则**(Stacking rule)。

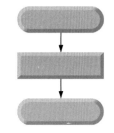

构建结构化程序的规则

1. 从最简单的流程图(参见图 4.19)开始
2. ("堆叠"规则)任何一个矩形(动作)可以用两个顺序的矩形(一组动作)来替换
3. ("嵌套"规则)任何一个矩形(动作)可以用任何一个控制语句(顺序语句，if 语句，if...else 语句，switch 语句，while 语句，do...while 语句或者 for 语句)来替换
4. 规则 2 和规则 3 可以根据你的意图反复应用并可以按照任意顺序应用

图 4.18　构建结构化程序的规则　　　　图 4.19　最简单的流程图

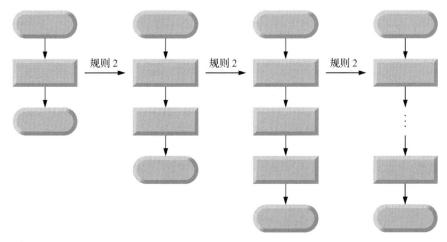

图 4.20　对最简单的流程图反复运用图 4.18 中规则 2 的结果

规则 3 被称为**嵌套规则**(Nesting rule)。对最简单的流程图反复运用规则 3，将会得到一个层次分明的具有多层嵌套控制语句的流程图。例如在图 4.21 中，首先是最简单流程图的矩形框被一个双分支选择语句所替换，然后通过运用规则 3，这个双分支选择语句的两个矩形框又分别被另外两个双分支选择语句所替换。图中的环绕每一个双分支选择语句的虚线框表示被替换前流程图中的一个矩形框。

规则 4 能够产生更大的、包含更多语句的、嵌套层次更深的结构化程序。总之，应用图 4.18 中的规则可以生成所有可能的结构化流程图，也就可以得到所有可能的结构化程序。

由于 goto 语句的消除，所以构成流程图的模块之间不会相互重叠。结构化方法之所以美，就在于它的简单——用两种简单的组合方法来组合少量简单的单入口/单出口的模块。图 4.22 显示了运用规则 2 派生出的模块堆叠、运用规则 3 派生出的模块嵌套。当然图中还显示了结构化流程图中不可能出现的模块重叠(由于 goto 语句的消除)。

如果是遵循了图 4.18 中的规则，非结构化的流程图(参见图 4.23)是无法产生的。如果不能确定一个给定的流程图是否是结构化的，可以将图 4.18 中的规则反过来使用，将它不断地向最简单的流程图简化。如果简化成功，那么原先那个流程图是结构化的，否则就不是结构化的。

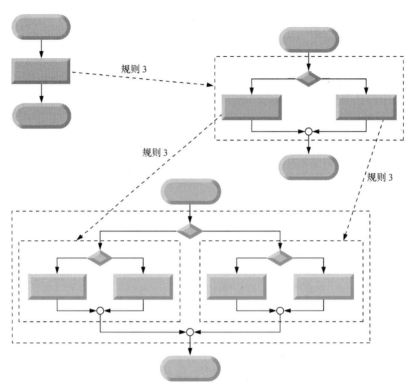

图 4.21   对最简单的流程图反复运用图 4.18 中规则 3 的结果

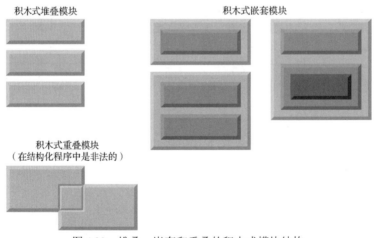

图 4.22   堆叠、嵌套和重叠的积木式模块结构

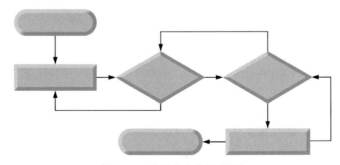

图 4.23   非结构化的流程图

结构化的程序设计提高了程序的简明性。著名软件工程专家 Bohm 和 Jacopini 的研究表明只需要如下三种控制结构就可以开发出任意复杂的程序：

- 顺序结构
- 选择结构
- 循环结构

顺序结构非常直观，我们就不再赘述了。选择结构可以用以下三种方式之一来实现：

- if 语句（单选择）
- if...else 语句（双选择）
- switch 语句（多选择）

实际上，很容易证明：简单的 if 语句就足以实现任何形式的选择功能——任何能够用 if...else 语句或 switch 语句实现的功能都能够用一条或者多条 if 语句来实现。

循环结构也是可以用以下三种方式之一来实现：

- while 语句
- do...while 语句
- for 语句

同样地，很容易证明：while 语句就足以实现任何形式的循环功能。任何能够用 do...while 语句或 for 语句实现的功能都可以用 while 语句来实现。

综上所述，C 程序中可能会用到的任何形式的控制结构只需要如下三种基本的控制语句就可以表示：

- 顺序语句
- if 语句（选择）
- while 语句（循环）

而且，这些控制语句的组合方式也只有两种——堆叠和嵌套。由此可见，结构化的程序设计的确提高了程序的简明性。

在第 3 章和第 4 章中，我们学习了如何利用包含有操作和选择的控制语句来组成一个程序。在第 5 章中，将介绍另外一个被称为函数的程序结构化单元。到时候将学习用若干控制语句来组成函数，再用若干个函数来组成一个大的程序。另外，还将讨论如何利用函数来提高程序的可重用性。

4.13　安全的 C 程序设计

检查函数 scanf 的返回值

图 4.6 中的程序使用了数学库函数 pow，该函数计算其第一个参数的第二个参数次幂，然后返回一个 double 型结果。计算结果随后被用于调用 pow 函数的语句。

但实际上，多数函数的返回值是用来表示函数是否执行成功。例如 scanf 函数返回一个 int 型结果来表示输入操作是否执行成功。若输入失败，scanf 函数返回 EOF（定义于<stdio.h>）；否则返回其读入的数据个数。若这个值与所期望的数值不匹配，则说明 scanf 函数并没有成功地完成输入操作。

请考察图 3.6 中的一个期望读入一个 int 型数值的语句

```
scanf("%d", &grade); // read grade from user
```

如果用户输入一个整数，scanf 函数返回 1，表示的确读入一个值。如果用户输入一个字符串，例如 hello，则 scanf 函数返回 0，表示它无法把输入当成一个整数来处理。这时，变量 grade 就接收不到一个数值。

scanf 函数还可以读入多个输入，例如

```
scanf("%d%d", &number1, &number2); // read two integers
```

若输入成功，scanf 函数返回 2，表示读入了两个值。若用户针对第一个值，输入了一个字符串，则 scanf 函数返回 0，变量 number1 和 number2 都不会接收到数值。若用户先输入一个整数，然后再输入一个字符串，则 scanf 函数返回 1，仅变量 number1 接收到一个数值。

错误预防提示 4.10

为了使输入处理更加健壮，请在输入结束后检查 scanf 的返回值，以确保实际读入的数据个数与期望输入的数据个数相符。否则，程序将直接使用那些输入变量的值，误认为 scanf 已经成功地完成了输入数据的工作。这将导致逻辑错误、程序崩溃甚至系统攻击。

值域检查

即便是 scanf 函数输入成功，其读入的值也可能是无效的。例如，grade 通常是一个 0 ~ 100 范围内的整数。在一个输入这样的 grade 的程序中，应该通过"**值域检查**"(range checking)来检验输入的 grade，以确保它们的值是在 0 ~ 100 之间。一旦有超出范围的情况，可以要求用户重新输入。若程序要求的输入取值于若干个特定值(即非连续的编码)的集合，需要确保每次输入都与集合中的某个值相匹配。欲了解更多的信息，请阅第 5 章，或者 Robert Seacord 编写的 *Secure Coding in C and C++*, *2e* 中的"整数安全"。

摘要

4.2 循环的基本原理

- 大多数程序都包含循环或迭代。循环是在**循环继续条件**为真时，需要计算机重复执行的一组计算机指令。
- 因为我们事先明确地知道循环将要被执行的次数，所以有时也称**计数控制的循环**为**确定性循环**。
- 因为循环次数事先是未知的，所以有时也称**标记控制的循环**为**非确定性循环**。循环体中必须包含有每次循环都要接收输入数据的语句。
- 在计数控制的循环中，需要一个**控制变量**来记录循环的次数。每当这组计算机指令被重复执行一遍时，这个控制变量就要**增值**(或**减值**)。当执行完正确的循环次数后，循环结束，计算机继续执行循环语句后面的下一条语句。
- **标记值**表示"数据结束"。当所有的正常数据项都已经提供给程序后，就应输入标记值。标记值要与正常的数据项截然不同。

4.3 计数控制的循环

- 计数控制的循环要求定义控制变量(或者循环计数器)的**变量名**、控制变量的**初值**、每次循环后修改控制变量的**增量值**(或**减量值**)、测试控制变量**终值**的条件(即判断循环是否还要继续)。

4.4 for 循环语句

- **for** 循环语句能够处理计数控制循环的所有细节。
- 当 for 循环语句开始执行时，它首先初始化控制变量，然后检查循环继续条件。若条件为真，则执行循环体。控制变量随后被增值，循环再次从检查循环继续条件开始。这个处理过程将持续下去直到循环继续条件变为假。
- for 语句的一般格式是

```
for (initialization; condition; increment) {
    statements
}
```

其中，初始化表达式用于对循环控制变量初始化(也可能同时定义它)，条件表达式是循环继续条件，增值表达式对循环控制变量进行增值。

- **逗号运算符**用于确保对一组表达式的求值，是按照从左向右的顺序，对其中的各个表达式依次求值。整个表达式组的值就等于其中最右边那个表达式的值。
- for 语句中的三个表达式是可选的。若将条件表达式省略，C 语言则认为循环继续条件总是为真，这将导致一个无限循环。若循环控制变量的初始化工作已经在循环之前完成了，则可以将初始化表达式省略掉。若对循环控制变量的增值工作是由 for 循环体中的语句完成的，或者根本就不需要增值，则增值表达式也可以省略。
- for 语句中的增值表达式可以用循环体末尾的单独一条语句来替换。
- for 语句中用于分隔表达式的两个分号是必需的，不能省略。

4.5　for 语句：注意事项
- 初始化、循环继续条件及增量操作可以包含算术表达式。
- "增量值"可以是负数(在这种情况下它是一个减量，循环计数值是递减的)。
- 若循环继续条件一开始就为假，则循环体将得不到执行。接着执行的是 for 语句之后的那条语句。

4.6　使用 for 语句的例子
- **pow 函数**用于计算幂值。函数 pow (x, y)计算 x 的 y 次幂。它接收两个 double 型的实参，返回一个 double 型的结果。
- 与 float 类型一样，**double** 类型也是一种浮点数类型。但是相比 float 类型的变量，一个 double 类型的变量能够存储**更大数量级和更高精度**的数值。
- 只要使用了像 pow 这样的数学函数，就应在源程序中包含**头文件<math.h>**。
- 转换说明符%21.2f，表示在 21 个字符的域宽内，以小数点后面带两位数字的精度，**按向右对齐**的方式，显示一个浮点数。
- 若想让数据在域宽内**向左对齐**，请在%与域宽值之间加上一个-(减号)。

4.7　switch 多重选择语句
- 算法常常会包含一系列选择，即通过测试某个变量或表达式的值与事先指定的一组整型常量中的某一个是否相等，然后执行不同的操作，称为**多重选择**。C 提供了 **switch 语句**来处理这种情况。
- switch 语句由一系列**"情况"(case)标签**、一个可选的**"默认"(default)情况**以及对应每一种情况需要执行的语句组成。
- **getchar 函数**(来自标准输入/输出库)从键盘读入一个字符并将其作为一个整数返回。
- 字符通常存储在类型为 **char** 的变量中。不过，由于字符在计算机中通常是用一个字节的整数来表示的，所以字符也可以存储在任何整型变量中。因此，我们既可以将字符当成整数，也可以将字符当成字符，这取决于实际的应用需求。
- 今天，许多计算机使用的都是 ASCII 字符集。在这个字符集中，整数 97 就表示小写的字符'a'。
- 可以使用转换说明符**%c**，通过 scanf 函数来输入字符。
- **赋值表达式**作为一个整体也是**有值的**。这个值就是=左边那个变量被赋予的值。
- 赋值表达式有值这个事实，可以用来将若干个变量设置成同一个值，例如 a = b = c = 0;。
- **EOF** 通常被用做一个标记值，EOF 是一个在头文件<stdio.h>中定义的整数型符号常量。
- 在 Linux/UNIX 系统及其他许多系统中，通过键入组合键<Ctrl> d 来输入 EOF 标记。在其他系统中，如微软的 Windows 操作系统，通过键入组合键<Ctrl> z 来输入 EOF 标记。
- 关键字 switch 后面是用圆括号括起来的**控制表达式**。这个控制表达式的值要与每一个 case 标签相比较。一旦相等，则执行标签后对应的语句。如果找不到任何匹配，则执行 default 标签后的语句。
- **break 语句**使得程序控制转到 switch 语句后面的第一条语句继续执行。break 语句用于防止所有 case 标签对应的语句都被执行。

- 每个 case 标签下可以有一个或多个操作。switch 语句与其他控制语句的一个不同之处就是：switch 语句中一个 case 标签下的多个操作不需要用一对花括号括起来。
- **将多个 case 标签罗列在一起**表示无论这些 case 中的哪一个发生匹配，将执行的操作都是一样的。
- 切记：switch 语句只能用来测试一个**整型常量表达式**——即任何一个由字符常量和整型常量组成的值为整型常量的表达式。字符常量用单引号括起来的特定的字符来表示，例如'A'。只有用单引号引起来的字符才被认为是字符常量。整数常量就是一个整数值。
- 除了类型 int 和 char 之外，C 语言还提供了短整型 **short int**(可缩写为 **short**)和长整型 **long int**(可缩写为 **long**)。所有的整数类型还有 **unsigned**(无符号)版本。C 标准规定了每种整数类型的最小取值范围，但是这些类型实际上的取值范围通常会大一些，具体的取值范围取决于 C 语言不同的实现版本。例如，short int 型整数的最小取值范围是–32768 到+32767，long 型整数的最小取值范围是–2147483648 到+2147483647。对于绝大多数的整数计算，长整数类型是足够了。C 标准还规定：int 型整数的取值范围至少与 short int 型整数的取值范围相当，但是不能超出 long int 型整数的取值范围。当今大多数平台上，int 型和 long int 型整数的取值范围相同。数据类型 signed char 可以用来表示范围在–127 到+127 之间的整数或者计算机字符集中的任意字符。5.2.4.2 节给出了 C 语言中各类 signed 和 unsigned 的整数类型的取值范围。

4.8 do...while 循环语句

- **do...while** 语句是在执行循环体后，才测试循环继续条件。因此，循环体至少会被执行一次。当 do...while 循环结束后，计算机将执行 while 语句后面的那条语句。

4.9 break 和 continue 语句

- 在 while、for、do...while 或者 switch 语句中，**break** 语句将导致程序立即从这些语句中退出，转去执行这些语句的下一条语句。
- 在 while、for 和 do...while 语句中，**continue** 语句将使控制流略过循环体中的剩余语句，开始新一轮循环。在 while 和 do...while 结构中，执行 continue 语句后，将立即进行循环继续条件的测试。在 for 结构中，执行 continue 语句后，将执行增量表达式，然后测试循环继续条件。

4.10 逻辑运算符

- **逻辑运算符**可以用来将简单条件组合成复杂条件。逻辑运算符有：&&(逻辑与)、||(逻辑或)和!(逻辑非，也称为逻辑取反)。
- 当且仅当其中的两个简单条件都为真时，一个包含运算符**&&**(逻辑与)的条件才为真。
- C 语言将所有包含有关系运算符、相等运算符和/或者逻辑运算符的表达式都定值为 0 或 1。尽管 C 将**逻辑真的值**定为 **1**，但是它也接受**任何一个非零值**为**逻辑真**。
- 如果两个简单条件中有一个或者两个为真，则一个包含运算符||(逻辑或)的条件为真。
- 运算符&&的优先级要高于运算符||。这两个运算符都是从左向右结合的。
- 在计算包含运算符&&或||的表达式的值时，一旦计算机能够确定整个表达式的值，计算就会停止。
- C 提供了运算符!(逻辑非)用来反转一个条件的含义。与组合两个条件的二元运算符&&和||不同，一元的逻辑非运算符只需一个条件作为它的操作数。
- 如果选择某个执行路径的前提是某个条件(不带逻辑非运算符)为假，则我们就要在这个条件前面加上逻辑非运算符。
- 在绝大多数情况下，可以用一个适当的关系运算符来将条件表示成另外一种不同的形式，以避免使用逻辑非运算符。

4.11 区分相等运算符(==)和赋值运算符(=)

- 程序员常常会意外地将==(相等运算符)和=(赋值运算符)混淆使用。这个错误的危害是很大的，因为它并不会引起语法错误。相反，带有这样错误的语句一般都能够被正常编译，允许程序运行至结束，只不过由于运行时的逻辑错误很可能产生一个不正确的结果。

- 程序员在书写像 x == 7 这样的条件时，一般习惯于将变量名写在左边，而将常量写在右边。请将它们的位置交换一下，使得常量在左边而变量在右边，例如：7 == x。这样一旦程序员将运算符==误写成=，就会受到编译器的保护。编译器会提示一个语法错误，因为赋值表达式的左边只能是一个变量名。
- 由于只能出现在赋值运算符的左边，所以变量名也被称为**左值 lvalue**（代表 left value）。
- 由于只能出现在赋值运算符的右边，所以常量也被称为**右值 rvalue**（代表 right value）。左值可以用做右值，但是右值不能用做左值。

自测题

4.1 填空
(a) 由于事先知道循环执行的次数，计数控制的循环又被称为＿＿＿＿循环。
(b) 由于预先并不知道循环执行的次数，标记控制的循环又被称为＿＿＿＿循环。
(c) 在计数控制的循环中，＿＿＿＿用来计数循环体内那组指令执行的次数。
(d) 在循环语句执行过程中，＿＿＿＿语句用来立即执行下一次循环。
(e) 在循环语句或 switch 语句执行过程中，＿＿＿＿语句用来立即退出这些语句。
(f) ＿＿＿＿用来测试某个变量或表达式的值与事先指定的一组整型常量中的某一个是否相等。

4.2 判断对错。如果错误，请说明理由。
(a) 在 switch 选择语句中必须包含 default 情况。
(b) 在 switch 选择语句的 default 情况中必须包含 break 语句。
(c) 当 x>y 是真或者 a<b 是真时，表达式 (x>y&&a<b) 为真。
(d) 当两个操作数中有一个为真或者两个都为真时，包含||运算符的表达式为真。

4.3 请分别写出一条或几条语句来实现下列功能。
(a) 用 for 语句计算从 1 ~ 99 之间奇数的和，请用无符号整型变量 sum 和 count。
(b) 在 15 个字符的域宽，分别以精度 1、2、3、4 和 5，左对齐打印数值 333.546372。打印出来的 5 个结果是什么？
(c) 使用 pow 函数计算 2.5 的 3 次幂。以 10 个字符域宽、2 位精度打印结果。打印出来的值是什么？
(d) 使用 while 循环和计数变量 x 来打印从 1 ~ 20 的整数。每行只打印 5 个整数（提示：使用 x%5 来实现每 5 个整数一行的输出。当 x%5 等于 0 时打印一个换行符，否则打印一个 tab 符）。
(e) 用 for 语句重做自测题 4.3(d)。

4.4 请指出并说明如何更正下列程序片断中的错误。

(a)
```
x = 1;
while (x <= 10);
    ++x;
}
```

(b)
```
for (double y = .1; y != 1.0; y += .1) {
    printf("%f\n", y);
}
```

(c)
```
switch (n) {
    case 1:
        puts("The number is 1");
    case 2:
        puts("The number is 2");
        break;
    default:
        puts("The number is not 1 or 2");
        break;
}
```

(d) 下列代码将打印 1 ~ 10 的值

```
n = 1;

while (n < 10) {
  printf("%d ", n++);
}
```

自测题答案

4.1 (a) 确定性(definite)。 (b) 不确定性(indefinite)。 (c) 控制变量或者计数器(counter)。 (d) continue。 (e) break。 (f) switch 选择语句。

4.2 (a) 错误。default 情况是可选的。如果没有默认行为，则不需要 default 情况

  (b) 错误。break 语句用来退出 switch 语句。不是所有的情况都需要 break 语句。例如，当 default 选项位于末尾时，就不需要 break 语句。

  (c) 错误。当使用&&运算符时，只有在两个关系表达式都为真时，整个表达式才为真。

  (d) 正确。

4.3 (a)
```
unsigned int sum = 0;
for (unsigned int count = 1; count <= 99; count += 2) {
    sum += count;
}
```
(b)
```
printf("%-15.1f\n", 333.546372); // prints 333.5
printf("%-15.2f\n", 333.546372); // prints 333.55
printf("%-15.3f\n", 333.546372); // prints 333.546
printf("%-15.4f\n", 333.546372); // prints 333.5464
printf("%-15.5f\n", 333.546372); // prints 333.54637
printf("%10.2f\n", pow(2.5, 3)); // prints 15.63
```
(c)
```
unsigned int x = 1;
```
(d)
```
while (x <= 20) {
    printf("%d", x);
    if (x % 5 == 0) {
        puts("");
    }
    else {
        printf("%s", "\t");
    }
    ++x;
}
```
或者
```
unsigned int x = 1;
while (x <= 20) {
    if (x % 5 == 0) {
        printf("%u\n", x++);
    }
    else {
        printf("%u\t", x++);
    }
}
```
或者
```
unsigned int x = 0;
while (++x <= 20) {
    if (x % 5 == 0) {
        printf("%u\n", x);
    }
    else {
        printf("%u\t", x);
    }
}
```

```
(e) for (unsigned int x = 1; x <= 20; ++x) {
        printf("%u", x);
        if (x % 5 == 0) {
            puts("");
        }
        else {
            printf("%s", "\t");
        }
    }
```

或者

```
for (unsigned int x = 1; x <= 20; ++x) {
    if (x % 5 == 0) {
        printf("%u\n", x);
    }
    else {
        printf("%u\t", x);
    }
}
```

4.4 (a)错误：while 语句头后的分号会导致无限循环。

　　改正：用左花括号{替换分号，或者同时删除这个分号和右花括号}。

(b)错误：使用浮点数来控制 for 循环语句。

　　更正：使用整数，并进行适当的运算以获得期望的值。

```
for (int y = 1; y != 10; ++y) {
    printf("%f\n", (float) y / 10);
}
```

(c)错误：在对应第一个 case 标签的语句中遗忘了 break 语句。

　　改正：在对应第一个 case 标签的语句的末尾添加 break 语句。注意，如果每次执行完 case1 的语句后，还想运行 case2 的语句，那么这就不算是一个错误。

(d)错误：在 while 循环继续条件中使用了不恰当的关系运算符。

　　更正：用<=替换<。

练习题

4.5 指出下列程序中的错误(注：每个程序可能不止一处错误)：

(a)
```
For (x = 100, x >= 1, ++x) {
    printf("%d\n", x);
}
```

(b)以下程序打印关于给定的整数是奇数还是偶数的信息：
```
switch (value % 2) {
    case 0:
        puts("Even integer");
    case 1:
        puts("Odd integer");
}
```

(c)以下程序请用户输入一个整数和一个字符，然后分别打印它们。假定用户以 100 A 的形式输入数据。
```
scanf("%d", &intVal);
charVal = getchar();
printf("Integer: %d\nCharacter: %c\n", intVal, charVal);
```

(d)
```
for (x = .000001; x == .0001; x += .000001) {
    printf("%.7f\n", x);
}
```

(e)以下程序输出从 999 到 1 的奇数整数：
```
for (x = 999; x >= 1; x += 2) {
    printf("%d\n", x);
}
```

(f) 以下程序输出从 2 ~ 100 的偶数整数：

```
counter = 2;

Do {
    if (counter % 2 == 0) {
        printf("%u\n", counter);
    }

    counter += 2;
} While (counter < 100);
```

(g) 以下程序计算从 100 ~ 150 的整数和(假定 total 已经被初始化为 0)：

```
for (x = 100; x <= 150; ++x); {
    total += x;
}
```

4.6 说明下列 for 语句输出的控制变量 x 的值是什么?

(a)
```
for (x = 2; x <= 13; x += 2) {
    printf("%u\n", x);
}
```

(b)
```
for (x = 5; x <= 22; x += 7) {
    printf("%u\n", x);
}
```

(c)
```
for (x = 3; x <= 15; x += 3) {
    printf("%u\n", x);
}
```

(d)
```
for (x = 1; x <= 5; x += 7) {
    printf("%u\n", x);
}
```

(e)
```
for (x = 12; x >= 2; x -= 3) {
    printf("%d\n", x);
}
```

4.7 分别写出 for 循环语句来打印下列数列：

(a) 1, 2, 3, 4, 5, 6, 7

(b) 3, 8, 13, 18, 23

(c) 20, 14, 8, 2, –4, –10

(d) 19, 27, 35, 43, 51

4.8 请叙述以下程序的功能：

```
 1   #include <stdio.h>
 2
 3   int main(void)
 4   {
 5       unsigned int x;
 6       unsigned int y;
 7
 8       // prompt user for input
 9       printf("%s", "Enter two unsigned integers in the range 1-20: ");
10       scanf("%u%u", &x, &y); // read values for x and y
11
12       for (unsigned int i = 1; i <= y; ++i) { // count from 1 to y
13
14           for (unsigned int j = 1; j <= x; ++j) { // count from 1 to x
15               printf("%s", "@");
16           }
17
18           puts(""); // begin new line
19       }
20   }
```

4.9 (**求一个整数序列的和**)请编写一个程序来求一个整数序列的和。设由 scanf 函数读入的第一个整数代表要随后要输入整数的个数，scanf 函数每次只读入一个整数。输入整数序列的示例如下：

5 100 200 300 400 500

其中, 第一个 5 表示将要对后面的 5 个整数求和。

4.10 (求一个整数序列的平均值)请编写一个程序来计算并打印若干个整数的平均值。设最后一个由 scanf 函数读入的整数是表示输入结束的标记值 9999。整数序列的示例如下：

10 8 11 7 9 9999

表示将要计算在 9999 之前的那些整数的平均值。

4.11 (找出最小值)请编写一个程序，找出若干个整数的最小值。假定第一个读入的整数表示要处理的整数个数。

4.12 (计算偶数整数的和)请编写一个程序，计算并打印从 2～30 的偶数整数的和。

4.13 (计算奇数整数的积)请编写一个程序，计算并打印从 1～15 的奇数整数的乘积。

4.14 (阶乘)在概率问题中，阶乘函数应用比较普遍。正整数 n 的阶乘(写为 n!，读为 "n 的阶乘")等于从 1～n 正整数的乘积。请编写一个程序，分别计算从 1～5 的阶乘。并以列表的形式打印输出，导致不能计算出 20 的阶乘的困难是什么？

4.15 (修改的复利程序)修改 4.6 节中的复利程序，使其能够在利率等于 5%、6%、7%、8%、9% 和 10% 时，重复原先的处理步骤。请用 for 循环来顺序改变利率。

4.16 (三角形打印程序)请编写一个程序，使用 for 循环，分别打印下面的图形，每一个*都是用一个形如 printf("\s", "*");的语句来打印(这样使得星号一个挨着一个)(提示：后两个图形中，每一行的开始都要留出适当数量的空格)。

```
(A)              (B)               (C)              (D)
*                **********         **********                *
**               *********           *********               **
***              ********            ********               ***
****             *******             *******               ****
*****            ******              ******               *****
******           *****               *****               ******
*******          ****                 ****              *******
********          ***                  ***             ********
*********          **                   **            *********
**********          *                    *           **********
```

4.17 (计算信贷限额)在经济萧条期间回收资金变得越来越困难，所以企业必须紧缩外贷限度，以预防它们的应收账目(欠它们的钱)变得过大。为了应对经济萧条的延长，一家公司将客户的信贷限额缩减一半。这样，若某个顾客的原信贷限额为$2000，现在就缩减为$1000；若某个顾客的原信贷限额为$5000，现在就缩减为$2500。请编写一个程序，分析该公司三个顾客的借贷状况。已知每个顾客的信息如下：

(a) 顾客账号

(b) 经济萧条前顾客的信贷限额

(c) 顾客的当前余额(即顾客欠公司钱的总额)

要求程序必须计算并打印每个顾客的新的信贷限额，判断(并打印)哪位顾客的当前余额已超出其新的信贷限额。

4.18 (柱状图打印程序)计算机的一个很有趣的应用是绘制图形和柱状图。请编写一个程序，读入 5 个整数(介于 1 与 30 之间)，然后分别打印 5 行连续的星号，每行星号的数目等于相应输入的数值。比如程序输入数字 7，则输出：　*******。

4.19 (计算零售额)一个网上零售店出售 5 种不同的产品，其零售价如下表所示。请编写一个程序，读入一系列的数对，数对的组成如下：

(a)产品号

(b) 每天的销售数量

产品号	零售价
1	$2.98
2	$4.50
3	$9.98
4	$4.49
5	$6.87

请用 switch 语句来确定每种商品的零售价格，计算并显示上周售出的所有商品的总零售额。

4.20 (真值表)用 0 或 1 来填充下面真值表的空白：

条件 1	条件 2	条件 1&&条件 2	条件 1	条件 2	条件 1‖条件 2	条件 1	!条件 1
0	0	0	0	0	0	0	1
0	非零	0	0	非零	1	非零	
非零	0	_____	非零	0	_____		
非零	非零	_____	非零	非零	_____		

4.21 改写图 4.2 中的程序，将变量 counter 的定义及初始化改在 for 语句之前完成，在循环结束后才输出 counter 的值。

4.22 (平均成绩)改写图 4.7 中的程序，使它可以计算一个班级的平均成绩。

4.23 (用整数来计算复利)改写图 4.6 中的程序，使得仅用整数来计算复利(提示：将所有的货币量看成以"分"为单位的整型变量，然后分别用除法运算符和求余运算符将计算结果分成"元"和"分"两部分。中间插入一个句号)。

4.24 假定 i = 1，j = 2，k = 3 和 m = 2。下面的语句输出什么结果?
　(a) printf("%d", i == 1);
　(b) printf("%d", j == 3);
　(c) printf("%d", i >= 1 && j < 4);
　(d) printf("%d", m < = 99 && k < m);
　(e) printf("%d", j >= i || k == m);
　(f) printf("%d", k + m < j || 3 - j >= k);
　(g) printf("%d", !m);
　(h) printf("%d", !(j - m));
　(i) printf("%d", !(k > m));
　(j) printf("%d", !(j > k));

4.25 (等价的十进制数、二进制数、八进制数、十六进制数的表格)请编写一个程序，打印一个与从 1～256 的十进制数相等的二进制数、八进制数、十六进制数的表格。如果不了解不同数制之间的转换规律，请先查阅附录 C(提示：可使用转换说明符%o 和%X 来分别打印一个整数的八进制和十六进制数值)。

4.26 (计算 π 值)根据下面的公式计算 π 值

$$\pi = 4 - \frac{4}{3} + \frac{4}{5} - \frac{4}{7} + \frac{4}{9} - \frac{4}{11} + \cdots$$

请打印出一个表格来显示：用公式中的 1 项、2 项、3 项……，依次计算出来的 π 的近似值。最先得到 3.14、3.141、3.1415、3.14159 时，分别使用了公式中的前几项?

4.27 (毕达哥拉斯三元组)一个直角三角形可以有边长都是整数的三个边，直角三角形三个整数边长组成的数组称为毕达哥拉斯三元组(Pythagorean triple)。这三边必须满足关系：两直角边的平方和等于斜边的平方。请找出边长不大于 500 的所有毕达哥拉斯三元组(直角边 1，直角边 2，斜边)。用三重嵌套的 for 语句试出所有可能的毕达哥拉斯三元组。这是一个"蛮力"(brute-force)搜索的例子。可能很多人并不欣赏这种技术，但是从多种因素考虑这些技术还是很重要的。首先，随着计算机运算能力的快速增长，几年前还需要花几年甚至几百年的时间解决的问题，而现在仅仅需要几小时、几分钟甚至几秒，因为新的微处理器芯片每秒可以处理十亿条指令。其次，在学习那些更高级的计算机科学课程后，我们会发现有大量有趣的问题除了完全蛮力计算外没有其他已知的算法可以解决。本书中还要研究多种求解问题的方法，我们还要用不同的"蛮力计算方法"来解决多个有趣的问题。

4.28 (计算周薪)某公司按照经理(发固定的周薪)、计时工(前 40 个工作小时按照固定的每小时工资计算，超过 40 小时的工作视为加班，按照原工资的 1.5 倍计算，合计发放)、代办工(底薪\$250，加上每周销量总额的 5%提成)、计件工(每件产品付给固定数目的报酬，每位计件工只生产一种产品，按照其生产的产品及数目计算周薪)四种员工类别来发放工资。请编写一个计算员工周薪的程序。程序预先不知道员工的数量，每种员工类型有一个编码：经理编码为 1，计时工为 2，代办工为 3，计件工为 4。基于员工类型编码，使用 switch 语句计算每位员工的周薪。在 switch 语句中，提示用户(即工资秘书)输入计算员工周薪所需要的数据信息(提示：可使用带转换说明符%lf 的 scanf 函数来输入类型为 double 的数值)。

4.29 **(德·摩根定律)** 本章讨论了逻辑运算符&&、‖和!。德·摩根定律(De Morgan's Laws)可以帮助我们更方便地表示一个逻辑表达式。例如：表达式!(condition1&&condition2)等价于(!condition1&&!condition2)，表达式!(condition1‖condition2)等价于(!condition1&&!condition2)。请利用德·摩根定律写出下列表达式的等价式，然后编写一个程序来验证原表达式和新表达式在各种情况下都是等价的。
  (a)!(x < 5) && !(y >= 7)
  (b)!(a == b) || !(g != 5)
  (c)!((x <= 8) && (y > 4))
  (d)!((i > 4) || (j <= 6))

4.30 **(用 if...else 语句替换 switch 语句)** 改写图 4.7 中的程序，用嵌套的 if...else 语句替换 switch 语句。请注意对 default 情况的处理。然后，再一次改写新程序，用一系列 if 语句来替换嵌套的 if...else 语句。这里，同样要注意对 default 情况的处理(这个处理比在嵌套的 if...else 语句中的处理更困难)。这个练习表明：switch 语句给我们带来了很多方便，任何一个 switch 语句都可以改写成单分支选择语句。

4.31 **(菱形打印程序)** 请编写一个程序打印下面的菱形，用 printf 语句每次打印一个星(*)或一个空格。尽可能多地使用循环(通过嵌套的 for 语句)来最少地使用 printf 语句。

```
        *
       ***
      *****
     *******
    *********
     *******
      *****
       ***
        *
```

4.32 **(修改的菱形打印程序)** 修改练习题 4.31 中的程序，使其能够读入一个指定菱形行数的、范围在 1 ～ 19 之间的奇数，然后打印大小正确的菱形。

4.33 **(十进制数的等值罗马数字)** 请编写一个程序，打印出一个与从 1 ～ 100 的所有十进制数等值的罗马数字表。

4.34 请描述使用等价的 while 循环替换 do...while 循环的过程。若反过来用等价的 do...while 循环替换 while 循环，会产生什么问题呢？假设要求你必须去掉 while 循环，改用 do...while 循环来替换它。那么，还需要什么其他控制语句呢？如何使用这个控制语句才能确保新程序的运行过程与原先程序的运行过程完全相同呢？

4.35 对 break 语句和 continue 语句的一种批评是：它们哪个都不是结构化的。事实上，break 语句和 continue 语句总是可以用结构化语句替代的，尽管这样做是很笨拙的。请概述用结构化的等价结构来替换 break 语句的方法，从而将 break 语句从循环程序中删除(提示：break 语句的功能是从循环体中退出，而退出循环体的另一种方法是让循环控制条件失效。请考虑向循环控制条件添加一个表示"若一个'break'条件满足则提前退出"的附加条件的方法)。使用你开发的技术将图 4.11 程序中的 break 语句删除。

4.36 以下程序段的功能是什么？
```
1    for (unsigned int i = 1; i <= 5; ++i) {
2        for (unsigned int j = 1; j <= 3; ++j) {
3            for (unsigned int k = 1; k <= 4; ++k) {
4                printf("%s", "*");
5            }
6            puts("");
7        }
8        puts("");
9    }
```

4.37 请说明用结构化的等价结构来替换循环程序中 continue 语句的方法，从而将 continue 语句从循环程序中删除。使用你开发的技术将图 4.12 程序中的 continue 语句删除。

4.38 (歌曲"圣诞节的十二天")请编写一个程序，使用循环和 switch 语句来打印歌曲"圣诞节的十二天"的歌词。一个 switch 语句负责打印天数[即"first"(第一天)、"second"(第二天)，等等]，另一个 switch 语句负责打印每天的具体歌词。

4.39 (浮点数用于金融统计的局限)在 4.6 节中，我们说过在金融统计中要慎用浮点数。请体验一下：创建一个值为 1000000.00、类型为 float 的变量，然后将其与浮点数 0.12f 相加，最后用 printf 函数和转换说明符"%.2f"打印结果。看看会得到什么结果？

提高练习题

4.40 (世界人口增长)近几个世纪以来，世界人口一直在显著增长。人口持续增长将最终挑战地球上可以呼吸的空气、可以饮用的水、可以耕种的农田以及其他有限资源的极限。不过，有证据表明：近年来世界人口增长已经放慢，在本世纪的某个时间世界人口将达到顶点，然后开始下降。

本练习中，请通过网络研究世界人口增长的问题。一定要分析各种各样的观点。估计当前世界人口数及其增长率(本年度世界人口可能增长的百分比)。请编写一个程序来计算未来 75 年间每年的世界人口增长情况，其中使用一个简化问题的假设"世界人口增长率将保持恒定"。计算结果将以表格的形式打印出来，表格的第一栏显示从 1～75 的年份，第二栏显示预测的该年年底的世界人口数，第三栏显示该年的世界人口增加数量。假设人口年增长率保持不变，请根据程序的结果，确定相对于今天的数据多少年后世界人口将翻一番。

4.41 (纳税计划选择方案;"公平纳税")有很多旨在使税制更加公平合理的建议。请访问美国的"公平税(FairTax)建议"网站 www.fairtax.org。研究其提出的"公平税"的工作原理。一个建议是取消所得税和其他绝大多数税种，只对你购买的所有商品和服务征收 23% 的消费税。反对"公平税"计划的人士则质疑 23% 这个数字，宣称"根据税额的计算方法，精确的税率应该是 30%——请仔细检查"。请编写一个程序，请用户输入在各类消费(如住房、食品、服装、交通、教育、健康、度假等)中的支出，然后打印估算的应缴纳的"公平税"。

第5章 C 函 数

学习目标：

在本章中，读者将学习以下内容：
- 用被称为函数的程序片段模块化地构建程序。
- 使用 C 标准库中的常用数学函数。
- 创建新的函数。
- 在函数间传递信息的机制。
- 函数调用堆栈和栈框架是如何支持函数调用/返回机制的。
- 使用基于随机数生成器的模拟技术。
- 编写和使用自己调用自己的函数。

提纲

5.1 引言

绝大多数用来解决实际问题的程序在规模上要远远大于本书前几章介绍过的程序。经验表明：开发和维护一个大型程序的最佳方法就是从一些小的程序片段开始构建它，因为一个程序片段要比其所在程序更容易管理。这种构建程序的技术称为**分而治之**（Divide and conquer，简称分治）。本章将介绍 C 语言中支持大型程序设计、实现、运行和维护的那些重要功能。

5.2 C 语言中的程序模块

C 语言中，**函数**（Function）是用来模块化构建程序的。C 程序的编写过程通常就是将用户编写的函数与 **C 标准库**（C Standard Library）中提供的"事先封装好的"函数组合在一起的过程。本章将介绍这两类函数。C 标准库提供了大量的函数，这些函数可以实现数学计算、字符串操作、字符操作、输入/输出等许多有用功能。由于这些函数提供了许多所需要的功能，所以编程工作也就变得很轻松了。

良好的编程习惯5.1
使自己对 C 标准库中丰富的函数了如指掌。

软件工程视点 5.1

避免"重新发明轮子"。尽可能采用 C 标准库中的函数，而不是自己编写新函数，这样能减少开发程序的时间。这些函数都是专家编写的，经过了很好的测试，运行效率很高。

 可移植性提示 5.1

采用 C 标准库中的函数有助于提高程序的可移植性。

　　C 语言和标准库都是由 C 标准定义的，而且都由标准 C 系统提供的(某些设计为可选的库例外)。在前几章中，我们用过的 printf 函数、scanf 函数和 pow 函数都是 C 的标准库函数。

　　可以编写一个具有特定功能的函数，然后在一个程序中的多个地方使用它。这样的函数也称为**程序员自定义函数**(Programmer-defined function)。这类函数中的语句只需编写一次，并且对于其他函数而言，这些语句是隐藏的(即函数是如何使有这些语句的，其他函数并不知晓)。

　　函数是通过**函数调用**(Function call)语句而**被调用执行的**(Invoked)。函数调用语句指定要调用的函数名，并提供该函数执行指定任务所需的信息，即实参(Argument)。这个过程类似公司中的层次管理模式。一个老板，即**主调函数**(Calling function，或 Caller)，要求一名员工——**被调函数**(Called function)，去执行一项任务并在任务完成后报告结果(如图 5.1 所示)。例如，一个想在屏幕上显示信息的函数就会调用它的员工 printf 函数去执行这一任务。接收任务后，printf 函数显示出信息，并在完成后将结果报告[或者说是**返回**(Returns)]给主调函数。老板函数并不知道员工函数是如何完成他指定的任务的，甚至这名员工函数还会调用其他员工函数。总之，员工执行任务的细节，老板是毫不知晓的。以后我们就会明白：这些执行细节隐藏得越好，程序的软件工程质量就越高。图 5.1 表示老板函数以一种层次结构来与若干个员工函数进行通信。请注意：图中的员工 1，对员工 4 和员工 5 而言，就相当于一个老板。这个图例说明函数之间的关系会随其在层次结构中的相对位置的变化而发生改变。

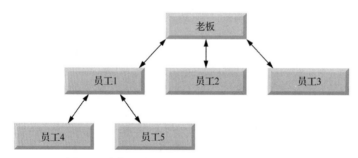

图 5.1　老板函数/员工函数关系的层次结构图

5.3　数学库函数

　　数学库函数可以实现某种常用的数学计算。这里，我们借用数学库函数来介绍有关函数的概念。在本书的后面，还要介绍 C 标准库中的其他函数。

　　在一个程序中，使用函数的方式通常是：写出函数名，并在其后加上一对圆括号，在括号内写上一个实参(或一组用逗号隔开的实参列表)。例如，要计算并打印 900.0 的平方根，可以用如下方式调用 printf 函数和 sqrt 函数：

```
printf("%.2f", sqrt(900.0));
```

　　当执行到这条语句时，数学库函数 sqrt()将被调用来计算圆括号内的 900.0 的平方根，900.0 就是 sqrt 函数的实参。上面那条语句将打印出 30.00。sqrt 函数接收一个 double(双精度)实型的实参然后返回一个双精度实型的结果。事实上，所有返回浮点值结果的数学库函数，其返回值的类型都是双精度型的。注意：double 型的数据，与 float(浮点数)型的数据一样，都可用转换说明符"%f"来输出。

还可以将函数调用的结果存储在一个变量中，以备今后使用。例如

```
double result = sqrt(900.0);
```

错误预防提示 5.1

若使用数学库函数，请使用预编译命令 "#include <math.h>" 将数学库头文件包含进来。

函数的实参可以是常量、变量或者表达式。例如假设 c1 = 13.0、d = 3.0 和 f = 4.0，则下面这条语句将会计算并打印出 (13.0 + 3.0 * 4.0 = 25.0) 的平方根 5.00：

```
printf("%.2f", sqrt(c1 + d * f));
```

图 5.2 给出了一些常用的数学库函数。图中，变量 x 和 y 都是 double 类型。C11 标准增加更多处理浮点数和复数的功能。

函　　数	说　　明	例　　子
sqrt(x)	x 的平方根	sqrt(900.0) 的值是 30.0 sqrt(9.0) 的值是 3.0
cbrt(x)	x 的立方根 (仅在 C99 和 C11 中提供)	sqrt(27.0) 的值是 3.0 sqrt(−8.0) 的值是−2.0
exp(x)	指数函数 e^x	exp(1.0) 的值是 2.718282 exp(2.0) 的值是 7.389056
log(x)	x 的自然对数(以 e 为底)	log(2.718282) 的值是 1.0 log(7.389056) 的值是 2.0
log10(x)	x 的对数(以 10 为底)	log10(1.0) 的值是 0.0 log10(10.0) 的值是 1.0 log10(100.0) 的值是 2.0
fabs(x)	以浮点数表示的 x 的绝对值	fabs(13.5) 的值是 13.5 fabs(0.0) 的值是 0.0 fabs(−13.5) 的值是 13.5
ceil(x)	对 x 向上取整得到不小于 x 的最小整数	ceil(9.2) 的值是 10.0 ceil(−9.8) 的值是-9.0
floor(x)	对 x 向下取整得到不大于 x 的最大整数	floor(9.2) 的值是 9.0 floor(−9.8) 的值是−10.0
pow(x, y)	x 的 y 次幂(x^y)	pow(2, 7) 的值是 128.0 pow(9, .5) 的值是 3.0
fmod(x, y)	以浮点数表示的 x/y 的余数	fmod(13.657, 2.333) 的值是 1.992
sin(x)	x 的正弦值(x 以弧度表示)	sin(0.0) 的值是 0.0
cos(x)	x 的余弦值(x 以弧度表示)	cos(0.0) 的值是 1.0
tan(x)	x 的正切值(x 以弧度表示)	tan(0.0) 的值是 0.0

图 5.2　常用的数学库函数

5.4　函数

函数有助于将一个程序模块化。所有在函数内部定义的变量都称为**局部变量**(Local variable)——它们只能在定义它们的函数内部访问。绝大多数函数都有一个**形式参数**(Parameter，简称形参)的列表。这些形参规定了函数调用语句应提供怎样的实参才能实现函数之间的信息通信。一个函数的形参也是这个函数的局部变量。

软件工程视点 5.2

在一个包含了许多函数的程序中， main 函数就是由一组函数调用语句组成，这些函数调用语句所调用的函数完成了程序的主要工作。

将程序"函数化"的目的有很多,分治、**软件重用**(Software reusability)和避免重复代码出现就是其中的三个。分治使得软件开发过程更加容易管理。软件重用是指基于现成的函数采用搭积木的方法来开发新的程序。软件重用是面向对象程序设计被广泛使用的主要原因。在学习了一些从 C 语言基础上发展起来的语言,如 C++、Objective-C、Java、C#(读为 C sharp)和 Swift,一定会对此有更深的体会。有了好的函数命名和定义,程序就可以通过具有特定功能的标准函数来构成,而不再需要程序员编写专门的代码。这种技术被称为**抽象**(Abstraction)。每次使用诸如 printf、scanf 和 pow 这些标准库函数来开发程序时,我们就是在不知不觉地运用了抽象技术。将一段具有特定功能的程序代码封装成函数后,在需要这个功能的地方只写上函数调用语句就可以了,这样就避免了这些相同的代码在程序中多次出现,节省了源程序所占用的存储空间,并使源程序更加简洁明了。

软件工程视点 5.3

每一个函数应该限定只具有一个简单的、精心定义的功能,函数名应能准确地表达这个功能。这样有助于实现抽象,并提高程序的可重用性。

软件工程视点 5.4

如果不能为自己编写的函数起一个简明的函数名,那就说明这个函数具有多种不同的功能。最好是将这样的函数拆分成若干个更小的函数——这也称为分解。

5.5　函数定义

在我们介绍过的每一个程序中,都包含有一个通过调用标准库函数来完成其相应功能的 main 函数。现在来学习如何编写一个自己的函数。

5.5.1　square 函数

请看下面这个用 square 函数来计算并打印从 1 ~ 10 十个整数的平方的程序(参见图 5.3)。

```
1   // Fig. 5.3: fig05_03.c
2   // Creating and using a programmer-defined function.
3   #include <stdio.h>
4
5   int square(int y); // function prototype
6
7   int main(void)
8   {
9       // loop 10 times and calculate and output square of x each time
10      for (int x = 1; x <= 10; ++x) {
11          printf("%d  ", square(x)); // function call
12      }
13
14      puts("");
15  }
16
17  // square function definition returns the square of its parameter
18  int square(int y) // y is a copy of the argument to the function
19  {
20      return y * y; // returns the square of y as an int
21  }
```

```
1  4  9  16  25  36  49  64  81  100
```

图 5.3　创建并使用程序员自定义函数的例子

调用 square 函数

在 main 函数中,　square 函数是在 printf 语句(第 11 行)中**被调用的**(invoked 或 called):

```
printf("%d  ", square(x)); // function call
```

　　函数 square 将实参 x 的一个副本接收到形参 y 中(第 18 行)，然后计算 y*y(第 24 行)，并把结果返回到 main 函数第 11 行中调用 square 函数的地方(第 11 行)。第 11 行语句继续执行，将 square 函数的结果传递给 printf 函数，将结果显示在屏幕上。这个处理过程重复十遍——for 语句每循环一次执行一遍。

square 函数的定义

　　从 square 函数的定义(第 18 行至第 21 行)来看，这个函数的形参 y 是一个整数。函数名前面的关键字 int(第 18 行)表示 square 函数返回一个整型的结果。在 square 函数中，return 语句将表达式 y*y(即计算结果)返回给主调函数。

square 函数的原型

　　程序的第 5 行：

```
int square(int y); // function prototype
```

是**函数原型**(Function prototype)或**函数声明**(Function declaration)。其中，圆括号内的 int 负责通知编译器：square 函数期望从主调函数那里接收一个整数；函数名 square 左边的 int 则通知编译器：square 函数将向主调函数返回一个整型的结果。编译器将对照这个函数原型，检查对 square 函数的调用(第 11 行)以确保

- 实参个数是正确的
- 各个实参的类型是正确的
- 实参排列的顺序是正确的
- 函数返回值的类型与调用它的上下文是一致的

函数原型的细节将在 5.6 节详细介绍。

函数定义的格式

　　函数定义的格式是：

返回值类型 函数名(形参列表)
{
　　语句
}

其中，函数名可以是任何合法的标识符，**返回值类型**(Return-value-type)是返回给主调函数的运算结果的数据类型。如果返回值类型声明为 void，则表示函数不返回任何值。返回值类型、函数名和形参列表，作为一个整体，有时被称为**函数头**(Function header)。

错误预防提示 5.2

检查你编写的本应有返回值的函数是否真的有返回值。检查你编写的不应该有返回值的函数是否真的没有返回值。

　　形参列表(Parameter-list)是一组用逗号隔开的形参，它规定了函数被调用时应该接收到的形参。如果函数在被调用时不需要接收任何值，则形参列表应写成 void。在形参列表中，每个形参的类型都必须显式地列出。

常见的编程错误 5.1

即便若干个形参的数据类型是相同的，也应该分别定义，例如 double x, double y。如果图省事将其写成 double x, y，将导致一个编译错误。

常见的编程错误 5.2

定义一个函数时，在形参列表的右侧圆括号后面加上一个分号，这是一个语法错误。

常见的编程错误 5.3

在函数体内，将一个形参再次定义成一个局部变量，是一个编译错误。

良好的编程习惯 5.2

尽管不能说是错误，但是最好还是不要让传递给函数的实参与这个函数的形参使用相同的变量名，这样有助于避免混淆。

函数体

包含在花括号内的语句构成了**函数体**(Function body)，函数体也属于一种**程序块**(Block)。任何一个程序块都可以定义变量。程序块还可以是嵌套的(但是函数不能相互嵌套)。

常见的编程错误 5.4

在一个函数中定义另外一个函数，是一个语法错误。

良好的编程习惯 5.3

给函数和形参起一些有意义的名字，可提高程序的可读性并减少注释。

软件工程视点 5.5

小规模的函数能够提高程序的可重用性。

软件工程视点 5.6

一个程序最好是设计成一些小函数的组合，这样的程序易于编写、排错、维护和修改。

软件工程视点 5.7

如果一个函数形参列表中的形参数目很多，则说明这个函数功能过多。这时应该考虑将其分解成若干具有单一功能的小函数。函数头的长度尽可能控制在一行之内。

软件工程视点 5.8

函数原型、函数头和函数调用语句三者，应该在形参和实参的数量、类型和顺序，以及返回值的类型上严格保持一致。

将控制从被调函数中返回

将控制从被调函数中返回到调用它的地方，有三种方法。如果函数不需要返回值，那么在执行到函数最后的右侧花括号时，控制将自动返回(第一种)，或者执行下面的语句：

```
return;
```

将控制返回(第二种)。当函数的确需要返回一个值，下面的语句：

```
return  表达式；
```

将表达式的值返回给主调函数，同时将控制返回(第三种)。

main 函数的返回类型

请注意，main 函数的返回类型是 int。main 函数的返回值用来表示函数是否正确地执行结束。在早期的 C 版本中，我们显式地将

```
return 0;
```

写在 main 函数的末尾——0 表示程序成功运行结束。现行的 C 标准指出，若程序员忽略了上面这条语句，则程序隐式地返回 0——在本书中，就是这样做的。你可以显式地返回一些非 0 值来表示程序在运行过程中发生了某种错误。欲了解更多如何报告程序运行错误的信息，请查阅你所使用的操作系统的文档。

5.5.2　maximum 函数

我们的第二个例程是使用一个程序员自定义的函数 maximum 来确定三个整数中的最大者并将其返回(参见图 5.4)。程序首先用 scanf 函数(第 14 行)输入三个整数，然后将其传递给能够找出其中最大值的 maximum 函数(第 18 行)。maximum 中的 return 语句将找到的最大值结果返回给 main 函数(第 35 行)，最后第 18 行中的 printf 语句将 maximum 返回的值打印出来。

```c
1   // Fig. 5.4: fig05_04.c
2   // Finding the maximum of three integers.
3   #include <stdio.h>
4
5   int maximum(int x, int y, int z); // function prototype
6
7   int main(void)
8   {
9      int number1; // first integer entered by the user
10     int number2; // second integer entered by the user
11     int number3; // third integer entered by the user
12
13     printf("%s", "Enter three integers: ");
14     scanf("%d%d%d", &number1, &number2, &number3);
15
16     // number1, number2 and number3 are arguments
17     // to the maximum function call
18     printf("Maximum is: %d\n", maximum(number1, number2, number3));
19  }
20
21  // Function maximum definition
22  // x, y and z are parameters
23  int maximum(int x, int y, int z)
24  {
25     int max = x; // assume x is largest
26
27     if (y > max) { // if y is larger than max,
28        max = y; // assign y to max
29     }
30
31     if (z > max) { // if z is larger than max,
32        max = z; // assign z to max
33     }
34
35     return max; // max is largest value
36  }
```

```
Enter three integers: 22 85 17
Maximum is: 85
```

```
Enter three integers: 47 32 14
Maximum is: 47
```

```
Enter three integers: 35 8 79
Maximum is: 79
```

图 5.4　找出三个整数中的最大值的程序例子

函数先把第 1 个实参(存储在形参 x 中)认定为最大值，并将其赋值给变量 max(第 25 行)。然后利用第 27 行至第 29 行的 if 语句判断 y 是否大于 max。若是，则将 y 赋值给 max。其次再利用第 31 行至第 33 行的 if 语句判断 z 是否大于 max。若是，则将 z 赋值给 max。最后，第 35 行将 max 返回给主调函数。

5.6　函数原型：一个深入的剖析

C 语言最重要的特性之一就是函数原型，它是从 C++那里借鉴来的。编译器根据函数原型检查函数调用语句是否正确。早期的 C 语言版本并不进行这类检查，所以有可能发生由于编译器没有检测出错误而发生了不正确的函数调用。这样的错误要么导致一个致命的运行时错误，要么导致因微妙的、难以检测的非致命错误。函数原型的引入弥补了这个缺陷。

良好的编程习惯 5.4

在程序中包含所有函数的函数原型，这样才能利用 C 语言的类型检查功能。可以用#include 编译预处理命令从相应标准库的头文件中获得标准库函数的函数原型，或者获得包含了你与你的同事开发的函数原型的头文件。

图 5.4 中 maximum 函数的函数原型(第 5 行)是

```
int maximum(int x, int y, int z); // function prototype
```

这个函数原型说明：maximum 函数接收三个类型都是 int 的实参并返回一个类型为 int 的结果。请注意：这个函数原型与 maximum 的函数定义中的第一行是一模一样的。

良好的编程习惯 5.5

将形参的名字包含在函数原型中，可以起到程序注释的作用。编译器会忽略掉这些名字，所以函数原型 "int maximum (int, int, int);" 是有效的。

常见的编程错误 5.5

在函数原型的最后忘记写上一个分号，这是一个语法错误。

编译错误

函数的调用语句与函数原型不匹配是一个编译错误。同样，函数原型与函数的定义不匹配也是错误的。例如，图 5.4 中的函数原型写成了

```
void maximum(int x, int y, int z);
```

编译器在编译时将会提示一个错误信息，因为函数原型中的返回类型 void 与函数定义中的返回类型 int 不一致。

实参类型强制转换与"常见算术类型转换规则"

函数原型的另一个功能是**实参类型强制转换**(Coercion of argument)，即强制规定实参必须改为某种数据类型。例如，头文件<math.h>中的函数原型规定了函数 sqrt 的实参必须是 double 型浮点数，而用户却用一个整型实参来调用这个函数，但函数依然正常工作。语句

```
printf("%.3f\n", sqrt(4));
```

就正确地计算了 sqrt (4)的值并打印出 2.000。其内在的原因是，在整型值 4 的副本被传送给 sqrt 函数之前，编译器已经按照函数原型将这个副本转换成双精度型浮点数 4.0。

通常，当实参的数据类型与函数原型中指定的形参的数据类型不一致时，在函数调用前实参的数据类型将被转换成正确的数据类型。不过，如果不遵循 C 语言的常见算术类型转换规则(Usual arithmetic conversion rule)的话，这样的类型转换可能会导致错误的结果。这些规则规定了数据如何被转换成其他数据类型而不会出现数据丢失。例如在 sqrt 例子中，一个 int 型数据可以在数值不变的情况下自动地转换成一个 double 型浮点数(因为相比 int 型，double 型可以表示一个大得多的数值范围)。但是如果将一个 double 型浮点数转换成 int 型数据，浮点数中的小数部分将被截掉，从而改变了原来的数值。将一个大的整数类型转换成一个小的整数类型(如将 long 型转换成 short 型)也会导致数值的变化。

常见算术类型转换规则会自动地由编译器应用于具有两种数据类型的表达式中，这样的表达式也称为**混合类型表达式**(Mixed-type expression)。在一个混合类型表达式中，编译器为需要转换的数据建立一个临时副本，然后将副本转换成表达式中"最高的"数据类型——也称为类型**提升**(Promotion)。

对于至少包含一个浮点数的混合类型表达式，常见算术类型转换规则为

● 若有一个数据是 long double 类型，则其他数据都要转换成 long double 类型。

● 若有一个数据是 double 类型，则其他数据都要转换成 double 类型。
● 若有一个数据是 float 类型，则其他数据都要转换成 float 类型。

若混合类型表达式仅包含整型数据，则常见算术类型转换规定了一组整数类型提升规则。在绝大多数情况下，位于图 5.5 中低位的整数类型将被转换成表中更高位的类型。C 标准文档中 6.3.1 节给出了算术操作数和常见算术类型转换规则的全部细节。图 5.5 列出了浮点数和整数数据类型及每种类型对应的函数 printf 和 scanf 转换说明符。

数据类型	函数 printf 的转换说明符	函数 scanf 的转换说明符
浮点数数据类型		
long double（长双精度浮点数）	%Lf	%Lf
double（双精度浮点数）	%f	%lf
float（浮点数）	%f	%f
整数数据类型		
unsigned long long int（无符号长长整数）	%llu	%llu
long long int（长长整数）	%lld	%lld
unsigned long int（无符号长整数）	%lu	%lu
long int（长整数）	%ld	%ld
unsigned int（无符号整数）	%u	%u
int（整数）	%d	%d
unsigned short（无符号短整数）	%hu	%hu
short（短整数）	%hd	%hd
char（字符）	%c	%c

图 5.5　算术数据类型及其转换规则

一个数据只有在显式地被赋值给一个低级别类型变量或使用一个强制类型转换运算符时，才能转换成一个低级别类型。

在函数调用的过程中，实参的数据类型将会被自动转换成函数原型中定义的形参数据类型，就好像它们是被赋值给具有形参数据类型的变量一样。如果用一个浮点型实参来调用需要整型形参的 square 函数（参见图 5.3），则这个浮点型实参将被转换成整型数（一个低级别类型），然后 square 函数会返回一个错误的结果。例如，square (4.5) 返回 16，而不是 20.25。

常见的编程错误 5.6
在类型提升体系中，将高级的数据类型转换成低级的数据类型，会改变数据的数值。遇到这种情况时，许多编译器会发出一个警告。

如果程序中没有函数的函数原型，编译器将根据函数第一次出现的情况生成函数原型，"函数第一次出现"要么是函数的定义，要么是对函数的调用。根据具体的编译器，这通常会导致警告或者错误。

错误预防提示 5.3
在程序中总是包含自定义函数或所用函数的函数原型，以防止编译错误和警告。

软件工程视点 5.9
位于函数定义之外的函数原型，将会对程序中出现在它后面的、所有对这个函数的调用语句都起作用。在一个函数内部的函数原型将只会对该函数中出现的调用语句起作用。

5.7　函数调用堆栈及活动记录堆栈帧

要想了解 C 是如何进行函数调用的，首先需要认识一种被称为**堆栈**(Stack)的数据结构（即一个关联数据项的集合）。可以将堆栈想象成一摞盘子。当我们想放一只盘子时，通常是将这只盘子放在这一摞盘子的顶部，相当于将盘子压入(Pushing)堆栈。同样，当想取出一只盘子时，总是从一摞盘子的顶部取出盘子,相当于将盘子**弹出**(Popping)堆栈。可见,堆栈是一种**后进先出**(Last-in, First-out, 缩写成 LIFO)**的数据结构**——最后被压入(插入)的数据总是最先被弹出(移出)。

计算机科学专业的学生需要掌握的一个重要机制是**函数调用堆栈**(Function call stack),有时也称其**为程序执行堆栈**(Program execution stack)。这个工作在"幕后"的数据结构支持着函数调用/返回的实现。同时,它还支持每个被调函数的局部变量(也称为自动变量)的创建、维护和撤销。刚才我们用堆盘子的例子解释了堆栈的后进先出(LIFO)行为。这个 LIFO 行为恰好就是一个函数在返回到调用它的函数时所执行的实际操作,这点可以在图 5.7 至图 5.9 中看到。

一个函数既可以被调用,也可以调用其他函数,甚至在没有任何函数返回时还调用其他函数。由于函数最终必须将控制返回给调用它的函数,所以我们必须掌握每个函数应将控制返回给调用它的函数的返回地址,而函数调用堆栈就是处理此类信息的最佳数据结构。每当一个函数调用另外一个函数,就会把一个被称为"**堆栈帧**"(stack frame)的实体压入堆栈。这个实体包含了被调函数为了将控制返回给调用它的函数所需要的返回地址。当然,该实体还包含了一些其他信息,这些我们将在后面介绍。若被调函数返回,而不是在返回前调用其他函数,针对这次调用的堆栈帧将被弹出,控制转移到被弹出堆栈帧中保存的函数返回地址处。

每个被调函数都能够在调用堆栈的顶部找到它所需的返回到主调函数的信息。如果一个函数调用了另外一个函数,则针对新的函数调用的堆栈帧将被压入调用堆栈。这样,新的被调函数为返回到主调函数所需的返回地址就位于堆栈的顶部。

堆栈帧还有一个重要的任务。绝大多数函数拥有局部(自动)变量——形参和某些或全部的函数局部变量。在函数的运行过程中,自动变量应始终存在。即便是函数调用了其他函数,这些自动变量也应该保持活动状态。但是当一个被调函数返回到它的主调函数后,该被调函数的自动变量就需要"清除"。

被调函数的堆栈帧是保存自动变量的最佳存储空间。堆栈帧的生存周期就是被调函数的活动周期。当函数返回(不再需要那些局部自动变量)它的堆栈帧就被从堆栈中弹出,程序就再也找不到那些局部自动变量了。

当然,由于计算机中的内存容量是有限的,所以函数调用堆栈中用来存储堆栈帧的存储空间是确定的。如果函数调用的次数超出了函数调用堆栈能够存储堆栈帧的上限,将会发生被称为**堆栈溢出**(Stack Overflow)的致命错误。

活动中的函数调用堆栈

现在让我们看看,调用堆栈是如何支持 main 函数调用 square 函数的(参见图 5.6 中第 8 行至第 13 行)。首先,操作系统调用 main 函数——将一个堆栈帧压入堆栈(如图 5.7 所示)。堆栈帧告诉 main 如何返回到操作系统(即转移到返回地址 R1),并为 main 函数的自动变量预留了存储空间(即被初始化为 a,其初始化为 10)。

```
1   // Fig. 5.6: fig05_06.c
2   // Demonstrating the function call stack
3   // and stack frames using a function square.
4   #include <stdio.h>
5
6   int square(int); // prototype for function square
7
8   int main()
9   {
10     int a = 10; // value to square (local automatic variable in main)
11
12     printf("%d squared: %d\n", a, square(a)); // display a squared
13   }
14
15   // returns the square of an integer
16   int square(int x) // x is a local variable
17   {
18     return x * x; // calculate square and return result
19   }
```

```
10 squared: 100
```

图 5.6　用 square 函数来演示函数调用堆栈及堆栈帧

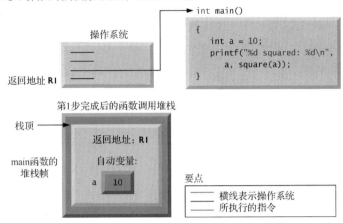

图 5.7　操作系统为执行程序而调用 main 函数后的函数调用堆栈

main 函数（在返回操作系统之前）图 5.6 中第 12 行调用了 square 函数。这导致 square 函数（第 16 行至第 19 行）的堆栈帧被压入函数调用堆栈（如图 5.8 所示）。该堆栈帧包含了 square 函数为返回到 main 函数所需要的返回地址（即 R2）以及为 square 自动变量预留的存储空间（即 x）。

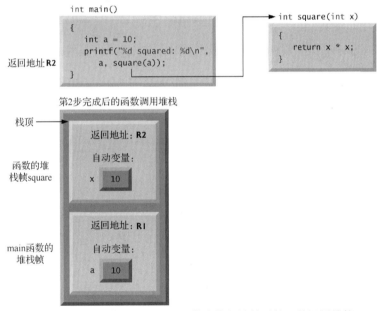

图 5.8　main 函数调用 square 函数去执行计算后的函数调用堆栈

在计算完参数的平方之后，square 函数需要返回到 main 函数——同时不再需要保留自动变量 x 的存储空间。所以堆栈将进行弹出操作——将 main 函数中的返回地址（即 R2）交给 square 函数并释放 square 函数的自动变量。图 5.9 展示了 square 函数的堆栈帧被弹出后的函数调用堆栈。

main 函数现在可以显示调用 square 函数得到的结果了（参见图 5.6 中第 12 行）。接着执行到 main 函数的右花括号，这将引发它的堆栈帧也被从堆栈中弹出。将 main 函数所需的返回到操作系统的地址（即图 5.7 中的 R1）交给 main 函数并释放掉 main 函数的自动变量（即 a）。

现在已经看到了在实现支持程序运行的这个关键机制中，堆栈数据结构是多么有价值。数据结构在计算机科学中有很多重要的应用，在第 12 章中将要介绍堆栈、队列、线性表、树等多种数据结构。

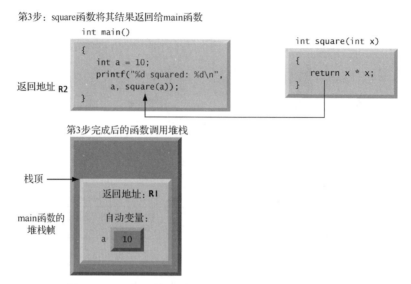

图 5.9　square 函数返回到 main 函数后的函数调用堆栈

5.8　头文件

每一个标准函数库都有一个相应的**头文件**(Header)，头文件中包含了库中所有函数的函数原型以及这些函数所需的各种数据类型和常量的定义。图 5.10 按照字母顺序列出了经常需要包含在程序中的标准函数库的头文件。C 标准包含有其他的头文件。图 5.10 中多次出现的名词"宏"(Macros)将在第 13 章中详细介绍。

头文件	解释
\<assert.h>	包含了为增加辅助程序调试的诊断功能所需的相关信息
\<ctype.h>	包含了测试具有某种属性字符的函数、能够将小写字母转换成大写字母或者反过来转换的函数的函数原型
\<errno.h>	定义用于报告错误条件的宏
\<float.h>	包含了系统中浮点数大小的上下限
\<limits.h>	包含了系统中整数大小的上下限
\<locale.h>	包含了能够根据正在运行的当前现场来修改程序的函数原型和其他信息。程序现场的标记使得计算机系统能够处理在表示诸如日期、时间、现金总数及涉及整个世界的巨大数值这样的数据时不同的习惯用法
\<math.h>	包含了数学函数库的函数原型
\<setjmp.h>	包含了能够绕过通常的程序调用和返回序列的函数的函数原型
\<signal.h>	包含了处理在程序运行中可能产生的各种条件的函数原型和宏
\<stdarg.h>	定义处理传递给一个形参个数和类型都是未知的函数的一组实参的宏
\<stddef.h>	包含了 C 语言用来执行计算的公共类型的定义
\<stdio.h>	包含了标准输入/输出库函数的函数原型，及其所需的相关信息
\<stdlib.h>	包含了将数值转换成文本或者文本转换成数值函数、内存分配函数、随机数函数和其他工具函数的函数原型
\<string.h>	包含了字符串处理函数的函数原型
\<time.h>	包含了用于处理时间和日期的函数原型和数据类型

图 5.10　常用标准函数库的头文件

其实，也可以创建自己的头文件。程序员定义的头文件也必须采用".h"这个文件扩展名。创建完成之后，就可以用#include 预编译命令来将其包含到程序中。例如，square 函数的函数原型保存在头文件 square.h 中。那么，就可以通过在程序的开头加上下面这样一条预编译命令来将这个头文件包含到我们的程序中：

```
#include "square.h"
```

13.2 节将进一步介绍有关添加头文件方面的知识，例如为什么程序员定义的头文件用双引号(" ")而不是角括号(< >)括起来。

5.9 按值或按引用传递参数

在大多数程序设计语言中，传递参数的方式有两种：**按值传递**(Pass-by-value)与**按引用传递**(Pass-by-reference)。按值传递实参时，程序会为实参创建一个副本，并将副本传递给被调函数。对这个副本的修改不会影响到主调函数中原来的实参变量的值。而按引用传递实参时，主调函数则允许被调函数修改相应的实参变量的值。

若被调函数不需要修改主调函数中实参变量的值，则应采用按值传递的方式。这可防止意外的**副作用**(Side effect，指变量被修改)的发生，这种副作用会严重地阻碍我们开发出正确且可靠的软件系统。只有在被调函数需要修改主调函数中的原本变量而这个被调函数又是可以信任的时候，才可使用按引用传递。

C 语言中，所有的实参都是按值传递的。在第 7 章 "C 指针" 中我们会看到，可以使用取地址运算符和间接寻址运算符来实现(模拟)按引用传递。在第 6 章中还会看到，出于性能的考虑，数组参数自动地按引用传递。等学完了第 7 章后，会明白这并不是一个矛盾。而本章，我们则重点讨论按值传递。

5.10 随机数的生成

现在我们将要简单讨论一个很有发展前途的、令人愉快的新领域——仿真与电子游戏。在本节及随后一节，要开发一个包含多个函数的结构化很好的游戏程序。这个程序将用到我们已经学过的函数和多个控制结构。通过头文件< stdlib.h >中定义的 C 标准库函数 rand()，将 "机会元素"(Element of chance)引入到计算机应用中来。

获得一个随机生成的整数

让我们看看下面这条语句：

```
i = rand();
```

函数 rand 将产生一个在 0 到 RAND_MAX(头文件< stdio.h >中定义的一个符号常量)之间的整数值。标准 C 规定：RAND_MAX 的值至少是 32767，即 2 个字节(16 位)二进制数所能表示的最大整数。本节中的程序可以正确地运行于 RAND_MAX 值为 32767 的微软 Visual C++平台和 RAND_MAX 值为 2147483647 的 GNU gcc 平台与 Xcode LLVM 平台上。如果函数 rand 真的是随机地产生一个整数，那么每次调用函数 rand 时，位于 0 到 RAND_MAX 之间的每一个整数被选中的机会(或概率)是相等的。

由函数 rand 直接产生的整数的取值范围往往与具体应用程序中需要的取值范围是不同的。例如，一个模拟抛硬币的程序需要的取值范围只是代表 "正面" 的 0 和代表 "反面" 的 1。一个模拟掷六面体骰子的程序需要随机地产生一个大小在 1～6 之间的整数。

掷六面体骰子

为了说明如何使用函数 rand，让我们开发一个模拟投掷六面体骰子 20 次并打印每次投掷所得点数的例程(参见图 5.11)。

函数 rand 的函数原型保存在头文件< stdlib.h > 中。为了产生一系列值在 0～5 之间的整数，在函数 rand 后面加上一个求余运算符(%)

```
rand() % 6
```

这就称为**缩放**(Scaling)，数字 6 称为**缩放因子**(Scaling factor)。由于实际的点数是 1～6 之间的整数，所以我们还应对上述结果增 1 来**平移**(Shift)数值的范围。图 5.11 中的运行结果表明投掷得到的点数在 1～6 之间——具体的结果会随编译器的不同而不同。

```
1   // Fig. 5.11: fig05_11.c
2   // Shifted, scaled random integers produced by 1 + rand() % 6.
3   #include <stdio.h>
4   #include <stdlib.h>
5
6   int main(void)
7   {
8       // loop 20 times
9       for (unsigned int i = 1; i <= 20; ++i) {
10
11          // pick random number from 1 to 6 and output it
12          printf("%10d", 1 + (rand() % 6));
13
14          // if counter is divisible by 5, begin new line of output
15          if (i % 5 == 0) {
16              puts("");
17          }
18      }
19  }
```

```
        6          6          5          5          6
        5          1          1          5          3
        6          6          2          4          2
        6          2          3          4          1
```

图 5.11   通过 1+ rand () %6 来平移和缩放随机生成的整数

掷六面体骰子 60 000 000 次

    为了显示出现这些点数的概率是基本相同的，让我们用图 5.12 中的程序来模拟一个骰子的 60 000 000 次投掷。从模拟结果可以看出：1 ~ 6 之间六个整数出现的次数大约都是 10 000 000 次。

```
1   // Fig. 5.12: fig05_12.c
2   // Rolling a six-sided die 60,000,000 times.
3   #include <stdio.h>
4   #include <stdlib.h>
5
6   int main(void)
7   {
8       unsigned int frequency1 = 0; // rolled 1 counter
9       unsigned int frequency2 = 0; // rolled 2 counter
10      unsigned int frequency3 = 0; // rolled 3 counter
11      unsigned int frequency4 = 0; // rolled 4 counter
12      unsigned int frequency5 = 0; // rolled 5 counter
13      unsigned int frequency6 = 0; // rolled 6 counter
14
15      // loop 60000000 times and summarize results
16      for (unsigned int roll = 1; roll <= 60000000; ++roll) {
17          int face = 1 + rand() % 6; // random number from 1 to 6
18
19          // determine face value and increment appropriate counter
20          switch (face) {
21
22              case 1: // rolled 1
23                  ++frequency1;
24                  break;
25
26              case 2: // rolled 2
27                  ++frequency2;
28                  break;
29
30              case 3: // rolled 3
31                  ++frequency3;
32                  break;
33
34              case 4: // rolled 4
35                  ++frequency4;
36                  break;
37
38              case 5: // rolled 5
39                  ++frequency5;
```

图 5.12   模拟投掷骰子 60 000 000 次的程序

```
40              break;
41
42          case 6: // rolled 6
43              ++frequency6;
44              break; // optional
45      }
46  }
47
48  // display results in tabular format
49  printf("%s%13s\n", "Face", "Frequency");
50  printf("   1%13u\n", frequency1);
51  printf("   2%13u\n", frequency2);
52  printf("   3%13u\n", frequency3);
53  printf("   4%13u\n", frequency4);
54  printf("   5%13u\n", frequency5);
55  printf("   6%13u\n", frequency6);
56  }
```

```
Face    Frequency
  1      9999294
  2     10002929
  3      9995360
  4     10000409
  5     10005206
  6      9996802
```

图 5.12(续)　模拟投掷骰子 60 000 000 次的程序

从程序的输出结果可以看出，通过缩放和平移，我们已经利用函数 rand 真实地模拟了六面体骰子的投掷。

请注意：图 5.12 中的程序是利用%s 转换说明符(第 49 行)来打印字符串 Face 和 Frequency 作为表格首栏。此外，等到在第 6 章学完数组之后，还可以更优美地用一条语句来代替整个 26 行的 switch 语句。

随机化随机数产生器

如果再次运行图 5.11 中的程序，得到的结果可能还会是

```
6       6       5       5       6
5       1       1       5       3
6       6       2       4       2
6       2       3       4       1
```

这个结果跟刚才的结果一模一样! 这怎么能是随机数呢? 实际上，这种重复性正是函数 rand 的一个重要特点。在调试使用函数 rand 的程序时，只有结果出现了重复才能证明程序运行是正确的。

严格来说，函数 rand 产生的是**伪随机数**(Pseudorandom number)。反复调用函数 rand，是会得到一系列看上去随机出现的整数。但是重复执行这个程序，这一系列的整数将重复出现。一旦程序完全通过测试，就可改变它的运行条件，使其每次运行都产生出不同的整数序列。这就是**随机化**(Randomizing)，它是通过标准库函数 srand 来实现的。srand 函数接收一个无符号整型实参。这个实参就像**种子**(Seed)一样，控制函数 rand 在程序每次执行时产生出不同的随机数序列。

图 5.13 中的程序演示了函数 srand 的使用方法。由于要通过 scanf 函数读入一个无符号整数，所以我们使用了转换说明符%u。函数 srand 的函数原型可在头文件< stdlib.h >中找到。

```
1   // Fig. 5.13: fig05_13.c
2   // Randomizing the die-rolling program.
3   #include <stdlib.h>
4   #include <stdio.h>
5
6   int main(void)
7   {
8       unsigned int seed; // number used to seed the random number generator
9
```

图 5.13　随机化掷骰子的程序

```
10       printf("%s", "Enter seed: ");
11       scanf("%u", &seed); // note %u for unsigned int
12
13       srand(seed); // seed the random number generator
14
15       // loop 10 times
16       for (unsigned int i = 1; i <= 10; ++i) {
17
18          // pick a random number from 1 to 6 and output it
19          printf("%10d", 1 + (rand() % 6));
20
21          // if counter is divisible by 5, begin a new line of output
22          if (i % 5 == 0) {
23             puts("");
24          }
25       }
26    }
```

```
Enter seed: 67
        6         1         4         6         2
        1         6         1         6         4
```

```
Enter seed: 867
        2         4         6         1         6
        1         1         3         6         2
```

```
Enter seed: 67
        6         1         4         6         2
        1         6         1         6         4
```

图 5.13(续)　随机化掷骰子的程序

请运行几次这个程序，并观察结果：输入不同的种子，将获得不同的随机数序列；第一次和最后一次使用相同的种子，结果就一模一样。

为了实现无须每次都输入种子就可随机化，请使用下面这条语句：

```
srand(time(NULL));
```

这样，计算机就会自动地读取它的时钟值作为 srand 函数的种子。函数 time 返回的是以秒为单位的、从 1970 年 1 月 1 日午夜开始到现在所经历的时间。这个值在被转换成一个无符号整数后，作为种子传递给随机数生成函数。time 函数的函数原型在头文件< time.h >中。更多关于 NULL 的介绍详见第 7 章。

通用的随机数缩放和平移

函数 rand 直接产生的数值总是在以下范围内：

0 ≤ rand() ≤ RAND_MAX

前面已经看到，模拟投掷六面体骰子的语句是

```
face = 1 + rand() % 6;
```

这条语句总是给变量 face 赋一个范围在 0≤face≤6 的(随机)整数。这是一个宽度(即区间内连续的整数的个数)为 6、起始值为 1 的整数区间。仔细查看上面的语句可知，这个区间的宽度是由对函数 rand 值进行缩放的求余运算符的操作数(即 6)决定的,而区间的起始值则等于与"rand () % 6"相加的那个数(即 1)。因此，我们可以归纳出一个产生随机数的通用公式

```
n = a + rand() % b;
```

其中，a 是**平移值**(Shifting value)，它等于用户期望的连续整数区间的起始值。b 是缩放因子(它等于用户期望的连续整数区间的宽度)。在练习题中，我们要解决更为复杂的问题：在一个由整数组成的集合而非连续的整数区间中，随机地选择一个。

5.11　案例分析：运气游戏；引入 enum

目前最流行的运气游戏之一就是被称为"双骰子赌博"（Craps）的投掷骰子游戏，无论是高级的娱乐场所还是穷街陋巷都可以见到这种游戏。它的游戏规则很简单：

> 一个玩家要投掷两个骰子。每个骰子都有六个面，分别标有 1、2、3、4、5 和 6 个点。当被投掷的骰子停下来后，要统计两个骰子向上的面上所标的点数之和作为判断输赢的依据。如果第一次投掷两个骰子，得到的点数之和等于 7 或 11，则玩家获胜，游戏结束。如果第一次投掷两个骰子，得到的点数之和等于 2、3 或 12（称为掷输 Crap），则玩家失利（即庄家赢），游戏结束。如果第一次投掷两个骰子，得到的点数之和等于 4、5、6、8、9 或 10，则将这个数目作为玩家获胜需要掷出的"点数"。为了获胜，玩家必须继续投掷两个骰子，直至一次掷出的点数之和等于这个"点数"，游戏结束。但是如果在此过程中，掷出的点数之和等于 7，则玩家失利，游戏结束。

图 5.14 的程序模拟了 Craps 游戏，图 5.15 是运行这个程序 4 次的结果。

```c
 1   // Fig. 5.14: fig05_14.c
 2   // Simulating the game of craps.
 3   #include <stdio.h>
 4   #include <stdlib.h>
 5   #include <time.h> // contains prototype for function time
 6
 7   // enumeration constants represent game status
 8   enum Status { CONTINUE, WON, LOST };
 9
10   int rollDice(void); // function prototype
11
12   int main(void)
13   {
14      // randomize random number generator using current time
15      srand(time(NULL));
16
17      int myPoint; // player must make this point to win
18      enum Status gameStatus; // can contain CONTINUE, WON, or LOST
19      int sum = rollDice(); // first roll of the dice
20
21      // determine game status based on sum of dice
22      switch(sum) {
23
24         // win on first roll
25         case 7: // 7 is a winner
26         case 11: // 11 is a winner
27            gameStatus = WON;
28            break;
29
30         // lose on first roll
31         case 2: // 2 is a loser
32         case 3: // 3 is a loser
33         case 12: // 12 is a loser
34            gameStatus = LOST;
35            break;
36
37         // remember point
38         default:
39            gameStatus = CONTINUE; // player should keep rolling
40            myPoint = sum; // remember the point
41            printf("Point is %d\n", myPoint);
42            break; // optional
43      }
44
45      // while game not complete
46      while (CONTINUE == gameStatus) { // player should keep rolling
47         sum = rollDice(); // roll dice again
48
49         // determine game status
```

图 5.14　模拟 Craps 游戏的程序

```
50          if (sum == myPoint) { // win by making point
51              gameStatus = WON;
52          }
53          else {
54              if (7 == sum) { // lose by rolling 7
55                  gameStatus = LOST;
56              }
57          }
58      }
59
60      // display won or lost message
61      if (WON == gameStatus) { // did player win?
62          puts("Player wins");
63      }
64      else { // player lost
65          puts("Player loses");
66      }
67  }
68
69  // roll dice, calculate sum and display results
70  int rollDice(void)
71  {
72      int die1 = 1 + (rand() % 6); // pick random die1 value
73      int die2 = 1 + (rand() % 6); // pick random die2 value
74
75      // display results of this roll
76      printf("Player rolled %d + %d = %d\n", die1, die2, die1 + die2);
77      return die1 + die2; // return sum of dice
78  }
```

图 5.14(续)   模拟 Craps 游戏的程序

第一次掷骰子，玩家赢

```
Player rolled 5 + 6 = 11
Player wins
```

在随后的掷骰子中，玩家赢

```
Player rolled 4 + 1 = 5
Point is 5
Player rolled 6 + 2 = 8
Player rolled 2 + 1 = 3
Player rolled 3 + 2 = 5
Player wins
```

第一次掷骰子，玩家输

```
Player rolled 1 + 1 = 2
Player loses
```

在随后的掷骰子中，玩家输

```
Player rolled 6 + 4 = 10
Point is 10
Player rolled 3 + 4 = 7
Player loses
```

图 5.15   Craps 游戏的运行示例

注意到游戏规则中，玩家第一次投掷就要投掷两个骰子，而且后继的每次投掷也是如此。所以我们定义了函数 rollDice 来模拟投掷两个骰子并计算其点数之和。rollDice 函数只定义一次，但是却在程序中的两个地方被调用(第 19 行和第 47 行)。由于该函数不需要实参，所以我们在它的形参列表(第 70 行)及其函数原型中注明 void。函数 rollDice 返回的是两个骰子的点数之和，所以函数头及其函数原型中标明的返回类型为 int。

枚举

这个游戏是很吸引人的，玩家既有可能在第一次投掷中就分出胜负，也可能要在后继的投掷中才能分出胜负。为此，我们引入了一个新的数据类型——enum Status，并用它来定义一个表示游戏当前状态的变量 gameStatus。程序中第 8 行创建了一个程序员自定义的数据类型，即**枚举**(Enumeration)类型。枚举类型用关键字 **enum** 来定义，它是一组用标识符表示的整型常量的集合。枚举类型中的元素被称为**枚举常量**(Enumeration constant)。引入枚举常量可以提高程序的可读性和可维护性。

enum Status 中变量的值是从零(0)开始，然后逐个增 1。例如第 8 行中，枚举常量 CONTINUE 的值是 0，WON 的值是 1，LOST 的值是 2。当然，也可以分别给枚举类型中的每一个标识符赋予一个特定的整数值(参见第 10 章)。注意：枚举类型中的每一个标识符必须是唯一的，但是它们的值可以是重复的。

常见的编程错误 5.7

给一个已经定义过的枚举常量赋值，是一个语法错误。

良好的编程习惯 5.6

全部用大写字母来为枚举常量命名，既可使它们在程序中更加醒目，又表示它们是常量而非变量。

无论是第 1 次投掷还是多次投掷，只要玩家获胜，表示游戏状态的变量 gameStatus 将被置成 WON；无论是第 1 次投掷还是多次投掷，只要玩家失利，gameStatus 将被置成 LOST；否则，变量 gameStatus 被置成 CONTINUE，游戏继续进行。

游戏在第 1 次投掷后就结束

第 1 次投掷后，若游戏结束，那么 while 循环语句(第 46～58 行)将被跳过，因为 gameStatus 不等于 CONTINUE。程序转去执行第 61 行至第 66 行的 if…else 语句，该语句在 gameStatus 等于 WON 的情况下打印 Player wins，否则打印 Player loses。

游戏在后继的某次投掷后结束

第 1 次投掷后，若游戏没有结束，则点数之和 sum 将被保存在变量 myPoint 中。由于这时 gameStatus 等于 CONTINUE，所以计算机继续执行 while 循环语句。每次循环时，都要调用 rollDice 函数来产生一个新的 sum。若 sum 等于 myPoint，则 gameStatus 被置成 WON，表示玩家获胜。然后 while 是否继续循环的测试为"假"，循环结束。计算机将执行 if…else 语句打印出 Player wins，然后游戏结束。若 sum 等于 7(第 54 行)，则 gameStatus 被置成 LOST，表示玩家失利。然后 while 是否继续循环的测试为"假"，循环结束，计算机将执行 if…else 语句打印出 Player loses，游戏结束。

控制架构

请读者注意这个游戏程序中有趣的控制架构，我们使用了两个函数——main 和 rollDice，以及 switch 语句、while 循环语句、嵌套的 if…else 语句和嵌套的 if 语句。在本章的练习题中，我们还要研究"双骰子赌博"游戏更多有趣的性质。

5.12　存储类型

在第 2 章到第 4 章中，我们学会了用标识符给变量起名。变量的属性包括变量名、类型、变量所占存储空间的大小以及变量的值。在本章中，我们也是用标识符来给程序员自定义的函数起名。事实上，在一个程序中出现的标识符还有其他属性，例如存储类型(Storage class)、存储周期(Storage duration)、作用域(Scope)和链接(Linkage)等。

C 语言共有四种存储类型，它们对应的**存储类型说明符**(Storage class specifiers)分别是：auto、register[①]、extern 和 **static**[②]。标识符的**存储类型**决定了它的存储周期、作用域和链接。一个标识符的**存**

① 关键词 register 是历史遗留的，现已不能使用。
② C11 标准中新增了一个存储类型说明符 _Thread_local，它超出了本书的内容范围。

储周期是指标识符所代表的变量存在于内存中的时间。有些变量存在的时间很短,有些变量反复地被创建和释放,有些变量则在程序的整个运行时间内一直驻留在内存中。一个标识符的**作用域**是指标识符所代表的变量在程序中能够被访问到的区域。有些变量能够在整个程序的任何地方都可以被访问到,而有些变量只能在程序的一部分地方被访问到。一个标识符的**链接**是针对由多个源文件组成的程序而言的(这个问题将在第 14 章中讨论),旨在说明这个标识符是仅仅能够被定义它的源文件所识别,还是可以通过适当的声明使其也能被其他源文件所识别。

本节中,我们将讨论存储类型和存储周期,下一节讨论作用域。在第 14 章,我们再讨论标识符的链接和基于多个源文件的程序设计。

C 语言的四种存储类型可以按照其对应的存储周期,分成两类:**自动存储周期**(Automatic storage duration)和**静态存储周期**(Static storage duration)。关键字 auto 用于声明对应于自动存储周期的变量。具有自动存储周期的变量在执行到定义它的程序块时才被创建,并在程序块的活动期间一直存在于内存中,在控制退出程序块后就被释放了。

局部变量(Local Variable)

只有变量才可以具有自动存储周期。一个函数的局部变量(即在函数的形参列表或函数体中声明的变量)通常都属于自动存储周期。关键字 auto 用于显式地声明具有自动存储周期的变量。

由于局部变量在默认的情况下都被认为是自动存储周期,所以关键字 auto 常被省略掉。在后面的叙述中,我们将具有自动存储周期的变量简称为**自动变量**(Automatic variable)。

性能提示 5.1

自动存储是一种节约内存的手段,因为自动变量仅在需要它们的时候才存在。也就是说,自动变量只有在定义它们的函数被调用时才被创建。而一旦函数退出,它们立即被释放。

静态存储类(Static Storage Class)

关键字 extern 和 static 是用于声明具有静态存储周期的变量名和函数名的标识符。静态存储周期的标识符从程序运行的开始时刻起就有效直至程序结束。即对于 static(静态)变量,它的存储单元是在程序开始运行之前就进行分配和初始化的,而且只分配和初始化一次;对于函数,函数名从程序运行的开始时刻起就有效。尽管从程序开始运行时变量名和函数名就有效,但是并不意味着在程序中的任何地方都可以访问到它们。存储周期和作用域(该名字可以使用的范围)是两个不同的概念,我们将在 5.13 对它们进行详细的讨论。

具有静态存储周期的标识符可分为两类:外部标识符(如全局变量和函数名)和用存储类别限定符 static 声明的局部变量。在默认情况下,全局变量(Global variable)和函数名都属于 extern(外部)存储类别。创建一个全局变量的方法是将其声明语句写在任何一个函数体之外。这样,变量就可以在程序运行期间始终存在。全局变量和函数名可以被程序中位于它们的声明或定义语句之后的任何函数所访问。这就是为什么需要函数原型的一个原因——例如,在一个需要调用 printf 函数的程序中,我们总是在文件的开头就包含头文件 stdio.h。这样,函数名 printf 在程序的其余部分就都有效了。

软件工程视点 5.10

将一个变量定义成全局变量而非局部变量,会导致一些副作用的出现,即一个不需要访问这个变量的函数会无意或恶意地对它进行修改。通常情况下,不要使用全局变量,除非为了满足某种特殊的性能方面的要求(将在第 14 章中讨论)。

软件工程视点 5.11

对于仅在一个特定的函数内部使用的变量,一定要在这个函数内部将其定义为局部变量,而不能定义成外部变量。

用关键字 static 声明的局部变量仍然是只能在定义它的函数中被访问到。但是与自动变量不同,静态(static)的局部变量在函数执行结束后仍然保留。这个函数下一次被调用时，静态局部变量中存储的是上一次函数执行结束时该变量的数值。下面这个声明语句将局部变量 counter 声明为静态的，并将其初始化为 1。

```
static int count = 1;
```

如果程序中没有显式地对数值型静态变量进行初始化，则 C 语言会自动将它们初始化为 0。

当显式地应用于外部标识符时，关键字 extern 和 static 具有特殊的含义。在第 14 章中，将讨论显式地将 extern 和 static 运用于外部标识符的声明和包含多个源文件的程序中。

5.13　作用域的规定

标识符的作用域(Scope of an identifier)是指程序中能够访问到这个标识符的区域。例如，在一个程序块中定义了一个局部变量，则只能够在这个程序块或嵌套在这个程序块中的其他程序块中、位于它的定义语句之后才可以访问这个变量。C 语言有四种不同的标识符作用域：函数作用域(Function scope)、文件作用域(File scope)、程序块作用域(Block scope)和函数原型作用域(Function-prototype scope)。

标号(即后面跟着一个冒号的标识符，如 start:)是具有**函数作用域**的唯一标识符。标号可以在它所属函数中的任何位置被访问到，但在其所属函数之外就不再能访问到了。标号一般应用于 switch 语句(作为不同 case 的标号)和 goto 语句(详见第 14 章)。标号是函数之间希望相互隐藏的实现细节。这种隐藏，更正式地说是**信息隐藏**(Information hiding)，是实现**最小权限原则**(Principle of least privilege)的一个手段，而最小权限原则是软件工程必须遵循的基本原则之一。该原则的含义是，在一个应用程序中，代码应该仅仅被授予为完成其功能所需的最小权限和访问通道，多余的一律去掉。

在所有函数之外声明的标识符具有**文件作用域**。这样的标识符在从声明它的语句开始到整个程序结束的区间内，能被所有函数"认识"(即能够访问到)。全局变量、函数定义和位于函数之外的函数原型都具有文件作用域。

在一个程序块内部声明的标识符具有**程序块作用域**。程序块作用域结束于表示程序块结束的右花括号(})。在函数开始时定义的局部变量以及函数的形参具有程序块作用域，因为形参也被函数视为局部变量。任何程序块都可以定义变量。对于嵌套出现的程序块，如果外层程序块中的一个标识符与内层程序块中的一个标识符具有相同名字，那么在执行内层程序块的过程中，外层程序块的标识符将一直被"隐藏"起来，直到内层程序块执行结束为止。这意味着在执行内层程序块的过程中，内层程序块看到的是它自己的局部标识符的值，而不是重名的外层程序块标识符的值。用 static 声明的局部变量，尽管从程序开始运行时就已经存在，也是具有程序块作用域。这就是说，标识符的存储周期与它的作用域无关。

唯一具有**函数原型作用域**的一类标识符是函数原型的形参列表中代表形参名的那些标识符。前面我们已经提到：定义函数原型时并不需要形参名——只要给出形参的类型即可。即便是在函数原型的形参列表中出现了形参名，编译器在编译程序时也会忽略掉这些名字，这些被用做形参名的标识符还可以在程序的其他地方用于其他用途而不会引起混乱。

常见的编程错误 5.8

在内层程序块的执行过程中，原本是希望外层程序块中某个标识符依然是有效的，然而却意外地给内层程序块中的一个标识符起了与外层程序块的那个标识符相同的名字。

错误预防提示 5.4

避免内层程序块中的变量名掩盖外层程序块中的变量名。

图 5.16 中的程序用全局变量、自动的局部变量和静态局部变量来演示作用域的概念。程序首先定义了一个全局变量 x，并将其初始化为 1(第 9 行)。但是后面将会看到：在任何一个定义有局部变量 x 的程序块(或函数)中，这个全局变量 x 是被隐藏的。例如，main 函数定义了一个局部变量 x，并将其初

始化为 5(第 13 行)。然后通过打印变量 x 的值来显示全局变量 x 在 main 函数中被隐藏了。接着 main 函数又定义了一个新的程序块,并在其内部定义了另外一个被初始化为 7 的局部变量 x(第 18 行)。然后通过打印变量 x 的值来显示新的局部变量 x 将 main 函数的局部变量 x 隐藏起来了。退出这个程序块后,值为 7 的变量 x 将被自动地释放。这时,再打印变量 x 的值就可以看出程序块之外的 main 函数的局部变量 x 不再被隐藏了。

```c
1   // Fig. 5.16: fig05_16.c
2   // Scoping.
3   #include <stdio.h>
4
5   void useLocal(void); // function prototype
6   void useStaticLocal(void); // function prototype
7   void useGlobal(void); // function prototype
8
9   int x = 1; // global variable
10
11  int main(void)
12  {
13      int x = 5; // local variable to main
14
15      printf("local x in outer scope of main is %d\n", x);
16
17      { // start new scope
18        int x = 7; // local variable to new scope
19
20         printf("local x in inner scope of main is %d\n", x);
21      } // end new scope
22
23      printf("local x in outer scope of main is %d\n", x);
24
25      useLocal(); // useLocal has automatic local x
26      useStaticLocal(); // useStaticLocal has static local x
27      useGlobal(); // useGlobal uses global x
28      useLocal(); // useLocal reinitializes automatic local x
29      useStaticLocal(); // static local x retains its prior value
30      useGlobal(); // global x also retains its value
31
32      printf("\nlocal x in main is %d\n", x);
33  }
34
35  // useLocal reinitializes local variable x during each call
36  void useLocal(void)
37  {
38      int x = 25; // initialized each time useLocal is called
39
40      printf("\nlocal x in useLocal is %d after entering useLocal\n", x);
41      ++x;
42      printf("local x in useLocal is %d before exiting useLocal\n", x);
43  }
44
45  // useStaticLocal initializes static local variable x only the first time
46  // the function is called; value of x is saved between calls to this
47  // function
48  void useStaticLocal(void)
49  {
50      // initialized once
51      static int x = 50;
52
53      printf("\nlocal static x is %d on entering useStaticLocal\n", x);
54      ++x;
55      printf("local static x is %d on exiting useStaticLocal\n", x);
56  }
57
58  // function useGlobal modifies global variable x during each call
59  void useGlobal(void)
60  {
61      printf("\nglobal x is %d on entering useGlobal\n", x);
62      x *= 10;
63      printf("global x is %d on exiting useGlobal\n", x);
64  }
```

图 5.16　作用域的效果

```
local x in outer scope of main is 5
local x in inner scope of main is 7
local x in outer scope of main is 5

local x in useLocal is 25 after entering useLocal
local x in useLocal is 26 before exiting useLocal

local static x is 50 on entering useStaticLocal
local static x is 51 on exiting useStaticLocal

global x is 1 on entering useGlobal
global x is 10 on exiting useGlobal

local x in useLocal is 25 after entering useLocal
local x in useLocal is 26 before exiting useLocal

local static x is 51 on entering useStaticLocal
local static x is 52 on exiting useStaticLocal

global x is 10 on entering useGlobal
global x is 100 on exiting useGlobal

local x in main is 5
```

图 5.16(续)　作用域的效果

图 5.16 中的程序还定义了三个不需要输入实参、也不返回任何值的函数。其中 useLocal 函数定义了一个自动变量 x，并将其初始化为 25(第 38 行)。当调用 useLocal 函数时，它首先打印变量 x 的值，然后对 x 增 1，最后在退出函数之前再次打印变量 x 的值。实际运行表明：每次调用这个函数，自动变量 x 都被重新初始化为 25。

useStaticLocal 函数在第 51 行定义了一个 static(静态)变量 x，并将其初始化为 50(复习一下：静态变量在程序运行之前就被一次性地分配存储空间并进行初始化)。即便是离开了它们的作用域，用 static 声明的局部变量依然被保留。当 useStaticLocal 函数被调用时，它首先打印变量 x 的值，然后对 x 增 1，最后在退出函数之前再次打印变量 x 的值。这时，如果再次调用 useStaticLocal 函数，静态局部变量 x 的值就是之前被增值后的 51。

useGlobal 函数没有定义任何变量，所以当它访问变量 x 时，它访问到的必然是全局变量 x(第 9 行)。useGlobal 函数第一次被调用时，它首先打印全局变量 x 的值，然后将 x 乘以 10，最后在退出函数之前再次打印全局变量 x 的值。这时，如果再次调用 useGlobal 函数时，全局变量 x 的值就是新写入的 10。由于所有函数都是在 main 函数的作用域之外对变量 x 进行读/写的，所以调用这些函数都不会改变 main 函数中的局部变量 x。为了验证这一点，在程序的最后，变量 x 的值再次被打印出来(第 32 行)。

5.14　递归

在一些特殊问题的求解算法中，往往需要一个函数自己调用它自己。**递归函数**(Recursive function)就是直接或通过其他函数间接地调用自己的函数。递归是高级计算机科学课程中需要深入讨论的一个复杂议题，在本节及随后一节，我们先给出一些简单的递归例程。但是本书还要以较大的篇幅来讨论递归，包括第 5 章到第 8 章以及第 12 章和附录 D 与附录 E。5.16 节的图 5.21 将列出本书关于递归的全部例子和练习。

在介绍包含递归函数的例程之前，先从理论上介绍一下递归。递归的问题求解方法涉及很多基本概念。首先，调用递归函数的目的是为了求解一个复杂的问题，但是这个函数必须事先知道问题在最简单情况或所谓的**基线条件**(Base case)下的解。这就是说，若用基线条件去调用递归函数，就可以直接得到答案。若用较复杂的情况去调用递归函数，那么这个函数将问题从概念上分成两部分：一部分是函数已经知道答案的，另一部分是函数尚未知道答案的。为了保证递归求解的可行性，后一部分问题必须与原始问题类似，且是原始问题的一个简单的/小规模的版本。由于面临的新问题与原始问题类似，函数就可以派出(调用)自己的一个新副本去求解那个规模较小的问题——称为**递归调用**(Recursive call)或**递归**

步骤(Recursion step)。递归调用同样包含有关键字 return，因为它求出的结果必须与已知答案的那部分问题的结果结合在一起，才是当前问题的求解结果。而这个结果将被返回给它的主调函数。

在递归步骤执行的过程中，对这个函数的原始调用将处于暂停状态，即等待递归步骤返回的结果。由于函数会不断地将调用它来解决的问题分解成两部分，所以递归步骤会导致多个这样的递归调用。为了保证递归调用最终终止，递归函数每次都是用规模更小的原始问题去调用它自己，而这些逐渐变小的问题最终必须收敛于基线条件。程序执行到这一点时，当递归函数识别出基线条件时，将基线条件的解返回到调用它的上一个函数，然后就是一连串地直线式地返回操作，直到最终由函数的原始调用将原始问题的解返回给它的主调函数。下面，通过一个实现常见的数学计算的程序例子来说明递归调用的这些概念。

递归地计算阶乘

一个非负整数 n 的阶乘，记为 n!(读为 n 的阶乘)。它的计算公式为

$$n \cdot (n-1) \cdot (n-2) \cdot \ldots \cdot 1$$

特殊地，1! = 1，而 0! 被定义为 1。例如 5!是 5*4*3*2*1 的乘积，等于 120。

一个大于或等于 0 的整型变量 number 的阶乘可以用如下的 for 语句来循环地(非递归)求解

```
factorial = 1;

for (counter = number; counter >= 1; --counter)
    factorial *= counter;
```

根据下面这个关于阶乘 n!的公式，不难得到计算阶乘的递归算法。

$$n! = n \cdot (n-1)!$$

例如，下面的证明很清楚地显示：5!等于 5*4!。

$$5! = 5 \cdot 4 \cdot 3 \cdot 2 \cdot 1$$
$$5! = 5 \cdot (4 \cdot 3 \cdot 2 \cdot 1)$$
$$5! = 5 \cdot (4!)$$

5!的计算过程如图 5.17 所示。其中，图 5.17(a)显示出一串连续的直至到达 1!(即基线条件)才停止的递归调用，最后将 1!的结果 1 求出。图 5.17(b)显示出每个递归调用都将结果返回给它的主调函数直至计算出最终结果。

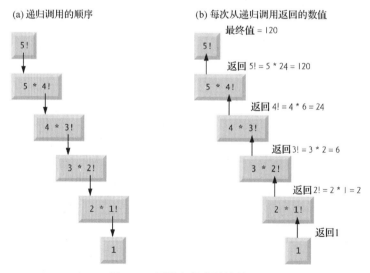

图 5.17　用递归的方法计算 5!

图 5.18 中的程序采用递归的方法来计算并打印出 0 ~ 21 的阶乘(选择类型 unsigned long long int 的原因稍后解释)。

```
1    // Fig. 5.18: fig05_18.c
2    // Recursive factorial function.
3    #include <stdio.h>
4
5    unsigned long long int factorial(unsigned int number);
6
7    int main(void)
8    {
9       // during each iteration, calculate
10      // factorial(i) and display result
11      for (unsigned int i = 0; i <= 21; ++i) {
12         printf("%u! = %llu\n", i, factorial(i));
13      }
14   }
15
16   // recursive definition of function factorial
17   unsigned long long int factorial(unsigned int number)
18   {
19      // base case
20      if (number <= 1) {
21         return 1;
22      }
23      else { // recursive step
24         return (number * factorial(number - 1));
25      }
26   }
```

```
0! = 1
1! = 1
2! = 2
3! = 6
4! = 24
5! = 120
6! = 720
7! = 5040
8! = 40320
9! = 362880
10! = 3628800
11! = 39916800
12! = 479001600
13! = 6227020800
14! = 87178291200
15! = 1307674368000
16! = 20922789888000
17! = 355687428096000
18! = 6402373705728000
19! = 121645100408832000
20! = 2432902008176640000
21! = 14197454024290336768
```

图 5.18 用递归函数求阶乘的例程

程序中的递归函数 factorial 首先测试递归终止条件是否为真, 即变量 number 是否小于或等于 1。若 number 小于或等于 1, 则函数 factorial 返回 1, 停止递归, 程序结束。如果 number 大于 1, 则执行下面这条语句:

```
return number * factorial(number - 1);
```

这表示: 问题的答案是 number 与 (number – 1) 阶乘的乘积, 而 (number – 1) 的阶乘是通过递归地调用函数 factorial 来计算的。注意: factorial (number – 1) 所要解决的问题比 factorial (number) 所要解决的问题稍小一点。

函数 factorial (第 17 行至第 26 行) 声明为接收一个类型为 unsigned int 的参数并返回一个类型为 unsigned long long int 的结果。C 标准中规定类型为 unsigned long long int 的变量可表示的最大值为 18 446 744 073 709 551 615。从图 5.18 中程序的运行结果可以看出: 阶乘的数值增长得很快。只有选择 unsigned long long int 数据类型, 我们的程序才能计算很大的阶乘值。转换说明符 %llu 专门用来打印 unsigned long long int 型数值。遗憾的是, 由于函数 factorial 产生的数值增得太快, 即便是 unsigned long long int 型整数所能表示的范围也很快就被超出了, 程序无法再帮助我们计算出更多的阶乘。

即便是采用了 unsigned long long int，我们仍然不能计算超过 21！的阶乘。不能轻松地扩展语言的功能来应对各种应用的特殊要求是 C 语言(和其他很多过程式程序设计语言)的一个不足。在本书的后半部分，将会看到 C++是一个可扩展的语言。通过使用"classes"(类)，我们可以创建出新的数据类型，包括能够表示我们需要的任意大的整数。

常见的编程错误 5.9

递归函数是需要返回值的。在递归函数中忘记返回值是一个严重的错误。

常见的编程错误 5.10

无论是忘记了基线条件，还是递归步骤写错了，都会导致递归函数不能收敛到基线条件。这将引起无穷递归，直至将内存资源耗尽。这就好比一个迭代(非递归)算法中出现的一个无穷循环问题。

5.15　递归应用案例：斐波那契数列

斐波那契(Fibonacci)数列

0, 1, 1, 2, 3, 5, 8, 13, 21, …

是开始于 0 和 1，满足每个后续数据都是它前面两个数据之和这样一种特性的整数序列。

这个数列出现于自然界，特别适合于描述螺旋式的增长。相邻两个斐波那契数的比值收敛于常量 1.618。这个数也是在自然界经常出现的，它被称为黄金分割率。人们一般都认为黄金分割率有一种视觉美，所以建筑师往往按照黄金分割率来设计窗户、房间和建筑物的长宽比。设计邮局明信片时，其长宽比也常按照黄金分割率来设计。

斐波那契数列可以用下面的方法来递归地定义：

fibonacci(0) = 0
fibonacci(1) = 1
fibonacci(n) = fibonacci(n – 1) + fibonacci(n – 2)

图 5.19 中的程序通过递归地调用函数 fibonacci 来计算第 n 个斐波那契数。注意：斐波那契数的数值增长得很快，所以我们在定义 fibonacci 函数的形参类型和返回类型时分别选择了 unsigned int 和 unsigned long long int。在图 5.19 的输出结果中，每两行输出文本表示程序的一次运行结果。

```c
1   // Fig. 5.19: fig05_19.c
2   // Recursive fibonacci function
3   #include <stdio.h>
4
5   unsigned long long int fibonacci(unsigned int n); // function prototype
6
7   int main(void)
8   {
9       unsigned int number; // number input by user
10
11      // obtain integer from user
12      printf("%s", "Enter an integer: ");
13      scanf("%u", &number);
14
15      // calculate fibonacci value for number input by user
16      unsigned long long int result = fibonacci(number);
17
18      // display result
19      printf("Fibonacci(%u) = %llu\n", number, result);
20  }
21
22  // Recursive definition of function fibonacci
23  unsigned long long int fibonacci(unsigned int n)
24  {
```

图 5.19　递归的 fibonacci 函数

```
25        // base case
26        if (0 == n || 1 == n) {
27           return n;
28        }
29        else { // recursive step
30           return fibonacci(n - 1) + fibonacci(n - 2);
31        }
32    }
```

```
Enter an integer: 0
Fibonacci(0) = 0
```

```
Enter an integer: 1
Fibonacci(1) = 1
```

```
Enter an integer: 2
Fibonacci(2) = 1
```

```
Enter an integer: 3
Fibonacci(3) = 2
```

```
Enter an integer: 10
Fibonacci(10) = 55
```

```
Enter an integer: 20
Fibonacci(20) = 6765
```

```
Enter an integer: 30
Fibonacci(30) = 832040
```

```
Enter an integer: 40
Fibonacci(40) = 102334155
```

图 5.19(续) 递归的 fibonacci 函数

图 5.15 中，从 main 函数中调用 fibonacci 函数(第 16 行)并不是一个递归调用，但是此后对 fibonacci 函数的调用(第 30 行)都是递归的。每当 fibonacci 函数被调用时，它首先测试是否达到了基线条件——即 n 是否等于 0 或 1。如果是，则返回 n。有趣的是，如果 n 大于 1，则将产生出两个分别求解比原先问题规模更小的问题的递归调用。图 5.20 显示了函数调用 fibonacci(3)是如何计算出来的。

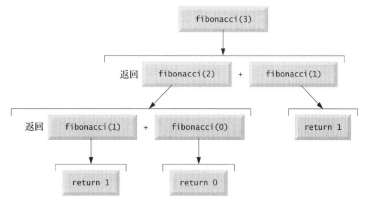

图 5.20 fibonacci(3)产生的递归调用的集合

计算同一个运算符对应的不同操作数的顺序

图 5.20 让我们注意到一个有趣的问题，就是 C 语言编译器是按照什么顺序来计算同一个运算符的

不同操作数的值。这与研究操作数与运算符结合的顺序是两个完全不同的问题，操作数与运算符结合的顺序是受到运算符优先级控制的。

从图 5.20 中可以看出：计算 fibonacci(3)，需要调用 fibonacci(2) 和 fibonacci(1)。但是到底是先调用 fibonacci(2) 还是先调用 fibonacci(1) 呢？你可能认为求操作数的值也是遵循从左向右的顺序。但是出于优化的原因，对于绝大多数运算符(包括+)，C 语言并没有规定其对应的多个操作数的定值顺序。所以我们不必操心这两个函数调用到底是谁先计算出来的。既有可能 fibonacci(2) 先、fibonacci(1) 后，也有可能 fibonacci(1) 先、fibonacci(2) 后。对于这个程序或者其他绝大多数程序，最终的结果都是唯一的。但是并不排除在有些程序中，计算操作数的值会产生影响表达式最后结果的副作用。

在众多的运算符中，C 只对四个运算符规定了它们对应的多个操作数的定值顺序——与运算符(&&)，或运算符(||)，逗号运算符(，)和条件运算符(?：)。前三个运算符属于二元运算符，它们对应的两个操作数的定值顺序必须是从左向右的(注意：在函数调用语句中用来分隔实参的逗号不是逗号运算符)。最后一个运算符是 C 语言唯一一个三元运算符，它总是首先计算最左边操作数的值。若最左边操作数的值为非零(真)，则计算中间那个操作数的值，而将最后那个操作数忽略掉。若最左边操作数的值是零(假)，则计算第三个操作数的值，而将中间那个操作数忽略掉。

常见的编程错误 5.11
除了运算符 "&&"、"||"、"?："和 "，"之外，如果编写的程序依赖于其他运算符的操作数的定值顺序，这样的程序往往会出现错误，因为编译器对操作数的定值顺序与我们期望的并不一样。

可移植性提示 5.2
除了运算符 "&&"、"||"、"?："和 "，"之外，如果程序依赖于其他运算符的操作数的定值顺序，那么这种程序的功能会随着编译它的编译器的不同而不同。

指数级计算复杂度

在设计类似上面这个产生斐波那契数列的递归程序时，需要提醒读者注意的是计算量的数量级。在 fibonacci 函数的每一级递归中，函数调用的次数都会增加一倍。也就是说，为了计算第 n 个斐波那契数，共需要调用 fibonacci 函数的次数达到 2^n 数量级。这个增长会很快使我们无法控制。仅仅计算第 20 个斐波那契数，需要调用 fibonacci 函数的次数就达到 2^{20} 数量级，大约 100 万次函数调用；为了计算第 30 个斐波那契数，需要调用 fibonacci 函数的次数就达到 2^{30} 数量级，大约 10 亿次函数调用；以此类推。

计算机科学家称这种计算量为"指数级计算复杂度"(Exponential complexity)。具有这种性质的计算问题将会让世界最强大的计算机甘拜下风。关于一般意义上的计算复杂度作为特例的"指数计算复杂度"的知识，是在被称为"算法"(Algorithm)的高级计算机科学课程中介绍的。

在本节展示的例子中，我们使用了一个直观易懂的方法来计算斐波那契数列，但其实还有更好的方法。练习题5.48请你更深入地研究递归并提出一些不同的方法来改进递归计算斐波那契的算法。

5.16   递归与迭代

在前面的章节中，我们学习了实现函数的两种简单方法：递归或迭代。在本节中，来比较一下这两种不同的方法，并讨论"面对一个具体的应用问题时，为什么选择这种方法，而非另一种方法"。

- 递归和迭代都分别以一种控制结构为基础：迭代基于循环结构，而递归基于选择结构。
- 递归和迭代都需要循环地执行：迭代是显式地使用一个循环结构，而递归通过重复地进行函数调用来实现循环。
- 递归和迭代都需要进行终止测试：当循环继续条件为假时，迭代结束；而递归是在遇到基线条件时终止。
- 基于计数控制循环的迭代和递归都是逐渐接近终止点的：迭代总是不断地改变计数器变量直至它的值使得循环继续条件为假，递归总是不断地将问题的规模逐渐变小直至到达基线条件。

● 递归和迭代都可能会出现无限执行的情况：如果一个循环继续条件永远不会为假，则发生无限循环；如果每次递归不能以收敛于基线条件的方式缩减问题规模，将导致无限递归。无限循环和无限递归都是程序内部逻辑出现错误而导致的结果。

递归有很多缺点。它需要不断地执行函数调用机制，因此会产生很大的函数调用开销，从而在处理器的时间和存储器的空间两方面付出很大的代价。每一次递归调用都要创建函数的一个副本(当然事实上只是函数变量的副本)，这是很耗费存储容量的。迭代通常都是发生在一个函数内部，所以反复执行函数调用的开销和额外占用的存储器空间往往被忽视了。既然如此，为何选择递归呢？

软件工程视点 5.12

任何一个可以用递归方法来求解的问题，都可以用迭代(非递归)方法来求解。递归方法比迭代方法更受欢迎的原因是递归更自然地反映了问题的本质，这样设计出来的程序易于理解、易于排错。选择递归的另外一个原因就是迭代解法不够直观明了。

大多数程序设计语言的教科书都是在比本章更后面的地方才介绍递归。由于递归的内容丰富而复杂，所以我们认为早一点介绍更好，这样就可以将递归的例子分布到后继的章节中。图 5.21 按章列出了本书中 30 个涉及递归的例子与练习。

最后，让我们用一个贯穿全书、反复被强调的观点来结束本章的学习，那就是：好的软件工程是重要的，高的性能也是重要的。遗憾的是，这两个目标常常是相互冲突的。在开发大型的复杂的软件系统时，只有好的软件工程才能够保证开发过程是可管理的。高的性能是实现未来计算机系统的关键，因为用户对硬件计算能力的要求越来越高。那么，函数适合用来做什么呢？

递归的例子与练习	
第 5 章	第 7 章
阶乘函数	穿越迷宫
fibonacci 函数	第 8 章
最大公约数	以逆序打印从键盘输入的一个字符串
两个整数的乘积	
求以一个整数为阶、另外一个整数为底的幂	第 12 章
汉诺塔	链表查找
递归的 main 函数	以逆序打印链表
递归的可视化	二元树的插入
第 6 章	二元树的先序遍历
求一个数组中元素的和	二元树的中序遍历
打印一个数组	二元树的后序遍历
以逆序打印一个数组	打印树
以逆序打印一个字符串	附录 D
判断一个字符串是否是回文	选择排序
查找一个数组中的最小值	快速排序
线性查找	附录 E
折半查找	fibonacci 函数
八皇后问题	

图 5.21　本书中有关递归的例子与练习

性能提示 5.2

把一个大的程序划分成若干个函数有助于改善软件工程质量。但这是有代价的。一个高度函数化的程序——与一个单纯(仅一个独立模块)的、不带函数的程序相比——可能会产生大量的函数调用，而这些调用会严重地耗费计算机处理器的执行时间。尽管单纯的程序在性能方面会好一些，但是它们难于编程实现、难于测试、难于排错、难于维护和难于升级。

性能提示 5.3

当今的计算机硬件结构已经被设计得可以很高效地支持函数调用了，C编译器还会优化代码而且硬件处理器快得惊人。所以对于你开发的绝大多数应用程序和软件系统，关注好的软件工程比设计高性能软件更重要。不过，对于许多C应用程序和系统，如游戏程序设计、实时系统、操作系统和嵌入式系统，性能还是很关键的，所以我们在整本书中都包含了"性能提示"。

5.17　安全的 C 程序设计

安全的随机数

在 5.10 节中，我们介绍了用于产生伪随机数的函数 rand。C 标准库中并不提供安全的随机数生成函数。根据 C 标准文件中有关函数 rand 的描述，"对所产生的随机数序列的质量不提供保证而且已经很遗憾地发现某些实现中会产生带有明显规律的低端数位的数据序列"。CRET 的 MSC30-C 指南指出：专门实现的伪随机数生成函数必须确保所产生的随机数是不可预测的——这一点在诸如加密等安全应用领域是非常重要的。该指南展示了好几个被认为是安全的、针对特定平台的随机数生成函数。例如，微软 Windows 提供的 CryptGenRandom 函数，基于 POSIX 的系统(如 Linux)提供的生成更安全伪随机数的函数 random。欲了解更多的信息，请登录 http://www.securecoding.cert.org 查看 MSC30-C 指南。若你正在开发需要随机数的工业级应用程序，一定要好好研究针对运行平台而推荐使用的函数。

摘要

5.1　引言
- 开发和维护一个大型程序的最佳方法就是将它分解为一些小的、比原程序更容易管理的程序模块。

5.2　C 语言中的程序模块
- **函数**是通过**函数调用**语句而被调用执行的。函数调用语句指定被调用的函数名，并提供调用函数执行指定任务所需的信息(即实参)。
- **信息隐藏**的目的是使函数只能访问完成其任务所需的信息。这是遵守**最小权限原则**的一个例子，该原则是良好的软件工程中最重要的原则之一。

5.3　数学库函数
- 在程序中调用一个函数的方式通常是：写出函数名，并在其后加上一对圆括号，在括号内写上一个(或一组用逗号隔开)的实参。
- 一个函数的实参可以是常量、变量或者表达式。

5.4　函数
- 一个**局部变量**只在定义它们的函数内部有效。一个函数的局部变量对其他函数来说是不可见的，而且任何函数对其他函数的实现细节都是不可见的。

5.5　函数定义
- 一般的**函数定义格式**是：

返回值类型　函数名(形参列表)

{

　　语句

}

其中，返回值类型(Return-value-type)表示返回给主调函数的值的类型。若函数不需要返回任何值，则应将返回值类型声明为 void。函数名可以是任何有效的标识符。形参列表是对将要传递给函数的变量进行声明的一个列表，各个变量声明之间用逗号隔开。如果函数不接收任何值，则应将形参列表声明为 void。

- 传递给函数的实参，应该在数目、类型和顺序上，与函数定义中的形参相匹配。
- 当程序执行到一个函数调用时，程序的控制就从当前调用点转移到被调函数里，执行被调函数里的语句。执行完毕后，控制返回主调函数。
- **被调函数**将**控制返回**给主调函数的方法有三种。如果函数不用返回一个值，那么在执行到函数最后的右花括号时，控制自动返回到主调函数。或者是通过执行下面的语句：

return;

将控制返回到主调函数。

如果函数需要返回一个值，那么通过执行下面的语句：

return;表达式;

将表达式的值返回给主调函数，同时将控制返回到主调函数。

5.6 函数原型：一个深入的剖析

- **函数原型**声明函数名与返回值类型，声明函数想要接收的形参的数目、类型和顺序。
- 函数原型可以使编译器能够检查函数是否被正确调用。
- 编译器会忽略函数原型中的变量名。
- **混合类型表达式**中的参数会根据 C 标准中的**常见算术类型转换规则**转换成同一类型。

5.7 函数调用堆栈及活动记录堆栈帧

- **堆栈**是一种后进先出 (LIFO) 的数据结构——最后被压入 (插入) 堆栈的数据总是最先被弹出 (移出) 堆栈。
- 当程序调用一个函数时，被调函数必须知道如何返回主调函数。所以主调函数的返回地址必须压入**程序执行堆栈**。如果发生了一系列的函数调用，其对应的一组返回地址将按照后进先出的顺序被压入堆栈，这样最后被调用的函数将最先返回到它的主调函数。
- 程序执行过程中，每次函数调用都会产生一些局部变量，所以程序执行堆栈包含了**为局部变量设置的存储区**。这些数据被称为函数调用的**堆栈帧**。当发生一次函数调用时，它的堆栈帧将被压入程序执行堆栈。当函数返回到主调函数后，它的堆栈帧将被弹出程序执行堆栈，那些局部变量将不能再被程序所访问。
- 由于计算机中的内存容量是有限的，所以程序执行堆栈中用来保存活动记录的存储单元的总数有一个上限。如果连续发生的多次函数调用产生的活动记录超过了这一上限，将会发生**堆栈溢出错误**。所以有些程序编译时完全正确，但运行时会因堆栈溢出而失败。

5.8 头文件

- 每一个标准函数库都会有一个相应的**头文件**，头文件中包含库中所有函数的函数原型以及这些函数所需的各种符号常量的定义。
- 可以创建和包含自己的头文件。

5.9 按值或按引用传递参数

- 当实参采用**按值传递**时，程序会为变量的值创建一个副本，并将副本传递给被调函数。被调函数中对这个副本的修改不会影响到变量的原始值。
- 当实参采用(模拟)**按引用传递**时，主调函数允许被调函数修改原本变量的值。
- C 语言中所有的函数调用都是按值调用。
- 可以使用取地址运算符和间接寻址运算符来实现按引用调用。

5.10　随机数的生成

- 函数 **rand** 产生一个值在 0 和 RAND_MAX 之间的整数，其中 RAND_MAX 是 C 标准定义的至少是 32767 的符号常量。
- 可以通过**缩放**和**平移**函数 rand 产生的值来产生一个指定范围内的值。
- 使用 C 标准库函数 srand，可以**随机化**一个程序。
- **srand 函数**为随机数产生器布下一个**种子**以便让随机数产生器在每次执行时产生出不同的序列。调用函数 srand 的语句一般只有一个程序已经完全排错后才被插入到程序中。在调试程序时，最好不要使用 srand。因为这样可以保证程序的可重复性，这对于检验一个随机数产生程序是否正确是很重要的。
- 函数 rand 和 srand 的函数原型包含在 <stdlib.h> 头文件中。
- 不想每次都输入一个种子就实现随机化，请使用 **srand(time(NULL))**。
- 缩放和平移一个随机数的通用公式是

  n = a + rand() % b;

  其中，a 是平移距离（即用户期望的连续整数区间的起始值）。b 是缩放因子（即用户期望的连续整数区间的宽度）。

5.11　案例分析：运气游戏；引入 enum

- 用关键字 **enum** 来定义的**枚举类型**是一组用标识符表示的整型常量的集合。一个枚举类型中的值是从零(0)开始，然后逐个增 1。也可以分别给枚举类型中的每一个标识符赋予一个特定的整数值。枚举类型中的每一个标识符必须是唯一的，但是它们的值可以是重复的。

5.12　存储类型

- 在程序中出现的每个标识符都有**存储类型**、**存储周期**、**作用域**和**链接**等属性。
- C 语言共有四种存储类型，它们对应的存储类型说明符分别是：auto、register、extern 和 static。
- 一个标识符的**存储周期**是指标识符所代表的变量存在于内存中的时间。
- 在一个由多个源文件组成的程序中，标识符的**链接**是说明这个标识符是仅仅能够被当前源文件所识别，还是可以通过适当的声明也能被其他源文件所识别。
- 具有**自动存储周期**的变量在执行到定义它的程序块时才被创建，并在程序块的活动期间一直存在于内存中，在控制退出程序块后就被释放了。一个函数的局部变量通常都属于自动存储周期。
- 关键字 **extern** 和 **static** 用于声明具有静态存储周期的变量名和函数名的标识符。
- **静态存储周期变量**是在程序开始运行之前进行分配和初始化的，而且只分配和初始化一次。
- 具有静态存储周期的标识符可分为两类：外部标识符（如全局变量和函数名）和用存储类别限定符 static 声明的局部变量。
- 创建**全局变量**的方法是将其变量定义语句写在任何一个函数体之外。全局变量在程序运行期间始终存在。
- **静态局部变量**在定义它的函数连续被调用的过程中保持它们的数值。
- 如果程序中没有显式地对数值型静态存储周期变量进行初始化，则 C 语言会自动将它们初始化为 0。

5.13　作用域的规定

- 一个标识符的**作用域**是指程序中能够访问到这个标识符的区域。
- 标识符可以具有函数作用域、文件作用域、程序块作用域或函数原型作用域。
- **标号**是唯一具有函数作用域的标识符。标号可以在定义它的函数中的任何位置被访问到，但是在定义它的函数之外就不再能访问到了。
- 在所有函数之外定义的标识符具有文件作用域。这样的标识符在从声明它的语句开始到整个程序结束的区间内，能被所有函数"识别"。

- 在一个程序块内部定义的标识符具有程序块作用域。程序块作用域结束于表示程序块结束的右花括号(})。
- 在函数开始时定义的局部变量以及函数的形参都是具有程序块作用域，因为形参也被函数视为局部变量。
- 任何程序块都可以包含变量定义。对于嵌套出现的程序块，如果外层程序块中的一个标识符与内层程序块中的一个标识符具有相同名字，那么在执行内层程序块的过程中，外层程序块的标识符将一直被“隐藏”起来，直到内层程序块执行结束为止。
- 唯一具有函数原型作用域的一类标识符是出现在函数原型的形参列表中代表形参名的那些标识符。这些标识符可以在程序的其他地方用于其他用途而不会引起混乱。

5.14　递归

- **递归函数**就是直接或间接调用自己的函数。
- 如果用**基线条件**去调用递归函数，则函数就直接返回结果。如果用较复杂的情况去调用递归函数，则函数将问题从概念上分成两部分：一部分是函数已经知道答案的，另一部分是原始问题的一个较小规模的版本。由于面临的新问题与原始问题类似，函数就可以派出一个递归调用去求解那个规模较小的问题。
- 为了保证递归调用最终终止，递归函数每次都是用规模更小的原始问题去调用它自己，而这些逐渐变小的问题最终必须收敛于**基线条件**。当函数识别出基线条件时，基线条件的解将被返回到它的上一个主调函数。然后就是一连串地直线式地返回操作，直到最终由函数的原始调用返回原始问题的解。
- 对大多数运算符(包括+)而言，标准Ｃ没有规定它们的操作数的定值顺序。只对与运算符(&&)、或运算符(||)、逗号运算符(,)和条件运算符(? :)这四个运算符规定了它们的多个操作数的定值顺序。前三个运算符属于二元运算符，它们的两个操作数的定值顺序都是从左向右的。最后一个运算符是Ｃ语言唯一一个三元运算符，它总是首先计算最左边操作数的值。如果最左边操作数的值为非零，则计算中间那个操作数的值，而将最后那个操作数忽略掉。如果最左边操作数的值是零，则计算第三个操作数的值，而将中间那个操作数忽略掉。

5.16　递归与迭代

- 递归和迭代都分别以一种控制结构为基础：迭代基于循环语句，而递归基于选择语句。
- 递归和迭代都需要循环地执行：迭代是使用一个循环语句，而递归通过重复地调用函数来实现循环。
- 递归和迭代都需要进行终止测试：当循环继续条件为假时，迭代结束；而递归是在遇到基线条件时终止。
- 递归和迭代都可能会出现无限执行的情况：若一个循环继续条件永远不会为假，则发生无限循环；如果递归执行产生的新问题不是逐渐收敛于基线条件，也导致无限递归。
- 递归需要不断地执行函数调用机制，因此会产生很大的函数调用开销，从而在处理器的时间和存储器的空间两方面付出很大的代价。

自测题

5.1　回答下列问题：

(a)Ｃ语言使用＿＿＿＿＿＿＿来使一个程序模块化。

(b)用＿＿＿＿＿＿＿来调用一个函数。

(c)只能够在定义它的函数的内部被识别的变量称为＿＿＿＿＿＿＿。

(d)被调函数中的＿＿＿＿＿＿＿语句用于将一个表达式的值返回给主调函数。

(e)在函数头中，关键字_____用于表明函数没有返回值或函数不包含任何形参。

(f)标识符的_____指的是程序中该标识符能够被使用的区域。

(g)将控制从被调函数返回给主调函数的三种方式分别是_____、_____和_____。

(h)编译器通过函数的_____来检查传递给函数的实参的个数、类型和顺序是否正确。

(i)_____函数用于产生随机数。

(j)_____函数用于设置随机数种子使得程序运行具有随机性。

(k)存储类型说明符分别是_____、_____、_____和_____。

(l)对于在一个程序块内定义的或者在一个函数的形参列表中定义的变量，如果不是明确定义，它的存储类型默认认为是_____。存储类型说明符_____向编译器推荐将一个变量存储在计算机的一个寄存器中。

(m)在任何一个程序块或者函数之外定义的一个非静态变量被称为_____变量。

(n)对于一个函数中的局部变量，如果希望在对该函数的连续的调用中，仍然保留它的值。那么就需要采用_____存储类型说明符来声明。

(o)一个标识符的四种可能的作用域分别是_____、_____、_____和_____。

(p)一个直接或者间接调用自己的函数被称为_____函数。

(q)一个递归函数通常由两部分组成：一部分是通过测试是否是函数的_____条件来结束递归，另一部分是将原始问题通过递归表达式表示成一个相对较小的问题。

5.2 对于如下程序，请说明下面这些元素的作用域(如函数作用域，文件作用域，程序块作用域或函数原型作用域)。

(a)main 函数中的变量 x。

(b)cube 函数中的变量 y。

(c)cube 函数。

(d)main 函数。

(e)cube 函数的函数原型。

(f)cube 函数原型中的标识符 y。

```
1    #include <stdio.h>
2    int cube(int y);
3
4    int main(void)
5    {
6       for (int x = 1; x <= 10; ++x)
7          printf("%u\n", cube(x));
8    }
9
10   int cube(int y)
11   {
12      return y * y * y;
13   }
```

5.3 编写一个程序来验证图 5.2 中对数学库函数的调用是否确实产生了预定的结果。

5.4 请分别写出下列函数的函数头。

(a)接收两个双精度的浮点实参 side1 和 side2，并返回一个双精度的浮点运算结果的 hypotenuse 函数。

(b)接收三个整数 x、y 和 z，并返回一个整数结果的 smallest 函数。

(c)不接收任何实参，也不返回任何值的 instructions 函数(注：这样的函数通常用于向用户显示一些命令提示)。

(d)接收一个整型实参 number 并返回一个浮点数结果的 intToFloat 函数。

5.5 请分别写出下列函数的函数原型：

(a)自测题 5.4(a)所描述的函数。

(b)自测题 5.4(b)所描述的函数。

(c)自测题 5.4(c)所描述的函数。

(d) 自测题 5.4 (d) 所描述的函数。

5.6 对于定义在函数内部的浮点数变量 lastVal，若希望在对函数的连续调用中能够保留该变量的值，请写出该变量的变量声明。

5.7 请找出下面的程序片断中的错误，并说明如何更正这些错误（也请阅读练习题 5.46）：

(a)
```
int g(void)
{
    printf("%s", Inside function g\n");
    int h(void)
    {
        printf("%s", Inside function h\n");
    }
}
```

(b)
```
int sum(int x, int y)
{
    int result = x + y;
}
```

(c)
```
void f(float a);
{
    float a;
    printf("%f", a);
}
```

(d)
```
int sum(int n)
{
    if (0 == n) {
        return 0; //
    }
    else {
        n + sum(n - 1);
    }
}
```

(e)
```
void product(void)
{
    printf("%s", "Enter three integers: ");
    int a, b, c;
    scanf("%d%d%d", &a, &b, &c);
    int result = a * b * c;
    printf("Result is %d", result);
    return result;
}
```

自测题答案

5.1 (a) 函数。(b) 函数调用。(c) 局部变量。(d) return。(e) void。(f) 作用域。(g) return，return 表达式，遇到表示函数末尾的右花括号。(h) 函数原型。(i) rand。(j) srand。(k) auto、register、extern、static。(l) auto。(m) 外部、全局。(n) static。(o) 函数作用域、文件作用域、程序块作用域、函数原型作用域。(q) 递归。(p) 基线。

5.2 (a) 程序块作用域。(b) 程序块作用域。(c) 文件作用域。(d) 文件作用域。(e) 文件作用域。(f) 函数原型作用域。

5.3 程序如下（注：在大多数 Linux 系统中，编译这个程序时，需要使用 -lm 编译选项）。

```
1    // ex05_03.c
2    // Testing the math library functions
3    #include <stdio.h>
4    #include <math.h>
5
6    int main(void)
```

```c
 7    {
 8        // calculates and outputs the square root
 9        printf("sqrt(%.1f) = %.1f\n", 900.0, sqrt(900.0));
10        printf("sqrt(%.1f) = %.1f\n", 9.0, sqrt(9.0));
11
12        // calculates and outputs the cube root
13        printf("cbrt(%.1f) = %.1f\n", 27.0, cbrt(27.0));
14        printf("cbrt(%.1f) = %.1f\n", -8.0, cbrt(-8.0));
15
16        // calculates and outputs the exponential function e to the x
17        printf("exp(%.1f) = %f\n", 1.0, exp(1.0));
18        printf("exp(%.1f) = %f\n", 2.0, exp(2.0));
19
20        // calculates and outputs the logarithm (base e)
21        printf("log(%f) = %.1f\n", 2.718282, log(2.718282));
22        printf("log(%f) = %.1f\n", 7.389056, log(7.389056));
23
24        // calculates and outputs the logarithm (base 10)
25        printf("log10(%.1f) = %.1f\n", 1.0, log10(1.0));
26        printf("log10(%.1f) = %.1f\n", 10.0, log10(10.0));
27        printf("log10(%.1f) = %.1f\n", 100.0, log10(100.0));
28
29        // calculates and outputs the absolute value
30        printf("fabs(%.1f) = %.1f\n", 13.5, fabs(13.5));
31        printf("fabs(%.1f) = %.1f\n", 0.0, fabs(0.0));
32        printf("fabs(%.1f) = %.1f\n", -13.5, fabs(-13.5));
33
34        // calculates and outputs ceil(x)
35        printf("ceil(%.1f) = %.1f\n", 9.2, ceil(9.2));
36        printf("ceil(%.1f) = %.1f\n", -9.8, ceil(-9.8));
37
38        // calculates and outputs floor(x)
39        printf("floor(%.1f) = %.1f\n", 9.2, floor(9.2));
40        printf("floor(%.1f) = %.1f\n", -9.8, floor(-9.8));
41
42        // calculates and outputs pow(x, y)
43        printf("pow(%.1f, %.1f) = %.1f\n", 2.0, 7.0, pow(2.0, 7.0));
44        printf("pow(%.1f, %.1f) = %.1f\n", 9.0, 0.5, pow(9.0, 0.5));
45
46        // calculates and outputs fmod(x, y)
47        printf("fmod(%.3f/%.3f) = %.3f\n", 13.657, 2.333,
48            fmod(13.657, 2.333));
49
50        // calculates and outputs sin(x)
51        printf("sin(%.1f) = %.1f\n", 0.0, sin(0.0));
52
53        // calculates and outputs cos(x)
54        printf("cos(%.1f) = %.1f\n", 0.0, cos(0.0));
55
56        // calculates and outputs tan(x)
57        printf("tan(%.1f) = %.1f\n", 0.0, tan(0.0));
58    }
```

```
sqrt(900.0) = 30.0
sqrt(9.0) = 3.0
cbrt(27.0) = 3.0
cbrt(-8.0) = -2.0
exp(1.0) = 2.718282
exp(2.0) = 7.389056
log(2.718282) = 1.0
log(7.389056) = 2.0
log10(1.0) = 0.0
log10(10.0) = 1.0
log10(100.0) = 2.0
fabs(13.5) = 13.5
fabs(0.0) = 0.0
fabs(-13.5) = 13.5
ceil(9.2) = 10.0
ceil(-9.8) = -9.0
floor(9.2) = 9.0
floor(-9.8) = -10.0
pow(2.0, 7.0) = 128.0
pow(9.0, 0.5) = 3.0
fmod(13.657/2.333) = 1.992
sin(0.0) = 0.0
cos(0.0) = 1.0
tan(0.0) = 0.0
```

5.4 (a) **double** hypotenuse(**double** side1, **double** side2)
(b) **int** smallest(**int** x, **int** y, **int** z)
(c) **void** instructions(**void**)
(d) **float** intToFloat(**int** number)

5.5 (a) **double** hypotenuse(**double** side1, **double** side2);
(b) **int** smallest(**int** x, **int** y, **int** z);
(c) **void** instructions(**void**);
(d) **float** intToFloat(**int** number);

5.6 **static float** lastVal;

5.7 (a) 错误：函数 h 被定义在函数 g 之内。
更正：将函数 h 的定义移到函数 g 的定义之外。

(b) 错误：函数被定义成返回一个整数，但是它的函数体却没有这样做。
更正：用下面这条语句来替换函数体中的语句：

　return x + y;

(c) 错误：在将形参列表括起来的右圆括号后边有一个分号，而且形参 a 在函数体中又被定义了一遍。
更正：删除形参表右圆括号后边的分号，删除函数体中的声明语句 "float a;"。

(d) 错误：结果 "n + sum(n − 1)" 没有被返回；函数 sum 返回了一个不正确的结果。
更正：将 else 从句中的语句重写为

　return n + sum(n − 1);

(e) 错误：无须返回值的函数返回了一个值。
更正：删除 return 语句。

练习题

5.8 请分别写出下列语句执行后变量 x 的值：

(a) x = fabs(7.5);
(b) x = floor(7.5);
(c) x = fabs(0.0);
(d) x = ceil(0.0);
(e) x = fabs(-6.4);
(f) x = ceil(-6.4);
(g) x = ceil(-fabs(-8 + floor(-5.5)));

5.9 (**停车收费**) 若停车时间不超过 3 小时，某停车场的最低收费标准是 2.00 美元。超过 3 小时，每小时再加收 0.50 美元(不足 1 小时的，按 1 小时计算)。停车时间在 24 小时内的最高收费额是 10.00 美元。假设没有一辆汽车的一次停车时间会超过 24 小时。请编写一个程序为昨天来这个停车场停车的三位顾客计算并打印他们的停车费。要求程序输入每一位顾客的停车时间，然后程序按照列表格式打印出结果，最后计算并打印出昨天的收费总额。程序将使用 calculateCharges 函数来计算每位顾客的收费额。程序的输出要求是下面这种格式：

```
Car      Hours      Charge
1         1.5        2.00
2         4.0        2.50
3        24.0       10.00
TOTAL    29.5       14.50
```

5.10 (**数据的舍入**) 函数 floor 的用途是将一个数值舍入处理成最接近它的整数。下面这条语句：

y = floor(x + .5);

将 x 的值舍入处理成最接近它的整数并将结果赋值给 y。请编写一个程序来读入一些数据，然后采用上面这条语句来将它们的值近似成最接近的整数。对于每一个被处理的数据，请打印出它们的原始值和舍入结果。

5.11 (**数据的舍入**) 函数 floor 还可用来将一个数值舍入到指定的十进制位。下面这条语句：

```
y = floor(x * 10 + .5) / 10;
```

将 x 的值近似到"十分之一位(即小数点右边第一位)"。下面这条语句：

```
y = floor(x * 100 + .5) / 100;
```

将 x 的值近似到"百分之一位(即小数点右边第二位)"。请编写一个程序来定义四个对数据 x 进行如下舍入处理的函数：

(a) roundToInteger(number)
(b) roundToTenths(number)
(c) roundToHundreths(number)
(d) roundToThousandths(number)

每当读入一个数据，程序将打印出原始值、舍入得到的最接近它的整数值、舍入到"十分之一位"的值、舍入到"百分之一位"的值和舍入到"千分之一位"的值。

5.12 请回答下列问题：

(a) "随机地"选择数据意味着什么？
(b) 为什么 rand 函数可以用于模拟"运气游戏"？
(c) 为什么要用 srand 函数来随机化程序？在什么场合下才不需要随机化？
(d) 为什么经常需要将 rand 函数产生的值进行比例缩放和(或者)平移？

5.13 写出能够将如下范围的随机整数赋值给变量 n 的语句。

(a) $1 \leqslant n \leqslant 2$
(b) $1 \leqslant n \leqslant 100$
(c) $0 \leqslant n \leqslant 9$
(d) $1000 \leqslant n \leqslant 1112$
(e) $-1 \leqslant n \leqslant 1$
(f) $-3 \leqslant n \leqslant 11$

5.14 对于如下每一个整数集合，分别写出一个能够随机打印出集合中某个数据的语句。

(a) 2，4，6，8，10。
(b) 3，5，7，9，11。
(c) 6，10，14，18，22。

5.15 (**计算直角三角形斜边的长度**) 定义一个名为 hypotenuse 的函数，它的功能是：当给出直角三角形的两条直角边长度时，计算斜边的长度。请编写一个使用这个函数的程序来计算不同的直角三角形斜边的长度。这个函数需要接收两个 double 型的实参，然后返回一个 double 型的斜边长度。请用图 5.22 中各个直角三角形的直角边长度来测试你的程序。

三角形	边 1	边 2
1	3.0	4.0
2	5.0	12.0
3	8.0	15.6

图 5.22 针对练习题 5.15 的直角三角形的直角边长度的例子

5.16 (**取幂**) 请编写返回下面表达式值的函数 integerPower (base, exponent)：

$$base^{exponent}$$

例如 integerPower(3, 4) = 3 * 3 * 3 * 3。假设 exponent 是一个正的、非零的整数，base 也是一个整数。函数 integerPower 将采用 for 语句来控制它的计算。不能采用数学函数库中的任何函数。

5.17 (**倍数**) 请编写函数 multiple 来判断一对整数中第二个整数是否是第一个整数的倍数。该函数将接收两个整数作为实参。若第二个整数是第一个整数的倍数，则函数返回 1(真)，否则返回 0(假)。请将此函数应用于一个将输入一系列整数对的程序中。

5.18 (**奇数还是偶数**) 请编写一个程序来接收用户输入的一系列整数，然后逐个将其传递给函数 isEven，该函数使用求余运算符来判断整数是否是偶数。该函数接收一个整型实参。当该整数是偶数时，函数返回 1，否则返回 0。

5.19 **(星号方阵)** 请编写一个函数来显示一个由星号组成的、边长由整型形参 side 指定的实心方阵。例如，side 为 4 时，函数显示：

```
****
****
****
****
```

5.20 **(显示一个由任意字符构成的方阵)** 修改练习题 5.19 中定义的函数，使其能够形成由字符形参 fillCharacter 中的字符构成的方阵。例如，side 为 5，fillCharacter 是 "#" 时，函数显示：

```
#####
#####
#####
#####
#####
```

5.21 **(项目：用字符来绘制图形)** 请采用在练习题 5.19 和练习题 5.20 中开发出来的技术，编写一个能够绘制各种形状图形的程序。

5.22 **(分离数字)** 请分别编写一些程序段来实现下列功能：

(a) 计算整数 a 被整数 b 除所得商的整数部分。

(b) 计算整数 a 被整数 b 除所得余数的整数部分。

(c) 采用 (a) 和 (b) 中开发出来的程序段来编写一个函数，它的功能是：输入一个大小在 1 ~ 32767 之间的整数，然后逐位打印它的数字，每两个数字之间空两格。例如，整数 4562 将被打印成：

```
4  5  6  2
```

5.23 **(按秒计时)** 请编写一个函数来接收三个整型实参作为时间 (对应时、分、秒)，返回自从上次时钟 "整点 12 时" 以后所经过的秒数。请编写一个程序用这个函数来计算两个时间之间以秒为单位的时间间隔，这两个时间都要求是处在时钟 12 小时的周期内。

5.24 **(温度转换)** 实现下列整数函数：

(a) 返回与华氏温度等价的摄氏温度的 toCelsius 函数。

(b) 返回与摄氏温度等价的华氏温度的 toFahrenheit 函数。

(c) 请编写一个程序用这些函数来打印从摄氏温度 0 ~ 100 度对应的华氏温度，以及华氏温度 32 ~ 212 度对应的摄氏温度。打印格式采用简单的表格形式，即在保证可读性的前提下所用的行数最少。

5.25 **(找最小值)** 请编写一个函数，它的功能是：返回三个浮点数中的最小值。

5.26 **(完美数)** 如果一个整数的全部因子 (包括 1，但不是数本身) 加起来正好等于本身，就称它为 "完美数" (Perfect number)。例如，6 就是一个完美数，因为 6 = 1 + 2 + 3。请编写一个判断输入的实参 number 是否是完美数的 isPerfect 函数。再用这个函数来编写一个程序找出并打印出 1 ~ 1000 之间所有的完美数，请同时打印出每个完美数的全部因子以验证这个数确实是一个完美数。感兴趣的读者还可以通过判断一个比 1000 大得多的数是否是完美数来挑战计算机的计算能力。

5.27 **(素数)** 如果一个整数只能被 1 和自己整除，那么就称它为 "素数" (prime)。例如，2、3、5、和 7 就是素数，4、6、8 和 9 就不是素数。

(a) 请编写出能够判断一个整数是否是素数的函数。

(b) 请编写一个使用这个函数的程序来找出并打印 1 ~ 10 000 之间所有的素数。在确定已经找到了所有的素数前，已经测试了这 10 000 个数中多少个数？

(c) 起初你也许会认为，为确定 n 是否是素数，需要判断的上限是 $n/2$。但事实上，只需判断到 n

的平方根即可。修改程序使其能够以上面两种方法运行，并评价后一种方法带来的性能改善。

5.28 (将数位倒过来)请编写一个函数，它的功能是：接收一个整数，返回这个整数各个数位被倒过来所对应的数。例如，输入整数 7631，函数将返回 1367。

5.29 (最大公约数)两个整数的最大公约数(Greatest Common Divisor，GCD)是能够整除这两个整数的最大整数。请编写一个能够返回两个整数的最大公约数的函数 gcd。

5.30 (学生成绩的级点)请编写 toQualityPoints 函数，它的功能是：输入学生的平均成绩。若成绩在 90 ~ 100 之间，返回 4；若成绩在 80 ~ 89 之间，返回 3；若成绩在 70 ~ 79 之间，返回 2；若成绩在 60 ~ 69 之间，返回 1；若成绩低于 60，返回 0。

5.31 (投掷硬币)请编写一个程序来模拟投掷硬币。对于每一次投掷，程序将打印出"Heads"(正面)或者"Tails"(反面)。让程序模拟投掷硬币 100 次，并统计硬币每一面出现的次数，并打印出结果。该程序将调用一个独立的函数 flip，这个函数不需要输入实参，返回 0 表示反面，1 表示正面(注：如果程序能够真实地模拟硬币投掷，那么每一面出现的次数都近似等于投掷总数的一半。对于本例而言，大概是 50 次正面，50 次反面)。

5.32 (猜数游戏)请编写一个"猜数游戏"的 C 程序。游戏规则是：程序先随机地在 1 ~ 1000 之间选择好一个整数等待玩家来猜，然后程序显示

```
I have a number between 1 and 1000.
Can you guess my number?
Please type your first guess.
```

这时，玩家可以键入他第一次猜测的整数。之后程序会按照下面方式之一响应玩家的输入：

```
1. Excellent! You guessed the number!
   Would you like to play again (y or n)?
2. Too low. Try again.
3. Too high. Try again.
```

如果玩家猜错，程序将不断地循环下去直到玩家最终猜出正确的答案。在这个过程中，程序会不断地提示玩家"Too high"或者"Too low"以帮助玩家"命中"正确答案(注：这里用到的搜索技术被称为二分搜索。在下一个问题中，我们还要更详细地介绍它)。

5.33 (修改的猜数游戏)请修改在练习题 5.32 中编写的程序，使其能够记录玩家猜测的次数。如果猜测的次数不超过 10，则打印"Either you know the secret or you got lucky！"如果猜测的次数等于 10 次，程序则打印"Ahah! You know the secret！"如果猜测的次数大于 10 次，程序则打印"You should be able to do better！"为什么不超过 10 次就可以猜出正确答案?这是因为：在正常情况下，每猜一次，玩家就可以忽略掉一半的数据。现在请说明：为什么不超过 10 次就可以猜出任何一个 1 ~ 1000 之间的整数？

5.34 (递归求幂)请编写一个递归函数 power(base, exponent)来返回如下表达式的值：

base^{exponent}

例如，power(3, 4) = 3 * 3 * 3 * 3。假设 exponent 是一个大于或者等于 1 的整数，base 也是一个整数。提示：递归步可利用关系

base^{exponent} = base * base$^{exponent-1}$

同时终止条件为"exponent 等于 1"，因为

base^1 = base。

5.35 (斐波那契)斐波那契数列

0, 1, 1, 2, 3, 5, 8, 13, 21, …

从 0 和 1 这两个数据项开始，其特点是随后的每个数据项是前两个数据项的和。(a)请编写一个非递

归的函数 fibonacci(n) 来计算第 n 个斐波那契数。函数的形参采用 unsigned int 数据类型，返回值采用 unsigned long long int 数据类型。(b)确定计算机系统能够打印出来的最大的斐波那契数。

5.36 **(汉诺塔)** 年轻的计算机科学家必须通过挑战一些经典问题来获得进步，汉诺塔(如图 5.23 所示)就是最著名的经典问题之一。传说在远东有一座寺庙，庙中的修士每天都要不断地将一些圆盘从一个木桩移到另外一个木桩。最初的情况是：在一个木桩上，自顶向下、按照从小到大的顺序，堆叠中 64 个圆盘。修士的任务是将这 64 个圆盘从一个木桩移到另外一个木桩，并保持原来的顺序。每次只能移动一个圆盘，而且大的圆盘不允许压在小的圆盘上面。庙里还竖有第三根木桩供修士们临时堆放圆盘。假设当修士们完成他们的工作时，世界的末日就到来了，所以我们没有必要去帮助他们的工作。

让我们假设修士们的任务是将这些圆盘从第一个木桩移到第三个木桩。请研究出一种能够精确地打印出圆盘在木桩间移动过程的算法。

如果采用常规的方法，则会发现这是一个非常棘手的问题。但是如果采用递归的方法，这个问题就可以迎刃而解。可以像下面这样，将移动 n 个圆盘看成由移动 n－1 个圆盘来完成(这就是递归)：

(a)借助第三个木桩，将 n－1 个圆盘从第一个木桩移动到第二个木桩。

(b)将最后一个圆盘(即最大的圆盘)从第一个木桩移动到第三个木桩。

(c)借助第一个木桩，将 n－1 个圆盘从第二个木桩移动到第三个木桩。

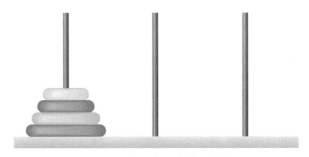

图 5.23　带四个圆盘的汉诺塔

重复上述过程，直至完成最后一个操作"移动 n = 1 个圆盘"，即基线条件。完成这个操作就不再需要借助一个临时木桩了。

请编写一个解决汉诺塔问题的程序。请使用带有如下四个形参的递归函数：

(a)待移动的圆盘数目

(b)堆放圆盘的初始木桩编号

(c)堆放圆盘的目标木桩编号

(d)堆放圆盘的临时木桩编号

要求程序打印出每次在不同木桩间移动圆盘的精确命令。例如，将三个圆盘从 1 号木桩移到 3 号木桩，程序应打印出以下移动命令：

1 → 3 (表示将一个圆盘从 1 号木桩移到 3 号木桩。以此类推)

1 → 2

3 → 2

1 → 3

2 → 1

2 → 3

1 → 3

5.37 **(汉诺塔：迭代解法)** 任何一个可以用递归实现的程序都可以用循环来实现，只不过可能会增加难度以及降低程序的清晰性。请尝试用循环结构来编写一个解决汉诺塔问题的程序。如果编写成功的话，请将其与在练习题 5.36 中编写的递归程序相比较，并在程序的性能、清晰性以及验证程序正确性的能力要求等方面进行探讨。

5.38 (递归的可视化) 能够观察到"进行中"的递归是一件非常有趣的事情。请修改练习题 5.18 中的阶乘函数使其能够打印出局部变量和递归调用的形参。每一次递归调用的输出都出现在增加一级缩进的单独一行上。请尽你所能使程序的输出清晰、有趣并有意义。这里的目标是设计并实现一个能够帮助人们更好地理解递归的输出格式。还可以将你设计的显示技术运用于本书中其他有关递归的例子和练习中。

5.39 (递归地计算最大公约数) 整数 x 和 y 的最大公约数是能够同时整除 x 和 y 的最大整数。请编写一个能够返回 x 和 y 的最大公约数的递归函数 gcd。该函数递归地定义为：如果 y 等于 0，则 gcd(x, y) 返回 x，否则返回 gcd(y, x % y)，其中%是求余运算符。

5.40 (递归的 main 函数) 可以递归地调用 main 函数吗？请编写一个包含 main 函数的程序。在程序中定义一个静态的局部变量 count，并将其初始化为 1。每次调用 main 函数时，对变量 count 进行"后增 1"运算并打印出它的值。请运行程序，看看会发生什么？

5.41 (两点之间的距离) 请编写函数 distance 来计算两点(x1，y1)和(x2，y2)之间的距离。所有的数据和返回类型都采用类型 double。

5.42 下面这个程序的功能是什么？若将其中的第 8 行和第 89 行交换，会发生什么？

```
1    #include <stdio.h>
2
3    int main(void)
4    {
5        int c; // variable to hold character input by user
6
7        if ((c = getchar()) != EOF) {
8            main();
9            printf("%c", c);
10       }
11   }
```

5.43 下面这个程序的功能是什么？

```
1    #include <stdio.h>
2
3    unsigned int mystery(unsigned int a, unsigned int b); // function prototype
4
5    int main(void)
6    {
7        printf("%s", "Enter two positive integers: ");
8        unsigned int x; // first integer
9        unsigned int y; // second integer
10       scanf("%u%u", &x, &y);
11
12       printf("The result is %u\n", mystery(x, y));
13   }
14
15   // Parameter b must be a positive integer
16   // to prevent infinite recursion
17   unsigned int mystery(unsigned int a, unsigned int b)
18   {
19       // base case
20       if (1 == b) {
21           return a;
22       }
23       else { // recursive step
24           return a + mystery(a, b - 1);
25       }
26   }
```

5.44 在确定练习题 5.43 的功能后，请将程序改成函数，并消除第二个实参必须是正数的限制。

5.45 (测试数学库函数) 请编写一个程序，使其尽可能地多地测试图 5.2 中所列数学库函数。通过让程序按照表格形式打印出多种实参值时这些数学函数的返回值。

5.46 请找出下面每个程序段的错误，并说明如何改正。

```
(a) double cube(float); // function prototype
    cube(float number) // function definition
    {
        return number * number * number;
    }
(b) int randomNumber = srand();
(c) double y = 123.45678;
    int x;
    x = y;
    printf("%f\n", (double) x);
(d) double square(double number)
    {
        double number;
        return number * number;
    }
(e) int sum(int n)
    {
        if (0 == n) {
            return 0;
        }
        else {
            return n + sum(n);
        }
    }
```

5.47 **(修改的 Craps 游戏)** 请修改图 5.14 中的"双骰子赌博"(Craps)的游戏程序使其允许下赌注。请将程序中执行一次"双骰子赌博"的部分封装成一个函数。变量 bankBalance 被初始化为 1000 美元。提示玩家输入赌注 wager 的值。使用 while 循环结构来检查赌注 wager 的值是否小于或者等于变量 bankBalance 的值。如果检查结果为"否",则提示玩家再次输入 wager 的值,直至输入的 wager 值是有效的。在输入正确的 wager 值后,执行一次"双骰子赌博"。若玩家获胜,则将赌注 wager 加到玩家的 bankBalance 上,并打印出新的 bankBalance 值。若玩家输了,则将从玩家的 bankBalance 中减去赌注 wager,并打印出新的 bankBalance 值。检查 bankBalance 是否已经变成 0。若是,则打印信息 "Sorry. You busted!"(对不起。你已经破产了)。在程序的运行过程中,请经常打印出一些信息来增加游戏的乐趣,如 "Oh, you're going for broke, huh?"(哦,你快要破产了,唔?)、"Aw cmon, take a chance!"(来,再试一次!)和 "You're up big. Now's the time to cash in your chips!"(你发了。现在可以将你的筹码兑换成现金!)。

5.48 **(研究项目:对递归计算 Fibonacci 数的改进)** 在 5.15 节中,我们计算斐波那契数的递归算法是很吸引人的。然而需要反思的是这个算法会导致递归函数调用次数"指数级爆炸"。请通过互联网研究递归计算斐波那契数的技术,分析各种方法,包括练习题 5.35 中的迭代方法和仅采用所谓"尾递归"(Tail recursion)的方法。评价每一种方法的特点。

提高练习题

5.49 **(全球变暖知识测验)** 全球变暖这个有争议的问题已经被反映美国前副总统戈尔(Al Gore)的电影 *An Inconvenient Truth* 广泛宣传了。戈尔先生、联合国的一个科学家网络以及一个关于气候变化的政府间会议组织,因"致力于构建和传播关于人为的气候变化的知识体系",共同获得了 2007 年的诺贝尔和平奖。请通过互联网研究针对全球变暖问题的正反两方面的观点,例如,可以输入"全球变暖怀疑者"(Global warming skeptics)来搜索相关信息。请本着"客观和尽量公平地反映正反两方面观点"的原则,设计一个包含 5 个选择题的全球变暖知识测验,每个选择题有 4 个可能的答案(编号为 1~4)。然后编写一个程序来实现这个测验,统计选择正确答案的次数(0~5)并给用户返回一个消息。若用户全对,打印 "Excellent";若对 4 个,打印 "Very Good";若对 3 个或者更少，打印"Time to brush up on your knowledge of global warming"以及一些可以获得全球变暖相关知识的网站的列表。

计算机辅助教学

    随着计算机价格的降低，每位学生在学校都可以使用计算机已经变成现实，而不用考虑其所处的经济环境。这就为在全世界范围内，通过以下 5 个练习来改善每位学生的教育经历创造了条件[注：请考察诸如"每位孩子一个笔记本电脑"项目(www.laptop.org)这样的倡议。另外，请关注"绿色"笔记本电脑——这些设备"向绿色前进"的关键特征是什么？查阅"电子产品环境评估工具"(www.epeat.net)。在考虑选择购买台式机、笔记本电脑和显示器时，用这些工具来评估它们的"绿色"程度，以帮助用户做出购买决定]。

5.50 (计算机辅助教学)在教育中应用计算机，被称为"计算机辅助教学"(Computer-assisted instruction, CAI)。请编写一个程序来帮助小学生学习乘法。程序使用 rand 函数来产生两个一位的正整数，然后打印出一个问题，例如

How much is 6 times 7? (6 乘以 7 得多少？)

让学生输入他们的答案。程序将检查学生的答案是否正确。若正确，打印"Very good!"，然后问下一个乘法问题；若错误，打印"No. Please try again."，然后让学生重新回答直至答对为止。请单独用一个函数来产生问题。每调用这个函数一次，产生一个新问题。一旦程序开始运行，就调用这个函数。每次用户都要正确地回答问题。

5.51 (计算机辅助教学：减轻学生疲劳)CAI 系统面临的一个问题就是学生疲劳。减轻学生疲劳的一种办法就是通过改变计算机的对话界面来吸引学生的注意力。请修改在练习题 5.50 中编写的程序，使得每一个正确或者错误的答案会得到如下不同的评价：

对于正确答案，计算机可以打印出如下消息中的一个：

Very good!
Excellent!
Nice work!
Keep up the good work!

对于错误答案，计算机可以打印出如下消息中的一个：

No. Please try again.
Wrong. Try once more.
Don't give up!
No. Keep trying.

使用随机数产生函数，在 1~4 中，随机地选择一个数字，根据这个数字，为每个正确或错误的答案，从四种消息中选择一个，然后使用 switch 语句打印消息。

5.52 (计算机辅助教学：监控学生的能力)高水平的计算机辅助教学系统能够记录在一段时间内学生能力提高的过程。这样就可以在确定学生已经成功地掌握了以前学习的内容之后，决定开始新内容的学习。请修改在练习题 5.51 中编写的程序，统计学生输入答案正确或错误的次数。在学生输入10 个答案之后，程序将计算出"回答正确率"。如果这个正确率低于 75%，程序将打印"Please ask your instructor for extra help."然后复位程序，让另外一个学生回答问题。如果这个正确率不低于 75%，程序将打印"Congratulation, you are ready to go to the next level!"然后复位程序，让另外一个学生回答问题。

5.53 (计算机辅助教学：难度级别) 练习题 5.50 至练习题 5.52 开发了一个帮助小学生学习乘法的计算机辅助教学程序。请修改这个程序使其允许用户选择不同的难度级别。级别 1 表示仅出现 1 位数的问题，级别 2 表示出现 2 位数的问题，以此类推。

5.54 (计算机辅助教学：改变问题的类别)请修改练习题 5.53 中开发的程序，使其允许用户在不同类别的算术运算中选择感兴趣的一项来学习。选项 1 表示仅学习加法，选项 2 表示仅学习减法，选项 3表示仅学习乘法，选项 4 表示学习这些运算的随机组合。

第6章 C 数 组

学习目标:

在本章中，读者将学习以下内容:

- 用数组数据结构来表示一维和二维数据表。
- 定义一个数组，对数组进行初始化，访问数组中的元素。
- 定义符号常量。
- 将数组传递给函数。
- 用数组实现一维和二维数据表的存储、排序和查找。
- 定义并处理一个多下标数组。
- 创建一个可变长度的数组，其大小在运行时确定。
- 了解与基于 scanf 的输入、基于 printf 的输出以及数组有关的安全问题。

提纲

6.1　引言

从本章开始，要介绍程序设计中的一个重要主题——数据结构。我们介绍的第一个数据结构是**数组**（Array），数组是由相同数据类型的相关联的数据组成的一种数据结构。在第 10 章中，还要介绍用关键字 struct 定义的另外一种数据结构——结构体（Structure）。结构体也是由若干相关联的数据组成，但是这些数据的数据类型可能是不同的。数组和结构体都属于"静态的"实体，即它们所占存储空间的大小在程序运行的过程中保持不变（当然，这并不排除在它们被定义成自动存储类型的情况下，每次进入或退出定义它们的程序模块时，都先被创建、后被释放）。

6.2　数组

数组是一组连续的、具有相同类型的存储单元。若要访问数组中某个特定的存储单元或数组元素，需要指定数组的名字及该元素在数组中的**位置号**（Position number）。

图 6.1 显示了一个名为 c 的、包含有 12 个**元素**（Element）的整型数组。对数组中的任一元素的访问都可以通过在数组名后加上用方括号（[ ]）括起来的、该元素的位置号来实现。需要强调的是，任何数组的第一个元素都是**第 0 号元素**（Zeroth element），即位置号为 0 的元素。像其他标识符一样，数组名只能包含字母、数字和下画线，并且不能以数字开头。

被方括号括起来的位置号也称为元素**索引**（Index）或**下标**（Subscript）。下标必须是一个整数或者是一个整数类型的表达式。例如，语句

```
c[2] = 1000;
```

将 1000 赋予数组元素 c[2]。类似地，若 a = 5 且 b = 6，则语句

```
c[a + b] += 2;
```

数组中的所有元素拥有相同的名字，c

数组c中元素的位置号

c[0]	−45
c[1]	6
c[2]	0
c[3]	72
c[4]	1543
c[5]	−89
c[6]	0
c[7]	62
c[8]	−3
c[9]	1
c[10]	6453
c[11]	78

图 6.1　含有 12 个元素的数组

就给数组元素 c [11] 加上 2。注意：带下标的数组名是一个**左值**（lvalue）——可以用在赋值运算符的左边。

让我们更深入地研究一下数组 c（参见图 6.1）。首先，数组的**名**（Name）为 c，它的 12 个元素分别为 c[0]、c[1]、c[2]、… c[10]和 c [11]。存储在 c [0]中的**值**（Value）是−45，c[1]中的值为 6，c[2]为 0，c[7]是 62 而 c[11]是 78。若要打印出数组中前三个元素的数值之和，可以编写如下语句：

```
printf("%d", c[0] + c[1] + c[2]);
```

若要将第 7 个元素的值除以 2，然后将结果赋予变量 x，则编写语句

```
x = c[6] / 2;
```

实际上，用于将数组下标括起来的方括号，在 C 语言中也被视为一种运算符。它们与函数调用运算符（也就是为了调用函数而在函数名后面加上的圆括号）具有相同的优先级。图 6.2 给出了迄今为止学习过的全部运算符的优先级和结合性。

运算符（Operator）	结合性	类型
[ ]　（ ）　++（后缀）　−−（后缀）	从左向右	优先级最高
+ − !　++（前缀）　−−（前缀）　(type)	从右向左	一元运算符
*　/　%	从左向右	乘法类运算符
+ −	从左向右	加法类运算符

图 6.2　运算符的优先级和结合性

< <= > >=	从左向右	关系类运算符
== !=	从左向右	相等类运算符
&&	从左向右	逻辑与运算符
‖	从左向右	逻辑或运算符
? :	从右向左	条件运算符
= += -= *= /= %=	从右向左	赋值类运算符
,	从左向右	逗号运算符

图 6.2(续)　运算符的优先级和结合性

6.3　数组定义

数组是要占用存储空间的，所以在定义数组时，必须指定数组元素的数据类型以及数组中元素的个数，这样计算机系统才能为数组预留出相应数量的存储空间。下面这条数组定义语句为整型数组 c 预留出 12 个元素的存储空间，该数组元素的下标取值范围为 0 ~ 11。

```
int c[12];
```

而下面这条数组定义语句：

```
int b[100], x[27];
```

则分别为整型数组 b 和 x 预留出 100 个元素和 27 个元素的存储空间。其数组元素的下标取值范围分别为 0 ~ 99 和 0 ~ 26。尽管可以用一个语句同时定义多个数组，但是最好还是在一行中仅定义一个数组。这样便于为每个数组定义添加一个介绍引入该数组目的的注释。

数组还可以定义为其他数据类型。例如，一个 char 型的数组可以用来存储一个字符串。第 8 章将讨论字符串及其等价的数组，第 7 章将讨论指针与数组的关系。

6.4　数组实例

本节中，我们将通过一些例子来说明如何定义并初始化数组以及如何实现常见的数组操作。

6.4.1　定义一个数组并用循环结构来设置数组元素值

像任何一个其他类型的变量一样，未初始化的数组元素存储的是垃圾数据。图 6.3 中的程序首先通过 for 循环语句将含 5 个元素的整型数组 n 的元素全部初始化为零(第 11 行至第 13 行)，然后按照列表格式将它们打印出来(第 18 行至第 20 行)。第一个 printf 打印语句(第 15 行)打印的是两列数据的标题，这两列数据通过随后的 for 循环语句被逐行打印出来。

```
1   // Fig. 6.3: fig06_03.c
2   // Initializing the elements of an array to zeros.
3   #include <stdio.h>
4
5   // function main begins program execution
6   int main(void)
7   {
8       int n[5]; // n is an array of five integers
9
10      // set elements of array n to 0
11      for (size_t i = 0; i < 5; ++i) {
12          n[i] = 0; // set element at location i to 0
13      }
14
15      printf("%s%13s\n", "Element", "Value");
16
```

图 6.3　将数组元素全部初始化为零

```
17      // output contents of array n in tabular format
18      for (size_t i = 0; i < 5; ++i) {
19          printf("%7u%13d\n", i, n[i]);
20      }
21  }
```

```
Element        Value
    0              0
    1              0
    2              0
    3              0
    4              0
```

图 6.3(续)　将数组元素全部初始化为零

需要注意的是，两个 for 语句(第 11 行和第 18 行)中的计数控制变量 i 被声明为类型 size_t。根据 C 标准，size_t 代表无符号整数类型[①]。该类型被推荐用于定义表示数组长度或下标的变量。size_t 类型的定义包含在头文件<stddef.h>中，而该头文件又常常包含在其他头文件中(如<stdio.h>)(注：若在编译图 6.3 中的程序时收到出错信息，将<stddef.h>包含到程序中即可)。

6.4.2　在定义语句中用一个初始值列表来初始化一个数组

还可以在定义数组的同时，对数组元素进行初始化，即在定义语句的后面加上一个等号和一对花括号{}，花括号内填写用逗号分隔的**数组初始值列表**(Array initializer)。图 6.4 中的第 9 行就是用 5 个值来初始化整型数组 n，然后按照列表格式打印数组。

```
 1  // Fig. 6.4: fig06_04.c
 2  // Initializing the elements of an array with an initializer list.
 3  #include <stdio.h>
 4
 5  // function main begins program execution
 6  int main(void)
 7  {
 8      // use initializer list to initialize array n
 9      int n[5] = {32, 27, 64, 18, 95};
10
11      printf("%s%13s\n", "Element", "Value");
12
13      // output contents of array in tabular format
14      for (size_t i = 0; i < 5; ++i) {
15          printf("%7u%13d\n", i, n[i]);
16      }
17  }
```

```
Element        Value
    0             32
    1             27
    2             64
    3             18
    4             95
```

图 6.4　用一个初始值列表来初始化一个数组的元素

如果初始值列表中提供的初始值个数少于数组的元素个数，则余下的数组元素将被初始化为 0。例如，图 6.3 中数组 n 的元素可以通过下面的语句全部初始化为 0：

```
int n[10] = {0}; // initializes entire array to zeros
```

这条语句显式地将数组的第 1 个元素初始化为 0，然后由于初始值列表中提供的初始值个数少于数组拥有的元素个数，余下的 9 个元素被初始化为 0。切记：数组不能自动地初始化为 0。至少要将第一个数

[①] 在某些编译器中，size_t 代表 unsigned int；而在另一些编译器中，size_t 代表 unsigned long。使用 unsigned long 的编译器通常会针对图 6.3 中程序第 19 行发出一个警告，因为%u 是用于显示 unsigned int 而不是 unsigned long 数据的。用%lu 代替%u 即可消除这个警告。

组元素初始化为 0，这样余下的元素才会被自动地初始化为 0。对于 static（静态）型数组而言，数组元素的初始化是在程序运行前（编译时）执行的，而对自动数组而言是在程序运行时执行的。

常见的编程错误 6.1

忘记对数组元素进行初始化。

常见的编程错误 6.2

数组初始值列表中提供的初始值个数多于数组所含元素的个数。这是一个语法错误——例如"int n [3] = { 32, 27, 64, 18 };"存在一个语法错误，因为对只拥有 3 个元素的整型数组提供了 4 个初始值。

在使用初始值列表来实现元素初始化的数组定义语句中，如果没有填写数组元素的个数，则系统将初始值列表中提供的初始值的个数作为数组所拥有的元素个数。例如

```
int n[] = {1, 2, 3, 4, 5};
```
将创建一个拥有 5 个元素的、用指定数值来初始化的整型数组 n。

6.4.3　用符号常量来定义数组的大小并通过计算来初始化数组元素

图 6.5 中的程序将一个拥有 5 个元素的整型数组 s 的元素分别初始化为 2、4、6、……、10，然后按照列表格式将它们打印出来。其中，初始值是通过将循环计数器的值乘以 2 再加上 2 而得到的。

```c
 1  // Fig. 6.5: fig06_05.c
 2  // Initializing the elements of array s to the even integers from 2 to 10.
 3  #include <stdio.h>
 4  #define SIZE 5 // maximum size of array
 5
 6  // function main begins program execution
 7  int main(void)
 8  {
 9     // symbolic constant SIZE can be used to specify array size
10     int s[SIZE]; // array s has SIZE elements
11
12     for (size_t j = 0; j < SIZE; ++j) { // set the values
13        s[j] = 2 + 2 * j;
14     }
15
16     printf("%s%13s\n", "Element", "Value");
17
18     // output contents of array s in tabular format
19     for (size_t j = 0; j < SIZE; ++j) {
20        printf("%7u%13d\n", j, s[j]);
21     }
22  }
```

```
Element        Value
      0            2
      1            4
      2            6
      3            8
      4           10
```

图 6.5　将数组 s 的元素初始化为从 2～10 的偶数

这个程序引入了#define 预处理命令（#define preprocessor directive）。第 4 行

#define SIZE 5

定义了一个值为 5 的**符号常量**（**Symbolic constant**）SIZE。符号常量是一个标识符，这个标识符在源程序被编译之前，将被 C 预处理程序用**替换文本**（Replacement text）来替换掉。也就是说，在源程序被预处理时，程序中出现的所有符号常量 SIZE 都将被替换文本"5"替换掉。采用符号常量来定义数组的大小将使程序更加**易于修改**（**Modifiable**）。例如，在图 6.5 中，只要将#define 预处理命令中 SIZE 的值由"5"改成"1000"

即可将第一个 for 循环(第 12 行)的功能修改为"对拥有 1000 个元素的数组进行初始化"。反之，如果没有使用符号常量 SIZE，要实现上述功能修改，就需要对程序的第 10 行、第 12 行和第 19 行进行相应修改。由于程序越来越大，对程序的清晰性、可读性、可维护性要求越来越高，这种技术的用途也越来越大——符号常量(如 SIZE)比数值 5 更易于理解，因为 5 在程序中的不同位置会有不同的含义。

常见的编程错误 6.3

在 "# define" 或 "# include" 预处理命令的末尾加上了分号。切记：预处理命令不是 C 语句。

若在第 4 行预处理命令的末尾加上了一个分号，则程序中出现的所有符号常量 SIZE 都将被预处理程序用替换文本 "15;" 来替换。这将会在编译时引起语法错误或者在运行时引起逻辑错误。切记：预处理程序不是 C 编译器。

软件工程视点 6.1

采用符号常量来定义数组的大小将使程序更加易于修改。

常见的编程错误 6.4

在一个可执行语句中，对一个符号常量进行赋值操作属于语法错误。由于符号常量不是变量，所以编译器不为它分配任何存储空间。相反，由于变量在程序的执行过程中需要保存数值，编译器是要为变量分配相应的存储空间的。

良好的编程习惯 6.1

只采用大写字母来为符号常量命名。这使得它们在程序中很醒目，并提示你它们不是变量。

良好的编程习惯 6.2

为了提高程序的可读性，对于一个包含多个单词的符号常量，用下画线将这些单词分隔开。

6.4.4　数组元素值求和

图 6.6 中的程序计算拥有 12 个元素的整型数组 a 的元素值的总和。求总和工作由 for 语句的循环体(第 15 行)来完成。

```
 1   // Fig. 6.6: fig06_06.c
 2   // Computing the sum of the elements of an array.
 3   #include <stdio.h>
 4   #define SIZE 12
 5
 6   // function main begins program execution
 7   int main(void)
 8   {
 9      // use an initializer list to initialize the array
10      int a[SIZE] = {1, 3, 5, 4, 7, 2, 99, 16, 45, 67, 89, 45};
11      int total = 0; // sum of array
12
13      // sum contents of array a
14      for (size_t i = 0; i < SIZE; ++i) {
15         total += a[i];
16      }
17
18      printf("Total of array element values is %d\n", total);
19   }
```

```
Total of array element values is 383
```

图 6.6　计算一个数组中元素值的总和

6.4.5　用数组来统计民意调查的结果

下面的例子采用数组来统计民意调查中收集到的数据。让我们看看下面这个问题：

40 名学生被邀请来对学生食堂的饭菜质量打分, 分数的范围是 1～10(1 表示非常糟糕, 而 10 表示非常满意)。学生打出的分数存储在一个整型数组中, 请统计这次调查的结果。

这是一个典型的数组应用的例子(参见图 6.7)。我们要统计出学生打的每一种分数(即 1～10 之间的不同整数)的数目。为此, 引入了两个数组, 一个拥有 40 个元素的整型数组 responses(第 14～16 行)用来保存学生打出的分数, 另一个拥有 11 个元素的整型数组 frequency(第 11 行)用来统计学生打出的每一种分数的数目。之所以将数组 frequency 定义成拥有 11 个元素, 是因为出现分数 1 时, 对 frequency [1]而非 frequency [0]增值, 更顺理成章。这样, 就可以直接将 "分数" 当成 "下标" 来访问数组 frequency 中的元素。

```c
 1   // Fig. 6.7: fig06_07.c
 2   // Analyzing a student poll.
 3   #include <stdio.h>
 4   #define RESPONSES_SIZE 40 // define array sizes
 5   #define FREQUENCY_SIZE 11
 6
 7   // function main begins program execution
 8   int main(void)
 9   {
10      // initialize frequency counters to 0
11      int frequency[FREQUENCY_SIZE] = {0};
12
13      // place the survey responses in the responses array
14      int responses[RESPONSES_SIZE] = {1, 2, 6, 4, 8, 5, 9, 7, 8, 10,
15          1, 6, 3, 8, 6, 10, 3, 8, 2, 7, 6, 5, 7, 6, 8, 6, 7, 5, 6, 6,
16          5, 6, 7, 5, 6, 4, 8, 6, 8, 10};
17
18      // for each answer, select value of an element of array responses
19      // and use that value as an index in array frequency to
20      // determine element to increment
21      for (size_t answer = 0; answer < RESPONSES_SIZE; ++answer) {
22          ++frequency[responses[answer]];
23      }
24
25      // display results
26      printf("%s%17s\n", "Rating", "Frequency");
27
28      // output the frequencies in a tabular format
29      for (size_t rating = 1; rating < FREQUENCY_SIZE; ++rating) {
30          printf("%6d%17d\n", rating, frequency[rating]);
31      }
32   }
```

```
Rating      Frequency
    1              2
    2              2
    3              2
    4              2
    5              5
    6             11
    7              5
    8              7
    9              1
   10              3
```

图 6.7　学生投票结果分析程序

良好的编程习惯 6.3

要努力提高程序的清晰性。有时为了编写出清晰的程序, 需要牺牲存储器的利用率或处理器的运行时间。

性能提示 6.1

有时考虑程序的性能比考虑程序的清晰性更重要。

for 循环语句(第 21 行至第 22 行)每次从数组 responses 中读一个分数，然后根据它的值对数组 frequency 中的 10 个计数器(即 frequency [1]到 frequency [10])中的一个进行增 1 处理。这个循环结构的核心语句是第 22 行：

```
++frequency[responses[answer]];
```

这条语句根据表达式 responses[answer]的值对数组 frequency 中相应的计数器进行增 1 处理。例如，当计数器变量 answer 的值是 0 时，responses [answer]的值是 1，则语句 "++ frequency [responses[answer]];" 被解释成

```
++frequency[1];
```

即 frequency 数组元素 1 增 1。当 answer 的值是 1 时，responses[answer]的值是 2，则语句"++ frequency[responses [answer]];"被解释成

```
++frequency[2];
```

即 frequency 数组元素 2 增 1。当 answer 的值是 2 时，responses[answer]的值是 6，则语句 "++ frequency [responses[answer]];" 被解释成

```
++frequency[6];
```

即 frequency 数组元素 6 增 1。后续情况以此类推。

无论调查中得到多少个分数，我们只需要一个拥有 11 个元素的数组来统计结果(忽略元素 0)。若打出的分数中有诸如 13 这样的非法值，则程序将会对 frequency[13]增 1。这就超出了数组的边界。C 语言没有数组边界检查功能来防止计算机访问一个不存在的数组元素。这样，一个执行中的程序就会在没有警告的情况下 "越过" 数组的边界——这是 6.13 节将要讨论的一个安全问题。确保对所有对数组元素的访问是在数组的边界以内是程序员的责任。

常见的编程错误 6.5
访问一个位于数组边界之外的数组元素。

错误预防提示 6.1
当对一个数组进行循环处理时，一定要保证数组元素的下标不能小于零，同时又必须小于数组所拥有的元素总数(即 size-1)。应确保循环继续条件不会访问到上述范围之外的元素。

错误预防提示 6.2
程序必须确保所有输入数据的正确性，以防止错误的信息影响程序计算的正确性。

6.4.6　用直方图来展示数组元素值

我们的下一个例子(参见图 6.8)先读出数组中各个元素的值，然后再用柱状图或直方图的形式将这些值表示出来——即先打印出数组元素的值，然后在这个数值旁，打印一条包含这个数目星号的直方图形。内嵌的 for 循环语句(第 18 行至第 20 行)就是用来打印星号直方图形。注意：puts(" ")语句(第 22 行)用来结束每个星号柱的打印。

```
1   // Fig. 6.8: fig06_08.c
2   // Displaying a histogram.
3   #include <stdio.h>
4   #define SIZE 5
5
6   // function main begins program execution
7   int main(void)
8   {
9      // use initializer list to initialize array n
10     int n[SIZE] = {19, 3, 15, 7, 11};
```

图 6.8　打印直方图

```
11
12      printf("%s%13s%17s\n", "Element", "Value", "Histogram");
13
14      // for each element of array n, output a bar of the histogram
15      for (size_t i = 0; i < SIZE; ++i) {
16         printf("%7u%13d        ", i, n[i]);
17
18         for (int j = 1; j <= n[i]; ++j) { // print one bar
19            printf("%c", '*');
20         }
21
22         puts(""); // end a histogram bar with a newline
23      }
24   }
```

```
Element        Value    Histogram
      0           19    *******************
      1            3    ***
      2           15    ***************
      3            7    *******
      4           11    ***********
```

图 6.8(续)　打印直方图

6.4.7　用数组来统计投掷骰子 60 000 000 次的结果

在第 5 章中，我们曾说过要用更优雅的方式来重写图 5.12 中模拟掷骰子的程序。回想一下，该程序要模拟投掷一个六面体骰子 60 000 000 次，以测试随机数产生程序是否真的能产生随机数。图 6.9 就是基于数组的掷骰子程序，其中第 18 行代替了图 5.12 程序中的整个 switch 语句。

```
1    // Fig. 6.9: fig06_09.c
2    // Roll a six-sided die 60,000,000 times
3    #include <stdio.h>
4    #include <stdlib.h>
5    #include <time.h>
6    #define SIZE 7
7
8    // function main begins program execution
9    int main(void)
10   {
11      unsigned int frequency[SIZE] = {0}; // clear counts
12
13      srand(time(NULL)); // seed random number generator
14
15      // roll die 60,000,000 times
16      for (unsigned int roll = 1; roll <= 60000000; ++roll) {
17         size_t face = 1 + rand() % 6;
18         ++frequency[face]; // replaces entire switch of Fig. 5.12
19      }
20
21      printf("%s%17s\n", "Face", "Frequency");
22
23      // output frequency elements 1-6 in tabular format
24      for (size_t face = 1; face < SIZE; ++face) {
25         printf("%4d%17d\n", face, frequency[face]);
26      }
27   }
```

```
Face        Frequency
   1          9997167
   2         10003506
   3         10001940
   4          9995833
   5         10000843
   6         10000711
```

图 6.9　用数组来代替 switch 语句的掷骰子程序

6.5　用字符数组来存储和处理字符串

本章至此，只接触到了整型数组。事实上，数组可以存储各种类型的数据。现在，要研究用字符数组来存储字符串。令人遗憾的是，我们目前已掌握的字符串处理功能仅仅是通过 printf 函数来输出一个字符串。其实，形如 hello 这样的字符串在 C 语言中就是一个由多个单字符组成的数组。

6.5.1　定义一个字符串来初始化一个字符数组

字符数组有一些独特的性质。一个字符数组可以用一个字符串文本来初始化。例如

```
char string1[] = "first";
```

就是用字符串文本"first"中的字符来逐个地对数组 string1 中的元素进行初始化。在这种情况下，数组 string1 的长度是由编译器根据字符串的长度来确定的。字符串"first"是由 5 个字符加上一个被称为**空字符**(null character)的字符串结束符组成的。因此，数组 string1 就包含有 6 个元素。"空字符"是用转义序列'\0'来表示的。C 语言的所有字符串都以这个字符来结束。一个用来表示字符串的字符数组必须定义得足够大，以便能够容纳字符串中的全部字符和结束空字符。

6.5.2　用一个字符初始化列表来初始化一个字符数组

字符数组的初始化还可以用由独立字符常量组成的初始值列表来完成。当然，这样做很麻烦。上面那条数组定义语句等价于

```
char string1[] = {'f', 'i', 'r', 's', 't', '\0'};
```

6.5.3　访问一个字符串中的字符

由于一个字符串就是一个字符组成的数组，所以，我们可以用数组下标的方式直接访问字符串中的单个字符。例如，string1[0]就是字符'f'，string1[3]就是字符's'。

6.5.4　针对一个字符数组的输入

我们还可以通过 scanf 函数以及转换说明符%s，从键盘上直接将一个字符串输入到字符数组中。例如：

```
char string2[20];
```

创建了一个能够存储最多 19 个字符和一个结束空字符的字符数组。语句

```
scanf("%19s", string2);
```

从键盘上读入一个字符串并将其存入字符数组 string2 中。细心的读者也许会问：在以前通过 scanf 函数输入非字符串类型变量时，都要在变量名前面加上一个&。现在，在传递给 scanf 函数的字符数组名前为什么没有加上&呢？事实上，&是用来获取变量在内存中的地址，并将这个地址提供给 scanf 函数。然后 scanf 函数将从键盘上获得的数据存入到这个地址对应的存储单元中。在 6.7 节讨论向函数传递数组时，我们将会看到，数组名的数值就是数组的起始地址，因此，就不再需要&了。

scanf 函数不断地接收从键盘上输入的字符，并将其存储到字符数组中，直至接收到的字符是一个"空格"、"tab 键"、"换行"或文件结束符 EOF（End-Of-File）。注意：在这个例子中，由于要为字符串结束符留出一个存储单元，所以字符串的长度不能超过 19 个字符。如果用户输入了 20 个字符甚至更多个字符，程序将会崩溃或产生一个被称为"缓冲区溢出"的安全漏洞。因此，我们用转换说明符%19s来确保 scanf 函数最多只能读入 19 个字符而不会将字符存储到数组 string2 的边界以外（在 6.13 节中，将再次讨论因字符数组输入而引发的潜在的安全问题并介绍 C 标准的 scanf_s 函数）。

scanf 函数并不检查数组的大小，完全可能将字符写到数组之外。因此，确保存储字符串的目标数组能够容纳下用户从键盘上输入的任意字符串，是程序员的责任。

6.5.5　将一个代表字符串的字符数组输出

表示一个字符串的字符数组可以通过 printf 函数及转换说明符%s 来输出。例如，下面这条语句就是将字符数组 string2 打印出来的：

```
printf("%s\n", string2);
```

注意：与 scanf 函数一样，printf 函数也不检查数组的大小，字符串中的字符将不断地被打印出来直到遇到代表字符串结束的空字符为止(若由于某种原因，忘记在字符串末尾加上结束空字符，将会打印出什么)。

6.5.6　字符数组的演示

图 6.10 中的程序演示用一个字符串文本来初始化一个字符数组、从键盘将一个字符串读入到一个字符数组中、将字符数组按照字符串打印出来以及访问字符串中的单个字符。程序用 for 语句(第 22 行至第 24 行)，通过转换说明符%c，循环地将字符数组 string1 中的每一个字符打印到屏幕上，并用空格隔开。在计数器小于数组长度且未遇到字符串中的结束空字符之前，循环继续条件一直为真。在这个程序中，我们只能读入不包含空格的字符串。等到了第 8 章，我们再介绍如何读入包含空格的字符串。另外请注意，第 17 行至第 18 行包含两个仅用空格分隔的字符串文本。在编译源程序时，编译器会自动地将这两个文本组合在一起——这有助于增加长字符串文本的可读性。

```c
 1   // Fig. 6.10: fig06_10.c
 2   // Treating character arrays as strings.
 3   #include <stdio.h>
 4   #define SIZE 20
 5
 6   // function main begins program execution
 7   int main(void)
 8   {
 9      char string1[SIZE]; // reserves 20 characters
10      char string2[] = "string literal"; // reserves 15 characters
11
12      // read string from user into array string1
13      printf("%s", "Enter a string (no longer than 19 characters): ");
14      scanf("%19s", string1); // input no more than 19 characters
15
16      // output strings
17      printf("string1 is: %s\nstring2 is: %s\n"
18         "string1 with spaces between characters is:\n",
19         string1, string2);
20
21      // output characters until null character is reached
22      for (size_t i = 0; i < SIZE && string1[i] != '\0'; ++i) {
23         printf("%c ", string1[i]);
24      }
25
26      puts("");
27   }
```

```
Enter a string (no longer than 19 characters): Hello there
string1 is: Hello
string2 is: string literal
string1 with spaces between characters is:
H e l l o
```

图 6.10　用字符数组来实现字符串处理

6.6　静态局部数组和自动局部数组

第 5 章介绍过存储类型说明符 static。一个 static 型的局部变量在程序的整个运行期间都存在，但只是在函数体内可见(即可以访问)。我们可以将存储类型说明符 static 应用于局部数组的定义，这样，在函数每次被调用时，该数组就不需要重新创建并初始化，而且在函数每次调用结束时，也不会被释放。这将缩短程序的运行时间，特别是对于那些频繁地调用包含有大型数组的函数程序。

性能提示 6.2

如果被频繁调用的函数中包含有自动数组，一定要将这些数组定义成静态的。这样，每次调用函数时就不需要重新创建这些数组了。

静态数组会在程序启动时被一次性地初始化。如果没有显式地初始化一个静态数组，那么它的元素值将被默认地初始化为 0。

图 6.11 的中程序演示了两个函数，一个是带有静态局部数组(第 24 行)的函数 staticArrayInit(第 21 行至第 39 行)，另外一个是带有自动局部数组(第 45 行)的函数 automaticArrayInit(第 42 行至第 60 行)。

函数 staticArrayInit 总共被调用了两次(第 12 行和第 16 行)。在程序运行之前，函数中的静态局部数组被初始化为 0(第 24 行)。这个函数的功能是：先打印数组元素的值，然后给每一个元素加上 5，最后再打印一遍数组元素的值。第二次调用该函数时，静态数组中的值就是首次调用保留下来的旧值。

函数 automaticArrayInit 也被调用了两次(第 13 行和第 17 行)。自动局部数组的元素在程序中被初始化为 1、2 和 3(第 45 行)。该函数先打印数组元素的值，然后给每一个元素加上 5，最后再打印一遍数组元素的值。第二次调用该函数时，自动局部数组的元素重新被初始化为 1、2 和 3，因为该数组具有自动存储周期。

常见的编程错误 6.8

每次调用一个定义有静态局部数组的函数时，误以为数组中的元素都会被初始化为 0。

```c
1   // Fig. 6.11: fig06_11.c
2   // Static arrays are initialized to zero if not explicitly initialized.
3   #include <stdio.h>
4
5   void staticArrayInit(void); // function prototype
6   void automaticArrayInit(void); // function prototype
7
8   // function main begins program execution
9   int main(void)
10  {
11      puts("First call to each function:");
12      staticArrayInit();
13      automaticArrayInit();
14
15      puts("\n\nSecond call to each function:");
16      staticArrayInit();
17      automaticArrayInit();
18  }
19
20  // function to demonstrate a static local array
21  void staticArrayInit(void)
22  {
23      // initializes elements to 0 before the function is called
24      static int array1[3];
25
26      puts("\nValues on entering staticArrayInit:");
27
28      // output contents of array1
29      for (size_t i = 0; i <= 2; ++i) {
30          printf("array1[%u] = %d  ", i, array1[i]);
31      }
32
33      puts("\nValues on exiting staticArrayInit:");
34
35      // modify and output contents of array1
36      for (size_t i = 0; i <= 2; ++i) {
37          printf("array1[%u] = %d  ", i, array1[i] += 5);
38      }
39  }
```

图 6.11　在没有显式地进行初始化时静态数组被初始化为零

```
40
41   // function to demonstrate an automatic local array
42   void automaticArrayInit(void)
43   {
44      // initializes elements each time function is called
45      int array2[3] = {1, 2, 3};
46
47      puts("\n\nValues on entering automaticArrayInit:");
48
49      // output contents of array2
50      for (size_t i = 0; i <= 2; ++i) {
51         printf("array2[%u] = %d  ", i, array2[i]);
52      }
53
54      puts("\nValues on exiting automaticArrayInit:");
55
56      // modify and output contents of array2
57      for (size_t i = 0; i <= 2; ++i) {
58         printf("array2[%u] = %d  ", i, array2[i] += 5);
59      }
60   }
```

```
First call to each function:

Values on entering staticArrayInit:
array1[0] = 0  array1[1] = 0  array1[2] = 0
Values on exiting staticArrayInit:
array1[0] = 5  array1[1] = 5  array1[2] = 5

Values on entering automaticArrayInit:
array2[0] = 1  array2[1] = 2  array2[2] = 3
Values on exiting automaticArrayInit:
array2[0] = 6  array2[1] = 7  array2[2] = 8

Second call to each function:

Values on entering staticArrayInit:
array1[0] = 5  array1[1] = 5  array1[2] = 5 —— values preserved from last call
Values on exiting staticArrayInit:
array1[0] = 10  array1[1] = 10  array1[2] = 10

Values on entering automaticArrayInit:
array2[0] = 1  array2[1] = 2  array2[2] = 3 —— values reinitialized after last call
Values on exiting automaticArrayInit:
array2[0] = 6  array2[1] = 7  array2[2] = 8
```

图 6.11(续)　在没有显式地进行初始化时静态数组被初始化为零

6.7　将数组传递给函数

将一个数组作为实参传递给一个函数，只要使用不带方括号的数组名即可。例如，数组 hourlyTemperatures 的定义是

```
int hourlyTemperatures[HOURS_IN_A_DAY];
```

则函数调用

```
modifyArray(hourlyTemperatures, HOURS_IN_A_DAY)
```

就将数组 hourlyTemperatures 及其大小传递给了函数 modifyArray。

与包含字符串的字符数组不同，其他类型的数组没有一个特殊的结束符。因此，调用函数时，数组的大小也必须传递给被调函数，这样，被调函数才能处理正确数目的数组元素。

我们知道，C 中参数的传递是按值进行的。而 C 语言自动地以(模拟)按引用的方式将数组传递给函数(再次说明，我们将在第 7 章中看到这并不矛盾)——这样，被调函数就可以修改主调函数中原本数组的元素值。由于数组名的值是数组第一个元素的地址，因此，数组的起始地址传给被调函数后，被调函数就能准确地知道数组存储在哪里。当被调函数在其函数体内修改数组元素时，它实际上修改的是存储在原存储单元中的数组元素。

为了演示了"数组名的值"就是数组第一个元素的地址，图 6.12 中的程序通过使用专门用来打印地址的**转换说明符%p**(%p conversion specifier)来打印 array、&array [0]和&array。%p 输出的地址是以十六进制表示的，这可能会因编译器的不同而改变。十六进制(以 16 为基数)数由数字 0～9 以及字母 A～F(这些字母分别表示数字 10～15)组成。附录 C 详细介绍了二进制(以 2 为基数)、八进制(以 8 为基数)、十进制(以 10 为基数；标准整数)、十六进制整数之间的关系。图 6.12 中的运行结果显示：array、&array 与&array[0]具有相同的值，都是 0031F930。这个程序的输出结果是依赖于系统的。但是在一台特定的计算机上，就这个程序的一次特定运行而言，这三个地址值总是相等的。

性能提示 6.3

规定数组以(模拟)按引用的形式传递给被调函数，是出于性能方面的考虑。试想一下，如果以传值的形式将数组传递给被调函数，那么每个元素的副本都要传递给被调函数。当需要频繁传递一个很大的数组时，数组元素的副本将是一项既费时又费存储资源的工作。

```c
 1   // Fig. 6.12: fig06_12.c
 2   // Array name is the same as the address of the array's first element.
 3   #include <stdio.h>
 4
 5   // function main begins program execution
 6   int main(void)
 7   {
 8      char array[5]; // define an array of size 5
 9
10      printf("   array = %p\n&array[0] = %p\n   &array = %p\n",
11         array, &array[0], &array);
12   }
```

```
    array = 0031F930
&array[0] = 0031F930
   &array = 0031F930
```

图 6.12　数组名就是数组第一个元素的地址

软件工程视点 6.2

将数组以传值的形式传递给被调函数，也是可能的(把它放在我们将在第 10 章介绍的结构体 struct 中)。

尽管整个数组是以(模拟)按引用的方式传递给被调函数的，但是单个的数组元素，也可以像简单变量那样，以传值的方式传递给被调函数。这种简单的单个数据(如单个的整型数据、浮点型数据和字符型数据)称为**标量**(Scalar)。若要将数组元素传递给函数，只需将带下标的数组元素名当成一个实参直接写在调用函数的语句中即可。实际上，我们也能够以(模拟)按引用的方式将标量(即单个变量或数组元素)传递给被调函数，这部分内容将在第 7 章介绍。

对于通过函数调用接收一个数组的函数，在定义函数的形参列表时，必须指明将要接收的是一个数组。例如，函数 modifyArray(本节前面调用过)的函数头应该写成

void modifyArray(**int** b[], **size_t** size)

它表示函数 modifyArray 期望用形参 b 来接收一个整型数组，用形参 size 来接收该数组的元素个数，注意：在函数头中，数组的元素个数并不需要写在数组名后面的方括号里。即便方括号内出现了数字，编译器只检查它是否大于零，然后将其忽略掉。将数组长度定义为负数，是一个编译错误。由于数组都是自动以(模拟)按引用的方式传递给被调函数的，所以，被调函数使用名为 b 的数组时，它实际上访问的是主调函数中的数组(即在前面的例子中是数组 hourlyTemperatures)。在第 7 章中，我们还将介绍其他一些方法来表示函数要接收的实参是一个数组。这些方法都是借助了 C 语言中数组与指针之间的内在的紧密联系。

传递整个数组和传递单个数组元素之间的差别

图 6.13 中的程序演示了向函数传递整个数组和传递单个数组元素之间的差别。程序首先打印出整

型数组 a 的 5 个元素(第 19 行至第 21 行),然后数组名 a 和它的大小 size 被传递给函数 modifyArray (第 25 行)。在函数中,数组 a 的每个元素都乘上 2(第 48 行至第 50 行)。最后在 main 函数中,数组 a 被再次打印出来(第 29 行至第 31 行)。运行结果显示:数组 a 的元素的确被函数 modifyArray 修改了。

处理完整个数组后,程序又打印数组元素 a[3]的值(第 35 行),并将其传递给函数 modifyElement(第 37 行)。函数 modifyElement 将其接收到的实参乘以 2(第 58 行),然后打印这个实参的新值。函数调用结束后,main 函数再次将 a[3]的值打印出来(第 40 行)。运行结果显示:a[3]的值并没有被函数 modifyElement 修改,这是因为单个的数组元素是以按值的形式传递给被调函数的。

```c
1    // Fig. 6.13: fig06_13.c
2    // Passing arrays and individual array elements to functions.
3    #include <stdio.h>
4    #define SIZE 5
5
6    // function prototypes
7    void modifyArray(int b[], size_t size);
8    void modifyElement(int e);
9
10   // function main begins program execution
11   int main(void)
12   {
13      int a[SIZE] = {0, 1, 2, 3, 4}; // initialize array a
14
15      puts("Effects of passing entire array by reference:\n\nThe "
16         "values of the original array are:");
17
18      // output original array
19      for (size_t i = 0; i < SIZE; ++i) {
20         printf("%3d", a[i]);
21      }
22
23      puts(""); // outputs a newline
24
25      modifyArray(a, SIZE); // pass array a to modifyArray by reference
26      puts("The values of the modified array are:");
27
28      // output modified array
29      for (size_t i = 0; i < SIZE; ++i) {
30         printf("%3d", a[i]);
31      }
32
33      // output value of a[3]
34      printf("\n\n\nEffects of passing array element "
35         "by value:\n\nThe value of a[3] is %d\n", a[3]);
36
37      modifyElement(a[3]); // pass array element a[3] by value
38
39      // output value of a[3]
40      printf("The value of a[3] is %d\n", a[3]);
41   }
42
43   // in function modifyArray, "b" points to the original array "a"
44   // in memory
45   void modifyArray(int b[], size_t size)
46   {
47      // multiply each array element by 2
48      for (size_t j = 0; j < size; ++j) {
49         b[j] *= 2; // actually modifies original array
50      }
51   }
52
53   // in function modifyElement, "e" is a local copy of array element
54   // a[3] passed from main
55   void modifyElement(int e)
56   {
57      // multiply parameter by 2
58      printf("Value in modifyElement is %d\n", e *= 2);
59   }
```

图 6.13　分别将整个数组及单个数组元素传递给函数

```
Effects of passing entire array by reference:

The values of the original array are:
   0   1   2   3   4
The values of the modified array are:
   0   2   4   6   8

Effects of passing array element by value:

The value of a[3] is 6
Value in modifyElement is 12
The value of a[3] is 6
```

图 6.13(续)　分别将整个数组及单个数组元素传递给函数

在程序中可能有这样的情况：严禁被调函数修改主调函数中的数组元素的值。C 语言提供了一个类型限定符 **const**(表示"constant 不变")来防止被调函数修改数组元素。如果在数组形参前面加上了类型限定符 const，则相应数组的元素值将在函数体内保持不变——函数体内任何试图修改数组元素的操作，都将导致一个编译错误。

在数组形参前使用类型限定符 const

图 6.14 中的程序在定义函数 tryToModifyArray 时，将其形参定义成 const int b[ ](第 3 行)。这表示，数组 b 在函数体内保持不变且不能改动。函数体内任何一个试图修改数组元素的操作都导致一个编译错误。关于限定符 const 的内容将在第 7 章中做更深入的讨论。

软件工程视点 6.3

可以在定义函数时，对数组形参使用类型限定符 const，以防止原数组在函数体内被修改。这又是一个"最小权限原则"的例子。除非十分必要，函数通常不应具有对主调函数中的数组进行修改的权限。

```
1   // in function tryToModifyArray, array b is const, so it cannot be
2   // used to modify its array argument in the caller
3   void tryToModifyArray(const int b[])
4   {
5       b[0] /= 2; // error
6       b[1] /= 2; // error
7       b[2] /= 2; // error
8   }
```

图 6.14　在数组形参前使用类型限定符 const

6.8　数组排序

对数据进行排序(即将数据按照特定的顺序，如升序或降序排列)是计算机最重要的应用之一。银行在每个月月末都要按照账号对支票进行排序，以便了解它的经营情况，电话公司会按照客户的姓名对电话账单进行排序，以便查找电话号码。实际上，每个单位都需要对一些数据，而且通常是大量的数据进行排序。在计算机科学领域中，数据排序是一个很有趣的问题，吸引了很多科学家对其进行深入的研究。本章先介绍最简单的排序算法。在第 12 章和附录 D 再介绍更为复杂、性能更好的排序算法。

性能提示 6.4

通常，简单算法的性能是很低的。但是简单算法的优点是易于编程实现，编写的程序易于测试、易于排错。但是若要提高程序性能，则需采用更复杂的算法。

图 6.15 中的程序将数组 a(第 10 行)的 10 个元素按照值的大小以升序排列，采用的算法是**冒泡排序**(Bubble sort)或**沉降排序**(Sinking sort)。之所以叫这个名字，是因为算法中，值相对较小的数据会像水中的气泡一样逐渐上升到数组的最顶端。与此同时，较大的数据逐渐地下沉到数组的底部。这个处理过

程需要多次遍历整个数组。每次遍历,相邻的两个元素(元素 0 与元素 1、元素 1 与元素 2,等等)都要做比较。如果一对数据处于升序(或者这两个值相等),就不去动它们。如果一对数据处于降序,就调换它们在数组中的位置。

```c
1   // Fig. 6.15: fig06_15.c
2   // Sorting an array's values into ascending order.
3   #include <stdio.h>
4   #define SIZE 10
5
6   // function main begins program execution
7   int main(void)
8   {
9      // initialize a
10     int a[SIZE] = {2, 6, 4, 8, 10, 12, 89, 68, 45, 37};
11
12     puts("Data items in original order");
13
14     // output original array
15     for (size_t i = 0; i < SIZE; ++i) {
16        printf("%4d", a[i]);
17     }
18
19     // bubble sort
20     // loop to control number of passes
21     for (unsigned int pass = 1; pass < SIZE; ++pass) {
22
23        // loop to control number of comparisons per pass
24        for (size_t i = 0; i < SIZE - 1; ++i) {
25
26           // compare adjacent elements and swap them if first
27           // element is greater than second element
28           if (a[i] > a[i + 1]) {
29              int hold = a[i];
30              a[i] = a[i + 1];
31              a[i + 1] = hold;
32           }
33        }
34     }
35
36     puts("\nData items in ascending order");
37
38     // output sorted array
39     for (size_t i = 0; i < SIZE; ++i) {
40        printf("%4d", a[i]);
41     }
42
43     puts("");
44  }
```

```
Data items in original order
   2   6   4   8  10  12  89  68  45  37
Data items in ascending order
   2   4   6   8  10  12  37  45  68  89
```

图 6.15　采用冒泡排序来对数组进行排序

程序首先比较 a[0] 和 a[1],然后比较 a[1] 和 a[2],接着比较 a[2] 和 a[3],如此进行下去,直到比较完 a[8] 和 a[9],第一遍结束。虽然有十个元素,但第一遍只需进行九次比较。由于这样的两个元素的比较是连续进行的,所以在一遍处理中,一个较大的数据可能会向数组的底部移动多个位置,而一个较小的数据只可能向数组的顶部移动一个位置。

事实上在第一遍中,最大的数据肯定已经“下沉”到数组的底部位置,a[9]。不难推出,在第二遍中,第二大的数据将“下沉”到数组的次底部位置 a[8]。在第九遍中,第九大的数据“下沉”到 a[1]。这样,最小的数据就留在 a[0] 位置上了。由此可见,尽管数组拥有十个元素,但只需进行九遍处理就能完成对该数组的排序。

排序处理是通过嵌套的 for 循环语句(第 21 行至第 34 行)来实现的。如果相邻的两个元素需要进行交换,则用下面三条语句来完成:

```
hold = a[i];
a[i] = a[i + 1];
a[i + 1] = hold;
```

这里，引入了一个额外的变量 hold 来临时存储需要交换的两个数值中的一个。交换不能只通过下面两条赋值语句来完成。

```
a[i] = a[i + 1];
a[i + 1] = a[i];
```

假设 a[i]的值是 7 且 a[i+1]的值是 5，执行完第一条赋值语句后，两个元素的值都变成了 5，数值 7 就丢失了——因此必须引入一个额外的变量 hold。

冒泡排序法最大的优点就是它易于编程实现。但是，冒泡排序运行速度比较慢，因为在每一次交换中，一个元素只能向它的最终位置移动一个位置。在对一个较大的数组进行排序时，这一点表现得尤为明显。在本章的课后练习中，将研究一些冒泡排序法的改进版本。很多比冒泡排序效率高得多的排序算法也已经被开发出来了，在附录 D 中，将研究其中一些其他算法。有兴趣的读者可以选修一些高级课程来更深入地研究排序与查找算法。

6.9　案例分析：用数组来计算平均值、中值和众数

下面我们来研究一个更大一些的例子。计算机常常用于**调查数据分析**(Survey data analysis)，来汇总并分析调查和民意测验的结果。图 6.16 中的例子采用数组 response 来保存一项调查的 99 个反馈意见，反馈意见是一个取值范围在 1~9 之间的整数。程序的功能就是计算这 99 个反馈意见的平均值(Mean)、中值(Median)和众数(Mode)。图 6.17 给出了运行此程序的一个简单例子。

```
 1  // Fig. 6.16: fig06_16.c
 2  // Survey data analysis with arrays:
 3  // computing the mean, median and mode of the data.
 4  #include <stdio.h>
 5  #define SIZE 99
 6
 7  // function prototypes
 8  void mean(const unsigned int answer[]);
 9  void median(unsigned int answer[]);
10  void mode(unsigned int freq[], unsigned const int answer[]) ;
11  void bubbleSort(int a[]);
12  void printArray(unsigned const int a[]);
13
14  // function main begins program execution
15  int main(void)
16  {
17     unsigned int frequency[10] = {0}; // initialize array frequency
18
19     // initialize array response
20     unsigned int response[SIZE] =
21        {6, 7, 8, 9, 8, 7, 8, 9, 8, 9,
22         7, 8, 9, 5, 9, 8, 7, 8, 7, 8,
23         6, 7, 8, 9, 3, 9, 8, 7, 8, 7,
24         7, 8, 9, 8, 9, 8, 9, 7, 8, 9,
25         6, 7, 8, 7, 8, 7, 9, 8, 9, 2,
26         7, 8, 9, 8, 9, 8, 9, 7, 5, 3,
27         5, 6, 7, 2, 5, 3, 9, 4, 6, 4,
28         7, 8, 9, 6, 8, 7, 8, 9, 7, 8,
29         7, 4, 4, 2, 5, 3, 8, 7, 5, 6,
30         4, 5, 6, 1, 6, 5, 7, 8, 7};
31
32     // process responses
33     mean(response);
34     median(response);
35     mode(frequency, response);
36  }
37
38  // calculate average of all response values
39  void mean(const unsigned int answer[])
```

图 6.16　调查数据分析程序

```
40  {
41      printf("%s\n%s\n%s\n", "********", "  Mean", "********");
42
43      unsigned int total = 0; // variable to hold sum of array elements
44
45      // total response values
46      for (size_t j = 0; j < SIZE; ++j) {
47          total += answer[j];
48      }
49
50      printf("The mean is the average value of the data\n"
51             "items. The mean is equal to the total of\n"
52             "all the data items divided by the number\n"
53             "of data items (%u). The mean value for\n"
54             "this run is: %u / %u = %.4f\n\n",
55             SIZE, total, SIZE, (double) total / SIZE);
56  }
57
58  // sort array and determine median element's value
59  void median(unsigned int answer[])
60  {
61      printf("\n%s\n%s\n%s\n%s",
62             "********", "  Median", "********",
63             "The unsorted array of responses is");
64
65      printArray(answer); // output unsorted array
66
67      bubbleSort(answer); // sort array
68
69      printf("%s", "\n\nThe sorted array is");
70      printArray(answer); // output sorted array
71
72      // display median element
73      printf("\n\nThe median is element %u of\n"
74             "the sorted %u element array.\n"
75             "For this run the median is %u\n\n",
76             SIZE / 2, SIZE, answer[SIZE / 2]);
77  }
78
79  // determine most frequent response
80  void mode(unsigned int freq[], const unsigned int answer[])
81  {
82      printf("\n%s\n%s\n%s\n","********", "  Mode", "********");
83
84      // initialize frequencies to 0
85      for (size_t rating = 1; rating <= 9; ++rating) {
86          freq[rating] = 0;
87      }
88
89      // summarize frequencies
90      for (size_t j = 0; j < SIZE; ++j) {
91          ++freq[answer[j]];
92      }
93
94      // output headers for result columns
95      printf("%s%11s%19s\n\n%54s\n%54s\n\n",
96             "Response", "Frequency", "Histogram",
97             "1    1    2    2", "5    0    5    0    5");
98
99      // output results
100     unsigned int largest = 0; // represents largest frequency
101     unsigned int modeValue = 0; // represents most frequent response
102
103     for (rating = 1; rating <= 9; ++rating) {
104         printf("%8u%11u          ", rating, freq[rating]);
105
106         // keep track of mode value and largest frequency value
107         if (freq[rating] > largest) {
108             largest = freq[rating];
109             modeValue = rating;
110         }
111
112         // output histogram bar representing frequency value
```

图 6.16(续) 调查数据分析程序

```
113        for (unsigned int h = 1; h <= freq[rating]; ++h) {
114            printf("%s", "*");
115        }
116
117        puts(""); // being new line of output
118    }
119
120    // display the mode value
121    printf("\nThe mode is the most frequent value.\n"
122           "For this run the mode is %u which occurred"
123           " %u times.\n", modeValue, largest);
124 }
125
126 // function that sorts an array with bubble sort algorithm
127 void bubbleSort(unsigned int a[])
128 {
129    // loop to control number of passes
130    for (unsigned int pass = 1; pass < SIZE; ++pass) {
131
132        // loop to control number of comparisons per pass
133        for (size_t j = 0; j < SIZE - 1; ++j) {
134
135            // swap elements if out of order
136            if (a[j] > a[j + 1]) {
137                unsigned int hold = a[j];
138                a[j] = a[j + 1];
139                a[j + 1] = hold;
140            }
141        }
142    }
143 }
144
145 // output array contents (20 values per row)
146 void printArray(const unsigned int a[])
147 {
148    // output array contents
149    for (size_t j = 0; j < SIZE; ++j) {
150
151        if (j % 20 == 0) { // begin new line every 20 values
152            puts("");
153        }
154
155        printf("%2u", a[j]);
156    }
157 }
```

图 6.16(续)   调查数据分析程序

```
********
 Mean
********
The mean is the average value of the data
items. The mean is equal to the total of
all the data items divided by the number
of data items (99). The mean value for
this run is: 681 / 99 = 6.8788


********
 Median
********
The unsorted array of responses is
6 7 8 9 8 7 8 9 8 9 7 8 9 5 9 8 7 8 7 8
6 7 8 9 3 9 8 7 8 7 7 8 9 8 9 8 9 7 8 9
6 7 8 7 8 7 9 8 9 2 7 8 9 8 9 8 9 7 5 3
5 6 7 2 5 3 9 4 6 4 7 8 9 6 8 7 8 9 7 8
7 4 4 2 5 3 8 7 5 6 4 5 6 1 6 5 7 8 7

The sorted array is
1 2 2 2 3 3 3 3 4 4 4 4 4 5 5 5 5 5 5 5
5 6 6 6 6 6 6 6 6 7 7 7 7 7 7 7 7 7 7 7
7 7 7 7 7 7 7 7 7 7 7 7 7 8 8 8 8 8 8 8
8 8 8 8 8 8 8 8 8 8 8 8 8 8 8 8 8 8 8 8
9 9 9 9 9 9 9 9 9 9 9 9 9 9 9 9 9 9 9
```

图 6.17   调查数据分析程序的运行结果

```
The median is element 49 of
the sorted 99 element array.
For this run the median is 7


********
 Mode
********
Response  Frequency        Histogram
                           1   1   2   2
                         5 0   5   0   5

       1       1         *
       2       3         ***
       3       4         ****
       4       5         *****
       5       8         *******
       6       9         *********
       7      23         ***********************
       8      27         ***************************
       9      19         *******************
The mode is the most frequent value.
For this run the mode is 8 which occurred 27 times.
```

图 6.17（续）　调查数据分析程序的运行结果

平均值

平均值就是这 99 个反馈值的算术平均。函数 mean（参见图 6.16，第 39 行至第 56 行）先求出 99 个数组元素的总和，然后再除以 99，就得到它们的算术平均值。

中值

中值就是"中间的值"。函数 median（第 59 行至第 77 行）先调用排序函数 bubbleSort（在第 127 行至第 143 行定义）对数组 response 按照升序进行排序，然后取出排序后的数组元素 answer[SIZE / 2]（数组的中间元素），就得到了中值。注意：若数组元素的个数是偶数，那么中值就等于数组中间那两个元素的算术平均值。但是目前我们的函数 median 尚未考虑这一细节。函数 printArray（第 146 行至第 157 行）用来输出数组 response。

众数

众数表示这 99 个反馈意见中出现次数最多的那个数。函数 mode（第 80 行至第 124 行）通过统计不同类型的反馈意见出现的次数，然后找出出现次数最多的那个反馈意见，这个反馈意见就是众数。

目前我们的函数 mode 没有考虑两个或者两个以上的反馈意见出现次数相同的情况（将在本章的课后练习题 6.14 中考虑这个情况）。为了便于用户直观地判断众数，函数 mode 将统计结果以直方图的形式打印出来。

6.10　数组查找

程序员常常需要处理存储在数组中的大量数据。例如，需要确定数组中是否存在一个元素，它的值等于某个键值（Key value）。这个在数组中搜索一个特定元素的过程，称为查找（Searching）。本节中，我们将介绍两种查找技术——简单的线性查找（Linear search）和效率更高（但更复杂）的折半查找（Binary search）。这里我们先采用迭代的方法来实现这两种查找。在课后练习题 6.32 和练习题 6.33 中，要求读者用递归的方法来实现这两种查找算法。

6.10.1　线性查找数组元素

线性查找（参见图 6.18）就是用查找键（Search key）逐个与数组元素进行比较。由于数组元素并不是按照一个特定的顺序排列，所以有可能第一个元素就是要找的元素，也有可能最后一个元素才是要找的元素。从平均情况来看，查找键需要与一半的数组元素进行比较。

```
 1    // Fig. 6.18: fig06_18.c
 2    // Linear search of an array.
 3    #include <stdio.h>
 4    #define SIZE 100
 5
 6    // function prototype
 7    size_t linearSearch(const int array[], int key, size_t size);
 8
 9    // function main begins program execution
10    int main(void)
11    {
12       int a[SIZE]; // create array a
13
14       // create some data
15       for (size_t x = 0; x < SIZE; ++x) {
16          a[x] = 2 * x;
17       }
18
19       printf("Enter integer search key: ");
20       int searchKey; // value to locate in array a
21       scanf("%d", &searchKey);
22
23       // attempt to locate searchKey in array a
24       size_t index = linearSearch(a, searchKey, SIZE);
25
26       // display results
27       if (index != -1) {
28          printf("Found value at index %d\n", index);
29       }
30       else {
31          puts("Value not found");
32       }
33    }
34
35    // compare key to every element of array until the location is found
36    // or until the end of array is reached; return index of element
37    // if key is found or -1 if key is not found
38    size_t linearSearch(const int array[], int key, size_t size)
39    {
40       // loop through array
41       for (size_t n = 0; n < size; ++n) {
42
43          if (array[n] == key) {
44             return n; // return location of key
45          }
46       }
47
48       return -1; // key not found
49    }
```

```
Enter integer search key: 36
Found value at index 18
```

```
Enter integer search key: 37
Value not found
```

图 6.18   数组的线性查找

6.10.2 折半查找数组元素

对于规模较小或者排列无序的数组，线性查找方法会做得很好。但是对于规模较大的数组，线性查找效率很低。若数组元素是有序排列的话，则可以采用快速的折半查找方法。

每次比较之后，折半查找将目标数组中一半的元素排除在比较范围之外。算法首先选取位于数组中间的元素，将其与查找键进行比较。若它们相等，则查找键被找到，返回数组中间元素的下标，否则下一次查找范围将缩减为数组的一半。在数组元素按升序排序的情况下，若查找键小于数组的中间元素，则继续查找前一半数组，否则查找后一半数组。如果查找键还不是该子数组(原数组的一个片段)的中间元素，则查找将在原数组的四分之一大小的子数组中继续进行。不断重复这样的查找过程，直到查找键等于某个子数组中间元素或者子数组只包含一个不等于查找键的元素（即没有找到查找键）时为止。

查找一个拥有 1023 个元素、有序排列的数组，采用折半查找，在最坏的情况下只需 10 次比较。因为不断地用 2 来除 1024 得到的商分别是 512、256、128、64、32、16、8、4、2、1，即 1024（2^{10}）用 2 除十次就可以得到 1。用 2 除一次就相当于折半查找中的一次比较。查找一个拥有 1048576（2^{20}）个元素的数组，采用折半查找最多只需 20 次比较就可以得到结果。查找一个拥有 10 亿个元素的数组，最多只需 30 次比较就可以得到结果。相对于平均需要与一半的数组元素进行比较的线性查找而言，处理有序数组时，折半查找在性能上的提高是巨大的。例如，对于一个拥有 10 亿个元素的数组，线性查找平均需要进行 5 亿次比较而折半查找最多只需要 30 次比较，这可是天壤之别。理论上说，折半查找最多需要的比较次数是大于数组元素个数的第一个 2 的幂次数。

图 6.19 展示了基于迭代法实现的折半查找函数 binarySearch（第 40 行至第 68 行）。这个函数有四个形参：待处理的整型数组 b，整数类型的查找键 searchKey，数组中查找范围的起始下标 low 和终止下标 high（low 和 high 共同确定要查找数组中的哪个部分）。

若查找键与子数组的中间元素不匹配，则起始下标 low 和终止下标 high 中的一个就要被修改，以便在一个规模更小的子数组中继续查找。若查找键小于中间元素，则 high 被置成 middle-1，然后在 low 至 middle-1 之间的元素中继续查找；若查找键大于中间元素，则 low 被置成 middle+1，然后在 middle+1 至 high 之间的元素中继续查找。

图 6.19 中的程序处理一个拥有 15 个元素的数组。由于大于数组元素个数 15 的第一个 2 的幂是 16（2^4），所以最多需要比较 4 次。程序使用函数 printHeader（第 71 行至第 88 行）来输出数组下标，使用函数 printRow（第 92 行至第 110 行）来输出每次折半查找的子数组，每个子数组的中间元素用一个星号（*）标出，表示这个元素要与查找键进行比较。

```c
 1   // Fig. 6.19: fig06_19.c
 2   // Binary search of a sorted array.
 3   #include <stdio.h>
 4   #define SIZE 15
 5
 6   // function prototypes
 7   size_t binarySearch(const int b[], int searchKey, size_t low, size_t high);
 8   void printHeader(void);
 9   void printRow(const int b[], size_t low, size_t mid, size_t high);
10
11   // function main begins program execution
12   int main(void)
13   {
14      int a[SIZE]; // create array a
15
16      // create data
17      for (size_t i = 0; i < SIZE; ++i) {
18         a[i] = 2 * i;
19      }
20
21      printf("%s", "Enter a number between 0 and 28: ");
22      int key; // value to locate in array a
23      scanf("%d", &key);
24
25      printHeader();
26
27      // search for key in array a
28      size_t result = binarySearch(a, key, 0, SIZE - 1);
29
30      // display results
31      if (result != -1) {
32         printf("\n%d found at index %d\n", key, result);
33      }
34      else {
35         printf("\n%d not found\n", key);
36      }
```

图 6.19 有序数组的折半查找

```
37   }
38
39   // function to perform binary search of an array
40   size_t binarySearch(const int b[], int searchKey, size_t low, size_t high)
41   {
42       // loop until low index is greater than high index
43       while (low <= high) {
44
45           // determine middle element of subarray being searched
46           size_t middle = (low + high) / 2;
47
48           // display subarray used in this loop iteration
49           printRow(b, low, middle, high);
50
51           // if searchKey matched middle element, return middle
52           if (searchKey == b[middle]) {
53               return middle;
54           }
55
56           // if searchKey is less than middle element, set new high
57           else if (searchKey < b[middle]) {
58               high = middle - 1; // search low end of array
59           } if
60
61           // if searchKey is greater than middle element, set new low
62           else {
63               low = middle + 1; // search high end of array
64           }
65       } // end while
66
67       return -1; // searchKey not found
68   }
69
70   // Print a header for the output
71   void printHeader(void)
72   {
73       puts("\nIndices:");
74
75       // output column head
76       for (unsigned int i = 0; i < SIZE; ++i) {
77           printf("%3u ", i);
78       }
79
80       puts(""); // start new line of output
81
82       // output line of - characters
83       for (unsigned int i = 1; i <= 4 * SIZE; ++i) {
84           printf("%s", "-");
85       }
86
87       puts(""); // start new line of output
88   }
89
90   // Print one row of output showing the current
91   // part of the array being processed.
92   void printRow(const int b[], size_t low, size_t mid, size_t high)
93   {
94       // loop through entire array
95       for (size_t i = 0; i < SIZE; ++i) {
96
97           // display spaces if outside current subarray range
98           if (i < low || i > high) {
99               printf("%s", "    ");
100          }
101          else if (i == mid) { // display middle element
102              printf("%3d*", b[i]); // mark middle value
103          }
104          else { // display other elements in subarray
105              printf("%3d ", b[i]);
106          }
107      }
108
109      puts(""); // start new line of output
110  }
```

图 6.19(续)   有序数组的折半查找

```
Enter a number between 0 and 28: 25

Indices:
 0   1   2   3   4   5   6   7   8   9  10  11  12  13  14
---------------------------------------------------------
 0   2   4   6   8  10  12  14* 16  18  20  22  24  26  28
                            16  18  20  22* 24  26  28
                                        24  26* 28
                                        24*

25 not found
```

```
Enter a number between 0 and 28: 8

Indices:
 0   1   2   3   4   5   6   7   8   9  10  11  12  13  14
---------------------------------------------------------
 0   2   4   6   8  10  12  14* 16  18  20  22  24  26  28
 0   2   4   6*  8  10  12
             8  10* 12
             8*

8 found at index 4
```

```
Enter a number between 0 and 28: 6

Indices:
 0   1   2   3   4   5   6   7   8   9  10  11  12  13  14
---------------------------------------------------------
 0   2   4   6   8  10  12  14* 16  18  20  22  24  26  28
 0   2   4   6*  8  10  12

6 found at index 3
```

图 6.19(续)　有序数组的折半查找

6.11　多下标数组

C 语言中的数组可以有多个下标。C 标准中所谓的**多维数组**(Multidimensional array)常用来表示由按行、列排列的信息构成的表格。为了确定表格中的一个元素，必须指定两个下标：第一个下标(按惯例)确定的是元素所在的行号，第二个下标(按惯例)确定的是元素所在的列号。需要两个下标才能确定一个元素位置的表格或数组称为**二维数组**(Two-dimensional array)。多维数组具有多于两个的下标，也称为多下标数组。

6.11.1　双下标数组概述

图 6.20 显示的是一个双下标数组 a。这个数组包含三行、四列，所以称它是"3 乘 4 数组(3-by-4 array)"。通常，称包含 m 行和 n 列的数组为 **m 乘 n 数组**(m-by-n array)。

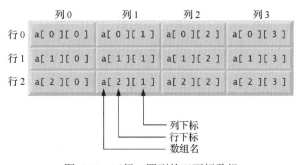

图 6.20　三行、四列的双下标数组

图 6.20 中数组 a 的每一个元素都用一个形如 a[i][j]的元素名来标识。其中，a 是数组名，i 和 j 是唯一确定数组元素的两个下标。行 0 元素的元素名中，第一个下标都是 0；列 3 元素的元素名中，第二个下标都是 3。

常见的编程错误 6.7

用形如 a[x, y]而非 a[x][y]的形式，来访问一个二维数组中的元素，是一个逻辑错误。C 编译器会将 a[x, y]解释为 a[y](因为出现在这里的逗号被当成一个逗号运算符)，所以程序员犯的这个错误并不是一个语法错误。

6.11.2 双下标数组的初始化

多维数组可以在定义时被初始化。例如，二维数组 int b[2][2]可以用下面的语句来定义并初始化。

```
int b[2][2] = {{1, 2}, {3, 4}};
```

其中的初始值按行用花括号括成若干组。第一个花括号内的初始值用于行 0 元素的初始化，第二个花括号内的初始值用于行 1 元素的初始化。这样，值 1 和值 2 就分别初始化 b[0][0]和 b[0][1]，值 3 和值 4 就分别初始赋化 b[1][0]和 b[1][1]。如果没有为指定的行提供足够多的初始值，那么该行中剩余的数组元素将被初始化为 0。例如

```
int b[2][2] = {{1}, {3, 4}};
```

将 b[0][0] 初始化为 1、b[0][1]初始化为 0、b[1][0] 初始化为 3、b[1][1] 初始化为 4。图 6.21 演示了如何定义并初始化一个二维数组。

数组 array1 的定义

图 6.21 中的程序定义了三个 2 行、3 列的数组(每个数组有 6 个元素)。在定义数组 array1 时(第 10 行)，程序以两个子数列的形式提供了 6 个初始值，第一个子数列负责将行 0 初始化为 1、2 和 3，第二个子数列负责将行 1 初始化为 4、5 和 6。

```c
 1   // Fig. 6.21: fig06_21.c
 2   // Initializing multidimensional arrays.
 3   #include <stdio.h>
 4
 5   void printArray(int a[][3]); // function prototype
 6
 7   // function main begins program execution
 8   int main(void)
 9   {
10      int array1[2][3] = {{1, 2, 3}, {4, 5, 6}};
11      puts("Values in array1 by row are:");
12      printArray(array1);
13
14      int array2[2][3] = {1, 2, 3, 4, 5};
15      puts("Values in array2 by row are:");
16      printArray(array2);
17
18      int array3[2][3] = {{1, 2}, {4}};
19      puts("Values in array3 by row are:");
20      printArray(array3);
21   }
22
23   // function to output array with two rows and three columns
24   void printArray(int a[][3])
25   {
26      // loop through rows
27      for (size_t i = 0; i <= 1; ++i) {
28
29         // output column values
30         for (size_t j = 0; j <= 2; ++j) {
31            printf("%d ", a[i][j]);
32         }
33
34         printf("\n"); // start new line of output
35      }
36   }
```

图 6.21   多维数组的初始化

```
Values in array1 by row are:
1 2 3
4 5 6
Values in array2 by row are:
1 2 3
4 5 0
Values in array3 by row are:
1 2 0
4 0 0
```

图 6.21(续)　多维数组的初始化

数组 array2 的定义

如果将数组 array1 的初始值列表中的两对花括号删掉，编译器将按顺序先初始化第一行中的三个元素，然后再初始化第二行中的三个元素。数组 array2 的定义(第 14 行)只提供了 5 个初始值。这些初始值先赋给第一行，然后再赋给第二行。没有显式的初始值的数组元素将被自动地初始化为 0，所以 array2[1][2] 被初始化为 0。

数组 array3 的定义

数组 array3 的定义(第 18 行)用两个子数列提供了 3 个初始值。第一个子数列将第一行的前两个元素初始化为 1 和 2，第三个元素被初始化为 0。第二个子数列将第二行的第一个元素显式地初始化 4，后两个元素被初始化为 0。

printArray 函数

程序调用函数 printArray(第 24 行至第 36 行)来输出这些数组的元素值。请注意：在函数的定义中，数组形参被限定为 const int a[ ][3]。当形参是一个单下标数组时，在函数的形参列表中数组的方括号内是空的。一个针对多下标数组的形参声明中，第一个下标值可以空着，但后继的所有下标值则必须填写。编译器通过这些下标来确定多下标数组的元素在存储器中的位置。无论有多少个下标，所有的数组元素在存储器中都是按行的顺序连续存储的。对于一个双下标数组，它的第二行在存储器中的位置总是紧跟在第一行之后的。

编译器根据函数的形参列表中提供的下标值，来告诉函数如何在一个数组中定位一个数组元素。对于一个双下标数组，它的每一行实质上就是一个单下标数组。为了在某个特定的行中找到某个元素，编译器就必须知道一行中有多少个元素，这样它才能跳过适当数量的存储单元来准确地找到要访问的数组元素。例如，图 6.21 中的程序要访问元素 a [1][2]，编译器根据函数的形参列表中提供的下标值 3(源自 const int a[ ][3])就知道这个数组的一行中有 3 个元素。那么，它就会从数组的起始地址开始，跳过第一行的 3 个元素的存储单元到达第 2 行(行 1)，然后访问这一行的元素 2(第 3 个元素)。

6.11.3　设置某行元素的元素值

很多的数组处理都是通过 for 循环语句来实现的。例如，若要将图 6.20 中数组 a 的行下标为 2 的所有元素都置成 0，则可以采用

```
for (column = 0; column <= 3; ++column) {
    a[2][column] = 0;
}
```

由于我们只处理行 2，所以数组元素的第一个下标都是 2。循环时变化的只是数组元素的第二个下标 column(列号)。上面的 for 循环语句等价于下面的赋值语句：

```
a[2][0] = 0;
a[2][1] = 0;
a[2][2] = 0;
a[2][3] = 0;
```

6.11.4　计算双下标数组中所有元素值的总和

下面这条嵌套的 for 循环语句计算数组 a 中所有元素值的总和：

```
total = 0;

for (row = 0; row <= 2; ++row) {
    for (column = 0; column <= 3; ++column) {
        total += a[row][column];
    }
}
```

在这个嵌套的 for 循环语句中，内层循环的功能是计算一行元素的总和。外层循环首先将变量 row（也就是行下标）置成 0，这样内层循环就可以完成第一行元素的求和；然后外层循环将变量 row 增至 1，累加了第二行元素值的总和就求出来了；最后，外层循环将变量 row 增至 2，求出了累加了第三行元素值的总和。当这条嵌套的 for 循环语句执行完毕后，变量 total 就包含数组 a 中所有元素值的总和。

6.11.5　对双下标数组的处理

图 6.22 中的程序利用 for 循环语句，对一个 3 乘 4 的数组 studentGrades，进行了其他一些常见的处理。数组 studentGrades 存储的是学生在一个学期中四次考试的成绩，其中数组的每一行对应一个学生，每一列表示学生的一次考试成绩。程序中共有四个函数对数组进行处理。函数 minimun（第 39 行至第 56 行）确定一个学期中全体学生的最低分，函数 maximun（第 59 行至第 76 行）确定一个学期中全体学生的最高分，函数 average（第 79 行至第 89 行）计算某个学生一个学期的平均分，函数 printArray（第 92 行至第 108 行）以清晰的表格形式打印这个双下标数组。

```
 1    // Fig. 6.22: fig06_22.c
 2    // Two-dimensional array manipulations.
 3    #include <stdio.h>
 4    #define STUDENTS 3
 5    #define EXAMS 4
 6
 7    // function prototypes
 8    int minimum(const int grades[][EXAMS], size_t pupils, size_t tests);
 9    int maximum(const int grades[][EXAMS], size_t pupils, size_t tests);
10    double average(const int setOfGrades[], size_t tests);
11    void printArray(const int grades[][EXAMS], size_t pupils, size_t tests);
12
13    // function main begins program execution
14    int main(void)
15    {
16        // initialize student grades for three students (rows)
17        int studentGrades[STUDENTS][EXAMS] =
18            { { 77, 68, 86, 73 },
19              { 96, 87, 89, 78 },
20              { 70, 90, 86, 81 } };
21
22        // output array studentGrades
23        puts("The array is:");
24        printArray(studentGrades, STUDENTS, EXAMS);
25
26        // determine smallest and largest grade values
27        printf("\n\nLowest grade: %d\nHighest grade: %d\n",
28            minimum(studentGrades, STUDENTS, EXAMS),
29            maximum(studentGrades, STUDENTS, EXAMS));
30
31        // calculate average grade for each student
32        for (size_t student = 0; student < STUDENTS; ++student) {
33            printf("The average grade for student %u is %.2f\n",
34                student, average(studentGrades[student], EXAMS));
35        }
36    }
37
38    // Find the minimum grade
39    int minimum(const int grades[][EXAMS], size_t pupils, size_t tests)
40    {
41        int lowGrade = 100; // initialize to highest possible grade
42
43        // loop through rows of grades
44        for (size_t i = 0; i < pupils; ++i) {
```

图 6.22　双下标数组的例程

```
45
46          // loop through columns of grades
47          for (size_t j = 0; j < tests; ++j) {
48
49              if (grades[i][j] < lowGrade) {
50                  lowGrade = grades[i][j];
51              }
52          }
53      }
54
55      return lowGrade; // return minimum grade
56  }
57
58  // Find the maximum grade
59  int maximum(const int grades[][EXAMS], size_t pupils, size_t tests)
60  {
61      int highGrade = 0; // initialize to lowest possible grade
62
63      // loop through rows of grades
64      for (size_t i = 0; i < pupils; ++i) {
65
66          // loop through columns of grades
67          for (size_t j = 0; j < tests; ++j) {
68
69              if (grades[i][j] > highGrade) {
70                  highGrade = grades[i][j];
71              }
72          }
73      }
74
75      return highGrade; // return maximum grade
76  }
77
78  // Determine the average grade for a particular student
79  double average(const int setOfGrades[], size_t tests)
80  {
81      int total = 0; // sum of test grades
82
83      // total all grades for one student
84      for (size_t i = 0; i < tests; ++i) {
85          total += setOfGrades[i];
86      }
87
88      return (double) total / tests; // average
89  }
90
91  // Print the array
92  void printArray(const int grades[][EXAMS], size_t pupils, size_t tests)
93  {
94      // output column heads
95      printf("%s", "                 [0]  [1]  [2]  [3]");
96
97      // output grades in tabular format
98      for (size_t i = 0; i < pupils; ++i) {
99
100         // output label for row
101         printf("\nstudentGrades[%u] ", i);
102
103         // output grades for one student
104         for (size_t j = 0; j < tests; ++j) {
105             printf("%-5d", grades[i][j]);
106         }
107     }
108 }
```

```
The array is:
                [0]  [1]  [2]  [3]
studentGrades[0] 77   68   86   73
studentGrades[1] 96   87   89   78
studentGrades[2] 70   90   86   81

Lowest grade: 68
Highest grade: 96
The average grade for student 0 is 76.00
The average grade for student 1 is 87.50
The average grade for student 2 is 81.75
```

图 6.22(续)　双下标数组的例程

　　函数 minimum、maximum 和 printArray 都接收三个实参——数组 studentGrades(在函数中被称为数组 grades)、学生人数(即数组的行数)和考试的次数(即数组的列数)。这三个函数都用嵌套 for 语句来循环处理数组 grades。例如，函数 minimum 中的嵌套 for 语句是

```
// loop through rows of grades
for (i = 0; i < pupils; ++i) {
    // loop through columns of grades
    for (j = 0; j < tests; ++j) {
        if (grades[i][j] < lowGrade) {
            lowGrade = grades[i][j];
        }
    }
}
```

　　外层循环首先将变量 i(也就是行下标)置成 0，这样第一行的元素(即第一个学生的四次成绩)就可以在内层循环中与变量 lowGrade 进行比较。内层循环的功能是：以循环的方式遍历某一行中的四次成绩，逐个将这些成绩与变量 lowGrade(表示最低分)进行比较。一旦有学生成绩小于 lowGrade，则将 lowGrade 的值置成这个成绩。

　　与第一行的元素比较完毕后，外层循环将行下标 i 增至 1，这样第二行元素与 lowGrade 进行比较。接着，外层循环将行下标 i 增至 2，第三行中的元素又与 lowGrade 进行比较。当整个嵌套的 for 循环语句执行完毕后，变量 lowGrade 就包含着双下标数组 studentGrades 中的最低分。函数 maximum 的工作原理与函数 minimum 的工作原理类似。

　　函数 average(第 79 行至第 89 行)需要接收两个实参——存储特定学生考试成绩的一个双下标数组 setOfGrades 和数组所存储的考试成绩的门数。调用函数 average 时，首先传递的实参是 student-Grades [student]，这就将双下标数组中某一行的首地址传递给了函数 average。例如，studentGrades[1]就是双下标数组中行 1 的首地址。切记：双下标数组实质上是以单下标数组为元素的一个单下标数组，双下标数组中的一行就相当于一个单下标数组，此单下标数组的名字就是它在存储器中的起始地址。函数 average 先计算一行数组元素的总和，然后用考试的门数去除这个总和，最后返回一个浮点类型的平均分。

6.12　可变长数组[①]

　　迄今为止，对于每一个我们定义的数组，都要在编译时指定它的大小。我们能否到了运行的时候再决定一个数组的大小呢？以前，为了做到这一点，程序员只能使用"动态内存分配"技术(将在第 12 章"C 数据结构"中介绍)。现在，为了应对在编译时数组大小无法确定的情况，C 提供"可变长数组"(Variable-length array, VLA)——数组的长度是以表达式的形式表示，而表达式的值要在运行时才能确定。图 6.23 中的程序声明并打印了若干个可变长数组 VLA。

```
 1   // Fig. 6.23: fig06_23.c
 2   // Using variable-length arrays in C99
 3   #include <stdio.h>
 4
 5   // function prototypes
 6   void print1DArray(size_t size, int array[size]);
 7   void print2DArray(int row, int col, int array[row][col]);
 8
 9   int main(void)
10   {
11       printf("%s", "Enter size of a one-dimensional array: ");
12       int arraySize; // size of 1-D array
13       scanf("%d", &arraySize);
14
15       int array[arraySize]; // declare 1-D variable-length array
```

图 6.23　在 C99 中使用可变长数组

```
16
17      printf("%s", "Enter number of rows and columns in a 2-D array: ");
18      int row1, col1; // number of rows and columns in a 2-D array
19      scanf("%d %d", &row1, &col1);
20
21      int array2D1[row1][col1]; // declare 2-D variable-length array
22
23      printf("%s",
24          "Enter number of rows and columns in another 2-D array: ");
25      int row2, col2; // number of rows and columns in another 2-D array
26      scanf("%d %d", &row2, &col2);
27
28      int array2D2[row2][col2]; // declare 2-D variable-length array
29
30      // test sizeof operator on VLA
31      printf("\nsizeof(array) yields array size of %d bytes\n",
32          sizeof(array));
33
34      // assign elements of 1-D VLA
35      for (size_t i = 0; i < arraySize; ++i) {
36          array[i] = i * i;
37      }
38
39      // assign elements of first 2-D VLA
40      for (size_t i = 0; i < row1; ++i) {
41          for (size_t j = 0; j < col1; ++j) {
42              array2D1[i][j] = i + j;
43          }
44      }
45
46      // assign elements of second 2-D VLA
47      for (size_t i = 0; i < row2; ++i) {
48          for (size_t j = 0; j < col2; ++j) {
49              array2D2[i][j] = i + j;
50          }
51      }
52
53      puts("\nOne-dimensional array:");
54      print1DArray(arraySize, array); // pass 1-D VLA to function
55
56      puts("\nFirst two-dimensional array:");
57      print2DArray(row1, col1, array2D1); // pass 2-D VLA to function
58
59      puts("\nSecond two-dimensional array:");
60      print2DArray(row2, col2, array2D2); // pass other 2-D VLA to function
61  }
62
63  void print1DArray(size_t size, int array[size])
64  {
65      // output contents of array
66      for (size_t i = 0; i < size; i++) {
67          printf("array[%d] = %d\n", i, array[i]);
68      }
69  }
70
71  void print2DArray(size_t row, size_t col, int array[row][col])
72  {
73      // output contents of array
74      for (size_t i = 0; i < row; ++i) {
75          for (size_t j = 0; j < col; ++j) {
76              printf("%5d", array[i][j]);
77          }
78
79          puts("");
80      }
81  }
```

```
Enter size of a one-dimensional array: 6
Enter number of rows and columns in a 2-D array: 2 5
Enter number of rows and columns in another 2-D array: 4 3

sizeof(array) yields array size of 24 bytes
```

图 6.23(续)　在 C99 中使用可变长数组

```
One-dimensional array:
array[0] = 0
array[1] = 1
array[2] = 4
array[3] = 9
array[4] = 16
array[5] = 25

First two-dimensional array:
    0    1    2    3    4
    1    2    3    4    5
Second two-dimensional array:
    0    1    2
    1    2    3
    2    3    4
    3    4    5
```

图 6.23(续)   在 C99 中使用可变长数组

创建 VLA

程序的第 11 行至第 28 行提示用户输入其所期望的 1 个一维数组和 2 个二维数组的大小并根据用户的输入在第 15 行、第 21 行和第 28 行创建 VLA。只有在表示数组长度的变量是整数类型时，这三个创建语句才有效。

对 VLA 使用 sizeof 运算符

数组创建完毕后，程序的第 31 行至第 32 行用 sizeof 运算符来验证一维可变长数组的长度是否正确。在早期的 C 版本中，sizeof 运算符是在编译时执行的。但当处理对象是一个 VLA 时，该运算符就在运行时执行。图 6.23 中的输出窗口显示，sizeof 运算符返回的数组大小值为 24 字节——比我们输入的值 (6) 大四倍，这是因为在笔者的机器中 int 类型的长度是 4 个字节。

给 VLA 的元素赋值

接着，给 VLA 的元素赋值(第 35 行至第 51 行)。在给一维数组赋值时，使用了循环继续条件为 i<arraySize。在处理固定长度的数组时，反而没有防止出现 "处理到数组边界之外" 的措施。

print1DArray 函数

程序的第 63 行至第 69 行定义了 1 个函数 print1DArray，该函数读取并显示 1 个一维可变长数组。将可变长数组作为参数传递函数的语法规则与传递一个常规数组的语法规则相同。我们在形参 array 的声明中使用了变量 size，这只是面向程序员的注释文档。

print2DArray 函数

函数 print2DArray(第 71 行至第 81 行)读取并显示 1 个二维可变长数组。在 6.11.2 节，我们曾经说过，在定义 1 个多下标数组时，除第 1 个下标外，必须给出其余所有的数组长度参数。这个限制同样适用于可变长数组，除非这些长度参数能够用变量来确定。与处理固定长度数组一样，传递给函数的变量 col 的初值是用来确定每一行在内存中的起始位置。在函数内改变 col 的值，除了会将一个错误的值传递给函数外，不会对查找数组元素带来改变。

6.13   安全的 C 程序设计

针对数组下标的边界检查

确保你在访问数组元素时使用的每一个下标都在相应数组的边界之内是十分重要的。一维数组的下标必须大于或等于 0 且小于数组元素的个数。相应地，二维数组的行、列下标必须大于或等于 0 且小于数组的行数和列数。这个要求可以推广应用于更多维数组。

允许程序对数组边界之外区域进行读取或写入，是常见的安全缺陷。

从数组边界之外区域读取数据，要么导致程序崩溃，要么对错误的数据进行盲目地处理。

将数据写到数组边界之外(被称为缓冲区溢出)不仅损害了内存中的数据，还可能引起程序崩溃或者为攻击者入侵系统以执行他们的恶意代码打开了方便之门。

正如本章所说，C 语言不提供自动的数组边界检查。这个工作要由你自己来完成! 有助于预防这类问题发生的技术，请查阅位于 www.securecoding.cert.org 的 CERT 指南 ARR30-C。

scanf_s

对于字符串处理，边界检查同样重要。在使用函数 scanf 将一个字符串输入到一个 char 型数组时，scanf 并不预防缓冲区溢出。若输入字符的个数大于或等于数组长度，scanf 将会把字符——包括字符串结束符('\0')——写到数组边界之外。这样，其他变量的数值就被覆盖(改写)了。如果程序将其他变量再写回来，字符串结束符'\0'也会被覆盖掉。

函数是通过查找字符串中的'\0'字符来确定字符串的末尾。例如，printf 输出字符的过程是，从内存中字符串的起始存储地址开始，不断地读取字符并逐个输出，直到遇到'\0'为止。若没有找到相应的'\0', printf 将不断地输出字符直到遇到后面的某个'\0'为止。这将导致一个奇怪的输出或者引起程序崩溃。

C11 标准的可选 Annex K 提供了许多新的更安全的字符串处理函数和输入/输出函数。例如在将一个字符串读入到一个字符数组时，函数 scanf_s 会执行一些额外的检查以确保不会将字符写到数组边界之外。假设 myString 是一个 20 个字符的数组，则语句

```
scanf_s("%19s", myString, 20);
```

就将一个字符串读入到 myString 中。对应格式控制串中的%s，函数 scanf_s 要求提供两个参数

- 用于接纳字符串的一个字符数组
- 数组元素的个数

函数 scanf_s 使用“数组元素的个数”来预防缓冲区溢出。例如，可能用它来替换一个相对于底层字符数组太大的%s 域宽，或者直接忽略掉语句中的域宽。使用 scanf_s 时，如果输入字符加上字符串结束符的个数大于指定的数组长度，%s 转换将失败。以上面那条仅包含一个转换说明符的语句为例，scanf_s 将返回 0，表示没有执行转换，数组 myString 没有改变。

一般地，若编译器支持来自 C 标准中可选 Annex K 的函数，应该尽量使用它们。我们在后续章节的“安全 C 的程序设计”中还要介绍其他的 Annex K 中的函数。

可移植性提示 6.1

并不是所有的 C 编译器都支持 C11 标准的 Annex K 函数。对于必须在多种平台和编译器上编译的程序，可能不得不针对不同的平台分别使用 scanf_s 或者 scanf。另外，可能要对编译器进行专门的设置后，才能使用 Annex K 函数。

不要使用一个用户输入的字符数组作为转换说明符

你可能已经注意到了，在整本书中，没有使用单参数的 printf 语句。取而代之的是，使用了如下形式的输出语句:

- 要在字符串后边输出一个'\n'时，使用 puts 函数(该函数自动地在字符串后边输出一个'\n'), 例如

  ```
  puts("Welcome to C!");
  ```

- 若想把光标保留在字符串的同一行上，要像下边这样使用 printf 函数:

  ```
  printf("%s", "Enter first integer: ");
  ```

  原先要显示字符串文本，我们可能像下边这样使用过单参数的 printf 语句:

  ```
  printf("Welcome to C!\n");
  printf("Enter first integer: ");
  ```

　　当 printf 函数确定它的第 1 个(也可能是唯一的一个)参数的内容后, 它将根据该字符串中的转换说明符进行工作。如果格式控制串是从用户那里获得的, 那么攻击者就有可能给受格式控制的输出函数提供一个恶意的转换说明符。现在你已经知道如何将字符串读入到字符数组中, 切记千万不能使用一个用户输入的字符数组作为转换说明符。欲了解更多的与数组有关的安全问题, 请查阅位于 www.securecoding.cert.org 的 CERT 指南 FIO30-C。

摘要

6.1　引言

- **数组**是由相同数据类型的相关联的数据组成的一种数据结构。
- 数组是 "静态的" 实体, 即它所占存储空间的大小在程序运行的过程中保持不变。

6.2　数组

- 数组是**一组连续的存储单元**, 它们以相同的名字和相同的数据类型关联在一起。
- 若要访问数组中某个特定的**存储单元**或**数组元素**, 需要指定数组的名字及该元素在数组中的**位置号**。
- 任何一个数组的第一个元素都是**第 0 号元素**, 即位置号为 0 的元素。因此, 数组 c 的第一个元素就是 c [0],第二个元素就是 c [1],第七个元素就是 c [6]。总之,数组 c 的第 i 个元素就是 c [i-1]。
- 像其他变量名一样, **数组名**只能包含字母、数字和下画线, 并且不能以数字开头。
- 被方括号括起来的位置号应该更规范地称为**索引**或**下标**。下标必须是一个整数或者是一个整数类型的表达式。
- 用于将数组下标括起来的**方括号**, 在 C 语言中也被视为一种运算符。它们与函数调用运算符具有相同的优先级。

6.3　数组定义

- 数组是要占用存储空间的。在定义数组时, 必须指定数组元素的数据类型以及数组中**元素的个数**, 这样计算机系统才能为数组预留出相应数量的存储空间。
- 一个 **char 型数组**可以用来存储一个**字符串**。

6.4　数组实例

- 类型 **size_t** 代表**无符号整数类型**。该类型被推荐用于定义表示数组长度或下标的变量。size_t 由**头文件<stddef.h>**定义, 而该头文件又常常包含在其他头文件中(例如<stdio.h>)。
- 可以在定义数组的同时, 对数组元素进行初始化, 即在定义语句的后面加上一个等号和一对花括号{}, 花括号内填写用逗号分隔的**初始值列表**。如果初始值列表中的初始值个数少于数组拥有的元素个数, 则余下的数组元素将被初始化为 0。
- 语句 "int n[10] = {0};" 显式地将数组的第一个元素初始化为 0, 由于初始值列表中提供的初始值个数少于数组拥有的元素个数, 因此, 余下的九个元素也被系统初始化为 0。切记: 自动数组不能自动地初始化为 0。至少要将第一个数组元素初始化为 0, 这样余下的元素才会被自动地初始化为 0。这种将数组元素初始化为 0 的方法, 对于静态数组是在编译时执行的, 而对于自动数组是在程序运行时执行的。
- 在使用初始值列表来实现元素初始化的数组定义语句中, 如果没有填写数组元素的个数, 则系统将初始值列表中提供的初始值的个数作为数组所拥有的元素总数。
- **#define 预处理命令**可以用来定义一个**符号常量**——一个标识符, 这个标识符在源程序被编译之前, 将被 C 语言预处理程序用替换文本来替换掉。在源程序被预处理时, 程序中出现的所有符号常量都将被替换文本替换掉。采用符号常量来定义数组的大小将使程序更加**易于修改**。
- C 语言**没有数组边界检查功能**来防止程序访问一个不存在的数组元素。这样, 一个执行中的程序就会在没有警告的情况下"跨过"数组的底线。确保对所有对数组元素的访问是在数组的边界以内是程序员的责任。

6.5　用字符数组来存储和处理字符串

- 形如 hello 这样的字符串在 C 语言中就是一个由多个单字符组成的数组。
- 一个**字符数组**可以用一个**字符串文本**来初始化。在这种情况下，数组的大小是由编译器根据字符串的长度来确定的。
- 每一个字符串都包含一个被称为**空字符**的特殊的**字符串结束符**。表示"空字符"的字符常量是**'\0'**。
- 一个用来表示字符串的字符数组必须定义得足够大，以便能够容纳字符串中的全部字符和字符串结束符。
- 字符数组还可以用由单个字符常量组成的初始值列表来进行初始化。
- 由于一个字符串就是一个字符数组，所以可以用数组下标的方式直接访问到字符串中的单个字符。
- 可以使用 scanf 函数以及**转换说明符%s**，从键盘上直接将一个字符串输入到字符数组中。字符数组名直接传递给 scanf 函数，而无须在它的前面加上非字符串型变量所必须加上的&。
- scanf 函数不断地从键盘上读入字符，直到遇到第一个空格字符字符为止——即它不检查数组的大小。因此，scanf 函数可能将字符写到字符数组边界以外。
- 可以通过 printf 函数及转换说明符%s 来输出代表一个字符串的字符数组。字符串中的字符将不断地被打印出来直到遇到一个代表字符串结束的空操作符时为止。

6.6　静态局部数组和自动局部数组

- 一个**静态的**局部变量在程序的整个运行时间都存在，但是只能在函数体内是可见的。我们可以将存储类型说明符 static 应用在局部数组的定义中，这样，在函数每次被调用时，该数组就不需要重新创建并初始化，而且在函数每次调用结束时，也不会被释放。这样就缩短了程序的运行时间，特别是对于那些频繁地调用包含有大型数组的函数的程序。
- 静态数组会在程序启动时被一次性地自动初始化。如果没有显式地初始化一个静态数组，那么它的元素值将被编译器初始化为 0。

6.7　将数组传递给函数

- 若要将一个数组作为实参传递给一个函数，那么只要指定不带方括号的数组名即可。
- 与包含字符串的字符数组不同，其他类型的数组没有一个特殊的结束符。因此，调用函数时，数组的大小也必须传递给被调函数，这样，被调函数才能处理正确数目的数组元素。
- **C 语言自动地以(模拟)按引用方式将数组传递给被调函数**——即被调函数能够修改主调函数中的原数组中的元素值。数组名代表数组第一个元素的地址，所以用数组名作为函数实参就可以将数组的起始地址传给被调函数，这样被调函数就能准确地知道数组存储在哪里。因此，当被调函数在其函数体内修改数组元素时，它实际上修改的是存储在原存储单元中的数组元素。
- 尽管整个数组以传地址的方式传递给被调函数的。但是**单个数组元素也可以传值的方式传递给**被调函数，就像简单变量那样。
- 这种简单的单个数据(如单个的整型、浮点型或字符型数据)称为**标量**。
- 若要将数组元素传递给函数，只需将带下标的数组元素名当成一个实参写在调用函数的语句中即可。
- 对于通过函数调用接收一个数组的函数，在定义函数的形参列表时，必须指明将要接收的是一个数组。数组的大小并不需要出现在数组名后面的方括号里。如果方括号内出现了数字，编译器只检查它是否大于零，然后将其忽略掉。
- 若在表示数组的形参前面加上了**类型限定符 const**，则相应数组的元素值将在函数体内保持不变，函数体内任何试图修改数组元素的操作都将导致一个编译时错误。

6.8　数组排序

- 对数据进行**排序**(即将数据按照诸如升序或降序的顺序排列)是计算机最重要的应用之一。
- 有一种排序算法被称为**冒泡排序**或**沉降排序**。因为算法中，值相对较小的数据会像水中的气泡一样逐渐上升到数组的最顶端，而较大的数据逐渐地下沉到数组的底部。这个处理过程需要在整个数组范围内反复执行多遍。每一遍执行时，相邻的两个元素都要做比较。若一对数据处于升序(或者这两个值相等)，我们就不去动它们。若一对数据处于降序，就调换它们在数组中的位置。
- 由于这样的两个元素的比较是连续进行的，所以在一遍处理中，一个较大的数据可能会向数组的底部移动多个位置，而一个较小的数据只可能向数组的顶部移动一个位置。
- 冒泡排序法最大的优点就是它易于编程实现。但是，冒泡排序运行速度比较慢。在对一个较大的数组进行排序时，这一点表现得尤为明显。

6.9　案例分析：用数组来计算平均值、中值和众数

- **平均值**就是一组数据的算术平均。
- **中值**就是一组有序数据的"中间的值"。
- **众数**就是一组数据中出现次数最多的那个数。

6.10　数组查找

- 在数组中搜索一个特定元素的过程，称为**查找**。
- **线性查找**就是用查找键逐个与数组元素相比较以实现查找。由于数组元素事先并没有按照一个特定的顺序排列，所以，有可能第一个元素的元素值就与查找键相等，也有可能在最后一个元素位置找到它。从平均情况来看，查找键需要与一半的数组元素进行比较。
- 对于规模较小的数组或者无序排列的数组，适合采用线性查找方法。但是对于有序排列的数组，就可以采用快速的折半查找方法。
- 每次比较之后，**折半查找**将目标数组中一半的元素排除在比较范围之外。算法首先选取位于数组中间的元素，将其与查找键进行比较。若它们相等，则查找键被找到，返回数组中间元素的下标。否则，将查找的范围缩小为一半的数组元素中查找。在数组元素按升序排序的情况下，若查找键小于数组的中间元素，则在前一半数组元素中继续查找，否则在后一半数组元素中继续查找。若在该子数组(原数组的一个片段)中仍未找到查找键，则算法将在原数组的四分之一大小的子数组中继续查找。不断重复这样的查找过程，直到查找键等于某个子数组中间元素的值(找到查找键)，或者子数组只包含一个不等于查找键的元素(即没有找到查找键)时为止。
- 使用折半查找时，最多需要的比较次数是第一个大于数组元素个数的 2 的幂次数。

6.11　多下标数组

- **多下标数组**主要用来表示由按行、列组织起来的信息构成的**表格**。为了确定表格中的一个元素，我们必须指定两个下标：第一个下标(按惯例)确定的是元素所在的行号，第二个下标(按惯例)确定的是元素所在的列号。
- 需要两个下标才能确定一个元素位置的表格或数组，称为**双下标数组**。
- 多下标数组具有多于两个的下标。
- 与单下标数组类似，多下标数组可以在定义时被初始化。初始值按行用花括号括成若干组。若没有为指定的行提供足够多的初始值，则剩余的数组元素将被初始化为 0。
- 针对多下标数组的形参声明中，第一个下标值可以不填，但后继的所有下标值则必须填写。编译器将通过这些下标来确定多下标数组的元素在存储器中的位置。无论有多少个下标，所有的数组元素在存储器中都是按行的顺序连续存储的。对于一个双下标数组，它的第二行在存储器中的位置总是紧跟在第一行之后的。

● 编译器根据函数的形参列表中提供的下标值，来告诉函数如何在一个数组中定位一个数组元素。对于一个双下标数组，它的每一行实质上就是一个单下标数组。为了在某个特定的行中找到某个元素，编译器就必须知道一行中有多少元素，这样它才能跳过适当数量的存储单元来准确地找到要访问的数组元素。

6.12　可变长数组

● **可变长数组**的数组长度是以表达式的形式表示的，而表达式的值要在运行时才能确定。
● 当处理对象是一个可变长数组时，运算符 sizeof 是在运行时执行。
● 在处理固定长度的数组时，我们反而没有防止出现"处理到数组边界之外"的措施。
● 将可变长数组作为参数传递函数的语法规则与传递一个常规数组的语法规则相同。

自测题

6.1 填空
(a) 链表和表格的值是存储在_____中。
(b) 用于访问数组中特定元素的数值称为元素的_____。
(c) 为了使程序更加易于修改，应该使用 _____来指定数组的大小。
(d) 按照顺序排列数组元素的过程，被称为对该数组进行_____。
(e) 确定一个数组是否包含某个键值的处理过程，被称为对该数组进行_____。
(f) 使用两个下标的数组被称为_____数组。

6.2 判断对错。若是错的，请说明理由。
(a) 一个数组可以存储不同类型的数据。
(b) 数组下标的数据类型可以是 double 型。
(c) 若初始值列表中的初始值个数小于数组元素的个数，C 语言自动地将剩余的元素初始化为初始值列表中最后的初始值。
(d) 若初始值列表中的初始值个数多于数组的元素个数，这是一个错误。
(e) 若一个数组元素以 a[i] 的形式当成实参传递给一个被调用的函数，并且在这个函数中被修改。那么函数返回后，在主调函数中该元素保存的是修改后的值。

6.3 设有一个数组 fractions，请分别写出满足下列要求的 C 语句：
(a) 定义一个替换文本是 10 的符号常量 SIZE。
(b) 定义一个类型为 double 的具有 SIZE 个元素的数组，并将它的元素全部初始化为 0。
(c) 引用数组元素 4。
(d) 将 1.667 赋给数组元素 9。
(e) 将 3.333 赋给数组的第 7 个元素。
(f) 按照小数点后面两位数字的精度，打印数组元素 6 和元素 9，并显示屏幕上的结果。
(g) 请用一个 for 循环语句，打印数组的全部元素。设整型变量 x 为循环控制变量。显示屏幕上的结果。

6.4 请分别写出实现下列功能的 C 语句：
(a) 定义一个名为 table 的具有 3 行、3 列的整型数组，设符号常量 SIZE 已被定义为 3。
(b) 数组 table 包含多少个元素？打印数组元素的总数。
(c) 请用一个 for 循环语句，将数组 table 中的每一个元素初始化为它的下标之和。设整型变量 x 和 y 为循环控制变量。
(d) 打印数组 table 中的每一个元素的值。假设数组使用如下语句定义并初始化。

```
int table[SIZE][SIZE] =
    { { 1, 8 }, { 2, 4, 6 }, { 5 } };
```

6.5 请找出并更正下列语句片断中的错误。

```
(a) #define SIZE 100;
(b) SIZE = 10;
(c) 假设 int b[10] = { 0 }, i;
        for (i = 0; i <= 10; ++i) {
            b[i] = 1;
        }
(d) #include <stdio.h>;
(e) 假设 int a[2][2] = { { 1, 2 }, { 3, 4 } };
        a[1, 1] = 5;
(f) #define VALUE = 120
```

自测题答案

6.1 (a)数组。(b)下标。(c)符号常量。(d)排序。(e)查找。(g)双下标。

6.2 (a)错。一个数组只能存储相同类型的数据。

(b)错。数组的下标必须是整数或者整数表达式。

(c)错。C 语言自动地将剩余的元素初始化为 0。

(d)对。

(e)错。单个数组元素是以传值的方式传递给被调函数的。只有将整个数组传递给被调函数时，对数组的修改才会反映到原数组中。

6.3 (a) `#define SIZE 10`

(b) `double fractions[SIZE] = { 0.0 };`

(c) `fractions[4]`

(d) `fractions[9] = 1.667;`

(e) `fractions[6] = 3.333;`

(f) `printf("%.2f %.2f\n", fractions[6], fractions[9]);`

输出：3.33 1.67。

(g)
```
for (x = 0; x < SIZE; ++x) {
    printf("fractions[%u] = %f\n", x, fractions[x]);
}
```

输出：
```
fractions[0] = 0.000000
fractions[1] = 0.000000
fractions[2] = 0.000000
fractions[3] = 0.000000
fractions[4] = 0.000000
fractions[5] = 0.000000
fractions[6] = 3.333000
fractions[7] = 0.000000
fractions[8] = 0.000000
fractions[9] = 1.667000
```

6.4 (a) `int table[SIZE][SIZE];`

(b) 9个元素。`printf("%d\n", SIZE * SIZE);`

(c)
```
for (x = 0; x < SIZE; ++x) {
    for (y = 0; y < SIZE; ++y) {
        table[x][y] = x + y;
    }
}
```

(d)
```
for (x = 0; x < SIZE; ++x) {
    for (y = 0; y < SIZE; ++y) {
        printf("table[%d][%d] = %d\n", x, y, table[x][y]);
    }
}
```

输出：
```
table[0][0] = 1
table[0][1] = 8
```

```
table[0][2] = 0
table[1][0] = 2
table[1][1] = 4
table[1][2] = 6
table[2][0] = 5
table[2][1] = 0
table[2][2] = 0
```

6.5　(a)错误：#define 编译预处理命令后面出现一个分号。

　　　　更正：去掉分号。

　　　(b)错误：使用一个赋值语句给一个符号常量赋值。

　　　　更正：　使用一个不带赋值运算符的#define 编译预处理命令来给一个符号常量赋值，例如 #define SIZE 10。

　　　(c)错误：访问一个数组边界之外的元素(b[10])。

　　　　更正：将循环控制变量的最后值改为 9。

　　　(d)错误：　#include 编译预处理命令后面出现一个分号。

　　　　更正：去掉分号。

　　　(e)错误：数组下标表示方法不正确。

　　　　更正：将语句改为"a[1][1] = 5;"。

　　　(f)错误：使用一个赋值语句给一个符号常量赋值。

　　　　更正：使用一个不带赋值运算符的#define 编译预处理命令来给一个符号常量赋值，例如#define VALUE 120。

练习题

6.6　填空

　　　(a)C 将链表的值存储在_____中。

　　　(b)数组元素是相互关联的，是因为它们_____。

　　　(c)访问数组元素时，在圆括号内的位置号被称为_____。

　　　(d)拥有 5 个元素的数组 p 的数组元素名分别是_____、_____、_____、_____和_____。

　　　(e)数组中某个特定元素的内容被称为元素的_____。

　　　(f)给一个数组起名，声明它的类型并指定它元素的个数，这个过程称为数组_____。

　　　(g)将数组元素按照升序或者降序排列的过程称为_____。

　　　(h)一个双下标数组中，第一个下标表示元素的_____而第二个下标表示元素的_____。

　　　(i)一个 m 乘 n 的数组包括_____行、_____列以及_____个元素。

　　　(j)数组(d)中，行号为 3、列号为 5 的元素名是_____。

6.7　判断下列结论是"对"还是"错"。若是"错"，请说明理由。

　　　(a)为了访问数组中特定存储单元或元素，我们需要指定数组名和该元素的数值。

　　　(b)数组定义的功能是为数组申请存储空间。

　　　(c)为说明应该为整型数组 p 保留 100 个单元的存储空间，需要写出如下语句：

```
p[100];
```

　　　(d)一个 C 程序若要将一个拥有 15 个元素的数组的元素全部初始化为 0，必须用一个 for 语句。

　　　(e)要计算一个双下标数组中元素的总和的 C 程序肯定包含嵌套的 for 语句。

　　　(f)以下数据集的平均值、中值和众数分别是 5、6 和 7：

```
1, 2, 5, 6, 7, 7, 7.
```

6.8　请分别写出实现下列功能的 C 程序语句：

(a)显示字符数组 f 的第 7 个元素的值。

(b)给单下标、浮点型数组 b 的元素 4 输入一个值。

(c)将一个拥有 5 个元素的单下标整型数组 g 的元素全部初始化为 8。

(d)求一个拥有 100 个元素的浮点型数组 c 的元素总和。

(e)将数组 a 复制到数组 b 的前部。设"double a[11], b[34];"。

(f)确定并打印拥有 99 个元素的浮点型数组 w 中的最小值和最大值。

6.9   对于一个 2 乘 5 的整型数组 t。

(a)写出 t 的定义语句。

(b)数组 t 有几行?

(c)数组 t 有几列?

(d)数组 t 有几个元素?

(e)写出数组 t 第 2 行所有元素的名字。

(f)写出数组 t 第 3 列所有元素的名字。

(g)编写一条语句将数组 t 中行号为 1、列号为 2 的元素置成 0。

(h)编写一系列语句将数组 t 中每一个元素都置成 0。不允许用循环结构。

(i)编写一个嵌套的 for 语句将数组 t 中每一个元素都初始化为 0。

(j)编写一条语句从终端上为数组 t 中所有元素输入数值。

(k)编写一系列语句来确定并打印数组 t 中的最小值。

(l)编写一条语句来显示数组 t 第 1 行所有的元素。

(m)编写一条语句来计算数组 t 第 4 列元素的总和。

(n)编写一系列语句来按照表格形式打印数组 t。在顶部打印出列下标作为表头,在每一行的左边打印出行下标。

6.10 **(销售佣金)** 使用一个单下标数组来解决下述问题。一个公司付给它的推销员的工资中有一个基本佣金,即推销员每周收入是 200 美元加上他这一周销售总额的 9%。例如,一个推销员在某一周内的销售总额是 3000 美元,那么他的收入是 200 美元加上 3000 美元的 9%,即 470 美元。请编写一个 C 程序(使用数组 counters)来计算当推销员的销售额是如下范围时他的收入是多少(设推销员的收入中的小数部分将被截掉):

(a)\$200–299

(b)\$300–399

(c)\$400–499

(d)\$500–599

(e)\$600–699

(f)\$700–799

(g)\$800–899

(h)\$900–999

(i)\$1000 and over

6.11 **(冒泡排序)** 图 6.15 给出的冒泡排序算法在处理大数组时效率不高。请按照下列提示,对冒泡排序算法做简单修改,以提高算法的性能。

(a)第一遍处理完后,最大值肯定保存在数组的最大下标位置;第二遍处理完后,最大的两个数据已经"到位"了;以此类推。不需要在每一遍中都进行 9 次比较。修改冒泡排序算法使其在第二编中做 8 次比较,在第三编中做 7 次比较,以此类推。

(b)数组中的数据可能已经处于正确的顺序或者接近正确的顺序,如果处理一、两遍就可以了,为什么还要处理 9 遍呢?修改排序算法使其能够在每一遍结束后检查是否执行了交换操作。

如果没有执行，则说明数组中的数据已经处于正确的顺序，程序可以结束了。如果执行了交换操作，则至少还需要处理一遍。

6.12 分别编写循环语句来完成下面对单下标数组的操作：

(a) 将整型数组 counts 的 10 个元素初始化为零。

(b) 给整型数组 bonus 的 15 个元素逐个加 1。

(c) 从键盘上读入浮点型数组 monthlyTemperatures 的 12 个值。

(d) 按照一列的形式，打印整型数组 bestScores 的 5 个值。

6.13 请找出下列语句中的一个(或多个)错误：

(a) 假设：`char str[5];`
    `scanf("%s", str); // User types hello`

(b) 假设：`int a[3];`
    `printf("$d  %d  %d\n", a[1], a[2], a[3]);`

(c) `double f[3] = { 1.1, 10.01, 100.001, 1000.0001 };`

(d) 假设：`double d[2][10];`
    `d[1, 9] = 2.345;`

6.14 (修改计算平均值、中值和众数的程序) 修改图 6.16 中的程序，使函数 mode 在计算众数时能够处理两个或者两个以上的数据出现次数相同的情况。同时修改函数 median，使其在处理具有偶数个元素的数组时计算中间的两个元素的平均值作为中值。

6.15 (消除重复) 使用一个单下标数组来解决以下问题。读入 20 个大小在 10 ~ 100 之间 (包含 10 和 100) 的数据。每读入一个数据，如果它不与前面读入的数据相重复，则将其打印出来。 假设"最坏情况"是这 20 个数据都不相同，请使用尽可能小的数组来解决这个问题。

6.16 标记出 3 乘 5 双下标数组 sales 的每一个元素被以下程序段置成零的顺序：

```
for (row = 0; row <= 2; ++row) {
    for (column = 0; column <= 4; ++column) {
        sales[row][column] = 0;
    }
}
```

6.17 请说明下面程序的功能：

```
 I  // ex06_17.c
 2  // What does this program do?
 3  #include <stdio.h>
 4  #define SIZE 10
 5
 6  int whatIsThis(const int b[], size_t p); // function prototype
 7
 8  // function main begins program execution
 9  int main(void)
10  {
11     int x; // holds return value of function whatIsThis
12
13     // initialize array a
14     int a[SIZE] = { 1, 2, 3, 4, 5, 6, 7, 8, 9, 10 };
15
16     x = whatIsThis(a, SIZE);
17
18     printf("Result is %d\n", x);
19  }
20
21  // what does this function do?
22  int whatIsThis(const int b[], size_t p)
23  {
24     // base case
25     if (1 == p) {
26        return b[0];
27     }
28     else { // recursion step
29        return b[p - 1] + whatIsThis(b, p - 1);
30     }
31  }
```

6.18 请说明下面程序的功能:

```c
 1  // ex06_18.c
 2  // What does this program do?
 3  #include <stdio.h>
 4  #define SIZE 10
 5
 6  // function prototype
 7  void someFunction(const int b[], size_t startIndex, size_t size);
 8
 9  // function main begins program execution
10  int main(void)
11  {
12     int a[SIZE] = { 8, 3, 1, 2, 6, 0, 9, 7, 4, 5 }; // initialize a
13
14     puts("Answer is:");
15     someFunction(a, 0, SIZE);
16     puts("");
17  }
18
19  // What does this function do?
20  void someFunction(const int b[], size_t startIndex, size_t size)
21  {
22     if (startIndex < size) {
23        someFunction(b, startIndex + 1, size);
24        printf("%d ", b[startIndex]);
25     }
26  }
```

6.19 (投掷骰子)请编写一个程序来模拟投掷两个骰子的过程。程序先调用函数 rand 两次来分别模拟投掷第一个骰子和第二个骰子,然后计算出两个骰子的面值之和(注:由于每个骰子的面值是 1~6 的整数,所以两个骰子的面值之和是 2~12 的整数。其中,7 出现的频率最高,2 和 12 出现的频率最低)。图 6.24 显示了投掷两个骰子可能出现的 36 种情况。要求程序模拟投掷两个骰子 36 000 次,使用一个单下标数组来记录每种可能的面值之和出现的次数,并按照表格形式打印结果。请判断最后结果是否合理。例如,有六种情况会得到结果 7,所以在总的投掷过程中,接近六分之一的投掷结果应该是 7。

图 6.24　骰子投掷结果

6.20 (修改的 Craps 游戏)请编写一个程序来执行 1000 次"双骰子赌博"(Craps)的游戏(不需要人的干预),并回答下列问题:

(a)有多少次游戏分别在第一投、第二投、…、第二十投及第二十投以后获胜?

(b)有多少次游戏分别在第一投、第二投、…、第二十投及第二十投以后输掉?

(c)Craps 游戏获胜的几率有多少(注:你会发现"双骰子"是最公平的赌博游戏之一。你认为这意味着什么?)

(d)Craps 游戏的平均长度是多少?

(e)Craps 游戏获胜的几率是否会随游戏长度的增长而增加?

6.21 (航班预订系统)一个小的航空公司刚刚为新的自动航班预订系统购买了一台计算机。公司总裁要求编程实现这个新系统,要求程序必须为公司唯一的一架飞机(10 个座位)的每一次飞行分配座位,程序先显示如下选择界面:

```
Please type 1 for "first class"
Please type 2 for "economy"
```

若用户键入 1,则程序将为他在 first class(一等舱)区(座位号是 1~5)分配一个座位;若用户键入 2,则程序将为他在 economy(经济舱)区(座位号是 6~10)分配一个座位。然后程序将打印出显示有座位号和舱区的登机牌。

使用一个单下标数组来表示飞机座位分布图。数组的所有元素被初始化为 0 以表示座位是空的。一旦座位被分配出去,相应的数组元素将被置成 1 以表示该座位不可再分配。

当然,不允许将一个已经分配的座位再次分配。当一等舱区满座之后,程序将询问乘客是否愿意调到经济舱区(反之亦然)。若乘客愿意,则为他分配一个适当的座位。否则打印信息 "Next flight leaves in 3 hours"(下一个航班将在 3 小时以后起飞)。

6.22 (销售总额)使用一个双下标数组来解决以下问题。一个公司有四名推销员(1~4),他们都销售五种不同的产品(1~5)。每天,每位推销员都要为售出的每一种产品交上来一个卡片,卡片包含:

(a)推销员编号

(b)产品编号

(c)该产品当天的销售额

这样,每位推销员每天可能交上来 0~5 个卡片。假设上个月的所有卡片都保存好,可供使用。请编写一个程序来读入上个月所有卡片中的信息,然后按照不同推销员、不同产品统计销售总额,并将其存储在一个双下标数组 sales 中。最后,将这些销售总额按照表格形式打印出来,一个推销员占一列,一个产品占一行。在每行的末尾,统计出整行数据之和,表示上个月该产品的销售总额。在每列的下方,统计出整列数据之和,表示上个月该推销员的销售总额。

6.23 (海龟图)Logo 程序设计语言成就了一个著名的概念"海龟图"(Turtle Graphic)。设想一个机器海龟在一个 C 程序的控制下在一个房间里爬行。海龟拿着一支要么向上要么向下的笔。当笔向下时,海龟就画出它所走过的路线。当笔向上时,海龟就自由地爬行而不留下任何痕迹。本问题中,请模拟海龟的操作,创造出一个计算机画板程序。

程序使用一个初始值是零的 50 乘 50 数组 floor 表示一个房间的地板。程序读入事先存在一个数组中的命令,并且随时记录海龟所处的位置以及笔的状态。假设海龟总是拿着向上的笔、从数组 floor 的(0,0)位置出发。程序用到的海龟命令如图 6.25 所示。设目前海龟正位于地板中心附近的某个位置上,下面的"命令序列"将画出一个 12 乘 12 的正方形:

<table>
<tr><td>2</td><td rowspan="13"></td><td>命令</td><td>含义</td></tr>
<tr><td>5,12</td><td>1</td><td>笔向上</td></tr>
<tr><td>3</td><td>2</td><td>笔向下</td></tr>
<tr><td>5,12</td><td>3</td><td>右转</td></tr>
<tr><td>3</td><td>4</td><td>左转</td></tr>
<tr><td>5,12</td><td>5,10</td><td>向前走 10 格(也可以是 10 以外的另外一个数)</td></tr>
<tr><td>3</td><td>6</td><td>打印 50 乘 50 的数组</td></tr>
<tr><td>5,12</td><td>9</td><td>数据结束(标记值)</td></tr>
<tr><td>1</td></tr>
<tr><td>6</td></tr>
</table>

若海龟是拿着向下的笔爬过地板中的一格, 图 6.25 海龟命令

则数组 floor 的相应元素被置成 1。当接收到命令 6(打印),则将数组 floor 打印出来。元素值是 1 则打印一个星号或者一个你喜欢的字符,元素值是 0 则打印空格。请先编写一个能够实现上述功能"海龟图"程序。然后可以修改程序,使其能画出其他一些有趣的图形。还可以增加一些命令来增加"海龟图"的功能。

6.24 (骑士游历)对于国际象棋爱好者而言,最有趣的智力题之一就是骑士游历问题。这个问题最早是由数学家欧拉(Euler)提出来的。问题是这样的:被称为骑士的国际象棋棋子是否能够走遍空白棋盘上的 64 个格,每个格子只经过一次且仅仅经过一次。现在让我们深入地分析这个有趣的问题。骑士按照一条 L 形的路线移动(在一个方向上移动两格,然后转一个直角再移动一格)。这样,从空白棋盘中心的一格出发,骑士就可以有如图 6.26 所示的八种不同的移动方案(方案 0 到方案 7)。

(a)请在一张白纸上画一个 8 乘 8 的棋盘,然后用手画出骑士游历的线路。在进入的第一个格中写上 1,第二个格中写上 2,第三个格中写上 3,以此类推。在开始前进之前,请估计骑士能够走多远,别忘了一个完整的旅行由 64 次移动组成。最后骑士走了多远?接近你的估计值吗?

(b)现在让我们开发一个程序来在一个棋盘上移动骑士。棋盘用一个 8 乘 8 的双下标数组 board 表示,所有的数组元素(表示一个格子)都初始化为 0。我们用移动方案中的水平和垂直位移量来表示八种可能的移动方案。如图 6.26 所示,0 号方案是水平向右移动两格,然后再垂直向上移

动一格；2 号方案是水平向左移动一格，然后再垂直向上移动两格。水平向左和垂直向上移动用负数来表示。这八种的移动方案用如下的两个单下标数组 horizontal 和 vertical 表示：

```
horizontal[0] = 2
horizontal[1] = 1
horizontal[2] = -1
horizontal[3] = -2
horizontal[4] = -2
horizontal[5] = -1
horizontal[6] = 1
horizontal[7] = 2

vertical[0] = -1
vertical[1] = -2
vertical[2] = -2
vertical[3] = -1
vertical[4] = 1
vertical[5] = 2
vertical[6] = 2
vertical[7] = 1
```

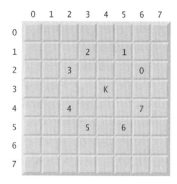

图 6.26　骑士八种不同的移动方案

用变量 currentRow 和 currentColumn 来表示棋盘中骑士当前位置的行号和列号。移动方案用整型变量 moveNumber 来表示，moveNumber 的取值范围在 0 ~ 7 之间。要求程序使用如下语句：

```
currentRow += vertical[moveNumber];
currentColumn += horizontal[moveNumber];
```

采用一个在 1 ~ 64 之间变化的计数器变量 counter，来记录骑士是在第几步走到某个格子中的。切记，在每次移动前，先检查即将进行的移动是否走进了一个已经走过的格子或者是否会走出棋盘。现在就编写在棋盘上移动骑士的程序吧。运行程序，看看这个骑士走了几步？

(c) 在编写并运行完骑士游历程序后，也许从中发现了一些有价值的东西。下面让我们利用这些东西来编写一个启发式(有策略的)程序来指导骑士的移动。启发并不能确保成功，但是一个精心设计的启发式策略却能极大地提高成功的机会。也许已经观察到：棋盘上远离中心的格子在某种意义上比靠近中心的格子更难处理。事实上，最难处理的，或者最不可达的格子就是位于四个边角的格子。

直觉告诉我们，应该先将骑士移到这些最难处理的格子中，而将那些容易处理的格子放到后面处理。这样，当骑士游历了大多数格子后，成功的机会就变大了。

通过将每个格子按照它们易于达到的程度进行分类，我们设计了一个"可达度启发式"策略：总是将骑士移进可达度最低的格子(当然，是在骑士的 L 形移动的可达范围内)。我们用一个双下标数组 accessibility 来记录棋盘上每个格子的可达度，一个格子的可达度被定义为从其他多少个格子出发能够进入这个格子。在一个空白棋盘上，中央格子的可达度被定为 8，边角格子的可达度被定为 2，其他格子的可达度可能是 3、4 或 6。棋盘格子的可达度分布如下：

```
2 3 4 4 4 4 3 2
3 4 6 6 6 6 4 3
4 6 8 8 8 8 6 4
4 6 8 8 8 8 6 4
4 6 8 8 8 8 6 4
4 6 8 8 8 8 6 4
3 4 6 6 6 6 4 3
2 3 4 4 4 4 3 2
```

请编写一个采用"可达度启发式"策略的骑士游历程序。每次，骑士都选择进入可达度最低的格子。在出现平局(即两个目标格子的可达度相同)时，骑士随机地选择其中一个格子进入。因此，骑士的游历总是从四个边角的格子开始(注意：在骑士游历棋盘的过程中，随着越来越多的格子已经被游历，程序应该减少剩余格子的可达度。按照这种方式，在游历过程中的任一时刻，每一个可达格子的可达度总是恒等于从能够进入这个格子那些出发格子的数目)。运行新的程序。看看程序能否遍历棋盘(选做：修改程序来运行 64 次从棋盘上不同格子出发的游历。看看能实现多少个棋盘遍历)。

(d)进一步修改这个骑士游历程序，使其在遇到两个或者多个格子的平局时，骑士将从这些可达度相同的格子中"前瞻性地"选择一个格子进入。从那个格子出发，下一步能够进入一个可达度较低的格子。

6.25 (骑士游历：蛮力方法)在练习题 6.24 中我们提出了求解骑士游历问题的一种方法。这种被称为"可达度启发式"的方法可以派生出许多解决方法，它们的执行效率都很高。

随着计算机性能的不断增长，我们可以凭借计算机的强大计算能力、使用不太复杂的算法来解决很多问题。我们称这样的问题求解方法称为"蛮力"(Brute-force)方法。

(a)利用随机数产生函数，使骑士在棋盘上随机游走(当然遵照骑士的 L 形移动规则)。让程序运行一次游历，然后，打印出最后的棋盘结果。看看骑士到底走了多远？

(b)大多数情况下，刚才那个程序得到的是一个相对较短的游历。修改程序，让它进行 1000 次游历。用一个单下标数组来记录不同游历长度的游历次数。当程序完成 1000 次游历后，用简单表格形式打印出游历长度的分布信息。看看最好的结果是什么？

(c)大多数情况下，前面那个程序会输出一个"相当好的"游历结果，但还是没有遍历整个棋盘。现在"拿掉所有的停止标记"，让程序一直运行直到产生一个遍历结果(警告：这个版本的程序可能会在一个高性能的计算机上运行好几个小时)。还是使用一个表格来保存不同游历长度的游历次数，并在程序找到第一个遍历结果时打印这个表格。看看在程序产生第一个遍历结果之前，程序已经尝试了多少次游历？运行了多少时间？

(d)比较骑士游历程序的"蛮力"版本和"可达度启发"版本。哪个要求对问题研究得更仔细？哪个算法更难设计？哪个需要更高的计算机性能？使用可达度启发方法时，我们能够(提前)确认肯定会得到一个遍历结果吗？使用蛮力方法时，我们能够(提前)确认肯定能得到一个遍历结果吗？概括地说明蛮力问题求解方法的优缺点。

6.26 (八皇后问题)对于国际象棋爱好者而言，另一个有趣的智力题就是八皇后问题。这个问题是这样的：能否在一个空白棋盘上放置八个不能够相互攻击的皇后。也就是说，任意两个皇后不能够处于同一行、同一列或者同一条对角线。请使用练习题 6.24 中的思路来设计出求解八皇后问题的启发式规则。编程实现并运行[提示：可以给棋盘上的每个格子赋予一个数值来表示"一旦在这个格子上放置了一个皇后，一个空白棋盘上就有多少个格子将被'划掉'(即不能再放皇后)"。例如，如图 6.27 所示，每一个边角的格子被赋值 22]。

一旦这些"划掉格子数"被写在 64 个格子里，一个可行的启发规则就是：下一个皇后将被放置在"划掉格子数"最小的格子里。为什么这个策略直觉上就吸引人呢？

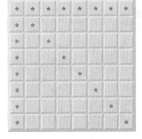

图 6.27　在皇后被放置到左上角的格子上后被划掉的 22 个格子

6.27 (八皇后问题：蛮力方法)在这个练习中，我们将提出几种求解练习题 6.26 介绍的八皇后问题的蛮力方法。

(a)使用在练习题 6.25 中提出的随机蛮力方法来求解八皇后问题。

(b)使用穷举技术(即在一个棋盘上，尝试所有可能的八皇后位置组合)。

(c)为什么你会猜想穷举蛮力方法可能不适合求解八皇后问题？

(d)概括地比较和对照随机蛮力方法和穷举蛮力方法。

6.28 (消除重复)在第 12 章，我们将研究高速"折半查找树"数据结构。折半查找树的一个优点就是：当对树进行插入操作时，冗余的数值将被忽略掉。这被称为消除重复。请编写一个程序，产生 20 个大小在 1~20 之间的随机整数，然后，将其中不重复的数值存储在一个数组中。请用尽可能小的数组来完成这项任务。

6.29 (骑士游历：环路游历检测)在骑士游历问题中，遍历是指骑士仅使用 64 次移动即经过棋盘上的所有 64 个格子，每个格子经过且仅经过一次。当第 64 次移动是再次从骑士最初出发的那个格子出发时，我们就说发生了一个环路游历(Closed tour)。请修改在练习题 6.24 中开发的程序使其能够在发生遍历时检测是否是环路游历。

6.30 **(埃拉托色尼筛法)** 素数是大于 1 的且仅能被自身和 1 整除的整数。埃拉托色尼筛法(The Sieve of Eratoshenes)是寻找素数的一种方法。它的工作步骤如下：

(a) 创建一个元素全部被初始化为 1(真)的数组。下标为素数的数组元素值将保持为 1，剩下的数组元素最后将被置为 0。

(b) 从数组下标 2 开始(下标 1 不是素数)，每次处理首先找到一个值为 1 的数组元素，然后，在剩余的数组元素中，循环检查数组下标是否是那个值为 1 的元素的数组下标的倍数，若是，则将其元素值置为 0。例如，数组下标为 2 的数组元素值为 1，下标大于 2、且下标是 2 的倍数的所有数组元素值将置为 0(下标 4、6、8、10…等)；数组下标为 3 的数组元素值为 1，下标大于 3、且下标是 3 的倍数的所有数组元素值将置为 0(下标 6、9、12、15…等)。

当上述处理结束后，值仍然是 1 的数组元素的下标就是素数。请编写一个程序，使用一个拥有 1000 个元素的数组来寻找并打印 1~999 之间的素数。忽略掉数组的元素 0。

递归练习题

6.31 **(回文)** 回文(Palindrome)是指一个顺读和倒读都一样的字符串，例如 radar，able was i ere i saw elba。如果忽略掉空格，a man a plan a canal panama 也算是回文。请编写一个能够测试回文的递归函数 testPalindrome。若存储在数组中的字符串是一个回文，则该函数返回 1，否则返回 0。这个函数将忽略掉字符串中的空格和标点符号。

6.32 **(线性查找)** 修改图 6.18 中的程序，使用递归函数 linearSearch 来实现对数组的线性查找。该函数接收一个整型数组、该数组的大小以及查找键作为实参。若找到查找键，则返回相应数组元素的下标，否则返回−1。

6.33 **(折半查找)** 修改图 6.19 中的程序，使用递归函数 binarySearch 来实现对数组的折半查找。该函数接收一个整型数组、查找的起始下标、终止下标以及查找键作为实参。若找到查找键，则返回相应数组元素的下标，否则返回−1。

6.34 **(八皇后问题)** 修改在练习题 6.26 中编写的八皇后程序，使用递归的方法来解决该问题。

6.35 **(打印数组)** 请编写一个能够打印数组的递归函数 printArray。该函数接收一个整型数组和该数组的大小作为实参，然后打印数组元素，该函数无返回值。当接收到的数组大小是 0 时，函数停止处理并返回。

6.36 **(倒序打印字符串)** 请编写一个递归函数 stringReverse，该函数接收一个字符数组作为实参，按照从后向前的顺序打印数组元素，该函数无返回值。当遇到字符串结束符时，函数停止处理并返回。

6.37 **(查找数组中的最小值)** 请编写一个递归函数 recursiveMinimum，该函数接收一个整型数组和该数组的大小作为实参，返回数组的最小元素值。当接收到只有一个元素的数组时，函数停止处理并返回。

第7章 C 指针

学习目标：

在本章中，读者将学习以下内容：

● 学习使用指针和指针运算符。

● 学习使用指针，（模拟）按引用方式向函数传递参数。

● 掌握 const 限定符的不同使用方法及其对变量的影响。

● 学习针对变量或类型使用 sizeof 运算符。

● 学习对指针进行算术运算以处理数组中的不同元素。

● 理解指针、数组和字符串之间的密切联系。

● 学习定义并使用字符串数组。

● 学习使用指向函数的指针。

● 学习涉及指针的 C 程序的安全设计方法。

7.1 引言

本章我们将讨论 C 语言最强有力的特性之一——**指针**[1]（Pointer）。指针是 C 中最难掌握的内容之一。

---

[1] 有意或者无意地误用指针以及像数组和字符串这样的基于指针的实体，会导致错误或者安全漏洞。请登录"安全的 C 程序设计资源中心"（www.deitel.com/SecureC/），访问关于这个重要问题的论文、书籍、白皮书和论坛。

指针使得程序能够实现按引用在函数间传递参数，在程序执行期间创建和处理动态数据结构，即大小可以增大或减小的数据结构，如链表、队列、堆栈和树。本章将介绍指针的基本概念。在 7.13 节，将介绍各种与指针相关的安全问题。第 10 章介绍结构体指针的使用。第 12 章介绍动态内存管理技术并举例说明如何创建和使用动态数据结构。

7.2　指针变量的定义和初始化

指针就是其值为内存单元地址的变量。通常，一个变量包含一个特定的数值，而一个指针包含的是一个包含某特定数值的变量地址。从这个意义上说，变量名是直接引用一个值，而指针是间接引用一个值（如图 7.1 所示）。通过指针引用一个值，称为**间接寻址**（Indirection）。

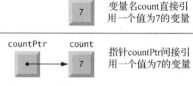

图 7.1　直接和间接引用一个变量

指针声明

像其他所有变量一样，指针必须先定义后使用。下面的定义：

```
int *countPtr, count;
```

声明了一个 int *类型（即指向整数的指针）的指针变量 countPtr，读为："countPtr 是一个指向 int（整数）的指针" 或 "countPtr 指向一个 int 型的对象[①]"，此外，变量 count 被定义为 int 型变量，而非 int 型指针变量。这里的*只对变量定义中的 countPtr 起作用。当*以这种方式出现在变量定义中，它表示被定义的变量是一个指针。指针可以被定义成指向任何类型的对象。为了防止像上面那样，在一个声明中同时声明指针变量和非指针变量而带来的混淆，最好是在一个声明中只声明一个变量。

常见的编程错误 7.1
用来声明指针变量的星号(*)，不会对一个声明语句中的所有变量都起作用。每个指针变量名的前面都必须有一个星号(*)前缀，例如，若要将变量 xPtr 和 yPtr 声明成指向整数的指针，则必须使用 "int *xPtr, *yPtr;" 这样的声明语句。

良好的编程习惯 7.1
在给指针变量起名时，最好在变量名中包含 ptr 这三个字符，这有助于更加清晰地指明这些变量是指针，应当正确地使用它们。

指针的初始化以及给指针赋值

指针必须初始化，初始化可以在定义指针时进行，也可以通过一个赋值语句来完成。指针可以被初始化为 NULL、0 或者一个地址。值为 NULL 的指针表示它不指向任何对象。NULL 是一个在头文件 <stddef.h>（以及其他头文件，如<stdio.h>）中定义的符号常量。将指针初始化为 0 等价于初始化为 NULL，但是初始化为 NULL 更好，因为这样强调了该变量是一个指针。用 0 为指针赋值时，它首先被转换成为一个适当类型的指针。0 是可以直接赋值给指针变量的唯一整数值。如何将一个变量的地址赋值给一个指针，将在 7.3 节中讨论。

错误预防提示 7.1
对指针变量进行初始化，可以防止产生意想不到的结果。

7.3　指针运算符

本节将介绍取地址运算符(&)和间接寻址运算符(*)以及它们之间的关系。

[①] C 语言中，"对象"是指能够存放一个数值的存储区域。所以 C 语言中对象既包括如 ints、floats、chars 和 doubles 这样的基本类型，也包括如数组和结构体（将在第 10 章介绍）这样的组合数据类型。

取地址运算符(&)

取地址运算符(Address operator)&,是一个一元运算符,它返回其操作数的地址值。例如,设有如下定义:

```
int y = 5;
int *yPtr;
```

则语句

```
yPtr = &y;
```

就是将变量 y 的地址赋值给指针变量 yPtr。于是我们说:变量 yPtr "指向" y。图 7.2 形象地表示了执行上述赋值后的内存的状态。

内存中指针的表示

图 7.3 显示了内存中指针的表示,其中假设整型变量 y 存储在地址为 600000 的存储单元中,指针变量 yPtr 存储在地址为 500000 的存储单元中。取地址运算符的操作数必须是一个变量,取地址运算符不能应用于常量或者表达式。

图 7.2　内存中指向整型变量的指针的图形表示　　　图 7.3　内存中 y 和 yPtr 的表示

间接寻址运算符(*)

一元运算符*通常被称为**间接寻址运算符**(Indirection operator),或者**解引用运算符(或脱引用运算符)** (Dereferencing operator),它返回其操作数(即一个指针)指向的对象的值。例如,语句

```
printf("%d", *yPtr);
```

打印变量 y 的值(5)。以这种方式使用运算符*,称为**指针的解引用**(Dereferencing a pointer)。

常见的编程错误 7.2

如果一个指针变量没有被正确初始化,或者没有对它赋值使其指向内存中某一个确定的存储单元,就对这个指针变量解引用是错误的。这会引起一个致命的运行时错误,或者意外地改写一些重要数据,并使程序运行结束后得到一个错误的结果。

运算符&和*的使用演示

图 7.4 演示了运算符&和*的使用。在多数平台上,printf 中的转换说明符%p 以十六进制整数形式输出一个内存地址(欲了解更多关于十六进制整数的信息,请参阅附录 C)。可能已经注意到,图 7.4 的输出结果中,a 的地址和 aPtr 的值是一致的。这证实了变量 a 的地址确实是赋值给了指针变量 aPtr(第 8 行)。

&和*运算符是互补的——不论这两个运算符以何种顺序连续作用于 aPtr(第 18 行),打印出来的结果都是相同的。当然,使用不同的系统时,打印出来的地址会有一定的差别。图 7.5 列出了目前已经介绍过的所有运算符的优先级和结合性。

```
 1    // Fig. 7.4: fig07_04.c
 2    // Using the & and * pointer operators.
 3    #include <stdio.h>
 4
 5    int main(void)
 6    {
 7       int a = 7;
 8       int *aPtr = &a; // set aPtr to the address of a
 9
10       printf("The address of a is %p"
11              "\nThe value of aPtr is %p", &a, aPtr);
12
```

图 7.4　&和*指针运算符的使用

```
13      printf("\n\nThe value of a is %d"
14              "\nThe value of *aPtr is %d", a, *aPtr);
15
16      printf("\n\nShowing that * and & are complements of "
17              "each other\n&*aPtr = %p"
18              "\n*&aPtr = %p\n", &*aPtr, *&aPtr);
19   }
```

```
The address of a is 0028FEC0
The value of aPtr is 0028FEC0

The value of a is 7
The value of *aPtr is 7

Showing that * and & are complements of each other
&*aPtr = 0028FEC0
*&aPtr = 0028FEC0
```

图 7.4(续)　&和*指针运算符的使用

运算符	结合性	类型
() []	从左向右	优先级最高
+ - ++ -- ! * & (type)	从右向左	一元运算符
* / %	从左向右	乘法类运算符
+ -	从左向右	加法类运算符
< <= > >=	从左向右	关系类运算符
== !=	从左向右	相等类运算符
&&	从左向右	逻辑与运算符
||	从左向右	逻辑或运算符
? :	从右向左	条件运算符
= += -= *= /= %=	从右向左	赋值类运算符
,	从左向右	逗号运算符

图 7.5　运算符的优先级和结合性①

7.4　按引用向函数传递实参

向函数传递实参的方法有两种——**按值传递**(Pass-by-value)和**按引用传递**(Pass-by-reference)。但是，C 语言中所有实参都是按值传递的。很多函数要求具有这样一种能力：修改主调函数中的变量或者接收一个指向大数据对象的指针以避免按值传递对象的开销(按值传递大的数据对象将导致复制该对象所需的时间和存储空间开销)。如第 5 章中所述，return 用来从被调函数向主调函数返回一个值(或者在不返回值的情况下将控制从被调函数中返回)。按引用传递支持被调函数通过修改主调函数中的变量，从而实现向主调函数 "返回" 多个值。

使用运算符&和*来实现(模拟)按引用传递

在 C 语言中，可以使用指针和间接寻址运算符来实现(模拟)按引用传递。若想调用一个函数来修改实参，只需将实参的地址传递给函数即可。这一般是通过将取地址运算符(&)应用于(主调函数中)欲修改的变量来实现的。如第 6 章所述，向函数传递数组时，无须使用&运算符。这是因为用数组名作为实参时，C 语言自动将数组在内存中的起始地址传递给函数(数组名 arrayName 等价于&arrayName[0])。将一个变量的地址传递给函数后，该函数就可以使用间接寻址运算符(*)来修改主调函数中对应内存单元中的数据值。

按值传递

图 7.6 和图 7.7 分别给出了计算一个整数立方的函数的两个版本——cubeByValue 和 cubeByReference。图 7.6 的第 14 行以按值传递方式将变量 number 传递给函数 cubeByValue。函数 cubeByValue 计算它的实

---

① 这个图有误，第 6 章图 6.2 运算符的优先级和结合性是正确的，++和--应该是分后缀和前缀的，前缀的++和--的结合性是从右向左，后缀的++和--的结合性是从左向右，并且后缀的++和--和()以及[]一样，具有最高的优先级——译者注。

参的立方，然后用 return 语句将结果值返回给 main 函数。在 main 函数中，这个结果值被赋值给变量 number（第 14 行）。

```
 1   // Fig. 7.6: fig07_06.c
 2   // Cube a variable using pass-by-value.
 3   #include <stdio.h>
 4
 5   int cubeByValue(int n); // prototype
 6
 7   int main(void)
 8   {
 9      int number = 5; // initialize number
10
11      printf("The original value of number is %d", number);
12
13      // pass number by value to cubeByValue
14      number = cubeByValue(number);
15
16      printf("\nThe new value of number is %d\n", number);
17   }
18
19   // calculate and return cube of integer argument
20   int cubeByValue(int n)
21   {
22      return n * n * n; // cube local variable n and return result
23   }
```

```
The original value of number is 5
The new value of number is 125
```

图 7.6　使用按值传递计算变量的立方值

按引用传递

图 7.7 以（模拟）按引用方式将变量 number（实际上是变量 number 的地址）传递给函数 cubeByReference（第 15 行）。函数 cubeByReference 用一个名为 nPtr 的指向整数的指针来接收（第 21 行），然后对该指针解引用并计算 nPtr 所指的数据值的立方（第 23 行）。最后将计算结果赋值给*nPtr（实际上就是 main 函数中的变量 number），从而改变了 main 函数中变量 number 的值。图 7.8 和图 7.9 分别以图形化的方式一步一步地分析了图 7.6 和图 7.7 中的程序。

```
 1   // Fig. 7.7: fig07_07.c
 2   // Cube a variable using pass-by-reference with a pointer argument.
 3
 4   #include <stdio.h>
 5
 6   void cubeByReference(int *nPtr); // function prototype
 7
 8   int main(void)
 9   {
10      int number = 5; // initialize number
11
12      printf("The original value of number is %d", number);
13
14      // pass address of number to cubeByReference
15      cubeByReference(&number);
16
17      printf("\nThe new value of number is %d\n", number);
18   }
19
20   // calculate cube of *nPtr; actually modifies number in main
21   void cubeByReference(int *nPtr)
22   {
23      *nPtr = *nPtr * *nPtr * *nPtr; // cube *nPtr
24   }
```

```
The original value of number is 5
The new value of number is 125
```

图 7.7　对一个指针实参使用（模拟）按引用传递来计算变量值的立方

用一个指针形参来接收一个地址

    一个函数若期望接收一个地址作为实参,就必须先定义一个指针类型的形参来接收这个地址。例如,在图 7.7 中,函数 cubeByReference 的函数头(第 21 行)是

        void cubeByReference(**int** *nPtr)

    该函数头声明:函数 cubeByReference 接收一个整型变量的地址作为实参,该地址将存储在函数内部的变量 nPtr 中,函数无返回值。

第1步:在main函数调用函数cubeByValue之前

```
int main(void)                    number
{
    int number = 5;                 5

    number = cubeByValue(number);
}
```

```
int cubeByValue(int n)
{
    return n * n * n;
}
                                   n

                              未定义的
```

第2步:函数cubeByValue接收调用后

```
int main(void)                    number
{
    int number = 5;                 5

    number = cubeByValue(number);
}
```

```
int cubeByValue( int n )
{
    return n * n * n;
}
                                   n

                                   5
```

第3步:在函数cubeByValue计算形参n的立方之后但在函数cubeByValue返回main函数之前

```
int main(void)                    number
{
    int number = 5;                 5

    number = cubeByValue(number);
}
```

```
int cubeByValue(int n)
{                125
    return n * n * n;
}
                                   n

                                   5
```

第4步:在函数cubeByValue返回main函数之后但在将结果赋值给变量number之前

```
int main(void)                    number
{
    int number = 5;                 5
                  125
    number = cubeByValue(number);
}
```

```
int cubeByValue(int n)
{
    return n * n * n;
}
                                   n

                              未定义的
```

第5步:在main函数完成对变量number的赋值之后

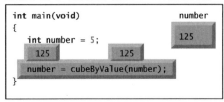

```
int main(void)                    number
{
    int number = 5;                125

    125          125
    number = cubeByValue(number);
}
```

```
int cubeByValue(int n)
{
    return n * n * n;
}
                                   n

                              未定义的
```

图 7.8　典型的按值传递的分析

第1步：在main函数调用函数cubeByReference之前

```
int main(void)
{
    int number = 5;

    cubeByReference(&number);
}
```

number

5

```
void cubeByReference(int *nPtr)
{
    *nPtr = *nPtr * *nPtr * *nPtr;
}
```

nPtr

未定义的

第2步：在函数cubeByReference接收调用之后但在计算*nPtr的立方之前

```
int main(void)
{
    int number = 5;

    cubeByReference(&number);
}
```

number

5

```
void cubeByReference( int *nPtr )
{
    *nPtr = *nPtr * *nPtr * *nPtr;
}
```

函数调用建立这个指针

nPtr

第3步：在计算*nPtr的立方之后但在程序控制返回main函数之前

```
int main(void)
{
    int number = 5;

    cubeByReference(&number);
}
```

number

125

```
void cubeByReference(int *nPtr)
{
                            125
    *nPtr = *nPtr * *nPtr * *nPtr;
}
```

被调函数修改主调
函数中的变量

nPtr

图 7.9　典型地使用指针实参(模拟)按引用传递的分析

函数原型中的指针形参

　　cubeByReference 的函数原型(图 7.7 中第 6 行)定义了一个 int *形参。事实上，函数原型中不必包含指针变量的名字，只需将“int *”写在圆括号内即可，其他变量类型也是一样的。为了文档化目的，而在函数原型中写上的变量名，终将被编译器忽略掉。

接收一个单下标数组的函数

　　对于期望接收一个单下标数组作为实参的函数，在其函数原型和函数头中，也要像函数 cubeByReference 那样，在形参列表中使用指针标志(第 21 行)。编译器并不区分接收指针的函数与接收单下标数组的函数。这就意味着，函数自己必须“清楚”它接收到的是一个数组还仅仅是一个应该对其执行(模拟)按引用传递的变量。因为当编译器遇到形如 int b[]的表示单下标数组的函数形参时，编译器就将该形参转换成指针标志形式 int *b，这两种方式是可相互转换的。

错误预防提示 7.2
除非主调函数明确要求被调函数修改主调函数中实参变量的值，否则都应使用按值调用来向函数传递实参。这样可防止主调函数中的实参被意外改写，同时也是“最小权限原则”的具体体现。

7.5　对指针使用 const 限定符

　　const 限定符(const qualifier)的作用是告诉编译器被其限定的变量的值是不可修改的。

软件工程视点 7.1
在软件设计中，使用 const 限定符可实现“最小权限原则”。这样可以减少程序排错所需的时间，降低副作用，使程序易于修改和维护。

　　多年以来，由于早期版本的 C 语言不支持 const，所以相当多的陈年代码都是使用没有 const 的 C 语言来编写的。因此，对旧的 C 代码进行工程化改进是很有意义的。

对函数形参使用(或不使用)const 的情况有六种——两种是按值传递的形参传递，四种是(模拟)按引用传递的形参传递。怎样在这六种可能的情况中选择其中的一种呢？还是应该以"最小权限原则"为指导——给函数足够的权限，使其可以访问形参中的数据，以完成特定的功能，但是也绝不能给它过多的权限。

用 const 限定数值和形参

在第 5 章中，我们说过 C 语言中的所有函数调用都是按值传递的——将函数调用中的实参复制后得到它的一个副本，然后将这个副本传递给被调函数。即使被调函数修改了这个副本，主调函数中原来的数据也不会改变。在多数情况下，被调函数需要修改主调函数传递过来的数值才能完成它的任务。但是也会有这样的情况：即使只是原来数据的一个副本，它的数值也不能在被调函数中被改变。

例如，一个以单下标数组和数组大小为实参、负责打印该数组元素值的函数，就属于这种情况。这个函数使用循环遍历数组以逐个输出数组中的元素。在函数体中，数组大小这个实参将被用来确定循环何时结束。在这个函数中，无论是数组的大小还是数组元素的值，都不能被修改。

错误预防提示 7.3

将一个变量作为实参传递给一个函数时，若该变量不会(或不应该)在这个函数体中被修改，则应将这个变量声明为 const，以确保其不会被意外修改。

若有语句试图去改写一个声明为 const 的数值，则编译器会检测出这个问题，要么给出警告，要么提示错误，具体取决于所使用的编译系统。

常见的编程错误 7.3

没注意到某些函数期待一个"按引用传递"的指针实参，而将数值按值传递给这些函数。在这种情况下，某些编译器会不分青红皂白地将这些值当成指针来使用，并按照这些"指针"去访问其所指向的存储单元。这将导致在程序运行时出现"非法内存访问"或者"跨段"错误。当然，大多数编译器可以发现实参和形参在类型上的不匹配，并给出错误提示信息。

向函数传递指针的方式有四种：

- **指向可变数据的可变指针**(Non-constant pointer to non-constant data)。
- **指向可变数据的常量指针**(Constant pointer to non-constant data)。
- **指向常量数据的可变指针**(Non-constant pointer to constant data)。
- **指向常量数据的常量指针**(Constant pointer to constant data)。

这四种组合提供的访问权限是不同的。在下面的几个例子中，将分别讨论。

7.5.1   用指向可变数据的可变指针将字符串中的字符改成大写

"指向可变数据的可变指针"具有最高的数据访问权限。在这种情况下，可通过对指针进行解引用来改写该指针所指向存储单元中的数据。同时，这样的指针也可以被改写，使其指向其他的数据项。在"指向可变数据的可变指针"的声明中，不用包含 const 关键字。这样的指针可用于期望接收字符串实参的函数，这类函数的任务是处理(也可能是改写)字符串中的每个字符。图 7.10 中的函数convertToUppercase 在第 19 行将其形参 sPtr 声明为指向可变数据的可变指针(char *sPtr)。该函数逐个处理(由 sPtr 指向的)字符串 string 中的字符。

来自头文件<ctype.h>的 C 标准库函数 toupper(第 22 行)被调用，用来将字符逐个转换成其对应的大写字符——若原字符不是一个字符或者已经是大写字符，则函数 toupper 返回原字符。第 23 行移动指针使其指向字符串中的下一个字符。

第 8 章将给出更多的与字符或字符串处理有关的 C 标准库函数。

```
1    // Fig. 7.10: fig07_10.c
2    // Converting a string to uppercase using a
3    // non-constant pointer to non-constant data.
4    #include <stdio.h>
5    #include <ctype.h>
6
7    void convertToUppercase(char *sPtr); // prototype
8
9    int main(void)
10   {
11      char string[] = "cHaRaCters and $32.98"; // initialize char array
12
13      printf("The string before conversion is: %s", string);
14      convertToUppercase(string);
15      printf("\nThe string after conversion is: %s\n", string);
16   }
17
18   // convert string to uppercase letters
19   void convertToUppercase(char *sPtr)
20   {
21      while (*sPtr != '\0') { // current character is not '\0'
22         *sPtr = toupper(*sPtr); // convert to uppercase
23         ++sPtr; // make sPtr point to the next character
24      }
25   }
```

```
The string before conversion is: cHaRaCters and $32.98
The string after conversion is: CHARACTERS AND $32.98
```

图 7.10　用指向可变数据的可变指针将字符串中的字符改成大写

7.5.2　用指向常量数据的可变指针逐个打印字符串中的字符

可以修改“指向常量数据的可变指针”，使其指向相应类型的任何数据项，但是它所指向的数据是不能修改的。这样的指针可以用于期望接收一个数组实参的函数，该函数将在不改变数组元素值的情况下，处理数组的每个元素。例如，函数 printCharacters（参见图 7.11）将其形参 sPtr 声明为 const char *类型（第 21 行）。这个声明应从右往左读为“sPtr 是一个指针，指向字符常量”。该函数使用 for 语句输出字符串中的每个字符，直到遇到字符串结束标志为止。每打印一个字符，指针 sPtr 都会增 1——即指向字符串中的下一个字符。

```
1    // Fig. 7.11: fig07_11.c
2    // Printing a string one character at a time using
3    // a non-constant pointer to constant data.
4
5    #include <stdio.h>
6
7    void printCharacters(const char *sPtr);
8
9    int main(void)
10   {
11      // initialize char array
12      char string[] = "print characters of a string";
13
14      puts("The string is:");
15      printCharacters(string);
16      puts("");
17   }
18
19   // sPtr cannot be used to modify the character to which it points,
20   // i.e., sPtr is a "read-only" pointer
21   void printCharacters(const char *sPtr)
22   {
23      // loop through entire string
24      for (; *sPtr != '\0'; ++sPtr) { // no initialization
25         printf("%c", *sPtr);
26      }
27   }
```

图 7.11　使用“指向常量数据的非常量指针”逐个打印字符串中的字符

```
The string is:
print characters of a string
```

图 7.11(续)　使用"指向常量数据的非常量指针"逐个打印字符串中的字符

图 7.12 演示的是编译一个接收"指向常量数据的可变指针(xPtr)"的函数的结果。在第 18 行，这个函数试图去修改 xPtr 所指向的数据——导致发生编译错误。注意：图中的错误信息来源于 Visual C++ 编译器。你实际看到的(这个例子以及其他例子)错误信息是与编译器有关的——例如，Xcode 的 LLVM 编译器报告的错误信息是

Read-only variable is not assignable"

而 GNU gcc 编译器报告的错误信息是

error: assignment of read-only location '*xPtr'

```
 1   // Fig. 7.12: fig07_12.c
 2   // Attempting to modify data through a
 3   // non-constant pointer to constant data.
 4   #include <stdio.h>
 5   void f(const int *xPtr); // prototype
 6
 7   int main(void)
 8   {
 9      int y; // define y
10
11      f(&y); // f attempts illegal modification
12   }
13
14   // xPtr cannot be used to modify the
15   // value of the variable to which it points
16   void f(const int *xPtr)
17   {
18      *xPtr = 100; // error: cannot modify a const object
19   }
```

```
error C2166: l-value specifies const object
```

图 7.12　试图通过指向常量数据的可变指针来修改数据

我们都知道，数组是将相同数据类型的一组相关数据，存储在同一个名字下的一种组合数据类型。在第 10 章，将讨论另一种被称为**结构体**(Structure)的组合数据类型。在其他语言中，结构体也称为**记录**(Record)或元组(Tuple)。结构体能够将相同或不同数据类型的一组相关数据，存储在同一个名字下(如存储一个公司的每个雇员的信息)。当将数组作为实参来调用函数时，系统自动地以(模拟)按引用方式将数组传递给函数。但是结构体总是以按值调用方式传递给函数，即传递的是整个结构体的一个副本。为结构体中的每一个数据项复制一个副本，并将其保存在计算机的函数调用栈中，这就需要付出额外的执行时间开销。当必须将结构体数据传递给函数时，可以使用指向常量的指针以同时获得"按引用传递"的高效性和"按值传递"的安全性。在将指向结构体的指针传递给函数时，只需要复制结构体所在的内存空间的首地址即可。在一个采用 4 字节地址的计算机上，就只需要复制 4 个字节，而不需要复制有可能是成百上千个字节的结构体数据。

性能提示 7.1

使用指向常量数据的指针，来传递像结构体这样的大数据对象，能同时获得"按引用传递"的高效性和"按值传递"的安全性。

如果内存较少且关注的是执行效率的话，那么必须使用指针。如果内存很多而并不太关注执行效率的话，则可以按值将数据传递给函数，以满足"最小权限原则"。切记，某些系统并不能很好地支持 const，所以为了避免数据被改写，按值传递仍然是最好的选择。

7.5.3 试图修改指向可变数据的常量指针

一个"指向可变数据的常量指针"所指向的内存单元总是不变的，而存储在这个内存单元中的数据可以通过指针来改写。数组名就默认为这种指针。一个数组名就是一个指向数组起始元素的常量指针。数组中的所有元素都可以使用数组名和数组下标来访问和改写。

一个"指向可变数据的常量指针"可以用来接收传递给函数的一个数组实参，然后该函数就可以使用数组下标表示法来访问数组中的元素。声明为 const 的指针，必须在定义的同时进行初始化（若指针是函数的形参，则由传递给函数的指针实参来初始化）。

图 7.13 程序试图改写一个常量指针。在第 12 行，指针 ptr 被定义为 int *const 类型。这个定义应从右往左读为"ptr 是一个常量指针，指向一个整数"。这个指针被初始化为整型变量 x 的地址（第 12 行）。但是程序试图将变量 y 的地址赋值给 ptr（第 15 行），所以编译器给出了一个错误提示信息。

```
 1   // Fig. 7.13: fig07_13.c
 2   // Attempting to modify a constant pointer to non-constant data.
 3   #include <stdio.h>
 4
 5   int main(void)
 6   {
 7      int x; // define x
 8      int y; // define y
 9
10      // ptr is a constant pointer to an integer that can be modified
11      // through ptr, but ptr always points to the same memory location
12      int * const ptr = &x;
13
14      *ptr = 7; // allowed: *ptr is not const
15      ptr = &y; // error: ptr is const; cannot assign new address
16   }
```

```
c:\examples\ch07\fig07_13.c(15) : error C2166: l-value specifies const object
```

图 7.13　试图修改一个指向可变数据的常量指针

7.5.4 试图修改指向常量数据的常量指针

"指向常量数据的常量指针"只有最小的访问权限。这样的指针总是指向一个固定的内存单元，而该内存单元中的数据是不可修改的。当传递给一个函数的数组元素只能以数组下标表示法来读取而不能被改写时，就必须使用这样的指针来将数组传递给函数。图 7.14 程序将指针变量 ptr 定义为 const int *const 类型（第 13 行）。这个定义从右往左读为"ptr 是一个常量指针，指向一个常量整数"。由于程序试图改写指针 ptr 所指向的数据（第 16 行）以及存储在指针变量中的地址值（第 17 行），所以产生了图中显示的编译错误信息。

```
 1   // Fig. 7.14: fig07_14.c
 2   // Attempting to modify a constant pointer to constant data.
 3   #include <stdio.h>
 4
 5   int main(void)
 6   {
 7      int x = 5; // initialize x
 8      int y; // define y
 9
10      // ptr is a constant pointer to a constant integer. ptr always
11      // points to the same location; the integer at that location
12      // cannot be modified
13      const int *const ptr = &x; // initialization is OK
14
15      printf("%d\n", *ptr);
16      *ptr = 7; // error: *ptr is const; cannot assign new value
17      ptr = &y; // error: ptr is const; cannot assign new address
18   }
```

```
c:\examples\ch07\fig07_14.c(16) : error C2166: l-value specifies const object
c:\examples\ch07\fig07_14.c(17) : error C2166: l-value specifies const object
```

图 7.14　试图修改一个指向常量数据的常量指针

7.6　采用按引用传递的冒泡排序

现在我们用两个函数——bubbleSort 和 swap(参见图 7.15)来改进图 6.15 中的冒泡排序程序。bubbleSort 函数的功能是对数组进行排序，它调用 swap 函数(第 46 行)来交换数组元素 array[j]和 array[j+1]。

```c
 1  // Fig. 7.15: fig07_15.c
 2  // Putting values into an array, sorting the values into
 3  // ascending order and printing the resulting array.
 4  #include <stdio.h>
 5  #define SIZE 10
 6
 7  void bubbleSort(int * const array, const size_t size); // prototype
 8
 9  int main(void)
10  {
11     // initialize array a
12     int a[SIZE] = { 2, 6, 4, 8, 10, 12, 89, 68, 45, 37 };
13
14     puts("Data items in original order");
15
16     // loop through array a
17     for (size_t i = 0; i < SIZE; ++i) {
18        printf("%4d", a[i]);
19     }
20
21     bubbleSort(a, SIZE); // sort the array
22
23     puts("\nData items in ascending order");
24
25     // loop through array a
26     for (size_t i = 0; i < SIZE; ++i) {
27        printf("%4d", a[i]);
28     }
29
30     puts("");
31  }
32
33  // sort an array of integers using bubble sort algorithm
34  void bubbleSort(int * const array, const size_t size)
35  {
36     void swap(int *element1Ptr, int *element2Ptr); // prototype
37
38     // loop to control passes
39     for (unsigned int pass = 0; pass < size - 1; ++pass) {
40
41        // loop to control comparisons during each pass
42        for (size_t j = 0; j < size - 1; ++j) {
43
44           // swap adjacent elements if they're out of order
45           if (array[j] > array[j + 1]) {
46              swap(&array[j], &array[j + 1]);
47           }
48        }
49     }
50  }
51
52  // swap values at memory locations to which element1Ptr and
53  // element2Ptr point
54  void swap(int *element1Ptr, int *element2Ptr)
55  {
56     int hold = *element1Ptr;
57     *element1Ptr = *element2Ptr;
58     *element2Ptr = hold;
59  }
```

```
Data items in original order
   2   6   4   8  10  12  89  68  45  37
Data items in ascending order
   2   4   6   8  10  12  37  45  68  89
```

图 7.15　给数组赋值，然后按升序排序，最后打印排好序的数组

swap 函数

切记, 在 C 语言中, 函数的信息是相互隐藏的。所以 swap 函数不能直接访问 bubbleSort 函数中的数组元素。但是 bubbleSort 函数又需要 swap 函数来实现数组元素的互换, 所以 bubbleSort 函数就必须以(模拟)按引用方式将这些数组元素传递给 swap 函数——即显式地传递这些数组元素的地址。

虽然数组是自动地以(模拟)按引用传递的, 但是由于数组元素是标量, 所以它们只能以按值方式传递。因此, bubbleSort 函数在以如下方式调用 swap 函数(第 46 行)时在每个数组元素前使用了取地址运算符(&)以达到按引用传递的效果。

```
swap(&array[j], &array[j + 1]);
```

swap 函数将接收到的&array[j]存储在指针变量 element1Ptr 中(第 54 行)。根据信息隐藏的原则, swap 函数不应知道数组元素 array[j]的名字, 所以它使用了 array[j]的同义词*element1Ptr——即 swap 函数引用*element1Ptr 时, 实际上引用的是 bubbleSort 函数中的 array[j]。同理, 当 swap 函数引用*element2Ptr 时, 实际上引用的是 bubbleSort 函数中的 array[j+1]。因此, 尽管不允许 swap 函数使用下面方法来实现两个数组元素互换:

```
int hold = array[j];
array[j] = array[j + 1];
array[j + 1] = hold;
```

但是, 图 7.15 中的第 56 行至第 58 行之间的语句准确地实现了这个效果。

```
int hold = *element1Ptr;
*element1Ptr = *element2Ptr;
*element2Ptr = hold;
```

bubbleSort 函数的数组形参

bubbleSort 函数有几个特点值得注意。首先, 该函数的函数头(第 34 行)将 array 声明为 int *const array 而非 int array[], 以表明函数接收的实参是单下标数组 array(尽管这两种表示是可以互换的)。其次, 形参 size 被声明为 const 以满足 "最小权限原则"。虽然形参 size 接收的是 main 函数中一个数值的副本, 修改 size 并不会影响 main 函数中的原本值, bubbleSort 函数在排序过程中也无须改变 size。但是在执行 bubbleSort 函数的过程中, 数组大小 size 必须保持不变。因此, 将 size 声明为 const 就是要明确表明它的值是不能修改的。

bubbleSort 函数体中的 swap 函数原型

由于 bubbleSort 是调用 swap 的唯一函数, 所以将 swap 的函数原型(第 36 行)包含在 bubbleSort 的函数体中。将函数原型放在 bubbleSort 函数体中, 可以限定对 swap 函数的调用只能在 bubbleSort 函数中进行。

若有在 swap 函数出现前定义的其他函数试图调用 swap 函数, 它们就无法访问到正确的 swap 函数原型, 这时编译器也会自动地为它们生成一个函数原型。但是由于编译器总是将 int 作为函数形参和函数返回值的默认类型, 这将导致函数原型与函数头不匹配(从而产生编译警告或错误)。

软件工程视点 7.2
将某个函数的函数原型放在其他函数的定义中, 是遵守 "最小权限原则" 的一个体现, 它限定对这个函数的调用只能在包含其函数原型的函数中进行。

bubbleSort 函数的 size 形参

bubbleSort 函数接收 "数组大小 size" 作为其形参(第 34 行)。函数只有在知道数组的大小后, 才能对数组元素进行排序。这是因为将一个数组传递给函数时, 函数接收到的只是数组第一个元素的内存地址。这个地址, 显然, 无法传达关于数组元素个数的信息。因此, 还必须将数组的大小传给函数。另一个习惯做法是, 将一个指向数组头部的指针和一个指向数组尾部后面紧跟着的那个存储单元的指针同时传给函数(将在 7.8 节介绍)。这两个指针之差就是数组的长度, 采用这种方法的代码比较简单。

上面这个程序是显式地将数组大小传递给 bubbleSort 函数。这样做有两个好处——满足软件的可复用性和软件工程要求。通过定义一个接收数组大小为形参的函数，我们可以将该函数应用于对任意大小的单下标整型数组进行排序的所有程序中。

软件工程视点 7.3

向函数传递数组的同时，还要传递数组的大小。这使得该函数可以在不同的程序中被复用。

当然，我们也可以用一个整个程序都能访问的全局变量来存储数组的大小，这样效率会更高，因为此时无须复制数组大小，更无须将这个值传递给函数。但是，由于其他需要对整型数组进行排序的程序中，可能没有这个全局变量，所以那些程序就无法复用这个函数。

软件工程视点 7.4

通常，全局变量违反"最小权限原则"，使软件工程质量变差。只有在需要表示真正的共享资源(如每天的时间)时才可以使用全局变量。

还可以将数组的大小直接编写在函数中。但是，这种方法将函数限制于只能处理特定大小的数组，大大降低了函数的可复用性。如果数组的大小被编写进函数中，那么只有恰好需要对同样大小的数组进行处理的程序，才能使用这个函数。

7.7　sizeof 运算符

C 提供了一个特殊的一元运算符 sizeof 来计算数组(或其他数据类型)的字节长度。该运算符是在编译期间执行的，除非它的操作数是一个可变长度数组(详见 6.12 节)。图 7.16 中，当运算符 sizeof 被运用于一个数组名时(第 15 行)，它返回以 size_t 类型[1]表示的该数组所占的字节总数。由于在笔者的计算机中，一个 float 型变量占用 4 个字节的存储空间，而数组 array 被定义为拥有 20 个元素，因此数组 array 占用了 80 个字节的存储空间。

性能提示 7.2

sizeof 是一个编译时执行的运算符，所以它不会导致运行时开销。

数组中元素的个数也可以通过 sizeof 来确定。例如，考虑下面的数组定义：

double real[22];

double 型变量所占用的存储空间通常为 8 个字节，因此，数组 real 将要占用 176 个字节的存储空间。为了确定数组元素的个数，可以采用下面的表达式：

sizeof(real) / **sizeof**(real[0])

该表达式先确定数组 real 所占的字节总数，然后除以数组第一个元素 real[0](一个 double 型数据)所占的字节数。

尽管函数 getSize 接收一个拥有 20 个元素的数组作为实参，函数的形参 ptr 就是一个指向数组第一个元素的指针。所以当对一个指针使用 sizeof 时，它返回的是该指针的大小，而不是指针所指向的数据项的大小。在 Windows 和 Linux 系统中，指针的大小是 4 个字节，所以函数 getSize 返回 4；在 Mac 系统中，指针的大小是 8 个字节，所以 getSize 返回 8。另外，图中显示的采用 sizeof 来确定数组元素个数的计算只有在运用于真实的数组时才有效，运用于指向数组的指针时是无效的。

确定标准数据类型、数组以及指针的大小

图 7.17 程序计算各种标准数据类型所占存储空间的字节数。其运行结果取决于具体的实现，可能

---

[1]　我们曾说过，在 Mac 系统中，size_t 代表 unsigned long。若在 printf 函数中采用"%u"来显示一个 unsigned long 数据，Xcode 编译器将给出一个警告。为了消除警告，可改用"%lu"。

会因不同的平台或相同平台不同的编译器而不同。本书显示的是在 Windows 系统上采用 Visual C++编译器得到的结果。在 Linux 系统上采用 GNU gcc 编译器时，long double 型数据的大小是 12 个字节。在 Mac 系统上采用 Xcode 的 LLVM 编译器时，long 型数据的大小是 8 字节而 long double 型数据的大小是 16 个字节。

```c
1  // Fig. 7.16: fig07_16.c
2  // Applying sizeof to an array name returns
3  // the number of bytes in the array.
4  #include <stdio.h>
5  #define SIZE 20
6
7  size_t getSize(float *ptr); // prototype
8
9  int main(void)
10 {
11    float array[SIZE]; // create array
12
13    printf("The number of bytes in the array is %u"
14         "\nThe number of bytes returned by getSize is %u\n",
15         sizeof(array), getSize(array));
16 }
17
18 // return size of ptr
19 size_t getSize(float *ptr)
20 {
21    return sizeof(ptr);
22 }
```

```
The number of bytes in the array is 80
The number of bytes returned by getSize is 4
```

图 7.16　将运算符 sizeof 运用于一个数组名以返回数组的字节总数

```c
1  // Fig. 7.17: fig07_17.c
2  // Using operator sizeof to determine standard data type sizes.
3  #include <stdio.h>
4
5  int main(void)
6  {
7     char c;
8     short s;
9     int i;
10    long l;
11    long long ll;
12    float f;
13    double d;
14    long double ld;
15    int array[20]; // create array of 20 int elements
16    int *ptr = array; // create pointer to array
17
18    printf("   sizeof c = %u\tsizeof(char)   = %u"
19         "\n   sizeof s = %u\tsizeof(short) = %u"
20         "\n   sizeof i = %u\tsizeof(int) = %u"
21         "\n   sizeof l = %u\tsizeof(long) = %u"
22         "\n   sizeof ll = %u\tsizeof(long long) = %u"
23         "\n   sizeof f = %u\tsizeof(float) = %u"
24         "\n   sizeof d = %u\tsizeof(double) = %u"
25         "\n   sizeof ld = %u\tsizeof(long double) = %u"
26         "\n sizeof array = %u"
27         "\n   sizeof ptr = %u\n",
28         sizeof c, sizeof(char), sizeof s, sizeof(short), sizeof i,
29         sizeof(int), sizeof l, sizeof(long), sizeof ll,
30         sizeof(long long), sizeof f, sizeof(float), sizeof d,
31         sizeof(double), sizeof ld, sizeof(long double),
32         sizeof array, sizeof ptr);
33 }
```

图 7.17　使用运算符 sizeof 来确定标准数据类型的大小

```
    sizeof c = 1      sizeof(char)      = 1
    sizeof s = 2      sizeof(short)     = 2
    sizeof i = 4      sizeof(int)       = 4
    sizeof l = 4      sizeof(long)      = 4
   sizeof ll = 8      sizeof(long long) = 8
    sizeof f = 4      sizeof(float)     = 4
    sizeof d = 8      sizeof(double)    = 8
   sizeof ld = 8      sizeof(long double) = 8
sizeof array = 80
  sizeof ptr = 4
```

图 7.17(续)   使用运算符 sizeof 来确定标准数据类型的大小

可移植性提示 7.1

在不同系统上，存储一个特定数据类型的字节数可能是不同的。当程序需要使用数据类型的大小，并且该程序将会在不同的计算机系统上运行时，请使用 sizeof 来确定数据类型所占的字节数。

运算符 sizeof 可应用于任何变量名、数据类型或数值(包括表达式的值)。当应用于一个变量名(不是数组名)或者常量时，其返回的是存储该变量所属数据类型或存储该常量所需的字节数。若 sizeof 的操作数是一个数据类型名，则 sizeof 需要使用一对圆括号将这个数据类型名括起来。

7.8　指针表达式和指针算术运算

指针可以作为算术表达式、赋值表达式和关系表达式中的有效操作数。但是，并非所有在这些表达式中使用的运算符都可以处理指针变量。本节将介绍那些可以把指针作为操作数的运算符，以及如何使用这些运算符。

7.8.1　指针算术运算中可使用的运算符

指针可以增 1(++)或减 1(--)，可以给指针加上一个整数(+或+=)，也可以从指针中减去一个整数(-或-=)，从一个指针中减去另外一个指针——只有在这两个指针指向的是同一个数组的元素时，最后这个操作才是有意义的。

7.8.2　将指针对准一个数组

假设已经定义了一个数组 int v[5]，该数组在内存中的首地址为 3000。假设指针变量 vPtr 已经被初始化成指向 v[0]——即 vPtr 的值为 3000。图 7.18 描绘了在以 4 字节表示一个整数的机器上数组 v 的存储情况。可以使用下面的任何一条语句来将 vPtr 初始化成指向数组 v。

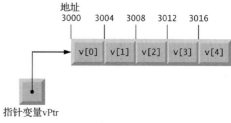

图 7.18　数组 v 和指向 v 的指针变量 vPtr

```
vPtr = v;
vPtr = &v[0];
```

可移植性提示 7.2

因为指针算术运算的结果依赖于指针所指向对象的字节长度，所以指针算术运算的结果是依赖于具体机器和编译器的。

7.8.3　给指针加上一个整数

在传统的算术运算中，3000+2 的结果是 3002，但是对于指针算术运算，就不是这样了。当给指针加上一个整数或者从指针中减去一个整数时，指针的增减值并非简单地就是这个整数，而是这个整数乘以指针所指向对象的字节长度。这个字节长度取决于对象的数据类型。例如，假设一个整型数占用 4 个字节的存储单元，那么语句

```
vPtr += 2;
```

的结果是 3008(3000+2*4)。在数组 v 中，指针变量
vPtr 此时将指向 v[2](如图 7.19 所示)。如果一个整型
数占用 2 个字节的存储单元，那么上面计算得到的地
址就是 3004(3000+2*2)。如果数组是另一种不同的数
据类型，那么上面的语句引起的指针增量就等于该数
据类型所占存储单元字节数的 2 倍。不过，当对一个
字符数组执行指针算术运算时，运算的结果和普通的
算术运算的结果是一样的，因为每个字符只占 1 个字节。

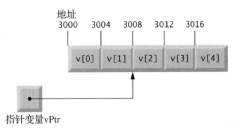

图 7.19　执行指针算术运算之后的指针变量 vPtr

 常见的编程错误 7.4
对并不指向数组元素的指针进行指针算术运算。

7.8.4　给指针减去一个整数

如果 vPtr 已经增值到 3016，指向了 v[4]，那么语句

```
vPtr -= 4;
```

则是将 vPtr 重新指向 3000——数组的开头。

 常见的编程错误 7.5
对指针算术运算的结果导致指针指到数组的两端边界之外。

7.8.5　指针增 1 或减 1

若期望指针增 1 或减 1，可以使用增 1(++)和减 1(--)运算符。下面的任何一条语句都将指针增 1，
使其指向数组的下一个数组元素。

```
++vPtr;
vPtr++;
```

而下面的任何一条语句则是将指针减 1，使其指向数组的前一个数组元素。

```
--vPtr;
vPtr--;
```

7.8.6　从一个指针中减去另一个指针

指针变量之间可以进行相减操作。例如，设 vPtr 的值为地址 3000，v2Ptr 的值为地址 3008，则语句

```
x = v2Ptr - vPtr;
```

就是将 vPtr 和 v2Ptr 之间的数组元素的个数，在本例中为 2(不是 8)，赋值给 x。

只有作用于数组时，指针算术运算才是有意义的。因为我们不能假设同一数据类型的两个变量在内
存中是相邻存储的，除非它们是数组中的两个相邻元素。

 常见的编程错误 7.6
对并不是指向同一数组的元素的两个指针进行相减运算。

7.8.7　将一个指针赋予另一个指针

仅在类型相同时，一个指针才能赋值给另一个指针。这个原则的一个例外就是**指向 void 的指针**
(Pointer to void)(即 **void ***)，它是一个可以表示任何指针类型的通用指针。可以用指向 void 的指针来给

任意类型的指针赋值，也可以用任意类型的指针（包括指向 void 的指针）来给指向 void 的指针赋值。在这两种情形中，都无须使用强制转换运算符。

7.8.8　指向 void 的指针

指向 void 的指针是不能解引用的。这是因为，编译器知道在以 4 字节为一个字长的机器上，一个指向 int 的指针将一次访问 4 个字节的存储单元。但是指向 void 的指针只是简单地包含一个未知数据类型的首地址——这个指针将一次访问的确切存储单元字节数对编译器而言是未知的。编译器必须知道数据的类型才能确定解引用一个特定的指针应该访问的字节数。

常见的编程错误 7.7
除非两个指针的类型有一个是 void*，否则将一种类型的指针赋值给另外一种不同类型的指针，是一个语法错误。

常见的编程错误 7.8
对指向 void 的指针进行解引用，是一个语法错误。

7.8.9　指针的比较

可以用相等运算符和关系运算符来比较两个指针。但是，只有在这两个指针指向的是同一数组的元素时，这样的比较才是有意义的。指针比较就是比较存储于指针中的地址的大小。例如，比较两个指向同一个数组元素的指针，可以表明哪一个是指向较大下标值的数组元素的指针。指针比较的另一个常见用途是判断一个指针是否是 NULL。

常见的编程错误 7.9
比较两个并不是指向同一数组的元素的指针。

7.9　指针和数组的关系

C 语言中，数组和指针的联系极为密切，它们经常是互换使用的。一个数组名可以看成是一个常量指针，指针可以用于任何涉及数组下标的操作。

假设有如下定义语句：

```
int b[5];
int *bPtr;
```

由于（不带下标的）数组名 b 就是指向数组第 1 个元素的指针，所以我们可用如下语句将 bPtr 置为等于数组 b 第 1 个元素的地址。

```
bPtr = b;
```

这条语句等价于用数组第一个元素的地址给 bPtr 赋值，即

```
bPtr = &b[0];
```

7.9.1　指针/偏移量表示法

数组元素 b[3]也可以用如下的指针表达式来访问：

```
*(bPtr + 3)
```

上面表达式中的 3 代表针对一个指针的**偏移量**（Offset）。当 bPtr 指向数组的起始位置时，偏移量就表示要引用数组中的哪一个元素，偏移量的值与数组的下标是相同的。这种表示法称为**指针/偏移量表示法**（pointer/offset notation），由于'*'的优先级高于'+'的优先级，所以上面表达式中的那对圆括号不能省略。

一旦缺少这对圆括号，上面表达式就会将 3 与表达式*bPtr 的值相加（假设 bPtr 指向数组的起始位置，则表示 3 和 b[0]相加）。

就像数组元素可以通过指针表达式来引用一样，下面的地址：

&b[3]

也可以写成如下的指针表达式

bPtr + 3

数组名本身可以被当成一个指针，在指针算术运算中使用。例如，下面的表达式：

*(b + 3)

也是指数组元素 b[3]。一般而言，所有带下标的数组表达式都可以写成指针和偏移量的表示形式。此时，可以将数组名当成指针，使用指针/偏移量表示法来表示数组元素。上一条语句无论如何都不会修改数组名，数组名 b 始终指向数组的第一个元素。

7.9.2　指针/下标表示法

指针也完全可以像数组那样用下标的形式来引用。若 bPtr 的值是数组名 b，则下面的表达式：

bPtr[1]

引用的就是数组元素 b[1]，这种表示法称为**指针/下标表示法**（pointer/index notation）。

7.9.3　不能用指针算术运算来修改数组名

切记，数组名总是指向数组的起始位置——所以数组名就像是一个常量指针。因此，下面的表达式：

b += 3

是无效的，因为它试图用指针算术运算来修改数组名的值。

常见的编程错误 7.10

试图用指针算术运算来修改一个数组名的值，是一个编译错误。

7.9.4　指针下标和指针偏移量的使用演示

引用数组元素的四种方法——数组下标引用、将数组名作为指针的指针/偏移量引用、指针下标引用（pointer indexing）以及基于指针的指针/偏移量引用。图 7.20 中的程序用这四种方法来打印整型数组 b 的 4 个元素值。

```
 1   // Fig. 7.20: fig07_20.cpp
 2   // Using indexing and pointer notations with arrays.
 3   #include <stdio.h>
 4   #define ARRAY_SIZE 4
 5
 6   int main(void)
 7   {
 8      int b[] = {10, 20, 30, 40}; // create and initialize array b
 9      int *bPtr = b; // create bPtr and point it to array b
10
11      // output array b using array index notation
12      puts("Array b printed with:\nArray index notation");
13
14      // loop through array b
15      for (size_t i = 0; i < ARRAY_SIZE; ++i) {
16         printf("b[%u] = %d\n", i, b[i]);
17      }
18
19      // output array b using array name and pointer/offset notation
20      puts("\nPointer/offset notation where\n"
```

图 7.20　使用下标和指针表示法引用数组元素

```
21          "the pointer is the array name");
22
23      // loop through array b
24      for (size_t offset = 0; offset < ARRAY_SIZE; ++offset) {
25         printf("*(b + %u) = %d\n", offset, *(b + offset));
26      }
27
28      // output array b using bPtr and array index notation
29      puts("\nPointer index notation");
30
31      // loop through array b
32      for (size_t i = 0; i < ARRAY_SIZE; ++i) {
33         printf("bPtr[%u] = %d\n", i, bPtr[i]);
34      }
35
36      // output array b using bPtr and pointer/offset notation
37      puts("\nPointer/offset notation");
38
39      // loop through array b
40      for (size_t offset = 0; offset < ARRAY_SIZE; ++offset) {
41         printf("*(bPtr + %u) = %d\n", offset, *(bPtr + offset));
42      }
43   }
```

```
Array b printed with:
Array index notation
b[0] = 10
b[1] = 20
b[2] = 30
b[3] = 40

Pointer/offset notation where
the pointer is the array name
*(b + 0) = 10
*(b + 1) = 20
*(b + 2) = 30
*(b + 3) = 40

Pointer index notation
bPtr[0] = 10
bPtr[1] = 20
bPtr[2] = 30
bPtr[3] = 40

Pointer/offset notation
*(bPtr + 0) = 10
*(bPtr + 1) = 20
*(bPtr + 2) = 30
*(bPtr + 3) = 40
```

图 7.20(续)　使用下标和指针表示法引用数组元素

7.9.5　用数组和指针实现字符串的复制

为了进一步说明数组和指针的可互换性，让我们来看两个字符串复制函数——图 7.21 程序中的 copy1 和 copy2。这两个函数都是将一个字符串复制到一个字符数组中。比较后不难发现，copy1 和 copy2 的外在表现是完全相同的，它们都完成相同的任务，然而它们的实现却是不同的。

用数组下标表示法来复制

函数 copy1 使用数组下标表示法将 s2 中的字符串复制到字符数组 s1 中。该函数定义了一个计数器变量 i 作为数组的下标。全部的复制操作都是由 for 语句的语句头(第 28 行)来完成的——它的循环体是空语句。

for 语句头指定 i 的初始值为 0 并且每循环一次增加 1。表达式 s1[i]=s2[i]将一个字符从 s2 复制到 s1 中。当遇到 s2 中的空字符时，它被赋值给 s1。同时，该赋值表达式的值就变成了赋值给左操作数(s1) 的值，即空字符。当空字符被从 s2 赋值给 s1(为假)时，循环结束。

使用指针和指针算术运算来复制

函数 copy2 使用指针和指针算术运算将 s2 中的字符串复制到字符数组 s1 中。同样，for 语句的语句头(第 37 行)执行了全部的复制操作。不过，这个 for 语句头部不包含任何的变量初始化操作。

```
1    // Fig. 7.21: fig07_21.c
2    // Copying a string using array notation and pointer notation.
3    #include <stdio.h>
4    #define SIZE 10
5
6    void copy1(char * const s1, const char * const s2); // prototype
7    void copy2(char *s1, const char *s2); // prototype
8
9    int main(void)
10   {
11      char string1[SIZE]; // create array string1
12      char *string2 = "Hello"; // create a pointer to a string
13
14      copy1(string1, string2);
15      printf("string1 = %s\n", string1);
16
17      char string3[SIZE]; // create array string3
18      char string4[] = "Good Bye"; // create an array containing a string
19
20      copy2(string3, string4);
21      printf("string3 = %s\n", string3);
22   }
23
24   // copy s2 to s1 using array notation
25   void copy1(char * const s1, const char * const s2)
26   {
27      // loop through strings
28      for (size_t i = 0; (s1[i] = s2[i]) != '\0'; ++i) {
29         ; // do nothing in body
30      }
31   }
32
33   // copy s2 to s1 using pointer notation
34   void copy2(char *s1, const char *s2)
35   {
36      // loop through strings
37      for (; (*s1 = *s2) != '\0'; ++s1, ++s2) {
38         ; // do nothing in body
39      }
40   }
```

```
string1 = Hello
string3 = Good Bye
```

图 7.21　使用数组表示和指针表示来复制一个字符串

像 copy1 函数一样，由表达式(*s1=*s2)执行复制操作。首先，指针 s2 被解引用(即访问其所指向的存储单元)，取出的字符赋值给被解引用的指针 s1(即写入其所指向的存储单元)。循环条件中的赋值操作完成后，两个指针分别增值，指向数组 s1 的下一个元素和字符串 s2 的下一个字符。当遇到 s2 中的空字符时，它被赋值给被解引用的指针 s1，然后循环结束。

使用函数 copy1 和 copy2 的注意事项

注意，copy1 和 copy2 这两个函数中的第 1 个实参必须是一个足够大的数组，以便接收第 2 个实参中的字符串。否则，当对超过数组边界外的内存单元进行写操作时，将产生错误。

另外，这两个函数的第 2 个形参都声明为 const char *const(一个常量字符串)。这是因为在这两个函数中，字符是逐个从第二个实参中读出并复制到第一个实参中的，这个过程中字符绝对不能被修改，因此将第二个形参声明为指向常量(即常量数据)的指针以遵守"最小权限原则"——哪个函数都不需要修改第二个实参中字符串的功能，那么就无须它们提供这个功能。

7.10　指针数组

数组元素可以是指针。**指针数组**(Array of pointer)通常用来构造一个**字符串的数组**(Array of string)，或简称**字符串数组**(String array)。数组的每一个元素都是一个字符串，但在 C 语言中，一个字符串实质上就是指向其第一个字符的一个指针。所以字符串数组的每个数据项实际上就是指向某个字符串第一个字符的指针。

请看下面这个可用于表示扑克牌的花色名的字符串数组 suit 的定义：

```
const char *suit[4] = {"Hearts", "Diamonds", "Clubs", "Spades"};
```

其中，suit[4]这部分表示它是一个拥有 4 个元素的数组，char*这部分则表示数组 suit 每个元素的类型都是"指向字符的指针"。限定符 const 表示每个元素所指向的字符串是不能修改的。存放在数组中的四个值分别为"Hearts"、"Diamonds"、"Clubs"、"Spades"。由于都是以空字符作为字符串结束标志的字符串，所以这些字符串的长度要比双引号内字符的个数多 1，即它们的长度分别为 7、9、6 和 7。从表面上看，这些字符串是存放在数组 suit 中，但实际上，数组中只存放指针(如图 7.22 所示)，每个指针指向相应字符串的第一个字符。因此，即使数组 suit 的大小是固定的，也能用它访问任意长度的字符串，这种灵活性是 C 语言强有力的数据结构构建功能的一个具体体现。

这些花色名也可以放在一个二维数组(双下标数组)中，数组的每一行存放一个花色名，每一列存放一个花色名中的一个字符。采用这样的数据结构时，数组每一行的列数都是相同的、固定的，这个列数必须足够大，以便能存放最长的字符串。因此，当需要存放大量字符串而其中多数字符串的长度又小于最长字符串的长度时，就会有相当多的内存空间被浪费掉。在下一节中，将使用字符串数组来表示一副扑克牌。

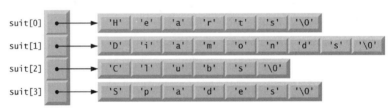

图 7.22　数组 suit 的图形表示

7.11　案例研究：模拟扑克牌的洗牌和发牌

本节中，将使用随机数生成器来开发模拟扑克牌洗牌和发牌的程序。这个程序可用于实现一个特定的扑克牌游戏。为了揭示一些微妙的性能问题，我们有意地使用了一个非最佳的洗牌和发牌算法。在本章的练习题和第 10 章中，再研究更高效的洗牌和发牌算法。

我们将采用"自顶向下、逐步求精"的方法，来开发一个完成 52 张扑克牌洗牌和发牌的程序。在处理比前几章介绍的问题更大、更复杂的问题时，自顶向下的方法特别有用。

用双下标数组来表示一副扑克牌

我们使用 4×13 的双下标数组 deck 来表示一副扑克牌(如图 7.23 所示)。数组的一行对应一种花色，行 0 代表红桃(Heart)，行 1 代表方块(Diamond)，行 2 代表草花(Club)，行 3 代表黑桃(Spade)。数组的一列对应于一个牌面值——列 0 到列 9 依次对应着 A 到 10，列 10 到列 12 分别对应着 Jack、Queen 和 King。

我们还要使用字符串数组 suit 和字符串数组 face 来分别存储表示花色名的四个字符串和表示牌面值的 13 个字符串。

针对双下标数组的洗牌

下面是模拟扑克牌洗牌的算法。首先将数组 deck 清零，然后随机地产生一个行号 row(0 ~ 3)和一个列号 column(0 ~ 12)，并将 1(牌的顺序号)写入数组元素 deck[row][column]中，以表示这是洗牌后的第 1 张扑克牌。重复以上过程，依次将 2、3、…52 随机地写入数组 deck 中，表示洗牌后的第 2、3、…52 张扑克牌。在将牌的顺序号写入数组 deck 的过程中，可能会出现一张牌被选中两次的情况——即选中的 deck[row][column]的值已为非 0 值。这时就忽略掉这次选择，再一次随机地产生行号和列号，直到发现一张没有被选中过的牌（即 deck[row][column]的值等于 0）为止。最后，1 ~ 52 这些数占据了数组 deck 中的 52 个位置。这时，扑克牌就全部洗完了。

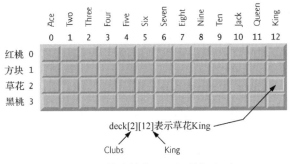

图 7.23　扑克牌的双下标数组表示

出现不确定性延迟的可能性

由于洗过的牌会被随机地重复选中，因此这个洗牌算法的执行步数是不确定的。这种现象称为**不确定性延迟**（Indefinite postponement）。在本章练习题中，还要介绍一个更好的能消除出现不确定性延迟可能性的洗牌算法。

性能提示 7.3

有时，一个根据"自然"的思路得到的算法会存在一些微妙的性能问题，如不确定性延迟。应该努力寻找避免出现不确定性延迟的算法。

基于双下标数组的发牌

为了发第一张牌，要在数组中搜索 deck[row][column]值为 1 的元素。这用一个嵌套的 for 循环语句来实现，其中 row（行）由 0 变化到 3，column（列）由 0 变化到 12。

那么搜索得到的数组元素到底对应哪张扑克牌呢？由于事先已经将四种花色存入数组 suit 中，所以若要得到这张牌的花色，直接打印字符串 suit[row]即可。同理，若要得到这张牌的面值，打印字符串 face[column]即可。另外还要打印字符串"of "。在按适当的顺序打印出上述信息后，我们就能像"King of Clubs"、"Ace of Diamonds"等这样发好的牌了。

"自顶向下、逐步求精"地设计程序逻辑

让我们开始"自顶向下、逐步求精"过程。这个"顶"很简单

　　　　洗并且发 52 张扑克牌

第一次求精得到的结果如下：

　　　　初始化数组 suit
　　　　初始化数组 face
　　　　初始化数组 deck
　　　　洗牌
　　　　分发 52 张牌

对"洗牌"进行扩展，得到如下结果：

　　　　for 52 张牌中的每一张牌
　　　　　　将牌的顺序号随机地放入被选中的且尚未被占据的数组 deck 的元素中

对"分发 52 张牌"进行扩展，得到如下结果：

　　　　for 52 张牌中的每一张牌
　　　　　　在数组 deck 中查找牌的顺序号，并打印这张牌的面值和花色

综合以上分析，得到完整的第二次求精结果如下：

> 初始化数组 suit
> 初始化数组 face
> 初始化数组 deck
> for 52 张牌中的每一张牌
>   将牌的顺序号随机地放入被选中的且尚未被占据的数组 deck 的元素中
> for 52 张牌中的每一张牌
>   在数组 deck 中查找牌的顺序号，并打印这张牌的面值和花色

对"将牌的顺序号随机地放入被选中的且尚未被占据的数组 deck 的元素中"进行扩展，得到如下结果：

> 随机地在数组 deck 中选择一个元素
> while 选中的元素在此之前已经被选择过
>   重新随机地选择一个 deck 中的元素
> 将牌的顺序号写入被选中的 deck 的元素中

对"在数组 deck 中查找牌的顺序号，并打印这张牌的面值和花色" 进行扩展，得到如下结果：

> for 数组 deck 中的每个元素
>   if 该元素包含待查找的牌顺序号
>   打印扑克牌的面值和花色

综合以上分析，得到第三次完整的求精结果如下：

> 初始化数组 suit
> 初始化数组 face
> 初始化数组 deck
>
> for 52 张牌中的每一张牌
>   随机地在数组 deck 中选择一个元素
>   while 选中的元素在此之前已经被选择过
>   重新随机地选择一个 deck 中的元素
>   将牌的顺序号写入被选中的 deck 的元素中
>
> for 52 张牌中的每一张牌
>   for 数组 deck 中的每个元素
>   if 该元素包含待查找的牌顺序号
>   打印扑克牌的牌面值和花色

这样就完成了算法的求精过程。注意，如果算法的洗牌和发牌部分合并起来，即在每次将牌的顺序号写入 deck 时就发牌(打印扑克牌的牌面值和花色)，这样程序的执行效率就会更高。我们之所以选择让这两个操作分开进行，是因为在一般情况下，扑克牌都是先洗后发(而不是边洗边发)的。

洗牌和发牌程序

  洗牌和发牌程序如图 7.24 所示，图 7.25 是该程序的一次运行实例。注意：调用函数 printf 语句采用转换说明符%s 来打印字符串，那么 printf 语句中的相应实参必须是一个指向字符的指针(或字符数组)。格式说明符"%5s of %-8s"(第 68 行)先在一个 5 个字符的域宽内向右对齐打印一个字符串，然后打印"of"，最后在一个 8 个字符的域宽内向左对齐再打印一个字符串。"%-8s"中的负号表示向左对齐。

  上述发牌算法存在一个缺陷：即使找到相匹配的牌，两个内部的 for 语句仍然要继续在剩余的 deck 数组元素中查找。在本章的练习题和第 10 章的 "案例研究"中，将改进这个不足之处。

```c
 1  // Fig. 7.24: fig07_24.c
 2  // Card shuffling and dealing.
 3  #include <stdio.h>
 4  #include <stdlib.h>
 5  #include <time.h>
 6
 7  #define SUITS 4
 8  #define FACES 13
 9  #define CARDS 52
10
11  // prototypes
12  void shuffle(unsigned int wDeck[][FACES]); // shuffling modifies wDeck
13  void deal(unsigned int wDeck[][FACES], const char *wFace[],
14     const char *wSuit[]); // dealing doesn't modify the arrays
15
16  int main(void)
17  {
18     // initialize deck array
19     unsigned int deck[SUITS][FACES] = {0};
20
21     srand(time(NULL)); // seed random-number generator
22     shuffle(deck); // shuffle the deck
23
24     // initialize suit array
25     const char *suit[SUITS] =
26        {"Hearts", "Diamonds", "Clubs", "Spades"};
27
28     // initialize face array
29     const char *face[FACES] =
30        {"Ace", "Deuce", "Three", "Four",
31         "Five", "Six", "Seven", "Eight",
32         "Nine", "Ten", "Jack", "Queen", "King"};
33
34     deal(deck, face, suit); // deal the deck
35  }
36
37  // shuffle cards in deck
38  void shuffle(unsigned int wDeck[][FACES])
39  {
40     // for each of the cards, choose slot of deck randomly
41     for (size_t card = 1; card <= CARDS; ++card) {
42        size_t row; // row number
43        size_t column; // column number
44
45        // choose new random location until unoccupied slot found
46        do {
47           row = rand() % SUITS;
48           column = rand() % FACES;
49        } while(wDeck[row][column] != 0);
50
51        // place card number in chosen slot of deck
52        wDeck[row][column] = card;
53     }
54  }
55
56  // deal cards in deck
57  void deal(unsigned int wDeck[][FACES], const char *wFace[],
58     const char *wSuit[])
59  {
60     // deal each of the cards
61     for (size_t card = 1; card <= CARDS; ++card) {
62        // loop through rows of wDeck
63        for (size_t row = 0; row < SUITS; ++row) {
64           // loop through columns of wDeck for current row
65           for (size_t column = 0; column < FACES; ++column) {
66              // if slot contains current card, display card
67              if (wDeck[row][column] == card) {
68                 printf("%5s of %-8s%c", wFace[column], wSuit[row],
69                    card % 2 == 0 ? '\n' : '\t'); // 2-column format
70              }
71           }
72        }
73     }
74  }
```

图 7.24 扑克牌的洗发牌程序

```
Nine  of Hearts          Five  of Clubs
Queen of Spades          Three of Spades
Queen of Hearts          Ace   of Clubs
 King of Hearts          Six   of Spades
Jack  of Diamonds        Five  of Spades
Seven of Hearts          King  of Clubs
Three of Clubs           Eight of Hearts
Three of Diamonds        Four  of Diamonds
Queen of Diamonds        Five  of Diamonds
```

```
 Six  of Diamonds        Five  of Hearts
 Ace  of Spades          Six   of Hearts
 Nine of Diamonds        Queen of Clubs
Eight of Spades          Nine  of Clubs
Deuce of Clubs           Six   of Clubs
Deuce of Spades          Jack  of Clubs
 Four of Clubs           Eight of Clubs
 Four of Spades          Seven of Spades
Seven of Diamonds        Seven of Clubs
 King of Spades           Ten  of Diamonds
 Jack of Hearts          Ace   of Hearts
 Jack of Spades          Ten   of Clubs
Eight of Diamonds        Deuce of Diamonds
 Ace  of Diamonds        Nine  of Spades
 Four of Hearts          Deuce of Hearts
 King of Diamonds         Ten  of Spades
Three of Hearts           Ten  of Hearts
```

图 7.25   扑克牌洗发牌程序的一次运行实例

7.12   指向函数的指针

一个**指向函数的指针**(Pointer to a function)包含的是一个函数在内存中的地址。在第 6 章,我们知道了数组名其实就是数组第一个元素的内存地址。同样,函数名就是执行该函数功能的程序代码在内存中的起始地址。指向函数的指针既可以作为实参传递给函数,也可以作为返回值从函数返回,还可以存入数组或者赋值给其他函数指针。

7.12.1   按升序或降序进行排序

为了说明指向函数的指针的用途,图 7.26 给出了图 7.15 中冒泡排序程序的一个修改版本。这个新程序由函数 main 和函数 bubble、swap、ascending、descending 组成。函数接收一个整型数组,该数组的长度和一个指向函数的指针(要么指向函数 ascending,要么指向函数 descending)作为实参。该程序请用户选择是按升序排序还是按降序排序。若用户输入 1,则将指向函数 ascending 的指针传递给 bubble,按升序对数组进行排序;若用户输入 2,则将指向函数 descending 的指针传递给 bubble,按降序对数组进行排序。程序的输出结果如图 7.27 所示。

```c
 1   // Fig. 7.26: fig07_26.c
 2   // Multipurpose sorting program using function pointers.
 3   #include <stdio.h>
 4   #define SIZE 10
 5
 6   // prototypes
 7   void bubble(int work[], size_t size, int (*compare)(int a, int b) );
 8   int ascending(int a, int b);
 9   int descending(int a, int b);
10
11   int main(void)
12   {
13      // initialize unordered array a
14      int a[SIZE] = { 2, 6, 4, 8, 10, 12, 89, 68, 45, 37 };
15
```

图 7.26   使用函数指针的多用途的排序程序

```
16      printf("%s", "Enter 1 to sort in ascending order,\n"
17          "Enter 2 to sort in descending order: ");
18      int order; // 1 for ascending order or 2 for descending order
19      scanf("%d", &order);
20
21      puts("\nData items in original order");
22
23      // output original array
24      for (size_t counter = 0; counter < SIZE; ++counter) {
25          printf("%5d", a[counter]);
26      }
27
28      // sort array in ascending order; pass function ascending as an
29      // argument to specify ascending sorting order
30      if (order == 1) {
31          bubble(a, SIZE, ascending);
32          puts("\nData items in ascending order");
33      }
34      else { // pass function descending
35          bubble(a, SIZE, descending);
36          puts("\nData items in descending order");
37      }
38
39      // output sorted array
40      for (size_t counter = 0; counter < SIZE; ++counter) {
41          printf("%5d", a[counter]);
42      }
43
44      puts("\n");
45  }
46
47  // multipurpose bubble sort; parameter compare is a pointer to
48  // the comparison function that determines sorting order
49  void bubble(int work[], size_t size, int (*compare)(int a, int b))
50  {
51      void swap(int *element1Ptr, int *element2ptr); // prototype
52
53      // loop to control passes
54      for (unsigned int pass = 1; pass < size; ++pass) {
55
56          // loop to control number of comparisons per pass
57          for (size_t count = 0; count < size - 1; ++count) {
58
59              // if adjacent elements are out of order, swap them
60              if ((*compare)(work[count], work[count + 1])) {
61                  swap(&work[count], &work[count + 1]);
62              }
63          }
64      }
65  }
66
67  // swap values at memory locations to which element1Ptr and
68  // element2Ptr point
69  void swap(int *element1Ptr, int *element2Ptr)
70  {
71      int hold = *element1Ptr;
72      *element1Ptr = *element2Ptr;
73      *element2Ptr = hold;
74  }
75
76  // determine whether elements are out of order for an ascending
77  // order sort
78  int ascending(int a, int b)
79  {
80      return b < a; // should swap if b is less than a
81  }
82
83  // determine whether elements are out of order for a descending
84  // order sort
85  int descending(int a, int b)
86  {
87      return b > a; // should swap if b is greater than a
88  }
```

图 7.26(续) 使用函数指针的多用途的排序程序

```
Enter 1 to sort in ascending order,
Enter 2 to sort in descending order: 1

Data items in original order
    2    6    4    8   10   12   89   68   45   37
Data items in ascending order
    2    4    6    8   10   12   37   45   68   89
```

```
Enter 1 to sort in ascending order,
Enter 2 to sort in descending order: 2

Data items in original order
    2    6    4    8   10   12   89   68   45   37
Data items in descending order
   89   68   45   37   12   10    8    6    4    2
```

图 7.27　图 7.26 冒泡排序程序的输出结果

在 bubble 的函数头(第 49 行)中出现了如下形参：

```
int (*compare)(int a, int b)
```

它告诉函数 bubble：它的形参(compare)是一个指向函数的指针，该指针所指向的函数有两个整型形参、返回一个整型值。*compare 两侧的圆括号是必不可少的，它将*和 compare 结合在一起，表示 compare 是一个指针。如果去掉这对圆括号，那么声明将变成

```
int *compare(int a, int b)
```

这声明的是一个函数，该函数有两个整型形参、返回一个指向整数的指针。

bubble 的函数原型位于第 7 行。其中的第 3 个形参也可以写成如下这样不带函数指针名和函数形参名的形式：

```
int (*)(int, int);
```

这个通过函数指针传递给 bubble 的函数，在 if 语句(第 60 行)中被调用，即

```
if ((*compare)(work[count], work[count + 1]))
```

可见，像对一个指向变量的指针进行解引用就可访问该变量的值一样。对一个指向函数的指针进行解引用，就是调用它所指向的函数。

当然，也可以不用对函数指针进行解引用，直接把指向函数的指针当成函数名使用，就调用该函数。例如

```
if (compare(work[count], work[count + 1]))
```

我们更推荐第 1 种方法，因为它显式地说明 compare 是一个指向函数的指针，对函数的调用是通过对函数指针解引用来实现的。第 2 种方法使得 compare 看上去很像是一个真实的函数。一看到这个调用语句，用户就会到源程序文件中去寻找 compare 的函数定义，但是怎么也找不到，这就将用户彻底给搞"晕"了。

7.12.2　使用函数指针来创建一个菜单驱动的系统

函数指针(Function pointer)通常应用于实现"基于文本的选单(俗称菜单)驱动的系统"。系统会提示用户通过键入一个数字，从菜单(如从 1 ~ 5)中选择一个选项。每个选项的功能由不同的函数来完成。指向每个函数的指针存储在一个函数指针的数组中。用户的选择将作为数组下标，然后就用对应数组元素中的指针去调用相应的函数。

图 7.28 是定义并使用了一个"函数指针"数组的一个普通例子，它定义了三个函数——function1、function2 和 function3，每个函数都接收一个整型实参并且无返回值。指向这三个函数的指针存储在第 14 行中定义的数组 f 中。

从圆括号的最左边开始，第 14 行的定义读为"f 是一个存储 3 个指向函数的指针的数组，这些指针

所指向的函数接收一个整型实参，返回 void"，该数组用三个函数的名字来初始化。用户输入一个 0 ~ 2
之间的整数，这个整数就被用做这个函数指针数组的下标。

在函数调用语句 (第 25 行) 中，f[choice]选择数组中位于 choice 位置的指针，然后解引用这个指针，
去调用它所指向的函数。同时，choice 还被当成实参传给函数。每个函数打印它的实参的值和函数名，
以证明这个函数被正确调用了。

在本章的练习题中，将要开发一些"基于文本的菜单驱动的系统"。

```
 1   // Fig. 7.28: fig07_28.c
 2   // Demonstrating an array of pointers to functions.
 3   #include <stdio.h>
 4
 5   // prototypes
 6   void function1(int a);
 7   void function2(int b);
 8   void function3(int c);
 9
10   int main(void)
11   {
12      // initialize array of 3 pointers to functions that each take an
13      // int argument and return void
14      void (*f[3])(int) = { function1, function2, function3 };
15
16      printf("%s", "Enter a number between 0 and 2, 3 to end: ");
17      size_t choice; // variable to hold user's choice
18      scanf("%u", &choice);
19
20      // process user's choice
21      while (choice >= 0 && choice < 3) {
22
23         // invoke function at location choice in array f and pass
24         // choice as an argument
25         (*f[choice])(choice);
26
27         printf("%s", "Enter a number between 0 and 2, 3 to end: ");
28         scanf("%u", &choice);
29      }
30
31      puts("Program execution completed.");
32   }
33
34   void function1(int a)
35   {
36      printf("You entered %d so function1 was called\n\n", a);
37   }
38
39   void function2(int b)
40   {
41      printf("You entered %d so function2 was called\n\n", b);
42   }
43
44   void function3(int c)
45   {
46      printf("You entered %d so function3 was called\n\n", c);
47   }
```

```
Enter a number between 0 and 2, 3 to end: 0
You entered 0 so function1 was called

Enter a number between 0 and 2, 3 to end: 1
You entered 1 so function2 was called

Enter a number between 0 and 2, 3 to end: 2
You entered 2 so function3 was called

Enter a number between 0 and 2, 3 to end: 3
Program execution completed.
```

图 7.28　"函数指针"数组的演示

7.13　安全的 C 程序设计

printf_s、scan_s 及其他安全函数

之前的"安全的 C 程序设计"部分介绍过 printf_s、scanf_s 及其他在标准 C 的 Annex K 中描述的标准库函数的安全版本。诸如 printf_s 和 scanf_s 这样安全函数之所以安全是因为它们的指针实参在运行时被要求不能为空。每次使用这些指针时，函数都会检查它们是否满足运行时要求。任何一个空指针都被视为违反规定，从而导致函数调用失败，返回一个状态信息。

对于 scanf_s，若有指针实参(包括格式控制串)为空，则函数返回 EOF。对于 printf_s，若格式控制串或对应某个%s 的实参为空，函数停止输出数据，并返回一个负数。

Annex K 函数的更多细节请查阅 C 标准文档或编译器的库函数文档。

其他与指针有关的 CERT 指南

错误地使用指针会导致计算机系统出现很多常见的安全漏洞。CERT 提供了多种指南来帮助你避免发生这些问题。若开发的是工业级的 C 系统，一定要深入了解 www.securecoding.cert.org 上的 "CERT C 安全编码指南"。下面这些指南适用于本章介绍过的指针编程技术：

- EXP34-C：解引用 NULL 指针通常会引起程序崩溃，但是 CERT 遇到过解引用 NULL 指针反而去执行攻击者程序的情况。
- DCL13-C：7.5 节介绍过对指针使用 const。若函数形参指向一个函数不能修改的数据，则应该使用 const 来表明该变量的值是恒定的。例如为了表示一个指向字符串的指针是不能修改的，用 const char *作为指针形参的类型，就像图 7.11 中的第 21 行那样。
- MSC16-C：这个指南介绍对函数指针进行加密的技术，以防止攻击者通过修改函数指针来执行攻击程序。

摘要

7.2　指针变量的定义和初始化

- 一个**指针**包含的是存放数值的一个变量的地址。在这个意义上，变量名是直接引用一个值，而指针是**间接引用**一个值。
- 通过指针引用一个值，称为**间接寻址**。
- 指针可以被定义成指向任何类型的对象。
- 指针必须初始化，初始化可以在定义指针时进行，也可以通过一个赋值语句来完成。指针可以被初始化为 **NULL**、**0** 或一个**地址**。值为 NULL 的指针表示它不指向任何对象。将指针初始化为 0 等价于初始化为 NULL，但是初始化为 NULL 更明确、更好。0 是可以直接赋值给指针变量的唯一整数值。
- NULL 是一个在头文件<stddef.h>头文件(以及其他头文件)中定义的符号常量。

7.3　指针运算符

- 取地址运算符&是一个一元运算符，它返回其操作数的地址值。
- 取地址运算符的操作数必须是一个变量。
- **间接寻址运算符*返回其操作数指向对象的值。**
- printf 中的**转换说明符%p**，在绝大多数平台上，以十六进制整数形式输出一个内存地址。

7.4　按引用向函数传递实参

- C 语言中，所有实参都是**按值传递的**。
- C 语言提供了使用指针和间接寻址运算符来模拟**按引用传递**的功能。若要(模拟)按引用调用方

式传递一个变量，则只需对该变量名应用取地址运算符(&)即可。

- 当一个变量的地址传递给函数后，该函数就可以使用间接寻址运算符(*)来修改主调函数中相应内存单元中的数值。
- 一个函数若要接收一个地址作为实参，则必须定义一个**指针类型的形参**来接收这个地址。
- 编译器并不区分接收指针的函数与接收**单下标数组**的函数。这就意味着，函数必须"清楚"它接收到的是一个数组还是(模拟)按引用传递过来的一个变量。
- 当编译器遇到形如 int b[]的表示单下标数组的函数形参时，编译器就将该形参转换成指针表示形式 int *b。

7.5　对指针使用 const 限定符

- **const 限定符**用于指示一个特殊变量的值是不可修改的。
- 如果试图去改写一个声明为 const 的变量的值，那么编译器可以检测到这个问题，要么给出警告，要么提示错误，取决于具体的编译系统。
- 向函数传递的指针有四种：**指向可变数据的可变指针，指向可变数据的常量指针，指向常量数据的可变指针，指向常量数据的常量指针**。
- 对于一个"指向可变数据的可变指针"，该数据可以通过对指针的解引用来修改，同时，也可以修改指针，使其指向其他的数据项。
- 可以修改一个指向常量数据的可变指针，使其指向相应类型的任何数据项，但是它所指向的数据项的值是不能修改的。
- "指向可变数据的常量指针"所指向的内存单元总是不变的，而存储在这个内存单元中的数据可以通过指针来改写。数组名就默认为这种指针。
- "指向常量数据的常量指针"所指向的内存单元总是不变的，并且该内存单元中的数据也是不能修改的。

7.7　sizeof 运算符

- **一元运算符 sizeof** 可以在编译期间计算出一个变量或者一种数据类型的字节长度。
- 当应用于一个数组名时，运算符 sizeof 返回该数组所占的字节总数。
- 运算符 sizeof 可以应用于任何变量名、数据类型或数值。
- 当操作数是一个类型名时，sizeof 需要使用一对圆括号将这个类型名括起来。

7.8　指针表达式和指针算术运算

- 指针只能参与有限的几种**算术运算**。指针可以**增 1**(++)或**减 1**(−−)，指针可以**加上一个整数**(+或+=)，也可以从指针中**减去一个整数**(−或−=)，**从一个指针中减去另一个指针**。
- 当给指针加上或减去一个整数时，指针的增/减值等于这个整数乘以指针所指对象的字节长度。
- 指向同一数组中不同元素的两个指针可以通过相减运算来确定它们间隔的数组元素个数。
- 只有在类型相同时，一个指针才能赋值给另一个指针。这个原则的一个例外就是类型为 void * 的指针，它是一个可以表示任何指针类型的通用指针。可以用指向 void 的指针来给任意类型的指针赋值，也可以用任意类型的指针来给指向 void 的指针赋值。
- void*型指针不能被解引用。
- 可以用相等运算符和关系运算符来**对指针进行比较**。但是，只有在这两个指针指向的是同一数组的元素时，这样的比较运算才是有意义的。指针比较运算就是比较存储于指针中的地址值的大小。
- 指针比较的一个常见用途是**判断一个指针是否是 NULL**。

7.9　指针和数组的关系

- 在 C 语言中，数组和指针的联系极为密切，它们经常是互换使用的。

- 一个**数组名**可以看成是一个**常量指针**。
- 指针可以用于任何涉及数组下标的操作。
- 当一个指针指向数组的起始位置时，给这个指针加上一个**偏移量**就表示要引用数组中的哪一个元素，偏移量的值与数组的下标是相同的。这种表示法称为指针/偏移量表示法。
- **数组名本身可以被当成一个指针**，在指针算术运算中使用。但这样的运算不能修改数组名所代表的地址。
- 可以完全像数组那样对指针用下标的形式来引用。这被称为指针/下标表示法。
- 一个类型为 const char* 的形参一般表示的是一个常量字符串。

7.10 指针数组

- **数组元素可以是指针**。指针数组通常用来构造一个**字符串的数组**。数组的每个元素都是一个字符串，但在 C 语言中，一个字符串实质上就是指向其第一个字符的一个指针。所以，字符串数组的每个数据项实际上就是指向相应字符串第一个字符的指针。

7.12 指向函数的指针

- **一个指向函数的指针**包含的是一个函数在内存中的地址。函数名其实就是执行该函数功能的程序代码在内存中的起始地址。
- 指向函数的指针既可以作为实参**传递给函数**，也可以作为返回值从**函数返回**，还可以**存入数组**或者赋值给其他函数指针。
- 对一个指向函数的指针进行解引用，就是调用其指向的函数。调用一个函数时，可以将指向它的指针当成函数名直接使用。
- 函数指针通常应用于"基于文本的**菜单驱动的系统**"。

自测题

7.1 填空
(a) 指针变量所包含的值是另外一个变量的_____。
(b) 能够对指针进行初始化的三个值分别是_____、_____和_____。
(c) 能够赋值给指针的唯一整数是_____。

7.2 判断下列结论是真（true）还是假（false）。若是假，请说明理由。
(a) 被声明为 void 的指针可以被解引用。
(b) 不同类型的指针，如果不经过强制类型转换，是不能相互赋值的。

7.3 回答下列问题。设一个单精度浮点数所占的存储空间是 4 字节，数组的起始位置是内存中的 1002500 地址。本练习题中，回答每个问题会用到前面问题的答案。
(a) 请定义一个名为 numbers 的类型为 float 的拥有 10 个元素的数组，并将其元素分别初始化为 0.0、1.1、2.2、…9.9。设符号常量 SIZE 已经定义为 10。
(b) 请定义一个指向 float 类型对象的指针变量 nPtr。
(c) 请用数组下标表示法来打印数组 numbers 的所有元素。请使用一个 for 语句，按照小数点后边一位精度的格式打印这些元素。
(d) 请用两个不同的语句将数组 numbers 的起始位置赋值给指针变量 nPtr。
(e) 请用基于指针变量 nPtr 的指针/偏移量表示法来打印数组 numbers 的所有元素。
(f) 请以数组名为指针、用指针/偏移量表示法来打印数组 numbers 的所有元素。
(g) 请用基于指针变量 nPtr 的下标引用来打印数组 numbers 的所有元素。
(h) 分别用数组下标表示法、以数组名为指针的指针/偏移量表示法、基于 nPtr 的指针下标表示法以及基于 nPtr 的指针/偏移量表示法来访问数组 numbers 的元素 4。

(i) 设 nPtr 指向数组 numbers 的起始位置,请问:nPtr+8 访问的是什么地址? 该地址存储的值是什么?

(j) 设 nPtr 指向 numbers[5],请问: nPtr−=4 访问的是什么地址? 该地址存储的值是什么?

7.4 请分别写出实现下列功能的一条程序语句。设浮点型变量 number1 和 number2 已经定义好并且 number1 已经初始化为 7.3。

(a) 将变量 fPtr 定义为一个指向 float 类型对象的指针。

(b) 将变量 number1 的地址赋值给指针变量 fPtr。

(c) 打印 fPtr 所指对象的值。

(d) 将 fPtr 所指对象的值赋值给变量 number2。

(e) 打印 number2 的值。

(f) 使用%p 转换说明符,打印 number1 的地址。

(g) 使用%p 转换说明符,打印存储在 fPtr 中的地址。打印结果与 number1 的地址相同吗?

7.5 完成下列操作:

(a) 写出函数 exchange 的函数头,该函数接收两个分别指向浮点数 x 和 y 的指针作为形参并且无返回值。

(b) 写出 (a) 小题中函数的函数原型。

(c) 写出函数 evaluate 的函数头,该函数接收整数 x 和指向函数 poly 的指针作为形参并且返回一个整数。函数 poly 接收一个整数形参并且返回一个整数。

(d) 写出 (c) 小题中函数的函数原型。

7.6 请找出并更正下列程序片断中的错误。设:

```
int *zPtr; // zPtr will reference array z
int *aPtr = NULL;
void *sPtr = NULL;
int number;
int z[5] = {1, 2, 3, 4, 5};
sPtr = z;
```

(a) ++zptr;

(b) // use pointer to get first value of array; assume zPtr is initialized
```
number = zPtr;
```

(c) // assign array element 2 (the value 3) to number;
      assume zPtr is initialized
```
number = *zPtr[2];
```

(d) // print entire array z; assume zPtr is initialized
```
for (size_t i = 0; i <= 5; ++i) {
    printf("%d ", zPtr[i]);
}
```

(e) // assign the value pointed to by sPtr to number
```
number = *sPtr;
```

(f) ++z;

自测题答案

7.1 (a) 地址。 (b) 0、NULL、一个地址值。 (c) 0。

7.2 (a) 假。指向 void 的指针不可以被解引用,因为不能够准确地知道需要对内存中多少字节进行解引用。

(b) 假。类型为 void 的指针可以赋值给其他类型的指针,其他类型的指针也可以赋值给类型为 void 的指针。

7.3 (a) `float numbers[SIZE] = {0.0, 1.1, 2.2, 3.3, 4.4, 5.5, 6.6, 7.7, 8.8, 9.9};`

(b) `float *nPtr;`

(c)
```
for (size_t i = 0; i < SIZE; ++i) {
    printf("%.1f ", numbers[i]);
}
```

(d) nPtr = numbers;
    nPtr = &numbers[0];

(e) **for** (size_t i = **0**; i < SIZE; ++i) {
    printf("**%.1f** ", *(nPtr + i));
  }

(f) **for** (size_t i = **0**; i < SIZE; ++i) {
    printf("**%.1f** ", *(numbers + i));
  }

(g) **for** (size_t i = **0**; i < SIZE; ++i) {
    printf("**%.1f** ", nPtr[i]);
  }

(h) numbers[**4**]
    *(numbers + **4**)
    nPtr[**4**]
    *(nPtr + **4**)

(i) 访问的地址是 $1002500 + 8 * 4 = 1002532$,该地址存储的值是 8.8。

(j) numbers[5]的地址是 $1002500 + 5 * 4 = 1002520$。

    nPtr −= 4 的地址是 $1002520 − 4 * 4 = 1002504$,该地址存储的值是 1.1。

7.4 (a) **float** *fPtr;

(b) fPtr = &number1;

(c) printf("**The value of *fPtr is %f\n**", *fPtr);

(d) number2 = *fPtr;

(e) printf("**The value of number2 is %f\n**", number2);

(f) printf("**The address of number1 is %p\n**", &number1);

(g) printf("**The address stored in fptr is %p\n**", fPtr);

    打印结果与 number1 的地址相同。

7.5 (a) **void** exchange(float *x, float *y)

(b) **void** exchange(float *x, float *y);

(c) **int** evaluate(int x, int (*poly)(int))

(d) **int** evaluate(int x, int (*poly)(int));

7.6 (a) 错误:zPtr 还没有初始化。

    更正:在指针算术运算前,用 "zPtr = z;" 来初始化 zPtr。

(b) 错误: 指针没有被解引用。

    更正: 将语句改为 "number = *zPtr;"。

(c) 错误:zPtr[2]不是一个指针,不能被解引用。

    更正: 将*zPtr[2] 改为 zPtr[2]。

(d) 错误:基于指针的下标引用访问了数组边界之外的元素。

    更正:将 for 语句条件中的运算符 <= 改为 < 。

(e) 错误:解引用一个 void 指针。

    更正:若要解引用这个指针,则先要将其转换成一个类型为 integer 的指针。

    将语句改为 "number = *((int *) sPtr);"。

(f) 错误:试图用指针算术运算来修改数组名。

    更正:用一个指针变量代替数组名来完成指针算术运算,或者用基于数组名的下标引用来访问数组中的特定元素。

练习题

7.7 填空

(a) 运算符_____返回它的操作数在内存中的存储地址。

(b) 运算符_____返回它的操作数所指对象的值。

(c) 为了模拟"按引用"向函数传递一个非数组变量，就需要将这个变量的_____传递给函数。

7.8　判断下列结论是真还是假。若为假，请说明理由。

(a) 比较两个指向不同数组的指针是没有意义的。

(b) 因为数组名是指向它第一个元素的指针，所以可以对数组名进行与指针一样的操作。

7.9　回答下列问题。设一个无符号整数占用 2 字节的存储空间，数组的起始位置是内存中的 1002500 地址。

(a) 请定义一个类型为 unsigned int、名为 values、拥有 5 个元素的数组，并将其元素分别初始化为 2 ~ 10 的偶数。设符号常量 SIZE 已经定义为 5。

(b) 请定义一个指向 unsigned int 类型对象的指针变量 vPtr。

(c) 请用数组下标表示法打印数组 values 的所有元素。请使用一个 for 语句，设整型控制变量 i 已经定义好。

(d) 请用两个不同的语句将数组 values 的起始位置赋值给指针变量 vPtr。

(e) 请用指针/偏移量表示法打印数组 values 的所有元素。

(f) 请以数组名为指针、用指针/偏移量表示法打印数组 values 的所有元素。

(g) 请对指向数组的指针进行下标引用，来打印数组 values 的所有元素。

(h) 分别用数组下标表示法、以数组名为指针的指针/偏移量表示法、指针下标引用法以及指针/偏移量表示法来访问数组 values 的元素 5。

(i) vPtr + 3 访问的是什么地址？该地址存储的值是什么？

(j) 设 vPtr 指向 values[4]，请问：vPtr − = 4 访问的是什么地址？该地址存储的值是什么？

7.10　请分别写出实现下列功能的一条程序语句。设长整型变量 value1 和 value2 已经定义好，value1 已经初始化为 200000。

(a) 定义指向 long 类型对象的指针变量 lPtr。

(b) 将变量 value1 的地址赋值给指针变量 lPtr。

(c) 打印 lPtr 指向对象的值。

(d) 将 lPtr 指向对象的值赋值给变量 value2。

(e) 打印 value2 的值。

(f) 打印 value1 的地址。

(g) 打印存储在 lPtr 中的地址。打印结果与 value1 的地址相同吗？

7.11　完成下列操作：

(a) 写出函数 zero 的函数头，该函数接收一个长整型数组 bigIntegers 作为形参，无返回值。

(b) 写出 (a) 小题中函数的函数原型。

(c) 写出函数 add1AndSum 的函数头，该函数接收一个整型数组 oneTooSmall 作为形参并且返回一个整数。

(d) 写出 (c) 小题中函数的函数原型。

说明：练习题 7.12 至练习题 7.15 有相当的挑战性。一旦完成这些练习，就能轻松地实现大多数流行的纸牌游戏了。

7.12　**(洗牌和发牌)** 修改图 7.24 中的程序，使其发牌函数能够处理一手五张牌的扑克游戏，然后编写下列函数：

(a) 判断这一手牌中是否包含一个对子。

(b) 判断这一手牌中是否包含两个对子。

(c) 判断这一手牌中是否包含三张同级的牌(如三张 J)。

(d) 判断这一手牌中是否包含四张同级的牌(如四张 A)。

(e) 判断这一手牌中是否是一个同花(即五张牌的花色相同)。

(f) 判断这一手牌中是否是一个顺子(即五张牌的面值数是连续的)。

7.13 (项目：**洗牌和发牌**)请利用练习题 7.12 中开发的函数，编写一个能处理两手五张扑克牌的程序。该程序分别评价每一手牌，然后判断哪一手更好。

7.14 (项目：**洗牌和发牌**)修改练习题 7.13 中开发的程序使其能够模拟庄家(Dealer)。庄家的一手五张牌是扣着的，所以玩家(Player)看不到庄家的牌。该程序先评价庄家手里的牌，然后根据牌的好坏，庄家可能抓一张、两张或者更多张牌，来替换掉原先手中相应数目的废牌。然后，程序重新评价庄家手里的牌(小心：这是一个很难的问题)。

7.15 (项目：**洗牌和发牌**)修改练习题 7.14 中开发的程序，使其能够自动模拟庄家发牌，但是也允许玩家自行决定对手中的牌进行替换。程序最后评价两手牌，决出胜负。现在请用新的程序与计算机玩 20 次。看看谁胜得多，是你还是计算机? 让你的一个朋友也与计算机玩 20 次。谁胜得多? 根据比赛结果，对扑克游戏程序做适当的优化修改(这也是一个很难的问题)，然后再玩 20 次，修改后的程序是否表现得更好?

7.16 (**修改的洗牌和发牌**)在图 7.24 中的洗牌和发牌程序中，为了介绍不确定性延迟，我们有意采用了一个效率不高的洗牌算法。在本练习题中，请构造一个能避免不确定延迟的高效率的洗牌算法。请按照下列步骤修改图 7.24 中的程序。首先将表示一副扑克牌的数组 deck 初始化成图 7.29 所示的数据。然后修改洗牌函数 shuffle，使其逐行、逐列地循环处理数组，每个元素处理一次。每个元素将与数组中随机挑选的另外一个元素进行交换。打印出处理后的数组 deck，看看洗完的这副牌是否满意(如图 7.30 所示)。可以让程序反复调用洗牌函数 shuffle，直至得到满意的结果。

未洗的数组 deck												
	0	1	2	3	4	5	6	7	8	9	10	11	12
0	1	2	3	4	5	6	7	8	9	10	11	12	13
1	14	15	16	17	18	19	20	21	22	23	24	25	26
2	27	28	29	30	31	32	33	34	35	36	37	38	39
3	40	41	42	43	44	45	46	47	48	49	50	51	52

图 7.29　未洗的数组 deck

洗完的数组 deck 的例子												
	0	1	2	3	4	5	6	7	8	9	10	11	12
0	19	40	27	25	36	46	10	34	35	41	18	2	44
1	13	28	14	16	21	30	8	11	31	17	24	7	1
2	12	33	15	42	43	23	45	3	29	32	4	47	26
3	50	38	52	39	48	51	9	5	37	49	22	6	20

图 7.30　洗完的数组 deck 的例子

虽然本练习题中的方法改进了洗牌算法，但是这个发牌算法还是需要在数组 deck 查找牌 1、牌 2、牌 3…等。更糟糕的是，即使在发牌算法找到并发完一张牌后，该算法依然要在数组 deck 剩余的牌中继续查找。请修改图 7.24 中的程序，使得一旦某一张牌被发完后，程序就停止匹配该牌面值的工作，立即开始发下一张牌。在第 10 章中，我们还要研究一个每张牌只需操作一次的发牌算法。

7.17 (**模拟：龟兔赛跑**)本练习题将再现历史上真正伟大的时刻之一，即经典的龟兔赛跑。请开发一个使用随机数产生函数的程序，来模拟这个值得纪念的事件。

我们的比赛选手将从 70 个方格中的"方格 1"开始比赛，每一个方格代表比赛路线上的一个可能位置，终点是"方格 70"。到达或通过终点的第一个选手将被奖励一桶新鲜的胡萝卜和莴苣。比赛路线沿着一个湿滑的山坡盘旋而上，所以选手可能会失足滑倒。

有一个每秒响一下的时钟。每当时钟响一下，程序就按照图 7.31 中的规则调整这两个动物选手的位置。

动物	移动类型	时间的百分比	实际动作
Tortoise（乌龟）	快速爬行（Fast plod）	50%	向前 3 格（3 squares forward）
	滑倒（Slip）	20%	向后 6 格（6 squares backward）
	缓慢爬行（Slow plod）	30%	向前 1 格
Hare（兔子）	睡觉（Sleep）	20%	原地不动（No move at all）
	大跳（Big hop）	20%	向前 9 格
	严重滑倒（Big slip）	10%	向后 12 格
	小跳（Small hop）	30%	向前 1 格
	轻微滑倒（Small slip）	20%	向后 2 格

图 7.31 乌龟和兔子调整位置的规则

使用变量来记录这两个动物的位置（即位置数在 1～70 之间取值）。每个动物都从位置 1（即"起跑线"）出发。若动物滑到方格 1 的左侧，将被重新放回方格 1。通过产生一个取值范围是 $1 \leqslant i \leqslant 10$ 的随机整数 i 来实现图 7.31 中的百分比。对于乌龟，当 $1 \leqslant i \leqslant 5$，"快速爬行"；当 $6 \leqslant i \leqslant 7$，"滑倒"；当 $8 \leqslant i \leqslant 10$，"缓慢爬行"。采用相同的技术来移动兔子。

开始比赛时，打印下列文字：

```
BANG !!!!!
AND THEY'RE OFF !!!!!
```

然后，时钟每响一下（即循环的每一次重复），打印一条具有 70 个格的线段，在乌龟的位置上显示字符 T，在兔子的位置上显示字符 H。两个选手可能会同时到达同一格子，这时乌龟会咬兔子，而程序则在这个格子的起始位置上，打印 "OUCH!!!"。除了"T"、"H"和"OUCH!!!"（在平局的情况下），所有打印的位置都是空白的。

在每条线都打印好后，测试是否有动物到达或者通过方格 70。若有，则打印出胜利者，终止比赛模拟。若乌龟赢，则打印 "TORTOISE WINS!!! YAY!!!"。若兔子赢，则打印"Hare wins. Yuch"。若两个动物同时获胜，可以偏向乌龟赢（弱者），也可以打印"It's a tie"。若没有动物获胜，继续执行循环去模拟时钟的下一个时刻。准备运行程序时，请邀请一些爱好者来观看比赛。这些观众的投入程度将会令你惊讶不已！

7.18 （修改的洗牌和发牌）修改图 7.24 中的洗牌和发牌程序，使得洗牌和发牌操作都由一个函数（shuffleAndDeal）完成，该函数应包含一个与图 7.24 中函数 shuffle 类似的嵌套循环结构。

7.19 下面这个程序是做什么的？设用户输入的两个长度相同的字符串。

```c
1    // ex07_19.c
2    // What does this program do?
3    #include <stdio.h>
4    #define SIZE 80
5
6    void mystery1(char *s1, const char *s2); // prototype
7
8    int main(void)
9    {
10       char string1[SIZE]; // create char array
11       char string2[SIZE]; // create char array
12
13       puts("Enter two strings: ");
14       scanf("%79s%79s" , string1, string2);
15       mystery1(string1, string2);
16       printf("%s", string1);
17   }
18
19   // What does this function do?
20   void mystery1(char *s1, const char *s2)
21   {
22       while (*s1 != '\0') {
23          ++s1;
24       }
25
26       for (; *s1 = *s2; ++s1, ++s2) {
27          ; // empty statement
28       }
29   }
```

7.20 下面这个程序是做什么的?

```
1   // ex07_20.c
2   // what does this program do?
3   #include <stdio.h>
4   #define SIZE 80
5
6   size_t mystery2(const char *s); // prototype
7
8   int main(void)
9   {
10      char string[SIZE]; // create char array
11
12      puts("Enter a string: ");
13      scanf("%79s", string);
14      printf("%d\n", mystery2(string));
15  }
16
17  // What does this function do?
18  size_t mystery2(const char *s)
19  {
20      size_t x;
21
22      // loop through string
23      for (x = 0; *s != '\0'; ++s) {
24          ++x;
25      }
26
27      return x;
28  }
```

7.21 找出下面每一个程序片断中的错误。如果错误可以更正,请说明如何更正这些错误。

(a) ```
int *number;
printf("%d\n", *number);
```

(b) ```
float *realPtr;
long *integerPtr;
integerPtr = realPtr;
```

(c) ```
int * x, y;
x = y;
```

(d) ```
char s[] = "this is a character array";
int count;
for (; *s != '\0'; ++s)
    printf("%c ", *s);
```

(e) ```
short *numPtr, result;
void *genericPtr = numPtr;
result = *genericPtr + 7;
```

(f) ```
float x = 19.34;
float xPtr = &x;
printf("%f\n", xPtr);
```

(g) ```
char *s;
printf("%s\n", s);
```

**7.22** (穿越迷宫)下面的网格是一个用双下标数组表示的迷宫。符号#表示迷宫的围墙,小点(.)表示迷宫中可行路线上的空格。

```
# # # # # # # # # # # #
. . . # . . . . . .
. . . # . # # # # . # .
. # . . . . # .
. . . . # # # . # . .
. # . # . # .
. . # . # . # . # .
. # . # . # . # .
. . . . # .
. # # # .
. . . . . # . . . .
# # # # # # # # # # # #
```
```

存在一个保证能找到出口(假设存在一个出口)的走出迷宫的简单算法。若不存在出口，则走回到起点。将右手放在右边的墙上，然后开始前进，千万不要将手从墙上移开。如果迷宫向右转，就跟着墙向右转。只要不将手从墙上移开，最终必会到达迷宫的出口。尽管也许存在一条比你所走路线更短的路线，但这种方法可确保你一定会走出迷宫。

请编写递归函数 mazeTraverse 来穿越迷宫。这个函数将接收一个表示迷宫的 12 乘 12 的字符数组以及迷宫中的起始位置作为实参。由于 mazeTraverse 函数试图在迷宫中找到出口，所以函数将字符 X 放置在行走路线经过的空格上。每次移动后，函数将显示迷宫的状态，这样用户就可以亲眼看到迷宫问题是怎样解决的。

7.23 (随机地产生迷宫)请编写一个函数 mazeGenerator，该函数接收一个表示迷宫的 12 乘 12 的双下标字符数组作为实参，然后随机地产生一个迷宫。该函数还提供迷宫的起点和终点位置。请随机地产生几个迷宫，来测试练习题 7.22 中开发的函数 mazeTraverse。

7.24 (任意大小的迷宫)将练习题 7.22 和练习题 7.23 中的函数 mazeTraverse 和 mazeGenerator 推广到能处理任意宽度和高度的迷宫。

7.25 (指向函数的指针数组)请重新编写图 6.22 中的程序使其具有一个菜单驱动的界面。该程序将向用户提供如下四个选项：

```
Enter a choice:
  0  Print the array of grades
  1  Find the minimum grade
  2  Find the maximum grade
  3  Print the average on all tests for each student
  4  End program
```

使用指向函数的指针数组会遇到的一个限制是：所有指针的类型必须是相同的，即这些指针指向的函数具有相同的接收实参类型和相同的返回类型。因此，必须对图 6.22 中的函数进行修改，使它们接收相同的形参且返回类型都相同。修改函数 minimum 和 maximum 使其打印最小值和最大值且无返回值。对于选项 3，修改图 6.22 中的函数 average 使其输出每一个学生的平均成绩(而不是特定学生)。函数 average 接收与函数 printArray、minimum 和 maximum 相同的形参且无返回值。指向这四个函数的指针存储在数组 processGrades 中，然后以用户的选择作为下标访问数组元素，实现对相应函数的调用。

7.26 下面这个程序是做什么的？设用户输入的两个长度相同的字符串。

```c
1   // ex07_26.c
2   // What does this program do?
3   #include <stdio.h>
4   #define SIZE 80
5
6   int mystery3(const char *s1, const char *s2); // prototype
7
8   int main(void)
9   {
10      char string1[SIZE]; // create char array
11      char string2[SIZE]; // create char array
12
13      puts("Enter two strings: ");
14      scanf("%79s%79s", string1 , string2);
15      printf("The result is %d\n", mystery3(string1, string2));
16  }
17
18  int mystery3(const char *s1, const char *s2)
19  {
20      int result = 1;
21
22      for (; *s1 != '\0' && *s2 != '\0'; ++s1, ++s2) {
23          if (*s1 != *s2) {
24              result = 0;
25          }
26      }
27
28      return result;
29  }
```

专题：构建自己的计算机

在随后的几个问题中，将暂时地离开"高级语言程序设计"。打开一台计算机来看看它的内部结构。我们要介绍机器语言程序设计并编写几个机器语言程序。为了使我们的经历更加有价值，将构建一台计算机(当然是基于软件模拟的技术)并在上面执行自己的机器语言程序。

7.27 (机器语言程序设计)让我们构建一台计算机并称其为 Simpletron。正如它的名字所表示的那样，它只是一台简单的计算机，但是很快就会看到，它的能力还是很强的。Simpletron 唯一能够理解的语言是 Simpletron 机器语言(Simpletron Machine Language，SML)，它只能够执行采用 SML 编写的程序。

Simpletron 包含有一个累加器(Accumulator)——用于存放即将被 Simpletron 处理的信息的特殊寄存器。Simpletron 中的所有信息都是以字(Word)为单位。字是一个有符号的 4 位十进制数，如 +3364，−1293，+0007，−0001 等。Simpletron 带有一个容量为 100 字的存储器(以下简称内存)，这些字可以通过它们的地址(00，01，…99)来访问。

在运行一个 SML 程序之前，需要将程序装入或放进内存中。每个 SML 程序的第一条指令(或称语句)总是被存放在地址为 00 的内存单元中。

每一条采用 SML 编写的指令都是占据内存中的一个字(所以指令也是一个有符号的 4 位十进制数)。假设 SML 指令的符号总是正号，但是数据的符号是可正可负的。Simpletron 内存中的一个存储单元要么存储一条指令，要么存储一个数据，要么是暂时空闲(和未定义)的。SML 指令的头两个数字是用来表示操作类型的操作码(Operation code)，SML 的各种操作码如图 7.32 所示。

操作码	含　义
输入/输出操作：	
#define READ 10	从终端读入一个字并存储到内存指定单元中
#define WRITE 11	将内存指定单元中的字写到终端上
装入/存回操作：	
#define LOAD 20	将内存指定单元中的字装入累加器
#define STORE 21	将累加器中的字存回到内存指定单元中
算术运算操作：	
#define ADD 30	将内存指定单元中的字与累加器中的字相加(结果留在累加器中)
#define SUBTRACT 31	将累加器中的字减去内存指定单元中的字(结果留在累加器中)
#define DIVIDE 32	用累加器中的字除以内存指定单元中的字(结果留在累加器中)
#define MULTIPLY 33	将累加器中的字乘以内存指定单元中的字(结果留在累加器中)
控制转移操作：	
#define BRANCH 40	转移到内存指定单元
#define BRANCHNEG 41	若累加器为负数，则转移到内存指定单元
#define BRANCHZERO 42	若累加器为零，则转移到内存指定单元
#define HALT 43	停机——即程序完成了它的任务

图 7.32　Simpletron 机器语言(SML)的操作码

SML 指令的后两个数字是操作数(Operand)，它表示欲操作的数据字所在存储单元的地址。让我们举几个 SML 程序例子。下面给出的 SML 程序从键盘上读取两个数，然后计算并打印它们的和。指令+1007 从键盘上读取第一个数并将它存放在地址为 07 的内存单元(事先已经被初始化为 0)中，指令+1008 从键盘上读取第二个数并将它存放在地址为 08 的内存单元中。装入指令+2007 将第一个数送入累加器，加法指令+3008 将第二个数与累加器中的数相加，并将结果存回累加器。所有的 SML 算术运算指令都将它们的运算结果保留在累加器中。保存指令+2009 将结果存入到地址为 09 的内存单元(事先已经被初始化为 0)中，读指令+1109 将从 09 单元读一个数并将其(按照有符号的 4 位十进制数的形式)打印出来。停机指令+4300 结束程序的运行。

例程 1		
单元地址	存储的数据	对应的指令
00	+1007	(Read A)
01	+1008	(Read B)
02	+2007	(Load A)
03	+3008	(Add B)
04	+2109	(Store C)
05	+1109	(Write C)
06	+4300	(Halt)
07	+0000	(Variable A)
08	+0000	(Variable B)
09	+0000	(Result C)

下面给出的 SML 程序从键盘上读取两个数，然后比较它们的大小，最后打印其中较大的那个数。注意：指令+4107 是一个条件转移指令，类似 C 语言的 if 语句。

例程 2		
单元地址	存储的数据	对应的指令
00	+1009	(Read A)
01	+1010	(Read B)
02	+2009	(Load A)
03	+3110	(Subtract B)
04	+4107	(Branch negative to 07)
05	+1109	(Write A)
06	+4300	(Halt)
07	+1110	(Write B)
08	+4300	(Halt)
09	+0000	(Variable A)
10	+0000	(Variable B)

现在请编写三个 SML 程序来分别完成以下任务。

(a) 用一个标记控制循环来从键盘上读入若干个正数，然后计算并打印它们的和。

(b) 用一个计数控制循环来从键盘上读入 7 个数，这些数有正数也有负数，然后计算并打印它们的平均值。

(c) 从键盘上读取若干个数，然后比较它们的大小，最后打印其中最大的那个数。读入的第一个数用来指明将要比较的数据的个数。

7.28　(计算机模拟器) 也许你会觉得很荒谬，但是在这个问题里将要构建自己的计算机。是的，你的工作并不是将一些器件焊接在一起。相反，是要借助基于软件模拟的强大技术，来创建 Simpletron 的软件模型。这个 Simpletron 模拟器不会让你失望，因为它能够将你正在使用的计算机转变成一台 Simpletron 计算机，你完全可以在这台 Simpletron 计算机上运行、测试及排错(Debug)在练习题 7.27 中编写的程序。

当运行自己的 Simpletron 模拟器时，屏幕会首先显示：

```
*** Welcome to Simpletron! ***
*** Please enter your program one instruction ***
*** (or data word) at a time. I will type the ***
*** location number and a question mark (?). ***
*** You then type the word for that location. ***
*** Type the sentinel -99999 to stop entering ***
*** your program. ***
```

用一个拥有 100 个元素的单下标数组 memory 来模拟 Simpletron 计算机的内存。假设 Simpletron 模拟器正在运行，现在让我们看看输入练习题 7.27 中的第 2 个例程的情景：

```
00 ?  +1009
01 ?  +1010
02 ?  +2009
03 ?  +3110
04 ?  +4107
05 ?  +1109
06 ?  +4300
07 ?  +1110
08 ?  +4300
09 ?  +0000
10 ?  +0000
11 ?  -99999
*** Program loading completed ***
*** Program execution begins  ***
```

这样，SML 程序就被放进(或装入)到数组 memory 中。现在 Simpletron 模拟器开始运行 SML 程序。首先被执行的是存放在地址为 00 的内存单元中的指令，然后逐条执行后面的指令，除非因控制转移而直接转去程序的其他部分。

用一个名为 accumulator 的变量来表示累加器，用变量 instructionCounter 来记录正在执行的指令的存储地址。为了指示当前正在执行的操作——即指令字中的左边两位数字，我们引入了变量 operationCode。用变量 operand 来指示当前指令所处理的内存地址。因此，如果指令有 operand 的话，operand 就是指令中最右边两位数字。指令并不是直接从主存中取出后就被执行的。相反，即将被执行的下一条指令从内存中被取出后首先被转存到变量 instructionRegister 中，然后指令字被一分为二，左边两位数字和右边两位数字被分别存入变量 operationCode 和 operand 中。

当 Simpletron 模拟器开始运行时，这些特殊的寄存器按照如下要求进行初始化：

```
accumulator              +0000
instructionCounter       00
instructionRegister      +0000
operationCode            00
operand                  00
```

现在，让我们开始跟踪查看存放在内存 00 单元中的第一条 SML 指令 +1009 的执行过程，这被称为一个"指令执行周期"。

instructionCounter 告诉我们即将被执行的下一条指令的存储地址。这样，就可以通过如下的 C 赋值语句从 memory 的相应存储单元中将指令取出。

```
instructionRegister = memory[instructionCounter];
```

下面两条赋值语句的功能是将指令的操作码和操作数分别从指令寄存器中分解出来。

```
operationCode = instructionRegister / 100;
operand = instructionRegister % 100;
```

这时，Simpletron 就知道了指令操作码的确是"读"(而不是写、装入等)。用一条 switch 语句来分别执行 SML 的 12 种不同的操作。

在这条 switch 语句中，各种 SML 操作的行为分别被模拟为(未列出的由读者自行补充)：

```
read:   scanf("%d", &memory[operand]);
load:   accumulator = memory[operand];
add:    accumulator += memory[operand];
```

各种分支指令：过一会讨论。

halt：这条指令打印如下信息

```
*** Simpletron execution terminated ***
```

然后，打印各个寄存器的名字及其中的内容，同时，还打印 memory 中的所有内容。这样一种打印通常被称为"计算机转储"(Computer dump)。为了设计"计算机转储"函数，图 7.33 给出了一个简单的转储格式。在一个 SML 程序执行结束后，"计算机转储"的结果应该是执行结束那一时刻的指令与数据的实际值。可以通过在格式说明符中表示域宽的数字前加上一个 0 来在小于域宽的整数前面填上若干个 0，例如"%02d"。还可以在域宽前放一个+号或–号。这样，欲打印像"+0000"这样的数字，采用的格式说明符就是"+05d"。

```
REGISTERS:
accumulator           +0000
instructionCounter      00
instructionRegister   +0000
operationCode           00
operand                 00

MEMORY:
       0      1      2      3      4      5      6      7      8      9
  0  +0000  +0000  +0000  +0000  +0000  +0000  +0000  +0000  +0000  +0000
 10  +0000  +0000  +0000  +0000  +0000  +0000  +0000  +0000  +0000  +0000
 20  +0000  +0000  +0000  +0000  +0000  +0000  +0000  +0000  +0000  +0000
 30  +0000  +0000  +0000  +0000  +0000  +0000  +0000  +0000  +0000  +0000
 40  +0000  +0000  +0000  +0000  +0000  +0000  +0000  +0000  +0000  +0000
 50  +0000  +0000  +0000  +0000  +0000  +0000  +0000  +0000  +0000  +0000
 60  +0000  +0000  +0000  +0000  +0000  +0000  +0000  +0000  +0000  +0000
 70  +0000  +0000  +0000  +0000  +0000  +0000  +0000  +0000  +0000  +0000
 80  +0000  +0000  +0000  +0000  +0000  +0000  +0000  +0000  +0000  +0000
 90  +0000  +0000  +0000  +0000  +0000  +0000  +0000  +0000  +0000  +0000
```

图 7.33　简单的 SML 转储格式

让我们继续执行存放在 00 单元中的第一条指令+1009。前面我们已经说过，在 switch 语句中，这条指令是通过执行如下 C 语句来模拟的：

```
scanf("%d", &memory[operand]);
```

为了提示用户进行输入，在执行这条 scanf 语句前计算机屏幕将显示一个问号(?)。这时，Simpletron 将等待用户键入一个数据。用户按下"回车"键后，这个数据被存入内存中的 09 单元中。

至此，第一条指令的模拟结束。剩下的工作就是为执行下一条指令做准备。因为刚才执行的指令不是控制转移，那么只需向下面这样简单地将指令计数器增 1：

```
++instructionCounter;
```

这时，第一条指令的模拟工作全部结束。随后，整个过程(即指令执行周期)又从取下一条要执行指令开始，再次重演。

下面，让我们看看如何模拟分支指令——控制转移。其实很简单，就是修改指令计数器的值。因此，在 switch 语句中无条件分支指令(40)被模拟为

```
instructionCounter = operand;
```

"若累加器为 0 则分支"的条件指令被模拟为

```
if (accumulator == 0) {
    instructionCounter = operand;
}
```

现在，你已经完全可以实现自己的 Simpletron 模拟器，并运行在练习题 7.27 中编写的程序了。还可以给自己的 SML 补充一些附加功能并将其在 Simpletron 模拟器中实现。

Simpletron 模拟器应该能够检测出各种类型的错误。例如在程序装入阶段，用户键入到 memory 中的每一个数都应该在–9999 ～ +9999 之间。Simpletron 模拟器就可以用一个 while 循环语句来检测用户键入的每个数是否在此范围内。若不是，则提示用户重新输入，直到用户输入一个正确的数为止。

在执行的过程中，Simpletron 模拟器也要检测是否有错误发生，例如除数为 0、执行的是一个无效的操作码及累加器溢出(即算术运算的结果大于+9999 或小于–9999)等。这样的错误被称为"严重的错误"。若检测到"严重的错误"，Simpletron 模拟器则打印"出错信息"，例如

```
*** Attempt to divide by zero ***
*** Simpletron execution abnormally terminated ***
```

然后按照前面给出的格式，打印出一个完整的"计算机转储"。这有助于用户确定错误在程序中的位置。

具体注意事项：在实现 Simpletron 模拟器时，将数组 memory 和所有寄存器作为变量定义在 main 函数内部。程序将包含三个函数——load、execute 和 dump。函数 load 请用户从键盘上输入 SML 指令(当

学习完第 11 章的文件处理后, 就可以改为从一个文件中读取 SML 指令)。函数 execute 执行已经装入 memory 数组中的 SML 程序。函数 dump 显示存储在 main 函数中变量 memory 以及所有寄存器中的内容。在需要的时候, 数组 memory 和所有寄存器将作为实参传递给需要它们的函数。函数 load 和函数 execute 需要修改定义在 main 函数中的变量, 所以需要以指针形式、(模拟)按引用将这些变量传递给函数。为此, 需要用相应的指针表示法对本练习题给出的语句做适当的修改。

7.29 (对 **Simpletron** 模拟器的修改) 在练习题 7.28 中, 编写了一个软件模拟器, 模拟一台能够执行用 Simpletron 机器语言(SML)编写的程序的计算机。在本练习中, 将提出一些 Simpletron 模拟器的修改和增强方案。在练习题 12.26 和练习题 12.27 中, 要构建一个编译器来将用高级程序设计语言(BASIC 语言的一个简化版本)编写的程序转换为 Simpletron 机器语言程序。要使模拟器能够执行编译器产生的程序, 就需要进行如下的修改和增强:

(a) 将 Simpletron 模拟器的内存扩展到 1000 个存储单元使其能够处理更大的程序。

(b) 允许模拟器执行求余运算。这要求增加一条 Simpletron 机器语言指令。

(c) 允许模拟器执行求幂运算。这也要求增加一条 Simpletron 机器语言指令。

(d) 修改模拟器使其用十六进制数而不是整数来表示 Simpletron 机器语言指令。

(e) 修改模拟器使其允许在输出中换行。这要求增加一条 Simpletron 机器语言指令。

(f) 修改模拟器使其除了能够处理整数之外, 还能够处理浮点数。

(g) 修改模拟器使其能够实现字符串输入[提示: 每个 Simpletron 机器字可以分成两部分, 每部分包含一个两位数字的整数。一个字符的十进制 ASCII 码可以用一个两位数字的整数来表示。增加一条 Simpletron 机器语言指令用来输入一个字符串并从 Simpletron 内存中某个特定单元开始存储该字符串。这个特定单元中的头半个字存储字符串中字符的个数(即字符串长度), 后续的每一个半字存储的是一个字符的以两位十进制数表示的 ASCII 码。这条 Simpletron 机器语言指令将把每个字符转换成它对应的 ASCII 码后, 赋值给相应的半字]。

(h) 修改模拟器使其能够输出按 (g) 小题格式存储的字符串(提示: 增加一条 Simpletron 机器语言指令用来打印输出一个从 Simpletron 内存中某个特定单元开始存储的字符串。这个特定单元中的头半个字存储的是以字符个数表示的字符串长度, 后续的每个半字包含的是以两位十进制数表示的、某个字符的 ASCII 码。这条 Simpletron 机器语言指令将检查字符串长度, 同时逐个将两位数字的整数翻译成相应的字符并将它打印出来)。

函数指针数组的练习

7.30 (用函数指针计算圆的周长、圆的面积或者球的体积) 请使用在图 7.28 学到的技术, 来编写一个基于文本的、选单(俗称菜单)驱动的程序。该程序先让用户选择是计算圆的周长、还是计算圆的面积或者是计算球的体积, 然后请用户输入半径的值, 最后计算并显示结果。请使用一个函数指针的数组, 数组中的指针所指函数都接收一个 double 型的实参且返回类型均为 void。每个函数都将显示其执行的计算类型、半径的值和计算结果。

7.31 (用函数指针来实现计算器) 请使用在图 7.28 学到的技术, 来编写一个基于文本的、菜单驱动的"计算器"程序。该程序先让用户从加、减、乘、除四种运算中选择一个, 然后请用户输入两个双精度型的数值, 最后计算并显示结果。请使用一个函数指针的数组, 数组中的指针所指函数都接收两个 double 型的实参且返回类型均为 void。每个函数都将显示其执行的计算类型、实参的值和计算结果。

提高练习题

7.32 (民意测验) 因特网和万维网正在帮助越来越多的人相互联系、参加一项事业、发表自己的观点, 等等。在 2008 年, 美国的总统候选人就大量地使用因特网来传播他们的信息、为他们的竞选募集资金。在本练习题中, 请编写一个简单的民意测验程序, 让用户给 5 个社会关注的问题打分。

最低分 1 分，表示最不重要；最高分 10 分，表示最重要。举出 5 个对你很重要的问题(如政治问题、全球环境问题)，并将其存储在一维数组 topics(类型为 char*)中。用一个 5 行、10 列的二维数组 responses(类型为 int)来统计调查结果，每一行对应数组 topics 中的一个元素。当程序运行时，它将提示用户给每一个问题打分。请你的朋友和家人参加这个调查。然后让程序显示如下调查结果：

(a) 一个表格形式的报告。报告的左侧，自上而下打印出 5 个问题；表格的顶部从左到右是每个问题的 10 个分数，每一列给出的是用户对相应问题打出的分数。

(b) 每行的最右端显示这个问题的平均分。

(c) 哪个问题得分最高？显示这个问题及其总分。

(d) 哪个问题得分最低？显示这个问题及其总分。

7.33 (碳足迹计算器：函数指针的数组)请用本章中学到的函数指针的数组，来定义一组实参类型和返回值类型都完全相同的函数。在世界范围内，政府和企业越来越关注因向建筑物供暖而燃烧燃料、驱动汽车而燃烧油料等带来到 “碳足迹(每年排放到大气层中的二氧化碳总量)”。许多科学家指责温室气体造成了全球变暖现象。请设计出 3 个函数来分别计算建筑物、小汽车和自行车的碳足迹。每个函数先请用户输入相应数据，然后计算并显示碳足迹(请访问一些介绍如何计算碳足迹的网站)。每个函数都不用接收实参，返回类型为 void。请编写一个程序，该程序先提示用户输入想计算何种物体的碳足迹，然后调用相应的、位于函数指针数组中的函数。对每一类碳足迹，显示一个标识信息和该类物体的碳足迹。

第8章 C字符和字符串

学习目标

在本章中，读者将学习以下内容：

- 使用字符处理函数库(<ctype.h>)中的函数。
- 使用通用工具函数库(<stdlib.h>)中的字符串转换函数。
- 使用标准输入输出函数库(<stdio.h>)中的字符串和字符输入输出函数。
- 使用字符串处理函数库(<string.h>)中的字符串处理函数。
- 使用字符串处理函数库(<string.h>)中的内存处理函数。

提纲

8.1 引言

本章将要介绍 C 语言中用于字符串和字符处理的标准库函数。这些函数可以用来处理字符、字符串、文本行和内存块。本章还要讨论用于开发编辑器、字处理器、页面设计软件、计算机排版系统以及其他各种文本处理软件的技术。由 printf 和 scanf 这样的格式化输入/输出函数执行的文本操作，也可以利用本章介绍的函数来实现。

C11 Annex K 函数

在 8.11 节中，将学习 C11 中可选的 Annex K 函数库。针对本章中介绍过的函数，这个库提供了这些函数的更安全版本，如更安全的函数 printf 和 scanf 是函数 printf_s 和 scanf_s。若编译器支持的话，请尽可能使用安全的 Annex K 函数。

8.2　字符串和字符基础

字符是构造源程序的基本单位。每个程序都是由一系列的字符组成的。当这些字符被有意义地组合在一起时，就被计算机解释成能够完成某个任务的一串指令。程序中，当一个字符被一对单引号引起来后就被认为是一个**字符常量**(Character constant)。字符常量实际上是一个整数，它的数值等于机器**字符集**(Character set)中该字符对应的整数值。例如，'z'表示 z 的整数值，'\n'是换行符的整数值(在 ASCII 码中，分别是 122 和 10)。

字符串(string)是被作为一个整体来对待的一串字符。组成字符串的字符可以是字母、数字或者诸如+、-、*、/和$之类的各种**特殊字符**(Special character)。在 C 语言中，**字符串文本**(String literal)或**字符串常量**(String constant)是被写在一对双引号中的。例如

"John Q.Doe"	(姓名)
"99999 Main Street"	(街道地址)
"Waltham, Massachusetts"	(城市和州)
"(201)555-1212"	(电话号码)

在 C 语言中，字符串是通过字符数组来实现的，所有表示字符串的字符数组的最后一个元素都是**空字符**(Null charatcer('\0'))。对一个字符串的访问是通过指向字符串中第一个字符的指针来实现的。字符串的值就是它第一个字符的地址。因此，在 C 语言中**字符串就是指针**(String is a pointer)——指向字符串首个字符的指针。在这个意义上，字符串很像数组，因为数组也是指向其首个元素的指针。

一个字符数组或一个 char *类型的变量可以在定义时用一个字符串来初始化。例如，下面的每个变量定义为：

```
char color[] = "blue";
const char *colorPtr = "blue";
```

都是用字符串"blue"来初始化的。第一个定义创建了一个字符数组 color。它有 5 个元素，分别是：'b'，'l'，'u'，'e'和'\0'。第二个定义创建了一个指针变量 colorPtr，它指向存储在"只能读"存储区中某个地方的字符串"blue"。

可移植性提示 8.1

C 标准明确指出，字符串文本是恒定的(即不能修改)，但是有些编译器不能实现这个要求。如果要修改字符串常量，那么必须将其存储到一个字符数组中，这样才能保证在所有的系统上都可以修改它。

前面的数组定义也可以写为

```
char color[] = { 'b', 'l', 'u', 'e', '\0' };
```

当定义一个字符数组来存储字符串时，这个数组必须足够大，以便能存储下字符串中的字符以及字符串结束符。对于前面的定义，系统将自动按照初始化列表中提供的初始值个数(5)来确定数组的大小。

常见的编程错误 8.1

没有定义一个足够大的字符数组来保存标志字符串结束的空字符，是一个错误。

常见的编程错误 8.2

打印一个不包含字符串结束符的字符串，将导致字符串后边的字符也被持续地打印出来，直到遇到一个空字符为止。

错误预防提示 8.1

在用字符数组存储字符串时，应保证字符数组足够大，以便能容纳可能存储的最长字符串。C语言允许存储任意长度的字符串。如果一个字符串的长度大于存储它的字符数组的长度，那么超出数组边界之外的字符就会覆盖掉数组后面的存储单元中的数据。

可以用 scanf 函数来将字符串存储到一个数组中。例如，下面的语句就将用户输入的一个字符串存储到字符数组 word[20]中。

```
scanf("%19s", word);
```

存储用户输入的字符串的变量 word 是一个数组，当然也是一个指针。所以，作为 scanf 函数的实参，word 前面不需要加&。在 6.5.4 节中曾介绍过，scanf 函数将不断地读入字符直到遇到空格、tab 键、换行符或者文件结束标志为止。所以，若没有在格式转换说明符%19s 中规定域宽为 19，那么用户就可能输入多于 19 个的字符，导致程序崩溃！因此，在使用 scanf 来读入字符数组时，必须明确写出域宽。上面语句中的域宽 19 就保证了 scanf 函数最多读入 19 个字符，然后将字符串结束符存到数组中最后一个元素位置。这样可以避免 scanf 函数将字符写到数组之外的内存单元中去(若要读取任意长度的输入行，则可从使用非标准但被广泛支持的函数 readline()，该函数通常包含在头文件 stdio.h 中)。对于一个要以字符串形式打印的字符数组，这个数组必须包含字符串结束符。

常见的编程错误 8.3

将单个字符当成一个字符串。一个字符串是一个指针——可能是一个很大的整数。而一个字符则是一个较小的整数(表示字符的 ASCII 值在 0 ~ 255 之间)。所以，在很多系统中，将单个字符当成一个字符串来使用，将会引起"非法内存访问"错误，因为小的内存地址通常是为某些特定目的而保留的，如操作系统的中断处理程序。

常见的编程错误 8.4

将字符作为实参去调用形参是字符串的函数，是一个编译错误，反之亦然。

8.3 字符处理函数库

字符处理函数库(<ctype.h>)包含了用于对字符数据进行测试和操作的函数。每个函数都接收一个 unsigned char 字符(用整数表示)或 EOF 作为实参。正如在第 4 章中讨论的那样，因为 C 语言中的字符是一个单字节长的整数，所以字符常被当成整数来处理。一般地，EOF 的值为-1。图 8.1 是对字符处理库函数的简要说明。

原　　型	函数描述
int isblank(int c);	若 c 是一行文本中分割单词的空格，则函数返回值为真。否则函数返回值为假(0)(注：在微软 Visual C++中没有这个函数)
int isdigit(int c);	若 c 是数字，则函数返回值为真，否则函数返回值为假(0)
int isalpha(int c);	若 c 是字母，则函数返回值为真，否则函数返回值为假(0)
int isalnum(int c);	若 c 是数字或字母，则函数返回值为真，否则函数返回值为假(0)

图 8.1　字符处理库(<ctype.h>)函数

原　　型	函数描述
int isxdigit(int c);	若 c 是一个表示十六进制数的字母，则函数返回值为真，否则返回值为假(0)(阅读附录 D 详细了解二进制数、八进制数、十进制数、十六进制数)
int islower(int c);	若 c 是小写字母，则函数返回值为真，否则函数返回值为假(0)
int isupper(int c);	若 c 是大写字母，则函数返回值为真，否则函数返回值为假(0)
int tolower(int c);	若 c 是大写字母，则函数将 c 转换为小写字母后返回，否则函数返回未改变的实参
int toupper(int c);	若 c 是小写字母，则函数将 c 转换为大写字母后返回，否则函数返回未改变的实参
int isspace(int c);	若 c 是空白字符——换行符('\n')、空格符(' ')、换页符('\f')、回车符('\r')、水平制表符('\t')、垂直制表符('\v')，则函数返回值为真，否则函数返回值为假(0)
int iscntrl(int c);	若 c 是一个控制字符——水平制表符('\t')、垂直制表符('\v')、换页符('\f')、报警符('\a')、退格符('\b')、回车符('\r')、换行符('\n')等，则函数返回值为真，否则函数返回值为假(0)
int ispunct(int c);	若 c 是一个除空格、数字或字母以外的可打印字符——如$、#、(、)、[、]、{、}、;、:、%，则函数返回值为真，否则函数返回值为假(0)
int isprint(int c);	若 c 是一个包含空格在内的可打印字符(即在屏幕上可见的字符)，则函数返回值为真，否则函数返回值为假(0)
int isgraph(int c);	若 c 是一个除空格以外的可打印字符，则函数返回值为真，否则函数返回值为假(0)

图 8.1(续)　字符处理库(<ctype.h>)函数

8.3.1　函数 isdigit，isalpha，isalnum 和 isxdigit

图 8.2 的程序演示了如何使用函数 **isdigit**，**isalpha**，**isalnum** 和 isxdigit。函数 isdigit 判定它的实参是否是一个数字(0 ~ 9)。函数 isalpha 判定它的实参是否是大写字母(A ~ Z)或小写字母(a ~ z)。函数 isalnum 判定它的实参是否是大写字母、小写字母或者数字。函数 isxdigit 判定它的实参是否是一个十六进制的数字(A ~ F, a ~ f, 0 ~ 9)。

```
 1   // Fig. 8.2: fig08_02.c
 2   // Using functions isdigit, isalpha, isalnum, and isxdigit
 3   #include <stdio.h>
 4   #include <ctype.h>
 5
 6   int main(void)
 7   {
 8      printf("%s\n%s%s\n%s%s\n\n", "According to isdigit: ",
 9         isdigit('8')  ? "8 is a " : "8 is not a ", "digit",
10         isdigit('#')  ? "# is a " : "# is not a ", "digit");
11
12      printf("%s\n%s%s\n%s%s\n%s%s\n%s%s\n\n",
13         "According to isalpha:",
14         isalpha('A')  ? "A is a " : "A is not a ", "letter",
15         isalpha('b')  ? "b is a " : "b is not a ", "letter",
16         isalpha('&')  ? "& is a " : "& is not a ", "letter",
17         isalpha('4')  ? "4 is a " : "4 is not a ", "letter");
18
19      printf("%s\n%s%s\n%s%s\n%s%s\n\n",
20         "According to isalnum:",
21         isalnum('A')  ? "A is a " : "A is not a ",
22         "digit or a letter",
23         isalnum('8')  ? "8 is a " : "8 is not a ",
24         "digit or a letter",
25         isalnum('#')  ? "# is a " : "# is not a ",
26         "digit or a letter");
27
28      printf("%s\n%s%s\n%s%s\n%s%s\n%s%s\n",
29         "According to isxdigit:",
30         isxdigit('F')  ? "F is a " : "F is not a ",
31         "hexadecimal digit",
32         isxdigit('J')  ? "J is a " : "J is not a ",
33         "hexadecimal digit",
34         isxdigit('7')  ? "7 is a " : "7 is not a ",
35         "hexadecimal digit",
```

图 8.2　函数 isdigit，isalpha，isalnum 和 isxdigit 的使用

```
36          isxdigit('$')   ? "$ is a " : "$ is not a ",
37          "hexadecimal digit",
38          isxdigit('f')   ? "f is a " : "f is not a ",
39          "hexadecimal digit");
40      }
```

```
According to isdigit:
8 is a digit
# is not a digit

According to isalpha:
A is a letter
b is a letter
& is not a letter
4 is not a letter

According to isalnum:
A is a digit or a letter
8 is a digit or a letter
# is not a digit or a letter

According to isxdigit:
F is a hexadecimal digit
J is not a hexadecimal digit
7 is a hexadecimal digit
$ is not a hexadecimal digit
f is a hexadecimal digit
```

图 8.2(续)　函数 isdigit，isalpha，isalnum 和 isxdigit 的使用

对每个被测试的字符，图 8.2 中的程序都使用条件运算符(?:)来确定打印输出的字符串是"is a"还是"is not a"。例如下面的表达式：

```
isdigit('8') ? "8 is a " : "8 is not a "
```

表示：若'8'是一个数字，则打印字符串"8 is a "；如果'8'不是一个数字(即函数 isdigit 返回 0 值)，则打印字符串"8 is not a "。

8.3.2　函数 islower，isupper，tolower 和 toupper

图 8.3 是使用函数 islower，isupper，tolower 和 toupper 的例子。函数 islower 判定它的实参是否是一个小写字母(a ~ z)。函数 isupper 用来判定它的实参是否是一个大写字母(A ~ Z)。函数 tolower 将一个大写字母转换成一个小写字母并返回这个小写字母。若实参不是大写字母，则函数 tolower 返回未改变的实参。函数 toupper 将一个小写字母转换成一个大写字母并返回这个大写字母。若实参不是小写字母，则函数 toupper 返回未改变的实参。

```
 1    // Fig. 8.3: fig08_03.c
 2    // Using functions islower, isupper, tolower and toupper
 3    #include <stdio.h>
 4    #include <ctype.h>
 5
 6    int main(void)
 7    {
 8       printf("%s\n%s%s\n%s%s\n%s%s\n%s%s\n\n",
 9          "According to islower:",
10          islower('p')   ? "p is a " : "p is not a ",
11          "lowercase letter",
12          islower('P')   ? "P is a " : "P is not a ",
13          "lowercase letter",
14          islower('5')   ? "5 is a " : "5 is not a ",
15          "lowercase letter",
16          islower('!')   ? "! is a " : "! is not a ",
17          "lowercase letter");
18
19       printf("%s\n%s%s\n%s%s\n%s%s\n%s%s\n\n",
20          "According to isupper:",
21          isupper('D') ? "D is an " : "D is not an ",
22          "uppercase letter",
23          isupper('d') ? "d is an " : "d is not an ",
```

图 8.3　函数 islower，isupper，tolower 和 toupper 的使用

```
24          "uppercase letter",
25          isupper('8')   ? "8 is an " : "8 is not an ",
26          "uppercase letter",
27          isupper('$')   ? "$ is an " : "$ is not an ",
28          "uppercase letter");
29
30      printf("%s%c\n%s%c\n%s%c\n%s%c\n",
31          "u converted to uppercase is ", toupper('u') ,
32          "7 converted to uppercase is ", toupper('7') ,
33          "$ converted to uppercase is ", toupper('$') ,
34          "L converted to lowercase is ", tolower('L')  );
35  }
```

```
According to islower:
p is a lowercase letter
P is not a lowercase letter
5 is not a lowercase letter
! is not a lowercase letter

According to isupper:
D is an uppercase letter
d is not an uppercase letter
8 is not an uppercase letter
$ is not an uppercase letter

u converted to uppercase is U
7 converted to uppercase is 7
$ converted to uppercase is $
L converted to lowercase is l
```

图 8.3(续)　函数 islower，isupper，tolower 和 toupper 的使用

8.3.3　函数 isspace，iscntrl，ispunct，isprint 和 isgraph

图 8.4 是使用函数 isspace，iscntrl，ispunct，isprint 和 isgraph 的例子。函数 isspace 判定它的实参是否是下列空白字符之一：空格符(' ')、换页符('\f')、换行符('\n')、回车符('\r')、水平制表符('\t')、垂直制表符('\v')。函数 iscntrl 判定它的实参是否是下列**控制字符**(Control character)之一：水平制表符('\t')、垂直制表符('\v')、换页符('\f')、报警符('\a')、退格符('\b')、回车符('\r')、换行符('\n')。函数 ispunct 用来判定它的实参是否是一个除空格、数字、字母以外的**可打印字符**(Printing character)，如$、#、(、)、[、]、{、}、;、: 或%等。函数 isprint 用来判定它的实参是否是一个可以显示在屏幕上的字符(包含空格符)。函数 isgraph 与函数 isprint 相同，只是不包含空格符。

```
 1  // Fig. 8.4: fig08_04.c
 2  // Using functions isspace, iscntrl, ispunct, isprint and isgraph
 3  #include <stdio.h>
 4  #include <ctype.h>
 5
 6  int main(void)
 7  {
 8      printf("%s\n%s%s%s\n%s%s%s\n%s%s\n\n",
 9          "According to isspace:",
10          "Newline", isspace('\n')   ? " is a " : " is not a ",
11          "whitespace character", "Horizontal tab",
12          isspace('\t')   ? " is a " : " is not a ",
13          "whitespace character",
14          isspace('%')   ? "% is a " : "% is not a ",
15          "whitespace character");
16
17      printf("%s\n%s%s%s\n%s%s%s\n\n", "According to iscntrl:",
18          "Newline", iscntrl('\n')   ? " is a " : " is not a ",
19          "control character", iscntrl('$')   ? "$ is a " :
20          "$ is not a ", "control character");
21
22      printf("%s\n%s%s\n%s%s\n%s%s\n\n",
23          "According to ispunct:",
24          ispunct(';')   ? "; is a " : "; is not a ",
25          "punctuation character",
26          ispunct('Y')   ? "Y is a " : "Y is not a ",
```

图 8.4　函数 isspace，iscntrl，ispunct，isprint 和 isgraph 的使用

```
27            "punctuation character",
28            ispunct('#')  ? "# is a " : "# is not a ",
29            "punctuation character");
30
31    printf("%s\n%s%s\n%s%s%s\n\n", "According to isprint:",
32            isprint('$')  ? "$ is a " : "$ is not a ",
33            "printing character",
34            "Alert", isprint('\a')  ? " is a " : " is not a ",
35            "printing character");
36
37    printf("%s\n%s%s\n%s%s%s\n",  "According to isgraph:",
38            isgraph('Q')  ? "Q is a " : "Q is not a ",
39            "printing character other than a space",
40            "Space", isgraph(' ')  ? " is a " : " is not a ",
41            "printing character other than a space");
42    }
```

```
According to isspace:
Newline is a whitespace character
Horizontal tab is a whitespace character
% is not a whitespace character

According to iscntrl:
Newline is a control character
$ is not a control character

According to ispunct:
; is a punctuation character
Y is not a punctuation character
# is a punctuation character

According to isprint:
$ is a printing character
Alert is not a printing character

According to isgraph:
Q is a printing character other than a space
Space is not a printing character other than a space
```

图 8.4(续)　函数 isspace，iscntrl，ispunct，isprint 和 isgraph 的使用

8.4　字符串转换函数

本节将介绍**通用工具函数库**(Genernal utilities library)(<stdlib.h>)中的**字符串转换函数**(String-conversion function)。这些函数将数字字符串转换为整型或浮点型的数值。图 8.5 对字符串转换函数做了简要说明。为了能够把字符串转换为 long long int 型或 unsigned long long int 型数值，C 标准还增加了 strtoll 和 strtoull 两个函数。注意，应采用限定符 const 声明函数头中的变量 nPtr（从右往左读为*nPtr 是一个指针，指向一个字符常量），const 规定这个实参的值不能被修改。

函数原型	函数描述
double strtod(const char *nPtr, char **endPtr);	将 nPtr 指向的字符串转换为双精度浮点数
long strtol(const char *nPtr, char **endPtr, int base);	将 nPtr 指向的字符串转换为长整型数
unsigned long strtoul(const char *nPtr, char **endPtr, int base);	将 nPtr 指向的字符串转换为无符号长整型数

图 8.5　通用函数库中的字符串转换函数

8.4.1　函数 strtod

函数 strtod(参见图 8.6)将一个表示浮点数的字符序列转换为双精度浮点数值。函数 strtod 接收两个实参——字符串(char *类型)和指向字符串的指针(char **类型)。若函数不能够将字符串中的任何一个部分转换成双精度浮点数，则函数返回 0。字符串实参包含一个待转换为双精度浮点数的字符序列——位于字符串前部的空白字符将被忽略掉。为了能修改主调函数中的 char *型指针(stringPtr)，函数采用了一个 char **型实参。这样，转换成浮点数后字符串中余下部分的第一个字符的地址，或者当字符串任何

部分都不能转换成浮点数时整个字符串的地址，就赋值给这个指针实参。第 11 行语句表示由 string 转换得到的双精度浮点数将赋值给 d，字符串中转换为数值(51.2)后的第一个字符的地址，则赋值给 stringPtr。

```
1  // Fig. 8.6: fig08_06.c
2  // Using function strtod
3  #include <stdio.h>
4  #include <stdlib.h>
5
6  int main(void)
7  {
8     const char *string = "51.2% are admitted"; // initialize string
9     char *stringPtr; // create char pointer
10
11    double d = strtod(string, &stringPtr);
12
13    printf("The string \"%s\" is converted to the\n", string);
14    printf("double value %.2f and the string \"%s\"\n", d, stringPtr);
15 }
```

```
The string "51.2% are admitted" is converted to the
double value 51.20 and the string "% are admitted"
```

图 8.6　函数 strtod 的使用

8.4.2　函数 strtol

函数 strtol(参见图 8.7)将一个表示整数的字符序列转换为 long int(长整型)数。若函数不能够将字符串中的任何一个部分转换成长整型数，则函数返回 0。该函数接收三个实参：字符串(char*类型)，指向字符串的指针以及一个整数。其中，字符串实参包含一个待转换为长整型数的字符序列——位于字符串前部的空白字符将被忽略掉。为了能修改主调函数中的 char *型指针(remainderPtr)，函数采用了一个 char ** 型实参。转换完成后字符串中余下部分的第一个字符的地址，或者在字符串任何部分都不能转换成浮点数时整个字符串的地址，就赋值给这个指针实参。而整数实参则规定了被转换数值的基数。

```
1  // Fig. 8.7: fig08_07.c
2  // Using function strtol
3  #include <stdio.h>
4  #include <stdlib.h>
5
6  int main(void)
7  {
8     const char *string = "-1234567abc"; // initialize string pointer
9     char *remainderPtr; // create char pointer
10
11    long x = strtol(string, &remainderPtr, 0);
12
13    printf("%s\"%s\"\n%s%ld\n%s\"%s\"\n%s%ld\n",
14       "The original string is ", string,
15       "The converted value is ", x,
16       "The remainder of the original string is ",
17       remainderPtr,
18       "The converted value plus 567 is ", x + 567);
19 }
```

```
The original string is "-1234567abc"
The converted value is -1234567
The remainder of the original string is "abc"
The converted value plus 567 is -1234000
```

图 8.7　函数 strtol 的使用

第 11 行的语句表示，由 string 转换得到的长整数将赋值给 x。转换完成后字符串中余下的部分字符串则赋值给第二个实参 remainderPtr。若想忽略掉剩余的字符串片段，则第二个实参可写为 NULL。第三个实参 0 表示转换后的数值可以表示成八进制数(基数为 8)、十进制数(基数为 10)或者十六进制数(基数为 16)的形式。这个基数可以指定为 0 或者 2～36 之间的任意整数(关于八进制数、十进制数或十六进制数制系统的内容详见附录 D)。对于以 11～36 之间的数为基数的整数，A～Z 之间的字母分别用来表示 10~35 之间的数值。例如，十六进制数用 0~9 之间的数字和 A~F 之间的字母来表示；基数为 11 的整数用 0~9 之间的数字和字母 A 来表示；基数为 24 的整数用 0~9 之间的数字和 A~N 之间的字母来表示；基数为 36 的整数用 0~9 之间的数字和 A~Z 之间的字母来表示。

8.4.3　函数 strtoul

函数 strtoul(参见图 8.8)将一个表示 unsigned long int(无符号长整型)数的字符序列转换为无符号长整型的数值。函数 strtoul 和函数 strtol 的工作原理是一样的。第 11 行语句表示，由 string 转换得到的无符号长整型数将赋值给 x，转换完成后余下的部分字符串则赋值给第二个实参&remainderPtr。第三个实参 0 表示转换后的数值可以是八进制、十进制或十六进制。

```c
// Fig. 8.8: fig08_08.c
// Using function strtoul
#include <stdio.h>
#include <stdlib.h>

int main(void)
{
    const char *string = "1234567abc"; // initialize string pointer
    char *remainderPtr; // create char pointer

    unsigned long int x = strtoul(string, &remainderPtr, 0);

    printf("%s\"%s\"\n%s%lu\n%s\"%s\"\n%s%lu\n",
        "The original string is ", string,
        "The converted value is ", x,
        "The remainder of the original string is ",
        remainderPtr,
        "The converted value minus 567 is ", x - 567);
}
```

```
The original string is "1234567abc"
The converted value is 1234567
The remainder of the original string is "abc"
The converted value minus 567 is 1234000
```

图 8.8　函数 strtoul 的使用

8.5　标准输入/输出库函数

本节将介绍标准输入/输出库(**<stdio.h>**)中用于专门处理字符和字符串数据的函数。图 8.9 是对标准输入/输出库中负责字符和字符串输入/输出的函数做了简要的说明。

函数原型	函数描述
int getchar(void);	从标准输入中读入下一个字符，并将其作为一个整型值返回
char *fgets(char *s, int n, FILE *stream);	从指定的输入流中输入字符到数组 s 中，直到遇到一个换行符或文件结束符为止。若已读入 n-1 个字节，输入也会停止。本章中，指定的输入流为面向键盘的标准输入流 stdin。输入结束后，函数将一个字符串结束符添加到数组 s 的末尾，并返回输入到 s 中的字符串。如果遇到一个换行符，这个换行符也被加入到存储在 s 中的字符串里。
int putchar(int c);	打印(即显示)存储在 c 中的字符，并将其作为整型数返回
int puts(const char *s);	打印一个以换行符结尾的字符串。若函数调用成功，则函数返回一个非 0 整数。若出现错误，则函数返回 EOF
int sprintf(char *s, const char *format, ...);	除了输出是保存在数组 s 中而不是显示在屏幕上这一点不同之外，其他与 printf 等价。若函数调用成功，则函数返回写入到 s 中的字符个数。若出现错误，则函数返回 EOF(注：在本章的"安全的 C 程序设计"中，还要介绍相关的更安全的函数)
int sscanf(char *s, const char *format, ...);	除了输入是从数组 s 中读入而不是从键盘键入这一点不同之外，其他与 scanf 等价，若函数调用成功，则函数返回读入的项数。若出现错误，则函数返回 EOF(注：在本章的"安全的 C 程序设计"中，还要介绍相关的更安全函数)

图 8.9　标准输入输出函数库中的字符和字符串处理函数

8.5.1　函数 fgets 和 putchar

图 8.10 使用函数 fgets 和 putchar 从标准输入（键盘）中读入一行文本，然后以相反的顺序递归地输出其中的字符。函数 fgets 从标准输入流中读取字符存到其第一个实参即一个字符数组中，直到遇到换行符或文件结束符为止。当读入的字符个数达到最大值时，函数 fgets 也会停止输入。可读入字符的最大个数等于函数 fgets 第二个实参减一。第三个实参指定了从哪个输入流中读取字符。本例中程序访问的是标准输入流 stdin。当读入结束后，一个空字符('\0')将被添加到数组的末尾。

函数 putchar 的功能是打印它的字符实参。程序调用递归函数 reverse[①]以倒序打印这行文本。若接收到的数组的第一个字符是空字符'\0'，则函数 reverse 返回，否则函数 reverse 将以元素 sPtr[1]为起始元素的子数组的首地址作为实参再次调用函数 reverse，并在调用结束后用 putchar 输出字符 sPtr[0]。if 语句中 else 分支的两条语句的执行顺序使得在字符被输出前，函数 reverse 一直递归调用直到遇到字符串的结束符为止。当递归调用结束时，字符就被倒序输出了。

```c
1   // Fig. 8.10: fig08_10.c
2   // Using functions fgets and putchar
3   #include <stdio.h>
4   #define SIZE 80
5
6   void reverse(const char * const sPtr); // prototype
7
8   int main(void)
9   {
10      char sentence[SIZE]; // create char array
11
12      puts("Enter a line of text:");
13
14      // use fgets to read line of text
15      fgets(sentence, SIZE, stdin);
16
17      printf("\n%s", "The line printed backward is:");
18      reverse(sentence);
19  }
20
21  // recursively outputs characters in string in reverse order
22  void reverse(const char * const sPtr)
23  {
24      // if end of the string
25      if ('\0' == sPtr[0]) { // base case
26          return;
27      }
28      else { // if not end of the string
29          reverse(&sPtr[1]); // recursion step
30          putchar(sPtr[0]); // use putchar to display character
31      }
32  }
```

```
Enter a line of text:
Characters and Strings

The line printed backward is:
sgnirtS dna sretcarahC
```

图 8.10　函数 fgets 和 putchar 的使用

8.5.2　函数 getchar

图 8.11 使用函数 getchar 和 puts 从标准输入中读入字符存到字符数组 sentence 中，然后将该字符数组作为一个字符串打印出来。函数 getchar 从标准输入中读入一个字符，并以整型值的形式将其返回。函数 puts 接收一个字符串作为实参，然后将其打印出来并换行。

---

① 为了演示的目的，我们在本例中使用了递归。若采用从字符串的最后一个字符(位于字符串长度减一位置的那个字符)到第一个字符(位于位置 0 那个字符)的循环会更高效。

当已经读入 79 个字符或者函数 getchar 读到用户输入的结束一行文本的换行符时，程序停止输入，并将一个空字符追加到数组 sentence 中(第 20 行)，这样该数组就可以作为字符串来处理了。最后，第 24 行用函数 puts 打印 sentence 中的字符串。

```
1   // Fig. 8.11: fig08_11.c
2   // Using function getchar.
3   #include <stdio.h>
4   #define SIZE 80
5
6   int main(void)
7   {
8      int c; // variable to hold character input by user
9      char sentence[SIZE]; // create char array
10     int i = 0; // initialize counter i
11
12     // prompt user to enter line of text
13     puts("Enter a line of text:");
14
15     // use getchar to read each character
16     while ((i < SIZE - 1) && (c = getchar()) != '\n') {
17        sentence[i++] = c;
18     }
19
20     sentence[i] = '\0'; // terminate string
21
22     // use puts to display sentence
23     puts("\nThe line entered was:");
24     puts(sentence);
25  }
```

```
Enter a line of text:
This is a test.

The line entered was:
This is a test.
```

图 8.11　函数 getchar 的使用

8.5.3　函数 sprintf

图 8.12 使用函数 sprintf 将格式化的数据打印(即存入)到字符数组 s 中。函数 sprintf 使用与函数 printf 相同的转换说明符(详见第 9 章对格式化输入输出的讨论)。该程序将输入一个整数和一个双精度浮点数，将它们格式化后打印到数组 s 中。数组 s 是函数 sprintf 的第一个实参(注：若系统支持 C11 的函数 snprintf_s，请优先使用函数 snprintf_s，而不使用函数 sprintf；若系统不支持函数 snprintf_s 而支持函数 snprintf，请优先使用函数 snprintf，而不使用函数 sprintf)。

```
1   // Fig. 8.12: fig08_12.c
2   // Using function sprintf
3   #include <stdio.h>
4   #define SIZE 80
5
6   int main(void)
7   {
8      int x; // x value to be input
9      double y; // y value to be input
10
11     puts("Enter an integer and a double:");
12     scanf("%d%lf", &x, &y);
13
14     char s[SIZE]; // create char array
15     sprintf(s, "integer:%6d\ndouble:%7.2f", x, y);
16
17     printf("%s\n%s\n", "The formatted output stored in array s is:", s);
18
19  }
```

图 8.12　函数 sprintf 的使用

```
Enter an integer and a double:
298 87.375
The formatted output stored in array s is:
integer:   298
double:  87.38
```

图 8.12(续)　函数 sprintf 的使用

8.5.4　函数 sscanf

图 8.13 使用函数 sscanf 从字符数组 s 中读入格式化数据。函数 sscanf 使用与函数 scanf 相同的转换说明符。该程序从数组 s 中读入一个整型数和一个双精度浮点数分别存入变量 x 和 y 中，然后打印 x 和 y 的值。数组 s 是函数 sscanf 的第一个实参。

```
1   // Fig. 8.13: fig08_13.c
2   // Using function sscanf
3   #include <stdio.h>
4
5   int main(void)
6   {
7      char s[] = "31298 87.375"; // initialize array s
8      int x; // x value to be input
9      double y; // y value to be input
10
11     sscanf(s, "%d%lf", &x, &y);
12     printf("%s\n%s%6d\n%s%8.3f\n",
13        "The values stored in character array s are:",
14        "integer:", x, "double:", y);
15  }
```

```
The values stored in character array s are:
integer: 31298
double:  87.375
```

图 8.13　函数 sscanf 的使用

8.6　字符串处理函数库中的字符串处理函数

字符串处理函数库(<string.h>)提供了很多可用于处理字符串数据(**复制字符串**和**拼接字符串**)、**比较字符串**、在字符串中查找字符和其他字符串、**字符串标号化**(将字符串分割成若干逻辑片断，如单词)以及确定**字符串长度**的函数。本节将介绍字符串处理函数库中的字符串处理函数。图 8.14 对这些函数做了概要说明。除了函数 strncpy 之外，每个函数都会将一个空字符追加到处理后的字符串的末尾(注：C11标准的可选 Annex K 库提供了这些函数的更安全的版本，我们将在本章的"安全的 C 程序设计"中介绍那些更安全的函数)。

函数原型	函数描述
char *strcpy(char *s1, const char *s2)	将字符串 s2 复制到字符数组 s1 中，返回 s1 的值
char *strncpy(char *s1, const char *s2, size_t n)	将字符串 s2 中的至多 n 个字符复制到字符数组 s1 中，返回 s1 的值
char *strcat(char *s1, const char *s2)	将字符串 s2 追加到字符数组 s1 中字符串的末尾。s2 的第一个字符覆盖 s1 的字符串结束符。返回 s1 的值
char *strncat(char *s1, const char *s2, size_t n)	将字符串 s2 中的至多 n 个字符追加到字符数组 s1 中字符串的末尾。s2 的第一个字符覆盖 s1 的字符串结束符。返回 s1 的值

图 8.14　字符串处理函数库中的字符串处理函数

函数 strncpy 和 strncat 都指定了一个类型为 size_t 的形参。函数 strcpy 的功能是将第二个实参(一个字符串)复制到第一个实参中——字符数组必须大到足以存储这个字符串和表示字符串结束的空字符，这个空字符也必须复制。函数 strncpy 与函数 strcpy 的功能是等价的，只不过 strncpy 指定了字符串中将要被复制到数组中去的字符个数。注意：对于函数 strncpy，第二个实参中的字符串结束符不一定会被复制过去。仅当要复制的字符个数 n 大于要复制的字符串 s2 的长度时，才会将字符串结束符复制到数组 s1 中。例如，如果"test"是第二个实参，则仅在 strncpy 的第三个实参至少是 5("test"中的 4 个字符加上一个字符串结束符)时，才会将字符串结束符写入第一个实参。若第三个实参大于 5，则有的函数实现会将空字符不断地添加到数组中直到复制字符的个数达到了第三个实参的要求。有的函数实现则会在写入第一个空字符后结束复制。

常见的编程错误 8.5

当 strncpy 函数中的第三个实参小于或等于第二个实参对应的字符串的长度时，没有在第一个实参的末尾追加一个字符串结束符。

8.6.1 函数 strcpy 和 strncpy

图 8.15 使用 strcpy 将数组 x 中的字符串复制到数组 y 中，并使用 strncpy 将数组 x 中前 14 个字符复制到数组 z 中。由于被调用的 strncpy 没有复制字符串结束符(第三个实参小于第二个实参对应的字符串的长度)，所以程序单独地将空字符('\0')追加到数组 z 的末尾。

```
1   // Fig. 8.15: fig08_15.c
2   // Using functions strcpy and strncpy
3   #include <stdio.h>
4   #include <string.h>
5   #define SIZE1 25
6   #define SIZE2 15
7
8   int main(void)
9   {
10     char x[] = "Happy Birthday to You"; // initialize char array x
11     char y[SIZE1]; // create char array y
12     char z[SIZE2]; // create char array z
13
14     // copy contents of x into y
15     printf("%s%s\n%s%s\n",
16        "The string in array x is: ", x,
17        "The string in array y is: ", strcpy(y, x));
18
19     // copy first 14 characters of x into z. Does not copy null
20     // character
21     strncpy(z, x, SIZE2 - 1);
22
23     z[SIZE2 - 1] = '\0'; // terminate string in z
24     printf("The string in array z is: %s\n", z);
25  }
```

```
The string in array x is: Happy Birthday to You
The string in array y is: Happy Birthday to You
The string in array z is: Happy Birthday
```

图 8.15 函数 strcpy 和 strncpy 的使用

8.6.2 函数 strcat 和 strncat

函数 strcat 将第二个实参(一个字符串)拼接到第一个实参(一个包含字符串的数组)的末尾。第二个实参中的第一个字符替换了第一个实参中表示字符串结束的空字符('\0')。必须确保存放第一个字符串的数组足够大，以便足以存放第一个字符串加第二个字符串以及从第二个字符串复制过来的字符串结束符。函数 strncat 将第二个字符串中指定个数的字符拼接到第一个字符串的末尾。字符串结束符会被自动地追加到结果字符串的末尾。图 8.16 演示了函数 strcat 和 strncat 的用法。

```
1   // Fig. 8.16: fig08_16.c
2   // Using functions strcat and strncat
3   #include <stdio.h>
4   #include <string.h>
```

图 8.16 函数 strcat 和 strncat 的使用

```
 1   // Fig. 8.16: fig08_16.c
 2   // Using functions strcat and strncat
 3   #include <stdio.h>
 4   #include <string.h>
 5
 6   int main(void)
 7   {
 8      char s1[20] = "Happy "; // initialize char array s1
 9      char s2[] = "New Year "; // initialize char array s2
10      char s3[40] = ""; // initialize char array s3 to empty
11
12      printf("s1 = %s\ns2 = %s\n", s1, s2);
13
14      // concatenate s2 to s1
15      printf("strcat(s1, s2) = %s\n", strcat(s1, s2)  );
16
17      // concatenate first 6 characters of s1 to s3. Place '\0'
18      // after last character
19      printf("strncat(s3, s1, 6) = %s\n", strncat(s3, s1, 6));
20
21      // concatenate s1 to s3
22      printf("strcat(s3, s1) = %s\n", strcat(s3, s1)  );
23   }
```

```
s1 = Happy
s2 = New Year
strcat(s1, s2) = Happy New Year
strncat(s3, s1, 6) = Happy
strcat(s3, s1) = Happy Happy New Year
```

图 8.16(续)　函数 strcat 和 strncat 的使用

8.7　字符串处理函数库中的比较函数

本节将介绍字符串处理函数库中的字符串比较函数 strcmp 和 strncmp。图 8.17 给出了它们的函数原型和对每个函数的一个简短的说明。

函数原型	函数描述
in strcmp(const char *s1, const char *s2);	比较字符串 s1 和字符串 s2。当 s1 等于、小于、大于 s2 时，函数分别返回 0、小于 0 的值、大于 0 的值
in strncmp(const char *s1, const char*s2, size_t n);	将字符串 s1 中至多 n 个字符和字符串 s2 进行比较。当 s1 等于、小于、大于 s2 时，函数分别返回 0、小于 0 的值、大于 0 的值

图 8.17　字符串处理函数库中的字符串处理函数

图 8.18 使用 strcmp 和 strncmp 比较了三个字符串。函数 strcmp 逐个字符地比较第一个实参字符串和第二个实参字符串。若两个字符串相等，则函数返回 0。若第一个字符串小于第二个字符串，则函数返回负值。若第一个字符串大于第二个字符串，则函数返回正值。函数 strncmp 和 strcmp 是等价的，只不过是 strncmp 最多比较指定数目的字符。遇到字符串结束符以后，函数 strncmp 就不再比较了。程序打印每次函数调用返回的整型值。

```
 1   // Fig. 8.18: fig08_18.c
 2   // Using functions strcmp and strncmp
 3   #include <stdio.h>
 4   #include <string.h>
 5
 6   int main(void)
 7   {
 8      const char *s1 = "Happy New Year"; // initialize char pointer
 9      const char *s2 = "Happy New Year"; // initialize char pointer
10      const char *s3 = "Happy Holidays"; // initialize char pointer
11
12      printf("%s%s\n%s%s\n%s%s\n\n%s%2d\n%s%2d\n%s%2d\n\n",
```

图 8.18　函数 strcmp 和 strncmp 的使用

```
13              "s1 = ", s1, "s2 = ", s2, "s3 = ", s3,
14              "strcmp(s1, s2) = ", strcmp(s1, s2) ,
15              "strcmp(s1, s3) = ", strcmp(s1, s3) ,
16              "strcmp(s3, s1) = ", strcmp(s3, s1) );
17
18       printf("%s%2d\n%s%2d\n%s%2d\n",
19              "strncmp(s1, s3, 6) = ", strncmp(s1, s3, 6) ,
20              "strncmp(s1, s3, 7) = ", strncmp(s1, s3, 7) ,
21              "strncmp(s3, s1, 7) = ", strncmp(s3, s1, 7) );
22    }
```

```
s1 = Happy New Year
s2 = Happy New Year
s3 = Happy Holidays

strcmp(s1, s2) =  0
strcmp(s1, s3) =  1
strcmp(s3, s1) = -1

strncmp(s1, s3, 6) =  0
strncmp(s1, s3, 7) =  1
strncmp(s3, s1, 7) = -1
```

图 8.18（续）   函数 strcmp 和 strncmp 的使用

常见的编程错误 8.6

当两个实参相等时，认为 strcmp 或 strncmp 函数的返回值是 1，属于逻辑错误。事实上，当两个实参相等时，这两个函数都返回 0（这是 C 语言中表示"逻辑假"的值）。因此，欲测试两个字符串是否相等，应该将函数 strcmp 或 strncmp 的返回值与零(0)进行相等比较，以确定这两个字符串是否相等。

为了理解一个字符串"大于"或"小于"另一个字符串的确切含义，让我们来考虑将一系列姓名按字母顺序排序的处理过程。对于姓名 Jones 和 Smith，一定会把 Jones 排在 Smith 前面，因为在字母表中 Jones 的第一个字母 J 排在 Smith 的第一个字母 S 前面。但字母表不再仅仅是 26 个字母的列表——它是一个有序的字符列表。每一个字母出现在这个列表中的一个特定位置上。Z 不再仅仅是字母表中的一个字母，确切地说是第 26 个字母。

计算机是如何知道一个特定的字母是排在另外一个字母的前面呢？所有的字母都会在像 ASCII 或 Unicode 这样的字符集中被表示成**数值编码**(Numeric code)。当计算机比较两个字符串时，它实际上比较的是这些字符串中字符的数值编码——这被称为字典序比较。附录 B 列出了 ASCII 字符的数字编码。

函数 strcmp 或 strncmp 返回的值具体是正数还是负数，与编译器有关。对于有些编译器［(如 Visual C++和 GNU gcc)返回值是 1 或–1(参见图 8.18)；对于有些编译器(如 Xcode 的 LLVM)，其返回值是两个字符串中首个相异字符之间的数值编码的差值。在本例中，也就是 New 中的字符 N 的数值编码与 Happy 中的字符 H 的数值编码之差(即 6 或者–6，取决于在每次调用中哪个字符串是第一个实参)]。

8.8 字符串处理函数库中的查找函数

本节将介绍字符串处理函数库中的函数用于在字符串中查找特定的字符或其他字符串。图 8.19 是对这些函数的简要说明。注意，其中函数 strcspn 和 strspn 的返回值类型是 size_t(在 C11 标准的可选 Annex K 库中，有函数 strtok 更安全的版本。我们将在本章的"安全的 C 程序设计"中介绍这个更安全的函数版本)。

函数原型和函数说明
char *strchr (const char *s, int c);
确定字符 c 在字符串 s 中第一次出现的位置。若找到了 c，则函数返回指向 s 中 c 的指针，否则函数返回 NULL 指针

图 8.19   字符串处理函数库中的字符串处理函数

函数原型和函数说明

---

size_t strcspn (const char *s1, const char *s2);
　　确定并返回字符串 s1 中不包含字符串 s2 中任一字符的起始字符串片段的长度

size_t strspn(const char *s1, const char *s2);
　　确定并返回字符串 s1 中只包含字符串 s2 中字符的起始字符串片段的长度

char *strpbrk (const char *s1, const char *s2);
　　确定字符串 s2 中任一字符在字符串 s1 中第一次出现的位置。若找到字符串 s2 中的字符，则函数返回指向 s1 中该字符的指针，否则函数返回 NULL 指针

char *strrchr (const char *s, int c);
　　确定字符 c 在字符串 s 中最后一次出现的位置。若找到了 c，则函数返回指向 s 中最后一个 c 的指针，否则函数返回 NULL 指针

char *strstr (char *s1, const char *s2);
　　确定字符串 s2 在字符串 s1 中首次出现的位置。若找到了 s2，则函数返回指向 s1 中 s2 的指针，否则函数返回 NULL 指针

char *strtok (char *s1, const char *s2);
　　连续调用 strtok 函数将字符串 s1 分解成若干"标号"(token)—— 一行文本中的逻辑片段，如单词。这些逻辑片段是被字符串 s2 中的字符所分隔的。第一次调用 strtok 函数需要将 s1 作为第一个实参，而后继的，继续对同一个字符串进行标号化的 strtok 函数调用则必须以 NULL 作为第一个实参。每次函数调用都返回指向当前标号的指针。当函数调用不再产生新的标号时，返回 NULL 指针

图 8.19(续)　字符串处理函数库中的字符串处理函数

8.8.1　函数 strchr

　　函数 strchr 的功能是在一个字符串中查找某一字符第一次出现的位置。若找到该字符，则函数返回指向字符串中该字符的指针，否则函数返回 NULL。图 8.20 中的程序采用 strchr 函数在字符串"This is a test"中分别查找字符'a'和'z'第一次出现的位置。

```
 1   // Fig. 8.20: fig08_20.c
 2   // Using function strchr
 3   #include <stdio.h>
 4   #include <string.h>
 5
 6   int main(void)
 7   {
 8      const char *string = "This is a test"; // initialize char pointer
 9      char character1 = 'a'; // initialize character1
10      char character2 = 'z'; // initialize character2
11
12      // if character1 was found in string
13      if (strchr(string, character1) != NULL) { // can remove "!= NULL"
14         printf("\'%c\' was found in \"%s\".\n",
15            character1, string);
16      }
17      else { // if character1 was not found
18         printf("\'%c\' was not found in \"%s\".\n",
19            character1, string);
20      }
21
22      // if character2 was found in string
23      if (strchr(string, character2) != NULL) { // can remove "!= NULL"
24         printf("\'%c\' was found in \"%s\".\n",
25            character2, string);
26      }
27      else { // if character2 was not found
28         printf("\'%c\' was not found in \"%s\".\n",
29            character2, string);
30      }
31   }
```

```
'a' was found in "This is a test".
'z' was not found in "This is a test".
```

图 8.20　strchr 函数的使用

8.8.2   函数 strcspn

函数 strcspn（参见图 8.21）的功能是确定第一个实参字符串中不包含第二个实参字符串中任一字符的起始字符串片段的长度。函数返回字符串片段的长度。

```
 1   // Fig. 8.21: fig08_21.c
 2   // Using function strcspn
 3   #include <stdio.h>
 4   #include <string.h>
 5
 6   int main(void)
 7   {
 8      // initialize two char pointers
 9      const char *string1 = "The value is 3.14159";
10      const char *string2 = "1234567890";
11
12      printf("%s%s\n%s%s\n\n%s\n%s%u\n",
13         "string1 = ", string1, "string2 = ", string2,
14         "The length of the initial segment of string1",
15         "containing no characters from string2 = ",
16         strcspn(string1, string2) );
17   }
```

```
string1 = The value is 3.14159
string2 = 1234567890

The length of the initial segment of string1
containing no characters from string2 = 13
```

图 8.21   strcspn 函数的使用

8.8.3   函数 strpbrk

函数 strpbrk 的功能是在第一个实参字符串中，查找第二个实参字符串中的任一字符第一次出现的位置。若第二个实参字符串中的某个字符被找到，则函数返回指向第一个实参中该字符的指针，否则函数返回 NULL。图 8.22 中的程序就是确定 string2 中任一字符在 string1 中第一次出现的位置。

```
 1   // Fig. 8.22: fig08_22.c
 2   // Using function strpbrk
 3   #include <stdio.h>
 4   #include <string.h>
 5
 6   int main(void)
 7   {
 8      const char *string1 = "This is a test"; // initialize char pointer
 9      const char *string2 = "beware"; // initialize char pointer
10
11      printf("%s\"%s\"\n'%c'%s\n\"%s\"\n",
12         "Of the characters in ", string2,
13         *strpbrk(string1, string2) ,
14         " appears earliest in ", string1);
15   }
```

```
Of the characters in "beware"
'a' appears earliest in
"This is a test"
```

图 8.22   strpbrk 函数的使用

8.8.4   函数 strrchr

函数 strrchr 在一个字符串中查找指定字符最后一次出现的位置。若查找到这个字符，则函数返回指向字符串中该字符的指针，否则函数返回 NULL。图 8.23 中的程序是在字符串"A zoo has many animals including zebras."中查找字符'z'最后一次出现的位置。

```
 1   // Fig. 8.23: fig08_23.c
 2   // Using function strrchr
 3   #include <stdio.h>
 4   #include <string.h>
 5
 6   int main(void)
 7   {
 8      // initialize char pointer
 9      const char *string1 = "A zoo has many animals including zebras";
10
11      int c = 'z'; // character to search for
12
13      printf("%s\n%s'%c'%s\"%s\"\n",
14         "The remainder of string1 beginning with the",
15         "last occurrence of character ", c,
16         " is: ", strrchr(string1, c)  );
17   }
```

```
The remainder of string1 beginning with the
last occurrence of character 'z' is: "zebras"
```

图 8.23　strrchr 函数的使用

8.8.5　函数 strspn

函数 strspn(参见图 8.24)确定第一个实参字符串中只包含第二个实参字符串中字符的起始字符串片段的长度。函数返回字符串片段的长度。

```
 1   // Fig. 8.24: fig08_24.c
 2   // Using function strspn
 3   #include <stdio.h>
 4   #include <string.h>
 5
 6   int main(void)
 7   {
 8      // initialize two char pointers
 9      const char *string1 = "The value is 3.14159";
10      const char *string2 = "aehi lsTuv";
11
12      printf("%s%s\n%s%s\n\n%s\n%s%u\n",
13         "string1 = ", string1, "string2 = ", string2,
14         "The length of the initial segment of string1",
15         "containing only characters from string2 = ",
16         strspn(string1, string2)  );
17   }
```

```
string1 = The value is 3.14159
string2 = aehi lsTuv

The length of the initial segment of string1
containing only characters from string2 = 13
```

图 8.24　strspn 函数的使用

8.8.6　函数 strstr

函数 strstr 在第一个实参字符串中查找首次出现第二个实参字符串的位置。若在第一个字符串中找到了第二个字符串,则函数返回指向第一个字符串中首次出现第二个字符串的位置的指针,否则函数返回 NULL。图 8.25 中的程序采用 strstr 函数在字符串"abcdefabcdef"中查找字符串"def"第一次出现的位置。

```
 1   // Fig. 8.25: fig08_25.c
 2   // Using function strstr
 3   #include <stdio.h>
 4   #include <string.h>
 5
 6   int main(void)
 7   {
 8      const char *string1 = "abcdefabcdef"; // string to search
 9      const char *string2 = "def"; // string to search for
10
```

图 8.25　strstr 函数的使用

```
11      printf("%s%s\n%s%s\n\n%s\n%s%s%s\n",
12         "string1 = ", string1, "string2 = ", string2,
13         "The remainder of string1 beginning with the",
14         "first occurrence of string2 is: ",
15         strstr(string1, string2) );
16   }
```

```
string1 = abcdefabcdef
string2 = def

The remainder of string1 beginning with the
first occurrence of string2 is: defabcdef
```

图 8.25(续)　strstr 函数的使用

8.8.7　函数 strtok

函数 strtok(参见图 8.26)用于将一个字符串分解成一系列的**标号**(Token)。标号是被**分隔符**(通常是空格或者标点符号,但实际上分隔符可以是任意字符)分隔开的一个字符序列。例如,一行文本中,每个单词都是一个标号,分隔单词的空格或标点符号就是分隔符。

```
1    // Fig. 8.26: fig08_26.c
2    // Using function strtok
3    #include <stdio.h>
4    #include <string.h>
5
6    int main(void)
7    {
8       // initialize array string
9       char string[] = "This is a sentence with 7 tokens";
10
11      printf("%s\n%s\n\n%s\n",
12         "The string to be tokenized is:", string,
13         "The tokens are:");
14
15      char *tokenPtr = strtok(string, " "); // begin tokenizing sentence
16
17      // continue tokenizing sentence until tokenPtr becomes NULL
18      while (tokenPtr != NULL) {
19         printf("%s\n", tokenPtr);
20         tokenPtr = strtok(NULL, " "); // get next token
21      }
22   }
```

```
The string to be tokenized is:
This is a sentence with 7 tokens
```

```
The tokens are:
This
is
a
sentence
with
7
tokens
```

图 8.26　strtok 函数的使用

若要将一个字符串标号化——即将其分解成一系列的标号(假设该字符串包含的标号多于 1 个)——需要多次调用 strtok 函数。第一次调用 strtok 函数(第 15 行)提供了两个实参:待标号化的字符串和包含分隔符的字符串。第 15 行语句

```
char * tokenPtr = strtok(string, " "); // begin tokenizing sentence
```

将指向 string 中第一个标号的指针赋值给了 tokenPtr。strtok 函数中的第二个实参" "表示标号是由空格来分隔的。函数 strtok 在 string 中查找第一个不是分隔符(空格)的字符,这是第一个标号的开始。然后函

数在 string 中查找下一个分隔符并将其替换为 null 字符('\0')来结束当前的标号。函数 strtok 保存指向 string 中当前标号后面那个字符的指针，并返回指向当前标号的指针。

第 21 行中的 strtok 函数调用语句持续对 string 标号化。这些调用语句将 NULL 作为它们的第一个实参。这个 NULL 表示这次 strtok 函数调用将从上一次 strtok 函数调用保存的位置开始，继续对 string 标号化。若调用不再能得到新的标号，则函数 strtok 返回 NULL。值得注意的是：每一次重新调用 strtok 函数，都可以改变包含分隔符的字符串。图 8.26 中的程序采用 strtok 函数将字符串"This is a sentence with 7 tokens"标号化。每一个标号都被单独打印出来。

由于函数 strtok 在每一个标号的末尾放置了一个'\0'，所以作为实参传递过来的字符串就被修改了。若在调用函数 strtok 后，程序还要使用这个字符串，则需要事先备份出这个字符串的副本(注：请参阅 CERT 推荐的 STR06-C，该文档讨论了假设函数 strtok 没有修改第一个实参字符串会出现的问题)。

8.9　字符串处理函数库中的内存处理函数

本节将介绍字符串处理函数库中的函数用于操作、比较和查找内存块。这些函数将内存块当成字符数组，然后对其中的任意数据块进行操作。图 8.27 对这些函数做了简要说明。在讨论这些函数时，用"对象"来表示一个数据块(在 C11 标准的可选 Annex K 库中，有这些函数的更安全的版本。我们将在本章的"安全的 C 程序设计"中介绍这个更安全的函数版本)。

这些函数的指针形参统统被声明为 void *类型，这样它们就可以用于操作任意数据类型的内存块。第 7 章曾介绍过，任何指针都可以直接赋值给类型为 void *的指针变量，同时 void *类型的指针也可以直接赋值给指向任意数据类型的指针变量。由于不能对 void *类型的指针变量进行解引用，所以每个函数都要接收一个规模(size)实参来指定函数将要处理的字节(字符)数。为简洁起见，本节所举的例子都是对字符数组(字符块)进行操作。由于图 8.27 中的函数处理的内存块并不一定是字符串，所以它们不检查字符串结束符。

函数原型	函数说明
void *memcpy (void *s1, const void *s2, size_t n);	将 s2 所指对象中的 n 个字符复制到 s1 所指向的对象中。返回指向结果对象的指针
void *memmove (void *s1, const void *s2, size_t n);	从 s2 所指向的对象中复制 n 个字节到 s1 所指向的对象中。复制的过程就好比是 s2 所指向的对象中的 n 个字节先被复制到一个临时数组中，然后再从这个临时数组复制到 s1 所指向的对象中。返回指向结果对象的指针
int memcmp (const void *s1, const void *s2, size_t n);	比较 s1 所指向的对象和 s2 所指向的对象中的前 n 个字符。如果 s1 等于、小于或者大于 s2，则分别返回 0、小于 0 的值或者大于 0 的值
void *memchr (const void *s, int c, size_t n);	在 s 所指向的对象的前 n 个字符中，确定 c(被转换成无符号字符)首次出现的位置。若找到了 c，则函数返回指向对象中 c 的指针，否则函数返回 NULL
void *memset (void *s, int c, size_t n);	将 c(被转换成无符号字符)复制到 s 所指向的对象的前 n 个字符中。返回指向结果对象的指针

图 8.27　字符串处理函数库中的内存处理函数

8.9.1　函数 memcpy

函数 memcpy 的功能是将第二个实参所指对象中指定数目的字符复制到第一个实参所指向的对象中。该函数可以接收指向任意类型对象的指针作为实参。若这两个对象在内存中有重叠(即它们都是同一个对象的一个部分)，则函数的执行结果没有定义。若出现这种情况，请改用 memmove 函数。图 8.28 中的程序采用 memcpy 函数将数组 s2 中的字符串复制到数组 s1 中。

性能提示 8.1

在已知要复制字符串的长度时，使用 memcopy 比使用 strcpy 效率更高。

```
1    // Fig. 8.28: fig08_28.c
2    // Using function memcpy
3    #include <stdio.h>
4    #include <string.h>
5
6    int main(void)
7    {
8       char s1[17]; // create char array s1
9       char s2[] = "Copy this string"; // initialize char array s2
10
11      memcpy(s1, s2, 17);
12      printf("%s\n%s\"%s\"\n",
13         "After s2 is copied into s1 with memcpy,",
14         "s1 contains ", s1);
15   }
```

```
After s2 is copied into s1 with memcpy,
s1 contains "Copy this string"
```

图 8.28　memcpy 函数的使用

8.9.2　函数 memmove

与 memcpy 函数类似, 函数 memmove 将第二个实参所指对象中指定数目的字节复制到第一个实参所指向的对象中。复制的过程就好比是第二个实参中的字节先被复制到一个临时的字符数组中, 然后再从这个临时数组复制到第一个实参中。其优点是允许将一个字符串中的一部分复制到同一字符串中的另外一部分, 甚至这两部分是有重叠的。图 8.29 中的程序采用 memmove 函数将数组 x 中后 10 个字节中的内容复制到该数组中前 10 个字节的位置上。

 常见的编程错误8.7

除 memmov 函数之外, 其他复制字符的字符串处理函数, 当复制发生在同一字符串中的不同部分时, 函数的运行结果没有定义。

```
1    // Fig. 8.29: fig08_29.c
2    // Using function memmove
3    #include <stdio.h>
4    #include <string.h>
5
6    int main(void)
7    {
8       char x[] = "Home Sweet Home"; // initialize char array x
9
10      printf("%s%s\n", "The string in array x before memmove is: ", x);
11      printf("%s%s\n", "The string in array x after memmove is: ",
12         (char *) memmove(x, &x[5], 10));
13   }
```

```
The string in array x before memmove is: Home Sweet Home
The string in array x after memmove is: Sweet Home Home
```

图 8.29　memmove 函数的使用

8.9.3　函数 memcmp

函数 memcmp(参见图 8.30)将对第一个实参中指定数目的字符与第二个实参中相应数目的字符进行比较。若第一个实参中的字符大于第二个实参中的字符, 则函数返回一个大于 0 的值。若第一个实参中的字符等于第二个实参中的字符, 则函数返回 0。如果第一个实参中的字符小于第二个实参中的字符, 则函数返回一个小于 0 的值。

```
 I   // Fig. 8.30: fig08_30.c
 2   // Using function memcmp
 3   #include <stdio.h>
 4   #include <string.h>
 5
 6   int main(void)
 7   {
 8      char s1[] = "ABCDEFG"; // initialize char array s1
 9      char s2[] = "ABCDXYZ"; // initialize char array s2
10
11      printf("%s%s\n%s%s\n\n%s%2d\n%s%2d\n%s%2d\n",
12         "s1 = ", s1, "s2 = ", s2,
13         "memcmp(s1, s2, 4) = ", memcmp(s1, s2, 4),
14         "memcmp(s1, s2, 7) = ", memcmp(s1, s2, 7),
15         "memcmp(s2, s1, 7) = ", memcmp(s2, s1, 7));
16   }
```

```
s1 = ABCDEFG
s2 = ABCDXYZ

memcmp(s1, s2, 4) =  0
memcmp(s1, s2, 7) = -1
memcmp(s2, s1, 7) =  1
```

图 8.30　memcmp 函数的使用

8.9.4　函数 memchr

函数 memchr 在一个对象的指定数目的字节中，查找一个 unsigned char (无符号字符) 型的单字节数据首次出现的位置。若找到此字节，则函数返回指向对象中该字节的指针，否则函数返回 NULL 指针。图 8.31 中的程序采用函数 memchr 在字符串"This is a string"中查找字节 (字符)'r'。

```
 I   // Fig. 8.31: fig08_31.c
 2   // Using function memchr
 3   #include <stdio.h>
 4   #include <string.h>
 5
 6   int main(void)
 7   {
 8      const char *s = "This is a string"; // initialize char pointer
 9
10      printf("%s\'%c\'%s\"%s\"\n",
11         "The remainder of s after character ", 'r',
12         " is found is ", (char *) memchr(s, 'r', 16));
13   }
```

```
The remainder of s after character 'r' is found is "ring"
```

图 8.31　memchr 函数的使用

8.9.5　函数 memset

函数 memset 将第二个实参中的字节值复制到第一个实参所指对象的前 n 个字节中，其中 n 是第三个实参。图 8.32 中的程序采用 memset 函数将字符'b'复制到字符串 string1 的前 7 个字节中。

性能提示 8.2

欲将一个数组元素值置为 0，请使用 memset 而不是用循环语句来逐个对数组元素赋值。

```
 I   // Fig. 8.32: fig08_32.c
 2   // Using function memset
 3   #include <stdio.h>
 4   #include <string.h>
 5
 6   int main(void)
 7   {
```

图 8.32　memset 函数的使用

```
8    char string1[15] = "BBBBBBBBBBBBBB"; // initialize string1
9
10   printf("string1 = %s\n", string1);
11   printf("string1 after memset = %s\n",
12      (char *) memset(string1, 'b', 7));
13  }
```

```
string1 = BBBBBBBBBBBBBB
string1 after memset = bbbbbbbBBBBBBB
```

图 8.32（续）   memset 函数的使用

8.10   字符串处理函数库中的其他函数

字符串处理函数库中最后剩下的两个函数是 strerror 和 strlen。图 8.33 对这两个函数做了简要说明。

函数原型	函数说明
char *strerror(int errornum);	将错误号 errornum 按编译器指定和本地化的形式（即信息可能因计算机所在地不同而以不同的语言出现）映射成一个纯文本字符串。返回指向这个字符串的指针。错误号在 errno.h 中定义
size_t strlen(const char *s);	确定字符串 s 的长度。返回字符串结束符前面的字符的个数

图 8.33   字符串处理函数库中的其他函数

8.10.1   函数 strerror

函数 strerror 接收一个错误号，然后创建一个错误信息字符串，最后返回指向这个字符串的指针。图 8.34 中的程序演示了 strerror 函数的使用。

```
1   // Fig. 8.34: fig08_34.c
2   // Using function strerror
3   #include <stdio.h>
4   #include <string.h>
5
6   int main(void)
7   {
8      printf("%s\n", strerror(2));
9   }
```

```
No such file or directory
```

图 8.34   strerror 函数的使用

8.10.2   函数 strlen

函数 strlen 接收一个字符串作为实参，然后返回这个字符串中字符的个数，即字符串长度——字符串结束符不包括在字符串长度中。图 8.35 中的程序演示了 strlen 函数的使用。

```
1   // Fig. 8.35: fig08_35.c
2   // Using function strlen
3   #include <stdio.h>
4   #include <string.h>
5
6   int main(void)
7   {
8      // initialize 3 char pointers
9      const char *string1 = "abcdefghijklmnopqrstuvwxyz";
10     const char *string2 = "four";
11     const char *string3 = "Boston";
12
```

图 8.35   strlen 函数的使用

```
13    printf("%s\"%s\"%s%u\n%s\"%s\"%s%u\n%s\"%s\"%s%u\n",
14       "The length of ", string1, " is ", strlen(string1),
15       "The length of ", string2, " is ", strlen(string2),
16       "The length of ", string3, " is ", strlen(string3));
17    }
```

```
The length of "abcdefghijklmnopqrstuvwxyz" is 26
The length of "four" is 4
The length of "Boston" is 6
```

图 8.35(续)　strlen 函数的使用

8.11　安全的 C 程序设计

安全的字符串处理函数

之前的"安全的 C 程序设计"部分介绍过 C11 中的更安全的 printf_s，scanf_s。

本章，我们介绍了 sprintf，strcpy，strncpy，strcat，strncat，strtok，strlen，memcpy，memmove 和 memset。C11 标准中的可选 Annex K 库提供了这些函数以及其他字符串处理函数和输入/输出函数更安全的版本。若编译器支持 Annex K，请使用这些更安全的函数版本。除了其他功能之外，它们通过要求增加形参来限定目标数组的元素个数以及要求指针实参不能是 NULL，来防止发生"缓冲区溢出"。

读入数值并确认输入正确

确认输入到程序中的数据是正确的，这一点非常重要。例如，在要求用户输入的整数是在 1～100 之间而且用 scanf 来输入整数时，就可能发生很多问题。用户可能输入

● 一个程序要求范围之外的整数(如 102)。

● 一个计算机所能表示的整数范围之外的整数(如在用 32 位二进制数表示一个整数的计算机上，输入 8 000 000 000)。

● 一个非整数的数值(如 27.43)。

● 一个非数字的值(如 FOVR)。

可以用在本章学到的多个函数来验证这样的输入。例如，可以

● 用 fgets 来把输入当做一行文本

● 用函数 strotol 将字符串转换成数值并确保转换成功

● 确认数值在正确的范围内

欲了解更多的关于将输入转换成数值的信息与技术，请登录 www.securecoding.cert.org 查阅"CERT 指南 INT05-C"。

摘要

8.2　字符串和字符基础

● **字符**是构造源程序的基本单位。每个程序都是由一系列字符组成的。当这些字符有意义地组合在一起后，就被计算机解释成能够完成某个任务的一串指令。

● **字符常量**是一个整型值，用单引号引起来的字符来表示。字符常量的值就是机器**字符集**中该字符对应的整型值。

● **字符串**是被当成一个整体来对待的一串字符。组成字符串的字符可以是字母、数字或者诸如 +、–、*、/和$之类的各种特殊字符。C 语言中，字符串文本或字符串常量是被写在一对双引号中的。

- C 语言中的字符串是一个以**空字符**('\0')作为结束符的**字符数组**。
- 访问一个字符串是通过指向其首字符的**指针**来实现的。字符串的值就是它首字符的**地址**。
- 一个**字符数组**或一个**类型为 char *的变量**在定义时可以用一个字符串来进行初始化。
- 定义一个用来包含字符串的字符数组时，数组必须大到足以存储字符串和字符串结束符。
- 可以用函数 scanf 来将一个字符串存储到一个数组中。scanf 将不断地读入字符直到遇到空格、tab 键、换行符或者文件结束符为止。
- 对于一个要以字符串形式打印的字符数组，这个数组必须包含字符串结束符。

8.3 字符处理函数库

- 函数 **isdigit** 判定它的实参是否是一个**数字**(0 ~ 9)。
- 函数 **isalpha** 判定它的实参是否是一个**大写字母**(A ~ Z)或者是一个**小写字母**(a ~ z)。
- 函数 **isalnum** 判定它的实参是否是一个**大写字母**(A ~ Z)、一个**小写字母**(a ~ z)或者是一个**数字**(0 ~ 9)。
- 函数 **isxdigit** 判定它的实参是否是一个**十六进制数字**(A ~ F，a ~ f)。
- 函数 **islower** 判定它的实参是否是一个**小写字母**(a ~ z)。
- 函数 **isupper** 判定它的实参是否是一个**大写字母**(A ~ Z)。
- 函数 **toupper** 将一个小写字母转换成一个大写字母并返回这个大写字母。
- 函数 **tolower** 将一个大写字母转换成一个小写字母并返回这个小写字母。
- 函数 **isspace** 用来判定它的实参是否是如下**空白字符**之一：' '(空格)、'\f'(换页符)、'\n'(换行符)、'\r'(回车符)、'\t'(水平制表符)或'\v'(垂直制表符)。
- 函数 **iscntrl** 用来判定它的实参是否是如下**控制字符**之一：'\t'、'\v'、'\f'、'\a'(报警)、'\b'(退格符)、'\r'或'\n'。
- 函数 **ispunct** 用来判定它的实参是否是一个除空格、数字、字母以外的**可打印字符**。
- 函数 **isprint** 用来判定它的实参是否是一个包含空格在内的任意可打印字符。
- 函数 **isgraph** 用来判定它的实参是否是一个可打印字符而不是一个空格。

8.4 字符串转换函数

- 函数 **strtod** 将一个表示浮点数的字符序列转换为双精度浮点数。函数 strtod 接收两个实参——字符串(char*类型)和指向 char*的指针。字符串包含一个待转换的字符序列。转换完成后字符串中余下部分的地址，或者在字符串任何部分都不能转换成浮点数时整个字符串的地址，就赋值给指向 char*的指针所指定的存储单元。
- 函数 **strtol** 将一个表示整型数的字符序列转换为 long 型数值。函数 strtol 接收三个实参——字符串(char*类型)，指向字符串的指针以及一个整型数。字符串包含一个待转换的字符序列。转换完成后字符串中余下部分的地址，或者在字符串任何部分都不能转换成浮点数时整个字符串的地址，就赋值给指向 char*的指针所指定的存储单元。而那个整型数则规定了被转换数值的基数。
- 函数 **strtoul** 将一个表示整数的字符序列转换为 unsigned long int 型数值，其功能与函数 strtol 相同。

8.5 标准输入/输出库函数

- 函数 **fgets** 不断地读入字符直到遇到换行符或者文件结束符为止。传给函数 fgets 的实参可以是一个字符型数组、可以读入的最多字符个数和欲读取的输入流。当读入结束后，将空字符('\0')追加到数组的末尾。若遇到一个换行符，它也被加入到输入的字符串中。
- 函数 **putchar** 的功能是打印出它的字符实参。
- 函数 **getchar** 从标准输入中读入一个字符，并以整型值的形式将其返回。若遇到的是文件结束标志，则函数 getchar 返回 EOF。

- 函数 **puts** 接收一个字符串(char *型)作为实参，然后将其打印出来并换行。
- 函数 **sprintf** 使用与函数 printf 相同的转换说明符，将格式化的数据输出到一个字符型数组中。
- 函数 **sscanf** 使用与函数 scanf 相同的转换说明符，从字符串中读入格式化的数据。

8.6　字符串处理函数库中的字符串处理函数

- 函数 **strcpy** 将它的第二个实参(一个字符串)复制到第一个实参(一个字符数组)中。必须确保这个数组大到足以存储这个字符串和字符串结束符。
- 函数 **strncpy** 与函数 strcpy 的功能是等价的，不同之处是对 strncpy 的调用要指定从字符串中复制到数组中的字符个数。仅在要复制字符的数目比字符串长度大 1 时，才将字符串结束符复制到数组中。
- 函数 **strcat** 将第二个实参字符串——包括字符串结束符——拼接到第一个实参字符串的末尾。第二个实参字符串的第一个字符将替换第一个实参字符串中的空字符('\0')。必须确保用于存放第一个字符串的数组足够大，以同时存放第一个字符串和第二个字符串。
- 函数 **strncat** 将第二个字符串中指定数目的字符拼接到第一个字符串的末尾。表示字符串结束的空字符会自动添加到结果字符串的末尾。

8.7　字符串处理函数库中的比较函数

- 函数 **strcmp** 逐个字符地比较第一个实参字符串和第二个实参字符串。当字符串相等时，函数返回 0。当第一个字符串小于第二个字符串时，函数返回负值。当第一个字符串大于第二个字符串时，函数返回正值。
- 函数 **strncmp** 与 strncmp 是等价的，不同之处在于 strncmp 比较两个字符串到指定数目为止。若某个字符串的字符个数小于指定的字符比较数目，则函数 strncmp 在遇到较短字符串的空字符后就停止比较了。

8.8　字符串处理函数库中的查找函数

- 函数 **strchr** 在一个字符串中查找某个字符第一次出现的位置。若找到该字符，则函数 strchr 返回指向字符串中该字符的指针，否则函数返回 NULL。
- 函数 **strcspn** 确定第一个实参字符串中不包含第二个实参字符串中任一字符的起始字符串片段的长度。函数返回字符串片段的长度。
- 函数 **strpbrk** 在第一个实参字符串中查找第二个实参字符串中的任一字符第一次出现的位置。若找到第二个实参字符串中的某个字符，则函数 strpbrk 返回指向第一个实参中该字符的指针，否则函数返回 NULL。
- 函数 **strrchr** 在一个字符串中查找某一字符最后一次出现的位置。若找到这个字符，函数 strrchr 返回指向字符串中该字符的指针，否则函数返回 NULL。
- 函数 **strspn** 确定第一个实参字符串中只包含第二个实参字符串中的字符的起始字符串片段的长度。函数 strspn 返回字符串片段的长度。
- 函数 **strstr** 在第一个实参字符串中查找第二个实参字符串首次出现的位置。若在第一个字符串中找到第二个字符串，则函数返回指向第一个字符串中第二个字符串位置的指针。
- 多次连续地调用函数 **strtok** 可以将第一个实参字符串 s1 分解成由第二个实参字符串 s2 中的字符作为分隔符分隔而成的若干个标号。第一次调用函数 strtok 需要将字符串 s1 作为第一个实参，而后继的对同一个字符串进行标号化的调用则必须将 NULL 作为第一个实参。每次调用返回指向当前标号的指针。若调用不再能得到新的标号，则函数 strtok 返回 NULL。

8.9　字符串处理函数库中的内存处理函数

- 函数 **memcpy** 将第二个实参所指对象中指定数目的字符复制到第一个实参所指向的对象中。该函数可以接收指向任意类型对象的指针作为实参。

- 函数 **memmove** 将第二个实参指所指对象中指定数目的字节复制到第一个实参所指向的对象中。复制的过程就好比是第二个实参中的字节先被复制到一个临时的字符数组中，然后再从这个临时数组复制到第一个实参中。
- 函数 **memcmp** 将第一个实参与第二个实参中指定数目的字节进行比较。
- 函数 **memchr** 在一个对象的指定数目的字节中，查找一个表示为 unsigned char 的单字节数据首次出现的位置。若找到此字节，则函数返回指向该字节的指针，否则函数返回 NULL。
- 函数 **memset** 将第二个实参，当成一个无符号字符，复制到第一个实参所指对象的指定数目的字节中。

8.10　字符串处理函数库中的其他函数

- 函数 **strerror** 将以整数表示的错误号按照本地化的形式映射成一个纯文本字符串，并返回指向这个字符串的指针。
- 函数 **strlen** 接收一个字符串作为实参，然后返回字符串中字符的个数——字符串结束符不包括在字符串长度中。

自测题

8.1　请分别写出满足下列要求的一条语句。假设变量 c(存储一个字符)，x，y 和 z 的类型是 int，变量 d，e 和 f 的类型是 double，变量 ptr 的类型是 char *，数组 s1[100] 和 s2[100] 的类型是 char。

(a) 将存储在变量 c 中的字符转换成大写字母，再将结果赋回给变量 c。

(b) 判断变量 c 的值是否是一个数字。在显示结果时，使用图 8.2 ~ 8.4 所示的条件运算符来打印"is a"或者"is not a"。

(c) 判断变量 c 的值是否是一个控制字符。在显示结果时，使用条件运算符来打印"is a"或者"is not a"。

(d) 从键盘将一行文本读入到数组 s1 中。不要使用 scanf 函数。

(e) 打印存储在数组 s1 中的文本行。不要使用 printf 函数。

(f) 将数组 s1 中最后一次出现变量 c 的位置赋值给变量 ptr。

(g) 打印变量 c 的值。不要使用 printf 函数。

(h) 判断变量 c 是否是一个字母。显示结果时，使用条件运算符来打印"is a"或者"is not a"。

(i) 从键盘读入一个字符并将其存储到变量 c 中。

(j) 将数组 s1 中首次出现 s2 的位置赋值给变量 ptr。

(k) 判断变量 c 的值是否是一个可打印字符。在显示结果时，使用条件运算符来打印"is a"或者"is not a"。

(l) 从字符串"1.27 10.3 9.432"中读取三个双精度浮点数并将其分别存入变量 d、e 和 f 中。

(m) 将存储在数组 s2 中的字符串复制到数组 s1 中。

(n) 将数组 s1 中首次出现 s2 中任意字符的位置赋值给变量 ptr。

(o) 将 s1 中的字符串与 s2 中的字符串进行比较。打印出结果。

(p) 将数组 s1 中首次出现变量 c 的位置赋值给变量 ptr。

(q) 使用 sprintf 函数将整型变量 x，y 和 z 的值打印(输出)到数组 s1 中。每个值的打印域宽都是 7。

(r) 将 s2 中的 10 个字符追加到 s1 中的字符串的末尾。

(s) 确定 s1 中字符串的长度。打印出结果。

(t) 将 s2 中第一个标号出现的位置赋值给变量 ptr。字符串 s2 中的标号是用逗号 (,) 分隔。

8.2　分别给出用元音串"AEIOU"初始化元音数组 vowel 的两种方法。

8.3　当执行如下 C 语句时，如果有输出的话，会打印出什么？如果语句中存在一个错误，说明是什么错误以及如何改正它。假设已经定义好下列变量：

```
char s1[50] = "jack", s2[50] = "jill", s3[50];
```

(a) printf("**%c%s**", toupper(s1[0]), &s1[1]);

(b) printf("**%s**", strcpy(s3, s2));

(c) printf("**%s**", strcat(strcat(strcpy(s3, s1), " **and** "), s2));

(d) printf("**%u**", strlen(s1) + strlen(s2));

(e) printf("**%u**", strlen(s3)); // using s3 after part (c) executes

8.4　请找出并更正下列语句中的错误：

(a) **char** s[10];

　　strncpy(s, "**hello**", **5**);

　　printf("**%s\n**", s);

(b) printf("**%s**", 'a');

(c) char s[**12**];

　　strcpy(s, "**Welcome Home**");

(d) **if** (strcmp(string1, string2)) {

　　　　puts("**The strings are equal**");

　　}

自测题答案

8.1　(a) c = toupper(c);

　　(b) printf("'**%c'%sdigit\n**", c, isdigit(c) ? " **is a** " : " **is not a** ");

　　(c) printf("'**%c'%scontrol character\n**",

　　　　c, iscntrl(c) ? " **is a** " : " **is not a** ");

　　(d) fgets(s1, **100**, stdin);

　　(e) puts(s1);

　　(f) ptr = strrchr(s1, c);

　　(g) putchar(c);

　　(h) printf("'**%c'%sletter\n**", c, isalpha(c) ? " **is a** " : " **is not a** ");

　　(i) c = getchar();

　　(j) ptr = strstr(s1, s2);

　　(k) printf("'**%c'%sprinting character\n**",

　　　　c, isprint(c) ? " **is a** " : " **is not a** ");

　　(l) sscanf("**1.27 10.3 9.432**", "**%f%f%f**", &d, &e, &f);

　　(m) strcpy(s1, s2);

　　(n) ptr = strpbrk(s1, s2);

　　(o) printf("**strcmp(s1, s2) = %d\n**", strcmp(s1, s2));

　　(p) ptr = strchr(s1, c);

　　(q) sprintf(s1, "**%7d%7d%7d**", x, y, z);

　　(r) strncat(s1, s2, **10**);

　　(s) printf("**strlen(s1) = %u\n**", strlen(s1));

　　(t) ptr = strtok(s2, "**,**");

8.2　**char** vowel[] = "**AEIOU**";

　　char vowel[] = { '**A**', '**E**', '**I**', '**O**', '**U**', '**\0**' };

8.3　(a) Jack

　　(b) jill

　　(c) jack and jill

　　(d) 8

　　(e) 13

8.4　(a) 错误：因为第三个实参等于字符串"hello"的长度，所以函数 strncpy 不会将字符串结束符 null 写到数组 s 中。

　　更正：将调用函数 strncpy 的第三个实参改为 6，或者将'\0' 赋值给 s[5]。

　　(b) 错误：试图将一个字符常量当成一个字符串来打印。

　　更正：使用 %c 来输出一个字符，或用"a"来代替'a'。

　　(c) 错误：字符数组 s 太小不能存储下字符串结束符 null。

         更正：声明数组包含更多的元素。

(d) 错误：若相比较的两个字符串相等，strcmp 函数返回 0。则 if 语句中的条件为假(false)，printf 语句将不会被执行。

         更正：在 if 语句的条件中将函数 strcmp 的结果与 0 进行比较。

练习题

8.5   (字符测试)请编写一个程序，从键盘输入一个字符，然后逐个用字符处理函数库中的函数来测试这个字符。程序要将每个函数的返回值都打印出来。

8.6   (按照大写和小写显示字符串)请编写一个程序，将一行文本输入到字符数组 s[100]中，然后分别按照大写字母和小写字母来显示这行文本。

8.7   (将字符串转换成可用于计算的整型数)请编写一个程序，输入 4 个表示整数的字符串，然后将它们转换成整数，计算它们的和并将结果打印出来。

8.8   (将字符串转换成可用于计算的浮点数)请编写一个程序，输入 4 个表示浮点数的字符串，然后将它们转换成双精度浮点数，计算它们的和并将结果打印出来。

8.9   (比较字符串)请编写一个程序，用 strcmp 函数来比较两个由用户输入的字符串。程序将显示第一个字符串是小于、等于还是大于第二个字符串。

8.10   (比较部分字符串)请编写一个程序，用 strncmp 函数来比较两个由用户输入的字符串。程序还请用户输入欲比较的字符数目。程序将显示第一个字符串是小于、等于还是大于第二个字符串。

8.11   (随机句子)请编写一个程序，用随机数产生函数来构造句子。程序使用 4 个名为 article，noun，verb 和 preposition 的指向字符的指针数组。程序按照如下顺序、随机地从每个数组中挑选一个单词来构造句子：article，noun，verb，preposition，article 和 noun。随着单词被一个一个地挑出，新挑出的单词在一个大得足够容纳下整个句子的数组中被拼接到前面单词的末尾。这些单词用空格分隔。当最终的句子被输出时，句子的第一个字母将是大写，句子以句号结束。程序将产生 20 个这样的句子。数组内包含的单词如下：数组 article 中的冠词有"the"，"a"，"one"，"some"和"any"；数组 noun 中的名词有："boy"，"girl"，"dog"，"town"和"car"；数组 verb 中的动词有："drove"，"jumped"，"ran"，"walked"和"skipped"；数组 preposition 中的介词有："to"，"from"，"over"，"under"和"on"。在编写并运行完前面的程序后，请进一步修改它使其能够产生一个包含若干个已构造出来的句子的小故事(实现一个随机的学期报告撰写程序的可能性有多大)。

8.12   (五行打油诗)Limerick 指一个滑稽的 5 行诗，其中第 1 行、第 2 行与第 5 行押韵，第 3 行与第 4 行押韵。采用与练习题 8.11 类似的技术，编写一个能够产生随机 5 行打油诗的程序。优化程序以产生更好的 5 行打油诗是一个极富挑战性的课题，但是事实将证明这是值得的！

8.13   (Pig Latin)请编写一个程序，将英语短语改编成 Pig Latin——一种主要用于娱乐的编码语言。形成 Pig Latin 短语的方法有很多。为了简单起见，我们采用如下算法：将英语短语变成 Pig Latin 短语，首先要用函数 strtok 将短语标号化。然后将每一个英语单词翻译成一个 Pig Latin 单词，即将英语单词的第一个字母放到单词的最后然后加上 ay。例如，jump 就翻译成 umpjay，the 翻译成 hetay，computer 翻译成 omputercay。单词之间的空格依然保留。假设：英语短语由以空格分隔的单词组成，没有标点符号，所有的单词至少有 2 个字母。函数 printLatinWord 将每一个单词显示出来(提示：每次调用函数 strtok 找到一个标号，就将这个标号地指针传递给函数 printLatinWord，翻译成 Pig Latin 单词后打印出来。注：这里介绍的只是简单地将英语单词翻译成 Pig Latin 单词的方法。欲了解更详细的规则和其他方法，请访问：en.wikipedia.org/wiki/Pig_latin)。

8.14   (电话号码标号化)请编写一个程序请用户输入形如(555) 555-5555 的电话号码字符串。程序用函数 strtok 从中分别抽取区号、电话号码的头 3 个数字和电话号码的后 4 个数字作为标号。电话号码的 7 个数字被拼接成一个字符串。程序将区号字符串转换成整型数，将电话号码字符串转换成长整型数。区号和电话号码都要打印出来。

8.15 (按倒序显示一个句子)请编写一个程序，输入一行文本，然后用函数 strtok 将这行文本标号化，最后将这些标号按倒序输出。

8.16 (查找子串)请编写一个程序，从键盘输入一行文本和一个查找目标字符串，然后用函数 strstr 来确定目标字符串在这行文本中首次出现的位置，并将这个位置赋值给 char *型变量 searchPtr。若找到目标字符串，则将以目标字符串开头的这行文本的剩余部分打印出来。然后再次调用函数 strstr 来确定目标字符串在这行文本中下一次出现的位置。若目标字符串再次被找到，将以第二次出现的目标字符串开头的这行文本的剩余部分打印出来(提示：第二次调用函数 strstr 时，以 searchPtr+1 作为第一个实参)。

8.17 (统计一个子串出现的次数)以练习题 8.16 中的程序为基础，编写一个程序，输入若干行文本和一个查找目标字符串，然后用函数 strstr 来确定目标字符串在这些文本行中出现的总次数。请打印结果。

8.18 (统计一个字符出现的次数)请编写一个程序，输入若干行文本和一个查找目标字符，然后用函数 strchr 来确定目标字符在这些文本行中出现的总次数。

8.19 (统计一个字符串中字母表中每个字母出现的次数)以练习题 8.18 中的程序为基础，编写一个程序，输入若干行文本然后用函数 strchr 来确定字母表中的每个字母在这些文本行中出现的总次数。同一字母的大写和小写统计到一起。将每个字母出现的总次数存储到一个数组里。在所有次数都统计出来后，按照列表形式将这些数值打印出来。

8.20 (统计一个字符串中单词的个数)请编写一个程序，输入若干行文本，然后用函数 strtok 统计单词的总数。假设单词是以空格或换行符分隔。

8.21 (按字母顺序排列一组字符串)请用字符串比较函数和数组排序技术编写一个程序，按字母顺序排列一组字符串。使用你所在地区的 10 ~ 15 个城镇名作为该程序的处理数据。

8.22 附录 B 中的图表展示了 ASCII 字符集中的字符对应的数值编码。请研究这个图表然后说明下列结论是真(true)还是假(false)。

(a)字母"A"出现在字母"B"之前。

(b)数字"9"出现在数字"0"之前。

(c)表示加、减、乘和除运算的常用符号都出现在数字之前。

(d)数字出现在字母之前。

(e)若一个排序程序按升序排列字符串，则该程序将把右圆括号放在左圆括号之前。

8.23 (以字母"b"开头的字符串)请编写一个程序来读入若干个字符串然后将其中以字母"b"开头的字符串打印出来。

8.24 (以字母"ed"结尾的字符串)请编写一个程序来读入若干个字符串然后将其中以字母"ed"结尾的字符串打印出来。

8.25 (打印不同 ASCII 码的字符)请编写一个程序来读入一个 ASCII 编码然后打印出该编码对应的字符。

8.26 (编写自己的字符处理函数)使用附录 B 中的 ASCII 字符表作为指导，针对图 8.1 中每个字符处理函数，分别编写自己的函数版本。

8.27 (编写自己的字符串转换函数)针对图 8.5 中每个将字符串转换成数值的函数，分别编写自己的函数版本。

8.28 (编写自己的字符串复制和拼接函数)请为图 8.14 中的字符串复制函数和字符串拼接函数分别编写两个函数版本。一个版本使用数组下标，另一个版本使用指针和指针运算。

8.29 (编写自己的字符串比较函数)请为图 8.17 中的每个字符串比较函数分别编写两个函数版本。一个版本使用数组下标，另一个版本使用指针和指针运算。

8.30 (编写自己的字符串长度函数)请为图 8.33 中的 strlen 函数编写两个函数版本。一个版本使用数组下标，另一个版本使用指针和指针运算。

专题：高级字符串处理练习题

前面的练习是针对本书中的内容，设计来检查读者对字符串处理基本概念的理解。本专题收集了一些中等难度和较高难度的问题。读者将会发现这些问题既具有挑战性又具有趣味性。这些问题的难度存在较大的差别。有些问题需要 1 ~ 2 个小时来编写和实现程序。有的问题可以用做需要 2 ~ 3 周来研究和实现的实验项目。还有些问题则是极富挑战性的学期项目。

8.31 (文本分析)具有字符串处理能力的计算机的应用导致出现了一些相当有趣的分析大作家作品的方法。例如作家莎士比亚是否真的存在就是人们普遍关心的问题。一些学者找到的证据表明 Christopher Marlowe 确实写过一些被认为是莎士比亚写的文稿。研究人员已经用计算机找到了这两位作家作品中的类似之处。本练习将考察三种用计算机分析文本的方法。

(a)编写一个程序读入一个有若干行的文本,然后以表格形式打印出字母表中每个字母在这个文本中出现的次数。例如下面这个短语：

To be, or not to be: that is the question:

包含一个"a"，两个"b"，没有"c"，…

(b)编写一个程序读入一个有若干行的文本，然后以表格形式打印出单字母词、两字母词、三字母词等在其中出现的次数。例如短语：

Whether 'tis nobler in the mind to suffer

包含

单词长度	出现次数
1	0
2	2
3	1
4	2(包括'tis)
5	0
6	2
7	1

(c)编写一个程序读入一个有若干行的文本，然后以表格形式打印出不同单词在其中出现的次数。要求程序按照这些单词在文本中的出现顺序将其包含在表格里。例如下面这两行文本：

To be, or not to be: that is the question:
Whether 'tis nobler in the mind to suffer

包含单词"to"三次，单词"be"两次，单词"or"一次，等等。

8.32 (按不同格式打印日期)商业信笺上的日期通常会有不同的格式。最常见的两种格式是：

07/21/2003 and July 21, 2003

请编写一个程序按第一种格式读入一个日期然后按第二种格式将其打印出来。

8.33 (支票保护)计算机常常被应用在支票打印系统中，例如工资系统和付账系统。有很多关于周工资支票被(错误地)打印出总额超过 100 万美元的事故被报道出来。由于人为错误或者机器故障导致的各种不正常的账目都会被打印出来。系统设计师当然会想方设法在系统中建立控制以防止产生错误的支票。

另外一个严重的问题，就是一个支票总额会被某个想骗取现金的人故意篡改。为了防止美元总额被篡改，绝大多数计算机支票打印系统都会采取一种被称为"支票保护"的技术。

专门为计算机打印而设计的支票都会留下一个固定数目的空白来打印总额。假设一个工资支票为计算机打印周工资总额预留出 9 个字符的空间。若工资总额很大，则这 9 个字符的空间将全部被填满——例如：

```
11,230.60  （支票总额）
---------
123456789  （位置编号）
```

相反，如果工资总额小于 1000 美元，那么好几个位置将被空闲——例如：

```
    99.87
---------
123456789
```

就包含了 4 个空白字符。若打印支票时就让空白留着，那么就很容易让人篡改支票总额。为了防止支票被篡改，很多支票打印系统就会按照下面的方式插入前导星号以保护支票总额：

```
****99.87
---------
123456789
```

请编写一个程序来输入一个需要打印到支票上的美元工资总额，然后在必要时以附加前导星号的支票保护格式将其打印出来。假设为打印工资总额预留出 9 个字符的空间。

8.34 **(打印等价于支票总额的文字)** 继续上一个例子的讨论。我们重申防止支票总额被篡改在设计支票打印系统中是十分重要的。一个常见的安全方法就是要求支票总额要同时以数字和文字的形式打印出来。即使某人能够篡改支票上的数字总额，他也很难改变文字总额。

请编写一个程序来输入一个数值的支票总额然后打印出与其等价的文字。例如，支票总额 52.43 将被打印成：

```
FIFTY TWO and 43/100
```

8.35 **(项目：一个公制转换程序)** 请编写一个程序来帮助用户实现公制转换。要求程序让用户以字符串形式指定度量单位的名称 [如公制系统的 centimeter（厘米）、liter（升）、gram（克）等以及英制系统的 inche（英寸）、quart（夸脱）、pound（磅）等]，然后程序将回答一些简单问题，例如：

```
"How many inches are in 2 meters?"
"How many liters are in 10 quarts?"
```

要求程序还能识别出错误的转换请求。例如下面这个问题：

```
"How many feet are in 5 kilograms?"
```

就是没有意义的，因为 "feet" 是长度的单位，而 "kilograms" 是质量的单位。

一个极具挑战性的字符串处理项目

8.36 **(纵横字谜生成程序)** 绝大多数人都玩过纵横字谜智力题，但是几乎没有人尝试过设计一个纵横字谜智力题。设计一个纵横字谜是一个很难的问题。我们将它作为一个需要相当多的技巧和努力的字符串处理项目。即使是实现一个最简单的纵横字谜产生程序，也需要解决很多问题。例如，如何在计算机中表示纵横字谜的网格？是采用一系列字符串还是采用二维的字符数组？还需要建立一个能够被程序直接访问的单词库（即计算机化的字典）。但是以何种形式存储这些单词才能够便于实现程序要求的对字符串的复杂操作呢？真正有雄心的读者肯定还想给出字谜的"提示"，也就是将每一个"横向"单词和每一个"竖向"单词的提示给字谜破解者打印出来的。事实上，仅仅打印出一个空白的纵横字谜就不是一个简单的问题。

8.37 **(用健康食材来做饭)** 在美国，肥胖症正在以惊人的速度增长。在"疾病控制与预防中心"（CDC）的网页（www.cdc.gov/obesity/data/index.html）上可以查看美国肥胖症的相关数据与事实。随着肥胖症的增长，相关疾病（如心脏病，高血压，高胆固醇，2 型糖尿病）的发病率也随着增长。请编写一个帮助用户在做饭时选择健康食材的程序，同时该程序还能帮助那些对某些食物（如坚果和面麸）过敏的用户寻找替代品。简单起见，假设食谱采用诸如小茶匙、杯、汤匙这样没有缩写的计量单位，并采用数字量 [如 1 个鸡蛋（1 egg），2 杯（2 cups）] 而不是文字量 [一个鸡蛋（one egg），两杯(two cups)]来计量。常用的过敏食物替代品如图 8.36 所示。程序可以显示诸如"在改变你的食谱前，请咨询你的医生"的警示信息。

程序在考虑替代品时，并不总是一对一地替代。例如做一个蛋糕需要的三个鸡蛋就可以用六个蛋清来替代。替代品及其转换数据可以从以下网站获得：

chinesefood.about.com/od/recipeconversionfaqs/f/usmetricrecipes.htm
www.pioneerthinking.com/eggsub.html
www.gourmetsleuth.com/conversions.htm

程序应考虑用户的健康顾虑，如高胆固醇，高血压，减肥，面麸过敏等。对于高胆固醇，应建议替代掉鸡蛋和奶制品。如果用户想减肥，就建议将像糖这样的食品用低热量的替代品来替换掉。

成分	替代品
1 杯酸奶油	1 杯酸奶
1 杯牛奶	1/2 杯脱脂牛奶或 1/2 杯水
1 小茶匙柠檬汁	1/2 小茶匙醋
1 杯糖	1/2 杯蜂蜜，或 1 杯糖浆，或 1/4 龙舌兰花露
1 杯奶油	1/2 杯人造奶油或酸奶
1 杯面粉	1 杯裸麦或米粉
1 杯蛋黄酱	1 杯软干酪，或 1/8 杯蛋黄酱加 7/8 杯酸奶
1 个鸡蛋	2 汤匙玉米淀粉，葛根粉，或土豆粉或 2 个蛋清或 1/2 大香蕉(捣碎)
1 杯牛奶	1 杯豆奶
1/4 杯油	1/4 杯苹果酱
白面包	全麦面包

图 8.36　常用的食品替换表

8.38 **(垃圾邮件过滤)** 美国每年为处理垃圾邮件(Spam)而耗费的软件、硬件、网络资源、带宽以及降低的生产率价值几十亿美元。请在线研究一些最常见的垃圾邮件或单词，并检查你的垃圾邮箱，从中抽出 30 个最常见的单词或短语。编写一个程序请用户输入一封电子邮件，然后将邮件读入到一个很大的字符数组中，请确保程序不会在数组之外还存入字符，最后扫描这封邮件中是否存在那 30 个单词或短语。每当这些单词或短语在邮件中出现一次，就给邮件的"垃圾分数"加 1。请根据最后得分，评价这封邮件是垃圾邮件的可能性。

8.39 **(短消息语言)** 短消息服务(Short Message Service, SMS)是一项允许手机之间相互发送不超过 160 个字符的文本消息的电信服务。随着手机在全世界的迅速普及，在许多发展中国家 SMS 已经被应用于其他用途(如赞成观点或者反对)、报道有关自然灾害的新闻等。网页 comunica.org/radio2.0/archives/87 就是一个例子。由于短消息的长度是有限的，所以短消息语言——面向短消息、电子邮件和即时消息(instant message)等的常用单词或短语的缩写，就常常被采用。例如"我认为"(in my opinion)在短消息语言中被缩写成 IMO。请在线研究短消息语言，然后编写一个程序支持用户使用短消息语言编辑短消息的，然后将其翻译成英语(或者自己的语言)。同时程序还能将用英语(或者自己的语言)编辑的文本翻译成包含短消息语言的短消息。一个可能出现的问题是一个短消息语言的词汇可能会对应多个短语。例如 IMO(上面提到的)也可以代表"国际海事组织"(International Maritime Organization)或"纪念"(in memory of)等。

8.40 **(中性词)** 在练习题 1.14 中，研究了在所有的交流方式中消除性别歧视的问题，还描述一个算法，该算法读入一段文本然后用中性词替换其中的限定性别的单词。请编写一个程序读入一段文本，然后用中性词替换其中的限定性别的单词，最后显示得到的中性文本。

第9章 C格式化输入/输出

学习目标

在本章中，读者将学习以下内容：

- 输入/输出流的使用。
- 所有的格式化打印功能的使用。
- 所有的格式化输入功能的使用。
- 打印整数、浮点数、字符串和字符。
- 带有域宽和精度的打印。
- 在printf函数的格式控制字符串中使用格式化标记。
- 输出文本和转义序列。
- 使用scanf函数来实现格式化输入。

提纲

9.1 引言

任何问题的求解都有一个重要的组成部分，那就是显示结果。本章中，将深入讨论函数scanf和printf的格式化输入/输出功能。这两个函数从标准输入流（Standard input stream）输入数据，并将数据输出到标准输出流（Standard output stream）。在调用这些函数的程序中应包含头文件<stdio.h>。标准输入/输出（<stdio.h>）库中的其他函数将在第11章介绍。

9.2   流

所有的输入/输出都是基于**流**(Stream)实现的，所谓流就是字节的序列。在输入操作中，字节从一个外部设备(如键盘、硬盘、网卡)流向主存；在输出操作中，字节从主存流向一个外部设备(如显示器、打印机、硬盘、网卡，等等)。

程序开始执行时，有三个流被自动地连接到程序上。通常，标准输入流被连接到键盘上，标准输出流被连接到显示器上。第三个流是**标准错误流**(Standard error stream)被连接到显示器上。当然，操作系统也允许将这些流重定向到其他设备上。第 11 章将介绍如何将出错信息输出到标准错误流中。有关"流"的更详细讨论见详第 11 章。

9.3   用 printf 函数实现格式化输出

可以用 printf 函数来实现精确的格式化输出。每个 printf 函数的调用语句都包含一个描述输出格式的**格式控制字符串**(Format control string)。格式控制字符串由**转换说明符**(Conversion specifier)、**标记**(Flag)、**域宽**(Field width)、**精度**(Precision)和**文本字符**(Literal character)组成。这些内容与百分号(%)一起，构成了**转换说明**(Conversion specification)。

printf 函数可以实现如下的格式化功能。这些功能，将在本章中逐个介绍：

1．将浮点数的小数部分**舍入**(Rounding)到指定的十进制数位。
2．按小数点位置对齐显示一列浮点数。
3．输出数据的**右对齐**(Right justification)和**左对齐**(Left justification)。
4．在输出的一行中的指定位置插入文本字符。
5．用指数形式表示浮点数。
6．用八进制或十六进制表示无符号整数。欲了解更多八进制或十六进制的知识，请参阅附录 C。
7．用固定的域宽和精度来显示各种类型的数据。

printf 函数的格式是：

printf(格式控制字符串，其他实参)；

其中，格式控制字符串描述了输出格式，其他实参(可选)逐个对应格式控制字符串中的每一个转换说明。每个转换说明都以一个百分号(%)作为开始、以一个转换说明符作为结束。在一个格式控制字符串中可以有多个转换说明。

常见的编程错误 9.1

忘记用双引号将一个格式控制字符串括起来，是一个语法错误。

9.4   打印整数

整数是一个不包含小数点的完整数，如 776，0 或–52。图 9.1 给出了整数的各种转换说明符，可以从中选择一种来显示整数。

转换说明符	说　　明
d	按有符号十进制整数显示
i	按有符号十进制整数显示(注意：在应用于 scanf 函数时，说明符 i 和 d 的含义是不同的)
o	按无符号的八进制整数显示
u	按无符号的十进制整数显示
x 或 X	按无符号的八进制整数显示。X 表示用数字 0～9 和大写字母 A～F 显示，而 x 表示用数字 0～9 和小写字母 a～f 显示
h、l 或 ll(字母 ell)	写在任意一个整数转换说明符的前面，分别表示将要显示的是一个 short(短)型整数、long(长)型整数或 long long(长长)型整数。更准确地说，它们也称为**长度修饰符**(Length modifier)

图 9.1   整数转换说明符

图 9.2 中的程序逐个使用整数转换说明符来打印一个整数。注意：只有负号会打印出来，而正号被舍弃——在后面，我们将介绍如何强制地打印正号。还请注意：当用%u 输出时(第 15 行)，–455 将被转换成无符号整数 4294966841。

常见的编程错误 9.2

用面向无符号整数的转换说明符来打印一个负数。

```
 1  // Fig. 9.2: fig09_02.c
 2  // Using the integer conversion specifiers
 3  #include <stdio.h>
 4
 5  int main(void)
 6  {
 7     printf("%d\n", 455);
 8     printf("%i\n", 455); // i same as d in printf
 9     printf("%d\n", +455); // plus sign does not print
10     printf("%d\n", -455); // minus sign prints
11     printf("%hd\n", 32000);
12     printf("%ld\n", 2000000000L); // L suffix makes literal a long int
13     printf("%o\n", 455); // octal
14     printf("%u\n", 455);
15     printf("%u\n", -455);
16     printf("%x\n", 455); // hexadecimal with lowercase letters
17     printf("%X\n", 455); // hexadecimal with uppercase letters
18  }
```

```
455
455
455
-455
32000
2000000000
707
455
4294966841
1c7
1C7
```

图 9.2　整数转换说明符的使用

9.5　打印浮点数

浮点数都包含有一个小数点，例如 33.5，0.0 或–657.983。图 9.3 介绍了各种浮点数转换说明符，可以选择其中一个来显示浮点数。**转换说明符 e 和 E** 是用来以**指数形式**(Exponential notation)，即数学中的**科学记数法**(Scientific notation)在计算机中的等价形式，来显示浮点数。例如，150.4582 用科学记数法表示为

1.504582×10^2

而计算机用指数形式表示为

1.504582E+02

这个记法表示：1.504582 乘以 10 的 2 次幂(E+02)，E 表示"指数"(Exponent)。

在默认情况下，用转换说明符 e，E 和 f 显示的浮点数在小数点后边有六位的精度(例如 1.04592)。当然，我们还可以显式地指定其他位数的精度。转换说明符 f 打印出来的浮点数在小数点前至少有一位数字。转换说明符 e 和 E 分别在幂值之前打印出小写的 e 和大写的 E，而且它们都是在小数点前仅仅打印一位数字。

转换说明符	说　明
e 或 E	以指数形式显示一个浮点数
f 或 F	以小数点位置固定的形式显示一个浮点数(Visual Studio 2015 或者更高的平台中的微软 Visual C++编译器支持 F)
g 或 G	根据数据的绝对值大小，采用 f 浮点形式或者 e(或 E)指数形式显示一个浮点数
L	放置在任意一种浮点数转换说明符前面，表示要打印的是一个长双精度型(Long double)的浮点数

图 9.3　浮点数转换说明符

9.5.1　转换说明符 e，E 或 f

用转换说明符 e，E 或 f 打印浮点数时，默认情况下，将显示小数点后面六位精度(如 1.045927)。若想采用其他精度，可以显式地说明。**转换说明符 f** 至少在小数点前边打印一个数字。转换说明符 e 和 E 将分别在指数前边打印小写的 e 和大写的 E，并且都仅仅在小数点前边打印一个数字。

9.5.2　转换说明符 g 或 G

转换说明符 g(或 G)，以 e(E)或 f 的格式，打印不带小数部分末尾 0 的浮点数(如将 1.234000 打印成 1.234)。

若在转换成指数形式后，一个浮点数的幂值小于–4 或者大于等于指定的精度(默认情况下，g 或 G 格式输出六位有效数字)，则采用转换说明符 e(E)来打印这个浮点数，否则采用转换说明符 f 来打印这个浮点数。

在小数点后面至少要输出一个非零数字。例如用转换说明符 g 打印浮点数 0.0000875，8750000.0，8.75 和 87.50，显示的结果分别是 8.75e–05、8.75e+06、8.75 和 87.5。0.0000875 被打印成指数形式，是因为在被转换成指数形式后，它的幂值(–5)小于–4。8750000.0 被打印成指数形式，也是因为在被转换成指数形式后，它的幂值(6)等于默认的精度。

转换说明符 g 或 G 的精度指包含了小数点左边数字在内的有效数字的最大个数。例如 1234567.0 用转换说明符%g 打印的结果是 1.23457e+06(切记：所有浮点数转换说明符的默认精度都是 6)。打印结果有 6 个有效数字。同样地，g 与 G 的差别也在于当按指数形式打印时，记号分别是 e 和 E——用小写的 g 打印出小写的 e，而用大写的 G 则打印出大写的 E。

错误预防提示 9.1

输出数据时，一定要确保用户知道格式化处理使得输出的数据有可能是不精确的(例如，由于限定了精度，将会导致舍入误差)。

9.5.3　浮点数转换说明符的使用演示

图 9.4 演示了各种浮点数转换说明符的使用。其中，转换说明符%E，%e 和%g 会在输出时对数据进行舍入处理，而转换说明符%f 则不会。

可移植性提示 9.1

采用某些编译器时，结果的指数部分的+号后边显示两位数字。

```c
 1   // Fig. 9.4: fig09_04.c
 2   // Using the floating-point conversion specifiers
 3   #include <stdio.h>
 4
 5   int main(void)
 6   {
 7      printf("%e\n", 1234567.89);
 8      printf("%e\n", +1234567.89); // plus does not print
 9      printf("%e\n", -1234567.89); // minus prints
10      printf("%E\n", 1234567.89);
11      printf("%f\n", 1234567.89); // six digits to right of decimal point
12      printf("%g\n", 1234567.89); // prints with lowercase e
13      printf("%G\n", 1234567.89); // prints with uppercase E
14   }
```

```
1.234568e+006
1.234568e+006
-1.234568e+006
1.234568E+006
1234567.890000
1.23457e+006
1.23457E+006
```

图 9.4　浮点数转换说明符的使用

9.6　打印字符串或字符

转换说明符 c 和 s 分别用来打印单个字符和字符串。**转换说明符 c** 需要的是一个 char 类型的实参，而**转换说明符 s** 需要的实参是一个指向字符的指针。转换说明符 s 将使得 printf 函数不断地打印字符直至遇到字符串结束符('\0')为止。若由于某种原因，打印的字符串没带有空字符，那么 printf 函数将持续地打印字符直到遇到值为 0 的字节才停止。图 9.5 中的程序使用转换说明符 c 和 s 来打印字符和字符串。

```
 1   // Fig. 9.5: fig09_05c
 2   // Using the character and string conversion specifiers
 3   #include <stdio.h>
 4
 5   int main(void)
 6   {
 7      char character = 'A'; // initialize char
 8      printf("%c\n", character);
 9
10      printf("%s\n", "This is a string");
11
12      char string[] = "This is a string"; // initialize char array
13      printf("%s\n", string);
14
15      const char *stringPtr = "This is also a string"; // char pointer
16      printf("%s\n", stringPtr);
17   }
```

```
A
This is a string
This is a string
This is also a string
```

图 9.5　字符和字符串转换说明符的使用

大多数编译器并不去检查格式控制字符串中的错误，所以可能只有到程序运行时出现了错误的结果，才意识到这样的错误。

常见的编程错误 9.3

用%c 来打印一个字符串是错误的。转换说明符%c 期望处理的是一个 char 型的实参，而字符串是一个指向字符的指针（即 char *）。

常见的编程错误 9.4

用%s 来打印一个字符，会引起一个严重的被称为非法数据访问的运行时错误。转换说明符%s 期望处理的是一个指向字符的指针。

常见的编程错误 9.5

以为用一对单引号将字符括起来就得到字符串，是一个语法错误。字符串必须用一对双引号括起来。

常见的编程错误 9.6

用一对双引号将一个字符常量括起来，将会产生一个指向包含两个字符的字符串的指针。其中的第二个字符为字符串结束符。

9.7　其他的转换说明符

图 9.6 介绍了转换说明符 p 和%。

图 9.7 中的程序用%p 分别打印出变量 ptr 的值和变量 x 的地址。因为变量 x 的地址已经赋值给了变量 ptr，所以打印的结果是完全相同的。最后一条 printf 语句使用转换说明符%%在一个字符串中打印出字符%。

可移植性提示 9.2

转换说明符 p 用系统实现时所定义的方式显示一个地址(在多数系统中，采用的是十六进制形式，而非十进制形式)。

常见的编程错误 9.7

在格式控制字符串中，用%而非%%来打印百分号这个文本符号——当%出现在格式控制字符串中时，它的后面必须跟一个转换说明符。

转换说明符	说　　明
p	用系统实现时所定义的方式显示一个指针的值
%	显示一个百分号

图 9.6　其他的转换说明符

```
1   // Fig. 9.7: fig09_07.c
2   // Using the p and % conversion specifiers
3   #include <stdio.h>
4
5   int main(void)
6   {
7      int x = 12345; // initialize int x
8      int *ptr = &x; // assign address of x to ptr
9
10     printf("The value of ptr is %p\n", ptr);
11     printf("The address of x is %p\n\n", &x);
12
13     printf("Printing a %% in a format control string\n");
14  }
```

```
The value of ptr is 002EF778
The address of x is 002EF778

Printing a % in a format control string
```

图 9.7　转换说明符 p 和%的使用

9.8　带域宽和精度的打印

数据打印区域的准确大小可以用**域宽**(Field width)来说明。若域宽大于欲打印数据的实际数位，则数据将在指定的区域内向右对齐。代表域宽的一个整数将被插入到百分号%与转换说明符之间(如%4d)。

9.8.1　在打印整数时指定域宽

图 9.8 中的程序打印了两组、每组 5 个整数的数据，对于数位小于域宽的整数是按右对齐打印的。当欲打印数据的数位大于域宽时，实际的打印域宽将会增加。注意：负数的负号占用一位的域宽。域宽可以与所有的转换说明符一起使用。

常见的编程错误 9.8

没有为输出的数据提供一个足够大的打印域宽，使得绝对值差别较大的数据打印出来后参差不齐，让人迷惑。一定要了解你的数据。

```
1   // Fig. 9.8: fig09_08.c
2   // Right justifying integers in a field
3   #include <stdio.h>
4
5   int main(void)
6   {
7      printf("%4d\n", 1);
8      printf("%4d\n", 12);
9      printf("%4d\n", 123);
```

图 9.8　在输出域内右对齐的整数

```
10      printf("%4d\n", 1234);
11      printf("%4d\n\n", 12345);
12
13      printf("%4d\n", -1);
14      printf("%4d\n", -12);
15      printf("%4d\n", -123);
16      printf("%4d\n", -1234);
17      printf("%4d\n", -12345);
18  }
```

```
   1
  12
 123
1234
12345

  -1
 -12
-123
-1234
-12345
```

图 9.8(续)　在输出域内右对齐的整数

9.8.2　在打印整数、浮点数和字符串时指定精度

printf 函数允许指定打印数据的精度。不过，对于不同类型的数据，精度的含义是不同的。与整型转换说明符一起使用时，精度表示要打印的数据的最少数字位数。若被打印的数据所包含的数字的位数小于指定的精度且精度值前面带有一个 0 或者一个小数点，则打印出来的数值前面将加上若干个前缀 0，使得总的数字位数等于精度。若精度值前面既不带有一个 0，也不带有一个小数点，则前缀 0 将用空格代替。对于整数，默认的精度是 1。与浮点型转换说明符 e，E 或 f 一起使用时，精度表示小数点后面的数字位数。与浮点型转换说明符 g 或 G 一起使用时，精度表示打印出来的有效数字的最大位数。与转换说明符 s 一起使用时，精度表示将要从一个字符串中打印出来的最大字符个数。

表示精度的方法是：在百分号和转换说明符之间，插入一个表示精度的整数，并在整数的前面加上一个小数点。图 9.9 中的程序描述了如何在格式控制字符串中指定精度。当一个浮点数拥有的十进制数位大于指定的精度时，将对其进行舍入处理后再打印。

```
1   // Fig. 9.9: fig09_09.c
2   // Printing integers, floating-point numbers and strings with precisions
3   #include <stdio.h>
4
5   int main(void)
6   {
7       puts("Using precision for integers");
8       int i = 873; // initialize int i
9       printf("\t%.4d\n\t%.9d\n\n", i, i);
10
11      puts("Using precision for floating-point numbers");
12      double f = 123.94536; // initialize double f
13      printf("\t%.3f\n\t%.3e\n\t%.3g\n\n", f, f, f);
14
15      puts("Using precision for strings");
16      char s[] = "Happy Birthday"; // initialize char array s
17      printf("\t%.11s\n", s);
18  }
```

```
Using precision for integers
        0873
        000000873

Using precision for floating-point numbers
        123.945
        1.239e+002
        124

Using precision for strings
        Happy Birth
```

图 9.9　使用精度来打印整数、浮点数和字符串

9.8.3　同时指定域宽和精度

可以同时指定域宽和精度，其方法为：在百分号和转换说明符之间，先写上域宽，然后加上一个小数点，后面再写上精度。例如下面这条语句：

```
printf("%9.3f", 123.456789);
```

将输出 123.457。因为格式控制字符串的含义是：在 9 个数位的域宽中，以右对齐的方式，显示小数点后面有 3 位的浮点数。

还可以通过格式控制字符串后面的实参列表中的整型表达式来说明域宽和精度。实现方法是：在格式控制字符串中域宽或精度的位置上写一个星号*(也可以在域宽和精度的位置上同时都写上一个星号)。这时，程序将会计算实参列表中对应的整型表达式的值，并用其替换星号。表示域宽的值可以是正数也可以是负数(在下一节，可以看到负数将导致输出结果在域宽内左对齐)。例如，下面这条语句：

```
printf("%*.*f", 7, 2, 98.736);
```

将以 7 为域宽，2 为精度，输出右对齐的 98.74。

9.9　在 printf 函数的格式控制字符串中使用标记

printf 函数还提供了一些标记来增加它的输出格式控制功能。在格式控制字符串中可以使用的标记有 5 个(参见图 9.10)。使用标记的方法是：在紧靠%的右侧写上标记。标记可以单独使用，也可以组合在一起使用。

标记	说　　明
–(减号)	在域宽内左对齐显示输出结果
+(加号)	在正数前面显示一个加号，在负数前面显示一个减号
空格	在没有打印加号的正数前面打印一个空格
#	当使用八进制转换说明符 o 时，在输出数据前面加上前缀 0 当使用十六进制转换说明符 x 或 X 时，在输出数据前面加上前缀 0x 或 0X 当以转换说明符 e、E、f、g 或 G 打印的浮点数没有小数部分时，强制显示一个小数点(通常，只有小数点后有数字时才会显示小数点)。对于 g 或 G 转换说明符，末尾的 0 不会被删除
0(零)	在打印的数据前面加上前导 0 以填满域宽。

图 9.10　格式控制字符串中的标记

9.9.1　右对齐和左对齐

图 9.11 中的程序描述了如何使用标记来显示右对齐和左对齐的字符串、整数、字符和浮点数。第 7 行语句输出了一行表示列号的数据，以便确认确确实实实现了右对齐和左对齐。

```
 I   // Fig. 9.11: fig09_11.c
 2   // Right justifying and left justifying values
 3   #include <stdio.h>
 4
 5   int main(void)
 6   {
 7       puts("12345678901234567890123456789012345678 90\n");
 8       printf("%10s%10d%10c%10f\n\n", "hello", 7, 'a', 1.23);
 9       printf("%-10s%-10d%-10c%-10f\n", "hello", 7, 'a', 1.23);
10   }
```

```
12345678901234567890123456789012345678 90
     hello         7         a  1.230000

hello     7         a         1.230000
```

图 9.11　右对齐和左对齐的数据

9.9.2　用与不用+标记来打印正数和负数

图 9.12 中的程序分别按照使用和不使用+标记的格式打印一个正数和一个负数。两种情况下，负数的负号都显示出来了。但是只有在使用+标记时，正数的正号才显示出来。

```
1   // Fig. 9.12: fig09_12.c
2   // Printing positive and negative numbers with and without the + flag
3   #include <stdio.h>
4
5   int main(void)
6   {
7      printf("%d\n%d\n", 786, -786);
8      printf("%+d\n%+d\n", 786, -786);
9   }
```

```
786
-786
+786
-786
```

图 9.12　用与不用+标记来打印正数和负数

9.9.3　使用空格标记

图 9.13 中的程序使用空格标记在一个输出的正数前面加上一个空格。这样可以对齐显示具有相同数字位数的正数和负数。由于–547 前面存在一个负号，所以在输出时它的前面就没有加上一个空格。

```
1   // Fig. 9.13: fig09_13.c
2   // Using the space flag
3   // not preceded by + or -
4   #include <stdio.h>
5
6   int main(void)
7   {
8      printf("% d\n% d\n", 547, -547);
9   }
```

```
 547
-547
```

图 9.13　空格标记的使用

9.9.4　使用#标记

图 9.14 中的程序使用#标记分别给输出的八进制数加上前缀 0，十六进制数加上前缀 0x 或 0X，并强制给按转换说明符 g 打印的浮点数加上小数点。

```
1   // Fig. 9.14: fig09_14.c
2   // Using the # flag with conversion specifiers
3   // o, x, X and any floating-point specifier
4   #include <stdio.h>
5
6   int main(void)
7   {
8      int c = 1427; // initialize c
9      printf("%#o\n", c);
10     printf("%#x\n", c);
11     printf("%#X\n", c);
12
13     double p = 1427.0; // initialize p
14     printf("\n%g\n", p);
15     printf("%#g\n", p);
16  }
```

图 9.14　#标记的使用

```
02623
0x593
0X593

1427
1427.00
```

图 9.14(续)　#标记的使用

9.9.5　使用 0 标记

图 9.15 中的程序先是将标记+和标记 0 组合起来，在一个 9 个数位的域宽内，打印带正号和前缀 0 的数据 452。然后仅使用标记 0，在一个 9 个数位的域宽内，再次打印数据 452。

```
1   // Fig. 9.15: fig09_15.c
2   // Using the 0 (zero) flag
3   #include <stdio.h>
4
5   int main(void)
6   {
7       printf("%+09d\n", 452);
8       printf("%09d\n", 452);
9   }
```

```
+00000452
000000452
```

图 9.15　0 标记的使用

9.10　打印文本和转义序列

在本书中已经看到，文本字符可以通过将其写在 printf 函数的格式控制字符串中打印出来。但是也有一些"问题"字符不能这样处理，例如，双引号(")，它本身就是格式控制字符串的定界符。还有各种控制字符，如换行符和制表符，必须使用转义序列才能打印出来。转义序列由一个反斜线(\)及其随后的特殊转义字符组成。图 9.16 说明了各种转义序列及其引发的操作。

转义序列	说　　明
\'(单引号)	输出一个单引号(')
\"(双引号)	输出一个双引号(")
\?(问号)	输出一个问号(?)
\\(反斜线)	输出一个反斜线(\)
\a(警告或铃声)	引发一个听得见的(铃声)或者看得见的警告(通常是在程序运行的窗口闪烁)
\b(退格)	光标在当前行中回退一个位置
\f(新的一页或者换页)	光标移动到新的一个逻辑页面的开始位置
\n(新的一行)	光标移动到新的一行的开始位置
\r(回车)	光标移动到当前行的开始位置
\t(水平 tab)	光标移动到下一个水平制表符(tab)位置
\v(垂直 tab)	光标移动到下一个垂直制表符(tab)位置

图 9.16　转义序列

9.11　用 scanf 函数读取格式化的输入

精确的格式化输入由 scanf 函数来实现。每个 scanf 语句都包含一个描述待输入数据格式的格式控制字符串。这个格式控制字符串由转换说明符和若干文本字符组成。scanf 函数具有如下格式化输入功能：

1. 输入任意一种类型的数据。
2. 从一个输入流中输入指定的字符。
3. 忽略一个输入流中指定的字符。

9.11.1　scanf 的语法

调用 scanf 函数的语句格式为

scanf(格式控制字符串，其余实参)；

格式控制字符串描述了输入数据的格式，其余实参为指向存储输入数据的目标变量的指针。

良好的编程习惯 9.1

在输入数据时，每次要求用户输入一个或少许几个数据项，就给用户一个提示。避免只给出一个提示就要求用户输入大量的数据。

良好的编程习惯 9.2

务必考虑当(不是假如)错误的数据被输入时，用户和程序将会做出何种处理——例如，一个与程序上下文不协调的整数值，或者一个遗漏了标点符号或空格的字符串。

9.11.2　scanf 的转换说明符

图 9.17 列出了用来输入各种类型数据的全部转换说明符。本节下面的内容都是演示如何使用这些转换说明符来读入数据的程序例子。注意：在应用于 scanf 函数时，说明符 i 和 d 的含义是不同的。但在应用于 printf 函数时，它们是可以互换的。

转换说明符	说　　明
整数	
d	读入一个任意符号的十进制整数。相应的实参是一个指向整数的指针
i	读入一个任意符号的十进制、八进制或十六进制的整数。相应的实参是一个指向整数的指针
o	读入一个八进制整数。相应的实参是一个指向无符号整数的指针
u	读入一个无符号十进制整数。相应的实参是一个指向无符号整数的指针
x 或 X	读入一个十六进制整数。相应的实参是一个指向无符号整数的指针
h, l 或 ll	写在任意一个整型转换说明符的前面，表示将要输入的是一个短整数、长整数或长长整数
浮点数	
e, E, f, g 或 G	读入一个浮点数。相应的实参是一个指向浮点数类型变量的指针
l 或 L	写在任意一个浮点型转换说明符的前面，表示将要输入的是一个双精度浮点数或长双精度浮点数相应的实参是一个指向双精度浮点型或长双精度浮点型变量的指针
字符和字符串	
c	读入一个字符。相应的实参是一个指向字符型变量的指针。不会加上字符串结束符('\0')
s	读入一个字符串。相应的实参是一个指向字符型数组的指针。这个数组的大小必须足以容纳输入的字符串以及系统自动加上的字符串结束符('\0')
扫描集	
[扫描字符]	扫描一个字符串以查找事先存储在一个数组中的一组目标字符
其余的	
p	按照 printf 语句用 %p 输出的地址格式相同的格式读入一个地址
n	保存到目前为止本次 scanf 函数调用已输入的字符总数。相应的实参是一个指向整型变量的指针
%	在输入中忽略一个百分号

图 9.17　用于 scanf 函数的转换说明符

9.11.3　用 scanf 来读入整数

图 9.18 中的程序使用各种不同的整型转换说明符来读入多个整数，然后以十进制数形式将它们显示出来。注意：转换说明符 **%i** 通用于十进制、八进制或者十六进制整数的输入。

```
 1   // Fig. 9.18: fig09_18.c
 2   // Reading input with integer conversion specifiers
 3   #include <stdio.h>
 4
 5   int main(void)
 6   {
 7      int a;
 8      int b;
 9      int c;
10      int d;
11      int e;
12      int f;
13      int g;
14
15      puts("Enter seven integers: ");
16      scanf("%d%i%i%i%o%u%x", &a, &b, &c, &d, &e, &f, &g);
17
18      puts("\nThe input displayed as decimal integers is:");
19      printf("%d %d %d %d %d %d %d\n", a, b, c, d, e, f, g);
20   }
```

```
Enter seven integers:
-70 -70 070 0x70 70 70 70

The input displayed as decimal integers is:
-70 -70 56 112 56 70 112
```

图 9.18　使用各种整型转换说明符来读入整数

9.11.4　用 scanf 来读入浮点数

当输入浮点数时，可以使用浮点型转换说明符 e，E，f，g 或 G 中的任何一个。图 9.19 中的程序使用了三种浮点型转换说明符分别读入三个浮点数，然后用转换说明符 f 将它们显示出来。

```
 1   // Fig. 9.19: fig09_19.c
 2   // Reading input with floating-point conversion specifiers
 3   #include <stdio.h>
 4
 5   // function main begins program execution
 6   int main(void)
 7   {
 8      double a;
 9      double b;
10      double c;
11
12      puts("Enter three floating-point numbers:");
13      scanf("%le%lf%lg", &a, &b, &c);
14
15      printf("\nHere are the numbers entered in plain:");
16      puts("floating-point notation:\n");
17      printf("%f\n%f\n%f\n", a, b, c);
18   }
```

```
Enter three floating-point numbers:
1.27987 1.27987e+03 3.38476e-06

Here are the numbers entered in plain floating-point notation:
1.279870
1279.870000
0.000003
```

图 9.19　使用各种浮点型转换说明符来读入浮点数

9.11.5　用 scanf 来读入字符和字符串

字符和字符串分别是通过使用转换说明符 c 和 s 来输入的。图 9.20 中的程序提示用户输入一个字符串。程序用%c 输入了字符串的第一个字符，并将其保存在字符型变量 x 中。然后用%s 输入字符串的剩余部分，并将其保存在字符数组 y 中。

```
1   // Fig. 9.20: fig09_20.c
2   // Reading characters and strings
3   #include <stdio.h>
4
5   int main(void)
6   {
7      char x;
8      char y[9];
9
10     printf("%s", "Enter a string: ");
11     scanf("%c%8s", &x, y);
12
13     puts("The input was:\n");
14     printf("the character \"%c\" and the string \"%s\"\n", x, y);
15  }
```

```
Enter a string: Sunday
The input was:
the character "S" and the string "unday"
```

图 9.20　输入字符和字符串的例子

9.11.6　在 scanf 中使用扫描集

一个字符序列可以用一个**扫描集**(Scan set)来输入。扫描集是位于格式控制字符串中以百分号开头、用方括号([ ])括起来的一组字符。扫描集扫描输入流中的字符，寻找与扫描集中的字符相匹配的字符。一旦找到匹配的字符，则将该字符存储到扫描集对应的实参(指向一个字符数组的指针)中。当遇到了扫描集中没有包含的字符时，扫描集将停止输入字符。如果输入流中的第一个字符就与扫描集中的字符不匹配，那么字符数组保持不变。图 9.21 中的程序使用扫描集[aeiou]在输入流中寻找元音字符。注意：输入的字符中只有前 7 个被读取。第 8 个字符(h)没有出现在扫描集中，所以扫描结束。

```
1   // Fig. 9.21: fig09_21.c
2   // Using a scan set
3   #include <stdio.h>
4
5   // function main begins program execution
6   int main(void)
7   {
8      char z[9]; // define array z
9
10     printf("%s", "Enter string: ");
11     scanf("%8[aeiou]", z); // search for set of characters
12
13     printf("The input was \"%s\"\n", z);
14  }
```

```
Enter string: ooeeooahah
The input was "ooeeooa"
```

图 9.21　使用扫描集的例子

通过使用一个**逆向扫描集**(Inverted scan set)，扫描集还可以用来扫描那些没有出现在扫描集中的字符。创建一个逆向扫描集的方法是，在方括号内扫描字符的前面加一个"**脱字符号**"(^)。这样，那些没有出现在扫描集中的字符反而被保存起来。当遇到了逆向扫描集中包含的字符时，输入就停止了。图 9.22 中的程序使用了逆向扫描集[^aeiou]来查找辅音字母——更准确地说，是查找非元音字母。

```
1   // Fig. 9.22: fig09_22.c
2   // Using an inverted scan set
3   #include <stdio.h>
4
5   int main(void)
6   {
7      char z[9];
8
```

图 9.22　使用逆向扫描集的例子

```
 9      printf("%s", "Enter a string: ");
10      scanf("%8[^aeiou]", z); // inverted scan set
11
12      printf("The input was \"%s\"\n", z);
13   }
```

```
Enter a string: String
The input was "Str"
```

图 9.22(续)　使用逆向扫描集的例子

9.11.7　在 scanf 中指定域宽

在 scanf 函数的转换说明符中，还可以通过指定域宽来从输入流中读取特定数目的字符。图 9.23 中的程序就是从用户输入的一系列连续的数字中，将前两位数字处理为一个两位的整数，将剩余的数字处理成另外一个整数。

```
 1   // Fig. 9.23: fig09_23.c
 2   // inputting data with a field width
 3   #include <stdio.h>
 4
 5   int main(void)
 6   {
 7      int x;
 8      int y;
 9
10      printf("%s", "Enter a six digit integer: ");
11      scanf("%2d%d", &x, &y);
12
13      printf("The integers input were %d and %d\n", x, y);
14   }
```

```
Enter a six digit integer: 123456
The integers input were 12 and 3456
```

图 9.23　使用域宽来输入数据的例子

9.11.8　在输入流中忽略掉特定字符

我们常常会遇到需要忽略掉输入流中特定字符的情况。例如用户可能按照下面的形式输入日期：

11-10-1999

日期中的每一个数据都需要保存，而分隔数字的短横线却需要丢弃。为了去除不需要的字符，可以将它们写在 scanf 函数的格式控制字符串中(空格字符，如空格、换行、tab 键能忽略掉所有的前导空格)。例如为了忽略输入的短横线，可以使用下面这样的语句：

scanf("%d-%d-%d", &month, &day, &year);

尽管这条 scanf 语句能去除前面输入的短横线，但是遇到按如下方式输入的日期：

10/11/1999

上面那条 scanf 语句就无能为力了。为此，scanf 函数提供了**赋值抑制字符***(Assignment suppression character*)。赋值抑制字符使得 scanf 函数从输入流中读取任意类型的数据并将其丢弃，而不是将其赋值给一个变量。图 9.24 中的程序在转换说明符%c 中使用了赋值抑制字符*来指明：从输入流中读入一个字符然后丢弃，只有读入的月、日和年被保存。程序通过打印变量的值来验证"日期的确被正确地输入了"。注意：对于带赋值抑制字符的转换说明符，所有 scanf 语句的实参列表都没有包含对应它们的变量，它们对应的字符直接就被丢弃了。

```
 1   // Fig. 9.24: fig09_24.c
 2   // Reading and discarding characters from the input stream
 3   #include <stdio.h>
 4
 5   int main(void)
 6   {
 7      int month = 0;
 8      int day = 0;
 9      int year = 0;
10      printf("%s", "Enter a date in the form mm-dd-yyyy: ");
11      scanf("%d%*c%d%*c%d", &month, &day, &year);
12      printf("month = %d   day = %d   year = %d\n\n", month, day, year);
13
14      printf("%s", "Enter a date in the form mm/dd/yyyy: ");
15      scanf("%d%*c%d%*c%d", &month, &day, &year);
16      printf("month = %d   day = %d   year = %d\n", month, day, year);
17   }
```

```
Enter a date in the form mm-dd-yyyy: 11-18-2012
month = 11   day = 18   year = 2012

Enter a date in the form mm/dd/yyyy: 11/18/2012
month = 11   day = 18   year = 2012
```

图 9.24　从输入流中读入并丢弃字符的例子

9.12　安全的 C 程序设计

C 标准列举了很多由于不正确使用库函数参数导致出现未定义的计算机行为的情况。这会造成安全漏洞，应该避免发生。例如，使用不正确的转换说明来调用函数 printf(或者它的某个变种，如 sprintf，fprintf 和 printf_s 等)就会发生这样的问题。CERT 规则 FIO00-C(www.securecoding.cert.org)就介绍了这些问题，并给出了可用于正确构成转换说明的格式标记、长度修饰符和转换说明符三者组合列表。表中还列举了每种正确的转换说明对应的实参类型。对于任何一种程序设计语言，一个通用的忠告是：如果语言规范中明确指出某种操作将导致出现未定义的计算机行为，那么就不要执行这种操作，否则就会造成安全漏洞。

摘要

9.2　流
- 所有的输入/输出都是针对**流**进行的，所谓流就是按行组织的字符的序列。
- 通常，**标准输入流**与键盘相连，**标准输出流**与计算机屏幕相连。
- 操作系统通常都允许将标准输入流和标准输出流**重定向**到其他设备上。

9.3　用 printf 函数实现格式化输出
- **格式控制字符串**描述输出数据显示的格式。格式控制字符串由**转换说明符**、**标记**、**域宽**、**精度**和**文本字符**组成。
- **转换说明**由一个百分号%与一个转换说明符组成。

9.4　打印整数
- 打印整型数据可以使用如下转换说明符：用 **d** 或 **i** 显示有符号的整数；用 **o** 显示无符号的八进制整数；用 **u** 显示无符号的十进制整数；用 **x** 或 **X** 显示无符号的十六进制整数；在转换说明符的前面写上修饰符 **h**、**l** 或 **ll** 分别表示要显示的是一个短整型、长整型或长长整型数据。

9.5　打印浮点数
- 打印浮点数可以使用如下转换说明符：用 **e** 或 **E** 以指数形式显示；用 **f** 以正常的浮点形式显示；用转换说明符 **g** 或 **G** 时，可以实现 e(或 E)或 f 的打印效果。当指示的转换说明符是 g(或 G)时，若浮点数的幂值小于–4 或大于等于该浮点数的打印精度, 则采用转换说明符 e(E) 来打印这个浮点数。

- 转换说明符 g(或 G) 的**精度**指将打印的最多有效数字的个数。

9.6   打印字符串或字符

- 转换说明符 **c** 用来打印单个**字符**。
- 转换说明符 **s** 用来打印一个以空字符结尾的**字符串**。

9.7   其他的转换说明符

- 转换说明符 **p** 用系统实现时定义的方式(许多系统采用的是十六进制形式)显示一个**地址**。
- 转换说明符%%将输出一个文本字符%。

9.8   带域宽和精度的打印

- 若**域宽**大于欲打印数据的实际数位, 则数据将默认地在指定的区域内向**右对齐**。
- **域宽**可以与所有的转换说明符一起使用。
- **精度**与整型转换说明符一起使用时, 表示要打印的最少数字位数。若要打印数据的位数小于精度, 则会在该数据前面将打印若干个前缀 0, 以保证总的数字位数等于精度。
- **精度**与浮点型转换说明符 e, E 或 f 一起使用时, 表示小数点后面的小数位数。精度与浮点型转换说明符 g 或 G 一起使用时, 表示将要打印出来的有效数字的位数。
- **精度**与转换说明符 s 一起使用时, 表示将要打印出来的字符个数。
- **域宽和精度**可以放在一起使用, 方法是: 在百分号和转换说明符之间, 先写上域宽, 然后加上一个小数点, 后面再写上精度。
- 还可以通过格式控制字符串后面的实参列表中的**整型表达式**来指定**域宽和精度**。方法是: 在格式控制字符串中表示域宽或精度的位置上写一个星号(*)。这样, 程序将会计算实参列表中相对应的实参值, 并用其替换星号。

9.9   在 printf 函数的格式控制字符串中使用标记

- –标记在域宽内左对齐显示它的实参。
- +标记在正数前面显示一个加号, 在负数前面显示一个减号。
- 空格标记在没有采用+标记显示的正数前面打印一个空格。
- #标记给输出的八进制数加上前缀 0, 十六进制数加上前缀 0x 或 0X, 并强制以转换说明符 e, E, f, g 或 G 打印的浮点数显示出小数点。
- **0 标记**在不能占满整个域宽的数据前面打印前导 0。

9.10   打印文本和转义序列

- 大多数**文本字符**可以通过将其写在 printf 函数的格式控制字符串中打印出来。但存在一些"问题"字符, 例如双引号"("), 它本身就是格式控制字符串的定界符。还有各种**控制字符**, 如换行符和制表符, 对于这些"问题"字符, 必须使用**转义序列**才能打印出来。转义序列由一个反斜线(\)及其随后的特殊转义字符组成。

9.11   用 scanf 函数读取格式化的输入

- **格式化输入**通过 **scanf** 库函数来实现。
- 对于 scanf 函数, 输入任意符号的整数, 使用转换说明符 **d** 或者 **i**; 输入无符号整数, 使用转换说明符 **o, u, x** 或 **X**。将修饰符 **h, l** 或 **ll** 写在一个整型转换说明符的前面, 表示要输入的是一个短整型、长整型或长长整型数据。
- 对于 scanf 函数, 输入浮点数, 使用转换说明符 **e, E, f, g** 或 **G**。将修饰符 **l** 或 **L** 写在任意一个浮点型转换说明符的前面, 表示要输入的是一个双精度或长双精度浮点数。
- 对于 scanf 函数, 输入字符使用转换说明符 **c**。

- 对于 scanf 函数，输入字符串使用转换说明符 **s**。
- scanf 函数用**扫描集**扫描输入流中的字符，只寻找那些与扫描集中的字符相匹配的字符。一旦找到匹配的字符，那么这个字符将被存储到一个字符数组中。当遇到了一个扫描集中没有包含的字符时，扫描将停止。
- 创建**逆向扫描集**的方法是，在方括号内扫描字符的前面加一个"脱字符"(^)。这将使得用 scanf 函数输入的字符中的那些没有出现在逆向扫描集中的字符被保存起来，直到遇到了逆向扫描集中包含的字符时为止。
- 用 scanf 函数输入**地址值**时，使用转换说明符 **p**。
- 转换说明符 **n** 保存本次 scanf 函数**已输入的字符总数**。相应的实参是一个指向整型的指针。
- **赋值抑制字符**(*)从输入流中读入数据并将其丢弃。
- 可以在 scanf 函数中使用**域宽**来从输入流中读取指定数目的字符。

自测题

9.1 填空

(a)所有的输入/输出都是以_____的形式来处理的。

(b)_____流通常连接到键盘。

(c)_____流通常连接到显示器。

(d)精确的格式化输出是通过_____函数用来完成的。

(e)格式控制字符串包括_____、_____、_____、_____和_____。

(f)格式转换说明符_____或_____可以用来输出一个有符号十进制整数。

(g)格式转换说明符_____、_____和_____分别用来以八进制、十进制和十六进制形式输出无符号整数。

(h)修饰符_____和_____放在整型转换说明符前分别表示将输出短整数和长整数。

(i)转换说明符_____表示以指数形式输出浮点数。

(j)修饰符_____放在浮点型转换说明符前表示将输出长双精度型浮点数。

(k)在未指定精度时，转换说明符 e，E 和 f 以小数点后_____位精度输出。

(l)转换说明符_____和_____分别用来输出字符串和字符。

(m)所有字符串都以_____字符结束。

(n)printf 函数转换说明符中的域宽和精度可以用整数表达式来控制。即用_____来替换域宽或精度，并在实参列表的对应实参位置上给出相应的整数表达式。

(o)标记_____会使输出在域内左对齐。

(p)标记_____会在输出的数值前面加上加号或减号。

(q)精确的格式化输入是通过_____函数用来完成的。

(r)_____用来扫描字符串中的特定字符并将其存储在数组中。

(s)转换说明符_____可以用来读取任意带符号的八进制、十进制和十六进制整数。

(t)转换说明符_____用来表示读入一个双精度浮点数。

(u)_____用来从输入流中读入数据并将其抛弃而不存入变量。

(v)在 scanf 转换说明符中_____表示从输入流中读取指定个数的字符或数字。

9.2 找出并更正下列程序中的错误。

(a)下面的语句应该打印字符 c：

```
printf("%s\n", 'c');
```

(b)下面的语句应该打印出 9.375%：

```
printf("%.3f%", 9.375);
```

(c)下面的语句应该打印字符串 "Monday"的首字母：

    printf("%c\n", "Monday");

(d)puts(""A string in quotes"");

(e)printf(%d%d, 12, 20);

(f)printf("%c", "x");

(g)printf("%s\n", 'Richard');

9.3   请分别写出满足下列要求的一条语句。

    (a)以右对齐方式在 10 个数字域宽内打印 1234。

    (b)以带符号(+或–)和 3 位精度的指数形式打印 123.456789。

    (c)读入一个双精度浮点数到变量 number 中。

    (d)以 0 为前缀的八进制方式打印 100。

    (e)读入一个字符串到字符数组 string 中。

    (f)读入字符串到数组 n 中，当遇到非数字字符时停止。

    (g)使用整型变量 x 和 y 来指定显示双精度浮点数 87.4573 的域宽和精度。

    (h)读入形如 3.5%的一个数值，将其中的百分数存入到浮点数变量 percent 中，并从输入流中剔除%。不能使用赋值抑制字符。

    (i)在 20 个字符的域宽内，以带符号(+或–)和 3 位精度的长双精度浮点数形式输出 3.333333。

自测题答案

9.1   (a)流。(b)标准输入。(c)标准输出。(d) printf。(e)转换说明符，标记，域宽，精度，文本字符。(f)d, i。(g)o, u, x(或 X)。(h) h, l。(i) e(或 E)。(j)L。(k)6。(l) s, c。(m)NULL ('\0')。(n)星号(*)。(o)–(减号)。(p)+(加号)。(q)scanf。(r)扫描集。(s)i。(t)le, lE, lf, lg 或 lG。(u)赋值抑制字符(*)。(v)域宽。

9.2   (a)错误：转换说明符需要的实参是一个指向字符的指针。

      更正：为了打印字符'c'，使用转换说明符%c，或将 'c' 更改成 "c"。

    (b)错误：没有使用转换说明符%%来打印文本字符%。

      更正：使用%% 来打印文本字符%。

    (c)错误：转换说明符 c 需要一个 char 型实参。

      更正：使用转换说明符 %1s 来打印"Monday"的首字母。

    (d)错误：没有使用转义序列\"来打印文本字符"。

      更正：使用\"替换每个内层引号" 。

    (e)错误：没有用双引号将格式控制字符串括起来。

      更正：用双引号将%d%d 括起来。

    (f)错误：用双引号将字符 x 括上了。

      更正：用%c 输出的字符常量必须用单引号括上。

    (g)错误：要输出的字符串被用单引号括上了。

      更正：用双引号而不是单引号表示字符串。

9.3   (a)printf("%10d\n", 1234);

    (b)printf("%+.3e\n", 123.456789);

    (c)scanf("%lf", &number);

    (d)printf("%#o\n", 100);

    (e)scanf("%s", string);

    (f)scanf("%[0123456789]", n);

    (g)printf("%*.*f\n", x, y, 87.4573);

    (h)scanf("%f%%", &percent);

    (i) printf("%+20.3Lf\n", 3.333333);

练习题

9.4 请分别写出满足下列要求的一条 printf 或 scanf 语句。

(a) 以左对齐、15 位数字域宽和 8 位精度的格式打印无符号整数 40000。

(b) 读入一个十六进制数到变量 hex 中。

(c) 以带符号和无符号格式打印 200。

(d) 以 0x 为前缀的十六进制方式打印 100。

(e) 读入一系列字符到数组 s 中,当遇到字母 p 为止。

(f) 以 9 位数字域宽、不足部分用前缀 0 补齐的方式打印 1.234。

(g) 以 hh:mm:ss 的格式读入一个时间。分别将其中的不同部分存储到整型变量 hour、minute 和 second 中。使用赋值抑制字符来忽略掉输入流中的冒号(:)。

(h) 以 "字符" 格式从标准输入中读取字符串,并将其存储到字符数组 s 中,去除输入流中的双引号。

(i) 以 hh:mm:ss 的格式读入一个时间。分别将其中的不同部分存储到整型变量 hour、minute 和 second 中。请忽略掉输入流中的冒号(:),但不能使用赋值抑制字符。

9.5 写出下列语句的输出结果。如果语句有错误,请指明原因。

(a) printf("%-10d\n", 10000);

(b) printf("%c\n", "This is a string");

(c) printf("%*.*lf\n", 8, 3, 1024.987654);

(d) printf("%#o\n%#X\n%#e\n", 17, 17, 1008.83689);

(e) printf("% ld\n%+ld\n", 1000000, 1000000);

(f) printf("%10.2E\n", 444.93738);

(g) printf("%10.2g\n", 444.93738);

(h) printf("%d\n", 10.987);

9.6 找出并更正下列程序语句中的错误。

(a) printf("%s\n", 'Happy Birthday');

(b) printf("%c\n", 'Hello');

(c) printf("%c\n", "This is a string");

(d) 下面语句应打印出: "Bon Voyage"
    printf(""%s"", "Bon Voyage");

(e) char day[] = "Sunday";
    printf("%s\n", day[3]);

(f) puts('Enter your name: ');

(g) printf(%f, 123.456);

(h) 下面语句应打印出字符 O 和 K

    printf("%s%s\n", 'O', 'K');

(i) char s[10];
    scanf("%c", s[7]);

9.7 **(%d 与 %i 的区别)** 编写一个程序,通过要求用户输入两个用空格分隔的整数,来测试转换说明符 %d 和 %i 在 scanf 语句中的差别。用如下语句输入和输出数值:

    scanf("%i%d", &x, &y);
    printf("%d %d\n", x, y);

输入如下数据来测试程序:

    10   10
    -10   -10
    010   010
    0x10   0x10

9.8 **(以不同的域宽打印数值)** 编写一个程序,测试分别以不同域宽来输出整数 12345 和浮点数 1.2345 的打印结果。当打印域宽小于数值的位数时,会有什么结果?

9.9　(浮点数的舍入)编写一个程序，输出对 100.453627 分别四舍五入到整数位、十分之一位(即小数点后 1 位)、百分之一位(小数点后 2 位)、千分之一位、万分之一位的结果值。

9.10　(温度转换)编写一个程序，将从 0°~212°范围内的整数的华氏温度转换为具有 3 位精度浮点数的摄氏温度。使用如下公式进行计算：

$$摄氏温度 = 5.0 / 9.0 * (华氏温度 - 32)$$

按照右对齐的 2 列、每列 10 字符域宽的格式输出结果，并在摄氏温度前面打印正负号。

9.11　(转义序列)编写一个程序来测试转义序列\'、\"、 \?、\\、\a、\b、\n、\r 和 \t。对于移动光标的转义序列，在它的前后各打印一个字符，以清晰地表示光标移动到了什么位置。

9.12　(打印一个问号)编写一个程序，确定字符?在 printf 格式控制字符串中是否可以作为文本字符而无须用转义序列\?来打印。

9.13　(用 scanf 的所有整型转换说明符读入一个整数)编写一个程序，分别使用 scanf 的所有整型转换说明符，读入数值 437。然后用每一个整型转换说明符输出每一个输入值。

9.14　(用浮点数转换说明符输出一个数)编写一个程序，分别使用转换说明符 e，f 和 g，读入 1.2345 到变量中，然后输出每个变量的值，以证明每个转换说明符都可以用来读入的同一个数值。

9.15　(读入带引号的字符串)在某些程序设计语言里，输入字符串时需要将其用双引号或单引号括起来。请编写一个程序，读入三个字符串：suzy，"suzy"和'suzy'。看一看，C 语言是将单引号和双引号忽略还是将其当成字符串的一部分?

9.16　(将问号当成一个字符常量打印出来)编写一个程序来判断?是否可以当成字符常量'?'打印出来，而不用在 printf 格式控制字符串中使用转换说明符%c 以字符常量转义序列'\?'的形式来打印。

9.17　(不同精度下**%g** 的使用方法)编写一个程序，使用转换说明符 g，分别以从 1~9 的精度，来输出数值 9876.12345。

第10章 结构体、共用体、位操作和枚举类型

学习目标

在本章中，读者将学习以下内容：

- 学习创建和使用结构体、共用体以及枚举类型。
- 了解自引用结构体。
- 掌握可对结构体实例实施的操作。
- 对结构体成员变量进行初始化。
- 访问结构体成员变量。
- 用传值和传地址两种方式向函数传递结构体实例。
- 使用 typedef 来创建已有数据类型的别名。
- 掌握允许对共用体实施的操作。
- 对共用体进行初始化。
- 用位运算符来处理整数。
- 通过创建位域来实现数据的压缩存储。
- 使用枚举类型常量。
- 在处理结构体、位操作和枚举类型时，考虑安全问题。

提纲

10.1　引言

结构体(Structure)［在 C 标准中有时也称为**聚合体**(Aggregate)］是统一在同一个名字之下的一组相关变量的集合。结构体可以包含不同数据类型的变量——与只包含相同数据类型元素的数组相反。结构体通常用来定义存储在文件(详见第 11 章)中的记录。将指针和结构体联合使用，可以实现更复杂的数据结构，如链表、队列、堆栈和树(详见第 12 章)。

我们还将讨论：

- typedef——用于创建已定义的数据类型的别名。
- 共用体——与结构体类似，但是其中的成员共用同一个存储空间。
- 位运算符——用于处理整数中的数位。
- 位域——结构体或共用体的整型或无符号整型成员变量，实现数据的压缩存储。
- 枚举——用标识符表示的一组整型常量。

10.2　结构体的定义

结构体属于**派生数据类型**(Derived data type)，即它们是用其他数据类型的对象来构建的。让我们先来看看下面这个结构体的定义：

```
struct card {
    char *face;
    char *suit;
};
```

关键字 struct 用来引出一个结构体定义。标识符 card 被称为**结构体标记**(Structure tag)，它是用来对这个结构体定义进行命名的。结构体标记加上关键字 struct 就可以声明具有这个**结构体类型**(Structure type)的变量。在上面的例子中，结构体类型是 struct card。在结构体定义的花括号内声明的变量，被称为结构体的成员(Member)。同一个结构体类型中的成员必须具有不同的名字，但是两个不同的结构体类型中的成员可以拥有相同的名字而不会引发冲突(随后我们将会解释其中的原因)。每个结构体定义都必须用一个分号来结束。

常见的编程错误 10.1

忘记了用于结束结构体定义的分号，是一个语法错误。

struct card 的定义中包含了两个类型都是 char *的成员：face 和 suit。结构体的成员可以是基本数据类型(如 int、float 等)的变量，也可以是具有像数组或其他结构体这样的复合数据类型的变量。在第 6 章中我们已经看到，数组中的每一个元素的数据类型必须是相同的。但是结构体的成员却可以拥有不同的数据类型。例如下面这个结构体：

```
struct employee {
    char firstName[20];
    char lastName[20];
    unsigned int age;
    char gender;
    double hourlySalary;
};
```

就包含了表示雇员名(First name)和姓(Last name)的字符数组成员，表示雇员年龄(Age)的整型成员，表示雇员性别(Gender)的取值为'M'或'F'的字符型成员，以及表示雇员每小时工资(Hourly salary)的双精度实型成员。

10.2.1　自引用结构体

一个结构体不能包含它自身类型的实例。但是，指向同一个结构体的指针却可以出现在结构体的定义中。例如在下面的 struct employee2 中：

```
struct employee2 {
   char firstName[20];
   char lastName[20];
   unsigned int age;
   char gender;
   double hourlySalary;
   struct employee2 teamLeader; // ERROR
   struct employee2 *teamLeaderPtr; // pointer
};
```

其中，包含一个自身的实例(teamLeader)是错误的。但是对于成员 teamLeaderPtr，由于它是一个指针(指向 struct employee2 类型的数据)，则允许出现在结构体定义中。这种在结构体定义中出现指向自身结构体类型的指针成员的结构体，称为**自引用结构体**(Self-referential structure)。第 12 章将利用自引用结构体来构建链式数据结构。

常见的编程错误 10.2

结构体不能包含一个自身的实例。

10.2.2　定义结构体类型的变量

结构体定义并不占用内存中的任何空间，它只是创建了一种新的可用来定义变量的数据类型。定义结构体变量与定义其他类型的变量完全一样。例如，下面这条定义语句：

```
struct card aCard, deck[52], *cardPtr;
```

将 aCard 声明为一个类型为 struct card 的变量，将 deck 声明为一个包含了 52 个具有 struct card 类型的元素数组，将 cardPtr 声明为一个指向 struct card 类型的指针。在上述语句之后，系统才为一个类型为 struct card 的变量 aCard、数组 deck 中的 52 个 struct card 类型的元素以及一个未初始化的指向 struct card 类型的指针申请空间。

声明具有某种结构体类型的变量，还可以通过在结构体定义的花括号与表示定义结束的分号之间，加上用逗号分隔的变量名列表的方式来完成。例如，上面那条定义语句可以与结构体定义融合在一起，同时完成结构体定义和结构体变量定义两个功能。

```
struct card {
   char *face;
   char *suit;
} aCard, deck[52], *cardPtr;
```

10.2.3　结构体标记名

结构体标记名是可以省略的。如果结构体定义中没有结构体标记名，那么该结构体类型变量的声明就只能与结构体定义同时进行，不能单独进行声明。

良好的编程习惯 10.1

每次创建一个结构体类型时，都给出结构体标记名。在随后的程序中，定义新的结构体变量时需要结构体标记名。

10.2.4　可对结构体实施的操作

只有下面这些操作是可作用于结构体的合法操作：

- 将结构体变量赋值给其他具有相同类型的结构体变量(详见 10.7 节)——对于指针成员，仅复制存储在指针成员中的地址值。
- 用运算符&取得结构体变量的地址(详见 10.4 节)。
- 访问一个结构体变量中的成员(详见 10.4 节)。
- 用运算符 sizeof 确定结构体变量的大小。

常见的编程错误 10.3

将一种类型的结构体赋值给另外一种不同类型的结构体，是一个编译错误。

由于结构体中的成员并不一定是连续地存储在内存单元中的，所以不能用运算符==或!=来对结构体进行比较。事实上，在一个结构体的存储区域内可能会存在一些"空洞"。这是因为计算机是按照一定的边界，例如半字、字或双字边界，来存储不同数据类型的变量。计算机中存储数据的基本单位是一个字，通常是 2 个或 4 个字节。看看下面这个结构体定义和结构体变量定义的例子：

```
struct example {
    char c;
    int i;
} sample1, sample2;
```

字长为 4 个字节的计算机要求结构体 struct example 的每一个成员在字边界，也就是一个字的起始位置（这是机器相关的）上对齐。图 10.1 是一个类型为 struct example 的变量在内存中对齐存储的例子，其中假设变量的成员分别被赋予字符'a'(ASCII 码为 01100001)和整数 97(二进制表示为 00000000 01100001)。由于成员都是从字的边界开始存储的，所以在 struct example 类型的变量的存储空间中就出现了一个大小为 3 个字节的"空洞"（图中的字节 1～3）。对于这个"空洞"中的值，没有专门定义。因此，即使变量 sample1 和 sample2 中成员的值完全相同，也不能保证这两个结构体变量是相等的，这是因为在它们的存储空间中那两个未定义的 1 个字节的"空洞"几乎不可能存储着相同的值。

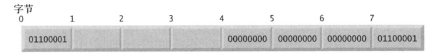

图 10.1　带未定义存储区域的 struct example 类型变量的一种可能的存储对齐情况

可移植性提示 10.1

由于特定数据类型的数据项的大小是与机器相关的，同时存储对齐规则也是与机器相关的，所以一个结构体在内存中的存储结果也是与机器相关的。

10.3　结构体的初始化

与数组一样，可以采用初始值列表来初始化结构体。即在结构体变量定义语句中的变量名后边，加上一个等号和用一对花括号括起来的初始值列表，来初始化结构体变量。初始值列表中，不同的初始值用逗号隔开。例如下面这个声明：

```
struct card aCard = { "Three", "Hearts" };
```

创建了一个类型为 struct card(在 10.2 节中定义)的结构体变量 aCard，并将其成员 face 初始化为"Three"，成员 suit 初始化为"Hearts"。若列表中初始值的个数少于结构体中成员的个数，则剩余的没有初始值与之对应的成员，将被自动地初始化为 0(当成员是指针时，被初始化为 NULL)。对于在函数之外定义的(即外部的)结构体变量，若在定义时没有显式地初始化，则将被自动地初始化为 0 或 NULL。

结构体变量的初始化还可以通过赋值语句来完成。例如，将一个结构体变量赋值给另外一个与其类型相同的结构体变量，或者对结构体变量中的每个成员分别进行赋值。

10.4　用.和->访问结构体成员

有两种运算符可用来访问结构体的成员：一个是**结构体成员运算符**(Structure member operator)(.)，也称为**圆点运算符**(Dot operator)；另一个是**结构体指针运算符**(Structure pointer operator)(->)，也称为**箭头运算符**(Arrow operator)。

结构体成员运算符通过结构体变量名来访问结构体成员。例如，欲打印在 10.3 节中定义的结构体变量 aCard 的成员 suit，可以采用下面这条语句：

```
printf("%s", aCard.suit); // displays Hearts
```

结构体指针运算符［由一个减号（-）和一个大于号（>）组成，中间没有空格］通过指向结构体的指针（Pointer to the structure）来访问结构体成员。假设 cardPtr 是指向结构体 struct card 的指针，同时结构体变量 aCard 的地址已经赋值给 cardPtr 了，则可以通过指针 cardPtr 来打印结构体变量 aCard 的成员 suit。具体的打印语句为

```
printf("%s", cardPtr->suit); // displays Hearts
```

其中，表达式 cardPtr->suit 等价于 (*cardPtr).suit。后者先对指针进行解引用，然后再用结构体成员运算符来访问结构体成员 suit。注意：(*cardPtr).suit 中的圆括号是不能缺少的，因为结构体成员运算符 (.) 的优先级要高于指针解引用运算符 (*)。结构体指针运算符和结构体成员运算符，以及调用函数用的圆括号和表示数组下标的方括号，都具有最高的优先级，且都是从左向右结合的。

良好的编程习惯 10.2

不要在圆点运算符 (.) 和箭头运算符 (->) 的两边加上空格。这样有助于强调包含这些运算符的表达式本质上是一个单个的变量名。

常见的编程错误 10.4

在结构体指针运算符的两个组成部分 - 和 > 之间插入空格，或者在除了 ?: 之外的所有其他由多个符号构成的运算符的中间插入空格，是一个语法错误。

常见的编程错误 10.5

仅使用成员变量名来访问结构体的成员，是一个语法错误。

常见的编程错误 10.6

在通过一个指针和结构体成员运算符来访问一个结构体成员时，没有加上一对圆括号（如 *cardPtr.suit），是一个语法错误。为了防止这种错误，请使用箭头运算符 (->)。

图 10.2 中的程序演示了结构体成员运算符和结构体指针运算符的使用方法。通过使用结构体成员运算符，结构体变量 aCard 的成员分别被赋值为 "Ace" 和 "Spades"（第 17 行和第 18 行）。指针 cardPtr 被赋予结构体变量 aCard 的地址（第 20 行）。printf 函数分别使用带变量名 aCard 的结构体成员运算符、带指针 cardPtr 的结构体指针运算符以及带解引用指针 cardPtr 的结构体成员运算符，来打印 aCard 的成员（第 22 行至第 24 行）。

```
 1    // Fig. 10.2: fig10_02.c
 2    // Structure member operator and
 3    // structure pointer operator
 4    #include <stdio.h>
 5
 6    // card structure definition
 7    struct card {
 8       char *face; // define pointer face
 9       char *suit; // define pointer suit
10    };
11
12    int main(void)
13    {
14       struct card aCard; // define one struct card variable
15
16       // place strings into aCard
17       aCard.face = "Ace";
18       aCard.suit = "Spades";
19
```

图 10.2　结构体成员运算符和结构体指针运算符

```
20     struct card *cardPtr = &aCard; // assign address of aCard to cardPtr
21
22     printf("%s%s%s\n%s%s%s\n%s%s%s\n", aCard.face, " of ", aCard.suit,
23         cardPtr->face, " of ", cardPtr->suit,
24         (*cardPtr).face, " of ", (*cardPtr).suit);
25   }
```

```
Ace of Spades
Ace of Spades
Ace of Spades
```

图 10.2(续)　结构体成员运算符和结构体指针运算符

10.5　在函数中使用结构体

将结构体传递给函数有三种方式：

- 传递结构体的个别成员。
- 传递整个结构体。
- 传递一个指向结构体的指针。

当结构体或者结构体的个别成员被传递给一个函数时，它们是按值传递的。因此，主调函数中的结构体成员不会被被调函数所修改。(模拟)按引用来传递一个结构体，实际上是将结构体变量的地址传递过去。与其他数组一样，结构体数组自动地以(模拟)按引用方式来传递。

　　如第 6 章所述，通过使用结构体，可以用传值的方式来传递一个数组。为了实现以传值的方式来传递一个数组，先要创建一个以该数组为成员的结构体，然后以传值的方式来传递这个结构体，这样数组就以传值的方式被传递过去了。

常见的编程错误 10.7
误以为结构体跟数组一样，都是自动以(模拟)按引用方式(传地址)从主调函数传递给被调函数，从而试图在被调函数中修改主调函数中结构体的数值。这是一个逻辑错误。

性能提示 10.1
在传递一个结构体时，采用传地址的方式比采用传值的方式效率更高(因为传值要求复制整个结构体)。

10.6　typedef 的使用

　　关键字 typedef 提供了一种为已定义好的数据类型创建同义词(或别名)的机制。为了创建更简短的类型名，通常使用 typedef 来为结构体类型起名字。例如，下面这条语句：

```
typedef struct card Card;
```

就为结构体类型 struct card 定义了一个同义词 Card 作为该类型的新名字。C 程序员常常直接使用 typedef 来定义结构体类型，这样就不再需要结构体标记了。例如，下面这个定义：

```
typedef struct {
    char *face;
    char *suit;
} Card;
```

就直接创建了一个结构体类型 Card，而无须再另外编写一条单独的 typedef 语句。

良好的编程习惯 10.3
将 typedef 定义的类型名的第一个字母大写，以强调它们是其他类型名的同义词。

　　有了上面那条结构体类型定义语句，可以用 Card 来声明 struct card 结构体类型的变量。例如下面这条语句：

`Card deck[52];`

就声明了一个拥有 52 个 Card 类型结构体(即 struct card 类型的变量)的数组。应该指出的是：用 typedef 创建的只是一个新的名字，而不是一个新的类型。typedef 是为一个已经存在的数据类型，创建一个作为其别名的新的类型名。一个有意义的名字可以使程序具有自注释的特性。例如，当我们看到上面那条声明语句时就知道：deck 是一个拥有 52 张 "纸牌" 的数组，即 deck 表示一副完整的 "纸牌"。

　　typedef 还常常被用来为基本数据类型创建一个别名。例如，一个处理 4 字节长整数的程序运行于某个系统时，会被要求用类型 int 定义变量；而运行于另外一个系统时，则会被要求用类型 long 定义变量。为了可移植，程序就用 typedef 为 4 字节长的整数创建一个别名，如 Integer。这样，只需对别名 Integer 的定义做一次修改，就可使程序能够运行于两个不同的系统之上。

可移植性提示 10.2

利用 typedef 来提高程序的可移植性。

良好的编程习惯 10.3

使用 typedef 有助于提高程序的可读性和可维护性。

10.7　实例分析：高性能的洗牌与发牌模拟

　　图 10.3 中的程序是以第 7 章中讨论过的洗牌及发牌模拟为基础的。该程序用一个结构体数组来表示一副纸牌，并采用了高性能的洗牌及发牌算法。程序的输出如图 10.4 所示。

```
1   // Fig. 10.3: fig10_03.c
2   // Card shuffling and dealing program using structures
3   #include <stdio.h>
4   #include <stdlib.h>
5   #include <time.h>
6
7   #define CARDS 52
8   #define FACES 13
9
10  // card structure definition
11  struct card {
12     const char *face; // define pointer face
13     const char *suit; // define pointer suit
14  };
15
16  typedef struct card Card; // new type name for struct card
17
18  // prototypes
19  void fillDeck(Card * const wDeck, const char * wFace[],
20     const char * wSuit[]);
21  void shuffle(Card * const wDeck);
22  void deal(const Card * const wDeck);
23
24  int main(void)
25  {
26     Card deck[CARDS]; // define array of Cards
27
28     // initialize array of pointers
29     const char *face[] = { "Ace", "Deuce", "Three", "Four", "Five",
30        "Six", "Seven", "Eight", "Nine", "Ten",
31        "Jack", "Queen", "King"};
32
33     // initialize array of pointers
34     const char *suit[] = { "Hearts", "Diamonds", "Clubs", "Spades"};
35
36     srand(time(NULL)); // randomize
37
38     fillDeck(deck, face, suit); // load the deck with Cards
39     shuffle(deck); // put Cards in random order
40     deal(deck); // deal all 52 Cards
```

图 10.3　高性能的洗牌及发牌模拟

```
41   }
42
43   // place strings into Card structures
44   void fillDeck(Card * const wDeck, const char * wFace[],
45      const char * wSuit[])
46   {
47      // loop through wDeck
48      for (size_t i = 0; i < CARDS; ++i) {
49         wDeck[i].face = wFace[i % FACES];
50         wDeck[i].suit = wSuit[i / FACES];
51      }
52   }
53
54   // shuffle cards
55   void shuffle(Card * const wDeck)
56   {
57      // loop through wDeck randomly swapping Cards
58      for (size_t i = 0; i < CARDS; ++i) {
59         size_t j = rand() % CARDS;
60         Card temp = wDeck[i];
61         wDeck[i] = wDeck[j];
62         wDeck[j] = temp;
63      }
64   }
65
66   // deal cards
67   void deal(const Card * const wDeck)
68   {
69      // loop through wDeck
70      for (size_t i = 0; i < CARDS; ++i) {
71         printf("%5s of %-8s%s", wDeck[i].face , wDeck[i].suit ,
72            (i + 1) % 4 ? "   " : "\n");
73      }
74   }
```

图 10.3(续)　高性能的洗牌及发牌模拟

```
Three of Hearts    Jack of Clubs      Three of Spades    Six of Diamonds
Five of Hearts     Eight of Spades    Three of Clubs     Deuce of Spades
Jack of Spades     Four of Hearts     Deuce of Hearts    Six of Clubs
Queen of Clubs     Three of Diamonds  Eight of Diamonds  King of Clubs
King of Hearts     Eight of Hearts    Queen of Hearts    Seven of Clubs
Seven of Diamonds  Nine of Spades     Five of Clubs      Eight of Clubs
Six of Hearts      Deuce of Diamonds  Five of Spades     Four of Clubs
Deuce of Clubs     Nine of Hearts     Seven of Hearts    Four of Spades
Ten of Spades      King of Diamonds   Ten of Hearts      Jack of Diamonds
Four of Diamonds   Six of Diamonds    Ten of Diamonds    Ace of Diamonds
Ace of Clubs       Jack of Hearts     Ten of Clubs       Queen of Diamonds
Ace of Hearts      Ten of Diamonds    Nine of Clubs      King of Spades
Ace of Spades      Nine of Diamonds   Seven of Spades    Queen of Spades
```

图 10.4　高性能的洗牌及发牌模拟的输出结果

　　程序中, fillDeck 函数(第 44 行至第 52 行)按照从 Ace 到 King 的顺序、以四种花色初始化表示一副牌的数组。然后将 "这副牌" 传递给(第 39 行)实现了高性能洗牌算法的 shuffle 函数(第 55 行至第 64 行)。shuffle 函数接收到这个包含 52 张 "牌" 的数组后, 用循环语句处理这 52 张纸牌(第 58 行至第 63 行)。对于每一张纸牌, 先随机地在 0～51 中选取一个整数(即随机地选取一张纸牌), 然后将其与随机选出的纸牌进行交换(第 60 行至第 62 行)。当 52 次交换后, 数组 Card 完成了一遍洗牌! 这个算法不会产生第 7 章中洗牌算法所存在的不确定性延迟问题。

　　由于数组中的每张 "牌" 已经互换了位置, 所以 deal 函数(第 67 行至第 74 行)中实现的高性能发牌算法只需对 "已洗过的牌" 处理一遍, 即可完成发牌操作。

常见的编程错误 10.8

访问结构体数组中的单个结构体时, 忘记标明数组下标, 是一个语法错误。

Fisher-Yates 洗牌算法

在开发实际的纸牌游戏时，推荐采用"无偏移的"洗牌算法。这种算法确保洗完牌后各种可能的纸牌序列都均等地出现。练习题 10.18 要求研究最流行的"无偏移的"Fisher-Yates 洗牌算法，然后用它来重新实现图 10.3 中的 shuffle 函数。

10.8　共用体

与结构体一样，**共用体**(Union)也是一种派生数据类型，但是它的所有成员共享同一个存储空间。在一个程序运行的不同阶段，尽管有些变量是相关的，但是可能存在一些不相关的变量。共用体通过让这些不相关的变量共享同一个存储空间，避免了当前不再使用的变量仍占据存储空间而造成的浪费。共用体的成员可以是任意数据类型。存储一个共用体所需的字节总数，必须保证足以容纳其占用空间最大的那个成员。大多数情况下，共用体会包含两个或者两个以上的数据类型，但是每次只允许访问一个成员，即一种数据类型。确保按照正确的数据类型来访问共用体中的数据，这是你的责任。

常见的编程错误 10.9
用一个错误的变量类型来访问共用体中的数据，是一个逻辑错误。

可移植性提示 10.3
如果按照某种数据类型将一个数据存储在一个共用体中，而按照另外一种数据类型来访问它，那么运行的结果是依赖于系统实现的。

10.8.1　声明一个共用体

声明一个共用体与声明一个结构体的格式相同，只不过是将关键词 struct 改为 union。下面这个共用体定义：

```
union number {
    int x;
    double y;
};
```

表示 number 是一个共用体类型，它的成员有整型变量 x 和双精度实型变量 y。通常是将共用体的定义放在某个头文件中，而使用这个共用体类型的源文件只需包含该头文件即可。

软件工程视点 10.1
与一个结构体定义一样，一个共用体的定义只是创建了一个新的数据类型。在所有函数之外定义共用体或结构体，并不会产生一个全局变量。

10.8.2　可对共用体执行的操作

可对共用体执行的操作有三种：

- 两个具有相同类型的共用体之间的赋值。
- 用&运算符取得一个共用体变量的地址。
- 用结构体成员运算符或结构体指针运算符访问共用体的成员。

基于不能比较两个结构体的同样原因，也不能用运算符==或!=来比较两个共用体。

10.8.3　在声明语句中对共用体进行初始化

在共用体变量的声明语句中，可以用与其第一个成员相同数据类型的数值来对共用体变量进行初始化。例如，对于前面那个共用体，下面的声明语句：

```
union number value = { 10 };
```
是有效的，因为它是用一个整数来初始化共用体变量 value。但是下面这条声明语句将会截掉初始值的小数部分(有些编译器还会提示一条警告信息)。
```
union number value = { 1.43 };
```

可移植性提示 10.4

存储一个共用体所需要的存储空间的大小是依赖于系统实现的，但是这个空间至少要与共用体中占字节数最大的那个成员一样大。

可移植性提示 10.5

有些共用体是不易移植到其他计算机系统上的。一个共用体是否具备可移植性，取决于目标系统对共用体成员的数据类型的存储对齐要求。

10.8.4　使用共用体的演示

图 10.5 中的程序，使用一个 union number 类型(第 6 行至第 9 行)的变量 value(第 13 行)，分别以整型和双精度实型显示存储在共用体中的数值。程序的输出是依赖于系统实现的。程序的输出表明双精度实型数据的内部表示与整型数据的内部表示存在着很大的差别。

```c
1   // Fig. 10.5: fig10_05.c
2   // Displaying the value of a union in both member data types
3   #include <stdio.h>
4
5   // number union definition
6   union number {
7       int x;
8       double y;
9   };
10
11  int main(void)
12  {
13      union number value; // define union variable
14
15      value.x = 100; // put an integer into the union
16      printf("%s\n%s\n%s\n  %d\n\n%s\n  %f\n\n\n",
17          "Put 100 in the integer member",
18          "and print both members.",
19          "int:", value.x,
20          "double:", value.y);
21
22      value.y = 100.0; // put a double into the same union
23      printf("%s\n%s\n\n%s\n  %d\n\n%s\n  %f\n",
24          "Put 100.0 in the floating member",
25          "and print both members.",
26          "int:", value.x,
27          "double:", value.y);
28  }
```

```
Put 100 in the integer member
and print both members.
int:
  100

double:
  -9255959211743313600000000000000000000000000000000000000000000000.000000

Put 100.0 in the floating member
and print both members.
int:
  0

double:
  100.000000
```

图 10.5　按照两种成员数据类型来显示一个共用体的值

10.9 位运算符

在计算机内部，所有的数据都被表示为二进制数的序列。每个数位取值 0 或 1。在大多数计算机系统中，8 个二进制数位的序列组成一个字节——即存储一个字符型变量的标准存储单元，其他数据类型的变量则需要更多的字节来存储。位运算符用于处理有符号或无符号的整型操作数的各个数位。图 10.6 汇总的位运算符通常将数据当成无符号整型来处理。

可移植性提示 10.6

数据的位操作是依赖于机器的。

按位与、按位或和按位异或都是对两个操作数进行逐位比较的。当两个操作数相应的二进制数位都是 1 时，按位与运算符才会将运算结果相应的二进制数位置成 1。只要两个操作数相应的二进制数位有一个是 1（或者两个都为 1），按位或运算符就会将运算结果相应的二进制数位置成 1。仅当两个操作数相应的二进制数位只有一个是 1 时，按位异或运算符才将运算结果的相应的二进制数位置成 1。左移运算符是将其左边的操作数按位向左移动，移动的位数由其右边的操作数指定。右移运算符是将其左边的操作数按位向右移动，移动的位数也是由其右边的操作数指定。按位取反运算符是将操作数中所有为 0 的数位置成 1、所有为 1 的数位置成 0——常被称为翻转，然后得到运算结果。在随后的例子中，我们将详细介绍这些位运算符的使用方法。图 10.6 对这些位运算符进行了一个总结。

运算符		说明
&	按位与	仅当两个操作数相应的二进制数位都是 1 时，按位与运算结果的相应二进制数位才会被置成 1
|	按位或	如果两个操作数相应的二进制数位至少有一个是 1，则按位或运算结果的相应二进制数位就被置成 1
^	按位异或	仅当两个操作数相应的二进制数位只有一个是 1 时，按位异或运算结果的相应二进制数位才被置成 1
<<	左移	将第一个操作数按位向左移动，移动的位数由第二个操作数指定。右边腾空的数位补 0
>>	右移	将第一个操作数按位向右移动，移动的位数由第二个操作数指定。左边腾空的数位的填补方式取决于所使用的计算机
~	按位取反	将操作数中所有为 0 的数位置成 1、所有为 1 的数位置成 0

图 10.6 位运算符

本节介绍位运算符时，是以二进制来表示整型操作数的。想详细了解二进制（也称为以 2 为基值）数请参阅本书的附录 C。由于位操作是依赖于机器的，所以本节及下一节中的例子程序在机器上也许不能正确运行或者运行结果不一样。

10.9.1 按位显示一个无符号整数

在使用位运算符时，将数据以二进制形式打印出来，有助于演示位运算的具体效果。图 10.7 中的程序就是以 8 个二进制数位为一组，将一个无符号整数以二进制形式打印出来。在本节的例子中，假设无符号整数在内存中占用 4 个字节（32 位）。

程序中的函数 displayBits（第 18 行至第 36 行）采用按位与运算符将变量 value 与变量 displayMask 组合在一起（第 27 行）。通常，按位与运算符要与一个被称为**掩码**（Mask）的操作数一起使用，而掩码是某些特定位被置成 1 的一个整数。掩码的功能是在选取某些数位的同时将其他数位隐藏起来。在函数 displayBits 中，掩码变量 displayMask 被赋值为

1 << 31   (10000000 00000000 00000000 00000000)

左移运算符将数值 1 从掩码变量 displayMask 的最低（最右）位移到了最高（最左）位，同时从右边补 0。第 27 行

```
putchar(value & displayMask ? '1' : '0');
```

判断变量 value 的当前最高位是 1 还是 0,决定是打印 1 还是打印 0。当变量 value 与变量 displayMask 通过运算符&组合在一起后,除最高位外,其余的各位都被"屏蔽掉了"(隐藏起来),因为任何数位,只要被 0 "与",结果都是 0。

```c
 1   // Fig. 10.7: fig10_07.c
 2   // Displaying an unsigned int in bits
 3   #include <stdio.h>
 4
 5   void displayBits(unsigned int value); // prototype
 6
 7   int main(void)
 8   {
 9      unsigned int x; // variable to hold user input
10
11      printf("%s", "Enter a nonnegative int: ");
12      scanf("%u", &x);
13
14      displayBits(x);
15   }
16
17   // display bits of an unsigned int value
18   void displayBits(unsigned int value)
19   {
20      // define displayMask and left shift 31 bits
21      unsigned int displayMask = 1 << 31;
22
23      printf("%10u = ", value);
24
25      // loop through bits
26      for (unsigned int c = 1; c <= 32; ++c) {
27         putchar(value & displayMask ? '1' : '0');
28         value <<= 1; // shift value left by 1
29
30         if (c % 8 == 0) { // output space after 8 bits
31            putchar(' ');
32         }
33      }
34
35      putchar('\n');
36   }
```

```
Enter a nonnegative int: 65000
    65000 = 00000000 00000000 11111101 11101000
```

图 10.7　按位显示一个无符号整数

若最高位是 1,则 value&displayMask 的结果是一个非零值(真),程序打印 1,否则打印 0。然后,按照表达式 value<<= 1(它等价于 value = value<<1),变量 value 被左移一位。对于无符号变量 value 的每一位都要重复上述处理步骤。图 10.8 是两个数位进行按位与运算的结果。

位 1	位 2	位 1 & 位 2
0	0	0
0	1	0
1	0	0
0	0	1

图 10.8　两个数位进行按位与运算的结果

常见的编程错误 10.10

用逻辑与运算符(&&)来实现按位与运算符(&)的功能,或者反过来,都是错误的。

10.9.2　使函数 displayBits 更具可扩展性和可移植性

在图 10.7 中的第 21 行,硬性地采用整数 31 来表示将数值 1 移到变量 displayMask 的最高位。同样地,在第 26 行,硬性地采用整数 32 来表示循环将重复执行 32 遍——变量 value 中的每一位执行一遍。我们还假设无符号整数的字长总是 32 位(4 个字节)。尽管当前流行的计算机多数都采用字长是 32 位或 64 位的硬件体系结构,但 C 程序员往往要在多种不同的体系结构上工作,这时无符号整数的实际字长就有可能变长或变短。

可移植性提示 10.7

将整数 31（第 21 行）和 32（第 26 行）替换为表达式，可以使图 10.7 中的程序更具可扩展性和可移植性，用于替换的表达式可用基于程序所运行的平台表示无符号整数（unsigned int）所使用的二进制数位个数来计算。符号常量 CHAR_BIT（在头文件 < limits.h >中定义）表示一个字节中的二进制位数（标准值是 8）。之前介绍过的运算符 sizeof 是用来获取一个对象或一种数据类型所占内存空间的字节数。表达式 sizeof(unsigned) 的值，在用 32 位表示一个 unsigned int 的计算机上是 4，在用 64 位表示一个 unsigned int 的计算机上是 8。可用 CHAR_BIT *sizeof(unsigned int)−1 来代替 31，用 CHAR_BIT *sizeof(unsigned int) 来代替 32。对于用 32 位表示一个 unsigned int 的计算机，上面这两个表达式的值分别是 31 和 32。对于用 64 位表示一个 unsigned int 的计算机，它们的值分别是 63 和 64。

10.9.3　按位与、按位或、按位异或和按位取反运算符的使用

图 10.9 中的程序演示了按位与、按位或、按位异或和按位取反运算符的使用方法。程序使用了函数 displayBits（第 46 行至第 64 行）来打印无符号整数的值。程序的输出如图 10.10 所示。

```c
1   // Fig. 10.9: fig10_09.c
2   // Using the bitwise AND, bitwise inclusive OR, bitwise
3   // exclusive OR and bitwise complement operators
4   #include <stdio.h>
5
6   void displayBits(unsigned int value); // prototype
7
8   int main(void)
9   {
10      // demonstrate bitwise AND (&)
11      unsigned int number1 = 65535;
12      unsigned int mask = 1;
13      puts("The result of combining the following");
14      displayBits(number1);
15      displayBits(mask);
16      puts("using the bitwise AND operator & is");
17      displayBits(number1 & mask);
18
19      // demonstrate bitwise inclusive OR (|)
20      number1 = 15;
21      unsigned int setBits = 241;
22      puts("\nThe result of combining the following");
23      displayBits(number1);
24      displayBits(setBits);
25      puts("using the bitwise inclusive OR operator | is");
26      displayBits(number1 | setBits);
27
28      // demonstrate bitwise exclusive OR (^)
29      number1 = 139;
30      unsigned int number2 = 199;
31      puts("\nThe result of combining the following");
32      displayBits(number1);
33      displayBits(number2);
34      puts("using the bitwise exclusive OR operator ^ is");
35      displayBits(number1 ^ number2);
36
37      // demonstrate bitwise complement (~)
38      number1 = 21845;
39      puts("\nThe one's complement of");
40      displayBits(number1);
41      puts("is");
42      displayBits(~number1);
43   }
44
45   // display bits of an unsigned int value
46   void displayBits(unsigned int value)
47   {
48      // declare displayMask and left shift 31 bits
```

图 10.9　按位与、按位或、按位异或和按位取反运算符的使用

```
49        unsigned int displayMask = 1 << 31;
50
51        printf("%10u = ", value);
52
53        // loop through bits
54        for (unsigned int c = 1; c <= 32; ++c) {
55           putchar(value & displayMask ? '1' : '0');
56           value <<= 1; // shift value left by 1
57
58           if (c % 8 == 0) { // output a space after 8 bits
59              putchar(' ');
60           }
61        }
62
63        putchar('\n');
64   }
```

图 10.9(续)　按位与、按位或、按位异或和按位取反运算符的使用

```
The result of combining the following
      65535 = 00000000 00000000 11111111 11111111
          1 = 00000000 00000000 00000000 00000001
using the bitwise AND operator & is
          1 = 00000000 00000000 00000000 00000001

The result of combining the following
         15 = 00000000 00000000 00000000 00001111
        241 = 00000000 00000000 00000000 11110001
using the bitwise inclusive OR operator | is
        255 = 00000000 00000000 00000000 11111111

The result of combining the following
        139 = 00000000 00000000 00000000 10001011
        199 = 00000000 00000000 00000000 11000111
using the bitwise exclusive OR operator ^ is
         76 = 00000000 00000000 00000000 01001100

The one's complement of
      21845 = 00000000 00000000 01010101 01010101
is
 4294945450 = 11111111 11111111 10101010 10101010
```

图 10.10　图 10.9 中程序的输出结果

按位与运算符(&)

在图 10.9 的程序中，整型变量 number1 在第 11 行中被赋值为 65535(00000000 00000000 11111111 11111111)，变量 mask 在第 12 行中被赋值为 1(00000000 00000000 00000000 00000001)。当表达式 number1 & mask(第 17 行)采用按位与运算符(&)将 number1 与 mask 组合在一起时，得到的结果为：00000000 00000000 00000000 00000001。即除最低位外，变量 number1 的所有位都被变量 mask 通过"与"运算"屏蔽掉了"(隐藏起来)。

按位或运算符(|)

按位或运算符用来将一个操作数中的特定位置成 1。在图 10.9 中，整型变量 number1 在第 20 行中被赋值为 15(00000000 00000000 00000000 00001111)，变量 setBits 在第 21 行中被赋值为 241(00000000 00000000 00000000 11110001)。当表达式 number1 | setBits(第 26 行)采用按位或运算符将 number1 与 setBits 组合在一起时，得到的结果为：255(00000000 00000000 00000000 11111111)。图 10.11 是两个数位进行按位或运算的结果。

按位异或运算符(^)

当两个操作数相应的二进制数位只有一个是 1 时，按位异或运算符(^)将结果数据的相应位置成 1。在图 10.9 中，整型变量 number1 和 number2 在第 29 行和第 30 行中分别被赋值为 139(00000000 00000000 00000000 10001011)和 199(00000000 00000000 00000000 11000111)。当表达式 number1 ^ number2(第 35 行)

用按位异或运算符将它们组合在一起时，得到的结果为：00000000 00000000 00000000 01001100。图 10.12 是两个数位进行按位异或运算的结果。

位 1	位 2	位 1 | 位 2
0	0	0
0	1	1
1	0	1
1	1	1

位 1	位 2	位 1 ^ 位 2
0	0	0
0	1	1
1	0	1
1	1	0

图 10.11　两个数位进行按位或运算的结果　　　　图 10.12　两个数位进行按位异或运算的结果

按位取反运算符（～）

按位取反运算符（~）将其操作数中值为 1 的位置成 0、值为 0 的位置成 1，从而得到运算结果——也被称为"求操作数的模 1 补码"。在图 10.9 中，整型变量 number1 在第 38 行中被赋值为 21845（00000000 00000000 01010101 01010101）。表达式 ~ number1（第 42 行）执行后的结果是：00000000 00000000 10101010 10101010。

10.9.4　按位左移和按位右移运算符的使用

图 10.13 中的程序演示了按位左移运算符（<<）和按位右移运算符（>>）的使用方法。函数 displayBits 用来打印无符号整数的值。

```
 1   // Fig. 10.13: fig10_13.c
 2   // Using the bitwise shift operators
 3   #include <stdio.h>
 4
 5   void displayBits(unsigned int value); // prototype
 6
 7   int main(void)
 8   {
 9      unsigned int number1 = 960; // initialize number1
10
11      // demonstrate bitwise left shift
12      puts("\nThe result of left shifting");
13      displayBits(number1);
14      puts("8 bit positions using the left shift operator << is");
15      displayBits(number1 << 8);
16
17      // demonstrate bitwise right shift
18      puts("\nThe result of right shifting");
19      displayBits(number1);
20      puts("8 bit positions using the right shift operator >> is");
21      displayBits(number1 >> 8);
22   }
23
24   // display bits of an unsigned int value
25   void displayBits(unsigned int value)
26   {
27      // declare displayMask and left shift 31 bits
28      unsigned int displayMask = 1 << 31;
29
30      printf("%7u = ", value);
31
32      // loop through bits
33      for (unsigned int c = 1; c <= 32; ++c) {
34         putchar(value & displayMask ? '1' : '0');
35         value <<= 1; // shift value left by 1
36
37         if (c % 8 == 0) { // output a space after 8 bits
38            putchar(' ');
39         }
40      }
41
```

图 10.13　按位移位运算符的使用

```
42        putchar('\n');
43    }
```

```
The result of left shifting
    960 = 00000000 00000000 00000011 11000000
8 bit positions using the left shift operator << is
 245760 = 00000000 00000011 11000000 00000000

The result of right shifting
    960 = 00000000 00000000 00000011 11000000
8 bit positions using the right shift operator >> is
      3 = 00000000 00000000 00000000 00000011
```

图 10.13(续)   按位移位运算符的使用

左移运算符(<<)

左移运算符(<<)是将其左边的操作数按位向左移动, 移动的位数由其右边的操作数指定。右端移空的数位补 0, 左端移出的数位被丢弃。在图 10.13 中, 变量 number1 在第 9 行中被赋值为 960(00000000 00000000 00000011 11000000)。表达式 number1<<8(第 15 行)将变量 number1 左移 8 位, 得到的结果是: 245760(00000000 00000011 11000000 00000000)。

右移运算符(>>)

右移运算符(>>)是将其左边的操作数按位向右移动, 移动的位数也是由其右边的操作数指定的。对无符号整数进行右移时, 左端移空的数位补 0, 移出右端的数位被丢弃。在图 10.13 中, 表达式 number1>>8(第 21 行)将变量 number1 右移 8 位, 得到的结果是: 3(00000000 00000000 00000000 00000011)。

常见的编程错误 10.11

如果右操作数是一个负数, 或者右操作数的值大于左操作数所占的存储空间的位数, 这样的移位运算的结果没有被定义。

可移植性提示 10.8

对负数进行右移运算的结果是依赖于机器的。

10.9.5 按位运算后赋值运算符

每个二进制位运算符都有一个相应的运算后赋值运算符。图 10.14 给出了这些**按位运算后赋值运算符**(Bitwise assignment operator)。它们的使用方法与第 3 章介绍的算术运算后赋值运算符的使用方法相同。

图 10.15 给出了到目前为止本书已经介绍过的所有运算符的优先级和结合性。自顶向下, 这些运算符的优先级由高变低。

按位运算后赋值运算符	
&=	按位与运算后赋值运算符
|=	按位或运算后赋值运算符
^=	按位异或运算后赋值运算符
<<=	左移后赋值运算符
>>=	右移后赋值运算符

图 10.14   按位运算后赋值运算符

运算符	结合性	类型
() [] . -> ++(后缀)—(后缀)	从左向右	最高
+ － ++(前缀) —(前缀) ! & * ~ sizeof (类型)	从右向左	一元运算
* / %	从左向右	乘除求余运算
+ －	从左向右	加减运算
<< >>	从左向右	移位运算
< <= > >=	从左向右	关系运算
== !=	从左向右	相等与不等运算
&	从左向右	按位与
^	从左向右	按位异或
|	从左向右	按位或
&&	从左向右	逻辑与

图 10.15   运算符的优先级和结合性

运算符	结合性	类型
||	从左向右	逻辑或
?:	从右向左	条件运算
= += -= *= /= &= |= ^= <<= >>= %=	从右向左	赋值运算
,	从左向右	逗号运算

图 10.15(续)　运算符的优先级和结合性

10.10　位域

当结构体或共用体中包含无符号整型或有符号整型成员时，C 语言允许用户指定这些成员所占用的存储位数。这被称为**位域**(Bit field)。通过将数据存储在它们所需的最小数目的存储位内，位域能够有效地提高存储空间的利用率。但是需要强调的是，位域成员必须被声明为有符号整型或者无符号整型。

10.10.1　位域的定义

考虑这个结构体定义：

```
struct bitCard {
    unsigned int face : 4;
    unsigned int suit : 2;
    unsigned int color : 1;
};
```

包含了三个无符号整数的位域(face，suit 和 color)用来表示一副扑克牌中的一张牌。声明一个位域的方法是：在无符号整型或有符号整型的成员名字后面加上一个冒号(:)和一个整型常数，这个整型常数表示位域的宽度(即这个成员将占用的存储位数)。这个表示宽度的常数必须是一个整数，它的取值范围是 0(在 10.10.3 节中将进一步讨论)到系统中正常存储一个整型数所需二进制位数之间，包含该范围的边界值。我们的例子将运行在用 4 字节(32 位)存储一个整数的计算机上。

上面这个结构体定义表示：成员 face 将存储在一个 4 位宽的位域中，成员 suit 将存储在一个 2 位宽的位域中，而成员 color 将会存储在一个 1 位宽的位域中。位域的宽度是由成员的取值范围决定的。成员 face 的取值范围是从 0(Ace)到 12(King)——4 位二进制数就可以表示 0~15 的整数。成员 suit 的取值范围是从 0~3(0 = 方块，1 = 红桃，2 = 草花，3 =黑桃)——2 位二进制数就可以表示 0~3 的整数。成员 color 的取值要么是 0(红色)，要么是 1(黑色)——1 位二进制数就可以表示 0 或者 1。

10.10.2　用位域来表示一张纸牌的花色、牌面值和颜色

图 10.16 中的程序(输出参见图 10.17)在第 20 行创建了一个包含有 52 个类型为 struct bitCard 的结构体元素的数组 deck。函数 fillDeck(第 31 行至第 39 行)将 52 张牌插入到数组 deck 中，函数 deal(第 43 行至第 55 行)将这 52 张牌打印出来。请注意：对结构体中位域成员，仍然是按照与其他成员相同的方式来访问的。引入成员 color 是为了在能够显示颜色的计算机系统上指明一张纸牌的颜色。

```
 1   // Fig. 10.16: fig10_16.c
 2   // Representing cards with bit fields in a struct
 3   #include <stdio.h>
 4   #define CARDS 52
 5
 6   // bitCard structure definition with bit fields
 7   struct bitCard {
 8      unsigned int face : 4; // 4 bits; 0-15
 9      unsigned int suit : 2; // 2 bits; 0-3
10      unsigned int color : 1; // 1 bit; 0-1
11   };
12
13   typedef struct bitCard Card; // new type name for struct bitCard
14
```

图 10.16　用带位域的结构体来表示一副纸牌

```
15  void fillDeck(Card * const wDeck); // prototype
16  void deal(const Card * const wDeck); // prototype
17
18  int main(void)
19  {
20     Card deck[CARDS]; // create array of Cards
21
22     fillDeck(deck);
23
24     puts("Card values 0-12 correspond to Ace through King");
25     puts("Suit values 0-3 correspond Hearts, Diamonds, Clubs and Spades");
26     puts("Color values 0-1 correspond to red and black\n");
27     deal(deck);
28  }
29
30  // initialize Cards
31  void fillDeck(Card * const wDeck)
32  {
33     // loop through wDeck
34     for (size_t i = 0; i < CARDS; ++i) {
35        wDeck[i].face = i % (CARDS / 4);
36        wDeck[i].suit = i / (CARDS / 4);
37        wDeck[i].color = i / (CARDS / 2);
38     }
39  }
40
41  // output cards in two-column format; cards 0-25 indexed with
42  // k1 (column 1); cards 26-51 indexed with k2 (column 2)
43  void deal(const Card * const wDeck)
44  {
45     printf("%-6s%-6s%-15s%-6s%-6s%s\n", "Card", "Suit", "Color",
46        "Card", "Suit", "Color");
47
48     // loop through wDeck
49     for (size_t k1 = 0, k2 = k1 + 26; k1 < CARDS / 2; ++k1, ++k2) {
50        printf("Card:%3d  Suit:%2d  Color:%2d    ",
51           wDeck[k1].face, wDeck[k1].suit, wDeck[k1].color);
52        printf("Card:%3d  Suit:%2d  Color:%2d\n",
53           wDeck[k2].face, wDeck[k2].suit, wDeck[k2].color);
54     }
55  }
```

图 10.16(续)   用带位域的结构体来表示一副纸牌

```
Card values 0-12 correspond to Ace through King
Suit values 0-3 correspond Hearts, Diamonds, Clubs and Spades
Color values 0-1 correspond to red and black

Card  Suit  Color          Card  Suit  Color
0     0     0              0     2     1
1     0     0              1     2     1
2     0     0              2     2     1
3     0     0              3     2     1
4     0     0              4     2     1
5     0     0              5     2     1
6     0     0              6     2     1
7     0     0              7     2     1
8     0     0              8     2     1
9     0     0              9     2     1
10    0     0              10    2     1
11    0     0              11    2     1
12    0     0              12    2     1
0     1     0              0     3     1
1     1     0              1     3     1
2     1     0              2     3     1
3     1     0              3     3     1
4     1     0              4     3     1
5     1     0              5     3     1
6     1     0              6     3     1
7     1     0              7     3     1
8     1     0              8     3     1
9     1     0              9     3     1
10    1     0              10    3     1
11    1     0              11    3     1
12    1     0              12    3     1
```

图 10.17   图 10.16 中程序的输出结果

性能提示 10.2

使用位域有助于减少程序所需的存储空间。

可移植性提示 10.9

位域的操作是依赖于机器的。

常见的编程错误 10.12

像访问一个数组中的元素那样去访问一个位域中的个别位，这属于语法错误。位域并不是"位的数组"。

常见的编程错误 10.13

试图去获取一个位域的地址，属于语法错误(由于位域没有地址，所以&运算符不能应用于位域)。

性能提示 10.4

尽管使用位域能够节约存储空间，但是它们却会使编译器生成运行速度较慢的机器代码。这是因为访问一个正常编址的存储单元中的一部分需要一些额外的机器指令。在计算机科学中，有很多需要对时间与空间进行折中考虑的例子，这便是其中的一个。

10.10.3　无名位域

指定一个**无名位域**(Unnamed bit field)作为结构体中的**补位**(Padding)，是可行的。例如，下面这个结构体定义：

```
struct example {
    unsigned int a : 13;
    unsigned int   : 19;
    unsigned int b : 4;
};
```

就引入了一个宽度为 19 的无名位域补位(注意：在这 19 位的空间中什么都没有存储)。使用补位的目的是使得成员 b(在我们字长为 4 字节的计算机上)能够存储在下一个存储单元中。

宽度为 0 的无名位域(unnamed bit field with a zero width)可以用来使下一个位域对齐在一个新的存储单元的边界上。例如下面这个结构体定义：

```
struct example {
    unsigned int a : 13;
    unsigned int   : 0;
    unsigned int : 4;
};
```

就通过一个宽度为 0 的无名位域，来跳过存储 a 的那个存储单元中剩余的二进制位(有多少位就跳过多少位)，将 b 对齐在下一个存储单元的边界上。

10.11　枚举常量

通过关键字 enum 引入的枚举类型(在 5.11 节简要介绍过)，是一个用标识符表示的整型**枚举常量**(Enumeration constant)的集合。除非专门定义，枚举类型中枚举值都是从 0 开始并且依次递增 1 的。例如，下面这条枚举类型声明语句：

```
enum months {
    JAN, FEB, MAR, APR, MAY, JUN, JUL, AUG, SEP, OCT, NOV, DEC
};
```

创建了一个新的数据类型 enum months，其中标识符的值被分别置为从 0~11 的整数。若想用 1~12 来为月份计数，则要将上述语句改为：

```
enum months {
    JAN = 1, FEB, MAR, APR, MAY, JUN, JUL, AUG, SEP, OCT, NOV, DEC
};
```

由于上面这个枚举类型中的第一个值被显式地置成 1，所以其后面的值就从 1 开始依次递增 1，从而得到 1~12 的结果。在一个枚举类型中出现的标识符必须是互不相同的。可以在定义枚举类型时，通过给标识符赋值来显式地给枚举常量赋值。一个枚举类型中的多个成员可以拥有相同的常量值。

图 10.18 的程序中，for 循环语句根据 monthName 数组，使用枚举变量 month 来打印一年中的 12 个月。该程序将 monthName[0]定义成一个空的字符串" "。当然，也可以将 monthName[0]的值置为像"***ERROR***"这样的字符串，以提示发生了一个逻辑错误。

常见的编程错误 10.14

给一个已定义的枚举常量赋值，是一个语法错误。

良好的编程习惯 10.5

采用大写字母来为枚举常量命名，使这些常量在程序中变得更加醒目并提醒你：枚举常量不是变量。

```
 1  // Fig. 10.18: fig10_18.c
 2  // Using an enumeration
 3  #include <stdio.h>
 4
 5  // enumeration constants represent months of the year
 6  enum months {
 7      JAN = 1, FEB, MAR, APR, MAY, JUN, JUL, AUG, SEP, OCT, NOV, DEC
 8  };
 9
10  int main(void)
11  {
12      // initialize array of pointers
13      const char *monthName[] = { "", "January", "February", "March",
14          "April", "May", "June", "July", "August", "September", "October",
15          "November", "December" };
16
17      // loop through months
18      for (enum months month = JAN; month <= DEC; ++month) {
19          printf("%2d%11s\n", month, monthName[month]);
20      }
21  }
```

```
 1    January
 2   February
 3      March
 4      April
 5        May
 6       June
 7       July
 8     August
 9  September
10    October
11   November
12   December
```

图 10.18 枚举类型的应用

10.12 匿名的结构体和共用体

在本章的前面，我们介绍了结构体和共用体。C11 现在支持在结构体和共用体中嵌套地定义匿名的结构体和共用体。对于外层的结构体或共用体而言，其内嵌套的匿名的结构体或共用体成员可以通过外层的结构体或共用体的对象来直接访问。例如，下面这个结构体：

```
struct MyStruct {
    int member1;
    int member2;
```

```
struct {
    int nestedMember1;
    int nestedMember2;
}; // end nested struct
}; // end outer struct
```

对于 struct MyStruct 类型的变量 myStruct 而言，可以通过如下方式来访问它的成员：

```
myStruct.member1;
myStruct.member2;
myStruct.nestedMember1;
myStruct.nestedMember2;
```

10.13 安全的 C 程序设计

针对本章内容有很多 CERT 的指南和规则。欲了解更多细节请访问 www.securecoding.cert.org。

针对结构体的 CERT 指南

10.2.4 节中介绍的，针对结构体成员的边界对齐要求，会导致在创建的结构体变量中存在包含未定义数据的额外字节单元。下列指南都是关于这个问题的。

- EXP03-C：为了满足边界对齐要求，结构体变量的大小并不等于其成员变量大小之和。请用 sizeof 来确定一个结构体变量所占的内存字节数。在后面第 11 章，将用这种技术来处理从文件中读出或写入到文件的定长的记录；在第 12 章，将用这种技术来创建所谓的动态数据结构。
- EXP04-C：10.2.4 节介绍过，由于结构体变量中存在包含未定义数据的字节单元，所以不能对它们进行"相等"或"不等"比较。因此，只能对它们中的单个成员进行比较。
- DCL39-C：在一个结构体变量中，未定义的字节单元可能包含有与安全有关的数据（上次使用这些单元遗留下的）应该禁止访问这些数据。此 CERT 的指南介绍了为清除这些额外字节而引入的编译器定制的数据压缩机制。

针对 typedef 的 CERT 指南

- DCL05-C：像函数指针那样的复杂类型的声明，会导致程序很难理解。请采用 typedef 来创建具有自文档特点的类型名称，以提高程序的可读性。

针对位操作的 CERT 指南

- INT02-C：使用整数类型提升规则（5.6 节中介绍过）的一个结果就是，在对一个比 int 小的整型数据进行按位操作时，会出现意想不到的结果。因此，请采用显式的类型转换来确保得到正确的结果。
- INT13-C：对有符号整数进行某些位操作是与系统实现相关的——采用不同的编译器会得到不同的结果。因此，只能对无符号整数进行位操作。
- EXP46-C：逻辑运算符&&和||常常会跟位运算符&和|搞混。因为运算符&和|不具有"短路求值"的能力，所以在条件表达式的"条件"中使用运算符&和|，会出现意想不到的结果。

针对 enum 的 CERT 指南

- INT09-C：允许多个枚举常量具有相同的值，会导致很难发现的逻辑错误。通常，一个 enum 的枚举常量应该取值不同，以避免发生这样的逻辑错误。

摘要

10.1 引言

- **结构体**是统一在一个名字之下的一组相关变量的集合，它可以包含不同类型的变量。
- 结构体通常用来定义存储在文件中的记录。
- 将指针和结构体联合使用，可以实现更复杂的数据结构，如链表、队列、堆栈和树。

10.2　结构体定义
- 关键字 **struct** 用来引出一个结构体定义。
- 关键字 struct 之后的标识符称为**结构体标记**，它是用来给这个结构体定义命名的。结构体标记与关键字 struct 一起用来声明具有这个结构体类型的变量。
- 在结构体定义的花括号内声明的变量是结构体的**成员**。
- 同一个结构体类型中的成员不能重名。
- 每一个结构体定义都必须用一个分号来结束。
- 结构体的成员可以是具有原始数据类型的变量，也可以是聚合体数据类型的变量。
- 一个结构体不能包含它自身的实例，但可包含一个指向相同类型的另外一个对象的指针。
- 包含一个指向自身结构体类型的指针为成员的结构体，称为**自引用结构体**。自引用结构体被用来构建链式数据类型。
- 结构体定义创建一种新的可用来定义变量的数据类型。
- 可以通过在结构体定义的花括号与表示定义结束的分号之间，加上用逗号分隔的变量名列表，来声明具有该结构体类型的变量。
- 结构体定义中的结构体标记名是可以省略的。若结构体定义中没有标记名，则该结构体类型的变量就只能在结构体定义的同时进行声明。
- 作用于结构体上的合法操作只有：将结构体变量赋值给其他具有相同类型的结构体变量，用&运算符取得结构体变量的地址，访问结构体变量中的成员，用 sizeof 运算符确定结构体变量的大小。

10.3　结构体的初始化
- 可以采用**初始值列表**来对结构体进行初始化。
- 若列表中初始值个数少于结构体中成员的个数，则剩余成员将被自动地初始化为 0（成员是指针时，被初始化为 NULL）。
- 在函数之外定义的结构体变量，若没有显式地在外部进行初始化，将被自动地初始化为 0 或 NULL。
- 通过将一个结构体变量赋值给另外一个与其类型相同的结构体变量，或逐个对结构体变量成员进行赋值来实现结构体变量的初始化。

10.4　用.和->访问结构体成员
- 可以用**结构体成员运算符**(.)和**结构体指针运算符**(->)来访问结构体的成员。
- 结构体成员运算符是通过结构体变量名来访问结构体成员的。
- 结构体指针运算符通过指向结构体的指针来访问结构体成员。

10.5　在函数中使用结构体
- 将结构体传递给函数有三种方式：传递结构体的个别成员，传递整个结构体，传递一个指向结构体的指针。
- 结构体变量在默认的情况下以传值的方式被传递给一个函数的。
- 若采用(模拟)按引用方式来传递一个结构体，传递给被调函数的是结构体变量的地址。结构体数组(与其他数组一样)都是自动以(模拟)按引用方式传递的。
- 要想**以传值的方式来传递一个数组**，可创建一个以该数组为成员的结构体，然后以传值的方式来传递这个结构体。这样数组就以传值的方式被传递过去了。

10.6　typedef 的使用
- 关键字 **typedef** 提供了一种为已定义好的数据类型创建同义词的机制。
- 为了创建更简短的类型名称，通常使用 typedef 来定义结构体类型的名字。

- typedef 还常常被用来为基本数据类型创建一个别名。例如，一个处理 4 字节长整数的程序运行于某个系统时，会被要求用类型 int 定义变量；而运行于另外一个系统时，则会被要求用类型 long 定义变量。为了可移植，程序就用 typedef 为 4 字节长的整数创建一个别名，如 Integer。这样，只需对别名 Integer 的定义做一次修改，就可使程序能够运行于两个不同的系统之上。

10.8　共用体

- **共用体**是以与声明一个结构体相同的格式，通过关键词 **union** 来声明的。它的成员共享同一个存储空间。
- 共用体的成员可以是任意数据类型，但是存储一个共用体所用的字节总数，必须保证至少足以能够容纳其最大的成员。
- 每次只允许访问共用体的一个成员。确保以正确的数据类型来访问共用体中的数据，这是你的责任。
- 可对共用体执行的操作有：两个具有相同类型的共用体之间的赋值，用&运算符取得一个共用体变量的地址，用结构体成员运算符或结构体指针运算符来访问共用体的成员。
- 可以在声明语句中，用与其第一个成员数据类型相同的数值来对共用体进行初始化。

10.9　位运算符

- 在计算机内部，所有数据都是以二进制数序列的形式来表示的，每个数位取值 0 或 1。
- 在大多数计算机系统中，**8 个二进制数位的序列组成一个字节**——存储一个字符型变量的标准存储单元，其他数据类型的变量则需要更多的字节来存储。
- **位运算符**用来处理整型操作数（如字符型 char、短整型 short、整型 int 及长整型 long；有符号整型和无符号整型）的各个数位。通常将操作数当成无符号整型数据来处理。
- 位运算符有：**按位与(&)**，**按位或(|)**，**按位异或(^)**，**左移(<<)**，**右移(>>)** 和 **按位取反(~)**。
- 按位与、按位或和按位异或都是逐位地对两个操作数进行比较。当两个操作数相应的二进制数位都是 1 时，**按位与运算符**才会将运算结果的相应的二进制数位置成 1。只要两个操作数相应的二进制数位有一个是 1（或者两个都为 1），**按位或运算符**就会将运算结果的相应的二进制数位置成 1。仅当两个操作数相应的二进制数位只有一个是 1 时，**按位异或运算符**才将运算结果的相应的二进制数位置成 1。
- **左移运算符**是将其左边的操作数按位向左移动，移动的位数由其右边的操作数指定。右边腾空的数位补 0，左边移出的数位丢弃。
- **右移运算符**是将其左边的操作数按位向右移动，移动的位数也是由其右边的操作数指定。对无符号整数进行右移运算时，左边腾空的数位补上 0，右边移出的数位丢弃。
- **按位取反运算符**是将其操作数中所有为 0 的数位置成 1、所有为 1 的数位置成 0，然后得到运算结果。
- 通常，按位与运算符要与一个被称为**掩码**的操作数一起使用，掩码是某些特定位被置成 1 的一个整数。掩码用来在选取某些数位的同时屏蔽掉其他数位。
- 符号常量 **CHAR_BIT**（在头文件< limits.h >中定义）表示一个字节中的二进制位数（标准情况下是 8）。可以用它来增强一个位操作程序的可扩展性和可移植性。
- 每个二进制位运算符都有一个相应的**位运算后赋值运算符**。

10.10　位域

- 当结构体或共用体中有无符号整型或有符号整型成员时，C 语言允许用户指定这些成员所占用的存储位数，这被称为**位域**。通过将数据存储在它们所需的最小数目的存储位内，位域能够提高存储空间的利用率。
- 声明一个位域的方法是：在无符号整型或有符号整型的成员的名字后面加上一个冒号（：）和一

个表示位域宽度的整型常数。这个常数值必须是一个整数，其范围取值在 0 到系统中存储一个整型数所需二进制位数之间的闭区间内。

- 对结构体中位域成员，是按照与其他成员相同的方式来访问的。
- 可以指定一个**无名位域**作为结构体中的**补位**。
- **宽度为 0 的无名位域**将使下一个位域对齐在一个新的存储单元的边界上。

10.11 枚举常量

- 通过关键字 enum 引入的枚举类型，是一个用标识符表示的整型常量的集合。除非专门定义，枚举类型中枚举的值都是从 0 开始并且依次递增 1。
- 在一个枚举类型中出现的标识符必须是互不相同的。
- 在定义枚举类型时，可以通过给标识符赋值来显式地给枚举常量定值。

自测题

10.1 填空

(a) 在一个名字下相关变量的集合称为_____。

(b) 在一个名字下共用相同的存储区域的相关变量集合称为_____。

(c) 采用_____运算符的表达式，在每个操作数的对应位都为 1 时，才将结果的对应位置为 1，否则置为 0。

(d) 在结构体内声明的变量称为结构体的_____。

(e) 两个操作数中只要至少有一个对应的位为 1，采用_____运算符的表达式就将结果对应的位置为 1，否则置为 0。

(f) 关键字_____引出结构体声明。

(g) 关键字_____用来为先前已定义的数据类型创建一个别名。

(h) 两个操作数中仅有一个对应的位为 1 时，采用_____运算符的表达式将结果对应的位置为 1，否则置为 0。

(i) 按位与运算符(&)通常用来_____位，即选择保留指定位，将其他位置为零。

(j) 关键字_____用来定义共用体。

(k) 结构体名被称为结构体_____。

(l) 可以通过_____或_____运算符来访问结构体成员。

(m) 运算符_____和_____分别用来将一个数的二进制位向左或向右移动。

(n)_____是用标识符表示的一组整数。

10.2 判断对错，如果错误，请说明理由。

(a) 结构体只能包含一种数据类型的变量。

(b) 可以(使用运算符==)比较两个共用体，以确定它们是否相等。

(c) 结构体标记名称是可省略的。

(d) 不同结构体的成员变量必须拥有不同的名称。

(e) 关键字 typedef 用来定义新的数据类型。

(f) 结构体总是以(模拟)按引用方式传递给函数。

(g) 不能用运算符==或!=来比较结构体。

10.3 编写代码完成如下要求：

(a) 定义一个名为 part(零件)的结构体，包含一个名为 partNumber(零件号)的 unsigned int 变量，一个名为 partName(零件名)的有 25 个字符(含结束符)的字符数组。

(b) 定义 Part 作为类型 struct part 的同义词。

(c)使用 Part 来声明类型为 struct part 的变量 a、数组 b[10]和指向 struct part 指针类型的变量 ptr。

(d)从键盘分别读取一个零件号和一个零件名存入变量 a 的相应成员中。

(e)将变量 a 的值赋值给数组 b 的元素 3。

(f)将数组 b 的地址赋值给指针变量 ptr。

(g)使用变量 ptr 和结构体指针运算符来打印数组 b 的元素 3 的成员值。

10.4 找出下列语句中的错误：

(a)设类型 struct card 包含两个字符指针，分别为 face 和 suit。变量 c 被定义为 struct card 类型，变量 cPtr 被定义为 struct card 指针类型，并且 cPtr 被赋予 c 的地址。

```
printf("%s\n", *cPtr->face);
```

(b)设 struct card 包含有两个字符指针，分别为 face 和 suit。数组 hearts[13]被定义为 struct card 类型。下面的语句应该打印数组的元素 10 的成员 face 的值。

```
printf("%s\n", hearts.face);
```

(c)
```
union values {
    char w;
    float x;
    double y;
};
union values v = { 1.27 };
```

(d)
```
struct person {
    char lastName[15];
    char firstName[15];
    unsigned int age;
}
```

(e)设结构体 person 已经按照(d)小题的正确形式定义。

```
person d;
```

(f)设变量 p 被声明为 struct person 类型，变量 c 被声明为 struct card 类型。

```
p = c;
```

自测题答案

10.1 (a)结构体。(b)共用体。(c)按位与(&)。(d)成员。(e)按位或(|)。(f)struct。(g)typedef。(h)按位异或(^)。(i)掩码。(j)union。(k)标签名。(l)结构体成员，结构体指针。(m)按位左移运算符(<<)，按位右移运算符(>>)。(n)枚举。

10.2 (a)错误。结构体可以包含不同数据类型的变量。

(b)错误。因为即使共用体变量的值是相同的，它们内部也可能存在数值不同的未定义的数据字节，所以不能比较共用体。

(c)正确。

(d)错误。不同结构体的成员变量可以起相同的名称，但是同一个结构体下的成员应该有不同的名称。

(e)错误。关键字 typedef 用来为已经定义好的数据类型定义一个新的名称(同义词)。

(f)错误。结构体总是按传值方式传递给函数的。

(g)正确。因为对齐问题。

10.3 (a)
```
struct part {
    unsigned int partNumber;
    char partName[25];
};
```

(b) **typedef struct** part Part;
(c) Part a, b[**10**], *ptr;
(d) scanf("**%d%24s**", &a.partNumber, a.partName);
(e) b[**3**] = a;
(f) ptr = b;
(g) printf("**%d %s\n**", (ptr + **3**)->partNumber, (ptr + **3**)->partName);

10.4 (a) 遗漏了用于将*cPtr 括起来的圆括号，导致表达式内部运算顺序错误。表达式应为
cPtr->face 或 (*cPtr).face

(b) 数组下标被遗漏了，表达式应为 hearts[10].face。

(c) 共用体只能用与该共用体第一个成员类型相同的值来初始化。

(d) 需要一个分号来结束结构体的定义。

(e) 在变量声明中遗漏了关键字 struct。声明应为：struct person d;

(f) 不同结构体类型的变量不可以彼此赋值。

练习题

10.5 请给出下列结构体和共用体的定义

(a) 结构体 inventory，包含字符数组 partName[30]、整数 partNumber、浮点数 price、整数 stock 和整数 reorder。

(b) 共用体 data，包含 char c，short s，long b，float f 和 double d。

(c) 结构体 address，包含字符数组 streetAddress[25]，city[20]，state[3]和 zipCode[6]。

(d) 结构体 student，包含字符数组 firstName[15]和 lastName[15]，以及类型为上面(c)题中定义的结构体 address 的变量 homeAddress。

(e) 结构体 test，包含 16 个宽度为 1 位的位域，位域名称从字符 a~p 依次命名。

10.6 已知如下结构体和变量定义：

```
struct customer {
    char lastName[15];
    char firstName[15];
    unsigned int customerNumber;

    struct {
        char phoneNumber[11];
        char address[50];
        char city[15];
        char state[3];
        char zipCode[6];
    } personal;

} customerRecord, *customerPtr;

customerPtr = &customerRecord;
```

请分别写出一个表达式来访问下列各结构体中的成员。

(a) 结构体变量 customerRecord 的成员 lastName。

(b) 指针 customerPtr 指向的结构体变量的成员 lastName。

(c) 结构体变量 customerRecord 的成员 firstName。

(d) 指针 customerPtr 指向的结构体变量的成员 firstName。

(e) 结构体变量 customerRecord 的成员 customerNumber。

(f) 指针 customerPtr 指向的结构体变量的成员 customerNumber。

(g) 结构体变量 customerRecord 的成员 personal 的成员 phoneNumber。

(h) 指针 customerPtr 指向的结构体变量的成员 personal 的成员 phoneNumber。

(i) 结构体变量 customerRecord 的成员 personal 的成员 address。

(j) 指针 customerPtr 指向的结构体变量的成员 personal 的成员 address。

(k) 结构体变量 customerRecord 的成员 personal 的成员 city。

(l) 指针 customerPtr 指向的结构体变量的成员 personal 的成员 city。

(m) 结构体变量 customerRecord 的成员 personal 的成员 state。

(n) 指针 customerPtr 指向的结构体变量的成员 personal 的成员 state。

(o) 结构体变量 customerRecord 的成员 personal 的成员 zipCode。

(p) 指针 customerPtr 指向的结构体变量的成员 personal 的成员 zipCode。

10.7 **(洗牌与发牌的修改)** 请用高效的洗牌算法(如图 10.3 所示)来更改图 10.16 的程序。按照两列格式打印洗完牌后的结果,列的标题分别为 face 和 suit。在每张牌前面标出它的颜色。

10.8 **(使用共用体)** 创建共用体 integer,包含成员有 char c,short s,int i 和 long b。请编写一个程序,分别读入类型为 char,short,int 和 long 的数值,并将其值分别存入共用体 integer 类型的变量中,然后将每个共用体变量分别以字符型、短整型、整型和长整型格式打印输出。这些值总能正确输出吗?

10.9 **(使用共用体)** 创建共用体 floatingPoint,包含成员有 float f,double d 和 long double x。请编写一个程序,分别读入类型为 float,double 和 long double 的数值,并将其值分别存入共用体 floatingPoint 类型的变量中,然后将每个共用体变量分别以浮点型、双精度实型和长双精度实型格式打印输出。这些值总能正确输出吗?

10.10 **(右移整数)** 请编写一个程序将一个整型变量右移 4 位,并以二进制位的形式输出该整数在移位前和移位后的数值。看看你的系统使用 0 还是 1 来填补腾空的位?

10.11 **(左移整数)** 无符号数左移 1 位相当于将该数乘以 2。请编写一个接收两个整型变量 number 和 pow 作为实参的函数 power2,该函数使用移位运算符计算 $number*2^{pow}$ 的结果,然后分别以整型和二进制位的形式输出结果。

10.12 **(将字符封装到一个整数中)** 左移运算符可用来将 4 个字符值封装到一个 4 字节长的无符号整数变量中。请编写一个程序,从键盘读入 4 个字符,然后将其传递给函数 packCharacters。为了将 4 个字符封装到一个无符号整数中,首先将第 1 个字符赋值给该无符号整数变量,然后将该变量向左移 8 位,再用按位或运算符将该变量和第 2 个字符整合在一起。对第 3 个字符和第 4 个字符重复相同的处理。该程序将按二进制位的格式输出封装前和封装后的 4 个字符,以验证它们的确被正确地封装到无符号整型变量中。

10.13 **(将字符从一个整数中解析出来)** 请使用右移运算符、按位与运算符和一个掩码来编写函数 unpackCharacters,该函数将从练习题 10.12 的无符号整数中解析出 4 个字符。为了从一个 4 字节长的无符号整数中解析出字符,首先使用按位与运算符将无符号数与掩码 4278190080 (11111111 00000000 00000000 00000000) 整合在一起,右移结果 8 位,得到的结果赋值给一个字符变量;然后将无符号数与掩码 16711680 (00000000 11111111 00000000 00000000) 整合在一起,得到的结果赋值给另一个字符变量。用掩码 65280 和 255 重复相同的处理。该程序以二进制位的格式打印分解前的无符号整数,再以二进制位的格式打印得到的 4 个字符,以验证它们被正确分解[①]。

10.14 **(将一个整数的二进制位颠倒过来)** 请编写一个程序,颠倒一个无符号整数的二进制位的顺序。该程序请用户输入一个整数值,然后调用函数 reverseBits 来打印其倒序的二进制位。按二进制格式打印该整数颠倒前后的值,以验证数值已被正确地颠倒了。

10.15 **(可移植的函数 displayBits)** 请修改图 10.7 的函数 displayBits,使其能够在使用 2 字节整数的系统和 4 字节整数的系统间移植(提示:使用运算符 sizeof 来确定特定机器的整数长度)。

---

① 上一版中,此题是针对 16 位字长的无符号数,解析出 2 个字符。现在是针对 32 位字长的无符号数,解析出 4 个字符,但是其中都是"右移结果 8 位,得到的结果赋值给一个字符变量",不知是否有误——译者注。

10.16 (**X 的值是什么?**)下面的程序使用了函数 multiple 来确定一个从键盘输入的整数是否是某个整数 X 的倍数。请检查该函数 multiple,然后确定 X 的值。

```c
1   // ex10_16.c
2   // This program determines whether a value is a multiple of X.
3   #include <stdio.h>
4
5   int multiple(int num); // prototype
6
7   int main(void)
8   {
9      int y; // y will hold an integer entered by the user
10
11     puts("Enter an integer between 1 and 32000: ");
12     scanf("%d", &y);
13
14     // if y is a multiple of X
15     if (multiple(y)) {
16        printf("%d is a multiple of X\n", y);
17     }
18     else {
19        printf("%d is not a multiple of X\n", y);
20     }
21  }
22
23  // determine whether num is a multiple of X
24  int multiple(int num)
25  {
26     int mask = 1; // initialize mask
27     int mult = 1; // initialize mult
28
29     for (int i = 1; i <= 10; ++i, mask <<= 1) {
30
31        if ((num & mask) != 0) {
32           mult = 0;
33           break;
34        }
35     }
36
37     return mult;
38  }
```

10.17 下面的程序是完成什么任务的?

```c
1   // ex10_17.c
2   #include <stdio.h>
3
4   int mystery(unsigned int bits); // prototype
5
6   int main(void)
7   {
8      unsigned int x; // x will hold an integer entered by the user
9
10     puts("Enter an integer: ");
11     scanf("%u", &x);
12
13     printf("The result is %d\n", mystery(x));
14  }
15
16  // What does this function do?
17  int mystery(unsigned int bits)
18  {
19     unsigned int mask = 1 << 31; // initialize mask
20     unsigned int total = 0; // initialize total
21
22     for (unsigned int i = 1; i <= 32; ++i, bits <<= 1) {
23
24        if ((bits & mask) == mask) {
25           ++total;
26        }
27     }
28
29     return !(total % 2) ? 1 : 0;
30  }
```

10.18 (**Fisher-Yates 洗牌算法**)借助互联网，研究 Fisher-Yates 洗牌算法，然后用它来重新实现图 10.3 中的 shuffle 函数。

提高练习题

10.19 (**健康记录的数字化**)目前在新闻中出现的一个关注健康的话题就是健康记录的数字化。由于涉及敏感的隐私和保密问题，这项工作正在谨慎地开展。健康记录的数字化可以使病人更方便地与他们的保健专家一起共同了解他们的身体状况和以往病史。这有助于提高保健的效果，避免出现抗药现象和处方出错，降低医疗费，甚至在危急时能够挽救生命。在这个练习题中，请设计一个面向个人的"启动者"HealthProfile 结构体。这个结构体的成员有个人的名(Firstname)、姓(Lastname)、性别(Gender)、含月/日/年的出生日期 DOB(Date of birth)、单位为英寸(Inch)的身高(Heigth)和单位为磅(Pound)的体重(Weight)。要求程序用一个函数负责接收上述数据，并将其分别赋值给一个 HealthProfile 结构体类型变量的相应成员。程序还有另外一个函数负责计算并返回用户的年龄、最高心率和目标心率范围(参见练习题 3.47)以及身体质量指数 BMI(参见练习题 2.32)。程序将提示用户输入个人信息，为用户创建一个 HealthProfile 结构体类型的变量，然后根据这个变量显示用户的信息(如名、姓、性别、出生日期、身高和体重)最后计算并显示用户的年龄、BMI、最高心跳速率和目标心跳速率范围。程序还应显示练习题 2.32 中的"BMI 值"变化图。

第 11 章 文 件 处 理

学习目标

在本章中，读者将学习以下内容：

- 学习文件和流的基本概念。
- 创建顺序存取文件并从中读取数据。
- 创建随机存取文件并对其进行读取与更新操作。
- 开发一个真实的事务处理程序。
- 研究涉及文件处理的安全的 C 程序设计。

提纲

11.1 引言

第 1 章曾介绍过数据层次结构。将数据存储在变量或数组中，都只是暂时的，因为程序运行结束后，这些数据将丢失。而**文件**(File)则可以永久地保存数据。计算机将文件存储在硬盘、固态盘、闪存盘和 DVD 盘这样的辅存上。本章将介绍如何在 C 程序中创建、更新以及处理数据文件。本章将讨论的文件类型有顺序存取文件和随机存取文件。

11.2 文件与流

C 语言中，文件不过是一个按顺序组成的字节流(如图 11.1 所示)。每个文件，要么以一个**文件结束标记**(End-of-file, EOF)标记文件的结束，要么以记录在系统管理数据结构中的指定数目的字节数作为文件的结束——这个由所运行的平台决定，对用户是隐藏的。

图 11.1 C 语言的一个具有 n 个字节的文件

程序中的标准流

当一个文件被打开时，就会有一个**流**(Stream)与这个文件联系在一起。当程序开始执行时，下面三个流被自动打开：

- **标准输入**(Standard input，接收来自键盘的输入)。
- **标准输出**(Standard output，将信息显示在屏幕上)。
- **标准错误**(Standard error，将出错信息显示在屏幕上)。

信息交流的通道

流提供了文件与程序之间进行信息交换的通道。例如，标准输入流使得程序能够从键盘读入数据，而标准输出流使得程序能够将数据打印到屏幕上。

FILE 结构体

每次打开一个文件都会返回一个指向 FILE 结构体类型(在头文件<stdio.h>中定义)的指针，FILE 结构体类型包含了用于文件处理的信息。在多数操作系统中，这个结构体中包含一个**文件描述头**(File descriptor)，即针对操作系统中所谓**打开文件列表**(Open file table)这样一个数组的整数索引，数组中的每个元素包含有一个**文件控制块**(File control block，FCB)，而操作系统正是利用文件控制块中的信息来管理一个特定的文件。可以分别使用文件指针 **stdin**、**stdout** 和 **stderr** 来操纵标准输入、标准输出和标准错误这三个文件。

文件处理函数 fgetc

标准函数库中提供了很多函数来实现对文件的读/写操作。与 getchar 类似，函数 fgetc 可以从文件中读入一个字符。函数 fgetc 需要接收一个指向目标文件的 FILE 指针作为实参。例如，调用语句 fgetc(stdin)将从标准输入 stdin 中读入一个字符。这个函数调用等价于 getchar( )。

文件处理函数 fputc

与 putchar 类似，函数 fputc 可以向文件中写入一个字符。函数 fputc 将一个欲写入的字符和一个指向目标文件的文件指针作为实参。例如，调用语句 fputc('a', stdout)将字符'a'写入到标准输出 stdout 中。这个函数调用等价于 putchar('a')。

其他文件处理函数

还有几个用来从标准输入读取数据或向标准输出写入数据的文件处理函数，它们的命名与上述函数类似。例如，函数 **fgets** 和 **fputs** 分别用来从文件中读取一行和向文件中写入一行字符。在接下来几节中，将要介绍与 scanf 函数和 printf 函数等价的文件处理函数 **fscanf** 和 **fprintf**。在本章的最后，将要讨论函数 **fread** 和 **fwrite**。

11.3 顺序存取文件的创建

C 语言没有将结构体运用在文件之上，所以 C 语言中并不存在诸如"文件的记录"(A record of a file)这样的概念。下面的例子演示了如何将一个记录结构运用在一个文件上。

为了记录客户欠公司款项的总数，图 11.2 中的程序为一个应收款系统创建了一个简单的顺序存取文件。对于每个客户，程序记录了他的账号、姓名及其余额(即客户由于接受了公司的货物或服务而尚未支付的总金额)。每个客户的这些信息就构成了该客户的"记录"。在这个实例中，账号被当成记录键，系统将按照账号的顺序创建和维护文件。程序假设用户是按照账号的顺序来输入记录的。当然，在一个较复杂的应收款系统中，程序应提供排序功能，这样用户就可以随机地输入记录了，而输入的记录将先做排序处理再存储到文件中(注：图 11.6 和 11.7 的程序使用了图 11.2 程序创建的数据文件。所以在运行图 11.6 和图 11.7 的程序之前，请先运行图 11.2 的程序)。

```c
 1  // Fig. 11.2: fig11_02.c
 2  // Creating a sequential file
 3  #include <stdio.h>
 4
 5  int main(void)
 6  {
 7      FILE *cfPtr; // cfPtr = clients.txt file pointer
 8
 9      // fopen opens file. Exit program if unable to create file
10      if ((cfPtr = fopen("clients.txt", "w")) == NULL) {
11          puts("File could not be opened");
12      }
13      else {
14          puts("Enter the account, name, and balance.");
15          puts("Enter EOF to end input.");
16          printf("%s", "? ");
17
18          unsigned int account; // account number
19          char name[30]; // account name
20          double balance; // account balance
21
22          scanf("%d%29s%lf", &account, name, &balance);
23
24          // write account, name and balance into file with fprintf
25          while (!feof(stdin)  ) {
26              fprintf(cfPtr, "%d %s %.2f\n", account, name, balance);
27              printf("%s", "? ");
28              scanf("%d%29s%lf", &account, name, &balance);
29          }
30
31          fclose(cfPtr); // fclose closes file
32      }
33  }
```

```
Enter the account, name, and balance.
Enter EOF to end input.
? 100 Jones 24.98
? 200 Doe 345.67
? 300 White 0.00
? 400 Stone -42.16
? 500 Rich 224.62
? ^Z
```

图 11.2   创建一个顺序文件的例程

11.3.1   指向 FILE 结构体类型的指针

现在让我们解释一下这个程序。第 7 行表明：cfPtr 是一个指向 FILE 结构体类型的指针变量。C 程序总是用一个单独的 FILE 结构体来管理每个文件。每个打开的文件都有一个单独声明的、类型为 FILE 的指针，该指针用来实现对文件的访问。虽然使用文件时并不需要了解 FILE 结构体类型的细节，但是感兴趣的读者可以在头文件<stdio.h>中查看它的声明。下面我们就会看到 FILE 结构体如何间接地访问操作系统中相应文件的文件控制块 FCB。

11.3.2   用函数 fopen 打开文件

第 10 行将程序中使用的文件命名为 clients.txt，并建立起一个与这个文件进行通信的通道。函数 fopen 的返回值，是指向其所打开文件的 FILE 结构体类型的指针，被赋值给了文件指针变量 cfPtr。

函数 fopen 接收到两个实参：

● 文件名(可以包括表示文件存储位置的路径信息)。
● **文件打开模式**(File open mode)。

文件打开模式"w"表示文件是专门为写操作而打开的。若这个文件事先并不存在，而现在又要求为写操作而打开，则 fopen 函数就先创建这个文件。若为写操作而打开的文件已经存在，则文件中原有的内容将全部丢弃而不给出任何警告。本程序使用 if 语句来判断文件指针变量 cfPtr 是否为 NULL（即由于文件不存在或用户没有打开此文件的权限而未成功打开，fopen 返回 NULL）。若是 NULL，则程序将会显示一条出错信息后结束退出，否则程序将执行输入并将输入内容写入到这个文件中。

常见的编程错误 11.1

当用户实际上想保留文件原有内容时，用"w"模式打开一个已有的文件准备进行写操作，将导致文件内容全部丢弃而不会给出任何警告。

常见的编程错误 11.2

在试图访问一个文件之前，忘记打开这个文件，是一个逻辑错误。

11.3.3　用函数 feof 来检查文件结束标记

程序提示用户为每个记录的各个域输入数据并在输入完毕时输入文件结束标记。图 11.3 给出了不同的计算机系统上为输入文件结束标记而需要键入的组合键。

操作系统	组合键
Linux/Mac OS/X/UNIX	\<Ctrl\> d
Windows	\<Ctrl\>z 之后按回车键

图 11.3　主流操作系统上表示文件结束标记的组合键

第 25 行使用函数 feof 检查是否为标准输入 stdin 检测到文件结束标记。文件结束标记用于通知程序不再有数据需要处理了。图 11.2 的程序中，当用户键入代表文件结束的组合键时，文件结束标记将被写入到 stdin 中。函数 feof 的实参是一个指向欲测试是否带有文件结束标记的文件指针（本例中是 stdin）。若文件结束标记已经被设置，则函数返回一个非零值（真），否则返回零。在文件结束标记未被设置之前，包含函数调用 feof 的 while 语句将一直循环执行下去。

11.3.4　用函数 fprintf 向文件写入数据

第 26 行将数据写入到文件 clients.txt 中。这些数据将在后面被一个设计用来读取该文件的程序取走（参见 11.4 节）。函数 fprintf 基本上是等价于函数 printf 的，只不过 fprintf 函数需要多接收一个文件指针作为实参，这个文件指针指向的文件就是数据将要被写入的目标文件。如果将 stdout 作为文件指针，则 fprintf 函数将数据输出到标准输出中，例如：

```
fprintf(stdout, "%d %s %.2f\n", account, name, balance);
```

11.3.5　用函数 fclose 来关闭文件

用户键入文件结束标记后，程序将用函数 fclose 关闭文件 clients.txt，然后结束退出。函数 fclose 也是接收一个文件指针（而不是文件名）作为实参。若程序中没有显式地调用 fclose 函数，那么程序会在结束退出时，关闭所有未关闭的文件。这是操作系统"内务管理"的一个例子。

性能提示 11.1

关闭一个文件能够释放掉其所占用的资源。其他用户或程序也许正在等待着使用这些资源。一旦明确程序不再访问一个文件后，立即关闭这个文件，而不是等到程序结束时由操作系统来关闭它。

图 11.2 给出了程序运行的一个例子。其中，用户为 5 个账号输入信息，然后输入文件结束标记，

表示数据输入完毕。这个例子并不能展示出这些数据记录在文件中是如何存储的。为了证实文件已经创建成功,下一节将给出一个程序来读取文件并将它的内容打印出来。

FILE 指针、FILE 结构体和 FCB 之间的关系

图 11.4 描述了 FILE 指针、FILE 结构体和文件控制块 FCB 之间的关系。当文件 clients.txt 被打开后,该文件的 FCB 被复制到内存中。图中显示了由函数 fopen 返回的文件指针与操作系统用于管理文件的 FCB 之间的关联。

一个程序可能不处理文件,也可能处理一个文件,还可能处理多个文件。程序中的文件必须有一个从 fopen 函数返回的互不相同的文件指针。在一个文件被打开后,所有后续的文件处理函数都要通过其相应的文件指针来访问这个文件。

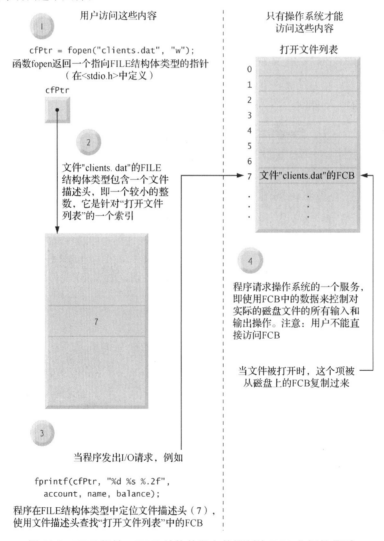

图 11.4   FILE 指针、FILE 结构体和文件控制块 FCB 之间的关系

11.3.6   文件打开模式

可以在图 11.5 介绍的文件打开模式中选择一个来打开文件。按照表中上半部分[①]的模式(包含字母 b)

---

① 原文如此,但实际上是下半部分,可能有误——译者注。

打开的文件，都是为了操作二进制文件而相应具有二进制模式。在 11.5 节至 11.9 节中，在介绍随机访问文件时需要使用二进制文件。

模式	说明
r	为读操作打开一个已存在的文件
w	为写操作创建一个文件，若文件已存在，则丢弃其中的当前内容
a	为在文件末尾进行写而打开或创建一个文件——即给文件添加数据的写操作
r+	为更新(读/写)而打开一个已存在的文件
w+	为更新而创建一个文件，若文件已存在，则丢弃其中的当前内容
a+	为读和更新打开或创建一个文件，所有的写都在文件末尾进行——即给文件添加数据的写操作
rb	以二进制读模式，为读操作打开一个已存在的文件
wb	以二进制模式，为写操作创建一个文件。若文件已存在，则丢弃其中的当前内容
ab	添加：以二进制模式，为在文件末尾进行的写操作打开或者创建一个文件
rb+	以二进制模式，为更新(读/写)而打开一个已存在的文件
wb+	以二进制模式，为更新而创建一个文件，若文件已存在，则丢弃其中的当前内容
ab+	添加：以二进制模式，为更新而打开或者创建一个文件；写操作在文件末尾进行

图 11.5 文件打开模式

C11 互斥写模式

此外，C11 还通过在模式 w，w+，wb 或 wb+的后边增加一个 x，来提供互斥写模式。在互斥写模式下，如果文件已经存在或者不能被创建，则函数 fopen 的执行将失败。

若能按照互斥写模式成功地打开一个文件，且底层系统支持互斥文件访问，则在该文件被打开的时间段内，只有你的程序能够访问它(有的编译器和系统平台并不支持互斥写模式)。无论以何种模式打开一个文件，只要出现错误，则函数 **fopen** 都返回 NULL。

常见的编程错误 11.3
为了读而打开一个不存在的文件，是一个错误。

常见的编程错误 11.4
在没有被授予访问一个文件的相应权限(这依赖于操作系统)时，为了读或写而打开这个文件，是一个错误。

常见的编程错误 11.5
在没有空余的硬盘空间的情况下，为了写而打开一个文件，是一个运行时错误。

常见的编程错误 11.6
在应该用更新模式"r+"打开一个文件的情况下，误用写模式("w")打开这个文件，将导致该文件中的内容全部丢失。

错误预防提示 11.1
如果一个文件中的内容不能够被修改，就为读操作(和不更新)来打开这个文件。这有助于预防对文件内容无意的修改。这也是贯彻"最小权限原则"的一个例子。

11.4 从顺序存取文件中读取数据

将数据存储在文件里的好处就是，只要我们需要对它们进行处理，就可以随时将它们从文件中提取出来。上一节介绍了如何为顺序存取创建一个文件。本节将介绍如何从一个文件中顺序地将数据读出。

图 11.6 中程序从图 11.2 程序创建的文件"clients.txt"中，读取记录并打印这些记录中的内容。第 7 行表明 cfPtr 是一个指向 FILE 结构体类型的指针变量。第 10 行为了读("r")而打开文件"clients.txt"，并判断这个文件是否被成功地打开(即 fopen 函数返回的不是 NULL)。第 19 行文件中读一个"记录"。函数 fscanf

基本上是等价于函数 scanf 的，只不过 fscanf 函数需要多接收一个文件指针作为实参，这个文件指针指向的文件就是要读取数据的目标文件。这条 fscanf 语句第一次执行完毕后，account 将获得数值 100，name 将获得数值"Jones"，而 balance 将获得数值 24.98。每执行一次第二条 fscanf 语句(第 24 行)，程序都将从文件中读出下一个记录，account，name 和 balance 都将获得新的数值。当程序读到文件的末尾时，文件将被关闭(第 27 行)，程序结束并退出。注意：只有当程序试图去读取最后一行之后并不存在的数据时，函数 feof 才返回真值。

```c
 1   // Fig. 11.6: fig11_06.c
 2   // Reading and printing a sequential file
 3   #include <stdio.h>
 4
 5   int main(void)
 6   {
 7      FILE *cfPtr; // cfPtr = clients.txt file pointer
 8
 9      // fopen opens file; exits program if file cannot be opened
10      if ((cfPtr = fopen("clients.txt", "r")) == NULL) {
11         puts("File could not be opened");
12      }
13      else { // read account, name and balance from file
14         unsigned int account; // account number
15         char name[30]; // account name
16         double balance; // account balance
17
18         printf("%-10s%-13s%s\n", "Account", "Name", "Balance");
19         fscanf(cfPtr, "%d%29s%lf", &account, name, &balance);
20
21         // while not end of file
22         while (!feof(cfPtr)  ) {
23            printf("%-10d%-13s%7.2f\n", account, name, balance);
24            fscanf(cfPtr, "%d%29s%lf", &account, name, &balance);
25         }
26
27         fclose(cfPtr); // fclose closes the file
28      }
29   }
```

```
Account    Name          Balance
100        Jones          24.98
200        Doe           345.67
300        White           0.00
400        Stone         -42.16
500        Rich          224.62
```

图 11.6 读取并打印顺序文件

11.4.1 文件位置指针的复位

为了从顺序文件中提取特定的数据，程序通常是从文件头开始连续地读取数据，直到发现欲提取的数据为止。程序在执行过程中，可能需要对顺序存取文件中特定的数据进行多次处理(每一次都要从文件头开始)。这时，可以向下面这样调用函数：

```c
rewind(cfPtr);
```

将程序的**文件位置指针**(File position pointer)，指示文件中下一个将被读/写的字节的编号，重新定位在 cfPtr 所指向文件的开头(即字节编号为 0)。文件位置指针实际上并不是一个指针，而是一个整数值，这个整数值表示文件中下一个读/写操作将发生在哪个字节位置上，也称为**文件偏移量**(File offset)。文件位置指针是与文件相联系的 FILE 结构体类型的一个成员。

11.4.2 信用查询程序

图 11.7 中程序让信用管理人员查询账号余额为零(即不欠款)的客户名单、有贷方余额(公司欠有钱款)的客户名单和有借方余额(欠公司钱款)的客户名单。贷方余额表示为负数，借方余额表示为正数。

```
 1   // Fig. 11.7: fig11_07.c
 2   // Credit inquiry program
 3   #include <stdio.h>
 4
 5   // function main begins program execution
 6   int main(void)
 7   {
 8      FILE *cfPtr; // clients.txt file pointer
 9
10      // fopen opens the file; exits program if file cannot be opened
11      if ((cfPtr = fopen("clients.txt", "r")) == NULL) {
12         puts("File could not be opened");
13      }
14      else {
15
16         // display request options
17         printf("%s", "Enter request\n"
18            " 1 - List accounts with zero balances\n"
19            " 2 - List accounts with credit balances\n"
20            " 3 - List accounts with debit balances\n"
21            " 4 - End of run\n? ");
22         unsigned int request; // request number
23         scanf("%u", &request);
24
25         // process user's request
26         while (request != 4) {
27            unsigned int account; // account number
28            double balance; // account balance
29            char name[30]; // account name
30
31            // read account, name and balance from file
32            fscanf(cfPtr, "%d%29s%lf", &account, name, &balance);
33
34            switch (request) {
35               case 1:
36                  puts("\nAccounts with zero balances:");
37
38                  // read file contents (until eof)
39                  while (!feof(cfPtr)) {
40                     // output only if balance is 0
41                     if (balance == 0) {
42                        printf("%-10d%-13s%7.2f\n",
43                           account, name, balance);
44                     }
45
46                     // read account, name and balance from file
47                     fscanf(cfPtr, "%d%29s%lf",
48                        &account, name, &balance);
49                  }
50
51                  break;
52               case 2:
53                  puts("\nAccounts with credit balances:\n");
54
55                  // read file contents (until eof)
56                  while (!feof(cfPtr)) {
57                     // output only if balance is less than 0
58                     if (balance < 0) {
59                        printf("%-10d%-13s%7.2f\n",
60                           account, name, balance);
61                     }
62
63                     // read account, name and balance from file
64                     fscanf(cfPtr, "%d%29s%lf",
65                        &account, name, &balance);
66                  }
67
68                  break;
69               case 3:
70                  puts("\nAccounts with debit balances:\n");
71
72                  // read file contents (until eof)
73                  while (!feof(cfPtr)) {
74                     // output only if balance is greater than 0
```

图 11.7 信用查询程序

```
75                     if (balance > 0) {
76                         printf("%-10d%-13s%7.2f\n",
77                             account, name, balance);
78                     }
79
80                     // read account, name and balance from file
81                     fscanf(cfPtr, "%d%29s%lf",
82                         &account, name, &balance);
83                 }
84
85                 break;
86             }
87
88             rewind(cfPtr); // return cfPtr to beginning of file
89
90             printf("%s", "\n? ");
91             scanf("%d", &request);
92         }
93
94         puts("End of run.");
95         fclose(cfPtr); // fclose closes the file
96     }
97 }
```

图 11.7(续)　信用查询程序

程序首先显示一个菜单并让信用管理人员为获得信用信息而从 4 个选项中选择一个：

- 选项 1 产生余额为零的账号列表。
- 选项 2 产生有贷方余额的账号列表。
- 选项 3 产生有借方余额的账号列表。
- 选项 4 结束运行。

图 11.8 是程序的一个输出实例。

```
Enter request
 1 - List accounts with zero balances
 2 - List accounts with credit balances
 3 - List accounts with debit balances
 4 - End of run
? 1

Accounts with zero balances:
300        White            0.00

? 2

Accounts with credit balances:
400        Stone          -42.16

? 3

Accounts with debit balances:
100        Jones           24.98
200        Doe            345.67
500        Rich           224.62

? 4
End of run.
```

图 11.8　图 11.7 中信用查询程序的一个输出实例

顺序文件的更新

　　修改顺序文件中的数据时，存在着破坏文件中其他数据的风险。例如，当客户名字 White 需要更改为 Worthington 时，旧的名字并不会很简单地被新的名字覆盖了。假设原先写入文件的 White 的记录是

```
300 White 0.00
```

当记录从文件中同样的位置开始、用新的姓名重写时，记录将变成

300 Worthington 0.00

由于新的记录要比原先的记录大(因为有更多的字符),所以 Worthington 中第二个 o 后面的字符将会被覆写到文件中顺序存储的下一个记录的开始位置。这里的问题是,在采用 fprintf 函数和 fscanf 函数的**格式化输入/输出模型**(Formatted input/output model)中,域(进而导致记录)的大小会变化。例如,数值 7,14,−117,2074 和 27383 都是整数,它们所占内存的字节数都是相同的。但是当在屏幕上显示或以文本形式写入到文件中时,它们就是大小不同的域了。

因此,fprintf 函数和 fscanf 函数实现的顺序存取一般不能够在某个位置上更新记录。要更新就只能对整个文件进行重写。例如,为了实现上面更改姓名的要求。可以先将顺序文件中位于 300 White 0.00 之前的记录复制到一个新的文件中,然后再写入新的记录,最后将 300 White 0.00 之后的记录都复制到这个新的文件中。为了更新一个记录,需要付出处理文件中所有记录的代价。

11.5 随机存取文件

前面我们说过:在一个用格式化输出函数 fprintf 创建的文件中,各个记录并不一定是等长的。然而,**随机存取文件**(Random-access file)中的记录通常是固定长度的,可以直接访问某一个记录(所以速度快),而无须先搜索其他记录。这使得随机存取文件特别适合于飞机航班预订系统、银行系统、电子收款机系统等需要对特定数据进行快速处理的**事务处理系统**(Transaction processing system)。尽管随机存取文件有多种实现方法,本书只讨论较为直观的基于固定长度记录的实现方法。

由于随机存取文件中每个记录的长度都是相同的,所以一个记录相对于文件开头的精确位置可以根据基于记录键的线性函数计算出来。下面,我们来看如何借助于这个特性实现对特定记录的快速访问,即使是在一个很大的文件中。

图 11.9 描述了实现随机存取文件的一种方法。这样的文件就像一列带有许多节车厢的火车。这些车厢有些装有货物,有些是空的,但无论如何每节车厢都是等长的。

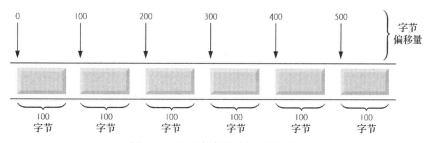

图 11.9 C 语言中的随机存取文件

固定长度的记录,可以保证在不破坏其他数据的情况下,向一个随机存取文件中插入数据。可以对已经存入文件的数据进行更改或者删除,而无须重写整个文件。在随后的几节中,将介绍

- 如何创建一个随机存取文件。
- 如何输入数据。
- 如何顺序或随机地读出数据。
- 如何更新数据。
- 如何删除不再需要的数据。

11.6 随机存取文件的创建

函数 fwrite 的功能是:将从某个特定地址开始存储的特定数目的字节数据,从内存中转移到一个文件中,其中参数"文件位置指针"指示的是文件中这些字节数据被写入的起始地址。函数 fread 的功能

是：将文件位置指针指示的特定位置开始的特定数目的字节数据，从一个文件中转移到某个特定地址开始的一个内存区域中。例如，向文件写入 4 字节长的一个整数，则可以采用

```
fprintf(fPtr, "%d", number);
```

而不采用

```
fwrite(&number, sizeof(int), 1, fPtr);
```

前一条函数调用语句用函数 fwrite 在一个以 4 字节表示一个整数的系统上，将变量 number 对应的 4 字节写入 fPtr 所指向的文件中(其中的参数 1 稍后会解释)。后一条函数调用语句则是用函数 fprintf 将 4 字节长的整数当成单个的数字或者最多 11 个数字(10 个数字加 1 个正/负符号，每个数字都要求至少 1 个字节的存储空间，这取决于所在机器所采用的字符编码集)写入到文件中。

　　fwrite 函数执行之后，可以用 fread 函数来从内存中读出 4 个字节的数据重新赋值给整型变量 number。尽管 fread 函数和 fwrite 函数是按照定长格式而不是变长格式，来读/写诸如整数这样的数据，但是这些数据却是按照计算机的"原始数据"格式(即数据的字节)来处理的，而不是像在 printf 函数和 scanf 函数中那样，按照可供人阅读的文本格式来处理的。由于"原始数据"的表示是依赖于机器的，所以，一旦运行平台改变、或者使用的编译器改变或者编译器的选项改变，这些"原始数据"就不一定可读了。

函数 fwrite 和 fread 可以读和写数组

　　函数 fwrite 和 fread 具有将数组中的数据写入文件或从文件中读出的功能。fread 和 fwrite 的第 3 个实参就表示要从文件读出或者写入文件的数组元素的个数。前面那个 fwrite 函数调用语句只想将一个整数写入文件，所以它的第 3 个实参就是 1(表示将数组的一个元素写入文件)。处理文件的程序很少只对文件中的某一个域进行写入，通常都会像下面这个例子那样，每次写一个结构体。

问题说明

　　请看下面这个问题：

　　　　创建一个最多能够存储 100 个固定长度记录的事务处理系统。每个记录都包含账号、姓、
　　　　名和余额等 4 个域，其中账号作为记录键。最后完成的程序应该能够更新一个账号，插入
　　　　一个新的账号记录，删除一个账号以及能够按照格式化文本文件的形式列出所有账号记录
　　　　以供打印。请采用随机存取文件。

　　在后面几节介绍开发一个事务处理系统所必需的关键技术。图 11.10 演示了如何打开一个随机存取文件，如何利用结构体来定义一个记录格式，如何向文件写入数据，如何关闭文件。该程序首先使用函数 fwrite 以空的结构体来初始化文件 accounts.dat 中的全部 100 个记录。空的结构体表示：账号的值是 0，姓和名都是空的字符串，余额的值是 0.0。用这种方式来初始化文件，一是为了先在磁盘上预留出存储文件所需的空间，二是便于判断一个记录是否已经被利用来存储信息。

```
 1    // Fig. 11.10: fig11_10.c
 2    // Creating a random-access file sequentially
 3    #include <stdio.h>
 4
 5    // clientData structure definition
 6    struct clientData {
 7       unsigned int acctNum; // account number
 8       char lastName[15]; // account last name
 9       char firstName[10]; // account first name
10       double balance; // account balance
11    };
12
13    int main(void)
14    {
15       FILE *cfPtr; // accounts.dat file pointer
16
17       // fopen opens the file; exits if file cannot be opened
```

图 11.10　一个随机存取文件的创建

```
18      if ((cfPtr = fopen("accounts.dat", "wb")) == NULL) {
19          puts("File could not be opened.");
20      }
21      else {
22          // create clientData with default information
23          struct clientData blankClient = {0, "", "", 0.0};
24
25          // output 100 blank records to file
26          for (unsigned int i = 1; i <= 100; ++i) {
27              fwrite(&blankClient, sizeof(struct clientData), 1, cfPtr);
28          }
29
30          fclose (cfPtr); // fclose closes the file
31      }
32  }
```

图 11.10(续) 一个随机存取文件的创建

函数 fwrite 将一个字节块写入文件。程序的第 27 行将大小为 sizeof(struct clientData)的结构体变量 blankClient 写入 cfPtr 所指的文件中。运算符 sizeof 返回的是圆括号中操作数(此处为 struct clientData) 所占的字节大小。

函数 fwrite 实际上可以用来向文件写入一个数组的若干个元素。为了实现这个目的,需要 fwrite 函数调用语句提供下面两个参数:指向该数组的指针作为第一个实参,欲写入的元素个数作为第三个实参。 尽管在前面那条 fwrite 函数调用语句中,写入的只是一个数据对象而不是一个数组元素,但是写入一个数据对象等价于写入一个数组元素。所以 fwrite 函数调用语句中的第三个实参就是 1(提示:图 11.11、 图 11.14 和图 11.15 使用了图 11.10 创建的文件,所以运行图 11.11、图 11.14 和图 11.15 中的程序前必须 先运行图 11.10 的程序)。

11.7　随机地向一个随机存取文件中写入数据

图 11.11 中的程序要向文件"accounts.dat"中写入数据,它联合使用函数 **fseek** 和 fwrite 将数据存储到 文件中的指定位置。函数 fseek 先将文件位置指针定位在文件的某个特定位置上,然后执行 fwrite 写入 数据。图 11.12 给出了程序的一个运行结果。

```
1   // Fig. 11.11: fig11_11.c
2   // Writing data randomly to a random-access file
3   #include <stdio.h>
4
5   // clientData structure definition
6   struct clientData {
7       unsigned int acctNum; // account number
8       char lastName[15]; // account last name
9       char firstName[10]; // account first name
10      double balance; // account balance
11  }; // end structure clientData
12
13  int main(void)
14  {
15      FILE *cfPtr; // accounts.dat file pointer
16
17      // fopen opens the file; exits if file cannot be opened
18      if ((cfPtr = fopen("accounts.dat", "rb+")) == NULL) {
19          puts("File could not be opened.");
20      }
21      else {
22          // create clientData with default information
23          struct clientData client = {0, "", "", 0.0};
24
25          // require user to specify account number
26          printf("%s", "Enter account number"
27              " (1 to 100, 0 to end input): ");
28          scanf("%d", &client.acctNum);
29
```

图 11.11　随机地向一个随机存取文件中写入数据

```
30        // user enters information, which is copied into file
31        while (client.acctNum != 0) {
32            // user enters last name, first name and balance
33            printf("%s", "\nEnter lastname, firstname, balance: ");
34
35            // set record lastName, firstName and balance value
36            fscanf(stdin, "%14s%9s%lf", client.lastName,
37                client.firstName, &client.balance);
38
39            // seek position in file to user-specified record
40            fseek(cfPtr, (client.acctNum - 1) *
41                sizeof(struct clientData), SEEK_SET);
42
43            // write user-specified information in file
44            fwrite(&client, sizeof(struct clientData), 1, cfPtr);
45
46            // enable user to input another account number
47            printf("%s", "\nEnter account number: ");
48            scanf("%d", &client.acctNum);
49        }
50
51        fclose(cfPtr); // fclose closes the file
52    }
53 }
```

图 11.11(续)   随机地向一个随机存取文件中写入数据

```
Enter account number (1 to 100, 0 to end input): 37

Enter lastname, firstname, balance: Barker Doug 0.00

Enter account number: 29

Enter lastname, firstname, balance: Brown Nancy -24.54

Enter account number: 96

Enter lastname, firstname, balance: Stone Sam 34.98

Enter account number: 88

Enter lastname, firstname, balance: Smith Dave 258.34

Enter account number: 33

Enter lastname, firstname, balance: Dunn Stacey 314.33

Enter account number: 0
```

图 11.12   图 11.11 中程序的一个运行结果

11.7.1   用函数 fseek 来定位文件位置指针

程序的第 40 行和第 41 行将 cfPtr 所指文件的文件位置指针定位在由表达式(client.accountNum–1) * sizeof(struct clientData) 计算而得的字节位置上。这个表达式的值被称为**偏移量**(Offset)或**位移量** (Displacement)。由于账号是一个在 1 ~ 100 之间的整数,而文件中的字节位置却是从 0 开始计算的,所以在计算一个记录的字节位置时,需要将其账号减 1。这样,对于第 1 个记录,文件位置指针被定位在字节位置 0 上。符号常量 **SEEK_SET** 表示文件位置指针是按从文件开头算起的偏移量来定位的。上面那条语句表明:由于字节位置的计算结果是 0,所以在搜索文件中账号为 1 的记录时,文件位置指针将被定位在文件的开头位置。

图 11.13 描绘了内存中指向 FILE 结构体类型的文件指针。图中的文件位置指针指示出:下一个要读/写的字节是在距离文件开头 5 个字节的位置上。

fseek 的函数原型

fseek 的函数原型是:

```
int fseek(FILE *stream, long int offset, int whence);
```

其中，offset 是 stream 所指向文件的、从 whence 位置开始，文件位置指针将要搜索扫过的字节数——正的 offset 表示向前扫，负的 offset 表示向后扫。表示文件位置指针的搜索起始位置的实参 whence 有三个可选值：SEEK_SET, **SEEK_CUR** 或 **SEEK_END**（它们都在<stdio.h>中定义）。SEEK_SET 表示搜索的起始位置为文件的开头位置，SEEK_CUR 表示搜索的起始位置为文件的当前位置，SEEK_END 表示偏移量从文件尾部开始计算。

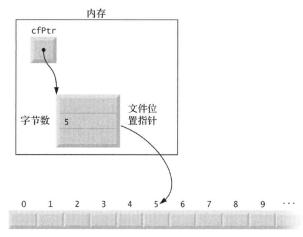

图 11.13　文件位置指针指向从文件开头算起偏移量为 5 个字节的位置

11.7.2　出错检查

为简单起见，本章中的程序都没有进行出错检测。若要判断诸如 fscanf(图 11.11 中的第 36 行至第 37 行)、fseek(第 40 行至第 41 行)和 fwrite(第 44 行)这样的函数是否正确执行，检查它们的返回值即可。函数 fscanf 的返回值是成功读取的数据项的个数，若在读取数据过程中发生了问题，则返回 EOF。当搜索操作无法进行时，函数 fseek 返回一个非零值（即搜索定位到了文件开始位置之前）。函数 fwrite 返回的是成功输出的数据项的个数。若该返回值小于函数调用中的第三个实参，则说明发生了一个写文件错误。

11.8　从一个随机存取文件中读取数据

函数 fread 的功能是：将特定数目的字节从一个文件中读入内存。例如下面这条语句：

```
fread(&client, sizeof(struct clientData), 1, cfPtr);
```

就是从 cfPtr 所指向的文件中，读取由表达式 sizeof(struct clientData)确定的字节数，并将其存储到结构体 client 中，然后返回所读字节的总数。从文件中读取字节的起始位置由文件位置指针确定。

通过提供一个指向将访问目标数组的指针以及欲读取元素的个数，fread 函数可以从该数组中读取指定个数的数组元素。上面那条函数调用语句只读取了一个数组元素。若想读取更多的元素，只需修改函数调用语句中的第三个实参即可。函数 fread 的返回值是成功读取的数据项个数。若返回值小于调用语句中的第三个实参，则说明出现了一个读错误。

图 11.14 的程序从文件"accounts.dat"中顺序地读取其中的每一个记录，并判断记录中是否保存有数据。若有，则按照指定的格式将数据打印出来。程序中使用函数 feof 来判断是否到达了文件末尾。函数 fread 则是用来将从文件中读出的数据转移到类型为 struct clientData 的结构体变量 client 中。

```
 1    // Fig. 11.14: fig11_14.c
 2    // Reading a random-access file sequentially
 3    #include <stdio.h>
 4
 5    // clientData structure definition
 6    struct clientData {
 7        unsigned int acctNum; // account number
 8        char lastName[15]; // account last name
 9        char firstName[10]; // account first name
10        double balance; // account balance
11    };
12
13    int main(void)
14    {
15        FILE *cfPtr; // accounts.dat file pointer
16
17        // fopen opens the file; exits if file cannot be opened
18        if ((cfPtr = fopen("credit.txt", "rb")) == NULL) {
19            puts("File could not be opened.");
20        }
21        else {
22            printf("%-6s%-16s%-11s%10s\n", "Acct", "Last Name",
23                "First Name", "Balance");
24
25            // read all records from file (until eof)
26            while (!feof(cfPtr)) {
27                // create clientData with default information
28                struct clientData client = {0, "", "", 0.0};
29
30                int result = fread(&client, sizeof(struct clientData), 1, cfPtr);
31
32                // display record
33                if (result != 0 && client.acctNum != 0) {
34                    printf("%-6d%-16s%-11s%10.2f\n",
35                        client.acctNum, client.lastName,
36                        client.firstName, client.balance);
37                }
38            }
39
40            fclose(cfPtr); // fclose closes the file
41        }
42    }
```

```
Acct   Last Name    First Name    Balance
29     Brown        Nancy          -24.54
33     Dunn         Stacey         314.33
37     Barker       Doug             0.00
88     Smith        Dave           258.34
96     Stone        Sam             34.98
```

图 11.14 顺序地读取一个随机存取文件

11.9 案例研究：事务处理程序

在本节中，我们将展示一个使用随机存取文件实现的真实的事务处理程序(参见图 11.15)。这个程序管理的是银行的账号信息。它的功能是：更新现有的账号，添加新的账号，删除账号以及在一个文本文件中列出当前全部账号以供打印。这里，我们假定：图 11.10 中的程序已经成功地运行并创建了文件"accounts.dat"。

选项 1：创建一个格式化的账号列表

此程序有 5 个选项——选项 5 是结束程序。选项 1 将调用函数 textFile(第 64 行至第 94 行)将所有的账号(通常称为记录)信息以指定格式列表的形式存储到一个名为"accounts.txt"的文本文件中以供打印。这个函数使用了图 11.14 程序使用过的 fread 函数和文件的顺序访问技术。选项 1 执行后，文本文件"accounts.txt"将包含如下内容：

```
Acct   Last Name      First Name    Balance
29     Brown          Nancy         -24.54
33     Dunn           Stacey        314.33
37     Barker         Doug            0.00
88     Smith          Dave          258.34
96     Stone          Sam            34.98
```

选项 2：更新一个账号

选项 2 将调用函数 updateRecord（第 97 行至第 140 行）来更新一个账号。由于该函数只更新一个已经存在的账号，所以函数首先检查用户指定的账号是否为空。具体的操作是：用 fread 函数将记录读入到结构体变量 client 中，然后再将结构体成员 acctNum 与 0 进行比较。若相等，则表明记录中不含有信息，打印一条说明记录为空的信息，然后返回到主菜单，请用户重新选择。若记录中含有信息，则函数 updateRecord 将请用户输入交易金额，计算新的余额，然后将整个记录重新写回文件中。执行选项 2 的一个典型例子如下：

```
Enter account to update (1 - 100): 37
37     Barker         Doug            0.00

Enter charge (+) or payment (-): +87.99
37     Barker         Doug           87.99
```

选项 3：创建一个新的账号

选项 3 将调用函数 newRecord（第 177 行至第 215 行）向文件添加一个新的账号。若用户输入的号码是一个已经存在的账号，则函数 newRecord 显示一条出错信息来说明这个账号已经含有信息，然后返回主菜单，请用户重新选择。这个函数使用的添加新账号的方法与图 11.11 中程序使用的方法相同。执行选项 3 的一个典型例子如下：

```
Enter new account number (1 - 100): 22
Enter lastname, firstname, balance
? Johnston Sarah 247.45
```

选项 4：删除一个账号

选项 4 将调用函数 deleteRecord（第 143 行至第 174 行）从文件中删除一个记录。删除是通过如下操作来实现的：首先请用户输入欲删除的账号，然后将这个账号重新初始化。若用户输入的账号中不含有信息，函数 deleteRecord 则显示一条出错信息说明账号不存在。

事务处理程序的源代码

此程序如图 11.15 所示。其中文件"accounts.dat"是为了更新（既读又写）而按模式"rb+"打开的。

```
 1   // Fig. 11.15: fig11_15.c
 2   // Transaction-processing program reads a random-access file sequentially,
 3   // updates data already written to the file, creates new data to
 4   // be placed in the file, and deletes data previously stored in the file.
 5   #include <stdio.h>
 6
 7   // clientData structure definition
 8   struct clientData {
 9      unsigned int acctNum; // account number
10      char lastName[15]; // account last name
11      char firstName[10]; // account first name
12      double balance; // account balance
13   };
14
15   // prototypes
16   unsigned int enterChoice(void);
17   void textFile(FILE *readPtr);
```

图 11.15　事务处理程序

```
18    void updateRecord(FILE *fPtr);
19    void newRecord(FILE *fPtr);
20    void deleteRecord(FILE *fPtr);
21
22    int main(void)
23    {
24        FILE *cfPtr; // accounts.dat file pointer
25
26        // fopen opens the file; exits if file cannot be opened
27        if ((cfPtr = fopen("accounts.dat", "rb+")) == NULL) {
28            puts("File could not be opened.");
29        }
30        else {
31            unsigned int choice; // user's choice
32
33            // enable user to specify action
34            while ((choice = enterChoice()) != 5) {
35                switch (choice) {
36                    // create text file from record file
37                    case 1:
38                        textFile(cfPtr);
39                        break;
40                    // update record
41                    case 2:
42                        updateRecord(cfPtr);
43                        break;
44                    // create record
45                    case 3:
46                        newRecord(cfPtr);
47                        break;
48                    // delete existing record
49                    case 4:
50                        deleteRecord(cfPtr);
51                        break;
52                    // display message if user does not select valid choice
53                    default:
54                        puts("Incorrect choice");
55                        break;
56                }
57            }
58
59            fclose(cfPtr); // fclose closes the file
60        }
61    }
62
63    // create formatted text file for printing
64    void textFile(FILE *readPtr)
65    {
66        FILE *writePtr; // accounts.txt file pointer
67
68        // fopen opens the file; exits if file cannot be opened
69        if ((writePtr = fopen("accounts.txt", "w")  ) == NULL) {
70            puts("File could not be opened.");
71        }
72        else {
73            rewind(readPtr); // sets pointer to beginning of file
74            fprintf(writePtr, "%-6s%-16s%-11s%10s\n",
75                "Acct", "Last Name", "First Name","Balance");
76
77            // copy all records from random-access file into text file
78            while (!feof(readPtr)) {
79                // create clientData with default information
80                struct clientData client = { 0, "", "", 0.0 };
81                int result =
82                    fread(&client, sizeof(struct clientData), 1, readPtr);
83
84                // write single record to text file
85                if (result != 0 && client.acctNum != 0) {
86                    fprintf(writePtr, "%-6d%-16s%-11s%10.2f\n",
87                        client.acctNum, client.lastName,
88                        client.firstName, client.balance);
89                }
90            }
```

图 11.15(续) 事务处理程序

```
91
92          fclose(writePtr); // fclose closes the file
93      }
94  }
95
96  // update balance in record
97  void updateRecord(FILE *fPtr)
98  {
99      // obtain number of account to update
100     printf("%s", "Enter account to update (1 - 100): ");
101     unsigned int account; // account number
102     scanf("%d", &account);
103
104     // move file pointer to correct record in file
105     fseek(fPtr, (account - 1) * sizeof(struct clientData),
106         SEEK_SET);
107
108     // create clientData with no information
109     struct clientData client = {0, "", "", 0.0};
110
111     // read record from file
112     fread(&client, sizeof(struct clientData), 1, fPtr);
113
114     // display error if account does not exist
115     if (client.acctNum == 0) {
116         printf("Account #%d has no information.\n", account);
117     }
118     else { // update record
119         printf("%-6d%-16s%-11s%10.2f\n\n",
120             client.acctNum, client.lastName,
121             client.firstName, client.balance);
122
123         // request transaction amount from user
124         printf("%s", "Enter charge (+) or payment (-): ");
125         double transaction; // transaction amount
126         scanf("%lf", &transaction);
127         client.balance += transaction; // update record balance
128
129         printf("%-6d%-16s%-11s%10.2f\n",
130             client.acctNum, client.lastName,
131             client.firstName, client.balance);
132
133         // move file pointer to correct record in file
134         fseek(fPtr, (account - 1) * sizeof(struct clientData),
135             SEEK_SET);
136
137         // write updated record over old record in file
138         fwrite(&client, sizeof(struct clientData), 1, fPtr);
139     }
140 }
141
142 // delete an existing record
143 void deleteRecord(FILE *fPtr)
144 {
145     // obtain number of account to delete
146     printf("%s", "Enter account number to delete (1 - 100): ");
147     unsigned int accountNum; // account number
148     scanf("%d", &accountNum);
149
150     // move file pointer to correct record in file
151     fseek(fPtr, (accountNum - 1) * sizeof(struct clientData),
152         SEEK_SET);
153
154     struct clientData client; // stores record read from file
155
156     // read record from file
157     fread(&client, sizeof(struct clientData), 1, fPtr);
158
159     // display error if record does not exist
160     if (client.acctNum == 0) {
161         printf("Account %d does not exist.\n", accountNum);
162     }
163     else { // delete record
164         // move file pointer to correct record in file
```

图 11.15(续) 事务处理程序

```
165          fseek(fPtr, (accountNum - 1) * sizeof(struct clientData),
166             SEEK_SET);
167
168          struct clientData blankClient = {0, "", "", 0}; // blank client
169
170          // replace existing record with blank record
171          fwrite(&blankClient,
172             sizeof(struct clientData), 1, fPtr);
173       }
174    }
175
176    // create and insert record
177    void newRecord(FILE *fPtr)
178    {
179       // obtain number of account to create
180       printf("%s", "Enter new account number (1 - 100): ");
181       unsigned int accountNum; // account number
182       scanf("%d", &accountNum);
183
184       // move file pointer to correct record in file
185       fseek(fPtr, (accountNum - 1) * sizeof(struct clientData),
186          SEEK_SET);
187
188       // create clientData with default information
189       struct clientData client = { 0, "", "", 0.0 };
190
191       // read record from file
192       fread(&client, sizeof(struct clientData), 1, fPtr);
193
194       // display error if account already exists
195       if (client.acctNum != 0) {
196          printf("Account #%d already contains information.\n",
197             client.acctNum);
198       }
199       else { // create record
200          // user enters last name, first name and balance
201          printf("%s", "Enter lastname, firstname, balance\n? ");
202          scanf("%14s%9s%lf", &client.lastName, &client.firstName,
203             &client.balance);
204
205          client.acctNum = accountNum;
206
207          // move file pointer to correct record in file
208          fseek(fPtr, (client.acctNum - 1) *
209             sizeof(struct clientData), SEEK_SET);
210
211          // insert record in file
212          fwrite(&client,
213             sizeof(struct clientData), 1, fPtr);
214       }
215    }
216
217    // enable user to input menu choice
218    unsigned int enterChoice(void)
219    {
220       // display available options
221       printf("%s", "\nEnter your choice\n"
222          "1 - store a formatted text file of accounts called\n"
223          "    \"accounts.txt\" for printing\n"
224          "2 - update an account\n"
225          "3 - add a new account\n"
226          "4 - delete an account\n"
227          "5 - end program\n? ");
228
229       unsigned int menuChoice; // variable to store user's choice
230       scanf("%u", &menuChoice); // receive choice from user
231       return menuChoice;
232    }
```

图 11.15(续)　事务处理程序

11.10　安全的 C 程序设计

函数 fprintf_s 和 fscanf_s

　　11.3 节和 11.4 节中的例子使用了函数 fprintf 和 fscanf 来分别将文本写入到文件中或从文件中读出

文本。新标准的 Annex K 库提供了它们更安全的版本 fprintf_s 和 fscanf_s。除了需要用户多指定一个指向欲操作文件的 FILE 型指针外，fprintf_s 和 fscanf_s 与 printf_s 和 scanf_s 基本上是相同的。若编译器标准库中包含了这些函数，请尽量用它们来代替 fprintf 和 fscanf。与函数 scanf_s 和 printf_s 一样，微软公司提供的函数 fprintf_s 和 fscanf_s 与 Annex K 库提供同名函数是有差别的。

《CERT 安全的 C 编码标准》的第 9 章

《CERT 安全的 C 编码标准》的第 9 章专门讨论了有关输入/输出的建议和注意事项——很多都适用于通常的文件处理，有几个文件处理函数还适用于本章介绍过的文件处理。欲了解更多的细节，请访问 www.securecoding.cert.org。

- FIO03-C：当使用非互斥的文件打开模式（参见图 11.5）为写操作而打开一个文件时，若文件已存在，函数 fopen 打开此文件并清空它的内容，且不提供在调用 fopen 前文件是否存在的信息。为了确保一个已经存在的文件不能被打开和清空，请用 C11 提供的新的互斥写模式（参见 11.3 节），该模式仅允许 fopen 打开一个事先不存在的文件。
- FIO04-C：在面向工业应用的代码中，应该检查每个文件处理函数的返回值，看看是否有出错信息，以确保这些函数正确地执行了它们的任务。
- FIO07-C：函数 rewind 没有返回值，所以无法检查它是否操作成功。推荐你改用函数 fseek。若函数调用失败，则函数 fseek 将返回一个非零值。
- FIO09-C：本章中，我们介绍了文本文件和二进制文件。由于在跨平台时二进制数据会发生改变，因此以二进制格式写成的文件往往是不可移植的。为了提高文件的可移植性，请考虑使用文本文件或者使用能够处理因跨平台而出现二进制文件表示差别的函数库。
- FIO14-C：有些库函数对文本文件和二进制文件的处理是不同的。特别地，当采用 SEEK_END 作为计算偏移量的起始位置时，函数 fseek 不能保证对二进制文件的处理是正确的，所以应该采用 SEEK_SET。
- FIO42-C：在很多平台上，能够同时打开的文件数目是有限的。因此，一旦程序不再需要某个文件时，请立即关闭它。

摘要

11.1 引言
- 文件是用来永久地保存大批量数据的。
- 计算机将文件存储在硬盘、固态盘、闪存盘和 DVD 盘这样的**辅存**上。

11.2 文件与流
- 在 C 语言中，文件不过是一个按顺序组成的**字节流**。当一个文件被打开时，就会有一个流与这个文件联系在一起。
- 当程序开始执行时，有三个文件及其相联系的流被自动打开——即**标准输入**、**标准输出**和**标准错误**。
- 流提供了文件与程序之间的信息**交流通道**。
- 标准输入流使得程序能够从键盘上读入数据，而标准输出流使得程序能够将数据打印到屏幕上。
- 每次打开一个文件都会返回一个指向 **FILE 结构体类型**（在头文件<stdio.h>中定义）的指针，FILE 结构体类型中包含有与处理这个文件有关的信息。这个结构体中包含有一个**文件描述头**，文件描述头就是针对所谓"打开文件列表"的一个操作系统数组的一个索引。数组的每一个元素包含有一个**文件控制块**（FCB），而操作系统就是通过 FCB 来管理一个特定的文件的。
- 系统通过文件指针 **stdin**，**stdout** 和 **stderr** 来操纵标准输入、标准输出和标准错误这三个文件。
- 函数 **fgetc** 从一个文件中**读入一个字符**。它接收一个指向目标文件的 FILE 指针作为实参。

- 函数 **fputc** 向一个文件中**写入一个字符**。它接收一个欲写入该目标文件的字符和一个指向目标文件的文件指针作为实参。
- 函数 fgets 和 fputs 分别用来从文件中读取一行和向文件中写入一行字符。

11.3 顺序存取文件的创建

- C 语言没有将结构体运用在文件之上。必须提供一个文件结构来满足某些应用的需求。
- C 程序用一个单独的 FILE 结构体来管理每个文件。
- 每次打开一个文件，都需要一个单独声明的、**类型为 FILE 的指针**，用于实现对文件的引用。
- 函数 fopen 需要两个实参：文件名和**文件打开模式**，函数的返回值是指向被打开文件的 FILE 结构体类型的指针。
- **文件打开模式 w** 表示文件是为写操作而打开的。若文件事先并不存在，则函数 fopen 创建该文件。若文件事先存在，则文件中原有的内容将会在不给出任何警告的情况下被全部丢弃。
- 若无法打开一个文件，则函数 fopen 返回一个 NULL 值。
- 函数 **feof** 接收一个指向 FILE 的指针。若文件结束标记已经被设置，则函数返回一个非零值(真)，否则返回零。
- 函数 **fprintf** 基本上是等价于函数 printf 的，只不过 fprintf 函数需要多接收一个文件指针作为实参，这个文件指针指向的文件就是数据将要被写入的目标文件。
- 函数 **fclose** 接收一个文件指针作为实参并关闭该文件。
- 当一个文件被打开时，它的文件控制块(FCB)就被复制到内存中。操作系统使用 FCB 来管理文件。
- 若想创建一个新文件，或者想在写入新的数据之前丢弃一个已有文件中的全部内容，则应以**写("w")**模式来打开一个文件。
- 若想读取一个已存在的文件，则应以**读("r")**模式来打开该文件。
- 若想在一个已存在的文件的末尾添加记录，则应以**添加("a")**模式来打开该文件。
- 若想对文件既读又写，则可用**更新模式"r+"、"w+"或"a+"**这三种中的一个来打开文件。模式"r+"是为了读/写而打开一个文件。模式"w+"是为了读/写而创建一个文件，若文件已经存在，那么以这种方式打开文件时，文件中当前的内容都会被丢弃。模式"a+"是为了读/写而打开一个文件但是所有的写操作都必须在文件的末尾进行，若文件事先并不存在，则创建该文件。
- 每一个文件打开模式都有一个与其相对应的**二进制模式**(加上字母 **b**)，这些模式都是用来处理**二进制文件**的。
- C11 还通过在模式 w，w+，wb 或 wb+的后边增加一个 **x**，来提供互斥写模式。

11.4 从顺序存取文件中读取数据

- 函数 **fscanf** 基本上是等价于函数 scanf 的，只不过 fscanf 函数需要多接收一个文件指针作为实参，这个文件指针指向的文件就是要从中读取数据的目标文件。
- 为了从顺序存取文件中提取特定的数据，程序要从文件头开始连续地读取数据，直到发现欲提取的数据为止。
- 函数 **rewind** 将程序的**文件位置指针**重新定位于其实参所指向的文件的开头(即字节编号为 0)。
- 文件位置指针是一个整数值,这个整数值表示文件中下一个读/写操作将发生在哪个字节位置上。文件位置指针也称为**文件偏移量**。文件位置指针是与每个文件相联系的 FILE 结构体中的一个成员。
- 顺序文件中的数据在被修改时，会具有破坏文件中其他数据的风险。

11.5 随机存取文件

- **随机存取文件**中的记录一般是**固定长度的**，无须搜索其他记录，就能够直接访问这些记录(所以速度快)。

- 由于随机存取文件中每一个记录的长度都是相同的，所以，每一个记录相对于文件开头的精确位置都可以根据基于**记录键**的线性函数计算出来。
- 固定长度的记录，允许向一个随机存取文件中插入数据，而不会破坏其他数据。还可以对已经存入文件的数据进行更改或者删除，而无须重写整个文件。

11.6 随机存取文件的创建

- 函数 **fwrite** 将从某个特定地址开始存储的特定数目的字节数据，从内存中转移到一个文件中，而文件位置指针指示了文件中这些字节数据被写入的起始地址。
- 函数 **fread** 将文件位置指针指示的地址开始存储的特定数目的字节数据，从一个文件中转移到某个特定地址开始的一个内存区域中。
- 函数 fwrite 和 fread 具有将**数据数组读出或写入**文件的功能。函数 fread 和 fwrite 中的第三个实参就表示要处理的元素个数。
- 文件处理程序通常都是一次写一个结构体。
- 函数 fwrite 每次都是向文件中写入一个数据**块**(特定数目的字节)。
- 为了向磁盘文件中写入某个数组中的若干个元素，在函数 fwrite 调用语句中，需要将指向该数组的指针作为函数的第一个实参，将欲写入的元素的个数作为第三个实参。

11.7 随机地向一个随机存取文件中写入数据

- 函数 **fseek** 将文件位置指针定位在文件中某个特定位置上。其中，第二个实参表示文件位置指针将要搜索经过的字节数，第三个实参表示文件位置指针开始搜索的位置。第三个实参有三个可选值：SEEK_SET、SEEK_CUR 或 SEEK_END（都在<stdio.h>中定义）。**SEEK_SET** 表示搜索从文件的开头开始，**SEEK_CUR** 表示搜索从文件的当前位置开始，**SEEK_END** 表示偏移量从文件尾部开始计算。
- 工业级应用程序应通过检查函数的返回值，来判断诸如 fscanf、fseek 和 fwrite 这样的函数是否正确地执行了。
- 函数 fscanf 返回成功读取的数据项的个数，若在读的过程中发生了问题，则返回 EOF。
- 当搜索操作无法进行时，函数 fseek 将返回一个非零值。
- 函数 fwrite 返回成功输出的数据项的个数。若返回值小于函数调用中的第三个实参，则说明发生了一个写错误。

11.8 从一个随机存取文件中读取数据

- 函数 fread 将特定数目的字节从一个文件中读入内存。
- 通过提供指向一个存储将要读来的数据的数组的指针以及欲读取元素的个数，fread 函数可以为该数组读取若干个固定长度的数组元素。
- 函数 fread 返回成功输入的数据项的个数。若返回值小于函数调用中的第三个实参，则说明发生了一个读错误。

自测题

11.1 填空

(a) 函数_____关闭文件。

(b) 函数_____以与函数 scanf 从 stdin 读取数据相类似的方式从文件读取数据。

(c) 函数_____从指定文件读取一个字符。

(d) 函数_____从指定文件读取一行字符。

(e) 函数_____打开文件。

(f) 在随机存取应用程序中，通常使用函数_____从文件读取数据。

(g) 函数_____将文件位置指针重新定位到文件中的指定位置上。

11.2 判断对错，如果错误，请说明理由。

(a) 函数 fscanf 不能用来从标准输入中读取数据。

(b) 必须显式地使用函数 fopen 来打开标准输入、标准输出和标准错误流。

(c) 一个程序必须显式调用函数 fclose 来关闭文件。

(d) 若文件位置指针指向顺序文件中的一个非开始位置，则该文件必须先关闭后再重新打开才能从文件开头处读取数据。

(e) 函数 fprintf 可以将信息写到标准输出上。

(f) 更新顺序存取文件的数据不会覆写到其他数据上。

(g) 在随机存取文件中，不必搜索所有记录便可找到指定记录。

(h) 在随机存取文件中的记录没有统一长度。

(i) 函数 fseek 的搜索量只能从文件头开始计算。

11.3 请分别写出一条语句满足下列要求，假设这些语句都用于同一个程序。

(a) 编写一条语句，为读操作而打开文件"oldmast.dat"，将返回的文件指针赋值给 ofPtr。

(b) 编写一条语句，为读操作而打开文件"trans.dat"，将返回的文件指针赋值给 tfPtr。

(c) 编写一条语句，为写操作(与创建)而打开文件"newmast.dat"，将返回的文件指针赋值给 nfPtr。

(d) 编写一条语句，从文件"oldmast.dat"读取一条记录。该记录包含：整数 accountNum，字符串 name 和浮点数 currentBalance。

(e) 编写一条语句，从文件"trans.dat"读取一条记录。该记录包含：整数 accountNum 和浮点数 dollarAmount。

(f) 编写一条语句，向文件"newmast.dat"写入一条记录，该记录包括：整数 accountNum，字符串 name 和浮点数 currentBalance。

11.4 找出下列程序片断的错误，并指明如何改正。

(a) fPtr 指向的文件("payables.dat")还没有被打开。

```
printf(fPtr, "%d%s%d\n", account, company, amount);
```

(b) open("receive.dat", "r+");

(c) 下面的语句应该从文件"payables.dat"读取一条记录，文件指针 payPtr 指向该文件，文件指针 recPtr 指向文件"receive.dat"：

```
scanf(recPtr, "%d%s%d\n", &account, company, &amount);
```

(d) 打开文件"tools.dat"，在不丢弃已有数据的前提下，向该文件添加数据。

```
if ((tfPtr = fopen("tools.dat", "w")) != NULL)
```

(e) 打开文件"courses.dat"，在不更改文件当前内容的前提下添加数据。

```
if ((cfPtr = fopen("courses.dat", "w+")) != NULL)
```

自测题答案

11.1 (a) fclose。 (b) fscanf。 (c) fgetc。 (d) fgets。 (e) fopen。 (f) fread。 (g) fseek。

11.2 (a) 错误，在调用 fscanf 的语句中包含指向标准输入流的指针(stdin)就可以用该函数来从标准输入中读入数据。

(b) 错误，这三个流都会在程序执行时，由 C 语言自动打开。

(c) 错误，当程序执行结束后，文件都将会被关闭，但是文件应该通过函数 fclose 显式关闭。

(d) 错误，可以用函数 rewind 来将文件位置指针重新定位到文件的开头。

(e) 正确。

(f) 错误，在大多数情况下，顺序文件记录的长度不是统一的。因此，更新一个记录，可能会重写到其他数据上。

(g)正确。

(h)错误，随机存取文件中的记录通常都是等长的。

(i)错误，函数 fseek 的搜索量可以从文件头、文件尾或文件当前位置开始计算。

11.3 (a) ofPtr = fopen(**"oldmast.dat"**, **"r"**);

(b) tfPtr = fopen(**"trans.dat"**, **"r"**);

(c) nfPtr = fopen(**"newmast.dat"**, **"w"**);

(d) fscanf(ofPtr, **"%d%s%f"**, &accountNum, name, &currentBalance);

(e) fscanf(tfPtr, **"%d%f"**, &accountNum, &dollarAmount);

(f) fprintf(nfPtr, **"%d %s %.2f"**, accountNum, name, currentBalance);

11.4 (a)错误：文件"payables.dat"在被引用前还没有被打开。

更正：使用 fopen 为写操作、添加或更新而打开文件"payables.dat"。

(b)错误：函数 open 不是标准 C 函数。

更正：使用函数 fopen。

(c)错误：函数 scanf 应该是函数 fscanf，函数 fscanf 使用了错误的文件指针来引用文件"payables.dat"。

更正：使用指向"payables.dat"的文件指针 payPtr 并改用函数 fscanf。

(d)错误：因为文件以写模式("w")打开，所以文件内容将全部丢失。

更正：向文件添加数据，可用更新("r+")或添加("a"或"a+")模式打开文件。

(e)错误：文件"courses.dat"是以更新("w+")模式打开的，文件的当前内容已丢弃。

更正：以"a"或"a+"模式打开文件。

练习题

11.5 填空

(a)计算机以_____的形式在辅助存储设备上存储大量数据。

(b)一个_____是由若干个域组成。

(c)为了实现从文件中读取指定记录，记录中的一个域被选择作为_____。

(d)表达某种意义的一组相关的字符被称为_____。

(e)指向程序开始运行时自动打开的三个文件的文件指针分别是：_____，_____和_____。

(f)函数_____向指定文件写入一个字符。

(g)函数_____向指定文件写入一行字符。

(h)函数_____常用于向随机存取文件写数据。

(i)函数_____将文件位置指针重新定位到文件的开头。

11.6 判断对错，如果错误，说明理由。

(a)计算机执行的重要的功能本质上就是对 0 和 1 的操作。

(b)因为位数据更加紧凑，所以人们更愿意处理位数据而不是字符和域。

(c)人们用字符来描述程序和数据，计算机将这些字符当成 0 和 1 的组合来操作和处理。

(d)个人的邮政编码是数字域的一个例子。

(e)计算机处理的数据项构成了一个数据的层次结构，从域到字符、再到位，数据项变得越来越大、越来越复杂。

(f)从属于特定域的记录键标识一条记录。

(g)为了便于计算机处理，大部分公司将它们的信息存储到一个单独的文件里。

(h)在 C 程序中，文件总是用它们的名字来引用的。

(i)一个程序创建一个文件后，该文件会被计算机自动保留以备将来的引用。

11.7 (**为文件匹配程序创建数据**)请编写一个简单程序来创建一些测试数据文件去检验练习题 11.8 的程序运行情况。使用如下的样例账目数据。

主文件				交易文件	
账户号码	姓名	余额		账户号码	美元总额
100	Alan Jones	348.17		100	27.14
300	Mary Smith	27.19		300	62.11
500	Sam Sharp	0.00		400	100.56
700	Suzy Green	-14.22		900	82.17

11.8 **(文件匹配)** 练习题 11.3 要求读者编写了一系列的单语句。实际上，这些语句构成了一类重要的被称为文件匹配程序的文件处理程序的核心模块。在商业数据处理中，通常每个系统都会有若干个文件。例如，在一个应收款系统中有一个包含关于每个客户详细信息的主文件，如客户的名字、地址、电话号码、未清账款、信用额度、折扣条件、合同约定，甚至可能还包含一个简化的近期购买及现金支付的历史记录。

当交易发生后(如已经成交，邮箱收到账单)，交易信息被录入到一个文件中。在一个商业周期(某些公司是一个月，有些则是一周，在某种情况下可能是一天)结束时，交易数据文件(练习题 11.3 中被称为"trans.dat")被添加到主文件中(练习题 11.3 中被称为"oldmast.dat")，这样每个账户的购买与付款记录就被更新了。更新后，主文件被另存为新文件("newmast.dat")，该文件在下一个商业周期结束时用于启动新一轮更新过程。

文件匹配程序必须处理那些在单文件程序中没有的特殊问题，如并不总是会成功匹配。主文件中的一个客户在本次业务周期里可能没任何购买或付账行为，因此在交易文件中就没有该客户的记录。类似的还有，一个刚刚参加到这个团体的客户，尽管他有一些购买和现金支付行为，但是公司可能会还没有来得及给该用户建立主记录。

用练习题 11.3 中完成的语句作为基础，实现一个完整的文件匹配应收款程序。在匹配过程中，使用文件中的账户号码作为记录键。假设每一个文件都是顺序文件，其中的记录按照账户号码递增的顺序存储。

当匹配成功(即主文件和交易文件中出现账户号码相同的记录)，将交易文件中的美元总额加到主文件中的当前余额中，并向"newmast.dat"写入一条记录(假设：交易文件中用正数表示购买金额，用负数表示支付金额)。当某个账户只有主记录而无对应的交易记录时，仅将其主记录写入"newmast.dat"。当只有交易记录而没有对应的主记录时，打印消息"未匹配的账户号码为…的交易记录"(…处填入交易记录的账户号码)。

11.9 使用练习题 11.7 创建的测试数据文件来运行练习题 11.8 的程序。请仔细检查结果。

11.10 **(多交易记录的文件匹配)** 同一个记录键可能有(实际上经常会有)若干条交易记录。这是因为一个特定的用户可能在一个业务周期内发生多笔购买和支付动作。请重写练习题 11.8 的程序，使其具有处理这种情况的能力。更改练习题 11.7 中提供的测试数据以包含右表中补充的交易记录。

账户号码	美元金额
300	83.89
700	80.78
700	1.53

11.11 **(为完成下列任务分别写一段程序)** 请分别编写一段程序完成下列要求。假设结构体

```c
struct person {
    char lastName[15];

    char firstName[15];
    char age[4];
};
```

已经定义好，文件已经以写模式打开。

(a) 初始化文件"nameage.dat"，使其包含 100 条 lastName="unsigned"、firstname=""和 age="0"的记录。

(b) 输入 10 个姓(lastName)、名(firstname)和年龄(age)，将它们写入到文件中。

(c) 更新一条记录，若该记录中没有信息，则通知用户(显示)"No info"。

(d) 通过重新初始化指定记录来删除该条有信息的记录。

11.12 **(硬件库存清单)** 假如你是一家硬件商店的老板, 需要一个库存清单来显示当前库中有什么样的工具, 数量是多少和每一件的成本是多少。请编写一个程序, 初始化文件"hardware.dat"使其包含 100 条空记录, 然后录入关于每件工具的数据, 罗列所有已有的工具, 既能删除已经没有库存的工具的记录, 也能更新该文件中的任意信息。工具标识码作为记录号码。使用如下信息进行文件配置。

记录号码	工具名称	数量	成本
3	Electric sander	7	57.98
17	Hammer	76	11.99
24	Jig saw	21	11.00
39	Lawn mower	3	79.50
56	Power saw	18	99.99
68	Screwdriver	106	6.99
77	Sledge hammer	11	21.50
83	Wrench	34	7.50

11.13 **(电话号码单词产生器)** 标准电话号码键盘包括从 0 ~ 9 的按键。2 ~ 9 的每个数字都有三个与之关联的字母, 如下表所示。

数字	字母	数字	字母
2	A B C	6	M N O
3	D E F	7	P R S
4	G H I	8	T U V
5	J K L	9	W X Y

许多人觉得记住电话号码很困难, 所以他们使用数字与字母的对应关系来产生对应电话号码的 7 个字母的单词。例如, 某人的电话号码是 686-2377, 按照上表中的对应关系得到的 7 字母单词可以是 NUMBERS。

商业机构往往都想得到客户比较容易记住的电话号码。如果一个商业机构请它的客户拨打一个简单易记的单词。那么, 这个商业机构无疑会接到更多的电话。

每一个 7 字母单词都准确地对应一个 7 位数字的电话号码。一个餐馆当然想利用号码 825-3688 (即 TAKEOUT) 来提升其外卖业务。

不过, 一个 7 位数字的电话号码会对应若干个 7 字母单词。令人遗憾的是, 这些单词大多是无意义的字母排列而已。理发店的老板比较喜欢店里的电话号码 424-7288 对应单词 HAIRCUT。酒品商店的老板无疑会高兴地发现店里的电话号码 233-7226 对应的单词是 BEERCAN。兽医也会很高兴的发现他的电话号码 738-2273 对应的单词是 PETCARE。

请编写一个 C 语言程序, 当给定一个 7 位数字时, 将所有可能与之对应的 7 字母单词写到一个文件中。总共会有 2187 个 (3 的 7 次幂) 这样的单词。不要使用电话号码中的数字 0 和 1。

11.14 **(电话号码单词产生器的改进)** 若你手头有一本电子词典, 请修改练习题 11.13 中编写的程序来查询这些单词是否真的出现在该词典中。注意: 由程序创建的一些 7 字母单词可能会是两个或更多单词的组合 (如电话号码 843-2677 产生 THEBOSS)。

11.15 **(在文件处理函数中使用标准输入/输出流)** 修改图 8.11 的例子, 使用函数 fgetc 和 fputs 替换 getchar 和 puts。修改后的程序将让用户选择读取方式是从标准输入读入然后写入标准输出还是从指定文件读入然后写入到指定文件中。如果用户选择第二个选项, 让用户输入读入和写入的文件名称。

11.16 **(向文件输出数据类型的字节长度)** 请编写一个程序, 使用运算符 sizeof 来确定不同数据类型在计算机系统中的字节长度。将结果写入文件"datasize.dat"中, 这样今后就可以随时打印结果。按照如下格式将结果写入文件 (在你的计算机上, 类型的长度可能与下表所列的长度有所不同)。

```
Data type              Size
char                      1
unsigned char             1
short int                 2
unsigned short int        2
int                       4
unsigned int              4
long int                  4
unsigned long int         4
float                     4
double                    8
long double              16
```

11.17 (支持文件处理的 **Simpletron** 计算机) 在练习题 7.28 中，编写了一个使用所谓 "Simpletron 机器语言(SML)" 的计算机的软件模拟程序。在该模拟程序中，每当要运行一个 SML 程序时，都要通过键盘将该程序录入到模拟器中。若在录入 SML 程序过程中犯了一个错误，这个模拟器就会重启，SML 程序代码就不得不重新录入。若能从文件中读取 SML 程序而不是每次都需要按键盘来录入，那就太好了。这不仅节省了时间，还减少了准备运行 SML 程序时出现的错误。

(a) 请修改在练习题 7.28 中编写的程序，使其从用户通过键盘指定的文件中读取 SML 程序。

(b) 在 Simpletron 计算机执行后，要将寄存器和内存中的内容输出到屏幕上。最好是将结果保留在文件中，所以修改模拟器，使其将结果输出到屏幕的同时，也写入到一个文件中。

11.18 (事务处理程序的改进) 请修改 11.9 节中的程序，使其增加一个选项来在屏幕上显示账号列表。请考虑修改函数 textFile 使其增加一个指定输出目标的参数，这个输出目标可以是标准输出也可以是一个文本文件。

提高练习题

11.19 (项目：网上诱骗扫描器) 网上诱骗(Phishing)是一种利用电子邮件进行身份盗窃的犯罪，邮件发送者通过伪装成一个可以信赖的身份，引诱接收者回复私人信息，例如用户名、口令、信用卡号码和社会保险号。宣称来自大的银行、信用卡公司、拍卖行、社交网站或在线支付网站的网上诱骗电子邮件常常以假乱真，其中的欺诈信息包含有要求你输入敏感信息的欺骗(伪装)网站的链接。

请访问 http://www.snopes.com 等网站，查找出最强的网上诱骗扫描器列表。也可以登录 "反网上诱骗工作组" (http://www.antiphishing.org) 和 FBI 的网络调查网站 (http://www.fbi.gov/about-us/investigate/ cyber/cyber)，获得最新的诈骗犯罪信息和防范指导。

请给出网上诱骗邮件中 30 个常用的单词、短语和公司名称的列表。然后估计它们出现在网上诱骗邮件中的可能性，根据这些估计值给每个列表项赋一个点数(如 "有点可能" 的列表项赋值 1 点，"很可能" 的列表项赋值 2 点，"极可能" 的列表项赋值 3 点)。请编写一个在文本文件中扫描这些列表项的程序。程序中，每一个列表项都对应有一个初始值为零的 "总点数"。扫描开始后，每当列表项在文本文件中出现一次，相应列表项的 "总点数" 就增加该列表项的赋值点数。扫描结束后，对于扫描到的每一个列表项，程序输出一行信息，显示列表项的文本、出现次数和总点数。最后，给出整个文本的点数总和。用你收到的电子邮件来测试程序，看看一封诱骗邮件是否得到了很高的点数？一封正常的邮件是否得到了很高的点数？

第 12 章 C 数据结构

学习目标

在本章中，读者将学习以下内容：

- 动态地为数据对象分配和释放存储空间。
- 用指针、自引用结构体和递归来构成链式数据结构。
- 创建和处理链表、队列、堆栈和二元树。
- 学习链式数据结构的各种重要应用。
- 研究针对指针和动态内存分配的安全的 C 程序设计建议。
- 在练习中可选择地创建自己的编译器。

提纲

12.1 引言

在前面的章节中，已经学习了具有固定大小的数据结构，如一维数组、二维数组和结构体等。本章将介绍在程序执行的过程中增大或减小的**动态数据结构**（Dynamic data structure），如链表、队列、堆栈和二元树。

- **链表**（Linked list）是"链成一行"的一组数据项——插入和删除操作可以在链表中的任意位置上进行。
- **堆栈**（Stack）在编译器和操作系统中是十分重要的——插入和删除操作只能在堆栈的一端［它的**顶部**（Top）］进行。
- **队列**（Queue）表示等待排队，插入操作只能在队列的后端［也称为**尾部**（Tail）］进行，而删除操作只能在队列的前端［也称为**头部**（Head）］进行。

● 二元树(Binary tree)能够实现高速的数据查找和排序，能够有效地消除冗余的数据项，还可用于将高级语言的算术表达式编译成机器语言的指令。

以上这些数据结构还有很多重要的应用，这里就不再赘述。

在本章中，我们将逐个讨论各种重要的数据结构，并通过编程来创建和处理这些数据结构。在本书的 C++部分(它将介绍面向对象程序设计)将研究数据抽象。数据抽象技术使我们能够以一种完全不同的方式为软件开发而构造这些数据结构，使得开发出来的软件更易于维护和重用。

可选项目：创建自己的编译器

我们希望你能尝试完成本章特别专题"创建自己的编译器"中的可选项目。为了在计算机上运行自己的程序，一定使用过编译器来将你的 C 程序翻译成机器语言程序。而现在，将真正有机会创建自己的编译器了。在这个项目中，源程序是用一种简单、但功能强大的高级语言编写的。你的编译器将从源程序文件中逐条读入其中的语句，然后将这些语句翻译成 SML(Simpletron Machine Language)机器指令，最后翻译得到的指令序列被存入到一个文件中。曾在第 7 章的特别专题"创建自己的计算机"中学习过 SML 这种(Deitel 创造的)语言。编译结束后，可以在 Simpletron 模拟程序上执行编译得到的 SML 程序！总之，这个项目为你提供了一个极好的机会来练习本书所介绍过的绝大多数知识。这个特别专题将引导你仔细体验高级语言的规格定义和算法的描述，其中的算法是用来将各种类型的高级语言语句转化成机器语言指令的。如果愿意接受更多的挑战，还可以在课后练习中尝试增强编译器和 Simpletron 模拟程序的功能。

12.2   自引用结构体

一个**自引用结构体**(Self-referential structure)中包含了一个指向与其类型相同的结构体的指针成员。例如下面这个定义：

```c
struct node {
    int data;
    struct node *nextPtr;
};
```

定义了一个数据类型 struct node。类型为 struct node 的结构体有两个成员——整型成员 data 和指针成员 nextPtr。成员 nextPtr 指向的是一个类型为 struct node 的结构体——该结构体与正在声明的结构体的类型是相同的，故称其为"自引用结构体"。成员 nextPtr 被称为**链接**(Link)——即 nextPtr 用来将一个类型为 struct node 的结构体与另外一个相同类型的结构体"联系(即连接)"在一起。多个自引用结构体可以相互连接起来，构成诸如链表、队列、堆栈和二元树等有用的数据结构。图 12.1 描述了两个自引用结构体连接在一起而形成的一个链表。图中的那个反斜杠\，表示一个**空指针**(NULL Pointer)，被放在第二个自引用结构体的"链接"成员中，表示这个链接不再指向其他的结构体了(注意：这个反斜杠仅有示意的作用，并不与 C 语言中的反斜杠字符对应)。 NULL 指针通常用于表示一个数据结构的结束，就像空字符表示一个字符串的结束一样。

图 12.1   连接在一起的两个自引用结构体

常见的编程错误 12.1
没有将链表的最后一个节点的"链接"置成 NULL，则将引发一个运行时错误。

12.3   动态内存分配

创建和处理在程序执行的过程中可以增大或减小的动态数据结构，需要使用**动态内存分配**(Dynamic memory allocation)——即为了增加新的节点，一个程序具有从系统获得更多内存空间的能力；而当这些空间不再需要时，程序还能将其释放掉。

　　函数 malloc 和 free 以及运算符 sizeof 是实现动态内存分配的基础。函数 malloc 以请求分配的字节数为实参，返回一个指向分配到的内存空间的首地址、类型为 void * 的指针（即指向 void 的指针）。还记得吗，类型为 void * 的指针可以被赋值给任意类型的指针变量。函数 malloc 通常与运算符 sizeof 配合使用。例如，下面这条语句：

```
newPtr = malloc(sizeof(struct node));
```

首先计算表达式 sizeof(struct node) 的值，以确定类型为 struct node 的结构体占用空间的字节大小，然后申请这样字节大小的一块内存区域，并将指向这块内存区域的指针赋值给指针变量 newPtr。分配到的这块内存区域不能确保是已经初始化了的，虽然很多的函数实现为了安全起见会将其初始化。若系统没有可分配的内存，则函数 malloc 返回 NULL。

　　函数 free 的功能是释放内存空间，即将内存空间返还给系统。这样，这块内存空间就可以在将来由系统重新分配。若要释放掉刚才用函数 malloc 调用语句分配到的内存空间，则需要使用下面的语句：

```
free(newPtr);
```

　　为了创建和修改动态数组，C 还提供了函数 calloc 和 realloc。这些函数将在 14.9 节中介绍。随后的几节将介绍链表、队列、堆栈和树。这些数据结构的创建和处理都需要动态内存分配和自引用结构体。

可移植性提示 12.1

一个结构体的大小并不一定等于它的成员的大小之和。这是因为存在着各种与机器相关的存储边界对齐规则（详见第 10 章）。

错误预防提示 12.1

在使用函数 malloc 时，一定要测试它的返回值是否为表示申请的内存空间未成功分配的 NULL 指针。

常见的编程错误 12.2

当动态分配来的内存空间不再需要时，未将其释放，将导致系统内存空间过早耗尽。这个错误有时也被称为"内存泄漏"（Memory leak）。

错误预防提示 12.2

当动态分配来的内存空间不再需要时，立即用函数 free 将其返还给系统。然后将指针置为 NULL 以消除发生"程序访问已经被系统收回、甚至因为其他目的已经分配出去的内存空间"的可能性。

常见的编程错误 12.3

释放了不是用函数 malloc 动态分配的内存空间，是一个错误。

常见的编程错误 12.4

访问已经被释放掉的内存空间，是一个通常会导致程序崩溃的错误。

12.4　链表

　　链表（Linked list）是一组被称为**节点**（Node）的自引用结构体的线性排列。这些节点通过一个被称为"**链接**"（Link）的指针连接在一起，这就是称之为"链"表的原因。对链表的访问，是通过指向链表第一个节点的指针来实现的。而对后继节点的访问，则要通过存储在每一个节点内部的"链接"指针成员来实现。最后一个节点的"链接"指针习惯上被置成 NULL，以表示链表的末尾。数据是动态地存储在链表中——任何一个节点都只是在需要时才创建。一个节点可以存储包括其他类型的结构体在内的任何一种类型的数据。堆栈和队列也属于线性数据结构，实际上它们就是链表的带限制的版本。而树则是非线性的数据结构。

　　尽管一组数据可以存储在数组中，但是存储在链表中却有更多的优点。特别是在要表示的数据元素的个数事先未知的情况下，链表就"大有用武之地"了。由于链表是动态变化的，所以链表的长度可以根据需要在程序执行过程中增加或缩短。相反地，数组的大小是在编译时确定的，是不能被改变的。数组很容易被装满，而链表是不会被装满的，除非系统不再有足够的内存空间来满足动态内存分配的要求。

性能提示 12.1

可以声明一个数组，让它包含的数据项多于预期的数据项数，但是这会浪费内存空间。在这种情况下，链表能够带来更高的内存利用率。

可以通过将一个新的元素插入到链表中的适当位置，使得链表总是排好序的状态。

性能提示 12.2

在一个已排好序的数组中，插入或删除一个元素是十分耗时的，因为在这个被插入或删除的元素之后的所有元素都要做相应地移动。

性能提示 12.3

数组中的元素在内存中是连续存储的。每一个元素的地址都可以通过它相对于数组开头的位置计算出来，因此，允许直接访问每一个数组元素。而对链表中的元素就不能进行这样的直接访问。

链表的节点在内存中通常都不是连续存储的。但是在逻辑上，链表的节点是以连续的形式出现的。图 12.2 展示了一个拥有多个节点的链表。

性能提示 12.4

在程序运行过程中，针对大小不确定的数据结构时，应使用动态内存分配（而不是使用数组），这样可以节约内存。但是要记住，指针也占用存储空间，而且动态内存分配将增加函数调用的开销。

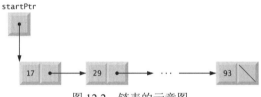

图 12.2　链表的示意图

图 12.3 中的程序实现了对一个字符链表的处理(输出结果如图 12.4 所示)。这个程序允许用户按照字母顺序向链表中插入一个字符(利用函数 insert)或从链表中删除一个字符(利用函数 delete)。后面我们要对它进行详细的讨论。

```
 1   // Fig. 12.3: fig12_03.c
 2   // Inserting and deleting nodes in a list
 3   #include <stdio.h>
 4   #include <stdlib.h>
 5
 6   // self-referential structure
 7   struct listNode {
 8      char data; // each listNode contains a character
 9      struct listNode *nextPtr; // pointer to next node
10   };
11
12   typedef struct listNode ListNode; // synonym for struct listNode
13   typedef ListNode *ListNodePtr; // synonym for ListNode*
14
15   // prototypes
16   void insert(ListNodePtr *sPtr, char value);
17   char delete(ListNodePtr *sPtr, char value);
18   int isEmpty(ListNodePtr sPtr);
19   void printList(ListNodePtr currentPtr);
20   void instructions(void);
21
22   int main(void)
23   {
24      ListNodePtr startPtr = NULL; // initially there are no nodes
```

图 12.3　链表中节点的插入与删除

```
25      char item; // char entered by user
26
27      instructions(); // display the menu
28      printf("%s", "? ");
29      unsigned int choice; // user's choice
30      scanf("%u", &choice);
31
32      // loop while user does not choose 3
33      while (choice != 3) {
34
35          switch (choice) {
36              case 1:
37                  printf("%s", "Enter a character: ");
38                  scanf("\n%c", &item);
39                  insert(&startPtr, item); // insert item in list
40                  printList(startPtr);
41                  break;
42              case 2: // delete an element
43                  // if list is not empty
44                  if (!isEmpty(startPtr)) {
45                      printf("%s", "Enter character to be deleted: ");
46                      scanf("\n%c", &item);
47
48                      // if character is found, remove it
49                      if (delete(&startPtr, item)) { // remove item
50                          printf("%c deleted.\n", item);
51                          printList(startPtr);
52                      }
53                      else {
54                          printf("%c not found.\n\n", item);
55                      }
56                  }
57                  else {
58                      puts("List is empty.\n");
59                  }
60
61                  break;
62              default:
63                  puts("Invalid choice.\n");
64                  instructions();
65                  break;
66          }
67
68          printf("%s", "? ");
69          scanf("%u", &choice);
70      }
71
72      puts("End of run.");
73  }
74
75  // display program instructions to user
76  void instructions(void)
77  {
78      puts("Enter your choice:\n"
79          "   1 to insert an element into the list.\n"
80          "   2 to delete an element from the list.\n"
81          "   3 to end.");
82  }
83
84  // insert a new value into the list in sorted order
85  void insert(ListNodePtr *sPtr, char value)
86  {
87      ListNodePtr newPtr = malloc(sizeof(ListNode)); // create node
88
89      if (newPtr != NULL) { // is space available?
90          newPtr->data = value; // place value in node
91          newPtr->nextPtr = NULL; // node does not link to another node
92
93          ListNodePtr previousPtr = NULL;
94          ListNodePtr currentPtr = *sPtr;
95
96          // loop to find the correct location in the list
97          while (currentPtr != NULL && value > currentPtr->data) {
98              previousPtr = currentPtr; // walk to ...
99              currentPtr = currentPtr->nextPtr; // ... next node
100         }
```

图 12.3(续)　链表中节点的插入与删除

```
101
102       // insert new node at beginning of list
103       if (previousPtr == NULL) {
104          newPtr->nextPtr = *sPtr;
105          *sPtr = newPtr;
106       }
107       else { // insert new node between previousPtr and currentPtr
108          previousPtr->nextPtr = newPtr;
109          newPtr->nextPtr = currentPtr;
110       }
111    }
112    else {
113       printf("%c not inserted. No memory available.\n", value);
114    }
115 }
116
117 // delete a list element
118 char delete(ListNodePtr *sPtr, char value)
119 {
120    // delete first node if a match is found
121    if (value == (*sPtr)->data) {
122       ListNodePtr tempPtr = *sPtr; // hold onto node being removed
123       *sPtr = (*sPtr)->nextPtr; // de-thread the node
124       free(tempPtr); // free the de-threaded node
125       return value;
126    }
127    else {
128       ListNodePtr previousPtr = *sPtr;
129       ListNodePtr currentPtr = (*sPtr)->nextPtr;
130
131       // loop to find the correct location in the list
132       while (currentPtr != NULL && currentPtr->data != value) {
133          previousPtr = currentPtr; // walk to ...
134          currentPtr = currentPtr->nextPtr; // ... next node
135       }
136
137       // delete node at currentPtr
138       if (currentPtr != NULL) {
139          ListNodePtr tempPtr = currentPtr;
140          previousPtr->nextPtr = currentPtr->nextPtr;
141          free(tempPtr);
142          return value;
143       }
144    }
145
146    return '\0';
147 }
148
149 // return 1 if the list is empty, 0 otherwise
150 int isEmpty(ListNodePtr sPtr)
151 {
152    return sPtr == NULL;
153 }
154
155 // print the list
156 void printList(ListNodePtr currentPtr)
157 {
158    // if list is empty
159    if (isEmpty(currentPtr)) {
160       puts("List is empty.\n");
161    }
162    else {
163       puts("The list is:");
164
165       // while not the end of the list
166       while (currentPtr != NULL) {
167          printf("%c --> ", currentPtr->data);
168          currentPtr = currentPtr->nextPtr;
169       }
170
171       puts("NULL\n");
172    }
173 }
```

图 12.3(续) 链表中节点的插入与删除

```
Enter your choice:
   1 to insert an element into the list.
   2 to delete an element from the list.
   3 to end.
? 1
Enter a character: B
The list is:
B --> NULL

? 1
Enter a character: A

The list is:
A --> B --> NULL

? 1
Enter a character: C
The list is:
A --> B --> C --> NULL

? 2
Enter character to be deleted: D
D not found.

? 2
Enter character to be deleted: B
B deleted.
The list is:
A --> C --> NULL
```

```
? 2
Enter character to be deleted: C
C deleted.
The list is:
A --> NULL

? 2
Enter character to be deleted: A
A deleted.
List is empty.

? 4
Invalid choice.

Enter your choice:
   1 to insert an element into the list.
   2 to delete an element from the list.
   3 to end.
? 3
End of run.
```

图 12.4　图 12.3 程序的一个输出样例

　　最基本的链表处理函数是 insert(第 85 行至第 115 行)和 delete(第 118 行至第 147 行)。函数 isEmpty(第 150 行至第 153 行)称为**断言函数/谓词函数**(Predicate function),它对链表不做任何改动,只是判断链表是否为空(即指向链表第一个节点的指针是否为 NULL)。若链表为空,返回 1,否则返回 0〔注:若使用的是一个符合 C99 标准的编译器,则可使用_Bool 类型(参见 4.10 节)而不是整型〕。函数 printList(第 156 行至第 173 行)用来打印链表。

12.4.1　insert 函数

　　在本例中,字符是按照字母顺序被插入到链表中的。insert 函数(第 85 行至第 115 行)接收一个链表的地址以及一个待插入的字符作为实参。如果要将一个数值插入到链表头的位置上,链表的地址就是不可缺少的。有了链表的地址,程序就能够以按引用方式来修改链表(用指向链表第一个节点的指针来表示)。由于链表本身就是一个指针(指向它的第一个节点),所以传递链表的地址就需要一个**指向指针的指针**(Pointer to pointer),即**二次间接寻址**(Double indirection)。这是一个复杂的概念。编程实现时,一定要小心。向链表中插入一个字符的具体操作步骤如下(参见图 12.5):

1. 通过调用函数 malloc 创建一个新节点，将分配到的内存空间的地址赋值给指针变量 newPtr（第 87 行）。将待插入的字符赋值给 newPtr->data（第 90 行），将 NULL 赋值给 newPtr->nextPtr（第 91 行）。

2. 将指针变量 previousPtr 初始化成 NULL（第 99 行），将 currentPtr 初始化成*sPtr（第 94 行），其中 *sPtr 是指向链表头的指针。指针变量 previousPtr 和 currentPtr 分别存储插入点前后两个节点的位置。

3. 若 currentPtr 不为 NULL，同时待插入的数值大于 currentPtr->data（第 97 行），则将 currentPtr 赋值给 previousPtr（第 98 行），并将 currentPtr 前移指向链表中的下一个节点（第 99 行）。不断重复同样的处理，直到 currentPtr 不再需要前移时，它指向的位置就是待插入数值的插入位置。

4. 若 previousPtr 为 NULL（第 103 行），则将新节点当成第一个节点插入到链表中（第 104 行至第 105 行）。先将*sPtr 赋给 newPtr->nextPtr（即让新节点的"链接"指向原先的第一个节点），再将 newPtr 赋给*sPtr（让表示链表头的*sPtr 指向新节点）。反之，若 previousPtr 不为 NULL，则将新节点插入到链表中的适当位置上（第 108 行至第 109 行）。先将 newPtr 赋给 previousPtr->nextPtr（即让前一个节点指向新节点），再将 currentPtr 赋给 newPtr->nextPtr（让新节点的"链接"指向当前节点）。

错误预防提示 12.3

将新节点的"链"成员赋值为 NULL。在使用指针之前，一定要对它们进行初始化。

图 12.5 演示了将包含字符'C'的节点插入到一个有序的链表中的过程。图中的(a)部分显示的是插入前的链表以及待插入的新节点，(b)部分显示的是插入操作完成后的链表。被重新置值的指针用虚线箭头表示。

为简单起见，insert 函数（以及本章中的其他类似函数）的返回值类型是 void。由于函数 malloc 有可能申请内存失败，因此，在这种情况下，最好让 insert 函数返回一个表示操作是否成功的状态值。

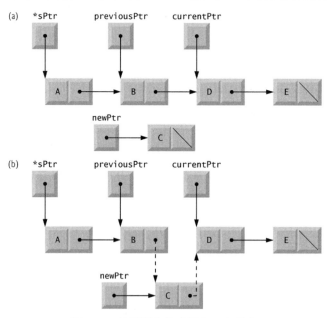

图 12.5　按顺序向链表插入一个节点

12.4.2　delete 函数

delete 函数（第 118 行至第 147 行）接收一个指向链表头的指针的地址以及一个待删除的字符作为实参。从链表中删除一个字符的具体操作步骤如下（参见图 12.6）：

1. 若待删除的字符与链表中第一个节点中的字符相匹配(第 121 行)，则将*sPtr 赋给 tempPtr(指针 tempPtr 用来释放不再需要的存储空间)，然后将(*sPtr)->nextPtr 赋值给*sPtr(这样，表示链表头的*sPtr 指向链表中的第二个节点)。释放 tempPtr 指向的存储空间，并返回被删除的字符。

2. 否则，将指针变量 previousPtr 和 currentPtr 分别初始化成*sPtr 和(*sPtr)->nextPtr(第 128 行至第 129 行)，使得 currentPtr 指向链表中的第二个节点。

3. 若 currentPtr 不为 NULL 且待删除的的数值不等于 currentPtr->data(第 132 行)，则将 currentPtr 赋给 previousPtr(第 133 行)，并将 currentPtr->nextPtr 赋给 currentPtr(第 134 行)，即让 currentPtr 前移。若链表中真的包含有待删除的字符，那么不断重复同样的处理，直到 currentPtr 不再需要前移时，它指向的位置就是待删除的字符所在的位置。

4. 若 currentPtr 不为 NULL(第 138 行)，则将 currentPtr 赋给 tempPtr(第 139 行)，同时将 currentPtr->nextPtr 赋给 previousPtr->nextPtr(第 140 行)，然后释放掉 tempPtr 所指向的节点(第 141 行)，并返回从链表中删除的字符(第 142 行)。若 currentPtr 为 NULL，则返回空字符('\0')以表示链表中没有找到待删除的字符(第 146 行)。

图 12.6 演示了从链表中删除包含字符'C'的节点的过程。图中的(a)部分显示的是执行完前面的插入操作后的链表，(b)部分显示 previousPtr 的链成员被重新置值，currentPtr 被赋给 tempPtr。指针 tempPtr 用来释放为存储'C'而申请分配的存储空间。注意：第 124 行和第 141 行分别释放了 tempPtr。之前我们强调过要将释放后的指针置为 NULL，但是在程序中我们没有这样做，原因是 tempPtr 是一个局部自动变量且函数马上就返回了。

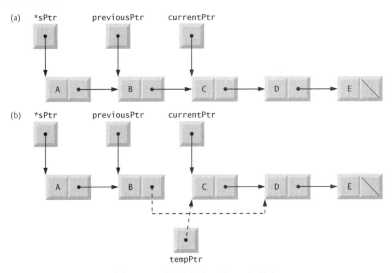

图 12.6　从链表中删除一个节点

12.4.3　printList 函数

printList 函数(第 156 行至第 173 行)接收一个指向链表头的指针作为实参，并将其当成 currentPtr。函数首先判断链表是否为空(第 159 行至第 161 行)。若为空，则打印"This list is empty."，然后结束退出。否则打印链表中的数据(第 162 行至第 172 行)。当 currentPtr 不为 NULL 时，函数打印 currentPtr->data 中的数据，然后将 currentPtr->nextPtr 赋给 currentPtr，使其前进到下一个节点。注意：如果链表中最后一个节点的"链接"成员不为 NULL，则打印算法将会把链表末尾之后的内容打印出来，这是错误的。链表、堆栈和队列的打印算法都是一样的。

练习题 12.20 要求实现一个能够按照从后往前的顺序打印链表的递归函数，练习题 12.21 要求实现一个能够在链表中搜索特定数据项的递归函数。

12.5 堆栈

堆栈(Stack)是链表的一个带限制的版本，新的节点只能在堆栈的顶部压入或弹出堆栈。因此，堆栈被称为**后进先出**(Last-in, first-out, LIFO)的数据结构。对堆栈的访问是通过指向栈顶元素的指针来完成的。堆栈的最后一个节点的"链接"成员被置为 NULL 以表示堆栈的底部。

图 12.7 显示了一个带有若干个节点的堆栈——stackPtr 指向堆栈的栈顶元素。可以看出堆栈与链表在表现形式上是相同的。它们的不同之处在于：链表的插入或删除操作可以在链表中的任意位置上进行，而堆栈的插入或删除操作只能在栈顶进行。

常见的编程错误 12.5
没有将栈底节点的"链"置为 NULL，将导致一个运行时错误。

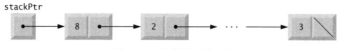

图 12.7　堆栈的示意图

堆栈的基本操作

堆栈的基本处理函数是函数 push 和 pop。函数 push 的功能是：创建一个新节点并将其放到堆栈的顶部；pop 函数的功能是：将一个节点从堆栈的顶部弹出，并释放分配给这个节点的内存空间，然后返回被弹出的数值。

堆栈的实现

图 12.8 实现了一个简单的整数堆栈(程序运行结果如图 12.9 所示)，该程序提供了三个选项：(1)将一个数压入堆栈(用函数 push)；(2)将一个数弹出堆栈(用 pop 函数)；(3)结束程序。

```
1   // Fig. 12.8: fig12_08.c
2   // A simple stack program
3   #include <stdio.h>
4   #include <stdlib.h>
5
6   // self-referential structure
7   struct stackNode {
8      int data; // define data as an int
9      struct stackNode *nextPtr; // stackNode pointer
10  };
11
12  typedef struct stackNode StackNode; // synonym for struct stackNode
13  typedef StackNode *StackNodePtr; // synonym for StackNode*
14
15  // prototypes
16  void push(StackNodePtr *topPtr, int info);
17  int pop(StackNodePtr *topPtr);
18  int isEmpty(StackNodePtr topPtr);
19  void printStack(StackNodePtr currentPtr);
20  void instructions(void);
21
22  // function main begins program execution
23  int main(void)
24  {
25     StackNodePtr stackPtr = NULL; // points to stack top
26     int value; // int input by user
27
28     instructions(); // display the menu
29     printf("%s", "? ");
30     unsigned int choice; // user's menu choice
31     scanf("%u", &choice);
32
33     // while user does not enter 3
34     while (choice != 3) {
```

图 12.8　一个简单的堆栈处理程序

```
35
36          switch (choice) {
37              // push value onto stack
38              case 1:
39                  printf("%s", "Enter an integer: ");
40                  scanf("%d", &value);
41                  push(&stackPtr, value);
42                  printStack(stackPtr);
43                  break;
44              // pop value off stack
45              case 2:
46                  // if stack is not empty
47                  if (!isEmpty(stackPtr)) {
48                      printf("The popped value is %d.\n", pop(&stackPtr));
49                  }
50
51                  printStack(stackPtr);
52                  break;
53              default:
54                  puts("Invalid choice.\n");
55                  instructions();
56                  break;
57          }
58
59          printf("%s", "? ");
60          scanf("%u", &choice);
61      }
62
63      puts("End of run.");
64  }
65
66  // display program instructions to user
67  void instructions(void)
68  {
69      puts("Enter choice:\n"
70          "1 to push a value on the stack\n"
71          "2 to pop a value off the stack\n"
72          "3 to end program");
73  }
74
75  // insert a node at the stack top
76  void push(StackNodePtr *topPtr, int info)
77  {
78      StackNodePtr newPtr = malloc(sizeof(StackNode));
79
80      // insert the node at stack top
81      if (newPtr != NULL) {
82          newPtr->data = info;
83          newPtr->nextPtr = *topPtr;
84          *topPtr = newPtr;
85      }
86      else { // no space available
87          printf("%d not inserted. No memory available.\n", info);
88      }
89  }
90
91  // remove a node from the stack top
92  int pop(StackNodePtr *topPtr)
93  {
94      StackNodePtr tempPtr = *topPtr;
95      int popValue = (*topPtr)->data;
96      *topPtr = (*topPtr)->nextPtr;
97      free(tempPtr);
98      return popValue;
99  }
100
101 // print the stack
102 void printStack(StackNodePtr currentPtr)
103 {
104     // if stack is empty
105     if (currentPtr == NULL) {
106         puts("The stack is empty.\n");
107     }
```

图 12.8(续)　一个简单的堆栈处理程序

```
108    else {
109       puts("The stack is:");
110
111       // while not the end of the stack
112       while (currentPtr != NULL) {
113          printf("%d --> ", currentPtr->data);
114          currentPtr = currentPtr->nextPtr;
115       }
116
117       puts("NULL\n");
118    }
119 }
120
121 // return 1 if the stack is empty, 0 otherwise
122 int isEmpty(StackNodePtr topPtr)
123 {
124    return topPtr == NULL;
125 }
```

图 12.8(续)　一个简单的堆栈处理程序

```
Enter choice:
1 to push a value on the stack
2 to pop a value off the stack
3 to end program
? 1
Enter an integer: 5
The stack is:
5 --> NULL

? 1
Enter an integer: 6
The stack is:
6 --> 5 --> NULL

? 1
Enter an integer: 4
The stack is:
4 --> 6 --> 5 --> NULL

? 2
The popped value is 4.
The stack is:
6 --> 5 --> NULL

? 2
The popped value is 6.
The stack is:
5 --> NULL
```

```
? 2
The popped value is 5.
The stack is empty.

? 2
The stack is empty.

? 4
Invalid choice.

Enter choice:
1 to push a value on the stack
2 to pop a value off the stack
3 to end program
? 3
End of run.
```

图 12.9　图 12.8 程序的一个输出结果

12.5.1　push 函数

push 函数(第 76 行至第 89 行)将一个新节点放到堆栈的顶部。函数包含三个步骤:

1. 调用函数 malloc 创建一个新节点并将分配到的内存地址赋值给 newPtr(第 78 行)。
2. 将待存入堆栈的数值赋给 newPtr->data(第 82 行)并将*topPtr(指向堆栈的顶部的指针,简称栈顶指针)赋给 newPtr->nextPtr(第 83 行)。这样,newPtr 的"链接"成员就指向原先的栈顶节点。
3. 将 newPtr 赋值给*topPtr(第 84 行)。这样,*topPtr 就指向了新的栈顶节点。

对*topPtr 的处理改变了 main 函数中的 stackPtr 的值。图 12.10 演示了函数 push 的工作过程。图中的(a)部分显示的是压入(Push)操作前,堆栈的状态及待压入的新节点;(b)部分中的虚线箭头表示上面压入操作的第 2 步和第 3 步,这个压入操作是将包含整数 12 的节点变成新的栈顶。

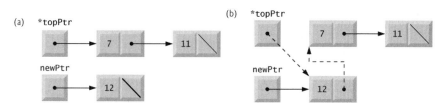

图 12.10　压入操作

12.5.2　pop 函数

pop 函数(第 92 行至第 99 行)将一个节点从堆栈的顶部弹出。注意:在调用 pop 函数之前,main 函数先检查堆栈是否为空。pop 函数包含 5 个步骤:

1. 将*topPtr 赋给 tempPtr(第 94 行);tempPtr 用于释放不再需要的内存空间。
2. 将(*topPtr)->data 赋给 popValue(第 95 行)以保存栈顶节点中的数值。
3. 将(*topPtr)->nextPtr 赋给*topPtr(第 96 行)。这样,*topPtr 就包含了新的栈顶节点的地址。
4. 释放 tmpPtr 指向的内存空间(第 97 行)。
5. 向主调函数返回 popValue(第 98 行)。

图 12.11 演示了 pop 函数的工作过程。图中的(a)部分显示的是执行完上面那个压入操作后堆栈的状态;(b)部分显示:tempPtr 指向堆栈的第一个节点,topPtr 指向堆栈的第二个节点。函数 free 用来释放 tempPtr 指向的内存空间。

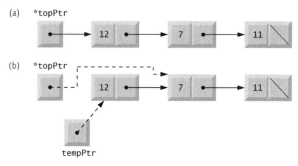

图 12.11　弹出操作

12.5.3　堆栈的应用

堆栈有很多有趣的应用。例如,无论何时进行一个函数调用,被调函数必须知道如何返回到主调函数。为此就需要将返回地址压入到一个堆栈中(参见 5.7 节)。如果发生了一系列的函数调用,这些连续的多个返回地址就按照后进先出的顺序被压入到堆栈中,以便每一个函数都能正确地返回到它的主调函数。在堆栈的支持下,调用递归函数就可以采用与调用普通的非递归函数一样的方式。

每次调用函数时，堆栈还用来保存为自动变量而创建的空间。当被调函数返回到它的主调函数后，保存被调函数中自动变量的空间将被弹出堆栈，这样，程序就不能再识别出这些变量了。堆栈还被编译器用来计算表达式的值以及生成机器语言代码。本章的练习题将会涉及堆栈的一些应用。

12.6 队列

另一种常见的数据结构就是队列。队列就像在杂货店里等待付款的顾客队伍一样，排在第一的顾客先得到服务，其他的顾客从队尾进入队列并等待服务。队列的节点只能从**队首**(Head of queue)移出队列而从**队尾**(Tail of queue)插入队列。故此，队列被称为**先进先出**(first-in, first-out, **FIFO**)的数据结构。插入队列和移出队列的操作，分别被称为 enqueue(读为 en-cue)和 dequeue(读为 dee-cue)。

在计算机系统中，队列有很广泛的用途。很多计算机只有一个处理器，所以在一个时刻只有一个用户会得到计算机的服务。其他登录的用户只能排在一个队列里等待服务。当有用户获得服务后，排队的用户会逐渐向队首移动，排在队首的用户就是即将获得服务的下一个用户。类似地，对于今天的多核系统，用户数量还是比处理器数量多得多，没有执行的用户还得在队列中等待，直到有一个忙碌的处理器空闲下来。在附录 E 中，将介绍多线程。当一个用户的工作能够划分为可以并行执行的多个线程时，由于线程数量还是比处理器数量多得多，没有执行的线程仍然需要在队列中等待。

队列还用于实现打印机的假脱机打印(Print spooling)。在只有一台打印机的多用户环境中，很多用户可能都需要打印文档。若在打印机正忙的时候，其他用户提交了打印请求，那么这些请求将被"塞进"(就像缝纫线预先卷在一个线轴上等待被使用)硬盘中排成一个队列，等待打印机空闲下来。

在计算机网络中，信息包也是被放在一个队列中等待处理的。每当一个信息包到达一个网络节点时，它必须在网络中通往目的地的路径上寻找下一个节点。而一个时刻，节点只能为一个信息包寻找它的下一个节点，所以随后到达的信息包就得排队等候了。图 12.12 显示了一个带有若干个节点的队列，请注意其中指向队首的指针 headPtr 和指向队尾的指针 tailPtr。

 常见的编程错误 12.6
没有将队列的最后一个节点的"链接"置为 NULL，将会导致一个运行时错误。

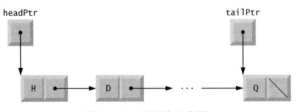

图 12.12   队列的示意图

图 12.13 是一个处理队列的程序(运行结果如图 12.14 所示)。该程序提供了三个选项：将一个节点插入队列(用函数 enqueue)、将一个节点移出队列(用函数 dequeue)以及结束程序。

```
 1    // Fig. 12.13: fig12_13.c
 2    // Operating and maintaining a queue
 3    #include <stdio.h>
 4    #include <stdlib.h>
 5
 6    // self-referential structure
 7    struct queueNode {
 8       char data; // define data as a char
 9       struct queueNode *nextPtr; // queueNode pointer
10    };
11
12    typedef struct queueNode QueueNode;
13    typedef QueueNode *QueueNodePtr;
```

图 12.13   队列处理程序

```
14
15   // function prototypes
16   void printQueue(QueueNodePtr currentPtr);
17   int isEmpty(QueueNodePtr headPtr);
18   char dequeue(QueueNodePtr *headPtr, QueueNodePtr *tailPtr);
19   void enqueue(QueueNodePtr *headPtr, QueueNodePtr *tailPtr, char value);
20   void instructions(void);
21
22   // function main begins program execution
23   int main(void)
24   {
25      QueueNodePtr headPtr = NULL; // initialize headPtr
26      QueueNodePtr tailPtr = NULL; // initialize tailPtr
27      char item; // char input by user
28
29      instructions(); // display the menu
30      printf("%s", "? ");
31      unsigned int choice; // user's menu choice
32      scanf("%u", &choice);
33
34      // while user does not enter 3
35      while (choice != 3) {
36
37         switch(choice) {
38            // enqueue value
39            case 1:
40               printf("%s", "Enter a character: ");
41               scanf("\n%c", &item);
42               enqueue(&headPtr, &tailPtr, item);
43               printQueue(headPtr);
44               break;
45            // dequeue value
46            case 2:
47               // if queue is not empty
48               if (!isEmpty(headPtr)) {
49                  item = dequeue(&headPtr, &tailPtr);
50                  printf("%c has been dequeued.\n", item);
51               }
52
53               printQueue(headPtr);
54               break;
55            default:
56               puts("Invalid choice.\n");
57               instructions();
58               break;
59         }
60
61         printf("%s", "? ");
62         scanf("%u", &choice);
63      }
64
65      puts("End of run.");
66   }
67
68   // display program instructions to user
69   void instructions(void)
70   {
71      printf ("Enter your choice:\n"
72         "   1 to add an item to the queue\n"
73         "   2 to remove an item from the queue\n"
74         "   3 to end\n");
75   }
76
77   // insert a node at queue tail
78   void enqueue(QueueNodePtr *headPtr, QueueNodePtr *tailPtr, char value)
79   {
80      QueueNodePtr newPtr = malloc(sizeof(QueueNode));
81
82      if (newPtr != NULL) { // is space available?
83         newPtr->data = value;
84         newPtr->nextPtr = NULL;
85
86         // if empty, insert node at head
87         if (isEmpty(*headPtr)) {
```

图 12.13(续)　队列处理程序

```
88              *headPtr = newPtr;
89          }
90          else {
91              (*tailPtr)->nextPtr = newPtr;
92          }
93
94          *tailPtr = newPtr;
95      }
96      else {
97          printf("%c not inserted. No memory available.\n", value);
98      }
99   }
100
101  // remove node from queue head
102  char dequeue(QueueNodePtr *headPtr, QueueNodePtr *tailPtr)
103  {
104      char value = (*headPtr)->data;
105      QueueNodePtr tempPtr = *headPtr;
106      *headPtr = (*headPtr)->nextPtr;
107
108      // if queue is empty
109      if (*headPtr == NULL) {
110          *tailPtr = NULL;
111      }
112
113      free(tempPtr);
114      return value;
115  }
116
117  // return 1 if the queue is empty, 0 otherwise
118  int isEmpty(QueueNodePtr headPtr)
119  {
120      return headPtr == NULL;
121  }
122
123  // print the queue
124  void printQueue(QueueNodePtr currentPtr)
125  {
126      // if queue is empty
127      if (currentPtr == NULL) {
128          puts("Queue is empty.\n");
129      }
130      else {
131          puts("The queue is:");
132
133          // while not end of queue
134          while (currentPtr != NULL) {
135              printf("%c --> ", currentPtr->data);
136              currentPtr = currentPtr->nextPtr;
137          }
138
139          puts("NULL\n");
140      }
141  }
```

图 12.13(续)   队列处理程序

```
Enter your choice:
   1 to add an item to the queue
   2 to remove an item from the queue
   3 to end

? 1
Enter a character: A
The queue is:
A --> NULL

? 1
Enter a character: B
The queue is:
A --> B --> NULL
```

图 12.14   图 12.13 程序的一个输出结果

```
? 1
Enter a character: C
The queue is:
A --> B --> C --> NULL
? 2
A has been dequeued.
The queue is:
B --> C --> NULL
? 2
B has been dequeued.
The queue is:
C --> NULL
? 2
C has been dequeued.
Queue is empty.
? 2
Queue is empty.
? 4
Invalid choice.
Enter your choice:
   1 to add an item to the queue
   2 to remove an item from the queue
   3 to end
? 3
End of run.
```

图 12.14(续)　图 12.13 程序的一个输出结果

12.6.1　enqueue 函数

enqueue 函数(第 78 行至第 99 行)从 main 函数接收三个实参: 指向队首的指针地址、指向队尾的指针地址以及待插入队列的数值。函数 enqueue 包含三个步骤:

1. 创建一个新节点: 调用函数 malloc, 并将分配到的内存的地址赋值给 newPtr(第 80 行), 将待插入队列的数值赋给 newPtr->data(第 83 行), 将 newPtr->nextPtr 置为 NULL(第 84 行)。
2. 若队列为空(第 87 行), 则将 newPtr 赋给 * headPtr(第 88 行), 因为新节点既是队首又是队尾; 否则将 newPtr 赋给(*tailPtr)->nextPtr(第 91 行), 因为新节点将被放在之前队尾的后边。
3. 将 newPtr 赋给 * tailPtr(第 94 行), 因为新节点成为队尾。

图 12.15 演示了函数 enqueue 的工作过程。图中的(a)部分显示的是操作前, 队列的状态及待插入的新节点; (b)部分中的虚线箭头表示上面插入操作的第 2 步和第 3 步, 这个插入操作是将一个新的节点加入到一个非空队列的尾部。

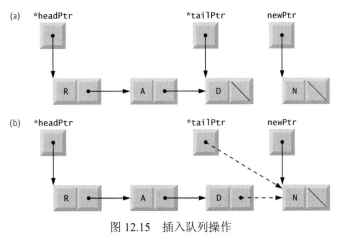

图 12.15　插入队列操作

12.6.2 dequeue 函数

dequeue 函数(第 102 行至第 115 行，如图 12.16 所示)接收指向队首的指针的地址与指向队尾的指针的地址作为实参，并将首节点从队列中移出。函数 dequeue 包含 6 个步骤：

1. 将(*headPtr)->data 赋给 value 以保存这个数据(第 104 行)。
2. 将 *headPtr 赋给 tempPtr(第 105 行)。tempPtr 用于释放不再需要的内存空间。
3. 将(*headPtr)->nextPtr 赋给 *headPtr(第 106 行)。这样，*headPtr 就指向队列新的首节点。
4. 若 *headPtr 为 NULL(第 109 行)，则将 NULL 赋给 *tailPtr(第 110 行)，因为队列现在是空的。
5. 释放 tempPtr 指向的内存空间(第 113 行)。
6. 将 value 返回给主调函数(第 114 行)。

图 12.16 演示了函数 dequeue 的工作过程。图中的(a)部分显示的是执行完上面那个插入操作后队列的状态；(b)部分显示：tempPtr 指向被移出的节点，headPtr 指向队列新的首节点。函数 free 用来归还 tempPtr 指向的内存空间。

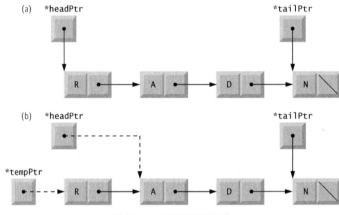

图 12.16　移出队列操作

12.7　树

链表、堆栈和队列属于**线性数据结构**(Linear data structure)。而**树**(Tree)则是非线性的、二维的具有某些特殊性质的数据结构。树的节点包含有两个或更多的"链接"。本节讨论的是**二元树**(Binary tree，如图 12.17 所示)，所有节点都包含两个"链接"(这些链接可能都不为 NULL，也可能有一个为 NULL，还可能有两个都为 NULL)的树。**根节点**(Root node)是树的第一个节点，根节点的每个"链接"都指向一个**子节点**(Child)。**左子节点**(Left child)是**左子树**(Left subtree)中的第一个节点，**右子节点**(Right child)是**右子树**(Right subtree)中的第一个节点。一个节点的所有子节点称为**兄弟节点**(Sibling)，一个没有子节点的节点被称为**叶节点**(Leaf node)。计算机科学家通常把树画成树根在上的形式，与自然界中的树正好相反。

本节中，我们将创建一种特殊的二元树——**二元搜索树**(Binary search tree)。二元搜索树(其节点中的值不会出现重复)的特点是：左子树中的值总是小于**父节点**(Parent node)中的值，而右子树中的值总是大于父节点中的值。图 12.18 显示了一个带有 9 个值的二元搜索树。对应一个数据集的二元搜索树的形状是会根据数据插入到树中的顺序而变化的。

常见的编程错误 12.7

没有将一棵树的叶节点的"链接"置为 NULL，将会导致一个运行时错误。

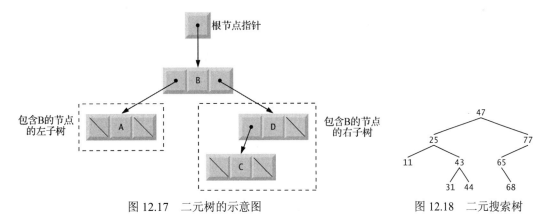

图 12.17 二元树的示意图　　　　图 12.18 二元搜索树

图 12.19 中的程序(运行结果如图 12.20 所示)创建了一棵二元搜索树,并以三种方式——**中序**(Inorder)、**先序**(Preorder)及**后序**(Postorder)——遍历该树。程序产生 10 个随机数,并将其逐一插入树中,重复的数值将被丢弃。

```c
// Fig. 12.19: fig12_19.c
// Creating and traversing a binary tree
// preorder, inorder, and postorder
#include <stdio.h>
#include <stdlib.h>
#include <time.h>

// self-referential structure
struct treeNode {
   struct treeNode *leftPtr; // pointer to left subtree
   int data; // node value
   struct treeNode *rightPtr; // pointer to right subtree
};

typedef struct treeNode TreeNode; // synonym for struct treeNode
typedef TreeNode *TreeNodePtr; // synonym for TreeNode*

// prototypes
void insertNode(TreeNodePtr *treePtr, int value);
void inOrder(TreeNodePtr treePtr);
void preOrder(TreeNodePtr treePtr);
void postOrder(TreeNodePtr treePtr);

// function main begins program execution
int main(void)
{
   TreeNodePtr rootPtr = NULL; // tree initially empty

   srand(time(NULL));
   puts("The numbers being placed in the tree are:");

   // insert random values between 0 and 14 in the tree
   for (unsigned int i = 1; i <= 10; ++i) {
      int item = rand() % 15;
      printf("%3d", item);
      insertNode(&rootPtr, item);
   }

   // traverse the tree preOrder
   puts("\n\nThe preOrder traversal is:");
   preOrder(rootPtr);

   // traverse the tree inOrder
   puts("\n\nThe inOrder traversal is:");
   inOrder(rootPtr);

   // traverse the tree postOrder
   puts("\n\nThe postOrder traversal is:");
```

图 12.19 二元树的创建与遍历

```
49        postOrder(rootPtr);
50    }
51
52    // insert node into tree
53    void insertNode(TreeNodePtr *treePtr, int value)
54    {
55        // if tree is empty
56        if (*treePtr == NULL) {
57            *treePtr = malloc(sizeof(TreeNode));
58
59            // if memory was allocated, then assign data
60            if (*treePtr != NULL) {
61                (*treePtr)->data = value;
62                (*treePtr)->leftPtr = NULL;
63                (*treePtr)->rightPtr = NULL;
64            }
65            else {
66                printf("%d not inserted. No memory available.\n", value);
67            }
68        }
69        else { // tree is not empty
70            // data to insert is less than data in current node
71            if (value < (*treePtr)->data) {
72                insertNode(&((*treePtr)->leftPtr), value);
73            }
74
75            // data to insert is greater than data in current node
76            else if (value > (*treePtr)->data) {
77                insertNode(&((*treePtr)->rightPtr), value);
78            }
79            else { // duplicate data value ignored
80                printf("%s", "dup");
81            }
82        }
83    }
84
85    // begin inorder traversal of tree
86    void inOrder(TreeNodePtr treePtr)
87    {
88        // if tree is not empty, then traverse
89        if (treePtr != NULL) {
90            inOrder(treePtr->leftPtr);
91            printf("%3d", treePtr->data);
92            inOrder(treePtr->rightPtr);
93        }
94    }
95
96    // begin preorder traversal of tree
97    void preOrder(TreeNodePtr treePtr)
98    {
99        // if tree is not empty, then traverse
100       if (treePtr != NULL) {
101           printf("%3d", treePtr->data);
102           preOrder(treePtr->leftPtr);
103           preOrder(treePtr->rightPtr);
104       }
105   }
106
107   // begin postorder traversal of tree
108   void postOrder(TreeNodePtr treePtr)
109   {
110       // if tree is not empty, then traverse
111       if (treePtr != NULL) {
112           postOrder(treePtr->leftPtr);
113           postOrder(treePtr->rightPtr);
114           printf("%3d", treePtr->data);
115       }
116   }
```

图 12.19(续)　二元树的创建与遍历

```
The numbers being placed in the tree are:
 6  7  4 12  7dup  2  2dup  5  7dup 11

The preOrder traversal is:
 6  4  2  5  7 12 11

The inOrder traversal is:
 2  4  5  6  7 11 12

The postOrder traversal is:
 2  5  4 11 12  7  6
```

图 12.20　图 12.19 程序的一个输出结果

12.7.1　insertNode 函数

图 12.19 中的程序采用了递归函数来创建二元搜索树并对其进行遍历。insertNode 函数(第 53 行至第 83 行)接收一棵树的地址以及一个待插入树的整数作为实参。在一棵二元搜索树中,一个节点只能作为叶节点插入到树中。将一个节点插入到二元搜索树的步骤如下:

1. 若*treePtr 为 NULL(第 56 行),则创建一个新节点(第 57 行)。调用函数 malloc,将分配到的内存的地址赋值给变量*treePtr,然后将待插入的整数赋值给(*treePtr)->data(第 61 行),分别将(*treePtr)->leftPtr 和(*treePtr)->rightPtr 置成 NULL(第 62 行至第 63 行)。最后,返回到主调函数(可能是 main 函数,或对 insertNode 函数的前一个调用)。

2. 若*treePtr 的值不为 NULL 且待插入的整数小于(*treePtr)->data 的值,则以(*treePtr)-> leftPtr 为实参调用 insertNode 函数(第 72 行)来将数据插入到 treePtr 所指节点的左子树的节点中;若待插入的整数大于(*treePtr)->data 的值,则以(*treePtr)-> rightPtr 为实参调用 insertNode 函数(第 77 行)来将数据插入到 treePtr 所指节点的右子树的节点中。

继续执行递归处理步骤直至发现一个值为 NULL 的指针,执行步骤(1)将新节点插入。

12.7.2　遍历函数 inOrder,preOrder 和 postOrder

函数 inOrder(第 86 行至第 94 行)、preOrder(第 97 行至第 105 行)及 postOrder(第 108 行至第 116 行)都是接收一棵树(即指向树的根节点的指针)作为实参,然后遍历这棵树。

中序(inOrder)遍历的操作步骤如下:

1. 中序遍历左子树。
2. 处理节点中的值。
3. 中序遍历右子树。

只有在一个节点的左子树中的所有值都被处理完之后,这个节点中的值才会被处理。对图 12.21 中的树进行中序遍历的结果是

图 12.21　带有 7 个节点的二元搜索树

6 13 17 27 33 42 48

对二元搜索树进行中序遍历的结果就是按照升序打印出节点中的值。所以创建一棵二元搜索树实际上就是对数据进行排序,因此这个过程被称为**二元树排序**(Binary tree sort)。

先序(preOrder)遍历的操作步骤如下:

1. 处理节点中的值。
2. 先序遍历左子树。
3. 先序遍历右子树。

每个节点中的值都是在节点被访问时处理的。在一个给定节点的值被处理完之后,才会处理该节点的左子树的值,最后处理该节点的右子树的值。对图 12.21 中的树进行先序遍历的结果是

```
27 13 6 17 42 33 48
```

后序(postOrder)遍历的操作步骤如下：

1. 后序遍历左子树。
2. 后序遍历右子树。
3. 处理节点中的值。

只有在一个节点的所有子树的值都被打印完之后，这个节点的值才会被打印。对图 12.21 中的树进行后序遍历的结果是

```
6 17 13 33 48 42 27
```

12.7.3　消除冗余

二元搜索树具有消除冗余(Duplicate elimination)的功能。在创建一棵树时，试图插入一个冗余值是很容易被发现的，因为这个冗余值在经历跟它的原始值一样的比较时，会做出相同的"存于左边"或"存于右边"的决策。最终，这个冗余值会跟树中包含的与其等值的节点做比较，这时这个冗余值就会被直接丢弃了。

12.7.4　二元树搜索

在二元树中查找一个与关键值相匹配的值也是很快的。如果树是紧凑的，那么每一级包含的元素个数就等于上一级的两倍。所以一棵拥有 n 个元素的二元搜索树最多会有 $\log_2 n$ 层。这样最多经过 $\log_2 n$ 次比较就可以得出"发现匹配值"或者"不存在匹配值"的结论。例如，搜索一棵拥有 1000 个元素的(紧凑的)二元搜索树时，由于 $2^{10}>1000$，所以需要进行的比较次数不会超过 10 次。同理，搜索一棵拥有 1 000 000 个元素的(紧凑的)二元搜索树时，由于 $2^{20}>1\ 000\ 000$，所以需要进行的比较次数不会超过 20 次。

12.7.5　二元树的其他操作

在本章的练习题中，我们给出了一些其他的二元树处理算法。例如，按照二维树的形式打印一棵树和层序遍历一棵二元树。其中，层序遍历一棵二元树是指：从根节点这一层开始，逐层地访问这棵树的节点。位于树中同一层的节点，算法是从左向右逐个访问的。其他的关于二元树的练习还有：允许一棵二元搜索树包含重复的数值，在一棵二元树中插入字符串，判断一棵二元树有多少层。

12.8　安全的 C 程序设计

《CERT 安全 C 编码标准》的第 8 章专门讨论有关存储管理的建议和注意事项——很多都适用于本章介绍的指针和动态内存分配。欲了解更多的细节，请访问 www.securecoding.cert.org。

- MEM01-C/ MEM30-C：指针未初始化就放在那里。相反，它们必须被赋予 NULL 或内存中某个有效单元的地址。当用 free 函数来释放动态分配来的内存时，传递给 free 函数的指针并没有被赋予新值，它还像原先那样指向动态分配来的内存区域。使用这样的"悬挂"指针("dangling" pointer)会导致程序崩溃以及安全漏洞，所以当释放掉动态分配来的内存后，请立即给指针赋予 NULL 或某个有效单元。我们未对局部指针变量做这样的处理是因为调用函数 free 后，它们就离开其作用域了。

- MEM01-C：用 free 函数来释放已被释放过的动态分配来的内存，会导致出现未定义的结果——这称为"重复释放漏洞"。为了确保不会多次释放同一块内存，请在调用函数 free 后，立即将其置为 NULL——释放 NULL 指针不会造成任何影响。

- ERR33-C：绝大多数标准库函数都会返回数值来帮助你判断函数是否操作成功。例如函数 malloc 在没有分配到申请的存储空间时将返回 NULL。因此，在使用存储函数 malloc 返回值的指针之前，一定要确认 malloc 返回的不是 NULL。

摘要

12.1　引言

- 动态数据结构的大小会在执行过程中增大或减小。
- 链表是"链成一行"的一组数据项——插入和删除操作可以在链表中的任意位置上进行。
- 插入和删除操作只能在堆栈的顶部进行。
- 队列表示等待排队,插入操作只能在队列的后端(也称为尾部)进行,而删除操作只能在队列的前端(也称为头部)进行。
- 二元树能够实现高速的数据查找与排序,能够有效地消除数据项的冗余,可用于表示文件系统的文件目录,还可用于将算术表达式编译成机器语言的指令。

12.2　自引用结构体

- 一个自引用结构体中包含了一个指向与其类型相同的结构体的指针成员。
- 多个自引用结构体可以相互连接在一起,构成链表、队列、堆栈和树等数据结构。
- 空指针 NULL 通常用于表示一个数据结构的结束。

12.3　动态内存分配

- 创建和处理动态数据结构需要动态内存分配。
- 函数 malloc 和 free 以及运算符 sizeof 是实现动态内存分配的基础。
- 函数 malloc 以申请分配的字节数为实参,返回一个指向分配到的内存空间首地址的、类型为 void * 的指针。类型为 void *的指针可以被赋值给任意类型的指针变量。
- 函数 malloc 通常与运算符 sizeof 配合使用。
- 由函数 malloc 分配到的内存区域是未经初始化的。
- 如果系统没有可分配的内存,则函数 malloc 返回 NULL。
- 函数 free 释放内存空间。所以这块内存空间就可以在将来由系统重新分配。
- 为了创建和修改动态数组,C 提供了函数 calloc 和 realloc。

12.4　链表

- 链表是一组被称为节点的自引用结构体的线性排列。这些节点通过一个被称为"链接"的指针链接在一起。
- 对一个链表的访问是通过指向该链表首节点的指针来实现,而对后继节点的访问则要通过存储在每个节点内部的"链接"指针成员来实现。
- 最后一个节点的"链"指针成员习惯上被置成 NULL,以表示链表的末尾。
- 数据是动态地存储在链表中的——任何一个节点都只是在需要时才被创建。
- 一个节点可以存储包括其他类型的结构体在内的任何一种类型的数据。
- 由于链表是动态变化的,所以链表的长度可以根据需要增加或缩短。
- 链表的节点在内存中通常不是连续存储的。但在逻辑上链表的节点以连续的形式出现。

12.5　堆栈

- 堆栈可以认为是链表的一个带限制的版本,新的节点只能在堆栈的顶部压入或弹出堆栈——所谓的后进先出(LIFO)的数据结构。
- 堆栈的基本处理函数是 push 和 pop。函数 push 创建一个新节点并将其放到堆栈的顶部;函数 pop 将一个节点从堆栈的顶部弹出,并释放分配给该节点的内存空间,然后返回被弹出的数值。
- 无论何时进行一个函数调用,被调函数必须知道如何返回主调函数。为此就需要将返回地址压入一个堆栈中。如果发生了一系列的函数调用,这些连续的多个返回地址就按照后进先出的顺序被压入到堆栈中,以便每一个函数都能够正确地返回到它的主调函数。在堆栈的支持下,调用递归函数就可以采用调用普通的非递归的函数一样的方式。

- 编译器使用堆栈来计算表达式的值以及生成机器语言代码。

12.6　队列

- 队列的节点只能从队首移出队列，并只能从队尾插入队列——所谓的先进先出(FIFO)的数据结构。
- 插入队列和移出队列的操作，分别被称为 enqueue 和 dequeue。

12.7　树

- 树是一种非线性的、二维的数据结构。树的节点包含有两个或更多的链成员。
- 二元树是所有的节点都包含两个链成员的树。
- 根节点是树的第一个节点。二元树根节点的每一个"链"成员指向一个子节点。左子节点是左子树的第一个节点，右子节点是右子树的第一个节点。一个节点的所有子节点称为兄弟节点。
- 一个没有子节点的节点被称为叶节点。
- 二元搜索树(其节点中的值不会出现重复)的特点是：左子树中的值总是小于父节点中的值，而右子树中的值总是大于父节点中的值。
- 在一棵二元搜索树中，一个节点只能作为叶节点插入树中。
- 中序遍历的操作步骤是：先中序遍历左子树，再处理节点中的值，最后中序遍历右子树。只有在一个节点的左子树中的所有值都被处理完之后，这个节点中的值才会被处理。
- 对二元搜索树进行中序遍历就是按照升序处理节点中的值。创建一棵二元搜索树实际上就是对数据进行排序。因此，这个过程被称为二元树排序。
- 先序遍历的操作步骤是：首先处理节点中的值，然后先序遍历左子树，再先序遍历右子树。每个节点中的值都是在节点被访问时处理的。在一个给定节点的值被处理完之后，其左子树的值才会被处理，然后其右子树的值最后被处理。
- 后序遍历的操作步骤是：先后序遍历左子树，再后序遍历右子树，最后处理节点中的值。只有在一个节点的所有子节点的值都被处理完之后，这个节点的值才会被处理。
- 二元搜索树具有消除冗余的功能。在创建一棵树时，试图插入一个冗余值是很容易被发觉的，因为这个冗余值在经历跟它的原始值一样的比较时，会做出相同的"存于左边"或"存于右边"的决策。最终，这个冗余值会跟树中包含的与其等值的节点做比较，这时这个冗余值就会被直接丢弃了。
- 在二元树中查找一个与关键值相匹配的值也是很快的。若树是紧凑的，那么每一级包含的元素个数就等于上一级的两倍。所以一棵拥有 n 个元素的二元搜索树最多会有 $\log_2 n$ 层。这样最多经过 $\log_2 n$ 次比较就可以得出"发现匹配值"或"不存在匹配值"的结论。例如，搜索一棵(紧凑的)拥有 1000 个元素的二元搜索树时，由于 $2^{10} > 1000$，所以需要进行的比较次数不会超过 10 次。同理，搜索一棵(紧凑的)拥有 1 000 000 个元素的二元搜索树时，由于 $2^{20} > 1\,000\,000$，所以需要进行的比较次数不会超过 20 次。

自测题

12.1　填空

(a) 一个自_____的结构被用来构造动态数据结构。

(b) 函数_____被用来动态地分配内存。

(c) _____是一个特殊的链表，对该链表节点的插入和删除只能在链表头进行。

(d) 查看却不修改链表的函数被称为_____。

(e) 队列被称为是一种_____的数据结构。

(f) 链表中指向下一个节点的指针被称为_____。

(g) 函数_____被用来收回动态分配的内存。

(h) _____是一个特殊的链表,对该链表节点的插入只能在链表头进行而删除只能在链表尾进行。

(i) _____是一个非线性的二维数据结构,它包含的节点具有 2 个或者更多的"链接"。

(j) 由于最后插入的节点总是最先被弹出,所以堆栈被称为是_____的数据结构。

(k) _____树的节点包含两个"链接"成员。

(l) 树的第一个节点是_____节点。

(m) 树节点的每个链接总是指向节点的_____或者_____。

(n) 没有子节点的树节点被称为_____节点。

(o)(本章介绍的)三种遍历二元树的算法分别是_____、_____和_____。

12.2 链表和堆栈的区别是什么?

12.3 堆栈和队列的区别是什么?

12.4 请分别写出实现下列功能的一个或者一组程序语句。假设所有操作都在 main 函数中完成(因此不需要指针变量的地址),同时假设存在如下定义:

```c
struct gradeNode {
    char lastName[ 20 ];
    double grade;
    struct gradeNode *nextPtr;
};

typedef struct gradeNode GradeNode;
typedef GradeNode *GradeNodePtr;
```

(a) 创建一个名为 startPtr 的指向链表头的指针。这个链表是空的。

(b) 创建一个类型为 GradeNode 的、被类型为 GradeNodePtr 的指针 newPtr 所指向的新节点。将字符串"Jones"和数值 91.5 分别赋值给它的成员 lastName 和 grade(使用 strcpy 函数)。请给出所有必需的声明和语句。

(c) 假设 startPtr 指向的链表目前包含 2 个节点——一个节点包含"Jones"而另一个包含"Smith"。这些节点按照字母顺序排列。请给出按顺序插入包含如下 lastName 和 grade 的节点所必需的语句:

```
"Adams"        85.0
"Thompson"     73.5
"Pritchard"    66.5
```

使用指针 previousPtr,currentPtr 和 newPtr 来完成插入操作。请说明在每次插入前 previousPtr 和 currentPtr 都指向什么。假设 newPtr 总是指向新节点而且新节点已经被赋值。

(d) 请编写一个 while 循环语句来打印链表中每个节点的数据。请使用指针 currentPtr 沿链表移动。

(e) 请编写一个 while 循环语句来删除链表的所有节点并释放每个节点占用的内存。请分别使用指针 currentPtr 和 tempPtr 沿链表移动和释放内存。

12.5 (二元搜索树遍历)对于如图 12.22 所示的二元树,给出中序遍历、先序遍历和后序遍历的结果。

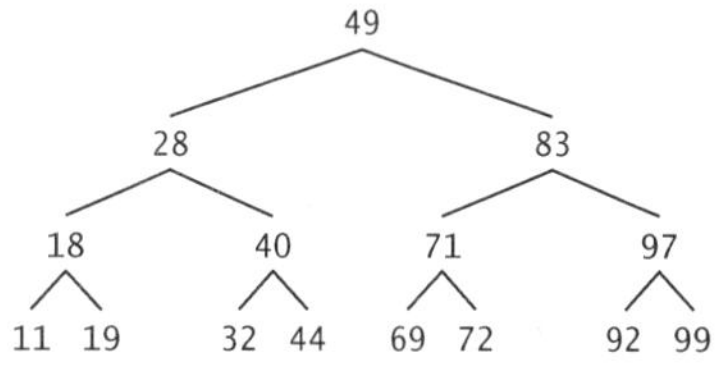

图 12.22　一个具有 15 个节点的二元搜索树

自测题答案

12.1 (a) 引用。(b) malloc。(c) 堆栈。(d) 断言函数。(e) FIFO。(f) 链接。(g) free。(h) 队列。(i) 树。(j) LIFO。(k) 二元。(l) 根。(m) 子节点,子树。(n) 叶子。(o) 中序(in-order)、先序(pre-order)和后序(post-order)。

12.2 对于链表,可以在其中的任意位置上插入或者删除一个节点。而对于堆栈,只允许在栈顶插入或者删除一个节点。

12.3 一个队列拥有指向头和尾的两个指针,在队列头插入一个节点并在队列尾删除一个节点。一个堆栈只拥有指向栈顶的一个指针,插入和删除操作都只能在栈顶进行。

12.4 (a) GradeNodePtr startPtr = NULL;

(b) GradeNodePtr newPtr;
```
    newPtr = malloc( sizeof( GradeNode ) );
    strcpy( newPtr->lastName, "Jones" );
    newPtr->grade = 91.5;
    newPtr->nextPtr = NULL;
```

(c) 插入"Adams"：

previousPtr 为 NULL，currentPtr 指向链表的第一个元素。
```
newPtr->nextPtr = currentPtr;
startPtr = newPtr;
```
插入"Thompson"：
previousPtr 指向链表的最后一个元素(包含"Smith")。
currentPtr 为 NULL。
```
newPtr->nextPtr = currentPtr;
previousPtr->nextPtr = newPtr;
```
插入"Pritchard"：
previousPtr 指向包含"Jones"的链表节点。
currentPtr 指向包含"Smith"的链表节点。
```
newPtr->nextPtr = currentPtr;
previousPtr->nextPtr = newPtr;
```

(d)
```
currentPtr = startPtr;
while ( currentPtr != NULL ) {
    printf( "Lastname = %s\nGrade = %6.2f\n",
            currentPtr->lastName, currentPtr->grade );
    currentPtr = currentPtr->nextPtr;
}
```

(e)
```
currentPtr = startPtr;
while ( currentPtr != NULL ) {
    tempPtr = currentPtr;
    currentPtr = currentPtr->nextPtr;
    free( tempPtr );
}
startPtr = NULL;
```

12.5 中序遍历的结果：

11 18 19 28 32 40 44 49 69 71 72 83 92 97 99

先序遍历的结果：

49 28 18 11 19 40 32 44 83 71 69 72 97 92 99

后序遍历的结果：

11 19 18 32 44 40 28 69 72 71 92 99 97 83 49

练习题

12.6 (**链表的拼接**)请编写一个程序来拼接两个字符链表。这个程序应包含接收指向两个链表的指针作为实参然后将第二个链表拼接到第一个链表后面的函数 concatenate。

12.7 (**有序链表的合并**)请编写一个程序将两个有序的整数链表合并成一个有序的整数链表。函数 merge 接收分别指向两个待合并的链表的第一个节点的指针作为实参，并返回指向合并后链表的第一个节点的指针。

12.8 (**对一个有序链表的插入**)请编写一个程序将 0 ~ 100 之间的 25 个随机整数按顺序插入到链表中，程序还要计算所有元素之和以及浮点数类型的平均值。

12.9 (**创建一个链表，然后将其元素颠倒过来**)请编写一个程序来创建一个存储 10 个字符的链表，然后按相反顺序创建该链表的一个副本。

12.10 (**将一个句子中的单词颠倒过来**)请编写一个程序来输入一行文本，然后使用堆栈将这行文本以相反的顺序打印出来。

12.11 (**回文检测器**)请编写一个程序使用堆栈来判断一个字符串是否是一个回文(即正向、反向拼写都是一样的字符串)，这个程序将忽略空格和标点符号。

12.12 (**中缀到后缀转换器**)编译器使用堆栈来计算表达式的值和产生机器语言代码。在本练习题和下一个练习题中，我们将研究编译器如何计算只包含常量、运算符和圆括号的算术表达式的值。

人们在书写表达式时通常将运算符(这里是+或/)写在操作数的中间，例如 3 + 4 和 7 / 9——这称为**中缀表示法**(infix notation)。但是计算机更喜欢将运算符写在它的两个操作数的右边的**后缀表示法**(postfix notation)。前面的两个中缀表达式可以分别转换成 3 4 + 和 7 9 / 的后缀表达式。

为了计算一个复杂的中缀表达式的值，编译器首先要将其转换成后缀表达式，然后计算后缀表达式的值。其中所采用的两个算法都只需从左到右扫描一遍表达式即可。这两个算法都使用堆栈来支持它们的操作，但是它们使用堆栈的目的是不同的。

在本练习题中，请设计一个将中缀转换成后缀的算法。在下一个练习题中，请设计一个计算后缀表达式值的算法。

请编写一个程序将像

```
(6 + 2) * 5 - 8 / 4
```

这样的只有一位数字整数的普通中缀算术表达式(设输入的表达式是合法的)转换成后缀表达式。前面这个中缀表达式对应的后缀表达式为

```
6 2 + 5 * 8 4 / -
```

程序首先将表达式读入字符数组 infix，然后使用本章实现的堆栈函数来创建后缀表达式并将结果存入字符数组 postfix。创建后缀表达式的算法如下：

(1)将一个左圆括号'('压入堆栈。

(2)在数组 infix 的末尾添加一个右圆括号')'。

(3)如果堆栈非空，则从左向右读数组 infix 并执行下列操作：

　如果 infix 中的当前字符是数字，则将其复制到数组 postfix 的下一个元素。

　如果 infix 中的当前字符是左圆括号，则将其压入堆栈。

　如果 infix 中当前的字符是运算符，则

　如果栈顶运算符(如果有的话)的优先级等于或者高于当前运算符的优先级，则将其弹出堆栈并插入到数组 postfix 中。

将 infix 中的当前字符压入堆栈。

　如果 infix 中的当前字符是右圆括号，则

　将运算符从栈顶弹出并将其插入到数组 postfix 中，直到有一个左圆括号出现在栈顶。

　将左圆括号弹出堆栈(并丢弃)。

　允许出现在一个表达式中的算术运算符如下：

　+　　加法

　-　　减法

　*　　乘法

　/　　除法

　^　　求幂

　%　　取余数

堆栈将用如下声明来实现：

```
struct stackNode {
    char data;
    struct stackNode *nextPtr;
};
typedef struct stackNode StackNode;
typedef StackNode *StackNodePtr;
```

程序将由 main 函数和其他 8 个带有如下函数头的函数组成：

```
void convertToPostfix(char infix[], char postfix[])
```

将中缀表达式转换成后缀表达式。

```
int isOperator(char c)
```

判断 c 是否是一个运算符。

```
int precedence(char operator1, char operator2)
```

判断运算符 operator1 的优先级是小于、等于还是大于运算符 operator2 的优先级。相应地，函数返回–1、0 和 1。

```
void push(StackNodePtr *topPtr, char value)
```

将一个值压入堆栈。

```
char pop(StackNodePtr *topPtr)
```

将一个值弹出堆栈。

```
char stackTop(StackNodePtr topPtr)
```

在不弹出堆栈的情况下返回栈顶的值。

```
int isEmpty(StackNodePtr topPtr)
```

判断堆栈是否为空。

```
void printStack(StackNodePtr topPtr)
```

打印堆栈。

12.13 (后缀表达式的计算程序) 请编写一个程序来计算类似下面这样的后缀表达式的值（假设它是合法的）：

```
6 2 + 5 * 8 4 / –
```

程序将一个由一位数字操作数和运算符组成的后缀表达式读入到一个字符数组中。使用在本章已经实现的堆栈函数，程序将扫描这个表达式并计算它的值。算法如下：

(1) 在后缀表达式的末尾添加空字符('\0') 。当遇到空字符时，就不再处理了。

(2) 如果没有遇到字符 '\0'，则从左向右读入表达式，并执行

如果当前字符是数字，

则将它的整数值压入堆栈(数字字符的整数值等于它在计算机字符集中的值减去字符'0'在计算机字符集中的值)。

否则，如果当前字符是一个运算符 operator，则

将栈顶的两个元素弹出并分别赋值给变量 x 和 y。

计算 y operator x 的值。

将计算结果压入堆栈。

(3) 当在表达式中遇到空字符时，弹出栈顶的值。这就是后缀表达式的结果

[提示：在上面的(2)中，若运算符是'/'，栈顶的第一个元素是 2，而第二个元素是 8，则将 2 弹出赋予 x，将 8 弹出赋予 y，然后计算 8/2，将结果 4 压回堆栈。本提示也适用于其他的二元运算符]。

允许出现在一个表达式中的算术运算符如下：

+   加法

–   减法

```
*    乘法
/    除法
^    求幂
%    取余数
```

堆栈将用如下声明来实现：

```
struct stackNode {
    int data;
    struct stackNode *nextPtr;
};

typedef struct stackNode StackNode;
typedef StackNode *StackNodePtr;
```

程序将由 main 函数和其他 6 个带有如下函数头的函数组成：

```
int evaluatePostfixExpression(char *expr)
```

计算后缀表达式的值。

```
int calculate(int op1, int op2, char operator)
```

计算表达式 op1 operator op2 的值。

```
void push(StackNodePtr *topPtr, int value)
```

将一个值压入堆栈。

```
int pop(StackNodePtr *topPtr)
```

将一个值弹出堆栈。

```
int isEmpty(StackNodePtr topPtr)
```

判断堆栈是否为空。

```
void printStack(StackNodePtr topPtr)
```

打印堆栈。

12.14 **(后缀表达式计算程序的修改)** 修改练习题 12.13 中的后缀表达式计算程序使其能够处理大于 9 的整数操作数。

12.15 **(超市模拟)** 请编写一个程序来模拟超市中的收银台。这个收银台处理的是一个队列。顾客按照随机的 1~4 分钟的整数时间间隔到达收银台。每个顾客被服务的时间也是一个随机的 1~4 分钟的整数时间。显然，到达速率和服务速率应该是平衡的。如果到达速率大于服务速率，则等待服务的队列将无限延长。即使是速率平衡，也会偶尔出现排长队的情况。使用如下算法运行程序来模拟超市一天 12 小时(720 分钟)的情况：

(1)在 1~4 之间选择一个随机整数作为第一个顾客到达收银台的时间。

(2)在第一个顾客到达的时间：

　　确定顾客的服务时间 (1~4 之间的随机整数)；

　　开始服务第一个顾客；

　　确定下一位顾客的到达时间(1~4 之间的随机整数加上当前时间)。

(3)对于一天内的每一分钟：

　　如果下一位顾客到达

　　真的，的确要付款(Say so)；

　　顾客加入排队；

　　确定下一位顾客的到达时间；

　　如果上一位顾客的服务已经完毕；

　　真的，确实离开(Say so)；

下一位顾客移出排队接受服务；

确定顾客的服务完成时间(1~4 之间的随机整数加上当前时间)。

现在运行程序 720 分钟，并回答下列问题：

(a)在这段时间内，排队最长时的顾客人数是多少？

(b)顾客经历的最长等待时间是多少？

(c)如果到达时间的间隔从 1~4 分钟改为 1~3 钟会发生什么变化？

12.16 (允许二元树包含重复的数据)修改图 12.19 的程序使其允许二元树包含重复的数据。

12.17 (存储字符串的二元搜索树)基于图 12.19 的程序编写一个新程序。这个新程序输入一行文本，将这个句子标号化成独立的单词，再将这些单词插入到一棵二元搜索树中，最后分别打印按照中序、先序和后序遍历这棵树的结果(提示：将一行文本读入一个数组。使用函数 strtok 将其标号化。当找到一个标号时，为这棵树创建一个新节点，将函数 strtok 返回的指针赋值给新节点的成员 string，最后将该节点插入到树中)。

12.18 (冗余消除)本章中，我们看到采用二元搜索树来消除冗余是很直观的。若使用单下标数组，请说明如何实现冗余消除。请从性能上比较基于数组的冗余消除与基于二元搜索树的冗余消除。

12.19 (二元树的深度)请编写一个函数 depth，该函数接收一棵二元搜索树作为实参然后确定该树的层数。

12.20 (递归地从后往前打印链表)请编写一个函数 printListBackwards 来递归地倒序输出链表中的内容。将该函数应用于先创建一个有序的整数链表然后倒序打印链表的测试程序中。

12.21 (递归地查找链表)请编写一个函数 searchList 来递归地在链表中查找某个指定的值。若找到，函数返回指向这个值的指针，否则返回 NULL。将该函数应用于创建一个整数链表的测试程序中，该程序将提示用户输入待查找定位的数据。

12.22 (二元树查找)请编写一个函数 binaryTreeSearch 来找出一个指定值在二元搜索树中的位置。该函数将接收指向二元树的根节点的指针以及待查找的关键值作为实参。若查找到包含关键值的节点，则返回指向该节点的指针；否则返回一个 NULL 指针。

12.23 (二元树的层序遍历)图 12.19 中的程序演示了遍历二元树的三种递归方法——中序遍历、先序遍历和后序遍历。本练习题将介绍二元树的**层序遍历**(**Level order traversal**)，这种方法从根节点层开始逐层打印每个节点的值。位于同一层的节点将按从左向右的顺序打印。逐层遍历并不是一种递归算法。它采用队列数据结构来控制节点的输出。算法的步骤如下：

(1)将根节点插入队列

(2)如果队列中还有节点，则

    取队列中的下一个节点

    打印该节点的值

    如果该节点的指向左子节点的指针不为 NULL，则

    将左子节点插入队列

    如果该节点的指向右子节点的指针不为 NULL，则

    将右子节点插入队列

请编写一个函数 levelOrder 来逐层遍历一棵二元树。该函数将接收指向二元树根节点的指针作为实参。修改图 12.19 的程序使其使用这个函数。将这个函数的输出结果与其他遍历算法的输出结果进行比较，以验证该函数工作是正确的(提示：还需要对图 12.13 中的队列处理函数进行修改，并将其合并到这个程序中)。

12.24 (树的打印)请编写一个递归函数 outputTree 来将二元树显示在计算机屏幕上。该函数将一行一行地输出二元树，让二元树的顶端显示在屏幕的左侧而二元树的底部向着屏幕的右侧。每一行是垂直输出的。例如图 12.22 中的二元树的输出结果如下：

注意：最右边的叶节点将出现在输出区域顶部的最右边那一列，而根节点则出现在输出区域的左侧。输出结果的每一列是从前一列向右空出 5 个空格处开始打印。函数 outputTree 将接收指向一棵树根节点的指针以及代表被打印值前面的空格数的一个整型变量 totalSpaces（这个变量的值将从零开始使得根节点被输出在屏幕的左侧）作为实参。该函数将采用一个修改过的中序遍历算法来输出二元树。算法如下：

当指向当前节点的指针不为 NULL 时，则

用当前节点的右子树和 totalSpaces+5 来递归地调用函数 outputTree。

使用一个 for 语句来从 1 到 totalSpaces 计数并输出空格。

输出当前节点的值。

用当前节点的左子树和 totalSpaces+5 来递归地调用函数 outputTree。

专题：创建自己的编译器

在练习题 7.27 至练习题 7.29 中，我们介绍了 Simpletron 机器语言（Simpletron Machine Language，SML），还实现了一个 Simpletron 计算机模拟器来运行采用 SML 编写的程序。在练习题 12.25 至练习题 12.29 中，将创建一个将采用高级语言编写的程序转换成 Simpletron 机器语言程序的编译器。这个专题将程序设计的全过程 "捆绑在一起"。我们将用新的高级语言来编写一些程序，用我们创建的这个编译器来编译这些程序，然后用在练习题 7.28 中创建的 Simpletron 计算机模拟器来运行这些程序（提示：由于练习题 12.25 至练习题 12.29 所占的篇幅很大，所以我们将其以 PDF 文档的形式放在互联网上，网址为 www.deitel.com/books/chtp8/）。

第 13 章 C 预 处 理

学习目标

在本章中，读者将学习以下内容：

- 使用#include 来开发大型程序。
- 使用#idefine 来创建带或不带实参的宏。
- 使用条件编译来指定程序中不总是需要编译的部分(如辅助程序调试的那部分代码)。
- 在条件编译的过程中显示出错信息。
- 使用断言来测试表达式的值是否正确。

提纲

13.1 引言

C 的预处理(C preprocessor)是在程序被编译之前执行的。执行的处理操作有：

- 将其他文件包含到正在被编译的文件中来
- 定义**符号常量**(Symbolic constant)和**宏**(Macro)
- 程序代码的**条件编译**(Conditional compilation)
- **有条件地执行预处理命令**(Conditional execution of preprocessor directive)

所有的预处理命令都是以#开头的。在同一行中，只有空格和注释可以出现在预处理命令之前。

相比其他现代的程序设计语言，C 拥有最大的"遗产代码"库。毕竟它已经被广泛使用 40 多年了。作为一名专业的程序员，很可能会遇到多年前基于过时的编程技术编写的代码。为了应对这种情况，本章将讨论一些之前的技术，并推荐能替代它们的新技术。

13.2 #include 预处理命令

整本书中都用到了**#include 预处理命令**(#include preprocessor directive)。该命令的功能是将指定文件的一个副本包含到该命令所在的位置上。#include 命令有如下两种形式:

```
#include <filename>
#include "filename"
```

它们的差别在于查找欲包含文件的起始位置不同。若文件名用尖括号(<和>)括起来——用于标准函数库的头文件,则预处理程序就会按照一种依赖于系统实现的方式,通常是在预先指定的编译器和系统目录中进行查找。若文件名用双引号引起来,则预处理程序就从待编译文件所在的目录里开始查找欲包含的文件。这种方法常用来包含程序员自定义的头文件。若编译器在当前目录中没有找到目标文件,则转至预先指定的编译器和系统目录中继续查找。

#include 命令用于包含像 stdio.h 和 stdlib.h(参见图 5.10)这样的标准函数库的头文件以及将由若干个源文件组成的程序放在一起编译。被不同的程序源文件所共用的声明常常被编辑成一个头文件,然后被包含到源程序中。这种声明的例子有:

- 结构体和共用体的声明
- typedef 声明
- 枚举
- 函数原型

13.3 #define 预处理命令:符号常量

#define 预处理命令用来创建符号常量(以符号形式表示的常量)和宏(以符号形式定义的操作)。#define 命令的格式:

#define *identifier* *replacement-text*

当这一行出现在一个文件中时,其后出现的所有 identifier(标识符)都会在程序编译前被自动地替换成 replacement-text(替换文本),除非它出现在字符串文本或注释中。例如

#define PI 3.14159

将使得其后出现的符号常量 PI 全部被自动替换成数值常量 3.14159。符号常量允许你为一个常量起名字并在整个程序中使用这个名字。

错误预防提示 13.1

符号常量右边的所有内容都会被用来替换该符号常量。例如,#define PI = 3.14159 将会使得程序中所有的 PI 都被"= 3.14159"替换,从而导致很多难以捉摸的逻辑错误和语法错误。为此,相比前面的#define,最好还是选择 const 变量声明,例如 const double PI =3.14159。

常见的编程错误 13.1

用一个新值来再次定义一个符号常量是错误的。

软件工程视点 13.1

使用符号常量可以使程序更容易修改。相比要在整个程序中搜索每一处出现某个数值的地方并修改它,引入符号常量后,只需在#define 命令中对符号常量修改一次即可。这样当程序被重新编译后,程序中出现这个常量的所有地方都会被相应地修改了。

良好的编程习惯 13.1

用一个有意义的名字给符号常量命名,可使得文件具有自注释的特性。

良好的编程习惯 13.2

习惯上，只用大写字母和下画线来为符号常量命名。

13.4　#define 预处理命令：宏

宏是#define 预处理命令定义的一种标识符。与符号常量一样，程序中的所有**宏标识符**(Macro-identifier)也要在程序被编译之前用其对应的**替换文本**(Replacement-text)来替换。宏的定义可以带**参数**(Argument)，也可以不带。不带参数的宏在处理上与符号常量没有差别。但对于带参数的宏，参数将会被代入到替换文本中，这样宏就**被展开了**(Expanded)——即程序中的宏标识符和参数列表都被替换文本替换了。注意：符号常量也是一种类型的宏。

13.4.1　带一个参数的宏

来看下面这个为计算一个圆的面积而定义的带一个参数的宏：

#define CIRCLE_AREA(x) ((PI) * (x) * (x))

展开带一个参数的宏

此后，凡是出现 CIRCLE_AREA(y)的地方，y 的值都会被代入到替换文本中 x 的位置，符号常量 PI 也被它自己的值替换(前面已定义)，然后宏就被展开了。例如，语句

    area = **CIRCLE_AREA(4)**;

将被展开为

    area = **((3.14159) * (4) * (4))**;

然后，在编译时，表达式的值就被计算出来并赋给变量 area。

圆括号的重要性

当宏的参数是一个表达式时，替换文本中将 x 括起来的圆括号能够保证表达式按照正确的顺序计算。例如，语句

    area = **CIRCLE_AREA(c + 2)**;

将被展开为

    area = **((3.14159) * (c + 2) * (c + 2))**;

由于存在圆括号，所以表达式的值能够按照正确的顺序计算。如果没有圆括号的话，那么宏将被展开为

    area = **3.14159 * c + 2 * c + 2**;

这样，根据运算符优先级的规定，表达式的值就会被错误地计算为

    area = **(3.14159 * c) + (2 * c) + 2**;

错误预防提示 13.2

为避免发生逻辑错误，在替换文本中，请用圆括号将宏的参数括起来。

最好定义成一个函数

将宏 CIRCLE_AREA 定义成一个函数会更安全。函数 circleArea 的定义如下：

```
double circleArea(double x)
{
    return 3.14159 * x * x;
}
```

这个函数执行与宏 CIRCLE_AREA 相同的计算，但是函数的参数只有在函数被调用时才会被定值一次且仅一次，而且编译器会对函数进行类型检查——预处理不支持类型检查。

性能提示 13.1

过去，为了避免调用函数的开销，宏被用来以内联代码(inline code)替换函数调用。但目前优化的编译器常常会将函数进行内联，所以程序员就不用再为这个目的而使用宏了。若的确需要内联，可使用 C 标准提供了关键字 inline(参见附录 E)。

13.4.2　带两个参数的宏

下面是一个为计算矩形面积而定义的带两个参数的宏：

```
#define RECTANGLE_AREA(x, y)  ((x) * (y))
```

此后，凡是出现 RECTANGLE_AREA(x, y)的地方，x 和 y 的值都会被代入到宏替换文本中，然后宏就在宏名的位置上被展开了。例如，语句

```
rectArea = RECTANGLE_AREA(a + 4, b + 7);
```

将被展开为

```
rectArea = ((a + 4) * (b + 7));
```

表达式的值将在运行时被计算出来并赋给变量 rectArea。

13.4.3　宏连续符

宏或者符号常量的替换文本是在#define 预处理命令这一行中位于标识符之后的所有文本。如果这一行的剩余空间不够写下宏或者符号常量的替换文本，则必须在行的末尾加上一个**反斜杠**(\)，表示下一行继续是替换文本。

13.4.4　#undef 预处理命令

符号常量和宏可以用**#undef 预处理命令**(#undef preprocessor directive)来撤销。预处理命令#undef用于撤销对符号常量或宏名的定义。所以，符号常量和宏的作用域是从它们的定义开始到它们被#undef命令撤销为止，或者到文件末尾为止。一旦被撤销，宏名或符号常量可用#define 重新定义。

13.4.5　标准库函数和宏

标准函数库中的函数有时也被定义成一个基于其他库函数的宏。在 stdio.h 头文件中一般都有一个宏是

```
#define getchar() getc(stdin)
```

宏 getchar 被定义为使用函数 getc 从标准输入流中获得一个字符。stdio.h 头文件中的函数 putchar 以及 ctype.h 头文件中的字符处理函数也常常是用宏来实现的。

13.4.6　不要把带有副作用的表达式放在宏中

带有副作用(即变量的值可以被修改)的表达式不应该被传递给宏，因为宏的参数可能会被多次求值。在 13.11 节中，我们将给出一个这样的例子。

13.5　条件编译

条件编译使用户能够控制预处理命令的执行以及对程序代码的编译。每一个条件预处理命令都要计算一个整型常量表达式的值。但是类型强转表达式、sizeof 表达式以及枚举常量的值不能在预处理命令中计算。

13.5.1　# if...# endif 预处理命令

条件预处理命令的结构非常类似于 if 选择语句。让我们看看下面这段预处理命令代码：

```
#if !defined(MY_CONSTANT)
    #define MY_CONSTANT 0
#endif
```

这些命令首先判断 MY_CONSTANT 是否被定义了——即 MY_CONSTANT 是否已经出现在前面的 # define 命令中。若已经定义了,则表达式 defined (MY_CONSTANT)被定值为 1,否则定值为 0。若定值为 0,则!defined(MY_CONSTANT)被定值为 1,并且用#define 命令定义宏 MY_CONSTANT,否则 #define 命令就被跳过。

每个**#if**结构都以**#endif**来结束。预处理命令**#ifdef**和**#ifndef**是#if defined (name) 和#if !defined (name) 的缩写形式。对于多分支的条件预处理结构,需使用命令**#elif**(等价于 if 语句中的 else if)和**#else**(等价于 if 语句中的 else)来测试。这些命令常被用来防止头文件被多次包含到同一个源文件中——这个技术大量出现在本书的 C++部分。这些命令还常用来"启用"或"停用"部分代码以使得软件可移植于不同的平台上。

13.5.2　用# if…# endif 将代码块注释起来

在程序开发过程中,常常需要将某部分代码"注释起来"使它们不参加编译。但是如果代码本身已经含有多行注释,那么就不能使用注释符号/*和*/来完成这个任务,因为这样的注释是不能嵌套的。这时可以改用如下的预处理命令:

if 0
　　不需要参加编译的代码
endif

若要让这部分代码参加编译,则只需将上述结构中的 0 改成 1 即可。

13.5.3　对调试代码的条件编译

条件编译一般用于程序调试。很多 C 语言的版本都提供了调试器(Debugger),这些调试器的功能比条件编译要强得多。但是若没有调试器,程序员就要使用 printf 语句来打印某些变量的值以验证控制的流向。对于这样的 printf 语句最好是用条件预处理命令封装起来使其仅仅在程序调试过程中参加编译。例如

```
#ifdef DEBUG
    printf("Variable x = %d\n", x);
#endif
```

的功能是:只有在#ifdef DEBUG 命令之前定义了符号常量 DEBUG(#define DEBUG),上面那条 printf 语句才会参加编译。当调试完毕,将#define 命令从源程序中删除或"注释起来",这样为调试而插入的 printf 语句就会在编译时被忽略掉。在大型软件开发中,可能需要定义若干个不同的符号常量来分别控制源程序中不同部分的条件编译。很多编译器允许你用一个编译选项来对像"DEBUG"这样的符号常量进行"定义"或"取消定义",这样每次编译时只需应用这个选项即可而无须修改代码。

错误预防提示 13.3

为了调试而在程序中只能出现单条语句(如一个控制语句的语句体)的地方,插入了条件编译的 printf 语句。这时,就必须将条件编译语句封装成一个复合语句。

13.6　#error 和#pragma 预处理命令

预处理命令#error:

#error *tokens*

将打印出包含预处理命令中指定 tokens(标记)的信息,信息的具体内容与系统的实现有关。标记是用空

格分隔的一个字符序列。例如，下面这条#error 命令：

#error 1 - Out of range error

包含了 6 个标记。当在某些系统中执行#error 命令时，命令中的标记将被作为出错信息显示出来，然后终止预处理，并停止程序编译。

预处理命令#pragma：

#pragma *tokens*

将执行一个系统实现中已经定义好的操作。不能被系统实现识别出来的 pragma 将被忽略掉。如果想了解更多的关于预处理命令#error 和#pragma 的信息，请参阅 C 语言的实现文档。

13.7　#和# #运算符

#运算符将替换文本中的标记转换成一个用引号引起来的字符串。来看下面这个宏定义：

#define HELLO(x) puts("Hello, " #x);

当程序中出现 HELLO（John）时，它将被展开成

    puts("Hello, " "John");

字符串 John 代替了替换文本中的#x。用空格分开的字符串将在预处理时被拼接起来。所以上面那条语句等价于

    puts("Hello, John");

注意：#运算符必须用在一个带参数的宏中，因为#的操作数就是宏的参数。

\## 运算符用于将两个标记拼接在一起。来看下面这个宏定义：

#define TOKENCONCAT(x, y) x ## y

当程序中出现 TOKENCONCAT 时，它的两个参数将被拼接在一起并用来替换宏。例如，程序中的 TOKENCONCAT（O, K）将会被 OK 替换。## 运算符必须有两个操作数。

13.8　行号

预处理命令#line 的功能是：使得在它之后的后继程序代码行，按照命令中给定的整型常数值，重新编排序号。例如，下面的命令：

#line 100

使下一行程序代码的行号从 100 开始。#line 命令中还可以包含文件名。下面这条命令：

#line 100 "file1.c"

表示：从下一行程序代码开始，后继代码行的行号从 100 开始编号。同时，任何编译器消息采用的文件名都是"file1.c"。#line 命令有助于让由语法错误和编译器警告产生的信息更好理解。这些行号并不出现在源程序文件中。

13.9　预定义的符号常量

标准 C 中提供了**一些预定义的符号常量**（Predefined symbolic constant）。常见的预定义的符号常量如图 13.1 所示——其余的请查阅 C 标准文档的 6.10.8 节。表示预定义符号常量的标识符都以一个下画线开始并以一个下画线结束，它们常用于在出错信息中增加一些额外内容。这些标识符和defined标识符（在 13.5 节使用的标识符）都不能用于#define 或#undef 命令中。

符号常量	说　　明
__LINE__	源程序文件中当前代码行的行号(整型常量)
__FILE__	源文件名(一个字符串)
__DATE__	编译源文件的日期(格式为"Mmm(月)dd(日)yyyy(年)"的字符串，例如"Jan 19 2002")
__TIME__	编译源文件的时间(格式为"hh(时):mm(分):ss(秒)"的字符串文本)
__STDC__	如果编译器支持标准 C，则它的值为 1，否则为 0。在 Visual C++中需要输入编译选项/Za

图 13.1　常见的预定义的符号常量

13.10　断言

宏 **assert**——在头文件**<assert.h>**中定义——将在运行时测试一个表达式的值。若值为假(0)，则 assert 打印出错信息并调用函数 abort(在通用工具函数库**<stdlib.h>**中定义)来结束程序的执行。这是一个用于测试某个变量的值是否正确的调试工具。例如，假设程序中变量 x 的值绝对不会超过 10，那么我们就可以引入一个断言来测试 x 的值，并在 x 的值大于 10 时打印出一条出错信息。这个断言可以写成

```
assert(x <= 10);
```

当它的上一条语句执行完后，若 x 大于 10，则包含有行号及断言所在文件的文件名的出错信息就被打印出来，然后程序终止。于是就可以关注这一部分的代码，找出其中的错误。

若定义了符号常量 NDEBUG，那么其后的所有断言将被忽略掉。所以，当不再需要断言时，只需在程序中插入下面这一行即可。

```
#define NDEBUG
```

不必去逐条地删除每一个断言。很多编译器都支持"调试"和"发布"模式来分别自动对 NDEBUG 进行"定义"或"取消定义"。

软件工程视点 13.2

断言并不能够作为程序运行时处理错误的手段，它只能在程序开发过程中发现逻辑错误。

13.11　安全的 C 程序设计

在 13.4 节中定义的宏 CIRCLE_AREA：

```
#define CIRCLE_AREA(x) ((PI) * (x) * (x))
```

被认为是不安全的宏，因为它的参数 x 被多次定值。这会引起细微的错误。若宏的参数包含副作用——例如给一个变量增 1 或调用修改一个变量的函数——这些副作用将会多次执行。

例如，像下面这样调用宏：

```
result = CIRCLE_AREA(++radius);
```

将会把宏扩展为

```
result = ((3.14159) * (++radius) * (++radius));
```

其中，radius 就增值两次。另外，上述语句的执行结果是未定义的，因为在一条语句中 C 只允许变量被修改一次。在函数调用中，在被传递给函数前，参数仅允许定值一次。所以，相对于不安全的宏，请优先选择函数。

摘要

13.1　引言

● **预处理**是在程序被编译前进行的。

- 所有的**预处理命令**都是以#开头的。
- 在同一行中，只有空格和注释可以出现在预处理命令之前。

13.2 #include 预处理命令

- **#include** 命令用来包含指定文件的副本。如果要包含的文件名是用双引号引起来的，则预处理程序就从待编译文件所在的目录里开始查找欲包含的文件。若要包含的文件名是用尖括号(<和>)括起来的，像处理标准函数库的头文件那样，则查找是按照系统实现时定义的方式进行。

13.3 #define 预处理命令：符号常量

- **#define** 预处理命令用来创建符号常量和宏。
- **符号常量**是一个常量的名字。

13.4 #define 预处理命令：宏

- **宏**是由一个#define 预处理命令定义的一个操作。宏可以定义为带或不带**参数**。
- 符号常量的标识符或者将宏参数列表括起来的右圆括号之后的文本被指定为**替换文本**。如果一个宏或符号常量的替换文本的长度大于一行的剩余空间，则要在行末放置一个**反斜杠**(\)来表示替换文本在下一行继续。
- 符号常量和宏可以由**预处理命令#undef** 来丢弃。预处理命令#undef 可撤销对符号常量或宏名的定义。
- 符号常量和宏的**作用域**是从定义开始到用#undef 撤销或到文件末尾为止。

13.5 条件编译

- **条件编译**使你能够控制预处理命令的执行以及对程序代码的编译。
- **条件预处理命令**可以计算整型常量表达式的值。但是类型强转表达式、sizeof 表达式和枚举常量的值不能在预处理器命令中计算。
- 每个**# if** 结构都是以**# endif** 来结束的。
- 预处理命令# ifdef 和# ifndef 是# if defined(name) 和# if !defined(name) 的缩写。
- 对于**多分支的条件编译预处理结构**，需使用预处理命令**#elif** 和**#else** 来测试。

13.6 #error 以及#pragma 预处理命令

- **#error** 预处理命令将打印出包含命令中指定标记的与系统的实现有关的信息。
- **#pragma** 预处理命令将执行一个系统实现中已经定义好的操作。不能被系统实现识别出来的pragma 将被忽略掉。

13.7 #和##运算符

- **#运算符**将替换文本中的标记转换成一个用引号引起来的字符串。#运算符必须用在一个带参数的宏中，因为#的操作数就是宏的参数。
- **##运算符**用来将两个标记拼接在一起。##运算符必须有两个操作数。

13.8 行号

- **# line** 预处理命令将使得在它之后的后继程序代码行，按照命令中给定的整型常数值，重新编排序号。

13.9 预定义的符号常量

- 常量**__LINE__**表示当前源代码行的行号(一个整数)。
- 常量**__FILE__**表示文件名(一个字符串)。
- 常量**__DATE__**表示编译源文件的日期(一个字符串)。
- 常量**__TIME__**表示编译源文件的时间(一个字符串)。
- 常量**__STDC__**表示编译器是否支持标准 C。
- 每一个预定义的符号常量，都是以一个下画线开始，并以一个下画线结束的。

13.10 断言

● 宏 **assert**（头文件<**assert.h**>）测试一个表达式的值。如果表达式的值为"假(0)"，则 assert 打印出错信息并调用**函数 abort** 来结束程序的执行。

自测题

13.1 填空

(a)预处理命令必须以_____开始。

(b)通过使用_____和_____命令测试多个条件，条件编译结构可以扩展成多分支结构。

(c)宏和符号常量是由_____命令创建的。

(d)在同一行中，只有_____字符可以出现在预处理命令之前。

(e)_____命令撤销符号常量以及宏名。

(f)#if defined(name)和#if !defined(name)命令的简写是_____和_____。

(g)_____使程序员可以控制预处理命令的运行和程序代码的编译。

(h)_____宏在其中表达式的值为零的情况下，将打印信息并且终止程序的运行。

(i)_____命令将一个文件插入到另一个文件中。

(j)_____运算符连接它的两个参数。

(k)_____运算符将它的操作数转换为字符串。

(l)字符_____指出：符号常量或者宏的替换文本在下一行继续。

(m)_____命令使代码行从下一行开始，按指定的行号开始重新编号。

13.2 编写一个程序，来打印图 13.1 中列出的预定义的符号常量的值。

13.3 分别编写一条预处理命令来实现下列功能。

(a)定义值为 1 的符号常量 YES。

(b)定义值为 0 的符号常量 NO。

(c)包含头文件 common.h。该头文件从欲编译文件所在的目录开始查找。

(d)文件中的剩余代码行从行号 3000 开始重新编号。

(e)若符号常量 TRUE 已定义，则取消定义，再重新定义它为 1。不要使用#ifdef。

(f)若符号常量 TRUE 已定义，则取消定义，再重新定义它为 1。请使用#ifdef。

(g)若符号常量 TRUE 不等于 0，则定义符号常量 FALSE 为 0，否则定义 FALSE 为 1。

(h)定义计算一个立方体体积的宏 CUBE_VOLUME。此宏只接受一个参数。

自测题答案

13.1 (a) #。(b) #elif, #else。(c)#define。(d)空格。(e) #undef。(f) #ifdef, #ifndef。(g)条件编译。(h)assert(断言)。(i)#include。(j)##。(k) # 。(l)\。(m)#line。

13.2 答案如下(__STDC__只在 Visual C++的编译选项/Za 下有效)：

```
 1    // Print the values of the predefined macros
 2    #include <stdio.h>
 3    int main(void)
 4    {
 5       printf("__LINE__ = %d\n", __LINE__);
 6       printf("__FILE__ = %s\n", __FILE__);
 7       printf("__DATE__ = %s\n", __DATE__);
 8       printf("__TIME__ = %s\n", __TIME__);
 9       printf("__STDC__ = %s\n", __STDC__);
10    }
```

```
__LINE__ = 5
__FILE__ = ex13_02.c
__DATE__ = Jan  5 2012
__TIME__ = 09:38:58
__STDC__ = 1
```

13.3　(a) `#define YES 1`

　　　　(b) `#define NO 0`

　　　　(c) `#include "common.h"`

　　　　(b) `#line 3000`

　　　　(e) `#if defined(TRUE)`
```
    #undef TRUE
    #define TRUE 1
#endif
```

　　　　(f) `#ifdef TRUE`
```
    #undef TRUE
    #define TRUE 1
#endif
```

　　　　(g) `#if TRUE`
```
    #define FALSE 0
#else
    #define FALSE 1
#endif
```

　　　　(h) `#define CUBE_VOLUME(x)  ((x) * (x) * (x))`

练习题

13.4　**(球的体积)** 请编写一个程序，定义带一个参数的宏来计算球的体积。程序能计算半径在 1 ~ 10 范围内的球的体积，并以表格格式打印出结果。球体积的计算公式为：$(4.3/3)*\pi*r^3$，其中 π = 3.14159。

13.5　**(两数相加)** 请编写一个程序来定义带两个参数 x 和 y 的宏 SUM。使用 SUM 来产生下面的输出结果：

```
The sum of x and y is 13
```

13.6　**(两数中的最小值)** 请编写一个程序，定义并使用判断两个数值中最小值的宏 MINIMUM2。数值从键盘输入。

13.7　**(三数中的最小值)** 请编写一个程序，定义并使用判断三个数值中最小值的宏 MINIMUM3。宏 MINIMUM3 需要使用在练习题 13.6 中定义的宏 MINIMUM2 来判断最小值。数值从键盘输入。

13.8　**(打印一个字符串)** 请编写一个程序，定义并使用宏 PRINT 来打印字符串。

13.9　**(打印一个数组)** 请编写一个程序，定义并使用宏 PRINTARRAY 来打印整数数组。宏将接收数组以及数组中元素个数作为参数。

13.10　**(数组元素求和)** 请编写一个程序，定义并使用宏 SUMARRAY 来计算一个数值数组的累加和。宏将接收数组以及数组中元素个数作为参数。

第 14 章　C 语言的其他专题

学习目标

在本章中，读者将学习以下内容：

- 将程序输入重定向为从一个文件中输入。
- 将程序输出重定向为向一个文件输出。
- 使用可变长的参数列表来编写函数。
- 处理命令行参数。
- 编译由多个源文件组成的程序。
- 将指定类型的数据赋予数值常量。
- 用函数 exit 和 atexit 来终止程序。
- 在一个程序中处理外部异步事件。
- 为数组动态地分配内存及改变先前动态分配的内存空间的大小。

提纲

14.1　引言

在本章中，我们将介绍 C 语言的一些附加的专题。在 C 语言的入门教材中通常是不包含这些专题的。这里将要讨论的许多功能都是专门针对特定的操作系统的，特别是 Linux/UNIX 和 Windows。

14.2　I/O 的重定向

对于命令行程序而言，输入通常来自于键盘（标准输入），而一个程序的输出一般都是显示在屏幕上（标准输出）。对于大多数计算机系统（特别是 Linux/UNIX、Mac OS X 和 Windows 系统）可能需要将输入**重定向**（Redirect）为来自一个文件而非键盘，或者将输出重定向为输出到一个文件而非屏幕。无须借助标准函数库的文件处理功能（如在编码时用函数 fprintf 而不是 printf）就可实现这两种重定向。读者常常很难理解为什么重定向是一个操作系统的功能而非 C 语言的特征。

14.2.1　用<来重定向输入

通过命令行来重定向输入和输出的方法有很多——在 Windows 系统中是一个**命令提示**(Command Prompt)窗口，在 Linux 系统中是一个命令解释器(Shell)，在 Mac OS X 系统中是一个**终端**(Terminal)窗口。例如，可执行文件 sum(在 Linux/UNIX 系统上)请用户每次输入一个整数，然后不断地求它们的总和，直到用户输入文件结束符(EOF)为止，最后打印出结果。通常用户是从键盘上输入整数，并通过输入文件结束组合键来表示不再输入其他数据了。借助输入重定向，可以将输入改为读一个文件。例如，事先存储输入数据的文件为 input，命令行

```
$ sum < input
```

就会从文件 input 中读取数据来执行程序 sum。**输入重定向符**(Redirect input symbol)(<)表示文件 input 中的数据将被程序用做输入。Windows 系统和 Mac OS X 系统实现输入重定向方法是相同的。请注意：上面那行命令中$是 Linux/UNIX 系统中典型的命令行提示符(有的系统采用的是%或者其他符号)。

14.2.2　用|来重定向输入

第二种实现输入重定向的方法是**管道技术**(Piping)。一个**管道符**(|)将一个程序的输出重定向到一个程序的输入上。假设程序 random 输出的是一系列的随机整数，那么下面的命令将使程序 random 的输出通过"管道"直接"流进"程序 sum 的输入。

```
$ random | sum
```

这个命令的作用是计算由程序 random 产生的整数的总和。在 Linux/UNIX、Windows 和 OS X 系统中，操作管道的方法是相同的。

14.2.3　重定向输出

程序的输出可以利用**输出重定向符**(Redirect output symbol)(>)来重定向到一个文件中。例如，程序 random 的输出可以通过下面的命令重定向到文件 out 中。

```
$ random > out
```

最后，要想将一个程序的输出添加到一个已有文件的末尾，可采用**添加输出符**(Append output symbol)(>>)。例如，可以通过下面的命令，将程序 random 的输出添加到在上面那条命令中已创建的文件 out 中。

```
$ random >> out
```

14.3　可变长的参数列表

我们还可以创建接收参数个数不确定的函数。本书中很多程序用到的标准库函数 printf 就是一个接收参数个数可变的函数。函数 printf 至少要接收一个字符串作为它的第一个实参。但事实上，printf 还能够接收任意数目的其他实参。printf 的函数原型是

```
int printf(const char *format, ...);
```

其中的**省略号**(...)表示这个函数可以接收可变数目的各种类型的实参。注意：这个省略号必须放在形参列表的末尾。

可变参数头文件<stdarg.h>中的宏和定义(参见图 14.1)，为创建一个**可变长参数列表**的函数提供了必需的功能。图 14.2 演示了一个接收可变个数实参的函数 average(第 25 行至第 39 行)。函数 average 的第一个实参总是待计算平均值的数据的个数。

标识符	说　　明
va_list	该类型适合于保存宏 va_start，va_arg 和 va_end 所需的信息。为了访问到一个可变长参数列表中的参数，必须定义一个类型为 va_list 的对象
va_start	在一个可变长参数列表中的参数被访问前，先调用这个宏。这个宏将初始化用 va_list 声明的对象，以供宏 va_arg 和 va_end 使用
va_arg	这个宏展开成一个表示可变长参数列表中下一个参数的值的表达式，值的类型由宏的第二个参数决定。每次对 va_arg 的调用都要修改用 va_list 声明的对象，以使这个对象指向列表中的下一个实参
va_end	当一个函数的可变长实参列表是通过宏 va_start 来引用时，宏 va_end 可用于从这样的函数中正常返回

图 14.1　stdarg.h 可变长参数列表类型和宏

```c
1   // Fig. 14.2: fig14_02.c
2   // Using variable-length argument lists
3   #include <stdio.h>
4   #include <stdarg.h>
5
6   double average(int i, ...); // prototype
7
8   int main(void)
9   {
10      double w = 37.5;
11      double x = 22.5;
12      double y = 1.7;
13      double z = 10.2;
14
15      printf("%s%.1f\n%s%.1f\n%s%.1f\n%s%.1f\n\n",
16         "w = ", w, "x = ", x, "y = ", y, "z = ", z);
17      printf("%s%.3f\n%s%.3f\n%s%.3f\n",
18         "The average of w and x is ", average(2, w, x),
19         "The average of w, x, and y is ", average(3, w, x, y),
20         "The average of w, x, y, and z is ",
21         average(4, w, x, y, z));
22   }
23
24   // calculate average
25   double average(int i, ...)
26   {
27      double total = 0; // initialize total
28      va_list ap; // stores information needed by va_start and va_end
29
30      va_start(ap, i); // initializes the va_list object
31
32      // process variable-length argument list
33      for (int j = 1; j <= i; ++j) {
34         total += va_arg(ap, double);
35      }
36
37      va_end(ap); // clean up variable-length argument list
38      return total / i; // calculate average
39   }
```

```
w = 37.5
x = 22.5
y = 1.7
z = 10.2

The average of w and x is 30.000
The average of w, x, and y is 20.567
The average of w, x, y, and z is 17.975
```

图 14.2　可变长参数列表的使用

　　除了宏 va_copy(参见附录 E.8.10 节)外，函数 average(第 25 行至第 39 行)使用了头文件<stdarg.h>中所有的定义和宏。宏 va_copy 是 C11 中新增加的。**va_list** 类型的对象 ap(第 28 行)被宏 **va_start**、**va_arg** 和 **va_end** 用来处理函数 average 的可变长参数列表。函数首先是调用宏 va_start(第 30 行)来初始化对象 ap，为宏 va_arg 和 va_end 使用 ap 做准备。宏 va_start 接收两个实参——对象 ap 和参数列表中在省略号前的最右边的标识符，在本例中是 i(宏 va_start 在这里使用 i 来判断可变长实参列表从哪里开始)。然后，函数 average 反复地将可变长参数列表中的参数加到变量 total 上(第 33 行至第 35 行)。通过调用宏 va_arg，参数列表中的数据不断地被提取出来加到变量 total 上。宏 va_arg 接收两个实参——对象 ap 和期望在实参列表中出现的数据的类型，在本例中是 double(双精度型浮点数)。宏 va_arg 返回的是实参的值。函数 average 用对象 ap 作为一个实参来调用宏 va_end(第 37 行)以实现从函数 average 正常返回到函数 main 中。最后，平均值被计算出来并返回给函数 main。

常见的编程错误 14.1

在一个函数的形参列表的中间放置一个省略号，是一个语法错误。省略号只能放在形参列表的末尾。

读者也许会问：像函数 printf 和 scanf 这样的带可变长参数列表的函数是如何知道每个 va_arg 宏使用的是何种类型的数据呢？答案是：在程序的执行过程中，函数扫描格式控制字符串中的格式转换说明符来确定下一个将要处理的实参是何种类型。

14.4　使用命令行实参

在很多系统中，通过将形参 int argc 和 char *argv[ ]包含在 main 函数的形参列表中，就可以从命令行向 main 函数传递实参。形参 argc 接收的是用户输入的命令行中实参的个数，形参 argv 是一个用来存储实际的命令行实参的字符串数组。命令行实参的一般用途是向程序传递一些选项或者文件名。

图 14.3 中程序的功能是将一个文件的内容逐个字符地复制到另外一个文件中。我们假设这个程序的可执行文件是 mycopy。那么在 Linux/UNIX 系统上，针对程序 mycopy 的一个典型的命令行是

```
$ mycopy input output
```

这个命令行表示：文件 input 将被复制到文件 output 中。当程序被执行时，如果 argc 不是 3(mycopy 也被认为是一个实参)，则程序会打印一条出错信息，然后程序结束；否则数组 argv 将保存字符串"mycopy"、"input"和"output"。命令行中第二个和第三个实参被程序当做文件名使用。这两个文件将通过函数 fopen 打开。如果它们都被成功地打开，那么文件 input 中的字符将被逐个读出，然后写到文件 output 中直到遇见文件 input 中的文件结束符。文件复制完毕后，程序结束。结果就是文件 input 的一个一模一样的副本(如果在处理过程中没有出错)。

若想了解关于命令行实参的更多信息，请仔细阅读系统的技术手册(注意，在 Visual C++中，指定命令行实参的方法是：右键点击 Solution Explorer 中的项目名，并选择 **Properties**，然后展开 **Configuration Properties**，再选择 **Debugging**，就可以在 **Command Arguments** 右边的文本框中键入这些实参了)。

```
1   // Fig. 14.3: fig14_03.c
2   // Using command-line arguments
3   #include <stdio.h>
4
5   int main(int argc, char *argv[])
6   {
7       // check number of command-line arguments
8       if (argc != 3) {
9           puts("Usage: mycopy infile outfile");
10      }
11      else {
12          FILE *inFilePtr; // input file pointer
13
14          // try to open the input file
15          if ((inFilePtr = fopen(argv[1], "r")) != NULL) {
16              FILE *outFilePtr; // output file pointer
17
18              // try to open the output file
```

图 14.3　命令行实参的使用

```
19        if ((outFilePtr = fopen(argv[2], "w")) != NULL) {
20           int c; // holds characters read from source file
21
22           // read and output characters
23           while ((c = fgetc(inFilePtr)) != EOF) {
24              fputc(c, outFilePtr);
25           }
26
27           fclose(outFilePtr); // close the output file
28        }
29        else { // output file could not be opened
30           printf("File \"%s\" could not be opened\n", argv[2]);
31        }
32
33        fclose(inFilePtr); // close the input file
34     }
35     else { // input file could not be opened
36        printf("File \"%s\" could not be opened\n", argv[1]);
37     }
38  }
39 }
```

图 14.3(续)　命令行实参的使用

14.5　编译由多个源文件组成的程序

你可能要构建一个包含多个源文件的程序。用多个源文件来实现程序，需要考虑很多问题。例如，一个函数的定义必须完整地包含在一个文件中，它不能分散在两个或者更多的文件中。

14.5.1　在别的文件中对全局变量进行 extern 声明

第 5 章中介绍了存储类型和作用域的概念。在所有函数定义之外声明的变量被视为全局变量。全局变量可以被同一个文件中位于变量声明之后定义的任何函数访问。全局变量还可以被其他文件中的函数访问，前提条件是：在使用全局变量的每个文件中，都必须对这些全局变量进行声明。例如，一个文件若想使用另外一个文件中定义的全局整型变量 flag，那么该文件必须在使用这个变量前包含如下声明语句：

extern int flag;

这个声明语句使用存储类型说明符 extern 来声明：变量 flag 要么在本文件的后面定义，要么在另外一个文件中定义。编译器将通知链接程序 Linker：本文件中出现了对变量 flag 的未定值的引用[1]。若链接程序 Linker 找到了相应全局变量定义，则它就以变量 flag 的位置来确定这些引用。若链接程序 Linker 找不到变量 flag 定义的位置，则发出一条出错信息，并且不再生成可执行文件。任何一个在文件范围内声明的标识符都默认是 extern 的。

 软件工程视点 14.1
应该尽量避免使用全局变量，除非对应用性能的要求非常高，因为它不符合最小权限原则。

14.5.2　函数原型

正如 extern 声明能够用来向其他程序文件声明全局变量一样，函数原型也可以将它的作用域扩展到定义它的文件之外(在函数原型中并不需要 extern 说明符)。只需简单地将函数原型包含在每一个想调用它的文件里，然后与文件一起编译即可(参见 13.2 节)。函数原型会告诉编译器其指定的函数要么在本文件的后面定义，要么在另外一个文件中定义。同样，编译器并不会尝试去确定对这个函数的引用——这个任务留给了链接程序 Linker。若 Linker 找不到相应函数定义的位置，则发出一条出错信息。

---

① 即编译器不知道变量 flag 是在哪里定义的，所以它让链接程序 Linker 尝试寻找变量 flag——译者注。

包含预处理命令#include<stdio.h>的任何一个 C 程序都是使用函数原型来扩展函数作用域的例子。这条预处理命令会将诸如函数 printf 和 scanf 的函数原型包含到程序的源文件中。这样，文件中的其他函数就可以使用函数 printf 或 scanf 来完成它们的工作了。函数 printf 和 scanf 是在其他文件中定义的，我们并不需要知道它们具体是在哪个文件中定义的，只是在我们的程序中简单地重用它们的代码。链接程序 Linker 会自动地确定对这些函数的引用。正是这种处理使得我们能够使用标准函数库中的函数。

软件工程视点 14.2

采用多个源文件来构建一个程序，实现了软件的重用，符合软件工程的要求。函数可以在很多应用中通用。在这种情况下，这些函数都应该存储在它们各自的源文件中。同时，每一个源文件都有一个相应的包含了函数原型的头文件。这使得不同应用程序的程序员，可以通过包含相应的头文件，并且将它们的应用程序与这些源文件一起编译，来重用相同的代码。

14.5.3　用 static 来限制作用域

也许需要将一个全局变量或者一个函数的作用域限制在定义它的文件之内。将存储类型说明符 static 应用于全局变量或函数时，就可以阻止在本文件之外定义的函数访问它们。这称为**内部链接**（Internal Linkage）。在定义前面没有加上 static 的全局变量或者函数，都是**外部链接**（External Linkage），如果在其他文件中包含了相应的声明或函数原型，那么在这些文件中它们就是可访问的。

例如，全局变量的声明：

```
static const double PI = 3.14159;
```

就创建了一个类型为 double 的常量 PI，并将其初始化为 3.14159，同时表明 PI 仅仅能够被定义它的文件中的函数所识别。

说明符 static 通常用在仅能被特定文件中的函数所调用的工具函数中。如果一个函数不需要在一个特定的文件之外使用，则应遵循最小权限原则，在它的定义和函数原型中加上 static 说明符。

14.5.4　Makefile

在采用多个源文件来构建一个大型程序时，由于对一个文件的小小改动都会引起整个程序不得不重新编译，而编译这种大型程序是很耗时的。为此，很多系统提供了只需重编译改动过的程序文件的特殊实用工具。在 Linux/UNIX 系统中，这样的工具称为 **make**。make 工具读取一个名为 makefile 的文件，在这个文件中包含了关于编译和连接程序的命令。诸如 Eclipse 和 Microsoft Visual C++的软件开发平台也提供了类似的实用工具。

14.6　使用 exit 和 atexit 终止程序

通用工具库(<stdlib.h>)提供了除从 main 函数正常返回之外的一些其他的终止程序运行的方法。函数 **exit** 强制终止程序的运行。当检测到一个输入错误或者欲处理的文件无法打开时，常常使用 exit 函数来结束程序。函数 **atexit** 注册一个函数，这个函数必须在程序结束时调用——要么是程序执行到了 main 函数的末尾，要么是调用了 exit 函数。

atexit 函数接收指向欲注册函数的指针(即函数名)作为实参。注意：这个在程序结束时被调用的函数不能有实参，也不能够返回一个值。

exit 函数接收一个实参。这个实参通常是符号常量 EXIT_SUCCESS 或 EXIT_FAILURE。若使用 EXIT_SUCCESS 来调用 exit 函数，一个系统定义的、代表程序成功结束的数值将被返回给主调环境。若使用 EXIT_FAILURE 来调用 exit 函数，则返回一个系统定义的、代表程序未成功结束的数值。调用 exit 函数后，由 atexit 函数注册的所有函数，将按照与它们注册顺序相反的顺序，依次被调用。

图 14.4 测试了函数 exit 和 atexit。程序提示用户选择是用 exit 函数来结束程序，还是让程序执行到 main 函数的末尾自动结束。无论是哪种情况，在程序结束时都将执行 print 函数。

```c
 1  // Fig. 14.4: fig14_04.c
 2  // Using the exit and atexit functions
 3  #include <stdio.h>
 4  #include <stdlib.h>
 5
 6  void print(void); // prototype
 7
 8  int main(void)
 9  {
10     atexit(print); // register function print
11     puts("Enter 1 to terminate program with function exit"
12        "\nEnter 2 to terminate program normally");
13     int answer; // user's menu choice
14     scanf("%d", &answer);
15
16     // call exit if answer is 1
17     if (answer == 1) {
18        puts("\nTerminating program with function exit");
19        exit(EXIT_SUCCESS);
20     }
21
22     puts("\nTerminating program by reaching the end of main");
23  }
24
25  // display message before termination
26  void print(void)
27  {
28     puts("Executing function print at program "
29        "termination\nProgram terminated");
30  }
```

```
Enter 1 to terminate program with function exit
Enter 2 to terminate program normally
1

Terminating program with function exit
Executing function print at program termination
Program terminated
```

```
Enter 1 to terminate program with function exit
Enter 2 to terminate program normally
2

Terminating program by reaching the end of main
Executing function print at program termination
Program terminated
```

图 14.4   exit 和 atexit 函数

14.7   整型和浮点型常量的后缀

C 语言为整型和浮点型文本数据提供了一些后缀，用于显式地指定它们的类型(C 标准称这样的文本数据为常量)。若一个整数文本不带后缀，则它的类型被确认为能够存储它第一个类型(首先是 int，然后是 long int，其次是 unsigned long int，等等)。一个不带后缀的浮点数文本，则它的类型被自动地确认为 double。

整型的后缀有表示无符号整数(Unsigned int)的 u 或 U、表示长整数(Long int)的 l 或 L 和表示长长整数(Long long int)的 ll 或 LL。此外，通过将 u 或 U 与那些表示长整数或长长整数的后缀组合使用可以表示更大的无符号整数类型。例如下面的文本分别是无符号整数、长整数、无符号长整数和无符号长长整数：

```
174u
8358L
28373ul
987654321011u
```

浮点型常量的后缀有表示浮点数 (Float) 的 **f** 或 **F** 和表示长双精度浮点数 (Long double) 的 **l** 或 **L**。例如，下面的常量分别是**浮点数**和**长双精度浮点数**：

```
1.28f
3.14159L
```

14.8　信号处理

一个外部的异步**事件** (Event) 或者**信号** (Signal)，能够引起程序提前结束。常见的事件有：中断 (在 Linux/UNIX 或 Windows 系统中键入组合键 \<Ctrl\>c，在 OS X 系统中键入组合键 \<command\>c) 和来自操作系统的终止命令。**信号处理函数库** (Signal handling library) (\<signal.h\>) 提供了基于函数 **signal** 的捕获 (Trap) 异常事件的能力。函数 signal 接收两个实参——整型的信号编号和指向相应的信号处理函数的指针。信号可以通过函数 **raise** 来产生，该函数接收一个整型的信号编号作为实参。图 14.5 总结了定义在头文件 \<signal.h\> 中的标准信号。

信号	说明
SIGABRT	程序的异常终止 (如对函数 abort 的调用)
SIGFPE	一个错误的算术运算操作。如除数为零或者运算结果溢出
SIGILL	检测到一个非法指令
SIGINT	收到一个交互提示信号 (\<Ctrl\>c 或 \<command\>c)
SIGSEGV	试图访问未分配给程序的存储空间
SIGTERM	发给程序的终止请求

图 14.5　signal.h 中的标准信号

图 14.6 中的程序使用了函数 signal 来捕获一个信号 SIGINT。程序第 12 行用 SIGINT 和指向函数 signalHandler 的指针 (切记：函数名就是指向函数的指针) 来调用函数 signal。当出现类型为 SIGINT 的信号时，控制将传递给函数 signalHandler。该函数打印出一条信息并提示用户选择是否继续程序的正常执行。如果用户想继续执行程序，则通过再次调用函数 signal 重新初始化信号处理函数，并将控制返回到原先程序检测到信号的位置。

在程序中，函数 raise (第 21 行) 被用来模拟一个 SIGINT 信号。程序首先产生一个大小在 1 ~ 50 之间的随机数，若此随机数是 25，则调用函数 raise 来产生一个 SIGINT。通常 SIGINT 是在程序之外产生的。例如，当程序在 Linux/UNIX 或 Windows 系统上运行时，键入组合键 \<Ctrl\>c 将产生一个能结束程序运行的 SIGINT。本程序中的信号处理功能就是要捕获这样的交互信号以防程序被意外终止。

```c
 1   // Fig. 14.6: fig14_06.c
 2   // Using signal handling
 3   #include <stdio.h>
 4   #include <signal.h>
 5   #include <stdlib.h>
 6   #include <time.h>
 7
 8   void signalHandler(int signalValue); // prototype
 9
10   int main(void)
11   {
12      signal(SIGINT, signalHandler); // register signal handler
13      srand(time(NULL));
14
15      // output numbers 1 to 100
16      for (int i = 1; i <= 100; ++i) {
17         int x = 1 + rand() % 50; // generate random number to raise SIGINT
18
19         // raise SIGINT when x is 25
20         if (x == 25) {
21            raise(SIGINT);
22         }
```

图 14.6　信号处理的使用

```
23
24        printf("%4d", i);
25
26        // output \n when i is a multiple of 10
27        if (i % 10 == 0) {
28            printf("%s", "\n");
29        }
30    }
31  }
32
33  // handles signal
34  void signalHandler(int signalValue)
35  {
36      printf("%s%d%s\n%s",
37          "\nInterrupt signal (", signalValue, ") received.",
38          "Do you wish to continue (1 = yes or 2 = no)? ");
39      int response; // user's response to signal (1 or 2)
40      scanf("%d", &response);
41
42      // check for invalid responses
43      while (response != 1 && response != 2) {
44          printf("%s", "(1 = yes or 2 = no)? ");
45          scanf("%d", &response);
46      }
47
48      // determine whether it's time to exit
49      if (response == 1) {
50          // reregister signal handler for next SIGINT
51          signal(SIGINT, signalHandler);
52      }
53      else {
54          exit(EXIT_SUCCESS);
55      }
56  }
```

```
 1  2  3  4  5  6  7  8  9 10
11 12 13 14 15 16 17 18 19 20
21 22 23 24 25 26 27 28 29 30
31 32 33 34 35 36 37 38 39 40
41 42 43 44 45 46 47 48 49 50
51 52 53 54 55 56 57 58 59 60
61 62 63 64 65 66 67 68 69 70
71 72 73 74 75 76 77 78 79 80
81 82 83 84 85 86 87 88 89 90
91 92 93
Interrupt signal (2) received.
Do you wish to continue (1 = yes or 2 = no)? 1
```

```
94 95 96
Interrupt signal (2) received.
Do you wish to continue (1 = yes or 2 = no)? 2
```

图 14.6(续) 信号处理的使用

14.9 动态内存分配：函数 calloc 和 realloc

第 12 章介绍过使用 malloc 函数来进行动态内存分配。在第 12 章我们说过：在快速的排序、查找和数据访问方面，数组要优于链表。但是数组属于**静态数据结构**(Static data structure)。通用工具库(**stdlib.h**)提供了另外两个可以用于动态内存分配的函数 **calloc** 和 **realloc**。这两个函数可以用于创建并修改**动态数组**(Dynamic array)。

函数 calloc 可以为数组申请一段连续的内存空间。函数 calloc 的函数原型是

void *calloc(size_t nmemb, size_t size);

其中，两个实参 nmemb 和 size 分别表示数组元素的个数和每个元素的大小。函数 calloc 还同时将数组的每一个元素都初始化为 0。如果申请成功，函数 calloc 返回一个指向申请到的内存空间的指针，否则返回一个 NULL 指针。函数 calloc 和 malloc 最根本的差别是：calloc 清空它申请到的内存空间，而 malloc 不这样做。

函数 realloc 用来改变先前调用函数 malloc，calloc 或 realloc 申请到的一个对象的大小。若新申请到的内存容量大于原先申请的内存容量，则原先对象的内容不会被修改。否则，只有不超过新对象大小的内容不会被修改。函数 realloc 的函数原型是

```
void *realloc(void *ptr, size_t size);
```

其中，两个实参 ptr 和 size 分别是指向原先对象的指针和这个对象的新长度。若 ptr 为 NULL，则函数 realloc 的功能与 malloc 相同。若 ptr 不为 NULL 而 size 大于 0，则 realloc 试图为这个对象申请一块新的内存空间。如果申请失败，则 ptr 指向的对象不会被修改。函数 realloc 要么返回一个指向新申请到的内存空间的指针，要么返回一个 NULL 指针表示申请失败。

错误预防提示 14.1

在调用 malloc，calloc 和 realloc 时，避免申请大小为 0 的空间。

14.10　用 goto 实现无条件转移

在本书中，为了构建易于调试、维护和修改的可靠的软件，我们一直强调采用结构化程序设计的重要性。但是，在某些场合，与严格遵循结构化程序设计相比，性能更为重要。在这些场合，可能会用到一些非结构化程序设计技术。例如，在循环继续条件变为假之前，可以采用 break 语句来结束循环结构的执行。如果在循环正常结束前，它所执行的任务已经完成，我们就可以采用这种方式来避免不必要的循环。

另外，一个非结构化程序设计的例子就是 goto 语句——无条件的分支语句。goto 语句的执行结果是，将程序的控制流转移到 goto 语句中指定的**标签**(Label)之后的第一条语句。标签是一个以冒号结尾的标识符。标签必须与其对应的 goto 语句出现在同一个函数中，这样 goto 语句才能够发挥作用。不同函数中的标签可以相同。

图 14.7 的程序使用 goto 语句来进行 10 次循环，并在每次循环中打印计数器变量 count 的值。在将 count 初始化成 1 后，程序的第 11 行测试 count 是否大于 10(标签 "start"：将被跳过，因为它并不执行任何操作)。若大于，则控制将从 goto 语句转移到标签 end：之后的第一条语句(出现在第 20 行)。否则程序的第 15 行和第 16 行将打印 count 的值并对它增 1。然后控制将从 goto 语句(第 18 行)转移到标签 "start:"(出现在第 9 行)之后的第一条语句。

```
 1   // Fig. 14.7: fig14_07.c
 2   // Using the goto statement
 3   #include <stdio.h>
 4
 5   int main(void)
 6   {
 7      int count = 1; // initialize count
 8
 9      start: // label
10
11         if (count > 10) {
12            goto end;
13         }
14
15         printf("%d  ", count);
16         ++count;
17
18         goto start; // goto start on line 9
19
20      end: // label
21         putchar('\n');
22   }
```

```
1 2 3 4 5 6 7 8 9 10
```

图 14.7　goto 语句的使用

在第 3 章中，我们说过：只需要三种控制结构就可以编写任何程序——顺序结构、选择结构和循环结构。当按照结构化程序设计的规则进行程序设计时，很可能会出现嵌套很深的控制结构。对于这样深层嵌套的控制结构，从它的内层有效地退出是很困难的。在这种情况下，有些程序员就采用 goto 语句作为深层嵌套控制结构的快速出口。这样，为从一个控制结构中退出而需要进行的多次条件测试工作就被消除了。还有一些场合是推荐使用 goto 语句的——请查阅 CERT 推荐文档 MEM12-C，"在使用和释放资源时出现错误而需要离开某个函数时请考虑使用一个 Goto 链"。

性能提示 14.1

goto 语句可以用来从一个深层嵌套的控制结构中高效地退出。

软件工程视点 14.3

goto 语句是非结构化的，它会导致程序不易调试、维护和修改。

摘要

14.2   I/O 的重定向

- 在许多计算机系统中，需要将向一个程序的**输入**以及一个程序的**输出重定向**。
- 命令行使用**输入重定向符**(<)或一个管道符(|)来重定向输入。
- 命令行使用**输出重定向符**(>)或**追加输出符**(>>)来重定向输出。输出重定向符仅是简单地将程序输出存储到一个文件中，而追加输出符则将输出结果添加到一个文件的末尾。

14.3   可变长的参数列表

- 在可变参数头文件**<stdarg.h>**中的宏和定义，为创建一个**可变长参数列表**的函数提供了必需的功能。
- 函数原型中的**省略号**(...)表示该函数具有可变数目的参数。
- 类型 **va_list** 适合于保存宏 va_start，va_arg 和 va_end 所需的信息。为了访问到可变长参数列表中的参数，必须声明一个类型为 va_list 的对象。
- 在访问可变长参数列表中的参数前，先要调用宏 **va_start**。这个宏将初始化用 va_list 声明的对象，以供宏 va_arg 和 va_end 使用。
- 宏 **va_arg** 展开成一个表示可变长参数列表中下一个参数值与类型的表达式。每次调用 va_arg 都要修改用 va_list 声明的对象，以使这个对象指向列表中的下一个参数。
- 当一个函数的可变长参数列表是通过宏 va_start 来引用时，**宏 va_end** 就用于从这样的函数中正常返回。

14.4   使用命令行实参

- 在很多系统中，通过在 main 函数形参列表中包含形参 **int argc** 和 char *argv[ ]，可以从命令行向 main 函数传递实参。形参 argc 接收的是命令行中实参的个数，形参 argv 是用来存储实际的命令行实参的一个字符串数组。

14.5   编译由多个源文件组成的程序

- 一个函数的定义必须完整地包含在一个文件中——它不能分散在两个或更多的文件中。
- **存储类型说明符 extern** 声明变量要么在本文件的后面定义，要么在另外一个文件中定义。
- 使用**全局变量**的每一个文件都必须对它们进行声明。
- **函数原型**可以将函数的作用域扩展到定义它的文件之外。为了达到这一目的，只需简单地将函数原型包含在每一个调用它的文件里(通常采用#include 来将包含函数原型的头文件包含进来)，然后将这些文件一起编译即可。
- 将**存储类型说明符 static** 应用于全局变量或函数时，可以阻止在本文件之外定义的函数访问它们，这被称为**内部链接**。在定义前面没有加上 static 的全局变量或者函数有**外部链接**——只要在其他文件中包含了相应的声明或函数原型，那么在这些文件中它们就是可访问的。

● 说明符 static 一般用于定义仅能被一个特定文件中的函数调用的工具函数。若函数不需要在一个特定的文件之外使用，就应该遵循最小权限原则对它加上 static 说明符。

● 在采用多个源文件来构建一个大型程序时，由于对一个文件的小小改动都会引起整个程序的重新编译，所以编译这种大型程序是很耗时的。为此，很多系统提供了只需重编译改动过的程序文件的特殊软件工具。在 Linux/UNIX 系统中，这样的工具称为 make。工具 **make** 读取一个包含了关于编译和连接程序命令的名为 **makefile** 的文件，这样从上次构建这个项目起改动过的文件才会重新编译。

14.6　使用 exit 和 atexit 终止程序

● 函数 **exit** 强制终止程序。

● 函数 **atexit** 将一个函数注册在程序成功结束之上，即在程序成功结束时调用这个函数。所谓程序成功结束是指程序执行到 main 函数的末尾时结束或者调用 exit 函数时结束。

● atexit 函数接收指向欲注册函数的指针作为实参。这个在程序结束时被调用的函数不能有实参，也不能够返回一个值。

● exit 函数接收一个实参。这个实参通常是符号常量 **EXIT_SUCCESS** 或 **EXIT_FAILURE**。

● 调用 exit 函数后，由 atexit 函数注册的所有函数，将按照与它们注册顺序相反的顺序，依次被调用。

14.7　整型和浮点型常量的后缀

● C 语言提供了一些**整型和浮点型后缀**，用于指定整型和浮点型常量的类型。整型后缀有：表示无符号整数的 u 或 U；表示长整数的 l 或 L；表示无符号长整数的 ul 或 UL。若整型常量没有后缀，则它的类型将被确定为能够存储得下这个值的第一种类型(先是 int，然后是 long int，其次是 unsigned long int，等等)。浮点型后缀有：表示浮点数的 f 或 F，表示长双精度浮点数的 l 或 L。一个不带后缀的浮点数自动地被认为是双精度型的。

14.8　信号处理

● **信号处理函数库**提供了基于函数 signal 的捕获异常事件的能力。函数 **signal** 接收两个实参——整型的信号编号和指向相应的信号处理函数的指针。

● 信号可以通过**函数 raise** 和一个整型的实参来产生。

14.9　动态内存分配：函数 calloc 与 realloc

● **通用工具库**(**<stdlib.h>**)提供了两个函数用于动态内存分配——calloc 与 realloc。这两个函数可以用来创建动态数组。

● 函数 **calloc** 为数组申请内存，它接收两个实参，即数组元素的个数与数组元素的大小，并将数组的每个元素初始化为 0。如果内存分配成功，函数返回一个指向所分配内存的指针；否则返回一个 NULL 指针。

● 函数 **realloc** 用来改变先前调用 malloc，calloc 或 realloc 函数而申请到的一个对象的大小。如果新申请到的内存容量大于原先申请到的内存容量，则原先对象的内容不会被修改。

● 函数 realloc 接收两个实参——指向原先对象的指针(ptr)和这个对象的新的长度(size)。如果 ptr 为 NULL，则函数 realloc 的功能与 malloc 相同。如果 ptr 不为 NULL 而 size 大于 0，则函数 realloc 将试图去为这个对象申请一块新的内存空间。如果申请失败，则 ptr 指向的对象不会被修改。函数 realloc 要么返回一个指向新申请到的内存空间的指针，要么返回一个 NULL 指针。

14.10　用 goto 实现无条件转移

● **goto** 语句会改变程序的控制流。程序将跳转到 goto 语句中指定的**标签**之后的第一条语句继续执行。

● **标签是一个以冒号结尾的标识符**。标签必须与其对应的 goto 语句出现在同一个函数中。

自测题

14.1 填空

(a) _____ 符可以将数据输入由键盘重定向到一个文件上。

(b) _____ 符可以将输出由显示器重定向到一个文件上。

(c) _____ 符可以将程序的输出添加到一个文件的末尾。

(d) _____ 可以将一个程序的输出定向为另一个程序的输入。

(e) 函数形参列表中的 _____ 表明该函数可以接收可变数目的参数。

(f) 要访问一个可变长参数列表中的实参，必须首先调用宏 _____。

(g) 要访问一个可变长参数列表中的单个实参，需要使用宏 _____。

(h) 如果一个函数的可变长实参列表通过宏 va_start 引用，则宏 _____ 使该函数正常返回。

(i) main 函数的形参 _____ 用来接收命令行中参数的个数。

(j) main 函数的形参 _____ 将命令行参数以字符串的形式存储起来。

(k) Linux/UNIX 的工具 _____ 读取文件 _____，该文件中含有编译和链接一个由多个源文件组成的程序的相关指令。

(l) 函数 _____ 强迫程序终止运行。

(m) 函数 _____ 将注册一个函数使其在程序成功结束时被调用。

(n) 可以在整型或浮点型常量后添加整型或浮点型 _____ 来指示该常量的准确类型。

(o) 函数 _____ 可以用来捕获异常事件。

(p) 函数 _____ 在一个程序中产生一个信号。

(q) 函数 _____ 为数组动态分配内存，并将其中元素初始化为 0。

(r) 函数 _____ 可以改变已经动态分配的内存空间的大小。

自测题答案

14.1 (a) 输入重定向 (<)。 (b) 输出重定向 (>)。 (c) 输出添加 (>>)。 (d) 管道 (|)。 (e) 省略号 (...)。 (f) va_start。 (g) va_arg。 (h) va_end。 (i) argc。 (j) argv。 (k) make，makefile。 (l) exit。 (m) atexit。 (n) 后缀。 (o) signal。 (p) raise。 (q) calloc。 (r) realloc。

练习题

14.2 (可变长实参列表：计算乘积) 请编写一个程序计算一系列整数的乘积，这些整数通过可变长参数列表传递给函数 product。使用不同数目的实参来调用几次这个函数以测试它的正确性。

14.3 (打印命令行参数) 请编写一个程序打印运行该程序的命令行参数。

14.4 (整数排序) 请编写一个程序以升序或降序方式排列一个整型数组，使用命令行参数来传递表示升序的实参–a 或表示降序的实参–d(注：这是 UNIX 系统向程序传递选项的标准格式)。

14.5 (信号处理) 请阅读编译器使用手册看看其信号处理函数库(<signal.h>)支持哪些信号。然后编写一个包含对标准信号 SIGABRT 与 SIGINT 处理函数的程序。程序应能够捕获由调用函数 abort 产生的 SIGABRT 类型的信号和键入<Ctrl>c(在 OS X 系统中键入<control>c)产生的 SIGINT 类型的信号。

14.6 (动态数组分配) 请编写一个程序实现整型数组的动态内存分配。数组大小与数组中元素的数值由键盘输入，并打印该数组。然后，重新分配该数组的内存使其只具有当前数组元素的一半。打印数组中剩余的数据，看看是否与原始数组的前半部分匹配。

14.7 (命令行参数) 请编写一个程序从命令行中接收两个文件名。将第一个文件中的字符逐个读出，再以相反的顺序写入第二个文件中。

14.8　**(goto 语句)** 请编写一个程序使用 goto 语句模拟嵌套循环结构，打印如下的星号矩形：

```
*****
*   *
*   *
*   *
*****
```

程序中只允许使用下面三个 printf 语句：
```
printf("%s", "*");
printf("%s", " ");
printf("%s", "\n");
```

第15章　C++，一个更好的 C；介绍对象技术

学习目标

在本章中，读者将学习以下内容：

- C++对 C 的主要改进。
- C++标准库的头文件。
- 用内联函数提高性能。
- 引用作为函数参数。
- 当函数调用时，如果没有指定实参，则编译器将默认实参传递给函数。
- 用一元作用域运算符访问全局变量。
- 通过重载函数，创建几个具有相同函数名、执行相似任务，但是具有不同类型的数据的函数。
- 对多种不同数据类型执行相同操作的函数模板的创建及用法。

提纲

15.1　引言

现在开始进入本书的第二部分。前 14 章 C 语言部分阐述了过程式程序设计和自顶向下的程序设计方法。第 15 章至第 23 章 C++部分将介绍其他两种编程风格——面向对象编程（Object-oriented programming）和泛型编程（Generic programming）。通过类、封装、对象、运算符重载、继承和多态介绍面向对象编程。通过函数模板和类模板介绍泛型编程。这些章节强调"构建有价值的类"创建可重用的软件组件。

15.2　C++

C++对 C 的很多特征进行了改进，并且增加了面向对象编程功能，提高软件的生产率、质量和重用性。本章将讨论 C++对 C 的改进。

C 语言的设计者和早期的实现者从来没有想到 C 语言会如此流行。对于像 C 语言那样应用广泛、根深蒂固的程序设计语言而言，在新的需求产生时，简单地用一种新的语言取代它是不合适的，而应该不断演化该语言使之适应新的需求。C++是由贝尔实验室的 Bjarne Stroustrup 开发的，最初被称为"带类的 C"。C++名字中包含了 C 语言中的递增运算符，表示 C++是 C 语言的改进版本。

第 15 章至第 23 章将介绍由美国国家标准学会（ANSI）和国际标准化组织（ISO）标准化的 C++语言。为了使本书能够完整、准确地阐述标准 C++，我们仔细研究了 ANSI/ISO 的 C++标准文档，并且利用该文档审核本书，以保证内容的完整性和正确性。然而，由于 C++的内容很丰富，有一些高级主题在本书中没有涉及，如果读者需要详细地了解 C++中的其他技术，可以阅读 C++标准文档 *Programming languages——C++*（文档编号 ISO/IEC 14882-2011）。可以从多个标准化组织的网站上购买该文档，如 ansi.org 和 iso.org。该标准文档的最近的草稿可以从以下网址下载：

http://www.open-std.org/jtc1/sc22/wg21/docs/papers/2011/n3242.pdf

15.3　简单程序：两个整数相加

本节将回顾图 2.5 中的加法程序，阐述 C++语言中的几个重要特征以及 C 与 C++的区别。注意，C 程序文件的扩展名是.c（小写 c）。C++程序文件的扩展名可以是.cpp、.cxx、.C（大写 C）之一。本书使用.cpp 作为 C++程序文件的扩展名。

15.3.1　用 C++编写加法程序

图 15.1 使用了 C++风格的输入和输出，从键盘中读取用户输入的两个整数，计算两个数的和，并输出结果。第 1 行和第 2 行都以//开始，表示该行的剩余部分是一个注释。C++允许以//开始注释一个单行，//右边的内容都被当成注释而被编译器忽略。一个//注释只能注释一行。在 C++中，仍然可以使用 C 风格的注释/*...*/来注释多行程序。

```cpp
1   // Fig. 15.1: fig15_01.cpp
2   // Addition program that displays the sum of two numbers.
3   #include <iostream> // allows program to perform input and output
4
5   int main()
6   {
7       std::cout << "Enter first integer: "; // prompt user for data
8       int number1;
9       std::cin >> number1; // read first integer from user into number1
10
11      std::cout << "Enter second integer: "; // prompt user for data
12      int number2;
13      std::cin >> number2; // read second integer from user into number2
14      int sum = number1 + number2; // add the numbers; store result in sum
15      std::cout << "Sum is " << sum << std::endl; // display sum; end line
16  }
```

图 15.1　显示由键盘输入的两个整数和的程序

```
Enter first integer: 45
Enter second integer: 72
Sum is 117
```

图 15.1(续)　显示由键盘输入的两个整数和的程序

15.3.2　\<iostream>头文件

第 3 行的 C++编译预处理命令是 C++风格的命令,它包含来自标准库的头文件。该行告诉 C++预处理器在程序中包含输入/输出流头文件(input/output stream header)\<iostream>的内容。任何使用 C++风格的流输入/输出从键盘输入数据或向屏幕输出数据的程序中都必须包含该文件。第 21 章将深入解析输入/输出流,详细阐述 iostream 的特征。

15.3.3　main 函数

与 C 程序相同,每个 C++程序从 main 函数开始执行(第 5 行)。main 左侧的关键 int 表示 main 函数返回一个整型值。C++要求为所有函数指定返回值类型,如果函数不返回任何数据,则为 void 类型。在 C++中用空括号指定的形参列表等价于 C 中的 void 形参列表。注意,C 程序中,在函数定义或原型中使用空括号是很危险的,因为它允许主调函数向该函数传递任意实参,不能在编译阶段检查函数调用的实参,这可能导致运行时错误。

常见的编程错误 15.1
在 C++函数定义中丢失函数返回值类型是语法错误。

15.3.4　变量声明

第 8 行、第 12 行和第 14 行是一个普通的变量声明。在 C++程序中,变量声明可放在程序中任意位置,但是必须在使用变量之前声明该变量。

15.3.5　标准输出流和标准输入流对象

第 7 行使用标准输出流对象(Standard output stream object)std::cout 和流插入运算符(Stream insertion operator)<<,显示字符串"Enter first integer:"。C++中的输入和输出是用字符流实现的。因此,当执行第 7 行时,将字符流"Enter first integer:"发送给 std::cout。std::cout 通常与屏幕相关。我们将该语句解释为"std::cout 获得字符串"Enter first integer:""。

第 9 行使用标准输入流对象(Standard input stream object)std::cin 和流读取运算符(Stream extraction operator)>>,从键盘读取值。std::cin 使用流读取运算符从标准输入设备中读取字符输入。标准输入设备通常为键盘。我们将该语句解释为"std::cin 为 number1 提供值"。

当程序执行至第 9 行时,会暂停执行,等待用户从键盘输入变量 number1 的值。用户输入一个整数(以字符形式输入)并按回车键后,计算机会将数字的字符表示转换成一个整数并将其赋给变量 number1。

第 11 行在屏幕上显示"Enter second integer:",提示用户进行输入操作。第 13 行获得用户输入的变量 number2 的值。

15.3.6　std::endl 流操纵符

第 14 行的赋值语句计算变量 number1 与 number2 的和,然后将结果赋给变量 sum。第 15 行显示了字符串"Sum is",随后显示变量 sum 的值,最后输出 std::endl。std::endl 是一个流操纵符(Stream manipulator)。endl 是 end line 的缩写。std::endl 流操纵符输出一个新行,然后"清空输出缓冲区"。在一些系统中，输出内容暂时在机器中缓存，直到它们的数量积累到值得在屏幕上显示了才将它们输出。std::endl 强制立即输出缓冲区中的数据，这对给用户输出提示信息让用户进行操作(如提示用户输入数据)很重要。

15.3.7　关于 std:: 的说明

使用标准 C++头文件时，需要在 cout，cin 和 endl 前面用 std::进行限定。std::cout 的含义是使用了属于命名空间 std 的一个名字 cout。命名空间是 C++中的高级特征，我们不在这些入门章节中阐述该特征。目前为止，读者只要知道要在程序中出现的每个 cout，cin 和 endl 前面加 std::就可以了。然而，这样做可能有些麻烦，图 15.3 中引入了 using 语句，避免每次使用 std 命名空间中的名字时都要加 std::进行限定。

15.3.8　级联的流输出

第 15 行的语句输出了不同类型的值。流插入运算符"知道"如何输出每种类型的数据。在一条语句中使用多个流插入运算符(<<)称为连续的流插入操作(Concatenate stream insertion operation，也称为级联流插入操作，连接流插入操作)。

还可以在输出语句中执行计算。可以将第 14 行与第 15 行的语句合成一条语句

```
std::cout << "Sum is " << number1 + number2 << std::endl;
```
从而不需要变量 sum。

15.3.9　main 函数中的 return 语句不是必需的

这个例子的 main 函数中没有语句 return 0;。根据 C++标准，如果程序执行到 main 函数结尾时没有遇到 return 语句，则认为程序成功结束，这和 main 函数执行到最后一条 return 0 语句的效果是相同的。因此 C++程序省略了 main 函数结尾的 return 语句。

15.3.10　运算符重载

C++的一个功能强大的特征在于它可以创建自己的数据类型，这种数据类型称为类(第 16 章将介绍该内容，并在第 17 章深入剖析)。因此用户可以"教会"C++如何使用>>和<<运算符输入和输出新数据类型的值[这称为运算符重载(Operator overloading)，参见第 18 章]。

15.4　C++标准库

C++程序由类(Class)和函数构成。程序员可以自己编写每一个类或函数来构成 C++程序，但大多数程序员会利用 C++标准库(C++ Standard Library)中已有的类和函数编程。因此，在 C++"世界"中实际上需要学习两方面的知识：第一是学习 C++语言本身，第二是学习如何使用 C++标准库中的类和函数。本书中讨论了很多 C++标准库中的类和函数，在我们的《C++大学教程(第九版)》一书中，则包含了更多的内容。标准类库通常是由编译器开发商提供的。很多专用类库是由独立的软件开发商提供的。

软件工程视点 15.1

使用一种"搭积木"的方法，尽可能使用已有的代码片段创建程序，避免重复劳动，称为软件重用(Software reuse)。软件重用是面向对象编程的核心。

软件工程视点 15.2

用 C++编程时，通常使用下列的"积木"：C++标准库中的类和函数，你和你的同事编写的类和函数，多种流行的第三方库中的类和函数。

自己编写函数和类的优点在于可以清楚地了解它们是怎样工作的,并且可以检查 C++代码。缺点在于需要花费大量的时间和精力设计、开发以及维护这些新函数和类,使其正确、高效地运行。

性能提示 15.1

使用 C++标准库函数和类代替自己编写的相应版本可以提高程序的性能,因为这些标准库函数和类能够保证高效执行。该技术也可缩短程序开发时间。

可移植性提示 15.1

使用 C++标准库函数和类来代替自己编写的相应版本可以提高程序的可移植性,因为几乎每个C++工具中都包含这些 C++标准库函数和类。

15.5 头文件

C++标准库文件可以划分为很多部分,每部分分别有自己的头文件。头文件中包含构成该部分的函数原型,也包含各种类、函数以及这些函数中使用的常量的定义。头文件"指示"编译器如何与库以及用户编写的组件进行交互。

图 15.2 列出了一些常见的 C++标准库头文件。旧风格的头文件名以.h 为扩展名,C++标准库头文件名中去掉了.h。

C++标准库头文件	说明
<iostream>	包含 C++标准输入和输出函数的原型。在 15.3 节中介绍,第 21 章,深入研究输入/输出流,将详细阐述这个头文件
<iomanip>	包含格式化数据流的流操纵符的函数原型。该头文件第一次在 15.15 节中使用,第 21 章将对其进行详细讨论
<cmath>	包含数学库函数的原型
<cstdlib>	包含数字与文本间的转换函数、内存分配、随机数,以及各种其他工具函数的函数原型。部分头文件在第 18 章的运算符重载、string 类和第 22 章的深入研究异常处理中讲解
<ctime>	包含操纵时间及日期的函数原型以及类型
<vector>, <list>, <forward_list>, <deque>, <queue>, <stack>, <map>, <unordered_map>, <unordered_set>, <set>, <bitset>	这些头文件包含了实现 C++标准库容器的类。容器用于在程序执行期间存储数据。15.15 节第一次介绍了<vector>头文件
<cctype>	包含测试字符属性(如字符是否是数字或标点符号)的函数的原型,以及进行大/小写转换的函数原型
<cstring>	包含 C 风格的字符串处理函数的原型。第 18 章中使用了这个头文件
<typeinfo>	包含运行时类型识别的类(在程序执行时确定数据类型)。20.8 节讨论了这个头文件
<exception>, <stdexcept>	这些头文件包含用于异常处理的类(第 22 章讨论了这个头文件)
<memory>	包含 C++标准库用于给 C++标准库容器分配内存的容器类及函数。第 22 章使用了这个头文件
<fstream>	包含执行磁盘文件输入和磁盘文件输出的函数的原型
<string>	包含 C++标准库中 string 类的定义
<sstream>	包含在内存中读取字符串和在内存中输出字符串的函数的原型
<functional>	包含 C++标准库算法使用的类和函数
<iterator>	包含访问 C++标准库容器中的数据的类
<algorithm>	包含操纵 C++标准库容器中的数据的函数
<cassert>	包含辅助程序调试的插入诊断的宏
<cfloat>	包含系统浮点数限定值
<climits>	包含系统整数限定值
<cstdio>	包含 C 风格的标准输入/输出库函数的原型以及这些函数使用的信息
<locale>	包含流处理在处理不同自然语言的数据(如货币格式、排序字符串、字符表示等)时使用的类和函数
<limits>	包含用于定义各个计算机平台的数值数据类型的限定值的类
<utility>	包含很多 C++标准库头文件使用的类和函数

图 15.2   C++标准库头文件

程序员可以创建用户头文件。程序员定义的头文件应该以.h 为扩展名。可以使用预处理命令#include 包含程序员定义的头文件。例如，可以在程序开始部分使用#include "square.h"命令把头文件 square.h 包含到程序中。

15.6　内联函数

从软件工程角度来看，用一组函数实现程序很有好处，但是函数调用会增加程序执行时的开销。C++ 提供了内联函数(Inline function)来减少函数调用，特别是调用小函数的开销。在函数定义的返回值类型前面加一个 inline 关键字，"建议"编译器将函数代码复制到程序中，避免函数调用。函数内联使程序执行效率提高了，但也使程序规模变大了。函数内联时将函数代码的多个副本插入到程序中(经常使得程序规模变得很大)，而不是只有一个函数副本，在每次函数调用时将控制转移到该函数中。除了最小的函数外，编译器可以并且经常忽略 inline 关键字。

软件工程视点 15.3
对内联函数的任何修改都需要重新编译该函数的所有客户，这对程序开发和维护会产生很大的影响。

性能提示 15.2
函数内联可以减少程序执行时间，但可能增加程序规模。

软件工程视点 15.4
应该只将 inline 关键字应用于小的、经常使用的函数。

图 15.3 使用内联函数 cube(第 11 行至第 14 行)求边长为 side 的立方体的体积。形参列表中的关键字 const 告诉编译器该函数不修改变量 side 的值。这确保了执行计算时不能由该函数修改变量 side 的值。注意，在使用函数 cube 前必须给出完整定义，因为编译器需要知道怎样对函数 cube 的调用进行内联展开。因此，通常把可重用的内联函数放到头文件中，在每个调用该函数的文件中包含这个头文件。

软件工程视点 15.5
应该用 const 关键字强化最小权限原则。使用最小权限原则设计软件可以减少调试时间、防止产生不适当的副作用，并使程序易于修改和维护。

```cpp
1   // Fig. 15.3: fig15_03.cpp
2   // inline function that calculates the volume of a cube.
3   #include <iostream>
4   using std::cout;
5   using std::cin;
6   using std::endl;
7
8   // Definition of inline function cube. Definition of function appears
9   // before function is called, so a function prototype is not required.
10  // First line of function definition acts as the prototype.
11  inline double cube( const double side )
12  {
13      return side * side * side; // calculate the cube of side
14  }
15
16  int main()
17  {
18      double sideValue; // stores value entered by user
19
20      for ( int i = 1; i <= 3; i++ )
21      {
22          cout << "\nEnter the side length of your cube: ";
23          cin >> sideValue; // read value from user
```

图 15.3　计算立方体体积的内联函数

```
24
25          // calculate cube of sideValue and display result
26          cout << "Volume of cube with side "
27             << sideValue << " is " << cube( sideValue ) << endl;
28       }
29   }
```

```
Enter the side length of your cube: 1.0
Volume of cube with side 1 is 1

Enter the side length of your cube: 2.3
Volume of cube with side 2.3 is 12.167

Enter the side length of your cube: 5.4
Volume of cube with side 5.4 is 157.464
```

图 15.3(续)　计算立方体体积的内联函数

第 4 行至第 6 行是 using 语句。using 语句使我们不必重复写 std::前缀。包含了这些 using 语句后，就可以在剩余的程序中用 cout 代替 std::cout，用 cin 代替 std::cin，用 endl 代替 std::endl。从本节开始，本书的每个 C++程序都包含一个或多个 using 语句。

很多程序员喜欢使用如下语句来代替第 4 行至第 6 行语句：

`using namespace std;`

该语句使得程序可以使用它所包含的任何标准 C++头文件中的名称(如<iostream>)。从现在开始，本书中的 C++程序将采用这种声明方式。

第 20 行的 for 循环语句的条件语句的值或者为 0(假)或者非 0(真)，这与 C 语言一致。C++还提供了 bool 类型来表示布尔值(真/假)。布尔型量有两个可能的值，关键字分别为 true 和 false。当 true 与 false 转换成整数时，true 变成 1，false 变成 0。当非布尔值转换成布尔类型的值时，0 或空指针转换成 false，所有其他值都转换成 true。

15.7　C++关键字

图 15.4 列出了 C 与 C++共有的关键字和 C++中特有的关键字，以及在 C++11 标准中新加入 C++的关键字。

C++关键字

C 与 C++共有的关键字

auto	break	case	char	const
continue	default	do	double	else
enum	extern	float	for	goto
if	int	long	register	return
short	signed	sizeof	static	struct
switch	typedef	union	unsigned	void
volatile	while			

C++特有的关键字

and	and_eq	asm	bitand	bitor
bool	catch	class	compl	const_cast
delete	dynamic_cast	explicit	export	false
friend	inline	mutable	namespace	new
not	not_eq	operator	or	or_eq
private	protected	public	reinterpret_cast	static_cast
template	this	throw	true	try
typeid	typename	using	virtual	wchar_t
xor	xor_eq			

C++11 关键字

alignas	alignof	char16_t	char32_t	constexpr
decltype	noexcept	nullptr	static_assert	thread_local

图 15.4　C++关键字

15.8　引用和引用形参

很多编程语言中常用的两种传参方式是按值传递(Pass-by-value)和按引用传递(Pass-by-reference)。采用按值传递方式传参时，首先生成实参值的副本(存储在函数调用栈中)，然后将该值传递给被调函数。改变副本的值不会影响主调函数中实参的值，这样可以防止意外的副作用影响软件系统的正确性和可靠性。本章中前面出现的程序均采用按值传递的方式传参。

性能提示 15.3

按值传参的一个缺点是，在传递一个大型数据项时，复制该数据的执行时间和内存空间开销往往很大。

15.8.1　引用形参

本节介绍引用形参(Reference parameter)，C++提供的两种按引用传参方式中的第一种方式。通过按引用传参，允许被调函数直接访问主调函数中的数据，并且允许被调函数有选择地修改主调函数中的数据。

性能提示 15.4

按引用传参可以提高性能，因为它可以避免按值传参中复制大量数据的开销。

软件工程视点 15.6

按引用传参降低了安全性，因为被调函数可能破坏主调函数中的数据。

稍后将讲解如何既能利用按引用传参的性能优势，同时又能满足软件工程要求，防止破坏主调函数中的数据。

引用形参是其对应的函数调用中实参的别名。要表示一个形参是按引用传参的，只需在函数原型中该形参类型后面增加一个&标记即可，在函数首部列出形参类型时也要进行相同标记。例如，下面的代码是函数首部中的声明

```
int &count
```

按照从右向左的顺序读为"count 是对 int 类型数据的引用"。在函数调用中，只需指定变量名，该变量就会按引用传递。在被调函数的函数体中对引用形参的操作，实际上是对主调函数中相应实参变量的操作，被调函数可以直接修改该实参变量。

15.8.2　按值和按引用传参

图 15.5 比较了按值传参与用引用形参实现的按引用传参。第 15 行 squareByValue 函数调用和第 21 行 squareByReference 函数调用的实参形式是完全相同的，都只指定了变量名。如果不检查函数原型或函数定义，只通过函数调用是无法区分哪个函数可以修改实参值的。由于 C++中要求必须写函数原型，因此编译器可以顺利解决这种二义性。函数原型告诉编译器函数返回值的类型、函数的形参个数、形参类型以及形参排列顺序。编译器使用这些信息检查函数调用。然而 C 语言不要求必须写函数原型。C++中强制写函数原型支持类型安全链接(Type-safe linkage)，确保实参与形参类型一致。如果实参与形参类型不一致，则编译器会报错。在编译阶段查找这种错误可以避免 C 语言程序中出现的把错误类型的实参传递给了被调函数的运行时错误。

```cpp
1   // Fig. 15.5: fig15_05.cpp
2   // Comparing pass-by-value and pass-by-reference with references.
3   #include <iostream>
4   using namespace std;
5
6   int squareByValue( int ); // function prototype (value pass)
7   void squareByReference( int & ); // function prototype (reference pass)
```

图 15.5　按值传参与按引用传参

```
 8
 9    int main()
10    {
11       // demonstrate squareByValue
12       int x = 2;
13       cout << "x = " << x << " before squareByValue\n";
14       cout << "Value returned by squareByValue: "
15          << squareByValue( x ) << endl;
16       cout << "x = " << x << " after squareByValue\n" << endl;
17
18       // demonstrate squareByReference
19       int z = 4;
20       cout << "z = " << z << " before squareByReference" << endl;
21       squareByReference( z );
22       cout << "z = " << z << " after squareByReference" << endl;
23    }
24
25    // squareByValue multiplies number by itself, stores the
26    // result in number and returns the new value of number
27    int squareByValue( int number )
28    {
29       return number *= number; // caller's argument not modified
30    }
31
32    // squareByReference multiplies numberRef by itself and stores the result
33    // in the variable to which numberRef refers in the caller
34    void squareByReference( int &numberRef )
35    {
36       numberRef *= numberRef; // caller's argument modified
37    }
```

```
x = 2 before squareByValue
Value returned by squareByValue: 4
x = 2 after squareByValue

z = 4 before squareByReference
z = 16 after squareByReference
```

图 15.5(续)　　按值传参与按引用传参

常见的编程错误 15.2

由于在被调函数体内只通过名字访问引用形参,程序员可能不小心将引用形参当成按值传递的形参处理。这时,如果在函数中改变了形参的值,则可能产生意想不到的副作用。

性能提示 15.5

使用常引用形参可以高效地传递大型对象,既可模拟按值传参的形式、确保安全,也可避免传递大型对象的复制开销。在被调函数中不能通过常引用修改主调函数中的对象。

软件工程视点 15.7

很多程序员不把按值传递的形参声明为 const 类型,即使在被调函数中不应该修改传递的实参值的情况下也是如此。这里的关键字 const 只保护实参的副本不被修改,而不保护实参本身。按值传递的实参在被调函数中是不会被修改的。

将引用声明成常引用,需要在形参声明的类型标识符前面加 const 关键字。注意,图 15.5 中第 34 行,函数 squareByReference 的形参列表中&的位置,&与 numberRef 相邻。有些程序员更喜欢将&与 int 相邻,写成 int& numberRef 的形式。这两种形式对编译器而言是等价的。

软件工程视点 15.8

为了保证程序的清晰性与性能,很多 C++程序员喜欢按指针传递可修改的实参,按值传递小型的不可修改的实参,按常引用传递大型的不可修改的实参。

15.8.3　函数体内引用作为别名

引用也可以作为函数体内其他变量的别名(尽管引用通常像图 15.5 中所示那样用于函数形参)。例如，代码

```
int count = 1; // declare integer variable count
int &cRef = count; // create cRef as an alias for count
cRef++; // increment count (using its alias cRef)
```

通过 count 的别名 cRef，使 count 加 1。如图 15.6 和图 15.7 的第 9 行所示，声明引用变量时必须初始化，并且不能将引用作为其他变量的别名而重新赋值。一旦一个引用声明为另一个变量(目标)的别名，则对别名(即引用)的所有操作都是对目标变量的操作。别名就是目标变量的另一个名字。取引用的地址和比较引用不会导致语法错误，实际上，对引用的操作都发生在目标变量上。除了常引用外，引用实参必须是左值(如变量名)，而不能是常量或返回右值的表达式(如计算结果)。

```
 1  // Fig. 15.6: fig15_06.cpp
 2  // Initializing and using a reference.
 3  #include <iostream>
 4  using namespace std;
 5
 6  int main()
 7  {
 8     int x = 3;
 9     int &y = x; // y refers to (is an alias for) x
10
11     cout << "x = " << x << endl << "y = " << y << endl;
12     y = 7; // actually modifies x
13     cout << "x = " << x << endl << "y = " << y << endl;
14  }
```

```
x = 3
y = 3
x = 7
y = 7
```

图 15.6　引用的初始化与使用

```
 1  // Fig. 15.7: fig15_07.cpp
 2  // Uninitialized reference is a syntax error.
 3  #include <iostream>
 4  using namespace std;
 5
 6  int main()
 7  {
 8     int x = 3;
 9     int &y; // Error: y must be initialized
10
11     cout << "x = " << x << endl << "y = " << y << endl;
12     y = 7;
13     cout << "x = " << x << endl << "y = " << y << endl;
14  }
```

Microsoft Visual C++ compiler error message:

```
fig15_07.cpp(9) : error C2530: 'y' :
    references must be initialized
```

GNU C++ compiler error message:

```
fig15_07.cpp:9: error: 'y' declared as a reference but not initialized
```

Xcode LLVM compiler error message:

```
Declaration of reference variable 'y' requires an initializer
```

图 15.7　未初始化的引用导致语法错误

15.8.4　从函数返回引用

函数可以返回引用，但是这可能很危险。在返回被调函数中声明的变量的引用时，应该将该变量声明为 static 类型，否则，函数会返回一个无效引用，当函数返回时，自动变量就消失了(该变量称为"未定义"的变量)，这会导致不可预料的程序执行行为。对未定义变量的引用称为悬挂引用(Dangling reference)。

常见的编程错误 15.3

声明未初始化的引用是编译错误，除非该声明出现在函数的形参列表中。引用形参在其所在的函数被调用时初始化。

常见的编程错误 15.4

试图将一个之前声明的引用重新变为另一个变量的别名是逻辑错误。由于引用已经是别名了，该操作仅仅是将另一个变量的值赋给该变量。

常见的编程错误 15.5

在被调函数中返回自动变量的引用是逻辑错误。有些编译器会对此发出警告。

15.8.5　未初始化的引用的错误提示信息

C++标准没有规定各个编译器如何给出错误提示信息。因此，图 15.7 给出了几种编译器在引用未被初始化时输出的错误提示信息。

15.9　空形参列表

与 C 相同，C++允许定义无参函数。在 C++中，可以用 void 指定，也可通过在括号内不写任何语句定义空形参列表。函数原型

```
void print();
void print( void );
```

均表示函数 print 没有形参也没有返回值。这两个原型是等价的。

可移植性提示 15.2

C++与 C 中的空形参列表的含义有显著的区别。空形参列表在 C 语言中表示实参检查失效(即函数调用可以传递任何实参)，在 C++中，则表示函数不接收任何实参。因此，使用空形参列表的 C 程序在 C++编译器中编译时可能产生编译错误。

15.10　默认实参

有些程序在多次调用同一个函数时经常将相同的实参传递给某个形参，这种情况下，可以为该形参指定默认实参(Default argument)，即传递给该形参的默认值。函数调用时，如果省略了对应位置上的实参值，则编译器就会重写该函数调用并将默认值作为实参插入到函数调用中，在执行被调函数时，以该形参的默认值进行运算。

必须按从右向左的顺序定义默认形参值。当调用具有两个或两个以上的默认实参的函数时，如果省略的实参不是实参列表中最右边的实参，那么也必须省略该实参右侧的实参。应该在函数名第一次出现时指定默认实参，通常是在函数原型中指定。如果程序中省略了函数原型，则应该在函数首部指定默认实参。默认值可以是任何表达式，如常量、全局变量或函数调用等。默认实参也可以用于内联函数中。

图 15.8 演示了在计算盒子容积的程序中使用默认实参。boxVolume 函数原型(第 7 行)的三个形参都被赋了默认值 1。函数原型中给出了形参名以增强程序的可读性，当然它们不是必需的。

常见的编程错误 15.6

既在函数原型中又在函数定义首部中指定默认实参是编译错误。

```cpp
 1   // Fig. 15.8: fig15_08.cpp
 2   // Using default arguments.
 3   #include <iostream>
 4   using namespace std;
 5
 6   // function prototype that specifies default arguments
 7   int boxVolume( int length = 1, int width = 1, int height = 1 );
 8
 9   int main()
10   {
11      // no arguments--use default values for all dimensions
12      cout << "The default box volume is: " << boxVolume();
13
14      // specify length; default width and height
15      cout << "\n\nThe volume of a box with length 10,\n"
16         << "width 1 and height 1 is: " << boxVolume( 10 );
17
18      // specify length and width; default height
19      cout << "\n\nThe volume of a box with length 10,\n"
20         << "width 5 and height 1 is: " << boxVolume( 10, 5 );
21
22      // specify all arguments
23      cout << "\n\nThe volume of a box with length 10,\n"
24         << "width 5 and height 2 is: " << boxVolume( 10, 5, 2 )
25         << endl;
26   }
27
28   // function boxVolume calculates the volume of a box
29   int boxVolume( int length, int width, int height )
30   {
31      return length * width * height;
32   }
```

```
The default box volume is: 1

The volume of a box with length 10,
width 1 and height 1 is: 10

The volume of a box with length 10,
width 5 and height 1 is: 50

The volume of a box with length 10,
width 5 and height 2 is: 100
```

图 15.8   函数的默认实参

第一个 boxVolume 函数调用(第 12 行)没有指定实参, 因此三个形参都使用默认值 1。第二个函数调用(第 16 行)为 length 传递了实参, 因此将默认值 1 作为 width 与 height 的实参。第三个函数调用(第 20 行)为 length 和 width 传递了实参, 因此使用默认值 1 作为 height 的实参。最后一个函数调用(第 24 行)为 length, width, height 传递了实参, 因此不使用默认值。注意实参是按照从左向右的顺序传递给函数的。因此, 当 boxVolume 接收到一个实参时, 将该实参值赋给形参 length(即形参列表中最左的形参)。当 boxVolume 收到两个实参时, 将这两个实参值按顺序分别赋给形参 length 和 width。最后, 当 boxVolume 收到全部的三个实参时, 将这些实参值分别赋给形参 length, width 和 height。

良好的编程习惯 15.1

默认实参可使函数的书写变得简洁。然而, 有些程序员认为显式地指定所有实参可使程序更加清晰。

软件工程视点 15.9

如果函数的默认实参值改变了, 则该函数的所有客户均需要重新编译。

常见的编程错误 15.7

在函数定义中，指定和试图使用一个不是最右的默认实参(即没有为该形参右侧的形参指定默认值)是语法错误。

15.11　一元作用域运算符

程序中可能声明同名的局部变量和全局变量,这导致在局部域中,全局变量被其同名局部变量隐藏。C++提供了一元作用域运算符(::),用于在含有与全局变量同名的局部变量的域中的访问该全局变量。一元作用域运算符不能用于访问外层块中的同名局部变量。如果域中没有与全局变量同名的局部变量,则可以不用一元作用域运算符而直接访问该全局变量。

图 15.9 演示了全局变量与局部变量(分别为第 6 行与第 10 行)同名时一元作用域运算符的用法。为了突出局部变量 number 和全局变量 number 是不同的,将它们声明为不同类型,分别为 double 类型和 int 类型。

```cpp
1   // Fig. 15.9: fig15_09.cpp
2   // Using the unary scope resolution operator.
3   #include <iostream>
4   using namespace std;
5
6   int number = 7; // global variable named number
7
8   int main()
9   {
10      double number = 10.5; // local variable named number
11
12      // display values of local and global variables
13      cout << "Local double value of number = " << number
14         << "\nGlobal int value of number = " << ::number << endl;
15  }
```

```
Local double value of number = 10.5
Global int value of number = 7
```

图 15.9　一元作用域运算符

如果全局变量在程序中没有同名变量,则可以使用也可以不使用一元作用域运算符(::)。

常见的编程错误 15.8

试图用一元作用域运算符(::)访问外层块中的同名局部变量是错误的。如果不存在与其同名的全局变量,则会产生编译错误。如果存在与其同名的全局变量,则是逻辑错误,这是因为试图访问外层块中的非全局变量,而实际上却访问了全局变量。

良好的编程习惯 15.2

经常使用一元作用域运算符(::)访问全局变量,可清楚地说明要访问的是全局变量而不是非全局变量,因而使程序易于阅读和理解。

软件工程视点 15.10

经常使用一元作用域运算符(::)访问全局变量可避免全局变量与非全局变量命名冲突,因而使程序易于修改。

错误预防提示 15.1

经常使用一元作用域运算符(::)访问全局变量可消除因非局部变量隐藏了全局变量可能引起的逻辑错误。

错误预防提示 15.2

程序中不同用途的变量不应使用相同的名字。尽管不同用途的变量可以使用相同的名字,但这容易产生错误。

15.12　函数重载

C++中允许定义同名的函数，只要这些函数具有不同的形参集合即可（至少在形参类型或形参个数或形参类型的顺序上有区别）。这个功能称为函数重载（Function overloading）。当调用重载函数时，C++编译器通过检查函数调用语句中实参个数、类型及顺序选择适当的函数。函数重载通常用于创建几个对不同类型的数据执行相似操作的同名函数。例如，math 库中有很多重载函数对不同的数据类型进行操作。

良好的编程习惯 15.3
重载执行紧密相关任务的函数可使程序更加易于阅读和理解。

重载 square 函数

图 15.10 使用重载的 square 函数计算 int 类型数据的平方（第 7 行至第 11 行）以及 double 类型数据的平方（第 14 行至第 18 行）。第 22 行通过传递数值 7，调用 int 版本的 square 函数。在默认情况下，C++将整数值当成 int 类型处理。第 24 行通过传递值 7.5，调用 double 版本的 square 函数。在默认情况下，C++将 7.5 当成 double 类型处理。编译器根据实参类型选择调用最适合的函数。输出结果可验证调用了适当的函数。

```
1    // Fig. 15.10: fig15_10.cpp
2    // Overloaded square functions.
3    #include <iostream>
4    using namespace std;
5
6    // function square for int values
7    int square( int x )
8    {
9       cout << "square of integer " << x << " is ";
10      return x * x;
11   }
12
13   // function square for double values
14   double square( double y )
15   {
16      cout << "square of double " << y << " is ";
17      return y * y;
18   }
19
20   int main()
21   {
22      cout << square( 7 ); // calls int version
23      cout << endl;
24      cout << square( 7.5 ); // calls double version
25      cout << endl;
26   }
```

```
square of integer 7 is 49
square of double 7.5 is 56.25
```

图 15.10　重载 square 函数

编译器如何区分重载函数

编译器由函数的签名（Signature）区分重载函数。签名是函数名及形参类型（按顺序排列）的组合。编译器根据函数形参个数与类型将每个函数标识符编码（有时称为名字改编，Name mangling；或名字修饰，Name decoration），以保证类型安全链接，从而确保调用适当的重载函数，也确保实参与形参类型一致。

图 15.11 中的程序是用 GUN C++编译器编译的。图中没有给出程序的执行结果，而给出了用汇编语言输出的 GUN C++生成的改编函数名。每个改编名（除了 main 函数）以两个下画线（__）开始，随后是字母 Z、数字和函数名字。Z 后的数字指出函数名字中包含多少个字符。例如，函数名 square 包含 6 个字符，因此它的前缀为 __Z6。

常见的编程错误 15.9

创建具有相同形参列表但不同返回值类型的重载函数是编译错误。

```cpp
1    // Fig. 15.11: fig15_11.cpp
2    // Name mangling to enable type-safe linkage.
3
4    // function square for int values
5    int square( int x )
6    {
7       return x * x;
8    }
9
10   // function square for double values
11   double square( double y )
12   {
13      return y * y;
14   }
15
16   // function that receives arguments of types
17   // int, float, char and int &
18   void nothing1( int a, float b, char c, int &d )
19   {
20      // empty function body
21   }
22
23   // function that receives arguments of types
24   // char, int, float & and double &
25   int nothing2( char a, int b, float &c, double &d )
26   {
27      return 0;
28   }
29
30   int main()
31   {
32      return 0; // indicates successful termination
33   }
```

```
__Z6squarei
__Z6squared
__Z8nothing1ifcRi
__Z8nothing2ciRfRd
_main
```

图 15.11　名字改编以确保类型安全链接

函数名后是编码的形参列表。函数 nothing2 的形参列表中（第 25 行；输出行的第 4 行），c 表示 char，i 表示 int，Rf 表示 float&（即浮点型数据的引用），Rd 表示 double&（即双精度型数据的引用）。函数 nothing1 的形参列表中，i 表示 int，f 表示 float，c 表示 char，Ri 表示 int&。由形参列表区分两个 square 函数，一个用 d 表示 double，另一个用 i 表示 int。

改编名字中没有指定函数的返回值类型。重载函数可以具有不同的返回值类型，但是即使如此，它们也必须具有不同的形参列表。换句话说，不能声明返回值类型不同但签名相同的两个函数。注意，不同编译器的函数名改编方法不同。由于 main 函数不能重载，它不被重新改名。

编译器只用形参列表区分同名函数。重载函数不必一定具有相同个数的形参。使用带默认实参的重载函数时应该小心，以防出现二义性。

常见的编程错误 15.10

调用带默认实参的函数可能与调用另一个重载函数相同，这是编译错误。例如，程序中有一个函数没有形参，而其同名函数的形参全都具有默认实参，在试图不传递任何实参调用该函数时，就会发生编译错误，编译器无法知道应该选择哪个函数版本。

运算符重载

第 18 章将会讨论怎样重载运算符，定义它们对用户定义的数据类型对象的操作方式（实际上，目前为止，我们已经使用过很多重载运算符了。例如，流插入运算符<<和流读取运算符>>，它们被重载来显示各种基本类型的数据。在第 18 章将会讨论重载<<和>>，处理用户定义的数据类型的对象）。15.13 节将介绍函数模板，函数模板可以自动生成对不同数据类型执行相同操作的重载函数。

15.13　函数模板

重载函数用于对不同数据类型，用不同程序逻辑，执行相似操作。如果各种数据类型的程序逻辑和操作是完全相同的，那么用函数模板（Function template）可以更加简洁、方便地执行重载。由程序员编写一个函数模板定义。根据函数调用时提供的实参类型，C++会自动生成独立的函数模板特化（Function template specialization），正确地处理各种不同类型的函数调用。因此，定义一个函数模板实际上定义了一个完整的重载函数集合。

15.13.1　定义一个函数模板

图 15.12 给出了求三个数中最大值的 maximum 函数模板定义（第 4 行至第 18 行）。所有函数模板定义均以关键字 template（第 4 行）开始，随后是用尖括号（<和>）括起来的模板形参列表（Template parameter list）。模板形参列表中的每个形参（称为形式类型形参，Formal type parameter）前面都加关键字 typename 或 class。typename 与 class 的含义相同。形式类型形参是基本数据类型或用户定义类型的占位符。这些占位符用于指定函数的形参类型（第 5 行）、函数的返回值类型（第 5 行），以及在函数定义体中声明变量（第 7 行）。函数模板的定义类似于函数定义，不同的是它用形式类型形参作为实际数据类型的占位符。

```
1    // Fig. 15.12: maximum.h
2    // Function template maximum header file.
3
4    template < class T >  // or template< typename T >
5    T maximum( T value1, T value2, T value3 )
6    {
7       T maximumValue = value1; // assume value1 is maximum
8
9       // determine whether value2 is greater than maximumValue
10      if ( value2 > maximumValue )
11         maximumValue = value2;
12
13      // determine whether value3 is greater than maximumValue
14      if ( value3 > maximumValue )
15         maximumValue = value3;
16
17      return maximumValue;
18   }
```

图 15.12　函数模板 maximum 的头文件

图 15.12 中的函数模板声明了一个形式类型形参 T（第 4 行）作为函数 maximum 要测试的数据类型的占位符。一个模板定义的形参列表中的类型形参必须是唯一的。当编译器检测到程序代码中调用 maximum 时，就会用传递给 maximum 的数据类型替换模板定义中的 T，创建一个完整的求三个指定数据类型的值中最大值的函数，然后编译新生成的函数。可见，模板是一种生成代码的方法。

常见的编程错误 15.11
没有在函数模板的每个形式类型形参前都加关键字 class 或 typename（如写为<class S , T>而不是<class S , class T>）是语法错误。

15.13.2　使用函数模板

图 15.13 使用函数模板 maximum（第 18 行、第 28 行和第 38 行）分别求三个 int 类型、三个 double 类型和三个 char 类型数值中的最大值。

```
1    // Fig. 15.13: fig15_13.cpp
2    // Demonstrating function template maximum.
3    #include <iostream>
4    using namespace std;
5
6    #include "maximum.h" // include definition of function template maximum
7
8    int main()
9    {
10      // demonstrate maximum with int values
11      int int1, int2, int3;
12
13      cout << "Input three integer values: ";
14      cin >> int1 >> int2 >> int3;
15
16      // invoke int version of maximum
17      cout << "The maximum integer value is: "
18         << maximum( int1, int2, int3 );
19
20      // demonstrate maximum with double values
21      double double1, double2, double3;
22
23      cout << "\n\nInput three double values: ";
24      cin >> double1 >> double2 >> double3;
25
26      // invoke double version of maximum
27      cout << "The maximum double value is: "
28         << maximum( double1, double2, double3 );
29
30      // demonstrate maximum with char values
31      char char1, char2, char3;
32
33      cout << "\n\nInput three characters: ";
34      cin >> char1 >> char2 >> char3;
35
36      // invoke char version of maximum
37      cout << "The maximum character value is: "
38         << maximum( char1, char2, char3 ) << endl;
39   }
```

```
Input three integer values: 1 2 3
The maximum integer value is: 3

Input three double values: 3.3 2.2 1.1
The maximum double value is: 3.3

Input three characters: A C B
The maximum character value is: C
```

图 15.13　演示函数模板 maximum

图 15.13 中，执行第 18 行、第 28 行和第 38 行的函数调用时生成三个函数，分别处理三个 int 值、三个 double 值和三个 char 值。例如，用 int 替换每个 T 所创建的函数模板特化如下所示：

```
int maximum( int value1, int value2, int value3 )
{
    int maximumValue = value1; // assume value1 is maximum

    // determine whether value2 is greater than maximumValue
    if ( value2 > maximumValue )
        maximumValue = value2;

    // determine whether value3 is greater than maximumValue
    if ( value3 > maximumValue )
        maximumValue = value3;

    return maximumValue;
}
```

15.14　对象技术与 UML 简介

现在开始介绍面向对象技术，一种自然的思考世界和编写计算机程序的方式。我们的目标是帮助读者以面向对象的思考方式开发程序，并介绍统一建模语言(Unified Modeling Language，UML)。UML 是一种图形语言，它使得面向对象软件系统的设计人员可以用工业标准符号表示软件系统。本节首先回顾 1.8 节中介绍的面向对象程序设计的基本概念，然后介绍一些在 15.15 节中和第 16 章至第 23 章中使用的一些术语。

15.14.1　对象技术基本概念

仔细观察我们身边的现实世界，就会发现对象(Object)无处不在——人、动物、植物、汽车、飞机、建筑物、计算机等都是对象。人们以对象的方式进行思考。电话、房屋、交通灯、微波炉以及冷水器仅是我们日常生活中众多对象中的几个。

属性和行为

对象存在共同之处。它们都具有属性(Attribute)，例如，大小、形状、颜色和质量等。它们也都具有行为(Behavior)，例如，球可以滚动、弹跳、充气和放气，婴儿会哭泣、睡觉、爬、走和眨眼，汽车可以加速、刹车和转弯，毛巾可以吸水等。人们通过研究已有对象的属性、观察它们的行为来了解这些对象。不同的对象可能具有相似的属性和行为，因而可以在它们之间进行比较，例如，比较婴儿和成年人，人类和猩猩。我们将研究软件对象具有的属性和行为的种类。

面向对象设计和继承

面向对象设计(Object-Oriented Design，OOD)模拟现实世界中的对象建模软件。它利用类关系，即某个类的不同对象(如交通工具类)具有相同的特征。无论是小汽车、卡车、红色小货车还是轮滑都具有很多共同的特征。OOD 还利用继承(Inheritance)关系，即新类通过吸收已有类的特征并增加它们自己独有的特征派生而来。"敞篷汽车"类的对象当然具有更一般类"汽车"的特征，但同时它还具有一些特殊的特征，如可以升降车篷等。

面向对象设计提供了一种更自然、直观的方式观察软件设计过程，即像描述现实世界中的对象那样，根据属性、行为以及相互关系建模对象。OOD 也建模对象间的通信。像人们相互之间发送消息那样(如军官通过口令命令士兵立正)，对象之间也通过消息进行通信。当客户取出一定数额的现金时，银行账户对象会接收到一个消息，让它从该账户中减去特定数额的现金。

封装和信息隐藏

OOD 将属性和操作(Operation)封装(Encapsulate)到对象中，使对象的属性和操作紧密地结合在一起。对象具有信息隐藏(Information hiding)的特性。这意味着通过良好定义的接口(Interface)，对象可以知道如何与其他对象通信。但是，由于实现细节被隐藏在对象内部，它们通常无法获知其他对象是怎样实现的。例如，我们不必了解引擎、传动装置、刹车和排气系统内部是怎样运转的，而只要了解怎样使用加速器踏板、刹车踏板、方向盘，等等，便可以熟练地驾驶小汽车。稍后将讨论信息隐藏对构建良好的软件工程系统的重要性。

面向对象程序设计

像 C++这样的编程语言是面向对象的(Object oriented)。采用这样的语言编程称为面向对象程序设计(Object-Oriented Programming，OOP)。它使得计算机程序员可以将面向对象的设计实现为一个可用的软件系统。而像 C 这样的编程语言是过程式的(Procedural)，因此它的编程更倾向于面向行为(Action oriented)。在 C 语言中，编程的基本单位是函数。在 C++中，编程的基本单位是类。对象由类实例化(Instantiated)而来。实例化在 OOP 中称为"创建"。C++类中包含实现操作的函数和实现属性的数据。

C 程序员关注如何编写函数，将一些执行公共任务的行为聚合为函数，并将函数聚合为程序。数据在 C 中非常重要，但是它们主要用于支持函数的执行行为。系统规格说明中的动词有助于 C 程序员确定实现系统的函数集合。

15.14.2　类、数据成员和成员函数

C++程序员关注如何自己编写称为"类"(Class)的用户定义的数据类型。每个类包含数据以及操作这些数据、为客户(Client，即使用该类的其他类或函数)提供服务的函数集合。类中的数据称为数据成员(Data member)。例如，银行账户类可能包含一个账户号和一个余额。类中的函数称为成员函数(Member function)。成员函数在其他面向对象编程语言(如 Java)中，称为方法(Method)。例如，一个银行账户类可能包含存款函数(增加余额)、取款函数(减少余额)和查询当前余额的函数。程序员使用内置数据类型(以及其他用户定义类型)作为"积木"创建新的用户定义数据类型(类)。系统规格说明中的名词有助于C++程序员确定类的集合，由这些类创建的对象共同实现了系统。

类与对象的关系，如同蓝图与房屋的关系，类是创建该类的对象的设计图。正如可以由一个蓝图建立多个房屋一样，由一个类可以实例化(创建)多个对象。不能在蓝图中的厨房中做饭，但是可以在房屋的厨房中做饭。不能在蓝图的卧室中睡觉，但是可以在房屋的卧室中睡觉。

类与其他类间可以存在关系。在一个银行系统的面向对象设计中，"银行出纳员"类需要与其他类(如"客户"类、"现金提取"类、"安全"类，等等)发生关系。这些关系称为关联(Association)。将软件包装为类，使得将来建立软件系统时可重用这些类。

 软件工程视点 15.11

创建新类和程序时，重用已有的类可以节省时间、金钱与精力。重用也有助于创建更加可靠和有效的系统，这是因为已有的类和组件通常都经过了长期的测试、调试和性能改进。

采用对象技术，可以像汽车制造商组合可互换的汽车零件那样，组合已有的类来创建大多数新软件。所创建的每个新类都可能成为一个有价值的软件资源，供我们和其他程序员重用来加速软件开发过程、提高软件质量。

15.14.3　面向对象分析与设计

我们很快就可以用 C++编写程序了。那么如何编写程序代码呢？也许，像很多刚入门的程序员一样，可能只是简单地打开计算机然后就开始键入代码。这种方法对于编写小程序(如本书前面章节中给出的程序)而言也许有效。但如果要求你为一家大银行创建一个控制上千台自动取款机的软件系统，该怎么办呢？或者要求你在一个拥有 1000 多名软件开发人员的团队中，为构建下一代美国航空控制系统而工作，该怎么办呢？对于这样庞大而复杂的项目，不能只是简单地坐下来就开始编写程序。

为了获得最佳的解决方案，我们必须遵循详细的过程来分析(Analyzing)项目需求(Requirement)，即确定系统要完成什么，然后开发出满足该需求的设计(Design)，即确定系统如何完成这些功能。理想情况下，我们需要按照该过程执行，并且在编写代码前仔细审查设计(或由其他的软件专业人员审查我们的设计)。如果上述过程是从面向对象的角度对系统进行分析和设计的，则称为面向对象分析与设计(Object-Oriented Analysis and Design，OOAD)。有经验的程序员都清楚，有效的分析和设计有助于节省大量时间，避免在实现过程中才发现系统的设计缺陷，这种缺陷往往会浪费掉惊人的时间、金钱和精力。

OOAD 是个通用术语，表示分析问题，并开发出解决该问题的方案过程。对于一些小问题，比如本书前几章中讨论的问题，不需要深入的 OOAD 过程。

随着问题规模与所涉及人员数量的增加，OOAD 方法比伪代码方法更有效。理想情况下，开发小组必须遵循一个经过严格定义的解决问题的过程，同时还要采用某种统一的通信方式，以便相互之间对该过程的结果进行交流。尽管存在很多不同的 OOAD 过程，然而有一种图形化语言被广泛应用于 OOAD过程结果的通信交流。这就是统一建模语言(Unified Modeling Language，UML)，它开发于 20 世纪 90年代中期，是在三个软件方法学学者 Grady Booch，James Rumbaugh 与 Ivar Jacobson 的指导下开发的。

15.14.4 统一建模语言

自 20 世纪 80 年代以来，越来越多的组织开始使用 OOP 方法构建应用程序，由此产生出对开发标准化 OOAD 过程的需求。很多方法学学者，如 Booch，Rumbaugh 与 Jacobson，分别提出并推广了不同的过程来满足这一需求。每个过程都有自己的符号或语言(以图形形式表示的)传递分析与设计结果。

1994 年，James Rumbaugh 与 Rational Software 公司(现在已成为 IBM 的子公司)的 Grady Booch 联合，将各自颇受欢迎的过程统一起来，不久 Ivar Jacobson 也加入其中。1996 年，该小组向软件工程组织发布了 UML 的早期版本并请求提供反馈意见。同时，对象管理组织(Object Management Group，OMG)公开征求关于统一建模语言的方案。OMG 是一个非营利性组织，它通过发布一系列指南和规范，例如 UML，推动面向对象技术的标准化进程。当时已有几家公司(如 HP，IBM，Microsoft，Oracle 与 Rational Software)认识到开发统一建模语言的必要性。这些公司响应 OMG 的提议，联合成立了 UML 合作者联盟(UML Partner)，开发 UML 1.1 版本并将其提交给 OMG。OMG 接受了该提案，于 1997 年，承担了继续维护和修订 UML 的工作。本书中 C++部分的术语和符号遵循最新的 UML 2.0 版本。

统一建模语言是目前使用最广泛的建模面向对象系统的图形表示机制。它实际上是多种流行的符号方法的统一。系统设计人员使用该语言建模系统，本书的 C++部分采用了此方法。UML 最吸引人的特征之一是灵活性。UML 是可扩展的(Extensible，即可以用新特征改进)，并且不依赖于特定的 OOAD 过程。UML 建模人员可以完全自由地使用各种不同的过程来设计各自的系统，但是所有开发人员可以用相同的图形符号标准集合表示他们的设计。可访问 UML 资源中心网址 www.deitel.com/UML/获取更多关于 UML 的信息。

15.15 C++标准库类模板 vector 简介

本节将介绍 C++标准类库模板 vector，vector 表示了一种更完善的数组类型，包含了很多额外的功能。

15.15.1 C 风格的基于指针的数组

C 风格的基于指针的数组(即本书中目前给出的数组类型)很容易出错。例如，正如前面所提到过，数组下标可能越界，因为 C 或 C++都没有检查数组的范围。

两个数组不能用判相等或关系运算符进行有意义的比较。在第 7 章，指针变量(常称为指针)的值是内存地址。数组名是指向数组在内存中起始位置的指针，因此两个不同的数组总是在不同的内存位置。

当数组被作为参数传递给可以处理任意规模的数组的函数时，必须将数组的规模也作为参数传递给该函数。另外，不能用赋值运算符将一个数组赋给另一个数组，因为数组名是 const 指针，不能用于赋值运算符的左部。

这些处理数组的功能应该是很自然的，但是 C++却没有提供这些功能。然而，C++标准库提供了类模板 vector，使我们可以创建一个更加强大却不易出错的数组。第 18 章将介绍如何像 vector 一样实现这些数组功能的方法。你将学到如何为自己的类定制运算符(该技术称为运算符重载)。

15.15.2 使用类模板 vector

创建 C++应用程序的任何人都可以使用 vector 类模板。你可能不熟悉 vector 实例中的符号，因为 vector 中使用了模板相关的表示。15.13 节讨论了函数模板，第 23 章将讨论如何创建自己的类模板。目前为止只需要记住本节实例中的语法，就可以方便地使用 vector 模板。

图 15.14 中的程序演示了 C++标准库类模板 vector 提供的功能。它提供了一些之前 C 风格的基于指针的数组无法实现的功能。标准类模板 vector 与第 18 章中构建的 Array 类有很多特征相似。标准类模板 vector 在头文件<vector>(第 5 行)中定义，属于命名空间 std。本节最后将介绍 vector 类的边界检查功能，以及 C++的异常处理机制用于 vector 下标越界的检查和处理。

```cpp
 1   // Fig. 15.14: fig15_14.cpp
 2   // Demonstrating C++ Standard Library class template vector.
 3   #include <iostream>
 4   #include <iomanip>
 5   #include <vector>
 6   using namespace std;
 7
 8   void outputVector( const vector< int > & ); // display the vector
 9   void inputVector( vector< int > & ); // input values into the vector
10
11   int main()
12   {
13      vector< int > integers1( 7 ); // 7-element vector< int >
14      vector< int > integers2( 10 ); // 10-element vector< int >
15
16      // print integers1 size and contents
17      cout << "Size of vector integers1 is " << integers1.size()
18         << "\nvector after initialization:" << endl;
19      outputVector( integers1 );
20
21      // print integers2 size and contents
22      cout << "\nSize of vector integers2 is " << integers2.size()
23         << "\nvector after initialization:" << endl;
24      outputVector( integers2 );
25
26      // input and print integers1 and integers2
27      cout << "\nEnter 17 integers:" << endl;
28      inputVector( integers1 );
29      inputVector( integers2 );
30
31      cout << "\nAfter input, the vectors contain:\n"
32         << "integers1:" << endl;
33      outputVector( integers1 );
34      cout << "integers2:" << endl;
35      outputVector( integers2 );
36
37      // use inequality (!=) operator with vector objects
38      cout << "\nEvaluating: integers1 != integers2" << endl;
39
40      if ( integers1 != integers2 )
41         cout << "integers1 and integers2 are not equal" << endl;
42
43      // create vector integers3 using integers1 as an
44      // initializer; print size and contents
45      vector< int > integers3( integers1 ); // copy constructor
46
47      cout << "\nSize of vector integers3 is " << integers3.size()
48         << "\nvector after initialization:" << endl;
49      outputVector( integers3 );
50
51      // use overloaded assignment (=) operator
52      cout << "\nAssigning integers2 to integers1:" << endl;
53      integers1 = integers2; // assign integers2 to integers1
54
55      cout << "integers1:" << endl;
56      outputVector( integers1 );
57      cout << "integers2:" << endl;
58      outputVector( integers2 );
59
60      // use equality (==) operator with vector objects
61      cout << "\nEvaluating: integers1 == integers2" << endl;
62
63      if ( integers1 == integers2 )
64         cout << "integers1 and integers2 are equal" << endl;
65
66      // use square brackets to create rvalue
67      cout << "\nintegers1[5] is " << integers1[ 5 ];
68
69      // use square brackets to create lvalue
70      cout << "\n\nAssigning 1000 to integers1[5]" << endl;
71      integers1[ 5 ] = 1000;
72      cout << "integers1:" << endl;
73      outputVector( integers1 );
74
```

图 15.14　演示 C++标准库类模板 vector

```
75      // attempt to use out-of-range index
76      try
77      {
78         cout << "\nAttempt to display integers1.at( 15 )" << endl;
79         cout << integers1.at( 15 ) << endl; // ERROR: out of range
80      }
81      catch ( out_of_range &ex )
82      {
83         cout << "An exception occurred: " << ex.what() << endl;
84      }
85   }
86
87   // output vector contents
88   void outputVector( const vector< int > &array )
89   {
90      size_t i; // declare control variable
91
92      for ( i = 0; i < array.size(); ++i )
93      {
94         cout << setw( 12 ) << array[ i ];
95
96         if ( ( i + 1 ) % 4 == 0 ) // 4 numbers per row of output
97            cout << endl;
98      }
99
100     if ( i % 4 != 0 )
101        cout << endl;
102  }
103
104  // input vector contents
105  void inputVector( vector< int > &array )
106  {
107     for ( size_t i = 0; i < array.size(); ++i )
108        cin >> array[ i ];
109  }
```

```
Size of vector integers1 is 7
vector after initialization:
           0           0           0           0
           0           0           0

Size of vector integers2 is 10
vector after initialization:
           0           0           0           0
           0           0           0           0
           0           0
```

```
Enter 17 integers:
1 2 3 4 5 6 7 8 9 10 11 12 13 14 15 16 17
After input, the vectors contain:
integers1:
           1           2           3           4
           5           6           7
integers2:
           8           9          10          11
          12          13          14          15
          16          17

Evaluating: integers1 != integers2
integers1 and integers2 are not equal

Size of vector integers3 is 7
vector after initialization:
           1           2           3           4
           5           6           7

Assigning integers2 to integers1:
integers1:
           8           9          10          11
          12          13          14          15
          16          17
integers2:
           8           9          10          11
          12          13          14          15
          16          17
```

图 15.14(续)　演示 C++标准库类模板 vector

```
Evaluating: integers1 == integers2
integers1 and integers2 are equal

integers1[5] is 13

Assigning 1000 to integers1[5]
integers1:
              8           9          10          11
             12        1000          14          15
             16          17

Attempt to display integers1.at( 15 )
An exception occurred: invalid vector<T> subscript
```

图 15.14(续)   演示 C++标准库类模板 vector

创建 vector 对象

第 13 行至第 14 行创建了两个 vector 对象，存储 int 类型的值。integers1 包含 7 个元素，integers2 包含 10 个元素。默认情况下，每个 vector 对象中的各个元素都被初始化为 0。需要注意的是 vector 可以用于定义任何的数据类型，只要用适当的数据类型替换 vector<int>中的 int 即可。这种表示形式指定了 vector 中存储的数据类型，与 15.13 节中介绍的函数模板中的模板表示类似。

vector 成员函数 size;函数 outputVector

第 17 行使用 vector 成员函数 size 来获得 integers1 的规模（即元素的个数）。像结构体和联合体方位成员一样，用点运算符(.)调用成员函数。第 19 行将 integers1 传递给函数 outputVector(第 88 行至第 102 行)，该函数使用中括号([ ])(第 94 行)获得 vector 中每个元素的值。第 22 行和第 24 行为 integers2 执行相同的任务。

类模板 vector 的成员函数 size 返回 vector 中元素个数，值的类型是 size_t(在很多系统中表示无符号整型)。因此，第 90 行也声明了 size_t 类型的控制变量 i。在某些编译器中，将 i 声明为 int 类型会导致编译器给出警告信息，这是因为循环控制条件(第 92 行)将一个有符号的值(即 int i)与无符号值(即函数 size 返回的 size_t 类型的值)进行了比较。

函数 inputVector

第 28 行和第 29 行将 integers1 和 integers2 传递给函数 inputVector(第 105 行至第 109 行)，从用户处给每个 vector 元素读入值。该函数使用中括号([ ])构成左值，用于存储每个 vector 元素的输入值。

判定 vector 对象不相等

第 40 行演示了使用!=运算符比较两个 vector 对象。如果两个 vector 内容不相等，该运算符返回 true；否则返回 false。

用一个 vector 的内容初始化另一个 vector

C++标准库类模板 vector 允许你创建一个新的 vector 对象，并用一个已有的 vector 的内容初始化新的 vector 对象。第 45 行创建了一个 vector 对象 integers3 并用 integers1 的副本初始化它。这调用了 vector 的副本构造函数来执行副本操作。第 18 章将讲解如何创建副本构造函数。第 47 行至第 49 行输出了 integers3 的规模和内容，验证可以正确初始化。

给 vectors 赋值以及比较 vectors 是否相等

第 53 行将 integers2 赋值给 integers1，演示了赋值运算符(=)可以用于 vector 对象。第 55 行至第 58 行输出了两个对象的内容，表明它们包含了相同的值。第 63 行用双相等运算符(==)比较 integers1 和 integers2，来确定这两个对象的值在第 53 行赋值之后是否相等(是相等的)。

使用[]运算符访问和修改 vector 元素

第 67 行和第 71 行使用中括号([ ])获得一个 vector 元素的值分别作为右值和左值。右值不能修改，而左值可以修改。与 C 风格的基于指针的数组一样，当用中括号访问 vector 元素时，C++不执行任何边界检查。因此，必须确保使用[ ]的操作不会操作 vector 界限外的元素。然而，标准类模板 vector 的 at 函数提供了边界检查功能，如第 79 行所示，稍后将进行讨论。

15.15.3　异常处理：处理下标越界

异常(Exception)表示程序执行时出现了问题。"异常"表明问题不总频繁出现。如果规则是程序正确执行，那么问题表示"异于规则之处"。异常处理(Exception handling)使我们可以创建处理异常的可容错程序(Fault-tolerant program)。在很多情况下，允许程序像没有遇到问题一样亟须执行。例如，图 15.14 尽管试图访问越界下标，但程序继续执行直至完成。更严重的问题是可能阻止程序继续正常执行，要求程序通知用户出现的问题，然后终止执行。当函数检测到问题时，如非法的数组下标或者非法的实参，函数会抛出(Throw)异常，即发生了异常。本节简要地介绍了异常，第 22 章将进行详细论述。

try 语句

要处理异常，将可能抛出异常的代码放到 try 语句(try statement)中(第 76 行至第 84 行)。try 块(try block)(第 76 行至第 80 行)包含了可能抛出异常的代码，catch 块(catch block)(第 81 行至第 84 行)包含了当异常发生时处理异常的代码。可以创建多个 catch 块来处理对应的 try 块可能抛出的不同类型的异常。如果 try 块中的代码成功执行，则第 81 行至第 84 行被忽略。花括号界定了 try 块和 catch 块，因此是必需的。

执行 catch 块

当程序调用 vector 成员函数 at，传递实参为 15 时(第 79 行)，该函数试图访问位置 15 处的元素，导致下标越界，因为 integers1 在此处仅有 10 个元素。由于边界检查是在运行时执行的，vector 成员函数 at 产生一个异常，特别是第 79 行抛出一个 out_of_range 异常(来自于头文件<stdexcept>)通知程序该问题。在这个程序点，try 块立即终止，catch 块开始执行，如果在 try 块中声明了任何变量，则它们由于不在作用域内而不能在 catch 块中访问(注意：在 GUN C++中，为了防止编译错误，使用类 out_of_range 时，需要包含头文件<stdexcept>)。

catch 块声明了一种类型(out_of_range)和一个引用异常形参(ex)。catch 块可以处理指定类型的异常。在块内，可以使用形参标识符与捕获异常的对象交互。

异常形参的成员函数 what

当第 81 行至第 84 行捕获异常时，程序显示一条信息指出所出现的问题。第 83 行调用异常对象的 what 成员函数获取并显示存储在异常对象中的错误信息。在这个例子中显示了信息表示异常被处理，程序继续执行 chatch 块的}后的下一条语句。在这个例子中，到达了程序末尾，因此程序终止。本书在 C++部分使用了异常处理；第 22 章将深入讲解异常处理。

关于这个实例的小结

本节演示了 C++标准库类模板 vector，这是一个健壮的、可重用的类，可用代替 C 风格的基于指针的数组。在第 18 章，将会看看到通过重载 C++内置的运算符实现 vector 的很多功能，也会学到如何以相似的方法定制自己的类的运算符。例如创建一个与 vector 相似的 Array 类，改进基本的数组功能。我们的 Array 类还提供了额外的特征，例如分别用>>和<<运算符输入和输出整个数组。

15.16　本章小结

本章学习了 C++对 C 的几点改进。给出了基本的 C++风格的输入 cin 和输出 cout，并概述了 C++标准库头文件。讨论了内联函数，通过消除函数调用开销提高性能。学习了怎样用 C++的引用形参按引用传参，创建已有变量的别名。学习了通过提供相同的名字但不同的签名进行函数重载，重载函数可以通过使用不同的形参类型或不同数目的形参来执行相同或相似的任务。然后阐述了使用函数模板重载函数的简单方法，函数只定义一次，但可应用于不同的数据类型。学习了对象技术中的基本术语。介绍了UML，一种广泛使用的建模 OO 系统的图形表示方法。第 16 章将学习如何实现自己的类以及在应用程序中使用这些类的对象。

摘要

15.2　C++

- C++对 C 的很多特征进行了改进，并且增加了面向对象编程(OOP)功能，提高软件的生产率、质量和重用性。
- C++是由贝尔实验室的 Bjarne Stroustrup 开发的，最初被称为"带类的 C"。

15.3　简单程序：两个整数相加

- C++程序文件的扩展名可以是.cpp，.cxx，.C(大写 C)之一。
- C++允许以//开始注释一个单行，//右边的内容都被当成注释而被编译器忽略。在 C++中，仍然可以使用 C 风格的注释。
- 任何使用 C++风格的流输入/输出向屏幕输出数据或从键盘输入数据的程序中都必须包含输入/输出流头文件<iostream>。
- 与 C 程序相同，每个 C++程序从 main 函数开始执行。main 左侧的关键字 int 表示 main 函数返回一个整型值。
- 在 C 程序中，不必指定函数的返回值类型。然而，C++程序需要为每个函数指定返回值类型，否则会产生语法错误，函数返回值类型可能为 void。
- 在 C++程序中，变量声明可放置在程序中任意位置，但是必须在使用变量之前声明该变量。
- 标准输出流对象(std::cout)和流插入运算符(<<;)用于在屏幕上显示文本。
- 标准输入流对象(std::cin)和流读取运算符(>>)用于从键盘读取值。
- 流操纵符 std::endl 输出一个新行，然后"清空输出缓冲区"。
- 符号 std::cout 的含义是使用了属于命名空间 std 的名字 cout。
- 在一条语句中使用多个流插入运算符(<<)表示连续的流插入操作。

15.4　C++标准库

- C++程序由类和函数构成。程序员可以自己编写每一个类或函数来构成 C++程序，但大多数程序员会利用 C++标准类库中已有的类和函数编程。

15.5　头文件

- C++标准库文件可以划分为很多部分，每部分分别有自己的头文件。头文件中包含构成该部分函数的原型，也包含各种类与函数以及这些函数中使用的常量定义。
- 旧风格的头文件名以.h 为扩展名，C++标准库头文件名中去掉了.h。

15.6　内联函数

- C++提供了函数内联机制来减少函数调用别是调用小函数的开销。在函数定义的返回值类型前面加一个 inline 关键字，"建议"编译器将函数代码复制到程序中，避免函数调用。

15.8　引用和引用形参

- 两种传参方式是按值传递和按引用传递。
- 采用按值传递方式传参时，首先生成实参值的副本(存储在函数调用栈中)，然后将该值传递给被调函数。改变副本的值不会影响主调函数中实参的值。
- 通过按引用传参，允许被调函数直接访问主调函数中的数据，并允许被调函数有选择地修改主调函数中的数据。
- 引用形参是其对应的函数调用中实参的别名。
- 类型安全的链接确保调用适当的重载函数并且实参的类型与形参的类型一致。
- 表示一个形参是按引用传参的，只需要在函数原型中该形参类型后面增加一个&标记即可，在函数首部列出形参类型时也要进行相同标记。

- 一旦一个引用声明为另一个变量(目标)的别名，对别名(即引用)的所有操作都是对目标变量的操作。别名就是目标变量的另一个名字。

15.9　空形参列表

- 在 C++中，可以用 void 指定也可通过在括号内不写任何语句定义空形参列表。

15.10　默认实参

- 有些程序在多次调用一个函数时经常将相同的实参传递给某个形参，这种情况下，可以为该形参指定默认实参，即传递给该形参的默认值。
- 当发生函数调用时，如果省略了对应位置上的实参值，则编译器就会重写该函数调用并且将默认值作为实参插入到函数调用中，在执行被调函数时，以该形参的默认值进行运算。
- 默认实参必须是函数形参列表中最右边的实参。
- 应该在函数名第一次出现时指定默认实参——通常在函数原型中指定。

15.11　一元作用域运算符

- C++提供了一元作用域运算符(::)可以在含有与全局变量同名的局部变量的域中访问该全局变量。

15.12　函数重载

- C++中允许定义同名的函数，只要这些函数具有不同的形参集合即可(至少在形参类型或形参个数或形参类型的顺序上有区别)。这个功能称为函数重载。
- 调用一个重载函数时，C++编译器通过检查函数调用语句中的实参的个数、类型及顺序选择适当的函数。
- 重载函数由函数的签名进行区分。
- 编译器根据函数形参的个数与类型将每个函数标识符编码，以保证类型安全链接，从而确保可以调用适当的重载函数，也确保实参与形参类型一致。

15.13　函数模板

- 重载函数用于对不同数据类型用不同的程序逻辑执行相似操作。如果各种数据类型的程序逻辑和操作是完全相同的，那么使用函数模板可以更加简洁、方便地执行重载。
- 由程序员编写一个函数模板定义。根据函数调用时提供的实参类型，C++会自动生成独立的函数模板特化来正确地处理各种不同类型的函数调用。因此，定义了一个函数模板实际上定义了一个完整的重载函数集合。
- 所有函数模板定义均以关键字 template 开始，随后是用尖括号(<和>)括起来的模板形参列表。
- 形式类型形参是基本数据类型或用户定义类型的占位符。这些占位符用于指定函数的形参类型、函数的返回值类型，以及在函数定义体中声明变量。

15.14　对象技术与 UML 简介

- 统一建模语言(UML)是一种图形语言，它使得系统设计人员可以使用共同的符号来表示面向对象软件设计。
- 面向对象设计(OOD)模拟现实世界中的对象建模软件。它利用类关系，即某个类的不同对象，具有相同的特征。OOD 也利用继承关系，即新类通过吸收已有类的特征并增加它们自己独有的特征派生而来。OOD 将数据(属性)和函数(行为)封装到对象中，使对象的属性和操作紧密地结合在一起。
- 对象具有信息隐藏的特性。对象通常不知道其他对象是怎样实现的。
- 面向对象编程(OOP)使得计算机程序员能够将面向对象的设计实现为一个可用的软件系统。
- C++程序员可以自己编写称为类的用户定义的数据类型。每个类包含数据(称为数据成员)以及操作这些数据并为客户提供服务的函数集合(称为成员函数)。
- 类与其他类之间可以存在关系，这些关系称为关联。
- 将软件包装为类，使得将来建立软件系统时可重用类。相关联的类经常被包装为可重用组件。

- 类的实例称为对象。
- 使用对象技术，程序员可以通过组合标准的、可互换的、称为类的零件，创建大多数所需要的软件。
- 从面向对象的角度出发分析与设计系统的过程称为面向对象分析与设计(OOAD)。

15.15　C++标准库类模板 vector 简介

- C++标准类库模板 vector 表示了一种更完善的数组类型，包含了很多 C 风格的基于指针数组没有提供的功能。
- 默认情况下，每个 vector 对象中的各个元素都被初始化为 0。
- vector 可以用于定义任何的数据类型，声明形式如下：

  vector<*type*> *name*(*size*);

- 类模板 vector 的成员函数 size 返回调用它的 vector 中元素个数。
- 可以使用中括号([ ])来访问或修改 vector 中每个元素的值。
- 可以直接使用判相等运算符(==)和不相等运算符(!=)比较标准类模板 vector 的对象。赋值运算符(=)也可以用于 vector 对象。
- 不可修改的左值是标识内存中一个对象(如 vector 中的一个元素)，但是不能用于修改对象的表达式。可修改的左值也用于标识内存中的一个对象，但是可以用于修改对象。
- 异常表示程序执行时出现了问题。"异常"表明问题不频繁出现。如果规则是程序正确执行，那么问题表示"异于规则之处"。
- 异常处理使我们可以创建处理异常的可容错程序。
- 要处理异常，将可能抛出异常的代码放到 try 语句中。
- try 块包含了可能抛出异常的代码，catch 块包含了当异常发生时处理异常的代码。
- 当 try 块终止时，在 try 块中声明了任何变量由于不在作用域内因而不能在 catch 块中访问。
- catch 块声明了一种类型和一个引用异常形参。在 catch 块内，可以使用形参标识符与捕获异常的对象交互。
- 异常对象的 what 方法返回异常的错误信息。

自测题

15.1 填空

(a) C++程序中可能有多个同名而对不同类型或个数的形参进行操作的函数，称为函数_____。

(b) 使用_____可以在含有与全局变量同名的局部变量的域内访问该全局变量。

(c) 函数_____可以把函数定义成对许多不同数据类型执行相同任务。

(d)_____是使用最广泛的建模 OO 系统的图形表示方法。

(e)_____根据现实世界中的对象建模软件组件。

(f) C++程序员创建自己的用户定义的数据类型称为_____。

15.2 为什么函数原型中包含"double &"之类的形参类型声明？

15.3 (判断对错)C++中的所有函数调用都是按值传参的。

15.4 编写一个完整的程序，提示用户输入球的半径，然后计算并打印球的体积。使用内联函数 sphereVolume 返回下列表达式的结果：(4.0 / 3.0)*3.14159*pow(radius,3)。

自测题答案

15.1 (a)重载。　(b)一元作用域运算符(::)。(c)模板。(d) UML (e)面向对象设计(OOD)。(f)类。

15.2 这创建一个"引用 double"类型的引用形参，使得函数可以修改主调函数中的原实参变量。

15.3 错误。C++允许使用引用形参按引用传参。

15.4 程序如下所示：

```
 1    // Exercise 15.4 Solution: Ex15_04.cpp
 2    // Inline function that calculates the volume of a sphere.
 3    #include <iostream>
 4    #include <cmath>
 5
 6    const double PI = 3.14159; // define global constant PI
 7
 8    // calculates volume of a sphere
 9    inline double sphereVolume( const double radius )
10    {
11        return 4.0 / 3.0 * PI * pow( radius, 3 );
12    }
13
14    int main()
15    {
16        double radiusValue;
17
18        // prompt user for radius
19        cout << "Enter the length of the radius of your sphere: ";
20        cin >> radiusValue; // input radius
21
22        // use radiusValue to calculate volume of sphere and display result
23        cout << "Volume of sphere with radius " << radiusValue
24            << " is " << sphereVolume( radiusValue ) << endl;
25    }
```

```
Enter the length of the radius of your sphere: 2
Volume of sphere with radius 2 is 33.5103
```

练习题

15.5　编写一个 C++程序, 提示用户输入圆的半径, 然后调用内联函数 circleArea 计算圆面积。

15.6　用下面给定的两个函数之一, 编写一个完整的 C++程序, 然后比较这两种方法。两个函数均是求 main 函数中定义的变量 count 的立方, 如下所示:

(a) 函数 tripleByValue 按值传递 count 的副本, 将该副本进行立方, 并返回求得的值。

(b) 函数 tripleByReference 通过引用形参按引用传递 count, 通过 count 的别名(即它的引用形参)将 count 的初始值进行立方。

15.7　一元作用域运算符有什么用途?

15.8　编写一个程序, 使用函数模板 min 确定两个实参中的较小值。分别使用整型、字符型和浮点型实参测试该程序。

15.9　编写一个程序, 使用函数模板 max 确定两个实参中的较大值。分别使用整型、字符型和浮点型实参测试该程序。

15.10　确定下面的程序段是否有错, 对于每个错误, 说明如何纠正(注意: 有的程序段可能没有错误)。

(a)
```
template < class A >
int sum( int num1, int num2, int num3 )
{
    return num1 + num2 + num3;
}
```
(b)
```
void printResults( int x, int y )
{
    cout << "The sum is " << x + y << '\n';
    return x + y;
}
```
(c)
```
template < A >
A product( A num1, A num2, A num3 )
{
    return num1 * num2 * num3;
}
```
(d)
```
double cube( int );
int cube( int );
```

第 16 章　类：对象和字符串简介

学习目标

在本章中，读者将学习以下内容：

- 如何定义类，并用类创建对象。
- 如何定义类中的成员函数，实现类的行为。
- 如何定义类中的数据成员，实现类的属性。
- 如何调用对象的成员函数，使成员函数执行自己的任务。
- 类的数据成员与函数中局部变量的区别。
- 如何使用构造函数，确保在创建对象时初始化该对象中的数据。
- 如何设计一个类，将类的接口与实现分离，提高重用性。
- 如何使用 string 类对象。

提纲

16.1　引言

本章将学习使用 1.8 节和 15.13 节中介绍的面向对象程序设计的基本概念编写程序。用 C++开发的程序通常会由 main 函数以及一个或多个既包含数据成员也包含成员函数的类构成。如果读者成为工业软件开发组中的一员，那么所参与开发的软件系统可能包含上百个，甚至上千个类。本章将开发一个简单的、设计良好的框架，来组织用 C++编写的面向对象程序。

逐步给出几个完整的可运行的程序阐述如何创建和使用自定义的类。这些实例的目标是开发一个班级成绩册，教师可以用于维护学生的考试成绩。本章还将讲解 C++的标准库类 string。

16.2　定义一个具有成员函数的类

让我们从一个实例开始(参见图 16.1)，这个实例由 GradeBook 类(第 8 行至第 16 行)和 main 函数(第 19 行至第 23 行)构成。GradeBook 类表示一个可供教师保存学生考试分数的成绩册。main 函数中创建了一个 GradeBook 对象，并使用该对象及其成员函数在屏幕上显示信息，欢迎教师访问这个成绩册程序。

下面首先讲解如何定义类及成员函数，然后解释如何创建对象以及如何调用对象的成员函数。前几个实例将 main 函数以及 GradeBook 类包含在同一个文件中。后面，将会介绍更好地建立程序结构的方法，更好地满足软件工程思想。

```
 1  // Fig. 16.1: fig16_01.cpp
 2  // Define class GradeBook with a member function displayMessage,
 3  // create a GradeBook object, and call its displayMessage function.
 4  #include <iostream>
 5  using namespace std;
 6
 7  // GradeBook class definition
 8  class GradeBook
 9  {
10  public:
11     // function that displays a welcome message to the GradeBook user
12     void displayMessage() const
13     {
14        cout << "Welcome to the Grade Book!" << endl;
15     } // end function displayMessage
16  }; // end class GradeBook
17
18  // function main begins program execution
19  int main()
20  {
21     GradeBook myGradeBook; // create a GradeBook object named myGradeBook
22     myGradeBook.displayMessage(); // call object's displayMessage function
23  } // end main
```

```
Welcome to the Grade Book!
```

图 16.1　定义具有一个成员函数 displayMessage 的 GradeBook 类，创
建一个 GradeBook 对象并调用它的成员函数 displayMessage

GradeBook 类

在 main 函数(第 19 行至第 23 行)可以创建一个 GradeBook 类对象之前，必须告诉编译器哪些成员函数和数据成员属于这个类，这称为定义一个类(defining a class)。GradeBook 类定义(class definition)(第 8 行至第 16 行)包含一个成员函数 displayMessage(第 12 行至第 15 行)，用于在屏幕上显示信息(第 14 行)。前面介绍过，类像一个蓝图，因此需要创建 GradeBook 类的对象(第 21 行)，并调用它的成员函数 displayMessage(第 22 行)来执行第 14 行的代码，显示欢迎信息。稍后会详细解释第 21 行与第 22 行。

类定义从第 8 行的关键字 class 及随后的类名 GradeBook 开始。用户定义的类名通常是首字母大写的，为了增强可读性，类名中每个单词也应首字母大写。这种大写风格通常被称为 Pascal 拼写法(Pascal case)，因为 Pascal 程序设计中广泛使用这种风格。更常用的一种风格是大小写混合(camel case)的风格，第一个字母可以是小写的也可以是大写的(如第 21 行的 myGradeBook)。

每个类体(body)由左右花括号({和})括起来，如第 9 行和第 16 行所示。类定义以分号结束(第 16 行)。

常见的编程错误 16.1
忘记写类定义末尾的分号是语法错误。

前面介绍过，main 函数总是在程序执行时自动调用。然而大多数函数不能被自动调用，必须显式地调用 displayMessage 函数来告诉它执行任务。

第 10 行包含了访问限定标记(access specifier)public:。关键字 public 是一个访问限定符(access specifier)。第 12 行至第 15 行定义了成员函数 displayMessage。该成员函数在访问限定符 public:后出现，表示它"可以被公共访问"，即可以被程序中其他函数(如 main 函数)以及其他类的成员函数(如果有)访问。访问限定符后面总是跟随一个冒号(:)。本书后面部分提及访问限定符 public 时，也会省略不说后面的冒号。16.4 节将介绍另一个访问限定符 private，本书后面的内容中还会介绍访问限定符 protected。

程序中的每个函数执行一项任务，并且可能在完成任务后返回一个值。例如，函数可能执行计算，然后返回计算结果。在定义函数时，必须指定返回值类型(return type)指出函数在完成任务后返回的值的类型。第 12 行，函数名左侧的关键字 void 是该函数的返回值类型。返回值类型 void 表示 displayMessage 函数执行任务但没有在完成任务后向主调函数(calling function)返回任何值。在这个实例中第 22 行，

displayMessage 函数的主调函数是 main 函数。图 16.5 将给出一个需要返回值的函数的例子。

　　成员函数的名字 displayMessage 在返回值类型后出现(第 12 行)。我们的函数名采用了大小写混合的风格，第一个字母小写。成员函数名后的括号表示这是一个函数，如 12 行所示的空括号表示该成员函数执行任务时不需要其他数据。16.3 节将给出一个需要其他数据的成员函数的例子。第 12 行通常称为函数首部(function header)。

　　每个函数体用左右花括号({与})界定，如第 13 行和第 15 行所示。函数体包含执行函数的任务的语句。在本例中，成员函数 displayMessage 包含了一条语句(第 14 行)，用于显示信息 "Welcome to the Grade Book!"。该语句执行完毕后，函数完成任务。

测试 GradeBook 类

　　下面介绍如何在程序中使用 GradeBook 类。所有程序都从 main 函数(第 19 行至 23 行)开始执行。我们想在这个程序中调用 GradeBook 类的 displayMessage 成员函数来显示欢迎信息。通常，如果不创建类对象，就不能调用该类的成员函数(17.4 节将介绍的 static 成员函数是个例外)。第 21 行创建了 GradeBook 类的对象 myGradeBook。该变量的类型是在第 8 行至第 16 行定义的 GradeBook 类。当我们声明 int 类型的变量时，编译器知道什么是 int，因为它是一个基本数据类型。而当我们写第 21 行语句时，编译器却不能自动识别 GradeBook 类是什么，因为它是一个用户定义的数据类型(user-defined type)。因此，我们必须告诉编译器 GradeBook 类是什么，给出类定义(第 8 行至第 16 行)。如果漏掉了这些行，编译器就会提示错误信息。我们所创建的每个新类都成为用于创建对象的新的数据类型。程序员可根据需要定义新类，这是 C++被称为可扩展的程序设计语言(extensible programming language)的原因之一。

　　第 22 行使用变量 myGradeBook 及随后的点运算符(.)、displayMessage 函数名和一对空括号，调用成员函数 displayMessage(在第 12 行至第 15 行定义)。这个调用使 displayMessage 函数执行它的任务。第 22 行起始位置的 myGradeBook 表示 main 函数应该使用在第 21 行中创建的 GradeBook 类对象。第 12 行的空括号表示成员函数 displayMessage 在执行任务时不需要其他数据(16.3 节将讲解如何向函数传递数据)。在 displayMessage 完成任务后，程序到达 main 函数的结尾(第 23 行)，终止执行。

GradeBook 类的 UML 类图

　　15.13 节中介绍过，UML 是以标准方式表示面向对象系统的图形语言。在 UML 中，用 UML 类图(UML class diagram)建模每个类，类图是一个具有三个组成部分的矩形。图 16.2 给出图 16.1 中 GradeBook 类的 UML 类图。最上面部分居中并加粗显示类名。中间部分是类的属性，对应于 C++中的数据成员。图 16.2 中的中间部分是空的，这是因为 GradeBook 类中没有任何属性(16.4 节将给出具有属性的 GradeBook 类)。底部是类的操作，对应于 C++中的成员函数。UML 通过列出操作名和其后的括号建模操作。GradeBook 类只有一个成员函数 displayMessage，因此图 16.2 的底部列出一个名为 displayMessage 的操作。成员函数 displayMessage 执行任务时不需要额外的信息，因此类图中 displayMessage 后面的括号是空的，这和图 16.1 中第 12 行的成员函数首部是相同的。操作名前面的加号(+)表示 displayMessage 是 UML 中的 public 操作(即 C++中的 public 成员函数)。

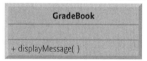

图 16.2　UML 类图，表示 GradeBook 类具有一个 public 操作 displayMessage

16.3　定义一个有参成员函数

　　在 1.8 节的汽车类比中，介绍过踩下汽车的加速器踏板时会向汽车发送消息，使其执行加速任务。但是汽车的速度应该加到多少呢？我们知道，踏板踩得越往下，汽车的速度就会越快。因此发送给汽车的消息不但包括要执行的任务，还包括帮助汽车执行任务时需要的其他信息。这种其他信息称为形参(Parameter)。形参值帮助汽车确定应该把速度加到多少。类似地，成员函数可能需要一个或多个形参表示它在执行任务时需要的其他信息。函数调用为每个形参提供值，这些值称为实参(Argument)。例如，向银行账户存款，假设 Account 类的成员函数 deposit 指定一个表示存款数目的形参。当调用成员函数 deposit 时，就会将一个表示存款数目的实参值复制到它的形参中。然后，该成员函数将这个存款数目加入到账户余额中。

定义并测试 GradeBook 类

下一个实例(参见图 16.3)重新定义了 GradeBook 类(第 9 行至第 18 行)，将成员函数 displayMessage (第 13 行至第 17 行)修改为将课程名作为欢迎信息的一部分进行显示。新的 displayMessage 成员函数需要一个形参(第 13 行的 courseName)来表示要输出的课程名。

```cpp
1   // Fig. 16.3: fig16_03.cpp
2   // Define class GradeBook with a member function that takes a parameter,
3   // create a GradeBook object and call its displayMessage function.
4   #include <iostream>
5   #include <string> // program uses C++ standard string class
6   using namespace std;
7
8   // GradeBook class definition
9   class GradeBook
10  {
11  public:
12     // function that displays a welcome message to the GradeBook user
13     void displayMessage( string courseName ) const
14     {
15        cout << "Welcome to the grade book for\n" << courseName << "!"
16           << endl;
17     } // end function displayMessage
18  }; // end class GradeBook
19
20  // function main begins program execution
21  int main()
22  {
23     string nameOfCourse; // string of characters to store the course name
24     GradeBook myGradeBook; // create a GradeBook object named myGradeBook
25
26     // prompt for and input course name
27     cout << "Please enter the course name:" << endl;
28     getline( cin, nameOfCourse ); // read a course name with blanks
29     cout << endl; // output a blank line
30
31     // call myGradeBook's displayMessage function
32     // and pass nameOfCourse as an argument
33     myGradeBook.displayMessage( nameOfCourse );
34  } // end main
```

```
Please enter the course name:
CS101 Introduction to C++ Programming

Welcome to the grade book for
CS101 Introduction to C++ Programming!
```

图 16.3　定义具有一个有参成员函数的 GradeBook 类，创建 GradeBook 类对象并调用它的 displayMessage 函数

在讨论 GradeBook 类的新特征之前，让我们先看一下 main 函数(第 21 行至第 34 行)是如何使用新类的。第 23 行创建一个字符串(string)类型的变量 nameOfCourse，用于存储用户输入的课程名。string 类型的变量表示字符串，例如，"CS101 Introduction to C++ Programming"。一个 string 实际是 C++标准类库中 string 类的一个对象。string 类在头文件<string>(header file <string>)中定义，string 与 cout 一样属于命名空间 std。为了使第 23 行的语句正确编译，第 5 行包含了<string>头文件。第 6 行的 using 声明使得在第 23 行可以将 std::string 简写为 string。目前，我们可以把 string 变量看成是像 int 类型那样的变量。16.8 节将介绍 string 的其他功能。

第 24 行创建 GradeBook 类对象 myGradeBook。第 27 行提示用户输入课程名。第 28 行使用库函数 getline 执行输入，从用户处读取课程名并将其赋给变量 nameOfCourse。在解释这行代码前，首先解释一下为什么不能简单地使用

```
cin >> nameOfCourse;
```
获得课程名。

该程序的执行过程中，使用 "CS101 Introduction to C++ Programming" 作为课程名(本书将用户输入信息加粗突出显示)。这个课程名中包含了多个单词。当使用 cin 和流读取运算符读取数据时，如果出现空格，便会停止读取。因此，前面的 cin 语句只能读入 "CS101"，课程名的其他部分将会被后面的输入操作读取。

在这个实例中，我们希望用户输入完整的课程名、通过按 Enter 键将其提交给程序，并将整个课程名存储在 string 类型变量 nameOfCourse 中。第 28 行的函数调用 getline (cin, nameOfCourse)，从标准输入流对象 cin(即键盘)中读取字符(包括分隔单词的空格)，直到遇到换行符则停止读取，将字符放在 string 变量中并丢弃换行符。注意，在输入时如果按下 Enter 键，则向输入流中插入一个换行符。还要注意，在程序中使用 getline 函数时必须包含头文件<string>，getline 属于命名空间 std。

第 33 行调用 myGradeBook 的成员函数 displayMessage。括号中的 nameOfCourse 是传递给成员函数 displayMessage 的实参，使其能够执行任务。main 函数中变量 nameOfCourse 的值成为第 13 行中 displayMessage 成员函数的形参 CourseName 的值。执行程序时，成员函数 displayMessage 将输入的课程名作为欢迎信息的一部分输出，在本例中课程名是 CS101 Introduction to C++ Programming。

进一步讲解实参与形参

可以将额外信息放在函数的形参列表(parameter list)中，指定函数执行任务时需要数据。形参列表位于函数名后的括号中，它可能包含任意个数的形参，也可能没有任何形参(像图 16.1 第 12 行那样用空括号表示)，表示函数不需要任何形参。成员函数 displayMessage 的形参列表(参见图 16.3 中的第 13 行)声明了该函数需要一个形参。应该为每个形参都指定类型和标识符。在这个实例中，类型 string 与标识符 courseName 表示成员函数 displayMessage 执行任务时需要一个 string。成员函数体使用形参 courseName 访问函数调用(main 函数中的第 33 行)时传递给该函数的值。第 15 行至第 16 行将形参 courseName 的值作为欢迎信息的一部分进行显示。注意，形参变量名(第 13 行)可以与实参变量名(第 33 行)相同，也可以不同。

一个函数可以指定多个形参，各个形参间用逗号隔开。函数调用中实参的个数和顺序必须与被调成员函数首部的形参列表中的形参个数及顺序匹配。并且，函数调用中的实参类型必须与函数首部中的相应形参类型匹配(后面的章节将会讲解，实参类型与其对应形参的类型不必完全相同，但是必须一致)。本节的实例，函数调用中的 string 类型的实参(即 nameOfCourse)与成员函数定义中的 string 类型形参(即 courseName)是完全匹配的。

修改 GradeBook 类的 UML 类图

图 16.4 中的 UML 类图建模了图 16.3 中的 GradeBook 类。与图 16.1 中定义的 GradeBook 类相同，这个 GradeBook 类也包含了 public 成员函数 displayMessage。然而，不同的是这个 displayMessage 有一个形参。UML 通过在操作名后的括号中列出形参名和随后的冒号以及该形参的类型来建模形参。UML 拥有自己的数据类型，这些数据类型类似于 C++中的数据类型。但是 UML 与语言无关，它可以应用于多种编程语言，因此它的术语与 C++不是完全匹配的。例如，UML 中的 String 类型对应于 C++中的 string 类型。GradeBook 类中的成员函数 displayMessage(参见图 16.3 中的第 13 行至第 17 行)有一个 string 类型的形参 courseName，因此图 16.4 在操作名 displayMessage 后面的括号中列出 courseName:String。这个 GradeBook 类中仍然没有数据成员。

图 16.4   UML 类图，表示 GradeBook 类有一个 public 的 displayMessage
操作，该操作具有一个 UML 类型为 String 的形参 courseName

16.4 数据成员，set 成员函数与 get 成员函数

在函数定义体中声明的变量称为局部变量(Local variable)，它们只能在从声明它们的行到该函数定义的结束右花括号(})的范围内使用。使用局部变量前必须先声明该变量。不能在声明局部变量的函数体外访问该局部变量。

类通常包含一个或多个成员函数来操作属于该类特定对象的属性。属性在类定义中表示为变量。这些变量称为数据成员(Data member)，它们在类定义中声明，但是位于类的成员函数定义外。类的每个对象在内存中维护自己的属性。这些属性存在于对象的生命周期中。本节中的实例演示了具有一个数据成员 courseName 的 GradeBook 类。courseName 表示 GradeBook 类对象的课程名。如果创建了多个 GradeBook 对象，则每个对象都有自己的数据成员 courseName，这些 courseName 可以包含不同的值。

具有一个数据成员、一个 set 函数、一个 get 函数的 GradeBook 类

下一个实例中，GradeBook 类(参见图 16.5)将课程名作为一个数据成员，这样可以在程序执行过程中使用或修改它。这个类包含了成员函数 setCourseName，getCourseName 与 displayMessage。成员函数 setCourseName 向 GradeBook 类的数据成员中存储课程名。成员函数 getCourseName 从这个数据成员中获得 GradeBook 类的课程名。成员函数 displayMessage 没有形参但是仍然显示包含课程名的欢迎信息，它通过调用同一个类中的另一个函数 getCourseName 获得课程名。

```cpp
 1   // Fig. 16.5: fig16_05.cpp
 2   // Define class GradeBook that contains a courseName data member
 3   // and member functions to set and get its value;
 4   // Create and manipulate a GradeBook object with these functions.
 5   #include <iostream>
 6   #include <string> // program uses C++ standard string class
 7   using namespace std;
 8
 9   // GradeBook class definition
10   class GradeBook
11   {
12   public:
13      // function that sets the course name
14      void setCourseName( string name )
15      {
16         courseName = name; // store the course name in the object
17      } // end function setCourseName
18
19      // function that gets the course name
20      string getCourseName() const
21      {
22         return courseName; // return the object's courseName
23      } // end function getCourseName
24
25      // function that displays a welcome message
26      void displayMessage() const
27      {
28         // this statement calls getCourseName to get the
29         // name of the course this GradeBook represents
30         cout << "Welcome to the grade book for\n" << getCourseName() << "!"
31            << endl;
32      } // end function displayMessage
33   private:
34      string courseName; // course name for this GradeBook
35   }; // end class GradeBook
36
37   // function main begins program execution
38   int main()
39   {
40      string nameOfCourse; // string of characters to store the course name
41      GradeBook myGradeBook; // create a GradeBook object named myGradeBook
42
43      // display initial value of courseName
44      cout << "Initial course name is: " << myGradeBook.getCourseName()
```

图 16.5 定义并测试具有一个数据成员，set 以及 get 成员函数的 GradeBook 类

```
45              << endl;
46
47      // prompt for, input and set course name
48      cout << "\nPlease enter the course name:" << endl;
49      getline( cin, nameOfCourse ); // read a course name with blanks
50      myGradeBook.setCourseName( nameOfCourse ); // set the course name
51
52      cout << endl; // outputs a blank line
53      myGradeBook.displayMessage(); // display message with new course name
54   } // end main
```

```
Initial course name is:

Please enter the course name:
CS101 Introduction to C++ Programming

Welcome to the grade book for
CS101 Introduction to C++ Programming!
```

图 16.5(续)   定义并测试具有一个数据成员，set 以及 get 成员函数的 GradeBook 类

通常一名教师教多门课程，而且每门课都有自己的课程名。第 34 行声明一个 string 类型的变量 courseName。由于该变量是在类的定义内(第 10 行至第 35 行)但在类的成员函数外(第 14 行至第 17 行，第 20 行至第 23 行，第 26 行至第 32 行)声明的，因此它是数据成员。GradeBook 类的每个实例(即对象)都包含了一份该类的数据成员的副本。例如，如果有两个 GradeBook 对象，则每个对象都有自己的 courseName(每个对象一个)，图 16.7 中的实例也是如此。将 courseName 作为数据成员的好处是类中(在这个例子中是 GradeBook)所有成员函数都可以操作类定义中的任何数据成员(在这个例子中是 courseName)。

访问限定符 public 与 private

大多数数据成员出现在访问限定标记 private 后。在访问限定符 private 后(并在下一个访问限定符之前)声明的变量或函数只能被声明它们的类的成员函数访问(或者被该类的友元访问，将在第 17 章讲解)。因此，数据成员 courseName 只能用于 GradeBook 类(每个对象)的成员函数 setCourseName，getCourseName 以及 displayMessage(获取类的友元，如果有的话)中。

错误预防提示 16.1

数据成员应该声明为 private 类型，成员函数应该声明为 public 类型。这样便于软件调试，因为数据操作的问题都位于类的成员函数或友元中。

常见的编程错误 16.2

如果一个函数不是某个类的成员函数(也不是该类的友元函数)，那么用它访问该类的 private 成员是编译错误。

类成员的默认访问限定是 private，因此在类首部后面、第一个访问限定符之前的所有成员的类型是 private。可以重复使用访问限定符 public 与 private，但是没有必要，也容易导致混乱。

用访问限定符 private 声明数据成员称为数据隐藏(Data hiding)。程序创建(实例化)GradeBook 类对象时，数据成员 courseName 被封装(隐藏)在该对象中，并且只能被 GradeBook 类的成员函数访问。在 GradeBook 类中，成员函数 setCourseName 与 getCourseName 直接操作数据成员 courseName。

成员函数 setCourseName 与 getCourseName

成员函数 setCourseName(第 14 行至第 17 行)在执行任务后不返回任何数据，因此它的返回值类型是 void。该成员函数有一个表示课程名的形参 name，用于接收传递给它的实参(main 函数中，第 50 行)。第 16 行将 name 赋给数据成员 courseName。在这个例子中，setCourseName 没有验证课程名的有效性，即没有检查课程名是否遵从某种特定的格式或遵从规定课程名有效性规则。例如，假设可以打印课程名等于或少于 25 个字符的学生名单，在这种情况下，希望 GradeBook 类能够确保它的数据成员 courseName

包含的字符数永远不多于 25。16.8 节将讨论基本的验证技术。

成员函数 getCourseName（在第 20 行至第 23 行中定义）返回某个特定 GradeBook 类对象的 courseName。这个成员函数有一个空形参列表，因此它在执行任务时不需要额外的数据。该函数指出它返回一个 string。如果函数指定一个非 void 类型的返回值，那么它应该使用 return 语句（return statement）（如第 22 行）向其主调函数返回结果。例如，当我们走到一个自动柜员机（ATM）前，查询账户余额时，就会希望 ATM 返回一个表示余额的值。相似地，当一条语句对 GradeBook 对象调用成员函数 getCourseName 时，就会希望接收到 GradeBook 对象的课程名（在这个例子中，根据函数的返回类型所指定的是一个 string）。如果定义了函数 square，返回它的实参的平方，则语句

```
result = square( 2 );
```

由函数 square 返回 4，并将变量 result 赋值为 4。如果定义了函数 maximum，返回三个整型实参中的最大值，则语句

```
biggest = maximum( 27, 114, 51 );
```

从函数 maximum 中返回 114，并将变量 biggest 赋值为 114。

即使所在两个成员函数中都没有声明 courseName，第 16 行与第 22 行的语句都使用了变量 courseName（第 34 行）。courseName 是 GradeBook 类的数据成员，因此可以在 GradeBook 类的成员函数中使用 courseName。成员函数 getCourseName 可以在成员函数 setCourseName 之前定义。

成员函数 displayMessage

成员函数 displayMessage（第 26 行至第 32 行）在执行完任务后不返回任何数据，因此它的返回值类型是 void。该函数不接收任何形参，因此它的形参列表是空的。第 30 行至第 31 行输出包含数据成员 courseName 的欢迎信息。第 30 行调用成员函数 getCourseName 获得数据成员 courseName 的值。注意，成员函数 displayMessage 也可以像成员函数 setCourseName 和 getCourseName 那样直接访问数据成员 courseName。稍后将会解释为什么通过调用成员函数 getCourseName 获取 courseName 的值。

测试 GradeBook 类

main 函数（第 38 行至第 54 行）创建一个 GradeBook 类对象，并使用它的各个成员函数。第 41 行创建一个 GradeBook 类对象 myGradeBook。第 44 行至第 45 行通过调用这个对象的 getCourseName 成员函数显示初始的课程名。由于这个对象的数据成员 courseName 初始值是空字符串，因此输出信息的第 1 行中没有显示课程名。在默认情况下，string 的初始值是一个空字符串（Empty string），即不包含任何字符的字符串。显示空字符串时，不会有任何东西显示在屏幕上。

第 48 行提示用户输入一个课程名。然后通过调用 getline 函数（第 49 行），将局部 string 变量 nameOfCourse（在第 40 行声明）的值设置为用户输入的课程名。第 50 行调用 myGradeBook 对象的 setCourseName 成员函数，将 nameOfCourse 作为该函数的实参。当调用 setCourseName 成员函数时，实参值被复制到成员函数 setCourseName 的形参中（第 14 行），然后，形参值被赋给数据成员 courseName（第 16 行）。第 52 行输出一个空行；然后第 53 行调用 myGradeBook 对象的 displayMessage 成员函数显示包含课程名的欢迎信息。

使用 set 与 get 函数的软件工程

类的 private 数据成员只能被该类的成员函数访问（也可被该类的友元函数访问，参见第 17 章）。因此对象的客户（client of an object），即任何在对象外调用这个对象的成员函数的类或函数，需要通过调用类的 public 成员函数，向类的特定对象请求该类的服务。这是 main 函数中的语句对 GradeBook 类对象调用成员函数 setCourseName、getCourseName 和 displayMessage 的原因。类通常提供允许类的客户设置（set）或获得（get）private 数据成员的值的 public 成员函数。这些成员函数名不必以 set 或 get 开始，但通常是这样命名的。在这个例子中，设置数据成员 courseName 值的成员函数被命名为 setCourseName，获取数据成员 courseName 值的成员函数被命名为 getCourseName。注意，set 函数也称为变异函数（Mutator），因为它们可以改变值；get 函数也称为访问函数（Accessor），因为它们可以访问值。

前面介绍过，用访问限定符 private 声明数据成员可实现信息隐藏。如果类提供 public 的 set 与 get 函数，则类的客户可以访问隐藏的数据，但是只能间接访问。客户知道它试图修改或获取对象的数据，但是不知道该对象是如何执行这些操作的。在某些情况下，类以一种方式表示数据，但是以另一种方式将这些数据显示给客户。例如，假设 Clock 类将时间表示为 private int 类型的数据成员 time，记录从午夜开始的总秒数。然而，当客户调用 Clock 对象的 getTime 成员函数时，该对象以"HH:MM:SS"格式的 string 返回具有小时、分、秒的时间。setTime 函数通过使用 string 功能可以将 string 转换成一个表示秒数的数值，然后将这个秒数值存储在这个类的 private 数据成员中。set 函数也可以检查接收到的值是否是有效的时间值(如"12:30:45"是有效的，而"42:85:70"是无效的)。set 与 get 函数使得客户可以与对象进行交互，但是该对象的数据仍然安全地封装(即隐藏)在对象中。

尽管类中的其他成员函数可以直接访问该类的 private 数据，但它们也应该通过 set 与 get 函数来操作这些 private 数据。图 16.5 中，成员函数 setCourseName 与 getCourseName 是 public 成员函数，因此它们可以被该类的所有客户以及该类自身访问。即使成员函数 displayMessage 可以直接访问 courseName，但它却通过调用成员函数 getCourseName 获取数据成员 courseName 的值进行显示。通过 get 函数访问数据成员可创建更好的、更健壮的类(即更容易维护、也不太可能停止起作用的类)。如果我们决定以某种方式修改数据成员 courseName，那么只需修改直接操作该数据成员的 get 与 set 函数即可，而不需要修改 displayMessage 的定义。例如，假设我们想将课程名表示为两个独立的数据成员 courseNumber(如 "CS101") 与 courseTitle(如 "Introduction to C++ Programming")，而成员函数 displayMessage 仍可以只调用成员函数 getCourseName 来获取完整的课程名，作为欢迎信息的一部分进行显示。在这种情况下，则需要 getCourseName 创建并返回一个包含 courseNumber 及随后的 courseTitle 的 string。类的数据成员的改变不影响成员函数 displayMessage，因此它仍然显示完整的课程名"CS101 Introduction to C++ Programming"。16.8 节将讨论用 set 函数验证数据时将阐述在类的成员函数中调用类的另一个成员函数——set 函数的好处。

良好的编程习惯 16.1
尽量通过 get 函数与 set 函数访问和操作类的数据成员，将改变该类的数据成员时产生的影响局部化。

软件工程视点 16.1
编写易于理解与维护的程序很重要。修改是规则而不是异常。程序员应该预计到代码会经常被修改。

具有一个数据成员以及 set 函数与 get 函数的 GradeBook 类的 UML 类图

图 16.6 修改了图 16.5 的 GradeBook 类的 UML 类图。该图将 GradeBook 类的数据成员 courseName 建模为类的属性，在类图中间部分显示。UML 通过列出属性名及其后的冒号和属性类型，将数据成员表示为属性。courseName 的 UML 属性类型是 String，对应于 C++中的 string。数据成员 courseName 在 C++程序中是 private 类型，因此类图中对应的属性名前面加了一个减号(–)。UML 中的减号等价于 C++中的 private 访问限定符。GradeBook 类包含三个 public 成员函数，因此类图的第三部分列出三个操作。操作 setCourseName 有一个 String 类型的形参 name。UML 表示操作的返回值类型的方法是在操作名后的括号后面放置一个冒号以及该返回值类型。GradeBook 类的成员函数 getCourseName 在 C++程序中的返回值类型为 string，因此 UML 类图中显示了一个 String 返回值类型。操作 setCourseName 与 displayMessage 没有返回值(即在 C++中它们返回 void)，因此 UML 类图中这些操作的括号后没有指定返回值类型。

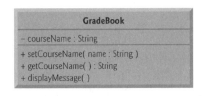

图 16.6　UML 类图，表示 GradeBook 类有一个 private 属性 courseName 和三个 public 操作 setCourseName，getCourseName 与 displaymessage

16.5 用构造函数初始化对象

第 16.4 节介绍过，在创建 GradeBook 类(参见图 16.5)的对象时，它的数据成员 courseName 被默认地初始化为空字符串。如果想在创建 GradeBook 类对象时提供一个课程名该怎么办呢？每个类都可以提供构造函数(Constructor)，用于在创建该类的对象时初始化该对象。构造函数是一个特殊的成员函数，它的名字必须与类名相同，以便编译器将它与类的其他成员函数进行区分。构造函数与其他函数的一个重要区别在于构造函数不能返回值，因此不能指定返回值类型(即使是 void 也不可以)。构造函数通常声明为 public 类型。

C++在创建每个对象时都要调用构造函数，以确保对象在使用前被正确初始化。构造函数是在创建对象时隐式调用的。如果类中没有显式给出构造函数，编译器会提供一个默认构造函数(default constructor)，即没有形参的构造函数。例如，图 16.5 中第 41 行创建 GradeBook 类对象时，调用默认构造函数。编译器提供的默认构造函数只创建 GradeBook 类对象，而不给任何数据成员赋初值。如果类的数据成员是其他类的对象，则默认构造函数会隐式调用每个数据成员的默认构造函数，以确保正确地初始化数据成员。这是 string 类型数据成员 courseName(参见图 16.5)被设置为空字符串的原因。

图 16.7 中的实例在创建 GradeBook 类对象时(第 47 行)，为其指定课程名。在这个实例中，实参 "CS101 Introduction to C++ Programming"被传递给 GradeBook 类对象的构造函数(第 14 行至第 18 行)，用于初始化 courseName。图 16.7 定义了一个修改了的 GradeBook 类，该类的构造函数有一个 string 类型形参，用于接收初始的课程名。

```cpp
1   // Fig. 16.7: fig16_07.cpp
2   // Instantiating multiple objects of the GradeBook class and using
3   // the GradeBook constructor to specify the course name
4   // when each GradeBook object is created.
5   #include <iostream>
6   #include <string> // program uses C++ standard string class
7   using namespace std;
8
9   // GradeBook class definition
10  class GradeBook
11  {
12  public:
13     // constructor initializes courseName with string supplied as argument
14     explicit GradeBook( string name )
15        : courseName( name ) // member initializer to initialize courseName
16     {
17        // empty body
18     } // end GradeBook constructor
19
20     // function to set the course name
21     void setCourseName( string name )
22     {
23        courseName = name; // store the course name in the object
24     } // end function setCourseName
25
26     // function to get the course name
27     string getCourseName() const
28     {
29        return courseName; // return object's courseName
30     } // end function getCourseName
31
32     // display a welcome message to the GradeBook user
33     void displayMessage() const
34     {
35        // call getCourseName to get the courseName
36        cout << "Welcome to the grade book for\n" << getCourseName()
37           << "!" << endl;
38     } // end function displayMessage
39  private:
40     string courseName; // course name for this GradeBook
```

图 16.7 实例化多个 GradeBook 类对象，并使用 GradeBook
构造函数在创建每个 GradeBook 对象时指定课程名

```
41    }; // end class GradeBook
42
43    // function main begins program execution
44    int main()
45    {
46       // create two GradeBook objects
47       GradeBook gradeBook1( "CS101 Introduction to C++ Programming" );
48       GradeBook gradeBook2( "CS102 Data Structures in C++" );
49
50       // display initial value of courseName for each GradeBook
51       cout << "gradeBook1 created for course: " << gradeBook1.getCourseName()
52          << "\ngradeBook2 created for course: " << gradeBook2.getCourseName()
53          << endl;
54    } // end main
```

```
gradeBook1 created for course: CS101 Introduction to C++ Programming
gradeBook2 created for course: CS102 Data Structures in C++
```

图 16.7(续)　实例化多个 GradeBook 类对象，并使用 GradeBook
构造函数在创建每个 GradeBook 对象时指定课程名

定义一个构造函数

图 16.7 的第 14 行至第 18 行定义了 GradeBook 类的构造函数。构造函数名与类名相同，均为 GradeBook。构造函数在形参列表中指定执行任务时需要的数据。当新创建一个对象时，将数据放在对象名后的括号中(如第 47 行至第 48 行)。第 14 行表示 GradeBook 类的构造函数有一个 string 类型形参 name。显式(explicit)声明这个构造函数，因为它有一个形参，18.13 节将讲解这样做的原因。目前为止，仅将具有一个形参的构造函数显式声明。第 14 行没有指定返回值类型，因为构造函数不能返回值(即使是 void 也不可以)。另外，也不可将构造函数声明为 const 类型的(因为初始化对象时需要修改该对象)。

构造函数通过成员初始化列表(member-initializer list)(第 15 行)，用构造函数的形参 name 的值初始化 courseName。成员初始化列表位于构造函数的形参列表和构造函数体的左花括号之间和形参列表之间用冒号(:)分隔。在这个例子中，couseName 用形参 name 的值进行初始化。如果一个类包含多个数据成员，则每个数据成员的初始化之间用逗号分隔。成员初始化列表在构造函数体之前执行。可以在构造函数体内执行初始化，但是使用成员初始化列表更高效，另外有些类别的数据成员必须使用成员初始化列表进行初始化。

构造函数(第 14 行)和 setCourseName 函数(第 21 行)都使用了名为 name 的形参。由于形参局部于每个函数，不会相互影响，因此可以在不同的函数中使用相同形参名。

测试 GradeBook 类

图 16.7 中第 44 行至第 54 行定义了 main 函数，用以测试 GradeBook 类，并演示使用构造函数初始化 GradeBook 类对象。第 47 行创建并初始化一个 GradeBook 类对象 gradeBook1。当该行语句执行时，C++隐式调用 GradeBook 构造函数(第 14 行至第 18 行)，用实参"CS101 Intorduction to C++ Programming"初始化 gradeBook1 的课程名。第 48 行对另一个 GradeBook 类对象 gradeBook2 重复执行该过程，只是这次传递实参"CS102 Data Structure in C++"来初始化 gradeBook2 的课程名。第 51 行至第 52 行使用每个对象的 getCourseName 成员函数获得课程名，并验证它们在创建时的确被初始化。输出结果证明了每个 GradeBook 类对象维护自己的数据成员 courseName 的副本。

为类提供默认构造函数的几种方法

不接收任何实参的构造函数称为默认构造函数。类以下面几种方式之一获得默认构造函数：

1. 编译器在没有定义构造函数的类中隐式创建一个默认构造函数。这样的默认构造函数不初始化类的数据成员，但是为每个类型是其他类对象的数据成员调用默认构造函数。未初始化的变量通常包含"垃圾"值。

2. 程序员显式定义一个不接收任何实参的构造函数。这样的默认构造函数会为每个类型是其他类对象的数据成员调用默认构造函数，并执行程序员指定的其他初始化操作。

3. 如果程序员定义了具有实参的构造函数，则 C++不再隐式为该类创建默认构造函数。稍后会讲解 C++11 允许在程序员已经定义非默认的构造函数的情况下，强制编译器创建默认的构造函数。

注意，对于图 16.1、图 16.3、图 16.5 中定义的各个 GradeBook 类，编译器都隐式定义一个默认构造函数。

错误预防提示 16.2

除非类中的数据成员都不必初始化(这种情况极少出现)，否则需要提供构造函数，确保在创建该类对象时，用有意义的值初始化该类的数据成员。

软件工程视点 16.2

可以在类的构造函数中初始化数据成员，也可以在对象创建后设置数据成员的值。然而，确保在客户代码调用该对象的成员函数前完全初始化该对象是一个良好的软件工程习惯。通常不应依赖客户代码来确保对象被正确初始化。

在 GradeBook 类的 UML 类图中增加构造函数

图 16.8 的 UML 类图建模图 16.7 中的 GradeBook 类，这个 GradeBook 类有一个构造函数，该构造函数有一个 string 类型(在 UML 中用 String 表示)的形参 name。与操作相似，UML 在类图的第三部分建模构造函数。为了区分构造函数与类的操作，将双尖括号(<<和>>)括起来的 constructor 放在构造函数名前面。习惯上，类的构造函数放在其他操作前面。

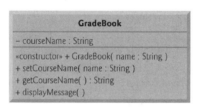

图 16.8 UML 类图，表示 GradeBook 类有一个构造函数，该构造函数有一个 UML 类型为 String 的形参 name

16.6 将类放在单独的文件中以增强重用性

创建类定义的好处是，我们的类在正确封装后可以被全世界的程序员重用。例如，可以通过包含 <string>头文件(后面将会介绍，通过连接到库中的目标代码)，在任何 C++程序中重用 C++标准库中的 string 类型。

然而，想重用 GradeBook 类的程序员不能只在另一个程序中包含图 16.7 中的文件。我们知道，每个程序从 main 函数开始执行，并且每个程序只能有一个 main 函数。如果其他程序包含了图 16.7 中的代码，就会得到"额外的包袱"，即我们的 main 函数，这样其他程序中就会有两个 main 函数，由于每个程序只能有一个 main 函数，因此在编译程序时，编译器就会提示出错。因此，将 main 函数与类定义放在同一个文件中妨碍了类被其他程序重用。本节将讲解如何将 GradeBook 类与 main 分开，放到另一个文件中，使其可重用。

头文件

本章中前面的实例都是只由一个包括 GradeBook 类定义和 main 函数的.cpp 文件构成，.cpp 文件也称为源代码文件(source-code file)。而创建面向对象的 C++程序时，通常将可重用的源代码(如类)定义在一个扩展名为.h 的文件中，.h 文件也称为头文件(header file)。用#include 预处理命令包含头文件，来使用可重用的软件组件，如 C++标准库中提供的 string 类型以及 GradeBook 那样的用户定义的类。

下一个实例将图 16.7 中的代码分成两个文件 GradeBook.h(参见图 16.9)和 fig16_10.cpp(参

见图 16.10)。图 16.9 中的头文件仅包含 GradeBook 类定义(第 7 行至第 38 行)、相应的头文件和 using 声明。源代码文件 fig16_10.cpp(参见图 16.10)中的第 8 行至第 18 行定义使用 GradeBook 类的 main 函数。为了便于读者以后能够处理本书与工业中的大程序，我们经常使用一个单独的包含 main 函数的源代码文件来测试类，这个文件称为驱动程序(Driver program)。稍后将讲解如何在具有 main 函数的源代码文件中使用头文件中的类定义创建该类的对象。

```cpp
1   // Fig. 16.9: GradeBook.h
2   // GradeBook class definition in a separate file from main.
3   #include <iostream>
4   #include <string> // class GradeBook uses C++ standard string class
5
6   // GradeBook class definition
7   class GradeBook
8   {
9   public:
10     // constructor initializes courseName with string supplied as argument
11     explicit GradeBook( std::string name )
12       : courseName( name ) // member initializer to initialize courseName
13     {
14       // empty body
15     } // end GradeBook constructor
16
17     // function to set the course name
18     void setCourseName( std::string name )
19     {
20       courseName = name; // store the course name in the object
21     } // end function setCourseName
22
23     // function to get the course name
24     std::string getCourseName() const
25     {
26       return courseName; // return object's courseName
27     } // end function getCourseName
28
29     // display a welcome message to the GradeBook user
30     void displayMessage() const
31     {
32       // call getCourseName to get the courseName
33       std::cout << "Welcome to the grade book for\n" << getCourseName()
34         << "!" << std::endl;
35     } // end function displayMessage
36   private:
37     std::string courseName; // course name for this GradeBook
38   }; // end class GradeBook
```

图 16.9　在独立于 main 函数的文件中的 GradeBook 类定义

```cpp
1   // Fig. 16.10: fig16_10.cpp
2   // Including class GradeBook from file GradeBook.h for use in main.
3   #include <iostream>
4   #include "GradeBook.h" // include definition of class GradeBook
5   using namespace std;
6
7   // function main begins program execution
8   int main()
9   {
10    // create two GradeBook objects
11    GradeBook gradeBook1( "CS101 Introduction to C++ Programming" );
12    GradeBook gradeBook2( "CS102 Data Structures in C++" );
13
14    // display initial value of courseName for each GradeBook
15    cout << "gradeBook1 created for course: " << gradeBook1.getCourseName()
16      << "\ngradeBook2 created for course: " << gradeBook2.getCourseName()
17      << endl;
18  } // end main
```

```
gradeBook1 created for course: CS101 Introduction to C++ Programming
gradeBook2 created for course: CS102 Data Structures in C++
```

图 16.10　包含 GradeBook.h 中的 GradeBook 类，以便在 main 函数中使用它

在头文件中使用 std::和标准库组件

在头文件中(参见图 16.9)当引用 string(第 11 行、第 18 行、第 24 行和第 37 行)、cout(第 33 行)、endl(第 34 行)时，使用了 std::。后面的章节将会讲解，头文件中不应包含 using 命令或 using 声明。

包含一个含有用户自定义的类的头文件

像 GradeBook.h(参见图 16.9)那样的头文件不能用于启动程序的执行，因为它们中没有包含 main 函数。想要测试 GradeBook 类(在图 16.9 中定义)，就必须写一个单独的包含 main 函数的源代码文件(如图 16.10 所示)，实例化并使用该类的对象。

编译器不知道 GradeBook 类是什么样的，因为它是用户自定义数据类型。事实上，编译器甚至不了解 C++标准库中的类。要帮助编译器理解如何使用一个类，就必须显式给编译器提供类的定义，这是为什么在使用 string 类型时必须包含<string>头文件的原因。这使得编译器可以确定必须为每个类对象保留的内存大小，并确保正确调用类的成员函数。

要在图 16.10 中第 11 行至第 12 行创建 GradeBook 类对象 gradeBook1 与 gradeBook2，编译器就必须了解 GradeBook 类对象的大小。对象在概念上包含数据成员和成员函数，然而 C++对象通常只包含数据。编译器只创建一份类的成员函数副本，并在类的所有对象间共享这份副本。当然，每个对象需要自己的类的数据成员副本，因为各个对象的内容可能有很大差别(如两个不同的银行账户对象有两个不同的余额)。然而成员函数代码是不可修改的，因此可以在类的所有对象间共享。通过在第 4 行包含 GradeBook.h，编译器可以访问它所需要的信息(参见图 16.9 中的第 37 行)，确定 GradeBook 类对象的大小以及是否正确使用该类的对象(参见图 16.10 中的第 11 行至第 12、第 15 至第 16 行)。

第 4 行指示 C++预处理器在编译程序之前用 GradeBook.h 的内容副本(即 GradeBook 类定义)替换该命令。当编译源代码文件 fig16_10.cpp 时，由于它包含了 GradeBook 类定义(#include 语句)，因此编译器可以确定如何创建一个 GradeBook 对象，并检查是否正确调用成员函数。既然类定义在头文件中(头文件中没有 main 函数)，我们就可以在需要重用 GradeBook 类的任何程序中包含这个头文件。

如何查找头文件

注意，图 16.10 中第 4 行中头文件 GradeBook.h 的名字包含在双引号(" ")中，而不是尖括号中(< >)。程序的源代码文件与用户定义的头文件通常存放在相同目录中。当预处理器遇到一个用双引号引起来的头文件名(如"GradeBook.h")时，就会试图在该#include 语句所在的文件所在的目录中查找头文件。如果不能在这个目录下找到头文件，则会搜索该目录下的 C++标准库头文件。当预处理器遇到一个用尖括号括起来的头文件名时(如<iostream>)，就会认为这个头文件是 C++标准库中的一部分，从而不会查找被预处理器处理的程序所在的目录。

错误预防提示 16.3

为了确保预处理器可以正确查找到头文件，写#include 预处理命令时，应该将用户定义的头文件名放在双引号中(如"GradeBook.h")，而将 C++标准库头文件名放在尖括号中间(如<iostream>)。

其他软件工程问题

GradeBook 类是在头文件中定义的，因此这个类是可重用的。然而，图 16.9 虽然把类定义放在头文件中，但仍然将类的完整实现显示给该类的客户。GradeBook.h 仅是一个文本文件，任何人都可以打开它阅读。传统的软件工程名言说：客户代码在使用类的对象时，只需要知道调用什么成员函数、为每个成员函数提供哪些实参以及从每个成员函数获得什么类型的返回值，而不必知道这些函数是如何实现的。

如果客户代码知道一个类是如何实现的，则客户代码程序员可能根据类的实现细节编写客户代码。而理想的情况是，如果实现改变了，类的客户不应该一定要随之改变。隐藏类的实现细节，可更容易修改类的实现，同时又尽可能避免修改客户代码。

在 16.7 节，将介绍如何将 GradeBook 类分为两个文件，使得

1. 类可以重用。
2. 类的客户知道类提供了哪些成员函数，如何调用它们，以及返回什么类型的值。
3. 客户不知道类的成员函数是如何实现的。

16.7　将接口与实现分离

前一节讲解了如何通过将类的定义与使用这个类的客户代码(如 main 函数)分开，来提高软件的重用性。现在介绍良好软件工程的另一个基本的原则——将接口与实现分离(separating interface from implementation)。

类的接口

接口(interface)定义并标准化了事物(如人或系统)间的交互方法。例如，一个收音控件可作为收音机的用户与它的内部零件的接口。控件使用户能够执行某些特定的操作(如转换电台、调整音量，在 AM 与 FM 台间转换)。各种不同的收音机对这些操作的实现可能不同，如一些提供了按钮，一些提供了转盘，一些支持声音控制。接口指定收音机允许用户执行哪些操作，但是没有指定这些操作在收音机中是如何实现的。

类似地，类的接口(interface of a class)描述了类的客户可以使用哪些服务以及如何请求这些服务，但是没有描述类是如何执行这些服务的。类的接口由类的 public 成员函数构成。类的 public 成员函数也称为类的公共服务(public service)。例如，GradeBook 类的接口(参见图 16.9)包含了构造函数与成员函数 setCourseName、getCourseName、diaplayMessage。GradeBook 的客户(即图 16.10 中的 main 函数)使用这些函数来请求类的服务。给出类定义时可以只列出成员函数名、返回值类型以及形参类型，来指定这个类的接口。

将接口与实现分开

前面的实例中，每个类定义都包含类的 public 成员函数的完整定义以及 private 数据成员的声明。然而，更好的软件工程方法是将成员函数放在类外定义，这样可以对客户代码隐藏实现细节，确保程序员不会编写依赖于类的实现细节的客户代码。如果程序员编写的客户代码依赖于类的实现细节，那么在类的实现改变时，客户代码很容易出故障。

图 16.11 至图 16.13 中的程序通过将图 16.9 中的类定义划分为两个文件，将 GradeBook 类的接口与实现分开。这两个文件分别为定义 GradeBook 类的头文件 GradeBook.h(参见图 16.11)和定义 GradeBook 类的成员函数的源代码文件 GradeBook.cpp(参见图 16.12)。习惯上，成员函数放在与类的头文件同名(如 GradeBook)但后缀为.cpp 的文件中。源代码文件 fig16_13.cpp 定义了 main 函数(客户代码)。图 16.13 与图 16.10 中的代码和输出结果都相同。图 16.14 从 GradeBook 类程序员与客户代码程序员角度，显示了由三个文件组成的程序是如何编译的，稍后会详细解释这个图。

GradeBook.h：用函数原型定义类的接口

头文件 GradeBook.h(参见图 16.11)是 GradeBook 类定义的另一个版本(第 8 行至第 17 行)。这个版本与图 16.9 类似，但是图 16.9 中的函数定义被函数原型(function prototype)替换了(第 11 行至第 14 行)。函数原型描述了类的 public 接口，但是没有给出类的成员函数实现。函数原型是函数声明，告诉编译器函数名、返回值类型以及形参类型。注意，头文件中仍然指定类的 private 数据成员(第 16 行)。编译器必须知道类的数据成员才能确定应改为该类的每个对象预留多大的内存空间。客户代码中包含头文件 GradeBook.h(参见图 16.13 中的第 5 行)，给编译器提供信息，确保客户代码可以正确调用 GradeBook 类的成员函数。

第 11 行(参见图 16.11)中的函数原型表示构造函数需要一个 string 类型的形参。前面介绍过，构造函数没有返回值类型，因此它的函数原型没有返回值类型。成员函数 setCourseName 的函数原型表示 setCourseName 需要一个 string 类型的形参并且不返回值(即它的返回值类型为 void)。成员函数 getCourseName 的函数原型表示该函数不需要形参并且返回一个 string 类型的值。最后，成员函数

displayMessage 的函数原型(第 14 行)指定 displayMessage 不需要形参并且不返回值。这些函数原型除了没有包含各个形参名(函数原型中也可包含各个形参名)和必须以分号结尾外，与图 16.9 中相应的函数首部是相同的。

```cpp
 1  // Fig. 16.11: GradeBook.h
 2  // GradeBook class definition. This file presents GradeBook's public
 3  // interface without revealing the implementations of GradeBook's member
 4  // functions, which are defined in GradeBook.cpp.
 5  #include <string> // class GradeBook uses C++ standard string class
 6
 7  // GradeBook class definition
 8  class GradeBook
 9  {
10  public:
11     explicit GradeBook( std::string ); // constructor initialize courseName
12     void setCourseName( std::string ); // sets the course name
13     std::string getCourseName() const; // gets the course name
14     void displayMessage() const; // displays a welcome message
15  private:
16     std::string courseName; // course name for this GradeBook
17  }; // end class GradeBook
```

图 16.11　GradeBook 类定义，包含指定类的接口的函数原型

良好的编程习惯 16.2

尽管函数原型中的形参名是任意的(编译器忽略这些形参名)，很多程序员仍使用形参名以便于编写文档。

GradeBook.cpp：在单独的源代码文件中定义成员函数

源代码文件 GradeBook.cpp(参见图 16.12)定义了图 16.11 中第 11 行至第 14 行声明的 GradeBook 类的成员函数。第 9 行至第 33 行中的成员函数定义与图 16.9 中的第 11 行至第 35 行的成员函数定义几乎相同。

```cpp
 1  // Fig. 16.12: GradeBook.cpp
 2  // GradeBook member-function definitions. This file contains
 3  // implementations of the member functions prototyped in GradeBook.h.
 4  #include <iostream>
 5  #include "GradeBook.h" // include definition of class GradeBook
 6  using namespace std;
 7
 8  // constructor initializes courseName with string supplied as argument
 9  GradeBook::GradeBook( string name )
10     : courseName( name ) // member initializer to initialize courseName
11  {
12     // empty body
13  } // end GradeBook constructor
14
15  // function to set the course name
16  void GradeBook::setCourseName( string name )
17  {
18     courseName = name; // store the course name in the object
19  } // end function setCourseName
20
21  // function to get the course name
22  string GradeBook::getCourseName() const
23  {
24     return courseName; // return object's courseName
25  } // end function getCourseName
26
27  // display a welcome message to the GradeBook user
28  void GradeBook::displayMessage() const
29  {
30     // call getCourseName to get the courseName
31     cout << "Welcome to the grade book for\n" << getCourseName()
32        << "!" << endl;
33  } // end function displayMessage
```

图 16.12　GradeBook 类的成员函数定义，表示 GradeBook 类的实现

注意,函数首部(第 9 行、第 16 行、第 22 行和第 28 行)的每个成员函数名前面都有类名与二元作用域运算符::(binary scope resolution operator)。这将每个成员函数"绑定到"声明成员函数与数据成员的 GradeBook 类定义上(参见图 16.11)。如果不在每个 GradeBook 类的成员函数名前面加"GradeBook::",则编译器就不能将这些函数被识别为 GradeBook 类的成员函数,而会认为它们是像 main 函数那样的"自由"或"松散"的函数(这些函数也称为全局函数),因而不能访问 GradeBook 的 private 数据,也不能不通过对象就直接调用该类的成员函数。因此,编译器不能编译这些函数。例如,访问变量 courseName 的第 18 行与第 24 行会导致编译错误,因为 courseName 没有被声明为函数的局部变量,且编译器不知道 GradeBook 类已经声明了数据成员 courseName。

常见的编程错误 16.3

在类外定义该类的成员函数时,如果漏掉在函数名前面写类名与二元作用域运算符 "::",则会导致编译错误。

要指出 GradeBook.cpp 中的成员函数是 GradeBook 类的一部分,则必须首先把 GradeBook.h 头文件包含进来(参见图 16.12 中的第 5 行)。这样在 GradeBook.cpp 文件中便可以访问 GradeBook 类名。编译 GradeBok.cpp 时,编译器使用 GradeBook.h 中的信息确保:

1. 成员函数的第一行(第 9 行、第 16 行、第 22 行和第 28 行)与 GradeBook.h 文件中的原型匹配。例如,确保 getCourseName 不接收任何形参并且返回一个 string。

2. 每个成员函数知道该类的数据成员及其他成员函数。例如,第 18 行与第 24 行可以访问变量 courseName,因为 courseName 在 GradeBook.h 中声明为 GradeBook 类的数据成员;第 31 行可以调用函数 getCourseName,因为在 GradeBook.h 中它被声明为该类的成员函数(并且函数调用与对应的原型一致)。

测试 GradeBook 类

图 16.13 与图 16.10 中的 GradeBook 类对象执行相同的操作。将 GradeBook 类的接口与成员函数实现分开不会影响客户代码使用该类的方法,只会影响程序的编译与链接,稍后将详细讨论。

```cpp
 1  // Fig. 16.13: fig16_13.cpp
 2  // GradeBook class demonstration after separating
 3  // its interface from its implementation.
 4  #include <iostream>
 5  #include "GradeBook.h" // include definition of class GradeBook
 6  using namespace std;
 7
 8  // function main begins program execution
 9  int main()
10  {
11     // create two GradeBook objects
12     GradeBook gradeBook1( "CS101 Introduction to C++ Programming" );
13     GradeBook gradeBook2( "CS102 Data Structures in C++" );
14
15     // display initial value of courseName for each GradeBook
16     cout << "gradeBook1 created for course: " << gradeBook1.getCourseName()
17        << "\ngradeBook2 created for course: " << gradeBook2.getCourseName()
18        << endl;
19  } // end main
```

```
gradeBook1 created for course: CS101 Introduction to C++ Programming
gradeBook2 created for course: CS102 Data Structures in C++
```

图 16.13 将接口与实现分开后的 GradeBook 类演示程序

与图 16.10 相同,图 16.13 中第 5 行也包含了 GradeBook.h 头文件,以便编译器可确保客户代码正确创建与操作 GradeBook 类对象。在执行这个程序之前,必须先编译图 16.12 与图 16.13 中的源代码,然后将其进行链接,即链接器将客户代码中的成员函数调用与类的成员函数实现绑定。

编译与链接过程

　　图 16.14 给出编译、链接，生成可执行的 GradeBook 应用程序的过程。通常，类的接口与实现是由一个程序员创建的，而被实现该类的客户代码的另一个程序员使用。图中给出类的实现程序员与客户代码程序员的需求。图中的虚线部分分别表示类的实现程序员、客户代码程序员与 Gradebook 应用程序用户的需求（注意：图 16.14 不是 UML 图）。

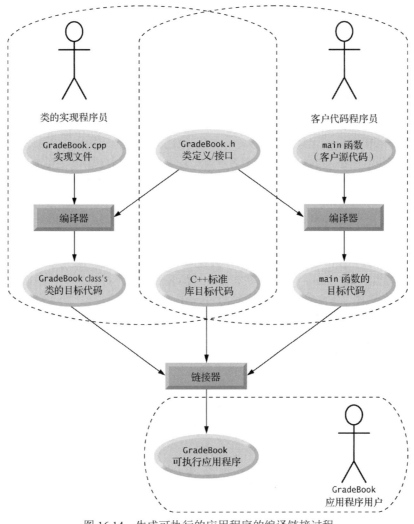

图 16.14　生成可执行的应用程序的编译链接过程

　　类的实现程序员负责创建一个可重用的 GradeBook 类。首先，创建头文件 GradeBook.h 与包含该头文件的源代码文件 GradeBook.cpp。然后，编译源代码文件，生成 GradeBook 类的目标代码。为了隐藏 GradeBook 类的实现细节，类的实现程序员会给客户代码程序员提供头文件 GradeBook.h（指定类的接口和数据成员）以及 GradeBook 类的目标代码，目标代码中包含表示 GradeBook 类的成员函数的机器语言指令。没有给客户代码程序员提供 GradeBook 类的源代码文件，因此客户不知道 GradeBook 类的成员函数是如何实现的。

　　客户代码只需要知道 GradeBook 类的接口以便使用这个类，但客户代码必须能够链接到目标代码。由于类的接口是头文件 GradeBook.h 中类定义的一部分，客户代码程序员必须访问这个头文件并将它 #include 到客户源代码文件中。当编译客户代码时，编译器使用 GradeBook.h 中的类定义，确保 main 函数正确创建与操作 GradeBook 类对象。

创建可执行的 GradeBook 应用程序的最后一步是链接：

1. main 函数的目标代码(即客户代码)。
2. GradeBook 类的成员函数实现的目标代码。
3. 类的实现程序员与客户程序员使用的 C++ 标准库中 C++ 类(如 string)的目标代码。

链接器的输出是可执行的 GradeBook 应用程序，该应用程序提供了教师管理学生程序的功能。在程序员编译代码后，编译器和 IDE 通常会调用链接器。

如果读者想进一步了解如何编译由多个源文件组成的程序，则可以参考编译器文档。在我们的 C++ 资源中心 www.deitel.com/cplusplus/ 提供了各种 C++ 编译器的链接。

16.8　用 set 函数验证数据

16.4 节介绍了 set 函数，使类的客户可以修改 private 数据成员的值。图 16.5 中，GradeBook 类定义了成员函数 setCourseName，该函数只是简单地将它从形参接收到的值赋给数据成员 courseName，而没有确保课程名遵守某个特定格式或有效的课程名规则。假设大学可以打印课程名等于或少于 25 个字符的学生名单。如果该大学使用一个包含 GradeBook 类对象的系统生成名单，则希望 GradeBook 类确保它的数据成员 courseName 包含的字符数永远不多于 25。图 16.15 至图 16.17 改进了 GradeBook 类的成员函数 setCourseName，来执行这样的验证(validation)，验证也称为有效性检查(validity checking)。

GradeBook 类定义

注意，图 16.15 与图 16.11 的 GradeBook 类定义相同，因此它们的接口也相同。由于接口没有改变，因此修改成员函数 setCourseName 时，不需要修改类的客户代码，只需将客户代码链接到修改后的 GradeBook 类的目标代码，客户便可以使用改进的 GradeBook 类。

```cpp
1   // Fig. 16.15: GradeBook.h
2   // GradeBook class definition presents the public interface of
3   // the class. Member-function definitions appear in GradeBook.cpp.
4   #include <string> // program uses C++ standard string class
5
6   // GradeBook class definition
7   class GradeBook
8   {
9   public:
10      explicit GradeBook( std::string ); // constructor initialize courseName
11      void setCourseName( std::string ); // sets the course name
12      std::string getCourseName() const; // gets the course name
13      void displayMessage() const; // displays a welcome message
14   private:
15      std::string courseName; // course name for this GradeBook
16   }; // end class GradeBook
```

图 16.15　GradeBook 类定义

用 Gradebook 类的成员函数 setCourseName 验证课程名

对 GradeBook 类的改进体现在构造函数的定义(参见图 16.16 中的第 9 行至第 12 行)以及对 setCourseName 定义的改进(参见图 16.16 中的第 16 行至第 29 行)。没有使用成员初始化列表，而是在构造函数中调用了 setCourseName。通常，所有的数据成员都应该用成员初始化列表进行初始化。然而有时必须验证构造函数的实参，这经常是在构造函数体内完成的(第 11 行)。调用 setCourseName 验证构造函数的实参，并设置数据成员 couseName 的值。

在 setCourseName 中，第 18 行至第 19 行的 if 语句用于确定形参 name 是否是有效课程名(即不超过 25 个字符的 string)。如果课程名是有效的，则第 19 行将课程名存储在数据成员 courseName 中。注意，第 18 行的表达式 name.size() 是一个类似于 myGradeBook.display() 的成员函数调用。C++ 标准库的 string 类中定义了成员函数 size，它返回 string 对象的字符个数。形参 name 是一个 string 对象，因此调用 name.size() 返回 name 中字符个数。如果返回值小于或等于 25，则 name 是有效的，执行第 19 行。

```
 1    // Fig. 16.16: GradeBook.cpp
 2    // Implementations of the GradeBook member-function definitions.
 3    // The setCourseName function performs validation.
 4    #include <iostream>
 5    #include "GradeBook.h" // include definition of class GradeBook
 6    using namespace std;
 7
 8    // constructor initializes courseName with string supplied as argument
 9    GradeBook::GradeBook( string name )
10    {
11       setCourseName( name ); // validate and store courseName
12    } // end GradeBook constructor
13
14    // function that sets the course name;
15    // ensures that the course name has at most 25 characters
16    void GradeBook::setCourseName( string name )
17    {
18       if ( name.size() <= 25 ) // if name has 25 or fewer characters
19          courseName = name; // store the course name in the object
20
21       if ( name.size() > 25 ) // if name has more than 25 characters
22       {
23          // set courseName to first 25 characters of parameter name
24          courseName = name.substr( 0, 25 ); // start at 0, length of 25
25
26          cerr << "Name \"" << name << "\" exceeds maximum length (25).\n"
27             << "Limiting courseName to first 25 characters.\n" << endl;
28       } // end if
29    } // end function setCourseName
30
31    // function to get the course name
32    string GradeBook::getCourseName() const
33    {
34       return courseName; // return object's courseName
35    } // end function getCourseName
36
37    // display a welcome message to the GradeBook user
38    void GradeBook::displayMessage() const
39    {
40       // call getCourseName to get the courseName
41       cout << "Welcome to the grade book for\n" << getCourseName()
42          << "!" << endl;
43    } // end function displayMessage
```

图 16.16　GradeBook 类的成员函数定义，其中 set 函数验证数据成员 courseName 的长度

第 21 行至第 28 行的 if 语句处理 setCourseName 接收到无效课程名的情况（即课程名超过 25 个字符）。即使形参 name 过长，我们仍然希望使 GradeBook 类对象保持一致状态（consistent state），即对象的数据成员 courseName 是一个有效值（等于或少于 25 个字符）。因此，把指定的课程名截短，将 name 的前 25 个字符赋给数据成员 courseName（遗憾的是截得的课程名可能不太好）。标准 string 类提供了成员函数 substr（substring 的缩写）用以将一个已有 string 对象的一部分字符复制到一个新创建的 string 对象中并返回这个新对象。第 24 行的函数调用 name.substr（0, 25）将两个整数 0 与 25 传递给成员函数 substr。这两个实参表示 substr 应该返回的 name 部分。第一个实参指定复制在原字符串中的起始位置（每个字符串的第一个字符的位置为 0）。第二个实参指定要复制的字符个数。因此，第 24 行的函数调用返回一个从位置 0 开始的具有 25 个字符的 name 的子串（即 name 的前 25 个字符）。例如，如果 name 的值是"CS101 Introduction to Programming in C++"，则 substr 返回"CS101 Introduction to Pro"。第 24 行在调用 substr 后，将 substr 返回的字符串赋给数据成员 courseName。通过这种方法，成员函数 setCourseName 确保了总是将字符数等于或少于 25 个字符的字符串赋给 courseName。如果成员函数需要将课程名截短使其有效，则第 26 行至第 27 行会显示警告信息。

第 21 行至第 28 行的 if 语句包含两条语句，一条语句用于将形参 name 的前 25 个字符赋给 courseName，另一条语句用于向用户显示相关信息。

第 26 行至第 27 行语句中第 2 行起始位置也可以没有流插入运算符，写成如下形式：

```
cerr << "Name \"" << name << "\" exceeds maximum length (25).\n"
   "Limiting courseName to first 25 characters.\n" << endl;
```

C++编译器将相邻的字符串连接在一起，即使它们出现在不同行中也进行连接。因此，对于上面的语句，C++编译器会将字符串"\" exceeds maximum length (25).\n"与"Limiting courseName to first 25 characters.\n"连接成一个字符串，这与图 16.16 中第 26 行至第 27 行的输出结果是相同的。因而可以将长字符串分成多行显示，而不用写额外的流插入运算符。

测试 Gradebook 类

图 16.17 演示了改进的带验证的 GradeBook 类(图 16.15 与图 16.16)的使用。第 12 行创建了一个 GradeBook 类对象 gradeBook1。前面介绍过，GradeBook 类的构造函数调用成员函数 setCourseName 初始化数据成员 courseName。对于该类的前一个版本，在构造函数中调用 setCourseName 的好处还不是很明显。然而现在，构造函数可利用 setCourseName 提供的验证功能，仅需调用 setCourseName 即可，而不用重复写验证代码。当图 16.17 中的第 12 行传递一个初始课程名"CS101 Introduction to Programming in C++"时，构造函数将这个值传递给 setCourseName，执行实际的初始化操作。由于这个课程名超过 25 个字符，因此执行第二个 if 语句，将 courseName 初始化为截短的具有 25 个字符的课程名"CS101 Introduction to Pro"(被截断的部分在 12 行中加亮显示)。图 16.17 的输出信息中包含图 16.16 的成员 setCourseName 中第 26 行至第 27 行输出的警告信息。第 13 行创建了另一个 GradeBook 对象 gradeBook2，这次传递给构造函数的课程名是一个具有 25 个字符的有效课程名。

```cpp
1   // Fig. 16.17: fig16_17.cpp
2   // Create and manipulate a GradeBook object; illustrate validation.
3   #include <iostream>
4   #include "GradeBook.h" // include definition of class GradeBook
5   using namespace std;
6
7   // function main begins program execution
8   int main()
9   {
10      // create two GradeBook objects:
11      // initial course name of gradeBook1 is too long
12      GradeBook gradeBook1( "CS101 Introduction to Programming in C++" );
13      GradeBook gradeBook2( "CS102 C++ Data Structures" );
14
15      // display each GradeBook's courseName
16      cout << "gradeBook1's initial course name is: "
17         << gradeBook1.getCourseName()
18         << "\ngradeBook2's initial course name is: "
19         << gradeBook2.getCourseName() << endl;
20
21      // modify gradeBook1's courseName (with a valid-length string)
22      gradeBook1.setCourseName( "CS101 C++ Programming" );
23
24      // display each GradeBook's courseName
25      cout << "\ngradeBook1's course name is: "
26         << gradeBook1.getCourseName()
27         << "\ngradeBook2's course name is: "
28         << gradeBook2.getCourseName() << endl;
29   } // end main
```

```
Name "CS101 Introduction to Programming in C++" exceeds maximum length (25).
Limiting courseName to first 25 characters.

gradeBook1's initial course name is: CS101 Introduction to Pro
gradeBook2's initial course name is: CS102 C++ Data Structures

gradeBook1's course name is: CS101 C++ Programming
gradeBook2's course name is: CS102 C++ Data Structures
```

图 16.17 创建并操作课程名不超过 25 个字符的 GradeBook 类对象

图 16.17 中第 16 行至第 19 行显示截短的 gradeBook1 的课程名与 gradeBook2 的课程名。第 22 行直接调用 gradeBook1 的成员函数 setCourseName，将 gradeBook1 的课程名修改为一个较短的不需要截短的名字。然后，第 25 行至第 28 行又输出该对象的课程名。

关于 set 函数的其他说明

像 setCourseName 那样的 public 类型的 set 函数应该仔细检查试图修改数据成员（如 courseName）值的操作，以确保新值适合于该数据项。例如，应该禁止将月份的日期设置为 37；禁止将人的体重设置为 0 或负数；禁止将考试成绩设置为 185（正确的范围是 0 ~ 100）等。

软件工程视点 16.3

将数据成员指定为 private，并通过编写 public 成员函数控制这些数据成员的访问，特别是写入访问，有助于确保数据完整性。

错误预防提示 16.4

仅将数据成员指定为 private 并不能自动确保数据完整性，还必须由程序员提供适当的有效性检查并报告错误。

类的 set 函数应该能够向类的客户返回值，指出试图给类的对象赋一个无效的值。这样，类的客户就可以测试 set 函数的返回值，确定客户试图修改对象是否成功，从而采取适当的操作。第 22 章将讲解，利用异常处理机制，在检测到用不正确的值修改对象时，通知类的客户。为了保持图 16.15 至图 16.17 的简洁，图 16.16 的 setCourseName 只在屏幕上打印一条适当的信息。

16.9 本章小结

本章学习了如何创建用户自定义的类，以及如何创建和使用这些类的对象。声明类的数据成员来保存该类的每个对象的数据，定义操作这些数据的成员函数。学习了应该将不修改类的数据的成员函数声明为 const。演示了如何调用对象的成员函数来请求对象提供服务，如何通过实参向这些成员函数传递数据。讨论了类的成员函数中的局部变量与类的数据成员的区别。也演示了如何使用构造函数和成员初始化列表来确保每个对象被正确初始化。学习了应该显式声明只有一个形参的构造函数，构造函数不应该声明为 const，因为需要修改初始化的对象。

也讲解了如何将类的接口与实现分离以促进良好的软件工程。头文件中不应包含 using 命令或 using 声明。给出了一个图，表示类的实现程序员与客户代码程序员编译他们所写的代码时所需的文件。演示了如何用 set 函数验证对象的数据并确保对象保持一致状态。还使用 UML 类图建模类及其构造函数、成员函数以及数据成员。下一章中，我们将深入学习类的处理。

摘要

16.2 定义一个具有成员函数的类

- 类定义包含数据成员和成员函数，它们分别定义类的属性和行为。
- 类定义从关键字 class 及随后的类名开始。
- 用户定义的类名通常是首字母大写的，为了增强可读性，类名中每个单词也首字母大写。
- 每个类体由左右花括号（{和}）括起来，以分号结束。
- 在访问限定符 public 后出现的成员函数，可以被程序中其他函数以及其他类的成员函数访问。
- 访问限定符后面总是跟随一个冒号（:）。
- 关键字 void 是一种特殊的返回值类型，表示函数执行一项任务但在完成任务后不向主调函数返回任何值。
- 函数名通常以小写字母开始，而其后的单词首字母大写。
- 成员函数名后的空括号表示该成员函数执行任务时不需要其他数据。
- 如果函数不应该修改调用它的对象，则该函数应该声明为 const。
- 通常，如果不创建类的对象，就不能调用该类的成员函数。

- 在 C++中，我们所创建的每个新类都可成为新的数据类型。
- 在 UML 中，用类图建模每个类，类图是一个具有三个组成部分的矩形，最上面部分显示类名，中间部分是类的属性，底部是类的操作。
- UML 通过列出操作名和其后的括号建模操作。操作名前面的加号(+)表示 UML 中的 public 操作（即 C++中的 public 成员函数）。

16.3 定义一个有参成员函数

- 成员函数可能需要一个或多个形参表示它执行任务时需要的其他信息。函数调用为每个形参提供实参。
- 调用成员函数的方法是在对象名后写点运算符(.)、函数名以及括号，在括号中列出函数的实参。
- C++标准库的 string 类的变量表示字符串。string 类在头文件<string>中定义，名字 string 属于命名空间 std。
- 函数 getline(在头文件<string>中定义)从它的第一个实参中读取字符，直到遇到换行符则停止读取，将字符(不包括换行符)放在它的第二个实参 string 变量中，并丢弃换行符。
- 形参列表可能包含任意个数的形参，也可能没有任何形参(用空括号表示)，表示函数不需要任何形参。
- 函数调用中的实参的个数和顺序必须与被调成员函数首部的形参列表中的形参个数及顺序匹配。并且函数调用中的实参类型必须与函数首部中的相应形参匹配。
- UML 通过在操作名后的括号中列出形参名和其后的冒号以及该形参的类型建模形参。
- UML 拥有自己的数据类型。并非所有 UML 数据类型都与 C++中对应的类型同名。UML 的 String 类型对应于 C++的 string 类型。

16.4 数据成员，set 成员函数与 get 成员函数

- 在函数定义体中声明的变量称为局部变量，它们只能在从声明它们的行到该函数定义的结束右花括号(})的范围内使用。当函数终止时，它的局部变量值就会丢失。
- 函数中的局部变量必须在使用之前声明。不能在声明局部变量的函数外面访问该局部变量。
- 数据成员通常是 private 类型的。声明为 private 类型的变量或函数只能被声明它们的类的成员函数访问。
- 当程序创建了(实例化)类的对象时，它的 private 数据成员被封装(隐藏)在该对象中，并且只能被该类的成员函数访问(或类的友元访问，第 17 章将进行讲解)。
- 如果一个函数指定了 void 类型外的返回值类型，则当它被调用并结束任务时，会向它的主调函数返回一个结果。
- 在默认情况下，string 的初始值是一个空字符串，即没有包含任何字符的字符串。当显示空字符串时，不会有任何东西显示在屏幕上。
- 类通常提供允许类的客户设置或获得 private 数据成员的值的 public 成员函数。这些成员函数通常以 set 或 get 开始命名。
- 提供 public 的 set 函数与 get 函数的类的客户可以间接访问隐藏的数据。客户知道它试图修改或获取对象的数据，但是不知道该对象是如何执行这些操作的。
- 类中的其他成员函数应该通过 set 函数与 get 函数来操作该类的 private 数据。如果类的数据表示改变了，不需要修改通过 set 与 get 函数访问这些数据的成员函数。
- public 类型的 set 函数应该仔细检查试图修改数据成员值的操作，以确保新值适合于该数据项。
- UML 通过列出属性名及其后的冒号和属性类型，将数据成员表示为属性。在 UML 中 private 属性名前面加一个减号(–)。
- UML 表示一个操作的返回值类型的方法是在操作名后的括号后面放置一个冒号以及该返回值类型。
- UML 类图不为没有返回值的操作指定返回值类型。

16.5 用构造函数初始化对象

- 每个类都应该提供构造函数，用于在创建类对象时初始化该对象。构造函数的名字必须与类名相同。
- 构造函数与其他函数的一个区别在于构造函数不能返回值，因此不能指定返回值类型（即使是 void 也不可以）。构造函数通常声明为 public 类型。
- C++在创建每个对象时都要调用构造函数，以确保对象在使用前被正确初始化。
- 不接受任何实参的构造函数称为默认构造函数。如果类中没有显式给出构造函数，编译器就会提供一个默认的构造函数。编写类的程序员也可以显式定义一个默认构造函数。如果程序员定义了构造函数，则 C++不再隐式为该类创建默认构造函数。
- 应该显式声明只有一个形参的构造函数。
- 构造函数使用成员初始化列表初始化类的数据成员。成员初始化列表位于构造函数的形参列表和构造函数体的左花括号之间和形参列表之间用冒号(:)分隔。成员初始化包含数据成员的变量名及其后用小括号括起来的成员初始化值。可以在构造函数体内执行初始化，但是使用成员初始化列表更高效，另外有些类别的数据成员必须使用成员初始化列表进行初始化。
- 像建模操作那样，UML 在类图的第三部分建模构造函数。为了区分构造函数与操作，UML 将双尖括号(<<和>>)括起来的"constructor"放在构造函数名前面。

16.6 将类放在单独的文件中以增强重用性

- 正确封装的类定义可以被全世界的程序员重用。
- 类的定义通常放在扩展名为.h 的头文件中。

16.7 将接口与实现分离

- 如果类的实现改变了，则类的客户应该不需要改变。
- 接口定义并标准化了事物(如人或系统)间的交互方法。
- 类的 public 接口描述了可供类的客户使用的 public 成员函数。接口描述了类的客户可以使用哪些服务以及如何请求这些服务，但是没有描述类是如何执行这些服务的。
- 将接口与实现分离使得程序易于修改。只要提供给类的客户的接口不变，则修改类的实现，不会影响客户。
- 头文件中不应包含 using 命令或 using 声明。
- 函数原型包含函数名、返回值类型和函数要接收的形参个数、类型以及顺序。
- 如果定义了类并用函数原型声明了其成员函数，则应该在一个单独的源代码文件中定义成员函数。
- 在类外定义的成员函数，都要在函数名前面加上类名与二元作用域运算符(::)。

16.8 用 set 函数验证数据

- string 类的成员函数 size，返回一个 string 对象的字符个数。
- string 类的成员函数 substr 将一个已有 string 对象中一部分字符复制到一个新创建的 string 对象中并返回这个对象。该函数的第一个实参指定复制在初始字符串中的起始位置。第二个实参指定要复制的字符个数。

自测题

16.1 填空

(a)每个类定义包括关键字_____，随后是类名。

(b)类的定义通常存放在一个扩展名为_____的文件中。

(c)应该为函数首部的每个形参指定_____和_____。

(d)每个类对象维护自己的属性副本，表示属性的变量也称为_____。

(e) 关键字 public 是一个_____。

(f) 返回值类型_____表示函数执行任务但是在完成任务后不会返回任何信息。

(g) <string>库中的函数_____读取字符直到遇到一个换行符则停止读取，然后将这些字符副本到指定的 string 中。

(h) 当成员函数定义在类外时，必须在函数首部的函数名前写类名和_____，以将成员函数"绑定"到类定义上。

(i) 源代码文件与其他使用类的文件可以用预处理命令_____来包含类的头文件。

16.2 判断下列各题是否正确，如果不正确，请说明原因。

(a) 按惯例，函数名首字母大写，后面单词也首字母大写。

(b) 函数原型中函数名后的空括号表示函数在执行任务时不需要任何形参。

(c) 用访问限定符 private 限定的数据成员或成员函数可以被声明它们的类的成员函数访问。

(d) 在某个成员函数体内声明的变量称为数据成员，它们可以被这个类的所有成员函数使用。

(e) 每个函数体是用左右括号({和})界定的。

(f) 任何包含 int main( ) 的源代码文件都可以用于执行一个程序。

(g) 函数调用中的实参类型必须与函数原型的形参列表中对应的形参类型一致。

16.3 局部变量与数据成员的区别是什么?

16.4 说明函数形参的用途。函数形参与实参的区别是什么?

自测题答案

16.1 (a) class。(b) .h。(c) 类型，名字。(d) 数据成员。(e) 访问限定符。(f) void。(h) getline。(i) 二元作用域运算符(::)。(g) #include。

16.2 (a) 错误。函数名首字母小写，后面单词首字母大写。(b) 正确。(c) 正确。(d) 错误。这样的变量称为局部变量，只能被声明它们的成员函数使用。(e) 正确。(f) 正确。(g) 正确。

16.3 局部变量在函数体内声明，它们只能在从声明它们的行到该函数定义的结束右花括号(})的范围内使用。数据成员声明在类定义中，但是不在任何成员函数的函数体内。类的每个对象(实例)都有独自的该类的数据成员副本。数据成员可以被该类的所有成员函数访问。

16.4 形参表示函数在执行任务时需要的额外信息。在函数首部指定函数所需要的每个形参。实参是提供给函数调用的值。当函数被调用时，实参值被传递函数形参，使函数可以执行它的任务。

练习题

16.5 (函数原型与函数定义)说明函数原型与函数定义的区别。

16.6 (默认构造函数)什么是默认构造函数? 如果一个类只有隐式定义的默认构造函数，则如何初始化对象的数据成员?

16.7 (数据成员)说明数据成员的用途。

16.8 (头文件和源代码文件)什么是头文件? 什么是源代码文件? 讨论它们的用途。

16.9 (不通过 **using** 使用 **string** 类)说明如果不插入 using 声明的话，如何在程序中使用 string 类。

16.10 (**set** 函数与 **get** 函数)说明为什么类中应该为数据成员提供 set 函数与 get 函数。

16.11 (修改 **GradeBook** 类)按照下列要求修改 GradeBook 类(参见图 16.11 至图 16.12):

(a) 包含另一个 string 类型的数据成员，表示课程教师姓名。

(b) 提供一个 set 函数修改教师姓名和一个 get 函数检索教师姓名。

(c) 修改构造函数，指定两个形参，分别表示课程名和教师姓名。

(d) 修改成员函数 displayMessage，首先输出欢迎信息和课程名，然后输出"This course is presented by"随后输出教师姓名。

在测试程序中使用修改后的类，演示该类的新功能。

16.12 **(Account 类)** 创建一个 Account 类，银行可以使用这个类表示客户的银行账户。类中包括一个 int 类型的数据成员，表示账户余额。提供一个构造函数，用于接收一个初始余额并用这个值初始化数据成员。构造函数应该验证初始余额的值，确保它大于等于 0。否则，将余额设置为 0，并返回错误信息，指出"初始余额值无效"。提供三个成员函数。成员函数 credit 向当前余额中增加存款。成员函数 debit 从 Account 中取款，并确保取款数目不超过 Account 的余额。如果取款数目超过 Account 的余额，则余额值保持不变，并打印信息指出"取款数目超过余额数目"。成员函数 getBalance 返回当前余额。编写程序创建两个 Account 对象，并测试 Account 类的成员函数。

16.13 **(Invoice 类)** 创建一个 Invoice 类，硬件商店使用它来表示卖出商品的发票。Invoice 包括四个数据成员：零件编号(string 类型)、零件描述(string 类型)、购买商品数量(int 类型)、商品单价(int 类型)。提供一个构造函数，初始化这个四个数据成员。可以接受多个实参的构造函数形式如下：

ClassName(TypeName1 parameterName1, TypeName2 parameterName2, …)

为每个数据成员提供一个 set 函数和一个 get 函数。提供一个 getInvoiceAmount 函数，计算发票的面值(即购买商品数量乘以单价)，然后以 int 型值返回这个面值。如果购买商品数量不是正数，则应该将其设置为 0。如果商品单价不是整数，则应该将其设置为 0。编写一个测试程序演示 Invoice 类的功能。

16.14 **(Employee 类)** 创建一个 Employee 类。它包括三个数据成员表示三种信息：名(string 类型)、姓(string 类型)、月工资(int 类型)。提供一个构造函数，初始化三个数据成员。为每个数据成员提供一个 set 函数和一个 get 函数。如果月工资不是正数，则将它设置为 0。编写一个测试程序演示 Employee 类的功能。创建两个 Employee 类对象并显示每个对象的年薪。然后给每个 Employee 加薪 10%，再重新显示每个 Employee 的年薪。

16.15 **(Date 类)** 创建一个 Date 类。它包括三个数据成员表示三种信息：月(int 类型)、日(int 类型)、年(int 类型)。提供一个具有三个形参的构造函数，分别使用这三个形参初始化三个数据成员。为了便于练习，假设年和日是正确的，而需要确保月份的值在 1～12 之间，否则将月份设置为 1。为每个数据成员提供一个 set 函数和一个 get 函数。提供一个成员函数 displayDate，显示用/分隔的月、日、年。编写一个测试程序演示 Date 类的功能。

提高练习题

16.16 **(目标心率计算器)** 在锻炼时，可以使用心率监视器来查看你的心率是否在教练和医生所说的正常范围内。美国心脏协会(American Heart Association，AHA)(www.americanheart.org/ presenter.jhtml?identifier= 4736)给出计算每分钟的最大心率的公式是 220 减去年龄。目标心率的范围是最大心率的 50%～80%(注意：这些公式是 AHA 给出的估计值，最大心率和目标心率可能随个人的健康状况和性别而有所差别，在开始编写和修改这个练习程序时请向医生或有资质的医护人员咨询)。创建一个名为 HeartRates 的类。该类的属性应该包括人的名、姓和出生日期(包括单独的月、日、年属性)。应该提供一个构造函数将这些数据作为形参接收。为每个属性分别提供一个 set 函数和 get 函数。还应该提供一个 getAge 函数，用以计算并返回人的年龄(以年为单位)；提供一个 getMaxiumumHeartRate 函数用以计算并返回该人的最大心率；一个 getTargetHeartRate 函数用以计算并返回该人的目标心率。由于目前你还不知道如何从计算机中获取当前日期，因此需要提供一个函数 getAge，用以在计算人的年龄之前提示用户输入当前的月、日、年。编写一个应用程序，提示输入个人信息，实例化一个 HeartRates 类对象，并打印该对象的信息，包括：该人的名、姓和出生日期；然后计算并打印该人的年龄、最大心率和目标心率范围。

16.17 **(健康记录电算化)** 健康记录电算化近来成为保健事业中的热点问题。处于敏感的隐私和安全考虑，该问题被认真对待(后面的练习题中会阐述该问题)。健康记录电算化使得病人可以更容易在他的各个医护人员间共享他的病历信息。这可以提高医护的质量，有助于避免用药冲突和错误的用药处方，减少开销，并且在紧急情况下可以挽救生命。本练习题要求为人员设计一个初始的HealthProfile 类。该类的属性应该包括该人的名、姓、性别、出生日期(包括单独的月、日、年)、身高(单位为英寸)和体重(单位为英镑)。应该提供一个构造函数接收这些数据。为每个属性分别提供一个 set 函数和 get 函数。还应提供函数计算返回该人的年龄(以年为单位)、最大心率和目标心率范围(参见练习题 16.16)；一个函数计算并返回人体质量指数(BMI，参见练习题 2.32)。

编写一个应用程序，提示输入个人信息，实例化一个 HealthProfile 类对象，并打印该对象的信息，包括：该人的名、姓、性别、出生日期、身高和体重；然后计算并打印该人的年龄(以年为单位)、BMI、最大心率和目标心率范围。还应显示练习题 2.32 的"BMI 值"曲线图。使用练习题 16.16中的方法计算该人的年龄。

第 17 章　类：深入剖析;抛出异常

学习目标:

在本章中，读者将学习以下内容:

● 使用包含文件防护。
● 用对象名、对象的引用或指向对象的指针访问类的成员。
● 如何使用析构函数在删除对象前执行"结尾清理"工作。
● 构造函数和析构函数的调用时间和调用顺序。
● 返回 private 数据的引用的危害。
● 用默认按成员赋值将一个对象的数据成员赋值给另一个对象的数据成员。
● 创建由其他对象组成的对象。
● 友元函数和友元类的用法。
● this 指针的用法。
● static 数据成员和成员函数的用法。

提纲

17.1　引言

本章将深入剖析类，用一个完整的 Time 类演示类的构造特征。首先，通过 Time 类回顾前面章节中提出的特征。这个实例也演示了在头文件中使用包含文件防护防止多次将头文件中的代码包含到同一个源代码文件中。

演示客户代码如何通过对象名、对象的引用和指向对象的指针访问类的 public 成员。对象名和引用可以和点成员选择符(.)一起使用来访问 public 成员，指针可以和箭头成员选择符(->)一起使用。

讨论可以读取或显示对象的数据的访问函数。访问函数常用于测试条件的真假，这样的函数称为断言函数。接着，阐述工具函数的概念，工具函数也称为帮助函数，是 private 成员函数，它用于支持类的 public 成员函数操作，而不被类的客户使用。

演示怎样向构造函数传参,还演示怎样在构造函数中使用默认实参使客户可以用多种实参初始化类对象。然后,讨论特殊的成员函数——析构函数,析构函数是类的一部分,用于在释放对象前对对象执行"结尾清理"工作。然后,阐述构造函数和析构函数的调用顺序,程序的正确性取决于被正确初始化并且未被释放的对象所使用。

演示返回 private 数据的引用或指针,讨论它是怎样破坏类的封装性,允许客户代码直接访问对象的数据的。演示可以使用默认的按成员赋值将一个对象赋给同一个类的其他对象。

通过使用 const 对象和 const 成员函数防止修改对象,强化最小权限原则。讨论一种重用形式——组合,在组合中其他类的对象可以作为一个类的数据成员。然后,介绍友元,友元使类的设计者可以指定可以访问类的非 public 成员的非成员函数。友元经常被用于运算符重载来提高性能(参见第 18 章)。讨论一种特殊的称为 this 指针,它是传递给类的每个非 static 成员函数的一个隐式实参,使成员函数可以正确访问对象的数据成员和其他非 static 成员函数。最后,阐述 static 类成员的作用,以及如何在类中使用 static 数据成员和成员函数。

17.2　Time 类的案例学习

第一个实例创建 Time 类和一个测试该类的驱动程序,并阐述一个重要的软件工程概念——在头文件中使用"预处理器包装",防止将这个头文件中的代码多次包含到同一个源代码文件中。由于一个类只能定义一次,使用这种预处理命令可以防止重复定义错误。

Time 类定义

图 17.1 中的类定义包含了成员函数 Time,setTime,printUniversal 和 printStandard 的函数原型(第 13 行至第 16 行),以及 private 无符号整型成员 hour,minute 和 second(第 18 行至第 20 行)。Time 类的 private 数据成员只能被它的成员函数访问。第 19 章,将在学习继承和继承在面向对象编程中的作用时,介绍第三个访问限定符 protected。

良好的编程习惯 17.1

为了使程序清晰可读,在一个类定义中每个访问限定符应该只使用一次。将 public 成员放在前面,可便于查找。

软件工程视点 17.1

类的每个元素都应该具有 private 可见性,除非可以证明该元素需要 public 可见性。这是最小权限原则的另一个例子。

```cpp
 1   // Fig. 17.1: Time.h
 2   // Time class definition.
 3   // Member functions are defined in Time.cpp
 4
 5   // prevent multiple inclusions of header
 6   #ifndef TIME_H
 7   #define TIME_H
 8
 9   // Time class definition
10   class Time
11   {
12   public:
13      Time(); // constructor
14      void setTime( int, int, int ); // set hour, minute and second
15      void printUniversal() const; // print time in universal-time format
16      void printStandard() const; // print time in standard-time format
17   private:
18      unsigned int hour; // 0 - 23 (24-hour clock format)
19      unsigned int minute; // 0 - 59
20      unsigned int second; // 0 - 59
21   }; // end class Time
22
23   #endif
```

图 17.1　Time 类定义

在图 17.1 中，类定义包含在如下的包含文件防护(include guard)中(第 6 行、第 7 行以及第 23 行)。

```
// prevent multiple inclusions of header
#ifndef TIME_H
#define TIME_H
   ...
#endif
```

在建立大型程序时，其他定义和声明也被放在头文件中。如果已经定义了 TIME_H，则前面所述的预处理器包装可以防止将#ifndef(含义是"如果没有定义")和#endif 之间定义的代码包含到文件中。如果之前没有将头文件包含在文件中，那么就会执行#define 命令定义 TIME_H，并且将头文件中的语句包含到这个文件中。如果之前已经将头文件包含在文件中了，则已经定义了 TIME_H 并且不会再次将头文件包含到这个文件中。在有很多头文件的大型程序中，经常会发生试图多次包含一个头文件(不注意地)的情况，这些头文件还经常包含其他头文件。

错误预防提示 17.1

用预处理命令#ifndef、#define 和#endif 形成一个包含文件防护，可以防止将头文件多次包含在一个程序中。

良好的编程习惯 17.2

在头文件的预处理命令#ifndef 和#define 中，以大写并且用下画线替换句点的形式使用这个头文件名。

Time 类的成员函数

图 17.2 中 Time 构造函数(第 11 行至第 14 行)将数据成员初始化为 0(即与 12A M 等价的国际时间)。这确保了对象起始于一致的状态。Time 对象不可能保存无效的值，因为创建 Time 类对象时会自动调用构造函数，并且后面，客户试图修改数据成员都要经过 setTime 函数检查(稍后会讨论)。需要注意的是可以为一个类定义几个重载的构造函数，第 15 章学习了函数重载。

```
1   // Fig. 17.2: Time.cpp
2   // Time class member-function definitions.
3   #include <iostream>
4   #include <iomanip>
5   #include <stdexcept> // for invalid_argument exception class
6   #include "Time.h" // include definition of class Time from Time.h
7
8   using namespace std;
9
10  // Time constructor initializes each data member to zero.
11  Time::Time()
12     : hour( 0 ), minute( 0 ), second( 0 )
13  {
14  } // end Time constructor
15
16  // set new Time value using universal time
17  void Time::setTime( int h, int m, int s )
18  {
19     // validate hour, minute and second
20     if ( ( h >= 0 && h < 24 ) && ( m >= 0 && m < 60 ) &&
21        ( s >= 0 && s < 60 ) )
22     {
23        hour = h;
24        minute = m;
25        second = s;
26     } // end if
27     else
28        throw invalid_argument(
29           "hour, minute and/or second was out of range" );
30  } // end function setTime
31
32  // print Time in universal-time format (HH:MM:SS)
33  void Time::printUniversal() const
```

图 17.2 Time 类的成员函数定义

```
34  {
35      cout << setfill( '0' ) << setw( 2 ) << hour << ":"
36          << setw( 2 ) << minute << ":" << setw( 2 ) << second;
37  } // end function printUniversal
38
39  // print Time in standard-time format (HH:MM:SS AM or PM)
40  void Time::printStandard() const
41  {
42      cout << ( ( hour == 0 || hour == 12 ) ? 12 : hour % 12 ) << ":"
43          << setfill( '0' ) << setw( 2 ) << minute << ":" << setw( 2 )
44          << second << ( hour < 12 ? " AM" : " PM" );
45  } // end function printStandard
```

图 17.2(续)　Time 类的成员函数定义

在 C++11 之前，只有 static const 数据成员可以在类体中初始化。因此，应该在类的构造函数中初始化数据成员(基本类型的数据成员没有默认初始化)。对于 C++11，则可以使用类内初始化的方法来初始化类定义内声明的任何类型的数据成员。

Time 类的成员函数 setTime 以及抛出异常

setTime 函数(第 17 行至第 30 行)是 public 函数，声明了三个 int 类型的形参并用它们设置时间。第 20 行至第 21 行条件表达式测试每个实参，确定实参值是否在指定的范围内。如果传递给 setTime 的值在它所初始化的成员所允许的范围内，则第 23 行至第 25 行将值赋给数据成员 hour，minute 和 second。hour 的值必须大于等于 0 并且小于 24，因为国际时间的格式将小时表示为 0 ~ 23 的整数(即 1 PM 表示为 13，11 PM 表示为 23，午夜表示为 0，正午表示为 12)。类似地，minute 和 second 的值必须大于等于 0 并且小于 60。对于在这些范围外的任何值，setTime 会抛出异常(thows a exception)(第 28 行至第 29 行)，异常的类型为 invalid_argument(来自头文件<stdexcept>)，通知客户代码收到了不合理的实参值。可以使用 try...catch 来捕获及尝试修复异常，如图 17.3 所示。抛出语句(throw statement)(第 28 行至第 29 行)新创建了一个 invalid_argument 类型的对象。类名后的括号表示调用 invalid_argument 构造函数，来指定错误信息字符串。在创建了异常对象之后，抛出语句立即终止函数 setTime 的执行，并且异常返回到设置时间的代码处。

Time 类的成员函数 printUniversal

printUniversal 函数(参见图 17.2 中的第 33 行至第 37 行)不接受实参，它以国际时间的格式输出日期。国际时间包含三个由冒号分隔的阿拉伯数字，分别用于表示小时、分、秒。例如，如果时间是 1:30:07 PM，则函数 printUniversal 返回 13:30:07。注意，第 35 行使用了参数化的流操纵符 setfill 指定当域宽比输出整数数值位宽时采用的填充字符(fill character)。默认情况下，填充字符出现在数值位的左侧。在这个实例中，因为已经将填充字符设置为 0，因此如果 minute 的值是 2，则显示为 02。如果输出的数值填充了指定的域，则不显示填充字符。一旦用 setfill 指定填充字符，则它将应用于后面所有的域宽比输出值宽的值中(即 setfill 是一个"sticky"设置)。这与 setw 不同，setw 只应用于下一个要显示的值(setw 是一个"nonsticky"设置)。

错误预防提示 17.2

每个 sticky 设置(如填充字符或浮点数精度设置)应该在不需要设置时恢复为先前的设置。否则，可能导致后面的程序代码中出现错误的输出格式。第 21 章，输入/输出流，将讨论如何重新设置填充字符和精度。

Time 类的成员函数 printStandard

printStandard 函数(参见图 17.2 中的第 33 行至第 37 行)不接受实参，它以标准时间格式输出日期。标准时间格式包括由冒号分隔的小时、分和秒，并且后面有一个 AM 或 PM 指示符(如 1:27:06 PM)。和 printUniversal 函数一样，printStandard 函数使用 setfill('0')将 minute 和 second 格式化为 0 开头的两位数字。第 42 行使用条件运算符(?:)确定要显示的 hour 的值。如果 hour 为 0 或 12(AM 或 PM)，则显示为 12，否则，显示为 1 ~ 11 之间的值。第 44 行的条件运算符确定是否显示 AM 或 PM。

在类外定义成员函数；类域

即使在类定义体中声明的成员函数可以在类定义体外定义(并用二元作用域运算符将其绑定到类上)，该成员函数仍然在类域(class's scope)内，即除非通过类对象、类对象的引用、指向类对象的指针或二元作用域运算符访问它，否则只有类的其他成员知道它的名字。稍后将进一步讨论类域。

如果成员函数在类定义体中定义，则 C++编译器就会尝试内联该成员函数的调用。记住，编译器保留是否内联任何函数的权利。

性能提示 17.1

在类定义内定义成员函数将该成员函数内联(如果编译器选择这样做)，这样可以提高性能。

软件工程视点 17.2

只有简单的和稳定的(即实现不太可能改变)的成员函数应该在类的头文件中定义。

成员函数和全局函数(也称为自由函数)比较

成员函数 printUniversal 和 printStandard 都不接受任何实参，这是因为这两个成员函数隐式地知道它们要打印调用它们的 Time 类对象的数据成员。这使得成员函数调用比传统的过程式编程中的函数调用更加简洁。

软件工程视点 17.3

使用面向对象的编程方法通常可以减少要传值的形参的个数，从而简化函数调用。这种面向对象编程的优点源于通过将数据成员和成员函数封装在对象中，使得成员函数有权访问数据成员。

软件工程视点 17.4

成员函数通常比非面向对象程序中的函数短，因为数据成员已经被构造函数或存储新数据的函数验证了。由于数据已经在对象中，成员函数调用通常没有实参或实参个数比非面向对象语言的典型的函数调用实参个数少。因此，调用语句更短、函数定义更短、函数原型更短。这使得程序开发的很多方面都变得容易了。

错误预防提示 17.3

成员函数调用通常不接收实参或比非面向对象语言中的常规的函数调用的实参个数少很多。这降低了传递错误实参、错误实参类型或错误个数的实参的几率。

使用 Time 类

Time 类在定义后，就可以作为一种数据类型用于对象、数组、指针和引用的声明中，如下列代码所示：

```
Time sunset; // object of type Time
array< Time, 5 > arrayOfTimes; // array of 5 Time objects
Time &dinnerTime = sunset; // reference to a Time object
Time *timePtr = &dinnerTime; // pointer to a Time object
```

图 17.3 使用 Time 类。第 11 行实例化 Time 类对象 t。当实例化该对象时，调用 Time 构造函数，将每个 private 数据成员初始化为 0。然后，第 15 行和第 17 行分别以国际时间和标准时间格式打印时间，验证成员被正确初始化。第 19 行通过调用成员函数 setTime 设置一个新时间，第 23 行和第 25 行重新以两种格式打印时间。

```
1  // Fig. 17.3: fig17_03.cpp
2  // Program to test class Time.
3  // NOTE: This file must be compiled with Time.cpp.
4  #include <iostream>
5  #include <stdexcept> // for invalid_argument exception class
6  #include "Time.h" // include definition of class Time from Time.h
7  using namespace std;
```

图 17.3 测试 Time 类的程序

```
 8
 9    int main()
10    {
11       Time t; // instantiate object t of class Time
12
13       // output Time object t's initial values
14       cout << "The initial universal time is ";
15       t.printUniversal(); // 00:00:00
16       cout << "\nThe initial standard time is ";
17       t.printStandard(); // 12:00:00 AM
18
19       t.setTime( 13, 27, 6 ); // change time
20
21       // output Time object t's new values
22       cout << "\n\nUniversal time after setTime is ";
23       t.printUniversal(); // 13:27:06
24       cout << "\nStandard time after setTime is ";
25       t.printStandard(); // 1:27:06 PM
26
27       // attempt to set the time with invalid values
28       try
29       {
30          t.setTime( 99, 99, 99 ); // all values out of range
31       } // end try
32       catch ( invalid_argument &e )
33       {
34          cout << "Exception: " << e.what() << endl;
35       } // end catch
36
37       // output t's values after specifying invalid values
38       cout << "\n\nAfter attempting invalid settings:"
39          << "\nUniversal time: ";
40       t.printUniversal(); // 13:27:06
41       cout << "\nStandard time: ";
42       t.printStandard(); // 1:27:06 PM
43       cout << endl;
44    } // end main
```

```
The initial universal time is 00:00:00
The initial standard time is 12:00:00 AM

Universal time after setTime is 13:27:06
Standard time after setTime is 1:27:06 PM

Exception: hour, minute and/or second was out of range
```

```
After attempting invalid settings:
Universal time: 13:27:06
Standard time: 1:27:06 PM
```

图 17.3(续)　测试 Time 类的程序

用无效的值调用 setTime

为了讲解 setTime 验证实参的方法，第 30 行用无效的实参调用 setTime，将 hour，minute 和 second 的值设置为 99。该语句被放到 try 块中(第 28 行至第 31 行)，在这种情况下，由于各个实参都是无效的，setTime 会抛出 invalid_argument 异常。这时，在第 32 行至第 35 行捕获异常，第 34 行通过调用 what 成员函数显示异常错误信息。第 38 行至第 42 行重新以两种格式输出时间，以验证对于无效实参 setTime 不会修改时间。

展望组合与继承

通常，不必从零开始创建类。类可以包含其他类的对象作为它的成员，也可以从其他类派生(derived)，由其他类为这个新类提供可用的属性和行为。这种软件重用可以极大提高程序员的工作效率、简化代码维护。将类对象作为其他类的成员称为组合(composition 或 aggregation)，参见第 18 章。从已有的类派生出新类称为继承(inheritance)，参见第 19 章。

对象的规模

刚开始接触面向对象的人经常认为对象既包含数据成员也包含成员函数，因此认为它们一定很大。逻辑上的确如此，程序员可以认为对象包含数据和函数(我们提倡这种观点)，然而实际上不是这样的。

性能提示 17.2

对象只包含数据，因此比也包含成员函数的情况要小得多。对类名或类对象应用 sizeof 运算符时，只会返回类的数据成员的规模。编译器只创建一份独立于该类的所有对象的成员函数副本。类的所有对象共享这一份副本。当然，因为各个对象的数据是不同的，所以每个对象需要自己的数据副本。函数代码是不变的，因此可以被类的所有对象共享。

17.3 类域和访问类的成员

类的数据成员(类定义中声明的变量)和成员函数(类定义中声明的函数)属于该类的类域。非成员函数在全局命名域内定义。

在类域内，类的成员可以被该类的所有成员函数直接访问，并且可以按名字引用。在类域外，通过对象的句柄(handle)，对象名、对象的引用、指向对象的指针之一引用 public 类型的类成员。对象、引用或指针的类型指定了可供客户访问的接口(即成员函数)(第 17.13 节将介绍编译器给每个数据成员或成员函数的引用插入一个隐式句柄)。

类域和块作用域

在成员函数中声明的变量具有块作用域，它们只对该函数可见。如果成员函数中定义了和类域中变量同名的变量，则类域中的变量被局部作用域中的块作用域变量隐藏。可以通过在变量名前面加类名和作用域运算符(::)访问这种隐藏变量，如::globalVariableName。

点成员选择运算符(.)与箭头成员选择运算符(->)

点成员选择运算符(.)与它前面的对象名或对象的引用组合，用于访问对象的成员。箭头成员选择运算符(arrow member selection operator, ->)与它前面的指向对象的指针组合，用于访问对象的成员。

通过对象名、对象的引用和指向对象的指针，访问 public 类成员

考虑一个具有一个 public 成员函数 setBalance 的 Count 类。给定如下声明：

```
Account account; // an Account object

// accountRef refers to an Account object
Account &accountRef = account;

// accountPtr points to an Account object
Account *accountPtr = &account;
```

可以如下使用点成员选择运算符(.)或箭头成员选择运算符(->)调用成员函数 setBalance：

```
// call setBalance via the Account object
account.setBalance( 123.45 );

// call setBalance via a reference to the Account object
accountRef.setBalance( 123.45 );

// call setBalance via a pointer to the Account object
accountPtr->setBalance( 123.45 );
```

17.4 访问函数和工具函数

访问函数

访问函数(access function)可以读取或显示数据。访问函数的另一种常见用法是测试条件的真假，这种函数称为断言函数(predicate function)。断言函数的一个例子是容器类的 isEmpty 函数。容器类可以存储很多对象，如 vector。可以在从容器对象中读取另一个项时测试 isEmpty。断言函数 isFull 用于测试一个容器类对象是否有额外空间。Time 类的断言函数是 isAM 和 isPM。

工具函数

工具函数也称为帮助函数(helper function)。工具函数是 private 成员函数，用于支持类的其他成员函数的操作。工具函数被声明为 private，因为它们不供类的客户使用。工具函数的常见用法是将几个成员函数中重复的代码提取为工具函数。

17.5　Time 类的案例学习：具有默认实参的构造函数

图 17.4 至图 17.6 的程序改进了 Time 类，演示如何隐式地将实参传递给构造函数。图 17.2 中定义的构造函数将 hour，minute，second 初始化为 0(即国际时间的午夜)。像其他成员函数一样，构造函数可以指定默认实参。图 17.4 中的第 13 行声明了具有默认实参的 Time 构造函数，将每个传递给构造函数的实参的默认值指定为 0。这个构造函数是显示声明的，因为它调用时只需要传递一个实参。18.13 节将讨论显式构造函数。

```
1   // Fig. 17.4: Time.h
2   // Time class containing a constructor with default arguments.
3   // Member functions defined in Time.cpp.
4
5   // prevent multiple inclusions of header
6   #ifndef TIME_H
7   #define TIME_H
8
9   // Time class definition
10  class Time
11  {
12  public:
13      explicit Time( int = 0, int = 0, int = 0 ); // default constructor
14
15      // set functions
16      void setTime( int, int, int ); // set hour, minute, second
17      void setHour( int ); // set hour (after validation)
18      void setMinute( int ); // set minute (after validation)
19      void setSecond( int ); // set second (after validation)
20
21      // get functions
22      unsigned int getHour() const; // return hour
23      unsigned int getMinute() const; // return minute
24      unsigned int getSecond() const; // return second
25
26      void printUniversal() const; // output time in universal-time format
27      void printStandard() const; // output time in standard-time format
28  private:
29      unsigned int hour; // 0 - 23 (24-hour clock format)
30      unsigned int minute; // 0 - 59
31      unsigned int second; // 0 - 59
32  }; // end class Time
33
34  #endif
```

图 17.4　包含具有默认实参的构造函数的 Time 类

图 17.5 中第 10 行至第 13 行，定义了新版本的 Time 构造函数，它从形参 hour，minute 和 second 接收值来分别初始化 private 数据成员 hour，minute 和 second。构造函数的默认实参确保即使在调用构造函数时没有供值，也会初始化数据成员。所有实参均默认的构造函数称为默认构造函数，即在调用时不提供实参的构造函数。这个版本的 Time 类为每个数据成员提供了 set 和 get 函数。Time 构造函数调用 setTime，函数 setTime 调用 setHour，setMinute 和 setSecond 来验证对数据成员的赋值是否有效。

软件工程视点 17.5

任何对默认实参值的修改都需要重新编译客户代码，以确保程序的正确性。

图 17.5 中的第 12 行的构造函数调用 setTime 函数，将值传递给构造函数(或采用默认的值)。函数 setTime 调用 setHour 来确保为 hour 提供的值在 0～23 范围内，然后调用 setMinute 和 setSecond 确保 minute 和 second 的值在 0～59 范围内。当实参越界时，函数 setHour(第 24 行至第 30 行)、setMinute(第 23 行至第 39 行)和 setSecond(第 42 行至第 48 行)均抛出异常。

```cpp
 1   // Fig. 17.5: Time.cpp
 2   // Member-function definitions for class Time.
 3   #include <iostream>
 4   #include <iomanip>
 5   #include <stdexcept>
 6   #include "Time.h" // include definition of class Time from Time.h
 7   using namespace std;
 8
 9   // Time constructor initializes each data member
10   Time::Time( int hour, int minute, int second )
11   {
12      setTime( hour, minute, second ); // validate and set time
13   } // end Time constructor
14
15   // set new Time value using universal time
16   void Time::setTime( int h, int m, int s )
17   {
18      setHour( h ); // set private field hour
19      setMinute( m ); // set private field minute
20      setSecond( s ); // set private field second
21   } // end function setTime
22
23   // set hour value
24   void Time::setHour( int h )
25   {
26      if ( h >= 0 && h < 24 )
27         hour = h;
28      else
29         throw invalid_argument( "hour must be 0-23" );
30   } // end function setHour
31
32   // set minute value
33   void Time::setMinute( int m )
34   {
35      if ( m >= 0 && m < 60 )
36         minute = m;
37      else
38         throw invalid_argument( "minute must be 0-59" );
39   } // end function setMinute
40
41   // set second value
42   void Time::setSecond( int s )
43   {
44      if ( s >= 0 && s < 60 )
45         second = s;
46      else
47         throw invalid_argument( "second must be 0-59" );
48   } // end function setSecond
49
50   // return hour value
51   unsigned int Time::getHour() const
52   {
53      return hour;
54   } // end function getHour
55
56   // return minute value
57   unsigned Time::getMinute() const
58   {
59      return minute;
60   } // end function getMinute
61
62   // return second value
63   unsigned Time::getSecond() const
64   {
65      return second;
66   } // end function getSecond
67
68   // print Time in universal-time format (HH:MM:SS)
69   void Time::printUniversal() const
70   {
71      cout << setfill( '0' ) << setw( 2 ) << getHour() << ":"
72         << setw( 2 ) << getMinute() << ":" << setw( 2 ) << getSecond();
73   } // end function printUniversal
```

图 17.5　Time 类的成员函数定义

```
74
75   // print Time in standard-time format (HH:MM:SS AM or PM)
76   void Time::printStandard() const
77   {
78      cout << ( ( getHour() == 0 || getHour() == 12 ) ? 12 : getHour() % 12 )
79         << ":" << setfill( '0' ) << setw( 2 ) << getMinute()
80         << ":" << setw( 2 ) << getSecond() << ( hour < 12 ? " AM" : " PM" );
81   } // end function printStandard
```

图 17.5(续)　Time 类的成员函数定义

图 17.6 中的 main 函数初始化五个 Time 类对象。一个对象的隐式构造函数调用的三个实参都采用默认值(第 10 行),一个对象指定一个实参(第 11 行),一个对象指定两个实参(第 12 行),一个对象指定三个实参(第 13 行),一个对象指定三个无效实参(第 38 行)。对于 Time 对象 t5,由于构造函数的实参越界了,程序显示错误信息。

```
 1   // Fig. 17.6: fig17_06.cpp
 2   // Constructor with default arguments.
 3   #include <iostream>
 4   #include <stdexcept>
 5   #include "Time.h" // include definition of class Time from Time.h
 6   using namespace std;
 7
 8   int main()
 9   {
10      Time t1; // all arguments defaulted
11      Time t2( 2 ); // hour specified; minute and second defaulted
12      Time t3( 21, 34 ); // hour and minute specified; second defaulted
13      Time t4( 12, 25, 42 ); // hour, minute and second specified
14
15      cout << "Constructed with:\n\nt1: all arguments defaulted\n  ";
16      t1.printUniversal(); // 00:00:00
17      cout << "\n  ";
18      t1.printStandard(); // 12:00:00 AM
19
20      cout << "\n\nt2: hour specified; minute and second defaulted\n  ";
21      t2.printUniversal(); // 02:00:00
22      cout << "\n  ";
23      t2.printStandard(); // 2:00:00 AM
24
25      cout << "\n\nt3: hour and minute specified; second defaulted\n  ";
26      t3.printUniversal(); // 21:34:00
27      cout << "\n  ";
28      t3.printStandard(); // 9:34:00 PM
29
30      cout << "\n\nt4: hour, minute and second specified\n  ";
31      t4.printUniversal(); // 12:25:42
32      cout << "\n  ";
33      t4.printStandard(); // 12:25:42 PM
34
35      // attempt to initialize t6 with invalid values
36      try
37      {
38         Time t5( 27, 74, 99 ); // all bad values specified
39      } // end try
40      catch ( invalid_argument &e )
41      {
42         cerr << "\n\nException while initializing t5: " << e.what() << endl;
43      } // end catch
44   } // end main
```

```
Constructed with:

t1: all arguments defaulted
  00:00:00
  12:00:00 AM

t2: hour specified; minute and second defaulted
  02:00:00
  2:00:00 AM
```

图 17.6　具有默认实参的构造函数

```
t3: hour and minute specified; second defaulted
  21:34:00
  9:34:00 PM

t4: hour, minute and second specified
  12:25:42
  12:25:42 PM

Exception while initializing t5: hour must be 0-23
```

图 17.6(续)　具有默认实参的构造函数

关于 Time 类的 set 函数与 get 函数以及构造函数的注意事项

Time 类中多次调用 set 和 get 函数。setTime 函数(参见图 17.5 中的第 16 行至第 21 行)调用函数 setHour，setMinute 和 setSecond，函数 printUniversal 和 printStandard 分别在第 71 行至第 72 行和第 78 行至第 80 行调用函数 getHour，getMinute 和 getSecond。这些函数可以直接访问类的 private 数据，而不用调用 set 函数和 get 函数。然而，考虑改变时间的表示方式，将三个 int 值(需要 12 个字节的内存空间)转换为一个 int 值，表示从午夜开始计时的总共秒数(只需要 4 个字节的内存空间)。如果做这样的修改，则只需要修改直接访问 private 数据的函数体，特别是 hour，minute 和 second 的 set 和 get 函数。而不需要修改 setTime，printUniversal 或 printStandard 的函数体，因为它们不直接访问数据。以这种方式设计类可以降低修改类的实现时出现编程错误的几率。

类似地，Time 构造函数可以编写为将函数 setTime 中的语句副本包含进来。这样做效率可能稍高一些，因为可以消除额外的构造函数调用和 setTime 函数调用。然而，在多个函数或构造函数中有重复语句却使改变类的内部数据表示变得更加困难。Time 构造函数直接调用函数 setTime，函数 setTime 调用 setHour，setMinute 和 setSecond，使得对验证 hour、minute 和 second 的代码的修改局限于相应的 set 函数内，这降低了修改类的实现时出现编程错误的几率。

软件工程视点 17.6

如果类的某个成员函数已经提供了该类的构造函数(或其他成员函数)需要的所有或部分功能，用构造函数(或其他成员函数)调用该成员函数。这可以简化代码的维护并降低修改代码实现出错的可能性。这是一项常用的规则：避免重复代码。

常见的编程错误 17.1

构造函数可以调用它所在类中的其他成员函数，如 set 或 get 函数，但是由于构造函数用于对对象进行初始化，数据成员可能还没在一致状态。在数据成员未被正确初始化之前就使用它们可能导致逻辑错误。

C++11：使用列表初始化调用构造函数

C++11 现在提供了通用的初始化语法，称为列表初始化，用于初始化任意的变量。图 17.6 中的第 11 行至第 13 行可以写为如下的列表初始化形式：

```
Time t2{ 2 }; // hour specified; minute and second defaulted
Time t3{ 21, 34 }; // hour and minute specified; second defaulted
Time t4{ 12, 25, 42 }; // hour, minute and second specified
```

或

```
Time t2 = { 2 }; // hour specified; minute and second defaulted
Time t3 = { 21, 34 }; // hour and minute specified; second defaulted
Time t4 = { 12, 25, 42 }; // hour, minute and second specified
```

提倡使用不带=的形式。

C++11：重载构造函数和委托构造函数

第 15 章讲解了函数重载。类的构造函数的成员函数也可以重载。重载的构造函数使得可以用不同的类型和数目的实参初始化对象。要重载构造函数，需要在类的定义中提供每个版本构造函数的原型，然后为每个重载版本提供一个单独的构造函数定义。类的成员函数重载也是如此。

图 17.4 至图 17.6 中，具有三个形参的 Time 构造函数的每个形参具有默认实参。可以通过定义如下四个重载的构造函数来代替该构造函数：

```
Time(); // default hour, minute and second to 0
Time( int ); // initialize hour; default minute and second to 0
Time( int, int ); // initialize hour and minute; default second to 0
Time( int, int, int ); // initialize hour, minute and second
```

构造函数可以调用类的其他成员函数来完成任务，C++11 还允许构造函数调用同一个类中的其他构造函数，这样的主调构造函数称为委托构造函数(delegating constructor)，它将自己的工作委托给其他构造函数，当重载的构造函数有公共的代码时很有用。之前公共代码在 private 工具函数中定义，然后被所有构造函数调用，在这种情况下可以使用委托构造函数。

在上面的四个构造函数的例子中，前三个 Time 构造函数可以委托给一个具有三个 int 实参的函数，将传递给其他形参的默认值设置为 0。如下所示，使用类名和成员初始化列表：

```
Time::Time()
    : Time( 0, 0, 0 ) // delegate to Time( int, int, int )
{
} // end constructor with no arguments

Time::Time( int hour )
    : Time( hour, 0, 0 ) // delegate to Time( int, int, int )
{
} // end constructor with one argument

Time::Time( int hour, int minute )
    : Time( hour, minute, 0 ) // delegate to Time( int, int, int )
{
} // end constructor with two arguments
```

17.6 析构函数

析构函数(Destructor)是另一种特殊的成员函数。类的析构函数名是在类名前加一个波浪号(~, tilde character)。这种命名规则很直观，本章稍后将介绍波浪号是按位补运算符，而且，在某种意义上，析构函数是构造函数的补。析构函数不能指定形参或返回值类型。

类的析构函数在删除对象时被隐式调用。例如，当程序执行离开自动对象被实例化的域，该对象被删除时，析构函数被调用。构造函数本身不释放对象的内存，它在系统回收对象内存前执行结尾清理(Termination housekeeping)工作，使内存可以重新用于存放新对象。

即使前面介绍的类中都没有提供析构函数，每个类都有一个析构函数。如果程序员没有显式地提供析构函数，则编译器会创建一个"空"析构函数(注意，后面将会介绍这种隐式创建的析构函数对通过组合(参见 17.11 节)和继承(参见第 19 章)创建的对象执行很重要的操作)。第 18 章将创建适合于在对象中包含动态分配的内存(如数组和字符串)或使用其他系统资源的类的析构函数。第 18 章将讨论如何动态分配和释放内存。

17.7 构造函数与析构函数的调用时间

构造函数和析构函数是被编译器隐式调用的。这些函数的调用顺序取决于程序执行进入和离开实例化对象的作用域的顺序。通常，析构函数的调用顺序与对应的构造函数的调用顺序相反，但是，如图 17.7 至图 17.9 所示，对象的存储类别可以改变析构函数的调用顺序。

在全局作用域内定义的对象的构造函数和析构函数

在全局作用域内(也称为全局命名空间域)定义的对象的构造函数在该文件中的任何其他函数(包括 main 函数)开始执行之前执行(尽管文件间的全局对象的构造函数的执行顺序是不确定的)。在 main 函数终止时，调用相应的析构函数。exit 函数强制程序立即终止并且不执行自动对象的析构函数。该函数通常用于在检测到输入错误或打不开要处理的文件时终止程序。abort 函数类似于 exit 函数，但是它强制程序立即终止，不允许调用任何对象的析构函数。abort 函数通常用于指示程序的异常中断。

局部对象的构造函数和析构函数

局部对象的构造函数在执行到达定义该对象的程序点时调用，对应的析构函数是在对象离开该对象所在的作用域时(即定义该对象的块执行结束时)调用。自动对象的构造函数和析构函数在每次执行到达和离开该对象的作用域时调用。如果程序使用 exit 或 abort 函数终止，则不调用自动对象的析构函数。

static 局部对象的构造函数和析构函数

static 局部对象的构造函数只在执行第一次到达定义对象的程序点时调用一次。对应的析构函数在 main 函数终止或调用 exit 函数时调用。全局和 static 对象的释放顺序与创建顺序相反。如果通过调用 abort 函数终止程序，则不调用 static 对象的析构函数。

演示构造函数和析构函数的调用时间

图 17.7 至图 17.9 中的程序演示了几个在不同作用域内的 CreateAndDestroy 类(参见图 17.7 和图 17.8) 对象的构造函数和析构函数的调用顺序。CreateAndDestroy 类的每个对象包含一个整型的 objectID 和一个 string 类型的 message，用于识别对象(参见图 17.7 中的第 16 行至第 17 行)。图 17.8 中析构函数的第 19 行判定被释放的对象的 objectID 是否为 1 或 6，如果是，则输出一个换行符，便于跟踪程序的输出。

```cpp
1   // Fig. 17.7: CreateAndDestroy.h
2   // CreateAndDestroy class definition.
3   // Member functions defined in CreateAndDestroy.cpp.
4   #include <string>
5   using namespace std;
6
7   #ifndef CREATE_H
8   #define CREATE_H
9
10  class CreateAndDestroy
11  {
12  public:
13      CreateAndDestroy( int, string ); // constructor
14      ~CreateAndDestroy(); // destructor
15  private:
16      int objectID; // ID number for object
17      string message; // message describing object
18  }; // end class CreateAndDestroy
19
20  #endif
```

图 17.7　CreateAndDestroy 类定义

```cpp
1   // Fig. 17.8: CreateAndDestroy.cpp
2   // CreateAndDestroy class member-function definitions.
3   #include <iostream>
4   #include "CreateAndDestroy.h"// include CreateAndDestroy class definition
5   using namespace std;
6
7   // constructor sets object's ID number and descriptive message
8   CreateAndDestroy::CreateAndDestroy( int ID, string messageString )
9      : objectID( ID ), message( messageString )
10  {
11      cout << "Object " << objectID << "   constructor runs   "
12          << message << endl;
13  } // end CreateAndDestroy constructor
14
15  // destructor
16  CreateAndDestroy::~CreateAndDestroy()
17  {
18      // output newline for certain objects; helps readability
19      cout << ( objectID == 1 || objectID == 6 ? "\n" : "" );
20
21      cout << "Object " << objectID << "   destructor runs   "
22          << message << endl;
23  } // end ~CreateAndDestroy destructor
```

图 17.8　CreateAndDestroy 类的成员函数定义

　　图 17.9 在全局作用域内定义对象 first(第 10 行)。它的构造函数在 main 函数的任何语句执行之前调用, 它的析构函数在程序终止时, 所有其他对象的析构函数运行后调用。

```
 1   // Fig. 17.9: fig17_09.cpp
 2   // Order in which constructors and
 3   // destructors are called.
 4   #include <iostream>
 5   #include "CreateAndDestroy.h" // include CreateAndDestroy class definition
 6   using namespace std;
 7
 8   void create( void ); // prototype
 9
10   CreateAndDestroy first( 1, "(global before main)" ); // global object
11
12   int main()
13   {
14      cout << "\nMAIN FUNCTION: EXECUTION BEGINS" << endl;
15      CreateAndDestroy second( 2, "(local automatic in main)" );
16      static CreateAndDestroy third( 3, "(local static in main)" );
17
18      create(); // call function to create objects
19
20      cout << "\nMAIN FUNCTION: EXECUTION RESUMES" << endl;
21      CreateAndDestroy fourth( 4, "(local automatic in main)" );
22      cout << "\nMAIN FUNCTION: EXECUTION ENDS" << endl;
23   } // end main
24
25   // function to create objects
26   void create( void )
27   {
28      cout << "\nCREATE FUNCTION: EXECUTION BEGINS" << endl;
29      CreateAndDestroy fifth( 5, "(local automatic in create)" );
30      static CreateAndDestroy sixth( 6, "(local static in create)" );
31      CreateAndDestroy seventh( 7, "(local automatic in create)" );
32      cout << "\nCREATE FUNCTION: EXECUTION ENDS" << endl;
33   } // end function create
```

```
Object 1   constructor runs   (global before main)

MAIN FUNCTION: EXECUTION BEGINS
Object 2   constructor runs   (local automatic in main)
Object 3   constructor runs   (local static in main)

CREATE FUNCTION: EXECUTION BEGINS
Object 5   constructor runs   (local automatic in create)
Object 6   constructor runs   (local static in create)
Object 7   constructor runs   (local automatic in create)

CREATE FUNCTION: EXECUTION ENDS
Object 7   destructor runs    (local automatic in create)
Object 5   destructor runs    (local automatic in create)

MAIN FUNCTION: EXECUTION RESUMES
Object 4   constructor runs   (local automatic in main)

MAIN FUNCTION: EXECUTION ENDS
Object 4   destructor runs    (local automatic in main)
Object 2   destructor runs    (local automatic in main)

Object 6   destructor runs    (local static in create)
Object 3   destructor runs    (local static in main)

Object 1   destructor runs    (global before main)
```

图 17.9　构造函数和析构函数的调用顺序

　　main 函数(第 12 行至第 23 行)中声明了三个对象。对象 second(第 15 行)和 fourth(第 21 行)是局部对象, 对象 third(第 16 行)是 static 局部对象。这些对象的构造函数在执行到达声明对象的程序点时调用。当执行到达 main 函数末尾时, 对象 fourth 和 second 的析构函数依次被调用(即与它们构造函数的调用顺序相反)。由于对象 third 是 static 类型的, 它会一直存在到程序终止。对象 third 的析构函数在全局对象 first 的析构函数被调用之前, 所有其他对象被删除之后调用。

函数 create(第 26 行至第 33 行)声明了三个对象,其中,fifth(第 29 行)和 seventh(第 31 行)是局部对象,sixth(第 30 行)是 static 局部对象。在 create 终止时,对象 seventh 和 fifth 的析构函数依次调用(即与它们的构造函数的调用顺序相反)。由于 sixth 是 static 类型的,它会一直存在到程序终止。sixth 的析构函数在 third 和 first 的析构函数调用之前,在所有其他对象被删除之后调用。

17.8 Time 类的案例学习：隐蔽陷阱——返回 private 数据成员的引用或指针

对象的引用是对象名的别名,因此可以放在赋值语句左侧。这样,引用成为可以接收赋值的左值。使用这个功能的一种方法是在类的 public 成员函数中返回一个该类的 private 数据成员的引用。注意,如果函数返回一个 const 引用,则该引用不能用做可修改的左值。

图 17.10 至图 17.12 中的程序用一个简化的 Time 类(参见图 17.10 和图 17.11)演示如何用成员函数 badSetHour(在图 17.10 中的第 15 行声明,在图 17.11 的第 37 行至第 45 中定义)返回 private 数据成员的引用。这种引用返回实际上使得成员函数 badSetHour 的调用成为 private 数据成员 hour 的别名。该函数调用可以按任何使用 private 数据成员的方式使用,包括作为赋值语句的左值,从而使得类的客户代码可以任意修改类的 private 数据! 如果函数返回 private 数据的指针也会产生同样的问题。

```
1   // Fig. 17.10: Time.h
2   // Time class declaration.
3   // Member functions defined in Time.cpp
4
5   // prevent multiple inclusions of header
6   #ifndef TIME_H
7   #define TIME_H
8
9   class Time
10  {
11  public:
12     explicit Time( int = 0, int = 0, int = 0 );
13     void setTime( int, int, int );
14     unsigned int getHour() const;
15     unsigned int &badSetHour( int ); // dangerous reference return
16  private:
17     unsigned int hour;
18     unsigned int minute;
19     unsigned int second;
20  }; // end class Time
21
22  #endif
```

图 17.10　Time 类的声明

```
1   // Fig. 17.11: Time.cpp
2   // Time class member-function definitions.
3   #include <stdexcept>
4   #include "Time.h" // include definition of class Time
5   using namespace std;
6
7   // constructor function to initialize private data; calls member function
8   // setTime to set variables; default values are 0 (see class definition)
9   Time::Time( int hr, int min, int sec )
10  {
11     setTime( hr, min, sec );
12  } // end Time constructor
13
14  // set values of hour, minute and second
15  void Time::setTime( int h, int m, int s )
16  {
17     // validate hour, minute and second
18     if ( ( h >= 0 && h < 24 ) && ( m >= 0 && m < 60 ) &&
19        ( s >= 0 && s < 60 ) )
```

图 17.11　Time 类的成员函数定义

```
20        {
21            hour = h;
22            minute = m;
23            second = s;
24        } // end if
25        else
26            throw invalid_argument(
27                "hour, minute and/or second was out of range" );
28    } // end function setTime
29
30    // return hour value
31    unsigned int Time::getHour()
32    {
33        return hour;
34    } // end function getHour
35
36    // poor practice: returning a reference to a private data member.
37    unsigned int &Time::badSetHour( int hh )
38    {
39        if ( hh >= 0 && hh < 24 )
40            hour = hh;
41        else
42            throw invalid_argument( "hour must be 0-23" );
43
44        return hour; // dangerous reference return
45    } // end function badSetHour
```

图 17.11　Time 类的成员函数定义

图 17.12 声明 Time 类对象 t(第 10 行)和 Time 类对象的引用 hourRef(第 13 行),用函数调用 t.badSetHour(20)返回的引用初始化 hourRef。第 15 行显示了别名 hourRef 的值。这演示了 hourRef 是怎样破坏类的封装性的。根据封装性原则,main 函数中的语句不应该访问类的 private 数据。而第 16 行使用别名将 hour 的值设置为 30(一个无效值),第 17 行显示了函数 getHour 的返回值,证明给 hourRef 赋值实际上修改了 Time 类对象 t 的 private 数据。最后,第 21 行使用 badSetHour 函数调用作为左值,并将 74(另一个无效值)赋给该函数返回的引用。第 26 行重新显示函数 getHour 的返回值,证明在第 21 行给函数调用赋值修改了 Time 类对象 t 的 private 数据。

软件工程视点 17.7
返回一个 private 数据成员的引用或指针会破坏类的封装性,使得客户代码依赖于类的数据表示。有的情况下,这样做是适当的,18.10 节在创建定制的类 Array 时,将会介绍这样的例子。

```
1    // Fig. 17.12: fig17_12.cpp
2    // Demonstrating a public member function that
3    // returns a reference to a private data member.
4    #include <iostream>
5    #include "Time.h" // include definition of class Time
6    using namespace std;
7
8    int main()
9    {
10       Time t; // create Time object
11
12       // initialize hourRef with the reference returned by badSetHour
13       int &hourRef = t.badSetHour( 20 ); // 20 is a valid hour
14
15       cout << "Valid hour before modification: " << hourRef;
16       hourRef = 30; // use hourRef to set invalid value in Time object t
17       cout << "\nInvalid hour after modification: " << t.getHour();
18
19       // Dangerous: Function call that returns
20       // a reference can be used as an lvalue!
21       t.badSetHour( 12 ) = 74; // assign another invalid value to hour
22
23       cout << "\n\n*********************************************\n"
24           << "POOR PROGRAMMING PRACTICE!!!!!!!!\n"
25           << "t.badSetHour( 12 ) as an lvalue, invalid hour: "
```

图 17.12　返回 private 数据成员的引用

```
26          << t.getHour()
27          << "\n***********************************************" << endl;
28  } // end main
```

```
Valid hour before modification: 20
Invalid hour after modification: 30

*************************************************
POOR PROGRAMMING PRACTICE!!!!!!!!
t.badSetHour( 12 ) as an lvalue, invalid hour: 74
*************************************************
```

图 17.12(续) 返回 private 数据成员的引用

17.9 默认按成员赋值

赋值运算符(=)可以用于将一个对象赋给另一个相同类型的对象。在默认情况下，这种赋值是按成员赋值的(memberwise assignment)，即把赋值运算符右侧的对象的每个数据成员的值赋给左侧对象相同的数据成员。图 17.13 至图 17.14 定义了 Date 类。图 17.15 中第 18 行使用默认的按成员赋值(default memberwise assignment)，将 Date 类对象 date1 的数据成员值赋给 Date 类对象 date2 中相应的数据成员。在这种情况下，date1 的成员 month 的值被赋给 date2 的成员 month，date1 的成员 day 的值被赋给 date2 的成员 day，date1 的成员 year 的值被赋给 date2 的成员 year(警告：如果类中包含指向动态分配内存的指针类型的数据成员，则按成员赋值可能导致严重的错误，在第 18 章将讨论该问题并给出解决方法)。

```
I   // Fig. 17.13: Date.h
2   // Date class declaration.  Member functions are defined in Date.cpp.
3
4   // prevent multiple inclusions of header
5   #ifndef DATE_H
6   #define DATE_H
7
8   // class Date definition
9   class Date
10  {
11  public:
12     explicit Date( int = 1, int = 1, int = 2000 ); // default constructor
13     void print();
14  private:
15     unsigned int month;
16     unsigned int day;
17     unsigned int year;
18  }; // end class Date
19
20  #endif
```

图 17.13 Date 类的声明

```
I   // Fig. 17.14: Date.cpp
2   // Date class member-function definitions.
3   #include <iostream>
4   #include "Date.h" // include definition of class Date from Date.h
5   using namespace std;
6
7   // Date constructor (should do range checking)
8   Date::Date( int m, int d, int y )
9      : month( m ), day( d ), year( y )
10  {
11  } // end constructor Date
12
13  // print Date in the format mm/dd/yyyy
14  void Date::print()
15  {
16     cout << month << '/' << day << '/' << year;
17  } // end function print
```

图 17.14 Date 类的成员函数定义

```
1   // Fig. 17.15: fig17_15.cpp
2   // Demonstrating that class objects can be assigned
3   // to each other using default memberwise assignment.
4   #include <iostream>
5   #include "Date.h" // include definition of class Date from Date.h
6   using namespace std;
7
8   int main()
9   {
10     Date date1( 7, 4, 2004 );
11     Date date2; // date2 defaults to 1/1/2000
12
13     cout << "date1 = ";
14     date1.print();
15     cout << "\ndate2 = ";
16     date2.print();
17
18     date2 = date1; // default memberwise assignment
19
20     cout << "\n\nAfter default memberwise assignment, date2 = ";
21     date2.print();
22     cout << endl;
23   } // end main
```

```
date1 = 7/4/2004
date2 = 1/1/2000

After default memberwise assignment, date2 = 7/4/2004
```

图 17.15　使用默认的按成员赋值将一个类对象赋给另一个类对象

对象可以作为函数实参，也可以作为函数返回值。在默认情况下，这种传参和返回值是按值传递的，即传递或返回对象的副本。在这种情况下，C++创建一个新对象并使用复制构造函数(copy constructor)将原始对象的值复制给新对象。编译器为每个类提供一个默认的复制构造函数，将原始对象中的每个成员的值复制给新对象中相应的成员。像按成员赋值一样，类中包含指向动态分配内存的指针类型的数据成员时，复制构造函数可能导致严重的错误。第 18 章将讨论如何定义一个用户定制的复制构造函数，正确地复制包含指向动态分配内存的指针对象。

17.10　const 对象和 const 成员函数

下面介绍如何将最小权限原则应用于对象。有些对象需要修改，而有些不需要。可以使用关键字 const 指定对象是不可修改的，试图修改这个对象就会导致编译错误。语句

const Time noon(12, 0, 0);

声明了 Time 类的 const 对象 noon，并将其初始化为中午 12 时。

软件工程视点 17.8
试图修改 const 对象会在编译时被捕获而不会导致运行时错误。

性能提示 17.3
将变量和对象声明为 const 可以提高性能。当今先进的优化编译器可以执行某些可应用于常量而不能应用于变量的优化操作。

C++不允许对 const 对象调用成员函数，除非成员函数本身也被声明为 const。即使对不修改对象的 get 成员函数也是如此。这是我们将不修改对象的成员函数声明为 const 的主要原因。

如第 16 章中的 GradeBook 类所示，成员函数被指定为 const 时，需要在函数原型和定义中都进行说明。即在函数的形参列表后插入关键字 const。在函数定义中，const 出现在函数体的左花括号前面。

常见的编程错误 17.2

将修改对象的数据成员的成员函数定义为 const 是编译错误。

常见的编程错误 17.3

将调用同一个类实例的非 const 成员函数的成员函数定义为 const 是编译错误。

常见的编程错误 17.4

对 const 对象调用非 const 成员函数是编译错误。

　　构造函数和析构函数通常都需要修改对象。必须允许构造函数修改对象，才能正确初始化对象。析构函数必须能够在系统回收对象内存之前执行结尾清理工作。将构造函数或析构函数声明为 const 是编译错误。const 对象的常量性从构造函数完成对象初始化开始，到对象的析构函数被调用结束。

使用 const 和非 const 成员函数

　　图 17.16 的程序使用了图 17.4 至图 17.5 中的 Time 类，但是删除了 printUniversal 函数原型和定义中的 const，导致编译错误。实例化两个 Time 对象，一个是非 const 对象 wakeUp（第 7 行），另一个是 const 对象 noon（第 8 行）。程序试图对 const 对象 noon 调用非 const 成员函数 setHour（第 13 行）和 printStandard（第 20 行）。这两种情况下，编译器都产生错误信息。这个程序还演示了其他三个成员函数调用与对象的组合，对非 const 对象调用非 const 成员函数（第 11 行），对非 const 对象调用 const 成员函数（第 15 行）和对 const 对象调用 const 成员函数（第 17 行至第 18 行）。输出窗口显示了对 const 对象调用非 const 成员函数生成的错误信息。

```
1    // Fig. 17.16: fig17_16.cpp
2    // const objects and const member functions.
3    #include "Time.h" // include Time class definition
4
5    int main()
6    {
7       Time wakeUp( 6, 45, 0 ); // non-constant object
8       const Time noon( 12, 0, 0 ); // constant object
9
10                              // OBJECT      MEMBER FUNCTION
11      wakeUp.setHour( 18 );   // non-const   non-const
12
13      noon.setHour( 12 );     // const       non-const
14
15      wakeUp.getHour();       // non-const   const
16
17      noon.getMinute();       // const       const
18      noon.printUniversal();  // const       const
19
20      noon.printStandard();   // const       non-const
21   } // end main
```

Microsoft Visual C++ compiler error messages:

```
C:\examples\ch17\Fig17_16_18\fig17_18.cpp(13) : error C2662:
   'Time::setHour' : cannot convert 'this' pointer from 'const Time' to
   'Time &'
        Conversion loses qualifiers
C:\examples\ch17\Fig17_16_18\fig17_18.cpp(20) : error C2662:
   'Time::printStandard' : cannot convert 'this' pointer from 'const Time' to
   'Time &'
        Conversion loses qualifiers
```

图 17.16　const 对象和 const 成员函数

　　尽管构造函数必须是非 const 成员函数，它仍然可以用于初始化 const 对象（参见图 17.16 中的第 8 行）。图 17.5 中 Time 构造函数的定义调用了另一个非 const 成员函数 setTime，执行 Time 对象的初始化。由构造函数调用非 const 成员函数作为 const 对象初始化的一部分是合法的。

图 17.16 中的第 20 行，尽管 Time 类的成员函数 printStandard 不修改它所调用的对象，但仍产生一个编译错误。成员函数不修改对象的事实不足以说明该函数是常函数，必须将该函数显式声明为 const。

17.11　组合：对象作为类的成员

AlarmClock 对象需要知道它应该在什么时候响铃，因此可在 AlarmClock 类中包含一个 Time 对象。这种功能称为组合(composition)，有时也称为 has-a 关系(has-a relationship)。一个类可以将其他类的对象作为它的成员。

软件工程视点 17.9

组合是一种常见的软件重用形式，就是一个类将其他类的对象作为它的成员。

前面介绍过如何向 main 函数中创建对象的构造函数传递实参。本节将介绍对象的构造函数如何通过成员初始化列表向成员对象的构造函数传递实参。

软件工程视点 17.10

成员对象按照它们在类定义中的声明顺序(而不是按照它们在构造函数的初始化列表中的顺序)，在包含它们的类对象(有时称为宿主对象，host object)之前构造。

下面的程序用 Date 类(参见图 17.17 至图 17.18)和 Employee 类(参见图 17.19 至图 17.20)演示组合。Employee 类定义(参见图 17.19)包含 private 数据成员 firstName，lastName，birthDate 和 hireDate。成员 brithDate 和 hireDate 是 Date 类的 const 对象，Date 类包含 private 数据成员 month，day 和 year。Employee 构造函数首部(参见图 17.20 中的第 10 行至第 11 行)指定该构造函数接收四个形参(first、last、dateOfBirth 和 dateOfHire)。前两个形参用于在构造函数体中初始化字符数组 firstName 和 lastName。后两个形参通过成员初始化值传递给 Date 类的构造函数，用以初始化 birthDate 和 hireDate 两个数据成员。

```cpp
1   // Fig. 17.17: Date.h
2   // Date class definition; Member functions defined in Date.cpp
3   #ifndef DATE_H
4   #define DATE_H
5
6   class Date
7   {
8   public:
9      static const unsigned int monthsPerYear = 12; // months in a year
10     explicit Date( int = 1, int = 1, int = 1900 ); // default constructor
11     void print() const; // print date in month/day/year format
12     ~Date(); // provided to confirm destruction order
13  private:
14     unsigned int month; // 1-12 (January-December)
15     unsigned int day; // 1-31 based on month
16     unsigned int year; // any year
17
18     // utility function to check if day is proper for month and year
19     unsigned int checkDay( int ) const;
20  }; // end class Date
21
22  #endif
```

图 17.7　Date 类定义

```cpp
1   // Fig. 17.18: Date.cpp
2   // Date class member-function definitions.
3   #include <array>
4   #include <iostream>
5   #include <stdexcept>
6   #include "Date.h" // include Date class definition
7   using namespace std;
8
```

图 17.18　Date 类的成员函数定义

```
9    // constructor confirms proper value for month; calls
10   // utility function checkDay to confirm proper value for day
11   Date::Date( int mn, int dy, int yr )
12   {
13      if ( mn > 0 && mn <= monthsPerYear ) // validate the month
14         month = mn;
15      else
16         throw invalid_argument( "month must be 1-12" );
17
18      year = yr; // could validate yr
19      day = checkDay( dy ); // validate the day
20
21      // output Date object to show when its constructor is called
22      cout << "Date object constructor for date ";
23      print();
24      cout << endl;
25   } // end Date constructor
26
27   // print Date object in form month/day/year
28   void Date::print() const
29   {
30      cout << month << '/' << day << '/' << year;
31   } // end function print
32
33   // output Date object to show when its destructor is called
34   Date::~Date()
35   {
36      cout << "Date object destructor for date ";
37      print();
38      cout << endl;
39   } // end ~Date destructor
40
41   // utility function to confirm proper day value based on
42   // month and year; handles leap years, too
43   unsigned int Date::checkDay( int testDay ) const
44   {
45      static const array< int, monthsPerYear + 1 > daysPerMonth =
46         { 0, 31, 28, 31, 30, 31, 30, 31, 31, 30, 31, 30, 31 };
47
48      // determine whether testDay is valid for specified month
49      if ( testDay > 0 && testDay <= daysPerMonth[ month ] )
50         return testDay;
51
52      // February 29 check for leap year
53      if ( month == 2 && testDay == 29 && ( year % 400 == 0 ||
54         ( year % 4 == 0 && year % 100 != 0 ) ) )
55         return testDay;
56
57      throw invalid_argument( "Invalid day for current month and year" );
58   } // end function checkDay
```

图 17.18(续)　Date 类的成员函数定义

```
1    // Fig. 17.19: Employee.h
2    // Employee class definition showing composition.
3    // Member functions defined in Employee.cpp.
4    #ifndef EMPLOYEE_H
5    #define EMPLOYEE_H
6
7    #include <string>
8    #include "Date.h" // include Date class definition
9
10   class Employee
11   {
12   public:
13      Employee( const std::string &, const std::string &,
14         const Date &, const Date & );
15      void print() const;
16      ~Employee(); // provided to confirm destruction order
17   private:
18      std::string firstName; // composition: member object
19      std::string lastName; // composition: member object
20      const Date birthDate; // composition: member object
21      const Date hireDate; // composition: member object
22   }; // end class Employee
23
24   #endif
```

图 17.19　演示组合的 Employee 类定义

```
 1   // Fig. 17.20: Employee.cpp
 2   // Employee class member-function definitions.
 3   #include <iostream>
 4   #include "Employee.h" // Employee class definition
 5   #include "Date.h" // Date class definition
 6   using namespace std;
 7
 8   // constructor uses member initializer list to pass initializer
 9   // values to constructors of member objects
10   Employee::Employee( const string &first, const string &last,
11      const Date &dateOfBirth, const Date &dateOfHire )
12      : firstName( first ), // initialize firstName
13        lastName( last ), // initialize lastName
14        birthDate( dateOfBirth ), // initialize birthDate
15        hireDate( dateOfHire ) // initialize hireDate
16   {
17      // output Employee object to show when constructor is called
18      cout << "Employee object constructor: "
19         << firstName << ' ' << lastName << endl;
20   } // end Employee constructor
21
22   // print Employee object
23   void Employee::print() const
24   {
25      cout << lastName << ", " << firstName << "  Hired: ";
26      hireDate.print();
27      cout << "  Birthday: ";
28      birthDate.print();
29      cout << endl;
30   } // end function print
31
32   // output Employee object to show when its destructor is called
33   Employee::~Employee()
34   {
35      cout << "Employee object destructor: "
36         << lastName << ", " << firstName << endl;
37   } // end ~Employee destructor
```

图 17.20　Employee 类的成员函数定义

Employee 构造函数的成员初始化列表

　　成员初始化列表开始于函数首部的冒号(:)(参见图 17.20 中的第 12 行)。成员初始化值指定将 Employee 的构造函数的形参传递给 Date 对象的 string 和 Date 类型的数据成员的构造函数。形参 first，last，dateOfBirth 和 dateOfHire 分别被传递给对象 firstName(第 12 行)，lastName(第 13 行)，birhDate(第 14 行)，hireDate(第 15 行)的构造函数。成员初始化值之间用逗号隔开。成员初始化的顺序不重要，因为按照在 Employee 类中对象成员的声明顺序执行。

 良好的编程习惯 17.3

　　为了清晰，按照类的数据成员的声明顺序排列成员初始化列表。

Date 类的默认复制构造函数

　　学习 Date 类(图 17.17)时要注意，它没有提供接收 Date 类型形参的构造函数。那么，类 Employee 的构造函数的成员初始化列表如何通过将 Date 类对象传递给 Date 构造函数来初始化对象 birthDate 和 hireDate 呢？17.9 节提到过，编译器给每个类提供一个默认的复制构造函数，用于将构造函数实参对象的每个成员复制给要初始化的对象的相应成员。第 18 章将讨论如何定义用户自定义的复制构造函数。

测试 Date 类和 Employee 类

　　图 17.21 创建两个 Date 类对象(第 10 行至第 11 行)，并将它们作为实参传递给第 12 行中创建的 Employee 对象的构造函数。第 15 行输出 Employee 对象的数据。当第 10 行至第 11 行创建每个 Date 类对象时，图 17.18 中第 1 行至第 25 行定义的 Date 构造函数显示一行输出，验证构造函数被调用(见输出示例的前两行)(注意：图 17.21 中的第 12 行导致两个额外的 Date 构造函数调用，它们没有在程序的输出中出现。当 Employee 的 Date 成员对象在 Employee 构造函数成员初始化列表中初始化时(参见图 17.20

中的第 14 行至第 15 行），Date 类的默认复制构造函数被调用。该构造函数是由编译器隐式定义的，因此不包含任何用于演示它何时被调用的输出语句)。

```cpp
1   // Fig. 17.21: fig17_21.cpp
2   // Demonstrating composition--an object with member objects.
3   #include <iostream>
4   #include "Date.h" // Date class definition
5   #include "Employee.h" // Employee class definition
6   using namespace std;
7
8   int main()
9   {
10     Date birth( 7, 24, 1949 );
11     Date hire( 3, 12, 1988 );
12     Employee manager( "Bob", "Blue", birth, hire );
13
14     cout << endl;
15     manager.print();
16  } // end main
```

```
Date object constructor for date 7/24/1949
Date object constructor for date 3/12/1988
Employee object constructor: Bob Blue ──────

Blue, Bob  Hired: 3/12/1988  Birthday: 7/24/1949
Employee object destructor: Blue, Bob
Date object destructor for date 3/12/1988
Date object destructor for date 7/24/1949
Date object destructor for date 3/12/1988
Date object destructor for date 7/24/1949
```

There are actually five constructor calls when an Employee is constructed—two calls to the string class's constructor (lines 12–13 of Fig. 17.20), two calls to the Date class's default copy constructor (lines 14–15 of Fig. 17.20) and the call to the Employee class's constructor.

图 17.21 演示组合——具有成员对象的对象

Date 类和 Employee 类各有一个析构函数(参见图 17.18 中的第 34 行至第 39 行和图 17.20 中的第 33 行至第 37 行)，分别在释放类对象时打印信息。这样就可以通过程序的输出验证对象按照从内到外的顺序构造，相反地，按照从外到内的顺序析构(即 Date 成员对象在包含它们的 Employee 对象之后析构)。

注意，图 17.21 的输出的最后四行。最后两行分别是运行 Date 类对象 hire(参见图 17.21 中的第 11 行)和 birth(参见图 17.21 中的第 10 行)的 Date 析构函数的输出。这些输出验证了 main 函数中创建对象的析构顺序与构造顺序相反。Employee 析构函数输出是倒数第 5 行。输出窗口的倒数第 4 行和第 3 行证明 Employee 的成员对象 hireDate(参见图 17.19 中的第 21 行)和 birthDate(参见图 17.19 中的第 21 行)的析构函数被执行。

这些输出证明了 Employee 对象按照从外到内的顺序析构，即首先运行 Employee 的析构函数(输出窗口中倒数第 5 行)，然后按照与构造相反的顺序析构成员对象。图 17.21 的输出没有验证成员对象 birthDate 和 hireDate 的构造函数的运行，因为这些构造函数是 C++编译器提供的默认复制构造函数。

如果不使用成员初始化列表会怎样

如果没有提供成员初始化值，就会隐式调用成员对象的默认构造函数。默认构造函数设置的值(如果有)可被 set 函数重写。然而，对于复杂的初始化，该方法可能需要大量的额外工作和时间。

常见的编程错误 17.5

如果没有用成员初始化值初始化成员对象，并且成员对象类也没有提供默认构造函数(即成员对象的类定义了一个或多个构造函数，但是没定义默认构造函数)，就会产生编译错误。

性能提示 17.4

用成员初始化值显式地初始化成员对象，可以消除重复初始化成员对象的开销——一次是调用成员对象的默认构造函数时，一次是在构造函数体中(或稍后)调用 set 函数初始化成员对象时。

软件工程视点 17.11

如果类成员是另一个类的对象，则将该成员对象声明为 public 不会破坏该成员对象的 private 成员的封装和隐藏。然而，这却破坏了包含它的类的实现的封装和隐藏，因此，像其他数据成员一样，类类型的成员对象也应该为 private 类型。

17.12　友元函数和友元类

　　类的友元函数(friend function)在类域外定义，但具有访问该类的非 public(以及 public)成员的权限。单独的函数或整个类都可以声明为另一个类的友元。

　　使用友元函数可以提高性能。本节将举例讲解友元函数。第 18 章将会介绍将友元函数用于对类对象重载运算符。

声明友元

　　将一个函数声明为类的友元的方法是在类定义中写该函数的原型并在前面加上关键字 friend。将类 ClassTwo 的所有成员函数声明为类 ClassOne 的友元的方法是在类 ClassOne 的定义中写声明语句

```
friend class ClassTwo;
```

友元关系是给予的，而不是索取的，即要让类 B 成为类 A 的友元，则类 A 必须显式声明类 B 是它的友元。友元关系既不具有对称性也不具有传递性，即如果类 A 是类 B 的友元，类 B 是类 C 的友元，并不能由此推导出类 B 是类 A 的友元(友元关系不具有对称性)，或类 C 是类 B 的友元(友元关系不具有对称性)，也不能推导出类 A 是类 C 的友元(友元关系不具有传递性)。

用友元函数修改类的 private 数据

　　图 17.22 给出一个例子，定义友元函数 setX 来设置类 Count 的 private 数据成员 x 的值。注意，类定义中(习惯上)在 public 成员函数声明之前，首先是友元声明(第 9 行)。友元声明可以出现在类中的任意位置。

　　函数 setX(第 29 行至第 32 行)是一个 C 风格的独立函数，它不是类 Count 的成员函数。因此，当为对象 counter 调用 setX 时，第 41 行将 counter 作为实参传递给 setX，而不使用句柄(如对象名)调用这个函数，如

```
counter.setX( 8 ); // error: setX not a member function
```

如果删除了第 9 行的友元声明，则编译时会出现错误提示信息指出函数 setX 不可以修改 Count 类的 private 数据成员 x。

```cpp
1   //Fig. 17.22: fig17_22.cpp
2   // Friends can access private members of a class.
3   #include <iostream>
4   using namespace std;
5
6   // Count class definition
7   class Count
8   {
9      friend void setX( Count &, int ); // friend declaration
10  public:
11     // constructor
12     Count()
13        : x( 0 ) // initialize x to 0
14     {
15        // empty body
16     } // end constructor Count
17
18     // output x
19     void print() const
20     {
21        cout << x << endl;
22     } // end function print
23  private:
24     int x; // data member
25  }; // end class Count
26
27  // function setX can modify private data of Count
28  // because setX is declared as a friend of Count (line 9)
29  void setX( Count &c, int val )
30  {
```

图 17.22　友元可以访问类的 private 成员

```
31        c.x = val; // allowed because setX is a friend of Count
32  } // end function setX
33
34  int main()
35  {
36      Count counter; // create Count object
37
38      cout << "counter.x after instantiation: ";
39      counter.print();
40
41      setX( counter, 8 ); // set x using a friend function
42      cout << "counter.x after call to setX friend function: ";
43      counter.print();
44  } // end main
```

```
counter.x after instantiation: 0
counter.x after call to setX friend function: 8
```

图 17.22(续) 友元可以访问类的 private 成员

前面提到，图 17.22 是使用友元结构的例子。通常可以将函数 setX 定义为类 Count 的成员函数。也可以将图 17.22 中的程序分为三个文件：

1. 一个包含 Count 类定义的头文件(如 Count.h)，Count 类定义中包含该类的友元函数 setX 的原型。
2. 一个实现文件(如 Count.cpp)，包含类 Count 的成员函数定义和友元函数 setX 的定义。
3. 一个具有 main 函数的测试程序(如 fig17_22.cpp)。

重载友元函数

可以将重载函数指定为类的友元函数。每个重载函数如果想成为友元，则必须在类的定义中显式声明为该类的友元。

软件工程视点 17.12
尽管友元函数的原型出现在类定义中，友元不是成员函数。

软件工程视点 17.13
成员访问限定符 private，protected 和 public 与友元声明无关，因此友元声明可以放在类定义中的任意位置。

良好的编程习惯 17.4
应将所有友元声明放在类定义体最前端，不要在其前面加任何访问限定符。

17.13 使用 this 指针

对象的成员函数可以操作该对象的数据。那么成员函数如何知道要操作哪个对象的数据成员呢？每个对象都可通过一个称为 this(C++的关键字)的指针访问自己的地址。对象的 this 指针不是对象本身的一部分，即 this 所占的内存不会在对对象进行 sizeof 操作的结果中体现。但 this 指针作为隐式的实参传递给对象的各个非 static 成员函数。17.14 节将介绍 static 类成员，并解释为什么 this 指针没有隐式传递给 static 成员函数。

使用 this 指针避免命名冲突

对象使用 this 指针隐式地(本书的前面章节一直也是这么做的)或显式地引用它们的数据成员和成员函数。显式地使用this指针的目的是避免类的数据成员和成员函数的形参(或其他局部变量)命名冲突。考虑图 17.4 至图 17.5 中 Time 类的 hour 数据成员以及 setHour 成员函数，将 setHour 定义如下：

```
// set hour value
void Time::setHour( int hour )
{
```

```
      if ( hour >= 0 && hour < 24 )
         this->hour = hour; // use this pointer to access data member
      else
         throw invalid_argument( "hour must be 0-23" );
   } // end function setHour
```

在这个函数定义中，setHour 的形参和数据成员 hour 具有相同的名字。在 setHour 的作用域中，形参 hour 隐藏了同名的数据成员。然而，仍可以通过在名字前面加->访问数据成员 hour。因此下面的语句将形参 hour 的值赋给数据成员 hour。

```
   this->hour = hour; // use this pointer to access data member
```

错误预防提示 17.4

为了使代码更加清晰、可维护，以及避免错误，不要用局部变量名隐藏数据成员。

this 指针的类型

　　this 指针的类型取决于对象的类型和使用 this 指针的成员函数是否声明为 const。例如，在 Employee 类的非 const 成员函数中，this 指针的类型为 Emplyee *。在 Employee 类的 const 成员函数中，this 指针的数据类型为 const Employee * 。

隐式地或显式地使用 this 指针访问对象的数据成员

　　图 17.23 演示了隐式地或显式地用 this 指针，使 Test 类的成员函数显示 Test 对象的 private 数据 x。在下一个例子和第 18 章中，将进一步讲解使用 this 的知识。

```
 1   // Fig. 17.23: fig17_23.cpp
 2   // Using the this pointer to refer to object members.
 3   #include <iostream>
 4   using namespace std;
 5
 6   class Test
 7   {
 8   public:
 9      explicit Test( int = 0 ); // default constructor
10      void print() const;
11   private:
12      int x;
13   }; // end class Test
14
15   // constructor
16   Test::Test( int value )
17      : x( value ) // initialize x to value
18   {
19      // empty body
20   } // end constructor Test
21
22   // print x using implicit and explicit this pointers;
23   // the parentheses around *this are required
24   void Test::print() const
25   {
26      // implicitly use the this pointer to access the member x
27      cout << "        x = " << x;
28
29      // explicitly use the this pointer and the arrow operator
30      // to access the member x
31      cout << "\n  this->x = " << this->x;
32
33      // explicitly use the dereferenced this pointer and
34      // the dot operator to access the member x
35      cout << "\n(*this).x = " << ( *this ).x << endl;
36   } // end function print
37
38   int main()
39   {
40      Test testObject( 12 ); // instantiate and initialize testObject
41
```

图 17.23　使用 this 指针访问对象的成员

```
42        testObject.print();
43  } // end main
```

```
        x = 12
  this->x = 12
(*this).x = 12
```

图 17.23(续)　使用 this 指针访问对象的成员

作为演示，成员函数 print(第 24 行至第 36 行)首先隐式使用 this 指针打印 x(第 27 行)，即只指定数据成员名。然后，用两个不同符号通过 this 指针访问 x，一个是 this 指针(第 31 行)和箭头运算符(->)，一个是 this 指针的解引用(第 35 行)和点运算符(.)注意，*this(第 35 行)与点成员选择运算符(.)一起使用时，必须对*this 加括号。这是因为点运算符的优先级高于*运算符。如果不加括号，则表达式*this.x 将按照*(this.x)的形式求值，这是个编译错误，因为点运算符不能和指针一起使用。

this 指针的一个有价值的应用是防止对象赋值给自己。第 18 章将会介绍，当对象包含指向动态分配内存的指针时，自赋值可能导致严重的错误。

使用 this 指针支持级联成员函数调用

this 指针的另一个用途是支持级联成员函数调用(cascaded member-function call)，即在同一条语句中调用多个函数(如图 17.26 中的第 12 行所示)。图 17.24 至图 17.26 中的程序修改了 Time 类的 set 函数，setTime，setHour，setMinute 和 setSecond，使它们都返回 Time 对象的引用来支持级联成员函数调用。注意，图 17.25 中这些成员函数的函数体的最后一条语句都返回 Time&类型的*this(第 23 行、第 34 行、第 45 行和第 56 行)。

```
 1  // Fig. 17.24: Time.h
 2  // Cascading member function calls.
 3
 4  // Time class definition.
 5  // Member functions defined in Time.cpp.
 6  #ifndef TIME_H
 7  #define TIME_H
 8
 9  class Time
10  {
11  public:
12     explicit Time( int = 0, int = 0, int = 0 ); // default constructor
13
14     // set functions (the Time & return types enable cascading)
15     Time &setTime( int, int, int ); // set hour, minute, second
16     Time &setHour( int ); // set hour
17     Time &setMinute( int ); // set minute
18     Time &setSecond( int ); // set second
19
20     // get functions (normally declared const)
21     unsigned int getHour() const; // return hour
22     unsigned int getMinute() const; // return minute
23     unsigned int getSecond() const; // return second
24
25     // print functions (normally declared const)
26     void printUniversal() const; // print universal time
27     void printStandard() const; // print standard time
28  private:
29     unsigned int hour; // 0 - 23 (24-hour clock format)
30     unsigned int minute; // 0 - 59
31     unsigned int second; // 0 - 59
32  }; // end class Time
33
34  #endif
```

图 17.24　修改 Time 类的定义，支持级联成员函数调用

图 17.26 中的程序创建了 Time 类对象 t(第 9 行)，然后在级联成员函数调用中使用它(第 12 行和第 24 行)。为什么可以将*this 作为引用返回呢？点运算符(.)的结合性是从左向右，因此第 12 行首先求t.setHour(18)的值，然后返回对象 t 的引用，作为该函数调用的值。剩余的表达式可以解释为

```
    t.setMinute( 30 ).setSecond( 22 );
```

执行 t.setMinute(30)并返回对象 t 的引用。剩余的表达式可解释为

```
    t.setSecond( 22 );
```

```
 1   // Fig. 17.25: Time.cpp
 2   // Time class member-function definitions.
 3   #include <iostream>
 4   #include <iomanip>
 5   #include <stdexcept>
 6   #include "Time.h" // Time class definition
 7   using namespace std;
 8
 9   // constructor function to initialize private data;
10   // calls member function setTime to set variables;
11   // default values are 0 (see class definition)
12   Time::Time( int hr, int min, int sec )
13   {
14      setTime( hr, min, sec );
15   } // end Time constructor
16
17   // set values of hour, minute, and second
18   Time &Time::setTime( int h, int m, int s ) // note Time & return
19   {
20      setHour( h );
21      setMinute( m );
22      setSecond( s );
23      return *this; // enables cascading
24   } // end function setTime
25
26   // set hour value
27   Time &Time::setHour( int h ) // note Time & return
28   {
29      if ( h >= 0 && h < 24 )
30         hour = h;
31      else
32         throw invalid_argument( "hour must be 0-23" );
33
34      return *this; // enables cascading
35   } // end function setHour
36
37   // set minute value
38   Time &Time::setMinute( int m ) // note Time & return
39   {
40      if ( m >= 0 && m < 60 )
41         minute = m;
42      else
43         throw invalid_argument( "minute must be 0-59" );
44
45      return *this; // enables cascading
46   } // end function setMinute
47
48   // set second value
49   Time &Time::setSecond( int s ) // note Time & return
50   {
51      if ( s >= 0 && s < 60 )
52         second = s;
53      else
54         throw invalid_argument( "second must be 0-59" );
55
56      return *this; // enables cascading
57   } // end function setSecond
58
59   // get hour value
60   unsigned int Time::getHour() const
61   {
62      return hour;
63   } // end function getHour
64
```

图 17.25   修改 Time 类的成员函数的定义，支持级联成员函数调用

```
65    // get minute value
66    unsigned int Time::getMinute() const
67    {
68       return minute;
69    } // end function getMinute
70
71    // get second value
72    unsigned int Time::getSecond() const
73    {
74       return second;
75    } // end function getSecond
76
77    // print Time in universal-time format (HH:MM:SS)
78    void Time::printUniversal() const
79    {
80       cout << setfill( '0' ) << setw( 2 ) << hour << ":"
81          << setw( 2 ) << minute << ":" << setw( 2 ) << second;
82    } // end function printUniversal
83
84    // print Time in standard-time format (HH:MM:SS AM or PM)
85    void Time::printStandard() const
86    {
87       cout << ( ( hour == 0 || hour == 12 ) ? 12 : hour % 12 )
88          << ":" << setfill( '0' ) << setw( 2 ) << minute
89          << ":" << setw( 2 ) << second << ( hour < 12 ? " AM" : " PM" );
90    } // end function printStandard
```

图 17.25 (续)　修改 Time 类的成员函数的定义, 支持级联成员函数调用

第 24 行 (参见图 17.26) 也使用了级联成员函数调用。调用顺序必须按照第 24 行中的顺序出现, 因为类中定义的 printStandard 不返回 t 的引用。如果将 printStandard 的调用放在第 24 行的 setTime 的调用之前, 则会导致编译错误。第 18 章将给出几个使用级联函数调用的实际例子。其中一个例子是多个 << 运算符与 cout 一起使用, 在一条语句中输出多个值。

```
1    // Fig. 17.26: fig17_26.cpp
2    // Cascading member-function calls with the this pointer.
3    #include <iostream>
4    #include "Time.h" // Time class definition
5    using namespace std;
6
7    int main()
8    {
9       Time t; // create Time object
10
11      // cascaded function calls
12      t.setHour( 18 ).setMinute( 30 ).setSecond( 22 );
13
14      // output time in universal and standard formats
15      cout << "Universal time: ";
16      t.printUniversal();
17
18      cout << "\nStandard time: ";
19      t.printStandard();
20
21      cout << "\n\nNew standard time: ";
22
23      // cascaded function calls
24      t.setTime( 20, 20, 20 ).printStandard();
25      cout << endl;
26   } // end main
```

```
Universal time: 18:30:22
Standard time: 6:30:22 PM

New standard time: 8:20:20 PM
```

图 17.26　使用 this 指针进行级联成员函数调用

17.14　static 类成员

每个类对象有自己的所有数据成员副本, 该规则有一个例外。在某些情况下, 只有一份变量副本供

类的所有对象共享，静态数据成员(static data member)可以实现这个功能。这种变量表示"类级别"的信息，即被类的实例共享的类属性，而不是某个特定类对象的属性。

类级别的数据的必要性

下面用一个例子进一步讲解定义 static 类级别数据的必要性。假设一个视频游戏中有火星人(Martian)和其他太空人。火星人通常都很勇敢，当它们意识到至少有 5 个火星人出现时，就会袭击其他太空人。如果出现的火星人少于 5 个，则火星人会变得很胆小，不能进行攻击。因此，每个火星人需要知道火星人的个数 martianCount。可以给 Martian 类的每个实例提供一个数据成员 martianCount。然而如果这样做，则每个 Martain 有单独的该数据成员的副本。每次新创建一个 Martian 时，就需要更新所有 Martian 对象中的数据成员 martianCount。这样做需要每个 Martian 对象具有或可以访问所有其他 Martian 对象的句柄，存储冗余的副本浪费空间，而且更新单独的副本也浪费时间。因此，我们将 martianCount 声明为 static。这样使得 martianCount 成为类级别的数据。每个 Martian 都可以像访问自己的数据成员那样访问 martianCount，但是 C++只维护一份 static 变量 martianCount 的副本，这样可以节省空间。通过在 Martian 构造函数中递增 static 变量 martianCount，在析构函数中递减 martianCount，还可以节省时间，由于只有一份副本，因此不需要将每个 Martian 对象的各自的 martianCount 副本递增或递减。

性能提示 17.5

如果类的所有对象共用一份数据副本就足够了，则使用 static 数据成员可以节省内存空间。

static 数据成员的作用域和初始化

类的 static 数据成员具有类域。静态数据成员必须且仅被初始化一次。基本数据类型的 static 数据成员在默认情况下被初始化为 0。在 C++11 之前，整型或枚举型的静态常量数据成员可以在类定义中的声明位置初始化，而其他类型的静态数据成员必须在全局命名作用域中定义和初始化。C++11 中的类内初始化，允许在类定义中的声明位置初始化这些变量。如果静态数据成员是一个提供了默认构造函数的类的对象，则不需要初始化这个静态数据成员，因为它们的默认构造函数会被调用。

访问 static 数据成员

通常通过类的 public 成员函数或类的友元访问类的 private 和 protected 类型的 static 成员。即使类没有对象存在，它的 static 成员也存在。当没有类对象存在时，只需要在 public static 类成员名前加类名和二元作用域运算符(::)便可以访问该成员。例如，如果变量 martianCount 是 public 的，那么当没有 Martian 对象时，则可以用表达式 Martian::martianCount 访问它(当然，不提倡使用 public 数据)。

当类没有对象时，要访问 private 或 protected 类型的 static 类成员，则可提供一个 public static 成员函数(static member function)，并通过在函数名前加上类名和二元作用域运算符调用该函数。static 成员函数是类的服务而不是某个特定类对象的服务。

软件工程视点 17.14

即使类没有实例化对象，它的 static 数据成员和 static 成员函数仍然存在，并且可以使用它们。

演示 static 数据成员

图 17.27 至图 17.29 中的程序演示了一个 private static 数据成员 count(参见图 17.27 中的第 24 行)和一个 public static 成员函数 getCount(图 17.27 中的第 18 行)。图 17.28 中，第 8 行定义了数据成员 count，并在全局命名作用域中将其初始化为 0，第 12 行至第 15 行定义了 static 成员函数 getCount。注意，第 8 行与第 12 行都不包含关键字 static，然而这两行都引用 static 类成员。当 static 被应用于全局命名作用域中时，它仅在该文件作用域内可见。类的 static 成员需要提供给访问该文件的任何客户代码，因此，应该在.h 文件中将它们声明为 static。数据成员 count 保存类 Employee 已经实例化的对象的个数。如果类 Employee 有对象，那么可以通过 Employee 对象的任何成员函数引用成员 count，在图 17.28 中，count 既被第 22 行的构造函数引用也被第 32 行的析构函数引用。

```
 1   // Fig. 17.27: Employee.h
 2   // Employee class definition with a static data member to
 3   // track the number of Employee objects in memory
 4   #ifndef EMPLOYEE_H
 5   #define EMPLOYEE_H
 6
 7   #include <string>
 8
 9   class Employee
10   {
11   public:
12      Employee( const std::string &, const std::string & ); // constructor
13      ~Employee(); // destructor
14      std::string getFirstName() const; // return first name
15      std::string getLastName() const; // return last name
16
17      // static member function
18      static unsigned int getCount(); // return # of objects instantiated
19   private:
20      std::string firstName;
21      std::string lastName;
22
23      // static data
24      static unsigned int count; // number of objects instantiated
25   }; // end class Employee
26
27   #endif
```

图 17.27   Employee 类定义, 具有一个 static 数据成员, 记录内存中 Employee 对象个数

```
 1   // Fig. 17.28: Employee.cpp
 2   // Employee class member-function definitions.
 3   #include <iostream>
 4   #include "Employee.h" // Employee class definition
 5   using namespace std;
 6
 7   // define and initialize static data member at global namespace scope
 8   unsigned int Employee::count = 0; // cannot include keyword static
 9
10   // define static member function that returns number of
11   // Employee objects instantiated (declared static in Employee.h)
12   unsigned int Employee::getCount()
13   {
14      return count;
15   } // end static function getCount
16
17   // constructor initializes non-static data members and
18   // increments static data member count
19   Employee::Employee( const string &first, const string &last )
20      : firstName( first ), lastName( last )
21   {
22      ++count; // increment static count of employees
23      cout << "Employee constructor for " << firstName
24         << ' ' << lastName << " called." << endl;
25   } // end Employee constructor
26
27   // destructor deallocates dynamically allocated memory
28   Employee::~Employee()
29   {
30      cout << "~Employee() called for " << firstName
31         << ' ' << lastName << endl;
32      --count; // decrement static count of employees
33   } // end ~Employee destructor
34
35   // return first name of employee
36   string Employee::getFirstName() const
37   {
38      return firstName; // return copy of first name
39   } // end function getFirstName
40
41   // return last name of employee
42   string Employee::getLastName() const
43   {
44      return lastName; // return copy of last name
45   } // end function getLastName
```

图 17.28   Employee 类的成员函数定义

图 17.29 使用 static 成员函数 getCount 确定当前已经实例化的 Employee 对象的个数。程序分别在没有创建 Employee 对象(第 12 行)、创建了两个 Employee 对象后(第 23 行),以及释放这些对象后(第 34 行),以 Employee::getCount()形式进行函数调用。Main 函数中的第 16 行至第 29 行定义了嵌套作用域。我们之前学习过,局部变量的生存周期结束于定义它们的作用域终止。这个例子中,第 17 行至第 18 行在嵌套作用域内创建了两个 Employee 对象。在执行每个构造函数时都将 Employee 的 static 数据成员 count加 1。这些 Employee 对象在程序到达第 29 行时被释放。这时,执行每个对象的析构函数,并将 Employee的 static 数据成员 count 减 1。

```cpp
 1  // Fig. 17.29: fig17_29.cpp
 2  // static data member tracking the number of objects of a class.
 3  #include <iostream>
 4  #include "Employee.h" // Employee class definition
 5  using namespace std;
 6
 7  int main()
 8  {
 9     // no objects exist; use class name and binary scope resolution
10     // operator to access static member function getCount
11     cout << "Number of employees before instantiation of any objects is "
12        << Employee::getCount() << endl; // use class name
13
14     // the following scope creates and destroys
15     // Employee objects before main terminates
16     {
17        Employee e1( "Susan", "Baker" );
18        Employee e2( "Robert", "Jones" );
19
20        // two objects exist; call static member function getCount again
21        // using the class name and the scope resolution operator
22        cout << "Number of employees after objects are instantiated is "
23           << Employee::getCount();
24
25        cout << "\n\nEmployee 1: "
26           << e1.getFirstName() << " " << e1.getLastName()
27           << "\nEmployee 2: "
28           << e2.getFirstName() << " " << e2.getLastName() << "\n\n";
29     } // end nested scope in main
30
31     // no objects exist, so call static member function getCount again
32     // using the class name and the scope resolution operator
33     cout << "\nNumber of employees after objects are deleted is "
34        << Employee::getCount() << endl;
35  } // end main
```

```
Number of employees before instantiation of any objects is 0
Employee constructor for Susan Baker called.
Employee constructor for Robert Jones called.
Number of employees after objects are instantiated is 2

Employee 1: Susan Baker
Employee 2: Robert Jones

~Employee() called for Robert Jones
~Employee() called for Susan Baker

Number of employees after objects are deleted is 0
```

图 17.29 记录类对象个数的 static 数据成员

如果成员函数不访问类的非 static 数据成员或非 static 成员函数,那么应该将它声明为 static。与非static 成员函数不同,static 成员函数没有 this 指针,因为 static 数据成员和 static 成员函数独立于类的任何对象而存在。this 指针必须指向特定的类对象,并且当 static 成员函数被调用时,内存中可能不存在任何该类的对象。

常见的编程错误 17.6
在 static 成员函数中使用 this 指针是编译错误。

常见的编程错误 17.7

将 static 成员函数声明为 const 是编译错误。const 限定符表示函数不能修改它所操作的对象的内容，然而 static 成员函数的存在和操作独立于该类的任何对象。

17.15 本章小结

本章深入了类的学习，使用 Time 类的案例学习介绍了类的几个新特征。在头文件(.h)中使用包含文件防护防止多次将头文件中的代码包含到同一个源代码文件(.cpp)中。学习了怎样使用箭头运算符，用对象所属的类类型的指针访问对象的成员。学习了成员函数具有类作用域，即除非通过该类的对象、对象的引用、指向对象的指针或二元作用域运算符来引用成员函数，否则成员函数只对类的其他成员是可见的。也讨论了访问函数(通常用于检索数据成员的值或测试条件的真假)和工具函数(private 成员函数，用于支持类的 public 成员函数的操作)。

学习了构造函数可以指定默认实参，使其可以以多种形式调用。也学习了不用实参调用的构造函数是默认构造函数，并且每个类最多只能有一个默认构造函数。讨论了析构函数及用途，用于在释放对象前执行结尾清理工作。也阐述了对象的构造函数和析构函数的调用顺序。

阐述了返回 private 数据成员的引用或指针可能破坏类的封装性的问题。也阐述了可以使用默认的按成员赋值将一个对象赋给另一个相同类型的对象。第 18 章将讨论当对象包含指针成员时可能导致的问题。

学习了如何指定 const 对象和 const 成员函数，防止修改对象，从而强化最小权限原则。也学习了通过组合类可以将其他类对象作为一个类的数据成员。介绍了友元关系并给出如何使用友元函数的例子。

学习了 this 指针作为隐式的实参传递给类的非 static 成员函数，使得函数可以访问正确的数据成员和其他非 static 成员函数。也可以显式使用 this 访问类的成员并支持级联成员函数调用。给出了定义 static 数据成员的原因，并演示了如何在类中声明和使用 static 数据成员和成员函数。

第 18 章将继续研究类和对象，讲解如何使 C++的运算符应用于类类型的对象，该过程称为函数重载。例如，介绍重载<<运算符，使其不使用循环语句而可以输出整个数组。

摘要

17.2 Time 类的案例学习

- 预处理命令#ifndef(含义是"如果没有定义")和#endif 可以用于防止多次包含头文件。如果命令之间定义的代码之前没有被包含在文件中，那么#define 命令就会定义一个可用于防止以后重复包含的名字，并将代码包含到这个源文件中。
- 在 C++11 之前，只有 static const 数据成员可以在类体中初始化。因此，应该在类的构造函数中初始化数据成员。对于 C++11，则可以使用类内初始化的方法来初始化类定义内声明的任何类型的数据成员。
- 类的函数可以抛出异常，例如 invalid_argument，来指出无效数据。
- 流操纵符 setfill 指定当域宽比输出整数数值位宽时显示的填充字符。
- 如果成员函数中定义了和类域中变量同名的变量，则类域中的变量被局部作用域中的块作用域变量隐藏。
- 默认情况下，填充字符出现在数值位的左侧。
- setfill 是一个"sticky"设置，一旦用 setfill 指定填充字符，则它将应用于后面所有的输出域。
- 即使在类定义体中声明的成员函数可以在类定义体外定义(并用二元作用域运算符将其绑定到类上)，该成员函数仍然在类域内。
- 如果成员函数在类定义体中定义，C++编译器就会尝试内联该成员函数的调用。

● 类可以包含其他类的对象作为它的成员，也可以从其他类派生，其他类为这个新类提供可用的属性和行为。

17.3 类域和访问类的成员

● 类的数据成员和成员函数属于该类的类域。
● 非成员函数在文件作用域内定义。
● 在类域内，类的成员可以被该类的所有成员函数直接访问，并且可以按名字引用。
● 在类域外，通过对象的句柄，对象名、对象的引用、指向对象的指针之一引用类成员。
● 在成员函数中声明的变量具有局部作用域，它们只对该函数可见。
● 点成员选择运算符(.)与它前面的对象名或对象的引用组合，用于访问对象的成员。
● 箭头成员选择运算符(->)与它前面的指向对象的指针组合，用于访问对象的成员。

17.4 访问函数和工具函数

● 访问函数可以读取或显示数据。访问函数的另一种常见用法是测试条件的真假，这种函数称为断言函数。
● 工具函数是 private 成员函数，用于支持类的 public 成员函数的操作。工具函数不供类的客户所使用。

17.5 Time 类的案例学习：具有默认实参的构造函数

● 像其他成员函数一样，构造函数可以指定默认实参。

17.6 析构函数

● 类的析构函数在删除对象时被隐式调用。
● 类的析构函数名是在类名前加一个波浪号(~)。
● 构造函数本身不释放对象的内存，它在系统回收对象内存前执行结尾清理工作，使得内存可以重新用于存放新对象。
● 析构函数没有形参也不返回任何值。一个类只能有一个析构函数。
● 如果程序员没有显式地提供析构函数，则编译器会创建一个"空"析构函数，因此每个类有且仅有一个析构函数。

17.7 构造函数与析构函数的调用时间

● 构造函数和析构函数的调用顺序取决于程序执行进入和离开实例化对象的作用域的顺序。
● 通常，析构函数的调用顺序与对应的构造函数的调用顺序相反，但是，对象的存储类别可以改变析构函数的调用顺序。

17.8 Time 类的案例学习：隐蔽陷阱——返回 private 数据成员的引用或指针

● 对象的引用是对象名的别名，因此可以放在赋值语句左侧。这样，引用成为可以接收赋值的左值。
● 如果函数返回一个 const 引用，则该引用不能用做可修改的左值。

17.9 默认按成员赋值

● 赋值运算符(=)可以用于将一个对象赋给另一个相同类型的对象。在默认情况下，这种赋值是按成员赋值的。
● 对象可以作为函数实参，也可以作为函数返回值。C++创建一个新对象并使用复制构造函数将原始对象的值复制给新对象。
● 编译器为每个类提供一个默认的复制构造函数，将原始对象中的每个成员的值复制给新对象中相应的成员。

17.10 const 对象和 const 成员函数

● 关键字 const 可用于指定对象是不可修改的，试图修改这个对象会导致编译错误。

- C++编译器不允许对 const 对象调用非 const 成员函数。
- const 成员函数试图修改对象是编译错误。
- 将函数指定为 const 需要在函数原型和定义中都进行说明。
- const 对象必须初始化。
- 构造函数和析构函数不能声明为 const。

17.11 组合：对象作为类的成员

- 一个类可以将其他类对象作为它的成员，这个概念称为组合。
- 成员对象按照它们在类定义中的声明顺序，在包含它们的类对象之前构造。
- 如果没有给成员对象提供成员初始化值，就会隐式调用成员对象的默认构造函数。

17.12 友元函数和友元类

- 类的友元函数在类域外定义，但具有访问该类的所有成员的权限。单独的函数或整个类都可以声明为另一个类的友元。
- 友元声明可以出现在类中的任意位置。
- 友元关系既不具有对称性也不具有传递性。

17.13 使用 this 指针

- 每个对象都可通过 this 的指针访问自己的地址。
- 对象的 this 指针不是对象本身的一部分，即 this 所占的内存不会在对对象进行 sizeof 操作的结果中体现。
- 编译器将 this 指针作为隐式的实参传递给对象的各个非 static 成员函数。
- 对象使用 this 指针隐式地(本书到目前为止也是这么做的)或显式地引用它们的数据成员和成员函数。
- this 支持级联成员函数调用，即在同一条语句中调用多个函数。

17.14 static 类成员

- 静态数据成员表示"类级别"的信息(即被类的实例共享的类的属性，而不是某个特定类对象的属性)。
- static 数据成员具有类域，可以声明为 public，private 或 protected。
- 即使类没有对象存在，它的 static 成员也存在。
- 当没有类对象存在时，只需要在 public static 类成员名前加类名和二元作用域运算符(::)便可以访问该成员。
- static 关键字不能出现在类定义外面的成员的定义中。
- 如果成员函数不访问类的非 static 数据成员或非 static 成员函数，那么应该将它声明为 static。和非 static 成员函数不同，static 成员函数没有 this 指针，因为 static 数据成员和 static 成员函数独立于类的任何对象而存在。

自测题

17.1 填空

(a) 可通过_____运算符与对象名(或对象的引用)，或通过_____运算符与类对象指针，访问类的成员。

(b) 指定为_____的类的成员只能被该类的成员函数或友元访问。

(c) 指定为_____的类的成员可以在类对象所在作用域内的任何位置访问。

(d)_____可以将一个类对象赋给相同类的另一个对象。

(e) 必须将非成员函数声明为类的_____才能访问这个类的 private 数据成员。

(f)常量对象必须_____，并且在创建后不能再修改它。

(g)_____数据成员表示类范围的信息。

(h)对象的非静态成员函数可以访问一个指向这个对象自身的指针，称为_____指针。

(i)关键字_____指定对象或变量在初始化后不可修改。

(j)如果没有为类的成员对象提供成员初始化列表，则调用该对象的_____。

(k)如果成员函数不访问_____类成员，则应该声明为 static。

(l)成员对象在它所在的类对象之_____构造。

17.2 找出下列代码中的错误，并说明如何纠正。

(a)下面的代码是在 Time 类中声明的函数原型：

```
void ~Time( int );
```

(b)下面代码是在 Employee 类中声明的原型：

```
int Employee( string, string );
```

(c)下面代码是在 Example 类的定义：

```
class Example
{
public:
   Example( int y = 10 )
      : data( y )
   {
      // empty body
   } // end Example constructor

   int getIncrementedData() const
   {
      return ++data;
   } // end function getIncrementedData

   static int getCount()
   {
      cout << "Data is " << data << endl;
      return count;
   } // end function getCount
private:
   int data;
   static int count;
}; // end class Example
```

自测题答案

17.1 (a)点(.)，箭头(->)。(b)private。(c)public。(d)默认按成员赋值(用赋值运算符实现)。(e)友元。(f)初始化。(g)static。(h)this。(i)const。(j)默认构造函数。(k)非 static l)前。

17.2 (a)错误：析构函数不能返回值(或指定返回值类型)或接收实参。

纠正：删除声明中的返回值类型 void 和形参 int。

(b)错误：构造函数不能返回值。

纠正：删除声明中的返回值类型 int。

(c)错误：Example 类定义有两处错误。第一个错误出现在函数 getIncrementedData 中。它声明为 const 类型，但是却修改了对象。

纠正：删除函数 getIncrementedData 定义中的 const 关键字。

错误：第二个错误出现在函数 getCount 中。这个函数被声明为 static 类型，因此不能访问类中的非静态成员。

纠正：删除 getCount 定义中的输出行。

练习题

17.3 (作用域运算符)作用域运算符的用途是什么?

17.4 (改进 Time 类)提供一个构造函数，用 C++标准库头文件<ctime>中定义的 time 和 localtime 函数提供的当前时间初始化这个 Time 类的对象。

17.5 (**Complex 类**)创建一个类 Complex，执行复数的算术运算。编写程序测试这个类。复数的形式如下：

```
realPart + imaginaryPart * i
```

其中 i 为 $\sqrt{-1}$

使用 double 型变量表示这个类的 private 数据。提供一个构造函数用于在声明类对象时初始化该对象。构造函数应该包括默认值，如果没有提供初始值，则使用该默认值。提供 public 成员函数，执行下列各项任务：

(a)两个 Complex 值相加：实部与实部相加，虚部与虚部相加。

(b)两个 Complex 值相减：从左操作数的实部减去右操作数的实部，从左操作数的虚部减去右操作数的虚部。

(c)以 (a, b) 的形式打印 Complex 值，其中，a 是实部，b 是虚部。

17.6 (**Rational 类**)创建一个类 Rational，执行分数的运算。编写程序测试这个类。使用整形变量表示类的 private 数据，分子和分母。提供一个构造函数用于在声明类对象时初始化该对象。构造函数应该包括默认值，如果没有提供初始值，则使用该默认值。还应将分数存储为简约形式，例如，分数

$$\frac{2}{4}$$

应该在对象中存储为分子为 1，分母为 2 的形式。提供 public 成员函数，执行下列各项任务：

(a)两个 Rational 值相加，结果保存为简约形式。

(b)两个 Rational 值相减，结果保存为简约形式。

(c)两个 Rational 值相乘，结果保存为简约形式。

(d)两个 Rational 值相除，结果保存为简约形式。

(e)以 a/b 的形式打印 Rational 值，其中 a 是分子，b 是分母。

(f)以浮点数形式打印 Rational 值。

17.7 (改进 Time 类)修改图 17.4 至图 17.5 中的 Time 类，包含一个成员函数 tick，用于将存储在 Time 对象中的时间增加 1 秒。Time 对象应该总是保持一致状态。编写程序，在循环中测试 tick 成员函数，每次循环时以标准格式打印时间，证明 tick 函数可以正确执行。确保测试下列情况：

(a)增加到下一分钟。

(b)增加到下一小时。

(c)增加到下一天(即由 11:59:59PM 增加到 12:00:00AM)。

17.8 (改进 Date 类)修改图 17.13 至图 17.14 中的 Date 类，对数据成员 month，day，year 的初始值进行错误检查。并提供一个成员函数 nextDay，用于将日期增加 1 天。Date 对象应该总是保持一致状态。编写程序，在循环中测试函数 nextDay，每次循环时打印日期，证明 nextDay 可以正确运行。确保测试下列情况：

(a)增加到下一个月。

(b)增加到下一年。

17.9 (组合 Time 类和 Date 类)将练习题 17.7 中改进的 Time 类与练习题 17.8 中改进的 Date 类组合为一个名为 DateAndTime 的类(第 19 章将介绍继承，通过继承使得我们可以不修改已有的类定义而快速地实现该任务)。修改 tick 函数，使其当时间增加为下一天时调用 nextDay 函数。修改

printStandard 与 printUniversal 函数，输出日期和时间。编写程序，测试这个新的 DateAndTime 类。特别注意测试时间增加到下一天的情况。

17.10 (从 **Time** 类的 **set** 函数返回错误指示值)修改图 17.4 至图 17.5 中 Time 类的 set 函数，使其在试图对 Time 类的对象设置无效的值时返回一个适当的错误值。编写程序，测试这个 Time 类。当 set 函数返回错误值时，显示错误信息。

17.11 (**Rectangle** 类)创建一个 Rectangle 类，该类具有 length 和 width 属性，它们的默认值为 1。提供两个成员函数，分别计算矩形的周长和面积。还需为 length 和 width 属性分别提供一个 set 函数和 get 函数。set 函数应该验证 length 和 width 是浮点数，并且大于 0.0 小于 20.0。

17.12 (改进的 **Rectangle** 类)创建一个比练习题 17.11 中更先进的 Rectangle 类。该类只存储矩形四个角的坐标。构造函数调用 set 函数，接收四个坐标，并验证每个坐标的 x 和 y 坐标都不大于 20.0。set 函数还要验证提供的坐标是一个矩形。分别提供成员函数计算长、宽、周长和面积。提供一个 square 函数，用以确定矩形是否是正方形。

17.13 (改进的 **Rectangle** 类)修改练习题 17.12 中的 Rectangle 类，提供一个 draw 函数，用以在一个 25×25 的包含 1/4 圆的盒子里显示矩形，该矩形位于 1/4 圆中。提供一个 setFillCharacter 函数来指定画矩形体要采用的字符。提供一个 setPrimeterCharacter 函数来指定画矩形边框要采用的字符。若要进一步练习，还可以提供一些函数来缩放、旋转、以及在 1/4 圆的范围内移动该矩形。

17.14 (**HugeInteger** 类)创建一个 HugeInteger 类，使用具有 40 个元素的数组存储整数的 40 个位。提供成员函数 input，output 和 subtract。提供成员函数 isEqualTo，isNotEqualTo，isGreateThan，isLessThan，isGreateThanOrEqualTo，isLessThanOrEqualTo 比较 HugeInteger 类对象，这些函数都是"断言"函数，当两个 HugeInteger 类对象间满足该关系时返回 true，否则返回 false。还需提供一个"断言"函数 isZero。若要进一步练习，还可提供成员函数 multiply，divide 和 modulus。

17.15 (**TicTacToe** 类)创建一个 TicTacToe 类，用以提供井字(tic-tac-toe)游戏的功能。该类包含一个 private 的 3×3 的二维整型数组。提供构造函数将空板的各个方块都初始化为 0。允许两个游戏者玩该游戏，当第一个人移动时，将 1 放在指定的方块中。当第 2 个人移动时，将 2 放在指定的方块中。每次必须移动到一个空的方块中。每次移动后，确定游戏是否胜利或退出。若要进一步练习，还可以修改程序使计算机成为一个游戏者。还可以使游戏者指定他是否想先走。还可以在一个 4×4 的板中，开发三维的井字(tic-tac-toe)游戏(注意：这是一个非常有挑战性的项目，可能需要几个星期才能完成)。

17.16 (友元)说明 C++中友元的概念。说明友元的缺点。

17.17 (构造函数重载)一个正确的 Time 类的定义可以同时包含下面两个构造函数吗？如果不能，请说明原因。

```
Time( int h = 0, int m = 0, int s = 0 );
Time();
```

17.18 (构造函数和析构函数)给一个构造函数或析构函数指定返回值类型，即使是 void 类型，结果会怎样？

17.19 (修改 **Date** 类)修改图 17.17 中的 Date 类，使其具有下列功能：

(a)以多种格式输出日期，如

```
DDD YYYY
MM/DD/YY
June 14, 1992
```

(b)使用重载构造函数创建 Date 对象，用(a)部分给出的各种格式的日期进行初始化。

(c)创建一个 Date 构造函数，使用<ctime>头文件中的标准库函数读取系统日期设置 Date 成员的值。请参考编译器文档或 en.cppreference.com/w/cpp/chrono/c 获得头文件<ctime>中的函数信息。如果想了解 C++11 的新 chrono 库的话，请访问 en.cppreference.com/w/cpp/chrono。

第 18 章将学习创建用于测试两个日期等价性的运算符和比较日期先后的运算符。

17.20 **(SavingsAccount 类)** 创建一个 SavingsAccount 类。用 static 数据成员 annualInterestRate 为各个储户保存年利率。每个类对象有一个 private 数据成员 savingBalance，表示储户当前存款额。提供一个成员函数 calculateMonthlyInterest，计算月利息，计算方法是用 annualInterestRate 除以 12，然后乘以 savingBalance，应将计算所得的利息加入到 savingBalance 中。提供一个 static 成员函数 modifyInterestRate，将 static annualInterestRate 设置为一个新值。编写一个驱动程序，测试 SavingsAccount 类。实例化两个不同的 SavingsAccount 类对象，save1 和 save2，余额分别为$2000.00 和$3000.00。将 annualInterestRate 设置为 3%。然后计算每个储户的月利息并打印新余额。然后将 annualInterestRate 设置为 4%。计算每个储户的下一个月的利息并打印新余额。

17.21 **(IntegerSet 类)** 创建一个 IntegerSet 类，该类的每个对象可以存储从 0 ~ 100 之间的整数。一个集合在内部表示为一个 bool 数组。如果整数 i 在集合中，那么数组元素 a[i] 的值为 true。如果整数 j 不在集合中，那么数组元素 a[j] 的值为 false。默认构造函数将集合初始化为一个 "空集合"，即该集合的数组表示中的元素全部为 false。

(a) 为常见的集合操作提供成员函数。例如，提供一个 unionOfSets 成员函数，生成一个集合，该集合是两个已有集合的并集(即如果两个已有集合中的两个对应的元素均为 true，或有一个元素为 true，那么并集中相应元素的值为 true；如果两个已有集合中的对应元素均为 false，那么集中相应元素的值为 false)。

(b) 提供一个 intersectionOfSets 成员函数，生成一个集合，该集合是两个已有集合的交集(即如果两个已有集合中的两个对应的元素中有一个为 false 或两个均为 false，那么交集中相应元素的值为 false;如果两个已有集合中的对应元素均为 true,那么交集中相应元素的值为 true)。

(c) 提供一个 insertElement 成员函数，向集合中插入一个新的整数 k(将 a[k] 的值设置为 true)。提供一个 deleteElement 成员函数，删除整数 m(将 a[m] 的值设置为 false)。

(d) 提供一个 printSet 成员函数，将集合打印成由空格隔开的数字列表。仅打印出现在集合中的元素(即在数组中的值为 true)。将空集合打印为---。

(e) 提供一个 isEqualTo 成员函数，确定两个集合是否相等。

(f) 提供另外一个构造函数，接收一个整型数组和该数组元素个数，并用这个数组初始化集合对象。

编写一个驱动程序测试 IntegerSet 类。创建几个 IntegerSet 对象。测试所有的成员函数能够正确运行。

17.22 **(修改 Time 类)** 将图 17.4 至图 17.5 中的 Time 类内部表示为从午夜开始计算的秒数要比表示为三个整数 hour，minute，second 更加合理。客户可以使用相同 public 方法，获得相同结果。修改图 17.4 中的 Time 类，将时间表示为从午夜开始计算的秒数，并证明该类的客户看不到功能性变化(注意：这道练习题很好地演示了实现隐藏的优点)。

17.23 **(自动洗牌发牌)** 创建一个程序实现洗牌和发牌功能。这个程序应该包含 Card 类、DeckOfCards 类和一个驱动程序。Card 类应该提供:

(a) int 类型的数据成员 face 和 suit。

(b) 一个构造函数，接收两个表示面值和花色的整数，用于初始化数据成员。

(c) 两个 static 字符串数组，用以表示面值和花色。

(d) 一个 toString 函数，以 "面值 of 花色" 的字符串形式返回牌。可以使用+运算符连接字符串。

DeckOfCards 类应该包含:

(a) 一个名为 deck 的 vector，用于保存牌。

(b) 一个整数 currentCard，用于表示下一张要发的牌。

(c) 一个默认的构造函数，用于初始化 deck 中的牌。该构造函数应该使用 vector 的 push_back 函数，在创建和初始化每张牌后将其插入到 vector 末尾。应该对 52 张牌都进行该操作。

    (d) 一个 shuffle 函数，用于洗 deck 中的牌。该函数应该循环分析保存牌的 vector，对于每张牌，随机选择 deck 中的另一张牌，交换这两张牌。

    (e) 一个 dealCard 函数，用于返回 deck 中的下一张牌。

    (f) 一个 moreCards 函数，用于返回一个表示是否还需发牌的 bool 值。

驱动程序应该创建一个 DeckOfCards 对象，洗牌，然后发这 52 张牌。

17.24 (**自动洗牌发牌**)修改练习题 17.23 中的程序，使其处理一手五张纸牌扑克游戏。编写各个函数来实现以下功能：

    (a) 确定手中的牌是否包含对子。

    (b) 确定手中的牌是否包含双对子。

    (c) 确定手中的牌是否包含三张相同的牌。

    (d) 确定手中的牌是否包含四张相同的牌。

    (e) 确定手中的牌是否都是相同的花色。

    (f) 确定手中的牌是否是顺子(即五张牌是连续的五个值)。

17.25 (**项目：自动洗牌发牌**)使用练习题 17.24 中的函数编写一个程序，处理两手五张纸牌扑克，比较这两手牌，确定哪一手牌比较好。

17.26 (**项目：自动洗牌发牌**)修改练习题 17.25 的程序，使其模拟发牌者。发牌者的五张牌是"面向下"的，因此游戏者看不到牌。该程序应该评价发牌者手中的牌，基于牌的质量，由发牌者替换掉一张、两张或三张牌，然后程序重新评价发牌者手中的牌。

17.27 (**项目：自动洗牌发牌**)修改练习题 17.26 的程序，使其处理发牌者手中的牌，但是允许游戏者决定替换他手中的哪些牌。然后，该程序评价发牌者和游戏者谁赢。使用这个新程序与计算机玩 20 次。谁赢的次数较多？基于这些游戏结果，适当地改进这个程序。再玩 20 次。看一下修改后的程序效果如何。

提高练习题

17.28 (**项目：应急联动类**)北美的应急联动和服务 9-1-1，将求助者和局部的公共服务响应点(Public Service Answering Point, PSAP)相连接。PSAP 响应求助者，以确定求助者的地址、电话号码以及事件的紧急程度信息，然后派遣适当的紧急响应方(如警察、救护车或者消防部门)。改进的 9-1-1(或 E9-1-1)使用计算机和数据库来确定求助者的物理地址，将求助者与最近的 PSAP 连线，并向响应方显示求助者的电话和地址。无线改进的 9-1-1 为响应者识别无线呼入的信息。分两个阶段，第一阶段需要基站提供无线电话号码及基站位置；第二阶段需要提供求助者的位置信息(使用 GPS 技术)。要进一步了解 9-1-1，请访问 www.fcc.gov/pshs/services/911-services/welcome.html 和 people.howstuffworks.com/9-1-1.htm。

创建类的一项重要工作是确定类的属性(实例变量)。对于本练习题，首先需要通过网络调查 9-1-1 服务，然后设计一个名为 Emergency 的类，将其应用于面向对象的 9-1-1 应急响应系统。列出这个类对象的属性，来表示紧急情况。例如这个类可能包含报告紧急事件的人员信息(包括电话号码)，紧急事件的发生位置、本质，响应类型以及响应状态等。类的属性应能完整描述问题的本质以及如何解决该问题。

第18章 运算符重载；string 类

学习目标

在本章中，读者将学习以下内容：

- 什么是运算符重载以及它如何简化编程。
- 重载一元和二元运算符。
- 将一个类的对象转换成另一个类的对象。
- 重载运算符和 C++ string 类的其他特征。
- 创建 PhoneNumber，Date 和 Array 类，演示运算符重载。
- 用 new 和 delete 执行动态内存分配。
- 使用关键字 explicit 防止编译器使用单实参构造函数执行隐式转换。
- 体会"豁然开朗"，真正欣赏到类概念的优雅和美丽。

提纲

18.1 引言

本章将讲解如何将 C++ 运算符和对象结合在一起使用，该过程称为运算符重载(Operator overloading)。C++ 中内置的重载运算符的一个范例是<<，它既可以作为流插入运算符又可以作为按位左移运算符(在第 10 章讨论过)。类似地，运算符>>也被重载，它既可以作为流读取运算符也可以作为按位右移运算符。这两个运算符都是在 C++ 标准库中重载的。我们一直在使用重载的运算符，这些重载的运算符内置在 C++ 语言本身中。例如，C++ 重载了加运算符(+)和减运算符(-)。这些运算符在整型运算、浮点型运算、指针运算等上下文中，执行的操作是不同的。

为了使运算符在不同上下文中具有不同的含义，C++ 允许程序员重载大多数运算符。编译器根据上下文(特别是操作数的类型)生成适当的代码。有些运算符，特别是赋值运算符和各种算术运算符(如+和-)经常被重载。重载运算符执行的操作也可以通过显式的函数调用来实现，但是对程序员而言，运算符符号通常更加自然。

本章从演示 C++标准库类 string 类的实例开始介绍，string 类中有很多重载运算符，这样可以在实现运算符重载之前充分了解重载运算符是如何使用的。然后通过实现用户定义的类 PhoneNumber 来演示怎样重载运算符<<和>>，来方便地实现 10 位电话号码的格式化的输入和输出。接下来，给出 Date 类，重载前缀和后缀递增(++)运算符，给日期的值增加 1 天。还重载了+=运算符使得程序可以对日期增加运算符右部指定的天数。

接下来，给出了重要的案例研究——Array 类，使用运算符重载和其他功能来解决基于指针数组的各种问题。这是本书的一个重要案例研究，很多学生指出 Array 案例研究使他们"豁然开朗"，真正理解了类和对象技术。作为这个类的一部分，我们将重载流插入、流提取、赋值、判定相等、关系和下标运算符。一旦掌握了这个 Array 类，会真正理解对象技术的本质——构建，使用和重用有价值的类。

最后介绍了如何进行类型转换(包括类类型)，隐式转换的某些问题，以及如何预防这些问题。

18.2　使用标准库模板类 string 中的重载运算符

图 18.1 演示了很多的类 string 的重载运算符和几个有用的成员函数，包括 empty，substr 和 at。函数 empty 确定一个字符串是否为空，函数 substr 返回已有字符串的一部分，函数 at 返回特定下标位置的字符(在检查下标没有越界之后)。

```cpp
 1   // Fig. 18.1: fig18_01.cpp
 2   // Standard Library string class test program.
 3   #include <iostream>
 4   #include <string>
 5   using namespace std;
 6
 7   int main()
 8   {
 9      string s1( "happy" );
10      string s2( " birthday" );
11      string s3;
12
13      // test overloaded equality and relational operators
14      cout << "s1 is \"" << s1 << "\"; s2 is \"" << s2
15         << "\"; s3 is \"" << s3 << '\"'
16         << "\n\nThe results of comparing s2 and s1:"
17         << "\ns2 == s1 yields " << ( s2 == s1 ? "true" : "false" )
18         << "\ns2 != s1 yields " << ( s2 != s1 ? "true" : "false" )
19         << "\ns2 >  s1 yields " << ( s2 > s1 ? "true" : "false" )
20         << "\ns2 <  s1 yields " << ( s2 < s1 ? "true" : "false" )
21         << "\ns2 >= s1 yields " << ( s2 >= s1 ? "true" : "false" )
22         << "\ns2 <= s1 yields " << ( s2 <= s1 ? "true" : "false" );
23
24      // test string member-function empty
25      cout << "\n\nTesting s3.empty():" << endl;
26
27      if ( s3.empty() )
28      {
29         cout << "s3 is empty; assigning s1 to s3;" << endl;
30         s3 = s1; // assign s1 to s3
31         cout << "s3 is \"" << s3 << "\"";
32      } // end if
33
34      // test overloaded string concatenation operator
35      cout << "\n\ns1 += s2 yields s1 = ";
36      s1 += s2; // test overloaded concatenation
37      cout << s1;
38
39      // test overloaded string concatenation operator with a C string
40      cout << "\n\ns1 += \" to you\" yields" << endl;
41      s1 += " to you";
42      cout << "s1 = " << s1 << "\n\n";
43
44      // test string member function substr
45      cout << "The substring of s1 starting at location 0 for\n"
```

图 18.1　标准库 string 类的测试程序

```
46            << "14 characters, s1.substr(0, 14), is:\n"
47            << s1.substr( 0, 14 ) << "\n\n";
48
49        // test substr "to-end-of-string" option
50        cout << "The substring of s1 starting at\n"
51            << "location 15, s1.substr(15), is:\n"
52            << s1.substr( 15 ) << endl;
53
54        // test copy constructor
55        string s4( s1 );
56        cout << "\ns4 = " << s4 << "\n\n";
57
58        // test overloaded copy assignment (=) operator with self-assignment
59        cout << "assigning s4 to s4" << endl;
60        s4 = s4;
61        cout << "s4 = " << s4 << endl;
62
63        // test using overloaded subscript operator to create lvalue
64        s1[ 0 ] = 'H';
65        s1[ 6 ] = 'B';
66        cout << "\ns1 after s1[0] = 'H' and s1[6] = 'B' is: "
67            << s1 << "\n\n";
68
69        // test subscript out of range with string member function "at"
70        try
71        {
72            cout << "Attempt to assign 'd' to s1.at( 30 ) yields:" << endl;
73            s1.at( 30 ) = 'd'; // ERROR: subscript out of range
74        } // end try
75        catch ( out_of_range &ex )
76        {
77            cout << "An exception occurred: " << ex.what() << endl;
78        } // end catch
79    } // end main
```

```
s1 is "happy"; s2 is " birthday"; s3 is ""

The results of comparing s2 and s1:
s2 == s1 yields false
s2 != s1 yields true
s2 >  s1 yields false
s2 <  s1 yields true
```

```
s2 >= s1 yields false
s2 <= s1 yields true

Testing s3.empty():
s3 is empty; assigning s1 to s3;
s3 is "happy"

s1 += s2 yields s1 = happy birthday

s1 += " to you" yields
s1 = happy birthday to you

The substring of s1 starting at location 0 for
14 characters, s1.substr(0, 14), is:
happy birthday

The substring of s1 starting at
location 15, s1.substr(15), is:
to you

s4 = happy birthday to you

assigning s4 to s4
s4 = happy birthday to you

s1 after s1[0] = 'H' and s1[6] = 'B' is: Happy Birthday to you

Attempt to assign 'd' to s1.at( 30 ) yields:
An exception occurred: invalid string position
```

图 18.1(续)　标准库 string 类的测试程序

第 9 行至第 11 行创建了三个 string 对象，s1 初始化为"happy"，s2 初始化为"birthday"，s3 使用默认的 string 构造函数初始化为空字符串。第 14 行至第 15 行使用 cout 和<<运算符输出这三个对象，string 类设计者已经重载了<<来处理 string 对象。第 16 行至第 22 行显示了用 string 的重载的判别相等和关系运算符比较 s2 和 s1 的结果，按字典序比较(即和字典排序一样)每个字符串字符数值(参见附录 B，ASCII 字符集合)。

string 类提供了成员函数 empty 确定字符串是否为空(将在第 27 行演示)。如果字符串为空，则成员函数 empty 返回 true，否者返回 false。

第 30 行通过将 s1 赋值给 s3，演示了 string 类的重载的副本赋值运算符。第 31 行输出了 s3，以验证赋值正确执行。

第 36 行演示了 string 类的重载+=运算符，用于连接字符串。在这个例子中，s2 的内容被连接到 s1 中。第 37 行输出了存储在 s1 中的结果。第 41 行演示了可以用+=运算符把字符连接到字符串后，第 42 行显示了结果。

string 类提供了函数 substr(第 47 行和第 52 行)来返回 string 对象的一部分字符串。第 47 行调用 substr 获得了 s1 的一个从位置 0(由第一个实参指定)开始的、包含 14 个字符(由第二个实参指定)的子串。第 52 行调用 substr 获得了 s1 的一个从位置 15 开始的子串。如果没有指定第二个实参，则 substr 返回剩余那个的字符串。

第 55 行创建了 string 对象 s4 并用 s1 的副本进行初始化。导致调用了 string 类的复制构造函数。第 60 行使用 string 类的重载副本赋值运算符(=)来演示可以正确处理自赋值。本章后面创建 Array 类时会讲解自赋值可能很危险，以及如何处理该问题。

第 64 行至第 65 行使用 string 类的重载[]运算符创建左值，实现用新字符替换 s1 中的已有字符。第 67 行输出了 s1 的新值。string 类的重载[]运算符不执行任何边界检查。因此必须确保在使用标准的 string 类的重载[]运算符时不会错误地操作位于字符串边界外的元素。string 类的成员函数 at 提供了边界检查，如果实参值是无效的下标，则会抛出异常。如果下标是有效的，则函数 at 会返回在指定位置的字符，作为可修改的左值或不可修改的左值(如 const 引用)，这取决于调用的上下文。第 73 行演示了用无效下标调用函数 at，这会抛出一个 out_of_range 异常。

18.3 运算符重载基础

如图 18.2 所示，运算符为程序员提供了表示 string 对象操作的简洁符号。程序员也可以把运算符与用户定义的类型一起使用。尽管 C++不允许创建新的运算符，但允许重载大多数已有的运算符，使它们与对象一起使用时，含义适合于这些对象。

运算符重载不是自动的，程序员必须为所要执行的操作编写运算符重载函数。运算符重载的方法是像普通的非 static 成员函数或非成员函数那样给出函数定义，不同之处在于函数名由关键字 operator 和重载的运算符符号组成。例如函数名 operator+重载了加运算符(+)。当运算符重载为成员函数时，它们必须是非 static 的，因为必须对类的对象调用它们，对对象执行操作。

要对类对象使用运算符，就必须重载该运算符，但有三种情况例外。

- 赋值运算符无须重载便可应用于大多数的类，执行按成员赋值类的数据成员，即将赋值语句"源对象"(右部)的每个数据成员赋给"目标对象"(左部)。这种默认的按成员赋值对于具有指针成员的类而言是很危险的，通常需要为该类显式重载赋值运算符。
- 取地址(&)运算符返回对象的指针，可以重载该运算符。
- 逗号运算符(,)首先求它左侧表达式的值，然后求它右侧表达式的值。也可以重载这个运算符。

不能被重载的运算符

大多数 C++运算符都可被重载。图 18.2 给出了不能被重载的运算符[①]。

---

① 尽管可以重载取地址(&)，逗号(,)，&& ||运算符，但是由于重载这些运算符可能导致错误，应该避免这样做，详见《CERT 指南 DCL10-CPP》。

不能被重载的运算符			
.	.* (指向成员的指针)	::	?:

图 18.2　不能被重载的运算符

软件工程视点 18.1
重载运算符的功能应该类似于它们的内置运算符的功能。

运算符重载的规则和限制

当为自己创建的类重载运算符时，应该遵守如下规则和限制：

- 不能通过重载改变运算符的优先级。如果运算符是左结合的，则在重载时也应如此。
- 重载不能改变运算符的结合性（即运算符是按照从右至左还是从左至右的顺序计算）。
- 重载不能改变运算符的元数（即运算符操作数个数）：重载的一元运算符仍然是一元运算符；重载的二元运算符仍然是二元运算符运算符&, *, +和−既可以用做一元运算符也可以用做二元运算符，可以分别重载为一元运算符和二元运算符。
- 不能创建新运算符，只能重载已有的运算符。
- 不能通过运算符重载改变运算符应用于基本类型对象时的含义。例如，程序员不能改变+用于将两个整数相加的含义。运算符重载只应用于用户定义类型的对象或应用于用户定义的对象与基本类型对象的混合运算。
- 相关运算符，例如+和+=，必须分别重载。
- 当重载( ), [ ], −>或赋值运算符，运算符重载函数必须重载为类的成员。对于其他的可重载的运算符，运算符重载函数可以是成员函数也可以是非成员函数。

软件工程视点 18.1
为类类型重载运算符时，应使其尽量贴接近操作基本数据类型的内置运算符。

18.4　重载二元运算符

二元运算符可以重载为具有一个实参的非 static 成员函数，也可以重载为具有两个实参的非成员函数（其中一个实参必须是类对象或类对象的引用）。

将二元运算符重载为成员函数

重载<运算符来比较两个 String 对象。当将二元运算符<重载为具有一个实参的非 static 的 String 类成员函数时，如果 y 和 z 是 String 类对象，那么 y<z 就会被处理为 y.operator<(z)，调用 operator<成员函数，该函数声明如下：

```
class String
{
public:
   bool operator<( const String & ) const;
   ...
}; // end class String
```

当运算符函数实现为成员函数时，最左侧的（或是唯一的）操作数必须是该运算符所属类的对象。

将二元运算符重载为非成员函数

如果二元运算符<重载为非成员函数，则它必须有两个实参，其中一个必须为类对象或类对象的引用。如果 y 和 z 是 String 类对象或 String 类对象的引用，那么 y<z 会被处理为 operator<(y, z)，调用非成员函数 operator<，该函数声明如下：

```
bool operator<( const String &, const String & );
```

18.5　重载流插入和流读取运算符

C++可以使用流读取运算符>>和流插入运算符<<输入和输出基本类型数据。C++编译器的类库重载了这些运算符，可以处理包括指针和 C 风格的 char*字符串在内的各种基本类型的数据。也可以重载流读取和流插入运算符来输入和输出用户定义类型的数据。图 18.3 至图 18.5 演示了这两个运算符的重载，用来输入和输出"(000) 000-0000"格式的 PhoneNumber 类对象。程序假设输入的电话号码是正确的。

```cpp
 1  // Fig. 18.3: PhoneNumber.h
 2  // PhoneNumber class definition
 3  #ifndef PHONENUMBER_H
 4  #define PHONENUMBER_H
 5
 6  #include <iostream>
 7  #include <string>
 8
 9  class PhoneNumber
10  {
11      friend std::ostream &operator<<( std::ostream &, const PhoneNumber & );
12      friend std::istream &operator>>( std::istream &, PhoneNumber & );
13  private:
14      std::string areaCode; // 3-digit area code
15      std::string exchange; // 3-digit exchange
16      std::string line; // 4-digit line
17  }; // end class PhoneNumber
18
19  #endif
```

图 18.3　具有重载为友元函数的流插入和流读取运算符的 PhoneNumber 类

```cpp
 1  // Fig. 18.4: PhoneNumber.cpp
 2  // Overloaded stream insertion and stream extraction operators
 3  // for class PhoneNumber.
 4  #include <iomanip>
 5  #include "PhoneNumber.h"
 6  using namespace std;
 7
 8  // overloaded stream insertion operator; cannot be
 9  // a member function if we would like to invoke it with
10  // cout << somePhoneNumber;
11  ostream &operator<<( ostream &output, const PhoneNumber &number )
12  {
13      output << "(" << number.areaCode << ") "
14          << number.exchange << "-" << number.line;
15      return output; // enables cout << a << b << c;
16  } // end function operator<<
17
18  // overloaded stream extraction operator; cannot be
19  // a member function if we would like to invoke it with
20  // cin >> somePhoneNumber;
21  istream &operator>>( istream &input, PhoneNumber &number )
22  {
23      input.ignore(); // skip (
24      input >> setw( 3 ) >> number.areaCode; // input area code
25      input.ignore( 2 ); // skip ) and space
26      input >> setw( 3 ) >> number.exchange; // input exchange
27      input.ignore(); // skip dash (-)
28      input >> setw( 4 ) >> number.line; // input line
29      return input; // enables cin >> a >> b >> c;
30  } // end function operator>>
```

图 18.4　PhoneNumber 类的重载的流插入和流读取运算符

```cpp
 1  // Fig. 18.5: fig18_05.cpp
 2  // Demonstrating class PhoneNumber's overloaded stream insertion
 3  // and stream extraction operators.
 4  #include <iostream>
```

图 18.5　重载的流插入和流读取运算符

```
5   #include "PhoneNumber.h"
6   using namespace std;
7
8   int main()
9   {
10     PhoneNumber phone; // create object phone
11
12     cout << "Enter phone number in the form (123) 456-7890:" << endl;
13
14     // cin >> phone invokes operator>> by implicitly issuing
15     // the non-member function call operator>>( cin, phone )
16     cin >> phone;
17
18     cout << "The phone number entered was: ";
19
20     // cout << phone invokes operator<< by implicitly issuing
21     // the non-member function call operator<<( cout, phone )
22     cout << phone << endl;
23   } // end main
```

```
Enter phone number in the form (123) 456-7890:
(800) 555-1212
The phone number entered was: (800) 555-1212
```

图 18.5(续)　重载的流插入和流读取运算符

重载流读取运算符(>>)

流读取运算符函数 operator>>(参见图 18.4 中的第 21 行至第 30 行)有两个形参，一个是 istream 的引用 input，一个是 PhoneNmuber 的引用 number。该函数返回一个 istream 的引用。运算符函数 operator>> 以如下形式将电话号码输入到 PhoneNumber 类对象中：

(800) 555-1212

当编译器遇到图 18.5 中的第 16 行的表达式

cin >> phone

时，就会产生非成员函数调用

operator>>(cin, phone);

当执行该调用语句时，引用形参 input(参见图 18.4 中的第 21 行)成为 cin 的别名，引用形参 number 成为 phone 的别名。运算符函数将电话号码的三部分按照 string 分别读入形参 number 引用的 PhoneNumber 类对象的成员 areaCode(第 24 行)，exchange(第 26 行)和 line(第 28 行)。流操纵符 setw 限制了读入每个字符数组中的字符个数。当 setw 与 cin 和 string 一起使用时，它将读入字符个数限制为实参指定的字符个数[即 setw(3) 允许读入 3 个字符]。调用 istream 的成员函数 ignore(参见图 18.4 中的第 23 行、第 25 行和第 27 行)，可跳过括号、空格和破折号字符。成员函数 ignore 抛弃输入流中特定数目的字符(默认情况下是一个字符)。函数 operator>>返回 istream 的引用 input(即 cin)。这使得 PhoneNumber 类对象的输入操作可以与其他 PhoneNumber 类对象或其他数据类型的对象的输入操作级联，可以在一条语句中输入两个 PhoneNumber 类对象，例如

cin >> phone1 >> phone2;

首先，通过进行如下非成员函数调用，执行表达式 cin>>phone1

operator>>(cin, phone1);

该函数调用返回 cin 的引用，作为 cin>>phone1 的值，因此表达式的剩余部分可以简单地解释为 cin>>phone2，通过进行如下函数调用执行：

operator>>(cin, phone2);

良好的编程习惯 18.1

运算符重载应模仿内置运算符的功能。例如，+运算符应该执行加法运算而不是减法运算。避免运算符重载的不一致性，否则会使得程序晦涩难读。

重载流插入运算符函数(<<)

流插入运算符函数(参见图 18.4 中的第 11 行至第 16 行)有两个形参,一个是 ostream 的引用(output)一个是 const PhoneNumber 的引用(number)。该函数返回一个 ostream 的引用。函数 operator<<显示 PhoneNumber 类型的对象。当编译器遇到图 18.5 中的第 22 行的表达式

```
cout << phone
```

时,就会生成非成员函数调用

```
operator<<( cout, phone );
```

由于电话号码的各个部分以 string 对象存储,因此函数 operator<<以 string 的形式显示它们。

重载运算符为非成员的友元函数

函数 operator>>和 operator<<被声明为 PhoneNumber 的全局友元函数(参见图 18.3 中的第 11 行至第 12 行)。因为 PhoneNumber 类的对象作为运算符的右操作数出现,如果这些都是 PhoneNumber 的成元函数,则下面糟糕的语句将被用来输入和输出一个 PhoneNumber:

```
phone << cout;
phone >> cin;
```

这些语句会令大多数 C++程序员感到困惑,因为他们熟悉的方式是 cout 和 cin 分别出现在<<和>>的左侧。

只有在二元运算符的左操作数为类对象时,其重载函数才能为该类的成员函数。如果输入和输出运算符需要直接访问非 public 类成员以提高性能,或类中没有提供适当的 get 函数,则必须把重载的输入和输出运算符声明为友元。函数 operator<<的形参列表中的 PhoneNumber 的引用(参见图 18.4 中的第 11 行)是 const 类型的,因为 PhoneNumber 仅用于输出;而函数 operator>>的形参列表中的 PhoneNumber 的引用(第 21 行)是非 const 类型的,因为必须修改 PhoneNumber 对象,在该对象中存储输入的电话号码。

软件工程视点 18.2

不必修改 C++的标准输入/输出类库便可在 C++中增加输入/输出用户定义类型的数据的功能。这是 C++是可扩展的编程语言的另一个例子。

为什么将流插入和流读取运算符重载为非成员函数

重载的流插入运算符(<<)用于左操作数为 ostream&类型的表达式中,如 cout << classObject。以这种方式使用该运算符,即右操作数是用户定义类对象,必须将它重载为非成员函数。如果声明为成员函数,则运算符<<必须是 ostream 类的成员。这对于用户定义的类而言是不可能的,因为用户不能修改 C++标准类库。类似地,重载的流读取运算符(>>)被用于左操作数为 istream&类型的表达式中,如 cin>>classObject,右操作数是用户定义的类对象,因此它也必须是非成员函数。同样,这些重载运算符函数可能需要访问要输出或输入的类对象的 private 数据成员,因此为了提高性能,重载的运算符函数通常声明为该类的友元函数。

18.6　重载一元运算符

类的一元运算符可以重载为没有实参的非 static 成员函数,也可以重载为有一个实参的非成员函数,该实参必须为该类的对象或该类对象的引用。实现重载运算符的函数必须是非 static 的,这样才能访问类对象的非 static 数据。

将一元运算符重载为成员函数

考虑重载一元运算符!,来测试 String 类对象是否为空。该函数返回一个布尔类型的结果。如果 "!" 被重载为不带实参的成员函数,当编译器遇到表达式!s 时(其中 s 是 String 类对象),就会生成函数调用 s.operator!()。操作数 s 是 String 类对象,它调用 String 类的成员函数 operator!。类定义中函数声明如下:

```
class String
{
public:
```

```
    bool operator!() const;
    ...
}; // end class String
```

将一元运算符重载为非成员函数

　　一元运算符，如 "!" 可以重载为具有一个实参的非成员函数。如果 s 是一个 String 类对象(或 String 类对象的引用)，那么!s 就会被处理为 operator!(s)，调用非成员函数 operator!，该函数声明如下：

```
bool operator!( const String & );
```

18.7　重载一元前置和后置++和--运算符

　　前置和后置的递增和减 1 运算符均可重载。下面介绍编译器如何区分前置和后置的递增或减 1 运算符。

　　为了使重载的增 1 运算符既可进行前置递增也可进行后置递增，每个重载运算符函数必须具有不同的签名，这样编译器才能确定使用哪个版本的++。前置++的重载方法与其他前置一元运算符的重载方法是完全一样的。

重载前置增 1 运算符

　　例如，将 Date 类对象 d1 的日期加 1。当编译器遇到前置递增表达式++d1 时，就会生成函数调用

```
d1.operator++()
```
该运算符函数的原型为

```
Date &operator++();
```
如果前置递增表达式实现为非成员函数，那么当编译器遇到表达式++d1 时，就会生成如下函数调用：

```
operator++( d1 )
```
该运算符函数的原型可以在 Date 类中声明为

```
Date &operator++( Date & );
```

重载后置增 1 运算符

　　由于编译器必须能够区分重载的前置和后置增1运算符函数的签名,重载后置运算符成为一个难题。C++中采用的解决方法是，当编译器遇到后置递增表达式 d1++时，就会生成成员函数调用

```
d1.operator++( 0 )
```
该函数的原型是

```
Date operator++( int )
```
实参 0 是一个 "哑值"，它使编译器能够区分前置和后置增 1 运算符函数。

　　如果后置增 1 运算符实现为非成员函数，那么当编译器遇到表达式 d1++时，就会生成函数调用

```
operator++( d1, 0 )
```
该函数的原型为

```
Date operator++( Date &, int );
```
再次强调，编译器用实参 0 区分实现为非成员函数的前置和后置增 1 运算符。注意，后置增 1 运算符按值返回 Date 对象，而前置增 1 运算符按引用返回 Date 对象，这是因为后置增 1 运算符通常在递增之前返回一个包含对象的原始值的临时对象。C++将这种对象当成不能应用于表达式左侧的右值处理。而前置增 1 运算符返回具有新值的实际递增对象。这种对象可以在一个连续表达式中作为左值使用。

性能提示 18.1

　　后置递增(或递减)运算符创建的额外对象可能导致严重的性能问题,特别是当该运算符被用于循环中时。因此，应该仅在程序逻辑必须使用后置递增(或递减)时才使用后置递增(或递减)运算符。

18.8　案例学习：Date 类

图 18.6 至图 18.8 中的程序演示了 Date 类，使用重载的前置和后置递增运算符给 Date 类对象的日期加 1，并在必要时将月和年加 1。Date 的头文件(参见图 18.6)指定了 Date 的公共接口，包括重载的流插入运算符(第 11 行)、默认的构造函数(第 13 行)、setDate 函数(第 14 行)、重载的前置增 1 运算符(第 15 行)、重载的后置增 1 运算符(第 16 行)，重载的加等运算符+=(第 17 行)、测试是否闰年的函数(第 18 行)，以及确定某天是否是一个月的最后一天的函数(第 19 行)。

```cpp
1   // Fig. 18.6: Date.h
2   // Date class definition with overloaded increment operators.
3   #ifndef DATE_H
4   #define DATE_H
5
6   #include <array>
7   #include <iostream>
8
9   class Date
10  {
11     friend std::ostream &operator<<( std::ostream &, const Date & );
12  public:
13     Date( int m = 1, int d = 1, int y = 1900 ); // default constructor
14     void setDate( int, int, int ); // set month, day, year
15     Date &operator++(); // prefix increment operator
16     Date operator++( int ); // postfix increment operator
17     Date &operator+=( unsigned int ); // add days, modify object
18     static bool leapYear( int ); // is date in a leap year?
19     bool endOfMonth( int ) const; // is date at the end of month?
20  private:
21     unsigned int month;
22     unsigned int day;
23     unsigned int year;
24
25     static const std::array< unsigned int, 13 > days; // days per month
26     void helpIncrement(); // utility function for incrementing date
27  }; // end class Date
28
29  #endif
```

图 18.6　具有重载的递增运算符的 Date 类定义

```cpp
1   // Fig. 18.7: Date.cpp
2   // Date class member- and friend-function definitions.
3   #include <iostream>
4   #include <string>
5   #include "Date.h"
6   using namespace std;
7
8   // initialize static member; one classwide copy
9   const array< unsigned int, 13 > Date::days =
10     { 0, 31, 28, 31, 30, 31, 30, 31, 31, 30, 31, 30, 31 };
11
12  // Date constructor
13  Date::Date( int month, int day, int year )
14  {
15     setDate( month, day, year );
16  } // end Date constructor
17
18  // set month, day and year
19  void Date::setDate( int mm, int dd, int yy )
20  {
21     if ( mm >= 1 && mm <= 12 )
22        month = mm;
23     else
24        throw invalid_argument( "Month must be 1-12" );
25
26     if ( yy >= 1900 && yy <= 2100 )
27        year = yy;
28     else
```

图 18.7　Date 类的成员函数和友元函数定义

```
29        throw invalid_argument( "Year must be >= 1900 and <= 2100" );
30
31     // test for a leap year
32     if ( ( month == 2 && leapYear( year ) && dd >= 1 && dd <= 29 ) ||
33          ( dd >= 1 && dd <= days[ month ] ) )
34        day = dd;
35     else
36        throw invalid_argument(
37           "Day is out of range for current month and year" );
38  } // end function setDate
39
40  // overloaded prefix increment operator
41  Date &Date::operator++()
42  {
43     helpIncrement(); // increment date
44     return *this; // reference return to create an lvalue
45  } // end function operator++
46
47  // overloaded postfix increment operator; note that the
48  // dummy integer parameter does not have a parameter name
49  Date Date::operator++( int )
50  {
51     Date temp = *this; // hold current state of object
52     helpIncrement();
53
54     // return unincremented, saved, temporary object
55     return temp; // value return; not a reference return
56  } // end function operator++
57
58  // add specified number of days to date
59  Date &Date::operator+=( unsigned int additionalDays )
60  {
61     for ( int i = 0; i < additionalDays; ++i )
62        helpIncrement();
63
64     return *this; // enables cascading
65  } // end function operator+=
66
67  // if the year is a leap year, return true; otherwise, return false
68  bool Date::leapYear( int testYear )
69  {
70     if ( testYear % 400 == 0 ||
71          ( testYear % 100 != 0 && testYear % 4 == 0 ) )
72        return true; // a leap year
73     else
74        return false; // not a leap year
75  } // end function leapYear
76
77  // determine whether the day is the last day of the month
78  bool Date::endOfMonth( int testDay ) const
79  {
80     if ( month == 2 && leapYear( year ) )
81        return testDay == 29; // last day of Feb. in leap year
82     else
83        return testDay == days[ month ];
84  } // end function endOfMonth
85
86  // function to help increment the date
87  void Date::helpIncrement()
88  {
89     // day is not end of month
90     if ( !endOfMonth( day ) )
91        ++day; // increment day
92     else
93        if ( month < 12 ) // day is end of month and month < 12
94        {
95           ++month; // increment month
96           day = 1; // first day of new month
97        } // end if
98        else // last day of year
99        {
100           ++year; // increment year
101           month = 1; // first month of new year
```

图 18.7(续)　Date 类的成员函数和友元函数定义

```
102          day = 1; // first day of new month
103       } // end else
104 } // end function helpIncrement
105
106 // overloaded output operator
107 ostream &operator<<( ostream &output, const Date &d )
108 {
109    static string monthName[ 13 ] = { "", "January", "February",
110       "March", "April", "May", "June", "July", "August",
111       "September", "October", "November", "December" };
112    output << monthName[ d.month ] << ' ' << d.day << ", " << d.year;
113    return output; // enables cascading
114 } // end function operator<<
```

图 18.7　Date 类的成员函数和友元函数定义

```
 1  // Fig. 18.8: fig18_08.cpp
 2  // Date class test program.
 3  #include <iostream>
 4  #include "Date.h" // Date class definition
 5  using namespace std;
 6
 7  int main()
 8  {
 9     Date d1( 12, 27, 2010 ); // December 27, 2010
10     Date d2; // defaults to January 1, 1900
11
12     cout << "d1 is " << d1 << "\nd2 is " << d2;
13     cout << "\n\nd1 += 7 is " << ( d1 += 7 );
14
15     d2.setDate( 2, 28, 2008 );
16     cout << "\n\n  d2 is " << d2;
17     cout << "\n++d2 is " << ++d2 << " (leap year allows 29th)";
18
19     Date d3( 7, 13, 2010 );
20
21     cout << "\n\nTesting the prefix increment operator:\n"
22        << "  d3 is " << d3 << endl;
23     cout << "++d3 is " << ++d3 << endl;
24     cout << "  d3 is " << d3;
25
26     cout << "\n\nTesting the postfix increment operator:\n"
27        << "  d3 is " << d3 << endl;
28     cout << "d3++ is " << d3++ << endl;
29     cout << "  d3 is " << d3 << endl;
30  } // end main
```

```
d1 is December 27, 2010
d2 is January 1, 1900

d1 += 7 is January 3, 2011

  d2 is February 28, 2008
++d2 is February 29, 2008 (leap year allows 29th)

Testing the prefix increment operator:
  d3 is July 13, 2010
++d3 is July 14, 2010
  d3 is July 14, 2010

Testing the postfix increment operator:
  d3 is July 14, 2010
d3++ is July 14, 2010
  d3 is July 15, 2010
```

图 18.8　Date 类的测试程序

　　main 函数(参见图 18.8)创建了两个 Date 类对象(第 9 行至第 10 行),d1 初始化为 December 27, 2010,d2 初始化为 January 1, 1900。Date 构造函数(参见图 18.7 中的第 13 行至第 16 行中的定义)调用 setDate(图 18.7 中的第 19 行至第 38 行中定义)来验证月、日、年是否有效。无效的月、日、年值会导致 invalid_argument 异常。

　　main 函数的第 12 行(参见图 18.8)使用重载的流插入运算符(参见图 18.7 中的第 107 行至第 114 行

中的定义)输出每个 Date 对象。main 函数的第 13 行使用重载的+=运算符(参见图 18.7 中的第 59 行至第 65 行)给 d1 增加 7 天。图 18.8 中的 main 函数的第 15 行使用 setDate 将 d2 设置为 February 28, 2008,这是个闰年。然后第 17 行将 d2 前置增 1,验证正确递增至 February 29。第 19 行创建了一个 Date 对象d3,初始化为 July 13, 2010。第 23 行用重载的前置增 1 运算符将 d3 增 1。第 21 行至第 24 行分别在前置增 1 前后输出 d3,验证其正确性。最后,第 28 行用重载的后置增 1 运算符将 d3 增 1。第 26 行至第29 行分别在后置增 1 前后输出输出了 d3,验证其正确性。

Date 类的前置增 1 运算符

　　重载前置增 1 运算符很直接。前置增 1 运算符(参见图 18.7 中的第 41 行至第 45 行中的定义)调用了工具函数 helpIncrement(参见图 18.7 中的第 41 行至第 45 行中的定义)将日期增 1。该函数处理对一个月的最后一天增 1 的“滚动”操作。对月份增 1,如果月份已经是 12,则将年增 1,将月份设置为 1。函数 helpIncrement 使用函数 endOfMonth 来确定是否到达月份的末尾并将其正确递增。

　　重载的前置增 1 运算符返回当前 Date 对象的引用(即刚被增 1 的对象)。当前的对象*this 被当成Date&返回。这使得前置增 1 的 Date 对象可以作为左值使用,这与基本数据类型的前置增 1 运算符的使用方式相同。

Date 类的后置增 1 运算符

　　重载后置增 1 运算符比较复杂(参见图 18.7 中的第 49 行至第 56 行中的定义)。为了模拟后置增 1的效果,必须返回 Date 对象的非递增副本。例如,对于 int 类型的变量 x,语句

```
cout << x++ << endl;
```

输出变量 x 的原始值。因此,我们的 Date 对象的后置增 1 运算符也应如此。在 operator++的入口处,用temp(第 51 行)保存了当前对象(*this)。然后调用 helpIncrement 来给当前的 Date 对象增 1。第 55 行返回之前存储在 temp 中的非递增副本。该函数不能返回局部 Date 对象 temp 的引用,因为当函数退出时,它的局部变量都会被释放。因此,将返回值类型声明为 Date&会返回一个不存在的对象的引用。

常见的编程错误 18.1
返回局部变量的引用(或指针)是一种常见的编程错误,大多数编译器会给出警告。

18.9　动态内存管理

　　程序员可以控制内置的或用户定义的对象或数组的分配和释放。这称为动态内存管理(Dynamic memory management),用 new 和 delete 运算符来实现。下一节将对 Array 类实现该功能。

　　可以使用 new 运算符动态分配(Allocate)即预留指定数目的内存,在执行时保存对象或内置数组。对象或内置的数组在自由存储区(Free store),也称为堆(Heap)中创建,这是用以存储动态分配对象的内存区域①。一旦在自由存储区中分配了内存,则可以通过 new 返回的指针访问它。当不需要该内存时,则可以通过使用 delete 运算符将其释放(Deallocate)。被释放的内存可以被 new 操作重用②。

用 new 获取动态内存

　　考虑如下语句:

```
Time *timePtr = new Time();
```

new 运算符为 Time 类型的对象分配适当规模的内存,调用默认构造函数初始化该对象,并返回指向 new运算符右部的类型的指针(即 Time *)。如果 new 不能为对象找到足够的内存空间,则会抛出异常,指出发生错误。

---

① new 运算符可能获取所需的内存失败,在这种情况下,会抛出 bad_alloc 异常。第 22 章将阐述如何处理这种使用 new 时的失效情况。
② 运算符 new 和 delete 可被重载,但是这个内容不在本书的论述范围内。如果需要重载 new 时,则应在相同的作用域中重载 delete,以免发生动态内存管理错误。

用 delete 释放动态内存

要销毁动态分配的对象并释放该对象占用的内存，则如下使用 delete：

```
delete timePtr;
```

该语句首先调用 timePtr 所指向的对象的析构函数，然后释放与该对象关联的内存，将该内存返回给自由存储区。

常见的编程错误 18.2

不释放不再需要的动态分配的内存会导致系统过早地耗尽内存。这称为“内存泄漏”(Memory leak)。

错误预防提示 18.1

不要用 delete 释放不是由 new 分配的内存，否则会导致不确定的行为。

错误预防提示 18.2

在 delete 动态分配的内存块后，必须确保不会再次 delete 该内存块。防止这种情况的一种方法是将该指针立即设置为空指针，delete 一个空指针不会对程序产生影响。

初始化动态内存

可以为新创建的基本类型的变量提供初始化值，例如

```
double *ptr = new double( 3.14159 );
```

将新创建的 double 变量初始化为 3.14159，并将结果指针赋给 ptr。也可以使用相同的语法形式为对象的构造函数指定逗号分隔的实参列表。例如

```
Time *timePtr = new Time( 12, 45, 0 );
```

将一个新的 Time 对象初始化为 12:45 PM，并将结果指针赋给 timePtr。

用 new[]动态分配内置数组

可以使用 new 运算符动态分配内置类型的数组。例如，可以如下分配一个具有 10 个元素的数组，并将其赋给 gradesArray

```
int *gradesArray = new int[ 10 ]();
```

声明了 int 类型的指针 gradesArray，并将动态分配的具有 10 个元素的整型数组的第一个元素的指针赋给它。new int[10]后的小括号用于初始化数组的元素，基本数据类型设置为 0，布尔类型设置为 false，指针值设置为空指针，类对象用默认构造函数初始化。在编译阶段创建的数组的规模是用整型常量表达式指定的；然而动态分配的数组规模则可以使用可在执行时求值的任意的非负整型表达式指定。

C++11：对动态分配的内置数组使用初始化列表

在 C++11 之前，当动态分配内置的数组时，不能给每个对象的构造函数传递实参，因为每个对象是用默认构造函数初始化的。在 C++11 中可以使用初始化列表来初始化动态分配的内置数组的各个元素如下：

```
int *gradesArray = new int[ 10 ]{};
```

空的花括号表示对每个元素采用默认的初始化，对于基本类型的元素设置为 0。花括号中还可以包含由逗号间隔的各个元素的初始化列表。

用 delete[ ]释放动态分配的内置数组

使用如下语句释放 gradesArray 指向的内存

```
delete [] gradesArray;
```

如果指针指向内置对象数组，该语句首先调用数组中每个对象的析构函数，然后释放相应的内存。如果上述语句没有包含中括号[ ]，并且 gradesArray 指向一个内置对象数组，则结果是不确定的，有些编译器只为数组的第一个对象调用析构函数。对空指针使用 delete 或 delete[ ]则不会对程序产生影响。

常见的编程错误 18.3

用 delete 代替 delete[]应用于内置对象数组会导致运行时逻辑错误。要保证数组中的每个对象都会有析构函数调用，则需要用 delete[ ] 释放为数组分配的内存。类似地，使用 delete 释放为一个元素分配的内存，用 delete[ ]释放一个对象会产生不确定的结果。

C++11：用 unique_ptr 管理动态分配的内存

C++11 新增的 unique_ptr 是一个用于管理动态分配的内存的"智能指针"。当 unique_ptr 离开作用域时，它的析构函数自动向自由存储区返还所管理的内存。在第 22 章中将介绍 unique_ptr，阐述如何用它来管理动态分配的对象或动态分配的内置数组。

18.10　案例学习：Array 类

第 6 章讨论了内置的数组。基于指针的数组存在很多问题。包括：

● 由于 C++不检查内置数组下标是否越界（尽管程序员可以显式地检查）而使程序导致数组越界错误。

● 大小为 n 的内置数组的元素下标必须是 0, …, n-1，不允许修改下标范围。

● 不能一次输入或输出整个内置数组，只能单独读或写每个数组元素。

● 不能用相等运算符或关系运算符比较两个内置数组（因为数组名仅是指向数组在内存中的起始位置的指针，当然，两个数组总是位于不同的内存位置）。

● 当将内置数组传递给一个可以处理任意大小的数组的通用函数时，必须将数组的规模作为额外的实参传递给该函数。

● 不能用赋值运算符将一个内置数组赋给另一个数组。

类的开发是一项有趣的、富于创造性和挑战性的活动，它的目标永远是"构建有价值的类"。C++通过类和运算符重载，提供了实现类似于 C++标准库 array 和 vector 类模板的这些数组功能的方法。本节将开发比内置数组功能更强大的定制数组类。本节将内置数组简称为数组。

本节的范例创建了一个功能强大的数组类，它能执行边界检查确保下标不会越界。该类允许用赋值运算符将一个数组对象赋给另一个对象。Array 类对象知道自己的大小，因此在将 Array 传递给函数时，不需要单独将数组大小作为实参传递。可以分别用流插入和流读取运算符输入或输出整个 Array。可以用相等运算符==和!=比较 Array。

18.10.1　使用 Array 类

图 18.9 至图 18.11 中的程序演示了 Array 类和它的重载运算符。下面，首先介绍 main 函数（参见图 18.9）和程序的输出，然后探讨类的定义（参见图 18.10）以及类的成员函数定义（参见图 18.11）。

```
 1   // Fig. 18.9: fig18_09.cpp
 2   // Array class test program.
 3   #include <iostream>
 4   #include <stdexcept>
 5   #include "Array.h"
 6   using namespace std;
 7
 8   int main()
 9   {
10      Array integers1( 7 ); // seven-element Array
11      Array integers2; // 10-element Array by default
12
13      // print integers1 size and contents
14      cout << "Size of Array integers1 is "
15         << integers1.getSize()
16         << "\nArray after initialization:\n" << integers1;
17
18      // print integers2 size and contents
```

图 18.9　Array 类的测试程序

```
19          cout << "\nSize of Array integers2 is "
20              << integers2.getSize()
21              << "\nArray after initialization:\n" << integers2;
22
23          // input and print integers1 and integers2
24          cout << "\nEnter 17 integers:" << endl;
25          cin >> integers1 >> integers2;
26
27          cout << "\nAfter input, the Arrays contain:\n"
28              << "integers1:\n" << integers1
29              << "integers2:\n" << integers2;
30
31          // use overloaded inequality (!=) operator
32          cout << "\nEvaluating: integers1 != integers2" << endl;
33
34          if ( integers1 != integers2 )
35              cout << "integers1 and integers2 are not equal" << endl;
36
37          // create Array integers3 using integers1 as an
38          // initializer; print size and contents
39          Array integers3( integers1 ); // invokes copy constructor
40
41          cout << "\nSize of Array integers3 is "
42              << integers3.getSize()
43              << "\nArray after initialization:\n" << integers3;
44
45          // use overloaded assignment (=) operator
46          cout << "\nAssigning integers2 to integers1:" << endl;
47          integers1 = integers2; // note target Array is smaller
48
49          cout << "integers1:\n" << integers1
50              << "integers2:\n" << integers2;
51
52          // use overloaded equality (==) operator
53          cout << "\nEvaluating: integers1 == integers2" << endl;
54
55          if ( integers1 == integers2 )
56              cout << "integers1 and integers2 are equal" << endl;
57
58          // use overloaded subscript operator to create rvalue
59          cout << "\nintegers1[5] is " << integers1[ 5 ];
60
61          // use overloaded subscript operator to create lvalue
62          cout << "\n\nAssigning 1000 to integers1[5]" << endl;
63          integers1[ 5 ] = 1000;
64          cout << "integers1:\n" << integers1;
65
66          // attempt to use out-of-range subscript
67          try
68          {
69              cout << "\nAttempt to assign 1000 to integers1[15]" << endl;
70              integers1[ 15 ] = 1000; // ERROR: subscript out of range
71          } // end try
72          catch ( out_of_range &ex )
73          {
74              cout << "An exception occurred: " << ex.what() << endl;
75          } // end catch
76      } // end main
```

```
Size of Array integers1 is 7
Array after initialization:
            0               0               0               0
            0               0               0

Size of Array integers2 is 10
Array after initialization:
            0               0               0               0
            0               0               0               0
            0               0

Enter 17 integers:
1 2 3 4 5 6 7 8 9 10 11 12 13 14 15 16 17
```

图 18.9(续)   Array 类的测试程序

```
After input, the Arrays contain:
integers1:
           1            2            3            4
           5            6            7
integers2:
           8            9           10           11
          12           13           14           15
          16           17

Evaluating: integers1 != integers2
integers1 and integers2 are not equal

Size of Array integers3 is 7
Array after initialization:
           1            2            3            4
           5            6            7

Assigning integers2 to integers1:
integers1:
           8            9           10           11
          12           13           14           15
          16           17

integers2:
           8            9           10           11
          12           13           14           15
          16           17

Evaluating: integers1 == integers2
integers1 and integers2 are equal

integers1[5] is 13

Assigning 1000 to integers1[5]
integers1:
           8            9           10           11
          12         1000           14           15
          16           17

Attempt to assign 1000 to integers1[15]
An exception occurred: Subscript out of range
```

图 18.9(续) Array 类的测试程序

创建 Array，输出它们的大小并显示它们的内容

程序从实例化两个 Array 类对象开始，两个对象分别为具有 7 个元素的 integers1(参见图 18.9 中的第 10 行)和具有默认 Array 大小——10 个元素(由图 18.10 中的第 14 行的 Array 默认构造函数原型指定)的 integers2(第 11 行)。图 18.9 中的第 14 行至第 16 行用成员函数 getSize 确定 intergers1 的大小，并用 Array 重载的流插入运算符输出 intergers1，验证 Array 元素被构造函数正确设置为 0。然后，第 19 行至第 21 行输出了 integers2 的大小，并用 Array 重载的流插入运算符输出 integers2。

使用重载的流插入运算符填充 Array

第 24 行提示用户输入 17 个整数。第 25 行用 Array 的重载的流读取运算符将这些值读入两个数组中。前 7 个值被存入 integers1 中，后 10 个值被存入 integers2 中。第 27 行至第 29 行用重载的 Array 流插入运算符输出这两个数组，验证是否正确执行输入操作。

使用重载的不相等运算符

第 34 行通过对如下表达式求值，测试重载的不相等运算符

```
integers1 != integers2
```

程序输出证明了 Arrays 的确不相等。

用已有 Array 的内容初始化新 Array

第 39 行实例化了第三个 Array，integers3，并用 integers1 的副本初始化 integers3。调用了 Array 的复制构造函数(Copy constructor)，将 integers1 的元素复制给 integers3。稍后，讨论复制构造函数的细节。

注意，也可以将第 39 行写成如下形式调用复制构造函数：

```
Array integers3 = integers1;
```

语句中的等号不是赋值运算符。当等号出现在对象声明中时，它调用该对象的构造函数。这种形式可以用于向构造函数传递唯一的实参。

第 41 行至第 43 行输出 integers3 的大小，并用 Array 重载的流插入运算符输出 integers3，验证复制构造函数正确设置 Array 的元素。

使用重载的赋值运算符

第 47 行通过将 integers2 赋给 integers1，测试重载的赋值运算符(=)。第 49 行至第 50 行输出了这两个 Array 对象，验证是否正确赋值。注意，integers1 最初有 7 个整数，它的大小被重新调整了，用以存储 integers2 的 10 个元素。重载的赋值运算符以对客户代码透明的方式执行重新调整数组大小的操作。

使用重载的相等运算符

第 55 行用重载的相等运算符(==)验证在第 47 行的赋值后对象 integers1 和 integers2 的确相等。

使用重载的下标运算符

第 59 行用重载的下标运算符访问在 integers1 的下标范围内的元素 integers1[5]。下标名作为右值，输出存储在 integers1[5]中的值。第 63 行将 integers1[5]作为可修改的左值用于赋值语句的左侧，将一个新值 1000 赋给 integers1 的下标为 5 的元素。operator[]在验证 5 是 integers1 的一个有效的下标后，返回一个引用作为可修改的左值使用。

第 70 行试图将值 1000 赋给一个越界元素 integers1[15]。operator[]确定该下标越界，输出提示信息并终止程序，并抛出 out_of_range 异常。

数组下标运算符[]不仅仅只能应用于数组，也可应用于其他容器类(如 strings 和词典等)，用于选择元素。当定义了重载的 operator[]函数后，下标就不再一定是整数了，也可以是字符，strings，浮点数，甚至是用户定义的类对象。

18.10.2 Array 类定义

前面介绍了程序是怎样操作的，下面介绍类的头文件(参见图 18.10)，并在提及头文件中的各个成员函数时，讨论这些函数在图 18.11 中的实现。图 18.10 中的第 34 行至第 35 行表示 Array 类的 private 数据成员。每个 Array 对象包含了一个成员 size，表示 Array 中元素个数；一个 int 指针 ptr，它指向 Array 对象动态分配的基于指针的数组。

```
1   // Fig. 18.10: Array.h
2   // Array class definition with overloaded operators.
3   #ifndef ARRAY_H
4   #define ARRAY_H
5
6   #include <iostream>
7
8   class Array
9   {
10      friend std::ostream &operator<<( std::ostream &, const Array & );
11      friend std::istream &operator>>( std::istream &, Array & );
12
13   public:
14      explicit Array( int = 10 ); // default constructor
15      Array( const Array & ); // copy constructor
16      ~Array(); // destructor
17      size_t getSize() const; // return size
18
19      const Array &operator=( const Array & ); // assignment operator
20      bool operator==( const Array & ) const; // equality operator
21
```

图 18.10 具有重载运算符的 Array 类定义

```cpp
22      // inequality operator; returns opposite of == operator
23      bool operator!=( const Array &right ) const
24      {
25         return ! ( *this == right ); // invokes Array::operator==
26      } // end function operator!=
27
28      // subscript operator for non-const objects returns modifiable lvalue
29      int &operator[]( int );
30
31      // subscript operator for const objects returns rvalue
32      int operator[]( int ) const;
33   private:
34      size_t size; // pointer-based array size
35      int *ptr; // pointer to first element of pointer-based array
36   }; // end class Array
37
38   #endif
```

图 18.10(续)　具有重载运算符的 Array 类定义

```cpp
1    // Fig. 18.11: Array.cpp
2    // Array class member- and friend-function definitions.
3    #include <iostream>
4    #include <iomanip>
5    #include <stdexcept>
6
7    #include "Array.h" // Array class definition
8    using namespace std;
9
10   // default constructor for class Array (default size 10)
11   Array::Array( int arraySize )
12      : size( arraySize > 0 ? arraySize :
13         throw invalid_argument( "Array size must be greater than 0" ) ),
14        ptr( new int[ size ] )
15   {
16      for ( size_t i = 0; i < size; ++i )
17         ptr[ i ] = 0; // set pointer-based array element
18   } // end Array default constructor
19
20   // copy constructor for class Array;
21   // must receive a reference to an Array
22   Array::Array( const Array &arrayToCopy )
23      : size( arrayToCopy.size ),
24        ptr( new int[ size ] )
25   {
26      for ( size_t i = 0; i < size; ++i )
27         ptr[ i ] = arrayToCopy.ptr[ i ]; // copy into object
28   } // end Array copy constructor
29
30   // destructor for class Array
31   Array::~Array()
32   {
33      delete [] ptr; // release pointer-based array space
34   } // end destructor
35
36   // return number of elements of Array
37   size_t Array::getSize() const
38   {
39      return size; // number of elements in Array
40   } // end function getSize
41
42   // overloaded assignment operator;
43   // const return avoids: ( a1 = a2 ) = a3
44   const Array &Array::operator=( const Array &right )
45   {
46      if ( &right != this ) // avoid self-assignment
47      {
48         // for Arrays of different sizes, deallocate original
49         // left-side Array, then allocate new left-side Array
50         if ( size != right.size )
51         {
52            delete [] ptr; // release space
53            size = right.size; // resize this object
```

图 18.11　Array 类的成员函数和友元函数定义

```
54          ptr = new int[ size ]; // create space for Array copy
55       } // end inner if
56
57       for ( size_t i = 0; i < size; ++i )
58          ptr[ i ] = right.ptr[ i ]; // copy array into object
59    } // end outer if
60
61    return *this; // enables x = y = z, for example
62 } // end function operator=
63
64 // determine if two Arrays are equal and
65 // return true, otherwise return false
66 bool Array::operator==( const Array &right ) const
67 {
68    if ( size != right.size )
69       return false; // arrays of different number of elements
70
71    for ( size_t i = 0; i < size; ++i )
72       if ( ptr[ i ] != right.ptr[ i ] )
73          return false; // Array contents are not equal
74
75    return true; // Arrays are equal
76 } // end function operator==
77
78 // overloaded subscript operator for non-const Arrays;
79 // reference return creates a modifiable lvalue
80 int &Array::operator[]( int subscript )
81 {
82    // check for subscript out-of-range error
83    if ( subscript < 0 || subscript >= size )
84       throw out_of_range( "Subscript out of range" );
85
86    return ptr[ subscript ]; // reference return
87 } // end function operator[]
88
89 // overloaded subscript operator for const Arrays
90 // const reference return creates an rvalue
91 int Array::operator[]( int subscript ) const
92 {
93    // check for subscript out-of-range error
94    if ( subscript < 0 || subscript >= size )
95       throw out_of_range( "Subscript out of range" );
96
97    return ptr[ subscript ]; // returns copy of this element
98 } // end function operator[]
99
100 // overloaded input operator for class Array;
101 // inputs values for entire Array
102 istream &operator>>( istream &input, Array &a )
103 {
104    for ( size_t i = 0; i < a.size; ++i )
105       input >> a.ptr[ i ];
106
107    return input; // enables cin >> x >> y;
108 } // end function
109
110 // overloaded output operator for class Array
111 ostream &operator<<( ostream &output, const Array &a )
112 {
113    // output private ptr-based array
114    for ( size_t i = 0; i < a.size; ++i )
115    {
116       output << setw( 12 ) << a.ptr[ i ];
117
118       if ( ( i + 1 ) % 4 == 0 ) // 4 numbers per row of output
119          output << endl;
120    } // end for
121
122    if ( a.size % 4 != 0 ) // end last line of output
123       output << endl;
124
125    return output; // enables cout << x << y;
126 } // end function operator<<
```

图 18.11(续)　Array 类的成员函数和友元函数定义

将流插入和流读取运算符重载为友元

图 18.10 中的第 10 行至第 11 行将重载的流插入运算符和流读取运算符声明为 Array 类的友元。当编译器遇到表达式 cout<<arrayObject 时，就会用如下语句调用非成员函数 operator<<：

operator<<(cout, arrayObject)

当编译器遇到表达式 cin>>arrayObject 时，就会以如下方式调用非成员函数 operator>>

operator>>(cin, arrayObject)

再次注意，由于 Array 对象经常出现在流插入运算符和流读取运算符的右侧，因此这些流插入和流读取运算符函数不能重载为 Array 类的成员。

函数 operator<<（参见图 18.11 中的第 111 行至第 126 行）输出 size 个 ptr 所指向的整型数组中的元素。函数 operator>>（参见图 18.11 中的第 102 行至第 108 行中定义）直接向 ptr 所指向的数组中输入数据。为了支持级联输出和输入，每个运算符函数都返回一个适当的引用。注意，由于 operator<<和 operator>> 被声明为 Array 类的友元，它们都可以访问 Array 的 private 数据。还需注意，operator<<和 operator>> 都可以使用 Array 类的 getSize 和 operator[]函数，在这种情况下，它们可以不必是 Array 类的友元。

你可能想用 C++11 的基于范围的 for 语句，替换 Array 类实现中像第 104 行至第 105 行那样的计数控制的 for 语句，然而基于范围的 for 语句不能应用于动态分配的内置数组。

Array 的默认构造函数

图 18.10 中第 14 行声明了 Array 类的默认构造函数，并将默认的数组大小指定为 10。当编译器遇到像图 18.10 中的第 11 行中那样声明语句时，就会调用 Array 类的默认构造函数，将 Array 的规模设置为 10 个元素。默认构造函数（在图 18.11 中的第 11 行至第 18 行中定义）校验并将实参赋给数据成员 size，使用 new 获得数组基于指针的内部表示的内存，并将 new 返回的指针赋给数据成员 ptr。然后，使用 for 语句将数组中的所有元素都设置置为 0。有时可能不初始化 Array 类成员的值，例如，稍后读入这些成员的值，但是这不是良好的编程习惯。Array 及对象，都应该被正确初始化并保持一致状态。

Array 的复制构造函数

图 18.10 中的的第 15 行声明了一个复制构造函数（Copy constructor），通过建立已有的 Array 对象的复制初始化 Array 对象（参见图 18.11 中的第 22 行至第 28 行中定义）。在进行这种复制时必须小心，避免将两个 Array 对象指向同一块动态分配的内存。编译器为类定义默认的复制构造函数，默认地按成员复制时，常出现这种问题。当需要对象的复制时，就会调用复制构造函数，例如

● 按值向函数传递对象。

● 按值从函数返回对象。

● 用同一个类的不同对象的复制初始化对象时。

当在声明语句中实例化 Array 类的对象并用 Array 类的其他对象初始化该对象时，就会调用复制构造函数，如图 18.9 中的第 39 行的声明语句。

Array 的复制构造函数使用成员初始化值将初始化值 Array 的 size 复制给数据成员 size，使用 new 获得该 Array 的基于指针的内部表示的内存，并将 new 返回的指针赋给数据成员 ptr。然后，使用 for 语句将初始化值 Array 的所有元素复制给新的 Array 对象。这类对象可以看到该类任何其他对象的 private 数据（使用一个指示要访问对象的句柄）。

软件工程视点 18.3

复制构造函数的实参应该是一个 const 引用，这样才能复制一个 const 对象。

常见的编程错误 18.4

如果复制构造函数仅简单地将源对象的指针复制给目标对象的指针，那么这两个对象指向同一块动态分配的内存。先执行的析构函数会删除动态分配的内存，导致其他对象的 ptr 没有定义，这种情况称为悬挂指针（Dangling pointer），这很可能在使用指针时导致严重的运行时错误（如过早地终止程序）。

Array 的析构函数

图 18.10 中的第 16 行声明了 Array 类的析构函数(在图 18.11 中的第 31 行至第 34 行中定义)。当 Array 类对象离开作用域时,析构函数被调用。析构函数使用 delete[]释放构造函数中用 new 动态分配的内存。

错误预防提示 18.3

在释放了动态分配的内存后,指针会继续存在于内存中,此时将指针的值设置为空指针,表示指针不指向自由存储空间中的任何内存。通过将指针设置为空指针,则程序丢失了对自由存储空间的访问,该存储空间可能被重新分配另做它用。如果不将指针设置为空指针,则程序代码可能不小心访问了重新分配的内存,导致不可重现的逻辑错误。图 18.11 中的第 33 行没有将 ptr 设置为空指针,因为在析构函数执行后,Array 对象不在内存中了。

getSize 成员函数

图 18.10 中的第 17 行声明了函数 getSize(在图 18.1 中的第 37 行至第 40 行中定义),它返回 Array 的元素个数。

重载赋值运算符

图 18.10 中的第 19 行为 Array 类声明了重载的赋值运算符。当编译器遇到图 18.9 中的第 47 行的表达式 integers1 = integers2 时,就会用如下函数调用语句调用成员函数 operator=:

```
integers1.operator=( integers2 )
```

成员函数 operator=的实现(参见图 18.11 中的第 54 行至第 62 行)测试了这种赋值是否是自赋值(self assignment),即 Array 类对象赋值给其自身(第 46 行)。当 this 等于右操作数的地址时,则为试图进行自赋值,因此跳过该赋值(即对象已经是其本身了,稍后将讲解为什么自赋值是危险的)。如果不是自赋值,那么成员函数确定两个数组的大小是否相等(第 50 行),如果相等,则不重新给左侧的 Array 对象分配整型数组内存。否则,使用 delete 释放原来给目标数组分配的内存(第 52 行),将源数组的 size 复制给目标数组的 size(第 53 行),用 new 给目标数组分配内存,并将 new 返回的指针赋给 Array 的 ptr 成员。然后第 57 行至第 58 行的 for 语句将源数组中的元素复制给目标数组。无论是否是自赋值,成员函数都将当前对象(即第 61 行的*this)作为常引用返回,这样可进行级联 Array 赋值,如 x = y =z。如果发生自赋值,而 operator=函数却没有对其进行测试,那么 operator=函数就会不必要地将 Array 的元素复制给自身。

软件工程视点 18.4

复制构造函数、析构函数和重载的赋值运算符通常作为一组提供给使用动态分配内存的类。C++11 中增加了转移语义,还提供了其他的函数,《C++大学教程(第九版)》中的第 24 章对此进行了讨论。

常见的编程错误 18.5

当类对象包含指向动态分配内存的指针时,却没有给该类提供一个重载的赋值运算符或复制构造函数,则会导致逻辑错误。

C++11:转移构造函数和转移赋值运算符

C++11 新增了转移构造函数和转移赋值运算符的概念,《C++大学教程(第九版)》的第 24 章,C++11:新增特征,将讨论这些函数。

C++11:从类中删除不需要的成员函数

在 C++11 之前,可以通过声明 private 类复制构造函数以及重载的赋值运算符来防止类对象的复制或赋值。在 C++11 中,可以简单地从类中删除这些函数。例如,对于 Array 类,用如下代码替换图 18.10 中的第 15 行和 19 行的原型。

```
Array( const Array & ) = delete;
const Array &operator=( const Array & ) = delete;
```

尽管可以删除任意的成员函数，最常用的成员函数是编译器能够自动生成的默认构造函数、复制构造函数、赋值运算符以及 C++11 中的转移构造函数和转移赋值运算符。

重载相等运算符和不相等运算符

图 18.10 中的第 20 行为 Array 类声明了重载的相等运算符(==)。当编译器遇到图 18.9 中的第 59 行的表达式 integers1 == integers2 时，就会用如下函数调用语句调用成员函数 operator==

```
integers1.operator==( integers2 )
```

如果数组的 size 成员不相等，那么成员函数 operator==(在图 18.11 中的第 66 行至第 76 行中定义)立即返回 false。否则，operator==比较每对元素，如果都相等，则返回 true，一旦发现某对元素不相等，则立即返回 false。

图 18.9 头文件的第 23 行至第 26 行为 Array 类定义了重载的不相等运算符(!=)。成员函数 operator!= 使用重载的 operator==函数确定两个 Array 是否相等，然后返回相反的结果。以这种方式写 operator!=使得程序员可以重用 operator==，减少了编写类的代码量。还需注意，operator!=的完整的函数定义都在 Array 头文件中，这使得编译器可以将 operator!=的定义内联，以消除额外的函数调用的开销。

重载下标运算符

图 18.10 中的第 29 行和第 32 行声明了两个重载的下标运算符(分别在图 18.11 的第 80 行至第 87 行，第 91 行至第 98 行中定义)。当编译器遇到表达式 integers1[5]时(参见图 18.9 中的第 59 行)，就会通过以下函数调用语句调用适当的重载的 operator[]成员函数

```
integers1.operator[]( 5 )
```

当下标运算符被用于 const Array 对象时，编译器创建一个对 const 版本的 operator[]的调用(参见图 18.11 中的第 91 行至第 98 行)。例如，如果给一个类型为 const Array&的形参 z 传参，那么需要调用 const 版本的 operator[]来执行如下语句：

```
cout << z[ 3 ] << endl;
```

请记住，对 const 对象只能调用 const 成员函数。

每个 operator[]的定义都判定它们所接收的实参下标是否在范围内。如果下标越界，则会抛出 out_of_range 异常。如果下标在范围内，operator[]的非 const 版本将相应的数组元素作为引用返回，使其可以用做可修改的左值(如出现在赋值语句的左侧)。如果下标在范围内，operator[]的 const 版本返回相应数组元素的副本。

C++11：用 unique_ptr 管理动态分配的内存

在本案例研究中，Array 类的析构函数使用 delete[ ]将动态分配的内存返还给自由存储区。C++11 中可以使用 unique_ptr 确保在 Array 对象离开作用域后释放动态分配的内存。第 22 章将介绍 unique_ptr 并讲解如何管理动态分配的对象或动态分配的内置数组。

C++11：将初始化列表传递给构造函数

可以如下用花括号括起来的、逗号分隔的初始化列表初始化 array 对象：

```
array< int, 5 > n = { 32, 27, 64, 18, 95 };
```

C++11 实际上允许用列表初始化来初始化任何对象。另外，前面的语句可以不用=，如

```
array< int, 5 > n{ 32, 27, 64, 18, 95 };
```

C++11 还允许在声明自己的类对象时使用列表初始化。例如，可以提供 Array 构造函数使之支持以下声明：

```
Array integers = { 1, 2, 3, 4, 5 };
```

或

```
Array integers{ 1, 2, 3, 4, 5 };
```

这两种声明形式都创建了一个具有 5 个元素值分别从 1 ~ 5 的 Array 对象。

要支持列表初始化,可以定义一个构造函数,使其接收一个类模板 initializer_list 的对象。对于 Array 类,可以包含<initializer_list>头文件,然后定义一个首部如下的构造函数:

```
Array::Array( initializer_list< int > list )
```

可以通过调用 list 形参的 size 成员函数确定元素的个数。可以使用如下语句将每个初始值复制给 Array 对象动态分配的内置数组中:

```
size_t i = 0;
for ( int item : list )
   ptr[ i++ ] = item;
```

18.11 作为类的成员和作为非成员函数的运算符函数的比较

无论运算符函数是用成员函数实现的还是用非成员函数实现的,运算符在表达式中的使用方式都是相同的。那么,哪种实现方式更好呢?

如果运算符函数被实现为成员函数,则最左的操作数必须是运算符所属类的对象(或对象的引用)。如果左操作数必须是其他类的对象或基本类型对象,则运算符函数必须实现为非成员函数(18.5 节在将<<和>>分别重载为流插入和流读取运算符时采用了这种形式)。如果非成员函数必须直接访问类的 private 或 protected 成员,则该函数可以是该类的友元。

只有当二元运算符的左操作数或一元运算符的唯一的操作数是类的对象时,才会调用(由编译器隐式调用)该类的运算符成员函数。

可交换运算符

使用非成员函数重载运算符的另一个原因是使运算符具有可交换性。例如,假设有一个 long int 基本类型的变量 number 和 HugeInt 类对象 bigInteger1(本章练习题描述了 HugeInt 类,该类中的整数可以是任意长度的,甚至可以比硬件机器字长限制的长度长)。如果要求加运算符生成一个临时的 HugeInt 对象作为 HugeInt 数据和 long int 数据相加的和(如表达式 bigInterger1+number),或作为 long int 数据和 HugeInt 数据相加的和(如表达式 number + bigInterger1),那么加操作就要具有可交换性(完全像两个基本类型操作数相加一样)。问题在于,如果运算符重载为成员函数,则类对象必须出现在加运算符的左侧。因此,应该将运算符重载为非成员函数,使得 HugeInt 可以出现在加运算符的右侧。将 HugeInt 始终放在加运算符左侧的 operator+函数仍然可以是成员函数。非成员函数可以交换它的实参以及调用成员函数。

18.12 类型转换

大多数程序都处理多种类型的信息。有时候所有操作都集中于某一种数据类型上。例如,将 int 数据与 int 数据相加,生成结果还是一个 int 数据(只要结果不超过 int 的表示范围即可)。然而,经常需要将一种类型的数据转换为另一种类型。赋值、计算、函数传值和函数返回值等都可能发生这种情况。对于基本类型,编译器知道怎样执行类型间的某些转换。程序员也可以使用 cast 运算符强制基本类型间的转换。

但是用户定义的类型怎样呢?编译器不会事先知道怎样在用户定义的类型间进行转换,或怎样在用户定义类型和基本类型间进行转换,因此必须由程序员明确指出怎样进行转换。可以用转换构造函数(Conversion constructor)实现这种转换。转换构造函数是具有单个实参的构造函数(本书将其称为单实参构造函数),它将其他类型(包括基本类型)转换为特定类的对象。

转换运算符

可以用转换运算符(Conversion operator,也称为 Cast operator)将一个类的对象转换成另一个类的对象或一个基本类型的对象。这种转换运算符必须是非 static 成员函数。例如,函数原型

```
MyClass::operator char *() const;
```

声明了一个重载转换运算符函数,用于将用户定义类型 MYCLASS 的对象转换为一个临时的 char*对象。由于不修改原对象,该运算符函数被声明为 const。重载的类型强制转换运算符函数(cast operator function)不能指定返回值类型,返回值类型是要转换成的对象的类型。如果 s 是一个类对象,当编译器遇到表达式 static_cast<char*>(s),就会生成函数调用

```
s.operator char *()
```

将操作数 s 转换成 char*类型。

重载的类型强制转换运算符函数

可以定义重载的类型强制转换运算符函数,将用户定义类型的对象转换为基本类型或其他用户定义类型的对象。原型

```
MyClass::operator int() const;
MyClass::operator OtherClass() const;
```

分别声明了可以将用户定义类型 MYCLASS 的对象转换为整数或用户定义类型 OtherClass 对象重载的类型强制转换运算符函数。

隐式调用类型强制转换运算符和转换构造函数

类型强制转换运算符和转换构造函数的一个很好的特征是,在必要时,编译器可以隐式调用这些函数,创建临时对象。例如,如果一个用户定义 String 类对象 s 出现在需要 char*的位置时,如

```
cout << s;
```

编译器就会调用重载的类型强制转换运算符函数 operator char*将对象转换成 char*类型,并在表达式中使用转换后的 char*。当 String 类提供了这种类型强制转换运算符后,在使用 cout 输出 String 时,就不需要重载流插入运算符了。

软件工程视点 18.5

当转换构造函数或转换运算符被用于执行隐式转换时,C++可以只用一个隐式的构造函数或运算符函数调用(即一个用户定义的转换函数)来与另一个重载的运算符需求进行匹配。编译器通过执行一系列隐式的用户定义的转换函数不会满足重载运算符的需求。

18.13 explicit 构造函数和转换运算符

之前讨论了可以应用于编译器执行隐式转换的单实参构造函数。除了复制构造函数之外,构造函数都可以用一个没有显式声明的实参调用,由编译器执行隐式的转换。构造函数的实参被转换成该构造函数所属类的对象。这种转换是自动的,不需要程序员进行强制类型转换。有些情况下,隐式转换是不必要的而且容易出错。例如,图 18.10 中的 Array 类定义了一个接收一个 int 实参的构造函数。该构造函数的目的是创建一个包含由 int 实参指定个数的元素的 Array 对象。然而,编译器可能错误地将该构造函数用于执行隐式转换。

常见的编程错误 18.6

编译器可能在不希望使用隐式转换的情况下使用隐式转换,这会导致产生编译错误的二义表达式或执行时的逻辑错误。

意外地将单实参构造函数用做转换构造函数

图 18.12 使用图 18.10 至图 18.11 中 Array 类的程序演示了一个错误的隐式转换。为了允许这种隐式转换,我们删除了 Array.h(参见图 18.10)第 14 行中的关键字 explicit。

main 函数(参见图 18.12)的第 11 行实例化 Array 对象 integers1,并用 int 值 7 指定 Array 的元素个数,调用单实参构造函数。前面介绍图 18.11 时讲过,接收一个 int 实参的 Array 构造函数将数组中的所有元素初始化为 0。第 12 行调用函数 outputArray(第 17 行至第 21 行中定义),该函数接收一个 const Array &

类型的实参到 Array 中，输出 Array 实参的元素个数和内容。在本例中，Array 的大小是 7，输出 7 个 0。

第 13 行用 int 值 3 作为实参调用函数 outputArray。然而该程序不包含接收 int 类型实参的函数调用 outputArray。因此，编译器判定 Array 类是否提供了将 int 转换为 Array 的转换构造函数。由于所有接收一个实参的构造函数都被认为是转换构造函数，编译器就会认为接收一个 int 值的 Array 构造函数是转换构造函数，并用它将实参 3 转换成包含 3 个元素的临时的 Array 对象。然后将临时 Array 对象传递给函数 outputArray，输出 Array 的内容。因此，即使没有显式地提供接收 int 实参的 outputArray 函数，编译器仍然能够编译第 13 行。输出结果验证了该三个元素数组的内容是 0。

```cpp
1   // Fig. 18.12: fig18_12.cpp
2   // Single-argument constructors and implicit conversions.
3   #include <iostream>
4   #include "Array.h"
5   using namespace std;
6
7   void outputArray( const Array & ); // prototype
8
9   int main()
10  {
11     Array integers1( 7 ); // 7-element Array
12     outputArray( integers1 ); // output Array integers1
13     outputArray( 3 ); // convert 3 to an Array and output Array's contents
14  } // end main
15
16  // print Array contents
17  void outputArray( const Array &arrayToOutput )
18  {
19     cout << "The Array received has " << arrayToOutput.getSize()
20        << " elements. The contents are:\n" << arrayToOutput << endl;
21  } // end outputArray
```

```
The Array received has 7 elements. The contents are:
        0           0           0           0
        0           0           0
The Array received has 3 elements. The contents are:
        0           0           0
```

图 18.12 单实参构造函数和隐式转换

防止意外地将单实参构造函数用做转换构造函数

在单实参构造函数声明前加关键字 explicit 的原因是禁止通过转换构造函数进行不允许的隐式转换。声明为 explicit 的构造函数不能用于隐式转换。图 18.13 中使用了图 18.10 中 Array.h 的初始版本，在第 14 行的单实参构造函数声明前加了关键字 explicit。

```cpp
explicit Array( int = 10 ); // default constructor
```

图 18.13 给出了图 18.12 中程序的修改版本。当编译图 18.13 中的程序时，编译器生成一个错误信息，指出第 13 行传递给 outputArray 的整型值不能被转换为 const Array &类型。编译错误信息(来源于 Visual C++)如输出窗口所示。第 14 行演示了怎样用显式构造函数创建具有 3 个元素的临时 Array，并将其传递给函数 outputArray。

错误预防提示 18.4

用关键字 explicit 限定不应该被编译器用于隐式转换的单实参构造函数。

C++11:显式转换运算符

对于 C++11，与显式声明单实参构造函数相似，可以显式声明转换运算符来防止编译器使用它们进行隐式转换，例如，函数原型

```cpp
explicit MyClass::operator char *() const;
```

显式声明了 MyClass 类的*类型转换运算符。

```
1   // Fig. 18.13: fig18_13.cpp
2   // Demonstrating an explicit constructor.
3   #include <iostream>
4   #include "Array.h"
5   using namespace std;
6
7   void outputArray( const Array & ); // prototype
8
9   int main()
10  {
11      Array integers1( 7 ); // 7-element Array
12      outputArray( integers1 ); // output Array integers1
13      outputArray( 3 ); // convert 3 to an Array and output Array's contents
14      outputArray( Array( 3 ) ); // explicit single-argument constructor call
15  } // end main
16
17  // print Array contents
18  void outputArray( const Array &arrayToOutput )
19  {
20      cout << "The Array received has " << arrayToOutput.getSize()
21          << " elements. The contents are:\n" << arrayToOutput << endl;
22  } // end outputArray
```

```
c:\examples\ch18\fig18_13\fig18_13.cpp(13): error C2664: 'outputArray' : can-
not convert parameter 1 from 'int' to 'const Array &'
        Reason: cannot convert from 'int' to 'const Array'
        Constructor for class 'Array' is declared 'explicit'
```

图 18.13 演示 explicit 构造函数

18.14 重载函数调用运算符( )

重载函数调用运算符( )(Function call operator)的功能很强大，因为函数可以接收任意一个由逗号间隔的形参。例如，在定制的 String 类中，可以重载该运算符来从字符串中选择一个子串，运算符的两个整型形参可以指定要选择子串的开始位置以及子串的长度。运算符( )函数可以检查诸如起始位置越界或负数的子串长度这样的错误。

重载的函数调用运算符必须是非静态成员函数并且首部定义如下：

```
String String::operator()( size_t index, size_t length ) const
```

在这种情况下，它应该是一个常量成员函数，因为获取子串时不应该修改原始的 String 对象。

假设 string1 是一个 String 对象，包含的字符串是"AEIOU"，当编译器遇到表达式 string1(2,3)时，会生成如下成员函数调用

```
string1.operator()( 2, 3 )
```

返回一个包含"IOU"的 String。

函数调用运算符的另一个可能的应用是支持数组下标表示。C++中采用双中括号表示二维数组，如 chessBoard[row][column]，其中 chessBoard 是一个修改了的二维 Array 类的对象，如果想使用 chessBoard(row, column)这种表示形式，则需要重载函数调用运算符。练习题 18.7 中要求创建这样的类。函数调用运算符的主要应用是定义函数对象［在《C++大学教程(第九版)》的第 16 章进行了讨论］。

18.15 本章小结

本章学习了如何重载运算符使之适用于类对象。演示了标准的 C++类 string，广泛地使用了重载运算符来创建更健壮及可重用的类，来替换 C 风格的字符串。接下来讨论了 C++标准对重载运算符的限制。然后给出了 PhoneNumber 类，重载了<<和>>运算符，来为输出和输入电话号码提供方便。还给出了 Date 类，重载了前置和后置增 1 运算符(++)，并演示区分他们的特殊语法。

介绍了动态内存管理的概念。分别使用 new 和 delete 运算符动态创建和释放对象。然后，给出了代

表性的 Array 类案例学习，使用重载的运算符及其他功能解决基于指针的数组存在的各种问题。该案例学习有助于真正理解类和对象相关技术——创建、使用和重用有价值的类。作为该类的一部分，介绍了重载的流插入、读取、赋值、判定相等以及下标运算符。

学习了将重载运算符实现为成员函数或非成员函数的原因。本章最后讨论了类型转换(包括类类型)和由单实参构造函数定义的隐式转换存在的问题以及如何用显式构造函数防止该问题。

下一章将继续讨论类，介绍一种软件重用形式，称为继承。当类间共享属性和行为时，可以将这些属性和行为定义在一个公共的"基类"中并将这些功能"继承"给新的类定义。这样使得我们可以用较少的代码创建新的类。

摘要

18.1　引言
- 为了使运算符在不同上下文中具有不同的含义，C++允许程序员重载大多数运算符。编译器根据操作数的类型生成适当的代码。
- C++中内置的重载运算符的一个范例是<<，它既可以作为流插入运算符又可以作为按位左移运算符。类似地，运算符>>也被重载，它既可以作为流读取运算符也可以作为按位右移运算符。这两个运算符都是在 C++标准库中重载的。
- C++重载了加运算符(+)和减运算符(−)。这些运算符在整型运算、浮点型运算、指针运算等上下文中，执行的操作是不同的。
- 重载运算符执行的操作也可以通过显式的函数调用实现，但是对程序员而言，运算符符号通常更加自然。

18.2　使用标准库模板类 string 中的重载运算符
- 标准类 string 在头文件<string>中定义并属于命名空间 std。
- string 类供了很多重载的运算符，包括判定相等、关系、赋值、加赋值以及下标运算符。
- string 类提供了成员函数 empty 确定字符串是否为空，如果字符串为空，则成员函数 empty 返回 true，否者返回 false。
- string 类提供了函数 substr 来返回 string 对象的从第一个实参位置开始、由第二个实参指定长度的部分字符串。如果没有指定第二个实参，则 substr 返回剩余那个的字符串。
- string 类的重载的[]运算符不执行任何边界检查。因此必须确保在使用标准的 string 类的重载的[]运算符时不会错误地操作位于字符串边界外的元素。
- string 类的成员函数 at 提供了边界检查，如果实参值是无效的下标，则会抛出异常。默认情况下，会导致程序终止。如果下标是有效的，则函数 at 会返回在指定位置的字符的引用或 const 引用，这取决于调用的上下文。

18.3　运算符重载基础
- 运算符重载的方法是像普通的非 static 成员函数或非成员函数那样给出函数定义，不同之处在于函数名由关键字 operator 和重载的运算符符号组成。
- 当运算符重载为成员函数时，它们必须是非 static 的，因为必须对类的对象调用它们，对对象执行操作。
- 要对类对象使用运算符，就必须重载该运算符。但有三种情况例外——赋值运算符(=)、取地址运算符(&)和逗号运算符(,)。
- 不能通过重载改变运算符的优先级和结合性。
- 重载不能改变运算符的元数(即运算符操作数个数)。
- 不能创建新运算符，只能重载已有的运算符。

- 不能通过运算符重载改变运算符应用于基本类型对象时的含义。
- 重载赋值运算符和加运算符并不意味着+=运算符也被自动重载了，只能显式重载该类的+=运算符。
- 重载（），[ ]，->或任何赋值运算符时，必须将运算符重载函数声明为类的成员。其他运算符的重载函数既可以是类的成员也可以是非成员函数。

18.4 重载二元运算符
- 二元运算符可以重载为具有一个实参的非 static 成员函数，也可以重载为具有两个实参的非成员函数（其中一个实参必须是类对象或类对象的引用）。

18.5 重载流插入和流读取运算符
- 重载的流插入运算符（<<）用于左操作数为 ostream&类型的表达式中，因此，必须将它重载为非成员函数。如果声明为成员函数，运算符<<必须是 ostream 类的成员。这对于用户定义的类而言是不可能的，因为用户不能修改 C++标准类库。类似地，重载的流读取运算符（>>）也必须是非成员函数。
- 使用非成员函数重载运算符的另一个原因是使运算符具有可交换性。
- 当 setw 与 cin 和 string 一起使用时，它将读入字符个数限制为实参指定的字符个数。
- istream 类的成员函数 ignore 抛弃输入流中特定数目的字符（默认情况下是一个字符）。
- 重载运算符函数可能需要访问要输出或输入的类对象的 private 数据成员，因此为了提高性能，重载的运算符函数通常声明为该类的友元函数。

18.6 重载一元运算符
- 类的一元运算符可以重载为没有实参的非 static 成员函数，也可以重载为有一个实参的非成员函数，该实参必须为该类的对象或该类对象的引用。
- 实现重载运算符的函数必须是非 static 的，这样才能访问类对象的非 static 数据。

18.7 重载一元前置和后置++和−−运算符
- 前置和后置的递增和减 1 运算符均可重载。
- 为了使重载的增 1 运算符既可进行前置递增也可进行后置递增，每个重载运算符函数必须具有不同的签名。前置++的重载方法与其他前置一元运算符的重载方法是完全一样的。通过提供另一个 int 类型的实参，给后置增 1 运算符提供一个独特的签名。该实参不是由客户代码提供的，而是由编译器隐式使用来区分前置和后置增 1 运算符。

18.9 动态内存管理
- 动态内存管理使得程序员可以控制内置的或用户定义的对象或数组的分配和释放。
- 自由存储区，也称为堆，是用以存储在执行时动态分配对象的内存区域。
- new 运算符为对象分配适当规模的内存，调用默认构造函数初始化该对象，并返回指向 new 运算符右部的类型的指针。如果 new 不能为对象找到足够的内存空间，则会抛出异常。除非异常被处理，这通常会导致程序立即终止。
- 要销毁动态分配的对象并释放该对象占用的内存则使用 delete 运算符。
- 可以使用 new 运算符动态分配内置类型的数组。例如

```
int *ptr = new int[ 100 ]();
```

- 动态分配具有 100 个整数的内置数组，将各个元素值初始化为 0，并将内置数组的首地址赋给 ptr。用如下语句释放该内置数组

```
delete [] ptr;
```

18.10 案例学习：Array 类
- 复制构造函数，通过建立已有的 Array 对象的副本初始化一个 Array 对象。当类对象中包含动态

分配的内存时，该类应该提供一个复制构造函数，以确保每个类对象有独立的动态分配内存副本。通常，这种类也应该提供一个析构函数和一个重载的赋值运算符。

- 成员函数 operator=的实现应该测试这种赋值是否是自赋值，即对象赋值给其自身。
- 当下标运算符应用于 const 对象时，编译器调用 const 版本的 operator[]函数；当下标运算符应用于非 const 对象时，编译器调用非 const 版本的 operator[]函数。
- 数组下标运算符([])不仅仅只能应用于数组，也可应用于从其他容器类中选择元素。而且重载该运算符后，下标就不再一定是整数了，也可以是字符、strings，等等。

18.11 作为类的成员和作为非成员函数的运算符函数的比较

- 运算符函数既可以是成员函数也可以是非成员函数。为了提高性能，通常将非成员函数定义为友元。成员函数用 this 指针隐式地获得一个类对象实参(二元运算符的左操作数)。在非成员函数调用中，必须显式地列出表示二元运算符的两个操作数的实参。
- 当运算符函数实现为成员函数时，最左侧的(或是唯一的)操作数必须是该运算符所属类的对象(或是该类对象的引用)。
- 如果左操作数必须是一个不同类的对象或基本类型对象，则运算符函数必须实现为非成员函数。
- 如果全局运算符函数必须直接访问类的 private 或 protected 成员，则该函数必须是该类的友元。

18.12 类型转换

- 编译器不会事先知道怎样在用户定义的类型间进行转换，或怎样在用户定义类型和基本类型间进行转换，因此必须由程序员明确指出怎样进行转换。可以用转换构造函数实现这种转换。转换构造函数是具有单个实参的构造函数，它将其他类型(包括基本类型)转换为特定类的对象。
- 只用一个实参调用的构造函数可以用做转换构造函数。
- 转换运算符必须是非 static 成员函数。可以定义重载的类型强制转换运算符函数，将用户定义类型的对象转换为基本类型或其他用户定义类型的对象。
- 重载的类型强制转换运算符函数不能指定返回值类型，返回值类型是要转换成对象的类型。
- 在必要时，编译器可以隐式调用类型强制转换运算符和转换构造函数。

18.13 explicit 构造函数和转换运算符

- 声明为 explicit 的构造函数不能用于隐式转换。

18.14 重载函数调用运算符( )

- 重载函数调用运算符( )的功能很强大，因为函数可以接收任意一个由逗号间隔的形参。

自测题

18.1 填空

(a)假设 a 与 b 是整型变量，用 a+b 的形式计算这两个变量的和，假设 c 与 d 是浮点型变量，用 c+d 的形式计算这两个变量的和。显然，这两个运算符具有不同的用途。这是一个_____的例子。

(b)关键字_____引出运算符重载函数的定义。

(c)要在类对象上使用运算符，除了运算符_____，_____和_____外，必须将其他运算符重载。

(d)重载运算符时不能改变运算符的_____，_____以及_____。

(e)不能重载的运算符是_____，_____，_____以及_____。

(f)运算符_____回收之前由 new 分配的内存。

(g)运算符_____为指定类型的对象动态分配内存，并返回该类型的运算符_____。

18.2 说明 C++中<<与>>运算符的多重含义。

18.3 在 C++中，什么情况下可能使用 operator /这个名字?

18.4 (判断正误) 在 C++中，只能重载已有的运算符。

18.5 在 C++中，重载运算符的优先级与原来未重载的运算符的优先级相比，哪个优先级高?

自测题答案

18.1 (a)运算符重载。(b) operator。(c)赋值(=)，取地址(&)，逗号(,)。(d)优先级，结和性，操作数个数。(e)，?:，.*，和::(f) delete (g) new，指针。

18.2 根据使用的上下文，>>运算符既可能是右移运算符也可能是流读取运算符;<<运算符既可能是左移运算符也可能是流插入运算符。

18.3 用于运算符重载:它可以是为一个特定的类提供运算符/重载的函数名。

18.4 正确。

18.5 优先级相等。

练习题

18.6 (内存分配和释放运算符)比较动态内存分配和释放运算符 new，new[ ]，delete 和 delete[ ]。

18.7 (重载小括号运算符)重载函数调用运算符( )的一个较好的例子是使之表示某些语言中采用的双下标的数组表示形式，如通过重载函数调用运算符将数组对象

```
chessBoard[ row ][ column ]
```

表示为如下形式:

```
chessBoard( row, column )
```

创建一个类 DoubleSubscriptArray，使之与图 18.10 至图 18.11 中的 Array 类具有相似的特征。在调用构造函数时创建具有任意行和列的 DoubleSubscriptArray。提供 operator( )执行双下标操作。例如，对于一个 3*5 的双下标数组 chessBoard，用户可以用 chessBoard(1,3)范围第 1 行第 3 列的元素。提供运算符( )，执行双下标操作。例如，在一个 3*5 的 DoubleSubscriptedArray 数组 a 中，用户可以用 a(1, 3)来访问第 1 行、第 3 列中的元素。函数 operator( )可以接收任意个数的实参。双下标数组的基本表示是一个具有 rows*columns 个元素的一维数组。函数 operator( )通过正确的指针算法访问数组中的每个元素。应该有两个版本的 operator( )，一个返回 int&(这样，DoubleSubscriptedArray 的元素可以作为左值使用);一个返回 const int&(这样，const DoubleSubscriptedArray 的元素只能作为右值使用)。还应该提供下列运算符:==，!=，=，<<(用于以行和列的形式输出数组)和>>(用于输入整个数组的内容)。

18.8 (Complex 类)考虑图 18.14 至图 18.16 中的 Complex 类。该类可以对复数进行操作。复数的格式为 realpart + imainaryPart * i，其中 i 的值为 $\sqrt{-1}$

(a)修改这个类，分别通过重载>>与<<，输入和输出复数。

(b)重载乘法运算符，实现两个复数的代数乘法。

(c)重载==与!=运算符，比较两个复数。

在完成该题目后，还可以进一步了解标准库中的 complex 类(来自头文件<complex>)。

18.9 (HugeInt 类)32 位整数的计算机可以表示整数的范围近似为–20 ~ +20 亿。在这个范围内操作一般不会出现问题，但是有的应用程序可能需要使用超出上述范围的整数。C++可以满足这个需求，创建功能强大的新的数据类型。考虑图 18.17 至图 18.19 中的 HugeInt 类。仔细研究这个类，然后完成下列问题:

(a)准确描述它是怎样操作的。

(b)该类有什么限制?

(c) 重载乘法运算符*。

(d) 重载除法运算符/。

(e) 重载所有关系运算符与相等运算符。

(注意：图中没有给出 HugeInt 类的赋值运算符或复制构造函数，因为编译器提供的赋值运算符和复制构造函数能够正确复制数组中的所有数据)。

```cpp
1   // Fig. 18.14: Complex.h
2   // Complex class definition.
3   #ifndef COMPLEX_H
4   #define COMPLEX_H
5
6   class Complex
7   {
8   public:
9      explicit Complex( double = 0.0, double = 0.0 ); // constructor
10     Complex operator+( const Complex & ) const; // addition
11     Complex operator-( const Complex & ) const; // subtraction
12     void print() const; // output
13  private:
14     double real; // real part
15     double imaginary; // imaginary part
16  }; // end class Complex
17
18  #endif
```

图 18.14   Complex 类定义

```cpp
1   // Fig. 18.15: Complex.cpp
2   // Complex class member-function definitions.
3   #include <iostream>
4   #include "Complex.h" // Complex class definition
5   using namespace std;
6
7   // Constructor
8   Complex::Complex( double realPart, double imaginaryPart )
9      : real( realPart ),
10       imaginary( imaginaryPart )
11  {
12     // empty body
13  } // end Complex constructor
14
15  // addition operator
16  Complex Complex::operator+( const Complex &operand2 ) const
17  {
18     return Complex( real + operand2.real,
19        imaginary + operand2.imaginary );
20  } // end function operator+
21
22  // subtraction operator
23  Complex Complex::operator-( const Complex &operand2 ) const
24  {
25     return Complex( real - operand2.real,
26        imaginary - operand2.imaginary );
27  } // end function operator-
28
29  // display a Complex object in the form: (a, b)
30  void Complex::print() const
31  {
32     cout << '(' << real << ", " << imaginary << ')';
33  } // end function print
```

图 18.15   Complex 类的成员函数定义

```cpp
34  // Fig. 18.16: fig18_16.cpp
35  // Complex class test program.
36  #include <iostream>
37  #include "Complex.h"
38  using namespace std;
39
40  int main()
41  {
42     Complex x;
43     Complex y( 4.3, 8.2 );
```

图 18.16   复数类的测试程序

```
44        Complex z( 3.3, 1.1 );
45
46        cout << "x: ";
47        x.print();
48        cout << "\ny: ";
49        y.print();
50        cout << "\nz: ";
51        z.print();
52
53        x = y + z;
54        cout << "\n\nx = y + z:" << endl;
55        x.print();
56        cout << " = ";
57        y.print();
58        cout << " + ";
59        z.print();
60
61        x = y - z;
62        cout << "\n\nx = y - z:" << endl;
63        x.print();
64        cout << " = ";
65        y.print();
66        cout << " - ";
67        z.print();
68        cout << endl;
69   } // end main
```

```
x: (0, 0)
y: (4.3, 8.2)
z: (3.3, 1.1)

x = y + z:
(7.6, 9.3) = (4.3, 8.2) + (3.3, 1.1)

x = y - z:
(1, 7.1) = (4.3, 8.2) - (3.3, 1.1)
```

图 18.16(续) 复数类的测试程序

```
1    // Fig. 18.17: Hugeint.h
2    // HugeInt class definition.
3    #ifndef HUGEINT_H
4    #define HUGEINT_H
5
6    #include <array>
7    #include <iostream>
8    #include <string>
9
10   class HugeInt
11   {
12      friend std::ostream &operator<<( std::ostream &, const HugeInt & );
13   public:
14      static const int digits = 30; // maximum digits in a HugeInt
15
16      HugeInt( long = 0 ); // conversion/default constructor
17      HugeInt( const std::string & ); // conversion constructor
18
19      // addition operator; HugeInt + HugeInt
20      HugeInt operator+( const HugeInt & ) const;
21
22      // addition operator; HugeInt + int
23      HugeInt operator+( int ) const;
24
25      // addition operator;
26      // HugeInt + string that represents large integer value
27      HugeInt operator+( const std::string & ) const;
28   private:
29      std::array< short, digits > integer;
30   }; // end class HugetInt
31
32   #endif
```

图 18.17 HugeInt 类定义

```
1    // Fig. 18.18: Hugeint.cpp
2    // HugeInt member-function and friend-function definitions.
3    #include <cctype> // isdigit function prototype
4    #include "Hugeint.h" // HugeInt class definition
5    using namespace std;
6
```

图 18.18 HugeInt 类的成员函数与友元函数的定义

```
 7    // default constructor; conversion constructor that converts
 8    // a long integer into a HugeInt object
 9    HugeInt::HugeInt( long value )
10    {
11       // initialize array to zero
12       for ( short &element : integer )
13          element = 0;
14
15       // place digits of argument into array
16       for ( size_t j = digits - 1; value != 0 && j >= 0; j-- )
17       {
18          integer[ j ] = value % 10;
19          value /= 10;
20       } // end for
21    } // end HugeInt default/conversion constructor
22
23    // conversion constructor that converts a character string
24    // representing a large integer into a HugeInt object
25    HugeInt::HugeInt( const string &number )
26    {
27       // initialize array to zero
28       for ( short &element : integer )
29          element = 0;
30
31       // place digits of argument into array
32       size_t length = number.size();
33
34       for ( size_t j = digits - length, k = 0; j < digits; ++j, ++k )
35          if ( isdigit( number[ k ] ) ) // ensure that character is a digit
36             integer[ j ] = number[ k ] - '0';
37    } // end HugeInt conversion constructor
38
39    // addition operator; HugeInt + HugeInt
40    HugeInt HugeInt::operator+( const HugeInt &op2 ) const
41    {
42       HugeInt temp; // temporary result
43       int carry = 0;
44
45       for ( int i = digits - 1; i >= 0; i-- )
46       {
47          temp.integer[ i ] = integer[ i ] + op2.integer[ i ] + carry;
48
49          // determine whether to carry a 1
50          if ( temp.integer[ i ] > 9 )
51          {
52             temp.integer[ i ] %= 10;  // reduce to 0-9
53             carry = 1;
54          } // end if
55          else // no carry
56             carry = 0;
57       } // end for
58
59       return temp; // return copy of temporary object
60    } // end function operator+
61
62    // addition operator; HugeInt + int
63    HugeInt HugeInt::operator+( int op2 ) const
64    {
65       // convert op2 to a HugeInt, then invoke
66       // operator+ for two HugeInt objects
67       return *this + HugeInt( op2 );
68    } // end function operator+
69
70    // addition operator;
71    // HugeInt + string that represents large integer value
72    HugeInt HugeInt::operator+( const string &op2 ) const
73    {
74       // convert op2 to a HugeInt, then invoke
75       // operator+ for two HugeInt objects
76       return *this + HugeInt( op2 );
77    } // end operator+
78
79    // overloaded output operator
80    ostream& operator<<( ostream &output, const HugeInt &num )
81    {
82       int i;
83
84       for ( i = 0; ( i < HugeInt::digits ) && ( 0 == num.integer[ i ] ); ++i )
85          ; // skip leading zeros
86
87       if ( i == HugeInt::digits )
88          output << 0;
```

图 18.18(续)　HugeInt 类的成员函数与友元函数的定义

```
89          else
90              for ( ; i < HugeInt::digits; ++i )
91                  output << num.integer[ i ];
92
93          return output;
94      } // end function operator<<
```

图 18.18（续） HugeInt 类的成员函数与友元函数的定义

```
 1   // Fig. 18.19: fig18_19.cpp
 2   // HugeInt test program.
 3   #include <iostream>
 4   #include "Hugeint.h"
 5   using namespace std;
 6
 7   int main()
 8   {
 9       HugeInt n1( 7654321 );
10       HugeInt n2( 7891234 );
11       HugeInt n3( "99999999999999999999999999999" );
12       HugeInt n4( "1" );
13       HugeInt n5;
14
15       cout << "n1 is " << n1 << "\nn2 is " << n2
16           << "\nn3 is " << n3 << "\nn4 is " << n4
17           << "\nn5 is " << n5 << "\n\n";
18
19       n5 = n1 + n2;
20       cout << n1 << " + " << n2 << " = " << n5 << "\n\n";
21
22       cout << n3 << " + " << n4 << "\n= " << ( n3 + n4 ) << "\n\n";
23
24       n5 = n1 + 9;
25       cout << n1 << " + " << 9 << " = " << n5 << "\n\n";
26
27       n5 = n2 + "10000";
28       cout << n2 << " + " << "10000" << " = " << n5 << endl;
29   } // end main
```

```
n1 is 7654321
n2 is 7891234
n3 is 99999999999999999999999999999
n4 is 1
n5 is 0

7654321 + 7891234 = 15545555

99999999999999999999999999999 + 1
= 100000000000000000000000000000

7654321 + 9 = 7654330

7891234 + 10000 = 7901234
```

图 18.19 HugeInt 测试程序

18.10 （**RationalNumber 类**）创建一个 RationalNumber 类，使其具有下列功能：

(a) 创建一个构造函数，它能够防止分母为 0，当分数不是以最简形式给出时进行约分，还要避免分母为负数。

(b) 重载加法、减法、乘法和除法运算符，使它们可以应用于这个类。

(c) 重载关系运算符和相等运算符，使它们可以应用于这个类。

18.11 （**Polynomial 类**）开发 Polynomial 类。Polynomial 的内部表示是一个存放项的数组。每个项包含一个系数和一个指数。例如，项

$$2x^4$$

的系数为 2 指数为 4。开发一个完整的类，包含正确的构造函数、析构函数、set 函数和 get 函数。该类应该提供下列重载运算符功能：

(a) 重载加法运算符（+），将两个 Polynomials 相加。

(b) 重载减法运算符（–），将两个 Polynomials 相减。

(c) 重载赋值运算符，将一个 Polynomial 赋给另一个 Polynomial。

(d) 重载乘法运算符（*），将两个 Polynomials 相乘。

(e) 重载加法赋值运算符（+=），减法赋值运算符（–=）以及乘法赋值运算符（*=）。

第19章 面向对象编程：继承

学习目标

在本章中，读者将学习以下内容：

● 什么是继承以及它如何提高软件的重用性。

● 基类和派生类的概念以及它们之间的关系。

● protected 成员访问限定符。

● 继承层次结构中构造函数与析构函数的用法。

● 继承层次结构中构造函数与析构函数的调用顺序。

● public，protected，private 继承的区别。

● 使用继承定制已有的软件。

提纲

19.1 引言

本章将继续讨论面向对象编程（OOP），介绍另一个主要特征——继承（Inheritance）。继承是一种软件重用形式，程序员通过已有的类创建新类，新类吸收已有类的数据和行为并增加新的功能。软件重用可以缩短程序的开发时间，也可以促进已被测试、调试好的高质量的软件所使用，以提高系统实现效率。

程序员在创建新类时，可以让新类继承（Inherit）已有类的成员，而不用完全重新编写新的数据成员和成员函数。已有的类称为基类（Base class），新类称为派生类（Derived class）（其他的编程语言，如 Java 和 C#，将基类称为超类，将派生类称为子类。）派生类表示一组更特殊的对象。

C++提供了三种继承：public，protected 和 private 继承。本章将主要介绍 public 继承，简单介绍其他两种方式。在 public 继承的情况下，派生类的每个对象也是该派生类基类的对象。然而基类对象不是它的派生类的对象。例如，如果交通工具是基类，小汽车是派生类，那么所有的小汽车都是交通工具，但是并非所有的交通工具都是小汽车。交通工具也可以是卡车或船舶等。

我们要学会区分 is-a 关系(is-a relationship)和 has-a 关系。is-a 关系表示继承。在 is-a 关系中，派生类对象也可作为基类对象处理。例如，小汽车是一种交通工具，因此交通工具的所有属性和行为都是小汽车的属性和行为。相反，has-a 关系表示组合(第 17 章讨论了组合)。在 has-a 关系中，一个对象包含了一个或多个其他类对象作为它的成员。例如，汽车有很多零件，如方向盘、刹车踏板、传动装置等。

19.2　基类和派生类

图 19.1 列出了几个简单的基类和派生类的例子。

由于每个派生类对象可以看成是其基类的一个对象，而且一个基类可以有多个派生类，因此基类所表示的对象集通常比它的任何派生类所表示的对象集范围更大。例如，基类 Vehicle 表示所有的交通工具，包括小汽车、卡车、船舶、飞机、自行车等。而相对地，派生类 Car 则表示一个范围较小的、较具体的交通工具的子集。

基类	派生类
学生	研究生、本科生
图形	圆、三角形、矩形、球形、立方体
贷款	汽车贷款、家园改善贷款、抵押贷款
员工	教职人员、普通职员
账户	支票账户、储蓄存款账户

图 19.1　继承的实例

继承关系形成树状的层次结构(Class hierarchy)。基类和其派生类间存在层次关系。尽管一个类可以独立存在，然而如果把它加入某种继承关系中，该类就与其他类相互关联，该类或者成为为其他类提供成员的基类，或者成为从其他类继承成员的派生类，或者既是基类又是派生类。

CommunityMember 类的层次结构

下面给出一个简单的具有 5 个层次的继承层次结构(如图 19.2 中的 UML 类图所示)。一个大学社区中通常有成千上万个成员。

图 19.2　大学社区成员的继承层次结构

大学社区包括员工、学生和校友。员工分为教职人员和普通职员。教职人员又分为管理人员(如院长和系主任)和教师。然而，有些管理人员还授课。图中使用多继承构成 AdministratorTeacher 类。在单继承(Single inheriance)中，一个类由一个基类派生而来。在多继承(Multiple inheritance)中，一个派生类同时继承了两个或两个以上的(可能不相关的)基类。

层次结构中(参见图 19.2)的每个箭头均表示一种 is-a 关系。例如，在该类层次结构中，沿着箭头的方向，可以说"Employee 是一种 CommunityMember"，"Teacher 是一种 Faculty 成员"。CommunityMember 是 Employee，Student 以及 Alumnus 的直接基类(Direct base class)。此外，CommunityMember 还是图中

所有其他类的间接基类(Indirect base class)。间接基类是在类的层次结构中两级及以上的基类。

从图的下方沿着箭头一直到最上方的基类都可以应用 is-a 关系。例如，AdministratorTeacher 是一种 Administrator，是一种 Faculty 成员，是一种 Employee，是一种 CommunityMember。

Shape 类的继承层次结构

下面分析图 19.3 中的 Shape 继承层次结构。该层次结构起始于基类 Shape。类 TwoDimensionalShape 与 ThreeDimensionalShape 从基类 Shape 派生而来。Shape 既可以是 TwoDimensionalShape 也可以是 ThreeDimensionalShape。层次结构第三层中包含了一些更特殊的 TwoDimensionalShape 与 ThreeDimensional-Shape 类型。从图 19.2 的下方沿着箭头一直到最上方的基类，可以识别几种 is-a 关系。例如，Triangle 是一种 TwoDimensionalShape 还是一种 Shape，而 Sphere 是一种 ThreeDimensionalShape 还是一种 Shape。

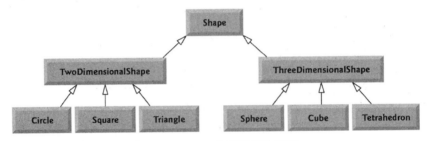

图 19.3   Shapes 的继承层次结构

C++中将 TwoDimensionalShape 定义成如下形式，表示 TwoDimensionalShape 类是从 Shape 类派生(或继承)而来的：

```
class TwoDimensionalShape : public Shape
```

这是一个 public 继承(Public inheritance)的例子，public 继承是最常用的。本章还将讨论 private 继承(Private inheritance)和 protected 继承(Protected inheritance)(参见 19.5 节)。对于所有的继承形式而言，基类的 private 成员都不能被该类的派生类直接访问，但是这些 private 基类成员仍然是被继承的(即它们仍然被认为是派生类的一部分)。对于 public 继承而言，所有其他基类成员在变成派生类成员时仍然保持原来的访问属性(即基类的 public 成员成为派生类的 public 成员，基类的 protected 成员成为派生类的 protected 成员)。通过这些从基类继承来的成员，派生类可以操作基类的 private 成员(如果这些继承来的成员在基类中提供这种功能的话)。注意，友元函数不会被继承。

继承并非适合于所有的类关系。第 17 章，讨论了 has-a 关系，一个类将其他类的对象作为它的成员。这种关系通过组合已有的类创建新类。例如，给定类 Employee，BirthDate 和 TelephoneNumber，说 Employee 是一种 BirthDate 或者说 Employee 是一种 TelephoneNumber 都是不合适的。然而，说 Employee 具有 BirthDate 和 Employee 具有 TelephoneNumber 则是合适的。

基类对象和派生类对象的处理方式很可能相似。基类成员表述了基类对象和派生类对象的共性。从公共基类派生的所有类对象都可以当成基类对象处理(即这种对象与基类存在一种 is-a 关系)。第 20 章，将介绍很多利用这种关系的例子。

19.3   基类和派生类的关系

下面用工资计算应用程序中的员工类型的继承层次结构讨论基类和派生类的关系。佣金工(commission employee)(基类对象)按销售额的百分比获得工资，而带基本工资的佣金工(base-salaried commission employee)(派生类对象)的工资是基本工资加上销售额百分比。下面用以下 5 个实例讨论佣金工与带基本工资的佣金工的关系。

19.3.1　创建并使用 CommissionEmployee 类

首先让我们看一下 CommissionEmployee 类的定义（参见图 19.4 至图 19.5）。CommissionEmployee 头文件（参见图 19.4）给出了 CommissionEmployee 类的 public 服务，包括一个构造函数（第 11 行至第 12 行）、成员函数 earnings（第 29 行）和 print（第 30 行）。第 14 行至第 27 行声明了 get 函数和 set 函数，用于操作该类的数据成员（第 32 行至第 36 行中声明）firstName，lastName，socialSecurityNumber，grossSales 和 commissionRate。CommissionEmployee 头文件将这些数据成员声明为 private，因此其他类对象不能直接访问这些数据。将数据声明为 private 并提供非 private 的 get 函数和 set 函数来操作数据成员和验证这些数据成员的有效性有助于强化良好的软件工程。例如，成员函数 setGrossSales（在图 19.5 中的第 57 行至第 63 行定义）与 setCommissionRate（在图 19.5 中的第 72 行至第 78 行定义）在将其实参分别赋给数据成员 grossSales 与 commissionRate 赋值之前验证这些实参的值的有效性。

```cpp
1   // Fig. 19.4: CommissionEmployee.h
2   // CommissionEmployee class definition represents a commission employee.
3   #ifndef COMMISSION_H
4   #define COMMISSION_H
5
6   #include <string> // C++ standard string class
7
8   class CommissionEmployee
9   {
10  public:
11     CommissionEmployee( const std::string &, const std::string &,
12        const std::string &, double = 0.0, double = 0.0 );
13
14     void setFirstName( const std::string & ); // set first name
15     std::string getFirstName() const; // return first name
16
17     void setLastName( const std::string & ); // set last name
18     std::string getLastName() const; // return last name
19
20     void setSocialSecurityNumber( const std::string & ); // set SSN
21     std::string getSocialSecurityNumber() const; // return SSN
22
23     void setGrossSales( double ); // set gross sales amount
24     double getGrossSales() const; // return gross sales amount
25
26     void setCommissionRate( double ); // set commission rate (percentage)
27     double getCommissionRate() const; // return commission rate
28
29     double earnings() const; // calculate earnings
30     void print() const; // print CommissionEmployee object
31  private:
32     std::string firstName;
33     std::string lastName;
34     std::string socialSecurityNumber;
35     double grossSales; // gross weekly sales
36     double commissionRate; // commission percentage
37  }; // end class CommissionEmployee
38
39  #endif
```

图 19.4　CommissionEmployee 类的头文件

```cpp
1   // Fig. 19.5: CommissionEmployee.cpp
2   // Class CommissionEmployee member-function definitions.
3   #include <iostream>
4   #include <stdexcept>
5   #include "CommissionEmployee.h" // CommissionEmployee class definition
6   using namespace std;
7
8   // constructor
9   CommissionEmployee::CommissionEmployee(
10     const string &first, const string &last, const string &ssn,
11     double sales, double rate )
12  {
```

图 19.5　CommissionEmployee 类的实现文件，该类表示按照总销售额百分比获得工资的员工

```
13        firstName = first; // should validate
14        lastName = last; // should validate
15        socialSecurityNumber = ssn; // should validate
16        setGrossSales( sales ); // validate and store gross sales
17        setCommissionRate( rate ); // validate and store commission rate
18    } // end CommissionEmployee constructor
19
20    // set first name
21    void CommissionEmployee::setFirstName( const string &first )
22    {
23        firstName = first; // should validate
24    } // end function setFirstName
25
26    // return first name
27    string CommissionEmployee::getFirstName() const
28    {
29        return firstName;
30    } // end function getFirstName
31
32    // set last name
33    void CommissionEmployee::setLastName( const string &last )
34    {
35        lastName = last; // should validate
36    } // end function setLastName
37
38    // return last name
39    string CommissionEmployee::getLastName() const
40    {
41        return lastName;
42    } // end function getLastName
43
44    // set social security number
45    void CommissionEmployee::setSocialSecurityNumber( const string &ssn )
46    {
47        socialSecurityNumber = ssn; // should validate
48    } // end function setSocialSecurityNumber
49
50    // return social security number
51    string CommissionEmployee::getSocialSecurityNumber() const
52    {
53        return socialSecurityNumber;
54    } // end function getSocialSecurityNumber
55
56    // set gross sales amount
57    void CommissionEmployee::setGrossSales( double sales )
58    {
59        if ( sales >= 0.0 )
60            grossSales = sales;
61        else
62            throw invalid_argument( "Gross sales must be >= 0.0" );
63    } // end function setGrossSales
64
65    // return gross sales amount
66    double CommissionEmployee::getGrossSales() const
67    {
68        return grossSales;
69    } // end function getGrossSales
70
71    // set commission rate
72    void CommissionEmployee::setCommissionRate( double rate )
73    {
74        if ( rate > 0.0 && rate < 1.0 )
75            commissionRate = rate;
76        else
77            throw invalid_argument( "Commission rate must be > 0.0 and < 1.0" );
78    } // end function setCommissionRate
79
80    // return commission rate
81    double CommissionEmployee::getCommissionRate() const
82    {
83        return commissionRate;
84    } // end function getCommissionRate
85
```

图 19.5(续)　CommissionEmployee 类的实现文件，该类表示按照总销售额百分比获得工资的员工

```
86    // calculate earnings
87    double CommissionEmployee::earnings() const
88    {
89       return commissionRate * grossSales;
90    } // end function earnings
91
92    // print CommissionEmployee object
93    void CommissionEmployee::print() const
94    {
95       cout << "commission employee: " << firstName << ' ' << lastName
96          << "\nsocial security number: " << socialSecurityNumber
97          << "\ngross sales: " << grossSales
98          << "\ncommission rate: " << commissionRate;
99    } // end function print
```

图 19.5(续)　CommissionEmployee 类的实现文件，该类表示按照总销售额百分比获得工资的员工

CommissionEmployee 构造函数

为了演示 private 与 protected 限定符怎样影响成员在派生类中的访问，本节的前几个实例故意没有在 CommissionEmployee 构造函数中使用成员初始化语法。如图 19.5 中的第 13 行至第 15 行所示，在构造函数体中给数据成员 firstName，lastName 和 socialSecurityNumber 赋值。本节的后面几个实例将仍在构造函数中使用成员初始化列表。

在将构造函数的实参 first，last，以及 ssn 赋给相应的数据成员之前，没有验证它们的有效性。当然可以验证姓和名的有效性，如确保它们的长度是合理的。类似地，也可以验证社会保障号码的有效性确保它是 9 位的，具有或不具有破折号(如 123-45-6789 或 123456789)。

CommissionEmployee 的成员函数 earnings 和 print

成员函数 earnings(第 87 行至第 90 行)计算 CommissionEmployee 的收入。第 89 行将 commissionRate 与 grossSales 相乘并返回计算结果。成员函数 print(第 93 行至第 99 行)显示 CommissionEmployee 对象的数据成员的值。

测试 CommissionEmployee 类

图 19.6 测试 CommissionEmployee 类。第 11 行至第 12 行实例化 CommissionEmployee 类对象 employee，并调用 CommissionEmployee 的构造函数将该对象的名初始化为"Sue"、姓初始化为"Jones"、社会保障号码初始化为"222-22-2222"，总销售额初始化为 10000、佣金率初始化为.06。第 19 行至第 24 行用 employee 的 get 函数显示它的数据成员的值。第 26 行至第 27 行分别调用该对象的成员函数 setGrossSales 和 setCommissionRate 修改数据成员 grossSales 和 commissionRate 的值。然后，第 31 行调用 employee 的 print 成员函数来输出修改后的 CommissionEmployee 的信息。最后，第 34 行显示该对象的成员函数 earnings 用修改后的数据成员 grossSales 和 commissionRate 的值计算的 CommissionEmployee 的收入。

```
 1    // Fig. 19.6: fig19_06.cpp
 2    // CommissionEmployee class test program.
 3    #include <iostream>
 4    #include <iomanip>
 5    #include "CommissionEmployee.h" // CommissionEmployee class definition
 6    using namespace std;
 7
 8    int main()
 9    {
10       // instantiate a CommissionEmployee object
11       CommissionEmployee employee(
12          "Sue", "Jones", "222-22-2222", 10000, .06 );
13
14       // set floating-point output formatting
15       cout << fixed << setprecision( 2 );
16
17       // get commission employee data
18       cout << "Employee information obtained by get functions: \n"
19          << "\nFirst name is " << employee.getFirstName()
```

图 19.6　CommissionEmployee 类的测试程序

```
20          << "\nLast name is " << employee.getLastName()
21          << "\nSocial security number is "
22          << employee.getSocialSecurityNumber()
23          << "\nGross sales is " << employee.getGrossSales()
24          << "\nCommission rate is " << employee.getCommissionRate() << endl;
25
26      employee.setGrossSales( 8000 ); // set gross sales
27      employee.setCommissionRate( .1 ); // set commission rate
28
29      cout << "\nUpdated employee information output by print function: \n"
30          << endl;
31      employee.print(); // display the new employee information
32
33      // display the employee's earnings
34      cout << "\n\nEmployee's earnings: $" << employee.earnings() << endl;
35  } // end main
```

```
Employee information obtained by get functions:

First name is Sue
Last name is Jones
Social security number is 222-22-2222
Gross sales is 10000.00
Commission rate is 0.06

Updated employee information output by print function:

commission employee: Sue Jones
social security number: 222-22-2222
gross sales: 8000.00
commission rate: 0.10

Employee's earnings: $800.00
```

图 19.6(续)　CommissionEmployee 类的测试程序

19.3.2　不用继承创建 BasePlusCommissionEmployee 类

现在通过创建并测试(一个完全新的并且独立的)BasePlusCommissionEmployee类(参见图19.7至图19.8)，讨论对继承介绍的第二部分。该类包含名、姓、社会保障号、总销售额、佣金率和基本工资。

```
1   // Fig. 19.7: BasePlusCommissionEmployee.h
2   // BasePlusCommissionEmployee class definition represents an employee
3   // that receives a base salary in addition to commission.
4   #ifndef BASEPLUS_H
5   #define BASEPLUS_H
6
7   #include <string> // C++ standard string class
8
9   class BasePlusCommissionEmployee
10  {
11  public:
12      BasePlusCommissionEmployee( const std::string &, const std::string &,
13          const std::string &, double = 0.0, double = 0.0, double = 0.0 );
14
15      void setFirstName( const std::string & ); // set first name
16      std::string getFirstName() const; // return first name
17
18      void setLastName( const std::string & ); // set last name
19      std::string getLastName() const; // return last name
20
21      void setSocialSecurityNumber( const std::string & ); // set SSN
22      std::string getSocialSecurityNumber() const; // return SSN
23
24      void setGrossSales( double ); // set gross sales amount
25      double getGrossSales() const; // return gross sales amount
26
27      void setCommissionRate( double ); // set commission rate
28      double getCommissionRate() const; // return commission rate
29
30      void setBaseSalary( double ); // set base salary
```

图 19.7　BasePlusCommissionEmployee 类的头文件

```
31      double getBaseSalary() const; // return base salary
32
33      double earnings() const; // calculate earnings
34      void print() const; // print BasePlusCommissionEmployee object
35   private:
36      std::string firstName;
37      std::string lastName;
38      std::string socialSecurityNumber;
39      double grossSales; // gross weekly sales
40      double commissionRate; // commission percentage
41      double baseSalary; // base salary
42   }; // end class BasePlusCommissionEmployee
43
44   #endif
```

图 19.7(续)　　BasePlusCommissionEmployee 类的头文件

```
 1   // Fig. 19.8: BasePlusCommissionEmployee.cpp
 2   // Class BasePlusCommissionEmployee member-function definitions.
 3   #include <iostream>
 4   #include <stdexcept>
 5   #include "BasePlusCommissionEmployee.h"
 6   using namespace std;
 7
 8   // constructor
 9   BasePlusCommissionEmployee::BasePlusCommissionEmployee(
10      const string &first, const string &last, const string &ssn,
11      double sales, double rate, double salary )
12   {
13      firstName = first; // should validate
14      lastName = last; // should validate
15      socialSecurityNumber = ssn; // should validate
16      setGrossSales( sales ); // validate and store gross sales
17      setCommissionRate( rate ); // validate and store commission rate
18      setBaseSalary( salary ); // validate and store base salary
19   } // end BasePlusCommissionEmployee constructor
20
21   // set first name
22   void BasePlusCommissionEmployee::setFirstName( const string &first )
23   {
24      firstName = first; // should validate
25   } // end function setFirstName
26
27   // return first name
28   string BasePlusCommissionEmployee::getFirstName() const
29   {
30      return firstName;
31   } // end function getFirstName
32
33   // set last name
34   void BasePlusCommissionEmployee::setLastName( const string &last )
35   {
36      lastName = last; // should validate
37   } // end function setLastName
38
39   // return last name
40   string BasePlusCommissionEmployee::getLastName() const
41   {
42      return lastName;
43   } // end function getLastName
44
45   // set social security number
46   void BasePlusCommissionEmployee::setSocialSecurityNumber(
47      const string &ssn )
48   {
49      socialSecurityNumber = ssn; // should validate
50   } // end function setSocialSecurityNumber
51
52   // return social security number
53   string BasePlusCommissionEmployee::getSocialSecurityNumber() const
54   {
55      return socialSecurityNumber;
56   } // end function getSocialSecurityNumber
```

图 19.8　BasePlusCommissionEmployee 类表示除佣金外还有基本工资的员工

```
57
58   // set gross sales amount
59   void BasePlusCommissionEmployee::setGrossSales( double sales )
60   {
61      if ( sales >= 0.0 )
62         grossSales = sales;
63      else
64         throw invalid_argument( "Gross sales must be >= 0.0" );
65   } // end function setGrossSales
66
67   // return gross sales amount
68   double BasePlusCommissionEmployee::getGrossSales() const
69   {
70      return grossSales;
71   } // end function getGrossSales
72
73   // set commission rate
74   void BasePlusCommissionEmployee::setCommissionRate( double rate )
75   {
76      if ( rate > 0.0 && rate < 1.0 )
77         commissionRate = rate;
78      else
79         throw invalid_argument( "Commission rate must be > 0.0 and < 1.0" );
80   } // end function setCommissionRate
81
82   // return commission rate
83   double BasePlusCommissionEmployee::getCommissionRate() const
84   {
85      return commissionRate;
86   } // end function getCommissionRate
87
88   // set base salary
89   void BasePlusCommissionEmployee::setBaseSalary( double salary )
90   {
91      if ( salary >= 0.0 )
92         baseSalary = salary;
93      else
94         throw invalid_argument( "Salary must be >= 0.0" );
95   } // end function setBaseSalary
96
97   // return base salary
98   double BasePlusCommissionEmployee::getBaseSalary() const
99   {
100     return baseSalary;
101  } // end function getBaseSalary
102
103  // calculate earnings
104  double BasePlusCommissionEmployee::earnings() const
105  {
106     return baseSalary + ( commissionRate * grossSales );
107  } // end function earnings
108
109  // print BasePlusCommissionEmployee object
110  void BasePlusCommissionEmployee::print() const
111  {
112     cout << "base-salaried commission employee: " << firstName << ' '
113        << lastName << "\nsocial security number: " << socialSecurityNumber
114        << "\ngross sales: " << grossSales
115        << "\ncommission rate: " << commissionRate
116        << "\nbase salary: " << baseSalary;
117  } // end function print
```

图 19.8(续)　BasePlusCommissionEmployee 类表示除佣金外还有基本工资的员工

定义 BasePlusCommissionEmployee 类

BasePlusCommissionEmployee 头文件(参见图19.7)指定了该类的 public 服务，包括 BasePlusCommission-Employee 构造函数(第12行至第13行)和成员函数 earnings(第33行)以及 print(第34行)。第15行至第31行为该类的 private 数据成员(在第36行至第41行中声明)firstName，lastName，socialSecurity-Number，grossSales，commissionRate 以及 baseSalary 声明了 get 函数和 set 函数。这些变量与成员函数封装了一个带基本工资的佣金工的所有特征。注意该类与CommissionEmployee类(参见图19.4至图19.5)具有相似性，在这个实例中还没有利用它们的相似性。

类 BasePlusCommissionEmployee 的成员函数 earnings（在图 19.8 中的第 104 行至第 107 行定义）计算带基本工资的佣金工的收入。第 106 行返回该员工的基本工资加上佣金率与该员工的总销售额的乘积的结果。

测试 BasePlusCommissionEmployee 类

图 19.9 测试 BasePlusCommissionEmployee 类。第 11 行至第 12 行实例化 BasePlusCommissionEmployee 类对象 employee，将"Bob", "Lewis", "333-33-3333", 5000, .04 和 300 分别作为名、姓、社会保障号、总销售额、佣金率和基本工资传递给构造函数。第 19 行至第 25 行使用 BasePlusCommissionEmployee 的 get 函数获得该对象的数据成员的值用以输出。第 27 行调用对象的 setBaseSalary 成员函数改变基本工资。成员函数 setBaseSalary（参见图 19.8 中的第 89 行至第 95 行）确保不会把负数值赋给数据成员 baseSalary，因为员工的基本工资不能为负数。图 19.9 中第 31 行调用该对象的成员函数 print 来输出修改后的 BasePlusCommissionEmployee 的信息。第 34 行调用成员函数 earnings 来显示该 BasePlusCommissionEmployee 的收入。

```cpp
1  // Fig. 19.9: fig19_09.cpp
2  // BasePlusCommissionEmployee class test program.
3  #include <iostream>
4  #include <iomanip>
5  #include "BasePlusCommissionEmployee.h"
6  using namespace std;
7
8  int main()
9  {
10    // instantiate BasePlusCommissionEmployee object
11    BasePlusCommissionEmployee
12       employee( "Bob", "Lewis", "333-33-3333", 5000, .04, 300 );
13
14    // set floating-point output formatting
15    cout << fixed << setprecision( 2 );
16
17    // get commission employee data
18    cout << "Employee information obtained by get functions: \n"
19       << "\nFirst name is " << employee.getFirstName()
20       << "\nLast name is " << employee.getLastName()
21       << "\nSocial security number is "
22       << employee.getSocialSecurityNumber()
23       << "\nGross sales is " << employee.getGrossSales()
24       << "\nCommission rate is " << employee.getCommissionRate()
25       << "\nBase salary is " << employee.getBaseSalary() << endl;
26
27    employee.setBaseSalary( 1000 ); // set base salary
28
29    cout << "\nUpdated employee information output by print function: \n"
30       << endl;
31    employee.print(); // display the new employee information
32
33    // display the employee's earnings
34    cout << "\n\nEmployee's earnings: $" << employee.earnings() << endl;
35  } // end main
```

```
Employee information obtained by get functions:

First name is Bob
Last name is Lewis
Social security number is 333-33-3333
Gross sales is 5000.00
Commission rate is 0.04
Base salary is 300.00

Updated employee information output by print function:

base-salaried commission employee: Bob Lewis
social security number: 333-33-3333
gross sales: 5000.00
commission rate: 0.04
base salary: 1000.00

Employee's earnings: $1200.00
```

图 19.9　BasePlusCommissionEmployee 类的测试程序

利用类 CommissionEmployee 和类 BasePlusCommissionEmployee 的相似性

　　类 BasePlusCommissionEmployee(参见图 19.7 至图 19.8)中很多代码都与类 CommissionEmployee(参见图 19.4 至图 19.5)中的代码相同或相似。例如，在类 BasePlusCommissionEmployee 中，private 数据成员 firstName 以及 lastName 和成员函数 setFirstName, getFirstName, setLastName 以及 getLastName 都与 CommissionEmployee 类中对应的数据成员或成员函数相同。CommissionEmployee 类与 BasePlusCommission-Employee 类都包含 private 数据成员 socialSecurityNumber, commissionRate 和 grossSales, 以及操作这些数据成员的 get 函数和 set 函数。此外，BasePlusCommissionEmployee 构造函数与 CommissionEmployee 类的构造函数几乎相同，唯一不同之处是 BasePlusCommissionEmployee 的构造函数还设置 baseSalary 的值。BasePlusCommissionEmployee 类的另一个不同之处在于它有 private 数据成员 baseSalary 和成员函数 setBaseSalary 以及 getBaseSalary。类 BasePlusCommissionEmployee 的成员函数 print 也与 CommissionEmployee 类的成员函数 print 几乎相同，唯一不同的是 BasePlusCommissionEmployee 的 print 函数也输出数据成员 baseSalary 的值。

　　可以逐字地将 CommissionEmployee 类的代码复制粘贴到 BasePlusCommissionEmployee 类中，然后再修改 BasePlusCommissionEmployee 类，使其包含一个基本工资和操作该基本工资的成员函数。然而，这种"复制-粘贴"方法通常很容易出错并且耗时。

软件工程视点 19.1

从一个类向另一个类复制粘贴代码可能在多个源代码文件中传播错误。要避免重复代码(可能是错误的)，就应该在想要一个类"吸收"另一个类的数据成员和成员函数时，使用继承，而不应使用"拷贝-粘贴"方法。

软件工程视点 19.2

在继承的情况下，继承层次结构中所有类的公共数据成员和成员函数都应在基类中声明。当需要修改这些公共特征时，只需要修改基类，派生类继承该变化。如果没有用继承，则需要修改包含有问题的代码复制的所有源代码文件。

19.3.3　创建 CommissionEmployee-BasePlusCommissionEmployee 继承层次结构

　　下面创建并测试一个新版本的 BasePlusCommissionEmployee 类(参见图 19.10 至图 19.11)，该类派生于 CommissionEmployee 类(参见图 19.4 至图 19.5)。在这个实例中，BasePlusCommissionEmployee 对象是一种 CommissionEmployee(因为继承传递了 CommissionEmployee 类的功能)，但是 BasePlusCommission-Employee 类还具有数据成员 baseSalary(参见图 19.10 中的第 22 行)。第 10 行类定义中的冒号(:)表示继承。关键字 public 表示继承的类型。作为派生类(public 继承方式)，BasePlusCommission-Employee 继承了 CommissionEmployee 类中所有成员，但构造函数除外，每个类自己提供专属于自己的构造函数(析构函数也不被继承)。因此，BasePlusCommissionEmployee 的 public 服务包含它自己的构造函数(第 13 行至第 14 行)和从 CommissionEmployee 类继承来的 public 成员函数。尽管在 BasePlusCommissionEmployee 类的源代码中看不到这些继承来的成员函数，然而它们的确是派生类 BasePlusCommissionEmployee 的一部分。该派生类的 public 服务还包含成员函数 setBaseSalary, getBaseSalary, earnings 和 print(第 16 行至第 20 行)。

```
1   // Fig. 19.10: BasePlusCommissionEmployee.h
2   // BasePlusCommissionEmployee class derived from class
3   // CommissionEmployee.
4   #ifndef BASEPLUS_H
5   #define BASEPLUS_H
6
7   #include <string> // C++ standard string class
8   #include "CommissionEmployee.h" // CommissionEmployee class declaration
9
```

图 19.10　指出与 CommissionEmployee 类的继承关系的 BasePlusCommissionEmployee 类定义

```
10   class BasePlusCommissionEmployee : public CommissionEmployee
11   {
12   public:
13      BasePlusCommissionEmployee( const std::string &, const std::string &,
14         const std::string &, double = 0.0, double = 0.0, double = 0.0 );
15
16      void setBaseSalary( double ); // set base salary
17      double getBaseSalary() const; // return base salary
18
19      double earnings() const; // calculate earnings
20      void print() const; // print BasePlusCommissionEmployee object
21   private:
22      double baseSalary; // base salary
23   }; // end class BasePlusCommissionEmployee
24
25   #endif
```

图 19.10（续）　指出与 CommissionEmployee 类的继承关系的 BasePlusCommissionEmployee 类定义

```
1    // Fig. 19.11: BasePlusCommissionEmployee.cpp
2    // Class BasePlusCommissionEmployee member-function definitions.
3    #include <iostream>
4    #include <stdexcept>
5    #include "BasePlusCommissionEmployee.h"
6    using namespace std;
7
8    // constructor
9    BasePlusCommissionEmployee::BasePlusCommissionEmployee(
10      const string &first, const string &last, const string &ssn,
11      double sales, double rate, double salary )
12      // explicitly call base-class constructor
13      : CommissionEmployee( first, last, ssn, sales, rate )
14   {
15      setBaseSalary( salary ); // validate and store base salary
16   } // end BasePlusCommissionEmployee constructor
17
18   // set base salary
19   void BasePlusCommissionEmployee::setBaseSalary( double salary )
20   {
21      if ( salary >= 0.0 )
22         baseSalary = salary;
23      else
24         throw invalid_argument( "Salary must be >= 0.0" );
25   } // end function setBaseSalary
26
27   // return base salary
28   double BasePlusCommissionEmployee::getBaseSalary() const
29   {
30      return baseSalary;
31   } // end function getBaseSalary
32
33   // calculate earnings
34   double BasePlusCommissionEmployee::earnings() const
35   {
36      // derived class cannot access the base class's private data
37      return baseSalary + ( commissionRate * grossSales );
38   } // end function earnings
39
40   // print BasePlusCommissionEmployee object
41   void BasePlusCommissionEmployee::print() const
42   {
43      // derived class cannot access the base class's private data
44      cout << "base-salaried commission employee: " << firstName << ' '
45         << lastName << "\nsocial security number: " << socialSecurityNumber
46         << "\ngross sales: " << grossSales
47         << "\ncommission rate: " << commissionRate
48         << "\nbase salary: " << baseSalary;
49   } // end function print
```

Compilation Errors from the LLVM Compiler in Xcode

```
BasePlusCommissionEmployee.cpp:37:26:
   'commissionRate' is a private member of 'CommissionEmployee'
BasePlusCommissionEmployee.cpp:37:43:
   'grossSales' is a private member of 'CommissionEmployee'
```

图 19.11　BasePlusCommissionEmployee 类的实现文件：派生类不能访问 private 基类数据

```
BasePlusCommissionEmployee.cpp:44:53:
  'firstName' is a private member of 'CommissionEmployee'
BasePlusCommissionEmployee.cpp:45:10:
  'lastName' is a private member of 'CommissionEmployee'
BasePlusCommissionEmployee.cpp:45:54:
  'socialSecurityNumber' is a private member of 'CommissionEmployee'
BasePlusCommissionEmployee.cpp:46:31:
  'grossSales' is a private member of 'CommissionEmployee'
BasePlusCommissionEmployee.cpp:47:35:
  'commissionRate' is a private member of 'CommissionEmployee'
```

图 19.11(续) BasePlusCommissionEmployee 类的实现文件：派生类不能访问 private 基类数据

图 19.11 给出 BasePlusCommissionEmployee 的成员函数实现。构造函数(第 9 行至第 16 行)引入基类初始化语法(base-class initializer syntax)(第 13 行)，用成员初始化值给基类(CommissionEmployee)的构造函数传递实参。C++要求派生类的构造函数调用其基类的构造函数来初始化继承到该派生类中的基类数据成员。第 13 行通过按名字调用 CommissionEmployee 构造函数实现了该任务，将构造函数的形参 first, last, ssn, sales 和 rate 作为实参传递，来初始化基类数据成员 firstName, lastName, socialSecurityNumber, grossSales 和 commissionRate。如果 BasePlusCommissionEmployee 的构造函数不显式调用 CommissionEmployee 的构造函数，那么 C++就会试图调用 CommissionEmployee 类的默认构造函数，然而由于该类没有这样的构造函数，所以编译器会给出错误提示信息。第 16 章介绍过编译器给没有显式包含构造函数的类提供一个没有形参的默认构造函数。然而，CommissionEmployee 却显式包含了一个构造函数，因此不再提供默认构造函数，当试图显式调用 CommissionEmployee 的默认构造函数时，便会产生编译错误。

常见的编程错误 19.1

如果派生类的构造函数调用它的基类的构造函数，那么传递给基类构造函数的实参必须与基类中某个构造函数定义中的形参个数和类型一致，否则就会产生编译错误。

性能提示 19.1

在派生类构造函数中，在成员初始化列表中显式初始化成员对象或调用基类的构造函数可以防止重复初始化，即调用默认构造函数后又在派生类的构造函数体中重新修改数据成员。

访问基类的 private 成员会导致编译错误

编译器对图 19.11 中的第 37 行生成错误信息，因为基类 CommissionEmployee 的数据成员 commissionRate 和 grossSales 是 private 的，派生类 BasePlusCommissionEmployee 不能访问基类 CommissionEmployee 的 private 数据。同样原因，编译器在 BasePlusCommissionEmployee 的成员函数 print 的第 44 行至第 47 行会导致其他错误提示信息。C++严格限制 private 数据成员的访问，因此即使是派生类(与其基类密切相关)也不能访问基类的 private 数据。

防止 BasePlusCommissionEmployee 中的错误

我们故意在图 19.11 中包含了错误代码来演示派生类的成员函数不能访问它的基类中的 private 数据。可以用从 CommissionEmployee 继承来的 get 成员函数防止 BasePlusCommissionEmployee 中的错误。例如，第 37 行可以分别调用 getCommissionRate 和 getGrossSales 访问 CommissionEmployee 的 private 数据成员 commissionRate 和 grossSales。类似地，第 44 行至第 47 行可以使用相应的 get 成员函数获得基类数据成员的值。下一个实例，将演示使用 protected 数据也可以避免产生这种错误。

用#include 将基类的头文件包含到派生类中

注意，我们用#include 将基类的头文件包含到派生类的头文件中(参见图 19.10 中的第 8 行)。这样做是必要的，有三个原因。第一个原因是，为了使派生类中第 10 行可以使用基类名，就必须告诉编译器该基类存在，CommissionEmployee.h 中的类定义可实现该目的。

第二个原因是编译器使用类定义确定该类对象的大小(在 16.6 节中讨论过)。创建该类对象的客户程序必须将该类定义#include 进来，才能使编译器为该对象预留适当的内存空间。当使用继承时，派生类对象的大小取决于该类定义中显式声明的数据成员以及从它的直接或间接基类继承来的数据成员。在第 8 行中包含基类的定义使得编译器能够确定成为派生类对象一部分从而影响派生类对象大小的基类数据成员所需的内存。

写第 8 行语句的最后一个原因是使编译器能够确定派生类是否正确使用从基类继承来的成员。例如，图 19.10 至图 19.11 的程序中编译器使用基类头文件确定被派生类访问的数据成员在基类中是 private 的。由于它们在派生类中是不可访问的，编译器就会生成错误信息。编译器还使用基类的函数原型验证派生类对被继承的基类函数的调用的正确性。

继承层次结构的链接过程

16.7 节中讨论了创建一个可执行的 GradeBook 应用程序的链接过程。在那个例子中，客户的目标代码和 GradeBook 类的目标代码以及客户代码中或 GradeBook 类中使用的 C++标准库类进行链接。

使用继承层次结构中的类的程序的链接过程也类似。该过程需要程序中使用的所有类的目标代码以及程序中使用的派生类的直接或间接基类的目标代码。假设客户想创建一个使用 BasePlusCommission-Employee 类的应用程序，该类是 CommissionEmployee 类的派生类（19.3.4 节将给出实例）。当编译该客户应用程序时，客户目标代码必须与 BasePlusCommissionEmployee 类和 CommissionEmployee 类的目标代码链接，因为 BasePlusCommissionEmployee 类从 CommissionEmployee 类继承成员函数。该代码也与 BasePlusCommissionEmployee 类中和 CommissionEmployee 类中以及客户代码中使用的 C++标准库类的目标代码进行链接。这使得程序可以访问该程序可能使用的所有功能的实现。

19.3.4　使用 protected 数据的 CommissionEmployee-BasePlusCommission-Employee 继承层次结构

第 16 章介绍了访问限定符 public 和 private。基类的 public 成员在该类中以及具有该类及其派生类的对象句柄（即名字、引用和指针）的代码访问。基类的 private 成员只能被该类及基类的友元访问。本节将介绍 protected 访问限定符。

protected 的保护级别介于 public 和 private 之间。为了使 BasePlusCommissionEmployee 类能够直接访问 CommissionEmployee 的数据成员 firstName，lastName，socialSecurityNumber，grossSales 和 commissionRate，可以在基类中将这些成员声明为 protected。正如 19.3 节所讨论的，基类的 protected 成员可以被基类的成员和友元以及任何从该基类派生的类访问。

用 protected 数据定义基类 BasePlusCommissionEmployee

现在的 CommissionEmployee 类（参见图 19.12）将数据成员 firstName，lastName，socialSecurityNumber，grossSales 和 commissionRate 声明为 protected（第 31 行至第 36 行）而不是 private。CommissionEmployee.cpp 与图 19.5 的成员函数实现相同，因此本部分将其省略。

```cpp
1   // Fig. 19.12: CommissionEmployee.h
2   // CommissionEmployee class definition with protected data.
3   #ifndef COMMISSION_H
4   #define COMMISSION_H
5
6   #include <string> // C++ standard string class
7
8   class CommissionEmployee
9   {
10  public:
11     CommissionEmployee( const std::string &, const std::string &,
12        const std::string &, double = 0.0, double = 0.0 );
13
14     void setFirstName( const std::string & ); // set first name
15     std::string getFirstName() const; // return first name
16
17     void setLastName( const std::string & ); // set last name
```

图 19.12　声明了可被派生类访问的 protected 数据的 CommissionEmployee 类定义

```
18        std::string getLastName() const; // return last name
19
20        void setSocialSecurityNumber( const std::string & ); // set SSN
21        std::string getSocialSecurityNumber() const; // return SSN
22
23        void setGrossSales( double ); // set gross sales amount
24        double getGrossSales() const; // return gross sales amount
25
26        void setCommissionRate( double ); // set commission rate
27        double getCommissionRate() const; // return commission rate
28
29        double earnings() const; // calculate earnings
30        void print() const; // print CommissionEmployee object
31    protected:
32        std::string firstName;
33        std::string lastName;
34        std::string socialSecurityNumber;
35        double grossSales; // gross weekly sales
36        double commissionRate; // commission percentage
37    }; // end class CommissionEmployee
38
39    #endif
```

图 19.12(续)　声明了可被派生类访问的 protected 数据的 CommissionEmployee 类定义

BasePlusCommissionEmployee 类

图 19.10 至图 19.11 中的 BasePlusCommissionEmployee 类的定义保持不变，因此本部分将其省略。现在 BasePlusCommissionEmployee 类继承自修改的 CommissionEmployee 类(参见图 19.12)，BasePlusCommissionEmployee 类对象可以访问所继承的在 CommissionEmployee 类中声明为 protected 的数据成员(即数据成员 firstName，lastName，socialSecurityNumber，grossSales 和 commissionRate)。因此，编译器在编译图 19.11 中的 BasePlusCommissionEmployee 类的 earnings 和 print 成员函数定义(分别为第 34 行至第 38 行，第 41 行至第 49 行)时不会生成错误信息。这证明了派生类有权访问 protected 基类数据成员。派生类对象也可以访问该派生类的任何间接基类的 protected 成员。

BasePlusCommissionEmployee 类没有继承 CommissionEmployee 类的构造函数。然而 BasePlusCommissionEmployee 类的构造函数(参见图 19.11 中的第 9 行至第 16 行)用成员初始化语法显式调用 CommissionEmployee 类的构造函数(第 13 行)。前面介绍过，BasePlusCommissionEmployee 类的构造函数必须显式调用 CommissionEmployee 类的构造函数，因为 CommissionEmployee 类没有包含可以隐式调用的默认构造函数。

测试修改后的 BasePlusCommissionEmployee 类

为了测试修改的类层次结构，重用图 19.9 中的测试程序。创建第一个 BasePlusCommissionEmployee 类时没有使用继承，创建这个新版本的 BasePlusCommissionEmployee 类时使用了继承，然而这两个类提供相同的功能。BasePlusCommissionEmployee 类的代码(即头文件和实现文件)有 74 行，这比该类的非继承版本要少得多，非继承版本有 161 行，这是因为继承版本从 CommissionEmployee 类中吸收了一些功能，然而非继承版本没有吸收任何功能。而且现在只有一份在 CommissionEmployee 类中声明和定义的 CommissionEmployee 的功能副本。由于与 CommissionEmployee 相关的源代码只存在于 CommissionEmployee.h 和 CommissionEmployee.cpp 文件中，这使得源代码易于维护、修改和调试。

关于使用 protected 数据的说明

这个实例将基类的数据成员声明为 protected，使得派生类可以直接修改这些数据。继承 protected 数据成员可以稍微提高性能，这是因为可以直接访问成员从而消除调用 set 和 get 成员函数的开销。

软件工程视点 19.3

大多数情况下，最好使用 private 数据，以促进良好的软件工程，将代码优化问题留给编译器解决。这样可使代码易于维护、修改和调试。

```
Employee information obtained by get functions:

First name is Bob
Last name is Lewis
Social security number is 333-33-3333
Gross sales is 5000.00
Commission rate is 0.04
Base salary is 300.00

Updated employee information output by print function:

base-salaried commission employee: Bob Lewis
social security number: 333-33-3333
gross sales: 5000.00
commission rate: 0.04
base salary: 1000.00

Employee's earnings: $1200.00
```

图 19.13　派生类可以访问 protected 基类数据

使用 protected 数据成员有两个主要问题。第一个问题是，派生类对象不必用成员函数设置基类的 protected 数据成员的值。因此，派生类对象很容易给 protected 数据成员赋无效的值，使对象处于不一致状态。例如，如果将 CommissionEmployee 类的数据成员 grossSales 声明为 protected，则派生类(如 BasePlusCommissionEmployee)对象可能给 grossSales 赋一个负数值。使用 protected 数据成员的第二个问题是所编写的派生类成员函数更容易依赖于基类的实现。实际上，派生类应该只依赖于基类的服务(即非 private 成员函数)而不应依赖于基类的实现。当基类中有 protected 数据成员时，如果基类的实现改变了，则可能需要修改该基类的所有派生类。例如，由于某些原因需要将数据成员 firstName 和 lastName 的名字修改为 first 和 last，则必须修改派生类中直接引用这两个基类数据成员的语句。在这种情况下，称软件为易碎的(fragile 或 brittle)，因为基类中一个很小的改变则可能"破坏"派生类的实现。程序员应该在修改基类的实现同时为派生类提供同样的服务(当然，如果基类的服务改变了，则必须重新实现派生类，然而良好的软件工程应尽量防止发生这种情况)。

软件工程视点 19.4

当基类只为其派生类和友元提供服务(即成员函数)，而不为客户代码提供服务时，使用 protected 访问限定符是合适的。

软件工程视点 19.5

将基类数据成员声明为 private(而不是声明为 protected)可使程序员在修改基类实现时不必修改派生类的实现。

19.3.5　使用 private 数据的 CommissionEmployee-BasePlusCommission Employee 继承层次结构

现在让我们从良好的软件工程习惯角度出发再重新考虑一下继承层次结构。现在的 CommissionEmployee 类将数据成员 firstName，lastName，socialSecurityNumber，grossSales 和 commissionRate 声明为 private(参见图 19.4 中的第 31 行至第 36 行)。

修改 CommissionEmployee 类的成员函数定义

CommissionEmployee 构造函数实现(参见图 19.14 中的第 9 行至第 16 行)中使用成员初始化值(第 12 行)设置成员 firstName，lastName 以及 socialSecurityNumber 的值。这个实例演示了派生类 BasePlusCommission-Employee(参见图 19.15)怎样调用非 private 基类成员函数(setFirstName，getFirstName，setLastName，getLastName，setSocialSecurityNumber 和 getSocialSecurityNumber)操作这些数据成员。

构造函数、成员函数 ernings(参见图 19.14 中的第 85 行至第 88 行)、print(第 91 行至第 98 行)中调用了类的 set 和 get 函数访问该类的私有数据成员。如果要修改数据成员名，则不需要修改 earnings 和 print 的定义，只需要修改直接操作该数据成员的 set 和 get 函数。这些修改仅发生在基类内，不需要修改派生类。将修改的影响局部化，这是一项良好的软件工程。

```cpp
 1   // Fig. 19.14: CommissionEmployee.cpp
 2   // Class CommissionEmployee member-function definitions.
 3   #include <iostream>
 4   #include <stdexcept>
 5   #include "CommissionEmployee.h" // CommissionEmployee class definition
 6   using namespace std;
 7
 8   // constructor
 9   CommissionEmployee::CommissionEmployee(
10      const string &first, const string &last, const string &ssn,
11      double sales, double rate )
12      : firstName( first ), lastName( last ), socialSecurityNumber( ssn )
13   {
14      setGrossSales( sales ); // validate and store gross sales
15      setCommissionRate( rate ); // validate and store commission rate
16   } // end CommissionEmployee constructor
17
18   // set first name
19   void CommissionEmployee::setFirstName( const string &first )
20   {
21      firstName = first; // should validate
22   } // end function setFirstName
23
24   // return first name
25   string CommissionEmployee::getFirstName() const
26   {
27      return firstName;
28   } // end function getFirstName
29
30   // set last name
31   void CommissionEmployee::setLastName( const string &last )
32   {
33      lastName = last; // should validate
34   } // end function setLastName
35
36   // return last name
37   string CommissionEmployee::getLastName() const
38   {
39      return lastName;
40   } // end function getLastName
41
42   // set social security number
43   void CommissionEmployee::setSocialSecurityNumber( const string &ssn )
44   {
45      socialSecurityNumber = ssn; // should validate
46   } // end function setSocialSecurityNumber
47
48   // return social security number
49   string CommissionEmployee::getSocialSecurityNumber() const
50   {
51      return socialSecurityNumber;
52   } // end function getSocialSecurityNumber
53
54   // set gross sales amount
55   void CommissionEmployee::setGrossSales( double sales )
56   {
57      if ( sales >= 0.0 )
58         grossSales = sales;
59      else
60         throw invalid_argument( "Gross sales must be >= 0.0" );
61   } // end function setGrossSales
62
63   // return gross sales amount
64   double CommissionEmployee::getGrossSales() const
65   {
66      return grossSales;
67   } // end function getGrossSales
```

图 19.14 CommissionEmployee 类的实现文件，CommissionEmployee 类使用成员函数操作它的 private 数据

```
68
69    // set commission rate
70    void CommissionEmployee::setCommissionRate( double rate )
71    {
72       if ( rate > 0.0 && rate < 1.0 )
73          commissionRate = rate;
74       else
75          throw invalid_argument( "Commission rate must be > 0.0 and < 1.0" );
76    } // end function setCommissionRate
77
78    // return commission rate
79    double CommissionEmployee::getCommissionRate() const
80    {
81       return commissionRate;
82    } // end function getCommissionRate
83
84    // calculate earnings
85    double CommissionEmployee::earnings() const
86    {
87       return getCommissionRate() * getGrossSales();
88    } // end function earnings
89
90    // print CommissionEmployee object
91    void CommissionEmployee::print() const
92    {
93       cout << "commission employee: "
94          << getFirstName() << ' ' << getLastName()
95          << "\nsocial security number: " << getSocialSecurityNumber()
96          << "\ngross sales: " << getGrossSales()
97          << "\ncommission rate: " << getCommissionRate();
98    } // end function print
```

图 19.14（续）　CommissionEmployee 类的实现文件，CommissionEmployee 类使用成员函数操作它的 private 数据

性能提示 19.2

使用成员函数访问数据成员的值可能比直接访问这些数据稍微慢些。然而，当今的优化编译器可以隐式执行很多优化操作（如内联 set 函数和 get 函数调用）。因此，程序员应该根据正确的软件工程原则编写代码，将优化问题留给编译器处理。一个良好的规则是"不要猜测编译器将来要成为什么样子"。

修改 BasePlusCommissionEmployee 类的成员函数定义

BasePlusCommissionEmployee 类继承了 CommissionEmployee 类的 public 成员函数，并可以通过继承的成员函数访问基类的 private 成员。类的头文件如图 19.10 所示，没有变化。对其成员函数（参见图 19.15）进行了几处修改，使之与之前的版本（参见图 19.10 至图 19.11）不同。成员函数 earnings（参见图 19.15 中的第 34 行至第 37 行）与 print（第 40 行至第 48 行）都通过调用成员函数 getBaseSalary 来获得基本工资的值，而没有直接访问 baseSalary。这样做使得 earnings 和 print 不受数据成员 baseSalary 实现的变化的影响。例如，如果重命名数据成员 baseSalary 或改变它的数据类型，则只需修改成员函数 setBaseSalary 和 getBaseSalary 即可。

```
1     // Fig. 19.15: BasePlusCommissionEmployee.cpp
2     // Class BasePlusCommissionEmployee member-function definitions.
3     #include <iostream>
4     #include <stdexcept>
5     #include "BasePlusCommissionEmployee.h"
6     using namespace std;
7
8     // constructor
9     BasePlusCommissionEmployee::BasePlusCommissionEmployee(
10       const string &first, const string &last, const string &ssn,
11       double sales, double rate, double salary )
12       // explicitly call base-class constructor
13       : CommissionEmployee( first, last, ssn, sales, rate )
14    {
15       setBaseSalary( salary ); // validate and store base salary
16    } // end BasePlusCommissionEmployee constructor
17
```

图 19.15　继承自 CommissionEmployee 类但不能直接访问该类
的 private 数据的 BasePlusCommissionEmployee 类

```
18    // set base salary
19    void BasePlusCommissionEmployee::setBaseSalary( double salary )
20    {
21       if ( salary >= 0.0 )
22          baseSalary = salary;
23       else
24          throw invalid_argument( "Salary must be >= 0.0" );
25    } // end function setBaseSalary
26
27    // return base salary
28    double BasePlusCommissionEmployee::getBaseSalary() const
29    {
30       return baseSalary;
31    } // end function getBaseSalary
32
33    // calculate earnings
34    double BasePlusCommissionEmployee::earnings() const
35    {
36       return getBaseSalary() + CommissionEmployee::earnings();
37    } // end function earnings
38
39    // print BasePlusCommissionEmployee object
40    void BasePlusCommissionEmployee::print() const
41    {
42       cout << "base-salaried ";
43
44       // invoke CommissionEmployee's print function
45       CommissionEmployee::print();
46
47       cout << "\nbase salary: " << getBaseSalary();
48    } // end function print
```

图 19.15(续)   继承自 CommissionEmployee 类但不能直接访问该类
的 private 数据的 BasePlusCommissionEmployee 类

BasePlusCommissionEmployee 类的 earings 成员函数

BasePlusCommissionEmployee 类的 earings 函数(参见图 19.15 中的第 34 行至第 37 行)重新定义了 CommissionEmployee 类的 earnings 成员函数(参见图 19.14 中的第 85 行至第 88 行),计算带基本工资的佣金工的收入。BasePlusCommissionEmployee 类的 earnings 通过表达式 CommissionEmployee::earnings()(参见图 19.15 中的第 36 行)调用基类 CommissionEmployee 的 earnings 函数获得员工的佣金收入,然后将基本工资与该值相加计算该员工的总收入。注意,在派生类中调用被重新定义的基类成员函数的语法,将基类名和二元作用域运算符(::)放在基类成员函数名前面。该成员函数调用是一个良好的软件工程习惯,前面介绍过,如果对象的成员函数执行另一个对象所需要的行为,则应该调用成员函数,而不是复制代码。通过用 BasePlusCommissionEmployee 类的 earnings 函数调用 CommissionEmployee 类的 earnings 函数,避免了重复代码并减少了代码维护问题。

常见的编程错误 19.2

派生类中重新定义基类成员函数时,为了完成某些附加工作,派生类版本经常需要调用该函数的基类版本。当引用该基类版本的成员函数时,如果不加基类名以及::运算符,则会由于派生类的成员函数一直调用其自身而导致无限递归。

BasePlusCommissionEmployee 类的 print 成员函数

类似地,BasePlusCommissionEmployee 类的 print 函数(参见图 19.15 中的第 40 行至第 48 行)重新定义了 CommissionEmployee 类中的成员函数 print(参见图 19.14 中的第 91 行至第 98 行),输出适合于带基本工资的佣金工的信息。这个新版本通过用 CommissionEmployee:: print()表达式(参见图 19.15 中的第 45 行)调用 CommissionEmployee 类的成员函数 print,来输出 BasePlusCommissionEmployee 类对象的部分信息(即字符串"Commission Employee"和 CommissionEmployee 类的 private 数据成员的值),然后输出 BasePlusCommissionEmployee 类对象的其他剩余的信息(即 BasePlusCommissionEmployee 类的基本工资的值)。

测试修改后的类层次结构

使用图 19.9 中的 BasePlusCommissionEmployee 的测试程序生成相同的输出。尽管每个"带基本工资的佣金工"类的行为相同，但这个 BasePlusCommissionEmployee 类在软件工程方面而言是最好的。通过使用继承和调用能够隐藏数据并确保一致性的成员函数，可以高效地创建良好软件工程的类。

关于 CommissionEmployee-BasePlusCommissionEmployee 示例的小结

本节中演示了不断进化的示例集合，这些精心设计的示例讲授了如何使用继承实现良好的软件工程。我们学习了如何使用继承创建派生类；如何通过使用 protected 基类成员，使得派生类可以访问其所继承的基类中的数据成员；如何改进基类的成员函数，使其更适用于派生类对象。另外，从第 17 章开始，还学习了如何应用软件工程技术，本章学习了如何创建易于维护、修改和调试的类。

19.4　派生类的构造函数与析构函数

前面的章节介绍过，实例化派生类对象会产生一系列的构造函数调用，派生类的构造函数在执行自己的任务前，首先显式地（通过基类成员初始化值）或隐式地（调用基类的默认构造函数）调用它的直接基类的构造函数。类似地，如果基类是从另一个类派生而来的，那么基类的构造函数需要调用继承结构中在它上层的类的构造函数，如此往复。在这些构造函数调用中最后一个被调用的是在层次结构中的最上层的基类的构造函数，但是该构造函数的函数体最先执行。最初的派生类的构造函数体最后执行。每个基类构造函数初始化派生类对象继承来的数据成员。例如在我们正在学习的 CommissionEmployee/BasePlusCommissionEmployee 继承层次中。当创建 BasePlusCommissionEmployee 类对象时，CommissionEmployee 构造函数被调用。由于 CommissionEmployee 类在继承层次的最上层，因此它的构造函数首先执行，初始化 CommissionEmployee 类中成为 BasePlusCommissionEmployee 类对象一部分的 private 数据成员。当 CommissionEmployee 类的构造函数执行完毕时，将控制返回到 BasePlusCommissionEmployee 类的构造函数，初始化 BasePlusCommissionEmployee 类对象的 baseSalary 数据成员。

软件工程视点 19.6

创建派生类对象时，派生类的构造函数会立即调用基类的构造函数，执行基类构造函数的函数体，然后执行派生类的成员初始化值，最后才执行派生类的构造函数的函数体。如果继承层次多于两层，那么该过程是递归的。

当派生类对象被释放时，程序会调用该对象的析构函数。这会产生一系列的析构函数调用，派生类的析构函数以及它的直接或间接基类或类成员的析构函数的执行顺序与它们的构造函数的执行顺序相反。当派生类对象的析构函数被调用时，该析构函数首先执行它的任务，然后调用继承层次结构中在它上层的类的析构函数。该过程不断循环直到继承层次结构中最上层的基类的析构函数被调用为止。然后从内存中删除该对象。

软件工程视点 19.7

假设创建派生类对象，基类和派生类中都包含其他类的对象。则创建派生类对象时，首先执行基类成员对象的构造函数，然后执行基类的构造函数，然后执行派生类成员对象的构造函数，最后执行派生类的构造函数。析构函数的调用顺序与对应的构造函数的调用顺序相反。

基类的构造函数、析构函数以及重载的赋值运算符（参见第 18 章）不会被派生类继承。然而，派生类的构造函数、析构函数以及重载的赋值运算符可以调用基类的构造函数、析构函数以及重载的赋值运算符。

C++11：继承基类的构造函数

有时派生类的构造函数和基类的构造函数完全相同。C++11 提供了一个方便的特征就是允许继承基类的构造函数。可以通过在派生类中的任意位置显式包含一个如下的 using 声明实现该功能

using *BaseClass*::*BaseClass*;

其中 BaseClass 是基类的名字。除以下几个特例外，对基类中的各个构造函数，编译器生成调用基类构造函数的派生类构造函数。生成的构造函数对派生类中新增的数据成员只执行默认的初始化。当继承构造函数时

- 默认情况下，每个继承的构造函数和基类的构造函数具有相同的访问级别(public，protected 或 private)。
- 默认情况下，复制和移动构造函数不会被继承。
- 如果在基类中用=delete 删除了构造函数，则在派生类中相应的构造函数也被删除。
- 如果派生类没有显式定义构造函数，编译器会在派生类内生成一个默认的构造函数，即使它从基类中继承了其他的构造函数。
- 如果在派生类中显式定义的构造函数和基类的构造函数具有相同的形参列表，则不会继承基类的构造函数。
- 基类构造函数的默认实参不会被继承，编译器在派生类中生成重载的构造函数。例如，如果基类声明的构造函数

BaseClass(**int** = 0, **double** = 0.0);

编译器会生成如下两个不带默认实参的派生类构造函数：

DerivedClass(**int**);
DerivedClass(**int**, **double**);

这两个构造函数都指定了默认实参的 BaseClass 构造函数。

19.5　public，protected 和 private 继承

从基类派生一个类有三种方式：public，protected 和 private。protected 和 private 继承不常用，并且使用这两种方式时必须相当小心。本书中的实例通常使用 public 继承。图 19.16 总结了每种继承方式下基类成员在派生类中的访问权限。第一列是基类成员的访问限定符。

基类成员的访问限定符	继承类型		
	public 继承	protected 继承	private 继承
public	在派生类中为 public 可被成员函数、友元函数以及非成员函数直接访问	在派生类中为 protected 可被成员函数、友元函数直接访问	在派生类中为 private 可被成员函数、友元函数直接访问
protected	在派生类中为 protected 可被成员函数、友元函数直接访问 在派生类中被隐藏	在派生类中为 protected 可被成员函数、友元函数直接访问 在派生类中被隐藏	在派生类中为 private 可被成员函数、友元函数直接访问 在派生类中被隐藏
private	可以通过基类的 public 或 protected 成员函数，被成员函数和友元函数访问	可以通过基类的 public 或 protected 成员函数，被成员函数和友元函数访问	可以通过基类的 public 或 protected 成员函数，被成员函数和友元函数访问

图 19.16　基类成员在派生类中的访问权限

从 public 基类派生一个类时，基类的 public 成员成为派生类的 public 成员，基类的 protected 成员成为派生类的 protected 成员。派生类永远不能直接访问基类的 private 成员，但是可以通过调用基类的 public 和 protected 成员间接访问。

从 protected 基类派生一个类时，基类的 public 和 protected 成员成为派生类的 protected 成员。从 private 基类派生一个类时，基类的 public 和 protected 成员成为派生类的 private 成员(如函数成为工具函数)。private 继承和 protected 继承不是 is-a 关系。

19.6　关于继承的软件工程

学生们很难认识到工业中大型软件项目设计者所面临的问题。有过这种项目经验的人都知道有效的软件重用可以改进软件开发过程。面向对象编程便于软件重用，因此可以缩短开发时间、提高软件质量。

当使用继承从已有的类创建一个新类时，新类会继承已有类的数据成员和成员函数，如图 19.16 所示。可以通过增加新的成员和重新定义基类成员函数修改新类。在 C++中，编写派生类的程序员不必访问基类的源代码便可以实现该过程。但派生类必须能够链接到基类的目标代码。这种强大的功能对于软件开发人员而言很有吸引力。他们可以拥有其所开发的类的所有权，在开发了可以以目标代码形式提供给用户的类后，就可以销售和发放使用许可证。用户不用访问源代码，便可以从这些类库快速地派生新类。开发人员只需提供目标代码和头文件。

软件工程视点 19.8
在面向对象系统的设计阶段，设计者经常需要确定哪些类是紧密相关的。应该提取公共属性和行为放在基类中，然后通过继承生成派生类。

软件工程视点 19.9
创建派生类不会影响基类的源代码。继承机制保护了基类的完整性。

19.7　本章小结

本章介绍了继承，通过吸收已有类的数据成员和成员函数并增加新功能创建一个新类。通过使用一系列员工继承层次结构的实例，学习基类和派生类的概念，还学习了使用 public 继承创建一个从基类中继承成员的派生类。介绍了访问限定符 protected，派生类的成员函数可以访问 protected 基类成员。学习了怎样用基类名和二元作用域运算符(::)访问被重新定义的基类成员。还介绍了继承层次结构中类对象的构造函数和析构函数的调用顺序。最后介绍了三种继承方式：public，protected 和 private，还介绍了这几种继承方式下的基类成员的访问权限。

第 20 章，将通过介绍多态讨论继承。多态是一个面向对象概念，使我们可以以更通用的方法处理由继承关联的各类对象。在学习第 20 章后，读者可以熟练掌握面向对象编程的基本概念：类、对象、封装、继承和多态。

摘要

19.1　引言
● 软件重用可以减少程序的开发时间和开销。
● 继承是一种软件重用形式，程序员通过已有的类创建新类，新类吸收已有类的数据和行为并增加新的功能。已有的类称为基类，新类称为派生类。
● 派生类的每个对象也是该派生类的基类的对象。然而基类对象不是它的派生类的对象。
● is-a 关系表示继承。在 is-a 关系中，派生类对象也可作为基类对象处理。
● has-a 关系表示组合，一个对象包含了一个或多个其他类对象作为它的成员，但是不直接在接口中显示它们的行为。

19.2　基类和派生类
● 直接基类是派生类显式继承的类。间接基类是从二层或二层以上的类的层次结构中继承的基类。
● 在单继承的情况下，一个类只从一个基类派生。在多继承的情况下，派生类继承于多个(可能不相关的)基类。
● 派生类表示一组更特殊的对象。

- 继承关系形成了类的层次结构。
- 基类对象和派生类的对象可能采用相似的处理方式；两个类型间公共的部分表示为基类的数据成员和成员函数。
- 派生类通常包含从它的基类继承的行为，还包含新增加的行为。派生类也可以修改从基类继承的行为。

19.4 派生类的构造函数与析构函数

- 实例化派生类对象时，会立即调用基类的构造函数，初始化派生类对象中的基类数据成员。
- 当派生类对象被释放时，析构函数被调用，顺序与构造函数的调用顺序相反。首先调用派生类的析构函数，然后调用基类的析构函数。
- 基类的 public 成员在该基类中以及程序中任何具有该基类或其派生类的句柄的地方都是可访问的。当类名在作用域内时，可用二元作用域运算符访问基类的 public 成员。
- 基类的 private 成员只能在基类中访问或被该基类的友元访问。
- 基类的 protected 成员可以被该基类的成员和友元访问,还可被该基类的派生类的成员和友元访问。
- C++11 中派生类可以通过在派生类中的任意位置显式包含一个如下的 using 声明继承基类的构造函数 using BaseClass::BaseClass;

19.5 public，protected 和 private 继承

- 将数据成员声明为 private 并提供非 private 函数来操作数据成员和验证这些数据成员的有效性有助于强化良好的软件工程。
- 从基类派生一个类有三种方式：public，protected 和 private。
- 从 public 基类派生一个类时，基类的 public 成员成为派生类的 public 成员，基类的 protected 成员成为派生类的 protected 成员。
- 从 protected 基类派生一个类时，基类的 public 和 protected 成员成为派生类的 protected 成员。
- 从 private 基类派生一个类时，基类的 public 和 protected 成员成为派生类的 private 成员。

自测题

19.1 填空

(a)_____是一种软件重用形式，新类吸收已有类的数据与行为，并在已有类的基础上增加新的功能。

(b)基类的_____成员只能在基类定义中或派生类定义中访问。

(c)在_____关系中，派生类对象也可以作为基类对象处理。

(d)在_____关系中，有一个或多个其他类对象作为一个类对象的成员。

(e)在单继承中，类和它的派生类间存在一种_____关系。

(f)基类的_____成员可以在基类中访问，也可以在处理基类对象或它的派生类对象的程序中的任意位置访问。

(g)基类的 protected 类型成员的受保护级别在 public 与_____之间。

(h)C++提供_____，允许派生类从多个基类继承，即使这些基类不相关。

(i)当实例化派生类对象时，基类的_____被隐式或显式调用，来初始化派生类对象从基类继承来的数据成员。

(j)当以 public 继承方式从基类派生一个类时，基类的 public 成员变成派生类的_____成员，基类的 protected 成员变成派生类的_____成员。

(k)当以 protected 继承方式从基类派生一个类时,基类的 public 成员变成派生类的_____成员，基类的 protected 成员变成派生类的_____成员。

19.2 判断下列语句的正误。如果错误，请说明原因。

(a) 基类的构造函数没有被派生类继承。

(b) has-a 关系用继承实现。

(c) Car 类与 SteeringWheel 类以及 Brakes 类之间是一种 is-a 关系。

(d) 继承促进已被证明是高质量的软件重用。

(e) 在派生类对象被释放前，析构函数被调用，调用顺序与构造函数的调用顺序相反。

自测题答案

19.1 (a) 继承。(b) protected。(c) is-a 或继承(public 继承)。(d) has-a 或组合。(e) 层次。(f) public (g) private。(h) 多继承。(i) 构造函数。(j) public, protected。(k) protected, protected。

19.2 (a) 正确。(b) 错误。has-a 关系用组合实现，is-a 关系用继承实现。(c) 错误。这是个 has-a 关系。类 Car 和 Vehicle 之间是 is-a 关系。(d) 正确。(e) 正确。

练习题

19.3 (用组合代替继承) 很多用继承编写的程序可以用组合代替，反之亦然。将 CommissionEmployee-BasePlusCommissionEmployee 类层次中的 BasePlusCommissionEmployee 改写为使用组合而不用继承。然后，评价这两种方法在设计 CommissionEmployee 类与 BasePlusCommissionEmployee 类以及一般面向对象程序中的优缺点。哪一种方法更自然？为什么？

19.4 (继承的优点) 讨论继承促进软件重用、节省程序开发时间以及有助于防止错误的途径。

19.5 (**protected 与 private 基类的比较**) 有些程序员不喜欢使用 protected 访问，因为他们认为 protected 破坏了基类的封装性。讨论在基类中使用 protected 访问与使用 private 访问的优缺点。

19.6 (**Student 继承层次结构**) 为大学中的学生绘制一个像图 19.2 那样的继承层次结构。将 Student 作为层次结构中的基类，然后增加由 Student 派生出的 UndergraduateStudent 类和 GraduateStudent 类。继续尽可能深地扩展这个层次结构。例如，可以由 UndergraduateStudent 类派生 Freshman，Sophomore，Junior 和 Senior。然后，讨论各个类间的关系(注意：不必编写代码)。

19.7 (**图形继承层次结构**) 现实世界中的图形种类要远远多于图 19.3 继承层次结构中的图形种类。写出所有你能想到的图形(包括二维的和三维的)，形成一个尽可能多层的、更加完整的图形层次结构。层次结构中以 Shape 作为基类，TwoDimensionalShap 类和 ThreeDimensionalShap 类由它派生出来(注意：不必编写代码)。第 20 章中的练习题将使用这个层次结构，将多个不同的图形作为基类 Shape 的对象处理(这种技术称为多态，是第 20 章的主题)。

19.8 (**多边形继承层次结构**) 绘制四边形、梯形、平行四边形、矩形和正方形间的继承层次结构。将四边形作为层次结构中的基类。让层次尽量深。

19.9 (**Package 继承层次结构**) 包裹运输服务，如 FedEx，DHL 与 UPS，提供了多种不同的运输选择，每种服务都有特定的费用。建立一个继承层次结构表示多种不同类型的包裹，将 Package 作为继承层次中的基类，然后从 Package 派生出 TwoDayPackage 类和 OvernightPackage 类。基类 Package 包含数据成员，表示包裹的寄件人和收件人的名字、地址、城市、州和邮编。此外，还有数据成员表示包裹的质量(以盎司为单位)和运输每盎司的包裹的费用。Package 的构造函数初始化这些数据成员，确保包裹的质量和运输每盎司的包裹的费用是正数。提供一个 public 成员函数 calculateCost，返回一个 double 类型的值，表示传递这个包裹的费用。成员函数 calculateCost 通过用包裹的质量乘以每盎司的费用确定传递这个包裹的费用。派生类 TwoDayPackage 继承基类 Package 的功能，但还包含一个数据成员表示运输公司对两天交货服务收取的固定费用。TwoDayPackage 的构造函数接收一个值初始化这个数据成员。OvernightPackage 类直接继承基类 Package 的功能，并包含另一个数据成员表示隔夜交货服务每盎司收取的额外费用。OvernightPackage

类重新定义 calculateCost 成员函数,在计算运输费用之前,将每盎司收取的额外费用加到每盎司的标准费用上。编写一个测试程序,建立每种类型的 Package 对象,并测试成员函数 calculateCost。

19.10 (**Account 继承层次结构**)创建一个可供银行表示客户银行账户的继承层次结构。银行的所有客户都可以向账户中存款和取款。也有更特殊的账户。例如,储蓄账户,存款可以获得利息;而支票账户,对每次交易(即存或取款)都要收费。

创建一个包含基类 Account、派生类 SavingsAccount 和 CheckingAccount 的继承层次结构。基类 Account 包含一个 double 类型的数据成员,表示账户余额。提供一个构造函数,接收一个初始余额并用它初始化数据成员。构造函数验证余额值,保证它大于或等于 0.0,否则,将余额设置成 0.0 并显示错误信息,指出初始余额是无效的。提供三个成员函数:成员函数 credit,向当前余额中增加存款。成员函数 debit,从 Account 中取款,并确保取款额不超过 Account 的余额,如果超过,则余额应保持不变,输出信息"Debit amount exceeded account balance"。成员函数 getBalance 返回当前余额。

派生类 SavingsAccount 继承 Account 的功能,还包含一个 double 类型的数据成员,表示 Account 的利率。SavingsAccount 的构造函数接收初始余额和 SavingsAccount 的利率的初始值。还应该提供一个 public 成员函数 calculateInterest,返回一个 double 型值,表示账户获得的利息数目。calculateInterest 通过乘以利率和账户余额获得利息数目(注意:SavingsAccount 按原样继承成员函数 credit 和 debit,而不用重新定义它们)。

派生类 CheckingAccount 继承基类 Account 的功能,还包含一个额外的 double 类型的数据成员表示每次交易收取的费用。CheckingAccount 的构造函数接收初始余额和一个表示费用数目的形参。重新定义成员函数 credit 和 debit,使它们在这两种事务执行成功时,可以从账户余额中减去费用。这两个函数调用基类 Account 中的函数来修改账户余额。CheckingAccount 的 debit 函数只在实际取出存款(即取款量不超过账户余额)的情况下收费(提示:定义 Account 的 debit 函数时,使其返回一个 bool 值,表示是否成功取款。然后,使用这个返回值判定是否应该收费)。

在按照这种层次结构定义各个类后,编写一个程序,创建每个类的对象,并测试它们的成员函数。向 SavingsAccount 类对象中增加利息,首先调用 SavingsAccount 的 calculateInterest 函数,然后将返回的利息数目传递给对象的 credit 函数。

第 20 章　面向对象编程：多态

学习目标

在本章中，读者将学习以下内容：

- 多态如何使编程更加方便，如何使系统更加易于扩展。
- 抽象类和具体类的区别，创建抽象类。
- 使用运行时类型信息(RTTI)。
- C++如何实现虚函数和动态联编。
- 怎样用虚析构函数确保对象执行适当的析构函数

提纲

20.1　引言

现在继续研究 OOP，介绍与继承层次结构相关的多态(Polymorphism)。多态使得开发人员可以"用通用的方法编程"而不是局限于"用特殊的方法编程"。特别是，多态使得开发人员可以把类层次结构中的类对象看成该层次结构中的基类对象来处理。后面将会介绍，多态适用于有基类指针句柄和基类引用句柄的情况，而不适用于对象名句柄。

实现易于扩展的系统

　　多态使设计和实现易于扩展的系统成为可能。对程序的通用部分稍做修改或不做修改就可以向程序中增加新类，只要这些类属于以通用方式处理的继承层次结构即可。只需修改需要直接了解加入层次结构中的新类的部分。例如，如果创建继承自 Animal 类的 Tortoise 类(对 move 消息的响应可能是爬行 1 英尺)，只需要编写 Tortoise 类和实例化 Tortoise 对象的模拟部分。以通用方式处理各种 Animal 的模拟部分仍保持不变。

选讲讨论多态的"幕后机制"

　　本章的主要特点是详细讨论了多态，虚函数以及动态联编，使用一个详细的图来介绍 C++中如何实现多态。

20.2　多态简介：多态的视频游戏

　　下面考虑另一个例子。在设计一个视频游戏的过程中，需要操作多种不同类型的对象，这些对象可以是 Martian，Venusian，Plutonian，SpaceShip 和 LaserBeam 类的对象。假设这些类均继承自公共基类 SpaceObject，并且 SpaceObject 类有一个成员函数 draw。每种派生类以适合于自己的方式实现这个函数。屏幕管理程序使用容器(如 vector)保存指向各种类对象的 SpaceObject 指针。为了能够刷新屏幕，屏幕管理程序周期性地向每个对象发送同一条 draw 消息。不同类型的对象会以不同的方式响应这条消息。例如，Martian 对象可能将自己绘制成红色并且有触角，SpaceShip 对象可能将自己绘制成银色的飞碟，LaserBeam 对象可能将自己绘制成穿过屏幕的明亮的红色光束。同样的消息(在这个例子中是 draw)发送给各种对象时却产生多种不同形式的结果。

　　以这种方式实现的多态屏幕管理程序便于向系统中增加新类，只需对代码稍做修改即可。假设要向视频游戏中增加一个 Mercurian 类对象，则必须创建一个 Mercurian 类，该类从 SpaceObject 派生而来，但自己提供了成员函数 draw 的定义。当指向 Mercurian 类对象的指针出现在容器中时，不需要修改屏幕管理程序的代码。屏幕管理程序对容器中的每个对象都调用成员函数 draw，而不用考虑对象的类型，因此可以简单地将新的 Mercurian 对象插入到程序中。从而，不用修改系统(除了创建类并将该类包含进来外)，通过多态就可以把额外的类，甚至是在创建系统之前没有预计到的类，加入系统中。

软件工程视点 20.1

利用虚函数和多态，程序员可以以通用的方法处理程序，而让执行环境处理特殊情况。即使不知道对象的类型，程序员也可以命令对象产生适合于这些对象的行为——只要这些对象属于同一个继承层次结构，并通过公共基类指针访问即可。

软件工程视点 20.2

多态可以提高可扩展性：可以用与接收消息的对象类型无关的方式编写处理多态行为的软件。因此，不必修改基本系统，就可以将能够响应已有消息的新类型的对象加入到系统中。只需修改实例化新对象的客户代码，使之适用于新类型即可。

20.3　继承层次结构中对象间的关系

　　19.3 节创建了一个员工类层次结构，在该结构中 BasePlusCommissionEmployee 类继承自 Commission-Employee 类。第 19 章中的例子通过用对象名调用成员函数来操作 CommissionEmployee 类对象和 BasePlus-CommissionEmployee 类对象。下面进一步研究类之间的关系。后面几节中给出了一系列例子，演示基类和派生类指针怎样指向基类和派生类对象，怎样用这些指针调用对这些对象进行操作的成员函数。

20.3.1 节，将派生类对象的地址赋给基类指针，然后演示通过基类指针调用函数时所调用的是基类中的功能，即由句柄的类型决定调用哪个函数。

20.3.2 节，将基类对象的地址赋给派生类指针，这会导致编译错误。该节将讨论错误信息并研究为什么编译器不允许这种赋值操作。

20.3.3 节，将派生类对象的地址赋给基类指针，然后研究基类指针如何只能用于调用基类的功能，当试图用派生类指针调用基类成员函数时，会产生编译错误。

最后，20.3.4 节，将介绍虚函数以及通过将基类中的函数声明成虚函数实现多态。然后将派生类对象的地址赋给基类指针，并用该指针调用派生类中的功能，这正是需要实现的多态行为。

这些例子中的一个主要概念是演示派生类对象可以当做其基类对象处理。从而可进行多种有价值的操作。例如，可以创建一个指向多种类型的派生类对象的基类指针数组。由于每个派生类对象都是它的基类对象，因此编译器允许派生类对象属于不同的类型。然而，不能将基类对象当成派生类对象处理。例如，第 19 章定义的层次结构中，CommissionEmployee 不是一种 BasePlusCommissionEmployee，CommissionEmployee 没有数据成员 baseSalary，也没有成员函数 setBaseSalary 和 getBaseSalary。is-a 关系只适用于从派生类到其直接或间接基类间的关系。

20.3.1　派生类对象调用基类的函数

图 20.1 重用了 19.3.5 节中最终版的 CommissionEmployee 类和 BasePlusCommissionEmployee 类。这个例子演示了将基类指针和派生类指针指向基类对象和派生类对象的三种方式。前两种方式很直接，将基类指针指向基类对象（并且调用基类的功能），将派生类指针指向派生类对象（并且调用派生类的功能）。然后通过将基类指针指向派生类对象，演示派生类和基类的关系（即继承的 is-a 关系），并演示派生类对象可以获得基类的功能。

```cpp
 1   // Fig. 20.1: fig20_01.cpp
 2   // Aiming base-class and derived-class pointers at base-class
 3   // and derived-class objects, respectively.
 4   #include <iostream>
 5   #include <iomanip>
 6   #include "CommissionEmployee.h"
 7   #include "BasePlusCommissionEmployee.h"
 8   using namespace std;
 9
10   int main()
11   {
12      // create base-class object
13      CommissionEmployee commissionEmployee(
14         "Sue", "Jones", "222-22-2222", 10000, .06 );
15
16      // create base-class pointer
17      CommissionEmployee *commissionEmployeePtr = nullptr;
18
19      // create derived-class object
20      BasePlusCommissionEmployee basePlusCommissionEmployee(
21         "Bob", "Lewis", "333-33-3333", 5000, .04, 300 );
22
23      // create derived-class pointer
24      BasePlusCommissionEmployee *basePlusCommissionEmployeePtr = nullptr;
25
26      // set floating-point output formatting
27      cout << fixed << setprecision( 2 );
28
29      // output objects commissionEmployee and basePlusCommissionEmployee
30      cout << "Print base-class and derived-class objects:\n\n";
31      commissionEmployee.print(); // invokes base-class print
32      cout << "\n\n";
33      basePlusCommissionEmployee.print(); // invokes derived-class print
34
35      // aim base-class pointer at base-class object and print
36      commissionEmployeePtr = &commissionEmployee; // perfectly natural
37      cout << "\n\n\nCalling print with base-class pointer to "
38         << "\nbase-class object invokes base-class print function:\n\n";
```

图 20.1　将基类和派生类对象的地址赋给基类和派生类指针

```
39        commissionEmployeePtr->print(); // invokes base-class print
40
41        // aim derived-class pointer at derived-class object and print
42        basePlusCommissionEmployeePtr = &basePlusCommissionEmployee; // natural
43        cout << "\n\n\nCalling print with derived-class pointer to "
44            << "\nderived-class object invokes derived-class "
45            << "print function:\n\n";
46        basePlusCommissionEmployeePtr->print(); // invokes derived-class print
47
48        // aim base-class pointer at derived-class object and print
49        commissionEmployeePtr = &basePlusCommissionEmployee;
50        cout << "\n\n\nCalling print with base-class pointer to "
51            << "derived-class object\ninvokes base-class print "
52            << "function on that derived-class object:\n\n";
53        commissionEmployeePtr->print(); // invokes base-class print
54        cout << endl;
55    } // end main
```

```
Print base-class and derived-class objects:

commission employee: Sue Jones
social security number: 222-22-2222
gross sales: 10000.00
commission rate: 0.06

base-salaried commission employee: Bob Lewis
social security number: 333-33-3333
gross sales: 5000.00
commission rate: 0.04
base salary: 300.00

Calling print with base-class pointer to
base-class object invokes base-class print function:

commission employee: Sue Jones
social security number: 222-22-2222
gross sales: 10000.00
commission rate: 0.06

Calling print with derived-class pointer to
derived-class object invokes derived-class print function:

base-salaried commission employee: Bob Lewis
social security number: 333-33-3333
gross sales: 5000.00
commission rate: 0.04
base salary: 300.00

Calling print with base-class pointer to derived-class object
invokes base-class print function on that derived-class object:

commission employee: Bob Lewis
social security number: 333-33-3333
gross sales: 5000.00
commission rate: 0.04  ——— Notice that the base salary is not displayed
```

图 20.1(续) 将基类和派生类对象的地址赋给基类和派生类指针

每个 BasePlusCommissionEmployee 对象是一种具有基本工资的 CommissionEmployee。BasePlus-CommissionEmployee 类的成员函数 earnings(参见图 19.15 中的第 34 行至第 37 行)重新定义了 CommissionEmployee 类的成员函数 earnings(参见图 19.14 中的第 85 行至第 88 行)，包含了对象的基本工资。BasePlusCommissionEmployee 类的成员函数 print(参见图 19.15 中的第 40 行至第 48 行)重新定义了 CommissionEmployee 类的成员函数 print(参见图 19.14 中的第 91 行至第 98 行)，显示 CommissionEmployee 类的 print 函数显示的信息和该员工的基本工资。

创建对象并显示它们的内容

图 20.1 中的第 13 行至第 14 行创建了一个 CommissionEmployee 类对象，第 17 行创建了一个指向 CommissionEmployee 类对象的指针，第 20 行至第 21 行创建了一个 BasePlusCommissionEmployee 类对象，第 24 行创建了一个指向 BasePlusCommissionEmployee 类对象的指针。第 31 行和第 33 行用对象名(分别为 commissionEmployee 和 basePlusCommissionEmployee)调用每个对象的成员函数 print。

将基类指针指向基类对象

第 36 行将基类对象 commissionEmployee 的地址赋给基类指针 commissionEmployeePtr，第 39 行使用该指针对 CommissionEmployee 类对象调用成员函数 print。这调用的是基类 CommissionEmployee 中定义的 print 函数。

将派生类指针指向派生类对象

类似地，第 42 行将派生类对象 basePlusCommissionEmployee 的地址赋给派生类指针 basePlusCommissionEmployeePtr，第 46 行使用该指针对 BasePlusCommissionEmployee 类对象调用成员函数 print。这调用的是派生类 BasePlusCommissionEmployee 中定义的 print 函数。

将基类指针指向派生类对象

然后，第 49 行将派生类对象 basePlusCommissionEmployee 的地址赋给基类指针 commissionEmployeePtr，第 53 行用该指针调用了成员函数 print。C++编译器允许这种“交叉”，因为派生类对象也是它的基类对象。注意，尽管基类 CommissionEmployee 的指针指向派生类 BasePlusCommissionEmployee 的对象，但调用的仍然是基类 CommissionEmployee 的成员函数 print（而不是 BasePlusCommissionEmployee 的 print 函数）。每个 print 成员函数的输出证明了所调用的功能取决于调用该函数的句柄类型（即指针或引用的类型），而不取决于句柄所指向的对象的类型。20.3.4 节介绍虚函数时，将演示可以调用对象类型的功能，而不调用句柄类型的功能。这是实现多态行为的关键，是本章的重点内容。

20.3.2 派生类指针指向基类对象

20.3.1 节，将派生类对象的地址赋给了基类指针，并验证了 C++编译器允许这种操作，因为派生类对象是一种基类对象。图 20.2 中采用了相反的方法，将派生类指针指向基类对象（注意，该程序重用了19.3.5 节中最终版的 CommissionEmployee 类和 BasePlusCommissionEmployee 类）。图 20.2 中的第 8 行和第 9 行创建一个 CommissionEmployee 对象，第 10 行创建一个 BasePlusCommissionEmployee 指针。第 14 行试图将基类对象 commissionEmployee 的地址赋给派生类指针 basePlusCommissionEmployeePtr，但是 C++编译器产生一个错误信息。由于 CommissionEmployee 不是一种 BasePlusCommissionEmployee，所以编译器阻止这种赋值。

```cpp
1   // Fig. 20.2: fig20_02.cpp
2   // Aiming a derived-class pointer at a base-class object.
3   #include "CommissionEmployee.h"
4   #include "BasePlusCommissionEmployee.h"
5
6   int main()
7   {
8      CommissionEmployee commissionEmployee(
9         "Sue", "Jones", "222-22-2222", 10000, .06 );
10     BasePlusCommissionEmployee *basePlusCommissionEmployeePtr = nullptr;
11
12     // aim derived-class pointer at base-class object
13     // Error: a CommissionEmployee is not a BasePlusCommissionEmployee
14     basePlusCommissionEmployeePtr = &commissionEmployee;
15  } // end main
```

Microsoft Visual C++ compiler error message:

```
C:\examples\ch20\Fig20_02\fig20_02.cpp(14): error C2440: '=' :
    cannot convert from 'CommissionEmployee *' to 'BasePlusCommissionEmployee *'
        Cast from base to derived requires dynamic_cast or static_cast
```

图 20.2 将派生类指针指向基类对象

考虑如果编译器允许这种赋值可能导致的后果。通过 BasePlusCommissionEmployee 指针，可以对该指针所指的对象（即基类对象 commissionEmployee）调用 BasePlusCommissionEmployee 中所有成员函数,包括 setBaseSalary。然而,CommissionEmployee 对象没有提供成员函数 setBaseSalary,也没有提供可以设置的数据成员 baseSalary。这就会产生问题,因为成员函数 setBaseSalary 会认为在 BasePlusCommissionEmployee 对象的某个"通常的位置"上有一个可供设置的数据成员 baseSalary。然而该内存不属于 CommissionEmployee 对象,因此成员函数 setBaseSalary 可能会重写内存中的重要数据,这些数据可能属于其他对象。

20.3.3 用基类指针调用派生类成员函数

编译器只允许基类指针调用基类成员函数。因此,如果基类指针指向了派生类对象,并且试图访问只属于派生类的成员函数,则会产生编译错误。

图 20.3 演示了试图用基类指针调用派生类的成员函数的结果(注意,此处再次重用了 19.3.5 节中最终版的 CommissionEmployee 类和 BasePlusCommissionEmployee 类)。第 11 行创建了一个指向 CommissionEmployee 对象的指针 commissionEmployeePtr;第 12 行至第 13 行创建了 BasePlusCommissionEmployee 类对象。第 16 行将 commissionEmployeePtr 指向派生类对象 bsePlusCommissionEmployee。20.3.1 节中介绍过,C++编译器允许这样做,因为 BasePlusCommissionEmployee 是一种 CommissionEmployee(BasePlus-CommissionEmployee 类对象包含 CommissionEmployee 类对象的所有功能)。第 20 行至第 24 行通过基类指针调用基类的成员函数 getFirstName,getLastName,getSocialSecurityNumber,getGrossSales 和 getCommissionRate。这些函数调用都是合法的,因为 BasePlusCommissionEmployee 继承了 CommissionEmployee 中所有成员函数。commissionEmployeePtr 指向 BasePlusCommissionEmployee 对象,而第 28 行至第 29 行试图调用 BasePlusCommissionEmployee 的成员函数 getBaseSalray 和 setBaseSalary。C++编译器对这两行都生成错误提示信息,因为这两个函数不是基类 CommissionEmployee 的成员函数。通过句柄只能调用该句柄所属的类类型中的成员函数(在这个例子中,对于 CommissionEmployee*,只能调用 CommissionEmployee 的成员函数 setFirstName,getFirstName,setLastName,getLastName,setSocialSecurityNumber,getSocial- SecurityNumber,setGrossSales,getGrossSales,setCommissionRate,getCommissionRate,earnings 和 print)。

```cpp
1   // Fig. 20.3: fig20_03.cpp
2   // Attempting to invoke derived-class-only member functions
3   // via a base-class pointer.
4   #include <string>
5   #include "CommissionEmployee.h"
6   #include "BasePlusCommissionEmployee.h"
7   using namespace std;
8
9   int main()
10  {
11     CommissionEmployee *commissionEmployeePtr = nullptr; // base class ptr
12     BasePlusCommissionEmployee basePlusCommissionEmployee(
13        "Bob", "Lewis", "333-33-3333", 5000, .04, 300 ); // derived class
14
15     // aim base-class pointer at derived-class object (allowed)
16     commissionEmployeePtr = &basePlusCommissionEmployee;
17
18     // invoke base-class member functions on derived-class
19     // object through base-class pointer (allowed)
20     string firstName = commissionEmployeePtr->getFirstName();
21     string lastName = commissionEmployeePtr->getLastName();
22     string ssn = commissionEmployeePtr->getSocialSecurityNumber();
23     double grossSales = commissionEmployeePtr->getGrossSales();
24     double commissionRate = commissionEmployeePtr->getCommissionRate();
25
26     // attempt to invoke derived-class-only member functions
27     // on derived-class object through base-class pointer (disallowed)
28     double baseSalary = commissionEmployeePtr->getBaseSalary();
29     commissionEmployeePtr->setBaseSalary( 500 );
30  } // end main
```

图 20.3　试图通过基类指针调用只属于派生类的函数

GNU C++ compiler error messages:

```
fig20_03.cpp:28:47: error: 'class CommissionEmployee' has no member named
    'getBaseSalary'
fig20_03.cpp:29:27: error: 'class CommissionEmployee' has no member named
    'setBaseSalary'
```

图 20.3(续)　试图通过基类指针调用只属于派生类的函数

向下类型转换

如果使用向下类型转换(Downcasting)技术，显式地将基类指针转换成派生类指针，则 C++编译器允许基类指针访问只属于派生类的成员。前面介绍过，可以将基类指针指向派生类对象。然而，图 20.3 演示了基类指针只能用于调用基类中声明的函数。向下类型转换使得程序能够通过基类指针，对其所指向的派生类对象执行专属于派生类的操作。向下类型转换后，便可以调用没有在基类中出现的派生类的函数。20.8 节将讲解如何安全地使用向下类型转换。

软件工程视点 20.3

如果派生类对象的地址被赋给它的直接或间接基类的指针，那么可以将基类指针的类型转换成该派生类类型的指针。实际上，必须这样做才可以发送没有在基类中出现的属于派生类对象的消息。

20.3.4　虚函数和虚析构函数

20.3.1 节，将基类 CommissionEmployee 的指针指向派生类 BasePlusCommissionEmployee 的对象，然后通过该指针调用成员函数 print。前面介绍过，由句柄的类型决定应该调用哪个类的功能。在这个例子中，尽管该指针所指向的 BasePlusCommissionEmployee 类对象拥有自己的 print 函数，但 Commission-Employee 指针对 BasePlusCommissionEmployee 类对象仍调用 CommissionEmployee 的成员函数 print。

软件工程视点 20.4

对于虚函数，由被指向的对象的类型，而不是句柄的类型决定应该调用哪个虚函数。

为什么虚函数是有用的

首先，让我们考虑一下为什么虚函数是有用的。假设多个图形类 Circle，Triangle，Rectangle 以及 Square 都是从基类 Shape 派生而来的。这些类都可以通过定义成员函数 draw，实现自画功能。尽管每个类具有自己的 draw 函数，但每种图形的 draw 函数有很大区别。在一个绘制多种图形的程序中，如果能以通用的方法把所有图形当成基类 Shape 的对象处理，则会非常有用。那么，就可以在绘制任何图形时，简单地用基类 Shape 指针调用函数 draw，由程序根据任意时刻基类 Shape 指针所指向的对象类型，动态地(Dynamically)(即在运行时)确定应该使用哪个派生类的 draw 函数。这就是多态行为。

声明虚函数

为了实现上述行为，可将基类中的 draw 函数声明为虚函数(Virtual function)，并在每个派生类中重写(Override)draw 函数使其能够绘制正确的图形。从实现角度而言，重写函数与重新定义函数(本书到目前为止一直使用的方法)没有区别。派生类中的重写函数与其所重写的基类中的函数具有相同的签名和返回值类型(即函数原型)。如果不将基类中的函数声明为 virtual，则可以重新定义该函数。相反，如果将基类中的函数声明为 virtual，则可以重写该函数，支持多态行为。声明虚函数的方法是在基类中的函数原型前面加关键字 virtual。例如

```
virtual void draw() const;
```

将出现在基类 Shape 中。上述函数原型声明了 draw 函数是一个不接受实参、没有返回值的虚函数。该函数被声明为 const，因为 draw 函数通常不会修改调用它的 Shape 类对象。虚函数不一定是 const 函数。

软件工程视点 20.5

函数一旦被声明为 virtual，则它从该点开始沿继承层次结构向下一直保持 virtual 属性，即使在类重写该函数时没有将其显式声明为 virtual 也是如此。

良好的编程习惯 20.1

即使由于类层次结构中较高层次中的声明，可以使某些函数隐式地成为虚函数，但是应该将各个层次中的这些函数显式声明为虚函数，这样可以提高清晰性。

软件工程视点 20.6

如果派生类没有重写它从基类继承来的虚函数，则该派生类继承基类中的虚函数实现。

通过指向派生类对象的基类指针调用虚函数

如果通过指向派生类对象的基类指针调用虚函数(如 shapePtr->draw())，程序就会动态地(即在运行时)根据对象的类型(而不是根据指针类型)选择适当的派生类的 draw 函数。在运行时(而不是在编译时)选择调用正确的函数称为动态联编(Dynamic binding)或后期联编(Late binding)。

通过对象名调用虚函数

当通过对象名和点成员选择运算符调用虚函数时(如 squareObject.draw())，该函数调用是在编译时解析的，这称为静态联编(Static binding)，这时所调用的虚函数是对象所属类中定义的(或继承的)函数，这不是多态行为。因此，只有使用指针(或引用)句柄时才会发生虚函数的动态联编。

CommissionEmployee 继承层次结构中的虚函数

下面看一下虚函数如何使员工继承层次结构产生多态行为。图 20.4 至图 20.5 分别是 CommissionEmployee 类和 BasePlusCommissionEmployee 类的头文件。将成员函数 earnings 和 print 声明修改为虚函数(参见图 20.4 中的第 29 行至第 30 行；图 20.5 中的第 19 行至 20 行)。由于 CommissionEmployee 类的函数 earnings 和 print 是虚函数，所以 BasePlusCommissionEmployee 类的函数 earnings 和 print 分别重写了 CommissionEmployee 类的这两个函数。另外，BasePlusCommissionEmployee 类的函数 earnings 和 print 被声明为 override。

错误预防提示 20.1

对每个派生类中重写的函数应用 C++11 关键词 override。这会强制编译器检查基类中是否含有具有相同名字和形参列表(即相同签名)的成员函数。如果没有，则编译器会生成错误信息。

如果将基类 CommissionEmployee 的指针指向派生类 BasePlusCommissionEmployee 的对象，当用该指针调用函数 earnings 或 print 时，就会调用 BasePlusCommissionEmployee 类对象中的相应函数。CommissionEmployee 类和 BasePlusCommissionEmployee 类的成员函数实现没有变化，所以我们重用了图 19.4 和图 19.5 中的程序版本。

```
I   // Fig. 20.4: CommissionEmployee.h
2   // CommissionEmployee class header declares earnings and print as virtual.
3   #ifndef COMMISSION_H
4   #define COMMISSION_H
5
6   #include <string> // C++ standard string class
7
8   class CommissionEmployee
9   {
10  public:
11     CommissionEmployee( const std::string &, const std::string &,
12        const std::string &, double = 0.0, double = 0.0 );
13
14     void setFirstName( const std::string & ); // set first name
15     std::string getFirstName() const; // return first name
16
17     void setLastName( const std::string & ); // set last name
18     std::string getLastName() const; // return last name
```

图 20.4　CommissionEmployee 类的头文件，将 earnings 和 print 函数声明为虚函数

```
19
20      void setSocialSecurityNumber( const std::string & ); // set SSN
21      std::string getSocialSecurityNumber() const; // return SSN
22
23      void setGrossSales( double ); // set gross sales amount
24      double getGrossSales() const; // return gross sales amount
25
26      void setCommissionRate( double ); // set commission rate
27      double getCommissionRate() const; // return commission rate
28
29      virtual double earnings() const; // calculate earnings
30      virtual void print() const; // print object
31   private:
32      std::string firstName;
33      std::string lastName;
34      std::string socialSecurityNumber;
35      double grossSales; // gross weekly sales
36      double commissionRate; // commission percentage
37   }; // end class CommissionEmployee
38
39   #endif
```

图 20.4 (续)　CommissionEmployee 类的头文件，将 earnings 和 print 函数声明为虚函数

```
 1   // Fig. 20.5: BasePlusCommissionEmployee.h
 2   // BasePlusCommissionEmployee class derived from class
 3   // CommissionEmployee.
 4   #ifndef BASEPLUS_H
 5   #define BASEPLUS_H
 6
 7   #include <string> // C++ standard string class
 8   #include "CommissionEmployee.h" // CommissionEmployee class declaration
 9
10   class BasePlusCommissionEmployee : public CommissionEmployee
11   {
12   public:
13      BasePlusCommissionEmployee( const std::string &, const std::string &,
14         const std::string &, double = 0.0, double = 0.0, double = 0.0 );
15
16      void setBaseSalary( double ); // set base salary
17      double getBaseSalary() const; // return base salary
18
19      virtual double earnings() const override; // calculate earnings
20      virtual void print() const override; // print object
21   private:
22      double baseSalary; // base salary
23   }; // end class BasePlusCommissionEmployee
24
25   #endif
```

图 20.5　BasePlusCommissionEmployee 类的头文件，将 earnings 和 print 函数声明为 virtual 和 override

我们修改了图 20.1，创建图 20.6 中的程序。第 40 行至第 51 行再次演示了指向 CommissionEmployee 类对象的 CommissionEmployee 指针可以调用 CommissionEmployee 类的功能，指向 BasePlusCommissionEmployee 类对象的 BasePlusCommissionEmployee 指针可以调用 BasePlusCommissionEmployee 类的功能。第 54 行将基类 CommissionEmployee 的指针指向派生类对象 basePlusCommissionEmployee。注意，当第 61 行用基类指针调用成员函数 print 时，调用的是派生类 BasePlusCommissionEmployee 的成员函数 print，因此第 61 行的输出不同于图 20.1 中的第 53 行的输出 (图 20.1 中的 print 函数没有声明为虚函数)。将成员函数声明为虚函数，使程序根据句柄所指向的对象类型，而不是根据句柄类型，动态确定所要调用的函数。确定应该调用哪个函数是一个多态的例子。再次注意，当 CommissionEmployeePtr 指向 CommissionEmployee 类对象时 (参见图 20.6 中的第 40 行)，调用的是 CommissionEmployee 类的 print 函数，当 CommissionEmployeePtr 指向 BasePlusCommissionEmployee 类对象时，调用的是 BasePlusCommissionEmployee 类的 print 函数 (第 61 行)。因此，将相同的消息 (在这个例子中是 print) (通过基类指针) 发送给通过继承相关的不同的类对象时，会产生多种响应形式，这称为多态行为。

```
1    // Fig. 20.6: fig20_06.cpp
2    // Introducing polymorphism, virtual functions and dynamic binding.
3    #include <iostream>
4    #include <iomanip>
5    #include "CommissionEmployee.h"
6    #include "BasePlusCommissionEmployee.h"
7    using namespace std;
8
9    int main()
10   {
11       // create base-class object
12       CommissionEmployee commissionEmployee(
13          "Sue", "Jones", "222-22-2222", 10000, .06 );
14
15       // create base-class pointer
16       CommissionEmployee *commissionEmployeePtr = nullptr;
17
18       // create derived-class object
19       BasePlusCommissionEmployee basePlusCommissionEmployee(
20          "Bob", "Lewis", "333-33-3333", 5000, .04, 300 );
21
22       // create derived-class pointer
23       BasePlusCommissionEmployee *basePlusCommissionEmployeePtr = nullptr;
24
25       // set floating-point output formatting
26       cout << fixed << setprecision( 2 );
27
28       // output objects using static binding
29       cout << "Invoking print function on base-class and derived-class "
30          << "\nobjects with static binding\n\n";
31       commissionEmployee.print(); // static binding
32       cout << "\n\n";
33       basePlusCommissionEmployee.print(); // static binding
34
35       // output objects using dynamic binding
36       cout << "\n\n\nInvoking print function on base-class and "
37          << "derived-class \nobjects with dynamic binding";
38
39       // aim base-class pointer at base-class object and print
40       commissionEmployeePtr = &commissionEmployee;
41       cout << "\n\nCalling virtual function print with base-class pointer"
42          << "\nto base-class object invokes base-class "
43          << "print function:\n\n";
44       commissionEmployeePtr->print(); // invokes base-class print
45
46       // aim derived-class pointer at derived-class object and print
47       basePlusCommissionEmployeePtr = &basePlusCommissionEmployee;
48       cout << "\n\nCalling virtual function print with derived-class "
49          << "pointer\nto derived-class object invokes derived-class "
50          << "print function:\n\n";
51       basePlusCommissionEmployeePtr->print(); // invokes derived-class print
52
53       // aim base-class pointer at derived-class object and print
54       commissionEmployeePtr = &basePlusCommissionEmployee;
55       cout << "\n\nCalling virtual function print with base-class pointer"
56          << "\nto derived-class object invokes derived-class "
57          << "print function:\n\n";
58
59       // polymorphism; invokes BasePlusCommissionEmployee's print;
60       // base-class pointer to derived-class object
61       commissionEmployeePtr->print();
62       cout << endl;
63   } // end main
```

```
Invoking print function on base-class and derived-class
objects with static binding

commission employee: Sue Jones
social security number: 222-22-2222
gross sales: 10000.00
commission rate: 0.06
```

图 20.6 通过用基类指针指向派生类对象调用派生类的虚函数演示多态

```
base-salaried commission employee: Bob Lewis
social security number: 333-33-3333
gross sales: 5000.00
commission rate: 0.04
base salary: 300.00

Invoking print function on base-class and derived-class
objects with dynamic binding

Calling virtual function print with base-class pointer
to base-class object invokes base-class print function:

commission employee: Sue Jones
social security number: 222-22-2222
gross sales: 10000.00
commission rate: 0.06

Calling virtual function print with derived-class pointer
to derived-class object invokes derived-class print function:

base-salaried commission employee: Bob Lewis
social security number: 333-33-3333
gross sales: 5000.00
commission rate: 0.04
base salary: 300.00

Calling virtual function print with base-class pointer
to derived-class object invokes derived-class print function:

base-salaried commission employee: Bob Lewis
social security number: 333-33-3333
gross sales: 5000.00
commission rate: 0.04
base salary: 300.00————— Notice that the base salary is now displayed
```

图 20.6(续)　　通过用基类指针指向派生类对象调用派生类的虚函数演示多态

虚析构函数

当用多态处理动态分配的类层次结构中的对象时会出现一个问题。目前为止，本书中的析构函数的声明都没有关键字 virtual。如果派生类对象具有非虚析构函数，当对指向该派生类对象的基类指针显式地应用 delete 运算符释放这个派生类对象时，则 C++标准会指出该行为未定义的。

该问题有一个简单的解决方法，即在基类中创建一个 public 的虚析构函数(Virtual destructor)。如果基类的析构函数被声明为 virtual，则所有派生类中的析构函数也是 virtual 的并且重写了基类的析构函数。例如在 CommissionEmployee 的定义中，可以如下定义虚析构函数

```
virtual ~CommissionEmployee() { }
```

如果通过对指向其基类的指针显式应用 delete 释放层次结构中的对象时，则系统会根据基类指针所指向的对象类型调用适当的类的析构函数。当释放派生类对象时，派生类对象的基类部分也被释放，因此派生类和基类的析构函数都会执行。基类的析构函数在派生类的析构函数之后自动执行。从现在开始，本书中的每个包含虚函数的类中都会包含一个虚析构函数。

错误预防提示 20.2

如果类中有虚函数，则无论是否需要，都应该为其提供一个虚析构函数。这样可以确保当用对基类的指针用 delete 释放派生类对象时，适当的派生类析构函数(如果有的话)会被调用。

常见的编程错误 20.1

构造函数不能声明为虚函数，否则会导致编译错误。

C++11：final 成员函数和类

在 C++11 之前，派生类可以重写任意的基类的虚函数。在 C++11 中，可以将基类的虚函数原型声明为以下的 final 形式：

```
virtual someFunction( parameters ) final;
```

这样它不能被任何派生类重写, 这确保了基类的 final 成员函数定义可以被所有的基类对象以及基类的直接和间接派生类使用。类似地, 在 C++11 之前, 在类的层次结构中任何已有的类都可以作为基类, 而在 C++11 中可以将类声明为 final 来阻止将其用做基类, 例如

```
class MyClass final // this class cannot be a base class
{
    // class body
};
```

试图重写 final 成员函数或从 final 基类进行继承会导致错误。

20.4　类型域和 switch 语句

确定大型程序中所包含的对象类型的一种方法是使用 switch 语句。该方法可以区分对象类型, 然后为特定的对象选择合适的操作。例如, 在一个图形层次结构中, 每种类型的对象都具有一个 shapeType 属性, 用 switch 语句可以根据对象的 shapeType 属性确定应该调用哪个 print 函数。

然而, switch 逻辑存在很多问题。例如, 程序员可能忘记必要的类型测试, 或者忘记在 switch 语句中测试所有情况。在向基于 switch 逻辑的系统中增加新类型时, 可能忘记在相关的 switch 语句中插入新的 case 分支。每当增加或删除类时都需要修改系统中的各个 switch 语句, 跟踪这些语句很费时并且容易出错。

软件工程视点 20.7
利用多态编程可以消除不必要的 switch 逻辑。使用 C++的多态机制实现等价的逻辑, 可以避免与 switch 逻辑相关的各种错误。

软件工程视点 20.8
利用多态可使程序具有更简单的形式。使程序包含较少的分支逻辑, 而包含更多的简单的顺序代码。这种简化有助于程序的测试、调试以及维护。

20.5　抽象类和纯虚函数

当我们把类看成一种数据类型时, 通常会认为程序中会创建这种类型的对象。然而, 有的情况下, 定义不能实例化任何对象的类也是很有用处的。这些类称为抽象类(Abstract class)。由于抽象类通常用做继承层次结构中的基类, 所以它们也称为抽象基类(Abstract base class)。抽象基类不能用于实例化对象, 这是因为抽象类是不完整的, 必须由其派生类定义那些 "缺少的部分"。20.6 节将创建具有抽象类的程序。

抽象类的用途是为其他类提供一个适当的可供继承的基类。而那些可用于实例化对象的类称为具体类(Concrete class)。具体类给它的所有的成员函数都提供了实现。例如, 可以定义一个抽象基类 TwoDimensionalShape, 然后由它派生出具体类 Square, Circle 和 Triangle 等。也可以定义抽象基类 ThreeDimensionalShape, 并由它派生出具体类 Cube, Sphere 和 Cylinder 等。由于抽象基类过于通用, 因而不能定义具体的对象, 如果要实例化对象则需要为其提供更为确切的定义。例如, 如果要求 "绘制二维图形", 你会绘制什么图形呢? 具体类提供了确切的定义, 因此可以实例化对象。

继承层次结构中可以不包含抽象类, 但是很多良好的面向对象系统的类的层次结构的顶层都是抽象基类。有些情况下, 层次结构中上面几层都是由抽象类组成的。一个典型的例子是图 19.3 中的图形层次结构, 该结构的顶层是抽象基类 Shape。下一层还有两个抽象基类, 即二维图形类 TwoDimensionalShape 和三维图形类 ThreeDimensionalShape。再下一层定义了二维图形的具体类(即 Square, Circle 和 Triangle)和三维图形的具体类(即 Cube, Sphere 和 Cylinder)。

纯虚函数

将类定义成抽象类的方法是将该类中一个或多个虚函数声明成纯虚函数(pure virtual function)。声

明纯虚函数的方法是在声明时将其设置为 "=0"。例如

```
virtual void draw() const = 0; // pure virtual function
```

"=0" 称为纯限定符(pure specifier)。纯虚函数没有提供函数实现。每个具体派生类必须用具体的函数实现重写所有基类的纯虚函数。虚函数与纯虚函数的区别在于虚函数有实现并且派生类可以选择是否重写该函数，而相反，纯虚函数不提供函数实现并且如果派生类要成为具体类则必须重写该纯虚函数，否则派生类仍然是抽象类。

若在基类中给出某个函数的实现是没有意义的，但需要具体派生类实现该函数时，可将该函数声明为纯虚函数。回顾一下前面介绍的太空对象，由基类 SpaceObject 给出 draw 函数的实现是没有意义的(因为不可能在不知道所要绘制的太空对象的类型信息的情况下，就绘制一个一般的太空对象)。函数定义为虚函数(而不是纯虚函数)的一个例子是返回对象的名字。可以给一个一般的 SpaceObject 命名(如 "space object")，从而给这个函数提供一个默认实现，不必将它声明为纯虚函数。然而，该函数仍然是虚函数，因为我们希望派生类能够重写这个函数，为派生类对象提供更特殊的名字。

软件工程视点 20.9
抽象类为类的继承层次结构中的各种类定义了公共的 public 接口。抽象类包含一个或多个纯虚函数，具体派生类必须重写这些函数。

常见的编程错误 20.2
没有在派生类中重写纯虚函数使得该类为抽象类，试图实例化抽象类的对象会导致编译错误。

软件工程视点 20.10
抽象类至少有一个纯虚函数。抽象类也可以有数据成员和具体函数(包括构造函数和析构函数)，它们都遵从被派生类继承的一般规则。

尽管不能实例化抽象基类的对象，但是可以声明抽象基类的指针和引用，它们可以访问从抽象类派生而来的具体类的对象。程序中通常用这种指针和引用操作派生类对象，实现多态。

设备驱动和多态

多态特别适合于实现层次软件系统。例如，在操作系统中，每种物理设备之间的操作可能有很大差别。但即使如此，这些设备数据的 read 或 write 操作在某种程度上是统一的。发送给设备驱动的 write 消息需要在该设备驱动的环境中进行解释，并且还需解释设备驱动是如何操作特定类型设备的。然而，write 调用本身与系统中其他任何设备的 write 没有区别，都是将内存中一定数目的字节放到设备中。面向对象操作系统可能使用抽象基类为所有设备驱动提供适当的接口，然后从抽象基类生成具有相似操作的派生类。设备驱动提供的功能(即 public 函数)在抽象基类中是以纯虚函数的形式出现的。对应于特定类型的驱动程序的派生类中提供了纯虚函数的实现。这种体系结构也使向系统中增加新设备变得容易了，即使在操作系统已经定义完毕之后也是如此。用户只需插入设备并安装新的设备驱动即可。操作系统通过设备驱动与设备 "对话"，该设备驱动与所有其他设备驱动具有相同的 public 成员函数，这些成员函数定义在设备驱动抽象基类中。

20.6　案例学习：利用多态的工资系统

本节将再次研究 19.3 节中给出的 CommissionEmployee-BasePlusCommissionEmployee 层次结构。这个例子利用抽象类和多态，根据员工的类型完成工资计算。创建一个改进的员工层次结构以解决下面的问题：

公司按周计算员工工资。员工分为四种类型：受薪工无论工作多长时间周工资都是固定的。而小时工的工资则按照工作的小时数计算，如果工作时间超过 40 小时，再加上加班费。

佣金工按照销售额百分比计算工资。带基本工资的佣金工的工资是基本工资加上销售额的一定的百分比。目前，公司决定给带基本工资的佣金工的基本工资提高 10%。实现一个 C++程序多态地执行工资计算操作。

我们用抽象类 Employee 表示通用的员工概念。直接由 Employee 派生的类有 SalariedEmployee、CommissionEmployee 和 HourlyEmployee。BasePlusCommissionEmployee 类是最后一种员工类型，它派生自 CommissionEmployee 类。图 20.11 中的 UML 类图给出了多态员工工资应用程序的继承层次结构。注意，抽象类名 Employee 是斜体的，这符合 UML 的习惯。

抽象基类 Employee 声明了层次结构中的“接口”，即对所有 Employee 对象都可以调用的成员函数集合。每种员工，无论工资是如何计算的，都有姓、名和社会保障号等属性，因此抽象基类 Employee 中声明了 private 数据成员 firstName，lastName 和 socialSecurityNumber。

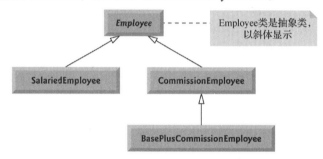

图 20.7　Employee 层次结构的 UML 类图

软件工程视点 20.11

派生类可以继承基类的接口或实现。实现继承(implementation inheritance)的层次结构倾向于将功能放在较高的层次中，每个派生类继承基类中定义的一个或多个成员函数，并且派生类使用基类中的定义。接口继承(interface inheritance)的层次结构倾向于将功能放在较低的层次结构中，基类指定一个或多个应该被层次结构中各个类定义的函数(即它们具有相同的函数原型)，各个派生类分别为这些函数提供自己的实现。

下面的小节实现了 Employee 类层次结构。前五小节分别实现了类层次结构中一个抽象类或一个具体类。最后一小节实现了一个测试程序，创建所有这些类的对象并多态地处理这些对象。

20.6.1　创建抽象基类 Employee

类 Employee(参见图 20.9 至图 20.10)提供了成员函数 earnings 和 print，以及各种操作 Employee 的数据成员的 get 函数和 set 函数。earnings 函数可以应用于所有员工，但是每个 earnings 的计算取决于该员工所属的类。由于没有足够的信息确定应该返回的工资额，提供该函数的默认实现是没有意义的，因此将 earnings 声明为纯虚函数，每个派生类用适当的实现重写 earnings 函数。为了计算员工的工资，首先将员工对象的地址赋给基类 Employee 指针，然后对该对象调用 earnings 函数。程序中保存一个 Employee 指针 vector，每个指针都指向一个 Employee 对象。当然，由于 Employee 是抽象类，因此不能有 Employee 对象。然而，Employee 的所有派生类对象都可以看成是 Employee 对象。程序对 vector 进行循环，调用每个 Employee 对象的 earnings 函数。C++多态地处理这些函数调用。在 Employee 中将 earnings 声明为纯虚函数强制要成为具体类的 Employee 的直接派生类必须重写 earnings 函数。

Employee 的 print 函数显示员工的姓、名和社会保障号。稍后将会看到，每个 Employee 的派生类都重写了 print 函数，输出员工的类型(如"salaried employee:")，随后输出员工的其他信息。即使 print 函数是 Employee 类的纯虚函数，它还可以调用 earnings。

图 20.8 左侧列出了层次结构中的五个类，顶端列出函数 earnings 和 print。对于每个类，图中给出

了这两个函数的期望结果。注意，Employee 类将 earnings 函数指定为 "=0"，表示它是纯虚函数。每个派生类重写这个函数，为其提供合适的实现。图中没有列出 Employee 类的 get 函数和 set 函数，因为它们不被任何派生类重写，这两个函数都被派生类继承，并在派生类中按原样使用。

	earnings	print
Employee	= 0	*firstName lastName* social security number: *SSN*
Salaried- Employee	*weeklySalary*	salaried employee: *firstName lastName* social security number: *SSN* weekly salary: *weeklySalary*
Commission- Employee	*commissionRate * grossSales*	commission employee: *firstName lastName* social security number: *SSN* gross sales: *grossSales*; commission rate: *commissionRate*
BasePlus- Commission- Employee	*(commissionRate * grossSales) + baseSalary*	base-salaried commission employee: 　*firstName lastName* social security number: *SSN* gross sales: *grossSales*; commission rate: *commissionRate*; base salary: *baseSalary*

图 20.8　Employee 层次结构中类的多态接口

Employee 类的头文件

下面考虑 Employee 类的头文件(参见图 20.9)。public 成员函数包括：构造函数(第 11 行至第 12 行)，将姓、名和社会保障号作为实参；虚析构函数(第 13 行)；set 函数，设置姓、名和社会保障号的值(分别为第 15 行、第 18 行和第 21 行)；get 函数，返回姓、名和社会保障号的值(分别为第 16 行、第 19 行和第 22 行)；纯虚函数 earnings(第 25 行)和虚函数 print(第 26 行)。

```
I    // Fig. 20.9: Employee.h
2    // Employee abstract base class.
3    #ifndef EMPLOYEE_H
4    #define EMPLOYEE_H
5
6    #include <string> // C++ standard string class
7
8    class Employee
9    {
10   public:
11      Employee( const std::string &, const std::string &,
12         const std::string & );
13      virtual ~Employee() { } // virtual destructor
14
15      void setFirstName( const std::string & ); // set first name
16      std::string getFirstName() const; // return first name
17
18      void setLastName( const std::string & ); // set last name
19      std::string getLastName() const; // return last name
20
21      void setSocialSecurityNumber( const std::string & ); // set SSN
22      std::string getSocialSecurityNumber() const; // return SSN
23
24      // pure virtual function makes Employee an abstract base class
25      virtual double earnings() const = 0; // pure virtual
26      virtual void print() const; // virtual
27   private:
28      std::string firstName;
29      std::string lastName;
30      std::string socialSecurityNumber;
31   }; // end class Employee
32
33   #endif // EMPLOYEE_H
```

图 20.9　Employee 类的头文件

前面介绍过，由于必须先知道特定的 Employee 类型才能确定适当的 earnings 计算，所以应该将 earnings 函数声明为纯虚函数。将该函数声明为纯虚函数表示每个具体派生类必须提供适当的 earnings 函数实现，并且可以使用基类 Employee 的指针多态地调用任何类型的 Employee 的 earnings 函数。

Employee 类的成员函数定义

图 20.10 包含了 Employee 类的实现。该类中没有提供虚函数 earnings 的实现。注意，Employee 构造函数(第 9 行至第 14 行)没有验证社会保障号的正确性，但通常应该提供这种验证操作。

```cpp
1   // Fig. 20.10: Employee.cpp
2   // Abstract-base-class Employee member-function definitions.
3   // Note: No definitions are given for pure virtual functions.
4   #include <iostream>
5   #include "Employee.h" // Employee class definition
6   using namespace std;
7
8   // constructor
9   Employee::Employee( const string &first, const string &last,
10     const string &ssn )
11     : firstName( first ), lastName( last ), socialSecurityNumber( ssn )
12  {
13     // empty body
14  } // end Employee constructor
15
16  // set first name
17  void Employee::setFirstName( const string &first )
18  {
19     firstName = first;
20  } // end function setFirstName
21
22  // return first name
23  string Employee::getFirstName() const
24  {
25     return firstName;
26  } // end function getFirstName
27
28  // set last name
29  void Employee::setLastName( const string &last )
30  {
31     lastName = last;
32  } // end function setLastName
33
34  // return last name
35  string Employee::getLastName() const
36  {
37     return lastName;
38  } // end function getLastName
39
40  // set social security number
41  void Employee::setSocialSecurityNumber( const string &ssn )
42  {
43     socialSecurityNumber = ssn; // should validate
44  } // end function setSocialSecurityNumber
45
46  // return social security number
47  string Employee::getSocialSecurityNumber() const
48  {
49     return socialSecurityNumber;
50  } // end function getSocialSecurityNumber
51
52  // print Employee's information (virtual, but not pure virtual)
53  void Employee::print() const
54  {
55     cout << getFirstName() << ' ' << getLastName()
56        << "\nsocial security number: " << getSocialSecurityNumber();
57  } // end function print
```

图 20.10　Employee 类的实现文件

虚函数 print(第 53 行至第 57 行)提供了一个可被各个派生类重写的实现。然而，这些函数都使用了抽象类中的 print 函数来输出 Employee 层次结构中所有类共有的信息。

20.6.2　创建具体的派生类 SalariedEmployee

　　SalariedEmployee 类(图 20.11 至图 20.12)是从 Employee 类派生而来的(参见图 20.11 中的第 9 行)。它的 public 成员函数包括：构造函数(第 12 行至第 13 行)，将姓、名、社会保障号和周工资作为该构造函数的实参；一个虚析构函数(第 14 行)；set 函数(第 16 行)，将非负的值赋给数据成员 weeklySalary；get 函数(第 17 行)，返回 weeklySalary 的值；虚函数 earnings(第 20 行)，计算 SalariedEmployee 的收入；虚函数 print(第 21 行)，首先输出员工类型"salaried employee:"，然后调用基类 Employee 的 print 函数和 SalariedEmployee 的 getWeeklySalary 函数输出员工信息。

```
 1   // Fig. 20.11: SalariedEmployee.h
 2   // SalariedEmployee class derived from Employee.
 3   #ifndef SALARIED_H
 4   #define SALARIED_H
 5
 6   #include <string> // C++ standard string class
 7   #include "Employee.h" // Employee class definition
 8
 9   class SalariedEmployee : public Employee
10   {
11   public:
12      SalariedEmployee( const std::string &, const std::string &,
13         const std::string &, double = 0.0 );
14      virtual ~SalariedEmployee() { } // virtual destructor
15
16      void setWeeklySalary( double ); // set weekly salary
17      double getWeeklySalary() const; // return weekly salary
18
19      // keyword virtual signals intent to override
20      virtual double earnings() const override; // calculate earnings
21      virtual void print() const override; // print object
22   private:
23      double weeklySalary; // salary per week
24   }; // end class SalariedEmployee
25
26   #endif // SALARIED_H
```

图 20.11　SalariedEmployee 类的头文件

SalariedEmployee 的成员函数定义

　　图 20.12 包含了 SalariedEmployee 的成员函数实现。该类的构造函数将姓、名以及社会保障号传递给 Employee 构造函数(第 11 行)来初始化从基类中继承来的但是不能在派生类中访问的 private 数据成员。函数 earnings(第 33 行至第 36 行)重写了 Employee 的纯虚函数 earnings，以提供具体的实现，返回 SalariedEmployee 的周工资。如果没有实现 earnings，则类 SalariedEmployee 就成为抽象类，试图实例化该类的对象就会产生编译错误(当然，我们希望 SalariedEmployee 类是具体类)。SalariedEmployee 类的头文件将成员函数 earnings 和 print 声明为虚函数(参见图 20.11 中的第 20 行至第 21 行)，而实际上，在这两个函数前面加 virtual 关键字是冗余的。在基类 Employee 中已经将它们定义为虚函数，因此它们在整个类层次结构中会一直保持虚函数的属性。在层次结构的每个层次中将这样的函数声明为虚函数可以使程序更清晰。不将 earnings 声明为纯虚函数是因为在这个具体类中要提供其实现。

```
 1   // Fig. 20.12: SalariedEmployee.cpp
 2   // SalariedEmployee class member-function definitions.
 3   #include <iostream>
 4   #include <stdexcept>
 5   #include "SalariedEmployee.h" // SalariedEmployee class definition
 6   using namespace std;
 7
 8   // constructor
 9   SalariedEmployee::SalariedEmployee( const string &first,
10      const string &last, const string &ssn, double salary )
11      : Employee( first, last, ssn )
12   {
```

图 20.12　SalariedEmployee 类的实现文件

```
13      setWeeklySalary( salary );
14  } // end SalariedEmployee constructor
15
16  // set salary
17  void SalariedEmployee::setWeeklySalary( double salary )
18  {
19     if ( salary >= 0.0 )
20        weeklySalary = salary;
21     else
22        throw invalid_argument( "Weekly salary must be >= 0.0" );
23  } // end function setWeeklySalary
24
25  // return salary
26  double SalariedEmployee::getWeeklySalary() const
27  {
28     return weeklySalary;
29  } // end function getWeeklySalary
30
31  // calculate earnings;
32  // override pure virtual function earnings in Employee
33  double SalariedEmployee::earnings() const
34  {
35     return getWeeklySalary();
36  } // end function earnings
37
38  // print SalariedEmployee's information
39  void SalariedEmployee::print() const
40  {
41     cout << "salaried employee: ";
42     Employee::print(); // reuse abstract base-class print function
43     cout << "\nweekly salary: " << getWeeklySalary();
44  } // end function print
```

图 20.12(续)　SalariedEmployee 类的实现文件

SalariedEmployee 类的 print 函数(参见图 20.12 中的第 39 行至第 44 行)重写了 Employee 的 print 函数。如果 SalariedEmployee 类没有重写 print 函数,那么它就会继承 Employee 的 print 函数。这样,SalariedEmployee 的 print 函数将只返回员工的姓名和社会保障号,这不能充分表示 SalariedEmployee。为了输出 SalariedEmployee 的完整信息,派生类的 print 函数首先输出"salaried employee:",然后用作用域运算符调用基类的 print 函数(第 42 行)输出出基类 Employee 的信息(即姓、名和社会保障号),这是一个典型的代码重用的例子。如果不使用作用域运算符会导致对 print 的无限递归调用。SalariedEmployee 的 print 函数生成的输出信息中还包含通过调用该类的 getWeeklySalary 函数获得的周工资。

20.6.3　创建具体的派生类 CommissionEmployee

CommissionEmployee 类(参见图 20.13 至图 20.14)是从 Employee 类派生而来的(参见图 20.13 中的第 9 行)。它的成员函数实现(参见图 20.14)包括:构造函数(第 9 行至第 15 行),将姓、名、社会保障号、销售量和佣金率作为该构造函数的实参;set 函数(第 18 行至第 24 行,第 33 行至第 39 行),分别给数据成员 commissionRate 和 grossSales 赋值;get 函数(第 27 行至第 30 行,第 42 行至第 45 行),检索这两个数据成员的值;earnings 函数(第 48 行至第 51 行),计算 CommissionEmployee 的收入;函数 print(第 54 行至第 60 行),输出员工类型"commission employee:",并输出员工信息。CommissionEmployee 的构造函数也将姓、名和社会保障号传递给 Employee 构造函数(第 11 行)来初始化 Employee 的 private 数据成员。print 函数调用基类的 print 函数(第 57 行)来输出 Employee 的信息(即姓、名和社会保障号)。

```
1  // Fig. 20.13: CommissionEmployee.h
2  // CommissionEmployee class derived from Employee.
3  #ifndef COMMISSION_H
4  #define COMMISSION_H
5
6  #include <string> // C++ standard string class
7  #include "Employee.h" // Employee class definition
```

图 20.13　CommissionEmployee 类的头文件

```
8
9    class CommissionEmployee : public Employee
10   {
11   public:
12      CommissionEmployee( const std::string &, const std::string &,
13         const std::string &, double = 0.0, double = 0.0 );
14      virtual ~CommissionEmployee() { } // virtual destructor
15
16      void setCommissionRate( double ); // set commission rate
17      double getCommissionRate() const; // return commission rate
18
19      void setGrossSales( double ); // set gross sales amount
20      double getGrossSales() const; // return gross sales amount
21
22      // keyword virtual signals intent to override
23      virtual double earnings() const override; // calculate earnings
24      virtual void print() const override; // print object
25   private:
26      double grossSales; // gross weekly sales
27      double commissionRate; // commission percentage
28   }; // end class CommissionEmployee
29
30   #endif // COMMISSION_H
```

图 20.13（续） CommissionEmployee 类的头文件

```
1    // Fig. 20.14: CommissionEmployee.cpp
2    // CommissionEmployee class member-function definitions.
3    #include <iostream>
4    #include <stdexcept>
5    #include "CommissionEmployee.h" // CommissionEmployee class definition
6    using namespace std;
7
8    // constructor
9    CommissionEmployee::CommissionEmployee( const string &first,
10      const string &last, const string &ssn, double sales, double rate )
11      : Employee( first, last, ssn )
12   {
13      setGrossSales( sales );
14      setCommissionRate( rate );
15   } // end CommissionEmployee constructor
16
17   // set gross sales amount
18   void CommissionEmployee::setGrossSales( double sales )
19   {
20      if ( sales >= 0.0 )
21         grossSales = sales;
22      else
23         throw invalid_argument( "Gross sales must be >= 0.0" );
24   } // end function setGrossSales
25
26   // return gross sales amount
27   double CommissionEmployee::getGrossSales() const
28   {
29      return grossSales;
30   } // end function getGrossSales
31
32   // set commission rate
33   void CommissionEmployee::setCommissionRate( double rate )
34   {
35      if ( rate > 0.0 && rate < 1.0 )
36         commissionRate = rate;
37      else
38         throw invalid_argument( "Commission rate must be > 0.0 and < 1.0" );
39   } // end function setCommissionRate
40
41   // return commission rate
42   double CommissionEmployee::getCommissionRate() const
43   {
44      return commissionRate;
45   } // end function getCommissionRate
46
```

图 20.14 CommissionEmployee 类的实现文件

```
47    // calculate earnings; override pure virtual function earnings in Employee
48    double CommissionEmployee::earnings() const
49    {
50       return getCommissionRate() * getGrossSales();
51    } // end function earnings
52
53    // print CommissionEmployee's information
54    void CommissionEmployee::print() const
55    {
56       cout << "commission employee: ";
57       Employee::print(); // code reuse
58       cout << "\ngross sales: " << getGrossSales()
59          << "; commission rate: " << getCommissionRate();
60    } // end function print
```

图 20.14(续)　CommissionEmployee 类的实现文件

20.6.4　创建间接的具体派生类 BasePlusCommissionEmployee

BasePlusCommissionEmployee 类(参见图 20.15 至图 20.16)直接继承自 CommissionEmployee 类(参见图 20.15 中的第 9 行),因此它是 Employee 类的间接派生类。BasePlusCommissionEmployee 类的成员函数实现包括一个构造函数(参见图 20.16 中的第 9 行至第 15 行),将姓、名、社会保障号、销售量、佣金率和基本工资作为该构造函数的实参。该构造函数将姓、名、社会保障号、销售量和佣金率传递给CommissionEmployee 的构造函数(第 12 行)来初始化继承来的成员。BasePlusCommissionEmployee 还包含一个 set 函数(第 18 行至第 24 行)用以给数据成员 baseSalary 赋值和一个 get 函数用以返回 baseSalary的值(第 34 行至第 37 行)。函数 earnings(第 34 行至第 37 行)计算 BasePlusCommissionEmployee 的收入。注意,函数 earnings 的第 36 行调用基类 CommissionEmployee 的 earnings 函数来计算员工收入的佣金部分。这是一个典型的代码重用的例子。BasePlusCommissionEmployee 类的 print 函数(第 40 行至第 45 行)首先输出"base-salaried",然后调用基类 CommissionEmployee 的 print 函数输出信息(代码重用的另一个例子),然后输出基本工资。输出结果首先是"base-salaried commission employee:",然后是其他关于BasePlusCommissionEmployee 类的信息。前面介绍过,CommissionEmployee 的 print 函数通过调用它的基类(即 Employee)的 print 函数显示员工的姓、名和社会保障号,这也是代码重用的例子。注意,BasePlusCommissionEmployee 类的 print 函数涉及 Employee 层次结构中所有三个层次中的 print 函数。

```
1     // Fig. 20.15: BasePlusCommissionEmployee.h
2     // BasePlusCommissionEmployee class derived from CommissionEmployee.
3     #ifndef BASEPLUS_H
4     #define BASEPLUS_H
5
6     #include <string> // C++ standard string class
7     #include "CommissionEmployee.h" // CommissionEmployee class definition
8
9     class BasePlusCommissionEmployee : public CommissionEmployee
10    {
11    public:
12       BasePlusCommissionEmployee( const std::string &, const std::string &,
13          const std::string &, double = 0.0, double = 0.0, double = 0.0 );
14       virtual ~CommissionEmployee() { } // virtual destructor
15
16       void setBaseSalary( double ); // set base salary
17       double getBaseSalary() const; // return base salary
18
19       // keyword virtual signals intent to override
20       virtual double earnings() const override; // calculate earnings
21       virtual void print() const override; // print object
22    private:
23       double baseSalary; // base salary per week
24    }; // end class BasePlusCommissionEmployee
25
26    #endif // BASEPLUS_H
```

图 20.15　BasePlusCommissionEmployee 类的头文件

```cpp
1   // Fig. 20.16: BasePlusCommissionEmployee.cpp
2   // BasePlusCommissionEmployee member-function definitions.
3   #include <iostream>
4   #include <stdexcept>
5   #include "BasePlusCommissionEmployee.h"
6   using namespace std;
7
8   // constructor
9   BasePlusCommissionEmployee::BasePlusCommissionEmployee(
10    const string &first, const string &last, const string &ssn,
11    double sales, double rate, double salary )
12    : CommissionEmployee( first, last, ssn, sales, rate )
13  {
14    setBaseSalary( salary ); // validate and store base salary
15  } // end BasePlusCommissionEmployee constructor
16
17  // set base salary
18  void BasePlusCommissionEmployee::setBaseSalary( double salary )
19  {
20    if ( salary >= 0.0 )
21      baseSalary = salary;
22    else
23      throw invalid_argument( "Salary must be >= 0.0" );
24  } // end function setBaseSalary
25
26  // return base salary
27  double BasePlusCommissionEmployee::getBaseSalary() const
28  {
29      return baseSalary;
30  } // end function getBaseSalary
31
32  // calculate earnings;
33  // override virtual function earnings in CommissionEmployee
34  double BasePlusCommissionEmployee::earnings() const
35  {
36      return getBaseSalary() + CommissionEmployee::earnings();
37  } // end function earnings
38
39  // print BasePlusCommissionEmployee's information
40  void BasePlusCommissionEmployee::print() const
41  {
42    cout << "base-salaried ";
43    CommissionEmployee::print(); // code reuse
44    cout << "; base salary: " << getBaseSalary();
45  } // end function print
```

图 20.16　BasePlusCommissionEmployee 类的实现文件

20.6.5　演示多态处理

为了测试 Employee 层次结构，图 20.17 中的程序创建了四种具体类 SalariedEmployee，HourlyEmployee，CommissionEmployee 以及 BasePlusCommissionEmployee 的对象。首先用静态联编，然后用 Employee 指针 vector 实现多态，对这些对象进行操作。第 22 行至第 27 行创建了这四种具体的 Employee 类的派生类对象。第 32 行至第 38 行输出了每个 Employee 的信息和收入。第 32 行至第 37 行的各个成员函数调用是静态联编的例子，即在编译时联编，这是因为编译器根据名字句柄(而不是可以在执行时设置的指针或引用)，可以识别每个对象的类型，从而可以确定应该调用哪个 print 函数和 earnings 函数。

```cpp
1   // Fig. 20.17: fig20_17.cpp
2   // Processing Employee derived-class objects individually
3   // and polymorphically using dynamic binding.
4   #include <iostream>
5   #include <iomanip>
6   #include <vector>
7   #include "Employee.h"
8   #include "SalariedEmployee.h"
9   #include "CommissionEmployee.h"
10  #include "BasePlusCommissionEmployee.h"
11  using namespace std;
```

图 20.17　Employee 类层次结构的驱动程序

```
12
13    void virtualViaPointer( const Employee * const ); // prototype
14    void virtualViaReference( const Employee & ); // prototype
15
16    int main()
17    {
18       // set floating-point output formatting
19       cout << fixed << setprecision( 2 );
20
21       // create derived-class objects
22       SalariedEmployee salariedEmployee(
23          "John", "Smith", "111-11-1111", 800 );
24       CommissionEmployee commissionEmployee(
25          "Sue", "Jones", "333-33-3333", 10000, .06 );
26       BasePlusCommissionEmployee basePlusCommissionEmployee(
27          "Bob", "Lewis", "444-44-4444", 5000, .04, 300 );
28
29       cout << "Employees processed individually using static binding:\n\n";
30
31       // output each Employee's information and earnings using static binding
32       salariedEmployee.print();
33       cout << "\nearned $" << salariedEmployee.earnings() << "\n\n";
34       commissionEmployee.print();
35       cout << "\nearned $" << commissionEmployee.earnings() << "\n\n";
36       basePlusCommissionEmployee.print();
37       cout << "\nearned $" << basePlusCommissionEmployee.earnings()
38          << "\n\n";
39
40       // create vector of three base-class pointers
41       vector< Employee * > employees( 3 );
42
43       // initialize vector with pointers to Employees
44       employees[ 0 ] = &salariedEmployee;
45       employees[ 1 ] = &commissionEmployee;
46       employees[ 2 ] = &basePlusCommissionEmployee;
47
48       cout << "Employees processed polymorphically via dynamic binding:\n\n";
49
50       // call virtualViaPointer to print each Employee's information
51       // and earnings using dynamic binding
52       cout << "Virtual function calls made off base-class pointers:\n\n";
53
54       for ( const Employee *employeePtr : employees )
55          virtualViaPointer( employeePtr );
56
57       // call virtualViaReference to print each Employee's information
58       // and earnings using dynamic binding
59       cout << "Virtual function calls made off base-class references:\n\n";
60
61       for ( const Employee *employeePtr : employees )
62          virtualViaReference( *employeePtr ); // note dereferencing
63    } // end main
64
65    // call Employee virtual functions print and earnings off a
66    // base-class pointer using dynamic binding
67    void virtualViaPointer( const Employee * const baseClassPtr )
68    {
69       baseClassPtr->print();
70       cout << "\nearned $" << baseClassPtr->earnings() << "\n\n";
71    } // end function virtualViaPointer
72
73    // call Employee virtual functions print and earnings off a
74    // base-class reference using dynamic binding
75    void virtualViaReference( const Employee &baseClassRef )
76    {
77       baseClassRef.print();
78       cout << "\nearned $" << baseClassRef.earnings() << "\n\n";
79    } // end function virtualViaReference
```

```
Employees processed individually using static binding:

salaried employee: John Smith
social security number: 111-11-1111
weekly salary: 800.00
earned $800.00
```

图 20.17(续)   Employee 类层次结构的驱动程序

```
commission employee: Sue Jones
social security number: 333-33-3333
gross sales: 10000.00; commission rate: 0.06
earned $600.00

base-salaried commission employee: Bob Lewis
social security number: 444-44-4444
gross sales: 5000.00; commission rate: 0.04; base salary: 300.00
earned $500.00

Employees processed polymorphically using dynamic binding:

Virtual function calls made off base-class pointers:

salaried employee: John Smith
social security number: 111-11-1111
weekly salary: 800.00
earned $800.00

commission employee: Sue Jones
social security number: 333-33-3333
gross sales: 10000.00; commission rate: 0.06
earned $600.00

base-salaried commission employee: Bob Lewis
social security number: 444-44-4444
gross sales: 5000.00; commission rate: 0.04; base salary: 300.00
earned $500.00
```

```
Virtual function calls made off base-class references:

salaried employee: John Smith
social security number: 111-11-1111
weekly salary: 800.00
earned $800.00

commission employee: Sue Jones
social security number: 333-33-3333
gross sales: 10000.00; commission rate: 0.06
earned $600.00

base-salaried commission employee: Bob Lewis
social security number: 444-44-4444
gross sales: 5000.00; commission rate: 0.04; base salary: 300.00
earned $500.00
```

图 20.17　Employee 类层次结构的驱动程序

　　第 41 行创建了一个名为 employees 的 vector，它包含四个 Employee 指针。第 44 行将 employees[0] 指向对象 salariedEmployee。第 45 行将 employees[1] 指向对象 hourlyEmployee。第 46 行将 employees[2] 指向对象 commissionEmployee。由于 SalariedEmployee 是一种 Employee，CommissionEmployee 是一种 Employee，BasePlusCommissionEmployee 也是一种 Employee，因此编译器允许这些赋值。因此，可以将 SalariedEmployee，HourlyEmployee，CommissionEmployee 以及 BasePlusCommissionEmployee 的对象的地址赋给基类 Employee 指针（即使 Employee 是一个抽象类）。

　　第 54 行至第 55 行的 for 语句遍历名为 employees 的 vector，并对 employees 的各个元素调用函数 virtualViaPointer（第 67 行至第 71 行）。函数 virtualViaPointer 的形参 baseClassPtr（类型为 const Employee * const）接收存储在 employees 元素中的地址。每次调用 virtualViaPointer 时都通过 baseClassPtr 调用虚函数 print（第 69 行）和 earnings 函数（第 70 行）。函数 virtualViaPointer 不包含任何关于 SalariedEmployee，CommissionEmployee 以及 BasePlusCommissionEmployee 的类型信息。该函数只知道基类类型 Employee。因此，在编译时，编译器不知道应该用 baseClassPtr 调用哪个具体类的函数。然而在运行时，会根据 baseClassPtr 在运行时所指向的对象类型调用相应的函数。输出结果验证为每个类了调用了适当的函数并且正确显示了每个对象的信息。例如，显示了 SalariedEmployee 的周工资，显示了 CommissionEmployee 和 BasePlusCommissionEmployee 的总销售额。还需注意，第 70 行多态地获得每个 Employee 的收入，它的输出结果与第 33 行、第 35 行、第 37 行以及第 42 行中的静态联编产生的结果相同。所有对虚函数 print 及 earnings 的调用都是在运行时用动态联编解析的。

最后，第 61 行至第 62 行遍历 employees 并对该 vector 中的每个元素调用函数 virtualViaReference（第 75 行至第 79 行）。函数 virtualViaReference 的形参 baseClassRef（类型为 const Employee&）接收一个由解引用每个 employees 元素中存放的指针形成的引用（第 62 行）。每次调用 virtualViaReference 时都通过引用 baseClassRef 调用虚函数 print（第 77 行）和 earnings 函数（第 78 行），证明用基类引用也可以产生多态处理。每个虚函数调用都会在运行时根据 baseClassRef 引用的对象的类型确定应该调用哪个函数。这也是一个动态联编的例子。使用基类的引用与使用基类指针的结果相同。

20.7　（选讲）多态、虚函数以及动态联编的"幕后机制"

C++ 中编写多态程序很容易。虽然可以用 C 语言那样的非面向对象语言进行多态编程，但是这需要指针操作，既复杂又容易出错。本节将讨论 C++ 内部是如何实现多态、虚函数和动态联编的。从而使读者进一步理解这些功能是如何实现的。更重要的是，可以帮助读者了解多态的开销——额外的内存开销及处理时间。这样就可以确定何时应该使用多态，而何时不应该使用多态。实现标准模板库（Standard Template Library，STL）组件时（如 array 和 vector）没有使用多态和虚函数，这是为了避免相关的执行时间开销，以达到满足 STL 的特定的获得最优性能的需求。

首先，介绍 C++ 编译器在编译时创建什么样的数据结构来支持运行时的多态。多态是通过三层指针（即"三重间接"）实现的。然后，介绍正在执行的程序如何利用这些数据结构执行虚函数和实现与多态相关的动态联编。注意，这些讨论介绍的是一种可能的实现方法，而不是一种语言需求。

当 C++ 编译具有一个或多个虚函数的类时，会为该类创建一个虚函数表（virtual function table，vtable）。vtable 包含了该类的虚函数的指针。像内置的数组名包含了数组第一个元素在内存的起始地址一样，函数指针（pointer to a function）包含了执行该函数的代码在内存的起始地址。当调用类的虚函数时，正在执行的程序使用 vtable 为所调用的虚函数选择适当的函数实现。图 20.18 最左侧的列给出了 Employee，SalariedEmployee，CommsionEmployee 以及 BasePlusCommissionEmployee 类的 vtables。

Employee 类的 vtable

Employee 类的 vtable 中，将第一个函数指针设置为 0（即空指针）。这是因为函数 earnings 是纯虚函数，因而没有实现。第二个函数指针指向 print 函数，该函数输出员工的姓名和社会保障号（注意，为了节省空间，图中简写了每个 print 函数的输出）。vtable 中有一个或多个空指针的类是抽象类。vtable 中没有任何空指针的类（如 SalariedEmployee，CommissionEmployee，BasePlusCommissionEmployee）是具体类。

SalariedEmployee 类的 vtable

SalariedEmployee 类重写了 earnings 函数，返回员工的周工资，因此该函数指针指向 SalariedEmployee 类的 earnings 函数。SalariedEmployee 类还重写了 print 函数，因此相应的函数指针指向 SalariedEmployee 类的 print 函数，该函数输出"salaried employee:"，然后输出员工的姓名、社会保障号以及周工资。

CommissionEmployee 类的 vtable

CommissionEmployee 类的 vtable 中的 earnings 函数指针指向 CommissionEmployee 类的 earnings 函数，该函数返回员工的总销售额和佣金率的乘积。print 函数指针指向 CommissionEmployee 类的 print 函数，该函数输出员工的类型、姓名、社会保障号、佣金率以及总销售额。与 HourlyEmployee 一样，这两个函数都重写了 Employee 中的相应函数。

BasePlusCommissionEmployee 类的 vtable

BasePlusCommissionEmployee 类的 vtable 中的 earnings 函数指针指向 BasePlusCommissionEmployee 类的 earnings 函数，该函数返回员工的基本工资加上总销售额与佣金率的乘积。print 函数指针指向 BasePlusCommissionEmployee 类的 print 函数，该函数输出员工的基本工资、类型、姓名、社会保障号、佣金率以及总销售额。这两个函数都重写了 CommissionEmployee 类中的相应函数。

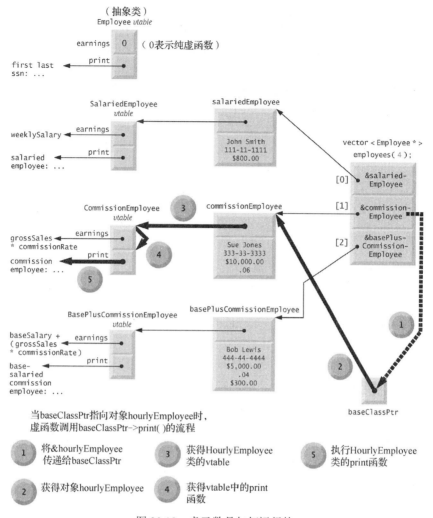

图 20.18　虚函数是如何运行的

继承具体的虚函数

在 Employee 案例学习中，每个具体类都为虚函数 earnings 和 print 提供了自己的实现。因为 earnings 是纯虚函数，所以直接继承自 Employee 类的各个类必须实现 earnings 函数才能成为具体类。然而，从成为具体类的角度而言，这些类可以不实现 print 函数，这是因为 print 函数不是纯虚函数，因而派生类可以继承 Employee 中的 print 函数实现。BasePlusCommissionEmployee 类可以不实现 print 函数或 earnings 函数，因为它可以从 CommissionEmployee 类中继承这两个函数的实现。如果层次结构中的类以这种方式继承函数实现，则这些函数的 vtable 指针将会只指向被继承的函数实现。例如，如果 BasePlus-CommissionEmployee 类没有重写 earnings，BasePlusCommissionEmployee 类的 vtable 中的 earnings 函数指针就会与 CommissionEmployee 类的 vtable 中的 earnings 函数指针指向相同的位置。

实现多态的三层指针

多态是通过良好的数据结构实现的，涉及三层指针。前面已经讨论了一层指针，即 vtable 中的函数指针。这些函数指针指向在调用虚函数时实际要执行的函数。

下面，考虑第二层指针。当实例化具有一个或多个虚函数的类对象时，编译器就会在该对象前面连接一个指向该类的 vtable 的指针。该指针通常位于对象的前面，但是也不一定非要这样实现。图 20.18 中的这些指针与图 20.17 中创建的对象（SalariedEmployee，CommissionEmployee，BasePlusCommissionEmployee 类型分别有一个对象)相关。该图显示了每个对象的数据成员的值。例如，对象 salariedEmployee 包含一个指向 SalariedEmployee 的 vtable 的指针，该对象还包含值 John Smith，111-11-1111 和$800.00。

第三层指针是接收虚函数调用的对象的句柄。这个句柄也可以是引用。图 20.18 中描述了包含 Employee 指针的 vector employees。

下面看看虚函数调用是如何执行的。考虑函数 virtualViaPointer 中的调用 baseClassPtr->print()(参见图 20.17 中的第 69 行)。假设 baseClassPtr 包含 employees[1](即 employees 中的对象 commissionEmployee 的地址)。则当编译器编译该语句时，就会确定应该通过基类指针进行函数调用，并且 print 是一个虚函数。

然后，编译器确定 print 函数是各个 vtable 中的第二个项目。要找到这个项目，编译器发现需要跳过第一个项目。因此，编译器将四个字节的位移量(offset 或 displacement)(在当今流行的 32 位机中，每个指针为四个字节，因此仅需要跳过一个指针)编译到机器语言目标代码的指针表中，查找应该执行的虚函数代码。

编译器生成执行下列操作的代码(注意，列表中的数字与图 20.18 中的圆圈中的数字相对应)：

1. 从 employees 中选择第 *i* 个项目(在这个例子中是对象 hourlyEmployee 的地址)，并将其作为实参传递给函数 virtualViaPointer。从而将形参 baseClassPtr 设置为指向 hourlyEmployee。
2. 解引用指针，获得对象 comissionEmployee。前面介绍过，对象 comissionEmployee 以指向 ComissionEmployee 的 vtable 的指针开始。
3. 解引用 comissionEmployee 的 vtable 指针，获得 ComissionEmployee 的 vtable。
4. 跳过四个字节的位移量，选择 print 函数指针。
5. 解引用 print 函数指针，形成实际要执行的函数名，并使用函数调用运算符() 执行适当的 print 函数，在这个例子中是输出员工的类型、姓名、社会保障号、佣金率以及总销售额。

图 20.18 中的数据结构看起来有些复杂，但是可由编译器隐式管理这种复杂的数据结构，程序员不必担心，这使得多态编程变得很简单。虚函数调用时的指针的解引用操作和内存访问需要增加一些额外的执行时间。增加到对象中的 vtable 以及 vtable 指针需要占用一些额外的内存。通过前面的介绍，相信读者可以确定虚函数是否适合于具体的应用程序。

性能提示 20.1

多态，在 C++中通常是用虚函数和动态联编实现的，是高效的。程序员可以使用该功能，它对性能的影响很小。

性能提示 20.2

虚函数和动态联编使多态编程可以代替 switch 逻辑编程。优化编译器通常可以生成和基于 switch 逻辑的手写代码具有相同效率的多态代码。对于大多数应用程序而言，多态的开销都是可以接受的。但是对于某些情况而言，例如，对性能要求很高的实时应用程序，多态的开销可能过高了。

20.8 案例学习：利用多态的和运行时类型信息的工资系统，通过向下类型转换，dynamic_cast，typeid 以及 type_info 使用运行时类型信息

回顾 20.6 节开始部分提出的问题：目前，公司决定将 BasePlusCommissionEmployees 的基本工资提高 10%。当在 20.6.5 节多态地处理 Employee 对象时，不需要担心"特殊性"。然而，现在，为了能够调整 BasePlusCommissionEmployees 的基本工资，就必须在执行时确定每种特殊类型的 Employee 对象，然后才能执行适当的操作。本节将演示运行时类型信息(Runtime Type Information，RTTI)和动态类型转换的强大功能，它们使程序可以在运行时确定对象的类型，并对对象进行相应的操作。

图 20.19 中的程序使用第 20.6 节中给出的 Employee 层次结构，并给每个 BasePlusCommissionEmployees 的基本工资提高 10%。第 21 行声明了一个具有三个元素的 vector employees，存储 Employee 对象的指针。第 24 行至第 29 行用动态分配的 SalariedEmployee（参见图 20.11 至图 20.12），CommissionEmployee（参见图 20.13 至图 20.14）以及 BasePlusCommissionEmployee（参见图 20.15 至图 20.16）类对象设置 employees。第 32 行至第 52 行对 employees 进行循环，通过调用成员函数 print（第 34 行）显示每个 Employee 的信息。前面介绍过，由于 print 函数在基类 Employee 中声明为虚函数，系统会调用适当的派生类对象的 print 函数。

```cpp
 1   // Fig. 20.19: fig20_19.cpp
 2   // Demonstrating downcasting and runtime type information.
 3   // NOTE: You may need to enable RTTI on your compiler
 4   // before you can compile this application.
 5   #include <iostream>
 6   #include <iomanip>
 7   #include <vector>
 8   #include <typeinfo>
 9   #include "Employee.h"
10   #include "SalariedEmployee.h"
11   #include "CommissionEmployee.h"
12   #include "BasePlusCommissionEmployee.h"
13   using namespace std;
14
15   int main()
16   {
17      // set floating-point output formatting
18      cout << fixed << setprecision( 2 );
19
20      // create vector of three base-class pointers
21      vector < Employee * > employees( 3 );
22
23      // initialize vector with various kinds of Employees
24      employees[ 0 ] = new SalariedEmployee(
25         "John", "Smith", "111-11-1111", 800 );
26      employees[ 1 ] = new CommissionEmployee(
27         "Sue", "Jones", "333-33-3333", 10000, .06 );
28      employees[ 2 ] = new BasePlusCommissionEmployee(
29         "Bob", "Lewis", "444-44-4444", 5000, .04, 300 );
30
31      // polymorphically process each element in vector employees
32      for ( Employee *employeePtr : employees )
33      {
34         employeePtr->print(); // output employee information
35         cout << endl;
36
37         // attempt to downcast pointer
38         BasePlusCommissionEmployee *derivedPtr =
39            dynamic_cast < BasePlusCommissionEmployee * >( employeePtr );
40
41         // determine whether element points to a BasePlusCommissionEmployee
42         if ( derivedPtr != nullptr ) // true for "is a" relationship
43         {
44            double oldBaseSalary = derivedPtr->getBaseSalary();
45            cout << "old base salary: $" << oldBaseSalary << endl;
46            derivedPtr->setBaseSalary( 1.10 * oldBaseSalary );
47            cout << "new base salary with 10% increase is: $"
48               << derivedPtr->getBaseSalary() << endl;
49         } // end if
50
51         cout << "earned $" << employeePtr->earnings() << "\n\n";
52      } // end for
53
54      // release objects pointed to by vector's elements
55      for ( const Employee *employeePtr : employees )
56      {
57         // output class name
58         cout << "deleting object of "
59            << typeid( *employeePtr ).name() << endl;
60
61         delete employeePtr;
62      } // end for
```

图 20.19　演示向下类型转换和运行时类型信息

63　} // end main

```
salaried employee: John Smith
social security number: 111-11-1111
weekly salary: 800.00
earned $800.00

commission employee: Sue Jones
social security number: 333-33-3333
gross sales: 10000.00; commission rate: 0.06
earned $600.00

base-salaried commission employee: Bob Lewis
social security number: 444-44-4444
gross sales: 5000.00; commission rate: 0.04; base salary: 300.00
old base salary: $300.00
new base salary with 10% increase is: $330.00
earned $530.00

deleting object of class SalariedEmployee
deleting object of class CommissionEmployee
deleting object of class BasePlusCommissionEmployee
```

图 20.19(续)　演示向下类型转换和运行时类型信息

用运算符 dynamic_cast 确定对象的类型

　　在这个例子中，当遇到 BasePlusCommissionEmployee 类对象时，要给基本工资提高 10%。然而由于是以通用方法(即多态)处理 employees 的，所以只用前面学过的技术不能确定给定时刻所操作的 Employee 的类型。这便产生了一个问题，必须能够在遇到 BasePlusCommissionEmployee 类对象时识别出它们，才能将其工资提高 10%。为了实现这个目标，我们用运算符 dynamic_cast(第 39 行)来确定各个对象的类型是否是 BasePlusCommissionEmployee。这是在 20.3.3 节中提及的向下类型转换操作。第 38 行至第 39 行动态地将 employees[i]从 Employee*类型向下类型转换为 BasePlusCommissionEmployee* 类型。如果该 vector 元素指向一个 BasePlusCommissionEmployee 类对象，则将该对象的地址赋给 commissionPtr，否则，将空指针赋给派生类指针 derivedPtr。注意，此处必须用 dynamic_cast 而不是 static_cast 来对对象执行类型检查。因为无论对象的类型是什么，static_cast 都会简单地将 Employee* 映射为 BasePlusCommissionEmployee*类型。如果用 static_cast，则程序会试图增加所有员工的基本工资，导致非 BasePlusCommissionEmployee 类对象的不确定行为。

计算当前的员工工资

　　第 51 行对 employeePtr 指向的对象调用了成员函数 earnings。前面介绍过，earnings 在基类中声明为虚函数，因此会调用派生类对象的 earnings 函数，这也是一个动态联编的例子。

显示员工的类型

　　第 55 行至第 62 行的 for 循环显示每个员工对象的类型，并用 delete 运算符释放每个 vector 元素所指向的动态内存。运算符 typeid(第 59 行)返回一个 type_info 类对象的引用，type_info 类包含包括类型名在内的操作数的类型信息。调用 type_info 类的成员函数 name 时(第 59 行)，会返回传递给 typeid 的实参的类型名，该类型名是一个基于指针的字符串(如"class BasePlusCommissionEmployee")。为了能够使用 typeid，程序中必须包含头文件<typeinfo>(第 8 行)。

性能提示 20.1

type_info 的成员函数 name 返回的字符串在不同的编译器中可能不同。

用 dynamic_cast 避免编译错误

　　这个例子通过将 Employee 指针向下类型转换为 BasePlusCommissionEmployee 指针(第 38 行至第 39 行)避免了几个编译错误。如果删除第 39 行中的 dynamic_cast，并试图将当前的 Employee 指针直接赋给 BasePlusCommissionEmployee 指针 derivedPtr，则会产生编译错误。C++不允许直接将基类指针赋给派生类指针，因为 is-a 关系在此处不成立，CommissionEmployee 不是一种 BasePlusCommissionEmployee。is-a 关系只能应用于从派生类到基类的关系，而反之则不成立。

类似地，如果第 44 行、第 46 行和第 48 行使用当前来自于 employees 的基类指针，而不是用派生类指针 derivedPtr，来调用只属于派生类的函数 getBaseSalary 和 setBaseSalary，则会在这些行中产生编译错误。在 20.3.3 节介绍过，试图用基类指针调用只属于派生类的函数是不允许的。尽管第 44 行、第 46 行和第 48 行仅在 derivedPtr 不等于空指针的情况下执行（即可以执行类型转换），也不能试图用基类 Employee 的指针调用派生类 BasePlusCommissionEmployee 的函数 getBaseSalary 和 setBaseSalary。前面介绍过，用基类指针只能调用出现在基类 Employee 中的函数，earnings，print 以及 get 函数和 set 函数。

20.9　本章小结

本章讨论了使开发人员可以"用通用的方法编程"而不是局限于"用特殊的方法编程"的多态机制，并演示了多态如何使程序更容易扩展。首先给出了一个例子，演示如何用多态使屏幕管理程序显示多种"太空"对象。然后演示了基类指针和派生类指针可以如何指向基类和派生类对象。结论是将基类指针指向基类对象，将派生类指针指向派生类对象很自然；将基类指针指向派生类对象也是自然的，因为派生类对象是一种基类对象。还阐述了将派生类指针指向基类对象是危险的，以及编译器不允许这种赋值的原因。介绍了虚函数，虚函数使得当基类指针引用继承层次结构中各个层次的对象时，可以（在运行时）调用正确的函数。这称为动态联编或后期联编。讨论了虚析构函数，以及它们如何确保当用基类指针删除派生类对象时正确调用继承层次结构中的析构函数。然后讨论了纯虚函数（不提供实现的虚函数）。了解了抽象类不能用来实例化对象，然而具体类却可以实例化对象。然后演示了在继承层次结构中使用抽象类。学习了编译器用所创建的 vtable 实现多态的内部机制。使用运行时类型信息（RTTI）和动态类型转换在运行时确定对象的类型，并对其进行相应的操作。还使用 typeid 运算符获得包含给定对象类型信息的 type_info 对象。

下一章将讨论 C++的 I/O 功能，演示几种执行各种格式操作的流操纵算子。

摘要

20.1　引言
- 多态使得开发人员可以"用通用的方法编程"而不是局限于"用特殊的方法编程"。
- 多态使得开发人员可以把类层次结构中的类对象看成该层次结构中的基类对象来处理。
- 多态使设计和实现易于扩展的系统成为可能。对程序的通用部分稍做修改或不做修改就可以向程序中增加新类，只要这些类属于以通用方式处理的继承层次结构即可。只需修改需要直接了解加入层次结构中的新类的部分。

20.2　多态简介：多态的视频游戏
- 使用多态后，根据调用函数的对象类型可以产生多种不同的行为。
- 这使得设计和实现更易于扩展的系统成为可能。不用修改程序，通过多态就可以把开发程序之前不存在的类加入系统中。

20.3　继承层次结构中对象间的关系
- C++支持多态——通过继承相关联的不同类对象对相同的成员函数调用响应不同。
- 多态是通过虚函数和动态联编实现的。
- 当通过基类指针或引用调用虚函数时，C++在与该对象相关的派生类中选择正确的重写函数。
- 当通过对象名和点成员选择运算符调用虚函数时（如 squareObject.draw( )），该函数调用是在编译时解析的，这称为静态联编，这时所调用的虚函数是对象所属的类中定义的函数。

- 在必要时，派生类可以提供它们自己的对基类虚函数的实现，但是如果没有提供，则会使用基类的实现。
- 如果基类有虚函数，则应将基类的析构函数声明为虚析构函数。这使得所有的派生类的析构函数自动成为虚析构函数(即使它们的析构函数名与基类的析构函数名不同)。这时，如果对基类指针显式地应用 delete 运算符删除层次结构中的对象，则系统会根据基类指针所指向的对象类型调用相应类的析构函数。在派生类的析构函数运行完毕后，该类的所有基类的析构函数会按照在层次结构中从上到下的顺序运行。

20.4 类型域和 switch 语句

- 利用多态编程可以消除不必要的 switch 逻辑。使用 C++的多态机制实现等价的逻辑，可以避免与 switch 逻辑相关的各种错误。

20.5 抽象类和纯虚函数

- 抽象类通常用做继承层次结构中的基类，所以它们称为抽象基类。抽象类不能用于实例化对象。
- 可用于实例化对象的类称为具体类。
- 将类定义成抽象类的方法是将该类的一个或多个虚函数声明成纯虚函数。声明纯虚函数的方法是在声明时将其设置为 "=0"。
- 如果一个类是从具有纯虚函数的类派生而来的，并且该派生类中没有提供纯虚函数的定义，则纯虚函数在派生类中仍然是纯虚函数，因而该派生类也是一个抽象类。
- 尽管不能实例化抽象基类的对象，但是可以声明抽象基类的指针和引用。这种指针和引用可用于对由具体派生类实例化的派生类对象进行多态操作。

20.7 (选讲)多态、虚函数以及动态联编的 "幕后机制"

- 动态联编要求在运行时对虚函数的调用找到该类的正确的虚函数版本。虚函数表 vtable 是包含函数指针的数组。每个具有虚函数的类都有一个 vtable。对于类中的每个虚函数，在 vtable 中都有一个指向用于该类对象的虚函数版本的函数指针。某个类使用的虚函数可以是该类中定义的函数，也可以是它从较高继承层次结构中直接或间接继承的函数。
- 当基类提供虚函数时，派生类可以重写该虚函数，但是不是必须要重写。
- 每个具有虚函数的类对象都包含一个指向该类的 vtable 的指针。当运行时通过指向派生类对象的基类指针进行成员函数调用时，就会获得 vtable 中的相应的函数指针，并解引用该指针完成函数调用。vtable 的查询和指针解引用仅需要很少的开销。
- vtable 中有一个或多个空指针的类是抽象类。vtable 中没有空指针的类是具体类。
- 通过动态联编(也称为后期联编)可使新类适合于该系统。

20.8 案例学习：利用多态的和运行时类型信息的工资系统，通过向下类型转换，dynamic_cast，typeid 以及 type_info 使用运行时类型信息

- dynamic_cast 运算符检查指针所指向的对象类型，然后确定该类型与指针被转换生成的类型是否存在 is-a 关系。如果存在 is-a 关系，则返回该对象的地址，否则返回 0。
- 运算符 typeid 返回一个 type_info 类对象的引用，type_info 类包含包括类型名在内的操作数的类型信息。为了能够使用 typeid，程序中必须包含头文件<typeinfo>。
- 调用 type_info 类的成员函数 name 时，会返回一个包含 type_info 对象所表示的类型名的基于指针的字符串。
- 运算符 dynamic_cast 和 typeid 是 C++运行时类型信息(RTTI)的两个特征，RTTI 使程序能够在运行时确定对象的类型。

自测题

20.1 填空

(a) 将基类对象当成_____处理会导致错误。

(b) 使用多态有助于消除_____逻辑。

(c) 如果类中至少包含一个纯虚函数，则它是_____类。

(d) 可以实例化对象的类称为_____类。

(e) 运算符_____可以用于安全地向下类型转换基类指针。

(f) 运算符 typeid 返回一个_____对象的引用。

(g) 使用一个基类指针或引用调用基类或派生类对象的虚函数称为_____。

(h) 使用关键字_____声明可重写的函数。

(i) 将基类指针转换为派生类指针称为_____。

20.2 判断下列语句的正误。如果错误，请说明原因。

(a) 抽象基类的所有虚函数必须声明为纯虚函数。

(b) 用基类句柄引用派生类对象是危险的。

(c) 通过将类声明为 virtual 使得该类成为抽象类。

(d) 如果基类声明了一个纯虚函数，则派生类必须实现这个函数才能成为一个具体类。

(e) 多态编程可以消除 switch 逻辑。

自测题答案

20.1 (a) 派生类对象。(b) switch。(c) 抽象。(d) 具体。(e) dynamic_cast。(f) type_info。(g) 多态。(h) virtual。
(i) 向下类型转换。

20.2 (a) 错误。抽象基类可以包含具有实现的虚函数。(b) 错误。用派生类句柄引用基类对象是危险的。
(c) 错误。类从不声明为 virtual。类成为抽象类是通过至少包含一个纯虚函数实现的。(d) 正确。
(e) 正确。

练习题

20.3 (一般化编程) 多态如何使得编程"一般化"而不是"特殊化"？讨论"一般化"编程的主要
优点。

20.4 (比较多态和 switch 逻辑) 讨论 switch 逻辑编程的问题。解释为什么多态可以有效地代替 switch
逻辑？

20.5 (比较接口继承和实现继承) 区分接口继承和实现继承。接口继承的继承层次设计与实现继承的
继承层次设计有何区别？

20.6 (虚函数) 什么是虚函数？描述适合于使用虚函数的情况。

20.7 (比较静态联编与动态联编) 区分静态联编与动态联编。解释动态联编中虚函数和 vtable 的使用。

20.8 (虚函数) 区分虚函数和纯虚函数。

20.9 (抽象基类) 对本章介绍的以及图 19.3 中给出的 Shape 层次结构提出一层或多层抽象基类(第一层
是 Shape，第二层是 TwoDimensionalShap 类和 ThreeDimensionalShap 类)。

20.10 (多态及可扩展性) 多态如何促进可扩展性？

20.11 (多态的应用) 开发一个具有图形输出的飞行模拟程序。说明为什么多态对这类问题特别有效。

20.12 (修改工资系统) 修改图 20.9 至图 20.17 中的工资系统。在 Employee 中增加 private 数据成员
birthDate。使用图 18.6 至图 18.7 中的 Date 类表示员工的生日。假设每个月处理一次工资。创建

一个类型为 Employee 的引用的 vector，存放员工对象。在循环中计算每个 Employee 的工资(多态)，如果当前月份是某个员工的出生月份，则向他的工资中增加奖金$100.00。

20.13 (**Package 继承层次结构**)使用练习题 19.9 中创建的 Package 继承层次结构，创建程序，显示地址信息，并计算几个 Packages 的运输费用。程序包含一个 Package 指针的 vector，这些指针指向 TwoDayPackage 和 OvernightPackage 类对象。在循环中多态处理这个 vector 中的 Packages。对于每个 Package，调用 get 函数，获得寄件人和收件人的地址信息，然后按照邮件标签格式输出这两个地址。调用每个 Package 的 calculateCost 成员函数并输出结果。记录 vector 中所有 Package 的运输费用，并在循环终止后显示总的运输费用。

20.14 (**使用 Account 层次结构的多态银行程序**)用练习题 19.10 中创建的 Account 层次结构开发一个多态的银行程序。创建一个 Account 指针的 vector，这些指针指向 SavingsAccount 和 CheckingAccount 对象。对于 vector 中的每个 Account，都允许用户使用成员函数 debit 指定取款数目，使用 credit 成员函数指定存款数目。处理每个 Account 时，要确定它的类型。如果一个 Account 是 SavingsAccount，那么使用成员函数 calculateInterest 计算利息数目，然后用成员函数 credit 将它加到账户余额上。每处理一个 Account 后，调用基类的成员函数 getBalance 获得修改后的账户余额，然后输出这个余额。

20.15 (**修改工资系统**)修改图 20.9 至图 20.17 的工资系统，以包含其他的员工子类 PieceWorker 和 HourlyWorker。其中 PieceWorker 表示按照生产的商品数计算工资的员工；HourlyWorker 表示根据小时工资和工作的小时数计算工资的员工。对于 HourlyWorker，如果工作时间超过 40 小时，再加上加班费(为小时工资的 1.5 倍)。

PieceWorker 类应该包含 private 变量 wage(员工生产一件商品的工资)和 pieces(生产的商品数)。HourlyWorker 类应该包含 private 变量 wage(员工的小时工资)以及 hours(工作的小时数)。在 PieceWorker 类中提供一个 earnings 函数的具体实现，用生产的商品数乘以生产一件商品的工资作为员工的收入。在 HourlyWorker 类中提供一个 earnings 函数的具体实现，用工作的小时数乘以小时工资作为员工的收入。如果工作的小时数超过 40 小时，再加上加班费。在 main 函数中，向 Employee 指针向量中增加指向以上类对象的指针。对于每种员工，输出其字符串表示和收入。

提高练习题

20.16 (**CarbonFootprint 抽象类：多态**)通过使用一个只具有一个纯虚函数的抽象类，为可能的各个类指定相似的行为。全世界的政府和公司都越来越关注碳足迹问题(每年向大气层释放的二氧化碳量)，该问题是由建筑取暖燃烧各种燃料、交通工具燃烧燃料等原因导致的。很多科学家将全球变暖现象归咎于温室效应。创建三个没有继承关系的类 Building，Car，Bicycle。给每个类指定一些其他类所没有的特有属性和行为。创建只有一个纯虚函数 getCarbonFootprint 的抽象类 CarbonFootprint。其他三个类派生于该类，并且实现 getCarbonFootprint 函数，计算这些类的碳足迹(请上网查找碳足迹的计算方法)。编写一个应用程序，创建这三个类的对象，将指向这些对象的指针保存在 CarbonFootprint 指针类型的 vector 中，然后循环分析该 vector，多态地调用各个对象的 getCarbonFootprint 函数。对每个对象打印一些识别信息及该对象的碳足迹。

第 21 章　输入/输出流：深入学习

学习目标

在本章中，读者将学习以下内容：

● C++面向对象的输入/输出流的用法。
● 格式化输入和输出。
● I/O 流类的层次结构。
● 流操纵符的用法。
● 控制对齐和填充。
● 确定输入/输出操作的成功与失败。
● 将输出流绑定到输入流上。

提纲

21.1　引言

本章将讨论一些可以执行大多数常见 I/O 操作的功能，并概括介绍其他功能。本章中有些特征也在前面讨论过，这里将给出更全面的介绍。很多 I/O 特征都是面向对象的。这种 I/O 风格利用了其他 C++特征，如引用、函数重载和运算符重载等。

C++使用类型安全的 I/O(type-safe I/O)操作。每种 I/O 操作都是对类型敏感的。如果已经定义了可以处理特定数据类型的 I/O 成员函数,那么当需要时,就会调用该函数来处理这种数据类型。如果实际数据和处理这种数据的函数类型不匹配,则编译器就会生成错误信息。因此,错误数据是不能通过系统检测的(而 C 语言则不然,会导致一些奇怪的错误)。

用户可以通过重载流插入运算符(<<)和流读取运算符(>>),指定如何为用户定义类型的对象执行 I/O 操作。这种可扩展性(Extensibility)是 C++最有价值的特征之一。

软件工程视点 21.1
尽管 C++程序员可以使用 C 风格的 I/O 操作,但是在 C++程序中还是应该只使用 C++风格的 I/O。

错误预防提示 21.1
C++式的 I/O 是类型安全的。

软件工程视点 21.2
C++支持以统一的方式处理预定义的类型和用户定义的类型。这种统一性便于软件开发和重用。

21.2 流

C++以流(Stream)的形式进行 I/O 操作,流实际上是一个字节序列。在输入操作中,字节从设备(如键盘、硬盘驱动、网络连接等)流向主存。在输出操作中,字节从主存流向设备(如显示器、打印机、硬盘驱动、网络连接等)。

应用程序通常给字节赋予含义。字节可以表示字符、原始数据、图形图像、数字音频、数字视频或者应用程序可能需要的任何其他信息。系统的 I/O 机制应该一致、可靠地在设备和内存之间传输字节。传输过程中通常会包含一些机械运动,如磁盘和磁带的旋转,或在键盘上按键等。这些传输所花费的时间通常比系统内部操作这些数据所花的时间长得多。因此,要确保最优性能就需要精心计划和调整 I/O 操作。

C++既提供了"低级"也提供了"高级"I/O 功能。低级 I/O 功能(即无格式 I/O,unformatted I/O)通常在设备和内存间传输一些字节。这种传输以单个字节为单位。它可以提供高速、高容量的传输,但是对程序员使用而言不是很方便。

程序员通常更喜欢高级 I/O(即格式化 I/O,formatted I/O),高级 I/O 把字节组成有意义的单位,如整数、浮点数、字符、字符串和用户定义的类型等。这些面向类型的功能适合于大多数 I/O 操作,但是不适于高容量文件处理。

性能提示 21.1
应该在高容量文件处理中使用无格式 I/O 以达到最优性能。

可移植性提示 21.1
使用无格式 I/O 可能导致移植问题,因为无格式数据在各个平台间是不可移植的。

21.2.1 传统流与标准流的比较

在过去,C++传统流库(Classic stream library)支持 chars 的输入和输出。由于一个 char 占用一个字节,因此它只能表示有限的字符集(如 ASCII 字符集)。然而,很多语言使用比一个字节 char 所能表示的字符更多的字符。ASCII 字符集不能提供这些字符,而 Unicode 字符集(Unicode character set)则可以。Unicode 是一种更大的内部字符集,它可以表示世界上大多数的商业语言、数学符号和其他符号。如果读者想更多地了解 Unicode,请访问 www.unicode.org。

C++包含标准流库(Standard stream library)，使得开发人员可以创建用 Unicode 字符执行 I/O 操作的系统。为此，C++包含了一种其他字符类型 wchar_t，存放 Unicode 字符。C++标准也将只能处理 chars 的传统 C++流类重新设计为类模板，该类模板有独立的特化，分别处理 char 和 wchar_t 类型字符。本书中使用具有独立的特化的 char 类型的类模板。标准中没有指定 wchar_t 类型的规模。C++11 的新增了 char16_t 和 char32_t 类型用于表示 Unicode 字符，不但指定字符类型，还显式指定其规模。

21.2.2 iostream 类库头文件

C++ iostream 库提供了上百种 I/O 功能。库接口部分包含在几个头文件中。

大多数 C++程序都包含<iostream>头文件，这个头文件中声明了所有 I/O 流操作所需的基本服务。<iostream>头文件中定义了 cin，cout，cerr 和 clog 对象，它们分别对应于标准输入流、标准输出流、非缓冲的标准错误流和经缓冲的标准错误流(第 21.2.3 节将讨论 cerr 和 clog)。<iostream>头文件既提供了无格式 I/O 服务也提供了格式化 I/O 服务。

<iomanip>头文件用参数化流操纵符(Parameterized stream manipulator)，如 setw 和 setprecision，声明了有利于执行格式化 I/O 操作的服务。<fstream>头文件声明了用于用户控制的文件处理的服务。

21.2.3 输入/输出流类和对象

iostream 库提供了多种用于处理常见 I/O 操作的模板。例如，类模板 basic_istream 支持流输入操作，类模板 basic_ostream 支持流输出操作，类模板 basic_iostream 既支持流输入又支持流输出操作。每个模板都有预定义的支持 char I/O 的模板特化。此外，iostream 库提供了一个为这些模板特化提供别名的 typedefs 集合。typedef 限定符为之前定义的数据类型声明别名。程序员有时用 typedef 创建更短、可读性更好的类型名。例如，语句

```
typedef Card *CardPtr;
```

定义了另一个类型名 CardPtr 作为 Card*的别名。注意，用 typedef 创建一个类型名并不是创建了一种数据类型，typedef 只创建一个可以在程序中使用的类型名。typedef istream 表示支持 char 输入的 basic_istream 的特化。类似地，typedef ostream 表示支持 char 输出的 basic_ostream 的特化。typedef iostream 表示既支持 char 输入也支持 char 输出的 basic_iostream 的特化。本章中将使用这些 typedef。

I/O 流模板层次结构和运算符重载

模板 basic_istream 和 basic_ostream 都是通过单继承从基模板 basic_ios 派生而来的[①]。模板 basic_iostream 通过多继承派生自 basic_istream 和 basic_ostream 模板。图 21.1 中的 UML 类图概括了这些继承关系。

运算符重载为执行输入/输出操作提供了一种方便的途径。重载的左移运算符(<<)表示流的输出，称为流插入运算符。重载的右移运算符(>>)表示流的输入，称为流读取运算符。这两个运算符可以与标准流对象 cin，cout，cerr，clog 以及用户定义的流对象一起使用。

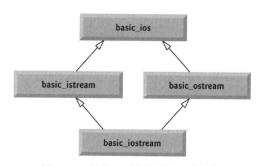

图 21.1 部分 I/O 流模板的层次结构

标准流对象 cin，cout，cerr 和 clog

预定义的 cin 对象是一个 istream 实例，它与标准输入设备(通常为键盘)相关。如下语句用流读取运算符(>>)将整型变量 grade 的值(假设已经把 grade 声明为 int 变量)从 cin 输入到内存中：

```
cin >> grade; // data "flows" in the direction of the arrows
```

---

① 本章只在支持 char I/O 的模板特化的上下文中讨论模板。

注意，编译器确定 grade 数据类型并选择适当的重载流读取运算符。假设已经正确声明了 grade，则不需要为流读取运算符添加其他类型信息(而 C 风格的 I/O，则需要其他类型信息)。>>运算符被重载了，用以输出内置类型数据项、字符串和指针值。

预定义的 cout 对象是一个 ostream 实例，它与标准输出设备(通常为显示器)相关。如下语句中流插入运算符(<<)将变量 grade 的值从内存输出到标准输出设备：

```
cout << grade; // data "flows" in the direction of the arrows
```

注意，编译器确定 grade 的数据类型(假设已经正确声明了 grade)，并选择适当的流插入运算符，因此不需要为流插入运算符添加额外的类型信息。<<运算符被重载了，以输出内置类型数据项、字符串和指针值。

预定义的 cerr 对象是一个 ostream 实例，它与标准错误输出设备相关。cerr 对象的输出是非缓冲的(Unbuffered)，即插入到 cerr 中的各个流会被立即输出，这适用于向用户发送错误提示信息。

预定义的 clog 是一个 ostream 实例，它与标准错误输出设备相关。clog 的输出是经缓冲的(Buffered)，即每次插入到 clog 中的流会被存储在缓冲区中，直到缓冲区满或被刷新才输出。缓冲是一种提高 I/O 性能的技术，这在操作系统课程中有所讨论。

文件处理模板

C++文件处理使用类模板 basic_ifstream(用于文件输入)、basic_ofstream(用于文件输出)和 basic_fstream(用于文件输入和输出)。每个类模板都有一个预定义的支持 char I/O 的模板特化。C++提供了一个给这些模板特化提供别名的 typedef 集合。例如，typedef ifstream 表示一个支持从文件进行 char 输入的 basic_ifstream 特化。类似地，typedef ofstream 表示一个支持向文件进行 char 输出的 basic_ofstream 特化。typedef fstream 表示支持向文件进行 char 输入和 char 输出的 basic_fstream 特化。basic_ifstream 继承自 basic_istream，basic_ofstream 继承自 basic_ostream，basic_fstream 继承自 basic_iostream。图 21.2 中的 UML 类图概括了与 I/O 相关的类的继承关系。完整的 I/O 流类层次结构能够为程序员提供所需要的大部分功能。如果读者想更多地了解有关文件处理的信息，则可以参考相应 C++系统的类库指南。

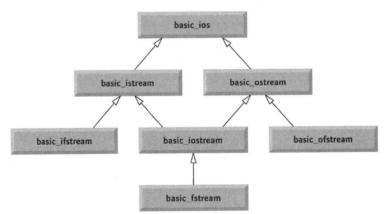

图 21.2　部分 I/O 流模板层次结构，给出主要的文件处理模板

21.3　输出流

ostream 既提供了格式化输出也提供了无格式输出功能。输出功能包括：用流插入运算符(<<)输出标准数据类型；用成员函数 put 输出字符；用 write 成员函数进行无格式输出；输出十进制、八进制、和十六进制格式的整数；输出各种精度的浮点数、输出强制带有十进制小数点的浮点数，以科学计数法和定点计数法表示浮点数；输出在指定域宽内对齐的数据；输出在域宽内用指定的字符填充空位的数据；输出科学计数法和十六进制数据中的大写字符。

21.3.1 输出 char*变量

C++能够自动判定数据类型，这是对 C 的改进。然而，遗憾的是，这种特征有时会起到妨碍作用。例如，假设希望打印指向一个字符串的 char*的值（即该字符串的第一个字符的内存地址）。然而，重载的<<运算符将 char*类型打印为一个以空字符结尾的字符串。该问题的一种解决方法是将 char*转换为 void*（实际上，需要输出指针变量的地址时，都应这样做）。图 21.3 演示了如何输出 char*变量的字符串及其地址。注意，输出的地址是以十六进制表示的（基数为 16）。如果读者想要更多地了解十六进制数，则可以阅读附录 C。在 21.6.1 节和 21.7.4 节中将进一步介绍控制数字的基数的方法。

```
 1   // Fig. 21.3: fig21_03.cpp
 2   // Printing the address stored in a char * variable.
 3   #include <iostream>
 4   using namespace std;
 5
 6   int main()
 7   {
 8      const char *const word = "again";
 9
10      // display value of char *, then display value of char *
11      // after a static_cast to void *
12      cout << "Value of word is: " << word << endl
13         << "Value of static_cast< const void * >( word ) is: "
14         << static_cast< const void * >( word ) << endl;
15   } // end main
```

```
Value of word is: again
Value of static_cast< const void * >( word ) is: 0135CC70
```

图 21.3 输出存储在 char*变量中的地址

21.3.2 用成员函数 put 输出字符

可以用成员函数 put 输出字符。例如语句

```
cout.put( 'A' );
```

输出一个字符 A。可以级联调用 put 函数，如下列语句所示：

```
cout.put( 'A' ).put( '\n' );
```

该语句输出字符 A 然后输出一个换行符。该语句的执行方式与<<类似，因为点运算符(.)按照从左向右的顺序计算，并且 put 成员函数返回一个调用 put 函数的 ostream 对象(cout)的引用。还可以用表示 ASCII 值的数字表达式调用 put 函数，如下列语句所示：

```
cout.put( 65 );
```

该语句也输出字符 A。

21.4 输入流

下面讨论输入流。istream 既提供了格式化输入也提供了无格式输入功能。流读取运算符（即重载的>>运算符）通常会跳过输入流中的空白字符（White-space character）（如空格、tab 键和换行符等），稍后将介绍如何改变这种行为。在输入数据后，流读取运算符会返回一个接收读取信息的流对象的引用（如表达式 cin >> grade 中的 cin）。如果该引用被用做条件表达式（如 while 语句的循环条件表达式），则系统会隐式调用重载的 void*类型转换运算符函数，根据输入操作是正确还是失败，将引用相应地转换为一个非空指针值或空指针。非空指针转换成 bool 值 true，表示成功；而空指针则转换成 bool 值 false，表示失败。当试图越过流的末尾进行读操作时，重载的 void*类型转换运算符就会返回空指针表示到达文件末尾。

每个流对象都包含一组用于控制流状态(即格式、错误状态设置等)的状态位(State bit)集合。重载 void*类型转换运算符使用这些位确定是否应该返回一个非空指针或空指针。如果输入数据的类型错误，则流读取操作将流的 failbit 置位。如果输入操作失败，则流读取操作将流的 badbit 置位。在 21.7 节和 21.8 节将详细讨论流状态位，然后演示如何在 I/O 操作后测试这些位。

21.4.1　成员函数 get 和 getline

无参的成员函数 get 从指定的流中输入一个字符(包括空白字符和其他非图形字符，如表示文件结尾的键序列)，并将该字符作为函数调用的值返回。当遇到输入流中的文件结尾时，get 函数返回 EOF。

使用成员函数 eof，get 和 put

图 21.4 演示了成员函数 eof 和 get 的在流 cin 中的用法，以及成员函数 put 在流 cout 中的用法。在第 4 章讲过，EOF 表示为一个整数。该程序将字符读取到整型变量 character 中，因此我们可以测试每个输入的字符是否是 EOF。首先打印了 cin.eof 的值(即 false，在输出结果中为 0)，验证没有到达 cin 中的文件末尾。然后，用户输入一行文本，按下 Enter 键，并输入文件结束符(在 Microsoft Windows 系统中文件结束符用<Ctrl>-z 表示，在 Lunix 和 Mac 系统中文件结束符用<Ctrl>-d 表示)。第 15 行读取每个字符，第 16 行用成员函数 put 将所读入的字符输出到 cout 中。当遇到文件结束符时，while 语句终止，第 20 行输出 cin.eof( )的值，此时这个值为 true(在输出结果中为 1)，表明已经到达了 cin 的文件结束符。注意，该程序使用的 get 函数是 istream 中不接收任何实参的成员函数 get，它返回输入的字符(第 15 行)。函数 eof 只在程序试图读取流中最后一个字符时返回 true。

```cpp
1   // Fig. 21.4: fig21_04.cpp
2   // get, put and eof member functions.
3   #include <iostream>
4   using namespace std;
5
6   int main()
7   {
8      int character; // use int, because char cannot represent EOF
9
10     // prompt user to enter line of text
11     cout << "Before input, cin.eof() is " << cin.eof() << endl
12        << "Enter a sentence followed by end-of-file:" << endl;
13
14     // use get to read each character; use put to display it
15     while ( ( character = cin.get() ) != EOF )
16        cout.put( character );
17
18     // display end-of-file character
19     cout << "\nEOF in this system is: " << character << endl;
20     cout << "After input of EOF, cin.eof() is " << cin.eof() << endl;
21   } // end main
```

```
Before input, cin.eof() is 0
Enter a sentence followed by end-of-file:
Testing the get and put member functions
Testing the get and put member functions
^Z

EOF in this system is: -1
After input of EOF, cin.eof() is 1
```

图 21.4　成员函数 get，put 和 eof

接收一个字符引用实参的成员函数 get 读取输入流中下一个字符(包括空白字符)并将其存储在字符实参中。这个 get 函数返回调用它的 istream 对象的引用。

第三种 get 函数接收三个实参：字符数组、最大字符数和分隔符(默认值为'\n')。这个函数从输出流中读取字符，或者在读取比指定最大字符数少一个的字符后终止，或者在遇到分隔符时终止。为了使字符数组(被用做缓冲区)中输入字符串能够结束，空字符会被插入到字符数组中。分隔符没有被放在字符数组中，但是它仍然保留在输入流中(该分隔符是下一个要读入的字符)。因此，随后的另一个 get 函数调用的结果是一个空行，除非从输入流中删除该分隔符(可以用 cin.ignore())。

cin 和 cin.get 比较

图 21.5 对用流读取运算符和 cin 进行输入(一直读取字符，直到遇到空格符则停止)以及用 cin.get 进行输入进行比较。注意，调用 cin.get 时(第 22 行)没有指定分隔符，因此使用默认的'\n'字符。

```cpp
1   // Fig. 21.5: fig21_05.cpp
2   // Contrasting input of a string via cin and cin.get.
3   #include <iostream>
4   using namespace std;
5
6   int main()
7   {
8      // create two char arrays, each with 80 elements
9      const int SIZE = 80;
10     char buffer1[ SIZE ];
11     char buffer2[ SIZE ];
12
13     // use cin to input characters into buffer1
14     cout << "Enter a sentence:" << endl;
15     cin >> buffer1;
16
17     // display buffer1 contents
18     cout << "\nThe string read with cin was:" << endl
19        << buffer1 << endl << endl;
20
21     // use cin.get to input characters into buffer2
22     cin.get( buffer2, SIZE );
23
24     // display buffer2 contents
25     cout << "The string read with cin.get was:" << endl
26        << buffer2 << endl;
27  } // end main
```

```
Enter a sentence:
Contrasting string input with cin and cin.get

The string read with cin was:
Contrasting

The string read with cin.get was:
 string input with cin and cin.get
```

图 21.5　用 cin 和流读取运算符输入字符串与用 cin.get 输入字符串的比较

使用成员函数 getline

成员函数 getline 与第三种 get 成员函数的操作类似，它读取一行信息到字符数组中，并在该行结尾插入一个空字符。不同的是，getline 函数要从流中删除分隔符(即读取分隔符并删除它)，但是不把它存在字符数组中。图 21.6 中的程序演示了使用成员函数 getline 输入一行文本(第 13 行)。

```cpp
1   // Fig. 21.6: fig21_06.cpp
2   // Inputting characters using cin member function getline.
3   #include <iostream>
4   using namespace std;
5
6   int main()
7   {
8      const int SIZE = 80;
9      char buffer[ SIZE ]; // create array of 80 characters
10
11     // input characters in buffer via cin function getline
12     cout << "Enter a sentence:" << endl;
13     cin.getline( buffer, SIZE );
14
15     // display buffer contents
16     cout << "\nThe sentence entered is:" << endl << buffer << endl;
17  } // end main
```

图 21.6　用 cin 的成员函数 getline 输入字符

```
Enter a sentence:
Using the getline member function

The sentence entered is:
Using the getline member function
```

图 21.6(续)　用 cin 的成员函数 getline 输入字符

21.4.2　istream 类的成员函数 peek，putback 和 ignore

istream 的成员函数 ignore 或者读取并删除指定个数的字符(默认情况下是一个字符)，或者在遇到指定的分隔符(默认的分隔符是 EOF，使 ignore 在读取文件时跳过文件末尾)时结束。

成员函数 putback 将最后一次用 get 从输入流中读取的字符放回到输入流中。该函数适合于扫描输入流以查找从特定字符开始的域的应用程序。当输入字符时，程序会将该字符放回到流中，因此可以把该字符包含到要被输入的数据中。

成员函数 peek 返回输入流中下一个字符，但不从流中删除该字符。

21.4.3　类型安全的 I/O

C++提供了类型安全的 I/O。<<和>>运算符被重载了，以接收特定类型的数据项。如果接收到非法数据，则系统就会设置各种错误位。用户可以通过测试错误位判断 I/O 操作是成功还是失败。如果没有为用户定义的类型重载<<运算符，而程序中却试图输入或输出该用户定义类型的对象，则编译器就会报告错误。这使得程序一直处于"可控制"状态。21.8 节将讨论这些错误状态。

21.5　用 read，write 和 gcount 进行无格式 I/O

用 istream 的成员函数 read 和 ostream 的成员函数 write 可以实现无格式输入/输出。成员函数 read 向内存中的字符数组输入一定量的字节。成员函数 write 从字符数组中输出一定量的字节。这些字节都是无格式的，以原始字节的形式输出。例如，如下函数调用：

```
char buffer[] = "HAPPY BIRTHDAY";
cout.write( buffer, 10 );
```

输出 buffer 的前 10 个字节(包括使得 cout 和<<终止的空字符)。函数调用

```
cout.write( "ABCDEFGHIJKLMNOPQRSTUVWXYZ", 10 );
```

显示字母表中前 10 个字符。

成员函数 read 将指定个数的字符输入到字符数组中。如果读取的字符数少于指定的数目，则将 failbit 置位。21.8 节将介绍如何确定 failbit 是否被置位。成员函数 gcount 报告最后一次输入操作中读入的字符数。

图 21.7 演示了 istream 的成员函数 read 和 gcount 以及 ostream 的成员函数 write 的用法。该程序首先用 read(从比字符数组长的输入序列中)向字符数组 buffer 中输入 20 个字符(第 13 行)，然后用 gcount 确定所输入的字符个数(第 17 行)，并用 write 输出 buffer 中的字符(第 17 行)。

```
 1   // Fig. 21.7: fig21_07.cpp
 2   // Unformatted I/O using read, gcount and write.
 3   #include <iostream>
 4   using namespace std;
 5
 6   int main()
 7   {
 8      const int SIZE = 80;
 9      char buffer[ SIZE ]; // create array of 80 characters
10
11      // use function read to input characters into buffer
12      cout << "Enter a sentence:" << endl;
13      cin.read( buffer, 20 );
```

图 21.7　用成员函数 read，gcount 以及 write 进行无格式 I/O

```
14
15      // use functions write and gcount to display buffer characters
16      cout << endl << "The sentence entered was:" << endl;
17      cout.write( buffer, cin.gcount() );
18      cout << endl;
19   } // end main
```

```
Enter a sentence:
Using the read, write, and gcount member functions
The sentence entered was:
Using the read, writ
```

图 21.7(续)　用成员函数 read，gcount 以及 write 进行无格式 I/O

21.6　流操纵符简介

C++提供了多种用于执行格式化输入/输出的流操纵符(Stream manipulator)。流操纵符提供的功能有：设置域宽、设置精度、置位和复位格式状态、设置域内填充字符、刷新流、向输出流中插入换行符(并刷新流)、向输出流中插入空字符和跳过输入流中的空白字符等。下面各个小节将介绍这些特征。

21.6.1　设置整数流的基数：dec，oct，hex 和 setbase

整数通常被解释为十进制的数值(基为 10)。如下方法可以改变流中整数的基数：插入 hex 操纵符可设置十六进制基数(基数为 16)，插入 oct 操纵符可设置八进制基数(基数为 8)。也可插入 dec 操纵符将基数恢复为十进制。这些操纵符都是 sticky 的。

也可以用流操纵符 setbase 改变流中整数的基。setbase 接收一个整型实参，该实参可以是 10，8 或 16，分别用来将基数设置为十进制、八进制或十六进制。由于 setbase 接收一个实参，所以被称为参数化流操纵符。使用 setbase(或任何其他参数化操纵符)需要包含头文件<iomanip>。如果不显式改变流的基数，则流的基数保持不变。setbase 设置是 sticky 的。图 21.8 演示了流操纵符 hex，oct，dec 和 setbase 的使用。如果想进一步了解十进制、八进制和十六进制数可以阅读附录 C。

```
1   // Fig. 21.8: fig21_08.cpp
2   // Using stream manipulators hex, oct, dec and setbase.
3   #include <iostream>
4   #include <iomanip>
5   using namespace std;
6
7   int main()
8   {
9      int number;
10
11     cout << "Enter a decimal number: ";
12     cin >> number; // input number
13
14     // use hex stream manipulator to show hexadecimal number
15     cout << number << " in hexadecimal is: " << hex
16        << number << endl;
17
18     // use oct stream manipulator to show octal number
19     cout << dec << number << " in octal is: "
20        << oct << number << endl;
21
22     // use setbase stream manipulator to show decimal number
23     cout << setbase( 10 ) << number << " in decimal is: "
24        << number << endl;
25   } // end main
```

```
Enter a decimal number: 20
20 in hexadecimal is: 14
20 in octal is: 24
20 in decimal is: 20
```

图 21.8　使用流操纵符 hex，oct，dec 和 setbase

21.6.2 设置浮点数精度（precision，setprecision）

可以用 setprecision 流操纵符或 ios_base 的成员函数 precision 控制浮点数的精度（即小数点右侧的数字位数）。设置了精度后，该精度对之后所有输出操作都有效，直到下次重新设置精度为止。不接收任何实参的成员函数 precision 返回当前的精度设置（当最后不需要使用设置的精度，而想恢复初始精度设置时可以使用该值）。图 21.9 中的程序使用成员函数 precision（第 22 行）和 setprecision 操纵符（第 31 行）以 0~9 的精度显示 2 的平方根表。

```cpp
 1  // Fig. 21.9: fig21_09.cpp
 2  // Controlling precision of floating-point values.
 3  #include <iostream>
 4  #include <iomanip>
 5  #include <cmath>
 6  using namespace std;
 7
 8  int main()
 9  {
10     double root2 = sqrt( 2.0 ); // calculate square root of 2
11     int places; // precision, vary from 0-9
12
13     cout << "Square root of 2 with precisions 0-9." << endl
14        << "Precision set by ios_base member function "
15        << "precision:" << endl;
16
17     cout << fixed; // use fixed-point notation
18
19     // display square root using ios_base function precision
20     for ( places = 0; places <= 9; ++places )
21     {
22        cout.precision( places );
23        cout << root2 << endl;
24     } // end for
25
26     cout << "\nPrecision set by stream manipulator "
27        << "setprecision:" << endl;
28
29     // set precision for each digit, then display square root
30     for ( places = 0; places <= 9; ++places )
31        cout << setprecision( places ) << root2 << endl;
32  } // end main
```

```
Square root of 2 with precisions 0-9.
Precision set by ios_base member function precision:
1
1.4
1.41
1.414
1.4142
1.41421
1.414214
1.4142136
1.41421356
1.414213562
```

```
Precision set by stream manipulator setprecision:
1
1.4
1.41
1.414
1.4142
1.41421
1.414214
1.4142136
1.41421356
1.414213562
```

图 21.9 控制浮点数值的精度

21.6.3 设置域宽(width，setw)

基类 ios_base 的成员函数 width 设置域宽(即在输出值时应占的字符位数，或应该输入的最大字符数)，并返回以前设置的域宽。如果输出的值的宽度比域宽窄，则插入填充字符(Fill character)进行填充(Padding)。如果输出的值比指定的域宽要宽，则会输出完整的数值，而不会把数据截断。无参的 width 函数返回当前的设置。

常见的编程错误 21.1

域宽设置只对下一个插入或读取操作有效(即域宽设置不是 sticky 的)；在一次设置完后，域宽又被隐式地设置为 0(即按照默认设置执行输入和输出操作)。认为域宽设置适用于后面所有的输出操作是逻辑错误。

常见的编程错误 21.2

当设置的域宽不足以输出数据时，则会按照数据所需要的宽度进行输出，这样会产生令人困惑的输出结果。

图 21.10 演示如何将成员函数 width 应用于输入和输出。注意，当对 char 数组进行输入时，读入的字符个数最多比要读入数据的域宽小 1，这是因为输入字符串后面必须加上一个空字符。记住，当遇到非打头的空白字符时，流读取操作就会终止。也可以用 setw 流操纵符设置域宽(注意：图 21.10 提示用户输入时，用户应该输入一行文本，按下 Enter 键，并输入文件结束符(在 Microsoft Windows 系统中文件结束符用<Ctrl>-z 表示，在 Lunix 和 OS X 系统中文件结束符用<Ctrl>-d 表示)。

```
1   // Fig. 21.10: fig21_10.cpp
2   // width member function of class ios_base.
3   #include <iostream>
4   using namespace std;
5
6   int main()
7   {
8      int widthValue = 4;
9      char sentence[ 10 ];
10
11     cout << "Enter a sentence:" << endl;
12     cin.width( 5 ); // input only 5 characters from sentence
13
14     // set field width, then display characters based on that width
15     while ( cin >> sentence )
16     {
17        cout.width( widthValue++ );
18        cout << sentence << endl;
19        cin.width( 5 ); // input 5 more characters from sentence
20     } // end while
21  } // end main
```

```
Enter a sentence:
This is a test of the width member function
This
   is
    a
  test
    of
    the
   widt
      h
    memb
      er
    func
     tion
```

图 21.10 ios_base 类的 width 成员函数

21.6.4　用户定义的输出流操纵符

程序员可以创建自己的流操纵符。图 21.11 演示如何创建并使用非参数化流操纵符 bell(第 8 行至第 11 行)、carriageReturn(第 14 行至第 17 行)、tab(第 20 行至第 23 行)和 endLine(第 27 行至第 30 行)。为了输出流操纵符,函数返回值类型和形参类型必须为 ostream&。当第 35 行向输出流中插入 endLine 操纵符时,函数 endLine 被调用,第 29 行将转义序列\n 和 flush 操纵符输出到标准输出流 cout 中。类似地,当第 35 行至第 44 行在输出流中插入操纵符 tab,bell 和 carriageReturn 时,则会调用相应的函数 tab(第 20 行),bell(第 8 行)和 carriageReturn(第 14 行),这反过来又输出各种转义序列。

```cpp
1   // Fig. 21.11: fig21_11.cpp
2   // Creating and testing user-defined, nonparameterized
3   // stream manipulators.
4   #include <iostream>
5   using namespace std;
6
7   // bell manipulator (using escape sequence \a)
8   ostream& bell( ostream& output )
9   {
10     return output << '\a'; // issue system beep
11  } // end bell manipulator
12
13  // carriageReturn manipulator (using escape sequence \r)
14  ostream& carriageReturn( ostream& output )
15  {
16     return output << '\r'; // issue carriage return
17  } // end carriageReturn manipulator
18
19  // tab manipulator (using escape sequence \t)
20  ostream& tab( ostream& output )
21  {
22     return output << '\t'; // issue tab
23  } // end tab manipulator
24
25  // endLine manipulator (using escape sequence \n and flush stream
26  // manipulator to simulate endl)
27  ostream& endLine( ostream& output )
28  {
29     return output << '\n' << flush; // issue endl-like end of line
30  } // end endLine manipulator
31
32  int main()
33  {
34     // use tab and endLine manipulators
35     cout << "Testing the tab manipulator:" << endLine
36        << 'a' << tab << 'b' << tab << 'c' << endLine;
37
38     cout << "Testing the carriageReturn and bell manipulators:"
39        << endLine << "..........";
40
41     cout << bell; // use bell manipulator
42
43     // use carriageReturn and endLine manipulators
44     cout << carriageReturn << "-----" << endLine;
45  } // end main
```

```
Testing the tab manipulator:
a        b        c
Testing the carriageReturn and bell manipulators:
-----.....
```

图 21.11　用户定义的非参数化的流操纵符

21.7　流格式状态和流操纵符

可以使用多种流操纵符指定 I/O 流操作的格式。流操纵符控制输出格式设置。图 21.12 列出了各种控制流格式状态的流操纵符。这些操纵符都属于 ios_base 类。后面的几小节中给出了大多数流操纵符的例子。

流操纵符	描述
skipws	跳过输出流中的空白字符。该设置用流操纵符 noskipws 重置
left	输出域中左对齐。如果有填充字符，则在右侧显示填充字符
right	输出域中右对齐。如果有填充字符，则在左侧显示填充字符
internal	表示数字的符号在域中左对齐，而数值在域中右对齐（即填充字符出现在符号和数值之间）
boolalpha	指定将 bool 值以单词 true 或者 false 的形式来显示。流操纵符 noboolalpha 则将流重新设置回以 1(true) 或者 0(false) 的形式来显示
dec	指定整数作为十进制值数（基数为 10）处理
oct	指定整数作为八进制值数（基数为 8）处理
hex	指定整数作为十六进制值数（基数为 16）处理
showbase	指定在数字前面输出进制（八进制以 0 开始，十六进制以 0x 或 0X 开始）。该设置用流操纵符 noshowbase 重置
showpoint	指定输出浮点数时对应输出小数点。这通常和 fixed 一起使用，确保在小数点的右侧输出特定的位数。即使该数为 0，也是如此。这种设置用流操纵符 noshowpoint 重置
uppercase	指定在十六进制整数中使用大写字符（即 X，A ~ F），用科学计数法表示浮点数值时使用大写字符 E。该设置用流操纵符 nouppercase 设置
showpos	指定在正数前显示加号(+)。该设置用流操纵符 noshowpos 重置
scientific	指定以科学计数法输出浮点数值
fixed	指定以定点计数法输出浮点数值，指定小数点右侧的数字位数

图 21.12　<iostream>中的格式状态流操纵符

21.7.1　设置尾数零和十进制小数点（showpoint）

流操纵符 showpoint 强制输出浮点数的小数点和尾数零。例如，如果没有设置 showpoint，则浮点数值 79.0 的输出结果为 79，否则输出结果为 79.000000（或由当前精度指定更多的尾数零）。使用流操纵符 noshowpoint 可以重置 showpoint 设置。图 21.13 演示了如何用流操纵符 showpoint 控制输出浮点数值的尾数零和小数点。前面介绍过，浮点数的默认精度为 6。当没有使用 fixed 或 scientific 流操纵符时，精度表示要显示的有意义的数字位数（即要显示总的数字位数），而不是小数点后的数字位数。

```cpp
 1  // Fig. 21.13: fig21_13.cpp
 2  // Controlling the printing of trailing zeros and
 3  // decimal points in floating-point values.
 4  #include <iostream>
 5  using namespace std;
 6
 7  int main()
 8  {
 9     // display double values with default stream format
10     cout << "Before using showpoint" << endl
11        << "9.9900 prints as: " << 9.9900 << endl
12        << "9.9000 prints as: " << 9.9000 << endl
13        << "9.0000 prints as: " << 9.0000 << endl << endl;
14
15     // display double value after showpoint
16     cout << showpoint
17        << "After using showpoint" << endl
18        << "9.9900 prints as: " << 9.9900 << endl
19        << "9.9000 prints as: " << 9.9000 << endl
20        << "9.0000 prints as: " << 9.0000 << endl;
21  } // end main
```

```
Before using showpoint
9.9900 prints as: 9.99
9.9000 prints as: 9.9
9.0000 prints as: 9

After using showpoint
9.9900 prints as: 9.99000
9.9000 prints as: 9.90000
9.0000 prints as: 9.00000
```

图 21.13　控制浮点数值的尾数零和小数点

21.7.2　设置对齐(left，right 和 internal)

流操纵符 left 可使域左对齐并在右侧显示填充字符，right 可使域右对齐并在左侧显示填充字符。填充字符是用成员函数 fill 或参数化流操纵符 setfill 指定的(将在 21.7.3 节中介绍)。图 21.14 使用 setw, left 和 right 操纵符将整数设置为在域内左对齐或右对齐。

```
1   // Fig. 21.14: fig21_14.cpp
2   // Left and right justification with stream manipulators left and right.
3   #include <iostream>
4   #include <iomanip>
5   using namespace std;
6
7   int main()
8   {
9      int x = 12345;
10
11     // display x right justified (default)
12     cout << "Default is right justified:" << endl
13        << setw( 10 ) << x;
14
15     // use left manipulator to display x left justified
16     cout << "\n\nUse std::left to left justify x:\n"
17        << left << setw( 10 ) << x;
18
19     // use right manipulator to display x right justified
20     cout << "\n\nUse std::right to right justify x:\n"
21        << right << setw( 10 ) << x << endl;
22  } // end main
```

```
Default is right justified:
     12345

Use std::left to left justify x:
12345

Use std::right to right justify x:
     12345
```

图 21.14　用流操纵符 left 和 right 实现左对齐和右对齐

流操纵符 internal 表示数字符号在域内左对齐，而数值右对齐，并且用填充字符填充中间的空白区域。图 21.15 演示 internal 流操纵符指定中间空白(第 10 行)。注意，showpos 强制打印加号(第 10 行)。输出流操纵符 noshowpos 重置 showpos 设置。

```
1   // Fig. 21.15: fig21_15.cpp
2   // Printing an integer with internal spacing and plus sign.
3   #include <iostream>
4   #include <iomanip>
5   using namespace std;
6
7   int main()
8   {
9      // display value with internal spacing and plus sign
10     cout << internal << showpos << setw( 10 ) << 123 << endl;
11  } // end main
```

```
+     123
```

图 21.15　打印具有内部中间空白和加号的整数

21.7.3　设置填充字符(fill，setfill)

fill 成员函数(fill member function)指定与域对齐操纵符一起使用的填充字符。默认使用空格进行填充。fill 函数返回以前设置的填充字符。setfill 操纵符(setfill manipulator)也可用于填充字符。图 21.16 演示了使用成员函数 fill(第 30 行)和流操纵符 setfill(第 34 行和第 37 行)设置填充字符。

```
 1   // Fig. 21.16: fig21_16.cpp
 2   // Using member function fill and stream manipulator setfill to change
 3   // the padding character for fields larger than the printed value.
 4   #include <iostream>
 5   #include <iomanip>
 6   using namespace std;
 7
 8   int main()
 9   {
10      int x = 10000;
11
12      // display x
13      cout << x << " printed as int right and left justified\n"
14         << "and as hex with internal justification.\n"
15         << "Using the default pad character (space):" << endl;
16
17      // display x with base
18      cout << showbase << setw( 10 ) << x << endl;
19
20      // display x with left justification
21      cout << left << setw( 10 ) << x << endl;
22
23      // display x as hex with internal justification
24      cout << internal << setw( 10 ) << hex << x << endl << endl;
25
26      cout << "Using various padding characters:" << endl;
27
28      // display x using padded characters (right justification)
29      cout << right;
30      cout.fill( '*' );
31      cout << setw( 10 ) << dec << x << endl;
32
33      // display x using padded characters (left justification)
34      cout << left << setw( 10 ) << setfill( '%' ) << x << endl;
35
36      // display x using padded characters (internal justification)
37      cout << internal << setw( 10 ) << setfill( '^' ) << hex
38         << x << endl;
39   } // end main
```

```
10000 printed as int right and left justified
and as hex with internal justification.
Using the default pad character (space):
     10000
10000
0x    2710

Using various padding characters:
*****10000
10000%%%%%
0x^^^^2710
```

图 21.16　用成员函数 fill 和流操纵符 setfill 为实际宽度小于域宽的数据改变填充字符

21.7.4　设置整数流的基数(dec，oct，hex，showbase)

　　C++提供流操纵符 dec，hex 和 oct 分别指定以十进制、十六进制和八进制显示整数。如果没有设置这些操纵符，则在默认情况下，流插入采用十进制；对于流读取，如果整数以 0 开始则当成八进制数处理；如果以 0x 或 0X 开始则当成十六进制数处理，其余的整数都当成十进制数处理。一旦给流指定了基数，则流中的所有数据都按该基数进行处理，直到指定新的基数或程序结束为止。

　　流操纵符 showbase 强制输出整数值的基数。十进制数按默认情况输出，八进制数以 0 开始，十六进制数以 0x 或 0X 开始(21.7.6 节将讨论流操纵符 uppercase 确定应该用哪种形式)。图 21.17 演示了用流操纵符 showbase 强制以十进制、八进制和十六进制的格式输出整数。可使用流操纵符 noshowbase 重置 showbase 设置。

```
 1  // Fig. 21.17: fig21_17.cpp
 2  // Stream manipulator showbase.
 3  #include <iostream>
 4  using namespace std;
 5
 6  int main()
 7  {
 8      int x = 100;
 9
10      // use showbase to show number base
11      cout << "Printing integers preceded by their base:" << endl
12          << showbase;
13
14      cout << x << endl; // print decimal value
15      cout << oct << x << endl; // print octal value
16      cout << hex << x << endl; // print hexadecimal value
17  } // end main
```

```
Printing integers preceded by their base:
100
0144
0x64
```

图 21.17　流操纵符 showbase

21.7.5　设置浮点数：科学计数法和定点计数法(scientific、fixed)

　　流操纵符 scientific 和 fixed 控制浮点数的输出格式。流操纵符 scientific 强制以科学计数法的形式输出浮点数。流操纵符 fixed 强制在显示浮点数时在小数点的右侧显示指定位数(由成员函数 precision 或流操纵符 setprecision 指定)。如果不使用这些操纵符，则由浮点数值决定输出格式。

　　图 21.18 演示了使用流操纵符 scientific(第 18 行)和 fixed(第 22 行)以科学计数法和定点计数法显示浮点数。科学计数法的指数形式可能因编译器不同而有所区别。

```
 1  // Fig. 21.18: fig21_18.cpp
 2  // Floating-point values displayed in system default,
 3  // scientific and fixed formats.
 4  #include <iostream>
 5  using namespace std;
 6
 7  int main()
 8  {
 9      double x = 0.001234567;
10      double y = 1.946e9;
11
12      // display x and y in default format
13      cout << "Displayed in default format:" << endl
14          << x << '\t' << y << endl;
15
16      // display x and y in scientific format
17      cout << "\nDisplayed in scientific format:" << endl
18          << scientific << x << '\t' << y << endl;
19
20      // display x and y in fixed format
21      cout << "\nDisplayed in fixed format:" << endl
22          << fixed << x << '\t' << y << endl;
23  } // end main
```

```
Displayed in default format:
0.00123457      1.946e+009

Displayed in scientific format:
1.234567e-003   1.946000e+009
```

```
Displayed in fixed format:
0.001235        1946000000.000000
```

图 21.18　以默认形式、科学计数法和定点计数法显示浮点数值

21.7.6 大/小写控制（uppercase）

流操纵符 uppercase 将十六进制整数中的 X 以及科学计数的浮点数值中的 E 以大写形式输出（参见图 21.19）。使用流操纵符 uppercase 也使十六进制数值中的所有字符都转换成大写的形式。默认情况下，十六进制数和科学计数的浮点数中的字符是以小写的形式表示的。输出流操纵符 nouppercase 可以重置 uppercase 设置。

```cpp
1   // Fig. 21.19: fig21_19.cpp
2   // Stream manipulator uppercase.
3   #include <iostream>
4   using namespace std;
5
6   int main()
7   {
8      cout << "Printing uppercase letters in scientific" << endl
9         << "notation exponents and hexadecimal values:" << endl;
10
11     // use std:uppercase to display uppercase letters; use std::hex and
12     // std::showbase to display hexadecimal value and its base
13     cout << uppercase << 4.345e10 << endl
14        << hex << showbase << 123456789 << endl;
15  } // end main
```

```
Printing uppercase letters in scientific
notation exponents and hexadecimal values:
4.345E+010
0X75BCD15
```

图 21.19 流操纵符 uppercase

21.7.7 指定布尔格式（boolalpha）

C++提供了 bool 数据类型，这种类型数据的值可能是 false 或 true。这种形式比旧风格的用 0 表示 false 用非 0 表示 true 要好。bool 变量在默认情况下输出为 0 或 1。然而，可以用流操纵符设置输出流，将 bool 值显示为字符串"true"或"false"。可以用流操纵符 noboolalpha 设置输出流将 bool 值显示为整数（即默认的设置）。图 21.20 中的程序演示了这些流操纵符。第 11 行将第 8 行设置为 true 的 bool 值显示为整数。第 15 行用操纵符 boolalpha 将 bool 值显示为 string。然后，第 18 行至第 19 行改变该 bool 值并使用流操纵符 noboolalpha，因此第 22 行可以将该 bool 值显示为整数。第 26 行使用操纵符 boolalpha 将 bool 值显示为字符串。boolalpha 和 nonboolalpha 都是 sticky 设置。

良好的编程习惯 21.1
将 bool 值显示为 true 或 false，而不是相应的非 0 或 0，可使程序的输出更清晰。

```cpp
1   // Fig. 21.20: fig21_20.cpp
2   // Stream manipulators boolalpha and noboolalpha.
3   #include <iostream>
4   using namespace std;
5
6   int main()
7   {
8      bool booleanValue = true;
9
10     // display default true booleanValue
11     cout << "booleanValue is " << booleanValue << endl;
12
13     // display booleanValue after using boolalpha
14     cout << "booleanValue (after using boolalpha) is "
15        << boolalpha << booleanValue << endl << endl;
16
17     cout << "switch booleanValue and use noboolalpha" << endl;
18     booleanValue = false; // change booleanValue
19     cout << noboolalpha << endl; // use noboolalpha
20
```

图 21.20 流操纵符 boolalpha 和 noboolalpha

```
21        // display default false booleanValue after using noboolalpha
22        cout << "booleanValue is " << booleanValue << endl;
23
24        // display booleanValue after using boolalpha again
25        cout << "booleanValue (after using boolalpha) is "
26           << boolalpha << booleanValue << endl;
27   } // end main
```

```
booleanValue is 1
booleanValue (after using boolalpha) is true

switch booleanValue and use noboolalpha

booleanValue is 0
booleanValue (after using boolalpha) is false
```

图 21.20(续)　流操纵符 boolalpha 和 noboolalpha

21.7.8　用成员函数 flags 设置和重置格式状态

21.7 节一直使用流操纵符改变输出格式特征。下面讨论如何在应用流操纵符后将输出流的格式返回到默认状态。无参成员函数 flags 返回当前的格式设置，返回值的类型是表示格式状态(Format state)的 fmtflags 数据类型(属于 ios_base 类)。接收一个 fmtflags 实参的成员函数 flags 将格式状态设置为实参所指定的状态，并返回之前的状态设置。flage 所返回的初始设置值可能因系统不同而有所区别。图 21.21 中的程序使用成员函数 flags 保存流的初始格式状态(第 17 行)，然后恢复初始格式状态(第 25 行)。

```
1    // Fig. 21.21: fig21_21.cpp
2    // flags member function.
3    #include <iostream>
4    using namespace std;
5
6    int main()
7    {
8       int integerValue = 1000;
9       double doubleValue = 0.0947628;
10
11       // display flags value, int and double values (original format)
12       cout << "The value of the flags variable is: " << cout.flags()
13          << "\nPrint int and double in original format:\n"
14          << integerValue << '\t' << doubleValue << endl << endl;
15
16       // use cout flags function to save original format
17       ios_base::fmtflags originalFormat = cout.flags();
18       cout << showbase << oct << scientific; // change format
19
20       // display flags value, int and double values (new format)
21       cout << "The value of the flags variable is: " << cout.flags()
22          << "\nPrint int and double in a new format:\n"
23          << integerValue << '\t' << doubleValue << endl << endl;
24
25       cout.flags( originalFormat ); // restore format
26
27       // display flags value, int and double values (original format)
28       cout << "The restored value of the flags variable is: "
29          << cout.flags()
30          << "\nPrint values in original format again:\n"
31          << integerValue << '\t' << doubleValue << endl;
32   } // end main
```

```
The value of the flags variable is: 513
Print int and double in original format:
1000     0.0947628

The value of the flags variable is: 012011
Print int and double in a new format:
01750    9.476280e-002

The restored value of the flags variable is: 513
Print values in original format again:
1000     0.0947628
```

图 21.21　成员函数 flags

21.8 流错误状态

可以用 ios_base 类中的位测试流状态。下面，通过图 21.22 中的例子介绍如何测试这些位。

```cpp
1   // Fig. 21.22: fig21_22.cpp
2   // Testing error states.
3   #include <iostream>
4   using namespace std;
5
6   int main()
7   {
8       int integerValue;
9
10      // display results of cin functions
11      cout << "Before a bad input operation:"
12          << "\ncin.rdstate(): " << cin.rdstate()
13          << "\n    cin.eof(): " << cin.eof()
14          << "\n   cin.fail(): " << cin.fail()
15          << "\n    cin.bad(): " << cin.bad()
16          << "\n   cin.good(): " << cin.good()
17          << "\n\nExpects an integer, but enter a character: ";
18
19      cin >> integerValue; // enter character value
20      cout << endl;
21
22      // display results of cin functions after bad input
23      cout << "After a bad input operation:"
24          << "\ncin.rdstate(): " << cin.rdstate()
25          << "\n    cin.eof(): " << cin.eof()
26          << "\n   cin.fail(): " << cin.fail()
27          << "\n    cin.bad(): " << cin.bad()
28          << "\n   cin.good(): " << cin.good() << endl << endl;
29
30      cin.clear(); // clear stream
31
32      // display results of cin functions after clearing cin
33      cout << "After cin.clear()" << "\ncin.fail(): " << cin.fail()
34          << "\ncin.good(): " << cin.good() << endl;
35  } // end main
```

```
Before a bad input operation:
cin.rdstate(): 0
    cin.eof(): 0
   cin.fail(): 0
    cin.bad(): 0
   cin.good(): 1

Expects an integer, but enter a character: A

After a bad input operation:
cin.rdstate(): 2
    cin.eof(): 0
   cin.fail(): 1
```

```
    cin.bad(): 0
   cin.good(): 0

After cin.clear()
cin.fail(): 0
cin.good(): 1
```

图 21.22 测试错误状态

当输入流中遇到文件结束符时，eofbit 被置位。可以在程序中使用成员函数 eof，在试图读取超过流末尾的数据时，确定流中是否遇到文件结束符。函数调用

cin.eof()

在 cin 遇到文件结束符时返回 true，否则返回 false。

当流发生格式错误时，failbit 被置位。例如，程序要求输入数值，但是用户却输入字符串。当这种错误发生时，字符不会丢失。成员函数 fail 会报告流操作是否失败。这种错误通常可以恢复。

当发生导致数据丢失的错误时，badbit 会被置位。成员函数 bad 会报告流操作是否失败。这种严重的错误通常是不可恢复的。

如果 eofbit，failbit 和 badbit 都没有被置位，则 goodbit 被置位。

如果 bad，fail 以及 eof 函数都返回 false，则成员函数 good 返回 true。应该只对"良好"的流执行 I/O 操作。

成员函数 rdstate 返回流的错误状态。例如，调用 cout.rdstate 会返回流的状态，然后可以用 switch 语句检查 eofbit，badbit，failbit 以及 goodbit 来测试该状态。一种较好的测试流状态的方法是使用成员函数 eof，bad，fail 和 good，使用这些成员函数不需要程序员熟知特定的状态位。

成员函数 clear 用于将流状态恢复为"良好"，从而可以继续执行流的 I/O 操作。clear 的默认实参是 goodbit，因此语句

```
cin.clear();
```

清除 cin 并将流的 goodbit 置位。语句

```
cin.clear( ios::failbit )
```

将 failbit 置位。如果在对用户定义类型进行 cin 输入时遇到问题时也可以这样做。clear 这个名字用在这里似乎并不合适，但是仍然是正确的。

图 21.22 中的程序演示了成员函数 rdstate，eof，fail，bad，good 和 clear 的使用(注意，实际输出的值可能因编译器不同而有所区别)。

basic_ios 的成员函数 operator!在当 badbit 被置位、或 failbit 被置位、或这两者都被置位时返回 true。成员函数 operator void *在 badbit 被置位，或 failbit 被置位，或这两者都被置位时返回 false(0)。这些函数可用于文件处理过程中，测试选择语句或循环语句条件的 true/false 情况。

21.9　将输出流绑定到输入流上

交互式应用程序通常用 istream 进行输入，并用 ostream 进行输出。当屏幕上出现提示信息时，用户输入适当数据进行响应。很明显，提示信息必须在输入操作前出现。在有缓冲区的情况下，只有当缓冲区满，显式刷新缓冲区或在程序结尾自动刷新缓冲区时，输出信息才会显示在屏幕上。C++提供了成员函数 tie，使 istream 的操作与 ostream 的操作保持同步(即把这两个操作绑定在一起)，以确保输出在其后续输入之前出现。函数调用

```
cin.tie( &cout );
```

将 cout(ostream 对象)绑定到 cin(istram 对象)。实际上，C++为了创建用户的标准输入/输出环境，自动执行了这个操作，因此，这种特殊的调用是冗余的。然而，用户可以显式地绑定 istream/ostream 对。使用函数调用

```
inputStream.tie( 0 );
```

可以从一个输出流中解开输入流 inputStream。

21.10　本章小结

本章概括了 C++如何使用流执行输入/输出操作。学习了 I/O 流类和对象，以及 I/O 流模板类层次结构。讨论了用 put 和 write 函数执行 ostream 的格式化和无格式输出功能。给出了用 eof，get，getline，peek，putback，ignore 和 read 函数执行 istream 的格式化和无格式输入功能的例子。然后讨论了执行格式化操作的流操纵符和成员函数，主要有：显示整数的 dec,oct,hex 和 setbase,控制浮点数精度的 precision 和 setprecision，设置域宽的 width 和 setw。还学习了其他格式化 iostream 操纵符和成员函数，主要有：显示小数点和尾数零的 showpoint，设置对齐的 left，right 和 internal，设置填充字符的 fill 和 setfill，以

科学计数法和定点计数法显示浮点数的 scientific 和 fixed，控制大/小写的 uppercase，指定布尔格式的 boolalpha，重置格式状态的 flags 和 fmtflags。下一章将深入介绍 C++的异常处理功能。

摘要

21.1　引言
● I/O 操作是以对类型敏感的方式执行的。

21.2　流
● C++以流的形式进行 I/O 操作，流实际上是一个字节序列。
● 低级 I/O 功能通常在设备和内存间传输某些个数的字节。高级 I/O 把字节组成有意义的单位，如整数、浮点数、字符、字符串和用户定义的类型，等等。
● C++既提供了无格式 I/O 也提供了格式化 I/O 操作。无格式 I/O 数据传输速度很快，但是由于处理原始数据，所以很难使用。格式化 I/O 以有意义的单位处理数据，但是需要额外的处理时间，因而导致在处理高容量数据传输时性能下降。
● <iostream>头文件中声明了所有 I/O 流操作。
● <iomanip>头文件声明了参数化流操纵符。
● <fstream>头文件声明了文件处理操作。
● 类模板 basic_istream 支持流输入操作。
● 类模板 basic_ostream 支持流输出操作。
● 类模板 basic_iostream 既支持流输入又支持流输出操作。
● 模板 basic_istream 和 basic_ostream 都是通过单继承从基模板 basic_ios 派生而来的。
● 模板 basic_iostream 通过多继承派生自 basic_istream 和 basic_ostream 模板。
● istream 的对象 cin 与标准输入设备(通常为键盘)相关。
● ostream 的对象 cout 与标准输出设备(通常为显示器)相关。
● ostream 的对象 cerr 与标准错误输出设备相关。cerr 对象的输出是非缓冲的，即插入到 cerr 中的各个流会被立即输出。
● ostream 的对象 clog 被绑定在标准错误输出设备上，通常为显示器。针对 clog 的输出是要被缓冲的。
● C++编译器自动确定输入和输出的数据类型。

21.3　输出流
● 地址在默认情况下是以十六进制的形式显示的。
● 为了能够打印指针变量的地址，应该将指针转换为 void*类型。
● 成员函数 put 输出一个字符。可以级联调用 put 函数。

21.4　输入流
● 流输入通过流读取运算符>>实现。该运算符会自动跳过输入流中的空白字符。当遇到流中的文件结束时，运算符>>返回 false。
● 如果输入错误的数据，则流读取操作将流的 failbit 置位。如果输入操作失败，则流读取操作将流的 badbit 置位。
● 在 while 循环首部中使用流读取运算符可以输入一系列数据。当遇到文件结束符时，流读取运算符返回 0。
● 无参成员函数 get 从指定的流中输入一个字符，并将该字符作为函数调用的值返回。当遇到输入流中的文件结尾时，get 函数返回 EOF。
● 接收一个字符引用实参的成员函数 get 读取输入流中下一个字符并将其存储在字符实参中。这个 get 函数返回调用它的 istream 对象的引用。

- 接收三个实参的 get 函数的三个实参分别为:字符数组、最大字符数和分隔符(默认值为换行符)。这个函数从输出流中读取字符,或者在读取比指定最大字符数少一个的字符后终止,或者在遇到分隔符时终止。输入字符串以空字符终止。分隔符没有被放在字符数组中,但是它仍然保留在输入流中。
- 成员函数 getline 与第三种 get 成员函数的操作类似。不同的是,getline 函数要从流中删除分隔符,但是不把它存在字符数组中。
- istream 的成员函数 ignore 跳过指定个数的字符(默认情况下是一个字符),在遇到指定的分隔符(默认的分隔符是 EOF)时结束。
- 成员函数 putback 将最后一次用 get 从输入流中读取的字符放回到该输入流中。
- 成员函数 peek 返回输入流中下一个字符,但不从流中删除该字符。
- C++提供了类型安全的 I/O。如果<<和>>运算符接收到非法数据,则系统就会设置各种错误位。用户可以通过测试错误位判断 I/O 操作是成功还是失败。如果没有为用户定义的类型重载<<运算符,而程序中却试图输入或输出该用户定义类型的对象,则编译器就会报告错误。

21.5 用 read,write 和 gcount 进行无格式 I/O

- 用成员函数 read 和 write 可以实现无格式输入/输出。这两个函数向指定起始地址的内存中输入或输出一定量的字节。这些字节都是以无格式的原始的形式输出。
- 成员函数 gcount 返回前面的 read 函数从流中读入的字符个数。
- 成员函数 read 将指定个数的字符输入到字符数组中。如果读取的字符数少于指定的数目,则将 failbit 置位。

21.6 流操纵符简介

- 如下方法可以改变流中整数的基数:插入 hex 操纵符可设置十六进制基数(基数为 16),插入 oct 操纵符可设置八进制基数(基数为 8)。也可插入 dec 操纵符将基数恢复为十进制。如果不显式改变流的基数,则流的基数保持不变。
- 也可以用参数化的流操纵符 setbase 改变流中整数的基。setbase 接收一个整型实参,该实参可以是 10,8 或 16,用来设置基数。
- 可以用 setprecision 流操纵符或 ios_base 的成员函数 precision 控制浮点数的精度。设置了精度后,该精度对之后所有输出操作都有效,直到下次重新设置精度为止。不接收任何实参的成员函数 precision 返回当前的精度设置。
- 使用参数化操纵符需要包含头文件<iomanip>。
- 成员函数 width 设置域宽,并返回以前设置的域宽。如果输出的值的宽度比域宽窄,则插入填充字符进行填充。域宽设置只对下一个插入或读取操作有效;在一次设置完后,域宽又被隐式地设置为 0(即后面的数值按照该数值的宽度输出)。如果数值的宽度比域宽要宽,则输出完整的数值。无参数的 width 函数返回当前的域宽设置。也可以用操纵符 setw 设置域宽。
- 对于输入操作,setw 流操纵符建立一个最大字符串长度,如果输入的字符串长度比最大字符串长度长,则该行会被分成多个长度小于指定长度的部分。
- 程序员可以创建自己的流操纵符。

21.7 流格式状态和流操纵符

- 流操纵符 showpoint 强制输出浮点数时输出小数点,并输出由精度指定的有意义的数字位数。
- 流操纵符 left 可使域左对齐并在右侧显示填充字符,right 可使域右对齐并在左侧显示填充字符。
- 流操纵符 internal 表示数字符号(或用流操纵符 showbase 获得的基数)在域内左对齐,而数值右对齐,并且用填充字符填充中间空白区域。
- fill 成员函数指定与域对齐操纵符 left, right 以及 internal 一起使用的填充字符(默认是空格)。fill

函数返回以前设置的填充字符。setfill 操纵符也可用于填充字符。

- 流操纵符 dec，hex 和 oct 分别指定以十进制、十六进制和八进制处理整数。如果没有设置这些位，则默认的整数输出采用十进制，流读取根据数据的形式处理数据。
- 流操纵符 showbase 强制输出整数值的基数。
- 流操纵符 scientific 用于以科学计数法的形式输出。流操纵符 fixed 用于输出由成员函数 precision 指定精度的浮点数。
- 流操纵符 uppercase 将十六进制整数中的 X 以及科学计数的浮点数值中的 E 以大写形式输出。使用流操纵符 uppercase 也使十六进制数值中的所有字符都转换成大写的形式。
- 无参成员函数 flags 返回当前的格式设置，返回值的类型是表示格式状态的 fmtflags 数据类型（属于 ios_base 类）。接收一个 fmtflags 实参的成员函数 flags 将格式状态设置为实参所指定的状态。

21.8　流错误状态

- 可以用 ios_base 类中的位测试流状态。
- 在输入操作过程中，当遇到文件结束符时 eofbit 被置位。成员函数 eof 报告 eofbit 是否被置位。
- 当流发生格式错误时，failbit 被置位。成员函数 fail 报告流操作是否失败。这种错误通常可以恢复。
- 当发生导致数据丢失的错误时，badbit 会被置位。成员函数 bad 报告流操作是否失败。这种严重的错误通常是不可恢复的。
- 如果 bad，fail 以及 eof 函数都返回 false，则成员函数 good 返回 true。应该只对"良好"的流执行 I/O 操作。
- 成员函数 rdstate 返回流的错误状态。
- 成员函数 clear 用于将流状态恢复为"良好"，从而可以继续执行流的 I/O 操作。

21.9　将输出流绑定到输入流上

- C++提供了成员函数 tie，使 istream 的操作与 ostream 的操作保持同步，以确保输出在其后续输入之前出现。

自测题

21.1　填空题

(a) C++中的输入/输出是以字节_____的形式实现的。

(b) 设置格式对齐的流操纵符是_____，_____和_____。

(c) 成员函数_____可以用于设置和重置格式状态。

(d) 大多进行 I/O 操作的 C++程序都应该包含头文件_____，它包含了所有流 I/O 操作的声明。

(e) 使用参数化操纵符时，必须包含头文件_____。

(f) 头文件_____包含用户控制的文件处理的声明。

(g) ostream 的成员函数_____用于执行无格式输出。

(h) 类_____支持输出操作。

(i) 标准错误流的输出发送给流对象_____或_____。

(j) 类_____支持输出操作。

(k) 流插入运算符的符号是_____。

(l) 与系统中标准设备对应的四个对象是_____，_____，_____和_____。

(m) 流读取运算符的符号是_____。

(n) 流操纵符_____，_____和_____分别指定整数以八进制、十六进制和十进制格式输出。

(o) 使用流操纵符_____，可使显示的正数前面带一个加号。

21.2　判断下列语句的正误。如果错误，请说明原因。

(a) 接收一个 long 类型实参的流成员函数 flags 将状态变量 flags 赋给实参,并返回以前设置的值。

(b) 流插入运算符<<和流读取运算符>>被重载,以处理所有的标准数据类型,包括字符串和内存地址(只有流插入),并处理所有用户自定义的数据类型。

(c) 无参流成员函数 flags 重置流的格式状态。

(d) 可以用运算符函数重载流读取运算符>>,该函数的实参是 istream 对象的引用和用户自定义对象的引用,返回值是 istream 对象的引用。

(e) 可以用运算符函数重载流插入运算符<<,该函数的实参是 istream 对象的引用和用户自定义对象的引用,返回值是 istream 对象的引用。

(f) 默认情况下,流读取运算符>>总是跳过输入流中的前导空白字符。

(g) 流成员函数 restate 返回流的当前状态。

(h) cout 流通常与显示器相关。

(i) 如果成员函数 bad,fail 和 eof 都返回 false,则流成员函数 good 返回 true。

(j) cin 流通常与显示器相关。

(k) 如果在流操作过程中发生了不可恢复的错误,则成员函数 bad 返回 true。

(l) 到 cerr 的输出是非缓存的,而到 clog 的输出是经缓存的。

(m) 流操纵符 showpoint 强制浮点型值按照默认的六位精度打印,除非改变精度值,使浮点型值按照指定的精度打印。

(n) ostream 成员函数 put 输出指定个数的字符。

(o) 流操纵符 dec,oct 和 hex 只影响下一个整型数的输出操作。

21.3 分别用一条语句,实现下述要求。

(a) 输出字符串"Enter your name:"。

(b) 使用流操纵符使科学计数中的指数以及十六进制中的字母按大写格式输出。

(c) 输出 char *类型变量 myString 的地址。

(d) 用流操纵符,以科学计数法打印浮点型值。

(e) 输出 int *类型变量 integerPtr 中存放的地址。

(f) 用流操纵符,使得在输出整数时,显示八进制和十六进制数的基数。

(g) 输出被 float *变量 floatPtr 所指向的值。

(h) 当域宽值大于输出的值所需宽度时,使用流成员函数填充字符'*'。再写另一条语句,用流操纵符实现该功能。

(i) 用 ostream 函数 put 在一条语句中输出字符'O'和'K'。

(j) 获取输入流中下一个字符的值,但不从流中提取它。

(k) 采用两种方法,用 istream 成员函数 get 向 char 类型的变量 charValue 输入一个字符。

(l) 输入并删除输入流中下六个字符。

(m) 用 istream 成员函数 read,向 char 类型数组 line 中输入 50 个字符。

(n) 读 10 个字符到字符数组 name 中。如果遇到 '.' 分隔符时,则停止读取字符,但不删除输入流中的分隔符。编写另一条语句执行该任务并且删除输入流中的分隔符。

(o) 用 istream 成员函数 gcount 确定最后一次调用 istream 成员函数 read 时输入字符数组 line 中的字符个数,并且使用 ostream 成员函数 write 输出字符个数。

(p) 输出下列值: 124、18.376、'Z'、100000 和"String"。

(q) 用 cout 对象的成员函数打印当前的精度设置。

(r) 给 int 类型变量 months 输入一个整型值,给 float 类型变量 percentageRate 输入一个浮点型值。

(s) 用操纵符打印 1.92,1.925 和 1.9258,用 tab 键分隔各数,精度是 3 位。

(t) 使用流操纵符分别按八进制、十六进制和十进制的格式打印整数 100。

(u)按十进制、八进制和十六进制打印整数 100，用流操纵符改变整数的基数。

(v)按右对齐方式，以 10 位域宽打印 1234。

(w)向字符数组 line 中读入字符，直到遇到分隔符 'z'，或到达限定值 20 个字符(包括空字符结束符)时，则停止读取。该语句不从流中读取分隔符。

(x)使用整型变量 x 和 y 指定显示 double 类型的值 87.4573 时的域宽和精度，并显示这个值。

21.4 (纠正错误代码)识别下列语句中的错误，并说明如何纠正。

(a) cout << "Value of x <= y is: " << x <= y;

(b)下列语句要输出字符 c 的整数值

```
cout << 'c';
```

(c) cout << ""A string in quotes"";

21.5 (写输出结果) 写出下列语句的输出结果。

(a) cout << "12345" << endl;
cout.width(5);
cout.fill('*');
cout << 123 << endl << 123;

(b) cout << setw(10) << setfill('$') << 10000;

(c) cout << setw(8) << setprecision(3) << 1024.987654;

(d) cout << showbase << oct << 99 << endl << hex << 99;

(e) cout << 100000 << endl << showpos << 100000;

(f) cout << setw(10) << setprecision(2) << scientific << 444.93738;

自测题答案

21.1 (a)流。(b) left, right, internal。(c) flags。(d) <iostream>。(e) <iomanip>。(f) <fstream>。(g) write。(h) istream。(i) cerr 或 clog。(j) ostream。(k) <<。(l) cin, cout, cerr, clog。(m) >>。(n) oct, hex, dec。(o) showpos。

21.2 (a)错误。接收一个 fmtflags 实参的流成员函数 flags，将 flags 状态变量赋给实参，并返回以前的状态设置。(b)错误。重载流插入和流读取运算符不能用于所有的用户定义的类型。编写类的程序员必须为各种用户定义的类型提供重载的流插入和流读取运算符的运算符函数。(c)错误。无参 flags 成员函数返回当前的格式设置，返回值的数据类型是表示格式状态的 fmtflags 类型。(d)正确。(e)错误。如果要重载流插入运算符<<，重载的运算符函数的实参必须是一个 ostream 引用和一个用户定义类型的引用，并返回一个 ostream 引用。(f)正确。(g)正确。(h)正确。(i)正确。(j)错误。cin 流与标准的计算机输入(通常为键盘)相关。(k)正确。(l)正确。(m)正确。(n)错误。ostream 成员函数 put 输出它的单个字符实参。(o)错误。流操纵符 dec，oct 以及 hex 设置输出格式状态，设置整数的基数，该设置将一直有效，直到重新改变基数或程序终止为止。

21.3 (a) cout << "Enter your name: ";

(b) cout << uppercase;

(c) cout << static_cast< void * >(myString);

(d) cout << scientific;

(e) cout << integerPtr;

(f) cout << showbase;

(g) cout << *floatPtr;

(h) cout.fill('*');
cout << setfill('*');

(i) cout.put('O').put('K');

(j) cin.peek();

(k) charValue = cin.get();
cin.get(charValue);

(l) cin.ignore(**6**);
(m) cin.read(line, **50**);
(n) cin.get(name, **10**, '.');
    cin.getline(name, **10**, '.');
(o) cout.write(line, cin.gcount());
(p) cout << **124** << ' ' << **18.376** << ' ' << "**Z** " << **1000000** << " String";
(q) cout << cout.precision();
(r) cin >> months >> percentageRate;
(s) cout << setprecision(**3**) << **1.92** << '\t' << **1.925** << '\t' << **1.9258**;
(t) cout << oct << **100** << '\t' << hex << **100** << '\t' << dec << **100**;
(u) cout << **100** << '\t' << setbase(**8**) << **100** << '\t' << setbase(**16**) << **100**;
(v) cout << setw(**10**) << **1234**;
(w) cin.get(line, **20**, 'z');
(x) cout << setw(x) << setprecision(y) << **87.4573**;

21.4 (a)错误。运算符<<的优先级比<=的优先级高，这导致该语句计算错误，并且导致编译错误。

纠正：应该用括号把 x<=y 括起来。这个问题会出现在任何所使用的运算符的优先级比<<运算符低，却没有加括号的表达式中。

(b)错误。C++不能像 C 语言那样把字符当成整数处理。

纠正：如果要输出计算机字符集中某个字符的数值，则必须将该字符强制类型转换为一个整数值，如下所示：

```
cout << static_cast< int >( 'c' );
```

(c)错误。除非使用转义序列，否则不能在字符串中输出双引号。

纠正：可以用下列两种方式之一输出字符串：

```
cout << "\"A string in quotes\"";
```

21.5 (a) 12345
    **123
    123
(b) $$$$$10000
(c) 1024.988
(d) 0143
    0x63
(e) 100000
    +100000
(f) 4.45e+002

练习题

21.6 (写 **C++**语句)分别用一条语句，实现下述要求。

(a)以左对齐的方式打印整数 40000，域宽为 15 位。

(b)将一个字符串读到字符数组变量 state 中。

(c)打印无符号数 200 和有符号数 200。

(d)以 0x 开始的十六进制的形式打印十进制数 100。

(e)向数组 charArray 中读入字符，直到遇到字符'p'，或读取字符(包括空字符)个数达到限定值 10 为止。同时从输入流总中读取并删除分隔符。

(f)以 0 开始的形式打印 1.234，域宽为 9 位。

21.7 (**输入十进制、八进制和十六进制的值**)编写一个程序，测试以十进制、八进制和十六进制的形式的整数值的输入。分别以这三种形式输出每个读入的整数，用下列输入数据测试程序：10，010，0x10。

21.8 (**将指针值打印为整数**)编写一个程序，用强制类型转换将指针值转换为各种整型数据类型后，打印出指针值。哪些数据类型会输出奇怪的结果，哪些数据类型会产生错误？

21.9 (用域宽打印)编写一个程序，测试以各种域宽打印整数 12345 和浮点数 1.2345。如果域宽小于要打印的值的位数会产生怎样的结果？

21.10 (近似)编写一个程序，将 100.453627 分别取到最近似的个位、十分位、百分位、千分位和万分位，并打印出结果。

21.11 (字符串长度)编写一个程序，从键盘输入一个字符串，判断字符串的长度。然后以字符串长度的两倍作为域宽打印该字符串。

21.12 (华氏温度转换成摄氏温度)编写一个程序将整型的范围在 0 ~ 212 的华氏温度转换成浮点型的摄氏温度，浮点型的精度为 3。转化公式如下：

```
celsius = 5.0 / 9.0 * ( fahrenheit - 32 );
```

输出结果的形式应该为两个右对齐的列，并且摄氏温度前应该有表示正负的符号。

21.13 某些编程语言在输入字符串时，有的用单引号，有的用双引号把字符串引起来。编写一个程序，读入三个字符串：suzy，"suzy"和 'suzy'。看看单引号和双引号是被忽略了还是作为字符串的一部分被读入？

21.14 (用重载的流读取运算符读取电话号码)图 18.5 重载了流读取和流插入运算符，用于输入和输出 PhoneNumber 类的对象。重新编写流读取运算符，使它能够执行下列输入检查。注意，需要重新实现 operator>>函数。

(a)将一个完整的电话号码输入到数组中。测试所输入的字符的个数是否正确。例如，形如(800) 555-1212 的电话号码总共有 14 个字符。如果输入错误，则用 ios_base 的成员函数 clear 将 failbit 置位。

(b)区号和局号不能以 0 或 1 开头。检测电话号码的区号和局号部分，确保它们都不以 0 或 1 开头。如果输入错误，则用 ios_base 的成员函数 clear 将 failbit 置位。

(c)区号的中间位通常为 0 或 1(尽管目前这有所变化)。检测区号的中间位是否为 0 或 1。如果输入错误，则用 ios_base 成员函数 clear 将 failbit 置位。如果上述操作都没有因错误输入使 failbit 置位，则将电话号码的三个部分分别复制到 PhoneNumber 类对象的成员 areaCode，exchange 和 line 中。在主程序中，如果输入操作的 failbit 被置位，则输出错误信息，并且不输出电话号码而结束运行。

21.15 (Point 类)编写一个满足下列要求的程序：

(a)创建一个用户定义的类 Point，该类包含 private 整型数据成员 xCoordinate 和 yCoordinate，并将重载的流插入和流读取运算符函数声明为该类的友元。

(b)定义流插入和流读取运算符函数。流读取运算符函数判断输入的数据是否合法，如果是非法数据，则将 failbit 置位表示输入错误。如果发生输入错误，则流插入运算符不显示该点的坐标信息。

(c)编写 main 函数，用重载的流读取和流插入运算符，测试用户定义的 Point 类的输入和输出。

21.16 (Complex 类)编写一个满足下列要求的程序：

(a)创建一个用户定义的类 Complex，该类包含 private 整型数据成员 real 和 imaginary，并将重载的流插入和流读取运算符声明为该类的友元。

(b)定义流插入和流读取运算符函数。流读取运算符函数应该确定输入的数据是否是合法的，如果数据不合法，则将 failbit 置位表示输入错误。输入数据的形式为

　　 3 + 8i

(c)real 和 imaginary 的值既可为负数也可为正数，并且可以只给其中一个提供值。如果，没有提供值，则应该将相应的数据成员设置为 0。如果发生输入错误，则流插入运算符不输出该复数的值。如果 imaginary 值为负，则应该打印减号，而不是加号。

　　　　(d)编写 main 函数，使用重载的流读取和流插入运算符，测试用户定义的类 Complex 的输入和输出。

21.17 (打印 **ASCII** 字符值表)编写一个程序，使用 for 语句打印 ASCII 字符集中值在 33～126 范围内的字符的 ASCII 值表。要求以十进制、八进制、十六进制以及字符值的形式打印各个字符。使用流操纵符 dec，oct 以及 hex 打印整数值。

21.18 (字符串结束空字符)编写一个程序，演示 istream 的成员函数 getline 和接收三个实参的 get 成员函数都是用字符串结束空字符作为输入字符串的结尾。并演示 get 函数将分隔符留在输入流中，而 getline 函数读取并删除流中的分隔符。流中未读取的字符会发生什么情况呢？

第 22 章　异常处理：深入学习

学习目标

在本章中，读者将学习以下内容：

- 使用 try，catch 和 throw 分别现检测、处理以及指出异常。
- 声明新的异常类。
- 栈展开如何使不能在一个域中捕获的异常能够在另一个域中被捕获。
- 处理 new 故障。
- 使用 unique_ptr 防止内存泄漏。
- 了解标准异常层次结构。

提纲

22.1　引言

异常（Exception）是在程序执行过程中出现的问题。异常处理使程序员可以创建、处理异常的应用程序。在很多情况下，异常处理可以使程序像没有遇到问题那样继续执行。本章中给出的特征使得程序员可编写健壮的（Robust）、可容错的程序（Fault-tolerant program），能够处理可能产生的问题，并且以良好的方式继续执行或终止执行程序。

本章首先通过演示函数中除数为 0 时发生的异常的处理实例，讲解回顾异常处理的概念。讲解如何处理构造函数和析构函数中的异常，如何处理 new 为对象分配内存失败的异常等。最后介绍 C++标准库中为处理异常提供的类以及如何创建自己的异常处理类。

软件工程视点 22.1

异常处理提供了一种处理错误的标准机制。这对有很多程序员参与的大型团队项目尤为重要。

软件工程视点 22.2

应在开发系统初期就在系统中引入异常处理策略，否则在系统实现后期很难有效引入异常处理。

错误预防提示 22.1

在没有异常处理的情况下，一种常用的方法是函数计算并返回一个值来表示成功或失败。然而这种方法的问题是使用在一系列计算后返回值，而没有事先检查该值是否能表示错误。异常处理避免了该问题。

22.2   实例：处理除数为 0 的异常

考虑一个简单的异常处理的例子(参见图 22.1 至图 22.2)。这个例子的目标是防止一种常见的算术错误——除数为 0。在 C++中，整数算术的除数为 0 通常会导致程序过早终止。在浮点型算术中除数为 0 是可以的，它的结果是正无穷大或负无穷大，分别显示为 INF 或−INF。

这个例子中定义了一个函数 quotient，它接收用户输入的两个整数，并用第一个 int 形参除以第二个 int 形参。在执行除法之前，将第一个 int 形参值的类型转换为 double 类型。然后将第二个 int 形参值提升为 double 类型进行计算。因此，quotient 函数实际上执行的是两个 double 值的除法，返回一个 double 类型的结果。

然而，尽管浮点算术运算中允许除数为 0，但是从这个例子的目标出发，我们将除数为 0 看成是错误。因此，quotient 函数在进行除法运算之前测试第二个形参，确保它不为 0。如果第二个形参为 0，则使用异常向主调函数指出了发生了问题。然后，主调函数(这个例子中是 main)处理该异常，允许用户重新输入两个新的值，然后再次调用 quotient 函数。这样，即使输入了错误的数据，程序仍然可以继续执行，从而使程序更加健壮。

这个例子由两个文件组成：DivideByZeroException.h(参见图 22.1)定义了一个异常处理类，表示例子中可能发生问题的类型；fig22_02.cpp(参见图 22.2)定义了 quotient 函数以及调用 quotient 函数的 main 函数。main 函数包含了演示异常处理的代码。

定义一个异常类，表示可能发生的问题的类型

图 22.1 将 DivideByZeroException 类定义为标准库中 runtime_error 类(在头文件<stdexcept>中定义)的派生类。runtime_error 类是表示运行时错误的 C++标准基类，它是标准类库中 exception 类(在头文件<exception>中定义)的派生类。exception 类是标准 C++中所有异常的基类(在 22.10 节将详细讨论 exception 类及其派生类)。派生自 runtime_error 的异常类通常只定义一个构造函数(如第 11 行至第 12 行)，该构造函数将错误信息字符串传递给基类 runtime_error 的构造函数。exception 的每个直接或间接派生类都包含虚函数 what，它返回异常对象的错误信息。注意，不是必须要从 C++提供的标准异常类来派生像 DivideByZeroException 那样的异常类。然而，这样做的优点是使程序员可以用虚函数 what 获取相应的错误信息。图 22.2 用 DivideByZeroException 对象在当除数为 0 时指出该异常。

```
 1  // Fig. 22.1: DivideByZeroException.h
 2  // Class DivideByZeroException definition.
 3  #include <stdexcept> // stdexcept header contains runtime_error
 4
 5  // DivideByZeroException objects should be thrown by functions
 6  // upon detecting division-by-zero exceptions
 7  class DivideByZeroException : public std::runtime_error
 8  {
 9  public:
10     // constructor specifies default error message
11     DivideByZeroException()
12        : std::runtime_error( "attempted to divide by zero" ) {}
13  }; // end class DivideByZeroException
```

图 22.1   DivideByZeroException 类的定义

演示异常处理

图 22.2 中的程序使用异常处理，封装可能抛出"除数为 0"的异常的代码，并在发生异常时处理该异常。用户输入两个整数，作为实参传递给 quotient 函数(第 10 行至第 18 行)。quotient 函数用第一个

数 numerator 除以第二个数 denominator。如果用户没有将除数 denominator 指定为 0，则 quotient 函数会返回两个数相除的结果。然而，如果用户输入 0 作为 denominator，则 quotient 函数就会抛出异常。在输出结果中，前两行给出的是成功计算的结果，而后两行给出的是由于除数为 0 导致计算失败的结果。当发生异常时，程序会向用户通知错误并提示用户重新输入两个整数。在讨论完代码之后，让我们考虑一下产生这些输出结果的用户输入和程序的控制流。

```cpp
 1   // Fig. 22.2: fig22_02.cpp
 2   // Example that throws exceptions on
 3   // attempts to divide by zero.
 4   #include <iostream>
 5   #include "DivideByZeroException.h" // DivideByZeroException class
 6   using namespace std;
 7
 8   // perform division and throw DivideByZeroException object if
 9   // divide-by-zero exception occurs
10   double quotient( int numerator, int denominator )
11   {
12      // throw DivideByZeroException if trying to divide by zero
13      if ( denominator == 0 )
14         throw DivideByZeroException(); // terminate function
15
16      // return division result
17      return static_cast< double >( numerator ) / denominator;
18   } // end function quotient
19
20   int main()
21   {
22      int number1; // user-specified numerator
23      int number2; // user-specified denominator
24
25      cout << "Enter two integers (end-of-file to end): ";
26
27      // enable user to enter two integers to divide
28      while ( cin >> number1 >> number2 )
29      {
30         // try block contains code that might throw exception
31         // and code that will not execute if an exception occurs
32         try
33         {
34            double result = quotient( number1, number2 );
35            cout << "The quotient is: " << result << endl;
36         } // end try
37         catch ( DivideByZeroException &divideByZeroException )
38         {
39            cout << "Exception occurred: "
40               << divideByZeroException.what() << endl;
41         } // end catch
42
43         cout << "\nEnter two integers (end-of-file to end): ";
44      } // end while
45
46      cout << endl;
47   } // end main
```

```
Enter two integers (end-of-file to end): 100 7
The quotient is: 14.2857

Enter two integers (end-of-file to end): 100 0
Exception occurred: attempted to divide by zero

Enter two integers (end-of-file to end): ^Z
```

图 22.2 异常处理实例，当除数为 0 时抛出异常

将代码包含在 try 块中

程序首先提示用户输入两个整数。这个整数输入语句放在 while 循环的条件表达式中（第 28 行）。第 34 行将这两个值传递给 quotient 函数（第 10 行至第 18 行），quotient 函数或者返回整数相除的结果，或者抛出一个除数为 0 的异常（throw an exception）（即表示发生了错误）。异常处理适用于错误检测函数不能处理错误的情况。

在第 15 章学习过，C++提供了 try 块(try block)来支持异常处理。try 块中包含了可能导致异常的语句和如果发生异常应该跳过的语句。try 块(第 32 行至第 36 行)包含了 quotient 函数调用和显示除法结果的语句。在这个例子中，由于函数调用 quotient(第 34 行)可能抛出异常，因此它包含在 try 块中。将输出语句(第 35 行)包含在 try 块中可确保只在函数 quotient 返回结果的情况下执行该输出语句。

软件工程视点 22.3

异常可能通过显式引用 try 块中的代码体现，也可能通过调用其他函数体现，或通过由 try 块中的代码发起的深层次嵌套函数调用体现。

定义一个 catch 处理程序来处理 DivideByZeroException

在第 15 章学习过，异常是由 catch 处理程序(catch handler)处理的。每个 try 块随后必须至少有一个 catch 处理程序(第 37 行至第 41 行)。

异常形参总是声明为 catch 处理程序可以处理异常类型的引用(在这个例子中是 DivideByZero-Exception)。这样一方面可以消除副本抛出异常的对象开销，另一方面使得 catch 句柄也可以正确捕获派生类异常。当 try 块中发生异常时，就会执行类型与发生的异常类型匹配的 catch 处理程序(即 catch 块中的类型与抛出的异常类型完全匹配或为抛出的异常类型的直接或间接基类)。如果异常形参包含一个可选的形参名，则 catch 处理程序可以使用该形参名与 catch 处理程序体(用花括号{}括起来的部分)中捕获的异常对象交互。catch 处理程序通常会向用户报告错误，将其记入文件中，以良好的方式终止程序或用另一种可选的策略实现失败的任务。在这个例子中，catch 处理程序只是向用户报告除数为 0，然后提示用户重新输入两个整数。

常见的编程错误 22.1

在 try 块及相应的 catch 处理程序之间以及在 catch 处理程序之间写代码是语法错误。

常见的编程错误 22.2

每个 catch 处理程序只能有一个形参，因此指定用逗号隔开的异常形参列表是语法错误。

常见的编程错误 22.3

在一个 try 块后的两个不同的 catch 处理程序中捕获相同类型的异常是逻辑错误。

异常处理终止模型

如果 try 块中的语句导致异常发生，则 try 块会立即结束执行。然后，程序搜索第一个可以处理所发生的异常类型的 catch 处理程序。通过比较抛出异常的类型和各个 catch 的异常形参类型查找匹配的 catch，直到找到匹配为止。如果类型完全相同或抛出异常的类型是异常形参类型的派生类，则匹配。如果匹配，则执行所匹配的 catch 处理程序中的代码。当 catch 处理程序执行到它的右花括号(})，完成处理时，则异常处理完毕，并且 catch 处理程序中定义的局部变量(包括 catch 形参)离开作用域。程序控制不会返回到异常发生的点(称为抛出点，throw point)，因为 try 块已经结束执行了。控制转移到这个 try 块的最后一个 catch 处理程序之后的第一条语句(第 43 行)。这称为异常处理终止模型(termination model of exception handing)。有些语言使用异常处理恢复模型(resumption model of exception handling)，在处理异常后，控制返回到抛出点下一条语句执行。与任何代码块一样，当 try 块结束时，该块中定义的局部变量都离开作用域。

常见的编程错误 22.4

如果认为异常处理后控制会返回到抛出点后的第一条语句，则会产生逻辑错误。

错误预防提示 22.2

具有异常处理之后，程序就可以在处理问题后继续执行(而不是终止执行)。这有助于确保任务关键的计算或事务关键的计算的应用程序的健壮性。

如果 try 块成功完成执行(即 try 块中没有发现异常)，那么程序就会忽略 catch 处理程序，控制从这个 try 块的最后一个 catch 后的第一条语句继续执行。如果 try 块中没有发生异常，程序就会忽略它的 catch 处理程序。

如果 try 块中发生的异常没有匹配的 catch 处理程序，或者不在 try 块中的语句发生异常，则包含该语句的函数会立即终止执行，试图在它的主调函数中查找包含异常的 try 块。该过程称为栈展开(Stack unwinding)，22.4 节将对其进行讨论。

用户输入一个非零除数时的程序控制流

考虑用户输入被除数 100 和除数 7 时(即图 22.2 中输出结果的前两行)的控制流。第 13 行，函数 quotient 判定 denominator 不等于 0，因此第 17 行执行除法并向第 34 行返回 double 类型的结果(14.2857)。然后，程序控制从第 34 行继续顺序执行，因此第 35 行显示两数相除的结果。第 36 行是 try 块的末尾。由于 try 块成功执行完毕，并且没有抛出异常，因此，不执行 catch 处理程序中的语句(第 37 行至第 41 行)，控制继续从第 43 行(catch 处理程序后的第一条语句)开始执行，提示用户重新输入两个整数。

用户输入除数为零时的程序控制流

现在考虑用户输入被除数 100 和除数 0 时的情况。第 13 行，quotient 判定除数等于 0。第 14 行抛出一个表示为 DivideByZeroException(参见图 22.1)对象的异常。

图 22.1 中第 14 行使用关键字 throw 和随后的表示要抛出异常类型的操作数，抛出异常。一个 throw 语句通常指定一个操作数(第 22.3 节中将讨论如何使用不指定操作数的 throw 语句)。throw 的操作数可以是任意类型的。如果操作数是一个对象，则称为异常对象(Exception object)。在这个例子中异常对象是 DivideByZeroException 类型的对象。然而，throw 操作数也可以是其他值，如表达式的值(如 throw x > 5)或 int 类型的值(如 throw 5)等。本章中的例子都是抛出异常对象。

错误预防提示 22.3

通常，应该只抛出一种类型的异常类对象。

抛出异常时，创建 throw 操作数，用于初始化 catch 处理程序中的形参，稍后将进行讨论。在这个例子中，第 14 行的 throw 语句创建了一个 DivideByZeroException 类对象。当第 14 行抛出异常时，quotient 函数会立即退出执行。因此，第 14 行在函数 quotient 可以执行第 17 行的除法之前抛出异常。这是异常处理的主要特征：如果程序显式抛出异常，则必须在有机会发生错误之前抛出异常。

由于将函数 quotient 的调用(第 34 行)放在 try 块中，程序控制进入紧挨着 try 块的 catch 处理程序(第 37 行至第 41 行)。catch 处理程序作为处理除数为 0 的异常处理程序。通常，当 try 块中抛出一个异常时，异常被与抛出异常类型匹配的 catch 处理程序捕获。在这个程序中，catch 处理程序指出它捕获 DivideByZeroException 对象，这种类型与 quotient 函数抛出的对象类型匹配。实际上，这个 catch 处理程序捕获一个由 quotient 函数的 throw 语句创建的 DivideByZeroException 对象(第 14 行)的引用。异常处理机制维护该异常对象。

catch 处理程序体(第 39 行至第 40 行)通过调用基类 runtime_error 的函数 what，输出相关错误信息。该函数返回 DivideByZeroException 构造函数(参见图 22.1 中的第 11 行至第 12 行)传递给 runtime_error 基类构造函数的字符串。

良好的编程习惯 22.1

将各种运行时错误与适当命名的异常对象关联可以提高程序的清晰度。

22.3 重新抛出异常

函数可能使用资源，如文件，也可能在发生异常时需要释放这些资源(即关闭文件)。异常处理程序可能根据接收的异常，可以释放资源然后通知它的主调函数，或者通过如下语句重新抛出异常(Rethrowing the exception)

```
throw;
```

　　无论处理程序是否可以处理(即使是部分处理)异常,都可以重新抛出异常,以便在处理程序外进一步处理该异常。重新抛出异常由外层 try 块检测,由外层的 try 块的 catch 处理程序处理该异常。

 常见的编程错误 22.5

执行一个位于 catch 处理程序外的空 throw 语句,会导致函数调用 terminate 的执行。terminate 函数放弃异常处理并立即终止程序执行。

　　图 22.3 中的程序演示了重新抛出异常。在 main 函数的 try 块中(第 29 行至第 34 行),第 32 行调用函数 throwException(第 8 行至第 24 行)。throwException 函数也包含了一个 try 块(第 11 行至第 15 行),该块中的第 14 行的 throw 语句抛出一个标准库类的异常。函数 throwException 的 catch 处理程序(第 16 行至第 21 行)捕获这个异常,打印错误信息(第 18 行至第 19 行),然后重新抛出异常(第 20 行)。这终止了 throwException 函数的执行并将控制返回到 main 函数的 try...catch 块中的第 32 行。try 块终止执行(因此第 33 行没有执行),main 函数中的 catch 处理程序(第 35 行至第 38 行)捕获该异常并打印错误信息 (第 37 行)。由于这个例子中的 catch 处理程序中没有使用异常形参,因此省略了异常形参名只指定要捕获的异常类型(第 16 行与第 35 行)。

```
 1  // Fig. 22.3: fig22_03.cpp
 2  // Rethrowing an exception.
 3  #include <iostream>
 4  #include <exception>
 5  using namespace std;
 6
 7  // throw, catch and rethrow exception
 8  void throwException()
 9  {
10     // throw exception and catch it immediately
11     try
12     {
13        cout << " Function throwException throws an exception\n";
14        throw exception(); // generate exception
15     } // end try
16     catch ( exception & ) // handle exception
17     {
18        cout << " Exception handled in function throwException"
19           << "\n Function throwException rethrows exception";
20        throw; // rethrow exception for further processing
21     } // end catch
22
23     cout << "This also should not print\n";
24  } // end function throwException
25
26  int main()
27  {
28     // throw exception
29     try
30     {
31        cout << "\nmain invokes function throwException\n";
32        throwException();
33        cout << "This should not print\n";
34     } // end try
35     catch ( exception & ) // handle exception
36     {
37        cout << "\n\nException handled in main\n";
38     } // end catch
39
40     cout << "Program control continues after catch in main\n";
41  } // end main
```

```
main invokes function throwException
  Function throwException throws an exception
  Exception handled in function throwException
  Function throwException rethrows exception

Exception handled in main
Program control continues after catch in main
```

图 22.3　重新抛出异常

22.4　栈展开

当特定域中抛出异常但是却没有捕获时，就会展开函数调用栈，试图在外层的 try...catch 块中捕获这个异常。函数调用栈展开意味着没有捕获该异常的函数终止执行，该函数内的所有局部变量被删除，控制返回到最初调用该函数的语句。如果该函数调用语句包含在 try 块中，就会试图捕获该异常。如果该函数调用语句没有包含在 try 块中，则再次发生栈展开。如果一直没有可捕获该异常的 catch 处理程序，就会调用 terminate 函数终止程序的执行。图 22.4 中的程序演示了栈展开。

```cpp
1  // Fig. 22.4: fig22_04.cpp
2  // Demonstrating stack unwinding.
3  #include <iostream>
4  #include <stdexcept>
5  using namespace std;
6
7  // function3 throws runtime error
8  void function3()
9  {
10    cout << "In function 3" << endl;
11
12    // no try block, stack unwinding occurs, return control to function2
13    throw runtime_error( "runtime_error in function3" ); // no print
14  } // end function3
15
16  // function2 invokes function3
17  void function2()
18  {
19    cout << "function3 is called inside function2" << endl;
20    function3(); // stack unwinding occurs, return control to function1
21  } // end function2
22
23  // function1 invokes function2
24  void function1()
25  {
26    cout << "function2 is called inside function1" << endl;
27    function2(); // stack unwinding occurs, return control to main
28  } // end function1
29
30  // demonstrate stack unwinding
31  int main()
32  {
33    // invoke function1
34    try
35    {
36      cout << "function1 is called inside main" << endl;
37      function1(); // call function1 which throws runtime_error
38    } // end try
39    catch ( runtime_error &error ) // handle runtime error
40    {
41      cout << "Exception occurred: " << error.what() << endl;
42      cout << "Exception handled in main" << endl;
43    } // end catch
44  } // end main
```

```
function1 is called inside main
function2 is called inside function1
function3 is called inside function2
In function 3
Exception occurred: runtime_error in function3
Exception handled in main
```

图 22.4　栈展开

main 函数中，try 块（第 34 行至第 38 行）调用 function1（第 24 行至第 28 行）。然后，function1 调用 function2（第 17 行至第 21 行），function2 转而调用 function3（第 8 行至第 14 行）。function3 的第 13 行抛出一个 runtime_error 对象。然而，由于第 13 行的 throw 语句没有包含在 try 块中，因此发生栈展开，funcion3 在第 13 行终止，然后将控制返回到 function2 中调用 function3 的语句（第 20 行）。由于第 20 行没有包含

在 try 块中,因此再次发生栈展开,function2 在第 20 行终止,并将控制返回到 function1 中调用 function2 的语句(即第 27 行)。由于第 27 行没有包含在 try 块中,因此又一次发生栈展开,function1 在第 27 行终止,并将控制返回到 main 函数中调用 function1 的语句(第 37 行)。由于该语句包含在第 34 行至第 38 行的 try 块中,因此在 try 块之后的第一个匹配的 catch 处理程序(第 39 行至第 43 行)捕获并处理该异常。第 41 行使用函数 what,显示异常信息。

22.5　何时使用异常处理

异常处理可以处理同步错误(Synchronous error),即语句执行时发生的错误。常见的同步错误的例子有:数组下标越界、算术溢出(即在可表示的范围之外的值)、除数为 0、无效的函数形参、内存分配失败(由于缺少内存),等等。异常处理不能处理与异步事件(Asynchronous event)相关的错误(如磁盘 I/O 完成、网络消息到达、点击鼠标和点击键盘等),异步事件与程序的控制流并行,并且相互独立。

软件工程视点 22.4
异常处理提供了一种统一处理问题的技术。有助于参加大型项目的程序员相互了解其他人编写的错误处理代码。

软件工程视点 22.5
异常处理简化了软件组件的组合,预定义的组件将问题传递给特定的应用组件,然后以特定应用组件的方式处理这个问题,从而使组件可以有效合作。

异常处理机制也可用于处理程序与软件元素交互时发生的问题。软件元素有成员函数、构造函数、析构函数以及类等。当发生问题时,这些软件元素经常用异常通知程序,而不是在内部处理这些问题。这使得程序员可以为各个应用程序实现定制错误处理。

软件工程视点 22.6
具有常见错误条件的函数应该返回 0 或空指针,或其他适当的值,而不应抛出异常。调用这样的函数程序可以通过检查返回值判断函数调用是成功还是失败。

复杂的应用程序通常包含预定义的软件组件和使用这些预定义组件的特定的应用程序组件。当预定义组件发生问题时,需要一种机制使该组件可以将问题传递给特定应用程序组件,预定义组件事先不知道每个应用程序如何处理发生的问题。

C++11:声明不抛出异常的函数

在 C++11 中,如果函数不抛出任何异常并且不调用任何抛出异常的函数,则可以显式声明该函数为不抛出异常。这样客户代码程序员便可知道不必将该函数放到 try 块中。要将函数声明为不抛出异常,只需要在函数原型和定义的形参列表的右侧加上 noexcept 即可。对于常量成员函数,将 noexcept 放到 const 之后。如果声明为 noexcept 的函数调用了一个抛出异常的函数或执行了 throw 语句则程序终止。《C++大学教程(第九版)》中详细介绍了 noexcept。

22.6　构造函数、析构函数与异常处理

首先讨论一下前面提及但没有完全解决的问题:当构造函数中发现错误时会发生什么情况?例如,当不能为存储对象的内部表示分配所需的内存导致 new 故障时,对象的构造函数如何响应?由于构造函数不能返回值来指出错误,因此必须用其他方法来指出对象没有被正确构造。一种方法是返回没有正确构造的对象,希望由该对象的使用者对该对象进行测试,判断它是否处于不一致状态。另一种方法是在构造函数外设置一些变量。最好的方法则可能是由构造函数抛出一个包含错误信息的异常,从而使程序有机会处理这个故障。

构造函数抛出的异常使得在抛出异常之前构造对象过程中所创建的所有对象的析构函数被调用。在抛出异常之前，在 try 块中创建的所有自动对象的析构函数都被调用。在异常处理执行之前，栈展开一定已经完成。如果栈展开调用析构函数抛出异常，则程序终止执行。这与多种安全攻击相关联。

错误预防提示 22.4

析构函数应该捕获异常以防程序终止。

错误预防提示 22.5

不要从具有静态存储生存周期的对象的构造函数抛出异常，这种异常不会被捕获。

如果对象具有成员对象，并且如果在外层对象被完全构造之前抛出异常，那么在异常发生之前构造的成员对象的析构函数将被执行。如果发生异常时部分构造了对象数组，只有数组中已被构造的对象的析构函数被调用。

错误预防提示 22.6

当用 new 表达式创建的对象的构造函数抛出异常时，为该对象动态分配的内存被释放。

错误预防提示 22.7

如果构造函数在初始化对象时出现问题，则应抛出异常。在这之前，构造函数应该释放所有之前动态分配的内存。

初始化局部对象以获取资源

异常可能越过通常释放资源（如内存或文件）的代码操作，从而导致资源泄漏（Resource leak），而阻止其他程序获得该资源。解决该问题的一项技术是在请求资源时初始化一个局部对象，当发生异常时，该对象的析构函数会被调用并释放资源。

22.7　异常与继承

正如在 22.2 节中创建 exception 类的派生类 DivideByZeroException 时讨论的那样，可以由一个公共的基类派生多个异常类。如果 catch 处理程序可以捕获一个基类类型的异常对象的指针或引用，则也可以捕获基类的公共派生类对象的指针或引用，因此可以多态地处理相关错误。

错误预防提示 22.8

利用继承与异常，使异常处理程序可以用简洁的方法捕获相关错误。一种方法是分别捕获每种类型的派生类异常对象的指针或引用，但是一种更简洁的方法是捕获基类异常对象的指针或引用。分别捕获派生类异常对象的指针或引用还容易出错，特别是如果程序员忘记显式检测一个或多个派生类指针或引用类型时更容易出错。

22.8　处理 new 故障

C++标准文档指出，当运算符 new 发生故障时，抛出一个 bad_alloc 异常（在头文件<new>中定义）。本节将给出两个 new 故障的例子，第一个例子在 new 故障时抛出 bad_alloc 异常。第二个例子用 set_new_handler 函数处理 new 故障（注意，图 22.5 至图 25.6 中的例子分配大量的动态内存，这可能使计算机的运行速度变得很慢）。

故障时抛出 bad_alloc 异常的 new 操作

图 22.6 演示了 new 操作在请求分配内存失败时隐式抛出 bad_alloc 异常。try 块中的 for 语句（第 16 行至第 20 行）应该执行 50 次循环，每次循环都分配一个具有 50 000 000 个 double 元素的数组。如果 new

操作失败, 则抛出一个 bad_alloc 异常, 结束循环, 继续执行程序的第 22 行, 由 catch 处理程序捕获并处理该异常。第 24 行至第 25 行输出消息"Exception occurred:", 然后输出基类 exception 的函数 what 返回的消息(即实现中定义的特定异常信息, 如 Microsoft Visual C++中的"bad allocation")。输出结果显示程序中发生 new 故障, 抛出 bad_alloc 异常之前, 只执行了三次循环。不同系统的输出结果可能不同, 这取决于物理内存、可用的虚拟内存的磁盘空间, 以及使用的编译器。

```cpp
1   // Fig. 22.5: fig22_05.cpp
2   // Demonstrating standard new throwing bad_alloc when memory
3   // cannot be allocated.
4   #include <iostream>
5   #include <new> // bad_alloc class is defined here
6   using namespace std;
7
8   int main()
9   {
10     double *ptr[ 50 ];
11
12     // aim each ptr[i] at a big block of memory
13     try
14     {
15       // allocate memory for ptr[ i ]; new throws bad_alloc on failure
16       for ( size_t i = 0; i < 50; ++i )
17       {
18         ptr[ i ] = new double[ 50000000 ]; // may throw exception
19         cout << "ptr[" << i << "] points to 50,000,000 new doubles\n";
20       } // end for
21     } // end try
22     catch ( bad_alloc &memoryAllocationException )
23     {
24       cerr << "Exception occurred: "
25         << memoryAllocationException.what() << endl;
26     } // end catch
27   } // end main
```

```
ptr[0] points to 50,000,000 new doubles
ptr[1] points to 50,000,000 new doubles
ptr[2] points to 50,000,000 new doubles
ptr[3] points to 50,000,000 new doubles
Exception occurred: bad allocation
```

图 22.5   new 故障时抛出 bad_alloc 异常

故障时返回 nullptr 的 new 操作

旧版本的 C++的 new 操作在分配内存失败时返回 nullptr。C++标准指出遵从标准的编译器可以继续使用在发生故障时返回 0 的 new 操作。为此, 头文件<new>定义了对象 nothrow(nothrow_t 类型), 使用方法如下列语句所示:

```cpp
double *ptr = new( nothrow ) double[ 50000000 ];
```

该语句使用不支持抛出 bad_alloc 异常(即 nothrow)的 new 操作分配具有 50 000 000 个 double 元素的数组。

软件工程视点 22.7

为了使程序更健壮, 应该使用在故障时抛出 bad_alloc 异常的 new 操作。

使用 set_new_handler 处理 new 故障

处理 new 故障的另一个特征是 set_new_handler 函数(原型在标准头文件<new>中)。该函数接收一个函数指针实参, 该指针所指的函数没有实参, 返回值为 void 类型。该指针指向当 new 失败时要调用的函数。这为程序员提供了一种统一的方法来处理所有的 new 故障, 无论故障发生在程序中的哪个地方。一旦 set_new_handler 在程序中指定一个 new 处理(new handler), 则 new 运算符就不会在失败时抛出bad_alloc, 而是将错误处理交给 new 处理函数处理。

如果 new 成功分配内存，则会返回一个指向该内存的指针。如果 new 分配内存失败并且没有用 set_new_handler 指定 new 处理函数，则 new 抛出 bad_alloc 异常。如果 new 分配内存失败并且指定了 new 处理函数，则会调用 new 处理函数。C++标准指出 new 处理函数应该执行下列任务之一：

1. 删除其他动态分配的内存（并告知用户关闭其他应用程序）以获得更多的内存空间，然后返回到 new 运算符，尝试再次分配内存。
2. 抛出 bad_alloc 类型的异常。
3. 调用函数 abort 或 exit（都在头文件<cstdlib>中定义）终止程序。17.7 节介绍了该内容。

图 22.6 演示了 set_new_handler 的使用。customNewHandler 函数（第 9 行至第 13 行）打印错误信息（第 11 行），然后调用 abort 终止程序（第 12 行）。输出结果显示程序在发生 new 故障，并调用 customNewHandler 函数之前只执行了三次循环。不同系统的输出结果可能不同，这取决于物理内存、可用的虚拟内存的磁盘空间，以及使用的编译器。

```cpp
1   // Fig. 22.6: fig22_06.cpp
2   // Demonstrating set_new_handler.
3   #include <iostream>
4   #include <new> // set_new_handler function prototype
5   #include <cstdlib> // abort function prototype
6   using namespace std;
7
8   // handle memory allocation failure
9   void customNewHandler()
10  {
11     cerr << "customNewHandler was called";
12     abort();
13  } // end function customNewHandler
14
15  // using set_new_handler to handle failed memory allocation
16  int main()
17  {
18     double *ptr[ 50 ];
19
20     // specify that customNewHandler should be called on
21     // memory allocation failure
22     set_new_handler( customNewHandler );
23
24     // aim each ptr[i] at a big block of memory; customNewHandler will be
25     // called on failed memory allocation
26     for ( size_t i = 0; i < 50; ++i )
27     {
28        ptr[ i ] = new double[ 50000000 ]; // may throw exception
29        cout << "ptr[" << i << "] points to 50,000,000 new doubles\n";
30     } // end for
31  } // end main
```

```
ptr[0] points to 50,000,000 new doubles
ptr[1] points to 50,000,000 new doubles
ptr[2] points to 50,000,000 new doubles
ptr[3] points to 50,000,000 new doubles
customNewHandler was called
```

图 22.6　set_new_handler 在 new 故障时指定要调用的函数

22.9　unique_ptr 类与动态内存分配

一种常见的编程习惯是，动态分配内存，将内存地址赋给指针，使用该指针操作内存，并在不需要该内存时用 delete 释放内存。然而，如果在成功分配内存之后，但在 delete 语句执行之前发生异常，则会产生内存泄漏。C++标准在头文件<memory>中提供了类模板 unique_ptr 来解决该问题。

unique_ptr 对象保存一个指向动态分配内存的指针。当 unique_ptr 对象的析构函数被调用时（如

unique_ptr 对象离开作用域),就会对它的指针数据成员执行 delete 操作。类模板 unique_ptr 提供了重载运算符*和->,因此可以像使用普通指针变量那样使用 unique_ptr 对象。图 22.9 演示了一个指向动态分配的 Integer 类(图 22.7 行至第图 22.8)对象的 unique_ptr 对象。

```
 1   // Fig. 22.7: Integer.h
 2   // Integer class definition.
 3
 4   class Integer
 5   {
 6   public:
 7      Integer( int i = 0 ); // Integer default constructor
 8      ~Integer(); // Integer destructor
 9      void setInteger( int i ); // set Integer value
10      int getInteger() const; // return Integer value
11   private:
12      int value;
13   }; // end class Integer
```

图 22.7　Integer 类的定义

```
 1   // Fig. 22.8: Integer.cpp
 2   // Integer member function definitions.
 3   #include <iostream>
 4   #include "Integer.h"
 5   using namespace std;
 6
 7   // Integer default constructor
 8   Integer::Integer( int i )
 9      : value( i )
10   {
11      cout << "Constructor for Integer " << value << endl;
12   } // end Integer constructor
13
14   // Integer destructor
15   Integer::~Integer()
16   {
17      cout << "Destructor for Integer " << value << endl;
18   } // end Integer destructor
19
20   // set Integer value
21   void Integer::setInteger( int i )
22   {
23      value = i;
24   } // end function setInteger
25
26   // return Integer value
27   int Integer::getInteger() const
28   {
29      return value;
30   } // end function getInteger
```

图 22.8　Integer 类的成员函数定义

图 22.10 中第 15 行创建了 unique_ptr 对象 ptrToInteger,并用一个指向动态分配的 Integer 对象(包含值为 7)的指针初始化它。第 18 行使用 unique_ptr 的重载运算符->对 ptrToInteger 指向的 Integer 对象调用函数 setInteger。第 21 行使用 unique_ptr 的重载运算符*解引用 ptrToInteger,然后使用点运算符(.)对 ptrToInteger 指向的 Integer 对象调用 getInteger 函数。像普通的指针一样,unique_ptr 的重载运算符->和*可以用来访问 unique_ptr 所指向的对象。

由于 ptrToInteger 是 main 函数中的一个局部自动变量,因此当 main 函数结束时删除 ptrToInteger。unique_ptr 析构函数强制对 ptrToInteger 指向的 Integer 对象执行 delete 操作,这转而又调用 Integer 类的析构函数。无论控制如何离开该块(如因 return 语句返回或因异常离开),Integer 对象占用的内存都会被释放。更重要的是,使用该技术可以防止内存泄漏。例如,假设函数返回一个指向某个对象的指针,但是接收该指针的主调函数可能没有 delete 这个对象,如果 unique_ptr 的析构函数被调用,则该对象会被自动删除。

```
 1    // Fig. 22.9: fig22_09.cpp
 2    // Demonstrating unique_ptr.
 3    #include <iostream>
 4    #include <memory>
 5    using namespace std;
 6
 7    #include "Integer.h"
 8
 9    // use unique_ptr to manipulate Integer object
10    int main()
11    {
12       cout << "Creating a unique_ptr object that points to an Integer\n";
13
14       // "aim" unique_ptr at Integer object
15       unique_ptr< Integer > ptrToInteger( new Integer( 7 ) );
16
17       cout << "\nUsing the unique_ptr to manipulate the Integer\n";
18       ptrToInteger->setInteger( 99 ); // use unique_ptr to set Integer value
19
20       // use unique_ptr to get Integer value
21       cout << "Integer after setInteger: " << ( *ptrToInteger ).getInteger()
22          << "\n\nTerminating program" << endl;
23    } // end main
```

```
Creating a unique_ptr object that points to an Integer
Constructor for Integer 7

Using the unique_ptr to manipulate the Integer
Integer after setInteger: 99

Terminating program
Destructor for Integer 99
```

图 22.9　用 unique_ptr 对象管理动态分配的内存

关于 unique_ptr 的注意事项

　　一次只能有一个 unique_ptr 拥有一个动态分配的对象，并且该对象不可以为数组。unique_ptr 可以通过重载的赋值运算符或复制构造函数传递其所管理的动态内存的所有权。最后一个保存指向动态内存指针的 unique_ptr 对象将删除该内存。这使得 unique_ptr 成为一种理想的向客户代码返回动态分配内存的机制。当 unique_ptr 离开客户代码的作用域时，unique_ptr 析构函数会删除动态分配的内存。

内置数组的 unique_ptr

　　还可以使用 unique_ptr 管理动态分配的内置数组。例如，以下语句：

```
unique_ptr< string[] > ptr( new string[ 10 ] );
```

动态分配了由 ptr 管理的含有 10 个字符串的数组。类型 string[ ]表示动态管理的内存是包含字符串的内置数组。当管理数组的 unique_ptr 离开作用域时，它会用 delete[ ]释放内存，因此数组中的每个元素的析构函数被调用。

　　管理数组的 unique_ptr 提供了重载的[ ]运算符用于访问数组的元素，例如

```
ptr[2] = "hello";
```

将"hello"赋给 ptr[2]处的字符串，语句

```
cout << ptr[2] << endl;
```

显示该字符串。

22.10　标准库的异常层次结构

　　经验表明异常可以分为几类。C++标准库包含了一个异常类的层次结构(参见图 22.10)。正如 22.2 节中讨论的那样，这个层次结构以基类 exception 开始(定义在头文件<exception>中)，exception 中包含虚函数 what，派生类可以重写该函数发出适当的错误消息。

基类 exception 的直接派生类有 runtime_error 和 logic_error(它们都在头文件<stdexcept>中定义),它们都有几个派生类。exception 的派生类还有由 C++运算符抛出的异常,例如,new 抛出 bad_alloc(参见 22.8 节),dynamic_cast 抛出 bad_cast(参见第 20 章),typeid 抛出 bad_typeid(参见第 20 章)。如果函数的抛出列表中包含 bad_exception,则意味着如果发生意外异常,则 unexpected 函数抛出 bad_exception 异常,而不(默认)结束程序的执行或调用 set_unexpected 指定的另外一个函数。

常见的编程错误 22.6

将捕获基类对象的 catch 处理程序放在捕获该基类的派生类对象的 catch 处理程序的前面是逻辑错误。基类的 catch 处理程序可以捕获该基类的所有派生类对象,因此永远不会执行派生类的 catch 处理程序。

logic_error 类是表示程序逻辑错误的几个标准异常类的基类。例如,invalid_argument 类表示向函数传递无效的实参(当然,可以通过正确编码防止无效的实参到达函数)。length_error 类表示长度超过所操作的对象允许的最大长度。out_of_range 类表示值(如数组下标)越界。

22.4 节中使用的 runtime_error 类是其他几个表示运行时错误的异常类的基类。例如,overflow_error 类表示算术上溢错误(arithmetic overflow error)(即算术运算的结果比计算机所能存储的最大数大),underflow_error 类表示算术下溢错误(arithmetic underflow error)(即算术运算的结果比计算机所能存储的最小数小)。

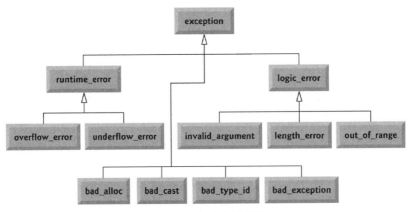

图 22.10　标准库异常类

常见的编程错误 22.7

异常类不需要派生自 exception 类。因此,编写 catch 处理程序不能保证捕获程序可能遇到的所有异常。

错误预防提示 22.9

可以用 catch(...)捕获 try 块中抛出的所有异常。以这种方式捕获异常的一个缺点是在编译时无法确定捕获的异常类型。另一个缺点是没有命名形参,因此不能在异常处理程序中引用异常对象。

软件工程视点 22.8

标准异常层次结构是创建异常类的一个良好的起点。程序员创建的程序中,可以抛出标准异常,抛出由标准异常派生的异常,还可以抛出自己的不是由标准异常派生的异常。

软件工程视点 22.9

当恢复不依赖于异常类型时(即释放常见的资源)可使用 catch(...)。可以重新抛出异常向更具体的外层 catch 处理程序发出通知。

22.11 本章小结

本章学习了如何使用异常处理来处理程序中的错误。了解了异常处理使程序员可以从程序执行的主线中移除错误处理代码。通过除数为 0 的例子，演示了异常处理。还介绍了如何用 try 块包含可能抛出异常的代码，如何使用 catch 处理程序处理可能发生的异常。学习了如何抛出和重新抛出异常，如何处理发生在构造函数中的异常。讨论了 new 故障的处理，用 unique_ptr 进行动态内存分配，还讨论了标准库异常层次结构。下一章，将讨论如何定制自己的类模板。

摘要

22.1 引言
- 异常是在程序执行过程中出现的问题。
- 异常处理使程序员可以创建以解决运行时发生问题的应用程序。可以使程序像没有遇到问题那样继续执行。但是严重的问题可能要求程序在以一种可控的方式在终止程序执行之前向用户通知该问题。

22.2 实例：处理除数为 0 的异常
- exception 类是标准 C++中的异常基类。exception 类中提供返回适当的错误消息的虚函数 what，派生类可以重写该函数。
- runtime_error 类（在头文件<stdexcept>中定义）是表示运行时错误的异常类的 C++标准基类。
- C++使用异常处理终止模型。
- try 块由关键字 try 及随后的花括号({})组成。花括号中定义了可能发生异常的代码块。try 块中包含了可能导致异常的语句和如果发生异常应该跳过的语句。
- 每个 try 块随后必须至少有一个 catch 处理程序。每个 catch 处理程序指定一个表示 catch 处理程序所能处理的异常类型的异常形参。
- 如果异常形参包含一个形参名，则 catch 处理程序可以使用该形参名与 catch 处理程序体中捕获的异常对象交互。
- 异常发生的点称为抛出点。
- 如果 try 块发生异常，则 try 块会立即结束执行。然后，程序控制转移到与抛出异常类型匹配的第一个 catch 处理程序。
- 当 try 块结束执行时，该块中定义的局部变量离开作用域。
- 当 try 块因异常结束执行时，程序搜索第一个可以处理所发生的异常类型的 catch 处理程序。通过比较抛出异常的类型和各个 catch 的异常形参类型查找匹配的 catch，直到找到匹配为止。如果类型完全相同或抛出异常的类型为异常形参类型的派生类，则匹配。如果匹配，则执行所匹配的 catch 处理程序中的代码。
- 当 catch 处理程序完成处理时，catch 形参和 catch 处理程序中定义的局部变量离开作用域。该 try 块的其他 catch 处理程序都被忽略，并且执行转移到 try...catch 序列之后的第一条语句。
- 如果 try 块中没有发生异常，程序就会忽略它的 catch 处理程序。执行转移到 try...catch 序列之后的下一条语句。
- 如果 try 块中发生的异常没有匹配的 catch 处理程序，或者不在 try 块中的语句发生异常，则包含该语句的函数会立即终止执行，试图在它的主调函数中查找包含异常的 try 块。该过程称为栈展开。
- 使用关键字 throw 和随后的要抛出异常类型的操作数来抛出异常。一个 throw 语句通常指定一个操作数。throw 的操作数可以是任意类型的。

22.3 重新抛出异常

- 异常处理程序可以将该异常(或者可能是一部分)交给另一个异常处理程序处理。在这两种情况下，处理程序重新抛出异常。
- 常见的异常有：数组下标越界、算术溢出(即在可表示的范围之外的值)、除数为 0、无效的函数形参、内存分配失败等。

22.4 栈展开

- 函数调用栈展开意味着没有捕获该异常的函数终止执行，该函数内的所有局部变量被删除，控制返回到最初调用该函数的语句。

22.5 何时使用异常处理

- 异常处理可以处理同步错误，即语句执行时发生的错误。
- 异常处理不能处理与异步事件相关的错误，异步事件与程序的控制流并行，并且相互独立。
- 在 C++11 中，如果函数不抛出任何异常并且不调用任何抛出异常的函数，则应该把该函数显式声明为 noexcept。

22.6 构造函数、析构函数与异常处理

- 构造函数抛出的异常使得在抛出异常之前构造对象过程中所创建的所有对象的析构函数被调用。
- 在抛出异常之前，在 try 块中创建的所有自动对象的析构函数都被调用。
- 栈展开在异常处理执行之前完成。
- 如果栈展开调用析构函数抛出异常，则 terminate 函数被调用。
- 如果对象具有成员对象，并且如果在外层对象被完全构造之前抛出异常，那么在异常发生之前构造的成员对象的析构函数将被执行。
- 如果发生异常时部分构造了对象数组，只有数组中已被构造的对象的析构函数被调用。
- 当用 new 表达式创建的对象的构造函数抛出异常时，为该对象动态分配的内存被释放。

22.7 异常与继承

- 如果 catch 处理程序可以捕获一个基类类型的异常对象的指针或引用，则也可以捕获基类的公共派生类对象的指针或引用，因此可以多态地处理相关错误。

22.8 处理 new 故障

- C++标准文档指出，当运算符 new 发生故障时，抛出一个 bad_alloc 异常(在头文件<new>中定义)。
- set_new_handler 函数接收一个函数指针实参，该指针所指的函数没有实参，返回值为 void 类型。该指针指向当 new 失败时要调用的函数。
- 一旦 set_new_handler 在程序中指定一个 new 处理函数，则 new 运算符就不会在失败时抛出 bad_alloc，而是将错误处理交给 new 处理函数处理。
- 如果 new 成功分配内存，则会返回一个指向该内存的指针。
- 如果在成功分配内存之后，但在 delete 语句执行之前发生异常，则会产生内存泄漏。

22.9 unique_ptr 类与动态内存分配

- 如果在成功分配内存之后，但在 delete 语句执行之前发生异常，则会产生内存泄漏。
- C++标准库提供了类模板 unique_ptr 来处理内存泄漏问题。
- unique_ptr 类对象保存一个指向动态分配内存的指针。unique_ptr 对象的析构函数对它的指针数据成员执行 delete 操作。
- 类模板 unique_ptr 提供了重载运算符*和->,因此可以像使用普通指针变量那样使用 unique_ptr 对象。unique_ptr 还可以通过重载的赋值运算符或复制构造函数传递其所管理的动态内存的所有权。

22.10　标准库的异常层次结构

- C++标准库包含了一个异常类的层次结构。这个层次结构以基类 exception 开始。
- 基类 exception 的直接派生类有 runtime_error 和 logic_error（它们都在头文件<stdexcept>中定义），它们都有几个派生类。
- 几个运算符抛出标准异常：new 抛出 bad_alloc，dynamic_cast 抛出 bad_cast，typeid 抛出 bad_typeid。

自测题

22.1　列出五个常见的异常例子。

22.2　说明为什么异常处理技术不能应用于传统的程序控制。

22.3　为什么异常适合于处理库函数产生的错误？

22.4　什么是"资源泄漏"？

22.5　如果 try 块中没有抛出异常，则 try 块完成执行之后控制继续从哪里执行呢？

22.6　如果在 try 块外抛出异常会发生什么？

22.7　说明使用 catch(...) 的主要优点及主要缺点。

22.8　如果没有与所抛出的对象类型匹配的 catch 处理程序，会发生什么情况？

22.9　如果多个处理程序都与抛出的对象类型匹配，会发生什么情况？

22.10　为什么程序员要指定基类型作为 catch 处理程序的类型，然后抛出派生类类型的对象？

22.11　假设存在与异常对象类型准确匹配的 catch 处理程序，那么在什么情况下可能为该类型的异常对象执行一个不同的处理程序呢？

22.12　抛出异常一定会导致程序终止吗？

22.13　当 catch 处理程序抛出异常会发生什么情况？

22.14　throw;语句有什么用？

自测题答案

22.1　没有满足 new 请求的足够的内存、数组下标越界、算术溢出、除数为 0、无效的函数形参。

22.2　(a)异常处理用于处理不经常发生但经常会导致程序终止的情况，因此编译器编写者不需要实现异常处理来执行优化；(b)具有传统控制结构的控制流通常比具有异常的控制流更加清晰、有效；(c)另一个问题是栈展开，异常发生之前分配的资源可能没有被释放；(d)"额外"的异常使得程序员很难处理大量的异常情况。

22.3　库函数不可能执行满足所有用户特殊要求的错误处理。

22.4　程序突然终止可能使得其他程序无法访问它的资源，或程序本身也可能不能重新请求"泄漏"的资源。

22.5　try 块的异常处理程序(在 catch 处理程序中)被跳过，程序在该 try 块的最后一个 catch 处理程序后恢复执行。

22.6　在 try 块之外抛出异常会导致 terminate 函数的调用。

22.7　catch(...)捕获由 try 块抛出的任何类型的异常。优点是，能够捕获所有可能的异常。缺点是 catch 没有形参，因此不能引用抛出对象的信息并且无法知道导致异常的原因。

22.8　这时会在外层的 try 块中继续搜索匹配。这个过程一直进行，也许最后会确定程序中没有与抛出对象匹配的处理程序，在这种情况下，terminate 函数被调用，terminate 函数默认地调用 abort 函数。还可以用另一种 terminate 函数，该函数作为实参传递给 set_terminate 函数。

22.9　执行 try 块后的第一个匹配的异常处理程序。

22.10　这可以很好地捕获相关类型异常。

22.11 基类处理程序可以捕获所有派生类类型对象。

22.12 不一定。但是它一定会终止抛出异常的块。

22.13 异常将会由包含导致该异常的 catch 处理程序的 try 块(如果有)对应的 catch 处理程序(如果有)处理。

22.14 如果它出现在 catch 处理程序中，则会重新抛出异常，否则，系统会调用 unexpected 函数。

练习题

22.15 (**异常条件**)列出文中出现的各种异常条件。尽可能多地列出其他异常条件。对于每种异常，简单描述如何使用本章中讨论的异常处理技术处理该异常。典型的异常有：除数为 0、算术溢出、数组下标越界以及内存泄漏。

22.16 (**catch 形参**)什么情况下程序员在定义 catch 处理程序捕获的对象类型时不提供形参名？

22.17 (**throw 语句**)程序中包含语句

```
throw;
```

该语句通常会出现在什么地方？如果该语句出现在其他地方，会发生什么情况？

22.18 (**比较异常处理与其他错误处理方法**)比较异常处理与书中讨论的各种其他错误处理方法。

22.19 (**异常处理和程序控制**)为什么异常不能代替程序控制？

22.20 (**处理相关的异常**)描述处理相关异常的技术。

22.21 (**从 catch 中抛出异常**)假设程序抛出一个异常，并且开始执行相应的异常处理程序。再假设该异常处理程序本身也抛出相同的异常。这会导致无限递归吗？编写一个程序验证你的结论。

22.22 (**捕获派生类异常**)用继承方法创建 runtime_error 类的各种派生类。然后验证基类的 catch 处理程序可以捕获派生类异常。

22.23 (**抛出条件表达式结果**)编写一个返回一个 double 值或一个 int 值的条件表达式。提供一个 int catch 处理程序和一个 double catch 处理程序。验证无论是返回 int 值还是返回 double 值，都只执行 double catch 处理程序。

22.24 (**局部变量的析构函数**)编写一个程序，演示在块中抛出异常前，该块中已经构造的所有对象的析构函数都被调用。

22.25 (**成员对象的析构函数**)编写一个程序，演示只有在异常发生之前构造的成员对象的析构函数被调用。

22.26 (**捕获所有异常**)编写一个程序，演示用 catch(...)异常处理程序捕获几个异常类型的异常。

22.27 (**异常处理程序的顺序**)编写一个程序，演示异常处理程序的顺序很重要。执行的是第一个匹配的处理程序。尝试用两种不同的方法编译和运行程序，验证两种不同的处理程序会产生不同的效果。

22.28 (**构造函数抛出异常**)编写一个程序，验证构造函数将构造失败信息传递给 try 块后的异常处理程序。

22.29 (**重新抛出异常**)编写一个程序，演示重新抛出异常。

22.30 (**未被捕获的异常**)编写一个程序，演示本身有 try 块的函数不必捕获该 try 块生成的所有可能的错误。有些异常可以留给外层域处理。

22.31 (**栈展开**)编写一个程序，从深层次嵌套的函数中抛出异常，并由包含该调用链的 try 块后的 catch 处理程序捕获该异常。

第 23 章 模　　板

学习目标

在本章中，读者将学习以下内容：

● 使用类模板创建一组相关的类
● 区分类模板和类模板特化
● 学习非类型的模板参数
● 学习默认的模板实参
● 重载函数模板

提纲

23.1　引言

　　C++标准库中包含了很多预先打包好的模板化的数据结构和算法。函数模板(已在第 15 章中讲解)和类模板(Class template)使得程序员可以用一段代码指定一组相关的(重载的)函数或一组相关的类。相关的函数称为函数模板特化(Function-template specialization)。相关的类称为类模板特化(Class-template specialization)。这种技术称为范型编程(Generic programming)。函数模板和类模板像是用于印制各种图形的模板，而函数模板特化和类模板特化则像图形相同但可能用不同颜色绘制的摹图。本章将介绍如何创建定制的类模板以及操作类模板特化对象的函数模板。

22.2　类模板

　　理解"栈"的概念(一种数据结构，只在顶端插入数据项并按照后进先出的顺序检索数据项)时，可以不考虑栈中数据项的类型。然而，若要实例化栈，则必须指定数据类型。这为实现软件重用提供了良好的机会。需要一种方法，以通用方式描述栈的概念，并可将该通用栈类实例化为特定类型的类。C++用类模板提供了这种功能。

软件工程视点 23.1
类模板使得通用类可以实例化特定类型的类，因此可以促进软件重用。

　　类模板需要一个或多个形参指定如何定制一个"通用类"以形成类模板特化，因此类模板也常被称为参数化类型(Parameterized type)。程序员只需编写一个类模板定义，便可以生成多个类模板特化。每当需要类模板特化时，程序员只需要使用简洁的符号，编译器就会写出程序员需要的特化的源代码。例如，一个 Stack 类模板可以作为基础创建很多 Stack 类(如 double 类型的 Stack, nt 类型的 Stack, Employee 类型的 Stack 和 Bill 类型的 Stack)。

常见的编程错误 23.1

如果用用户定义类型创建类模板特化，那么用户定义的类型必须满足模板的要求。例如，模板可能用<比较用户定义类型的对象来确定其排序顺序，或者模板对用户定义类型的对象调用特定的成员函数。如果用户定义的类型没有重载所需的运算符或提供所需的函数，就会导致编译错误。

创建类模板 Stack< T >

图 23.1 中的 Stack 类模板定义看起来像是一个通常的类定义，只是它以如下所示的首部开头(第 7 行)

    template< **typename** T >

类模板从关键字 template 开始，随后是用尖括号括起来的模板形参(template parameter)列表；每个表示类型的模板形参前面都必须加关键字 typename 或 class。类型形参 T，用做要创建的 Stack 类的类型占位符。在模板定义中类型形参名必须是唯一的。程序员不需要专门使用标识符 T，还可以使用任何有效的标识符。Stack 类的头文件或成员定义文件中，通常用 T 表示存储在 Stack 中的元素类型(第 12 行，第 18 行和第 42 行)。当使用类模板创建对象时，类型形参和特定的类型相关联。另外，类模板的接口和实现没有分开。

软件工程视点 23.2

模板通常在头文件中定义，然后被#include 到对应的客户源代码文件中。对于类模板，这意味着成员函数也在头文件中定义，如图 23.1 所示，通常是在类定义内部。

```
 1   // Fig. 23.1: Stack.h
 2   // Stack class template.
 3   #ifndef STACK_H
 4   #define STACK_H
 5   #include <deque>
 6
 7   template< typename T >
 8   class Stack
 9   {
10   public:
11      // return the top element of the Stack
12      T& top()
13      {
14         return stack.front();
15      } // end function template top
16
17      // push an element onto the Stack
18      void push( const T &pushValue )
19      {
20         stack.push_front( pushValue );
21      } // end function template push
22
23      // pop an element from the stack
24      void pop()
25      {
26         stack.pop_front();
27      } // end function template pop
28
29      // determine whether Stack is empty
30      bool isEmpty() const
31      {
32         return stack.empty();
33      } // end function template isEmpty
34
35      // return size of Stack
36      size_t size() const
```

图 23.1 类模板 Stack

```
37     {
38        return stack.size();
39     } // end function template size
40
41  private:
42     std::deque< T > stack; // internal representation of the Stack
43  }; // end class template Stack
44
45  #endif
```

图 23.1(续)　类模板 Stack

模板 Stack< T >的数据表示

　　C++标准库中预先打包的 stack 类可以使用多种容器存储它的元素。当然只能在栈顶插入和删除元素。例如，可以使用 vector 或 deque 存储栈中的元素。vector 支持在其后端的快速插入和删除。堆砌支持在其前端或后端的快速插入和删除。deque 是标准库的 stack 的默认表示形式，因为 deque 比 vector 扩展起来更高效。vector 在内存中维护连续的块，当块满了之后再加入新的元素，则需要分配更大的连续的内存块，并将已有的元素复制到新块中。而 deque 通常实现为规定规模的内置数组列表，当在 deque 前端或后端加入新元素时，只需加入新的规定规模的内置数组，而不需要复制已有元素。因此，本书使用 deque(第 42 行)作为 Statck 类的容器。

类模板 Stack< T >的成员函数

　　类模板的成员函数定义是函数模板，但是当定义在类模板体中时，前面没有 template 关键字以及用尖括号(angle bracket，<和>)括起来的模板形参。但是它们使用类模板的模板形参 T 来表示元素类型。我们的 Stack 类没有定义自己的构造函数，编译器提供的默认构造函数将会调用 deque 的默认构造函数。图 23.1 还提供了下列成员函数：

- top(第 12 行至第 15 行)返回栈顶元素的引用。
- push(第 18 行至第 21 行)在栈顶放入一个新元素。
- pop(第 24 行至第 27 行)移除栈顶的元素。
- isEmpty(第 30 行至第 33 行)返回布尔值，当栈为空时返回 true 否则返回 false。
- size(第 36 行至第 39 行)返回栈中元素的个数。

　　这些成员函数是通过委托适当的 deque 的成员函数实现的。

在类模板定义外声明的类模板的成员函数

　　尽管 Stack 类模板中没有给出，成员函数的定义是可以出现在类模板定义外面的。这时需要从关键字 template 开始，随后是与类模板相同的模板形参列表。另外，成员函数名前必须加类名和域解析运算符。例如，可以在类模板定义外定义 pop 函数如下：

```
template< typename T >
inline void Stack<T>::pop()
{
    stack.pop_front();
} // end function template pop
```

Stack< T >:: 表示 pop 在 Stack< T >类作用域内。标准库的容器类更倾向于在类定义内定义所有的成员函数。

创建驱动程序测试类模板 Stack< T >

　　下面考虑测试 Stack 类模板的驱动程序(参见图 23.2)。首先实例化一个对象 doubleStack(第 9 行)，它被声明为 Stack< double >类(读为"double 类型的 Stack 类")的对象。编译器将 double 类型与类模板的形参 T 联系起来，为 double 类型的 Stack 类生成源代码，元素实际存储在 deque<double>中。

　　第 16 行至第 21 行调用 push，将 double 类型的值 1.1，2.2，3.3，4.4 和 5.5 压入 doubleStack 中。然后第 16 行至第 21 行在 while 循环中调用 top 和 pop 函数，从栈中弹出五个值。注意，图 23.2 中，值是按照后进先出的顺序弹出的。当 doubleStack 为空时，该 pop 循环终止。

```
1   // Fig. 23.2: fig23_02.cpp
2   // Stack class template test program.
3   #include <iostream>
4   #include "Stack.h" // Stack class template definition
5   using namespace std;
6
7   int main()
8   {
9      Stack< double > doubleStack; // create a Stack of double
10     const size_t doubleStackSize = 5; // stack size
11     double doubleValue = 1.1; // first value to push
12
13     cout << "Pushing elements onto doubleStack\n";
14
15     // push 5 doubles onto doubleStack
16     for ( size_t i = 0; i < doubleStackSize; ++i )
17     {
18        doubleStack.push( doubleValue );
19        cout << doubleValue << ' ';
20        doubleValue += 1.1;
21     } // end while
22
23     cout << "\n\nPopping elements from doubleStack\n";
24
25     // pop elements from doubleStack
26     while ( !doubleStack.isEmpty() ) // loop while Stack is not empty
27     {
28        cout << doubleStack.top() << ' '; // display top element
29        doubleStack.pop(); // remove top element
30     } // end while
31
32     cout << "\nStack is empty, cannot pop.\n";
33
34     Stack< int > intStack; // create a Stack of int
35     const size_t intStackSize = 10; // stack size
36     int intValue = 1; // first value to push
37
38     cout << "\nPushing elements onto intStack\n";
39
40     // push 10 integers onto intStack
41     for ( size_t i = 0; i < intStackSize; ++i )
42     {
43        intStack.push( intValue );
44        cout << intValue++ << ' ';
45     } // end while
46
47     cout << "\n\nPopping elements from intStack\n";
48
49     // pop elements from intStack
50     while ( !intStack.isEmpty() ) // loop while Stack is not empty
51     {
52        cout << intStack.top() << ' '; // display top element
53        intStack.pop(); // remove top element
54     } // end while
55
56     cout << "\nStack is empty, cannot pop." << endl;
57  } // end main
```

```
Pushing elements onto doubleStack
1.1 2.2 3.3 4.4 5.5

Popping elements from doubleStack
5.5 4.4 3.3 2.2 1.1
Stack is empty, cannot pop

Pushing elements onto intStack
1 2 3 4 5 6 7 8 9 10

Popping elements from intStack
10 9 8 7 6 5 4 3 2 1
Stack is empty, cannot pop
```

图 23.2　类模板 Stack 的测试程序

第 34 行用以下声明实例化一个整型栈 intStack

```
Stack< int > intStack;
```

（读为"intStack 是一种 int 类型的 Stack"）。第 41 行至第 45 行循环调用 push（第 43 行）将值压入 intStack 中，直到 intStack 满为止。然后，第 50 行至第 54 行循环调用 top 和 pop 弹出 intStack 中的值，直到 intStack 空为止。再次注意，值是按照后进先出的顺序弹出的。

23.3 函数模操作类模板的特化对象

图 23.2 中的 main 函数代码第 9 行至第 32 行对 doubleStack 的操作与第 34 行至第 56 行对 intStack 的操作几乎完全相同。这又可以使用函数模板。图 23.3 定义了函数模板 testStack（第 10 行至第 39 行）来执行与图 23.2 中 main 函数相同的任务，将一系列值压入 Stack< T >中，并将这些值从 Stack< T >中弹出。

```cpp
1   // Fig. 23.3: fig23_03.cpp
2   // Passing a Stack template object
3   // to a function template.
4   #include <iostream>
5   #include <string>
6   #include "Stack.h" // Stack class template definition
7   using namespace std;
8
9   // function template to manipulate Stack< T >
10  template< typename T >
11  void testStack(
12     Stack< T > &theStack, // reference to Stack< T >
13     const T &value, // initial value to push
14     const T &increment, // increment for subsequent values
15     size_t size, // number of items to push
16     const string &stackName ) // name of the Stack< T > object
17  {
18     cout << "\nPushing elements onto " << stackName << '\n';
19     T pushValue = value;
20
21     // push element onto Stack
22     for ( size_t i = 0; i < size; ++i )
23     {
24        theStack.push( pushValue ); // push element onto Stack
25        cout << pushValue << ' ';
26        pushValue += increment;
27     } // end while
28
29     cout << "\n\nPopping elements from " << stackName << '\n';
30
31     // pop elements from Stack
32     while ( !theStack.isEmpty() ) // loop while Stack is not empty
33     {
34        cout << theStack.top() << ' ';
35        theStack.pop(); // remove top element
36     } // end while
37
38     cout << "\nStack is empty. Cannot pop." << endl;
39  } // end function template testStack
40
41  int main()
42  {
43     Stack< double > doubleStack;
44     const size_t doubleStackSize = 5;
45     testStack( doubleStack, 1.1, 1.1, doubleStackSize, "doubleStack" );
46
47     Stack< int > intStack;
48     const size_t intStackSize = 10;
49     testStack( intStack, 1, 1, intStackSize, "intStack" );
50  } // end main
```

```
Pushing elements onto doubleStack
1.1 2.2 3.3 4.4 5.5

Popping elements from doubleStack
5.5 4.4 3.3 2.2 1.1
Stack is empty, cannot pop
```

图 23.3 将 Stack 类模板的对象传递给一个函数模板

```
Pushing elements onto intStack
1 2 3 4 5 6 7 8 9 10

Popping elements from intStack
10 9 8 7 6 5 4 3 2 1
Stack is empty, cannot pop
```

图 23.3(续)　将 Stack 类模板的对象传递给一个函数模板

函数模板 testStack 使用模板形参 T(在第 10 行中指出)表示 Stack< T >中存储的数据类型。函数模板接收五个实参(第 12 行至第 16 行),分别为

- 要操作的 Stack< T >
- 第一个压入 Stack< T >中的 T 类型的值
- T 类型的压入 Stack< T >中值的增量的值
- 压入 Stack< T >中元素个数
- 表示 Stack<T>类型对象名的 string

main 函数(第 41 行至第 50 行)实例化了一个 Stack< double >类型的对象 doubleStack(第 41 行)和一个 Stack< int >类型的对象 intStack(第 47 行),并在第 45 行和第 49 行中使用这两个对象。每个 testStack 函数调用都会生成一个 testStack 函数模板特化。编译器根据实例化函数的第一个实参的类型推断出 testStack 的类型 T(即用于实例化 doubleStack 或 intStack 的类型)。

23.4　非类型形参

23.2 节中的 Stack 类模板在模板首部只使用了一个类型形参(参见图 23.1 中的第 7 行)。还可以使用非类型模板形参(nontype template parameter)。非类型形参可以具有默认实参,一般将非类型形参当成常量处理。例如,C++标准中任意的类模板都从如下模板声明开始:

```
template < class T, size_t N >
```

之前讲过,在模板声明中关键字 class 与 typename 可互换。因此如下声明:

```
array< double, 100 > salesFigures;
```

创建了一个具有 100 个 double 类型元素的数组类模板特化,然后使用期初始化对象 salesFigures。arrary 类模板封装了内置数组的数据成员,在声明中指定了类型和规模。在前面的例子中,是一个具有 100 个 double 元素的内置数组。

23.5　模板类型形参的默认实参

此外,可以用默认类型指定类型形参。例如

```
template < class T, class Container = deque< T > >
```

在默认情况下表示 Stack 存储 T 类型的元素。如下声明:

```
stack< int > values;
```

可以用于实例化一个元素类型为 int 的 Stack 类模板特化并用其初始化 values 对象。

默认类型形参必须是模板类型形参列表中最右的形参。当实例化具有两个或多个默认类型的类时,如果省略的类型不是类型形参列表中最右的类型形参,则也应省略该类型右侧的所有类型形参。C++11 中,可以对函数模板中的模板类型形参使用默认的类型实参。

23.6　重载函数模板

函数模板和重载是紧密相关的。第 15 章中学习了如果重载函数通常对不同的数据类型执行相同的操作,则用函数模板可以更简洁、更方便地表示它们。程序员可以编写具有不同类型的实参的函数调用,

然后，编译器生成独立的函数模板特化来正确处理每个函数调用。从给定函数模板生成的函数模板特化具有相同的名字，因此编译器使用重载解析来调用适当的函数。

还可以重载函数模板。例如，可以提供其他函数模板，使其具有相同的函数名但是不同的函数形参。函数模板也可以被具有相同函数名、但是不同实参的非模板函数重载。

重载函数的匹配过程

编译器执行一个匹配过程确定函数调用所应该调用的函数。首先，查找所有与函数调用中函数名匹配的函数模板，根据函数调用中的实参创建函数模板特化。然后，查找所有与函数调用的函数名匹配的普通函数。如果，有一个普通函数或函数模板特化是该函数调用的最佳匹配，则使用这个普通函数或函数模板特化。如果一个普通函数与一个函数模板特化和函数调用的匹配程度相等，则使用普通函数。否则，如果函数调用有多个匹配，编译器就会认为该函数调用是二义的，生成错误信息[①]。

23.7　本章小结

本章讨论了类模板和类模板特化。使用类模板创建一组相关类型，对不同数据类型执行相同的操作。讨论了非类型模板形参。还讨论了如何重载函数模板来创建定制的版本，以不同于其他函数模板特化的方式处理特定数据类型。

摘要

23.1　引言
- 模板使程序员可以用一段代码指定一组相关的(重载的)函数或一组相关的类。相关的函数称为函数模板特化。相关的类称为类模板特化。

23.2　类模板
- 类模板提供了一种以通用方式描述类，并将该通用类实例化为特定类型的类的方法。
- 类模板需要一个或多个形参指定如何定制一个"通用类"以形成类模板特化，因此类模板也常被称为参数化类型。
- 程序员只需编写一个类模板定义，便可以生成多个类模板特化。每当需要类模板特化时，程序员只需要使用简洁的符号，编译器就会写出程序员需要的特化源代码。
- 类模板定义，看起来像是一个通常的类定义，只是它以首部 template< typename T >(或 template < class T >)开头，指出这是一个类模板定义。它有一个类型形参 T，用做要创建的 Stack 类的类型占位符。在类的头文件或成员定义文件中，通常用 T 表示通用的类型名。
- 模板形参名在模板定义中必须是唯一的。
- 在类模板外出现的成员函数定义的起始行与它们所属的类具有相同的模板声明。接下来的成员函数定义与普通函数定义类似，只是类中通用的数据类型要统一用类型形参 T 表示。二元作用域运算符和类模板名将每个成员函数定义与正确的类模板作用域联系起来。

23.4　非类型形参
- 类模板或函数模板首部还可以使用非类型形参。

23.5　模板类型形参的默认实参
- 可以为类型形参列表中的类型形参指定默认的类型实参。

23.6　重载函数模板
- 可以用几种方法重载函数模板。一种方法是提供其他具有相同函数名、但是不同形参的函数模板。函数模板也可以被具有相同函数名、但是不同实参的非模板函数重载。如果模板与非模板函数都与函数调用匹配，则会使用非模板函数。

---

① 编译器解析函数调用的处理过程很复杂。C++标准的 13.3.3 节详细讨论了该问题。

自测题

23.1 判断下列语句的正误。如果错误，请说明原因。

(a) 与模板类型形参一起使用的关键字 typename 和 class 的特定含义是"任何用户自定义的类类型"。

(b) 函数模板可以被另一个同名的函数模板重载。

(c) 各个模板定义间的模板形参名必须是唯一的。

(d) 在类模板外的每个成员函数定义必须以 template 开始并且与它所属的类具有相同的模板形参。

23.2 填空

(a) 模板使我们能够用一段代码片段，指定一组称为_____的相关函数，或一组称为_____的相关的类。

(b) 所有函数模板的定义都从关键字_____开始，随后是用_____括起来的模板形参列表。

(c) 由同一个函数模板生成的相关函数都有相同的名字，因此编译器使用_____解析调用正确的函数。

(d) 类模板也称为_____类型。

(e) _____运算符与类模板名一起将每个成员函数定义与类模板域相关联。

自测题答案

23.1 (a) 错误。关键字 typename 和 class 也可以指定内置数据类型的形参。(b) 正确。(c) 错误。各个函数模板间的模板形参名不必唯一。(d) 正确。

23.2 (a) 函数模板特化，类模板特化。(b) template，尖括号(<和>)。(c) 重载。(d) 参数化 (e) 二元作用域。

练习题

23.3 **(模板中的运算符重载)** 编写一个简单的判定函数 isEqualTo 模板，用相等运算符(==) 比较同类型的两个实参，如果它们相等则返回 true，如果不相等则返回 false。在程序中使用这个函数模板，只对一些内置数据类型调用 isEqualTo。编写该程序的另一个版本，对用户自定义类的类型调用 isEqualTo，但是不重载相等运算符。运行这个程序时会怎样？用运算符重载相等运算符 operator==，运行这个程序时会怎样？

23.4 **(Array 类模板)** 重新将图 18.10 至图 18.11 中的 Array 类实现为类模板，并在程序中演示这个新的类模板。

23.5 区分"函数模板"和"函数模板特化"这两个术语。

23.6 类模板与类模板的特化哪个更像能够复制出的图案的模板？为什么？

23.7 函数模板与重载有什么关系？

23.8 编译器执行一个匹配过程，确定函数调用时调用哪个函数模板特化。什么情况下进行匹配会导致编译错误？

23.9 为什么类模板可称为参数化类型？

23.10 说明为什么 C++ 程序可以使用下列语句。

```
Array< Employee > workerList( 100 );
```

23.11 回顾练习题 23.10 的答案。说明为什么 C++ 程序可以使用下列语句：

```
Array< Employee > workerList;
```

23.12 说明下列符号在 C++ 程序中的用途：

```
template< typename T > Array< T >::Array( int s )
```

23.13 为什么容器(如数组或栈)的类模板中可能使用一个非类型形参？

附录 A 运算符优先级表

运算符按照优先级递减的顺序从上到下进行排列(参见图 A.1 至图 A.2)。

C 运算符	类型	结合律
( )	括号(函数调用运算符)	从左向右
[ ]	数组下标	
.	通过对象选择成员	
->	通过指针选择成员	
++	一元后置递增	
--	一元后置递减	
++	一元前置递增	从右向左
--	一元前置递减	
+	一元正	
-	一元负	
!	一元逻辑非	
~	一元按位取补	
(类型)	C 风格的一元强制类型转换	
*	解引用	
&	取地址	
sizeof	按字节确定大小	
*	乘	从左向右
/	除	
%	求模	
+	加	从左向右
-	减	
<<	按位左移	从左向右
>>	按位右移	
<	小于	从左向右
<=	小于或等于	
>	大于	
>=	大于或等于	
==	关系等于	从左向右
!=	关系不等于	
&	按位与	从左向右
^	按位异或	从左向右
|	按位同或	从左向右
&&	逻辑与	从左向右
||	逻辑或	从左向右
?:	三元条件运算	从右向左
=	赋值	从右向左
+=	加赋值	
-=	减赋值	
*=	乘赋值	
/=	除赋值	
%=	取模赋值	

图 A.1 C 运算符优先级表

C 运算符	类型	结合律
&=	按位与赋值	
^=	按位异或赋值	
|=	按位同或赋值	
<<=	按位左移赋值	
>>=	按位右移赋值	
,	逗号	从左向右

图 A.1(续)　C 运算符优先级表

C++运算符	类型	结合律
::	二元作用域	从左向右
::	一元作用域	
( )	括号(函数调用运算符)	从左向右
[ ]	数组下标	
.	通过对象选择成员	
->	通过指针选择成员	
++	一元后置递增	
——	一元后置递减	
typeid	运行时类型信息	
dynamic_cast< type >	运行时类型检查的强制类型转换	
static_cast< type >	编译时类型检查的强制类型转换	
reinterpret_cast< type >	非标准转换的强制类型转换	
const_cast< type >	对常量进行强制类型转换	
++	一元前置递增	从右向左
——	一元前置递减	
+	一元正	
–	一元负	
!	一元逻辑非	
~	一元按位取补	
(类型)	C 风格的一元强制类型转换	
sizeof	按字节确定大小	
&	取地址	
*	解引用	
new	动态内存分配	
new[]	动态数组分配	
delete	动态内存释放	
delete[]	动态数组释放	
.*	通过对象指向成员的指针	从左向右
->*	通过指针指向成员的指针	
*	乘	从左向右
/	除	
%	求模	
+	加	从左向右
-	减	
<<	按位左移	从左向右
>>	按位右移	
<	小于	从左向右
<=	小于或等于	
>	大于	
>=	大于或等于	
==	关系等于	从左向右

图 A.2　C++运算符优先级表

C++运算符	类型	结合律
!=	关系不等于	
&	按位与	从左向右
^	按位异或	从左向右
|	按位同或	从左向右
&&	逻辑与	从左向右
||	逻辑或	从左向右
?:	三元条件运算	从右向左
=	赋值	从右向左
+=	加赋值	
-=	减赋值	
*=	乘赋值	
/=	除赋值	
%=	求模赋值	
&=	按位与赋值	
^=	按位异或赋值	
|=	按位同或赋值	
<<=	按位左移赋值	
>>=	按位右移赋值	
,	逗号	从左向右

图 A.2(续) C++运算符优先级表

附录 B   ASCII 字符集

ASCII 字符集										
	0	1	2	3	4	5	6	7	8	9
0	nul	soh	stx	etx	eot	enq	ack	bel	bs	ht
1	lf	vt	ff	cr	so	si	dle	dc1	dc2	dc3
2	dc4	nak	syn	etb	can	em	sub	esc	fs	gs
3	rs	us	sp	!	"	#	$	%	&	'
4	(	)	*	+	,	–	.	/	0	1
5	2	3	4	5	6	7	8	9	:	;
6	<	=	>	?	@	A	B	C	D	E
7	F	G	H	I	J	K	L	M	N	O
8	P	Q	R	S	T	U	V	W	X	Y
9	Z	[	\	]	^	_	'	a	b	c
10	d	e	f	g	h	i	j	k	l	m
11	n	o	p	q	r	s	t	u	v	w
12	x	y	z	{	|	}	~	del		

图 B.1   ASCII 字符集

表中左侧一列的数字是与字符码等价的十进制数(0～127)的左侧数字位上的数字,表中最上方一行数字是字符码的右侧数字位上的数字。例如,F 的字符码值是 70,&的字符码值是 38。

附录 C 数 值 系 统

学习目标

在本附录中，读者将学习以下内容：

● 理解基本的数值系统概念，如基数、位值和符号值等。
● 理解如何运用以二进制、八进制以及十六进制数值系统表示的数值。
● 将二进制数简化为八进制数和十六进制数。
● 将八进制数和十六进制数转换为二进制数。
● 十进制与二进制数、八进制、十六进制之间的等价转换。
● 理解二进制算术运算以及如何使用补码表示负的二进制数。

提纲

C.1 引言

本附录将介绍程序员使用的主要数值系统，特别是在开发需要与机器硬件交互的软件项目时使用的数值系统。这样的项目包括操作系统、计算机网络软件、编译器、数据库系统以及高性能要求的应用程序。

当程序员在程序中写整数（如 227 或–63）时，通常会认为该值是以十进制数值系统（decimal number system）（基数为 10，base 10）表示的。十进制系统中的数码（digits）是 0、1、2、3、4、5、6、7、8 和 9。最小的数码是0，最大的数码是9（比基数小1）。计算机内部使用二进制数值系统（binary number system）（基数为 2，base 2）。二进制数值系统只有两个数码，0 和 1。最小的数码为 0，最大的数码为 1（比基数 2 小 1）。

可以看到，二进制数通常比与它等价的十进制数长得多。汇编语言以及像 C 语言那样的高级语言，可深入到机器级别编程。但是使用这些语言的程序员，通常会发现运用二进制数是很困难的。因此，另外两种数值系统——八进制数值系统（octal number system）（基数为 8，base 8）和十六进制数值系统（hexadecimal number system）（基数为 16，base 16），受到了广泛欢迎，因为它们能够方便地简化二进制数。

八进制数值系统的数码范围是 0~7。由于二进制数值系统和八进制数值系统比十进制数值系统的数码个数少，所以它们的数码与十进制中相应的数码相同。

十六进制系统存在一个问题，它需要 16 个数码——最小的数码为 0，最大的数码是与十进制数 15 等价的数值（比基数 16 小 1）。习惯上，十六进制中使用 A~F，表示对应于十进制数值 10~15 的十六进制数码。因此，在十六进制系统中可以有像 876 那样只包含十进制数的数字，也可有像 8A55F 那样的既包含数字又包含字符的数值、还可以有像 FFE 那样的只包含字符的数值。有时十六进制数的拼写形式像常见的单词，如 FACE 或 FEED，这可能使程序员感到别扭。图 C.1 至图 C.2 中概括了二进制、八进制、十进制以及十六进制数值系统。

这些数值系统都使用位值记数法(positional notation)，每个数位都有一个不同的位值。例如，十进制数 937[9，3，7 称为符号值(symbol values)]，7 写在个位、3 写在十位、9 写在百位。注意，每个数位是基数的幂(基数为 10)，并且这些幂从右到左依次递增，从 0 开始，每次加 1(参见图 C.3)。

二进制数码	八进制数码	十进制数码	十六进制数码
0	0	0	0
1	1	1	1
	2	2	2
	3	3	3
	4	4	4
	5	5	5
	6	6	6
	7	7	7
		8	8
		9	9
			A(十进制数值 10)
			B(十进制数值 11)
			C(十进制数值 12)
			D(十进制数值 13)
			E(十进制数值 14)
			F(十进制数值 15)

图 C.1　二进制、八进制、十进制、十六进制数值系统中的数码

属性	二进制	八进制	十进制	十六进制
基数	2	8	10	16
最小数码	0	0	0	0
最大数码	1	7	9	F

图 C.2　比较二进制、八进制、十进制、十六进制数值系统

十进制数值系统中的位值			
十进制数码	9	3	7
数位名	百位	十位	个位
位值	100	10	1
位值是基数(10)的乘幂	10^2	10^1	10^0

图 C.3　十进制数值系统中的位值

对于更长的十进制数，后面向左将依次是千位(10 的 3 次幂)、万位(10 的 4 次幂)、十万位(10 的 5 次幂)、百万位(10 的 6 次幂)、千万位(10 的 7 次幂)，以此类推。

二进制数 101 中，最右侧的 1 写在一位、0 写在二位、最左侧的 1 写在四位。每个数位是基数的幂(基数为 2)，并且这些幂从右到左依次递增，从 0 开始，每次加 1(参见图 C.4)。因此，$101 = 1*2^2 + 0*2^1 + 1*2^0 = 4 + 0 + 1 = 5$。

对于更长的二进制数，后面向左将依次为八位(2 的 3 次幂)、十六位(2 的 4 次幂)、三十二位(2 的 5 次幂)、六十四位(2 的 6 次幂)，以此类推。

八进制数 425 中，5 写在一位、2 写在八位、4 写在六十四位。注意，每个数位是基数的幂(基数为 8)，并且这些幂从右到左依次递增，从 0 开始，每次加 1(参见图 C.5)。

二进制数值系统中的位值			
二进制数码	1	0	1
数位名	四位	二位	1 位
位值	4	2	1
位值为基数(2)的乘幂	2^2	2^1	2^0

图 C.4　二进制数值系统中的位值

八进制数值系统中的位值			
八进制数码	4	2	5
数位名	六十四位	八位	一位
位值	64	8	1
位值为基数(8)的乘幂	8^2	8^1	8^0

图 C.5　八进制数值系统中的位值

对于更长的八进制数,后面向左依次将为五百一十二位(8 的 3 次幂)、四千零九十六位(8 的 4 次幂)、三万两千七百六十八位(8 的 5 次幂),以此类推。

十六进制数 3DA 中,A 写在一位、D 写在十六位、3 写在二百五十六位。注意,每个数位是基数的幂(基数为 16),并且这些幂从右到左依次递增,从 0 开始,每次加 1(参见图 C.6)。

对于更长的十六进制数,后面向左依次为四千零九十六位(16 的 3 次幂)、六万五千五百三十六位(16 的 4 次幂),以此类推。

十六进制数值系统中的位值			
十六进制数码	3	D	A
数位名	二百五十六位	十六位	一位
位值	256	16	1
位值为基数(16)的乘幂	16^2	16^1	16^0

图 C.6　十六进制数值系统中的位值

C.2　将二进制数简化为八进制和十六进制数

在计算中使用八进制与十六进制数的主要用途是简化冗长的二进制表示。图 C.7 表明冗长的二进制数可以用基数更高的数值系统简洁地表示。

十进制数码	二进制表示	八进制表示	十六进制表示
0	0	0	0
1	1	1	1
2	10	2	2
3	11	3	3
4	100	4	4
5	101	5	5
6	110	6	6
7	111	7	7
8	1000	10	8
9	1001	11	9
10	1010	12	A
11	1011	13	B
12	1100	14	C
13	1101	15	D
14	1110	16	E
15	1111	17	F
16	10000	20	10

图 C.7　十进制、二进制、八进制、十六进制的等价形式

八进制数值系统、十六进制数值系统与二进制数值系统间都存在一个重要关系：八进制和十六进制的基数(分别为 8 和 16)是二进制的基数 2 的乘幂。考虑下面的 12 位二进制数及与之等价的八进制和十六进制数。考虑这种关系如何便于把二进制数简化为八进制和十六进制数。问题的答案就在这些数值下面。

二进制数	八进制等价形式	十六进制等价形式
100011010001	4321	8D1

要了解如何便于将二进制整数转换成八进制数，只需将 12 位二进制数按每组三位数码划分为几组，然后以如下方式写出这些组对应的八进制数码：

100	011	010	001
4	3	2	1

注意每组下面的写的八进制数码与图 C.7 中给出的 3 位二进制数的八进制等价形式完全对应。

将二进制转换为十六进制过程中，也可以发现同样的关系。将 12 位的二进制数按照每组四位数码划分成几组，然后以如下方式写出这些组对应的十六进制数码：

1000	1101	0001
8	D	1

每组下面写的十六进制数码与图 C.7 中给出的 4 位二进制数的十六进制等价形式完全对应。

C.3　将八进制和十六进制数转换为二进制数

上一节中介绍了如何将二进制数转换成等价的八进制和十六进制数，就是通过将二进制数位分组，然后将其重写为等价的八进制值和十六进制值。可以反过来使用该过程，由给定的八进制或十六进制数值生成等价的二进制数。

例如，将八进制数 653 转换成二进制数，只需将 6，5，3 分别写为与之等价的 3 位二进制数 110，101，011，从而形成 9 位二进制数值 110101011。

十六进制数 FAD5 转换成二进制数，只需将 F，A，D，5 分别写为等价的 4 位二进制数 1111，1010，1101，0101，从而形成 16 位的 1111101011010101。

C.4　将二进制数、八进制和十六进制数转换为十进制数

我们都习惯于使用十进制，因此将二进制、八进制、十六进制数转换成十进制数通常更便于理解这个数的真实大小。C.1 节中的表表示了十进制的位值。将其他基数表示的数值转换为十进制数，只需将各个数码的十进制数值与其位值相乘，然后求这些乘积的和。例如，图 C.8 把二进制数 110101 转换为 53。

将二进制数转换为十进制数					
位值	32	16	8	4	2	1
符号值	1	1	0	1	0	1
乘积	1*32=32	1*16=16	0*8=0	1*4=4	0*2=0	1*1=1
和	= 32 + 16 + 0 + 4 + 0 + 1 = 53					

图 C.8　将二进制数转换为十进制数

可使用相同的方法将八进制数 7641 转换为十进制数 3980，只是使用相应的八进制位值，如图 C.9 所示。

将八进制数转换为十进制数			
位值	512	64	8	1
符号值	7	6	1	4
乘积	7*512=3584	6*64=384	1*8=8	4*1=4
和	= 3584 + 384 + 8 + 4 = 3980			

图 C.9　将八进制数转换为十进制数

可使用相同的方法将十六进制数 AD3B 转换为十进制数 44347,只是使用相应的十六进制位值,如图 C.10 所示。

将十六进制数转换为十进制数				
位值	4096	256	16	1
符号值	A	D	3	B
乘积	A*4096=40960	D*256=3328	3*16=48	8*1=11
和	= 40960 + 3328 + 48 + 11 = 44347			

图 C.10 将十六进制数转换为十进制数

C.5 将十进制数转换为二进制、八进制或十六进制数

C.4 节中的转换遵循位值记数法转换规则。将十进制转换为二进制、八进制或十六进制也遵循该规则。

假设要将十进制数 57 转换为二进制数。首先按照从右向左的顺序写出每列位值,直到发现位值大于这个十进制数值的列为止。由于不需要该列,因此将其丢弃。从而,首先写出

位值: 64   32   16   8   4   2   1

然后去掉位值为 64 的列,剩下

位值: 32   16   8   4   2   1

然后,按从左向右的顺序计算。首先,用 57 除以 32,得到商为 1、余数为 25,因此在 32 这一列下面写 1。然后,用 25 除以 16,得到商为 1、余数为 9,因此在 16 这一列下面写 1。然后用 9 除以 8,得到商为 1、余数为 1,所以在 8 这一列下写 1。1 除以后面两列中的位值得到的商都为 0,因此在 4 和 2 这两列下写 0。最后,1 除以 1 为 1,因此在 1 这一列下面写 1。结果如下:

位值: 32   16   8   4   2   1
符号值: 1   1   1   0   0   1

因而,十进制数 57 的等价二进制数为 111001。

将十进制数 103 转换为八进制数,首先按照从右向左的顺序写出每列位值,直到发现位值大于这个十进制数值的列。由于不需要该列,因此将其丢弃。首先写出

位值: 512   64   8   1

然后去掉位值为 512 的列,剩下

位值: 64   8   1

然后,按照从左向右的顺序计算。首先,用 103 除以 64,得到商为 1、余数为 39,因此在 64 这一列下面写 1。然后用 39 除以 8,得到商为 4、余数为 7,因此在 8 这一列下面写 4。最后用 7 除以 1,得到商为 7、没有余数,因此在 1 这一列下写 7。结果如下:

位值: 64   8   1
符号值: 1   4   7

因此,十进制数 103 的等价八进制数为 147。

将十进制数 375 转换为十六进制数,首先按照从右向左的顺序写出每列位值,直到发现位值大于这个十进制数值的列。由于不需要该列,因此将其丢弃。首先写出

位值: 4096   256   16   1

然后去掉位值为 4096 的列,剩下

位值: 256   16   1

然后,按照从左向右的顺序计算。首先,用 375 除以 256,得到商为 1、余数为 119,因此在 256 这一列下写 1。然后用 119 除以 16,得到商为 7、余数为 7,因此在 16 这一列下写 7。最后,用 7 除以 1,

得到商为 7、没有余数，因此在 1 下写 7。结果为

```
位值:    256   16    1
符号值:   1     7     7
```

因此，十进制数 375 等价的十六进制数为 177。

C.6　负的二进制数：补码表示法

本附录到目前为止一直讨论正数，本节将说明计算机如何使用补码表示法(two complement notation)表示负数。首先说明如何形成二进制数的补码，然后说明为什么它表示给定二进制数的负数值(negative value)。

考虑具有 32 位整数的计算机。假设

```
int value = 13;
```

value 的 32 位表示是

```
00000000 00000000 00000000 00001101
```

要形成 value 的负值，首先用 C 语言的按位补操作(~)形成它的反码

```
onesComplementOfValue = ~value;
```

在计算机内部，~ value 是对 value 的每个位取反(即 1 变成 0，0 变成 1)得到的，如

```
value:
00000000 00000000 00000000 00001101
~value (即value的反码):
11111111 11111111 11111111 11110010
```

要形成 value 的补码，只需将 value 的反码加 1。因此

```
value的补码:
11111111 11111111 11111111 11110011
```

如果这个值等于−13，则将其与 13 的二进制相加的结果应该为 0。如下所示：

```
  00000000 00000000 00000000 00001101
+ 11111111 11111111 11111111 11110011
-----------------------------------
  00000000 00000000 00000000 00000000
```

最左侧的进位被丢弃，最后得到结果 0。如果将一个数的反码与该数相加，则结果的所有位将全部为 1。要得到全 0 结果的关键是补码比反码大 1。加 1 使得各个列结果为 0 并进 1。进位不断左移，直到最左侧位被丢弃，因此结果为全 0。

计算机执行的减法，如

```
x = a - value;
```

实际上是执行 a 加上 value 的补码，如下所示：

```
x = a + (~value + 1);
```

假设 a 为 27，value 仍为 13。如果 value 的补码确实是 value 的负值，那么将 a 加上 value 的补码的结果应该为 14。如下所示：

```
a(即27)         00000000 00000000 00000000 00011011
+(~value + 1)  +11111111 11111111 11111111 11110011
               -----------------------------------
                00000000 00000000 00000000 00001110
```

结果的确等于 14。

摘要

● 程序中整数(如 19，227 或−63)，通常会被认为是以十进制数值系统(基数为 10)表示的。十进

制系统中的数码是 0,1,2,3,4,5,6,7,8 和 9。最小的数码是 0,最大的数码是 9(比基数小 1)。

- 计算机内部使用二进制数值系统(基数为 2)。二进制数值系统只有两个数码,0 和 1。最小的数码为 0,最大的数码为 1(比基数 2 小 1)。
- 八进制数值系统(基数为 8)和十六进制数值系统(基数为 16),受到了广泛欢迎,因为它们能够方便地简化二进制数。
- 八进制数值系统的数码范围是 0~7。
- 十六进制系统存在一个问题,它需要 16 个数码——最小的数码为 0,最大的数码是与十进制数 15 等价的数值(比基数 16 小 1)。习惯上,十六进制中使用 A~F,表示对应于十进制数值 10~15 的十六进制数码。
- 各个数值系统都使用位值记数法,每个数位都有一个不同的位值。
- 八进制数值系统、十六进制数值系统与二进制数值系统的间都存在一个重要关系:八进制和十六进制的基数(分别为 8 和 16)是二进制数值系统的基数(基数为 2)的乘幂。
- 将八进制数转换成二进制数,只需将每个数位分别替换为与之等价的 3 位二进制数。
- 十六进制数转换成二进制数,只需将每个数位分别替换为等价的 4 位二进制数。
- 我们都习惯于使用十进制,因此将二进制、八进制、十六进制数转换成十进制数通常更便于理解这个数的真实大小。
- 将其他基数表示的数值转换为十进制数,只需将各个数码的十进制数值与其位值相乘,然后求这些乘积的和。
- 计算机使用补码表示法表示负数。
- 要形成一个值的负值,首先用 C 语言的按位补操作(~)形成它的反码。这对该值的每个位取反。要形成一个值的补码,只需简单地将该值的反码加 1。

自测题

C.1 填空
(a)十进制、二进制、八进制以及十六进制数值系统的基数分别为_____、_____、_____和_____。
(b)无论是二进制、八进制、十进制还是十六进制,任何数的最右侧数位的位值都是_____。
(c)无论二进制、八进制、十进制还是十六进制,任何数值的最右侧数位的左侧的数位的位值都等于_____。

C.2 判断下列语句的正误。如果错误,请说明原因。
(a)使用十进制数值系统的一个主要原因是它便于通过将 4 位二进制组替换为十进制数码,简化二进制数表示。
(b)任何进制的最大数码都比基数大 1。
(c)任何进制的最小数码都比基数小 1。

C.3 通常一个给定二进制数的十进制、八进制、十六进制表示包含的数码位数比该二进制数的位数(多/少)。

C.4 一个较大的二进制数的(八进制/十六进制/十进制)表示是最简洁的。

C.5 补充下列数值系统位值表中最右四位中缺少的值。

十进制	1000	100	10	1
十六进制	____	256	____	____
二进制	____	____	____	____
八进制	512	____	8	____

C.6 将二进制数 110101011000 转换成八进制数和十六进制数。

C.7 将十六进制数 FACE 转换成二进制数。

C.8 将八进制数 7316 转换成二进制数。

C.9 将十六进制数 4FEC 转换成八进制数(提示:首先将 4FEC 转换为二进制数,然后再将二进制数转换为八进制数)。

C.10 将二进制数 1101110 转换成十进制数。

C.11 将八进制数 317 转换成十进制数。

C.12 将十六进制数 EFD4 转换成十进制数。

C.13 将十进制数 177 转换成八进制数和十六进制数。

C.14 给出十进制数 417 的二进制表示。然后给出 417 的反码和补码。

C.15 一个数和它的补码相加的结果是什么?

自测题答案

C.1 (a)10,2,8,16。(b)1(基数的 0 次幂)。(c)该数值系统的基数。

C.2 (a)错误。十六进制数是这样的,而十进制数不是。(b)错误。任何进制的最大数码都比基数小 1。(c)错误。任何进制的最小数码都是 0。

C.3 少。

C.4 十六进制。

C.5 补充下列数值系统位值表中最右四位中缺少的值。

十进制	1000	100	10	1
十六进制	4096	256	256	1
二进制	8	4	2	1
八进制	512	64	8	1

C.6 八进制数 6530;十六进制数 D58。

C.7 二进制数 1111 1010 1100 1110。

C.8 二进制数 111 011 001 110。

C.9 二进制数 0 100 111 111 101 100;八进制数 47754。

C.10 十进制数 2+4+8+32+64=110。

C.11 十进制数 7+1*8+3*64=7+8+192=207。

C.12 十进制数 4+13*16+15*256+14*4096=61396。

C.13 十进制数 177

转换成二进制数:

```
256 128 64 32 16 8 4 2 1
128 64 32 16 8 4 2 1
(1*128)+(0*64)+(1*32)+(1*16)+(0*8)+(0*4)+(0*2)+(1*1)
10110001
```

转换成八进制数:

```
512 64 8 1
64 8 1
(2*64)+(6*8)+(1*1)
261
```

转换成十六进制数:

```
256 16 1
16 1
(11*16)+(1*1)
(B*16)+(1*1)
B1
```

C.14　二进制数：

```
512 256 128 64 32 16 8 4 2 1
256 128 64 32 16 8 4 2 1
(1*256)+(1*128)+(0*64)+(1*32)+(0*16)+(0*8)+(0*4)+(0*2)+(1*1)
110100001
```

反码：001011110

补码：001011111

检验：原二进制数+它的补码

```
110100001
001011111
---------
000000000
```

C.15　零。

练习题

C.16　有些人认为 12 进制数值系统可使很多计算变得更容易，因为 12 比 10（10 进制中基数）可以被更多的数整除。12 进制中最小的数码是几？12 进制的最大符号值是几？12 进制数值系统中最右四位的位值为多少？

C.17　补充下列数值系统位值表中最右四位中缺少的值：

	1000	100	10	1
十进制	1000	100	10	1
六进制	____	____	6	____
十三进制	____	169	____	____
三进制	27	____	____	____

C.18　将二进制数 100101111010 转换成八进制数和十六进制数。

C.19　将十六进制数 3A7D 转换成二进制数。

C.20　将十六进制数转 765F 换成八进制数（提示：首先将 765F 转换成二进制数，然后将二进制数转换成八进制数）。

C.21　将二进制数 1011110 转换成十进制数。

C.22　将八进制数 426 转换成十进制数。

C.23　将十六进制数 FFFF 转换成十进制数。

C.24　将十进制数 299 转换成二进制数、八进制数和十六进制数。

C.25　给出十进制数 779 的二进制表示。给出 779 的反码和补码。

C.26　写出整数值−1 在 32 位机上的补码。

附录 D 排序：一个深入的分析

学习目标

在本附录中，读者将学习以下内容：

- 学习用选择排序算法对一个数组进行排序。
- 学习用插入排序算法对一个数组进行排序。
- 学习用递归的合并排序算法对一个数组进行排序。
- 研究查找与排序算法的效率并用"大 O"记号来表示它们。
- （在练习题中）研究另外一些递归排序，如快速排序和一种递归的选择排序。
- （在练习题中）研究高性能的桶式排序。

提纲

D.1 引言

第 6 章介绍过，排序就是按照某种顺序，通常是升序或降序，基于一个或多个排序键，将数据有序的排放。本附录将介绍选择排序(Selection sort)和插入排序(Insertion sort)算法，以及效率更高、但也更复杂的合并排序(Merge sort，也称为归并排序)。我们将引入"大 O 记号"(Big O notation)，这是用来估计在最坏情况下算法的运行时间——即为解决一个问题某个算法可能需要付出多大的工作量。

理解排序的一个关键点是，无论采用什么排序算法，最后得到的结果(排好顺序的数据)应该是一样的。算法的选择只影响运行时间和占用的存储空间大小。本附录中先介绍的这两个排序算法(选择排序和插入排序)很容易编程实现，但是效率很低。第三个算法(递归的合并排序)效率很高，但是编程实现很难。

练习题中介绍了两个递归性更强的排序算法——快速排序和插入排序的一个递归版本。还有一个练习题介绍了高性能的桶式排序，但是它需要的存储容量比我们介绍过的任何一个排序算法都要多。

D.2 大 O 记号

以测试某个数组的第一个元素是否等于其第二个元素的算法为例。若这个数组有 10 个元素，该算法只需要比较一次；若这个数组有 1000 个元素，该算法还是只需要比较一次。事实上，该算法于数组中元素个数无关。这样的算法被认为是具有"恒定运行时间"(Constant run time)，表示成大 O 记号就是 **O(1)**，读为"order 1"(一阶)。属于 O(1) 的算法并不是只能做一次比较，O(1) 仅仅意味着比较的次数是恒定的——不会随着数组元素的增多而增加。测试某个数组的第一个元素是否等于其随后任意三个元素的算法也是 O(1) 的，因为它只要求比较三次。

但是测试某个数组的第一个元素是否等于其随后任意一个元素的算法就需要进行 $n-1$ 次比较，其中 n 是数组中元素个数。若数组有 10 个元素，则该算法需要比较 9 次；若数组有 1000 个元素，则该算法需要比较 999 次。随着 n 的增长，表达式中 n 这一部分就"占据统治地位"，而减一就变得无足轻重了。大 O 就是被设计来突出"统治项"而忽略随 n 增加变得不重要的项。因此，总共需要 $n-1$ 次比较的算法（就像刚才描述的这个）被称为 **O(n)**。O(n) 的算法被认为是具有"**线性运行时间**"（Linear run time）。O(n) 常读为"on the order of n"（处于 n 的量阶）或简单地读为"order n"（n 阶）。

假设有一个测试数组是否包含重复元素的算法。第一个元素必须与数组中其余每个元素都要进行比较。第二个元素必须与数组中，除第一个元素外的（已经比较过了），其余每个元素都要进行比较。第三个元素必须与数组中，除第一个元素和第二个元素外的其余每个元素都要进行比较。最后，该算法在执行完 $(n-1)+(n-2)+\cdots+2+1$ 或 $n^2/2-n/2$ 次比较后结束。随着 n 的增长，n^2 项变得"占据统治地位"，而 n 项变得无足轻重。大 O 记号再一次突出 n^2 项，留下 $n^2/2$。后边马上就要介绍，在大 O 记号中常数系数是要被忽略的。

大 O 关注的是算法运行时间的增长与其处理对象个数之间的关系。假设某个算法需要 n^2 次比较，则处理 4 个元素，算法需要进行 16 次比较；处理 8 个元素，算法需要进行 64 次比较。可见，处理元素翻倍后该算法需要的比较次数将变为原先的四倍。若另一个算法需要 $n^2/2$ 次比较，则处理 4 个元素，算法需要进行 8 次比较；处理 8 个元素，算法需要进行 32 次比较。处理元素翻倍后该算法需要的比较次数同样是将变为原先的四倍。这两个算法都是按 n 的平方增长的，所以大 O 记号就忽略其中的常数，这两个算法都被认为是 **O(n^2)**，这被称为"**平方运行时间**"（Quadratic run time），读为"on the order of n-squared"（处于 n 平方的量阶）或简单地读为"order n-squared"（n 平方阶）。

当 n 很小时，O(n^2) 的算法（运行在今天每秒十亿次操作的微机上）不会在性能方面表现的有什么不同。但是随着 n 的增长，会发现性能迅速下降。处理一个拥有一百万个元素的数组时，O(n^2) 的算法需要一万亿次"操作"（每个操作实际上需要好几条机器指令来完成）。这可能就需要好几个小时。拥有十亿个元素的数组需要一百亿亿次"操作"。这个数量大到算法可能需要运行几十年。遗憾的是，O(n^2) 的算法很容易编程，这点将会在本附录看到。还会看到更好的大 O 结果。高效的算法常常需要更多的智慧和努力才能开发出来，但是它们在性能方面优越的表现证明付出努力是值得的，特别是在 n 变得很大和算法要被应用于很大的程序时。

D.3　选择排序

选择排序是简单但低效的排序算法。算法的第一次循环将挑选出数组中最小的元素并将其与第一个元素交换。第二次循环将挑选出数组中第二小的元素（也就是剩下元素中最小的）并将其与第二个元素交换。算法不断循环处理下去直到最后一次循环，挑选出第二大的元素并将其与倒数第二个元素交换，并将最大的元素保存在最后位置上。在第 i 次循环结束后，前 i 个小的元素就按照升序排列在数组的前 i 个位置上。

以下面这个数组为例：

```
34   56   4   10   77   51   93   30   5   52
```

实现选择排序的程序首先确定位于第三个位置的元素（即元素 2，因为数组下标起始于 0）是最小的元素 4，然后程序将 4 与 34 交换，得到

```
4   56   34   10   77   51   93   30   5   52
```

然后程序在剩余的元素中找到最小的元素，其值为 5，数组下标为 8。程序将 5 与 56 交换，得到

```
4   5   34   10   77   51   93   30   56   52
```

在第三次循环中，程序找到下一个最小的元素（10）。程序将其与 34 交换。

```
4   5   10   34   77   51   93   30   56   52
```

继续处理下去直到就此循环之后，数组就排好了。

    4   5   10   30   34   51   52   56   77   93

    第一次循环后，最小的元素在第一个位置上。第二次循环后，前两个最小的元素按顺序在前两个位置上。第三次循环后，前三个最小的元素按顺序在前三个位置上。

    图 D.1 针对数组 array 实现了选择排序算法，该数组采用 10 个随机整数来初始化(可能有重复)。main 函数先打印出未排序的数组，然后调用函数 sort 来处理数组，最后打印出排好序的数组。

```c
 1   // Fig. D.1: figD_01.c
 2   // The selection sort algorithm.
 3   #define SIZE 10
 4   #include <stdio.h>
 5   #include <stdlib.h>
 6   #include <time.h>
 7
 8   // function prototypes
 9   void selectionSort(int array[], size_t length);
10   void swap(int array[], size_t first, size_t second);
11   void printPass(int array[], size_t length, unsigned int pass, size_t index);
12
13   int main(void)
14   {
15      int array[SIZE]; // declare the array of ints to be sorted
16
17      srand(time(NULL)); // seed the rand function
18
19      for (size_t i = 0; i < SIZE; i++) {
20         array[i] = rand() % 90 + 10; // give each element a value
21      }
22
23      puts("Unsorted array:");
24
25      for (size_t i = 0; i < SIZE; i++) { // print the array
26         printf("%d   ", array[i]);
27      }
28
29      puts("\n");
30      selectionSort(array, SIZE);
31      puts("Sorted array:");
32
33      for (size_t i = 0; i < SIZE; i++) { // print the array
34         printf("%d   ", array[i]);
35      }
36   }
37
38   // function that selection sorts the array
39   void selectionSort(int array[], size_t length)
40   {
41      // loop over length - 1 elements
42      for (size_t i = 0; i < length - 1; i++) {
43         size_t smallest = i; // first index of remaining array
44
45         // loop to find index of smallest element
46         for (size_t j = i + 1; j < length; j++) {
47            if (array[j] < array[smallest]) {
48               smallest = j;
49            }
50         }
51
52         swap(array, i, smallest); // swap smallest element
53         printPass(array, length, i + 1, smallest); // output pass
54      }
55   }
56
57   // function that swaps two elements in the array
58   void swap(int array[], size_t first, size_t second)
59   {
60      int temp = array[first];
61      array[first] = array[second];
62      array[second] = temp;
```

图 D.1   选择排序算法

```
63   }
64
65   // function that prints a pass of the algorithm
66   void printPass(int array[], size_t length, unsigned int pass, size_t index)
67   {
68       printf("After pass %2d: ", pass);
69
70       // output elements till selected item
71       for (size_t i = 0; i < index; i++) {
72           printf("%d  ", array[i]);
73       }
74
75       printf("%d* ", array[index]); // indicate swap
76
77       // finish outputting array
78       for (size_t i = index + 1; i < length; i++) {
79           printf("%d  ", array[i]);
80       }
81
82       printf("%s", "\n                  "); // for alignment
83
84       // indicate amount of array that is sorted
85       for (unsigned int i = 0; i < pass; i++) {
86           printf("%s", "-- ");
87       }
88
89       puts(""); // add newline
90   }
```

```
Unsorted array:
72  34  88  14  32  12  34  77  56  83
After pass  1: 12  34  88  14  32  72* 34  77  56  83
               --
After pass  2: 12  14  88  34* 32  72  34  77  56  83
               --  --
After pass  3: 12  14  32  34  88* 72  34  77  56  83
               --  --  --
After pass  4: 12  14  32  34* 88  72  34  77  56  83
               --  --  --  --
After pass  5: 12  14  32  34  34  72  88* 77  56  83
               --  --  --  --  --
After pass  6: 12  14  32  34  34  56  88  77  72* 83
               --  --  --  --  --  --
After pass  7: 12  14  32  34  34  56  72  77  88* 83
               --  --  --  --  --  --  --
After pass  8: 12  14  32  34  34  56  72  77* 88  83
               --  --  --  --  --  --  --  --
After pass  9: 12  14  32  34  34  56  72  77  83  88*
               --  --  --  --  --  --  --  --  --
After pass 10: 12  14  32  34  34  56  72  77  83  88*
               --  --  --  --  --  --  --  --  --  --
Sorted array:
12  14  32  34  34  56  72  77  83  88
```

图 D.1(续)　选择排序算法

第 39 行至第 55 行定义了函数 selectionSort。第 43 行声明了变量 smallest，它用来存储剩余元素中最小值的下标。第 42 行至第 54 行循环 length−1 次。第 43 行将表示数组中未排序部分的第一个下标的变量 i 赋给 smallest。第 46 行至第 50 行以循环的方式处理数组中的未排序部分。对于其中的每一个元素，第 47 行都将当前元素与下标为 smallest 的元素进行比较。若当前元素小，则第 48 行将当前元素的下标赋给 smallest。循环结束时，smallest 保存的是剩余数组中最小元素的下标。第 52 行调用函数 swap（第 58 行至第 63 行）来将剩余元素中最小值放在数组中的下一个位置。

程序的输出中采用虚线来指示每次循环后已经排好序的那部分数组，并将当次循环中与最小元素进行交换的元素用星号标出。每次循环中，右边带星号的元素与虚线上最右边的元素交换。

选择排序的效率

选择排序算法需要运行 $O(n^2)$ 时间。图 D.1 中实现该算法的 selectionSort 函数包含两个 for 循环。外层的 for 循环（第 42 行至第 54 行）处理数组中的前 $n-1$ 个元素，将剩余数据中的最小值交换到排序后的位置上。内层的 for 循环(第 46 行至第 50 行)处理剩余数组中的每个数据以找出最小值。外层循环的第一次迭代将执行 $n-1$ 次，第二次迭代将执行 $n-2$ 次，然后是 $n-3$，…，3，2，1 次。故内层循环共迭代 $n(n-1)/2$ 次或 $(n^2-n)/2$ 次。按照大 O 记法，删除较小的项并忽略常数，得到的大 O 是 $O(n^2)$。

D.4　插入排序

插入排序也是一个简单但低效的排序算法。算法的第一次循环取出数组的第二个元素，若它小于第一个元素，则将其与第一个元素交换；第二次循环取出第三个元素，在考虑前两个元素的前提下，将其插入到适当的位置，使得前三个元素是有序的。在第 i 次循环结束后，数组中的前 i 个元素就排好序了。

以下面这个数组为例(注：这个数组与前面选择排序和后边合并排序中的数组相同)：

34　56　4　10　77　51　93　30　5　52

实现插入排序算法的程序首先考察数组的前两个元素，34 和 56。由于这两个元素是有序的，所以程序往下执行(若它们顺序不对，则程序将交换它们)。

下一次循环中，程序考察第三个元素 4。这个值小于 56，故程序先将 4 存储在一个临时变量中，然后将 56 向右移一个元素。程序继续检查，在判断出 4 小于 34 后，也将 34 向右移一个元素。程序现在位于数组的开头位置，则将 4 放在元素 0 的位置中。这时，数组是

4　34　56　10　77　51　93　30　5　52

在下一次循环中，程序先将 10 存储在一个临时变量中，然后比较 10 和 56，由于 56 大于 10 则将其向右移一个元素。程序继续比较 10 和 34，将 34 向右移一个元素。当程序比较 10 和 4 时，发现 10 大于 4，所以将 10 放在元素 1 的位置中。这时，数组是

4　10　34　56　77　51　93　30　5　52

采用这个算法，在第 i 次循环结束后，数组前 $i+1$ 个元素之间是有序的。不过，这不一定是它们的最终位置，因为后半部分的数组中可能有更小的值。

图 D.2 实现了插入排序算法。第 38 行至第 55 行定义了函数 insertionSort。变量 insert(第 43 行)保存在移动其他元素时计划插入的元素。第 41 行至第 54 行从下标 i 到数组末尾，循环处理数组中的元素。每次循环，第 42 行先初始化变量 moveItem，这个变量记录元素欲插入的位置。第 43 行将欲插入数组有序部分的元素值存入变量 insert。第 46 行至第 50 行用循环的方法确定元素应插入的位置。循环结束的条件，要么是程序已经达到数组的最前端，要么是它遇到了小于欲插入元素值的元素。第 48 行将元素右移一位，第 49 行将插入下一个元素的位置减 1。循环结束后，第 52 行将元素插入。程序的输出用虚线指出了每次循环结束后数组中排好序的部分，新插入元素的右上角加上一个星号以便识别。

```
1   // Fig. D.2: figD_02.c
2   // The insertion sort algorithm.
3   #define SIZE 10
4   #include <stdio.h>
5   #include <stdlib.h>
6   #include <time.h>
7
8   // function prototypes
9   void insertionSort(int array[], size_t length);
10  void printPass(int array[], size_t length, unsigned int pass, size_t index);
11
12  int main(void)
13  {
14     int array[SIZE]; // declare the array of ints to be sorted
15
16     srand(time(NULL)); // seed the rand function
17
18     for (size_t i = 0; i < SIZE; i++) {
19        array[i] = rand() % 90 + 10; // give each element a value
20     }
```

图 D.2　插入排序算法

```
21
22     puts("Unsorted array:");
23
24     for (size_t i = 0; i < SIZE; i++) { // print the array
25         printf("%d  ", array[i]);
26     }
27
28     puts("\n");
29     insertionSort(array, SIZE);
30     puts("Sorted array:");
31
32     for (size_t i = 0; i < SIZE; i++) { // print the array
33         printf("%d  ", array[i]);
34     }
35 }
36
37 // function that sorts the array
38 void insertionSort(int array[], size_t length)
39 {
40     // loop over length - 1 elements
41     for (size_t i = 1; i < length; i++) {
42         size_t moveItem = i; // initialize location to place element
43         int insert = array[i]; // holds element to insert
44
45         // search for place to put current element
46         while (moveItem > 0 && array[moveItem - 1] > insert) {
47             // shift element right one slot
48             array[moveItem] = array[moveItem - 1];
49             --moveItem;
50         }
51
52         array[moveItem] = insert; // place inserted element
53         printPass(array, length, i, moveItem);
54     }
55 }
56
57 // function that prints a pass of the algorithm
58 void printPass(int array[], size_t length, unsigned int pass, size_t index)
59 {
60     printf("After pass %2d: ", pass);
61
62     // output elements till selected item
63     for (size_t i = 0; i < index; i++) {
64         printf("%d  ", array[i]);
65     }
66
67     printf("%d* ", array[index]); // indicate swap
68
69     // finish outputting array
70     for (size_t i = index + 1; i < length; i++) {
71         printf("%d  ", array[i]);
72     }
73
74     printf("%s", "\n                    "); // for alignment
75
76     // indicate amount of array that is sorted
77     for (size_t i = 0; i <= pass; i++) {
78         printf("%s", "-- ");
79     }
80
81     puts(""); // add newline
82 }
```

```
Unsorted array:
72  16  11  92  63  99  59  82  99  30

After pass  1: 16* 72  11  92  63  99  59  82  99  30
               --  --
After pass  2: 11* 16  72  92  63  99  59  82  99  30
               --  --  --
After pass  3: 11  16  72  92* 63  99  59  82  99  30
               --  --  --  --
After pass  4: 11  16  63* 72  92  99  59  82  99  30
               --  --  --  --  --
After pass  5: 11  16  63  72  92  99* 59  82  99  30
               --  --  --  --  --  --
```

图 D.2(续)　插入排序算法

```
After pass  6: 11  16  59*  63  72  92  99  82  99  30
              --  --  --        --  --  --
After pass  7: 11  16  59   63  72  82*  92  99  99  30
              --  --              --  --  --  --
After pass  8: 11  16  59   63  72  82   92  99  99* 30
              --  --              --  --  --  --
After pass  9: 11  16  30*  59  63  72   82  92  99  99
              --  --  --

Sorted array:
11  16  30  59  63  72  82  92  99  99
```

图 D.2(续)　插入排序算法

插入排序的效率

插入排序算法也是需要运行 $O(n^2)$ 时间。与选择排序类似,函数 insertionSort 也采用嵌套循环。for 循环(第 41 行至第 54 行)迭代了 SIZE-1 次,将一个元素正确地插入到已排好序的那部分数组元素中。为此,SIZE-1 等于 $n-1$(SIZE 就是数组的大小)。while 循环(第 46 行至第 50 行)检查数组前面的元素。在最坏的情况下,while 循环需要进行 $n-1$ 次比较。每个单独的循坏运行 $O(n)$ 时间。按大 O 记法,嵌套循环意味着需要将每次循环的迭代次数相乘。因为外层循环迭代一次,内层循环都将迭代特定次数。在本算法中,外层循环每次 $O(n)$ 的迭代,都将伴随着内层循环的 $O(n)$ 迭代。将它们相乘得到的大 O 是 $O(n^2)$。

D.5　合并排序

合并排序是一个高效的排序算法,但它比选择排序和插入排序要复杂得多。合并排序的工作原理是将待排序的数组先划分为两个大小相等的子数组,然后对这两个子数组进行排序,最后将它们合并成一个大数组。当数组元素个数是奇数时,算法划分得到的子数组中,有一个子数组要比另外一个子数组多一个元素。

本例采用递归的方法来实现合并排序。递归的基础情况是单元素的数组。单元素数组当然是有序的。所以在用单元素数组来调用合并排序函数时,函数立即返回。递归的处理是将一个包含两个或更多元素的数组划分为两个大小相等的子数组,然后递归地对这两个子数组进行排序,最后将它们合并得到排好序的大数组(再次强调,当数组元素个数是奇数时,一个子数组要比另外一个子数组多一个元素)。

假设算法经过合并小的子数组得到一个排好序的数组 A

4　10　34　56　77

和数组 B

5　30　51　52　93

合并排序算法需要将它们合并成一个排好序的大数组。A 中最小的元素是 4(处于数组 A 的元素 0 位置),B 中最小元素是 5(处于数组 B 的第 0 个下标位置)。为了确定大数组中的最小元素,算法比较 4 和 5。由于来自数组 A 的值小,所以 4 就成为合并后数组的第一个元素。算法继续比较 10(A 的第二个元素)和 5(B 的第一个元素)。由于来自数组 B 的值小,所以 5 就成为大数组的第二个元素。算法继续比较 10 和 30,则 10 就成为数组的第三个元素。一直这样处理下去。

图 D.3 中的程序实现了合并排序算法,其中第 35 行至第 38 行定义了函数 mergeSort。第 37 行以 0 和 length-1(length 是数组的大小)为实参调用函数 sortSubArray。这两个实参分别对应待排序数组的起始下标和末尾下标,从而使 sortSubArray 函数对整个数组进行排序。函数 sortSubArray 的定义在第 41 行至第 64 行。第 44 行测试是否为递归的基础情况。若数组的大小是 1,该数组是有序的,则函数立即返回。若数组的大小大于 1,则函数将数组一分为二,然后递归地调用函数 sortSubArray 来对这两个子数组进行排序,最后将它们合并。第 58 行递归地调用函数 sortSubArray 来处理数组的前半部分,第 59 行递归地调用函数 sortSubArray 来处理数组的后半部分。当这两个函数调用返回后,数组的每一半都排好序了。第 62 行调用函数 merge(第 67 行至第 114 行)来处理数组的两半,从而将两个有序的数组合并成一个大的有序数组。

```c
 1  // Fig. D.3: figD_03.c
 2  // The merge sort algorithm.
 3  #define SIZE 10
 4  #include <stdio.h>
 5  #include <stdlib.h>
 6  #include <time.h>
 7
 8  // function prototypes
 9  void mergeSort(int array[], size_t length);
10  void sortSubArray(int array[], size_t low, size_t high);
11  void merge(int array[], size_t left, size_t middle1,
12     size_t middle2, size_t right);
13  void displayElements(int array[], size_t length);
14  void displaySubArray(int array[], size_t left, size_t right);
15
16  int main(void)
17  {
18     int array[SIZE]; // declare the array of ints to be sorted
19
20     srand(time(NULL)); // seed the rand function
21
22     for (size_t i = 0; i < SIZE; i++) {
23        array[i] = rand() % 90 + 10; // give each element a value
24     }
25
26     puts("Unsorted array:");
27     displayElements(array, SIZE); // print the array
28     puts("\n");
29     mergeSort(array, SIZE); // merge sort the array
30     puts("Sorted array:");
31     displayElements(array, SIZE); // print the array
32  }
33
34  // function that merge sorts the array
35  void mergeSort(int array[], size_t length)
36  {
37     sortSubArray(array, 0, length - 1);
38  }
39
40  // function that sorts a piece of the array
41  void sortSubArray(int array[], size_t low, size_t high)
42  {
43     // test base case: size of array is 1
44     if ((high - low) >= 1) { // if not base case...
45        size_t middle1 = (low + high) / 2;
46        size_t middle2 = middle1 + 1;
47
48        // output split step
49        printf("%s", "split:   ");
50        displaySubArray(array, low, high);
51        printf("%s", "\n         ");
52        displaySubArray(array, low, middle1);
53        printf("%s", "\n         ");
54        displaySubArray(array, middle2, high);
55        puts("\n");
56
57        // split array in half and sort each half recursively
58        sortSubArray(array, low, middle1); // first half
59        sortSubArray(array, middle2, high); // second half
60
61        // merge the two sorted arrays
62        merge(array, low, middle1, middle2, high);
63     }
64  }
65
66  // merge two sorted subarrays into one sorted subarray
67  void merge(int array[], size_t left, size_t middle1,
68     size_t middle2, size_t right)
69  {
70     size_t leftIndex = left; // index into left subarray
71     size_t rightIndex = middle2; // index into right subarray
72     size_t combinedIndex = left; // index into temporary array
73     int tempArray[SIZE]; // temporary array
74
```

图 D.3　合并排序算法

```
75      // output two subarrays before merging
76      printf("%s", "merge:    ");
77      displaySubArray(array, left, middle1);
78      printf("%s", "\n          ");
79      displaySubArray(array, middle2, right);
80      puts("");
81
82      // merge the subarrays until the end of one is reached
83      while (leftIndex <= middle1 && rightIndex <= right) {
84          // place the smaller of the two current elements in result
85          // and move to the next space in the subarray
86          if (array[leftIndex] <= array[rightIndex]) {
87              tempArray[combinedIndex++] = array[leftIndex++];
88          }
89          else {
90              tempArray[combinedIndex++] = array[rightIndex++];
91          }
92      }
93
94      if (leftIndex == middle2) { // if at end of left subarray ...
95          while (rightIndex <= right) { // copy the right subarray
96              tempArray[combinedIndex++] = array[rightIndex++];
97          }
98      }
99      else { // if at end of right subarray...
100         while (leftIndex <= middle1) { // copy the left subarray
101             tempArray[combinedIndex++] = array[leftIndex++];
102         }
103     }
104
105     // copy values back into original array
106     for (size_t i = left; i <= right; i++) {
107         array[i] = tempArray[i];
108     }
109
110     // output merged subarray
111     printf("%s", "          ");
112     displaySubArray(array, left, right);
113     puts("\n");
114 }
115
116 // display elements in array
117 void displayElements(int array[], size_t length)
118 {
119     displaySubArray(array, 0, length - 1);
120 }
121
122 // display certain elements in array
123 void displaySubArray(int array[], size_t left, size_t right)
124 {
125     // output spaces for alignment
126     for (size_t i = 0; i < left; i++) {
127         printf("%s", "   ");
128     }
129
130     // output elements left in array
131     for (size_t i = left; i <= right; i++) {
132         printf(" %d", array[i]);
133     }
134 }
```

```
Unsorted array:
 79 86 60 79 76 71 44 88 58 23

split:     79 86 60 79 76 71 44 88 58 23
           79 86 60 79 76
                          71 44 88 58 23

split:     79 86 60 79 76
           79 86 60
                    79 76

split:     79 86 60
           79 86
                 60
```

图 D.3(续)　合并排序算法

```
split:    79 86
          79
             86

merge:    79
             86
          79 86

merge:    79 86
                60
          60 79 86

split:            79 76
                  79
                     76

merge:            79
                     76
                  76 79

merge:    60 79 86
                  76 79
          60 76 79 79 86

split:                  71 44 88 58 23
                        71 44 88
                                 58 23

split:                  71 44 88
                        71 44
                              88

split:                  71 44
                        71
                           44

merge:                  71
                           44
                        44 71

merge:                  44 71
                              88
                        44 71 88

split:                           58 23
                                 58
                                    23

merge:                           58
                                    23
                                 23 58

merge:                  44 71 88
                                 23 58
                        23 44 58 71 88

merge:    60 76 79 79 86
                        23 44 58 71 88
          23 44 58 60 71 76 79 79 86 88

Sorted array:
 23 44 58 60 71 76 79 79 86 88
```

图 D.3(续) 合并排序算法

　　函数 merge 不断循环执行第 83 行至第 92 行，直到到达每个子数组的末尾。第 86 行测试哪个数组的第一个元素较小。若左边数组的元素小，则第 87 行将其放入合并后的数组中；若右边数组的元素小，则第 90 行将其放入合并后的数组中。当 while 循环结束后，一个完整的子数组就已经被放入合并后的数组中了，但是另外一个子数组还有数据。第 94 行测试是否到达左边数组的末尾。若是，第 95 行至第 97 行将右边数组的剩余元素填入合并后的数组中。若还没有到达左边数组的末尾，那么肯定到达右边数组的末尾，则第 100 行至第 102 行将左边数组的剩余元素填入合并后的数组中。最后，第 106 行至第 108 行将合并好的数组复制到原本数组中。程序的输出显示了合并排序算法进行的划分与合并操作，展示了排序过程的每一步。

合并排序的效率

合并排序算法的效率远高于插入排序或选择排序（尽管看到图 D.3 这么热闹让人难以置信）。请看对函数 sortSubArray 的第一次（非递归的）调用。这导致用接近原数组一半大小的两个子数组两次递归地调用函数 sortSubArray，以及调用一次 merge 函数。在最坏情况下，对函数 merge 的调用需要进行 $n-1$ 次比较才能填满原数组，这就是 O(n)（还记得吧，数组中每个元素的选择都需要比较来自每个子数组的一个元素）。对函数 sortSubArray 的这两次调用又引起用接近原数组四分之一大小的四个子数组对函数

sortSubArray 的另外四次递归调用，以及两次对 merge 函数的调用。在最坏情况下，对函数 merge 的这两次调用需要进行 $n/2-1$ 次比较，每次比较都是 O(n) 的。这个过程一直持续下去，每次对函数 sortSubArray 的调用都产生对 sortSubArray 的新的两次调用以及一次对 merge 的调用，直到算法将数组划分成单元素数组。在每个层次上，为了合并子数组都需要 O(n) 次比较。每个层次都将数组一分为二，所以每升高一个层次，数组大小是原先的两倍。每升高两个层次，数组大小是原先的四倍。这是对数模式，导致 $\log_2 n$ 个层次。从而总的效率为 O($n \log n$)。

算法	大 O 值
插入排序	O(n^2)
选择排序	O(n^2)
合并排序	O($n \log n$)
冒泡排序	O(n^2)
快速排序	最坏情况：O(n^2)
	平均情况 O($n \log n$)

图 D.4   查找和排序算法及其大 O 值

图 D.4 总结了本书介绍过的一些查找和排序算法，并列出了每个算法的大 O 值。图 D.5 列出了本附录介绍过的大 O 值，并且展示出不同的 n 值下增长率的不同。

n	接近的十进制数	O($\log n$)	O(n)	O($n \log n$)	O(n^2)
2^{10}	1000	10	2^{10}	$10 \cdot 2^{10}$	2^{20}
2^{20}	1000 000	20	2^{20}	$20 \cdot 2^{20}$	2^{40}
2^{30}	1 000 000 000	30	2^{30}	$30 \cdot 2^{30}$	2^{60}

图 D.5   常见大 O 记号的数量比较

摘要

D.1   引言
- 排序就是将数据有序的排放。

D.2   大 O 记号
- 描述算法效率的一种方法是采用**大 O 记号**(O)，它表示为解决一个问题某个算法可能需要付出多大的工作量。
- 对于查找与排序算法，大 O 描述一个特定算法的工作量是如何根据数据元素个数而变化的。
- O(1) 的算法被认为是具有**恒定运行时间**的。这并不是说算法只需要一次比较，它仅仅意味着比较的次数不会随着数组大小的增加而增加。
- O(n) 的算法被认为是具有**线性运行时间**的。
- 大 O 被设计来突出占据统治地位的因素而忽略在 n 值很大时变得不重要的项。
- 大 O 记号关心算法执行时间的增长率，故忽略掉常数。

D.3   选择排序
- **选择排序**是简单但低效的排序算法。
- 算法的第一次循环将挑选出数组中最小的元素并将其与第一个元素交换。第二次循环将挑选出数组中第二小的元素（也就是剩下元素中最小的）并将其与第二个元素交换。算法不断循环处理下去直到最后一次循环，挑选出第二大的元素并将其与倒数第二个元素交换，并将最大的元素保存在最后位置上。在第 i 次循环结束后，前 i 个小的元素就按照升序排列在数组的前 i 个位置上。
- 选择排序算法的运行时间为 O(n^2)。

D.4　插入排序

- **插入排序**的第一次循环取出数组的第二个元素，若它小于第一个元素，则将其与第一个元素交换；第二次循环取出第三个元素，在考虑前两个元素的前提下，将其插入到适当的位置，使得前三个元素是有序的。在第 i 次循环结束后，数组中的前 i 个元素就排好序了。
- 插入排序算法的运行时间为 $O(n^2)$。

D.5　合并排序

- 相比选择排序和插入排序，**合并排序**更快，但实现起来更复杂。
- 合并排序的工作原理是将待排序的数组先**划分**为两个大小相等的子数组，然后对这两个子数组进行排序，最后将它们合并成一个大数组。
- 合并排序的基础情况是已经是有序的单元素数组。所以在用单元素数组来调用合并排序函数时，函数立即返回。合并排序的合并部分就是将两个有序数组(可能是单元素数组)合并成一个排好序的大数组。
- 合并排序的合并是通过观察每个数组的第一个元素哪个最小来实现的。合并排序将最小的那个元素放在排好序的大数组的第一个元素中，若这个子数组中还有元素，合并排序则将其第二个元素(它是剩余元素中最小的)与另一个数组的第一个元素比较。合并排序持续这样的处理直到大数组被填满。
- 最坏情况下，对合并排序的第一次调用需要进行 $O(n)$ 次比较才能填满最终数组的 n 个空位。
- 合并排序算法的合并部分处理两个大小接近 $n/2$ 的子数组。生成每个子数组需要对每个子数组进行 $n/2-1$ 次比较，即总共 $O(n)$ 次比较。这种模式一直持续下去，每个层次都处理两倍数量，但是大小变为原先一半的数组。
- 这样的平分导致 $\log n$ 个层次，每个层次要求 $O(n)$ 次比较，总的效率是 $\mathbf{O}(n\,\mathbf{log}\,n)$，这比 $O(n^2)$ 效率高多了。

自测题

D.1　填空

　(a) 采用选择排序的应用程序处理一个包含 128 个元素的数组花费的时间要比处理一个包含 32 个元素的数组多将近_____倍。

　(b) 合并排序的效率是_____。

D.2　线性查找的大 O 是 $O(n)$ 而二分查找的大 O 是 $O(\log n)$。二分查找(参见第 6 章)与合并排序的大 O 中都有对数部分，导致这种结果最重要的原因是什么？

D.3　如何理解"插入排序要优于合并排序"？又如何理解"合并排序要优于插入排序"？

D.4　正文中写到：合并排序先是把一个数组分为两个子数组，然后分别对两个子数组进行排序，最后把它们合并。请问当读者看到"分别对两个子数组进行排序"为什么会感到迷惑？

自测题答案

D.1　(a) 16，因为一个 $O(n^2)$ 的算法在处理 4 倍大的信息时将花费 16 倍的时间。(b) $O(n\,\log n)$。

D.2　这些算法都"做一分为二"——每次都将处理对象减少为原来的一半。二分查找在每次比较后都去掉一半的数组。每次调用合并排序，数组都被一分为二。

D.3　插入排序比合并排序易于理解并易于实现。合并排序的效率——$O(n\,\log n)$——远远高于插入排序——$O(n^2)$。

D.4　从某种意义上说，它并不真的去给两个子数组排序。它只是不断地把数组一分为二直到得到只有一个元素的单元素子数组，这当然是排好序的。然后，它将这些单元素数组合并成更大的子数组，这些子数组又被合并。如此重复，直到构建起原先的两个子数组。

练习题

D.5 (**递归的选择排序**)选择排序(Selection Sort)需要查找一个数组中的最小元素。找到这个元素后，它将与数组的第一个元素相交换。然后对从第二个元素开始的子数组重复相同的处理。每次处理都会将一个元素放置到正确地位置上。这种排序要求的处理能力与冒泡排序要求的相同——对于一个拥有 n 个元素的数组，必须进行 $n-1$ 遍处理；而对于每一个子数组，需要进行 $n-1$ 比较才能找到最小值。当被处理的子数组只有一个元素时，数组就排好了。请编写一个递归函数 selectionSort 来实现这个算法。

D.6 (**桶式排序**)桶式排序(Bucket Sort)使用一个二维整型数组来对一个由正整数组成的一维数组进行排序。二维数组的行下标从 $0 \sim 9$，列下标从 $0 \sim n-1$，n 就是需要排序的正整数个数。二维数组的每一行成为一个"桶"。请编写一个实现桶式排序算法的函数 bucketSort，该函数接受参数为一个整型数组和数组大小。

算法步骤如下：

(a) 循环处理一维数组的每个元素：根据它的个位数将其放入代表一个桶的某一行内。例如，97 放入行 7，3 放入行 3，100 放入行 0。

(b) 循环处理每个桶：依次将其中的元素还被复制回原来的数组中，如上面数据在一维数组中的新顺序就是 100，3 和 97。

(c) 按照数位递增的顺序(十位、百位、千位…)重复上面的处理，直到最大数的最高位处理完毕后，算法结束。

在第二遍处理结束后，100 被放入行 0，3 也被放入行 0(它只有 1 位，故按 03 处理)，97 被放入行 9。在一维数组中它们的顺序是 100，3 和 97。在第三遍处理结束后，100 被放入行 1，3(003)被放入行 0，97(097)被放入行 0(在 3 之后)。在处理完最大数的最高位后，桶式排序就把数据排好顺序了。当所有的数据都被复制到二维数组的行 0 后，桶式排序结束。

由于构成"桶"的二维数组大小是待排序的整型数组大小的十倍。所以这种排序技术要求的存储空间很大，但是它的性能比冒泡排序好很多。冒泡排序只要求增加一个与待排序数据类型相同的存储单元。用更大的空间来换取更好的性能，桶式排序是一个典型的"空间–时间折中"(space-time trade-off)的例子。在每一遍处理中，这个版本的桶式排序都要求将所有数据复制回本数组。一个可行的改动是再设置一个二维数组"桶"，反复地在这两个"桶"之间移动数据，当所有的数据都被复制到某个桶的行 0 后，这行 0 存储的就是排好序的数据。

D.7 (**快速排序**)第 6 章和本附录的例题和练习题介绍了多种排序技术。下面再介绍一个被称为"快速排序"(Quicksort)的递归排序技术。当处理一维数组时，算法的基本步骤如下：

(a) 划分：取待排序数组的第一个元素，确定它在未来排好序的数组中的最后位置(即数组中位于它左边的数据都比它小，而位于它右边的数据都比它大)。这样，我们就得到了一个处于正确位置的元素和两个待排序的子数组。

(b) 递归：对每个待排序的子数组执行步骤(a)。

每次对一个子数组执行步骤(a)，都会有一个元素被按照最后位置放入排好序的数组中，同时得到两个待排序的子数组。当子数组只包含一个元素时，它的顺序就排好了，这个元素也就处于最终位置了。

这个算法看起来很简单，但是如何去确定一个子数组的第一个元素在未来排好序的数组中的最后位置呢？以下面这组数据为例(其中加粗字体的元素就是划分元素——它将被放在排好序数组中的最后位置)：

37   2   6   4   89   8   10   12   68   45

(a) 从数组最右边的元素开始，将 37 与每个元素进行比较，直到找到一个比 37 小的元素，然后将其与 37 交换。本例中，第一个比 37 小的元素是 12，则 37 与 12 交换。新的数组如下：

12 2 6 4 89 8 10 **37** 68 45

元素 12 用斜体表示它刚刚与 37 交换。

(b) 从数组的左边开始，以位于 12 之后的那个元素为第一个元素，将其与 37 进行比较，直到找到比 37 大的元素。将其与 37 交换。本例中，第一个比 37 大的元素是 89，则 37 与 89 交换。新的数组如下：

12 2 6 4 **37** 8 10 *89* 68 45

(c) 从数组的右边开始，以位于 89 之前的那个元素为第一个元素，将其与 37 进行比较，直到找到比 37 小的元素。将其与 37 交换。本例中，第一个比 37 小的元素是 10，则 37 与 10 交换。新的数组如下：

12 2 6 4 *10* 8 **37** 89 68 45

(d) 从数组的左边开始，以位于 10 之后的那个元素为第一个元素，将其与 37 进行比较。直到找到比 37 大的元素。将其与 37 交换。本例中，没有比 37 大的元素，则当比较 37 与 37 时我们就认为 37 就位于未来排好序的数组中的最后位置。

这时，就可以根据划分元素将数组划分成两个待排序的子数组。元素值小于 37 的子数组包含 12，2，6，4，10 和 8。元素值大于 37 的子数组包含 89，68 和 45。继续用处理原本数组的方式划分这两个子数组就可以最终实现排序。

请编写一个处理一维整型数组的递归排序函数 quicksort。该函数接受的参数有：一个整型数组，起始下标和末尾下标。函数 quicksort 调用函数 partition 来执行"划分"。

附录 E 多线程及其他 C11 和 C99 专题

学习目标

在本附录中，读者将学习以下内容：

- 学习 C99 和 C11 新增加的各种功能。
- 用指定的初始化语句来初始化数组与结构体。
- 用数据类型 bool 来创建只能取值为 true 或 false 的布尔型变量。
- 对复杂变量进行算术运算。
- 学习编译预处理的增强功能。
- 学习 C99 和 C11 新增加的头文件。
- 学习 C11 的多线程功能从而在今天的多核系统上提高性能。

提纲

E.1　引言

　　C99（1999）和 C11（2011）是为了优化和扩展标准 C 的功能而制定的 C 程序设计语言的修订版本。由于并不是每一个编译器都实现了 C99 和 C11 的所有功能，所以在使用本附录所介绍的功能之前，请先检查你的编译器是否支持这些功能。我们的目的是介绍这些功能并提供进一步学习所需要的资源。

　　本附录将讨论编译器是如何支持 C99 和 C11，并给出指向若干个免费编译器和集成开发环境 IDE 的链接，这些编译器和 IDE 对 C99 和 C11 提供了不同程度的支持。我们将用完全可以工作的代码例子和代码片段来讲解本书正文中没有讨论的一些重要功能，例如指定的初始化语句、复合文本、bool 类型、函数原型和函数定义中隐含的 int 返回类型（C11 不允许）以及复数。对 C99 新增加的重要功能，如受限制的指针、可靠的整数除法、可变的数组成员、通用的数学库函数，inline 函数和无表达式的返回等，我们也做了简单的介绍。C99 的另一个重要功能是对<math.h>中的大多数函数增加了 float 和 long double 类型的版本。

我们讨论了 C11 标准的功能，包括改进对 Unicode 的支持、_Noreturn 函数限定符、类型通用的表达式、quick_exit 函数、存储对齐控制、静态断言(static assertions)、可分析性以及浮点类型。这些功能中的大多数是以选项的形式提供给用户的。我们将给出一个丰富的因特网资源列表，来帮助用户获得相应的 C11 编译器和 IDE，以便深入探究这个编程语言的技术细节。

多线程 Multithreading

本附录的一个重要内容就是介绍多线程(参见 E.9.2 节)。在今天的多核系统上，硬件能够分配多个处理器来分别完成任务的不同部分，从而使这些任务(和程序)能够更快完成。不过，为了让 C 程序能够利用多核体系结构的这个优势，需要编写多线程的应用程序。只有当一个程序将其任务分解成多个独立的线程时，多核系统才能让这些线程并行工作。E.9.2 节首先展示了一些运行时间很长的、顺序执行的计算任务，然后将这些计算任务划分到多个线程中，最后在一个多核系统上展示获得了显著的性能提升。

基于 Linux 的 GNU gcc 上 C99 和 C11 的编译选项[①]

GNU 支持很多 C99 和 C11 功能(但 C11 的多线程除外)。编译 C99 的程序时，必须采用 "-std=c99" 编译选项，例如

```
gcc -std=c99    程序名.c -o    可执行文件名
```

类似地，编译 C11 的程序时，你必须采用 "-std=c11" 编译选项(参见 1.10.2 节)，例如

```
gcc -std=c11    程序名.c -o    可执行文件名
```

在 Windows 系统中，可以下载 Cygwin(www.cygwin.com)或 MinGW（sourceforge.net/projects/mingw)来安装 GCC 以运行 C99 或 C11 程序。Cygwin 是一个面向完整 Windows 系统的完整 Linux 风格的环境，而 MinGW(面向 Windows 系统的 GNU 最简版)是 GNU 编译器及相关工具的一个本地 Windows 系统接口。

E.2 新的 C99 头文件

图 E.1 按照字典顺序列出了 C99 中新增的标准库头文件(其中 3 个是在 C95 中增加的)。这些头文件在 C11 中全部保留。我们将在后面的 E.9.1 节中，介绍新的 C11 头文件。

标准库头文件	说　　明
<complex.h>	包含为了支持复数而定义的宏和函数原型(参见 E.6 节)[C99 功能]
<fenv.h>	提供关于 C 语言实现浮点数环境及其功能的信息[C99 功能]
<inttypes.h>	定义了若干个新的可移植的整数类型并提供了这些类型格式化说明符[C99 功能]
<iso646.h>	定义了代表相等、关系和位运算的运算符的宏；三连符的一种选择[C95 功能]
<stdbool.h>	包含为处理布尔型变量而定义 bool、true 和 fasle 的宏(参见 E.4 节)[C99 功能]
<stdint.h>	定义扩展的整数类型和相关的宏[C99 功能]
<tgmath.h>	为支持用不同的形参类型来调用<math.h>中的函数而定义的类型通用的宏(参见 E.8 节)[C99 功能]
<wchar.h>	与<wctype.h>一起，为多字节和宽字符的输入输出提供支持[C95 功能]
<wctype.h>	与<wchar.h>一起，为宽字符的库函数提供支持[C95 功能]

图 E.1　C99 和 C95 中新增的标准库头文件

[①] 对于 Xcode LLVM 和微软 Visual C++支持的 C99 和 C11 功能，不需要其他的编译选项。

E.3　指定的初始化语句和复合文本

(本节可以在学习完 10.3 节后阅读)。

指定的初始化语句(Designated initializers)允许你通过下标或名字来显式地初始化数组元素、共用体或结构体。图 E.2 中的程序展示了如何给数组的第一个和最后一个元素赋值。

```c
// Fig. E.2: figE_02.c
// Assigning elements of an array prior to C99
#include <stdio.h>

int main(void)
{
   int a[5]; // array declaration

   a[0] = 1; // explicitly assign values to array elements...
   a[4] = 2; // after the declaration of the array

   // assign zero to all elements but the first and last
   for (size_t i = 1; i < 4; ++i) {
      a[i] = 0;
   }

   // output array contents
   printf("The array is\n");

   for (size_t i = 0; i < 5; ++i) {
      printf("%d\n", a[i]);
   }
}
```

```
The array is
1
0
0
0
2
```

图 E.2　在提出 C99 之前给数组元素赋值

在图 E.3 中，再次展示了这个程序。这次，采用指定的初始化体，通过下标来显式地将它们初始化，而不是给数组的第一个和最后一个元素赋值。

```c
// Fig. E.3: figE_03.c
// Using designated initializers
// to initialize the elements of an array in C99
#include <stdio.h>

int main(void)
{
   int a[5] =
   {
      [0] = 1, // initialize elements with designated initializers...
      [4] = 2 // within the declaration of the array
   }; // semicolon is required

   // output array contents
   printf("The array is \n");

   for (size_t i = 0; i < 5; ++i) {
      printf("%d\n", a[i]);
   }
}
```

```
The array is
1
0
0
0
2
```

图 E.3　在 C99 中采用指定的初始化语句来初始化数组元素

第 8 行至第 12 行在一对花括号内声明数组并初始化了指定的元素。请注意其中的语法，在初始化列表(第 10 行至第 11 行)中的每一个初始化语句是用逗号隔开，并且在结尾花括号后边有一个分号。没有被显式初始化的元素隐式地被初始化为零(相应类型的)。这个语法在提出 C99 之前是不允许的。

除了可以用一个初始化语句列表来声明一个变量外，初始化语句列表还可以用来创建一个无名数组、结构体或共用体。这被称为一个**复合文本**(compound literal)。例如，若想把一个与图 E.3 中的数组 a 相同的数组传递给一个函数而又没有事先声明这个数组时，则可以向下面这个例子那样使用复合文本：

```
demoFunction((int [5]) {[0] = 1, [4] = 2});
```

图 E.4 是一个更复杂的例子，它演示了用指定的初始化语句来初始化一个结构体数组。

```
1   // Fig. E.4: figE_04.c
2   // Using designated initializers to initialize an array of structs in C99
3   #include <stdio.h>
4
5   struct twoInt // declare a struct of two integers
6   {
7      int x;
8      int y;
9   };
10
11  int main(void)
12  {
13     // explicitly initialize elements of array a
14     // then explicitly initialize two elements
15     struct twoInt a[5] =
16        {
17           [0] = {.x = 1, .y = 2},
18           [4] = {.x = 10, .y = 20}
19        };
20
21     // output array contents
22     printf("x\ty\n");
23
24     for (size_t i = 0; i < 5; ++i) {
25        printf("%d\t%d\n", a[i].x, a[i].y);
26     }
27  } //end main
```

```
x       y
1       2
0       0
0       0
0       0
10      20
```

图 E.4 在 C99 中采用指定的初始化语句来初始化一个结构体数组

第 17 行和第 18 行分别用一个指定的初始化语句来显式地初始化了数组中的一个结构体元素。其中，我们采用了另一个级别的初始化语句，显式地初始化了结构体中的成员 x 和成员 y。欲初始化结构体或共用体中的成员，使用的是一个点号后边跟着成员名称。

将图 E.4 中的使用指定的初始化语句的第 15 行至第 19 行，与下列不使用指定的初始化语句的可执行代码相比较：

```
struct twoInt a[5];

a[0].x = 1;
a[0].y = 2;
a[4].x = 10;
a[4].y = 20;
```

采用初始化语句，而不是在运行时才赋值，可以缩短程序的准备时间。

E.4   bool 类型

（本节可以在学习完 3.6 节后阅读）。

C99 的布尔类型是 _Bool，它只保存值 0 或 1。还记得吧，C 是用 0 和非 0 来表示"假"和"真"——条件表达式中的 0 被定值为假，而条件表达式中的非 0 值被定值为真。给一个 _Bool 变量赋任意非 0 值就将其设置为 1。

C99 提供了 <stdbool.h> 头文件，该头文件定义了为表示布尔类型及其值 true 和 fasle 的宏。这些宏用 1 来代替 true，用 0 来代替 false，用关键字 _Bool 来代替 bool。图 E.5 使用了一个名为 isEven 的函数（第 29 行至第 37 行），该函数在实参为偶数时返回一个 bool 值 true，为奇数时返回 false。

```
 1   // Fig. E.5: figE_05.c
 2   // Using the type bool and the values true and false in C99.
 3   #include <stdio.h>
 4   #include <stdbool.h> // allows the use of bool, true, and false
 5
 6   bool isEven(int number); // function prototype
 7
 8   int main(void)
 9   {
10      // loop for 2 inputs
11      for (int i = 0; i < 2; ++i) {
12         printf("Enter an integer: ");
13         int input; // value entered by user
14         scanf("%d", &input);
15
16         bool valueIsEven = isEven(input); // determine if input is even
17
18         // determine whether input is even
19         if (valueIsEven) {
20            printf("%d is even \n\n", input);
21         }
22         else {
23            printf("%d is odd \n\n", input);
24         }
25      }
26   }
27
28   // isEven returns true if number is even
29   bool isEven(int number)
30   {
31      if (number % 2 == 0) { // is number divisible by 2?
32         return true;
33      }
34      else {
35         return false;
36      }
37   }
```

```
Enter an integer: 34
34 is even

Enter an integer: 23
23 is odd
```

图 E.5   在 C99 中使用布尔类型及其值 true 和 fasle

第 16 行声明了一个名为 valueIsEven 的布尔型变量。第 13 行至第 14 行根据 for 循环语句中的提示，获得一个整数。第 16 行将这个输入传递给函数 isEven（第 29 行至第 37 行）。函数 isEven 的返回值是布尔类型。第 31 行判断实参是否能被 2 整除。若是，第 32 行返回 true（表示这个数是偶数）；否则，第 35 行返回 false（表示这个数是奇数）。这个结果在第 16 行被赋给布尔型变量 valueIsEven。若 valueIsEven 为 true，则第 20 行显示一个表示值为偶数的字符串。若 valueIsEven 为 false，则第 23 行显示一个表示值为奇数的字符串。

E.5 在函数声明中隐式地声明 int 类型

(本节可以在学习完 5.5 节后阅读)。

在 C99 提出之前,若一个函数没有显式地声明返回类型,则将被隐式地认为返回一个整数。此外,若函数没有指定一个形参类型,则该形参的类型被隐式地定义为整型。请看图 E.6 中的程序。

```c
1   // Fig. E.6: figE_06.c
2   // Using implicit int prior to C99
3   #include <stdio.h>
4
5   returnImplicitInt(); // prototype with unspecified return type
6   int demoImplicitInt(x); // prototype with unspecified parameter type
7
8   int main(void)
9   {
10      // assign data of unspecified return type to int
11      int x = returnImplicitInt();
12
13      // pass an int to a function with an unspecified type
14      int y = demoImplicitInt(82);
15
16      printf("x is %d\n", x);
17      printf("y is %d\n", y);
18  }
19
20  returnImplicitInt()
21  {
22      return 77; // returning an int when return type is not specified
23  }
24
25  int demoImplicitInt(x)
26  {
27      return x;
28  }
```

图 E.6 在 C99 提出之前使用隐含的整型

当这个程序在与 C99 有冲突的编译器下运行时,不会有冲突错误或警告信息出现。C99 禁止使用这种隐含的整型,要求符合 C99 的编译器发出一个警告或错误信息。在符合 C99 的编译器下,该程序将发出警告或错误信息。图 E.7 就是 GNU gcc 4.9.2 发出的警告信息。

```
test.c:5:1: warning: data definition has no type or storage class
 returnImplicitInt(); // prototype with unspecified return type
 ^
test.c:5:1: warning: type defaults to 'int' in declaration of 'returnImplic-
itInt'
test.c:6:1: warning: parameter names (without types) in function declaration
 int demoImplicitInt(x); // prototype missing a parameter name type
 ^
test.c:20:1: warning: return type defaults to 'int'
 returnImplicitInt()
 ^
test.c: In function 'demoImplicitInt':
test.c:25:5: warning: type of 'x' defaults to 'int'
 int demoImplicitInt(x)
                     ^
```

图 E.7 gcc 发出的针对隐含整型的警告信息

E.6 复数

(本节可以在学习完 5.3 节后阅读)。

C99 标准支持复数及复数算术运算。图 E.8 中的程序对复数进行了基本的操作。我们在苹果公司 Xcode 6 系统上用 LLVM 编译器编译并运行这个程序[1]。

---

[1] GNU gcc 不支持函数 cpow(参见图 E.8 中的第 13 行)。微软的 Visual C++ 支持 C++ 标准定义的复数功能,而不是 C99 定义的复数功能。

```
 1   // Fig. E.8: figE_08.c
 2   // Using complex numbers in C99
 3   #include <stdio.h>
 4   #include <complex.h> // for complex type and math functions
 5
 6   int main(void)
 7   {
 8      double complex a = 32.123 + 24.456 * I; // a is 32.123 + 24.456i
 9      double complex b = 23.789 + 42.987 * I; // b is 23.789 + 42.987i
10      double complex c = 3.0 + 2.0 * I; // c is 3.0 + 2.0i
11
12      double complex sum = a + b; // perform complex addition
13      double complex pwr = cpow(a, c); // perform complex exponentiation
14
15      printf("a is %f + %fi\n", creal(a), cimag(a));
16      printf("b is %f + %fi\n", creal(b), cimag(b));
17      printf("a + b is: %f + %fi\n", creal(sum), cimag(sum));
18      printf("a - b is: %f + %fi\n", creal(a - b), cimag(a - b));
19      printf("a * b is: %f + %fi\n", creal(a * b), cimag(a * b));
20      printf("a / b is: %f + %fi\n", creal(a / b), cimag(a / b));
21      printf("a ^ b is: %f + %fi\n", creal(pwr), cimag(pwr));
22   }
```

```
a is 32.123000 + 24.456000i
b is 23.789000 + 42.987000i
a + b is: 55.912000 + 67.443000i
a - b is: 8.334000 + -18.531000i
a * b is: -287.116025 + 1962.655185i
a / b is: 0.752119 + -0.331050i
a ^ b is: -17857.051995 + 1365.613958i
```

图 E.8   在 C99 中使用复数

为了让 C99 能够识别复数，我们在源程序中包含头文件<complex.h>(第 4 行)。这将把宏 complex 扩展为关键字_Complex——保存仅两个元素的数组的一种数据类型，这两个元素分别对应复数的实部和虚部。

在第 4 行包含头文件后，就可以像第 8 行至第 10 行和第 12 行至第 13 行那样定义变量。我们定义了类型为 double complex 的变量 a,b,c,sum 和 pwr。当然,也可以采用 float complex 或 long double complex 数据类型。

算术运算符都可应用于复数。头文件<complex.h>还定义了若干个数学函数,例如第 13 行中的 cpow。还可以对复数使用!, ++, −−, &&, ||, ==, !=和一元的&等运算符。

第 17 行至第 21 行输出了各种算术运算的结果。复数的实部和虚部可以分别用函数 creal 和 cimag 来访问,如第 15 行至第 21 行所示。在第 21 行输出的字符串中,使用符号^来表示指数。

E.7   编译预处理的新增功能

(本节可以在学习完第 13 章后阅读)。

C99 增加了编译预处理的功能。首先是_Pragma 运算符,其功能与 13.6 节中介绍的预处理命令#pragma 相同。_Pragma(tokens)与#pragma tokens 的效果是一样的,但是由于_Pragma 可以用于宏定义中,所以_Pragma 更灵活。因此,代替用一个#if 预处理命令来将一个针对特定编译器的 pragma 包括起来的做法,可以简单地在一个宏中使用_Pragma 运算符一次就可以在程序中随处使用这个宏。

其次,C99 制定了三个标准的 pragmas 来处理浮点数运算。其中第一个标号(token)总是 STDC, 第二个是 FENV_ACCESS, FP_CONTRACT 或 CX_LIMITED_RANGE 三者之一,第三个是 ON, OFF 或 DEFAULT,它们分别表示给定的 pragma 是否应该是 enabled(可用),disabled(不可用)或将其置为 default value(默认值)。pragma FENV_ACCESS 用于通知编译器代码的哪一部分将使用在 C99 的头文件<fenv.h>中出现的函数。在现代的桌面计算机系统中,浮点处理都是针对 80 位长的浮点数进行的。若 FP_CONTRACT 是可用的,则编译器将按这个精度执行一系列操作并将最后结果存入到精度较低的 float or double 数据类型，而不是在每一次运算后都降低精度。最后，若 CX_LIMITED_RANGE 是可用的，则编译器将被允许针对像乘法或除法这样的复数运算使用标准数学公式。由于浮点数在存储时总是不精确的，所以使用常规的数学定义可能会导致溢出，即数值超过了浮点数所能表示数值的范围，即便是操作数和结果都在这个范围内。

第三，C99 编译预处理程序允许向一个宏调用传递空参数——在之前的 C 版本中，一个空参数的行为是未定义的，尽管 gcc 甚至在 C89 模式下也是根据 C99 来工作的。

在多数情况下，这将导致一个语法错误，但是在有些情况下是可用的。例如，一个被定义为 type * cv name 的宏 PTR(type, cv, name)（这里 cv 意味着 const 或 volatile）。

在某些情况下，不需要将指针声明为 const 或 volatile，则第二个参数就是空的。当运算符#或##作用于一个空的宏参数（参见 13.7 节），得到的结果分别是空的字符串或参数所拼接的标识符。

编译预处理程序增加一个重要功能是面向宏的可变长参数列表。这将允许宏将像 printf 这样的函数包含进来——例如，为了将当前文件名自动地添加到调试语句中，可以向下面这样定义一个宏：

```
#define DEBUG(...) printf(__FILE__ ": " __VA_ARGS__)
```

由于"参数列表"处用"..."来表示，所以这个 DEBUG 宏接受的参数数目是可变的。对于函数而言，"..."表示上一个参数。而在宏中，与函数不同，它可能是唯一的参数。分别以下画线开始和结束的标识符_VA_ARGS_是为可变长参数列表而设置的一个占位符。当如下调用被编译预处理时：

```
DEBUG("x = %d, y = %d\n", x, y);
```

将被下面语句替换：

```
printf("file.c" ": " "x = %d, y = %d\n", x, y);
```

13.7 节介绍过，由空格分隔的字符串在编译预处理时会被拼接在一起，所以上述语句中的三个字符串将被拼接成在一起，成为 printf 函数的第一个参数。

E.8 C99 的其他功能

我们将简单介绍一些 C99 增加的新功能，包括关键字、语言的包容性以及新增的标准库。

E.8.1 编译器的最小资源限制

（本节可以在学习完 14.5 节后阅读）。

在 C99 之前，C 标准要求所实现的语言支持带内部链接的标识符（仅在被编译的文件内部有效）不少于 31 个字符，带外部链接的标识符（在其他文件中也有效）不少于 6 个字符。欲了解内部链接和外部链接的详细信息，请阅读 14.5 节。C99 标准把这些限制放宽到带内部链接的标识符不少于 63 个字符，带外部链接的标识符不少于 31 个字符。这些限制就很低了。编译器可以自由选择支持比这些限制更多字符的标识符。借助通用字符名集，标识符还允许包含民族语言字符（C99 标准，参见 6.4.3 节）。而且，若实现者愿意的话，这点也可以在语言中直接实现（C99 标准，参见 6.4.2.1 节）（欲了解更多信息，请查阅 C99 标准的 5.2.4.1 节）。

除了放宽要求编译器支持的标识符长度限制外，C99 标准还在多数语言功能上设置了最低限制。例如，要求编译器支持结构体、枚举类型和共用体至少可以拥有 1023 个成员，一个函数至少可以拥有 127 个形参。欲了解更多的 C99 设置的其他最低限制，请查阅 C99 标准的 5.2.4.1 节。

E.8.2 关键字 restrict

（本节可以在学习完 7.5 节后阅读）。

关键字 restrict 用于声明受限制的指针。当应该对一片存储区域进行互斥的访问时，我们就应该将指针声明受限制的指针。通过受限制的指针来访问的对象不能被其他指针访问，除非那些指针的值是从受限制指针的值导出的。我们可以向下面这样声明一个指向整数的受限制的指针：

```
int *restrict ptr;
```

有了受限制的指针，编译器就可以对程序访问内存的方式进行优化。例如，下面这个在 C99 标准中定义的标准库函数 memcpy：

```
void *memcpy(void *restrict s1, const void *restrict s2, size_t n);
```

函数 memcpy 的规范声明该函数不能在相互有重叠的两块存储区域之间进行复制。采用受限制的指针就可以让编译器去检查这些要求，同时还可以通过一次复制多个字节这种更高效的方法，来优化复制操作。若误将一个指针声明为受限制的，而有另一个指针指向同一片存储区域，将导致一个未定义的行为（欲了解更多信息，请查阅 C99 标准的 5.2.4.1 节）。

E.8.3   可靠的整数除法

（本节可以在学习完 2.5 节后阅读）。

在 C99 之前的编译器中，整数除法的行为在不同的语言实现中是不同的。有的实现将一个负的商舍入为负无穷大，而其他的则舍入为零。当一个操作数是负数时，会有不同的运算结果。例如，–28 除以 5，准确的答案是–5.6。但是若向零舍入，则结果是–5；若将–5.6 向负无穷大舍入，则结果是–6。C99 消除了这些混淆，将整数除法（及整数取余数）统一为向零舍入。这使得整数除法变得可靠——与 C99 保持一致的平台都采用相同的方法来处理整数除法［欲了解更多信息，请查阅 C99 标准的 6.5.5 节］。

E.8.4   灵活的数组成员

（本节可以在学习完 10.3 节后阅读）。

C99 允许用户将结构体中的最后一个成员声明为一个长度未定的数组。例如

```
struct s {
    int arraySize;
    int array[];
};
```

声明一个**灵活的数组成员**（flexible array member）是通过一个空的方括号来实现的。在为一个带灵活数组成员的结构体申请内存时，可以采用如下代码：

```
int desiredSize = 5;
struct s *ptr;
ptr = malloc(sizeof(struct s) + sizeof(int) * desiredSize);
```

其中，运算符 sizeof 将忽略掉灵活数组成员。sizeof(struct s) 计算除灵活数组成员之外，struct s 其余所有成员的占用空间大小。用 sizeof(int) * desiredSize 申请的额外空间就是灵活数组成员的大小。

灵活数组成员的使用是有很多限制的。首先，只能把一个结构体的最后一个成员声明为灵活数组成员——所以每个结构体最多只能有一个灵活数组成员；其次，灵活数组成员只能是某个结构体的一个成员，而结构体还必须有一个或多个固定成员；再次，包含灵活数组成员的结构体不能够成为另一个结构体的成员；最后，包含灵活数组成员的结构体不能静态初始化——它必须动态地申请内存，不能在编译时固定灵活数组成员的大小（欲了解更多信息，请查阅 C99 标准的 6.7.2.1 节）。

E.8.5   放宽对聚合数据结构初始化的限制

（本节可以在学习完 10.3 节后阅读）。

C99 不再要求像数组、结构体和共用体这样的聚合数据结构只能用常量表达式来初始化。这样就可以用更简明的初始化列表，而不再是多个独立的语句，来初始化聚合数据结构的成员。

E.8.6　类型通用的 math 函数

(本节可以在学习完 5.3 节后阅读)。

<tgmath.h>是 C99 中新出现的头文件。它针对<math.h>中的很多函数,提供了类型通用的宏。例如,在包含<tgmath.h>之后,若 x 是一个 float,则表达式 sin(x)将调用 sinf(函数 sin 的 float 版本);若 x 是一个 double,则表达式 sin(x)将调用 sin(接受一个 double 型实参);若 x 是一个 long double,则表达式 sin(x)将调用 sinl(函数 sin 的 long double 版本);若 x 是一个复数,则表达式 sin(x)将针对不同的复数类型调用相应的 sin 版本(csin,csinf 或 csinl)。C11 还包括其他一些通用功能,我们将在本附录的后边介绍。

E.8.7　inline 函数

(本节可以在学习完 5.5 节后阅读)。

通过在函数名前面加上关键字 inline,C99 允许程序员声明 inline 函数。例如

```
inline void randomFunction();
```

从用户的角度看,加或不加 inline 对程序的逻辑并没有影响,但是加上就可以提高性能。函数调用是需要花费时间的。当一个函数被声明为 inline 后,程序就可能不再调用该函数了。编译器就可以选择用该函数的函数体内的代码段来替换每个对该函数的调用语句。尽管这样做会增加程序的长度,但是却可以提高程序的运行时性能。因此,只有在一个函数很短而且被频繁调用的情况下,才应将其声明为 inline。inline 声明只是给编译器一个建议,编译器也可以忽略掉这个声明(欲了解更多信息,请查阅 C99 标准的6.7.4 节)。

E.8.8　无表达式的返回语句

(本节可以在学习完 5.5 节后阅读)。

C99 对"从函数中返回"设置了更严格的限制。在一个返回非 void 值的函数中,不允许在使用下面这条语句。

```
return;
```

在 C99 之前的编译器中,上述语句是允许的。但是若主调函数需要使用从被调函数中返回的数值的话,它将导致一个未定义的行为。同样,在一个不返回值的函数中,不允许返回一个值。像下面这样的语句就不再允许出现了:

```
void returnInt() {return 1;}
```

当出现上面这种情况时,C99 要求与其兼容的编译器必须产生警告信息或编译错误(欲了解更多信息,请查阅 C99 标准的 6.8.6.4 节)。

E.8.9　预定义标识符__func__

(本节可以在学习完 13.9 节后阅读)。

预定义标识符__func__相当于预处理宏__FILE__和__LINE__——是用来保存当前函数的函数名的一个字符串。与__FILE__不同,它并不是一个字符串文本而是一个变量,所以它不能与其他文本拼接。这是因为字符串文本的拼接是在编译预处理阶段完成的,而那个时候预处理程序并不知道 C 语言程序的语义。

E.8.10　宏 va_copy

(本节可以在学习完 14.3 节后阅读)。

14.3 节介绍了头文件<stdarg.h>并且介绍了如何处理可变长参数列表。C99 增加了宏 va_copy,这个宏接受两个 va_list 并将第 2 个参数复制给第 1 个参数。这就允许通过可变长参数列表的多次传递不用每次都从头开始。

E.9 C11 标准中的新功能

C11 优化并扩展了 C 的功能。但是，就在编写本书的时候，绝大多数支持 C11 的 C 编译器实现的还只是这些新功能的一小部分。当然，C11 标准认为这些新功能是可选的。

对于 C99 和 C11 新增加的功能，微软的 Visual C++ 也只是部分支持。图 E.9 列出了已经包含 C11 新功能的 C 编译器。

编译器	网址
GNU GCC	https://gcc.gnu.org/gcc-4.9/
Clang/LLVM	clang.llvm.org/docs/ReleaseNotes.html
IBM XL C	http://www.ibm.com/software/products/en/ccompfami
Pelles C	www.smorgasbordet.com/pellesc/

图 E.9 符合 C11 的编译器

标准的送审稿可以在下面的网址上找到：

www.open-std.org/jtc1/sc22/wg14/www/docs/n1570.pdf

而标准的最终版可以通过下面的网址联系购买：

webstore.ansi.org/RecordDetail.aspx?sku=INCITS%2FISO%2FIEC+9899-2012

E.9.1 新的 C11 头文件

图 E.10 列出了 C11 中新增加的标准库头文件。

标准库头文件	说明
<stdalign.h>	提供数据类型对齐控制
<stdatomic.h>	提供用于多线程的针对对象的不可中断的访问
<stdnoreturn.h>	无返回的函数
<threads.h>	线程库
<uchar.h>	UTF-16 和 UTF-32 字符处理功能

图 E.10 C11 中新增加的标准库头文件

E.9.2 对多线程的支持

多线程是 C11 标准中最重要的改进之一。尽管多线程已经提出几十年了，但是只有在多核计算机系统近年来广泛普及后(目前甚至连智能手机和平板电脑都是多核的)才迅速引起人们的兴趣。今天绝大多数新的处理器至少拥有双核，三核、四核与八核都是很普遍的了。而且核的数目还在持续增长。在多核系统中，硬件可以让不同的核来处理任务中的不同部分。因此任务(和程序)就可以更快完成。为了充分利用多核体系结构的优势，需要编写多线程应用程序。只有当一个程序将任务划分成独立的线程时，多核系统才能并行地执行这些线程。

标准的多线程实现

以前，C 的多线程库不是标准的，只能在特定平台上运行。C 程序员通常都希望他们的程序可以在不同的平台上移植。这就是开发标准多线程库的好处。C11 的 <threads.h> 头文件声明了新的(可选的)的多线程功能，这些功能可以帮助你编写出可移植的多线程 C 代码。截止编写本书的时候，支持 C11 多线程功能的 C 编译器还很少。为了编译本节中的例子，我们使用了 Pelles C 编译器(仅用于 Windows 平台)，可以从 www.smorgasbordet.com/pellesc/下载该编译器。在本节中，只介绍最基本的能够创建并运行线程的多线程功能。在本节的最后，再介绍几个 C11 支持的多线程功能。

运行多线程

当在现代计算机系统上运行一个程序时,程序的任务将会在操作系统的帮助下,与同时运行的其他程序或工作,竞争处理器资源。系统中的所有任务通常都是在后台运行的。当执行本节中的例程,执行每个计算的时间会因计算机处理器的速度、处理器核的总数以及当前计算机运行的程序不同而变化。这就像开车去超市购物一样——花费的时间会因交通拥堵情况、天气等因素的不同而变化。正常 10 分钟的车程,在拥堵高峰时段或恶劣天气下就会变得很长。在计算机系统上执行应用程序也是这样。

另外,引入多线程肯定会带来一定的开销。将一个任务划分成两个线程并在一个双核系统上运行,达不到提速两倍,但是肯定要比顺序执行这两个任务要快。

性能提示 E.1

你将会看到,在单核处理器上运行多线程应用程序,比简单地顺序执行这些线程所承担的任务,花的时间要多。

本节例程概述

为了演示多核系统上多线程的威力,本节提供了两个例程

- 一个是顺序执行两个计算密集型的计算任务。
- 另一个是用线程并行执行同样的计算密集型计算任务。

我们分别在单核和双核的 Windows 计算机上演示每个程序在不同情况下的性能。我们将针对这两个程序,测量每个计算任务的执行时间和总的执行时间。程序的输出将会显示出在多核系统上运行多线程程序会显著地缩短执行时间。

例子:两个计算密集型任务的顺序执行

图 E.11 使用了在 5.15 介绍过的递归 fibonacci 函数(第 37 行至第 46 行)。还记得吗?要想计算一个大一些的 Fibonacci 值,采用递归的方法需要花费的时间是很多的。本例顺序地计算 fibonacci(50)(第 16 行)和 fibonacci(49)(第 25 行)。在每次调用 Fibonacci 函数的前后,分别记录时间时刻以便计算出每次调用所花费的总时间。我们还以此计算出两次调用花费的总时间。第 21 行、第 30 行和第 33 行使用了函数 difftime(来自头文件 <time.h>)两个时刻之间的秒数。

```c
1   // Fig. E.11: figE_11.c
2   // Fibonacci calculations performed sequentially
3   #include <stdio.h>
4   #include <time.h>
5
6   unsigned long long int fibonacci(unsigned int n); // function prototype
7
8   // function main begins program execution
9   int main(void)
10  {
11      puts("Sequential calls to fibonacci(50) and fibonacci(49)");
12
13      // calculate fibonacci value for 50
14      time_t startTime1 = time(NULL);
15      puts("Calculating fibonacci(50)");
16      unsigned long long int result1 = fibonacci(50);
17      time_t endTime1 = time(NULL);
18
19      printf("fibonacci(%u) = %llu\n", 50, result1);
20      printf("Calculation time = %f minutes\n",
21          difftime(endTime1, startTime1) / 60.0);
22
23      time_t startTime2 = time(NULL);
24      puts("Calculating fibonacci(49)");
25      unsigned long long int result2 = fibonacci(49);
26      time_t endTime2 = time(NULL);
27
28      printf("fibonacci(%u) = %llu\n", 49, result2);
```

图 E.11 顺序执行两个 Fibonacci 计算

```
29        printf("Calculation time = %f minutes\n\n",
30            difftime(endTime2, startTime2) / 60.0);
31
32        printf("Total calculation time = %f minutes\n",
33            difftime(endTime2, startTime1) / 60.0);
34    }
35
36    // Recursively calculates fibonacci numbers
37    unsigned long long int fibonacci(unsigned int n)
38    {
39        // base case
40        if (0 == n || 1 == n) {
41            return n;
42        }
43        else { // recursive step
44            return fibonacci(n - 1) + fibonacci(n - 2);
45        }
46    }
```

a) Output on a Dual-Core Windows Computer

```
Sequential calls to fibonacci(50) and fibonacci(49)
Calculating fibonacci(50)
fibonacci(50) = 12586269025
Calculation time = 1.366667 minutes

Calculating fibonacci(49)
fibonacci(49) = 7778742049
Calculation time = 0.883333 minutes

Total calculation time = 2.250000 minutes
```

b) Output on a Single-Core Windows Computer

```
Sequential calls to fibonacci(50) and fibonacci(49)
Calculating fibonacci(50)
fibonacci(50) = 12586269025
Calculation time = 1.566667 minutes

Calculating fibonacci(49)
fibonacci(49) = 7778742049
Calculation time = 0.883333 minutes

Total calculation time = 2.450000 minutes
```

c) Output on a Single-Core Windows Computer

```
Sequential calls to fibonacci(50) and fibonacci(49)
Calculating fibonacci(50)
fibonacci(50) = 12586269025
Calculation time = 1.450000 minutes

Calculating fibonacci(49)
fibonacci(49) = 7778742049
Calculation time = 0.883333 minutes

Total calculation time = 2.333333 minutes
```

图 E.11(续)   顺序执行两个 Fibonacci 计算

第一个输出显示程序在一个双核 Windows 计算机上运行的结果。重复这样运行程序得到的结果是相同的，尽管不能确保。第二个和第三个输出显示程序在一个单核 Windows 计算机上运行的结果，这两次的运行结果是不同的，但都花费了更长的时间，这是因为处理器是被这个程序及碰巧同时运行在计算机上的所有其他程序所共享。

例子：两个计算密集型任务的多线程执行

图 E.12 还是使用递归的 fibonacci 函数，但是每次都使用一个单独线程来调用。前两个输出显示在一个双核 Windows 计算机上 Fibonacci 例子的多线程执行。尽管执行时间不同，但是完成两个 Fibonacci 计算的总时间肯定比图 E.11 顺序执行花的时间要少——因为我们的程序被分成两个线程并使用了双核而不是单核。后两个输出显示程序在与双核计算机速度相同的单核计算机上运行的结果。可以再次发现，尽管两次执行时间不同，但是总时间肯定是比顺序执行花费的时间多，这是因为该程序的线程与同时运行在计算机上的其他程序共享一个处理器会带来额外的开销。

```c
 1  // Fig. E.12: figE_12.c
 2  // Fibonacci calculations performed in separate threads
 3  #include <stdio.h>
 4  #include <threads.h>
 5  #include <time.h>
 6
 7  #define NUMBER_OF_THREADS 2
 8
 9  int startFibonacci(void *nPtr);
10  unsigned long long int fibonacci(unsigned int n);
11
12  typedef struct ThreadData {
13     time_t startTime; // time thread starts processing
14     time_t endTime; // time thread finishes processing
15     unsigned int number; // fibonacci number to calculate
16  } ThreadData; // end struct ThreadData
17
18  int main(void)
19  {
20     // data passed to the threads; uses designated initializers
21     ThreadData data[NUMBER_OF_THREADS] =
22        { [0] = {.number = 50},
23          [1] = {.number = 49}};
24
25     // each thread needs a thread identifier of type thrd_t
26     thrd_t threads[NUMBER_OF_THREADS];
27
28     puts("fibonacci(50) and fibonacci(49) in separate threads");
29
30     // create and start the threads
31     for (size_t i = 0; i < NUMBER_OF_THREADS; ++i) {
32        printf("Starting thread to calculate fibonacci(%d)\n",
33           data[i].number);
34
35        // create a thread and check whether creation was successful
36        if (thrd_create(&threads[i], startFibonacci, &data[i]) !=
37           thrd_success) {
38
39           puts("Failed to create thread");
40        }
41     }
42
43     // wait for each of the calculations to complete
44     for (size_t i = 0; i < NUMBER_OF_THREADS; ++i)
45        thrd_join(threads[i], NULL);
46
47     // determine time that first thread started
48     time_t startTime = (data[0].startTime < data[1].startTime) ?
49        data[0].startTime : data[1].startTime;
50
51     // determine time that last thread terminated
52     time_t endTime = (data[0].endTime > data[1].endTime) ?
53        data[0].endTime : data[1].endTime;
54
55     // display total time for calculations
56     printf("Total calculation time = %f minutes\n",
57        difftime(endTime, startTime) / 60.0);
58  }
59
60  // Called by a thread to begin recursive Fibonacci calculation
61  int startFibonacci(void *ptr)
62  {
63     // cast ptr to ThreadData * so we can access arguments
64     ThreadData *dataPtr = (ThreadData *) ptr;
65
66     dataPtr->startTime = time(NULL); // time before calculation
```

图 E.12　用独立的线程来完成 Fibonacci 计算

```
67
68      printf("Calculating fibonacci(%d)\n", dataPtr->number);
69      printf("fibonacci(%d) = %lld\n",
70          dataPtr->number, fibonacci(dataPtr->number));
71
72      dataPtr->endTime = time(NULL); // time after calculation
73
74      printf("Calculation time = %f minutes\n\n",
75          difftime(dataPtr->endTime, dataPtr->startTime) / 60.0);
76      return thrd_success;
77   }
78
79   // Recursively calculates fibonacci numbers
80   unsigned long long int fibonacci(unsigned int n)
81   {
82      // base case
83      if (0 == n || 1 == n) {
84          return n;
85      }
86      else { // recursive step
87          return fibonacci(n - 1) + fibonacci(n - 2);
88      }
89   }
```

a) Output on a Dual-Core Windows Computer

```
fibonacci(50) and fibonacci(49) in separate threads
Starting thread to calculate fibonacci(50)
Starting thread to calculate fibonacci(49)
Calculating fibonacci(50)
Calculating fibonacci(49)
fibonacci(49) = 7778742049
Calculation time = 0.866667 minutes

fibonacci(50) = 12586269025
Calculation time = 1.466667 minutes

Total calculation time = 1.466667 minutes
```

b) Output on a Dual-Core Windows Computer

```
fibonacci(50) and fibonacci(49) in separate threads
Starting thread to calculate fibonacci(50)
Starting thread to calculate fibonacci(49)
Calculating fibonacci(50)
Calculating fibonacci(49)
fibonacci(49) = 7778742049
Calculation time = 0.783333 minutes

fibonacci(50) = 12586269025
Calculation time = 1.266667 minutes

Total calculation time = 1.266667 minutes
```

c) Output on a Single-Core Windows Computer

```
fibonacci(50) and fibonacci(49) in separate threads
Starting thread to calculate fibonacci(50)
Starting thread to calculate fibonacci(49)
Calculating fibonacci(50)
Calculating fibonacci(49)
fibonacci(49) = 7778742049
Calculation time = 1.683333 minutes

fibonacci(50) = 12586269025
Calculation time = 2.183333 minutes

Total calculation time = 2.183333 minutes
```

图 E.12(续)　用独立的线程来完成 Fibonacci 计算

d) Output on a Single-Core Windows Computer

```
fibonacci(50) and fibonacci(49) in separate threads
Starting thread to calculate fibonacci(50)
Starting thread to calculate fibonacci(49)
Calculating fibonacci(50)
Calculating fibonacci(49)
fibonacci(49) = 7778742049
Calculation time = 1.600000 minutes

fibonacci(50) = 12586269025
Calculation time = 2.083333 minutes

Total calculation time = 2.083333 minutes
```

图 E.12(续)　用独立的线程来完成 Fibonacci 计算

结构体 ThreadData

本例中，线程每次执行所调用的函数都接收一个 ThreadData 对象作为实参。这个对象包含了将要传递给 fibonacci 函数的参数(number)以及两个用于记录线程调用 fibonacci 函数起止时刻的 time_t 成员。第 21 行至第 23 行创建了一个包含两个 ThreadData 对象的数组并用指定的初始化语句将它们的 number 成员分别初始化为 50 和 49。

thrd_t

第 26 行创建了一个 thrd_t 对象的数组。当创建一个线程时，多线程库函数将为其分配一个线程 ID(编号) thread ID 并将其存储在一个 thrd_t 对象中。这个线程 ID 可以被不同的多线程库函数使用。

创建并执行一个线程

第 31 行至第 41 行通过调用函数 thrd_create(第 36 行)创建了两个线程。这个函数的三个参数是

- 函数 thrd_create 用于存储线程 ID 的 thrd_t 指针。
- 用于将任务指派给线程的指向函数(startFibonacci)的指针。该函数必须返回一个整型数并接收一个 void 型指针作为传递给函数的参数(在本例中，是指向一个 ThreadData 对象的指针)。返回的整型数表示任务结束时线程的状态(如 thrd_success 或者 thrd_error)。
- 指向第二个参数中要传递给函数的参数的 void 型指针。

若线程被成功创建，则函数 thrd_create 返回 thrd_success，若没有足够的内存空间分配给线程，则 thrd_create 返回 thrd_nomem，否则返回 thrd_error。若线程被成功创建，则线程开始执行由第二个参数指定的函数。

线程汇聚

为了保证在线程结束前程序不会终止。针对创建的所有线程，第 44 行至第 45 行调用函数 thrd_join。这将导致程序只有等到所有的线程都结束后，才开始执行 main 函数中的余下代码。函数 thrd_join 接受代表需要汇聚线程 ID 的 thrd_t 和一个 int 型指针，函数将把线程返回的状态存储在这个 int 型指针所指向的单元中。在所有线程都结束后，第 48 行至第 57 行通过求时间变量的差得到并显示总的执行时间。

函数 startFibonacci

函数 startFibonacci(第 61 行至第 77 行)指定要执行的任务——本例中是调用 fibonacci 函数来递归地执行计算、测量计算所花时间、显示计算结果以及计算所花时间(如图 E.11 所示)。线程将在函数 startFibonacci 返回线程状态(thrd_success，第 76 行)，即到达线程终点，然后结束。

C11 的其他多线程功能

除了本节介绍的基本的多线程功能外，C11 also 还包含了其他多线程功能，例如 _Atomic(原子)变量和原子操作，线程局部存储区，同步条件与互斥量。欲了解这方面更多的信息，请阅读标准的 6.7.2.4 节、6.7.3 节、7.17 节和 7.26 节以及下列网站发布的博客与文章：

```
http://blog.smartbear.com/software-quality/bid/173187/
    C11-A-New-C-Standard-Aiming-at-Safer-Programming
http://lwn.net/Articles/508220/
```

E.9.3　函数 quick_exit

除了函数 exit(参见 14.6 节)和 abort 外,C11 还支持用函数 quick_exit(头文件<stdlib.h>)来终止程序。与 exit 不同, 调用 quick_exit 函数需要传递给它一个参数 exit status——通常是 EXIT_SUCCESS 或者 EXIT_FAILURE, 当然也可能是其他与运行平台有关数值。exit status 值是从程序中返回给调用平台的, 以表明程序已成功终止或出现了一个错误。在被调用时, 函数 quick_exit 还可以反过来调用数量最多可达 32 个的其他函数来执行"清理现场"任务。需要用 at_quick_exit 函数(类似 14.6 节中的 atexit 函数)来注册这些函数, 然后以与注册顺序相反的顺序调用这些函数。每个被注册的函数必须返回 void 并且有一个 void 形参列表。下面这个文档解释了引入函数 quick_exit 和 at_quick_exit 的动机:

```
http://www.open-std.org/jtc1/sc22/wg14/www/docs/n1327.htm
```

E.9.4　对 Unicode 的支持

国际化与本地化是创建支持多种语言和属地特殊要求的软件的重要环节——例如显示货币的格式。**Unicode** 字符集就包含了表示世界上大多数语言及符号的字符。

目前, C11 同时支持 16 位和 32 位的 Unicode 字符集(UTF-16 和 UTF-32), 它们可以帮助用户轻松地实现开发应用程序的国际化与本地化。

C11 标准的 6.4.5 节介绍了创建 Unicode 字符串文本的方法, 标准的 7.28 节介绍了新的 Unicode 工具函数头文件(<uchar.h>)的功能, 该头文件针对 UTF-16 和 UTF-32 分别引入了数据类型 char16_t 和 char32_t。不过, 遗憾的是, 截止编写本书的时候, 新的 Unicode 功能并没有在 C 编译器中获得广泛支持。

E.9.5　函数限定符 _Noreturn

函数限定符 _Noreturn 表示函数不会返回其调用者中。例如, 函数 exit(参见第 14.6 节)终止了程序, 就无法返回到调用者中。C 标准库中这样的函数现在就需要用 _Noreturn 来声明。如 C11 标准中, exit 的函数原型是

```
_Noreturn void exit(int status);
```
若知道函数不会返回, 则编译器可以进行各种各样的优化, 或者在一个 _Noreturn 函数被无意间写上 return 时发会一条错误信息。

E.9.6　类型通用的表达式

C11 新的关键字 _Generic 提供了一个可以用不同类型的参数来调用同一个函数的机制, 这个机制是通过创建一个宏(参见第 13 章)来实现的, 具体调用函数的参数类型由该宏中的参数指定。在 C11 中, 这个功能被用来实现类型通用的数学函数头文件(<tgmath.h>)。很多数学函数为了接受 floats, doubles 或 long doubles 等不同类型的参数, 提供不同的版本。现在, 再遇到这种情况就可以通过这样一个宏自动地调用相应类型的函数版本。例如, 当参数是 float 型时, 宏 ceil 调用函数 ceilf; 当参数是 double 型时, 调用 ceil; 当参数是 long double 型时, 调用 ceill。C11 标准的 6.5.1.1 节介绍了使用 _Generic 的细节。

E.9.7　Annex L: 可分析性与未定义的行为

C11 标准定义了编译器厂商必须实现的语言功能。但是由于硬件和软件平台的种类繁多以及其他因素, 标准只能将某些操作在许多地方出现的特殊结果, 指定为"未定义的行为"。这些都会导致安全性

和可靠性的隐患——每次发生未定义行为都为攻击或失效打开大门。在 C11 标准文档中，"未定义的行为"一词出现了将近 50 次。

来自 CERT（cert.org）的开发 C11 关于可分析性的可选库 Annex L 的专家仔细分析了所有的未定义行为，发现它们可以分为两类：一类是编译器的实现者可以采取措施避免发生严重后果的未定义行为（称为有限的未定义行为）；一类是实现者无计可施的未定义行为（称为临界的未定义行为）。绝大多数未定义行为属于前者。David Keaton（CERT 安全编码中心的一位研究者）在下面这篇文章中对这种分类进行了解释：

    http://blog.sei.cmu.edu/post.cfm/improving-security-in-the-latest-
    c-programming-language-standard-1

C11 标准的 Annex L 库可以区分临界的未定义行为。将这个库作为标准的一部分为编译器的实现者提供了一个机会——满足 Annex L 的编译器，由于对绝大多数未定义行为采取了防范措施，因而是可以信赖的。而早期的编译器是不考虑这些行为的。当然，Annex L 还不能够有效应对临界的未定义行为。源程序可以通过条件编译命令（参见 13.5 节）来判断编译器是否满足 Annex L，条件编译命令的功能是测试是否定义了宏 __STDC_ANALYZABLE__。

E.9.8　存储对齐控制

第 10 章介绍过不同的计算机平台有不同的存储边界对齐要求，这是这些要求使得结构体对象所占用的存储空间要大于其成员变量大小的总和。借助头文件<stdalign.h>的功能，C11 允许你指定任何数据类型的边界对齐要求。_Alignas 就是用来指定对齐要求的。运算符 alignof 返回其操作数的对齐要求，函数 aligned_alloc 允许动态地为一个对象申请内存并指定它的对齐要求。欲了解更多的细节，请阅读 C11 标准文档的 6.2.8 节。

E.9.9　静态断言

13.10 节曾介绍 C 的 assert 宏可以测试一个表达式在运行时的值。若条件的值为 false，则 assert 打印一个出错信息并调用函数 abort 来终止程序。这在查错时是很有用的。为了支持编译时断言，C11 提供了宏_Static_assert。这个宏在执行过编译预处理并且在编译期间一个常量表达式的类型确定后，就可以测定该常量表达式的值。欲了解更多的细节，请阅读 C11 标准文档的 6.7.10 节。

E.9.10　浮点数据类型

C11 目前兼容 IEC60559 浮点数标准，尽管支持这个标准是可选的。在其所用的功能中，IEC60559 定义了浮点数算术运算规则以确保无论是用硬件还是软件，或软硬件兼用，在不同的实现之间（无论是用 C 还是支持这个标准的其他语言），执行运算都得到相同的结果。可以从下面网址下载该标准来进一步学习。

    http://www.iso.org/iso/iso_catalogue/catalogue_tc/catalogue_detail.htm?csnumber=57469

E.10　网络资源

C99 的资源

http://www.open-std.org/jtc1/sc22/wg14/
这是 C 标准委员会的官方网站。包括缺陷报告、工作报告、项目文档和项目进展，以及 C99 标准的理论基础、合同等。

http://blogs.msdn.com/b/vcblog/archive/2007/11/05/iso-c-standard-update.aspx
这是 Visual C++编译器测试负责人 Arjun Bijanki 的博客，介绍为何 Visual Studio 不支持 C99。

http://www.ibm.com/developerworks/linux/library/l-c99/index.html

这是 Peter Seebach 撰写的文章 "Open Source Development Using C99"，介绍 C99 库函数在 Linux 和 BSD 上的功能。

http://www.informit.com/guides/content.aspx?g=cplusplus&seqNum=215

Danny Kalev 撰写的文章 "A Tour of C99"，总结了 C99 标准中的新功能。

C11 标准

http://webstore.ansi.org/RecordDetail.aspx?sku=INCITS%2FISO%2FIEC+9899-2012

登录此网站可购买 C11 标准的 ANSI 版本。

http://www.open-std.org/jtc1/sc22/wg14/www/docs/n1570.pdf

这是 C11 标准在被批准和发布前的最后一个免费草案。

C11 的新功能

http://en.wikipedia.org/wiki/C11_(C_standard_revision)

这是介绍 C11 标准中与 C99 不同的那些新功能的维基百科网页。

http://progopedia.com/dialect/c11/

本网页简单地列出了 C11 的新功能。

http://www.informit.com/articles/article.aspx?p=1843894

David Chisnall 撰写的文章 "The New Features of C11"。

http://www.drdobbs.com/cpp/c-finally-gets-a-new-standard/232800444

Tom Plum 撰写的文章 "C Finally Gets a New Standard"，介绍并发处理，关键字，存储类 thread_local，可选线程等。

http://www.drdobbs.com/cpp/cs-new-ease-of-use-and-how-the-language/240001401

Tom Plum 撰写的文章 "C's New Ease of Use and How the Language Compares with C++"，介绍与 C++ 功能相对应的 C11 新功能，以及 C11 中与 C++ 功能不相符的主要差别。

http://www.i-programmer.info/news/98-languages/3546-new-iso-c-standard-c1x.html

Mike James 撰写的文章 "New ISO C standard—C11"，简要介绍一些新功能。

http://www.drdobbs.com/cpp/the-new-c-standard-explored/232901670

Tom Plum 撰写的文章 "The New C Standard Explored"，介绍 C11 的 Annex K 函数，fopen() 的安全性，修正 tmpnam，%n 格式化的安全漏洞、安全性改进等。

http://www.sdtimes.com/link/36892

ISO 的 C 程序设计语言工作组的召集人 John Benito 撰写的文章 "The thinking behind C11"，介绍 C 程序设计语言标准委员会在制定 C11 标准时的指导原则。

改进的安全性

http://blog.smartbear.com/software-quality/bid/173187/C11-A-New-C-Standard-Aiming-at-Safer-Programming

Danny Kalev 的博客 "C11: A New C Standard Aiming at Safer Programming"，讨论从信息安全角度看 C99 标准存在的问题以及 C11 标准带来的新希望。

http://www.amazon.com/exec/obidos/ASIN/0321822137/deitelassociatin

Robert Seacord 撰写的教材 Secure Coding in C and C++，Second Edition，介绍 Annex K 库对提升安全性的好处。

http://blog.sei.cmu.edu/post.cfm/improving-security-in-the-latest-c-programming-language-standard-1

CMU 软件工程研究所 CERT 安全编程中心的 David Keaton 的博客 "Improving Security in the Latest C Programming Language Standard"，介绍边界检查接口和可分析性。

http://blog.sei.cmu.edu/post.cfm/helping-developers-address-security-with-the-cert-c-secure-coding-standard

David Keaton 的博客 "Helping Developers Address Security with the CERT C Secure Coding Standard"，介绍多年来 C 是如何处理安全问题的以及 CERT C 安全编码规则。

边界检查

http://www.securecoding.cert.org/confluence/display/seccode/ERR03-C.+Use+runtime-constraint+handlers+when+calling+the+bounds-checking+interfaces

CMU 软件工程研究所 David Svoboda 的技术报告 "ERR03-C. Use runtime-constraint handlers when calling the bounds-checking interfaces"，给出了不合乎要求与合乎要求的例子。

多线程

http://stackoverflow.com/questions/8876043/multi-threading-support-in-c11

讨论论坛：Multi-Threading support in C11。讨论改进的访存顺序模型在 C11 与 C99 间的差别。

http://www.t-dose.org/2012/talks/multithreaded-programming-new-c11-and-c11-standards

Klass van Gend 制作的幻灯片 "Multithreaded Programming with the New C11 and C++11 Standards"，介绍 C11 和 C++11 语言的新功能，并讨论 gcc 和 clang 是如何实现新标准的。

http://www.youtube.com/watch?v=UqTirRXe8vw

Ahmad Naser 提供的一段视频 "Multithreading Using Posix in C Language and Ubuntu"。

http://fileadmin.cs.lth.se/cs/Education/EDAN25/F06.pdf

Jonas Skeppstedt 制作的幻灯片 "Threads in the Next C Standard"。

http://www.youtube.com/watch?v=gRe6Zh2M3zs

Klaas van Gend 提供的一段视频，介绍用新的 C11 和 C++11 标准进行多线程编程。

编译器支持

http://www.ibm.com/developerworks/rational/library/support-iso-c11/support-iso-c11-pdf.pdf

白皮书 "Support for ISO C11 added to IBM XL C/C++ compilers: New features introduced in Phase 1"，对编译器支持的新功能做了全面地介绍，包括复数的初始化、静态断言和无返回函数。

索　引

C++ Reviewer Comments (Content Selected from the Deitels' *C++ How to Program, 9/e* Textbook)

"Gets you into C++ programming quickly with relevant and important tips, excellent exercises, gradual progression towards advanced concepts and comprehensive coverage of C++11 features."—**Dean Michael Berris, Google, Member ISO C++ Committee**

"The examples are accessible to CS, IT, software engineering and business students."—**Thomas J. Borrelli, Rochester Institute of Tech.**

"An excellent 'objects first' coverage of C++ accessible to beginners."—**Gavin Osborne, Saskatchewan Inst. of App. Sci. and Tech.**

"As an instructor, I appreciate the thorough discussion of the C++ language, especially the use of code examples and demonstration of best coding practices. For my consulting work I use the Deitel books as my primary reference."—**Dean Mathias, Utah State University**

"Extensive coverage of the new C++11 features: list-initialization of scalar types and containers, nullptr, range for-loops, scoped enumerated types, inheritance control keywords (override and final), auto declarations and more. Code tested meticulously with three leading, industrial-strength compilers."—**Danny Kalev, C++ expert, Certified System Analyst and former member of C++ Standards Committee**

"Just when you think you are focused on learning one topic, suddenly you discover you've learned more than you expected."—**Chad Willwerth, U. Washington, Tacoma**

"The virtual function figure and corresponding explanation in the Polymorphism chapter is thorough and truly commendable."—**Gregory Dai, eBay**

"The Object-Oriented Programming: Inheritance chapter is well done. Excellent introduction to polymorphism."—**David Topham, Ohlone College**

"Thorough and detailed coverage of exceptions from an object-oriented point of view."—**Dean Mathias, Utah State University**

"Good use of diagrams, especially of the activation call stack."—**Amar Raheja, California State Polytechnic University, Pomona**

"Terrific discussion of pointers—the best I have seen."—**Anne B. Horton, Lockheed Martin**

"I especially value the code examples and diagrams. Great coverage of OOP. Nice detail in Intro to Classes—students can learn so much from it; I love that every line of code is explained and that UML class diagrams are given. Good visuals provided for what's going on in memory [for passby-value and pass-by-reference]. The Inheritance examples nicely reinforce the concepts. I love the description of [a possible] polymorphic video game."—**Linda M. Krause, Elmhurst College**

"The Introduction to Classes, Objects and Strings examples are solid."—**Dean Michael Berris, Google, Member ISO C++ Committee**

"The pointers chapter manages to explain something that's quite difficult to teach: the elusive nature of pointers. The Operator Overloading chapter explains the topic clearly and builds a convincing, realistic Array class that demonstrates the capabilities of OOD and C++."—**Danny Kalev, C++ expert, Certified System Analyst and former member of C++ Standards Committee**

"I like the idea of std::array [not built-in arrays] by default. Exception Handling is accurate and to the point."—**James McNellis, Microsoft Corporation**

"Novices and advanced programmers will find this book an excellent tool for learning C++. Really fun and interesting exercises."—**José Antonio González Seco, Parliament of Andalusia**

"I really like the Making a Difference exercises. The dice and card games get students excited."—**Virginia Bailey, Jackson State University**

"Provides a complete basis of fundamental instruction in all core aspects of C++."—**Peter DePasquale, The College of New Jersey**

"Great coverage of polymorphism and how the compiler implements polymorphism 'under the hood.'"—**Ed James-Beckham, Borland**

"Will get you up and running quickly with the smart pointers library."—**Ed Brey, Kohler Co.**

"Replete with real-world case studies. Code examples are extraordinary!"—**Terrell Hull, Logicalis Integration Solutions**

C **Reviewer Comments Begin on the Back Cover**

Additional Comments from Recent Editions Reviewers

"An excellent introduction to the C programming language, with many clear examples. Pitfalls of the language are clearly identified and concise programming methods are defined to avoid them."—**John Benito, Blue Pilot Consulting, Inc., and Convener of ISO WG14—the working group responsible for the C Programming Language Standard**

"An already excellent book now becomes superb. This new edition focuses on secure programming and provides extensive coverage of the newest C11 features, including multi-core programming. All of this, of course, while maintaining the typical characteristics of the Deitels' *How to Program* series—astonishing writing quality, great selection of real-world examples and exercises, and programming tips and best practices that prepare students for industry." —**José Antonio González Seco, Parliament of Andalusia**

"A very nice selection of exercises in Chapter 3 Structured Program Development in C—good job."—**Alan Bunning of Purdue University**

"I like the structured programming summary (in Chapter 4, Program Control) with instruction on how to form structured programs by using the flow chart building blocks; I also like the range and variety of questions at the end of the chapter and the Secure C Programming section." —**Susan Mengel, Texas Tech University**

"The descriptions of function calls and the call stack will be particularly helpful to beginning programmers learning the semantics of how functions work—plenty of function exercises."—**Michael Geiger, University of Massachusetts, Lowell**

"The examples and end-of-chapter programming projects are very valuable. This is the only C book in the market that offers so many detailed C examples—I am pleased to be able to have such a resource to share with my students. Coverage of the C99 and C11 standards is especially important. For one of my classes the starting language is C and the course includes an introduction to C++—this book provides both. I feel confident that this book prepares my students for industry. Overall a great book. I always enjoy lecturing the Arrays chapter; examples are perfect for my CE, EE and CSE students—this chapter is one of the most important in my class; I find the examples to be very relatable for my students. Chapters 8 and above are used for my Data Structures class, which is taught to students majoring in Electrical Engineering and Computer Engineering; Chapter 10 plays a big role for them to understand bitwise operations—this is the only textbook that covers bitwise operations in such detail." —**Sebnem Onsay, Special Instructor, Oakland University School of Engineering and Computer Science**

"A great book for the beginning programmer. Covers material that will be useful in later programming classes and the job market."—**Fred J. Tydeman, Tydeman Consulting, Vice-Chair of J11 (ANSI C)**

"An excellent introductory C programming text. Clearly demonstrates important C programming concepts. Just the right amount of coverage of arrays. The Pointers chapter is well-written and the exercises are rigorous. Excellent discussion of string functions. Fine chapters on formatted input/output and files. I was pleased to see a hint at Big O running time in the binary search example. Good information in the preprocessor chapter." —**Dr. John F. Doyle, Indiana U. Southeast**

"I have been teaching introductory programming courses since 1975, and programming in the C language since 1986. In the beginning there were no good textbooks on C—in fact, there weren't any! When Deitel, C How to Program, 1/e, came out, we jumped on it—it was at the time clearly the best text on C. The new edition continues a tradition—it's by far the best student-oriented textbook on programming in the C language—the Deitels have set the standard—again! A thorough, careful treatment of not just the language, but more importantly, the ideas, concepts and techniques of programming! 'Live code' is also a big plus, encouraging active participation by the student. A great text!"—Richard Albright, Goldey-Beacom College

"I like the quality of the writing. The book outlines common beginner mistakes really well. Nice visualization of binary search. The card shuffling example illustrates an end-to-end solution to the problem with nice pseudocode, great coding and explanation. Card and maze exercises are very involving." —**Vytautus Leonavicius, Microsoft Corporation**

"Introduces C programming and gets you ready for the job market, with best practices and development tips. Nice multi-platform explanation [running Visual C++ on Windows, GNU C on Linux and Xcode on Mac OS X]."—Hemanth H.M., Software Engineer at SonicWALL "Control statements chapters are excellent; the number of exercises is amazing. Great coverage of functions. The discussions of secure C programming are valuable. The C Data Structures chapter is well written, and the examples and exercises are great; I especially like the section about building a compiler. Explanation of the sorting algorithms is excellent."—**José Antonio González Seco, Parliament of Andalusia**

"The live-code approach makes it easy to understand the basics of C programming. I highly recommend this textbook as both a teaching text and a reference." —**Xiaolong Li, Indiana State University**

"An exceptional textbook and reference for the C programmer."—Roy Seyfarth, University of Southern Mississippi "An invaluable resource for beginning and seasoned programmers. The authors' approach to explaining the concepts, techniques and practices is comprehensive, engaging and easy to understand. A must-have book."—**Bin Wang, Department of CS and Engineering, Wright State Univ.**

C++ Reviewer Comments on the Back of This Page